换季清仓
全场五折
全场包邮
直/击/底/价 好/礼/相/送
满100减48 满200减98

17.1 综合实例：设计网店海报（320页）

18.1 综合实例：设计精美商务名片（334页）

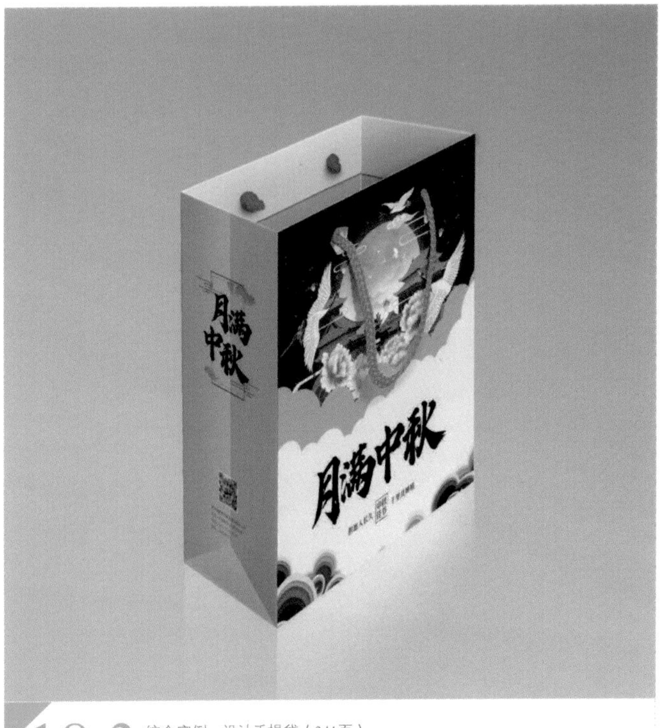

18.3 综合实例：设计手提袋（341页）

17.2 综合实例：设计网店商品主图（323页）

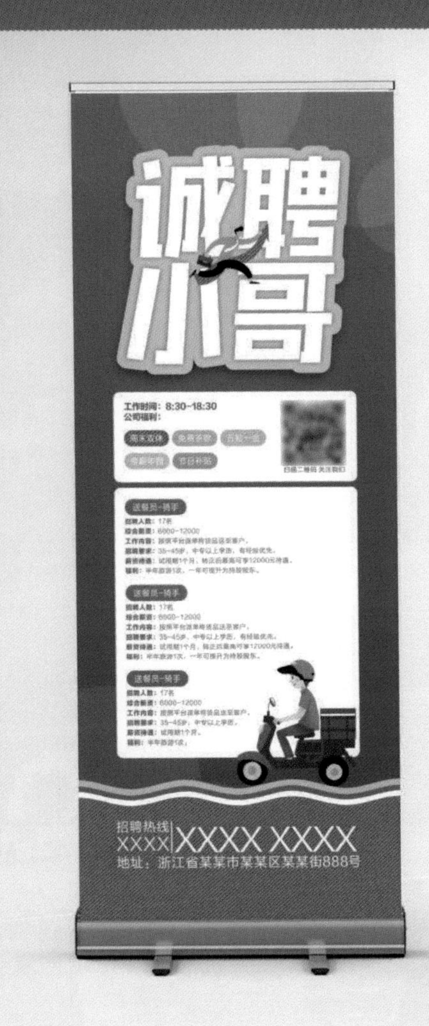

19.2 综合实例：设计招聘易拉宝（354页）

15.1 综合实例：变形字体设计（304页）

15.3 综合实例：发光文字设计（308页）

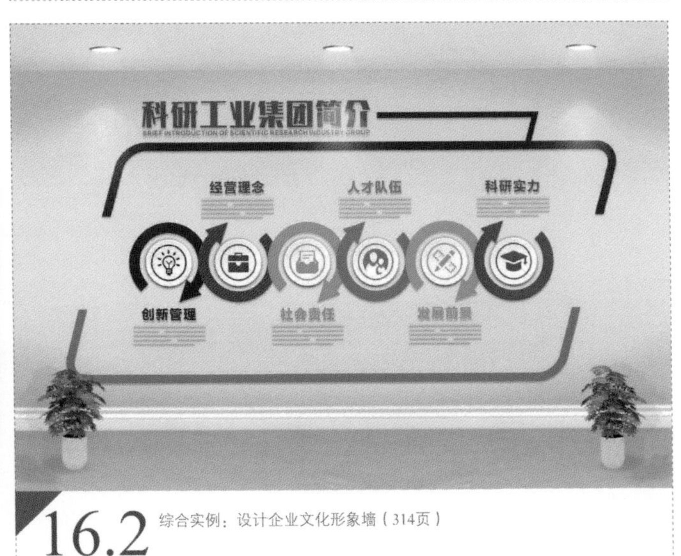

16.2 综合实例：设计企业文化形象墙（314页）

18.2 综合实例：设计三折页（337页）

16.1 综合实例：公司标识设计（312页）

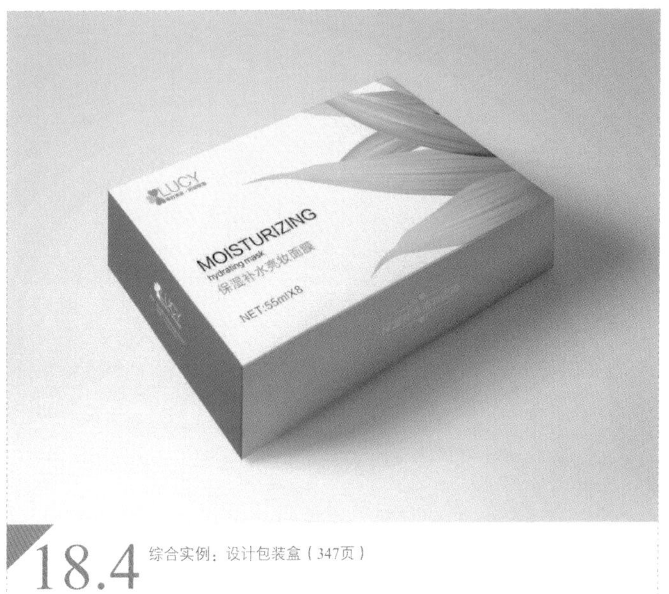

18.4 综合实例：设计包装盒（347页）

19.3 综合实例：设计形象广告（357页）

16.3 综合实例：设计公共标识（318页）

15.2 综合实例：立体文字设计（305页）

实　战：绘制彩色底纹（201页）

实　战：绘制透明文字（208页）

木纹字体

实　战：制作木纹特效文字（253页）

金属拉丝

实　战：制作金属拉丝文字效果（257页）

实　　战：使用“封套”工具绘制购物节海报（189页）

实　　战：使用“立体化”工具绘制抢购图标（193页）

实　　战：绘制涂鸦文字（209页）

实　　战：绘制多色文本效果（204页）

实　　战：绘制简约邀请函（270页）

实　　战：绘制夜晚城市背景（203页）

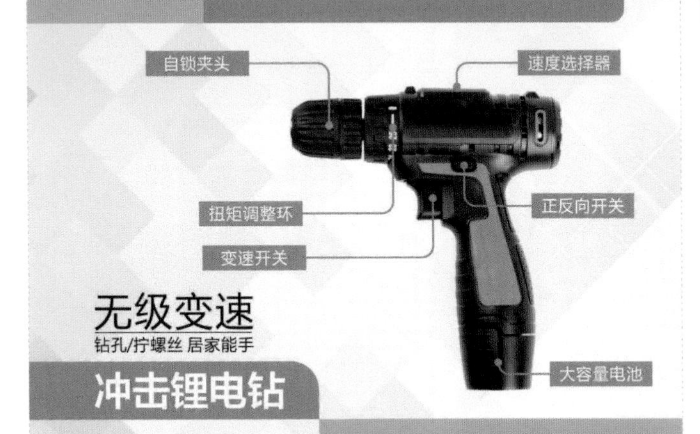

实　战：绘制产品说明书（164页）

17.3 综合实例：绘制网店商品详情页（326页）

实　战：绘制扫码送红包图案（97页）

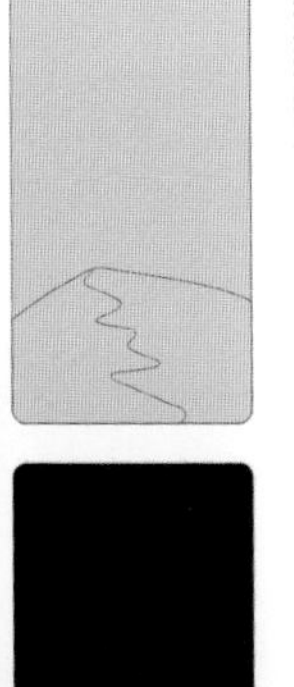

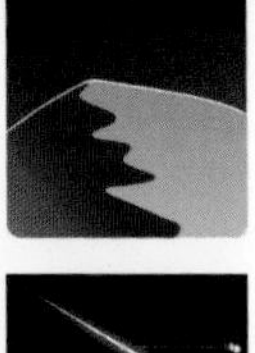

实　战：绘制手机锁屏壁纸（111页）

实　战：使用“阴影”工具绘制促销海报（170页）

实　战：使用“调和”工具绘制画册封面（182页）

实　战：制作故障特效图片（202页）

实　战：使用“块阴影”工具绘制扁平化标识（196页）

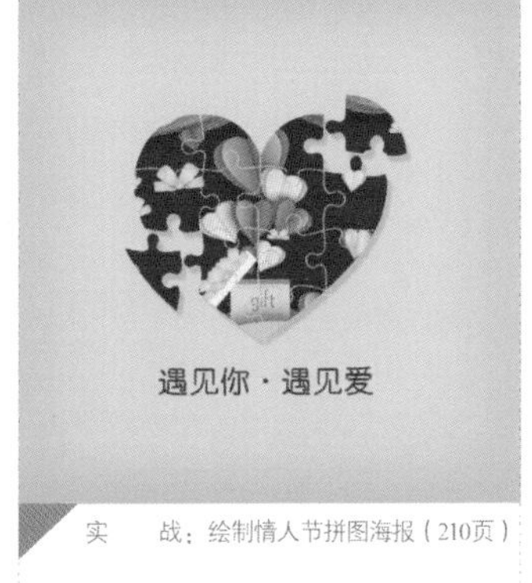

实　战：绘制情人节拼图海报（210页）

实　战：使用“变形”工具绘制海浪插画（187页）

实　战：绘制拖鞋（151页）

实　战：绘制火焰促销标志（72页）

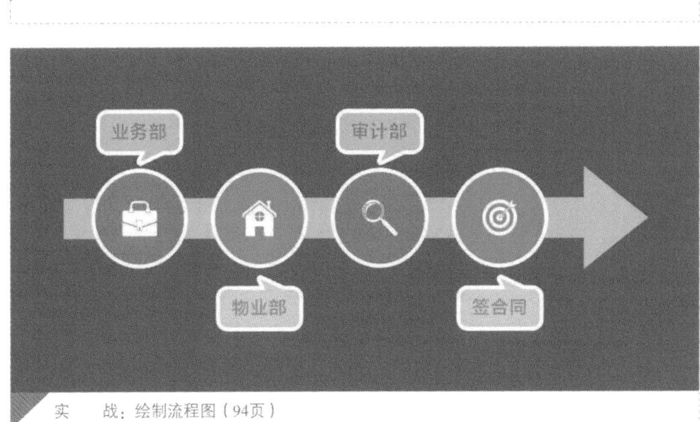

实　战：绘制流程图（94页）

实　战：绘制多彩贺卡（141页）

实　战：绘制卡通风景画（115页）

实　战：绘制多彩几何壁纸（86页）

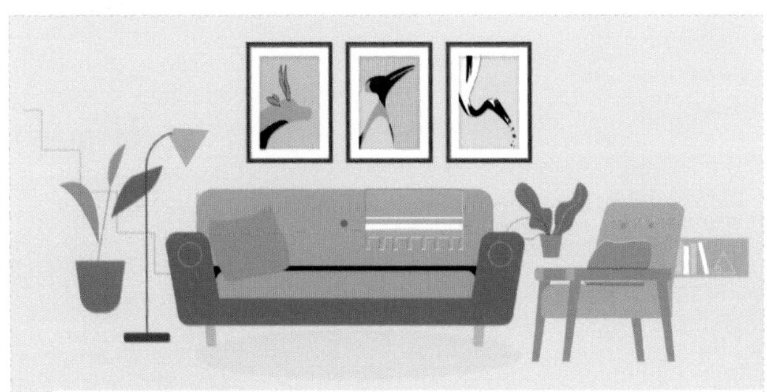

实　战：使用“轮廓图”工具绘制画框（176页）

实　战：使用“椭圆形”工具绘制表情（87页）

实　战：用“矩形”工具绘制挂历图标（82页）

实　战：快速抠取人物（226页）

实　战：将人物画稿转换为线稿（225页）

实　战：使用“贝塞尔”工具绘制标识（63页）

实　战：手绘风景画（59页）

中文版

CorelDRAW 2021 完全自学教程

陈昊 编著

人民邮电出版社
北京

图书在版编目（CIP）数据

中文版CorelDRAW 2021完全自学教程 / 陈昊编著
. -- 北京 : 人民邮电出版社, 2021.10（2023.11重印）
ISBN 978-7-115-57031-4

Ⅰ. ①中… Ⅱ. ①陈… Ⅲ. ①图形软件－教材 Ⅳ.
①TP391.412

中国版本图书馆CIP数据核字(2021)第157527号

内容提要

这是一本全面介绍中文版 CorelDRAW 2021 基本功能及实际运用的书。本书针对零基础读者开发，是读者快速、全面掌握 CorelDRAW 的实用参考书。

全书共 19 章，从基本操作入手，结合大量的可操作性实例，全面深入地阐述了 CorelDRAW 的矢量绘图、文本编排、Logo 设计、字体设计及印刷品设计等方面的技术，向读者展示了如何运用 CorelDRAW 制作出精美的平面设计作品。本书讲解过程细腻，实例种类丰富，通过大量的实战练习，读者可以轻松而有效地掌握软件技术。

本书附带学习资源，内容包括书中所有实例的效果文件、素材文件与在线教学视频，以及大量的额外附赠的素材。

本书适合作为初、中级读者的入门及提高参考书，也适合高等院校相关专业的学生和各类培训班的学员阅读与参考。

◆ 编　　著　陈　昊
　责任编辑　张丹丹
　责任印制　马振武
◆ 人民邮电出版社出版发行　　北京市丰台区成寿寺路 11 号
　邮编　100164　　电子邮件　315@ptpress.com.cn
　网址　https://www.ptpress.com.cn
　北京九州迅驰传媒文化有限公司印刷
◆ 开本：880×1092　1/16　　彩插：4
　印张：22.5　　2021 年 10 月第 1 版
　字数：817 千字　　2023 年 11 月北京第 7 次印刷

定价：129.90 元

读者服务热线：(010)81055410　印装质量热线：(010)81055316
反盗版热线：(010)81055315
广告经营许可证：京东市监广登字 20170147 号

前 言

Corel公司的CorelDRAW是非常优秀的矢量绘图软件，其功能强大，在矢量绘图、文本编排、Logo设计、字体设计及工业产品设计等方面都能输出高品质的对象，因此它一直深受平面设计师的喜爱。这也使其在平面设计、商业插画、VI设计和工业设计等领域占据非常重要的地位。

本书是初学者自学中文版CorelDRAW 2021的经典图书。全书从实用角度出发，全面、系统地讲解了中文版CorelDRAW 2021的几乎所有应用功能，差不多涵盖了软件的全部工具、面板、对话框和菜单命令。书中在介绍软件功能的同时，还精心安排了非常具有针对性的实战实例和综合实例，能够帮助读者轻松掌握软件使用技巧和具体应用，以做到学用结合。另外，全部实例都配有在线教学视频，详细演示了实例的制作过程。

本书的结构与内容

本书共19章，从最基础的CorelDRAW应用领域开始讲起，先介绍软件的界面和基本操作方法，然后讲软件的功能，包含CorelDRAW 2021的基本操作、对象的基本操作、绘图工具的使用、形状修饰操作、智能填充技术、轮廓线运用、文本编辑和表格设置，再到图像效果和位图操作等高级功能。内容涉及各种实用设计，包括绘图技术、文本编排、Logo设计、字体设计、网店设计、印刷品设计和喷绘广告设计等。

本书的版面结构说明

为了达到让读者轻松自学，以及深入了解软件功能的目的，本书专门设计了“实战”“技巧与提示”“注意”“技术看板”“知识链接”“综合实例”等板块，简要介绍如下。

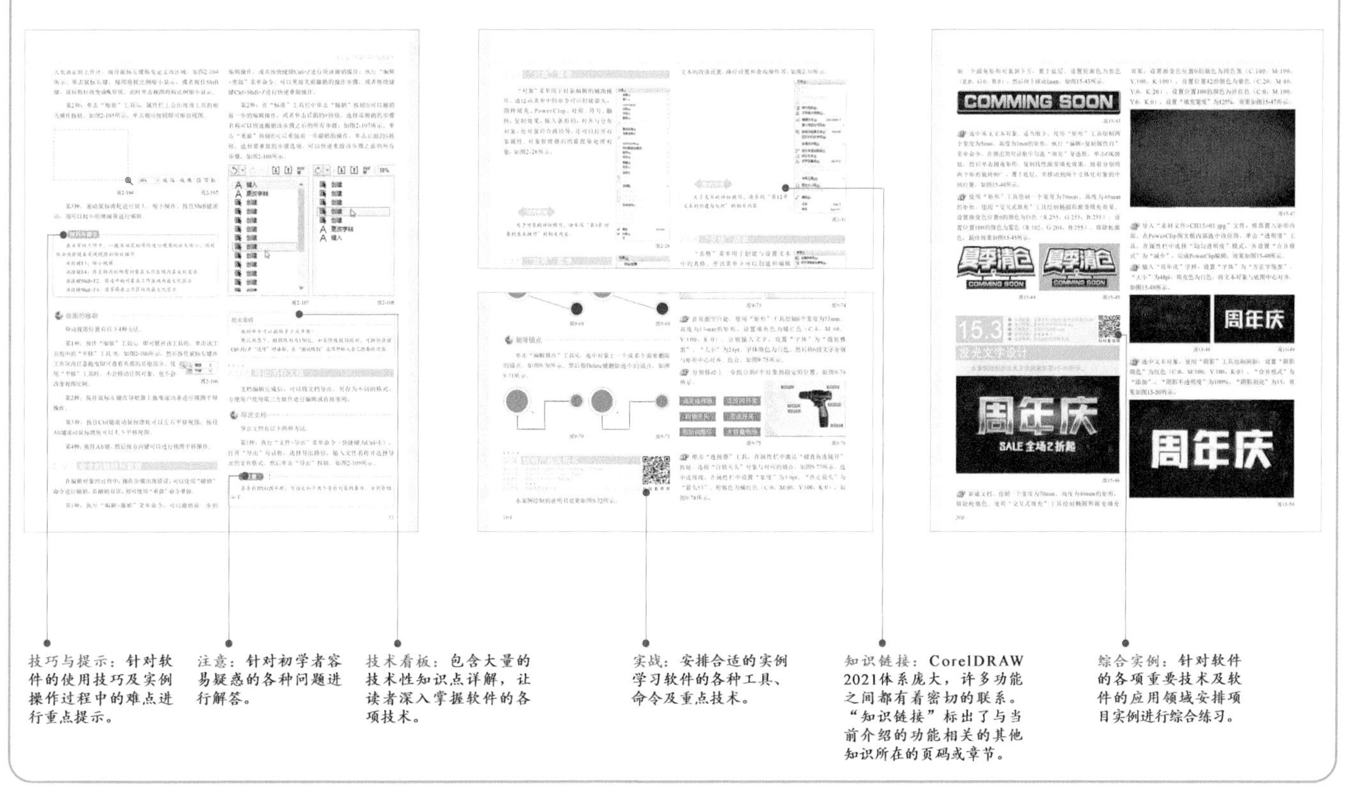

资源与支持

本书由“数艺设”出品，“数艺设”社区平台（www.shuyishe.com）为您提供后续服务。

资源获取请扫码

“数艺设”社区平台，为艺术设计从业者提供专业的教育产品。

与我们联系

我们的联系邮箱是 szys@ptpress.com.cn。如果您对本书有任何疑问或建议，请您发邮件给我们，并请在邮件标题中注明本书书名及ISBN，以便我们更高效地做出反馈。

如果您有兴趣出版图书、录制教学课程，或者参与技术审校等工作，可以发邮件给我们。如果学校、培训机构或企业想批量购买本书或“数艺设”出版的其他图书，也可以发邮件联系我们。

如果您在网上发现针对“数艺设”出品图书的各种形式的盗版行为，包括对图书全部或部分内容的非授权传播，请您将怀疑有侵权行为的链接通过邮件发给我们。您的这一举动是对作者权益的保护，也是我们持续为您提供有价值的内容的动力之源。

关于“数艺设”

人民邮电出版社有限公司旗下品牌“数艺设”，专注于专业艺术设计类图书出版，为艺术设计从业者提供专业的图书、视频电子书、课程等教育产品。出版领域涉及平面、三维、影视、摄影与后期等数字艺术门类，字体设计、品牌设计、色彩设计等设计理论与应用门类，UI设计、电商设计、新媒体设计、游戏设计、交互设计、原型设计等互联网设计门类，环艺设计手绘、插画设计手绘、工业设计手绘等设计手绘门类。更多服务请访问“数艺设”社区平台www.shuyishe.com。我们将提供及时、准确、专业的学习服务。

本书学习资源附赠内容说明

附赠40个稀有笔触

为了方便读者在实际工作中能够更加灵活地绘图，我们在学习资源包中附赠了40个CMX格式的稀有笔触。使用“艺术笔”工具配合这些笔触可以快速绘制出需要的形状，并且具有很高的灵活性和可编辑性，在矢量绘图和效果运用中是不可缺少的元素。

资源位置：附赠资源>附赠笔触

使用说明：单击工具箱中的“艺术笔”工具，然后在属性栏上激活“笔刷”模式或“喷涂”模式，单击“浏览”按钮打开对话框，接着选择“附赠笔触”文件夹，单击“确定”按钮导入软件中。

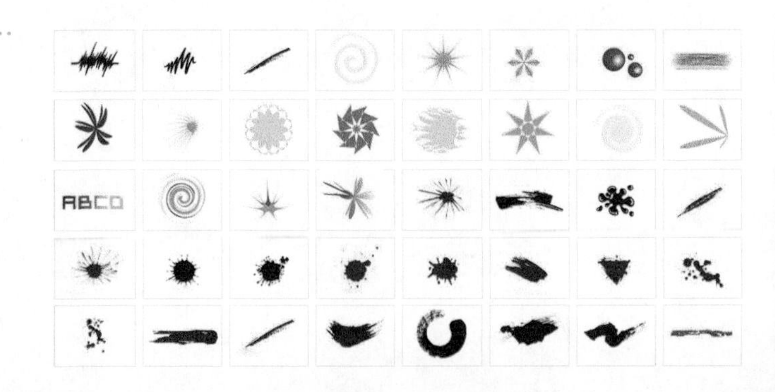

附赠90个绚丽背景素材

为了方便读者在创作作品时更加节省时间，我们附赠了90个CDR格式的绚丽矢量背景素材，读者可以直接导入这些背景素材进行编辑使用。

资源位置：附赠资源>背景素材

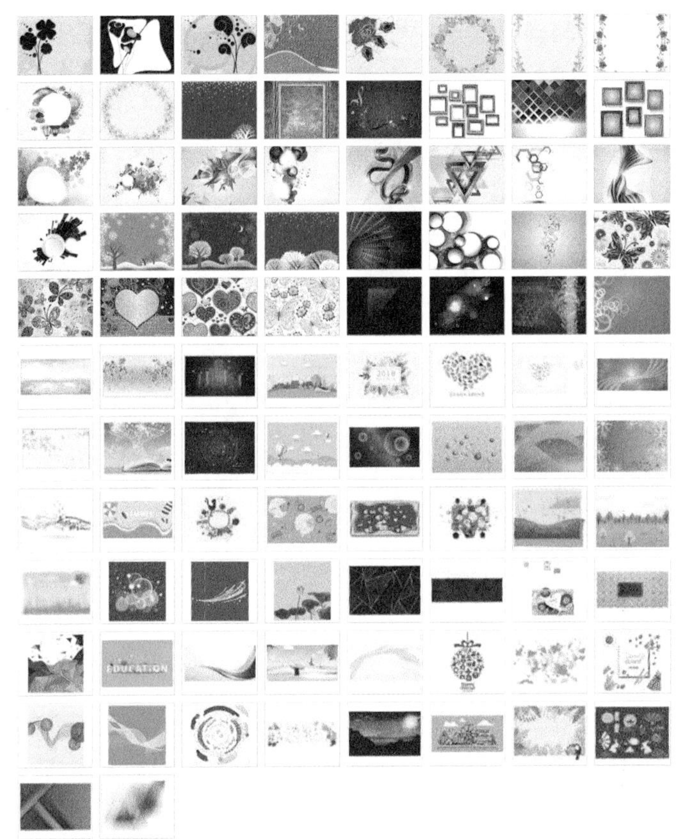

附赠100个矢量花纹素材

一幅成功的作品不仅要有引人注目的主题元素，还要有合适的搭配元素，如背景和装饰花纹，因此我们不仅赠送了90个背景素材，还赠送了100个非常精美的CDR格式矢量花纹素材。这些素材不仅可以应用于合成背景，还可以用于前景装饰。

资源位置：附赠资源>矢量花纹

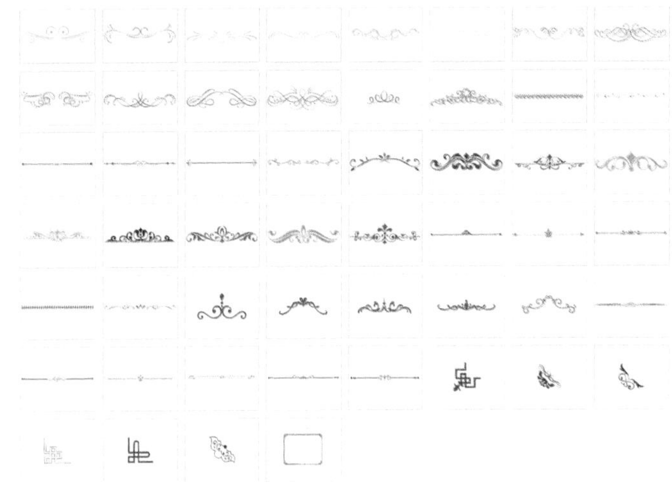

附赠86个贴图素材

在工业产品设计和服饰设计中，通常需要为绘制的产品添加材质，因此我们特别赠送了86个JPG格式的高清位图素材，读者可以直接导入这些材质贴图素材编辑使用。

资源位置：附赠资源>附赠素材>贴图素材

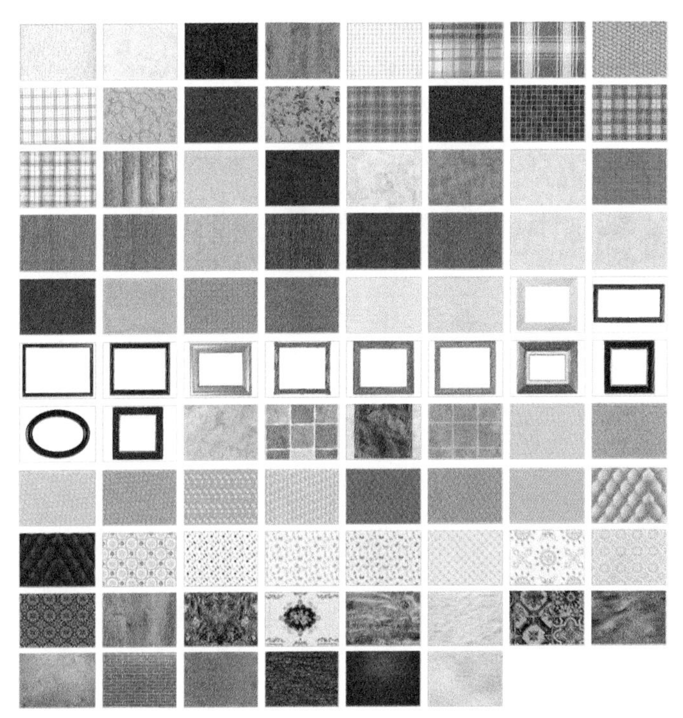

附赠35个图案素材

在制作海报招贴或卡通插画的背景时，通常需要用到一些矢量插画素材和图案素材，因此我们赠送了35个CDR格式的这类素材，读者可以直接导入这些素材编辑使用。

资源位置：附赠资源>图案素材

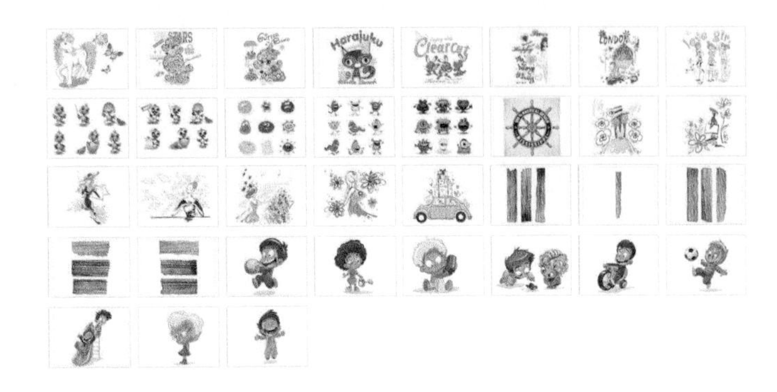

附赠笔刷（毛笔）素材

资源位置：附赠资源>笔刷（毛笔）素材

赠送28款中文偏旁笔刷，可以用于原创毛笔字体。

赠送10款数字笔刷。

赠送6款圆形笔刷。

赠送26款字母笔刷。

附赠实用配色卡

赠送100款“五色实用配色卡”和100款“渐变色实用配色卡”。

资源位置：附赠资源>实用配色卡

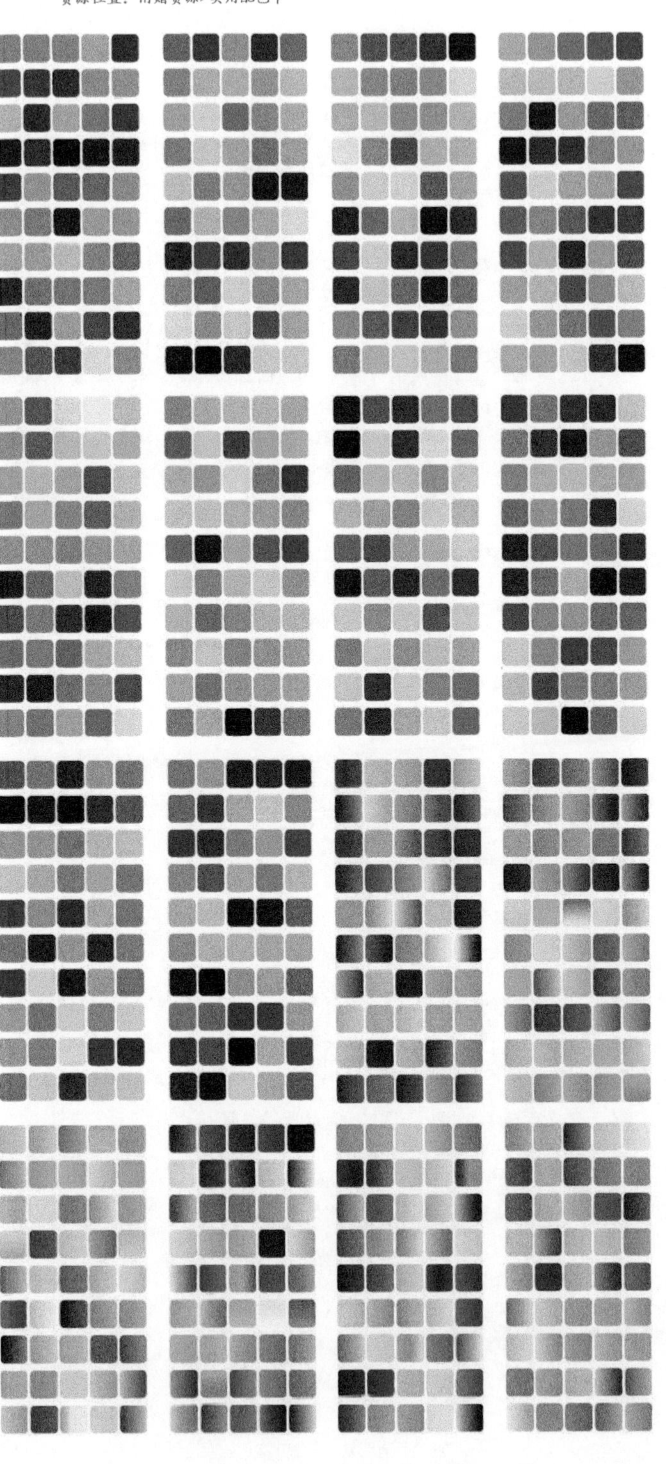

实例素材（119个）

提供全部实例的素材文件。

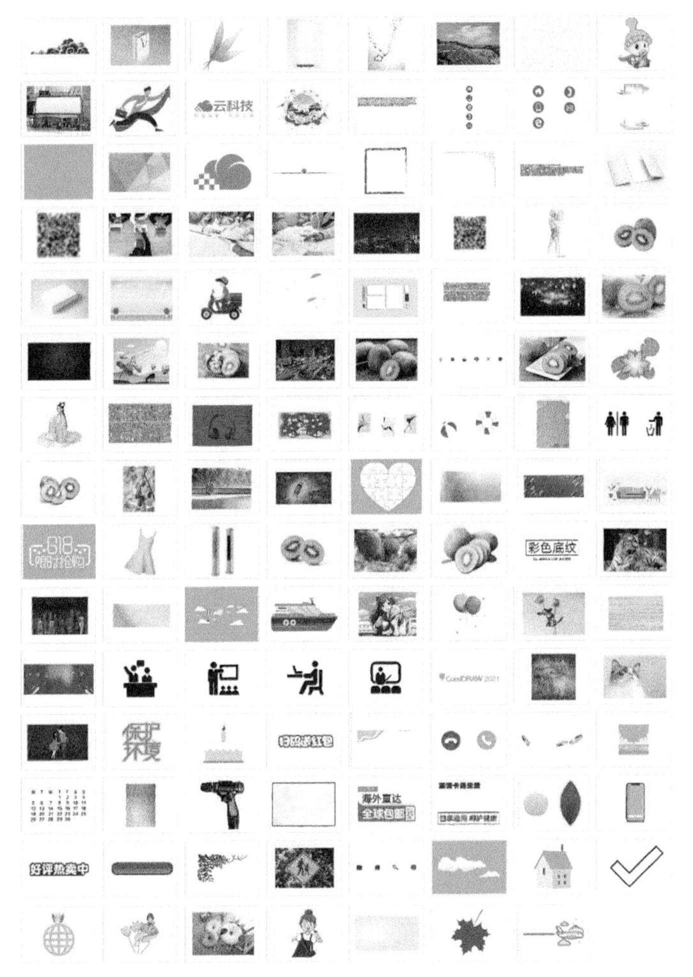

效果文件（74个）

提供全部实例的效果文件（74个）。

全部实例教学视频（74个）

提供全部实例的教学视频，全程演示实例制作方法。

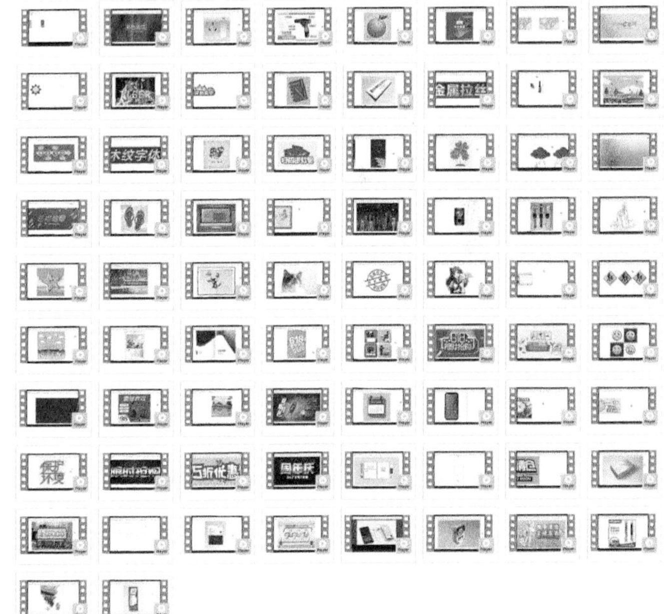

目 录

注：★重点 为CorelDRAW 2021的软件技术重点（读者必须完全掌握）；★重点 为重点实战（读者必须多加练习）； 为实战和综合实例。

保持清洁
KEEP IT CLEAN

换季清仓
全场五折

母婴生活馆

第10章 对象的特效编辑......166

第11章 位图的操作......218

第1章

CorelDRAW 2021简介

本章主要介绍CorelDRAW 2021的特点和应用范围。通过对本章的学习，我们应该了解CorelDRAW的应用方向、矢量图和位图之间的区别，掌握平面设计中的色彩理论基础知识。

学习要点

1.1 CorelDRAW 2021的应用范围

CorelDRAW是Corel公司出品的一款平面设计软件，该软件具有强大的矢量图编辑功能和位图处理能力，并广泛地应用于各类彩页设计、画册制作、产品包装、标识设计、网店设计及其他领域，是专业设计师和绘图爱好者的必备工具之一。

1.1.1 绘制矢量图

CorelDRAW作为一款业界标杆的平面设计软件，拥有强大的矢量图绘制功能。

应用于插画设计

运用CorelDRAW绘制的矢量插画，色彩明快，图形结构层次感强，如图1-1所示。将CorelDRAW插画与Animate等矢量动画软件结合，能够制作出精美的线上应用效果。

图1-1

应用于字体设计

运用CorelDRAW的文字编辑功能，可以设计出精美的文字效果，如图1-2所示。

图1-2

应用于VI设计

使用CorelDRAW可以快速、高效地进行VI（企业视觉识别系统）设计，如图1-3所示。

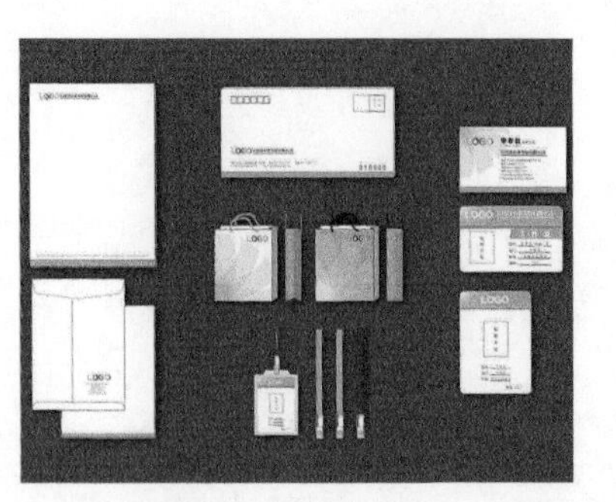

图1-3

1.1.2 图文排版

CorelDRAW具有强大的图文排版功能，可以设计出各式宣传图和单页，如图1-4所示。CorelDRAW还具有多页面排版功能，能够设计出精美的画册和杂志，如图1-5所示。

图1-4

图1-5

1.1.3 位图处理

CorelDRAW 2021拥有出色的位图特效处理能力，此外，CorelDRAW Graphics Suite软件包中还有一款基于图层的强大照片编辑工具PHOTO-PAINT，使用它处理位图会更加游刃有余，如图1-6所示。

图1-6

1.1.4 颜色处理

CorelDRAW 2021提供了丰富的色彩管理和色彩编辑功能，利用色彩编辑工具或面板，可以轻松、快捷地编辑图形的填充色和轮廓色，设计出丰富多彩的渐变色和网状填充色等。CorelDRAW支持RGB、CMYK、PANTONE色卡等调色板，提供广泛的色彩范围和处理功能，如图1-7所示。

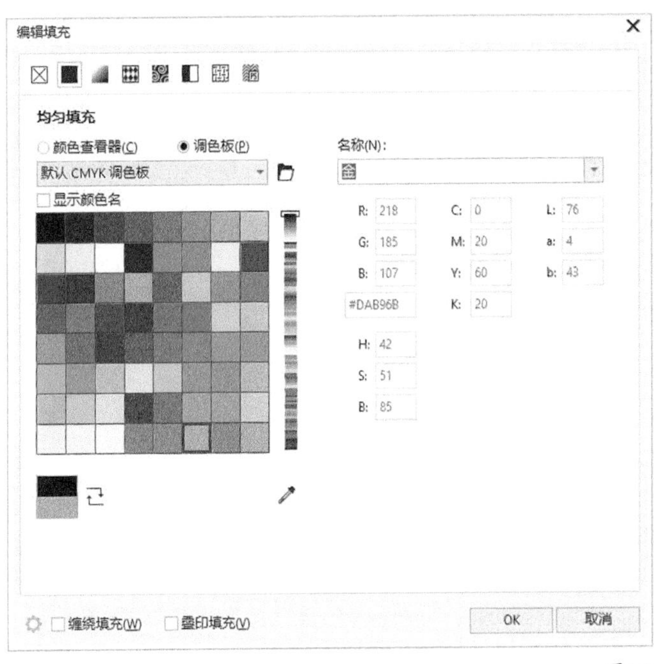

图1-7

1.2 矢量图和位图

CorelDRAW可以编辑矢量图和位图，也可以将矢量图和位图进行相互转换（位图通过描摹转换为矢量图）。

1.2.1 矢量图

矢量图一般被称为图形，也叫向量图，它是由数学方式生成的点、线、面组成的图形，其中包含了色彩和位置信息。矢量图适用于文字设计、图案设计、版式设计、标志设计、工艺美术设计和插图设计等，它具有以下特点。

第1点：文件占用空间小。

第2点：矢量图没有分辨率之说，图形可以近乎无限放大而不丢失细节，如图1-8所示。

第3点：矢量图不宜表达色彩丰富的图像，如风景、人物和山水等。

常用的矢量图编辑软件有CorelDRAW、Illustrator和AutoCAD等。

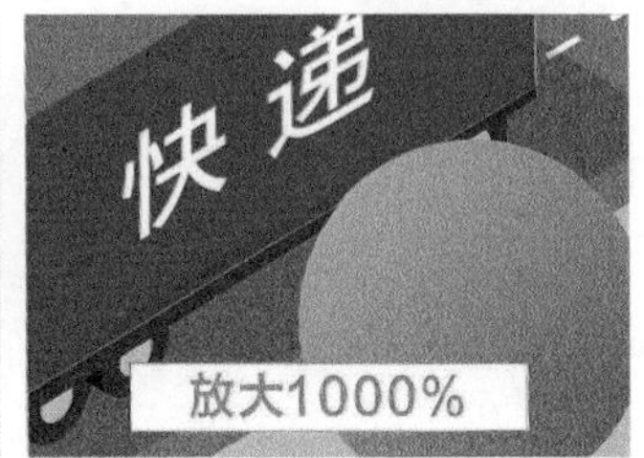

图1-8

1.2.2 位图

位图又叫点阵图或像素图，是多个像素的色彩组合形成的图像，其中的每个像素又是用二进制数据来描述其颜色与亮度等信息的。将位图放大到一定程度时，就会出现方格状像素点。与矢量图相比，位图编辑的是像素，位图的大小和质量取决于图像中的像素点数量，单位面积内所包含的像素越多，图像越清晰，相应的文件也越大。

识别位图的简单方法：位图放大后会变得模糊，并出现方格状像素点，如图1-9所示。

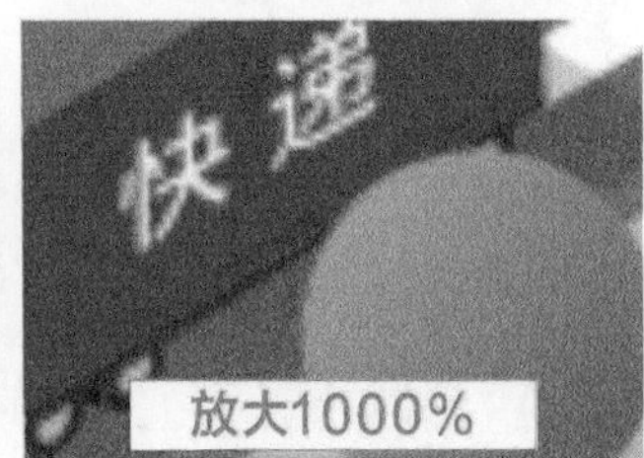

图1-9

1.3 色彩基础理论

学习平面设计必须了解色彩的有关知识，在色彩中，最基本的理论知识就是色相、明度和饱和度，即构成色彩的三要素。

色相，即颜色的倾向性，人眼的可视范围从波长最长的红色到波长最短的紫色，如图1-10所示。

图1-10

明度，表示颜色的明暗程度，如图1-11所示。往颜色中添加白色颜色变亮，添加黑色颜色变暗。

图1-11

饱和度，表示颜色的鲜艳或鲜明的程度，饱和度越高颜色越鲜艳，饱和度越低颜色越灰暗，如图1-12所示。

图1-12

在CorelDRAW中，可以通过调节色相、明度和饱和度的数值来选定所需要的颜色。但在实际工作中，最常用的还是调整RGB色彩模型或CMYK色彩模型的数值。

RGB色彩模型，由红色（Red）、绿色（Green）和蓝色（Blue）三原色组成，每个原色通道分别拥有256级（即0~255）色彩强度值，如图1-13所示。256级的RGB三原色能组合出约1678万种色彩。RGB是基于颜色发光叠加原理的色彩模型，色彩相互叠加的时候，色彩混合，亮度提升。其应用场景为显示器端，如网页设计、UI设计等。

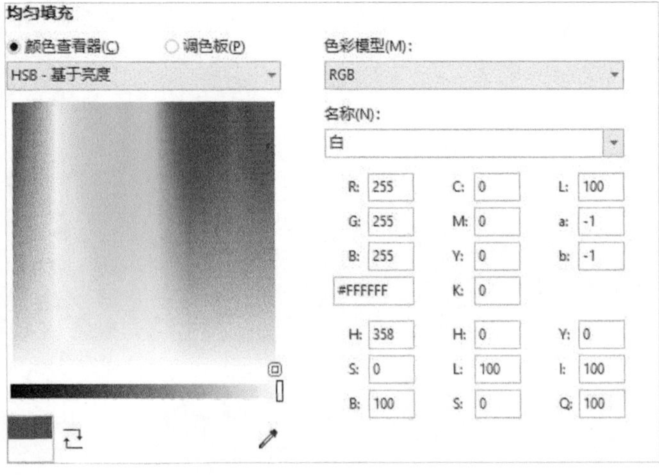

图1-13

CMYK色彩模型，由青色（C）、洋红色（M）、黄色（Y）和黑色（K）四色油墨在纸张上的叠加印刷来产生色彩，如图1-14所示。CMYK色彩是以光线的反射原理来计算的，每种油墨分别对应0%~100%的浓度值，它的颜色种数少于RGB色。与RGB不同，CMYK色彩相互叠加的时候，色彩混合，亮度降低，其应用场景主要为印刷品。

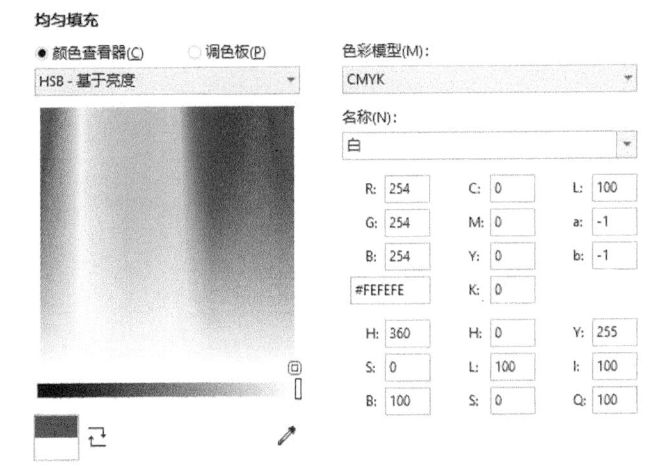

图1-14

技术看板

CMYK的颜色种数没有RGB的多，因此当图像由RGB转为CMYK时，颜色会有部分损失，而从CMYK转为RGB则没有颜色损失。

1.4 图形格式介绍

CorelDRAW 2021支持多种图形格式的导入、导出和编辑。

图形格式以文件的扩展名进行区分，CorelDRAW支持的常用图形格式如下。

位图格式

JPG：一种应用非常广泛的位图格式。

PNG：可移植网络图形格式。

BMP：Windows位图格式。

TIF：标记图像文件格式。

矢量图格式

WMF：图元矢量文件。

SVG：可缩放矢量图形。

跨平台综合文档格式

EPS：带有预视图像的PS格式。

PDF：可移植文档格式。

行业经验：CorelDRAW的特点

CorelDRAW是平面矢量设计软件的标杆之一。

在操作性方面，CorelDRAW易上手，对于初学者和自学人士来说，是不错的选择。

在功能性方面，CorelDRAW相当于一款集矢量设计功能、位图处理功能和排版功能于一身的强大设计软件。

在印刷行业，CorelDRAW拥有强大的分页、分色输出功能，是从事印刷行业人士的好帮手。

第2章

界面环境和基本操作

本章主要介绍CorelDRAW 2021的软件界面环境和基本操作方法。通过对本章的学习，了解CorelDRAW的基本操作方法，并掌握页面操作、导入/导出文档、查看文档、布局操作、辅助线操作，以及使用调色板的方法和技巧。

学习要点

工具名称	工具图标	工具作用	重要程度
"缩放"工具		放大或缩小工作区	高
"平移"工具		通过平移查看页面的其他部分	中
辅助线	无	辅助设计的虚拟线	高
默认调色板	无	选择图形填充色和轮廓色	高
文档调色板	无	记录CDR文档中使用过的色样	中

2.1 CorelDRAW 2021的界面

CorelDRAW 2021拥有友好的工作界面，启动软件后，便可看到工作界面的布局情况。

在默认状态下，工作界面上部是标题栏、菜单栏、"标准"工具栏、属性栏和文档标题栏，左侧是工具箱，右侧是默认调色板和泊坞窗，下部是导航栏、文档调色板和状态栏，界面中部是工作区，如图2-1所示。

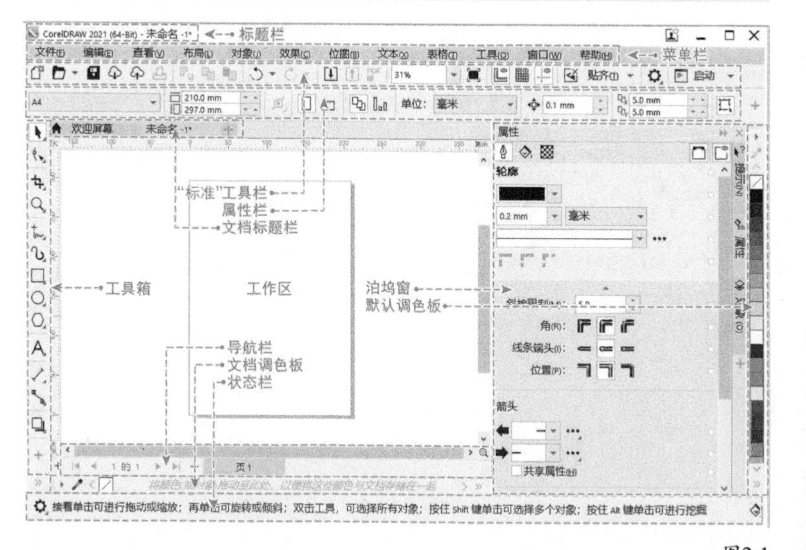

图2-1

2.2 标题栏

标题栏位于软件界面顶端，标注软件名称CorelDRAW 2021（64-Bit）和当前编辑文档的名称，如图2-2所示。

图2-2

2.3 菜单栏

菜单栏内包含CorelDRAW 2021中常用的各种菜单命令，包括“文件”“编辑”“查看”“布局”“对象”“效果”“位图”“文本”“表格”“工具”“窗口”“帮助”菜单，如图2-3所示。

文件(F) 编辑(E) 查看(V) 布局(L) 对象(J) 效果(C) 位图(B) 文本(X) 表格(T) 工具(O) 窗口(W) 帮助(H)

图2-3

2.3.1 “文件”菜单

“文件”菜单用于文档的基本操作，选择相应菜单命令可以进行文档的新建、打开、关闭和保存等操作，也可以进行对象的导入、导出或执行打印设置、查看文档属性、退出等操作，如图2-4所示。

图2-4

知识链接

“文件”菜单的内容将在“2.12 基本操作”中进行分类讲解。

2.3.2 “编辑”菜单

“编辑”菜单用于对象编辑操作，选择相应的菜单命令可以撤销与重做操作步骤；可以剪切、复制、粘贴和删除对象；还可以再制、克隆、全选和查找对象，如图2-5所示。

图2-5

★重点★

2.3.3 “查看”菜单

“查看”菜单用于文档的视图显示操作。选择相应的菜单命令可以切换文档的视图模式、选择视图预览模式和选择界面元素的显示，如图2-6所示。

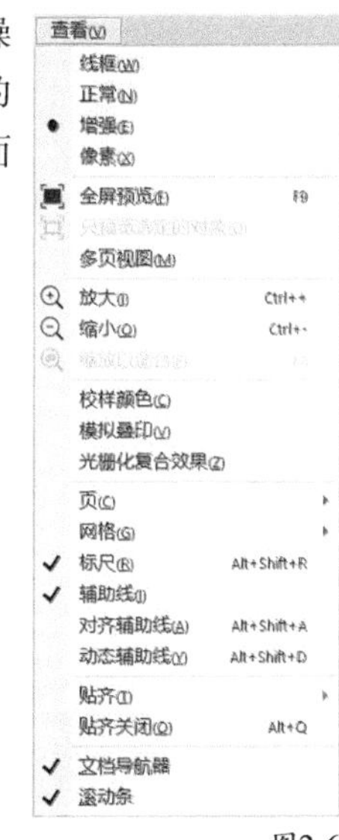

图2-6

“查看”菜单命令介绍

线框：选择该命令，绘图界面中的对象将只显示轮廓线框。在“线框”视图模式下，矢量图形将隐藏所有效果（填充、立体化等），只显示轮廓线；位图图像则全部显示为灰度图像，如图2-7所示。局部放大效果如图2-8所示。

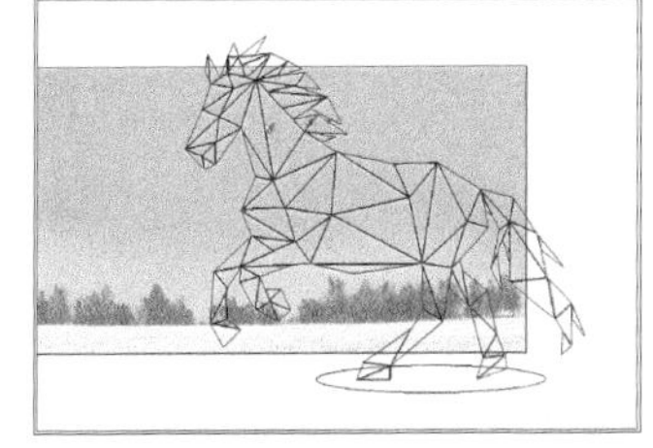

图2-7

图2-8

正常：选择该命令，绘图界面中的对象将以正常视图模式显示，如图2-9所示。局部放大效果如图2-10所示。

图2-9

图2-10

增强：增强模式是CorelDRAW默认的视图模式。选择该命令，绘图界面中的对象将显示为最佳效果。对比正常视图，该模式下矢量图形的轮廓、填充和特效以平滑效果显示，位图图像以高分辨率平滑效果显示，如图2-11所示。局部放大效果如图2-12所示。

图2-11

图2-12

像素：选择该命令，绘图界面中的对象将显示为像素格效果，如图2-13所示，放大对象比例可以看到一个个像素格，如图2-14所示。

图2-13

图2-14

全屏预览：工作区内的所有对象将进行全屏预览，快捷键为F9，如图2-15所示。

图2-15

只预览选定的对象：只对选中的对象进行预览，没有被选中的对象将被隐藏，如图2-16所示。

隐藏

图2-16

多页视图：选择该命令将对所有页面进行平铺预览，并且可以对每页的对象进行操作，方便在编排书籍、画册时进行查看和调整，如图2-17所示。

页1

页2

页3

图2-17

校样颜色：选择该命令将按照文档内的颜色预置文件，快速校对位图的颜色，减小显示颜色或输出颜色的偏差。

模拟叠印：选择该命令可将图像直接模拟成叠印效果。

光栅化复合效果：将矢量图形组成的复合效果以位图的形式显示。

注意

叠印也叫压印，是印刷术语。通俗地讲，就是把一个图像重叠印在一个预先印好的图像上，如图2-18所示，CorelDRAW中的“模拟叠印”和“叠印填充”命令只能在CMYK颜色模式下使用。

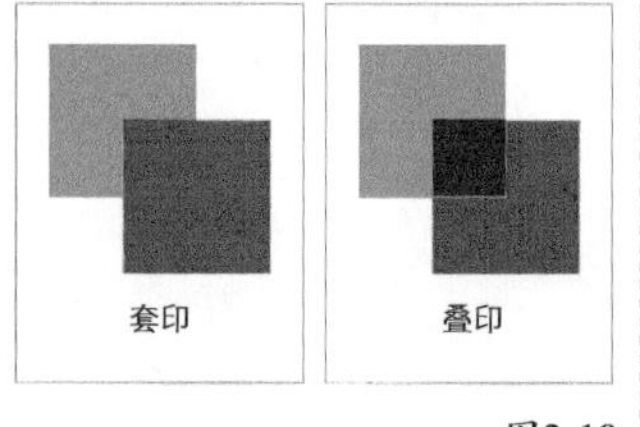

图2-18

页：在子菜单中可以选择需要显示的页面元素。“页边框”用于显示或隐藏页面边框，在隐藏页边框时可以编辑全工作区；“出血”用于显示或隐藏出血范围，方便用户在排版中调整对象的位置；“可打印区域”用于显示或隐藏文档输出时可以打印的区域，此模式下出血区域会被隐藏，方便在排版过程中浏览版式，如图2-19所示。

网格：在子菜单中可以选择添加的网格类型，包括“文档网格”“像素网格”“基线网格”，如图2-20所示。

图2-19　图2-20

标尺：选择该命令可以显示或隐藏标尺。

辅助线：选择该命令可以显示或隐藏辅助线，在隐藏辅助线时不会将其删除。

对齐辅助线：选择该命令可以在编辑对象时自动对齐辅助线。

动态辅助线：选择该命令将开启动态辅助线，辅助线会自动贴齐对象的节点、边缘、中心或文字基准线。

贴齐：在子菜单中选取相应对象类型进行贴齐。使用贴齐功能后，当对象移动到目标吸引范围内就会自动贴靠。该命令可以配合网格、辅助线、基线等辅助工具使用，如图2-21所示。

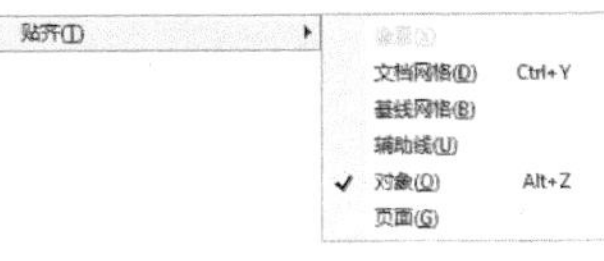

图2-21

知识链接

辅助线和网格的详细操作与设置请参阅本章“2.7 标尺”中的相关内容。

★ 重 点 ★

2.3.4 “布局”菜单

“布局”菜单用于文本编排时的操作。在该菜单下可以执行对页面和页码的基本操作命令，如图2-22所示。

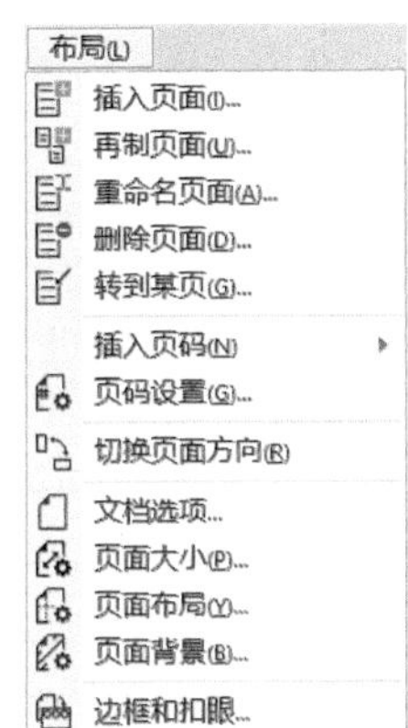

图2-22

“布局”菜单命令介绍

插入页面：选择该命令可以打开“插入页面”对话框，实现插入新页面及设置新页面尺寸的操作，如图2-23所示。

图2-23

再制页面：选择该命令可以打开“再制页面”对话框，实现在选定的页面之前或之后，复制当前页或当前页及其内容的操作，如图2-24所示。

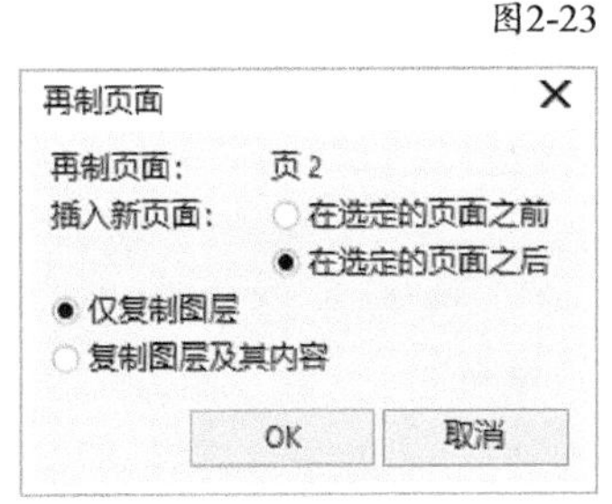

图2-24

重命名页面：重新命名选定页面的名称。

删除页面：删除选中的页面，或输入删除页面的范围。

转到某页：快速跳转至文档中某一页。

插入页码：用于插入页码，其子菜单中包括“位于活动图层”“位于所有页”“位于所有奇数页”“位于所有偶数页”4个命令。

页码设置：执行“布局>页码设置”菜单命令，打开“页码设置”对话框，在该对话框中可以设置“起始编号”和“起始页”，同时还可以设置页码的“样式”，如图2-25所示。

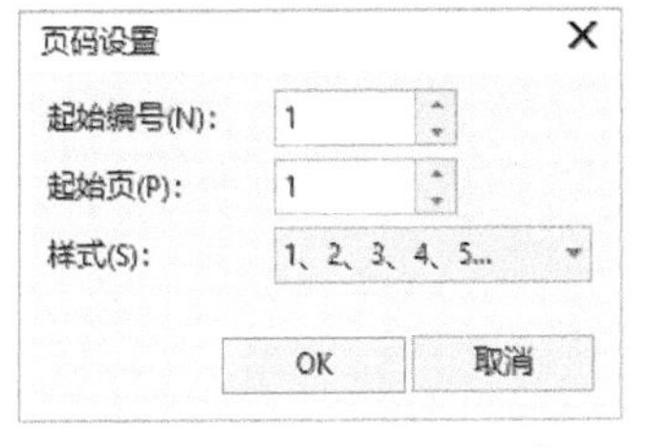

图2-25

切换页面方向：互换页面的宽高比。

文档选项：可以打开“选项”对话框，设置文档的偏好和再制参数。

页面大小：设置文档的页面尺寸参数。

页面布局：设置文档的布局和对开页参数，如勾选“对开页”复选框，内容将合并到一页中。

页面背景：在菜单栏中执行“布局>页面背景”命令，将打开“选项”对话框的背景参数设置界面，如图2-26所示。默认为无背景；选中“纯色”并单击下拉按钮，可选择纯色背景颜色；选中“位图”并单击其后的“浏览”按钮，可载入位图作为背景。勾选“打印和导出背景”选项，将在输出时显示填充的背景。

图2-26

边框和扣眼：用于设置页面的边框和打扣位置，常用于印刷品的后道工序设计，如图2-27所示。

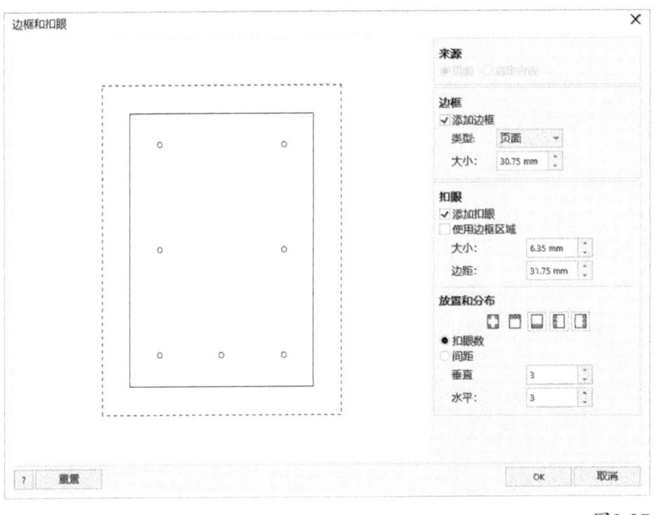

图2-27

2.3.5 “对象”菜单

“对象”菜单用于对象编辑的辅助操作。通过该菜单中的命令可以创建箭头、图样填充、PowerClip、对称、符号、翻转，复制效果，插入条形码，对齐与分布对象，使对象符合路径等，还可以打开对象属性、对象管理器泊坞窗批量处理对象，如图2-28所示。

知识链接

关于对象的详细操作，请参阅“第3章 对象的基本操作”的相关内容。

图2-28

2.3.6 “效果”菜单

“效果”菜单用于对象的效果编辑。在该菜单下可以矫正调节对象的颜色并添加特效，如图2-29所示。

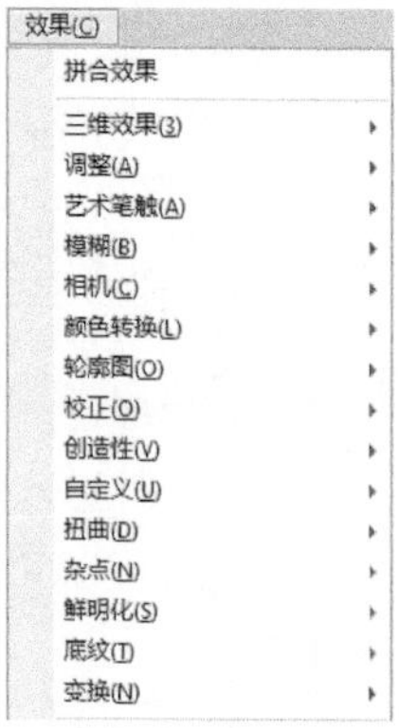

知识链接

关于效果添加和编辑的详细操作，请参阅“第10章 对象的特效编辑”的相关内容。

图2-29

2.3.7 “位图”菜单

“位图”菜单用于编辑和调整位图，如图2-30所示。

关于位图的详细操作，请参阅“第11章 位图的操作”的相关内容。

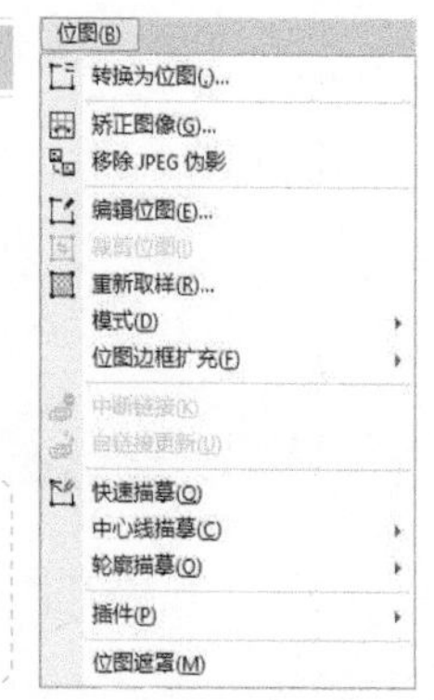

图2-30

2.3.8 “文本”菜单

“文本”菜单用于文本的编辑与设置，在该菜单下可以进行文本的段落设置、路径设置和查询操作等，如图2-31所示。

知识链接

关于文本的详细操作，请参阅“第12章 文本的创建与处理”的相关内容。

图2-31

2.3.9 “表格”菜单

“表格”菜单用于创建与设置文本中的表格。在该菜单下可以创建和编辑表格，也可以转换文本与表格，如图2-32所示。

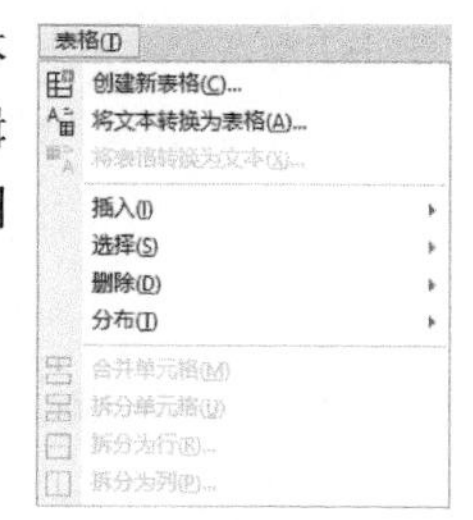

图2-32

知识链接

关于表格的详细操作，请参阅“第13章 表格工具”的相关内容。

2.3.10 “工具”菜单

“工具”菜单可以设置各功能命令的使用状态，还可以批量处理对象，如图2-33所示。

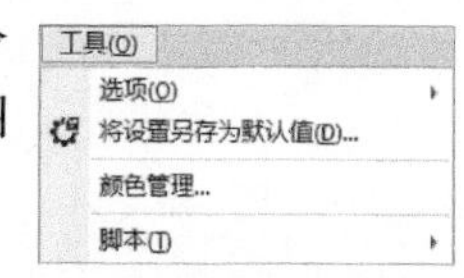

图2-33

“工具”菜单命令介绍

选项：“选项”子菜单下有“CorelDRAW”“自定义”“工具”“全局”“工作区”5个命令。执行“工具>选项>CorelDRAW”菜单命令（快捷键为Ctrl+J），将打开“选项”对话框，如图2-34所示。单击对话框右上角的分类按钮，可以设置相应功能命令的参数。

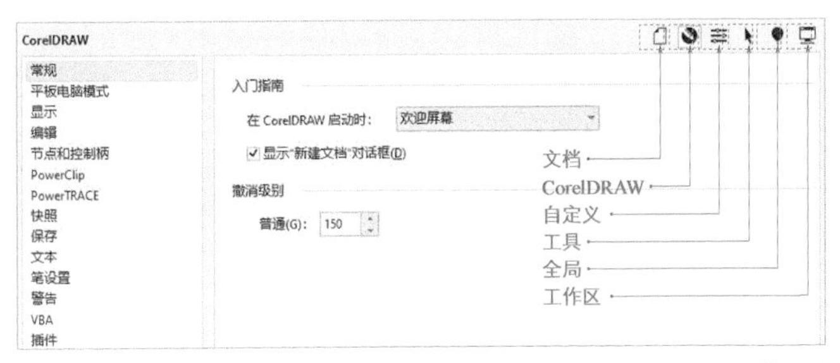

图2-34

文档：调整页面大小、版式、网格和标尺等。

CorelDRAW：调整编辑、PowerTRACE、文本和插件等应用程序设置。

自定义：自定义应用程序外观、快捷方式、图标和命令栏等。

工具：调整特定工具的设置。

全局：调整打印、文件位置、受支持的文件格式等软件设置。

工作区：导出、导入、选择或删除工作区。

将设置另存为默认值：可以将设定好的功能参数保存为软件默认设置，即使重启软件也不会改变。

颜色管理：调整颜色的预设参数和配置参数，一般情况下保持默认设置。

脚本：用于快速建立批量处理动作。执行“工具>脚本>开始记录”菜单命令，如图2-35所示，弹出“记录宏”对话框，在“宏名”文本框中输入名称，在“将宏保存至”列表框中选择保存宏的模板或文档，在“描述”文本框中，输入对宏的描述，单击OK按钮开始记录，如图2-36所示。

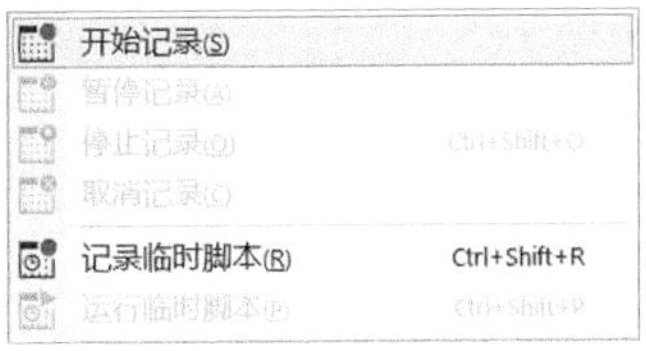

图2-35

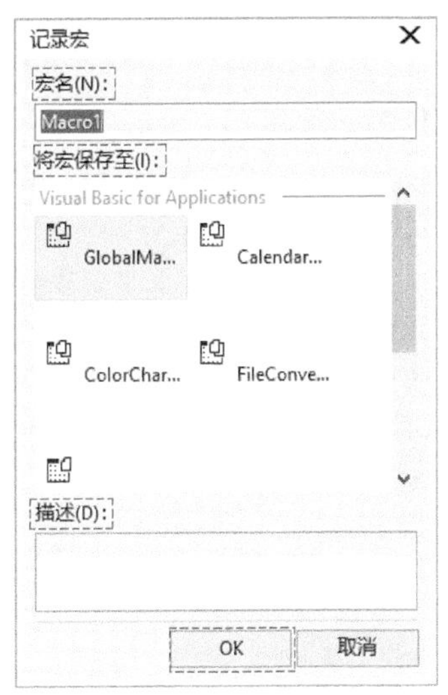

图2-36

2.3.11 “窗口”菜单

“窗口”菜单用于调整窗口文档视图和切换编辑窗口。在该菜单下可以添加、排列和关闭文档窗口，如图2-37所示。注意在菜单最下方会显示打开的单个或多个文档窗口，正在编辑的文档前方会显示一个圆点，单击相应的文档名称可以快速切换窗口。

图2-37

“窗口”菜单命令介绍

新窗口：用于新建一个文档窗口。

刷新窗口：刷新当前窗口。

关闭窗口：关闭当前文档窗口。

全部关闭：关闭所有打开的文档窗口。

层叠：将所有文档窗口进行叠加显示，如图2-38所示。

图2-38

水平平铺：水平方向平铺显示所有文档窗口，如图2-39所示。

垂直平铺：垂直方向平铺显示所有文档窗口，如图2-40所示。

合并窗口：将所有窗口以正常的方式进行排列预览，如图2-41所示。

图2-39

图2-40

图2-41

停靠窗口：将所选的层叠窗口停放在文档标题栏中，不以浮动方式显示，如图2-42所示。

图2-42

工作区：引入了各种针对具体工作量身定制的工作区，可以帮助新用户更快、更轻松地掌握该软件。

Lite：轻量化配置，用于帮助新用户更快地掌握此软件。

默认：对工具、菜单、状态栏和对话框使用默认配置。

触摸：针对触摸屏用户的专用配置。

专长：针对专业使用方向，如插图绘制，以及配合Illustrator用户习惯的配置。

新建、删除、导入、导出：自定义工作区配置。

泊坞窗：在子菜单中可以选择命令添加相应的泊坞窗，如图2-43所示。

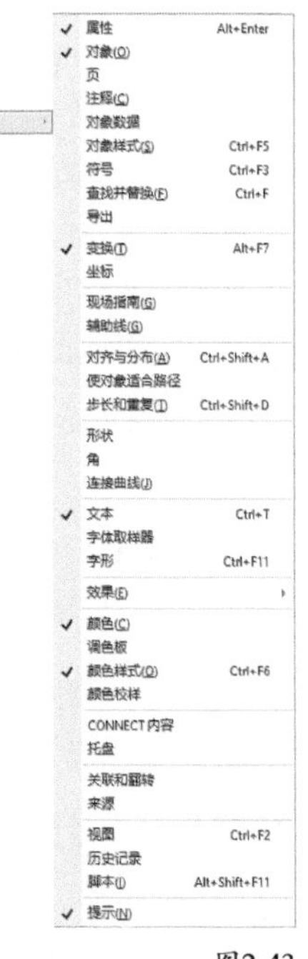

图2-43

工具栏：在子菜单中可以选择命令显示或隐藏相应的工具栏，如图2-44所示。

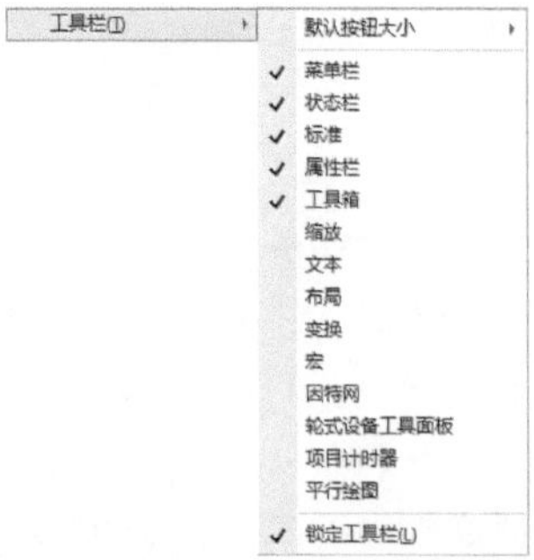

图2-44

调色板：在子菜单中可以选择命令载入相应的调色板，默认状态下显示“文档调色板”和“默认调色板”，如图2-45所示。

图2-45

技术看板

如果误将工作区控件关闭应该怎么复原？

第1种：在工作区空白处单击鼠标右键，选择“查看”命令，在弹出的子菜单中勾选需恢复的内容，此方法可恢复状态栏、标尺和辅助线等，如图2-46所示。

第2种：在标题栏下方的工具栏上的任意位置单击鼠标右键，在弹出的快捷菜单中勾选需恢复的内容，此方法可恢复菜单栏、状态栏和工具箱等，如图2-47所示。

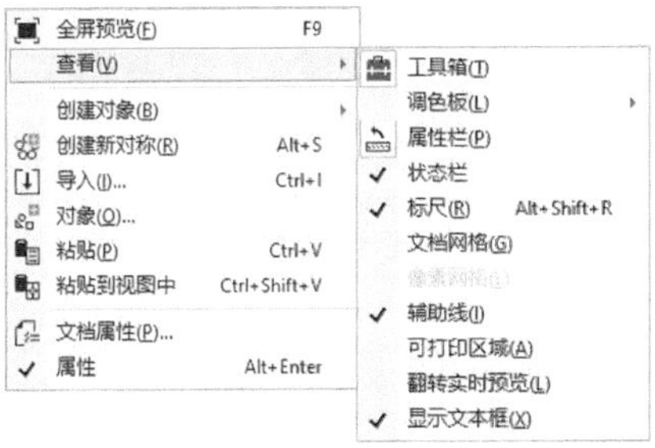

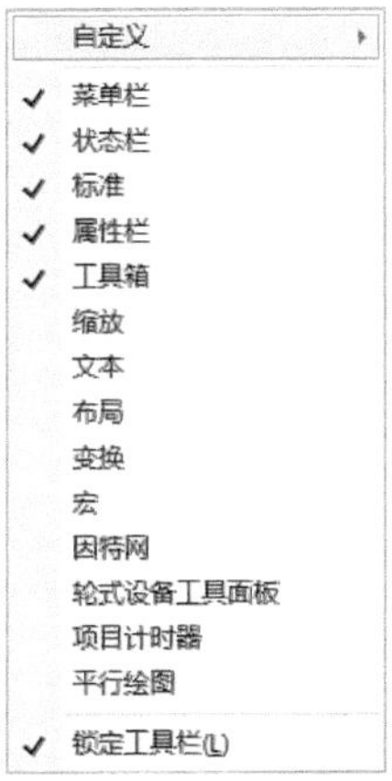

图2-46　　图2-47

2.3.12 “帮助”菜单

“帮助”菜单用于新手入门学习和查看CorelDRAW 2021软件的信息，如图2-48所示。

图2-48

产品帮助：在会员登录的状态下查看在线帮助文档。

欢迎屏幕：用于打开“快速入门”的欢迎屏幕。

视频教程：在会员登录的状态下查看在线视频教程。

提示：显示“提示”泊坞窗，当使用工具箱中的工具时，可以提示该工具的作用和使用方法。

快速开始指南：可以打开CorelDRAW 2021软件自带的入门指南。

新增功能：可以打开“新增功能”欢迎屏幕，帮助用户了解新增加的功能。

突出显示新增功能：在子菜单中可以选择相应做对比的以往CorelDRAW的版本，选择“无突出显示”命令可以关闭突出显示，如图2-49所示。

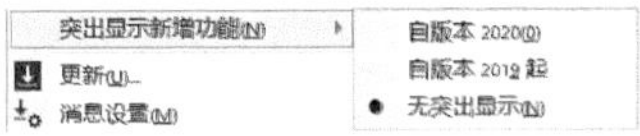

图2-49

更新：选择该命令可以开始在线更新软件。

CorelDRAW社区：用于访问CorelDRAW社区网站。

Corel支持：了解版本与格式的支持信息。

账户设置：选择该命令可以打开“登录”对话框，如果有账户就输入登录，没有可以创建，只有登录了会员才有资格查看高级在线内容。

关于CorelDRAW：查看CorelDRAW 2021的软件信息。

2.4 “标准”工具栏

“标准”工具栏包含CorelDRAW 2021软件的常用基本工具图标，方便直接单击使用，如图2-50所示。

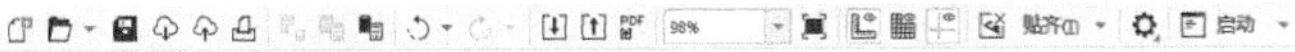

图2-50

“标准”工具栏选项介绍

新建：开始创建一个新文档。

打开：打开已有的CDR文档。

保存：保存编辑的内容。

从云中打开：从Corel云端打开文档。

保存到云：将文档保存到Corel云端。

打印：将当前文档打印输出。

剪切：剪切选中的对象。

复制：复制选中的对象。

粘贴：从剪贴板中粘贴对象。

撤销：取消前面的操作（在下拉面板中可以选择撤销的详细步骤）。

重做：重新执行撤销的步骤（在下拉面板中可以选择重做的详细步骤）。

导入：将文件导入正在编辑的文档。

导出：将编辑好的文件另存为其他格式进行输出。

发布为PDF：将文件导出为PDF格式。

缩放级别52%：输入数值来指定当前视图的缩放比例。

全屏预览：全屏预览文档。

显示标尺：显示或隐藏文档的标尺。

显示网格：显示或隐藏文档网格。

显示辅助线：显示或隐藏辅助线。

贴齐关闭：关闭所有贴齐。

贴齐贴齐(T)：在下拉面板中选择页面中对象的贴齐方式，如图2-51所示。

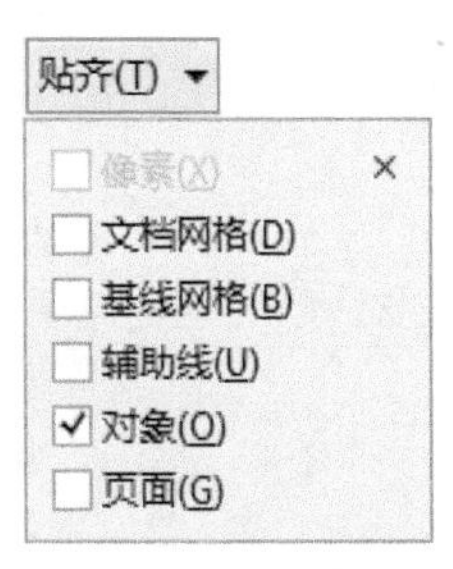

图2-51

选项：快速开启“选项”对话框进行相关设置。

应用程序启动器启动：快速启动Corel的其他应用程序，如图2-52所示。

图2-52

2.5 属性栏

单击工具箱中的工具时，属性栏上就会显示该工具的属性设置。属性栏在默认情况下显示的是页面属性设置，如图2-53所示，如选择“矩形”工具，属性栏中将自动显示该工具的属性设置选项，如图2-54所示。

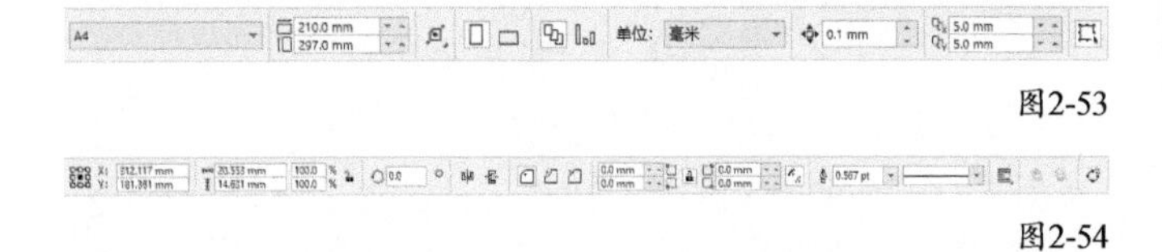

图2-53

图2-54

2.6 工具箱

工具箱包含图形编辑的常用基本工具，其中的工具以工具的用途进行分类。按住鼠标左键即可打开隐藏的工具组，单击相应的图标可以选择所需工具，如图2-55所示。

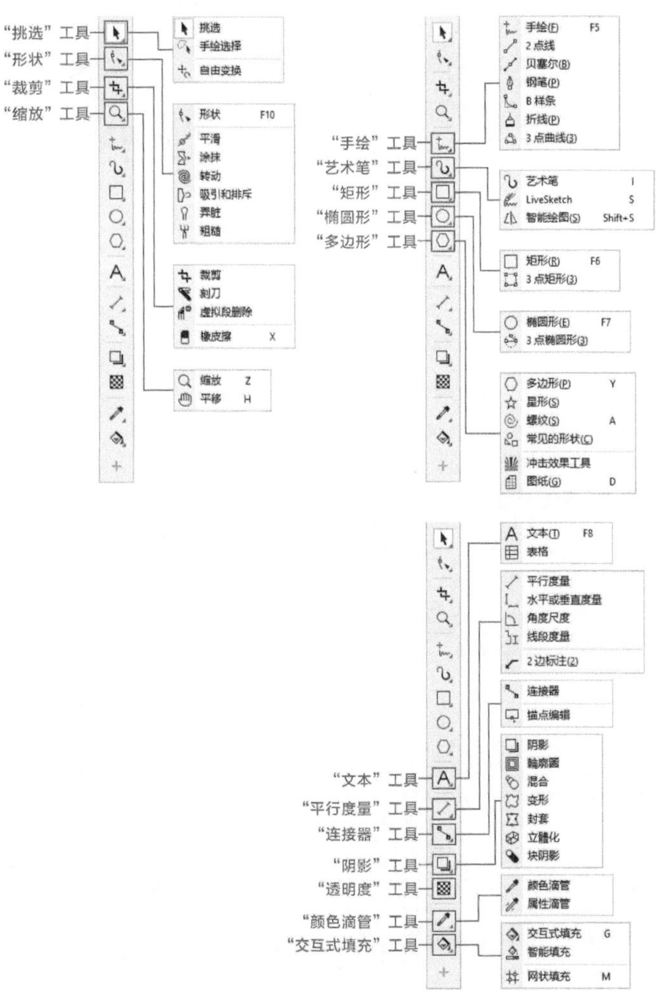

图2-55

技巧与提示

为使以后可以更便捷地使用“轮廓笔”工具，单击工具箱下方的+按钮，打开添加面板，勾选“轮廓工具”选项即可，如图2-56所示。

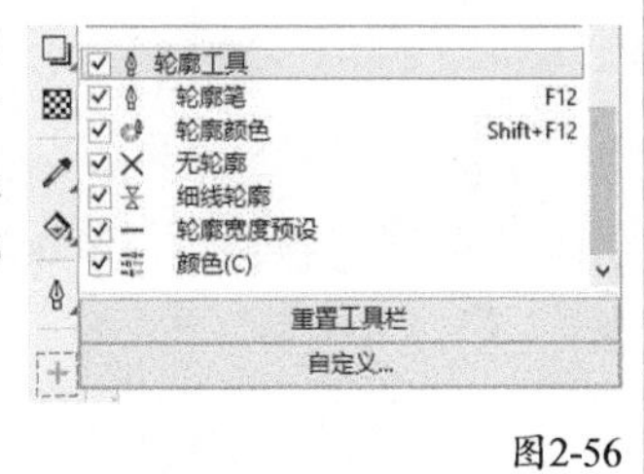

图2-56

知识链接

关于工具箱中工具的使用方法将在后面的章节中进行详细讲解。

2.7 标尺

标尺起着辅助精确制图和缩放对象的作用，默认情况下，坐标原点位于页面的左上角，如图2-57所示。在标尺交叉处按住鼠标左键拖曳，可以移动坐标原点的位置；要回到默认坐标原点位置，需双击标尺交叉点。

图2-57

★ 重 点 ★

2.7.1 辅助线的操作

辅助线是帮助用户进行准确定位的虚线。辅助线可以位于工作区内的任何地方，它不会在文件输出时显示。

将鼠标指针移动到水平或垂直标尺上，然后按住鼠标左键拖曳即可生成辅助线。

如需生成倾斜辅助线，可以选中辅助线，在属性栏的“旋转角度”文本框中输入数值，如图2-58所示，此方法用于非精确定位。

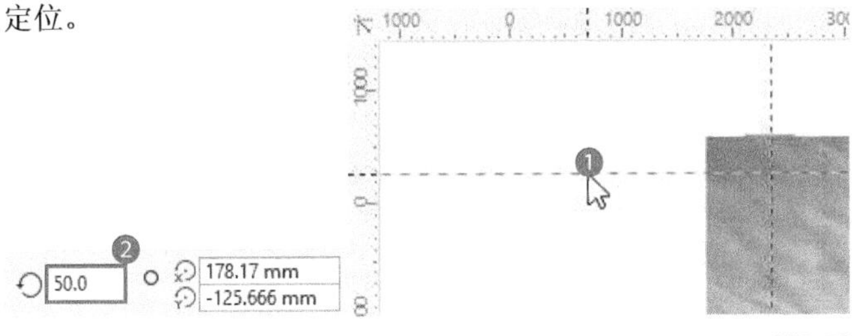

图2-58

如需精确设置辅助线，可以执行“布局>文档选项”菜单命令，打开“选项”对话框，然后在对话框左侧选择“辅助线”选项，切换到相应的设置界面。

辅助线设置选项介绍

显示：显示或隐藏辅助线，设置辅助线颜色和预设辅助线颜色，如图2-59所示。

图2-59

水平：在对话框中设置水平辅助线y轴的精确数值，然后单击“添加”或“移动”按钮设置辅助线。单击“删除”或“全部清除”按钮可取消辅助线，如图2-60所示。

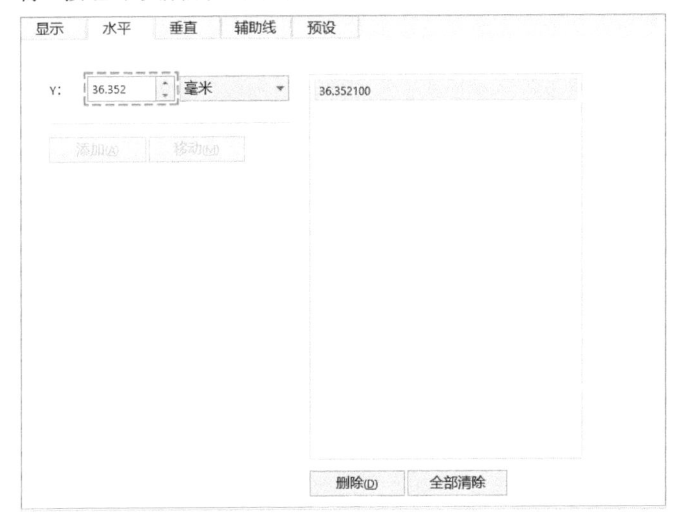

图2-60

垂直：在对话框中设置垂直辅助线x轴的精确数值，然后单击“添加”或“移动”按钮设置辅助线。单击“删除”或“全部清除”按钮可取消辅助线，如图2-61所示。

图2-61

辅助线：可以通过以下两种方法精确设置倾斜辅助线。

第1种：设置“类型”为“角度和1点”，通过精确设定平面点和旋转角度来设置倾斜辅助线，如图2-62所示。

图2-62

第2种：设置“类型”为“2点”，通过精确设定两个平面点来设置倾斜辅助线，如图2-63所示。

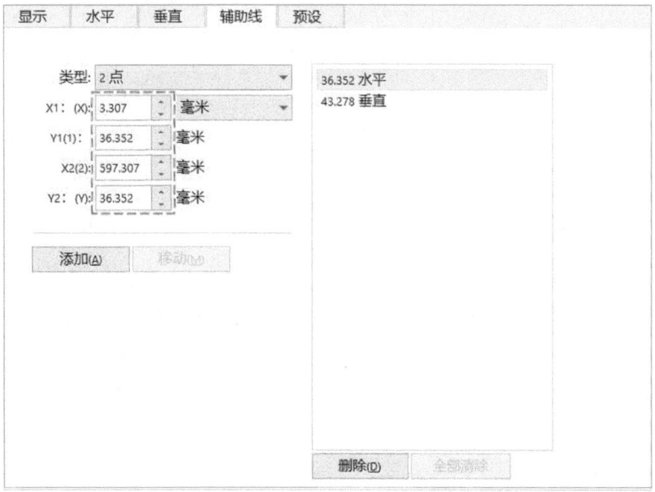

图2-63

预设：可以选择“Corel预设”或“用户定义的预设”来设置预设辅助线参数，如图2-64所示。

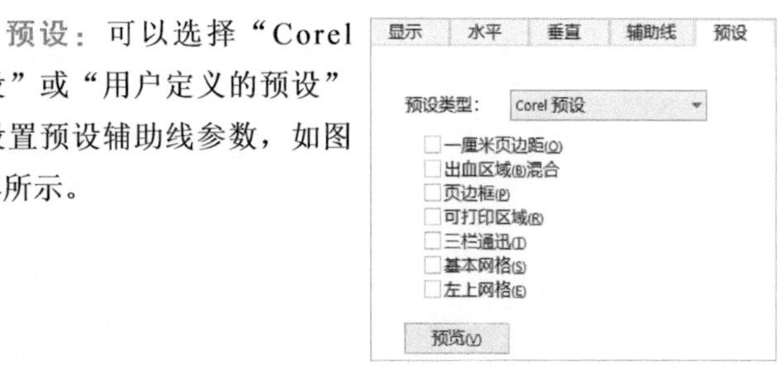

图2-64

技巧与提示

下面介绍辅助线的使用技巧。

选择单条辅助线：单击辅助线即可将其选中，红色为选中状态，表示可以对辅助线进行相关的编辑。

选择全部辅助线：执行“编辑>全选>辅助线”菜单命令，即可选中绘图区内所有未锁定的辅助线，方便用户进行整体删除、移动、变色和锁定等操作，如图2-65所示。

图2-65

锁定与解锁辅助线：选中需要锁定的辅助线，然后执行“对象>锁定>锁定”菜单命令锁定；执行“对象>锁定>解锁”菜单命令解锁。单击鼠标右键，在弹出的菜单中选择“锁定”和“解锁”命令也可进行操作。

贴齐辅助线：在没有使用贴齐功能时，编辑对象无法精确贴靠在辅助线上，当执行“查看>对齐辅助线”菜单命令后，移动对象就可以吸附贴靠在辅助线上，如图2-66所示。

图2-66

2.7.2 标尺的设置

用户可以对标尺进行详细的设置。

执行“布局>文档选项”菜单命令打开“选项”对话框，在对话框左侧选择“标尺”选项切换到相应的界面，即可进行标尺的相关设置，如图2-67所示。

图2-67

标尺设置选项介绍

单位：设置标尺的单位。

微调距离：在下面的“微调”“精密微调”“细微调”数值框中输入数值进行精确调整。

原始：在下面的“水平”和“垂直”数值框内输入数值可以确定原点的位置。

记号划分：输入数值可以设置标尺的刻度记号，范围最大为20，最小为2。

编辑缩放比例：单击“编辑缩放比例”按钮，会弹出“绘图比例”对话框，在“典型比例”下拉列表中可选择不同的比例，如图2-68所示。

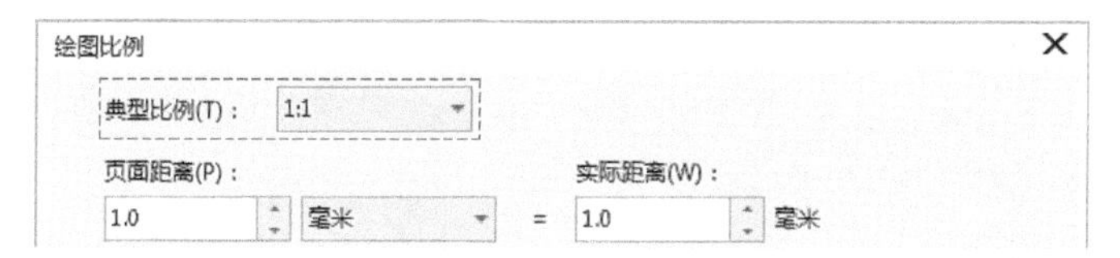

图2-68

2.8 导航栏

导航栏用于对视图和页面进行定位引导，可以执行跳页和视图移动定位等操作，如图2-69所示。

图2-69

2.9 状态栏

状态栏可以显示当前鼠标指针所在位置、工具提示、对象细节和文档颜色设置等信息，如图2-70所示。

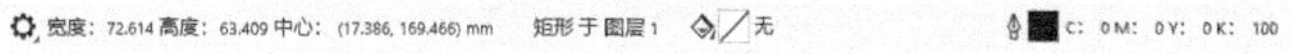

宽度：72.614 高度：63.409 中心：(17.386, 169.466) mm 矩形 于 图层 1 无 C: 0 M: 0 Y: 0 K: 100

图2-70

2.10 调色板

CorelDRAW提供了多种调色板，在日常工作中最常用的是默认调色板。默认调色板位于操作界面的最右侧，用户可以快速地调用调色板中的色样对对象的颜色进行编辑和修改。

★重点★

2.10.1 默认调色板

默认调色板是CorelDRAW自带的初始状态下的调色板，位于操作界面的最右侧，如图2-71所示。

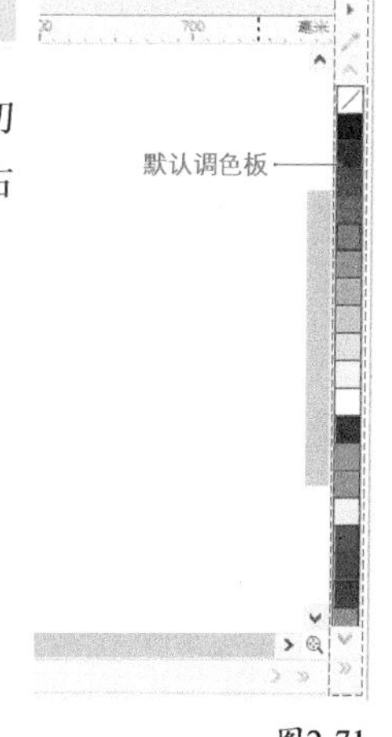

图2-71

调色板的使用方法：在选中对象的情况下，单击色样，即可调整对象的填充色；在色样上单击鼠标右键，则可调整对象的轮廓色。

技巧与提示

要想通过单击鼠标右键设置轮廓色，必须首先按快捷键Ctrl+J打开“选项”对话框，在“调色板”选项卡中选中“设置轮廓颜色”选项，如图2-72所示。

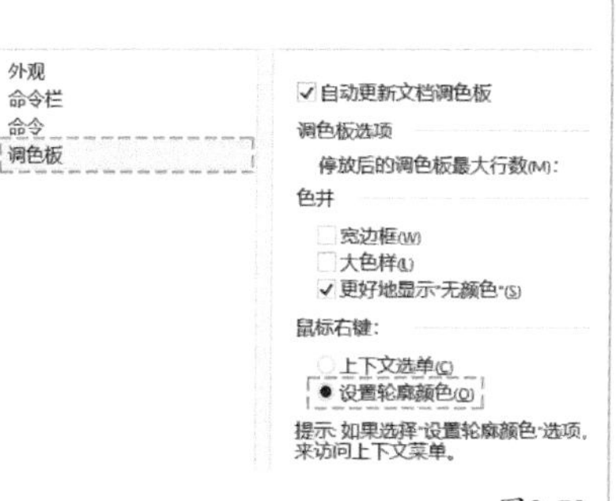

图2-72

调色板使用演示

打开“素材文件>CH02>2-1.cdr”，如图2-73所示。

选择工具箱中的“挑选”工具，单击选中此对象，如图2-74所示。

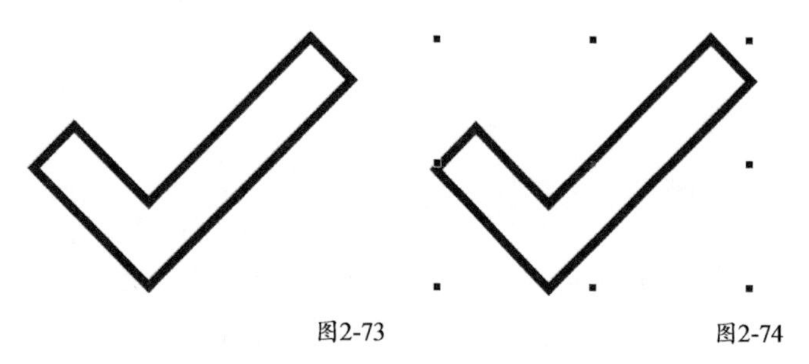

图2-73　　图2-74

单击默认调色板中的天蓝色（C:100，M:20，Y:0，K:0）色样，填充对象，如图2-75所示。

右击默认调色板中的冰蓝色（C:40，M: 0，Y:0，K:0）色样，填充轮廓，如图2-76所示。

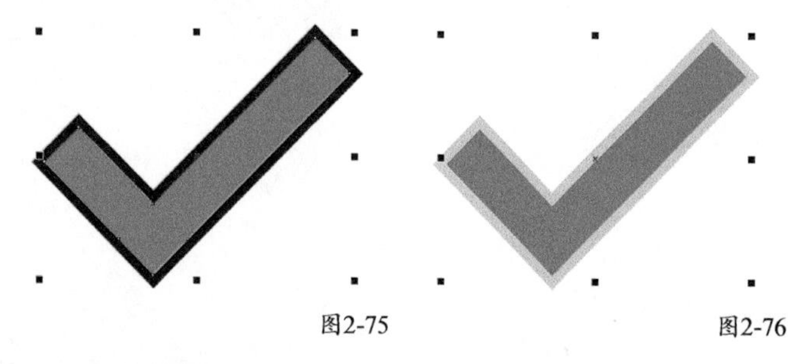

图2-75　　图2-76

技巧与提示

单击默认调色板顶部的箭头按钮和底部的箭头按钮，可以查看默认调色板中更多的颜色。

默认调色板顶部的图标表示无色。选中图形后，单击该图标，图形的填充色将变为无色；用鼠标右键单击该图标，图形的轮廓色将变为无色，该图标如图2-77所示。

单击默认调色板底部的双箭头按钮，可临时打开整个调色板，如图2-78所示。

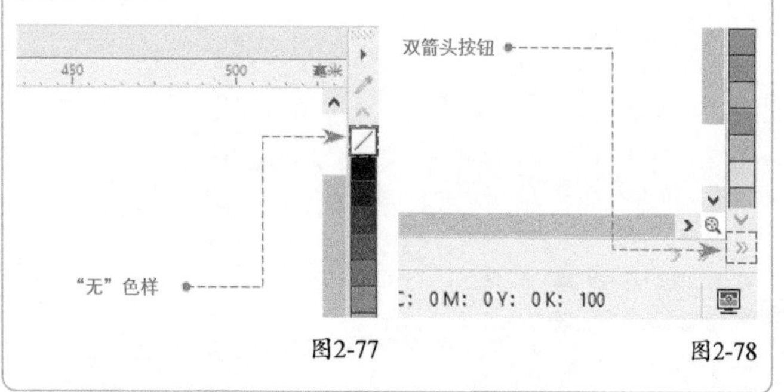

图2-77　　图2-78

在默认调色板的一个色样上按住鼠标左键，会弹出颜色挑选器，显示与本色样相近的48种色彩，此时松开鼠标即可为对象选择填充色和轮廓色，如图2-79所示。

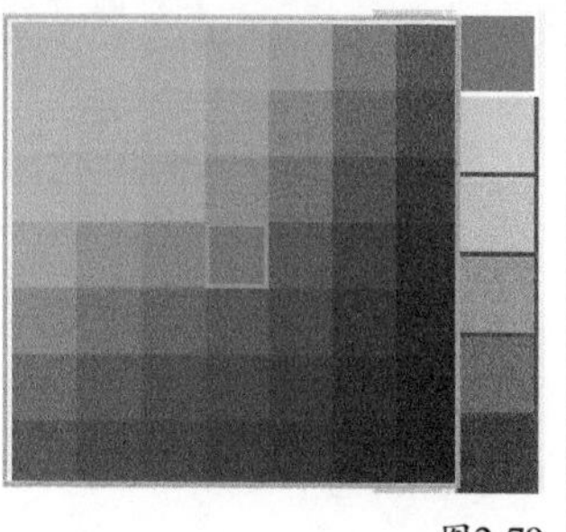

图2-79

2.10.2 文档调色板

文档调色板位于CorelDRAW操作界面底部，单个CDR文档中曾经使用过的色样将会记录在文档调色板。通过文档调色板中的吸管工具可将任意颜色添加至文档调色板，如图2-80所示。

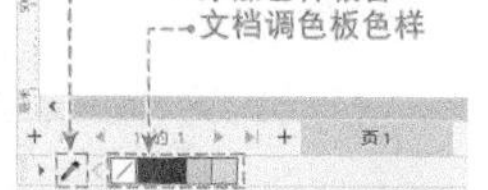

图2-80

2.11 泊坞窗

CorelDRAW中的泊坞窗是一种对话框类型的控件，但泊坞窗可以在操作文档时一直打开，便于使用各种命令来尝试不同的效果。泊坞窗按其所能实现的功能进行了分类。

执行“窗口>泊坞窗”菜单命令，根据所需功能选择相应的泊坞窗，如图2-81所示。

以“属性”泊坞窗为例，打开该泊坞窗时，可以对选中对象的轮廓、填充、透明度等属性进行调整，并可查看对象的各种属性，如图2-82所示。

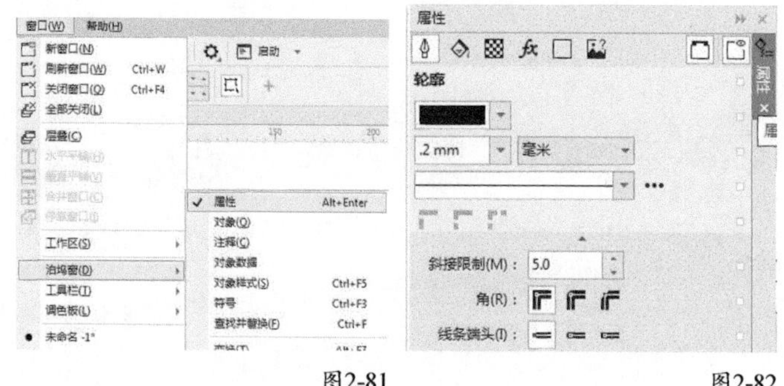

图2-81　　图2-82

泊坞窗既可以停放，也可以浮动。默认情况下泊坞窗停放在CorelDRAW操作界面的右侧边缘。取消停放泊坞窗会使其与工作区的其他部分分离，此时可以方便地移动泊坞窗，同时，也可以折叠泊坞窗以节省屏幕空间。

打开的多个泊坞窗通常会嵌套显示，但当前只有一个泊坞窗可以完整显示。可以通过单击泊坞窗的选项卡标签快速切换显示泊坞窗。

2.12 基本操作

2.12.1 启动与关闭软件

首先学习启动和关闭CorelDRAW 2021。

启动软件

通常情况下，可以采用两种方法来启动CorelDRAW 2021。

第1种：执行“开始>CorelDRAW Graphics Suite 2021(64-Bit)>CorelDRAW 2021(64-Bit)”命令，如图2-83所示。

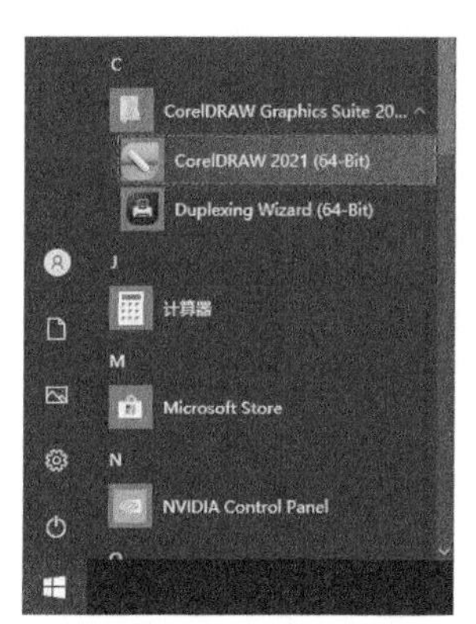

图2-83

第2种：在系统桌面上双击CorelDRAW 2021的快捷方式图标。软件加载完成后会出现“欢迎屏幕”界面。在“立即开始”选项区中，可以新建文档、打开文件、从模板新建文档，并且可以打开最近使用过的文档；“欢迎屏幕”界面中还提供工作区、新增功能、学习等选项；通过“欢迎屏幕”界面，可以访问更多的素材和学习资源，如图2-84所示。

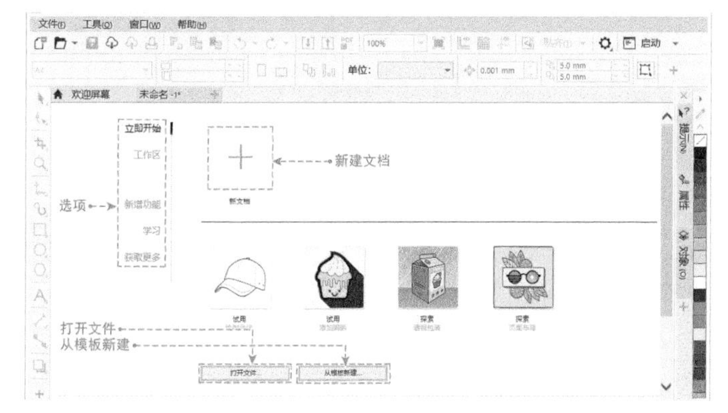

图2-84

技巧与提示

如何在启动软件时关闭欢迎屏幕？

按快捷键Ctrl+J打开“选项”对话框，设置“在CorelDRAW启动时”为“无”，如图2-85所示，下次启动软件时就不会显示欢迎屏幕了。

图2-85

如需打开欢迎屏幕，则执行“帮助>欢迎屏幕”菜单命令。

关闭软件

通常情况下，可以采用两种方法来关闭CorelDRAW 2021。

第1种：在软件窗口的右上角单击“关闭”按钮×。

第2种：执行“文件>退出”菜单命令或按快捷键Alt+F4，如图2-86所示。

图2-86

2.12.2 创建与设置新文档

要进一步学习CorelDRAW 2021，需要创建一个新文档进行深入的操作。

创建新文档

创建新文档的方法有以下4种。

第1种：在“欢迎屏幕”界面中单击“新文档”图标或“从模板新建”按钮。

第2种：执行“文件>新建”菜单命令或按快捷键Ctrl+N。

第3种：在“标准”工具栏上单击“新建”按钮。

第4种：在文档标题栏上单击“开始新文档”按钮+。

设置新文档

按照上述任意一种方法创建新文档后，会弹出“创建新文档”对话框，如图2-87所示，在该对话框中可以详细设置文档参数。

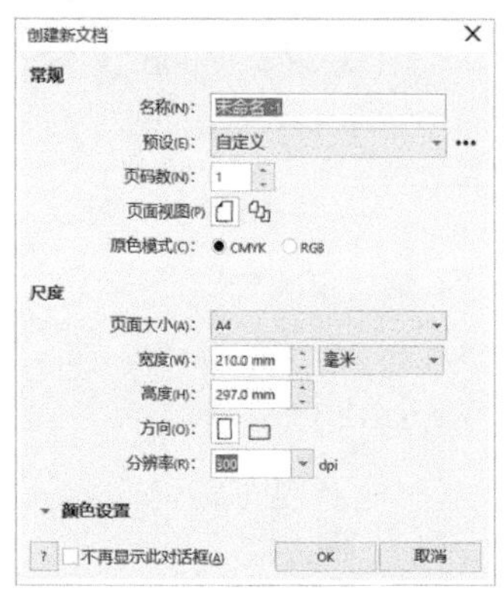

图2-87

“创建新文档”对话框选项介绍

名称：设置文档的名称。

预设：设置文档的设计类型，包括Web、默认RGB、默认CMYK、Corel DESIGNER默认设置、自定义5种类型。

页码数：设置文档的页面数量。

页面视图：显示单页视图或多页视图。

原色模式：CMYK为印刷应用方向，RGB为显示屏应用方向。

页面大小：选择页面的大小，默认为A4，也可以选择其他大小。

宽度：设置页面的宽度，可以自定义数值和单位，默认单位为“毫米”。

高度：设置页面的高度。

方向：设置页面朝向。

分辨率：默认为300dpi，也可以自定义数值。RGB模式下一般选择72dpi。

颜色设置：默认颜色设置，一般无须更改。

不再显示此对话框：勾选该选项后，下次创建新文档时，所有参数均使用默认值且不再显示此对话框。

技巧与提示

如何在启动软件时直接创建新文档？

按快捷键Ctrl+J打开“选项”对话框，设置“在CorelDRAW启动时”为“启动新文档”，如图2-88所示。

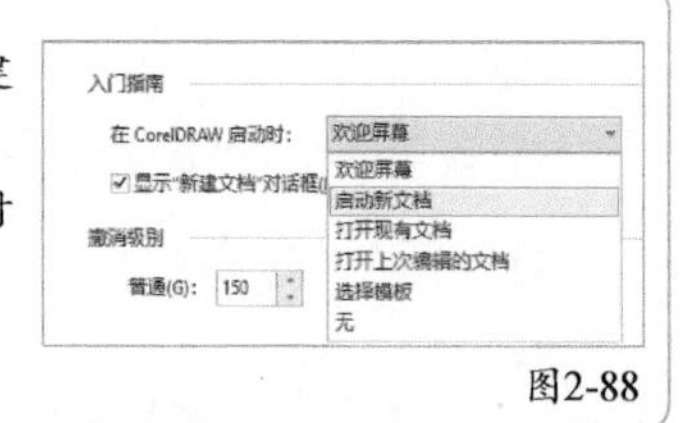

图2-88

★重点★

2.12.3 页面操作

页面操作包括设置页面大小、添加页面、切换页面和跳转页面等。

设置页面大小

页面大小可以通过文档参数设置，还可以在文档的编辑过程中重新进行调整，具体方法如下。

第1种：执行“布局>页面大小”菜单命令，弹出“选项”对话框，在“大小”下拉列表中即可设置页面大小，如图2-89所示。如果勾选“只将大小应用到当前页面”选项，则重新设置的页面大小只针对当前页面有效，并不影响其他页面。

图2-89

技术看板

“出血”是什么？它有什么用？

“出血”是指为保留画面有效内容而预留出的方便裁切的部分。通常印刷品的一些图案都会延伸到“出血”区域内，以避免裁切后的成品露出白边或裁切到内容。

在印刷行业中，裁切印刷品使用的切纸机难免会出现误差。因此为了解决因裁切不精准而带来的问题，印刷品的设计稿一般都会多留3毫米的边来确保成品效果的完备性，这就是设计稿的尺寸总是大于成品尺寸的原因，多出来的那部分就是印刷“出血”区域，如图2-90所示。

图2-90

当然，“出血”并不专用于印刷品，广告喷绘制作中也有类似的“出血”设定，要具体情况具体分析。

第2种：在默认情况下，属性栏将显示页面属性，如图2-91所示。在属性栏的页面属性中，可以对页面的大小进行调整。单击“所有页面”按钮，可以将设置参数应用于所有页面；单击“当前页”按钮，设置参数将仅应用于当前页面；单击“自动适合页面”按钮，页面大小将自动缩放至所有对象范围的大小。

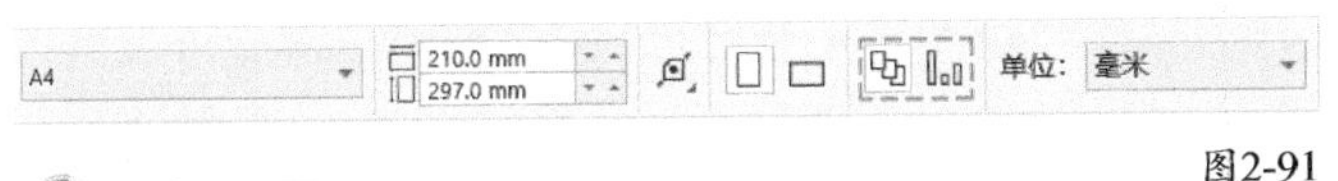

图2-91

添加页面

在默认情况下，CorelDRAW只生成一个页面。如果页面数量不够，可以在原有页面上快速添加新页面。页面下方的导航器上有当前页数显示与添加页面的相关按钮，如图2-92所示。可以通过4种方法添加新页面。

+ ⏮ ◀ 3 的 3 ▶ ⏭ + 页1 页2

图2-92

第1种：快速添加页面。单击页面导航器前后的“添加页”按钮+，可以在当前页的前后添加一个或多个页面。这种方法适用于在当前页前后快速添加多个连续的页面。

第2种：插入页面。选中需要插入新页面的页面标签，然后单击鼠标右键，在弹出的快捷菜单中选择“在后面插入页面”命令或“在前面插入页面”命令，如图2-93所示。这种方法适用于在当前页面的前后添加一个新页面。

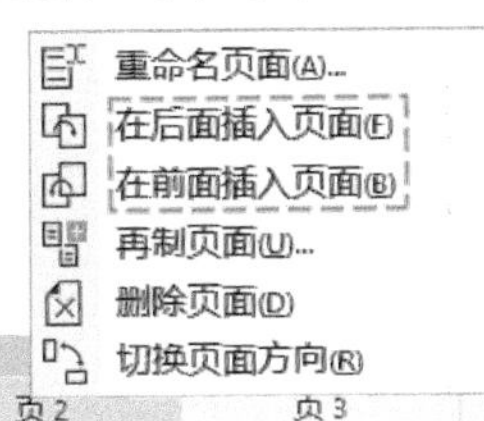

图2-93

技术看板

下面简单介绍图2-93所示的右键快捷菜单中其他命令的作用。

重命名页面：更改当前页面的名称。

删除页面：删除当前页面和页面上的所有内容。

切换页面方向：互换页面的宽高。

第3种：再制页面。在当前页面标签上单击鼠标右键，在弹出的菜单中选择“再制页面”命令，弹出“再制页面”对话框，如图2-94所示。在该对话框中可以选择在选定页面之前或之后插入新页面。其中，选中“仅复制图层”选项，新插入的页面属性将与当前页面保持一致；选中“复制图层及其内容”选项，新插入的页面不仅其属性与当前页面保持一致，还会将当前页面的所有内容也复制到新插入的页面中。

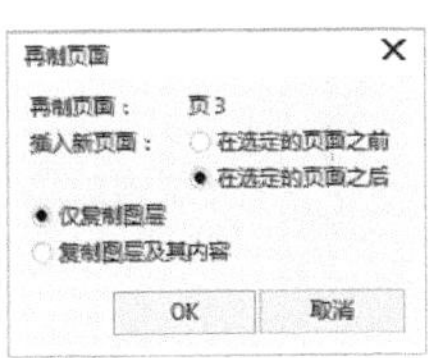

图2-94

第4种：在“布局”菜单下执行“插入页面”或“再制页面”命令。

切换页面

当需要切换到其他页面进行编辑时，单击页面导航器中的▶或◀按钮即可向前或向后切换页面；单击页面导航器中的⏮或⏭按钮，可直接跳转到起始页或结束页；单击页面导航器中间的按钮，会弹出图2-95所示的对话框，可在其中指定跳转到具体某一页。

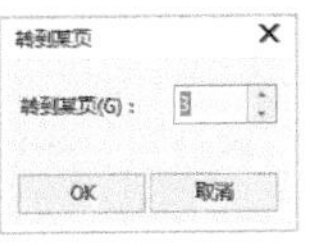

图2-95

2.12.4 打开文档

可以采用5种方法打开计算机中存储的CorelDRAW文档，CorelDRAW文档的文件扩展名为.cdr。

第1种：执行“文件>打开”菜单命令（快捷键为Ctrl+O），在弹出的“打开绘图”对话框中选中CorelDRAW文档，如图2-96所示，单击“打开”按钮。单击“显示预览窗格”按钮，可以查看CDR文档的缩略图及分页。

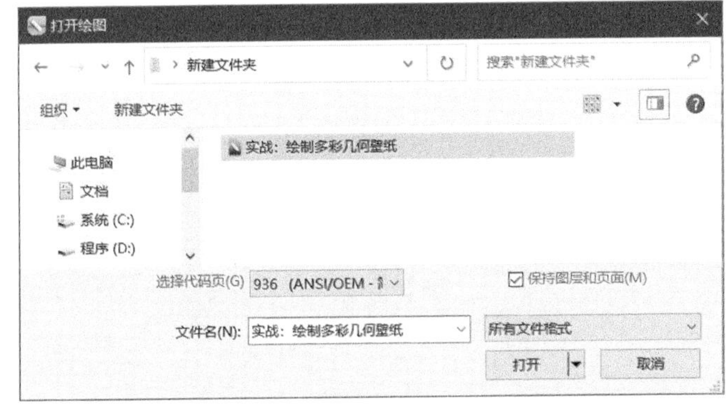

图2-96

第2种：在“标准”工具栏中单击“打开”按钮。

第3种：在“欢迎屏幕”界面中单击“打开文件”按钮。

第4种：在Windows资源管理器中，双击打开需要的CorelDRAW文档。

第5种：在Windows资源管理器中，找到需要打开的CorelDRAW文档（一个或多个），然后将其拖曳到CorelDRAW操作界面中的工作区内，如图2-97所示。

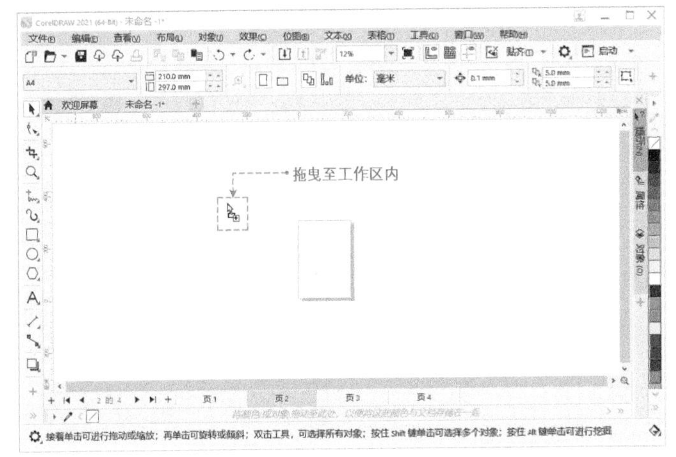

图2-97

★ 重 点 ★

2.12.5 在文档中导入其他文件

在实际的工作中，经常需要将其他格式的文件导入CorelDRAW中进行进一步的编辑，如JPG、PSD和EPS等格式的素材。导入文件的方法有以下3种。

第1种：执行“文件>导入”菜单命令（快捷键为Ctrl+I），在弹出的“导入”对话框中选择需要导入的文件，如图2-98所示，单击“导入”按钮。此时鼠标指针会变成图2-99所示的形状，单击即可完成文件的导入。

图2-98

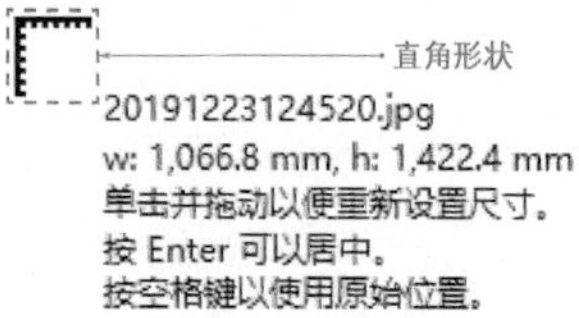

直角形状
20191223124520.jpg
w: 1,066.8 mm, h: 1,422.4 mm
单击并拖动以便重新设置尺寸。
按 Enter 可以居中。
按空格键以使用原始位置。

图2-99

技术看板

只有CorelDRAW支持的文件格式才能导入，当鼠标指针呈直角形状时，可通过以下3种方法来确定导入文件的位置与大小。

第1种：将鼠标指针移动到需要的位置单击，则导入文件的位置即为单击的位置，导入文件的大小为文件原始大小。

第2种：按住鼠标左键，在工作区内拖曳绘制矩形区域，导入的文件大小和位置将以拖曳出的矩形的位置和大小来确定，如图2-100所示。

图2-100

第3种：直接按Enter键，导入的文件以原始大小显示，居中放置。

第2种：在“标准”工具栏上单击“导入”按钮，也可以打开“导入”对话框。

第3种：在Windows资源管理器中找到需要导入的文件，将其拖曳到CorelDRAW文档中。按照此方法导入的文件将以原始大小显示。

技术看板

CorelDRAW支持更多的位图导入操作，在“导入”对话框的“导入”下拉列表中有以下导入选项可供选择，如图2-101所示。

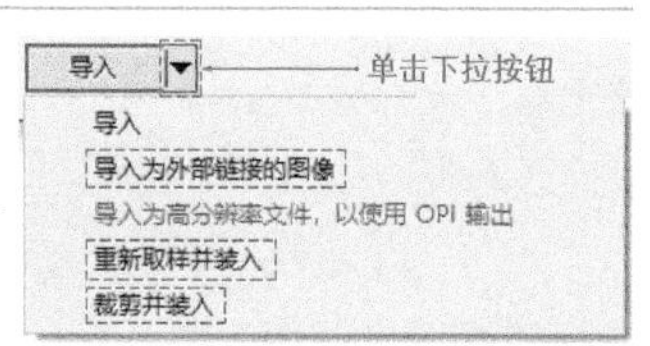

图2-101

导入为外部链接的图像：此选项用于将外部位图链接至CorelDRAW文档，而非直接导入CorelDRAW文档中。使用此选项可以减小CorelDRAW文档的大小，减轻CorelDRAW对位图的运算负担，能够明显地提升运行速度。通过链接导入的位图，在经过外部编辑器编辑更新之后，执行“位图>自链接更新”菜单命令，位图的内容也会随之更新。

重新取样并装入：在导入位图前，重新设置位图的大小和分辨率，如图2-102所示。

裁剪并装入：在导入位图前，先裁切位图，然后导入文档，如图2-103所示。

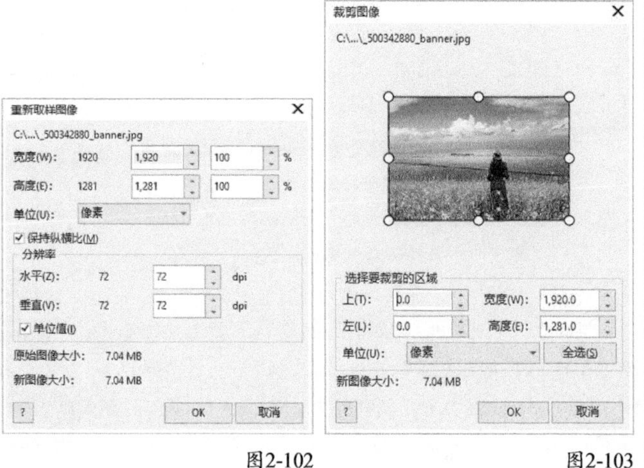

图2-102　　图2-103

2.12.6 视图的缩放与移动

视图的缩放与移动是平面设计类软件最常用的功能之一。文档在编辑的过程中，可以全屏幕预览界面内的所有内容，快捷键为F9。

视图的缩放

实现视图的缩放操作有以下3种方法。

第1种：单击工具箱中的“缩放”工具，鼠标指针会变成形状，在工作区中单击，视图将按比例放大显示；如要放大至选定的工作区，按住鼠标左键拖曳定义该区域，如图2-104所示。单击鼠标右键，视图将按比例缩小显示，或者按住Shift键，鼠标指针将变成形状，此时单击视图将按比例缩小显示。

第2种：单击“缩放”工具，属性栏上会出现该工具的相关操作按钮，如图2-105所示，单击相应按钮即可缩放视图。

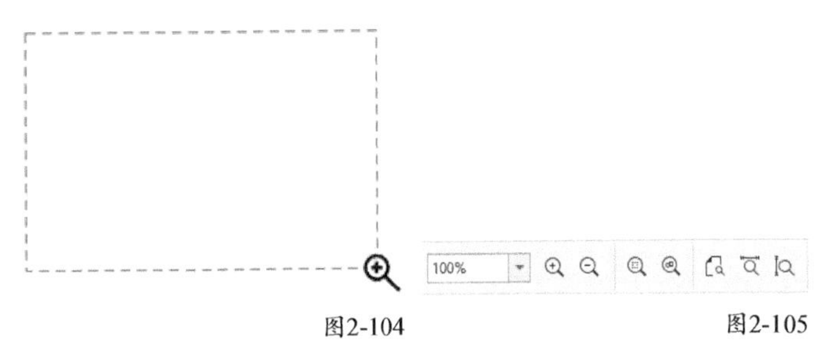

图2-104　　图2-105

第3种：滚动鼠标滑轮进行放大、缩小操作。按住Shift键滚动，则可以较小的增减量进行缩放。

技巧与提示

在日常的工作中，一般滚动鼠标滑轮进行视图的放大缩小，同时配合快捷键来实现视图的缩放操作。

快捷键F3：缩小视图。

快捷键F4：将文档内的所有对象在工作区域内最大化显示。

快捷键Shift+F2：将选中的对象在工作区域内最大化显示。

快捷键Shift+F4：将页面在工作区域内最大化显示。

视图的移动

移动视图位置有以下4种方法。

第1种：按住“缩放”工具，即可展开该工具组，单击该工具组中的“平移”工具，如图2-106所示，然后按住鼠标左键在工作区内任意拖曳即可查看页面的其他部分。使用“平移”工具时，不会移动任何对象，也不会改变视图比例。

缩放　Z
平移　H

图2-106

第2种：按住鼠标左键在导航器上拖曳滚动条进行视图平移操作。

第3种：按住Ctrl键滚动鼠标滑轮可以左右平移视图；按住Alt键滚动鼠标滑轮可以上下平移视图。

第4种：按住Alt键，然后按方向键可以进行视图平移操作。

2.12.7 命令的撤销和重做

在编辑对象的过程中，操作步骤出现错误，可以使用“撤销”命令进行撤销，若撤销有误，则可使用“重做”命令重做。

第1种：执行“编辑>撤销”菜单命令，可以撤销前一步的编辑操作，或者按快捷键Ctrl+Z进行快速撤销操作；执行“编辑>重做”菜单命令，可以重做先前撤销的操作步骤，或者按快捷键Ctrl+Shift+Z进行快速重做操作。

第2种：在“标准”工具栏中单击“撤销”按钮可以撤销前一步的编辑操作，或者单击后面的按钮，选择需撤销的步骤名称可以快速撤销该步骤之后的所有步骤，如图2-107所示。单击“重做”按钮可以重做前一步撤销的操作，单击后面的按钮，选择要重做的步骤选项，可以快速重做该步骤之前的所有步骤，如图2-108所示。

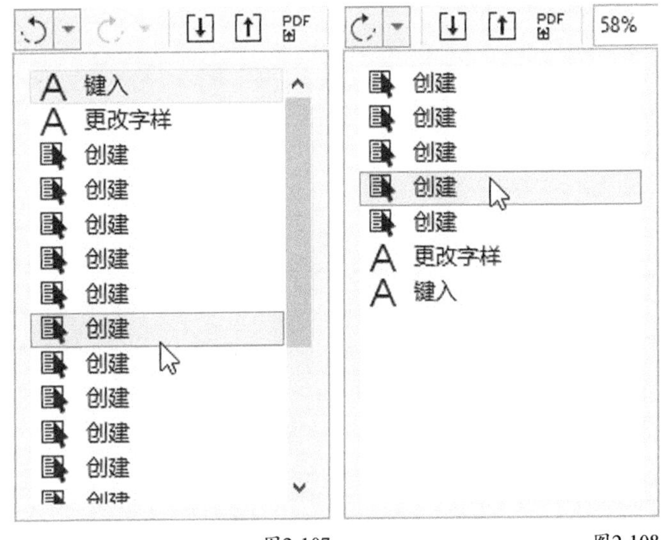

图2-107　　图2-108

技术看板

撤销命令可以撤销多少次步骤？

默认状态下，撤销级别为150次。如需修改撤销级别，可按快捷键Ctrl+J打开“选项”对话框，在“撤销级别”选项中输入自己想要的次数。

★重点★

2.12.8 导出/另存文档

文档编辑完成后，可以将文档导出、另存为不同的格式，方便用户使用第三方软件进行编辑或直接使用。

导出文档

导出文档有以下两种方法。

第1种：执行“文件>导出”菜单命令（快捷键为Ctrl+E），打开“导出”对话框，选择导出路径，输入文件名称并选择导出的文件格式，然后单击“导出”按钮，如图2-109所示。

注意

在导出JPEG图片时，可指定如下两个导出对象的条件，分别介绍如下。

只是选定的：只导出选定的对象，未选定的对象不导出。如果在导出前有选定的对象，则默认勾选“只是选定的”选项，如果需要将整个文档内的全部对象导出，则不勾选。

不显示过滤器对话框：导出的对象将以默认参数导出。

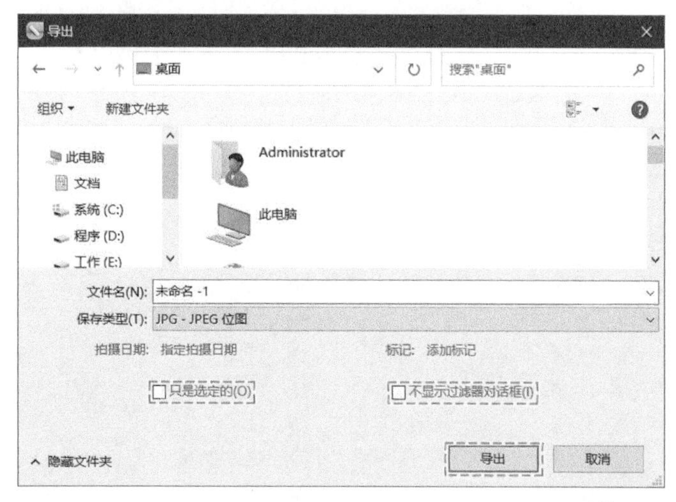

图2-109

以导出JPG图片为例，单击“导出”按钮后，将弹出“导出到JPEG”对话框。一般情况下，只需调整“颜色模式”“质量”“分辨率”选项，其他参数保持默认即可，如图2-110所示。

图2-110

第2种：在“标准”工具栏上单击“导出”按钮，打开“导出”对话框进行操作。

另存文档

执行“文件>另存为”菜单命令（快捷键为Ctrl+Shift+S），打开“保存绘图”对话框，然后选择保存路径，单击“保存”按钮，如图2-111所示。

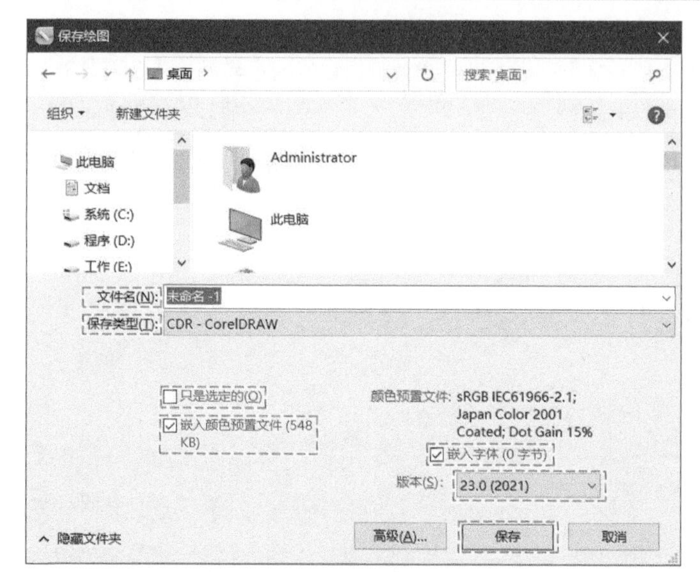

图2-111

注意

“保存绘图”对话框中的重要参数介绍如下。

只是选定的：如果勾选此项，只另存选定的对象，未选定的对象不另存。

嵌入颜色预置文件：CorelDRAW文档的颜色配置文件，默认为勾选状态。

嵌入字体：将CorelDRAW文档内使用的字体嵌入存储文档内，在其他计算机上再次编辑该文档时，即使该计算机未安装文档内的字体也可正常编辑。一般情况下，为保证CorelDRAW文档的完全兼容，默认不勾选此项。

版本：选择可以打开此文档的CorelDRAW版本号，高版本CorelDRAW可以打开低版本文档，低版本CorelDRAW无法打开高版本文档。

“另存为”命令类似于“导出”命令，都是将文档中的全部或部分对象存储到计算机中，“另存为”命令不会覆盖原文档。

2.12.9 关闭与保存文档

文档制作完成后可以进行关闭或者保存。

关闭文档

关闭文档有以下两种方法。

第1种：单击文档标题栏末尾的按钮即可快速关闭文档。关闭文档时，未进行编辑的文档可以直接关闭；关闭编辑过的文档时，会弹出提示对话框，提示用户是否保存文档，如图2-112所示。

第2种：执行“文件>关闭”菜单命令关闭当前文档；执行“文件>全部关闭”菜单命令关闭CorelDRAW内所有打开的文档。如果要关闭的文档都编辑过，那么，在关闭时会依次弹出提醒是否保存的对话框。

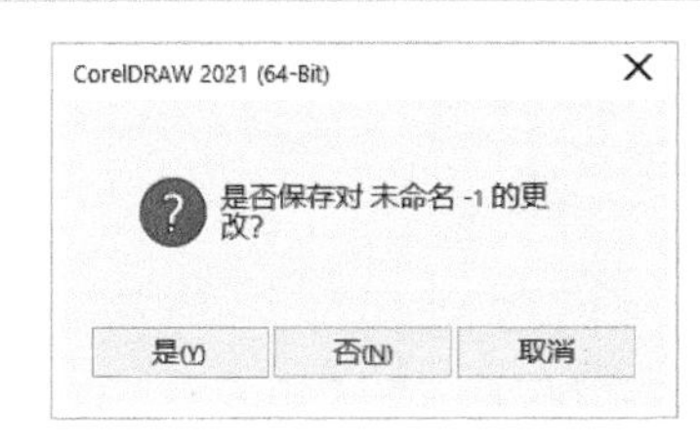

图2-112

技巧与提示

一个文档是否被编辑过，可以通过查看文档标题栏上是否有*号来确认，如图2-113所示。有*号说明此文档已被编辑并且没有保存，没有*号说明此文档未被编辑或者已保存。

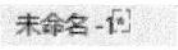

图2-113

保存文档

保存文档有以下两种方法。

第1种：执行“文件>保存”菜单命令（快捷键为Ctrl+S），打开“保存绘图”对话框，如图2-114所示，设置好存储路径、文件名和保存类型后单击“保存”按钮。

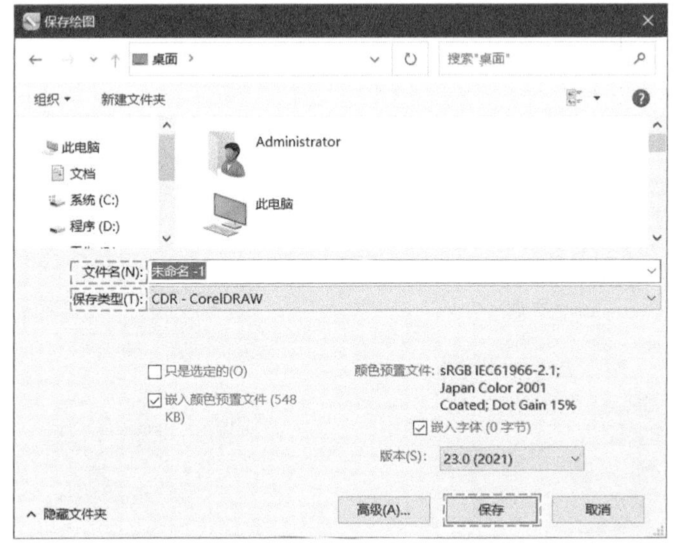

图2-114

第2种：在“标准”工具栏中单击“保存”按钮进行快速保存。

技巧与提示

只有首次进行保存的文档会打开“保存绘图”对话框，之后的文档保存都是直接覆盖保存。

“文件>保存为模板”菜单命令中的“保存为模板”可以理解为存储成一个半成品文档，用来以后再编辑或在此基础上绘制新文档。

“保存”命令的注意事项请参照“另存文档”一节。

行业经验：文档属性其实很有用

在实际工作中，设计完成的CDR文档经常要发送给广告制作公司、印刷厂等单位进行下道工序的设计或制作。但是因为各家公司PC端安装的字体不尽相同，会造成文档字体的丢失，从而无法读取完整的设计文件。

为了避免以上情况的发生，一般将CDR文档内所使用的字体转换成曲线，然后进行文档发布。但是如果在群组中含有字体，或者PowerClip图文框内含有字体对象，就无法通过全选文字进行转曲操作，造成字体转曲的遗漏。

此时可以查看“文档属性”来确定是否有遗漏的未转曲字体，方法如下。

第1种：在文档空白处单击鼠标右键，选择“文档属性”命令，查看字体情况。

第2种：执行“文件>文档属性”菜单命令，查看字体情况。

若仍有字体未转换为曲线，则会显示图2-115所示的界面。

若所有字体已转换成曲线，则会显示图2-116所示的界面。

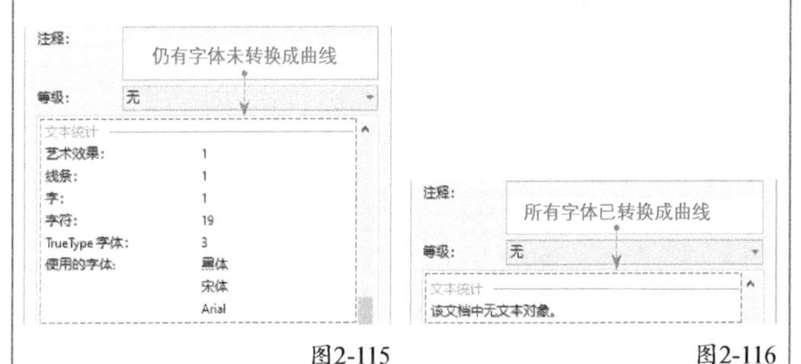

图2-115　图2-116

那么为什么一定要将文档转换成曲线进行发布，而不是收集打包字体后，一起发送给其他使用者呢?

因为收集字体比较费时，并且经过转曲的文档兼容性好于未转曲的文档。所以，发布文档一般情况下都需进行转曲操作。

文字转曲的方法：执行“编辑>全选>文本”菜单命令，然后按快捷键Ctrl+Q转曲。

第3章

对象的基本操作

本章主要介绍CorelDRAW 2021中关于对象的基本操作方法。

学习要点

工具名称	工具图标	工具作用	重要程度
“挑选”工具		单击或绘制几何范围来选择对象	高
“手绘选择”工具		单击或手绘范围来选择对象	中

3.1 选择对象

文档编辑过程中需要选择单个或多个对象进行编辑操作，下面详细介绍选择对象的方法。

3.1.1 选择单个对象

选择“挑选”工具，单击要选择的对象，当该对象四周出现黑色控制点时，表示该对象被选中，选中后可以对其进行移动和变换等操作，如图3-1所示。

图3-1

3.1.2 选择多个对象

选择多个对象有以下两种方法。

第1种：选择“挑选”工具，在空白处按住鼠标左键拖曳出虚线矩形框，如图3-2所示，矩形框内的对象会被全部选中，如图3-3所示。

图3-2

图3-3

技术看板

选择多个对象后出现的乱序白色方点是什么？

在进行多选时会出现对象重叠的现象，因此用白色方点表示选择的对象位置，一个白色方点代表一个对象或一个群组。

第2种：选择“手绘选择”工具，然后按住鼠标左键在空白处绘制一个不规则的范围，如图3-4所示，范围内的对象会被全部选中。

图3-4

3.1.3 选择多个不相连的对象

选择“挑选”工具，然后按住Shift键逐个单击即可加选不相连的对象。

3.1.4 按顺序选择对象

选择“挑选”工具，选中任意一个对象，然后按Tab键即可按照图形顺序依次选择编辑对象。

3.1.5 选择全部对象

选择全部对象有以下4种方法。

第1种：选择“挑选”工具，按住鼠标左键在所有对象外围拖曳出虚线矩形框。

第2种：双击“挑选”工具可以快速选择全部对象。

第3种：按快捷键Ctrl+A快速选择全部对象。

第4种：执行“编辑>全选”菜单命令，在子菜单中选择相应的类型，可以全选该类型的所有对象，如图3-5所示。

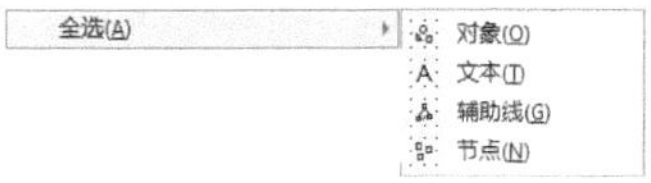

全选(A)
对象(O)
文本(T)
辅助线(G)
节点(N)

图3-5

“全选”子菜单命令介绍

对象：选取绘图窗口中所有的对象。

文本：选取绘图窗口中所有的文本。

辅助线：选取绘图窗口中所有的辅助线，选中的辅助线以红色显示。

节点：选取当前选中对象的所有节点。

注意

在执行“编辑>全选”子菜单中的命令时，锁定的对象、文本或辅助线将不会被选中。

执行“编辑>全选>文本”菜单命令时，包含在PowerClip（图框精确裁剪）内的文本和被群组的文本不会被选中。

双击“挑选”工具进行全选时，全选类型不包含辅助线和节点。

3.1.6 选择覆盖对象

要选择被覆盖的对象时，可以使用“挑选”工具，按住Alt键并单击该对象。

行业经验：善用Alt键选择功能

在CorelDRAW中选取一个或多个对象时，只有通过单击或框选才能选中。但在平时的工作中，如果遇到了极其复杂的对象组合，这样的选择方法就会存在一定的局限性，此时，就需要利用Alt键来选择对象。

如图3-6所示，如何快速选中底部的5个金色箭头？

选择“挑选”工具，按住Alt键拖曳出虚线矩形框，使矩形框接触到要被选择的5个金色箭头，即可快速选中该组对象，如图3-7所示。

图3-6

图3-7

3.2 变换对象

使用“挑选”工具，可进行简单、快捷的变换或辅助操作，使对象效果更丰富。

3.2.1 移动对象

移动对象有以下4种方法。

第1种：选中对象，当鼠标指针变为✥时，按住鼠标左键拖曳。

第2种：选中对象，用键盘上的方向键进行移动。

第3种：选中对象，执行“窗口>泊坞窗>变换”菜单命令（快捷键为Alt+F7），打开“变换”泊坞窗，在X、Y文本框中输入数值，并勾选“相对位置”选项，然后单击“应用”按钮即可完成对象的精确移动，如图3-8所示。

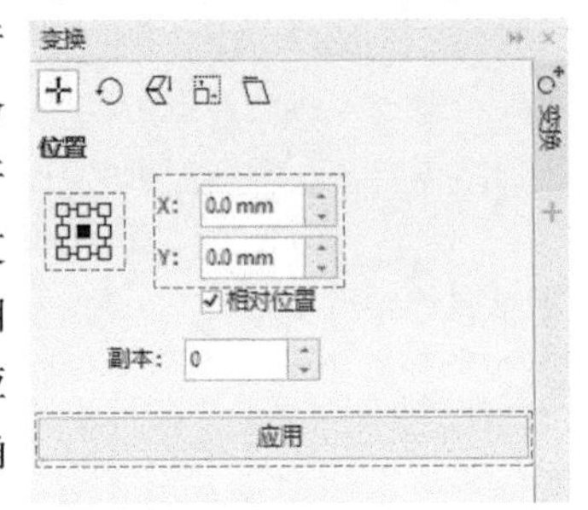

图3-8

第4种：选中对象，在属性栏中的X、Y文本框中输入数值并按Enter键，即可精确移动对象，如图3-9所示。

X: 111.0 mm
Y: 84.613 mm

图3-9

技巧与提示

如果要将移动约束到水平轴或垂直轴，在拖曳时要按住Ctrl键。

3.2.2 缩放对象

缩放对象有以下两种方法。

第1种：选中对象后，将鼠标指针移动到缩放手柄上，按住鼠标左键拖曳缩放，如图3-10所示。按住缩放手柄进行的缩放为等比例缩放，蓝色线框为缩放大小的预览效果，如图3-11所示。

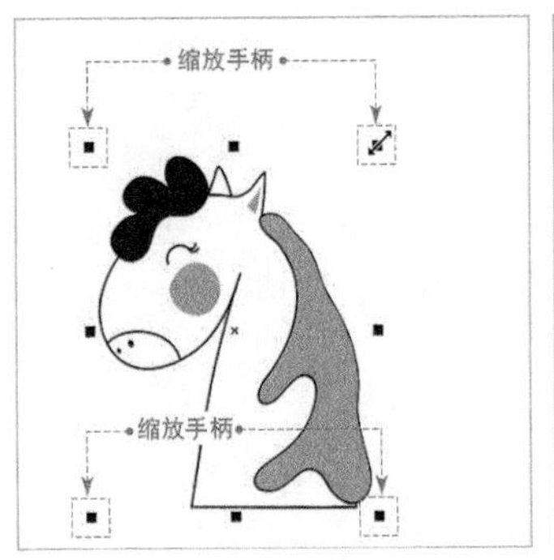

图3-10

图3-11

技巧与提示

按住Shift键拖曳可以进行中心缩放。

第2种：选中对象，执行“窗口>泊坞窗>变换”菜单命令打开“变换”泊坞窗，然后切换到“大小”选项卡，在W、H文本框中设置缩放数值，单击“应用”按钮，即可完成对象的精确缩放，如图3-12所示。

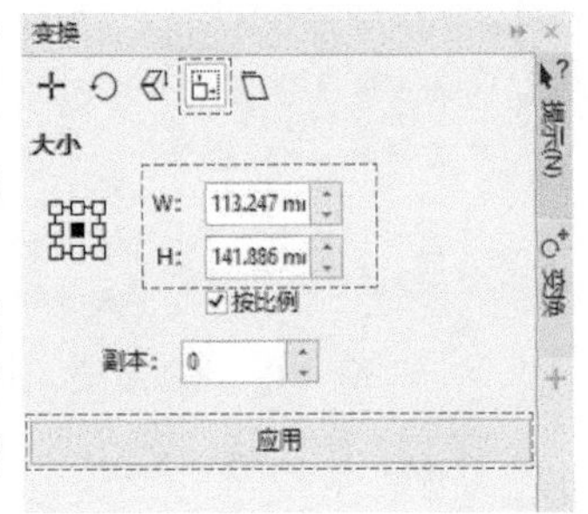

图3-12

★重点★

实战 绘制相框

扫码看视频

实例位置　实例文件>CH03>实战：绘制相框.cdr
素材位置　素材文件>CH03>09.png
视频名称　实战：绘制相框.mp4
实用指数　★★★☆☆
技术掌握　缩放的运用方法

本案例绘制的相框效果如图3-13所示。

图3-13

01 执行“文件>新建”命令，打开“创建新文档”对话框，设置“名称”为“实战：绘制相框”、“页面大小”为A4、“方向”为“横向”，单击OK按钮建立新文档。选择“矩形”工具，按住Ctrl键拖曳绘制一个边长为135mm的正方形，如图3-14所示。

02 按快捷键Alt+F7打开“变换”泊坞窗，在“大小”选项卡中，设置W为120mm、“副本”为1，勾选“按比例”选项，单击“应用”按钮，复制一个边长为120mm的正方形，如图3-15所示。

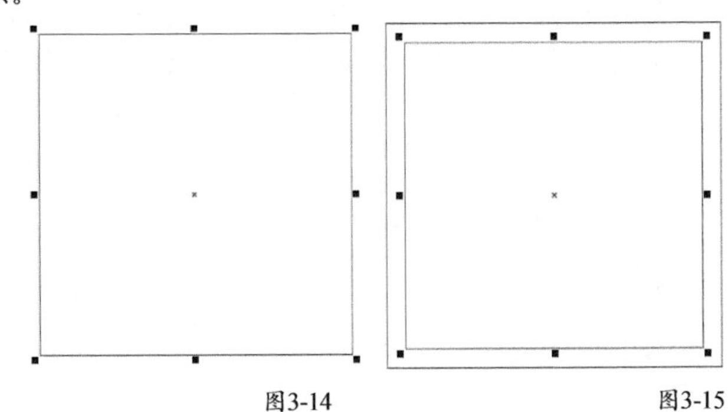
图3-14　图3-15

03 按照上述步骤，再复制一个边长为105mm的正方形，如图3-16所示。

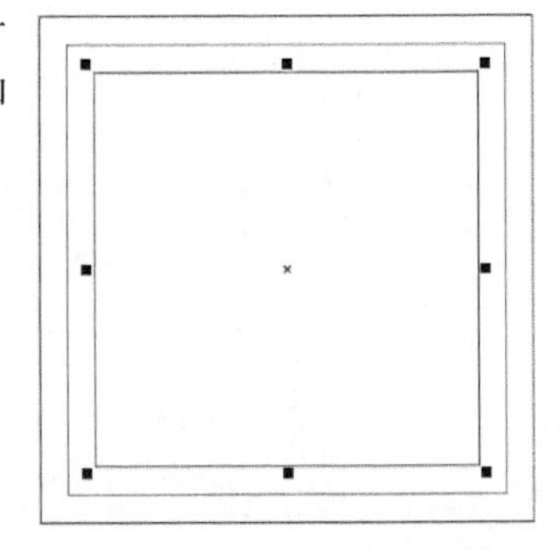
图3-16

04 从里向外依次将正方形填充为朦胧绿色（C:20，M:0，Y:20，K:0）、薄荷绿色（C:40，M:0，Y:40，K:0）和栗色

（C:0，M:20，Y:40，K:60），然后选中所有对象，用鼠标右键单击默认调色板中的“无”色样，移除轮廓色，效果如图3-17所示。

05 导入“素材文件>CH03>09.png”文件，将素材文件缩小为宽和高皆为105mm的图像。依次选中素材和正方形，按C键和E键居中对齐，如图3-18所示。

图3-17

图3-18

3.2.3 拉伸对象

拉伸对象有以下两种方法。

第1种：选中对象后，将鼠标指针移动到拉伸手柄上，按住鼠标左键拖曳即可进行拉伸，如图3-19所示。蓝色线框为拉伸大小的预览效果，如图3-20所示。拉伸对象会改变对象比例，使对象变形。

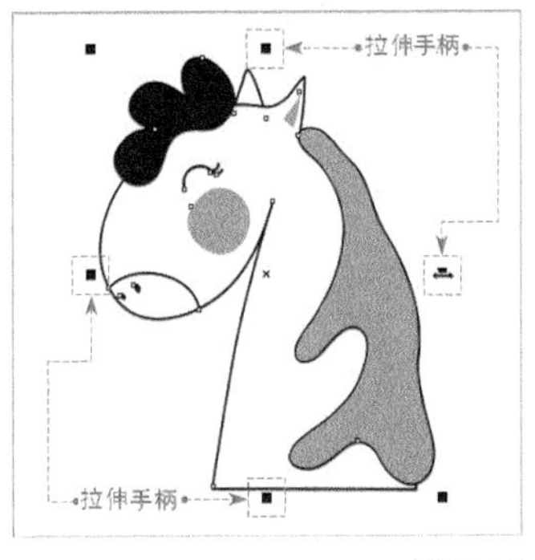

图3-19

图3-20

第2种：选中对象，执行“窗口>泊坞窗>变换”菜单命令打开“变换”泊坞窗，然后切换到“大小”选项卡，在W、H文本框中输入数值，取消勾选“按比例”选项，单击“应用”按钮，即可完成对象的精确拉伸，如图3-21所示。

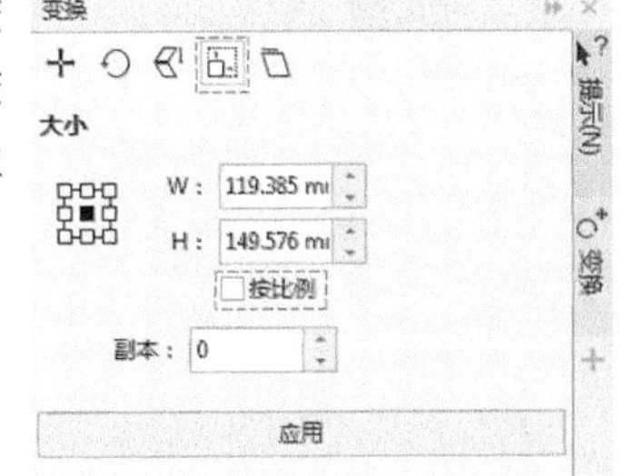

图3-21

> **技巧与提示**
>
> 按住Shift键拖曳可以进行中心拉伸。

3.2.4 旋转对象

旋转对象有以下3种方法。

第1种：双击需要旋转的对象，出现旋转手柄，如图3-22所示，按住鼠标左键拖曳旋转手柄即可进行旋转，如图3-23所示。拖曳变换框中间的圆形图标，可以调整旋转的中心点。

图3-22

图3-23

第2种：选中对象后，在属性栏的“旋转角度”文本框中输入数值并按Enter键进行旋转，如图3-24所示。

图3-24

第3种：选中对象，执行“窗口>泊坞窗>变换”菜单命令打开“变换”泊坞窗，然后切换到“旋转”选项卡，设置“角度”数值，勾选“相对中心”选项，单击“应用”按钮，即可完成对象的精确旋转，如图3-25所示。

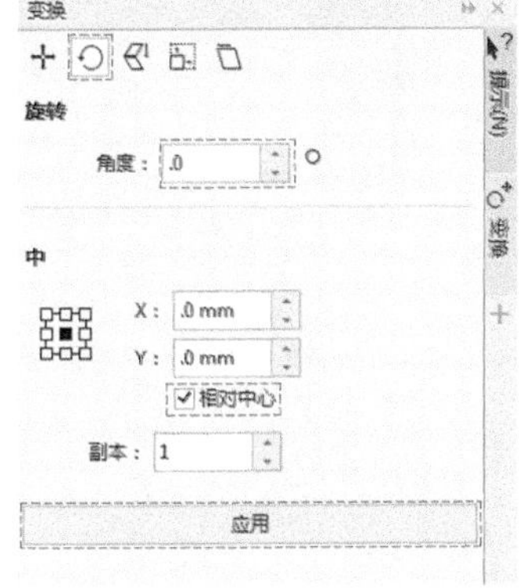

图3-25

> **技巧与提示**
>
> 在“副本”文本框中输入数值，可以旋转并复制图形。

实战 用旋转功能制作包邮海报

实例位置 实例文件>CH03>实战：用旋转绘制包邮海报.cdr
素材位置 素材文件>CH03>01.cdr、02.cdr、03.cdr、04.cdr
视频名称 实战：使用旋转绘制包邮海报.mp4
实用指数 ★★★☆☆
技术掌握 旋转的运用方法

扫码看视频

本案例绘制的海报效果如图3-26所示。

图3-26

01 执行“文件>新建”命令，打开“创建新文档”对话框，设置“名称”为“实战：用旋转绘制包邮海报”、“页面大小”为A4、“方向”为“横向”，单击OK按钮建立新文档。单击“标准”工具栏中的“导入”按钮，导入“素材文件>CH03>01.cdr”文件，再在属性栏中单击“取消组合对象”按钮，将对象拆分为独立个体。选中人物组合，将其移动到地球图形上方，如图3-27所示。选中人物组合和地球图形，按C键使其居中对齐。

02 选中地球图形，按住鼠标左键拖曳出一条水平辅助线和一条垂直辅助线，辅助线的交点为地球图形的中心位置。然后双击人物组合，将旋转中心拖曳至辅助线交点，如图3-28所示。

图3-27　　图3-28

03 执行“窗口>泊坞窗>变换”菜单命令打开“变换”泊坞窗，切换到“旋转”选项卡，设置“角度”为36°、“副本”为9，如图3-29所示。单击“应用”按钮，效果如图3-30所示。

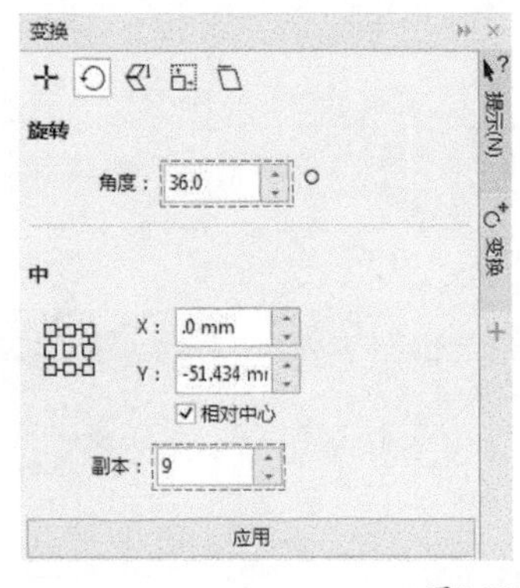

图3-29　　图3-30

04 导入“02.cdr”素材作为背景，按快捷键Shift+PageDown将背景置于页面底层，按P键使其在页面居中，如图3-31所示。使用“挑选”工具框选人物组合和地球图形，按快捷键Ctrl+G组成群组，再将群组移动到页面左侧，如图3-32所示。

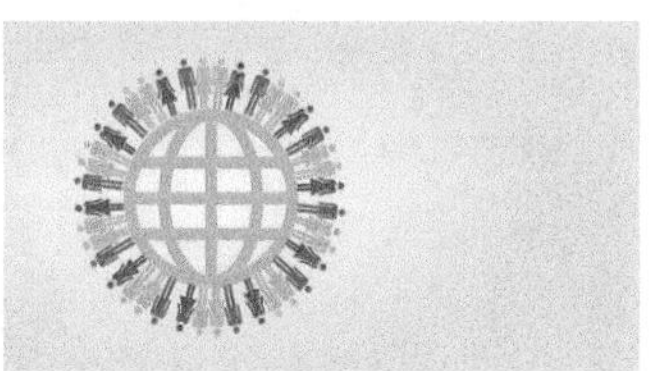

图3-31　　图3-32

05 导入“03.cdr”素材，使用“挑选”工具将飞机素材移动到背景右上方，如图3-33所示。

06 导入“04.cdr”素材，使用“挑选”工具将文字素材移动到背景右下方，如3-34所示。

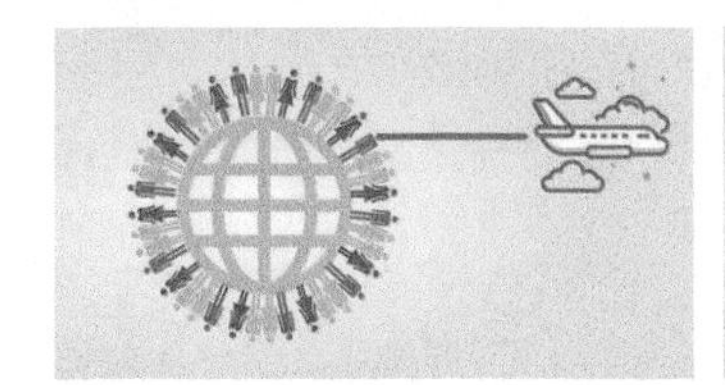

图3-33　　图3-34

07 选中除背景外的所有对象，按快捷键Ctrl+G组成群组，然后按P键使其在页面居中，最终效果如图3-35所示。

图3-35

3.2.5 倾斜对象

倾斜对象有以下两种方法。

第1种：双击需要倾斜的对象，对象周围出现倾斜手柄，如图3-36所示，按住鼠标左键拖曳手柄即可倾斜对象，如图3-37所示。

图3-36　　图3-37

第2种：选中对象，然后执行“窗口>泊坞窗>变换”菜单命令打开“变换”泊坞窗，切换到“倾斜”选项卡，然后在X、Y文本框中输入倾斜数值，勾选“使用锚点”选项，单击“应用”按钮即可完成对象的倾斜变换，如图3-38所示。

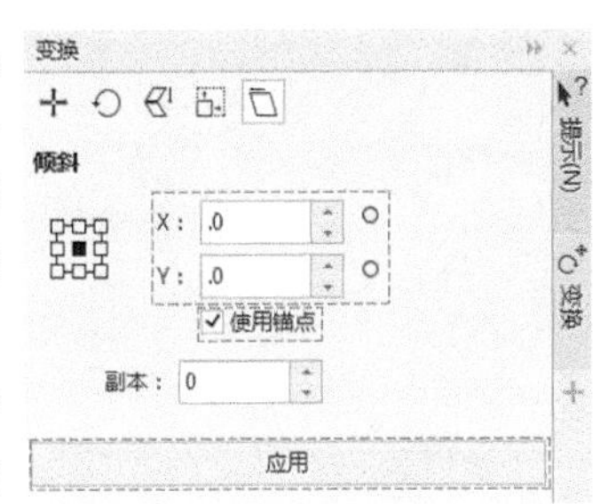

图3-38

实战 用倾斜功能制作坐垫海报

实例位置 实例文件>CH03>实战：用倾斜绘制坐垫海报.cdr
素材位置 素材文件>CH03>05.cdr、06.jpg
视频名称 实战：使用倾斜绘制坐垫海报.mp4
实用指数 ★★☆☆☆
技术掌握 倾斜的运用方法

扫码看视频

本案例绘制的坐垫海报效果如图3-39所示。

图3-39

01 执行“文件>新建”命令，打开“创建新文档”对话框，设置“名称”为“实战：用倾斜绘制坐垫海报”、“页面大小”为A4、“方向”为“横向”，单击OK按钮建立新文档。导入“素材文件>CH03>05.cdr”文件，在属性栏中单击“取消组合对象”按钮，将对象拆分为独立个体，如图3-40所示。

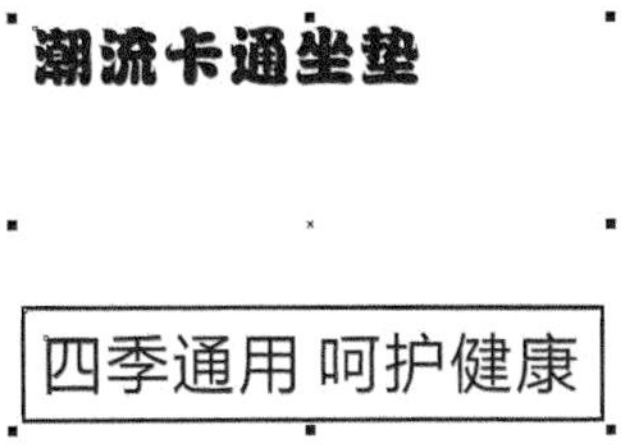

图3-40

02 双击“潮流卡通坐垫”图形，按住鼠标左键拖曳水平倾斜手柄，如图3-41所示。

图3-41

03 使用“矩形”工具，在页面空白处按住鼠标左键拖曳绘制一个矩形，如图3-42所示。单击矩形，按住鼠标左键拖曳水平倾斜手柄，效果如图3-43所示。

图3-42

图3-43

04 用“挑选”工具框选两个图形，依次按C键和E键居中对齐。在属性栏中单击“移除后面对象”按钮，将两个图形变换为一个图形，如图3-44所示。

图3-44

05 导入“06.jpg”文件，选中图像素材，缩放至适当大小，按P键使其在页面居中，然后按快捷键Shift+PageDown将图片置于页面底层，如图3-45所示。将文字图形移动到图像的右上方，调整大小和位置，如图3-46所示。

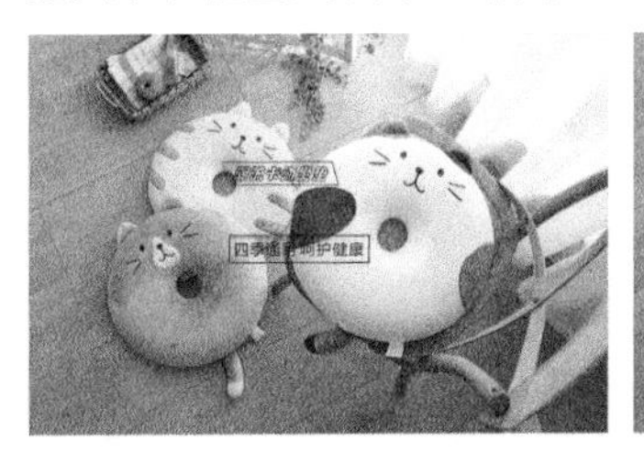

图3-45

图3-46

06 选中上方文字图形，单击默认调色板中的深蓝色（C:40，M:40，Y:0，K:60）色样，再用鼠标右键单击“无”色样。选中下方文字图形，单击紫色（C:20，M:80，Y:0，K:20）色样，最终效果如图3-47所示。

图3-47

3.2.6 镜像对象

镜像对象有以下3种方法。

第1种：选中对象，按住Ctrl键在手柄上拖曳，松开鼠标即可完成镜像操作。向上或向下拖曳为垂直镜像；向左或向右拖曳为水平镜像。

第2种：选中对象，在属性栏中单击“水平镜像”按钮或“垂直镜像”按钮。

第3种：选中对象，然后执行“窗口>泊坞窗>变换”菜单命令打开“变换”泊坞窗，切换到“缩放和镜像”选项卡，选择“相对中心”，单击“水平镜像”按钮或“垂直镜像”按钮进行操作，如图3-48所示。

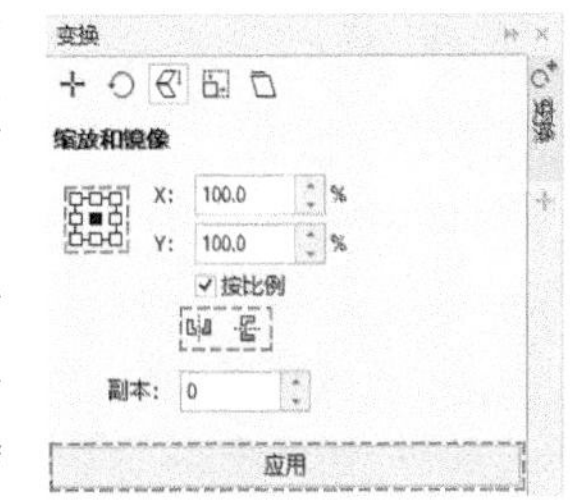

图3-48

3.2.7 精确控制对象大小

要想精确控制对象大小，可以使用以下两种方法。

第1种：选中对象，在属性栏中对象大小的文本框中输入数值或缩放比例，按Enter键完成精确缩放。缩放比例文本框后面的按钮表示不锁定比例缩放；按钮表示锁定比例缩放，如图3-49所示。

第2种：选中对象，执行“窗口>泊坞窗>变换”菜单命令打开“变换”泊坞窗，切换到“大小”选项卡，在W、H文本框中设置缩放数值，单击“应用”按钮即可完成对象大小的精确调整，如图3-50所示。

113.247 mm	31.2	%
141.886 mm	31.2	%

图3-49

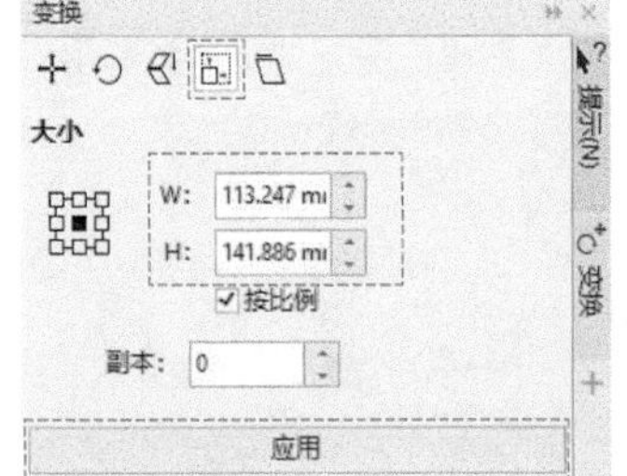

图3-50

3.3 对象的复制与再制

CorelDRAW中的复制包括对象的复制和对象属性的复制，而再制是指按规律一次复制出多个对象。

3.3.1 复制对象

复制对象有以下6种方法。

第1种：选中对象，执行“编辑>复制”菜单命令，然后执行“编辑>粘贴”菜单命令，在原始对象上进行覆盖复制。

第2种：选中对象，单击鼠标右键，在快捷菜单中选择“复制”命令，将鼠标指针移动到需要粘贴的位置，单击鼠标右键，在快捷菜单中选择“粘贴”命令。

第3种：选中对象，按快捷键Ctrl+C，然后按快捷键Ctrl+V即可原位复制。

第4种：选中对象，按小键盘上的+键，即可原位复制。

第5种：选中对象，单击“标准”工具栏中的“复制”按钮，然后单击“标准”工具栏中的“粘贴”按钮原位复制。

第6种：选中对象，按住鼠标左键将其拖曳到空白处，会出现蓝色线框预览，如图3-51所示，单击鼠标右键即可完成复制。

图3-51

★ 重 点 ★

3.3.2 再制对象

在绘图过程中，将对象按一定的规律复制为多个对象，就是再制。再制对象有以下两种方法。

第1种：选中对象，按住鼠标左键拖曳一段距离，然后按快捷键Ctrl+D，就可以按照移动的规律进行相同的再制。

第2种：在默认页面属性栏中，设置位移的“单位”类型（默认为毫米），然后在“再制距离”文本框中输入精确的数值，如图3-52所示，选中需再制的对象，按快捷键Ctrl+D进行再制。

单位: 毫米	0.1 mm	5.0 mm / 5.0 mm

图3-52

技巧与提示

再制对象是CorelDRAW中非常重要的一个功能，再制对象除了能对“移动”规律进行再制，还能对“缩放”“拉伸”“旋转”“倾斜”规律进行再制。

直接再制：选中对象，按快捷键Ctrl+D。再制对象将按照“再制距离”进行复制，如图3-53所示。

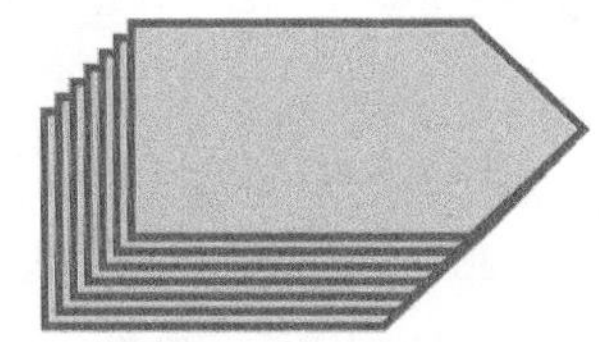

图3-53

“移动”再制：选中对象，按住Ctrl键平行拖曳，单击鼠标右键进行复制，如图3-54所示；按快捷键Ctrl+D重复再制，如图3-55所示。

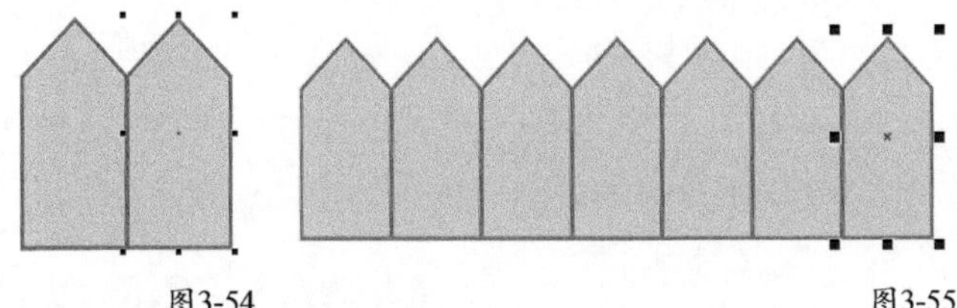

图3-54　　图3-55

“缩放”再制：选中对象，拖曳缩放手柄缩小图形，单击鼠标右键进行复制，如图3-56所示；按快捷键Ctrl+D进行重复再制，如图3-57所示。

“拉伸”再制：选中对象，拖曳拉伸手柄拉伸图形，单击鼠标右键进行复制，如图3-58所示；按快捷键Ctrl+D进行重复再制，如图3-59所示。

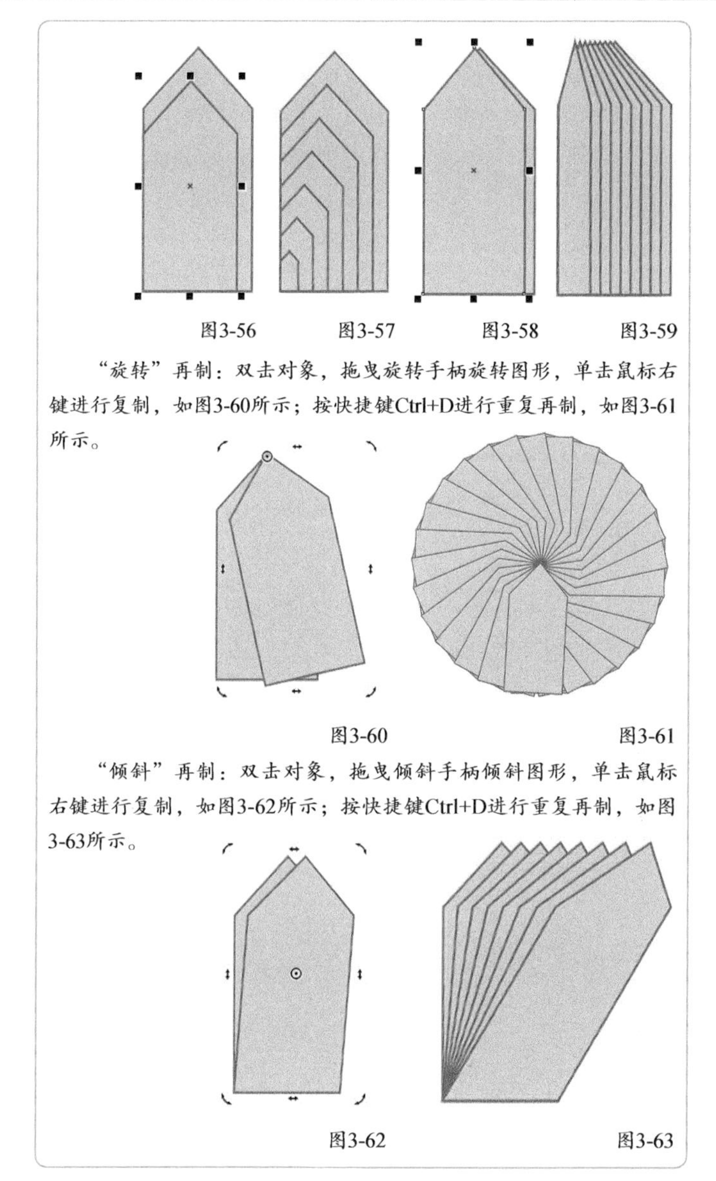

图3-56　图3-57　图3-58　图3-59

“旋转”再制：双击对象，拖曳旋转手柄旋转图形，单击鼠标右键进行复制，如图3-60所示；按快捷键Ctrl+D进行重复再制，如图3-61所示。

图3-60　图3-61

“倾斜”再制：双击对象，拖曳倾斜手柄倾斜图形，单击鼠标右键进行复制，如图3-62所示；按快捷键Ctrl+D进行重复再制，如图3-63所示。

图3-62　图3-63

★ 重点 ★

实战　用再制功能绘制胶卷

实例位置　实例文件 > CH03> 实战：利用再制功能绘制胶卷 .cdr
素材位置　素材文件 > CH03> 07.psd
视频名称　实战：利用再制功能绘制胶卷 .mp4
实用指数　★★★☆☆
技术掌握　再制的运用方法

扫码看视频

本案例绘制的胶卷效果如图3-64所示。

图3-64

01 新建文档，命名为“实战：利用再制功能绘制胶卷”。选择“矩形”工具，绘制一个宽度为100mm、高度为70mm的矩形和一个宽度为98mm、高度为50mm的矩形。然后选中两个矩形，按C键和E键居中对齐，如图3-65所示。

02 在大矩形左上角绘制一个宽度为3.5mm、高度为5mm的矩形。依次选中小矩形和中间的矩形，按L键左对齐，如图3-66所示。

图3-65　图3-66

03 单击工作区空白处，在属性栏中设置“再制距离”*x*轴为11.8mm、*y*轴为0mm。选中小矩形，按8次快捷键Ctrl+D，绘制胶卷的上边框，如图3-67所示。

04 选中胶卷上面的9个小矩形，按住Ctrl键垂直向下拖曳，单击鼠标右键复制出胶卷下边框，如图3-68所示。

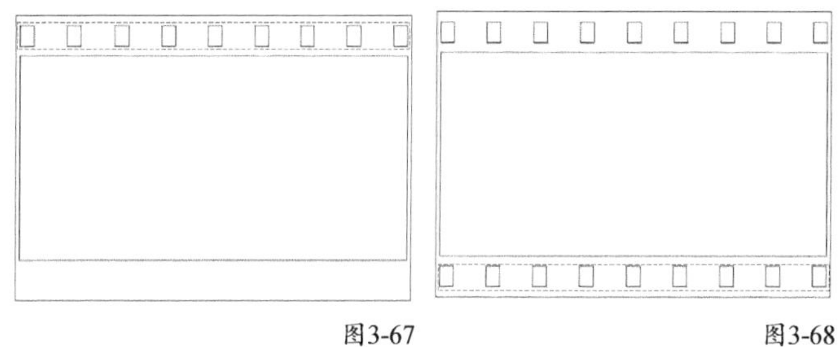

图3-67　图3-68

05 选中底部最大的矩形，设置填充色为默认调色板中的浅蓝光紫色（C:0，M:40，Y:0，K:0）。选中上下的胶卷边框矩形，设置填充色为白色。选中中间的矩形，设置填充色为淡黄色（C:0，M:0，Y:20，K:0）。然后选中所有对象，使用鼠标右键单击默认调色板中的“无”色样，移除轮廓色，如图3-69所示。

图3-69

06 选中所有对象，按住Ctrl键垂直向下平移，单击鼠标右键，复制一个胶卷。将复制的胶卷的底色填充为冰蓝色（C:0，M:0，Y:40，K:0），如图3-70所示。

图3-70

07 选中蓝色胶卷，按快捷键Shift+PageDown将其置于所有对象的底层，然后在属性栏中设置“旋转角度”为5°，将其移动到粉色胶卷的下方，如图3-71所示。

08 导入“素材文件>CH03>07.psd”文件，将人物素材缩放至适当大小，依次选中人物和粉色胶卷中间的矩形，按L键和B键左下角对齐。最终效果如图3-72所示。

图3-71

图3-72

★重点★

3.3.3 步长和重复

在对象的编辑过程中可以使用“步长和重复”泊坞窗进行水平、垂直和角度再制。执行“编辑>步长和重复”菜单命令，即可打开“步长和重复”泊坞窗，如图3-73所示。

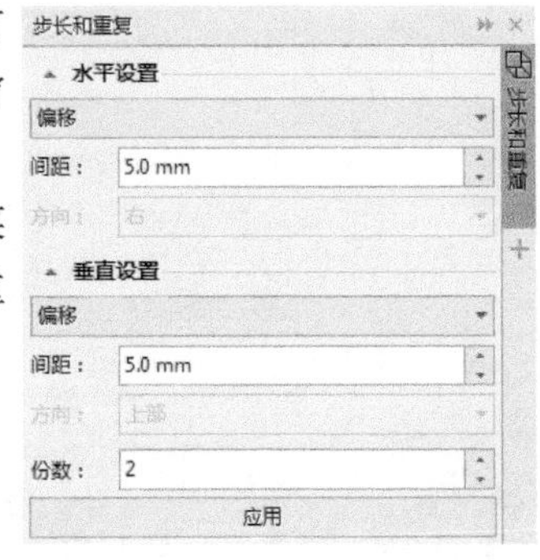

图3-73

“步长和重复”泊坞窗选项介绍

水平设置：在水平方向上进行再制，可以设置“类型”“间距”“方向”3个参数。其中“类型”有“无偏移”“偏移”“对象之间的间距”3个选项，如图3-74所示。

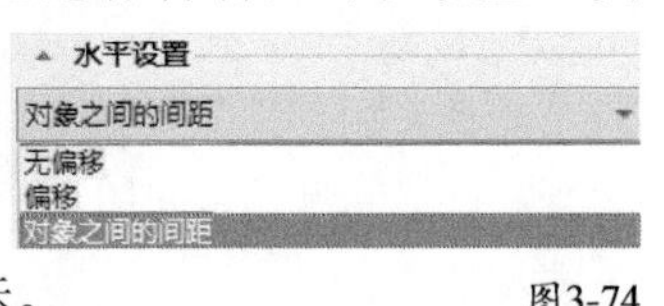

图3-74

无偏移：指不进行任何水平偏移。选择该选项后，将无法设置“距离”和“方向”参数。设置“份数”，单击“应用”按钮，对象将在原水平位置进行再制。

偏移：指以对象为基准进行水平偏移。选择“偏移”后，将激活“间距”选项，设置“间距”，可以在水平位置进行重复再制。当“间距”为0时，表示在原位置重复再制。

对象之间的间距：指以对象之间的距离进行再制。选择该选项后，将激活“方向”选项，可以选择向左或向右的方向，然后设置“份数”进行再制。当“间距”为0时，可实现对象水平边缘重合的再制效果。

垂直设置：在垂直方向上进行再制，可以设置“类型”“间距”“方向”3个参数。其中“类型”有“无偏移”“偏移”“对象之间的间距”3个选项，如图3-75所示。

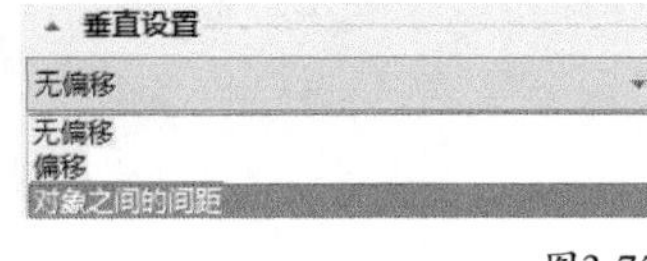

图3-75

无偏移：指不进行任何垂直偏移。对象在原垂直位置进行再制。

偏移：指以对象为基准进行垂直偏移。

对象之间的间距：指以对象之间的距离进行再制。

份数：设置再制的个数。

技巧与提示

水平设置“偏移”效果，如图3-76所示。

图3-76

水平设置“对象之间的间距”效果，如图3-77所示。

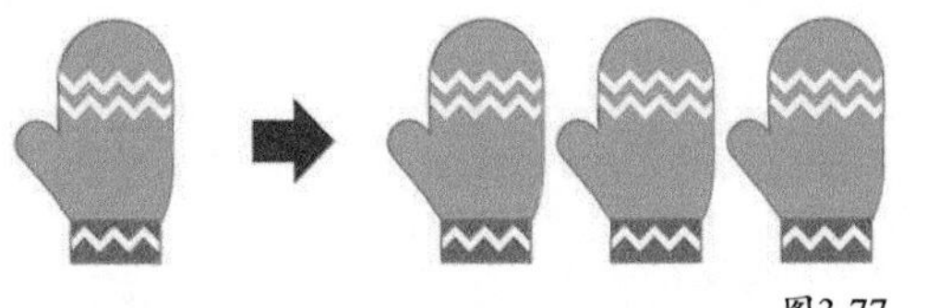

图3-77

垂直设置“偏移”效果，如图3-78所示。

垂直设置“对象之间的间距”效果，如图3-79所示。

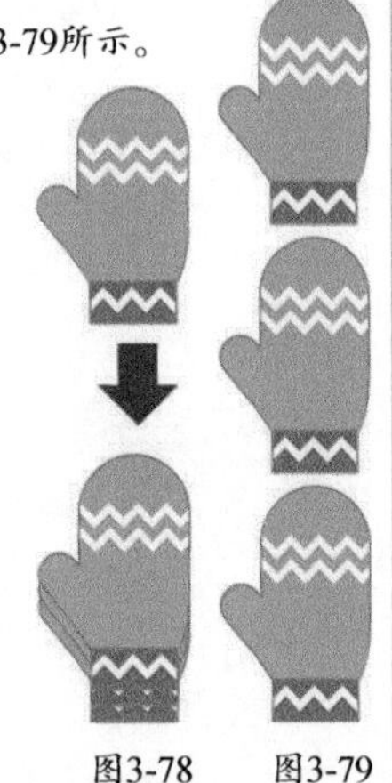

图3-78　图3-79

3.3.4 克隆对象

执行“编辑>克隆”菜单命令，可以克隆对象，克隆对象可以理解为再制对象，但与再制对象不同的是，编辑被克隆的对象后，克隆的对象也会随之发生改变。

★重点★

3.3.5 复制对象的属性

使用“挑选”工具选中要赋予属性的对象，执行“编辑>

复制属性自”菜单命令，打开“复制属性”对话框，勾选要复制的属性类型，单击OK按钮，如图3-80所示。

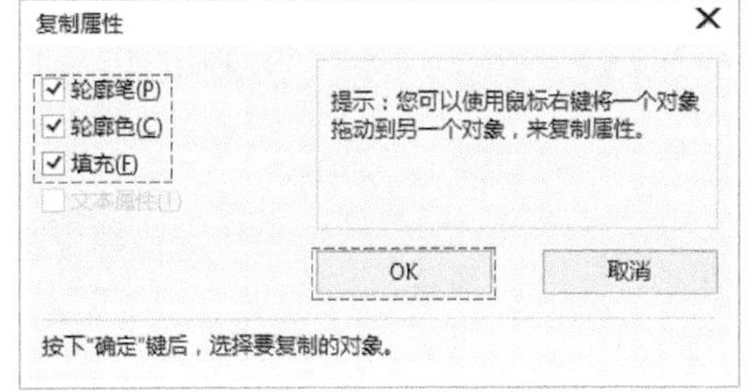

图3-80

“复制属性”对话框选项介绍

轮廓笔：复制轮廓线的宽度和样式。

轮廓色：复制轮廓线使用的颜色属性。

填充：复制对象的填充颜色和样式。

文本属性：复制文本对象的字符属性。

选中要复制属性的对象后执行“复制属性自”命令，当鼠标指针变为➡时，移动到源文件位置单击，完成属性的复制，如图3-81所示，复制属性后的效果如图3-82所示。

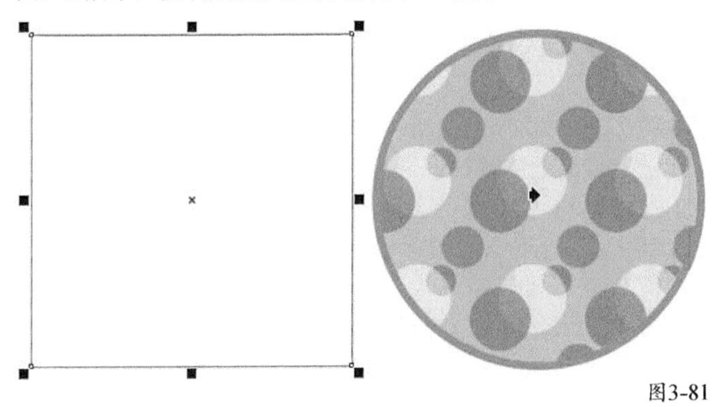

图3-81

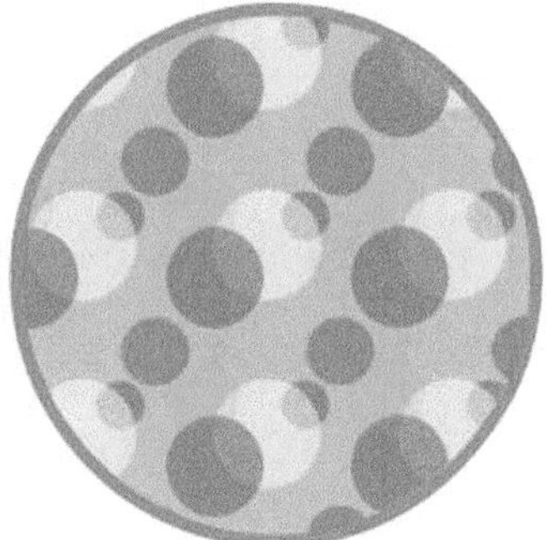

图3-82

技巧与提示

按住鼠标右键将有轮廓色、轮廓笔和填充属性的对象拖曳到空白对象上，如图3-83所示，在弹出的快捷菜单中选择“复制所有属性”命令进行复制，如图3-84所示。复制后的效果如图3-85所示。

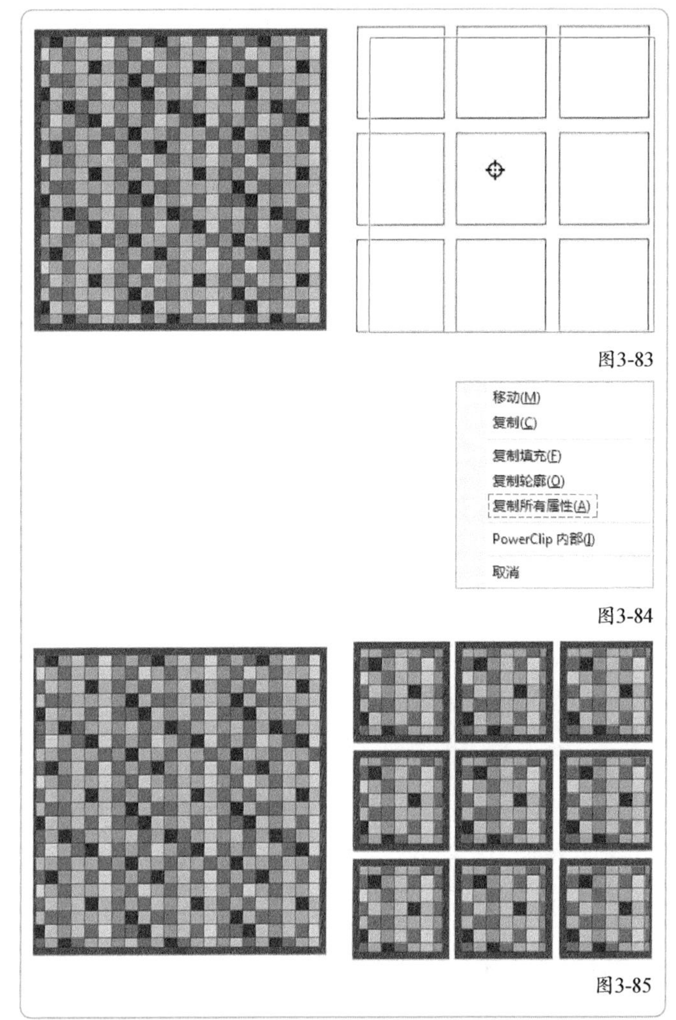

图3-83

图3-84

图3-85

★重点★

实战　绘制花朵

实例位置　实例文件>CH03>实战：绘制花朵.cdr

素材位置　素材文件>CH03>08.cdr

视频名称　实战：绘制花朵.mp4

实用指数　★★★★☆

技术掌握　旋转和再制的混合运用方法

扫码看视频

本案例绘制的花朵如图3-86所示。

图3-86

01 新建文档，导入“素材文件>CH03>08.cdr”文件，选中素材，按快捷键Ctrl+U取消组合，如图3-87所示。

02 双击右侧深红色花瓣，将旋转中心垂直移动到花瓣的底部顶点上，如图3-88所示。

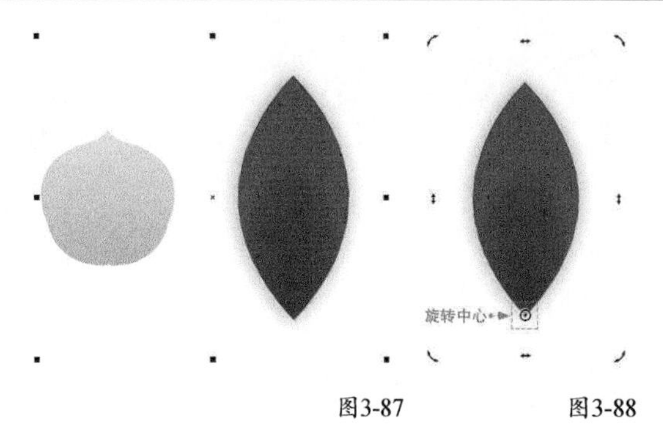

图3-87　　图3-88

03 按住Ctrl键以15°的旋转增量，逆时针旋转花瓣3格（45°），如图3-89所示。

04 按6次快捷键Ctrl+D，然后选中所有的深红色花瓣，按快捷键Ctrl+G组合成群组，如图3-90所示。

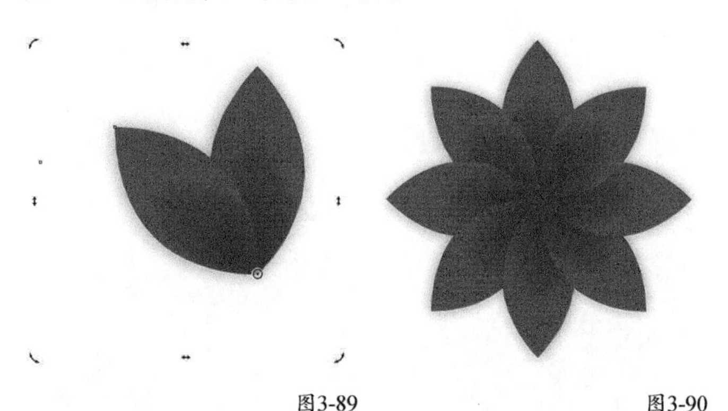

图3-89　　图3-90

05 选中粉色花瓣，按住Ctrl键，拖曳拉伸手柄向下进行垂直镜像，单击鼠标右键，完成粉色花瓣的垂直镜像复制，如图3-91所示。

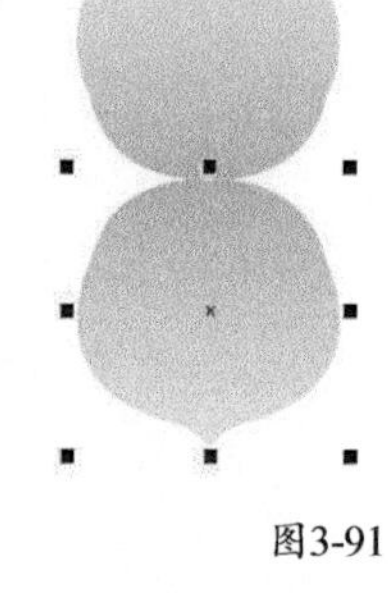

图3-91

06 选中两片粉色花瓣，按住Ctrl键，以15°的旋转增量逆时针旋转90°，单击鼠标右键，完成粉色花瓣的水平复制。然后选中4片粉色花瓣，按快捷键Ctrl+G组合成群组，如图3-92所示。

图3-92

07 选中两组花瓣，按C键和E键居中对齐。选择“椭圆形”工具，按住Ctrl键拖曳绘制一个直径为140mm的圆形。设置圆形的填充色为黄色（C:0，M:0，Y:100，K:0）并去除轮廓色，使其与花瓣居中对齐，最终效果如图3-93所示。

图3-93

3.4 对象的控制

在编辑对象的过程中，可以进行各种控制，包括对象的锁定与解锁、隐藏对象、组合与取消组合对象、合并与拆分以及排列顺序。

★ 重 点 ★

3.4.1 锁定和解锁对象

在编辑文档的过程中，为了避免操作失误，可以将编辑完毕或不需要编辑的对象锁定，锁定的对象无法进行编辑也不会被误删，继续编辑则需要解锁对象。

锁定对象

锁定对象有以下两种方法。

第1种：选中需要锁定的对象，然后单击鼠标右键，在弹出的快捷菜单中选择“锁定”命令，如图3-94所示，锁定后对象的手柄变为锁状，如图3-95所示。

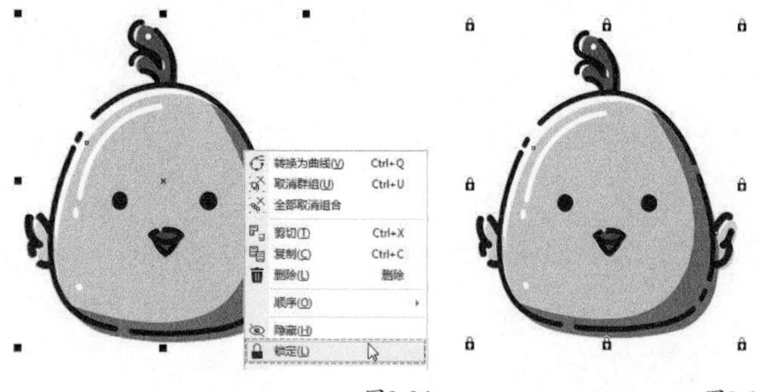

图3-94　　图3-95

第2种：选中需要锁定的对象，执行“对象>锁定>锁定”菜单命令。

解锁对象

解锁对象有以下两种方法。

第1种：选中需要解锁的对象，单击鼠标右键，在弹出的快捷菜单中选择“解锁”命令完成解锁，如图3-96所示。

图3-96

第2种：选中需要解锁的对象，执行“对象>锁定>解锁”菜单命令。

技巧与提示

锁定多个对象时，每个对象会被分别锁定。需要解锁时，则不需要逐个解锁。执行“对象>锁定>全部解锁”菜单命令可以同时解锁所有锁定对象。

3.4.2 隐藏和显示对象

在文档编辑过程中，为了避免操作失误，可以将编辑完毕或不需要编辑的对象隐藏，隐藏的对象将不会出现在绘制区，编辑完成后则需要再次显示对象。

隐藏对象

隐藏对象有以下两种方法。

第1种：选中需要隐藏的对象，然后单击鼠标右键，在弹出的快捷菜单中选择“隐藏”命令，如图3-97所示，隐藏后的对象不再出现，如图3-98所示。

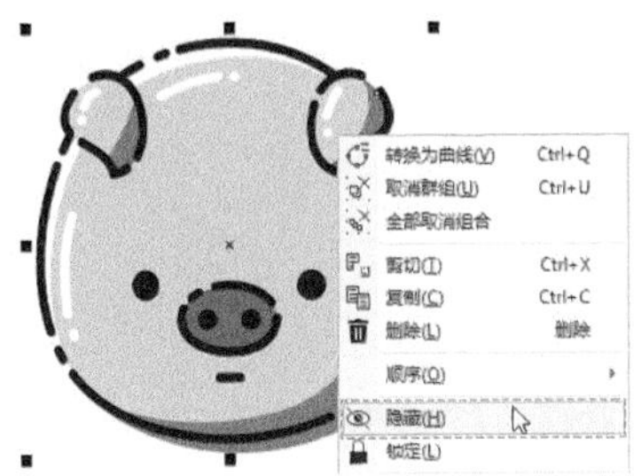

图3-97

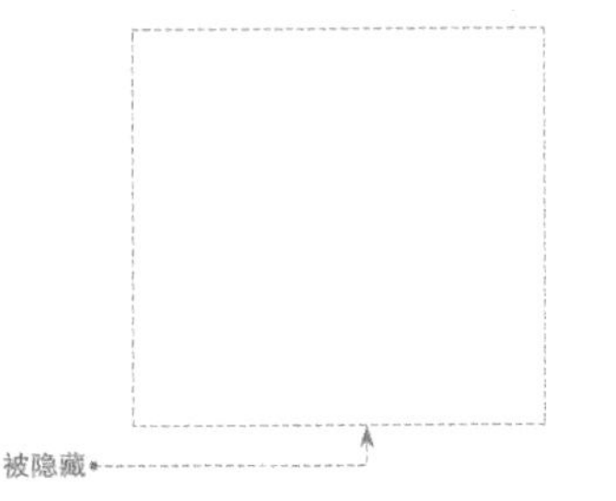

图3-98

第2种：选中需要隐藏的对象，执行“对象>隐藏>隐藏”菜单命令。选择多个对象进行此操作可以同时隐藏多个对象。

显示对象

执行“对象>隐藏>全部显示”菜单命令，即可显示所有被隐藏的对象，如图3-99所示。

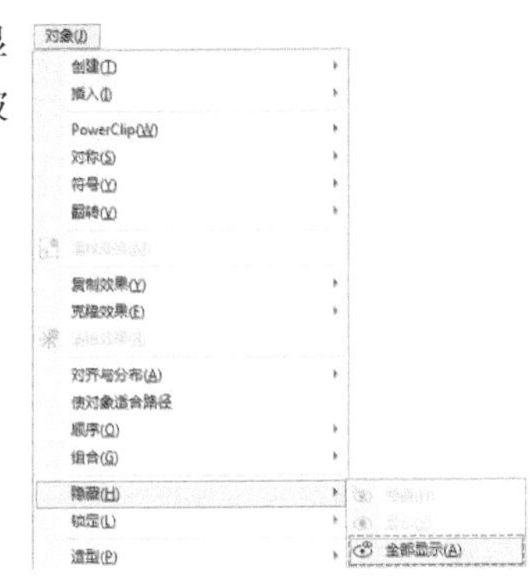

图3-99

★ 重 点 ★

3.4.3 组合与取消组合对象

在编辑复杂对象时，我们既可以将多个对象编组后进行统一操作，也可以将编组对象解组后对单个对象进行操作。

组合对象

组合对象有以下3种方法。

第1种：选中需要组合的所有对象，单击鼠标右键，在弹出的快捷菜单中选择“组合”命令，如图3-100所示，或者按快捷键Ctrl+G快速组合对象。

图3-100

第2种：选中需要组合的所有对象，执行“对象>组合>组合”菜单命令。

第3种：选中需要组合的所有对象，在属性栏中单击“组合对象”按钮。

技巧与提示

组合对象不仅可以在单个对象之间相互组合，组合与组合之间也可以进行再组合，并且组合后的对象显示为一个组合。

取消群组对象

取消群组对象有以下3种方法。

第1种：选中组合对象，单击鼠标右键，在弹出的快捷菜单中选择“取消群组”命令，如图3-101所示，或者按快捷键Ctrl+U进行快速解组。

图3-101

第2种：选中组合对象，执行“对象>组合>取消群组”菜单命令。

第3种：选中组合对象，在属性栏中单击“取消组合对象”按钮。

技巧与提示

执行“取消群组”命令可以撤销前面执行的组合操作，如果上一步组合对象操作是在组合与组合之间进行的，那么执行后只解散为组合前的多个独立组合。

取消全部组合对象

使用“全部取消组合”命令，可以将组合对象进行彻底解组，变为最基本的独立对象。全部取消组合对象有以下3种方法。

第1种：选中组合对象，单击鼠标右键，在弹出的快捷菜单中选择“全部取消组合”命令，即可解开所有的组合对象，如图3-102所示。

图3-102

第2种：选中组合对象，执行“对象>组合>全部取消组合”菜单命令。

第3种：选中组合对象，在属性栏中单击“全部取消组合”按钮。

技巧与提示

按住Ctrl键，可以在组合状态下，编辑选中的组合内的单个对象或其他组合，并且不会解散原来的组合。

★重点★

实战 替换手机屏幕的颜色

实例位置 实例文件>CH03>实战：替换手机屏幕颜色.cdr
素材位置 素材文件>CH03>10.cdr
视频名称 实战：替换手机屏幕颜色.mp4
实用指数 ★★★★☆
技术掌握 在不解散组合的情况下，编辑组合中的对象

扫码看视频

本案例的效果如图3-103所示。

图3-103

01 打开“素材文件>CH03>10.cdr”文件，此对象为组合对象，如图3-104所示。

02 选中组合，按住Ctrl键，单击手机屏幕左侧的深绿色对象，再单击默认调色板中的深蓝色（C:40，M:40，Y:0，K:60）色样，效果如图3-105所示。当对象在组合中被选中时，手柄显示为圆形。

图3-104

图3-105

03 选中组合，按住Ctrl键，单击手机屏幕中间的中绿色对象，然后单击默认调色板中的靛蓝色（C:60，M:60，Y:0，K:0）色样，效果如图3-106所示。

04 选中组合，按住Ctrl键，单击手机屏幕右侧的浅绿色对象，然后单击默认调色板中的粉蓝色（C:20，M:20，Y:0，K:0）色样，最终效果如图3-107所示。

图3-106

图3-107

★重点★

3.4.4 对象的顺序

在编辑对象时，通常利用图层的相互叠加组成图案或组合效果。在一个图层内任何一个独立的对象或组合都按上下层级

进行排序，如图3-108所示。

图3-108

对对象进行排序可以使用以下3种方法。

第1种：选中相应的图层并单击鼠标右键，在弹出的快捷菜单中选择“顺序”命令，然后在子菜单中选择相应的命令进行操作，如图3-109所示。

图3-109

“顺序”子菜单命令介绍

到页面前面/背面：将所选对象调整到当前页面的最前面或最后面。图3-110所示是将柠檬片的位置置于页面最后。

图3-110

到图层前面/后面：将所选对象调整到当前图层所有对象的最前面、最后面。

向前/后一层：将所选对象逐层调整上下顺序。图3-111所示是将柠檬片逐步向上一层变序。

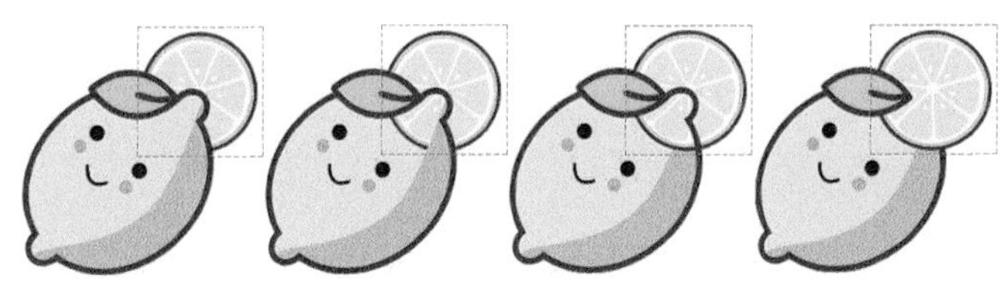

图3-111

置于此对象前/后：选择该命令，当鼠标指针变为➡时单击目标对象，可以将所选对象置于该对象的前面或后面。图3-112所示是将叶片的位置置于柠檬之后。

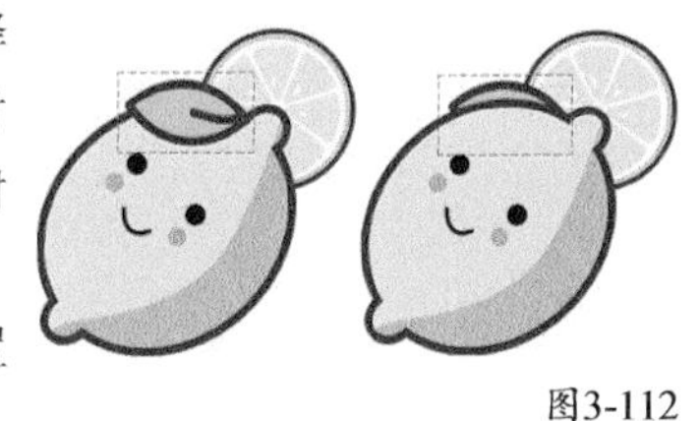

图3-112

逆序：选中需要颠倒顺序的对象，选择该命令，之后对象将按相反的顺序进行排列。如图3-113所示，柠檬“转身”了。

图3-113

第2种：选中相应的图层，执行“对象>顺序”菜单命令，在子菜单中选择对应的命令进行操作。

第3种：按快捷键Ctrl+Home将对象置于页面顶层；按快捷键Ctrl+End将对象置于页面底层；按快捷键Shift+Home将对象置于当前图层顶层；按快捷键Shift+End将对象置于当前图层底层；按快捷键Ctrl+PageUp将对象往上移一层；按快捷键Ctrl+PageDown将对象往下移一层。

★重点★

3.4.5 合并与拆分对象

合并对象与组合对象不同，组合对象是将两个或多个对象编成一个组，但内部还是独立的对象，对象属性不变；合并是将两个或多个对象合并为一个全新的对象，其对象的属性也会随之变化。只有矢量图形才能合并对象，位图图像不能合并对象。

合并与拆分对象有以下4种方法。

第1种：选中要合并的多个对象，如图3-114所示，在属性栏上单击“合并”按钮合并为一个对象（曲线），合并后属性继承最后选中对象的属性，如图3-115所示。单击“拆分”按钮可以将合并对象拆分为单个对象，拆分后的多个对象由大到小排列。

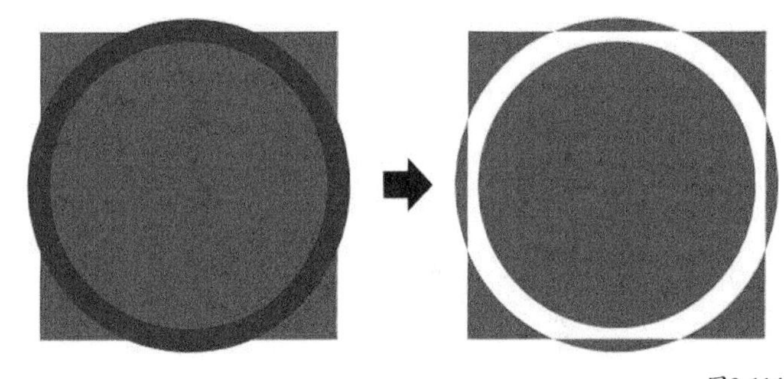

图3-114

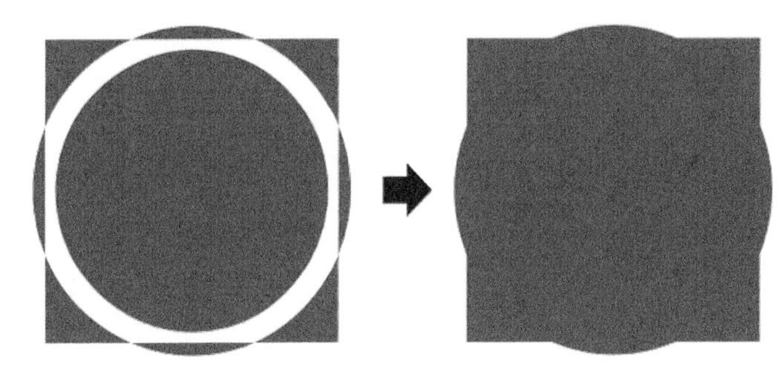

图3-115

第2种：选中要合并/拆分的对象，单击鼠标右键，在弹出的快捷菜单中选择“合并”或“拆分曲线”命令。

第3种：选中要合并的对象，执行“对象>合并”或“对象>拆分曲线”菜单命令。

第4种：按快捷键Ctrl+L快速合并对象；按快捷键Ctrl+K快速拆分对象。

3.5 对象的对齐与分布

“对齐与分布”用于精确对齐对象和分布对象，有以下两种操作方法。

第1种：选中对象，执行“对象>对齐与分布”菜单命令，在子菜单中选择相应的命令进行操作，如图3-116所示。

第2种：选中对象，然后在属性栏中单击“对齐与分布”按钮打开“对齐与分布”泊坞窗进行操作。

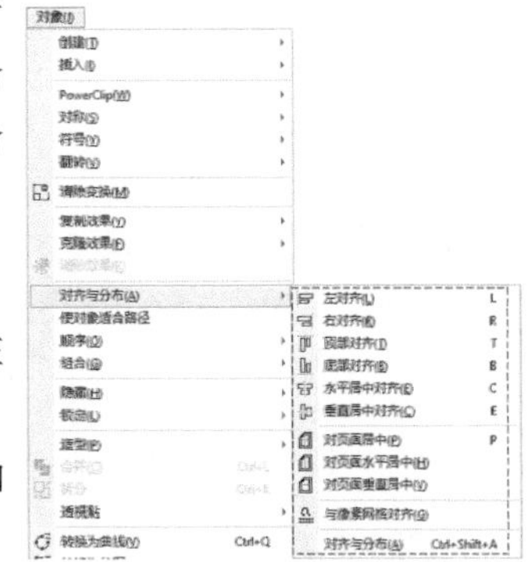

图3-116

★重点★

3.5.1 对齐对象

选中需要对齐的对象，如图3-117所示。在“对齐与分布”泊坞窗中进行相关对齐功能操作，如图3-118所示。

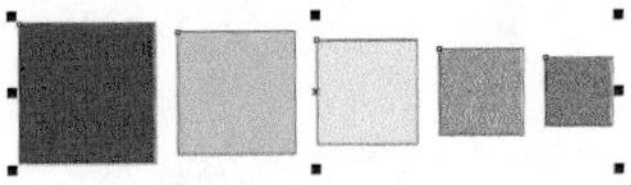

图3-117

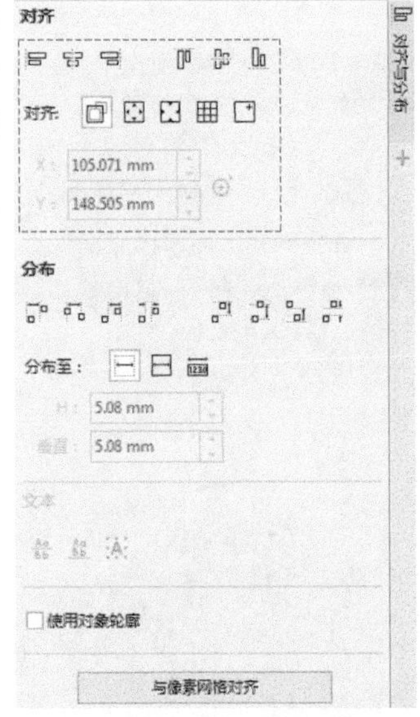

图3-118

单独使用

“对齐”按钮介绍

左对齐：将所有对象向最左边对齐，如图3-119所示。

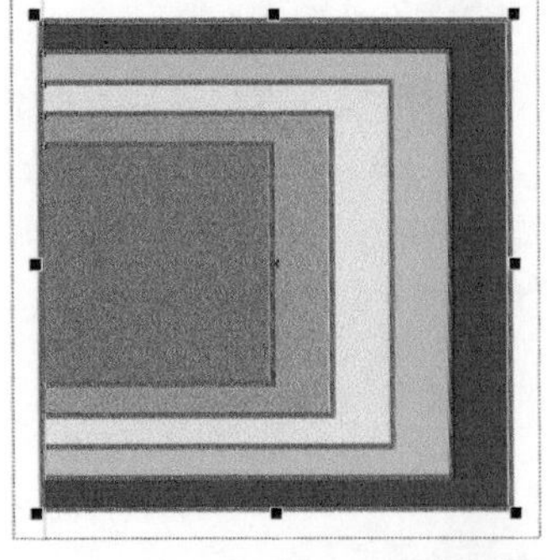

图3-119

水平居中对齐：将所有对象向水平方向的中心点对齐，如图3-120所示。

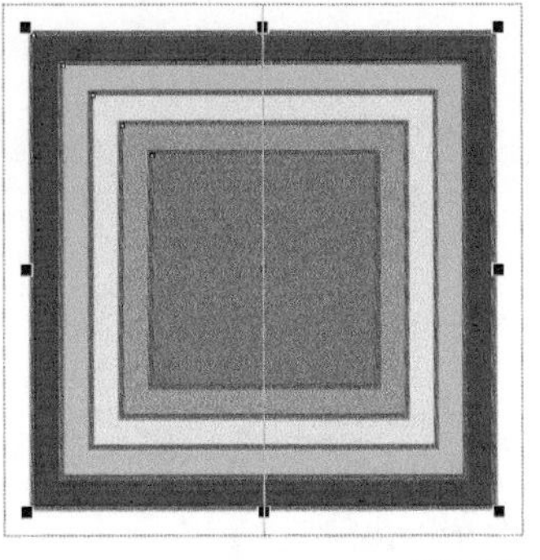

图3-120

右对齐：将所有对象向最右边对齐，如图3-121所示。

顶端对齐：将所有对象向顶部对齐，如图3-122所示。

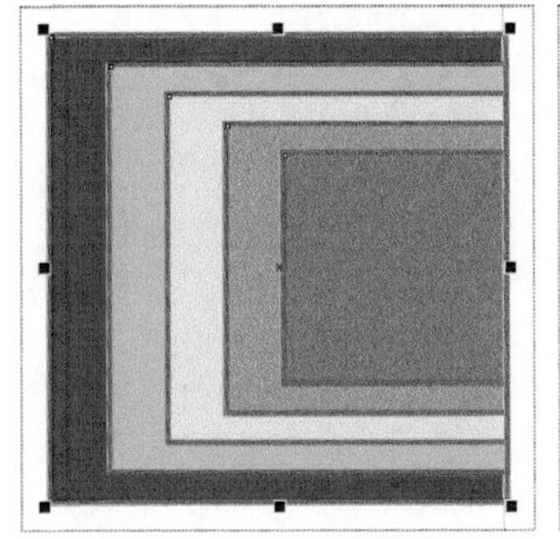

图3-121

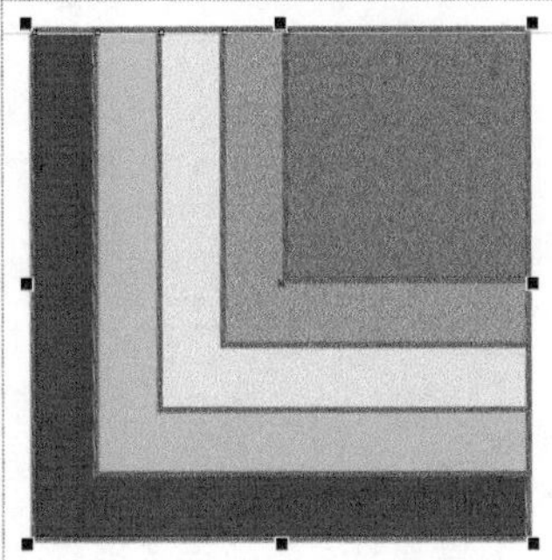

图3-122

垂直居中对齐：将所有对象向垂直方向的中心点对齐，如图3-123所示。

底端对齐：将所有对象向底部对齐，如图3-124所示。

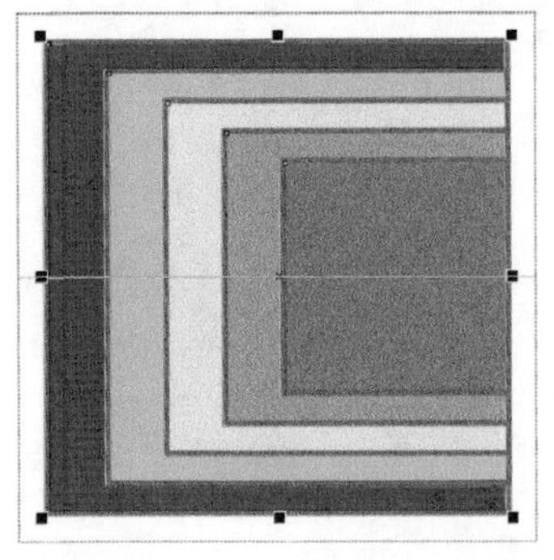

图3-123

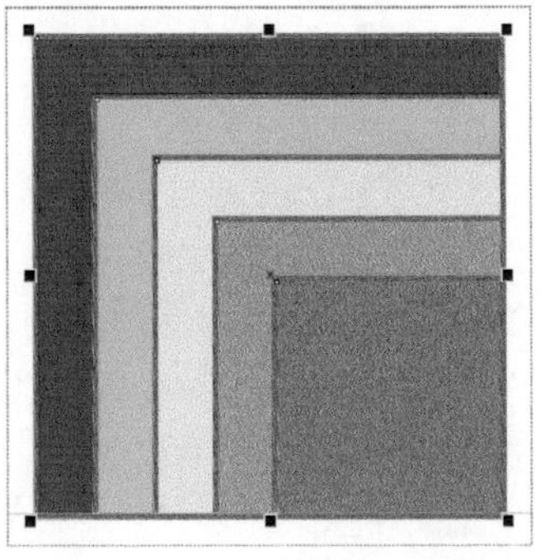

图3-124

混合使用

在进行对齐操作的时候，除了分别单独进行操作外，也可以进行组合使用，有以下5种操作方法。

第1种：选中对象，分别单击“左对齐”按钮和“顶端对齐”按钮，可以将所有对象向左上角对齐，如图3-125所示。

第2种：选中对象，分别单击“左对齐”按钮和“底端对齐”按钮，可以将所有对象向左下角对齐，如图3-126所示。

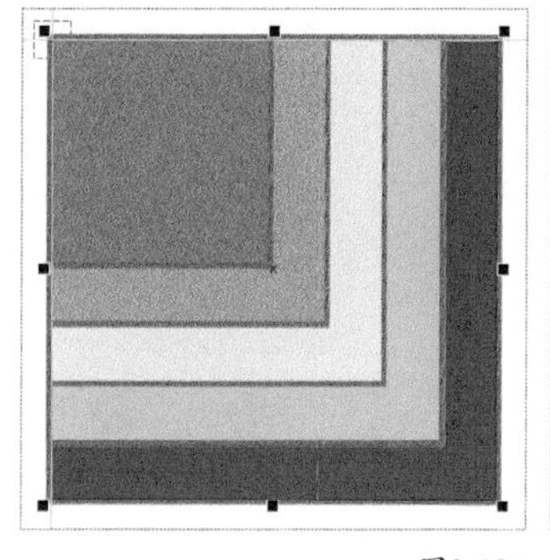

图3-125

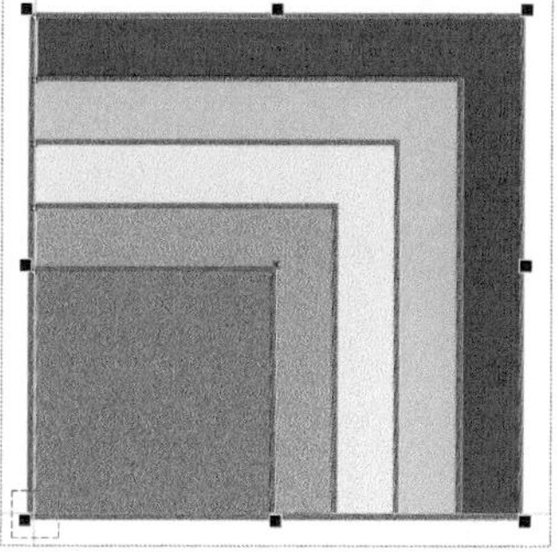

图3-126

第3种：选中对象，分别单击“水平居中对齐”按钮和“垂直居中对齐”按钮，可以将所有对象向正中心对齐，如图3-127所示。

第4种：选中对象，分别单击“右对齐”按钮和“顶端对齐”按钮，可以将所有对象向右上角对齐，如图3-128所示。

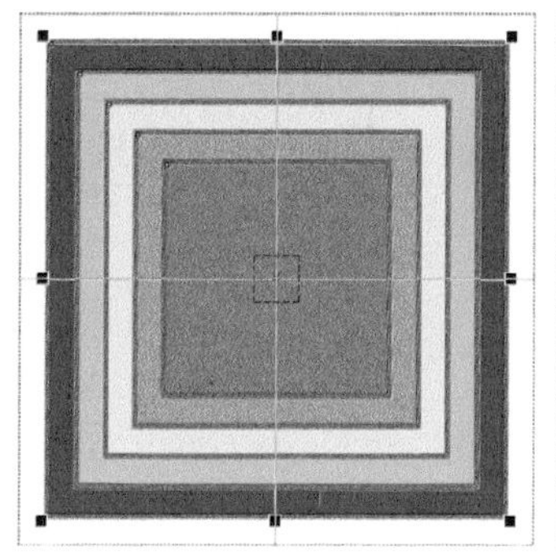

图3-127

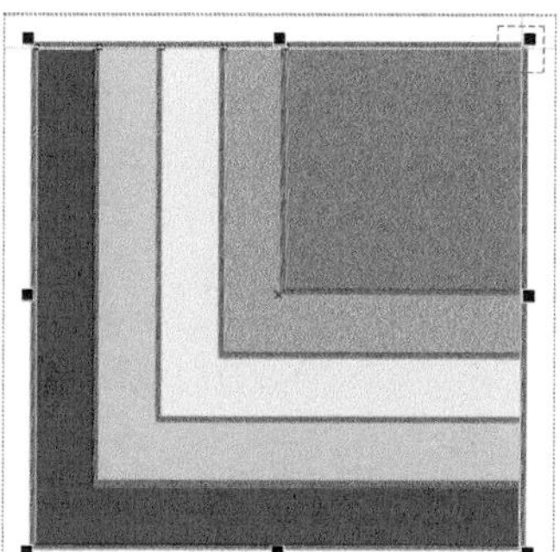

图3-128

第5种：选中对象，分别单击“右对齐”按钮和“底端对齐”按钮，可以将所有对象向右下角对齐，如图3-129所示。

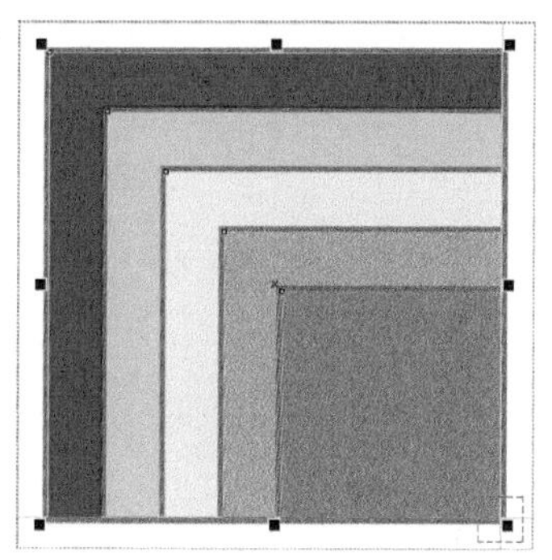

图3-129

对齐位置

“对齐”选项介绍

选定对象：将对象对齐到选中的对象。

页面边缘：将对象对齐到页面的边缘。

页面中心：将对象对齐到页面中心。

网格：将对象对齐到网格。

指定点：在X和Y文本框中输入数值，如图3-130所示，或者单击“指定点”按钮，在页面中设定对齐点。

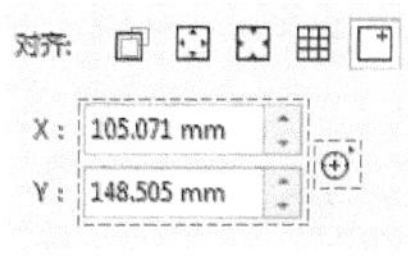

图3-130

★重点★

3.5.2 分布对象

选中需要分布的对象，如图3-131所示。在“对齐与分布”泊坞窗中进行相关分布功能操作，如图3-132所示。

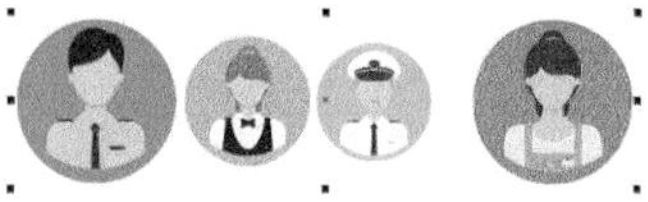

图3-131

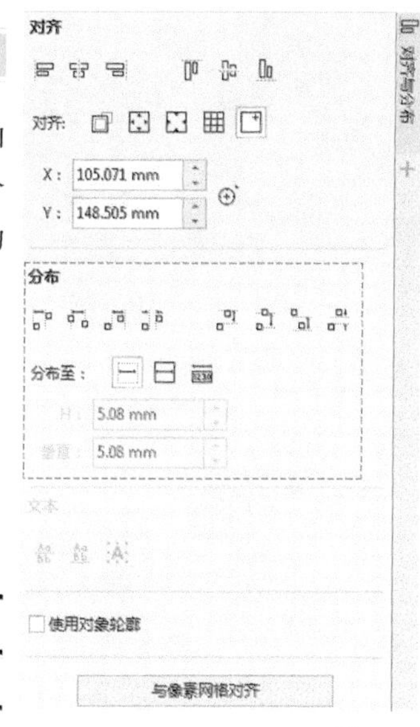

图3-132

分布类型

“分布”按钮介绍

左分散排列：平均设置对象左边缘的间距，如图3-133所示。

图3-133

水平分散排列中心：平均设置对象水平中心的间距，如图3-134所示。

图3-134

右分散排列：平均设置对象右边缘的间距，如图3-135所示。

图3-135

水平分散排列间距：平均设置对象水平方向上的间距，如图3-136所示。

图3-136

顶部分散排列：平均设置对象上边缘的间距，如图3-137所示。

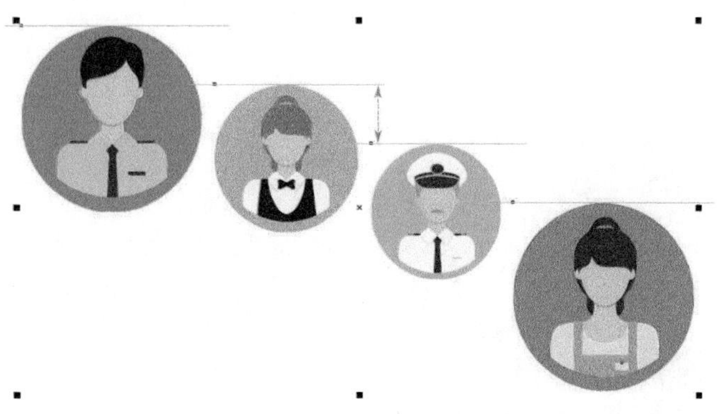

图3-137

垂直分散排列中心：平均设置对象垂直中心的间距，如图3-138所示。

图3-138

底部分散排列：平均设置对象下边缘的间距，如图3-139所示。

图3-139

垂直分散排列间距：平均设置对象垂直方向上的间距，如图3-140所示。

分布也可以混合使用，这样可以使分布更为精确。

图3-140

分布到位置

在进行对象分布时，可以设置分布的位置。

“对齐”按钮介绍

选定的范围：在选定的对象范围内进行分布，如图3-141所示。

图3-141

页面范围：将对象以页边距为定点平均分布在页面范围内，如图3-142所示。

图3-142

对象间距：在水平和垂直文本框中输入数值，按指定数值分布对象，如图3-143所示。

分布至：
H：3.0 mm
垂直：7.0 mm

图3-143

3.5.3 其他分布与对齐

文本的对齐与分布可以使用对象的对齐与分布进行操作，也可以使用文本的专用对齐与分布命令，如图3-144所示。

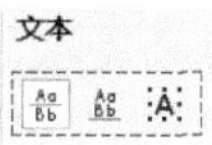

文本

图3-144

“文本”按钮介绍

第一条线的基线：从第一条线的基线起对齐与分布文本。

最后一条线的基线：从最后一条线的基线起对齐与分布文本。

装订框：从边框起对齐与分布文本。

使用轮廓对象

从对象轮廓起执行对齐与分布操作，此命令适用于轮廓较粗的对象。

与像素网格对齐

对齐节点与像素网格以保证边缘的锋利性，此命令适用于Web端应用方向的设计。

3.6 对象管理器

CorelDRAW的对象管理器用于管理页面中的图层和对象，通过对象管理器，可以进行图层和对象的锁定、显示、打印和导出等操作。

3.6.1 CorelDRAW中的图层概念

在默认情况下，CorelDRAW只生成一个图层，对象的绘制、组合都在这个图层上进行操作。通过对象管理器，可以为页面添加新图层。每个页面可以包含多个图层，每个图层内可以包含一个或多个对象。

3.6.2 CorelDRAW中的图层/对象操作

执行“窗口>泊坞窗>对象”菜单命令即可打开对象管理器，如图3-145所示。

图3-145

对象管理器按钮介绍

查看页面图层和对象：查看所有页面的图层和对象。

查看图层和对象：选择其中一个页面并查看选中页面的图层和对象。

查看图层：仅查看图层。

新建图层：在当前页面新建图层。

新建主图层：新建的主图层在每一页都会显示。

添加效果：给对象添加平面特效。

删除：删除页面、图层或对象。

技巧与提示

在“对象的顺序”一节中，介绍了一个图层中的对象都会按照上下层级进行排序，并且通过对象之间的相互组合、叠加形成图形和图像。同样地，一个页面可以有多个图层，每个图层也有上下层级顺序，通过图层的相互叠加，也可以形成图形或图像。

如图3-146所示，利用图层的控制按钮，可以快速隐藏、显示、锁定、启用/禁用打印和导出图层的内容。这些功能在绘制复杂图形，如管线图和施工图时会带来很大的便利。

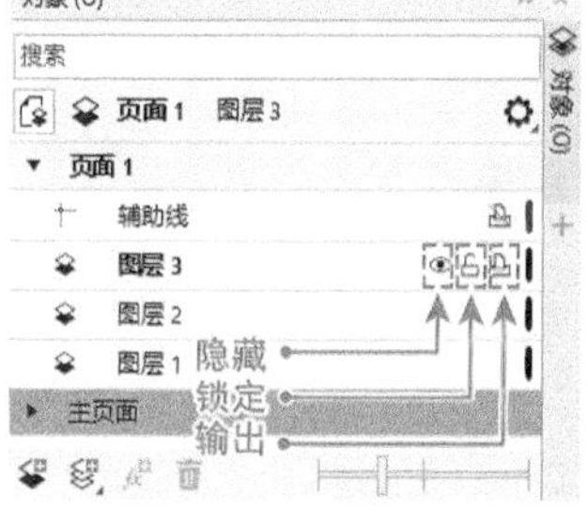

图3-146

有时需要将CDR文件输出为PSD格式的分层文件再编辑。这时，就需要利用CorelDRAW对象管理器中的图层功能，将需要分层的对象调整到对应的图层中，使每个CDR文件的图层对应PSD文件的图层，这样就能准确输出分层PSD文件。

第4章

绘制线条图形

CorelDRAW 2021提供了多种线条绘制工具，使用这些工具可以绘制曲线或直线，以及同时包含曲线段和直线段的线条。本章主要介绍CorelDRAW 2021中线条图形的绘制方法，通过对本章的学习，读者可以掌握各类线条绘制工具的特点和使用方法。

学习要点

第56页
“手绘”工具

第61页
“贝塞尔”工具

第66页
修改线条的方法

工具名称	工具按钮	工具作用	重要程度
“手绘”工具		绘制自由性强的直线和曲线，可以擦除笔迹	高
“2点线”工具		直线绘制工具，创建与对象垂直或相切的直线	中
“贝塞尔”工具		创建精确的直线或曲线，可以通过节点进行修改	高
“钢笔”工具		使用节点绘制可预览的直线、曲线和图形	中
“B样条”工具		通过建立控制点来轻松创建连续且平滑的曲线	中
“折线”工具		创建多节点连接的复杂几何图形和折线	中
“3点曲线”工具		以3点创建曲线，精确设置曲线的弧度和方向	中
“艺术笔”工具		创建图案、图形、笔触、样式和可填充颜色等	中

★重点★

4.1 “手绘”工具

“手绘”工具是一种可以自由绘制线条的工具，使用时就像在纸上使用铅笔画画一样，可以绘制直线或曲线。在绘制过程中能自动平滑锐利的边缘，使线条平滑、自然。

4.1.1 “手绘”工具的基本使用方法

单击工具箱中的“手绘”工具，绘制方法如下。

绘制直线线段

选择“手绘”工具，在页面内空白处单击，然后如图4-1所示，将鼠标指针移动到其他空白位置处单击，即可绘制一条直线线段，如图4-2所示。

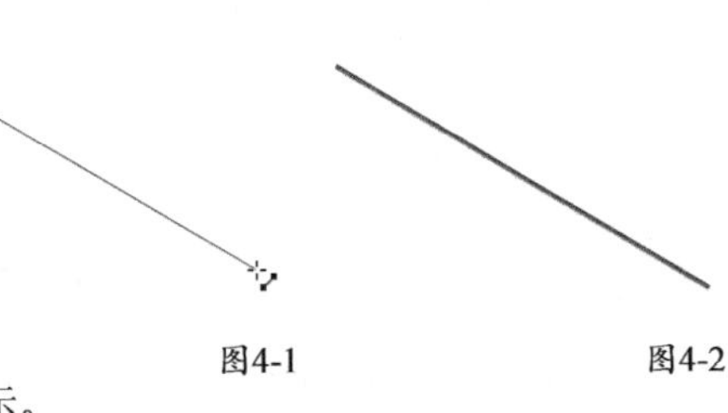

图4-1 图4-2

如果要绘制水平或垂直的线段，可在移动鼠标指针时按住Shift键或Ctrl键。如果要绘制以15°增量为角度的线段，同样需要在移动鼠标指针时按住Shift键或Ctrl键。

绘制连续线段

选择“手绘”工具绘制一条直线线段，将鼠标指针移动到线段末尾的节点上，当它变为时单击，如图4-3所示，然后移动鼠标到空白位置单击创建其他线段，如图4-4所示，按此步骤可以绘制连续的线段，如图4-5所示。

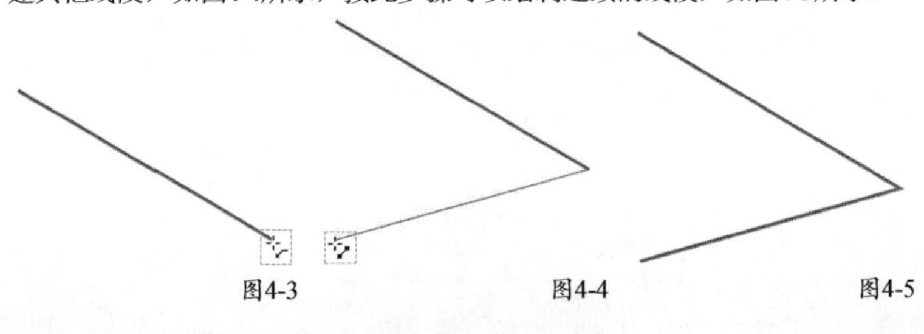

图4-3 图4-4 图4-5

当起始点和结束点相互重合时，会形成闭合曲线。闭合曲线内可以填充颜色和调整轮廓等，如此就可以绘制多边形几何图像。

绘制曲线

单击“手绘”工具，在页面空白处按住鼠标左键拖曳绘制，松开鼠标形成曲线，如图4-6和图4-7所示。

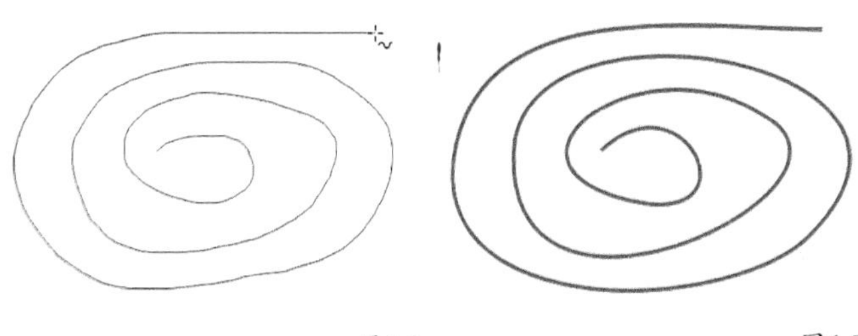

图4-6　　图4-7

在绘制曲线的过程中，线条有可能会出现锯齿边缘或抖动的情况。因此在绘制前，可以在属性栏中调节“手绘平滑”数值，如图4-8所示，让CorelDRAW自动平滑曲线。

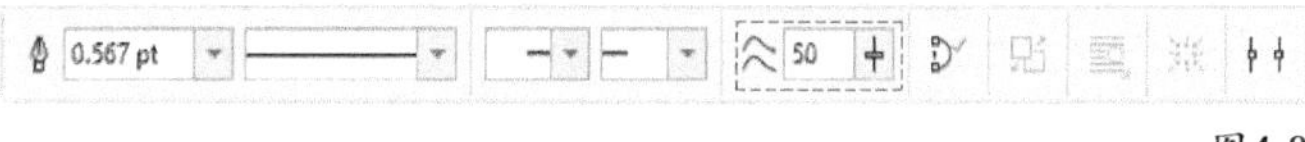

图4-8

在线段上接续绘制曲线

单击“手绘”工具，在页面空白处绘制一条直线线段，如图4-9所示。将鼠标指针移动到线段末尾的节点上，当它变为时按住鼠标左键拖曳即可在线段上接续绘制曲线，如图4-10所示。

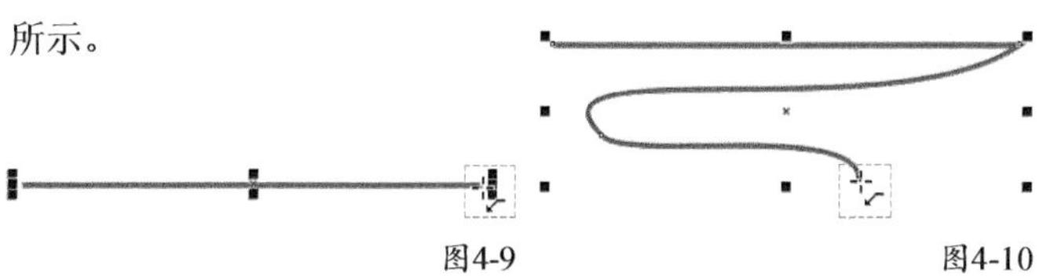

图4-9　　图4-10

鼠标指针表示当前绘制可以起到连接节点的作用。通过连接节点，可以在直线段上接续绘制曲线，也可以在曲线上接续绘制直线段。

技巧与提示

使用“手绘”工具，按住鼠标左键拖曳绘制线条时，如果需要擦除，可以按住Shift键往回拖曳。当绘制的预览线条变为红色时，松开鼠标即可擦除红色部分，如图4-11所示。

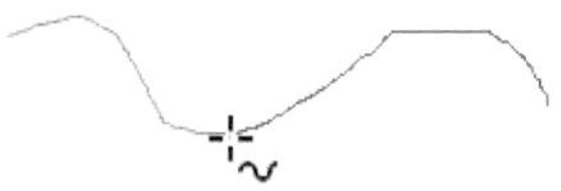

图4-11

4.1.2 “手绘”工具属性设置

“手绘”工具属性栏如图4-12所示。

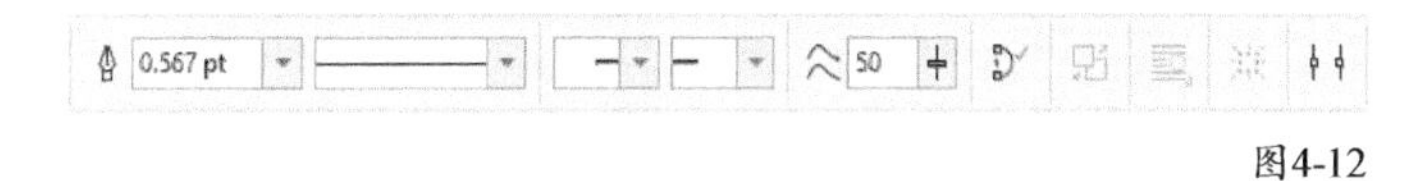

图4-12

“手绘”工具选项介绍

轮廓宽度：用于设置线条的宽度。可在图4-13所示的下拉列表中选择预设的宽度数值，也可以输入自定义的宽度数值，效果如图4-14所示。

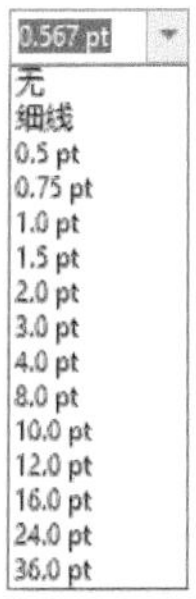

图4-13　　图4-14

线条样式：用于选择线条的样式。可在图4-15所示的下拉列表中选择预设的线条样式，也可以自定义线条样式，效果如图4-16所示。

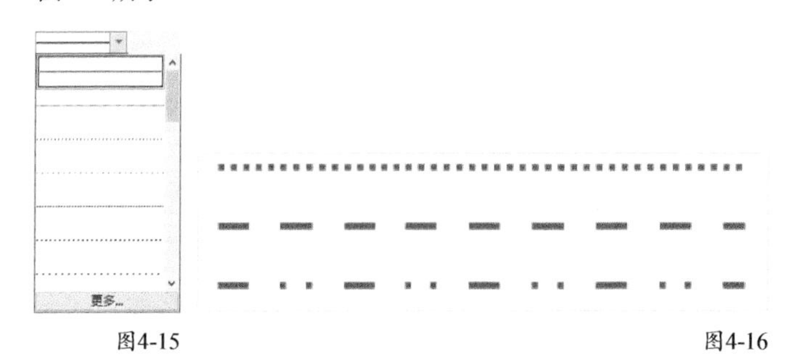

图4-15　　图4-16

起始箭头：用于在线条的起始端添加预设箭头样式，其下拉列表如图4-17所示。添加起始箭头后的效果如图4-18所示。

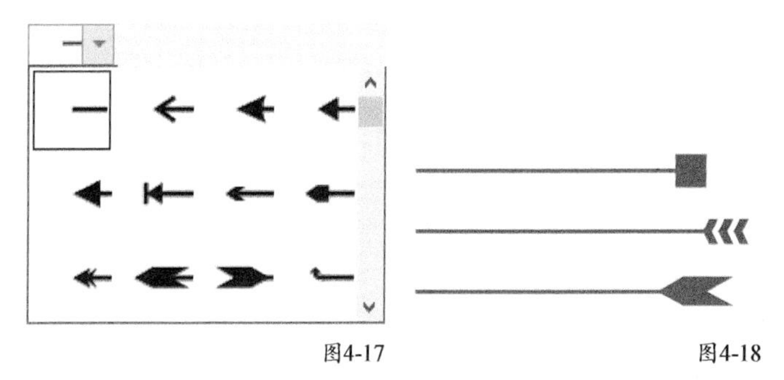

图4-17　　图4-18

终止箭头：用于在线条的终止端添加预设箭头样式，其下拉列表如图4-19所示。添加终止箭头后的效果如图4-20所示。

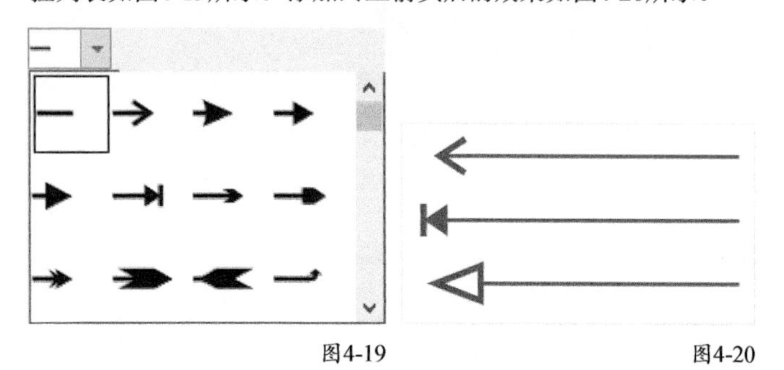

图4-19　　图4-20

手绘平滑：用于在创建手绘曲线时调整平滑度，可拖曳滑块进行调整，也可直接输入数值。数值越大，曲线越平滑，如图4-21所示。

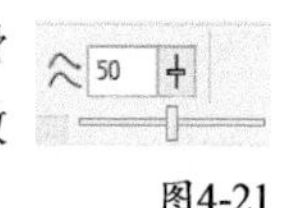

图4-21

闭合曲线：结合或分离曲线的末端节点。例如，单击“闭合曲线”按钮，连接图4-22所示曲线的起始节点和终止节点，形成闭合曲线。曲线闭合后可以填充颜色，如图4-23所示。

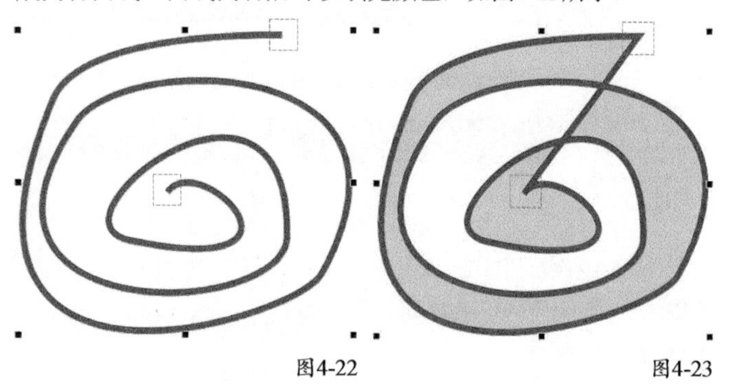

图4-22　　图4-23

装订框：绘制线条时，显示或隐藏边框（手柄）。默认状态下，显示边框，如图4-24所示。激活状态下，隐藏边框的效果如图4-25所示。

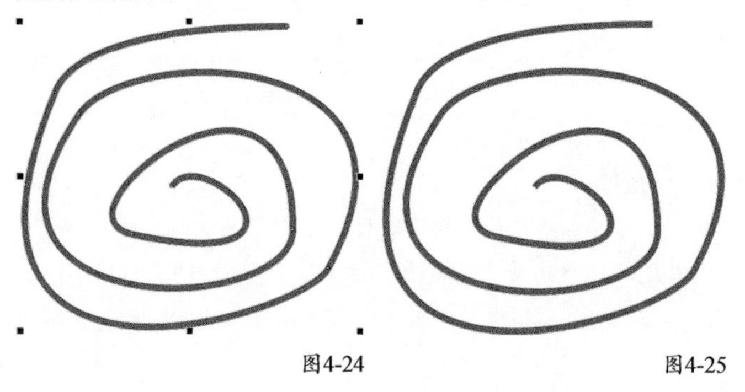

图4-24　　图4-25

平行绘图：显示“平行绘图”工具栏以绘制平行线条，如图4-26所示。其具体功能介绍如下。

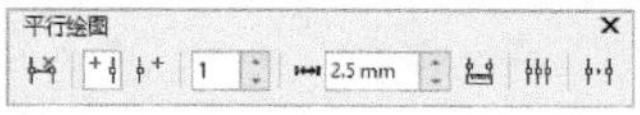

图4-26

平行线条：激活此按钮后，可使用“手绘”工具绘制出平行线条。

左侧的平行线条：如图4-27所示，在原始线条的左侧创建平行线条，左侧的含义为线条方向的左侧，效果如图4-28所示。

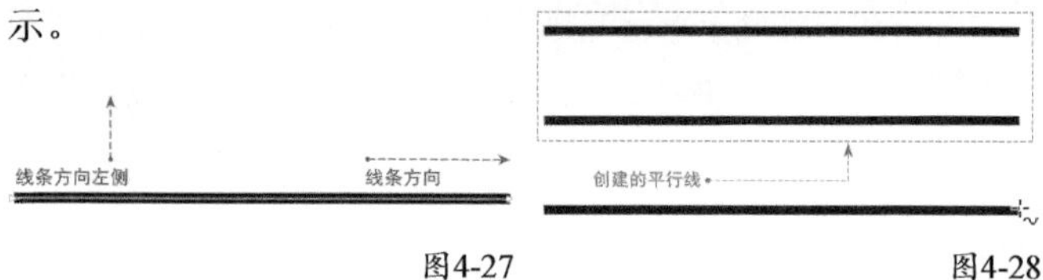

图4-27　　图4-28

右侧的平行线条：如图4-29所示，在原始线条的右侧创建平行线条，右侧的含义为线条方向的右侧，效果如图4-30所示。

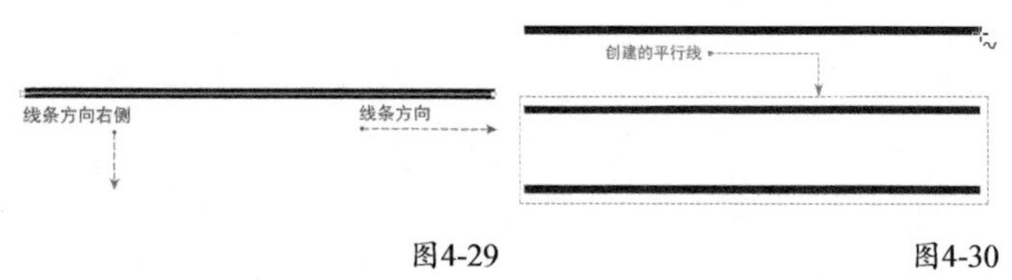

图4-29　　图4-30

线条数量：输入数值确定需要创建平行线的数量。

距离：输入数值确定原始线条和创建的平行线之间的距离，数值越大，间距越大。

交互式设置距离：在文档中拖曳设置平行线的距离。

预览线条：在绘制时显示平行线的预览效果，如图4-31所示。

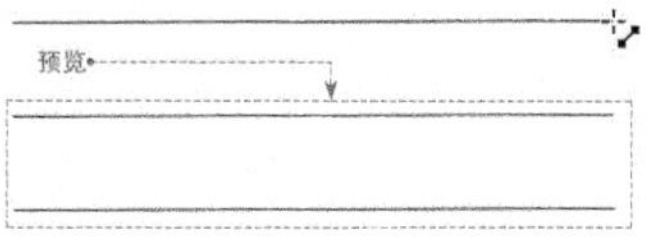

图4-31

从选定曲线创建：从选定的曲线（已绘制的曲线）创建平行线条。

技术看板

如何添加自定义线条样式？

在设置线条样式时，如果没有想要的预设样式，则可以单击下拉列表中的“更多...”按钮打开“编辑线条样式”对话框进行自定义编辑，如图4-32所示。

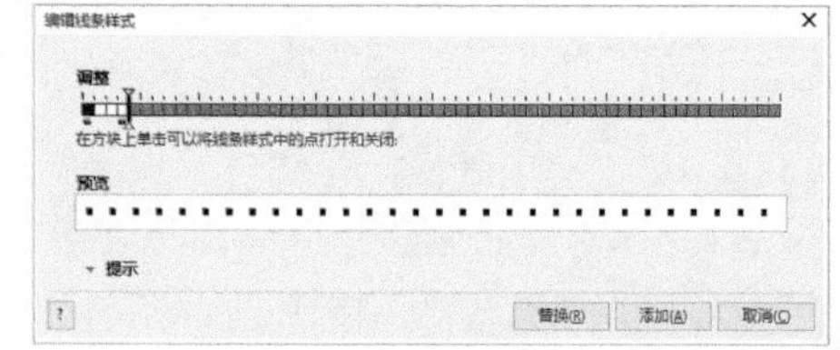

图4-32

拖曳滑块可以设置虚线点之间的距离，在对话框下方会同步显示预览效果，如图4-33所示。

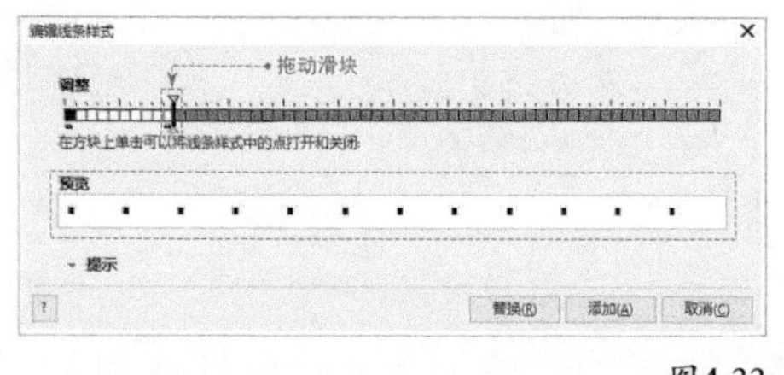

图4-33

通过单击相应白色方格将其切换为黑色，可以设定虚线点的长短样式，如图4-34所示。

图4-34

编辑完成后，单击“添加”按钮添加新线条样式。

实战 手绘风景画

扫码看视频

实例位置 实例文件>CH04>实战：手绘风景画.cdr
素材位置 素材文件>CH04>01.cdr、02.cdr
视频名称 实战：手绘风景画.mp4
实用指数 ★★★☆☆
技术掌握 “手绘”工具的使用方法

本案例绘制的风景画效果如图4-35所示。

图4-35

01 新建文档，单击“手绘”工具，按住鼠标左键在页面空白处拖曳绘制松树的树枝轮廓路径，如图4-36所示。

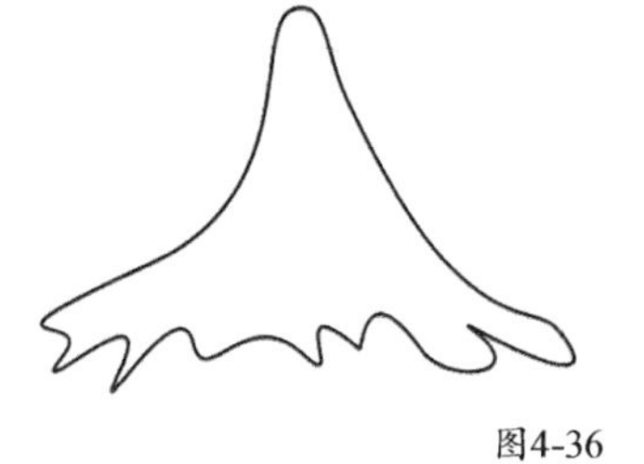

图4-36

02 重复上述步骤，连续绘制4片树枝轮廓路径，如图4-37所示，按照顺序排列成树枝形状。

03 按快捷键Ctrl+A选中所有树枝，单击属性栏中的“焊接”按钮，效果如图4-38所示。

图4-37 图4-38

04 在树枝轮廓上绘制高光部分，如图4-39所示。

05 将树枝部分填充为深绿色（C:91，M:57，Y:75，K:23），将高光部分填充为绿色（C:80，M:28，Y:74，K:0），然后移除所有轮廓色，如图4-40所示。

图4-39

图4-40

06 参照上述步骤，继续绘制树干。为树干部分填充棕色（C:49，M:73，Y:81，K:11），然后选中树干部分，按快捷键Shift+PageDown将其置于底层，如图4-41所示。

图4-41

07 单击“手绘”工具，调节“手绘平滑”为100。在页面空白处从上至下绘制4座山体，然后依次设置山体填充色为蓝色（C:91，M:51，Y:31，K:0）、深蓝色（C:100，M:97，Y:56，

K:15）、浅蓝色（C:69，M:0，Y:0，K:0）和蓝绿色（C:95，M:56，Y:52，K:5），如图4-42所示。

08 选中4座山体，按B键使其底部对齐，再微调4座山体各自的水平位置，然后移除所有轮廓色，如图4-43所示。

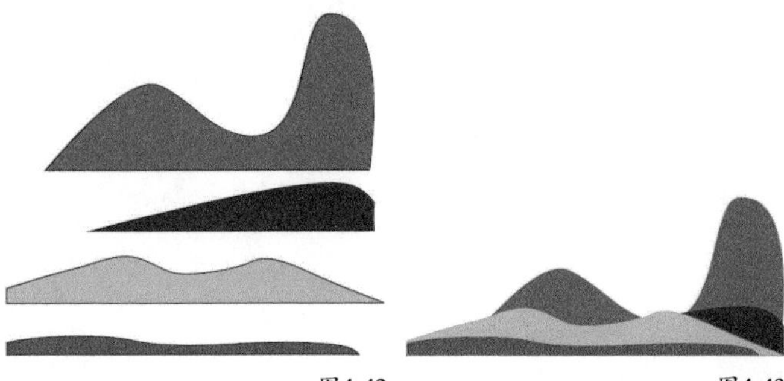

图4-42　　图4-43

09 选中松树，按快捷键Shift+PageUp置于顶层，按两次小键盘的+号，复制两棵松树。然后将松树移动到山体上，如图4-44所示。

10 选择“矩形”工具，参照山体的比例绘制一个与山体等宽的矩形，按快捷键Shift+PageDown将矩形置于底层，然后与山体底部对齐，如图4-45所示。

图4-44

图4-45

11 设置背景矩形的填充色为淡黄色（C:10，M:4，Y:44，K:0），如图4-46所示。

12 导入“素材文件>CH04>01.cdr”文件，移动云彩位置，如图4-47所示。

图4-46

图4-47

13 选中全部对象，按住Ctrl键向下拖曳拉伸手柄，单击鼠标右键，完成垂直方向的镜像复制，如图4-48所示。

图4-48

14 选中下面镜像中的矩形背景，设置填充色为浅蓝色（C:60，M:0，Y:20，K:0），如图4-49所示。

15 框选下面镜像中的山体、松树和云彩，选择“透明度”工具，在属性栏中单击“均匀透明度”按钮，效果如图4-50所示。

图4-49　　图4-50

16 导入“02.cdr”文件，将树枝移动到当前画面的左上角和右上角，并调整至适当大小。最后移除所有对象的轮廓色，最终效果如图4-51所示。

图4-51

4.2 “2点线”工具

“2点线”工具用于绘制直线线段，使用该工具可以绘制直接与对象垂直或相切的直线。

4.2.1 基本绘制方法

选择“2点线”工具，其基本绘制方法如下。

绘制1条线段

单击“2点线”工具，将鼠标指针移动到页面内空白处，按住鼠标左键拖曳一段距离，松开鼠标即可完成绘制，如图4-52所示。

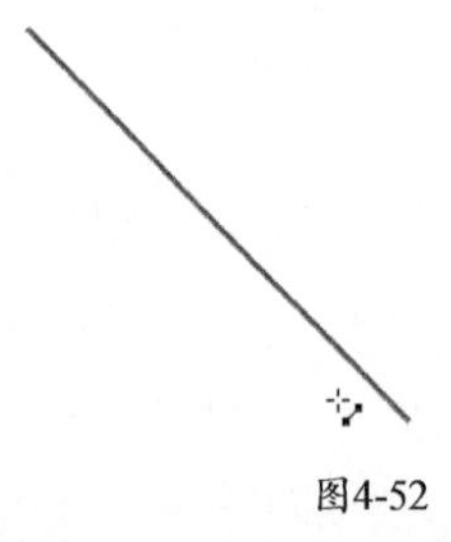

图4-52

绘制连续线段

使用“2点线”工具绘制出一条直线后，保持鼠标指针位于线段末端，此时鼠标指针显示为，如图4-53所示，然后按住鼠标左键拖曳绘制，如图4-54所示。

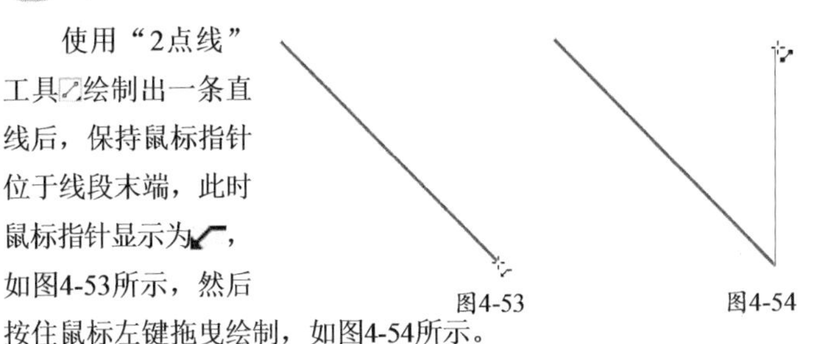

图4-53　图4-54

连续绘制，直到首尾节点合并，即可形成闭合曲线，如图4-55所示。

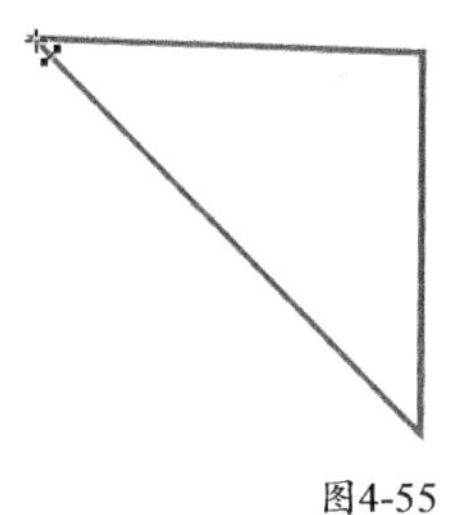

图4-55

4.2.2 “2点线”工具属性设置

“2点线”工具属性栏如图4-56所示。

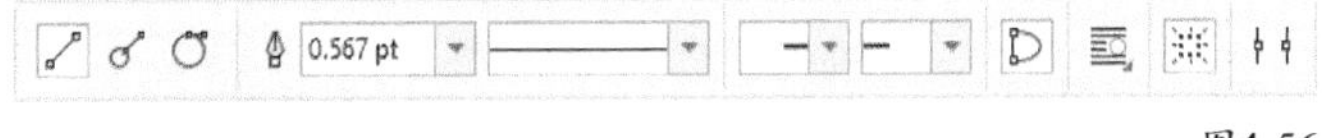

图4-56

2点线工具选项介绍

2点线工具：连接起点和终点，绘制一条直线。

垂直2点线：绘制一条与现有对象或线段垂直的2点线，如图4-57所示。

相切的2点线：绘制一条与现有对象或线段相切的2点线，如图4-58所示。

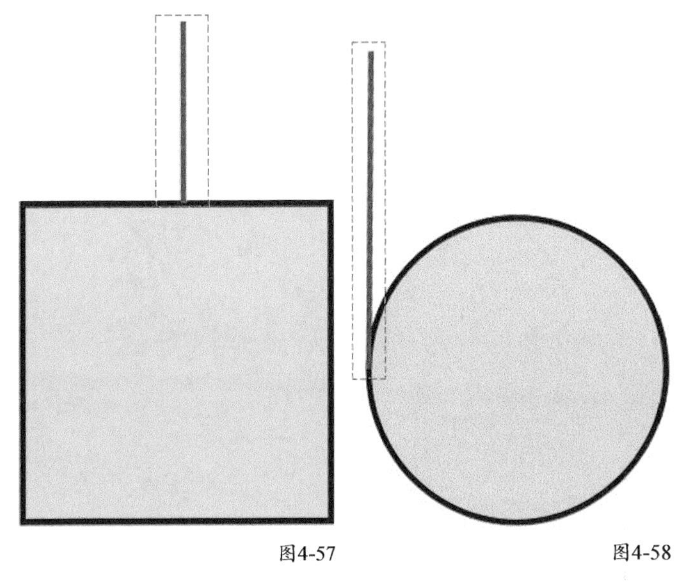

图4-57　图4-58

★重点★

4.3 “贝塞尔”工具

“贝塞尔”工具是CorelDRAW最为重要的工具之一，使用它可以绘制精确的直线和平滑曲线，在绘制中可以通过调整节点改变曲线的形状。在绘制完成后，同样可以通过调整节点改变曲线的形状。

4.3.1 直线绘制方法

选择“贝塞尔”工具，在页面空白处单击确定起始节点，然后移动一段距离并单击，确定下一个点，此时两点间会出现一条直线，如图4-59所示，按住Shift键或Ctrl键可以创建水平或垂直直线。

图4-59

与“手绘”工具的绘制方法不同，“贝塞尔”工具只需要连续移动鼠标指针，单击添加节点就可以进行连续绘制，如图4-60所示。要停止绘制可按空格键或者单击“选择”工具，当首尾两个节点重合时，可以绘制封闭图形，如图4-61所示。

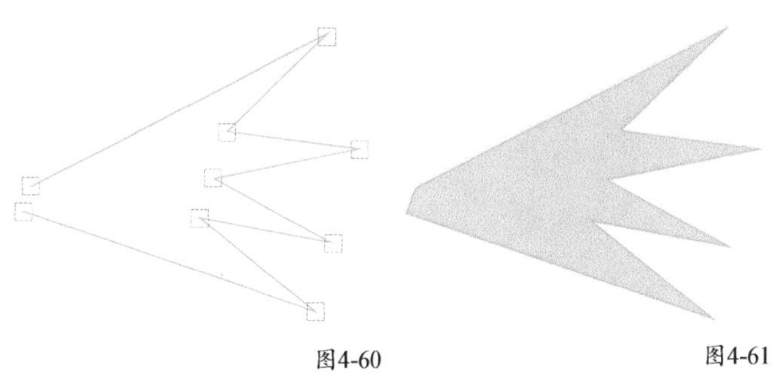

图4-60　图4-61

4.3.2 曲线绘制方法

在绘制贝塞尔曲线之前，先要了解什么是贝塞尔曲线。

认识贝塞尔曲线

运用“贝塞尔”工具可以精确画出贝塞尔曲线。贝塞尔曲线由线段与节点组成，节点是可拖曳的支点，线段像可伸缩的皮筋，如图4-62所示，每个可编辑节点有两个控制手柄。如图4-63所示，节点的位置、手柄的长短和手柄的方向这三个要素决定曲线段的大小和弧度形状。节点也称“锚点”，控制手柄也可以称作“方向线”或“控制线”。

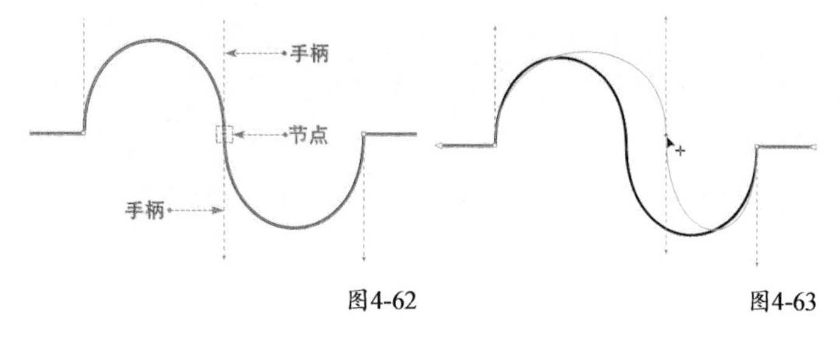

图4-62　　图4-63

贝塞尔曲线分为“平滑曲线”和“尖突曲线”两种形式。

平滑曲线又分为“对称平滑曲线”和“非对称平滑曲线”两种形式。

对称平滑曲线：控制手柄的方向和长度相互对称，曲线平滑度可以双边同时调节，如图4-64所示。

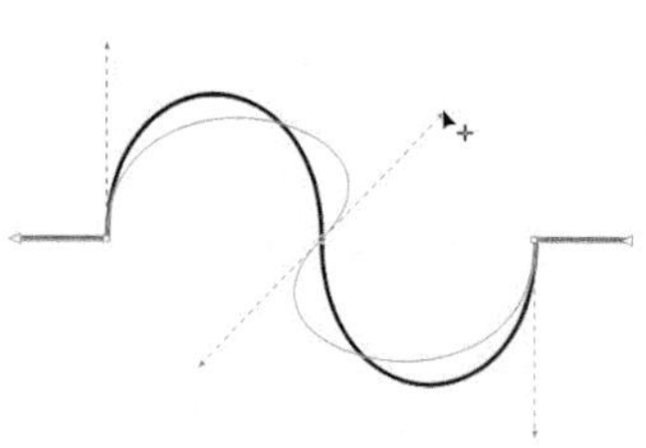

图4-64

非对称平滑曲线：控制手柄的方向相互对称，控制手柄的长度和曲线平滑度可以分别调节，如图4-65所示。

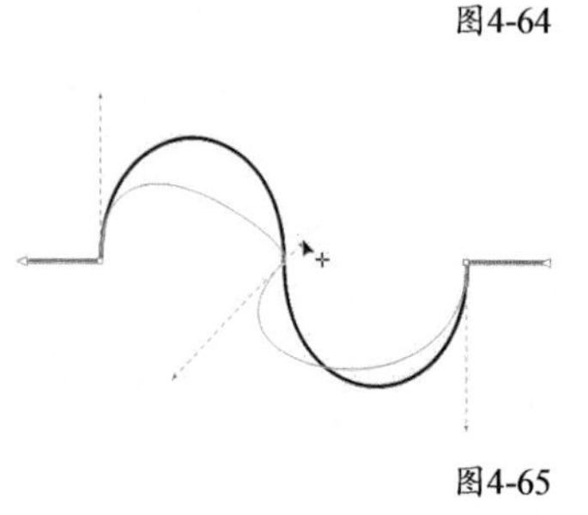

图4-65

尖突曲线：在调整尖突曲线时，每个控制手柄只能单独调节各自曲线的曲率，如图4-66所示。

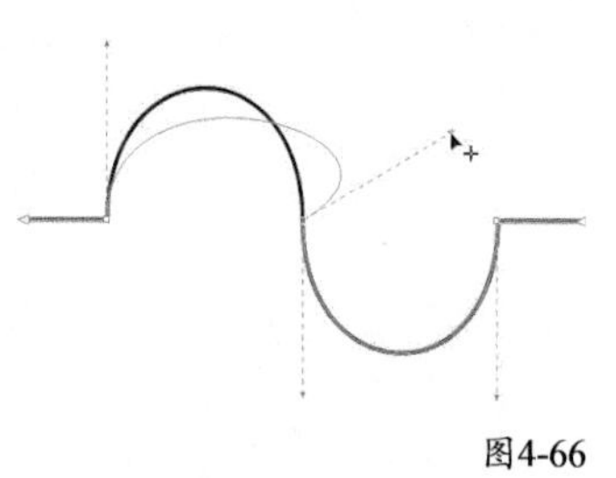

图4-66

贝塞尔曲线可以是没有闭合的线段，也可以是闭合的曲线。闭合的曲线可以设置填充色。

绘制曲线

单击“贝塞尔”工具，按住鼠标左键拖曳以定义起始节点。此时节点两端出现蓝色控制手柄，如图4-67所示。调节控制手柄可以控制曲线的弧度和大小，节点在选中时以实色方块显示。

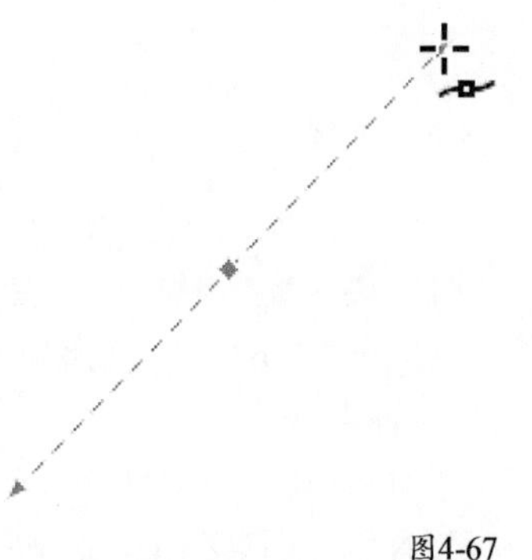

图4-67

技巧与提示

按住Ctrl键拖曳可以限制曲线增量，增量为15°。

调整完第一个节点后松开鼠标，然后移动鼠标指针到下一个位置，按住鼠标左键拖曳控制手柄调整节点之间曲线的形状，如图4-68所示。

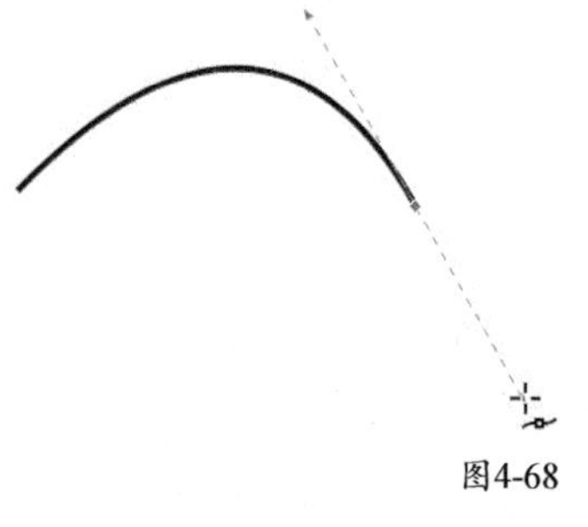

图4-68

在空白处继续拖曳控制手柄调整曲线，进行连续绘制。绘制完成后按空格键或者单击“选择”工具完成编辑，如图4-69所示。如果绘制闭合曲线，则自动完成编辑。闭合曲线可以调整填充色，如图4-70所示。

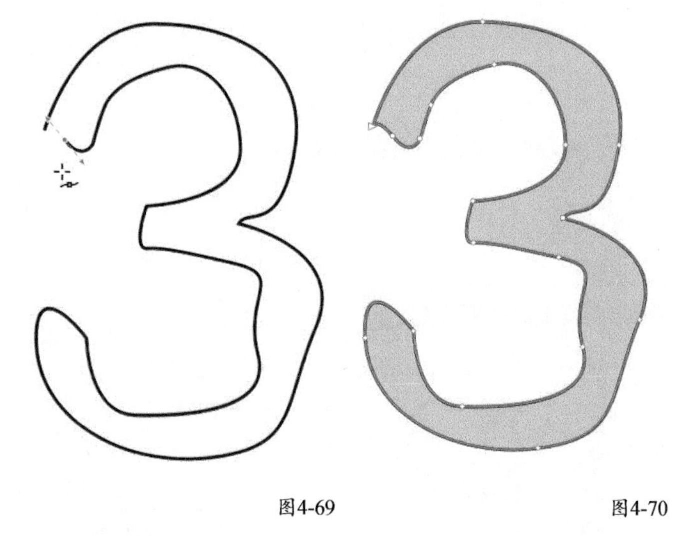

图4-69　　图4-70

技巧与提示

在定位节点的过程中，按住Alt键可以自由移动节点的位置。

在绘制节点的过程中，双击节点可以删除后续的控制手柄，用于绘制锐角曲线，如图4-71所示；再次单击该节点可以恢复后续控制手柄，用于绘制平滑曲线。

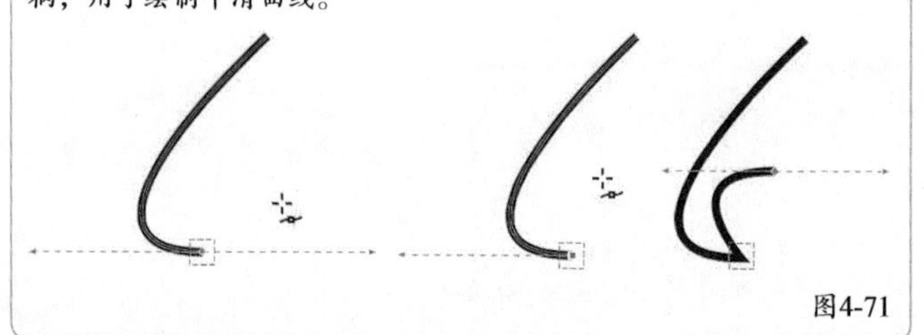

图4-71

4.3.3 设置“贝塞尔”工具

双击“贝塞尔”工具打开“选项”对话框，可在“手绘/贝塞尔曲线”选项卡中进行相关设置，如图4-72所示。

选项

工具

挑选
橡皮擦
缩放/平移
手绘/贝塞尔曲线
智能绘图
矩形
椭圆形

手绘平滑(F): 100
边角阈值(C): 5 像素
直线阈值(S): 5 像素
自动连结(T): 5 像素

图4-72

“手绘/贝塞尔曲线”选项介绍

手绘平滑：设置自动平滑程度和范围。

边角阈值：设置边角平滑的范围。

直线阈值：设置在进行调节时线条平滑的范围。

自动连结：设置节点之间自动吸附连接的范围。

实战 使用“贝塞尔”工具绘制标识

实例位置 实例文件>CH04>实战：使用“贝塞尔”工具绘制标识.cdr
素材位置 素材文件>CH04>05.jpg
视频名称 实战：使用“贝塞尔”工具绘制标识.mp4
实用指数 ★★★☆☆
技术掌握 “贝塞尔”工具的使用方法

扫码看视频

本案例绘制的标识效果如图4-73所示。

图4-73

01 新建横向A4大小文档，导入“素材文件>CH04>05.jpg”文件并缩放至页面大小，按P键使其在页面居中，然后锁定位图，如图4-74所示。

02 单击“贝塞尔”工具，沿人物轮廓绘制闭合路径，如图4-75所示，双击节点可以使曲线锐角转弯。

图4-74

图4-75

03 单击“选择”工具，选中所有曲线，然后单击属性栏中的“合并”按钮，效果如图4-76所示。

04 单击“椭圆形”工具，在人物头部和手部位置按住Ctrl键拖曳绘制3个圆形，如图4-77所示。

图4-76

图4-77

05 解锁并删除位图，选中所有对象，单击属性栏中的“焊接”按钮，将其合并成一个图形，如图4-78所示。

图4-78

06 单击“矩形”工具，按住Ctrl+Shift键拖曳绘制一个正方形，如图4-79所示。

07 单击“形状”工具，选中正方形的任意一个顶点，向里拖曳绘制倒角，如图4-80所示。

图4-79

图4-80

08 选中圆角正方形，通过按住Shift键拖曳放大并单击鼠标右键的方法，复制出两个圆角正方形，如图4-81所示。

09 选中内部的两个圆角正方形，单击属性栏中的“合并”按钮，将其合并成环形框，如图4-82所示。

图4-81

图4-82

10 选择除人物外的所有图形，旋转45°。然后将人物调整到适当位置，如图4-83所示。

11 选中最大的圆角矩形，按快捷键Shift+PageDown置于底层。将人物和环形框的填充色设置为黑色，底层图形填充色设置为深黄色（C:0，M:20，Y:100，K:0），如图4-84所示。

图4-83

图4-84

12 选中所有对象，去除轮廓色，完成标识的绘制。然后复制两个标识，为底面设置不同的填充色，最终效果如图4-85所示。

图4-85

实战 绘制天气图标

实例位置　实例文件 >CH04> 实战：绘制天气图标 .cdr
素材位置　无
视频名称　实战：绘制天气图标 .mp4
实用指数　★★★☆☆
技术掌握　“贝塞尔”工具的使用方法

扫码看视频

本案例绘制的天气图标效果如图4-86所示。

图4-86

01 新建文档，单击“椭圆形”工具，在页面空白处绘制7个椭圆形，如图4-87所示，将它们组合成云朵形状。

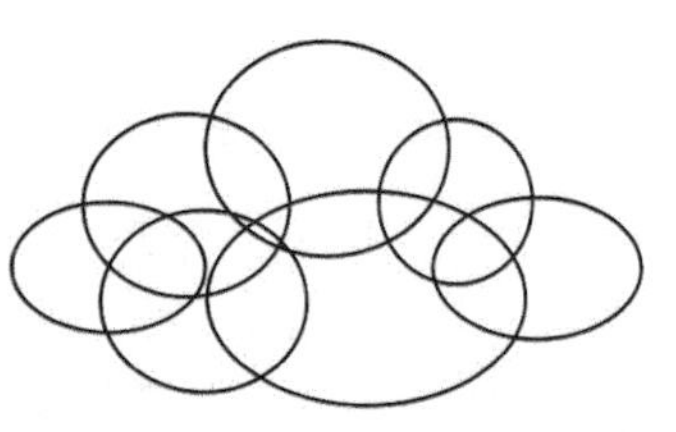

图4-87

02 全选所有椭圆形，在属性栏中单击“焊接”按钮，将椭圆形合并成云朵轮廓，如图4-88所示。

03 单击“贝塞尔”工具，沿云朵右侧绘制阴影轮廓的第一条曲线，如图4-89所示。

图4-88

图4-89

04 双击节点删除一个控制手柄，以绘制锐角曲线。然后沿云朵外围绘制阴影部分的轮廓，形成闭合曲线，如图4-90所示。

05 选中云朵和阴影轮廓，单击属性栏中的“相交”按钮，然后删除阴影轮廓，如图4-91所示。

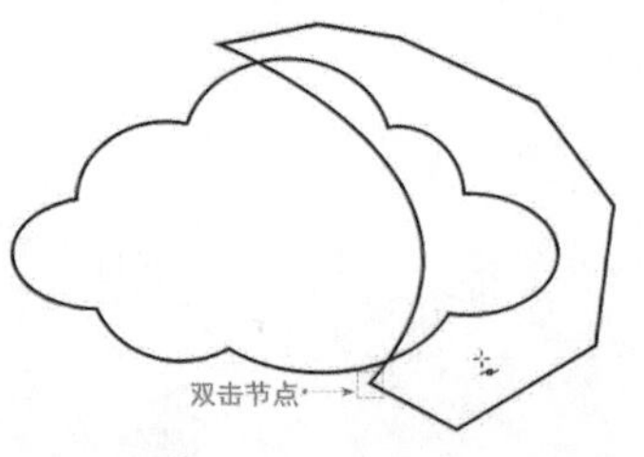

图4-90

图4-91

06 设置云朵的填充色为灰色（C:72，M:59，Y:48，K:2）、阴影的填充色为蓝灰色（C:78，M:66，Y:57，K:14）。然后移除轮廓色，如图4-92所示。

图4-92

07 单击“贝塞尔”工具，在页面空白处绘制4个闪电形状的闭合路径，如图4-93所示。

图4-93

08 将闪电图形移动到云朵下方，然后调整大小和位置，如图4-94所示。

09 设置闪电图形的填充色为深黄色（C:7，M:25，Y:90，K:0），然后移除轮廓色，完成第一个天气图标的绘制，如图4-95所示。

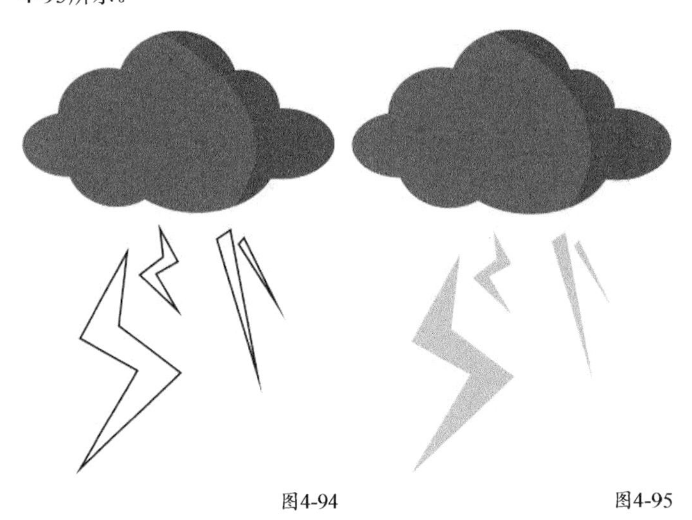

图4-94　　图4-95

10 单击“矩形”工具，在页面空白处绘制一个细长的矩形，如图4-96所示。

11 单击“形状”工具，按住鼠标左键在矩形任意一个顶点上向内拖曳，绘制矩形的倒角，如图4-97所示。

图4-96 　　图4-97

12 复制一个云朵并移动到空白处，将先前绘制的矩形旋转60°，然后缩放其大小，移动到云朵下方，作为雨水图形，如图4-98所示。

图4-98

13 复制若干个雨水（矩形）图形，然后移动到适当的位置，如图4-99所示。

图4-99

14 在页面空白处，绘制两个闪电形状闭合路径，如图4-100所示。

15 缩放闪电图形的大小，然后将其移动到云朵下方，如图4-101所示。

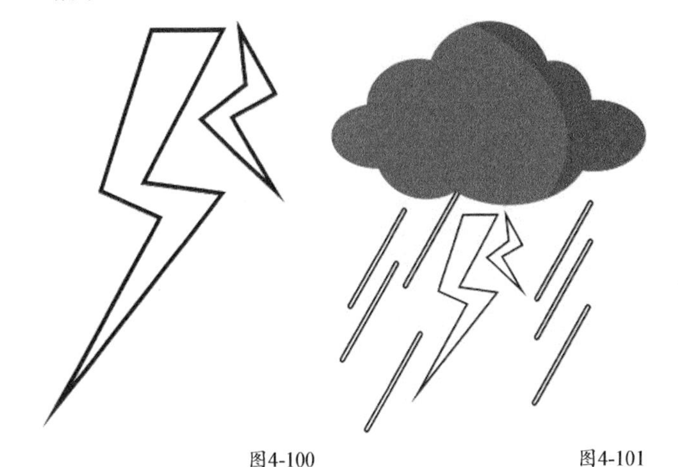

图4-100　　图4-101

16 设置闪电的填充色为深黄色（C:7，M:25，Y:90，K:0），设置雨水的填充色为灰色（C:72，M:59，Y:48，K:2）。然后移除所有轮廓色，完成第2个天气图标的绘制，如图4-102所示。

图4-102

17 参照步骤1和步骤2，绘制新的云朵轮廓，如图4-103所示。

18 单击“矩形”工具，在云朵下部绘制一个矩形，如图4-104所示。

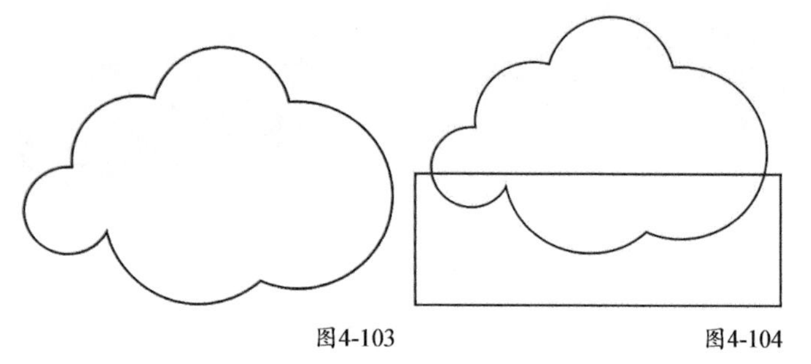

图4-103　　图4-104

19 选中云朵和矩形，单击属性栏中的“移除前面对象”按钮，将云朵剪切为底部水平样式，如图4-105所示。

20 参照步骤3和步骤4，绘制云朵的阴影轮廓，如图4-106所示。

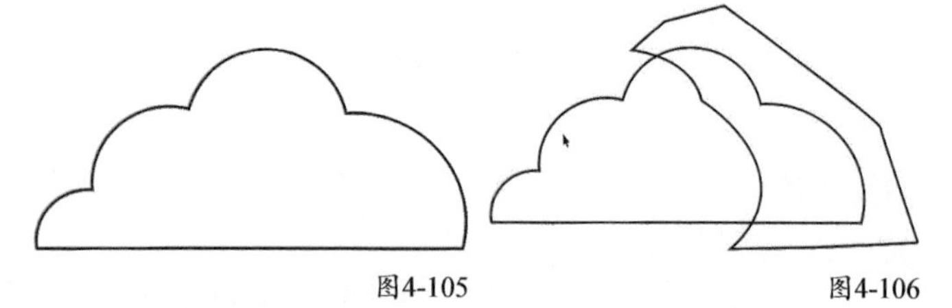

图4-105　　图4-106

21 选中云朵和阴影轮廓，单击属性栏中的“相交”按钮，然后删除阴影轮廓，如图4-107所示。

22 设置云朵的填充色为灰色（C:72，M:59，Y:48，K:2）、阴影的填充色为蓝灰色（C:78，M:66，Y:57，K:14），然后移除轮廓色，如图4-108所示。

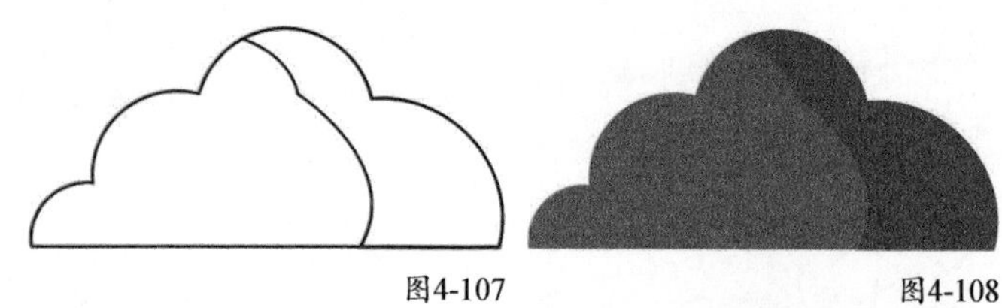

图4-107　　图4-108

23 参照步骤7~9，使用“贝塞尔”工具绘制闪电图形，如图4-109所示。

图4-109

24 单击“常见的形状”工具，在属性栏的“常用形状”下拉面板中选择水滴形状，如图4-110所示。

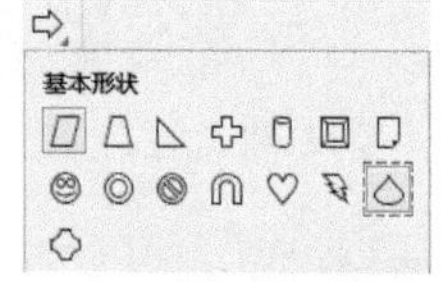

图4-110

25 按住鼠标左键在云朵下方绘制若干水滴图形，如图4-111所示。

26 设置水滴图形的填充色为深蓝色（C:65，M:27，Y:22，K:0），然后移除轮廓色，完成第3个天气图标的绘制，如图4-112所示。

图4-111　　图4-112

27 参照以上步骤，绘制出第4个天气图标，如图4-113所示。

图4-113

28 移动并排列4个天气图标，最终效果如图4-114所示。

图4-114

★重点★

4.4 线条的修改

线条的修改是本书极其重要的知识点，下面详细讲解。

使用线条绘制工具很难一次性得到理想的图形，在大多数情况下，需要在绘制后对线条进行修改。使用“形状”工具和属性栏功能，如图4-115所示，可以对任意线条进行修改。闭合的线条即为可填充图形，因此掌握了修改线条的方法，也就掌握了修改图形的方法。通常情况下，线条也可称作“曲线”或“路径”。

图4-115

4.4.1 选取节点

选中对象，使用“形状”工具可以进行多选、单选和节选等选取节点操作。

选择单独节点：逐个单击节点进行选择编辑。

选择全部节点：按住鼠标左键在空白处拖曳框选全部节点；按快捷键Ctrl+A全选节点；在属性栏中单击“选择所有节点”按钮。

选择相连的多个节点：按住鼠标左键在空白处拖曳框选范围进行选择。

选择不相连的多个节点：按住Shift键进行单击选择。

4.4.2 添加节点和删除节点

选中对象，使用“形状”工具可以添加或删除节点。

添加节点

添加节点有以下5种方法。

第1种：单击线条上要增加节点的位置，如图4-116所示，然后在属性栏中单击“添加节点”按钮，如图4-117所示。

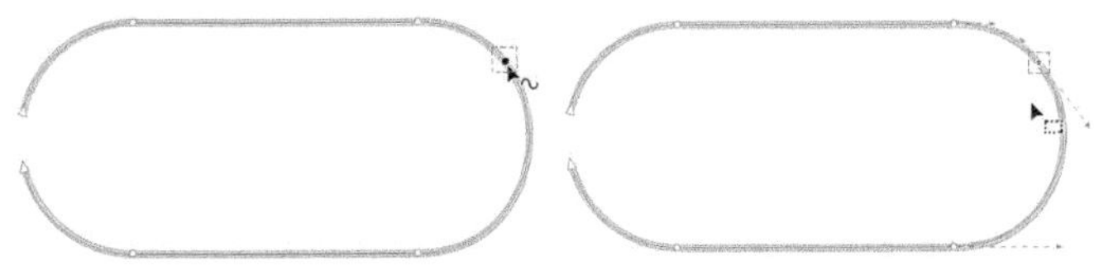

图4-116 图4-117

第2种：单击线条上要增加节点的位置，然后单击鼠标右键，在快捷菜单中选择“添加”命令。

第3种：在需要增加节点的位置，双击添加节点。

第4种：单击线条上要增加节点的位置，按+键可以添加节点。

第5种：选中任意一个已有节点，然后在属性栏中单击“添加节点”按钮。添加的节点位于选中节点和上一节点50%的位置，如图4-118所示。这种方法常用来添加线条的中间节点。

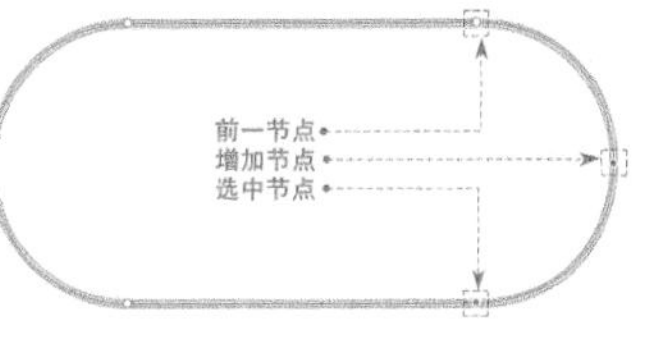

图4-118

删除节点

删除节点有以下4种方法。

第1种：选中需要删除的节点，单击“删除节点”按钮。

第2种：选中需要删除的节点，然后单击鼠标右键，在快捷菜单中选择“删除”命令。

第3种：用鼠标双击已有节点进行删除。

第4种：选中需要删除的节点，按-键可以删除节点。

4.4.3 闭合曲线和断开曲线

选中对象，使用“形状”工具可以闭合和断开曲线。闭合曲线常用于给对象设置填充色。

闭合曲线

连接开放路径的起始节点和终止节点，即可创建闭合曲线。

闭合曲线有以下6种方法。

第1种：单击“形状”工具，然后选中终止节点，按住鼠标左键将其拖曳到起始节点，此时两个节点会自动吸附，从而完成路径闭合，如图4-119所示。

图4-119

第2种：单击“贝塞尔”工具选中未闭合线条，然后将鼠标指针移动到终止节点上，出现时单击，再将鼠标指针移动到开始节点，如图4-120所示，出现时单击完成路径的闭合，如图4-121所示。

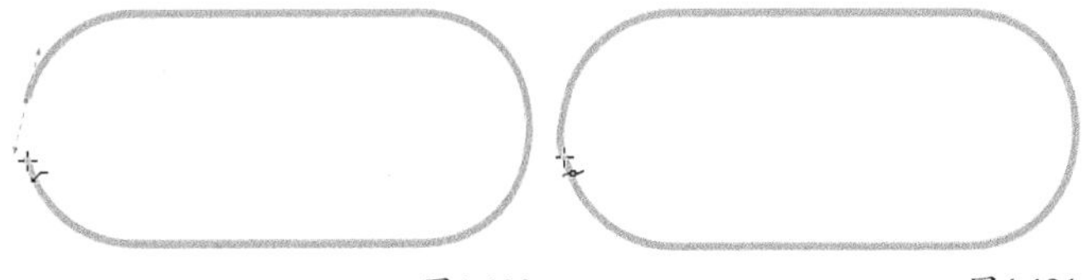

图4-120 图4-121

第3种：单击“形状”工具，选中未闭合线条，然后在属性栏中单击“闭合曲线”按钮完成闭合，如图4-122所示。

第4种：单击“形状”工具，选中未闭合线条，然后单击鼠标右键并在快捷菜单中选择“闭合曲线”命令完成曲线闭合，如图4-123所示。

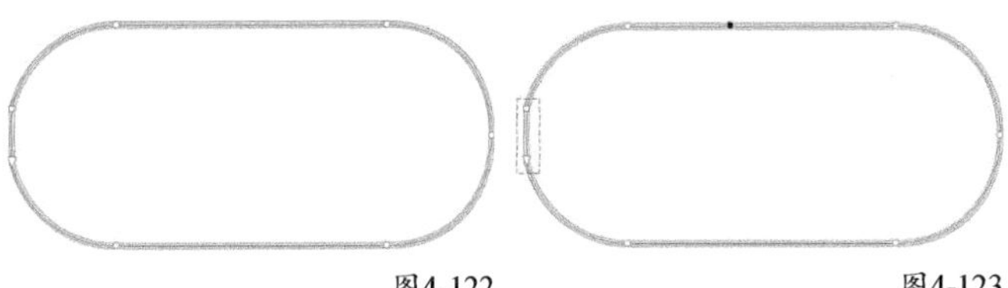

图4-122 图4-123

第5种：单击“形状”工具，选中未闭合线条，然后在属性栏中单击“延长曲线使之闭合”按钮，添加一条曲线完成闭合，如图4-124所示。

第6种：单击“形状”工具，选中未闭合路径的起始和终止节点，然后在属性栏中单击“连接两个节点”按钮，将两个节点重合完成曲线闭合，如图4-125所示。

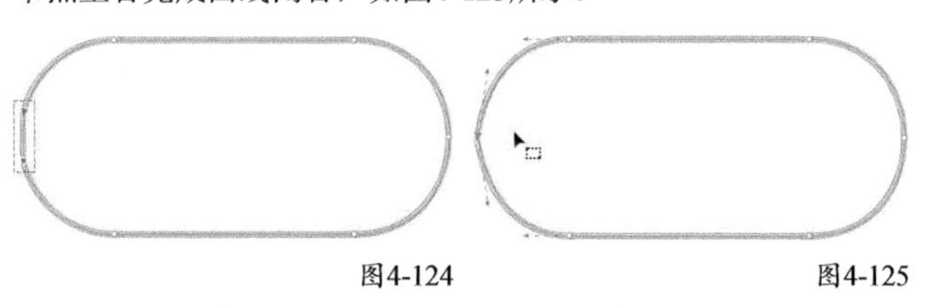

图4-124　　图4-125

断开曲线

断开开放路径或闭合曲线上的节点即可断开曲线，共有以下两种方法。

第1种：单击“形状”工具，选中要断开的节点，然后在属性栏中单击“断开曲线”按钮，即可断开当前节点的连接，如图4-126所示。断开节点后，闭合曲线变成开放路径，填充色消失，如图4-127所示。

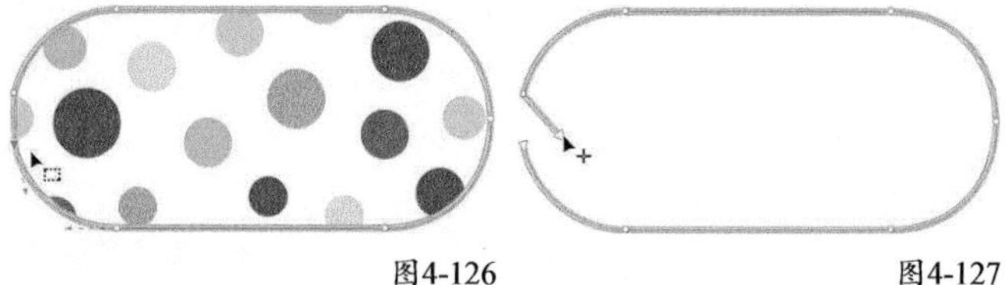

图4-126　　图4-127

第2种：使用“形状”工具选中要断开的节点，单击鼠标右键，在快捷菜单中选择“拆分”命令，执行断开节点操作。

技巧与提示

当节点断开时，无法形成封闭曲线，因此原图形的填充色就无法显示了，将路径重新闭合后会重新显示填充色。

选中所有节点，如图4-128所示，然后在属性栏中单击“断开曲线”按钮，就可以将闭合曲线拆分成多条线段分别移动，如图4-129所示。

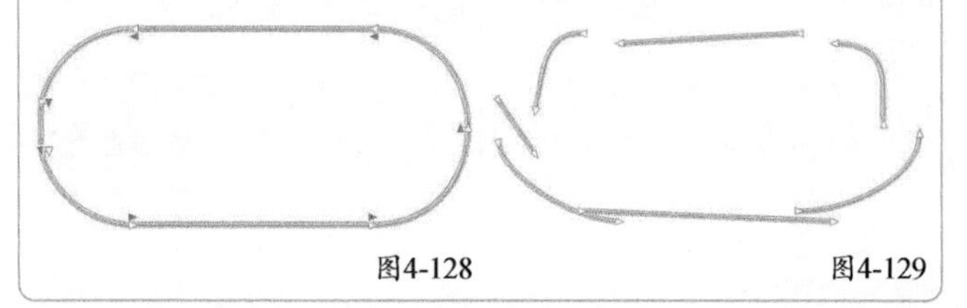

图4-128　　图4-129

4.4.4 曲线转直线

选中对象，单击“形状”工具，在需要变成直线的曲线段上单击，选中后会出现黑色圆点，如图4-130所示。

图4-130

在属性栏中单击“转换为线条”按钮，则该曲线段即可转换为直线段，如图4-131所示。也可以在选中的曲线上单击鼠标右键，在弹出的快捷菜单中选择“到直线”命令，如图4-132所示，完成曲线变直线的操作。

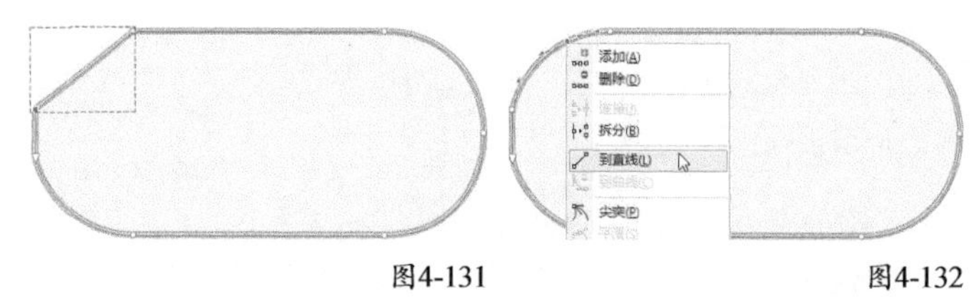

图4-131　　图4-132

4.4.5 直线转曲线

选中对象，单击“形状”工具，选中要变为曲线的直线段，如图4-133所示，然后在属性栏中单击“转换为曲线”按钮即可将其转换为曲线。将鼠标指针移动到转换后的曲线上，待其变为时按住鼠标左键拖曳可调节曲线，如图4-134所示。调节后的效果如图4-135所示。

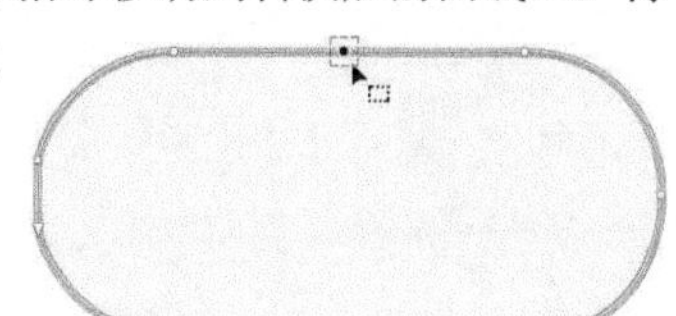

图4-133

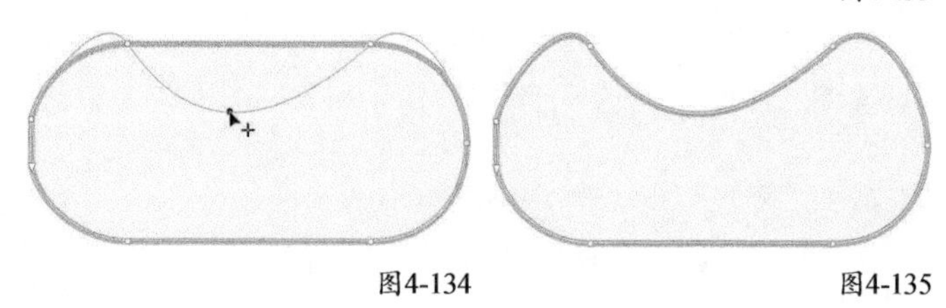

图4-134　　图4-135

4.4.6 节点类型的相互转换

在CorelDRAW中，节点分为3种类型，分别是尖突节点、平滑节点和对称节点。

尖突节点： 尖突节点的两个控制手柄的夹角为任意角度，每个控制手柄的长度和角度可以单独调节，如图4-136所示。

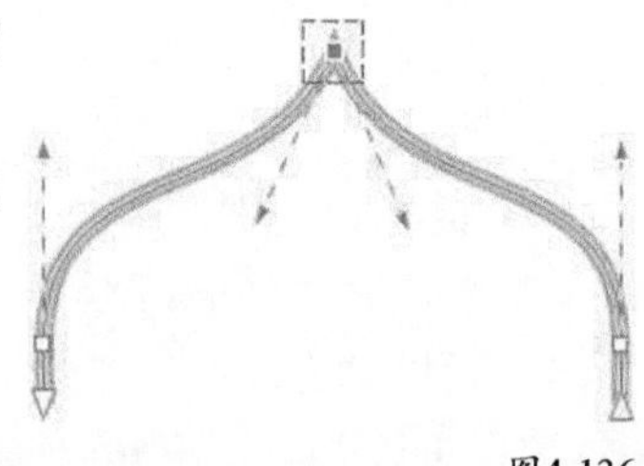

图4-136

平滑节点：平滑节点的两个控制手柄的夹角固定为180°，每个控制手柄只能单独调节长度，如图4-137所示。

对称节点：对称节点是特殊的平滑节点，两个控制手柄的长度和角度都对称相等，调节一个控制手柄，则另一个也随之自动调节，如图4-138所示。

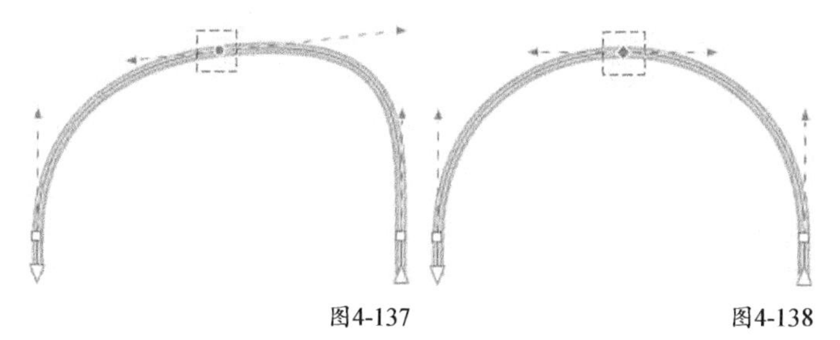

图4-137　　图4-138

3种节点类型之间的关系：尖突节点包含平滑节点，平滑节点包含对称节点。

曲线与控制手柄之间的关系：曲线总是与控制手柄相切；控制手柄的长度和角度的调整都会使曲线产生相应的变化。

对称节点转尖突节点

单击“形状”工具，选中需转换的对称节点，如图4-139所示，在属性栏中单击“尖突节点”按钮即可将其转换为尖突节点，然后拖曳其中一个控制手柄，如图4-140所示，调节同侧的曲线形状。接着拖曳另一边的控制手柄，如图4-141所示。

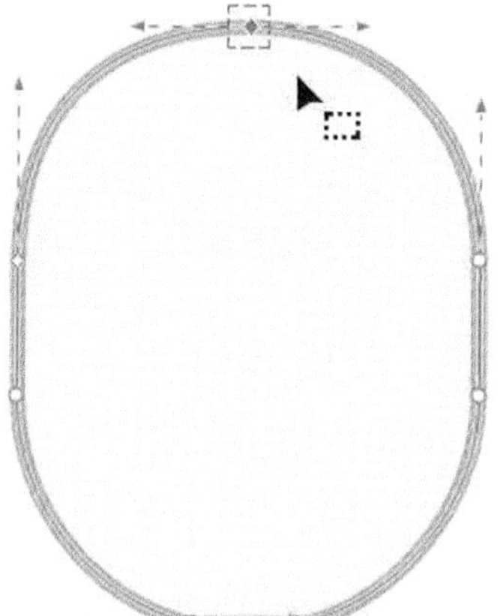

图4-139

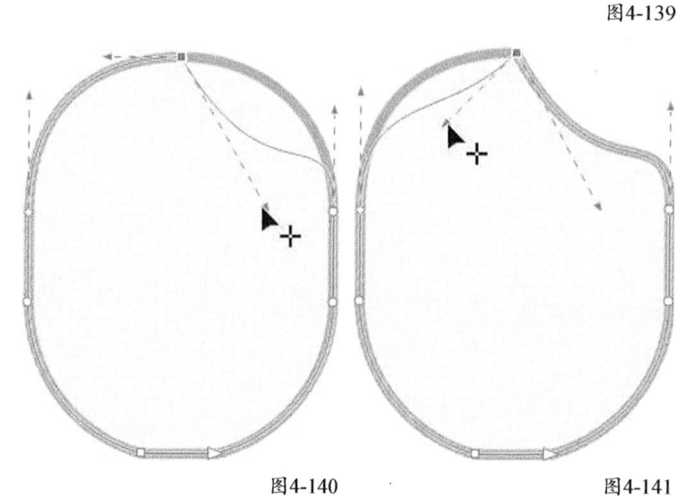

图4-140　　图4-141

尖突节点转平滑节点

单击“形状”工具，选中需转换的尖突节点，如图4-142所示，在属性栏中单击“平滑节点”按钮即可将其转换为平滑节点，然后拖曳任意一个控制手柄，同时调节两侧的曲线形状，如图4-143所示。

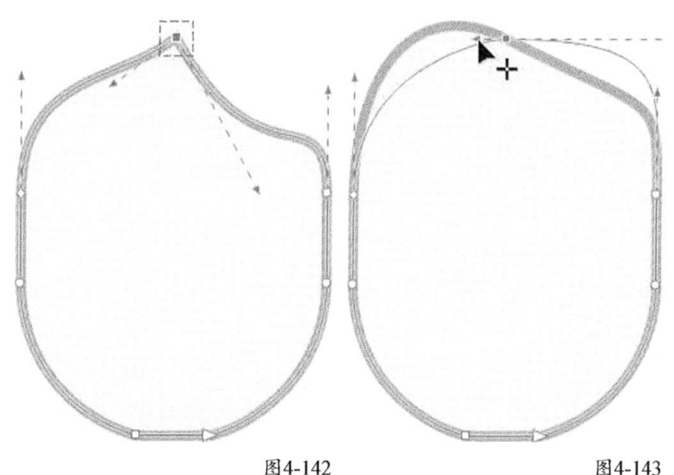

图4-142　　图4-143

平滑节点转对称节点

单击“形状”工具，选中需转换的平滑节点，如图4-144所示，在属性栏中单击“对称节点”按钮即可将其转换为对称节点，然后拖曳任意一个控制手柄，同时调节两侧的曲线形状，如图4-145所示。

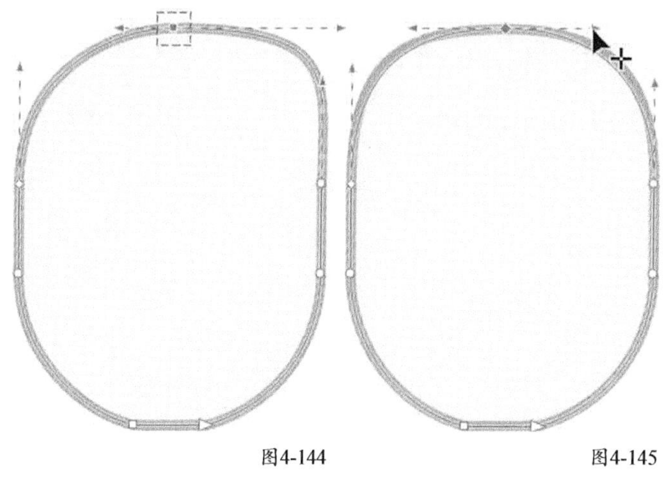

图4-144　　图4-145

4.4.7 转换曲线的方向

矢量图形具有方向性，CorelDRAW中的线条也是具有方向性的矢量图形，可以判断曲线的方向，也可以改变曲线的方向。

判断开放路径的方向

选中对象，单击“形状”工具，可以看到，路径的起始节点以白色箭头“指向”显示，终止节点以白色箭头的“结尾”显示，如图4-146所示。

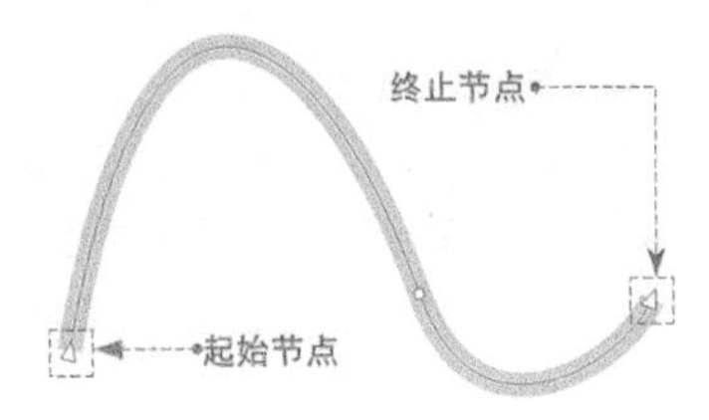

图4-146

判断闭合曲线的方向

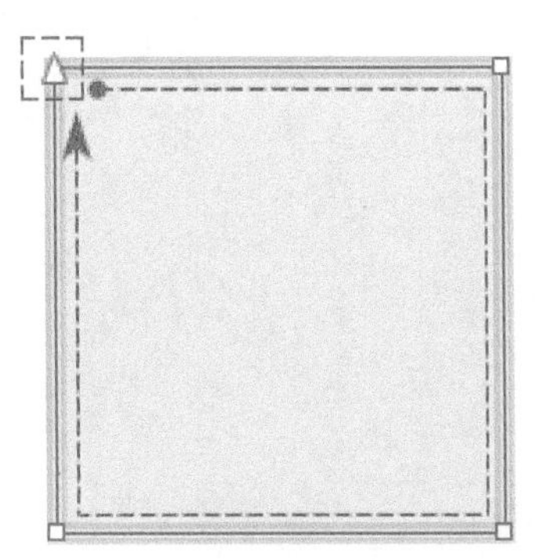

选中对象，单击“形状”工具，可以看到，曲线以白色箭头“指向”为起始节点，终止节点以同一白色箭头的“结尾”显示，如图4-147所示。

图4-147

转换曲线的方向

选中对象，单击“形状”工具，然后在属性栏中单击“反转方向”按钮，即可反转曲线的起始节点和终止节点的位置。

4.4.8 提取子路径

一个复杂的闭合路径中包含很多子路径，最外面的轮廓路径是“主路径”，在“主路径”内部的其他路径都是“子路径”，如图4-148所示。可以提取出主路径内部的子路径用作其他编辑。

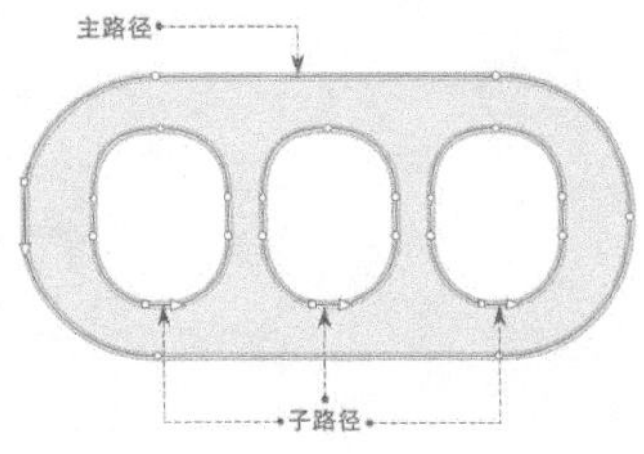

图4-148

单击“形状”工具，在要提取的子路径上任选一个节点，如图4-149所示，然后在属性栏中单击“提取子路径”按钮即可进行提取。如图4-150所示，被提取的闭合路径以红色线条显示，未被提取的子路径以蓝色线条显示。可以将提取的子路径移到主路径外部单独编辑，如图4-151所示。

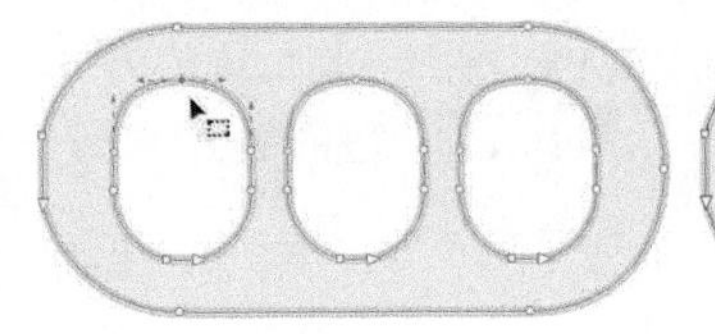

图4-149

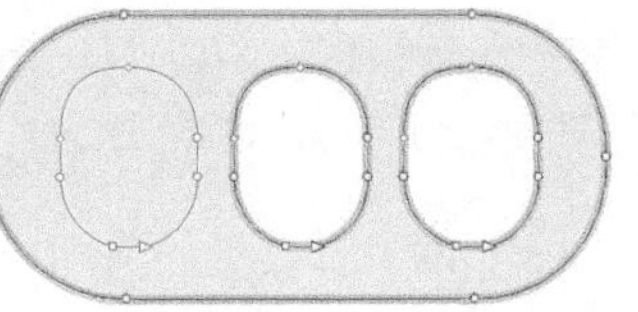

图4-150

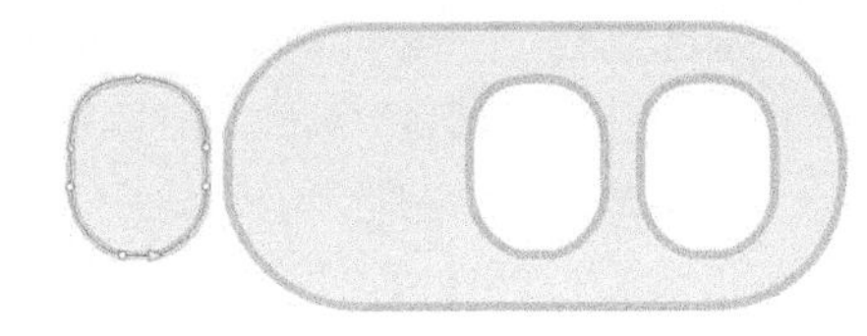

图4-151

4.4.9 延展与缩放节点

“延展与缩放节点”命令用于选定节点的延展和缩放操作。

单击“形状”工具，按住鼠标左键框选图形中的3个子路径，如图4-152所示，然后单击属性栏中的“延展与缩放节点”按钮，显示8个缩放控制手柄。将鼠标指针移动到缩放手柄上，按住鼠标左键拖曳进行缩放，如图4-153所示，在缩放时按住Shift键可以进行中心缩放，最终效果如图4-154所示。

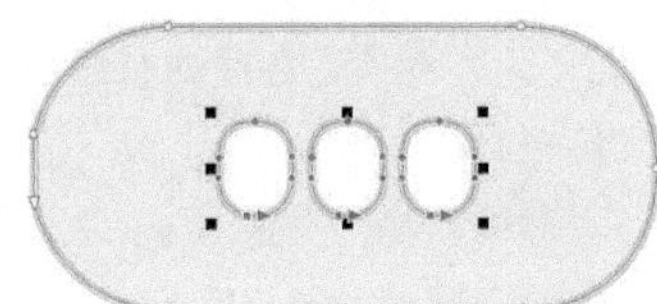

图4-152

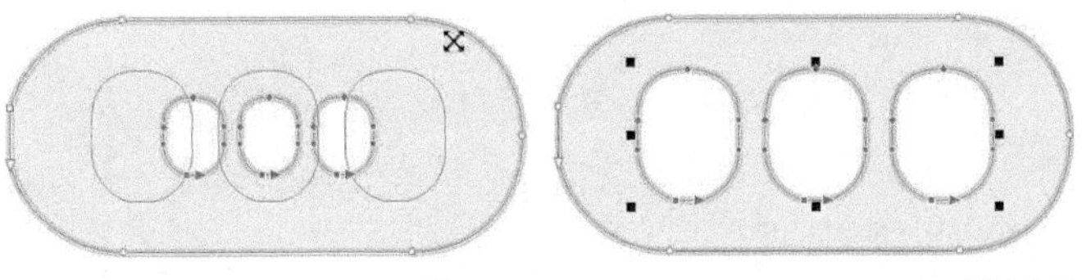

图4-153　　图4-154

4.4.10 旋转与倾斜节点

“旋转与倾斜节点”命令用于选定节点的旋转和倾斜操作。

单击“形状”工具，按住鼠标左键框选图形中的3个子路径，如图4-155所示，然后单击属性栏中的“旋转与倾斜节点”按钮，显示4个旋转控制手柄和4个倾斜控制手柄。将鼠标指针移动到旋转控制手柄上，按住鼠标左键拖曳可进行旋转，如图4-156所示。将鼠标指针移动到倾斜控制手柄上，按住鼠标左键拖曳可进行倾斜，如图4-157所示。

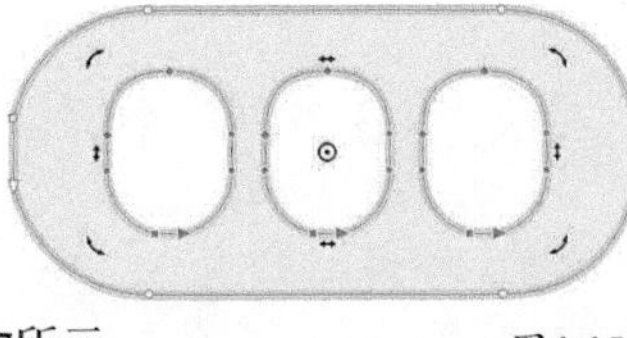

图4-155

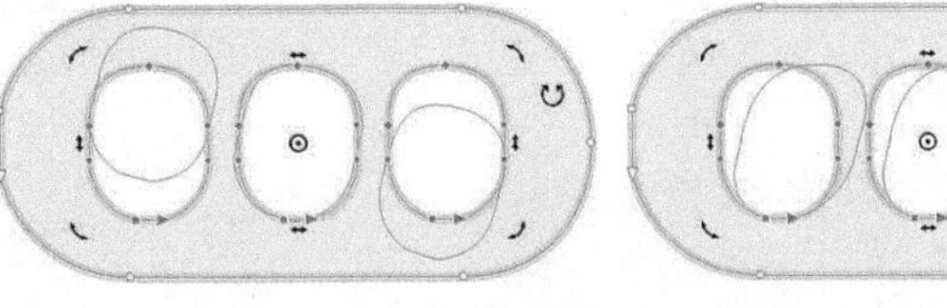

图4-156　　图4-157

4.4.11 对齐节点

“对齐节点”命令可以将节点对齐在一条平行线或垂直线上。

单击“形状”工具选中对象，选择两个或两个以上的节点，如图4-158所示。单击属性栏中的“对齐节点”按钮打开“节点对齐”对话框进行操作，如图4-159所示。

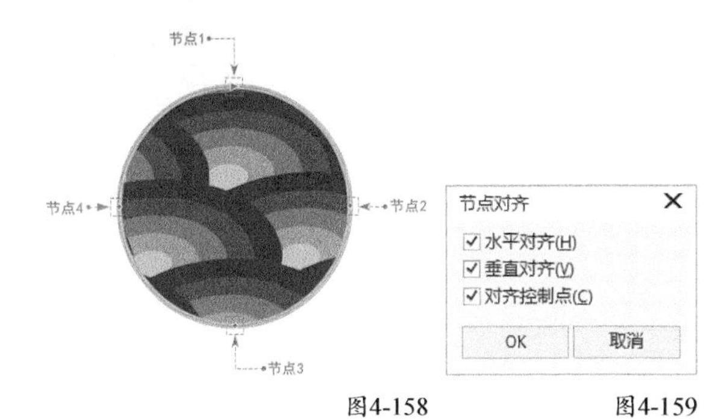

图4-158　　图4-159

“节点对齐”对话框选项介绍

水平对齐：依次选择节点1、2、4进行水平对齐，效果如图4-160所示。选择全部节点进行水平对齐，效果如图4-161所示。

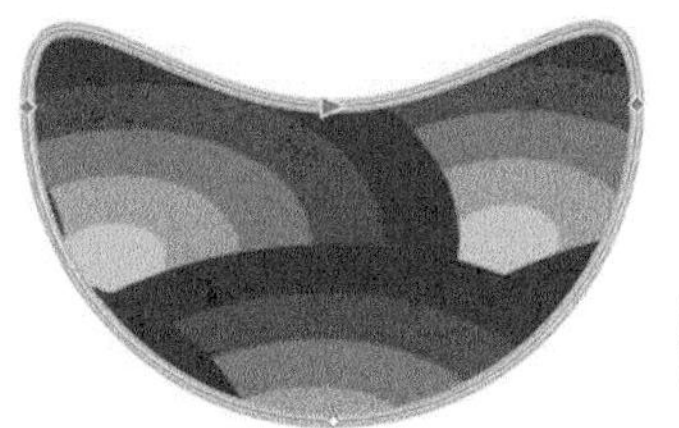

图4-160

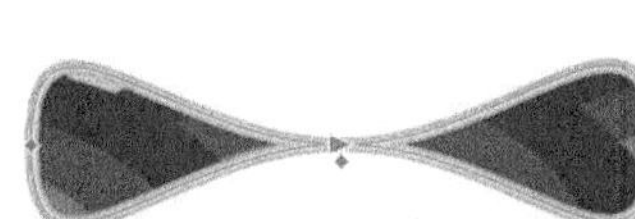

图4-161

垂直对齐：依次选择节点1、2、3进行垂直对齐，效果如图4-162所示。选择全部节点进行垂直对齐，效果如图4-163所示。

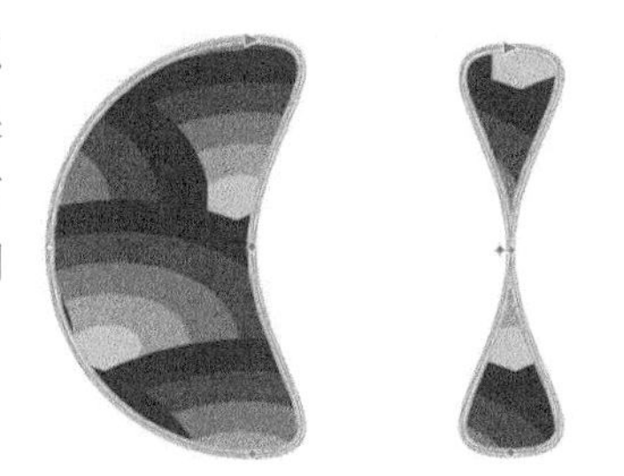

图4-162　　图4-163

若同时勾选“水平对齐”和“垂直对齐”选项，则依次选择节点1、2、4进行对齐的效果如图4-164所示；此时若全选节点进行对齐，则效果如图4-165所示。

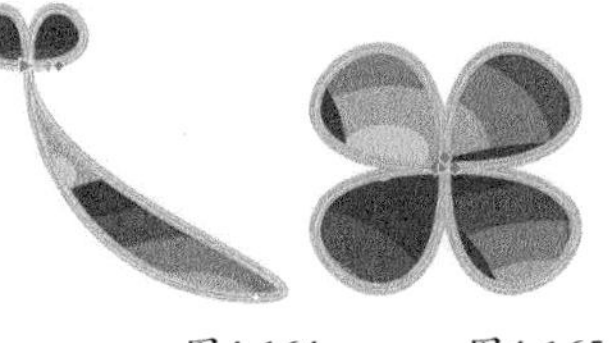

图4-164　　图4-165

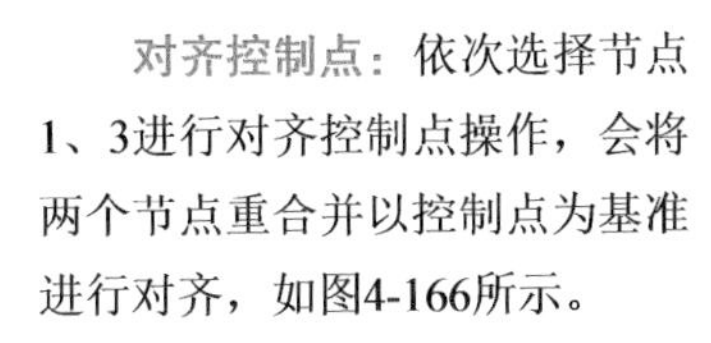

对齐控制点：依次选择节点1、3进行对齐控制点操作，会将两个节点重合并以控制点为基准进行对齐，如图4-166所示。

图4-166

技巧与提示

节点的对齐以最后选择的节点为对齐基准点。

4.4.12 反射节点

“反射节点”命令主要用于对称图形中对称节点的编辑。

单击“形状”工具，选中对称图形中的对称节点，如图4-167所示。在属性栏中单击“水平反射节点”按钮或“垂直反射节点”按钮，然后将鼠标指针移动到其中一个节点上进行编辑，另一个节点也会执行相对的操作，如图4-168所示。

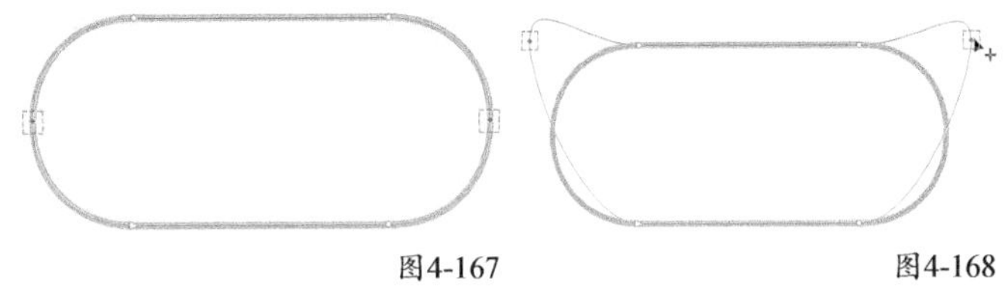

图4-167　　图4-168

技巧与提示

非对称图形也可执行“反射节点”命令，但不常用。

4.4.13 弹性模式

“弹性模式”命令用于像拉伸皮筋一样为曲线创建一种形状。

单击“形状”工具，选中对应的节点，如图4-169所示。

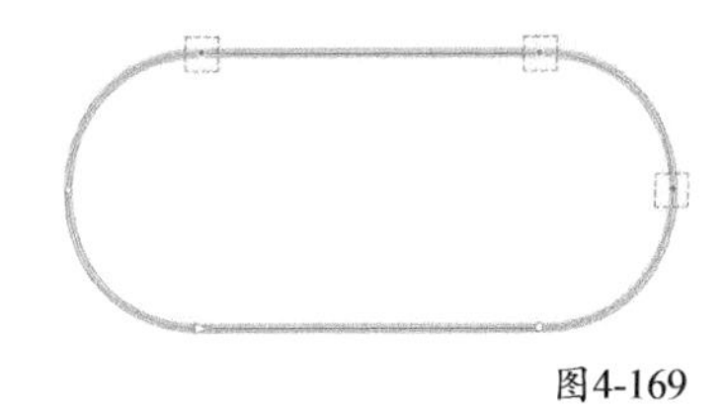

图4-169

普通模式下，单使用方向键向下移动节点，效果如图4-170所示。

单击属性栏中的“弹性模式”按钮，进入弹性模式，使用方向键向下移动节点，效果如图4-171所示。

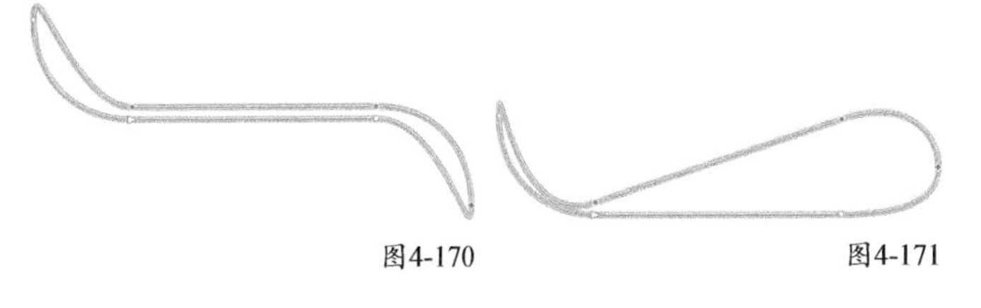

图4-170　　图4-171

4.4.14 减少节点

“减少节点”命令可以通过自动删除选定对象中的节点来提高曲线的平滑度。

实战 绘制火焰促销标志

实例位置 实例文件>CH04>实战：绘制火焰促销标志.cdr
素材位置 素材文件>CH04>03.cdr、04.cdr
视频名称 实战：绘制火焰促销标志.mp4
实用指数 ★★★☆☆
技术掌握 “贝塞尔”工具的使用和线条修改的方法

扫码看视频

本案例绘制的火焰促销标志如图4-172所示。

图4-172

01 新建文档，单击“贝塞尔”工具，绘制火焰的大致轮廓，然后锁定对象，如图4-173所示。

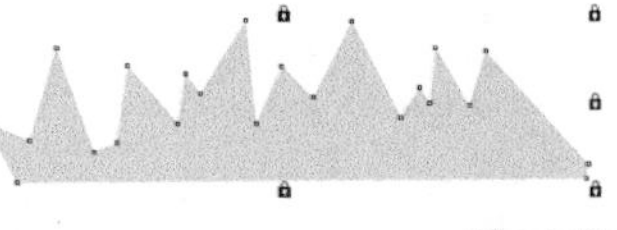
图4-173

02 单击“贝塞尔”工具，沿着火焰的大致轮廓，绘制火焰的外焰部分，如图4-174所示，双击节点可以使曲线锐角转弯。

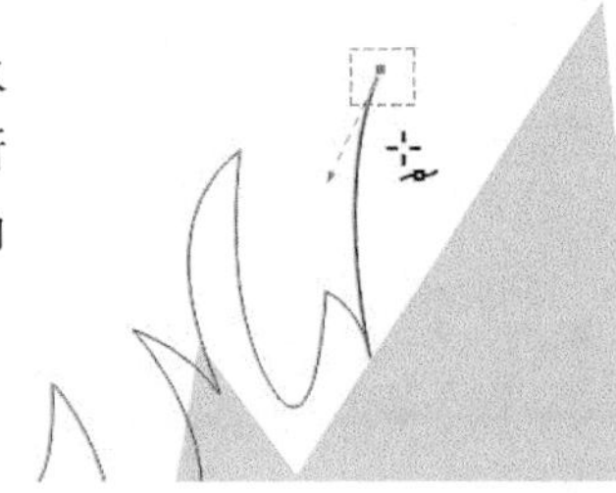
图4-174

03 绘制完火焰的外焰轮廓后，解锁淡蓝色的大致轮廓并删除，如图4-175所示。

04 设置外焰的填充色为深红色（C:36，M:100，Y:100，K:5），如图4-176所示，然后锁定外焰对象。

图4-175 图4-176

05 使用“贝塞尔”工具，在火焰内部绘制内焰的大致轮廓，如图4-177所示。

图4-177

06 单击“形状”工具，选取所有节点，单击属性栏中的“转换为曲线”按钮，将内焰的直线段调整为曲线，如图4-178所示。

图4-178

07 调整完成后的内焰形状如图4-179所示。

08 设置内焰的填充色为橘红色（C:0，M:60，Y:100，K:0），如图4-180所示，然后锁定内焰对象。

图4-179 图4-180

09 参照步骤5~7，绘制第2层内焰，设置填充色为深黄色（C:0，M:20，Y:100，K:0），如图4-181所示。

10 参照上述步骤，绘制第3层内焰，设置填充色为淡黄色（C:0，M:0，Y:60，K:0），如图4-182所示。

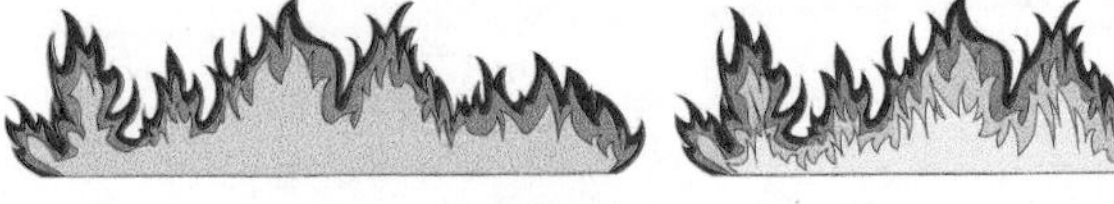
图4-181 图4-182

11 导入“素材文件>CH04>03.cdr”文件，将其拖曳到火焰图形的下方，然后和火焰图形居中对齐，如图4-183所示。

12 导入“素材文件>CH04>04.cdr”文件，将其拖曳到火焰图形的下方，按快捷键Shift+PageDown置于底层，然后和文字居中对齐。解锁所有对象，取消所有轮廓色，最终效果如图4-184所示。

图4-183 图4-184

4.5 “钢笔”工具

“钢笔”工具类似于“贝塞尔”工具，也是通过操控节点和控制手柄绘制直线或曲线。使用“钢笔”工具绘制完成的曲线也可利用“形状”工具进行修改。

“钢笔”工具的属性栏如图4-185所示。

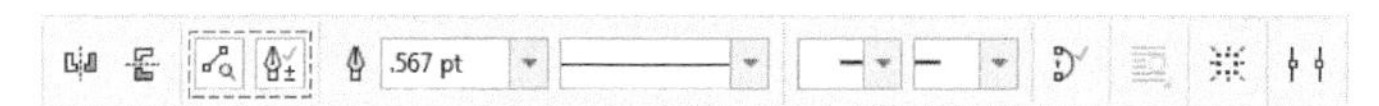

图4-185

“钢笔”工具属性选项介绍

预览模式：激活该按钮，会在确定下一节点前自动生成一条预览当前曲线形状的蓝线；关闭后不显示预览线。

自动添加或删除节点：激活该按钮，将鼠标指针移动到曲线上，待其变为时单击可添加节点，变为时单击可删除节点；关闭该按钮后无法通过单击进行快速添加。

4.5.1 绘制直线

单击“钢笔”工具，将鼠标指针移动到页面空白处，单击绘制起始节点，如图4-186所示。移动鼠标指针并单击完成直线的绘制，如图4-187所示。终止编辑可以双击或者按空格键。

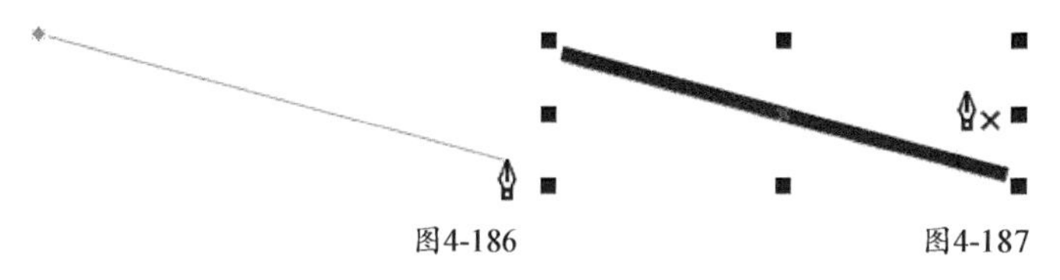

图4-186　　图4-187

> **技巧与提示**
>
> 在绘制直线的时候按住Shift键可以绘制水平线段、垂直线段或增量为15° 的线段。

4.5.2 绘制折线

在起始状态下，重复按照绘制直线的步骤，可以绘制连续折线。当起始节点和终止节点重合时，完成闭合路径的绘制。

接续绘制折线的方法：选中折线（开放路径），选择“钢笔”工具，将鼠标指针移动到终止节点上，待其变为时单击，继续移动并单击绘制节点，如图4-188所示，直至完成闭合路径的绘制。闭合路径可以设置填充，如图4-189所示。

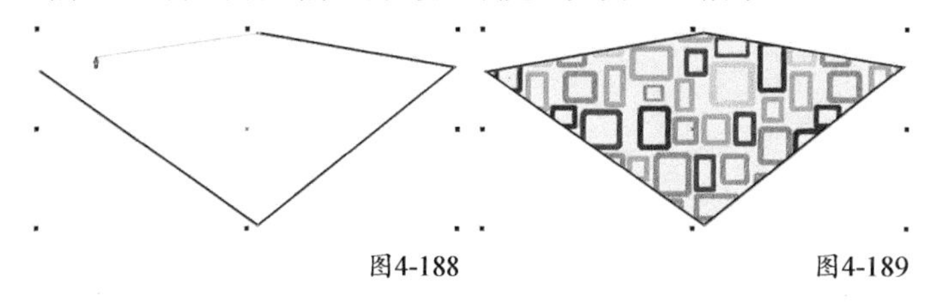

图4-188　　图4-189

4.5.3 绘制曲线

单击“钢笔”工具，单击绘制起始节点，移动到下一节点，然后按住鼠标左键拖曳控制手柄，如图4-190所示。松开鼠标，移动到下一节点，重复上述步骤，连续绘制曲线，如图4-191所示。

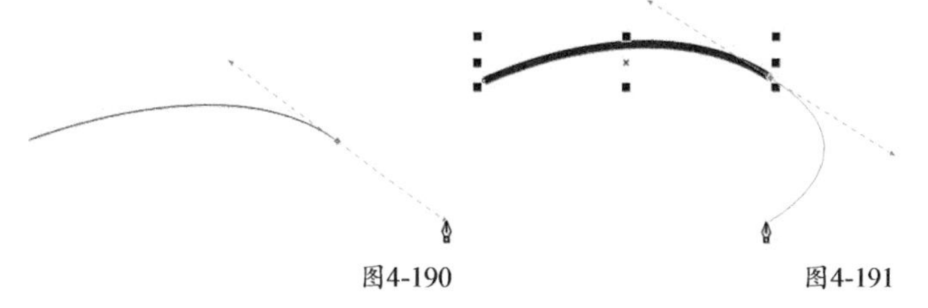

图4-190　　图4-191

绘制完成的曲线可以使用“形状”工具修改节点和控制手柄。

> **技巧与提示**
>
> 使用“钢笔”工具绘制曲线时，所生成的节点为对称节点，通过调整对称节点的控制手柄可更改曲线的弯曲程度。在绘制过程中，按住Alt建，可以调整节点的位置。

4.6 “B样条”工具

“B样条”工具可以通过创建控制点来绘制连续平滑的曲线。

选择“B样条”工具，单击绘制第1个控制点，移动鼠标指针并单击确定第2个控制点，如图4-192所示。

图4-192

移动鼠标指针并单击确定第3个控制点，如图4-193所示，此时控制线、控制点与曲线是分离的。继续添加控制点直到闭合控制点，如图4-194所示。

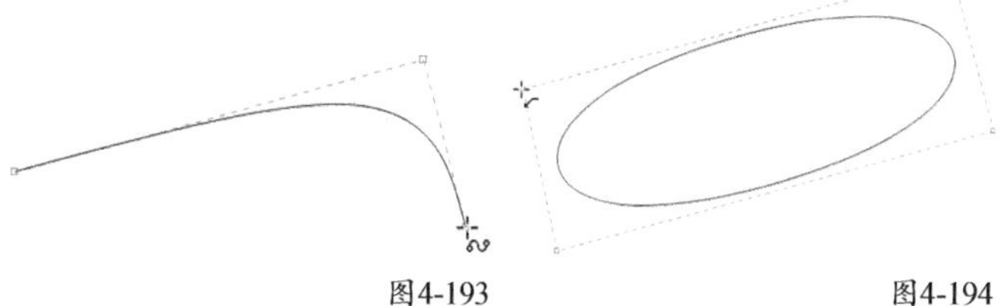

图4-193　　图4-194

绘制完成的曲线可以使用“形状”工具修改节点和控制手柄。

> **技巧与提示**
>
> 绘制曲线时，双击可以完成曲线的编辑；绘制闭合曲线时，直接将控制点闭合完成编辑。

4.7 “折线”工具

“折线”工具用于创建复杂几何图形和折线。

选择“折线”工具，单击绘制起始节点，如图4-195所示，移动鼠标指针并单击确定第2个节点位置，连续绘制形成复杂折线，双击或按空格键结束编辑，如图4-196所示。

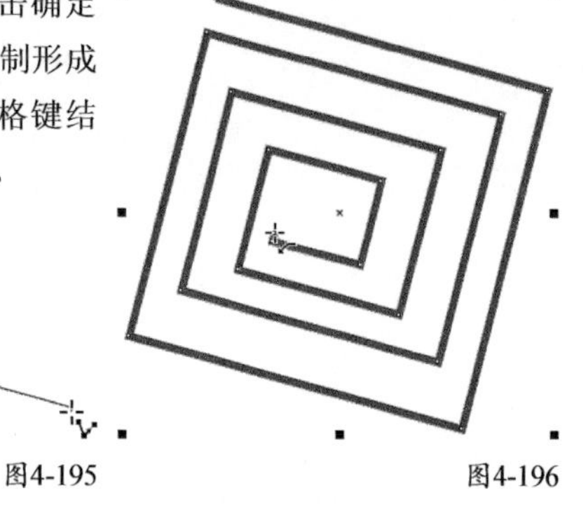

图4-195　　图4-196

选择“折线”工具，按住鼠标左键拖曳绘制，松开鼠标自动生成平滑曲线，如图4-197所示，双击或按空格键结束编辑。

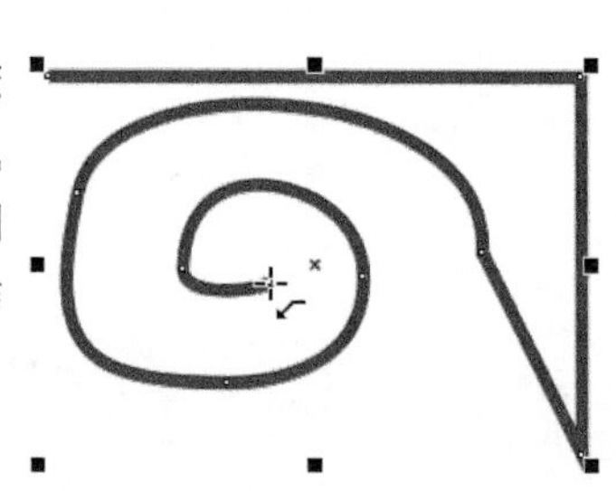

图4-197

4.8 “3点曲线”工具

“3点曲线”工具主要用于创建弧线。

选择“3点曲线”工具，按住鼠标左键拖曳出一条直线段，然后移动鼠标指针调整曲线弧度，如图4-198所示，单击完成编辑，如图4-199所示。

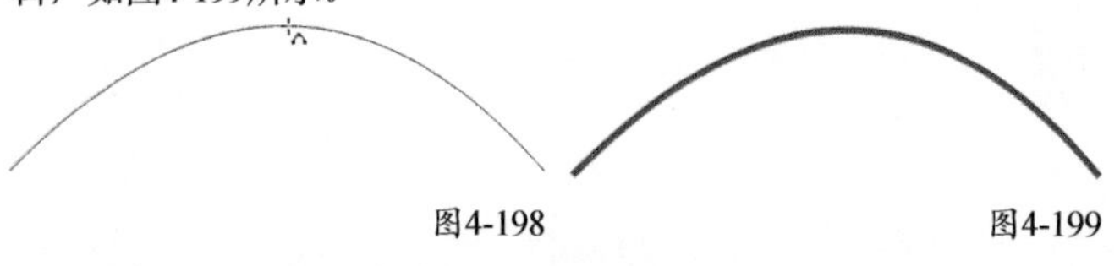

图4-198　　图4-199

4.9 “艺术笔”工具

“艺术笔”工具可以快速创建图案或笔触效果，艺术笔创建的对象为封闭路径，可以执行填充编辑。“艺术笔”工具包含“预设”“笔刷”“喷涂”“书法”“表达式”5种绘图模式，在属性栏中可以调整绘图模式的参数。

单击“艺术笔”工具，按住鼠标左键拖曳绘制路径，如图4-200所示，松开鼠标完成绘制，如图4-201所示。

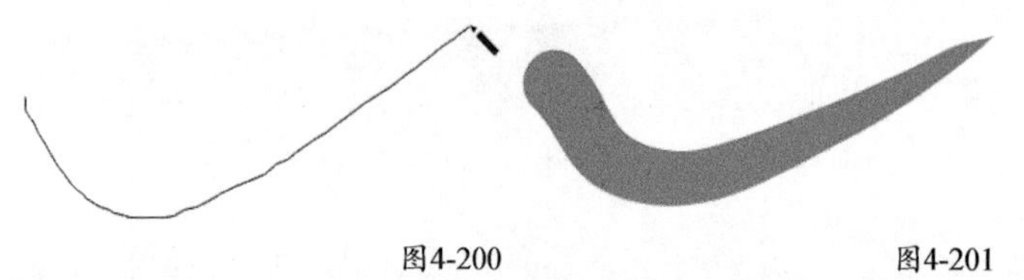

图4-200　　图4-201

4.9.1 预设

“预设”模式用于绘制预设的曲线。

在“艺术笔”工具属性栏中单击“预设”按钮，将属性栏变为预设模式，如图4-202所示。

图4-202

“预设”选项介绍

预设笔触： 单击下拉按钮，打开样式列表，如图4-203所示，可以选取相应的笔触样式，如图4-204所示。

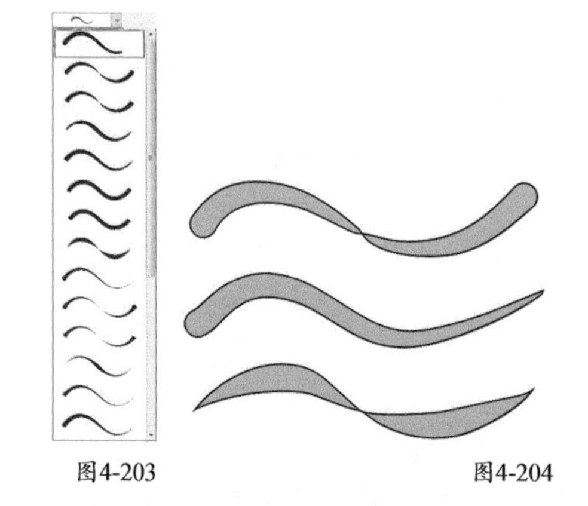

图4-203　　图4-204

手绘平滑： 可在文本框内输入数值调整手绘曲线的平滑度，最高平滑度为100。

笔触宽度： 输入数值可以调整绘制笔触的宽度，数值越大笔触越宽，反之越窄，如图4-205所示。

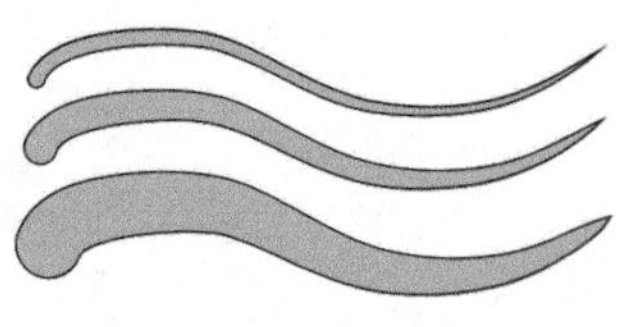

图4-205

随对象一起缩放笔触： 激活该按钮后，缩放笔触时，笔触线条的宽度会随着缩放改变。

边框： 单击该按钮可隐藏或显示边框。

4.9.2 笔刷

“笔刷”模式用于绘制与笔刷笔触相似的曲线，可以使用“笔刷”模式绘制仿真效果的笔触。

在“艺术笔”工具属性栏中单击“笔刷”按钮，将属性栏变为笔刷模式，如图4-206所示。

图4-206

“笔刷”选项介绍

类别：单击下拉按钮，在下拉列表中可以选择要使用的笔刷类型，如图4-207所示。

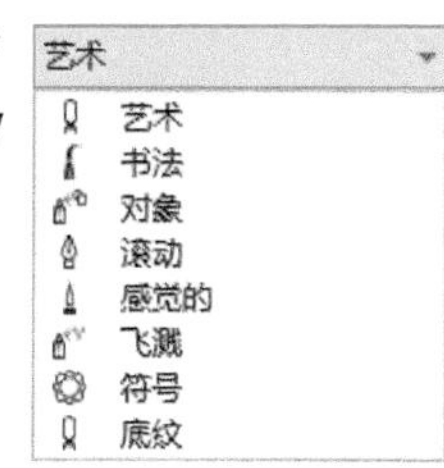

图4-207

笔刷笔触：在下拉列表中可以选择相应笔刷类型的笔刷样式。

浏览：可以浏览硬盘中的艺术笔刷文件夹，选取艺术笔刷导入CorelDRAW使用。

保存艺术笔触：使用该命令保存自定义笔触，笔触文件格式为CMX，存储位置在默认艺术笔刷文件夹内。

删除：删除已有的笔触。

技术看板

如何创建自定义笔触？

可以将一组矢量图形或者单一的路径制作成自定义笔触。

（1）绘制或者导入需要自定义为笔触的对象，如图4-208所示。

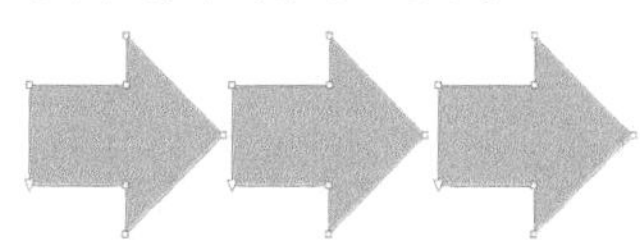

图4-208

（2）选中该对象，单击“艺术笔”工具，在属性栏中单击“笔刷”模式按钮。单击“保存艺术笔触”按钮，弹出“另存为”对话框，如图4-209所示，设置“文件名”为“箭头效果”，单击“保存”按钮。

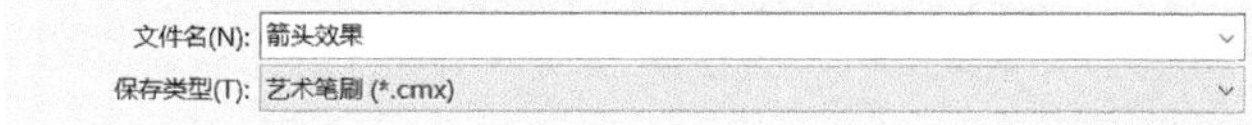

文件名(N): 箭头效果

保存类型(T): 艺术笔刷 (*.cmx)

图4-209

（3）在“类别”下拉列表中会出现自定义选项，如图4-210所示，之前自定义的笔触会显示在后面的“笔刷笔触”列表中，此时就可以使用自定义的笔触进行绘制，如图4-211所示。

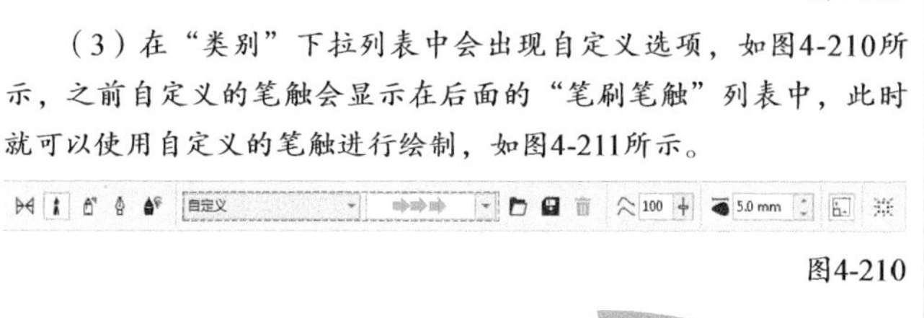

图4-210

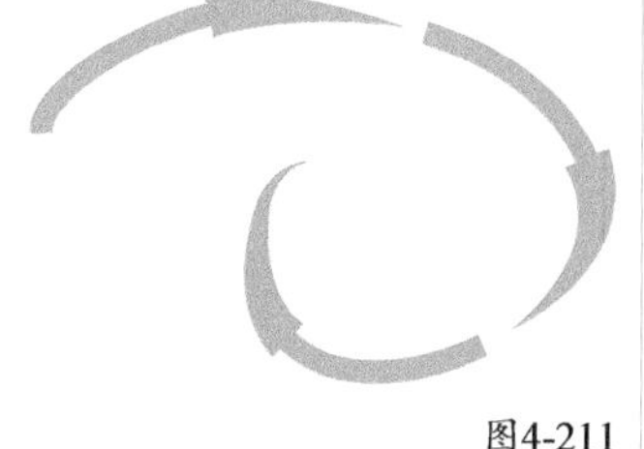

图4-211

4.9.3 喷涂

“喷涂”模式用于喷涂预设图案进行绘制。

在“艺术笔”工具属性栏中单击“喷涂”按钮，将属性栏变为喷涂模式，如图4-212所示。

图4-212

“喷涂”选项介绍

类别：在下拉列表中选择需要使用的喷涂的类别，如图4-213所示。

喷射图样：在下拉列表中可以选择相应喷涂类别的图案样式，如图4-214所示。

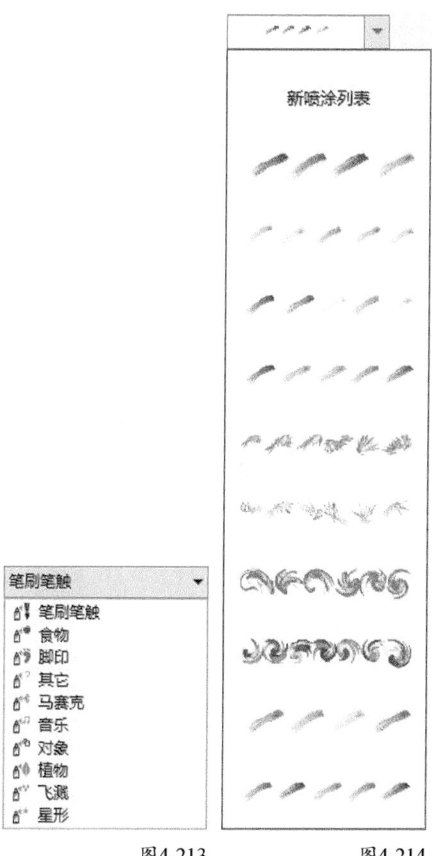

图4-213　图4-214

喷涂列表选项：打开“创建播放列表”对话框，通过添加、移除和重新排列喷射对象来编辑喷涂列表，如图4-215所示。

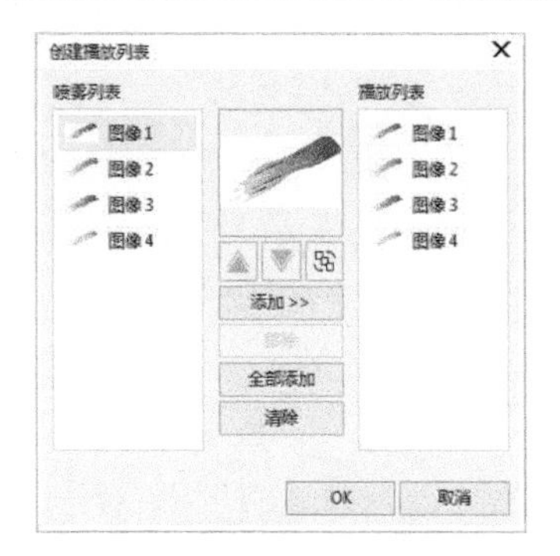

图4-215

喷涂对象大小：在上方的数值框中将喷射对象统一为固定比例大小。也可以解锁固定比例，设置喷射对象的大小按比例递增或递减喷涂，效果如图4-216所示。

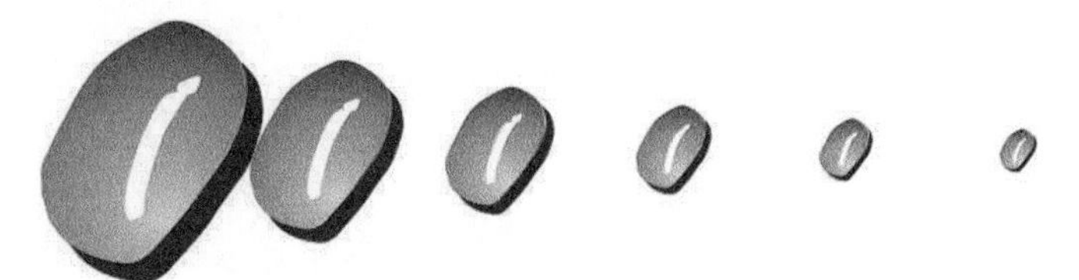
图4-216

喷涂顺序：该下拉列表中提供了“随机”“顺序”“按方向”3个选项，如图4-217所示。

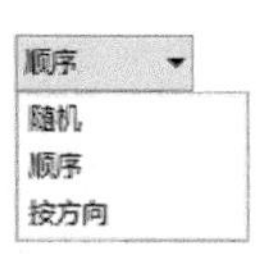

图4-217

随机：在创建喷涂时随机出现播放列表中的图案，如图4-218所示。

图4-218

顺序：在创建喷涂时按顺序出现播放列表中的图案，如图4-219所示。

图4-219

按方向：在创建喷涂时，处在同一方向的图案，在绘制时重复出现，如图4-220所示。

图4-220

添加到喷涂列表：添加一个或多个对象到喷涂列表。

每个色块中的图像数和图像间距：上方的数值框内设置每个色块中的图像数量；下方的数值框内调整沿每个笔触长度的色块间的距离，如图4-221所示。

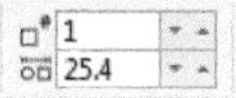

图4-221

旋转：在下拉面板中设置喷涂对象的旋转角度，如图4-222所示。

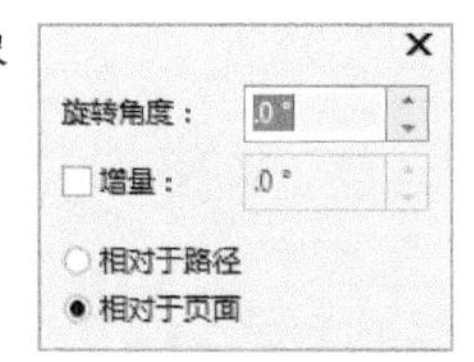

图4-222

偏移：在下拉面板中设置喷涂对象的偏移方向和距离，如图4-223所示。

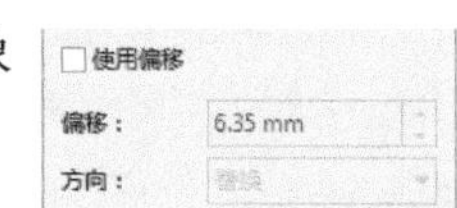

图4-223

4.9.4 书法

“书法”模式用于模拟书法笔触效果的绘制。

在“艺术笔”工具属性栏中单击“书法”按钮，将属性栏变为书法模式，如图4-224所示。

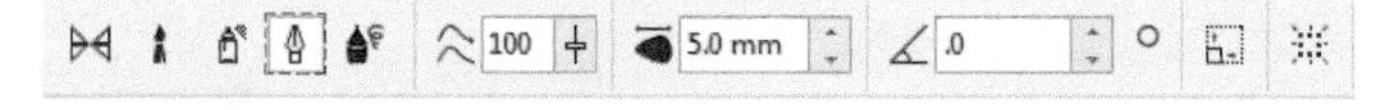

图4-224

“书法”选项介绍

书法角度：输入数值可以设置笔尖的倾斜角度，角度最小是0°，最大是360°，如图4-225所示。

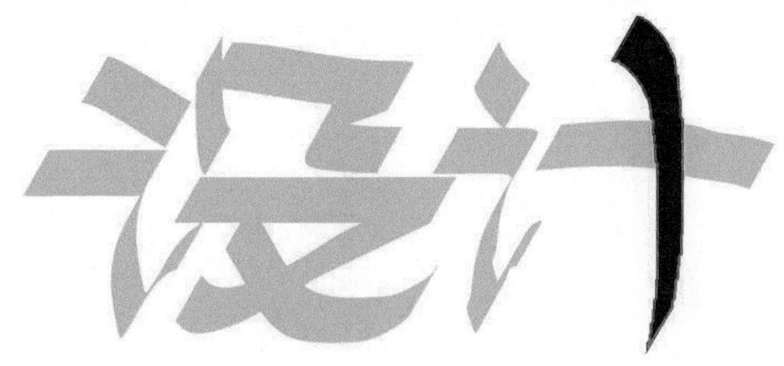

图4-225

4.9.5 表达式

“表达式”模式一般用于模拟使用压感笔效果绘制图形，需要配合数位板使用。

单击“艺术笔”工具，在属性栏中单击“表达式”模式按钮，如图4-226所示，属性栏变为调整压力、倾斜和方位的选项内容。

图4-226

4.10 LiveSketch

LiveSketch称为草图工具，一般配合数位板使用，就像用铅笔在纸张上绘图一样，绘制的手绘笔触经过LiveSketch的调整，会成为曲线。

4.11 智能绘图

智能绘图能将手绘笔触转换成基本形状或平滑的曲线。它能自动识别多种形状，如椭圆、矩形、菱形、箭头和梯形等，并能处置和优化随意绘制的曲线。智能绘图一般需要配合数位板使用。

第5章

绘制几何图形

本章讲解矢量绘图中基础几何图形的创建方法，通过学习，读者可以使用各类工具来绘制形状或修饰形状。

学习要点

第78页
"矩形"工具

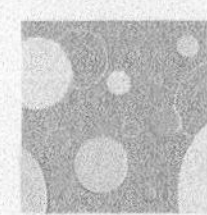

第85页
"椭圆形"工具和"3点椭圆形"工具

第88页
"多边形"工具

第89页
"星形"工具

第91页
形状工具组

第96页
"图纸"工具

工具名称	工具图标	工具作用	重要程度
"矩形"工具	□	以对角方式拖曳绘制矩形	高
"3点矩形"工具		用3个点确定高度和宽度来绘制矩形	中
"椭圆形"工具		以对角方式拖曳绘制椭圆形	高
"3点椭圆形"工具		用3个点确定高度和直径绘制椭圆形	中
"多边形"工具		绘制可以设置边数的多边形	高
"星形"工具		绘制可以设置边数的星形	高
"复杂星形"工具		绘制轮廓交叉的星形	中
"图纸"工具		绘制一组由矩形组成的网格图形	中
"螺纹"工具		绘制对称式或对数式螺旋纹图形	中
"基本形状"工具		快速绘制梯形、心形、圆柱体和水滴等基本图形	中
"箭头形状"工具		快速绘制路标、指示牌和方向引导等箭头图形	中
"流程图形状"工具		快速绘制数据流程图和信息流程图	中
"条幅形状"工具		快速绘制标题栏、旗帜标语和爆炸形状	中
"标注形状"工具		快速绘制补充说明和对话框形状	中
冲击效果工具		绘制径向或平行的聚焦图形	中

5.1 矩形绘制工具

使用"矩形"工具和"3点矩形"工具可以绘制矩形。

★ 重 点 ★

5.1.1 "矩形"工具

单击"矩形"工具□，按住鼠标左键拖曳，如图5-1所示，松开鼠标完成绘制，如图5-2所示。

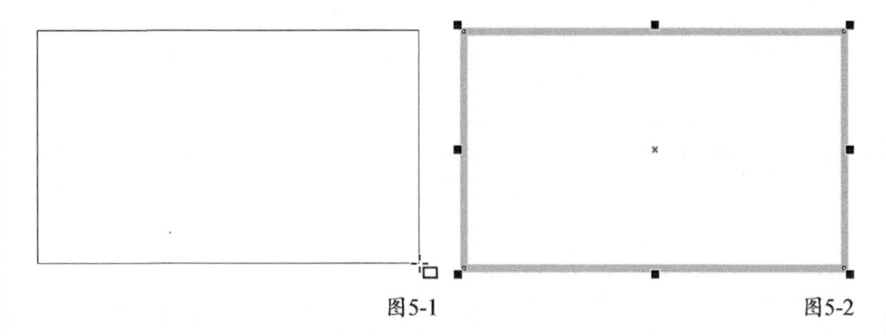

图5-1　　图5-2

在属性栏中输入宽度和高度的数值，可以修改矩形的大小，如图5-3所示。

X：37.438 mm　Y：200.731 mm　10.028 mm　6.085 mm　100.0 %　100.0 %

图5-3

技巧与提示

在绘制时按住Ctrl键可以绘制正方形；按住Shift键以起始点为中心绘制矩形；按住Shift+Ctrl键则可以起始点为中心绘制正方形。

“矩形”工具□的属性栏如图5-4所示。

图5-4

“矩形”工具选项介绍

圆角◻：单击后将边角转换为圆弧角，如图5-5所示，可以在后面的文本框内设置转换数值。

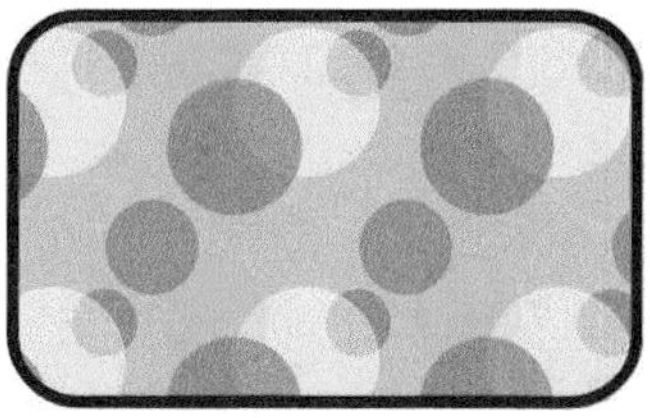

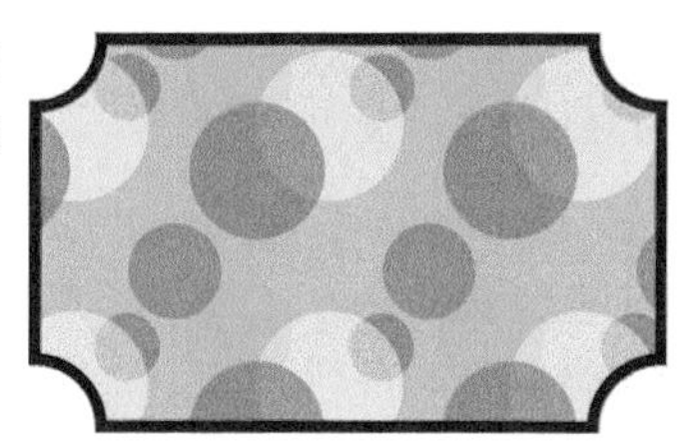

图5-5

扇形角◻：单击后将边角转换为内切扇形角，如图5-6所示。

图5-6

倒棱角◻：单击后将边角转换为平切倒棱角，如图5-7所示。

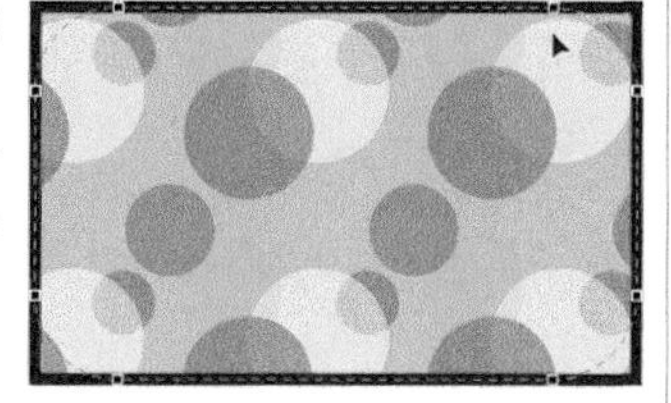

图5-7

技巧与提示

使用“形状”工具也可以调整边角样式。如图5-8所示，使用“形状”工具单击任意边角，然后按住鼠标左键拖曳，即可同时调整4个边角样式。

图5-8

圆角半径：在4个文本框中输入数值，可以分别设置边角的大小，如图5-9所示。

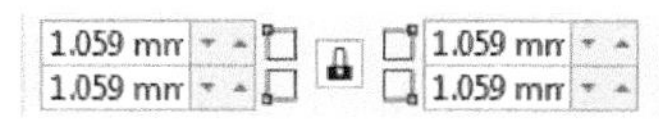

图5-9

同时编辑所有角🔒：单击锁定后在任意一个“圆角半径”文本框中输入数值，其他3个数值将会统一变化；解锁后可以分别修改“圆角半径”的数值，如图5-10所示。

图5-10

相对的角缩放◻：单击激活后，缩放矩形时“圆角半径”会进行相对缩放；单击冻结后，缩放矩形时“圆角半径”保持不变。

轮廓宽度◊：设置矩形轮廓的宽度。

转换为曲线◻：单击后，可以用“形状”工具修改矩形，如图5-11所示。

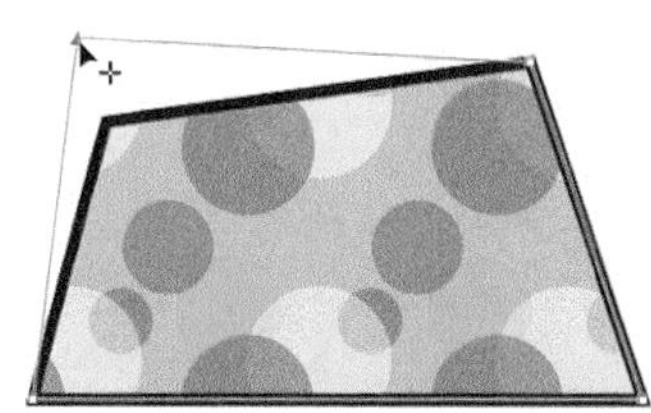

图5-11

5.1.2 “3点矩形”工具

“3点矩形”工具通过确定3个点的位置来定义宽度和高度，绘制矩形。

选择“3点矩形”工具□，单击确定起点，然后拖曳绘制矩形的边，如图5-12所示。到达所需宽度后松开鼠标，移动鼠标指针确定矩形的高度，如图5-13所示。确定高度后单击即可完成矩形的绘制，如图5-14所示。

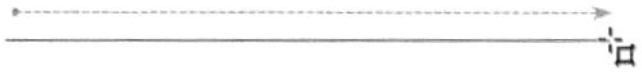

图5-12

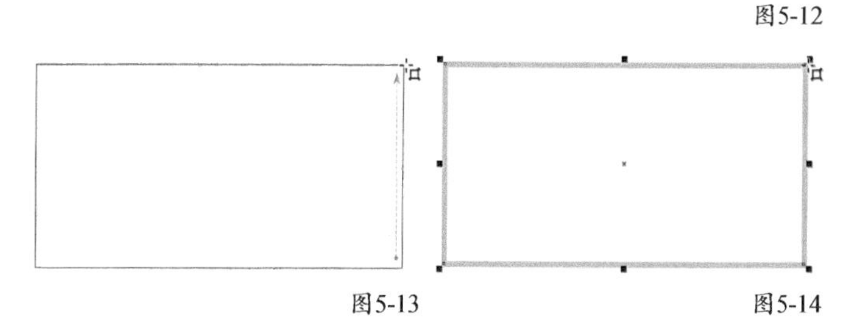

图5-13 图5-14

技巧与提示

按住Ctrl键拖曳，可以将宽度线段的角度限制为15°增量。确定高度时，按住Ctrl键将绘制一个正方形。

★重点★

实战 用“矩形”工具绘制手机模型

实例位置 实例文件>CH05>实战：用“矩形”工具绘制手机模型.cdr

素材位置 无

视频名称 实战：用“矩形”工具绘制手机模型.mp4

实用指数 ★★★★☆

技术掌握 “矩形”工具的运用方法

扫码看视频

本案例绘制的手机模型效果如图5-15所示。

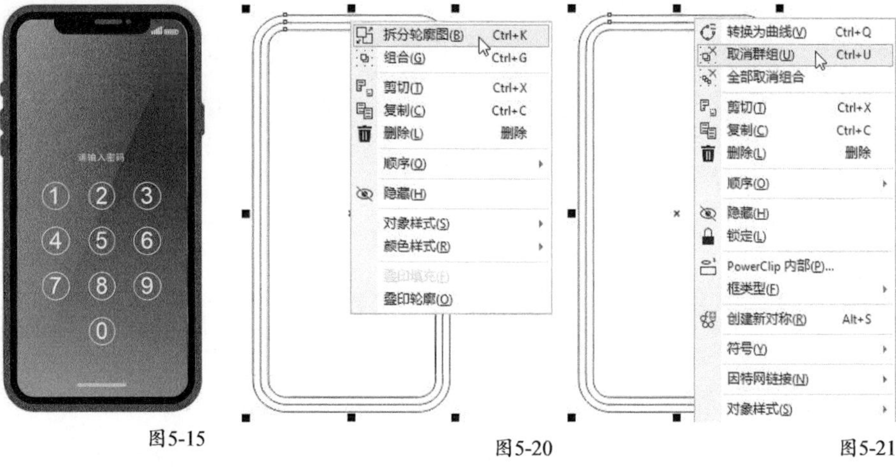

图5-15 图5-20 图5-21

01 新建A4大小的空白文档，使用“矩形”工具绘制一个宽度为70mm、高度为150mm的矩形，如图5-16所示。

02 设置矩形的“圆角半径”为7mm，效果如图5-17所示。

图5-16 图5-17

03 选中矩形，单击“轮廓图”工具，在属性栏中激活“外部轮廓”按钮，设置“轮廓图步长”为2、“轮廓图偏移”为3mm，如图5-18所示。设置完成的效果如图5-19所示。

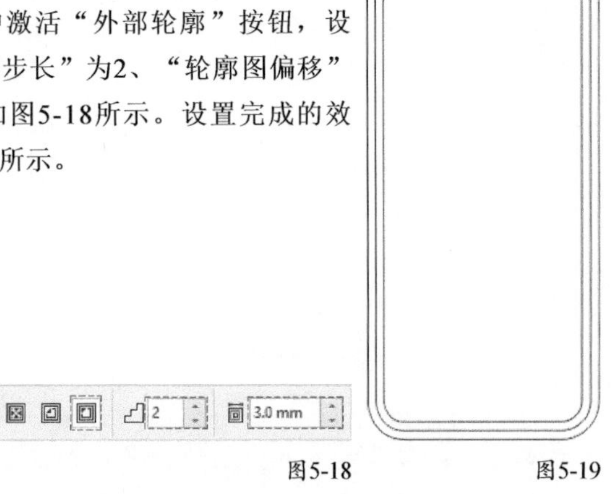

图5-18 图5-19

04 在图形上单击鼠标右键，在弹出的快捷菜单中选择“拆分轮廓图”命令，如图5-20所示，或者按快捷键Ctrl+K拆分轮廓图和矩形。

05 选择被拆分的轮廓图（外部圆角矩形组合），单击鼠标右键，在弹出的快捷菜单中选择“取消群组”命令，或者按快捷键Ctrl+U取消组合，如图5-21所示。

06 使用“矩形”工具绘制一个宽度为40mm、高度为15mm的矩形，设置“圆角半径”为5mm，将其移动到顶部中间位置，如图5-22所示，选中小矩形和内部圆角矩形，按C键水平居中对齐。

07 保持选中小矩形和内部圆角矩形，在属性栏中单击“移除前面对象”按钮，完成手机屏幕的绘制，效果如图5-23所示。

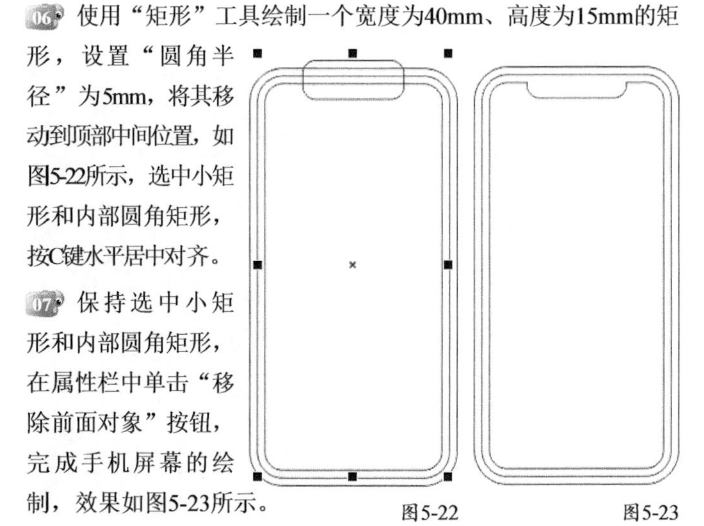

图5-22 图5-23

08 选中最内侧的手机屏幕，选择“交互式填充”工具，单击属性栏中的“渐变填充”按钮，然后从屏幕的左下角拖曳鼠标至右上角，如图5-24所示。

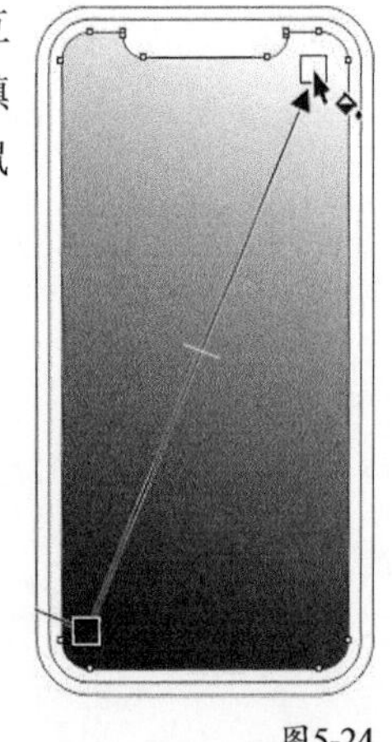

图5-24

09 选择洋红色（C:0，M:100，Y:0，K:0）色样，按住鼠标左键将其拖曳到右上角白色方块中，如图5-25所示。然后选择青色（C:100，M:0，Y:0，K:0）色样，按住鼠标左键将其拖曳到左下角的黑色方块中，如图5-26所示。

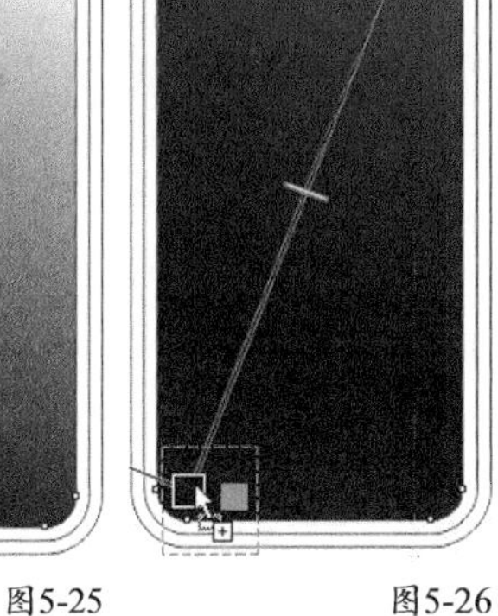

图5-25　　图5-26

10 选择中间的圆角矩形，设置填充色为四色黑（C:100，M:100，Y:100，K:100），完成手机边框的填充，如图5-27所示。

11 选择最外层的圆角矩形，设置填充色为深灰色（C:0，M:0，Y:0，K:80），完成手机壳的颜色填充，如图5-28所示。

图5-27　　图5-28

12 使用“矩形”工具绘制一个宽度为5mm、高度为8mm的矩形，两个宽度为5mm、高度为11mm的矩形，以及一个宽度为5mm、高度为15mm的矩形。设置每个矩形的“倒棱角”半径为2mm、填充色为深灰色（C:0，M:0，Y:0，K:80），如图5-29所示。

13 移动第1~3个倒棱角矩形到手机左侧，作为静音键和音量键；移动第4个倒棱角矩形到手机右侧，作为电源键。然后将所有倒棱角矩形置于图层的底层，如图5-30所示。

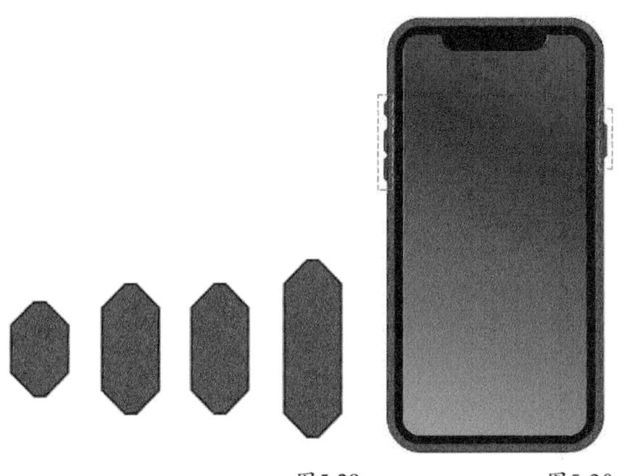

图5-29　　图5-30

14 在页面空白处绘制两个矩形，按E键垂直居中对齐，矩形比例和位置如图5-31所示，作为电池图标。

15 选中两个矩形，单击属性栏中的“焊接”按钮。然后使用“轮廓图”工具，在属性栏中激活“内部轮廓”按钮，设置“轮廓图步长”为1，手动调整“轮廓图偏移”数值，电池图标效果如图5-32所示。

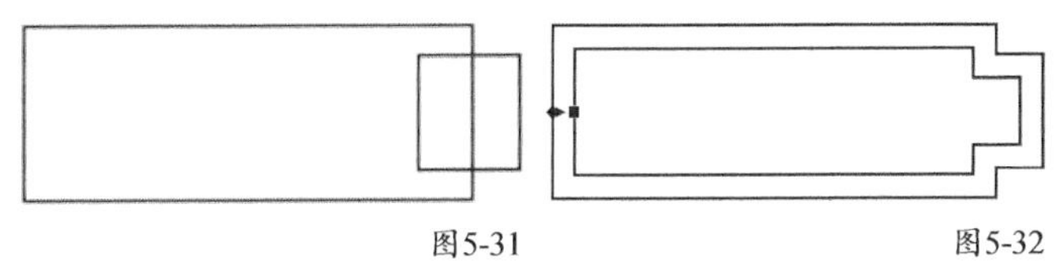

图5-31　　图5-32

16 选择电池图标，按快捷键Ctrl+K拆分轮廓图，按快捷键Ctrl+L合并对象，然后设置电池图标填充色为黑色，如图5-33所示。

17 使用“矩形”工具在电池图标内绘制5个矩形作为电量指示，设置填充色为黑色（C:0，M:0，Y:0，K:100），使其水平分散排列在电池图标内部，如图5-34所示。

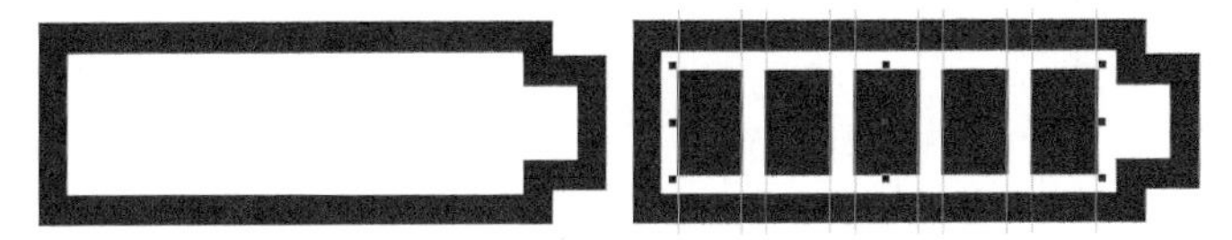

图5-33　　图5-34

18 使用“矩形”工具绘制5个由小到大的矩形代表信号图标，使其底部对齐和水平分散排列，设置填充色为黑色（C:0，M:0，Y:0，K:100），如图5-35所示。

19 拖曳电池图标和信号图标到手机屏幕右上角，移除轮廓色，设置填充色为白色，然后调整大小和位置，如图5-36所示。

图5-35　　图5-36

20 使用“矩形”工具绘制一个圆角矩形，使用“椭圆形”工具绘制一个圆形。设置两个对象的填充色为深灰色（C:0，M:0，Y:0，K:80），将两个图形移动到听筒位置，如图5-37所示。

21 使用“矩形”工具绘制一个圆角矩形，将其移动到手机屏幕底部，设置填充色为白色。单击“透明度”工具，在属性栏中激活“均匀透明度”按钮。然后将圆角矩形与手机屏幕水平居中对齐，如图5-38所示。

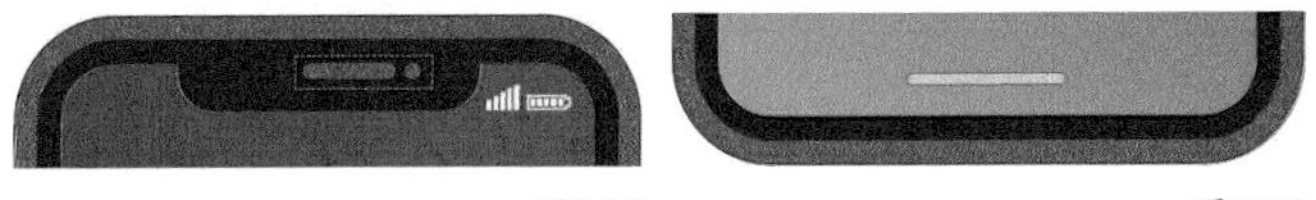

图5-37　　图5-38

22 使用“椭圆形”工具在页面空白处绘制两个圆形，选中这些圆形，按快捷键Ctrl+L将两个圆形合并成圆环，然后设置填充色为黑色（C:0，M:0，Y:0，K:100），如图5-39所示。

23 单击“文本”工具字，输入数字1，调整大小并使其与圆环垂直居中对齐，如图5-40所示。

图5-39　图5-40

24 参照步骤22和23，绘制另外9个数字按键，排列对齐，如图5-41所示。

25 在数字键上方输入“请输入密码”字样，设置字体为“黑体”，并使其与数字键水平居中对齐，如图5-42所示。

图5-41　图5-42

26 移动数字键和上一步输入的文字到手机屏幕中，使其垂直居中对齐手机屏幕，再设置填充色为白色。然后选中全部对象，移除轮廓色，如图5-43所示。

图5-43

27 使用“贝塞尔”工具绘制一个闭合路径多边形，如图5-44所示。

28 选中多边形和屏幕，单击“相交”按钮，删除多边形。设置相交对象的填充色为白色，如图5-45所示。

图5-44　图5-45

29 选中相交对象，单击“透明度”工具，按住鼠标左键从左上角向右下角拖曳，如图5-46所示。

图5-46

30 最终效果如图5-47所示。

图5-47

★ 重点 ★

实战　用“矩形”工具绘制挂历图标

实例位置　实例文件 >CH05> 实战：用“矩形”工具绘制挂历图标.cdr
素材位置　素材文件 >CH05>01.cdr
视频名称　实战：用“矩形”工具绘制挂历图标.mp4
实用指数　★★★★☆
技术掌握　“矩形”工具的运用方法

扫码看视频

本案例绘制的挂历图标效果如图5-48所示。

图5-48

01 新建空白文档，使用“矩形”工具绘制一个边长为45mm的正方形，如图5-49所示。

02 在属性栏中设置矩形的“圆角半径”为3mm，如图5-50所示。

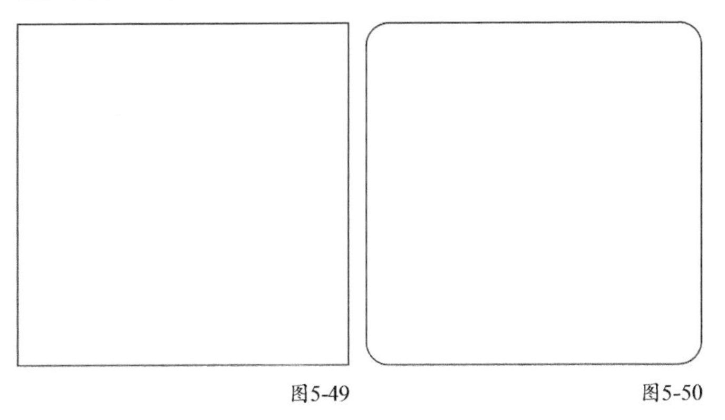

图5-49　　图5-50

03 使用“矩形”工具在圆角矩形上部1/3处绘制一个矩形，如图5-51所示。

04 选中上面的矩形，拖曳拉伸手柄向下做镜像操作，单击鼠标右键，复制出一个较窄的矩形，如图5-52所示。

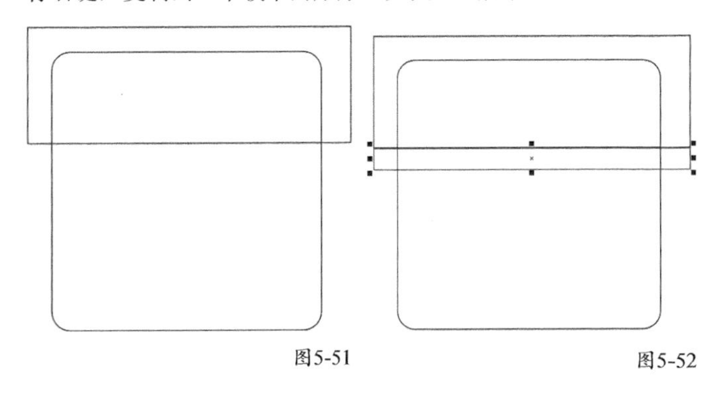

图5-51　　图5-52

05 选中上面的矩形和底部的圆角矩形，在属性栏中单击“相交”按钮，删除上面的矩形，如图5-53所示。

06 选中中间的矩形和底部的圆角矩形，在属性栏中单击“相交”按钮，删除中间的矩形，如图5-54所示。

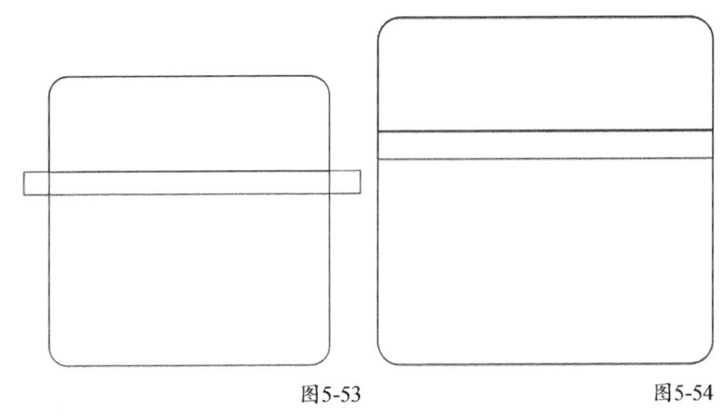

图5-53　　图5-54

07 设置上面对象的填充色为红色（C:2，M:91，Y:100，K:0）、中间对象的填充色为深红色（C:32，M:100，Y:100，K:2）、底部对象的填充色为白色，如图5-55所示。

图5-55

08 在页面空白处，使用“椭圆形”工具绘制一个直径为4mm的圆形，设置填充色为咖啡色（C:51，M:100，Y:100，K:36）。绘制一个宽度为3mm、高度为10mm的矩形，然后使用“形状”工具拖曳矩形的圆角半径至最大值，如图5-56所示。

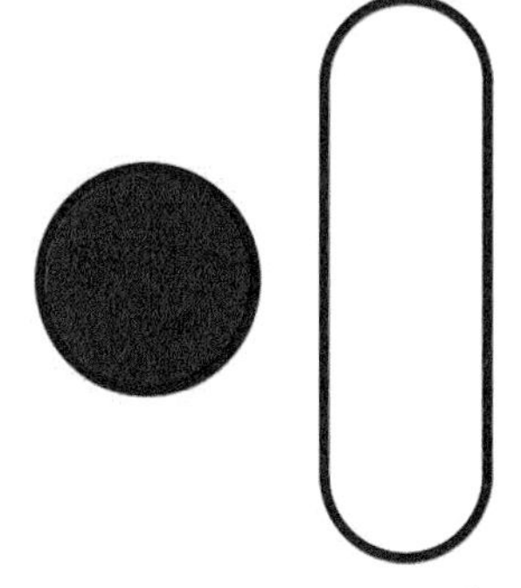

图5-56

09 选中矩形，单击“交互式填充”工具，在属性栏中依次单击“渐变填充>编辑填充”按钮，弹出“编辑填充”对话框，如图5-57所示。设置渐变色位置0为浅蓝色（C:82，M:75，Y:53，K:16），位置100为深蓝色（C:91，M:85，Y:58，K:32），设置“加速”为－100，单击OK按钮，效果如图5-58所示。

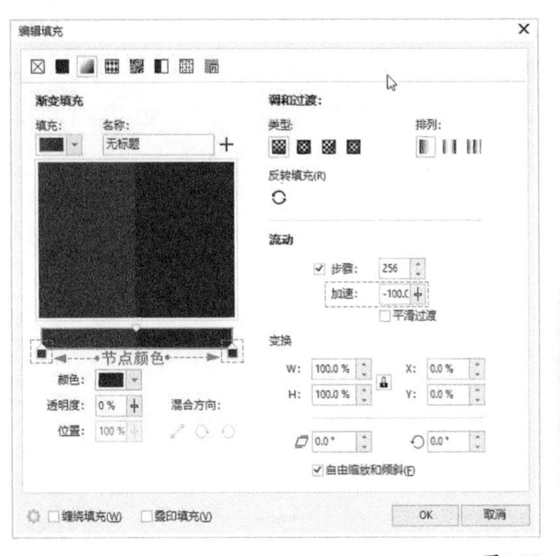

图5-57　　图5-58

10 移动并水平居中步骤8、9中绘制的两个对象，按快捷键Ctrl+G组合对象，然后移动组合对象到挂历左上部，并向右侧复制一个，组成一对挂钩，如图5-59所示。

11 按快捷键Ctrl+G组合两个挂钩，让它和挂历水平居中对齐。输入2021 APRIL字样，在属性栏中选择字体为“华康海报体W12”，缩放字体大小，然后将文字与挂历水平居中对齐，如图5-60所示。

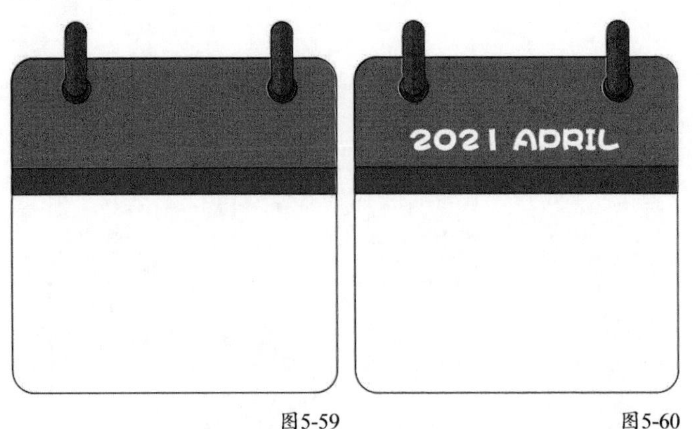

图5-59　　图5-60

12 导入“素材文件>CH05>01.cdr”文件。缩放导入的挂历文字大小，使其与挂历水平居中对齐，如图5-61所示。

图5-61

13 选中挂历文字，按快捷键Ctrl+U解散群组；选择右侧两列文字，设置填充色为浅红色（C:0，M:76，Y:49，K:0）；选择左侧5列文字，设置填充色为淡蓝色（C:70，M:38，Y:46，K:0）。效果如图5-62所示。

图5-62

14 选择挂历底部的白色圆角矩形，按+键复制一个，向下移动5mm，按快捷键Shift+PageDown置于底层，设置填充色为深灰色（C:0，M:0，Y:0，K:80），如图5-63所示。

图5-63

15 选中全部对象，移除轮廓色，按快捷键Ctrl+G组合对象。单击“块阴影”工具，在属性栏中设置“块阴影”为深绿色（C:70，M:38，Y:46，K:0），设置“展开块阴影”为3mm，效果如图5-64所示。

图5-64

16 绘制一个边长为80mm的正方形，设置填充色为淡蓝色（C:41，M:0，Y:13，K:0），按快捷键Shift+PageDown将其置于底层，并与挂历中心居中对齐，如图5-65所示。这样，一个扁平化的挂历图标就绘制完成了。

图5-65

5.2 椭圆形绘制工具

椭圆形是图形绘制中另一种常用的基本图形，可以使用“椭圆形”工具和“3点椭圆形”工具绘制出需要的椭圆形。

★重点★

5.2.1 “椭圆形”工具

单击“椭圆形”工具，按住鼠标左键拖曳，如图5-66所示，确定大小后松开鼠标完成绘制，如图5-67所示。椭圆形的属性可以通过修改属性栏参数进行设置。

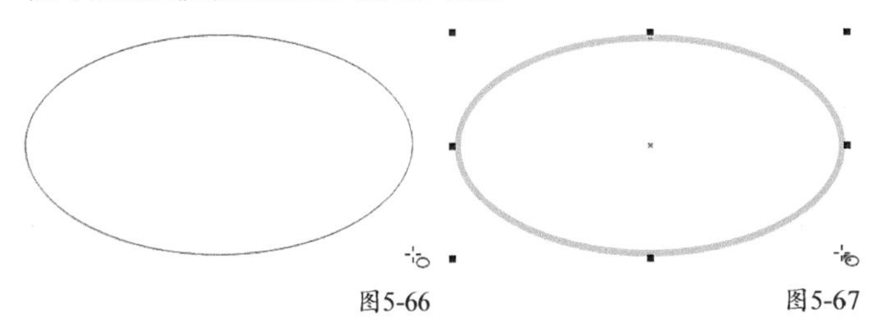

图5-66　　图5-67

技巧与提示

在绘制时按住Ctrl键可以绘制圆形；按住Shift键将以起始点为中心绘制椭圆形；按住Shift+Ctrl键则以起始点为中心绘制圆形。

“椭圆形”工具的属性栏如图5-68所示。

图5-68

“椭圆形”工具选项介绍

椭圆形：绘制椭圆形的按钮，默认状态下为激活状态，如图5-69所示。

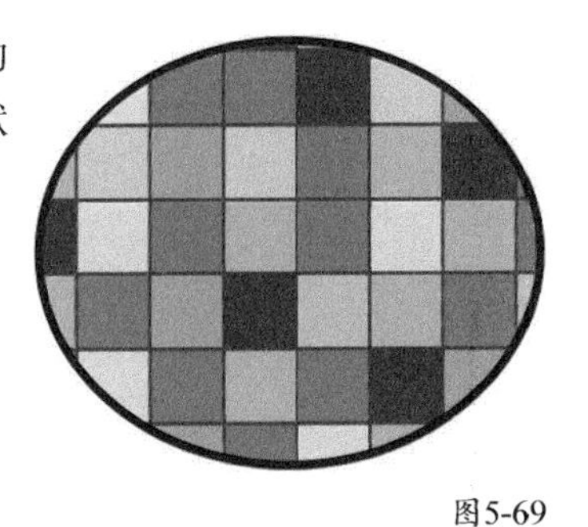

图5-69

饼形：单击激活后可以绘制饼形，或者将已有的椭圆形变为饼形，如图5-70所示。

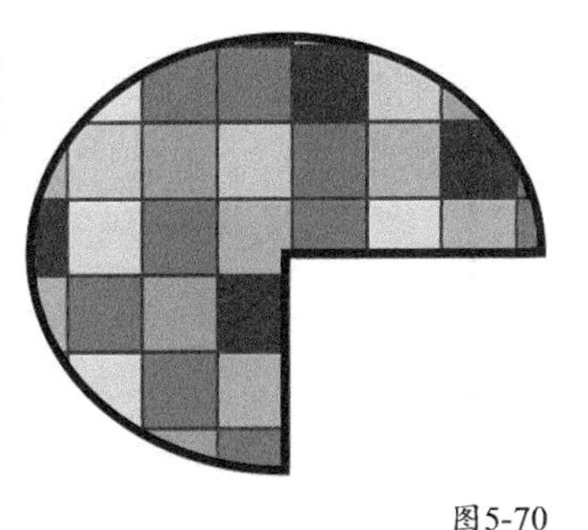

图5-70

弧形：单击激活后可以绘制弧线，或者将已有的椭圆形或饼形转换为弧形。转换为弧形后填充色将消失，如图5-71所示。

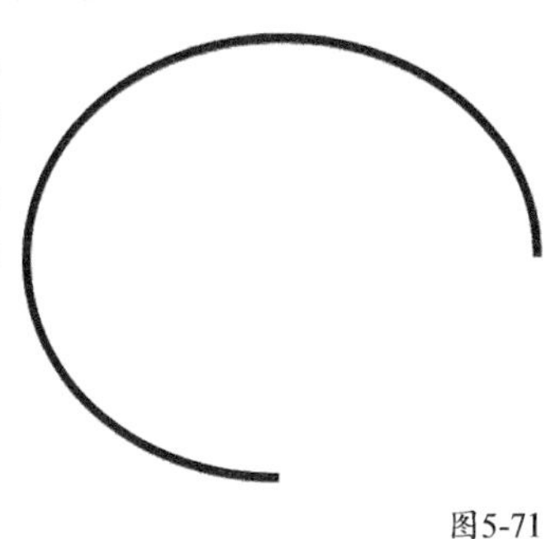

图5-71

起始和结束角度：设置“饼形”和“弧形”断开位置的起始角度与终止角度，角度默认方向为逆时针，角度范围为0~360°，如图5-72所示。

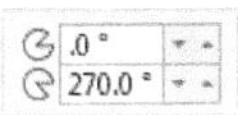

.0 °
270.0 °

图5-72

技巧与提示

使用“形状”工具也可以调整饼形和弧形的角度，使用“形状”工具单击椭圆的起始节点，按住鼠标左键拖曳即可。

鼠标指针在椭圆内移动，可以将椭圆形转换为饼形，如图5-73所示。

鼠标指针在椭圆外移动，可以将椭圆形转换为弧形，如图5-74所示。

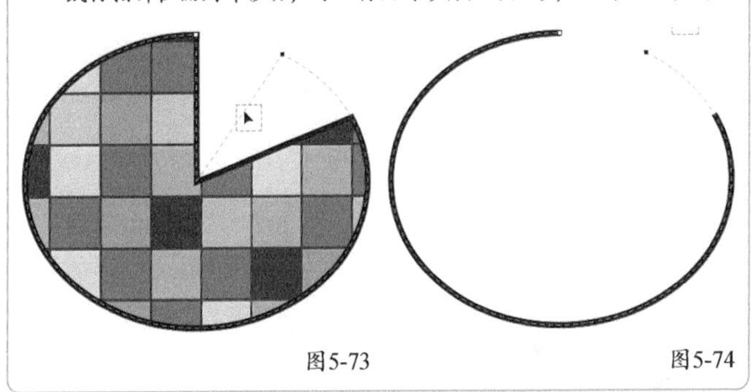

图5-73　　图5-74

更改方向：在顺时针和逆时针之间切换饼形和弧形的方向。

转曲：单击后，椭圆形将被转换为曲线，属性栏将变为默认界面。对曲线可以执行节点和曲线的变换操作，如图5-75所示。

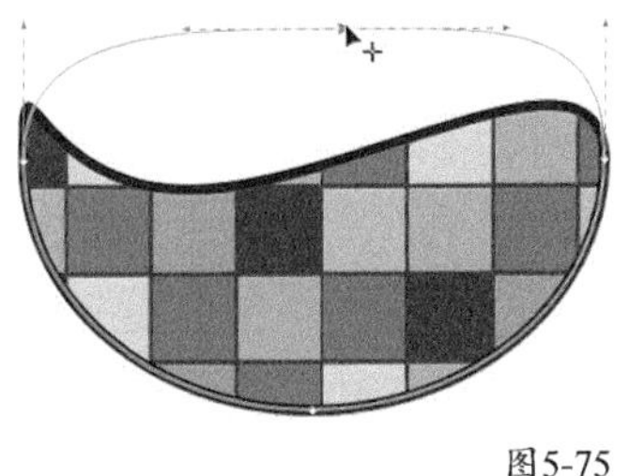

图5-75

5.2.2 “3点椭圆形”工具

“3点椭圆形”工具通过确定3个点的位置来定义中心线和宽度绘制椭圆形。

选择工具箱中的“3点椭圆形”工具，单击确定中心线的起点，拖曳鼠标绘制椭圆形的中心线，如图5-76所示。松开鼠标，移动鼠标指针绘制椭圆形的高度，如图5-77所示。确定高度后单击，完成椭圆形的绘制，如图5-78所示。

图5-76

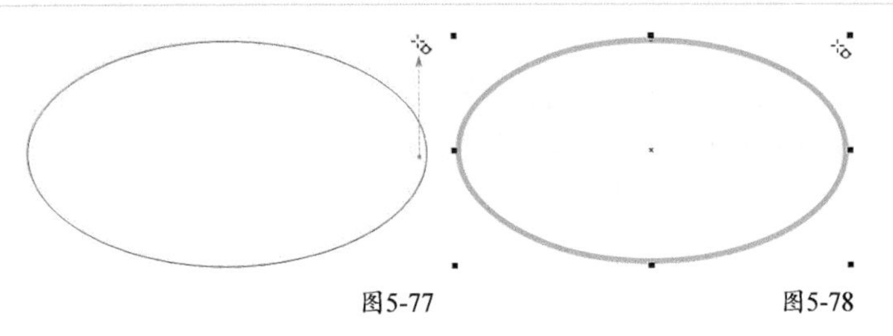

图5-77　　图5-78

技巧与提示

拖曳鼠标时按住Ctrl键，可以将中心线角度限制为15° 增量；绘制高度时，按住Ctrl键可以绘制一个圆形。

实战 绘制多彩几何壁纸

实例位置　实例文件 >CH05> 实战：绘制多彩几何壁纸 .cdr
素材位置　无
视频名称　实战：绘制多彩几何壁纸 .mp4
实用指数　★★★☆☆
技术掌握　“椭圆形”工具的运用方法

扫码看视频

本案例绘制的壁纸效果如图5-79所示，此次是制作用于显示屏的壁纸，所以颜色模式使用RGB模式。

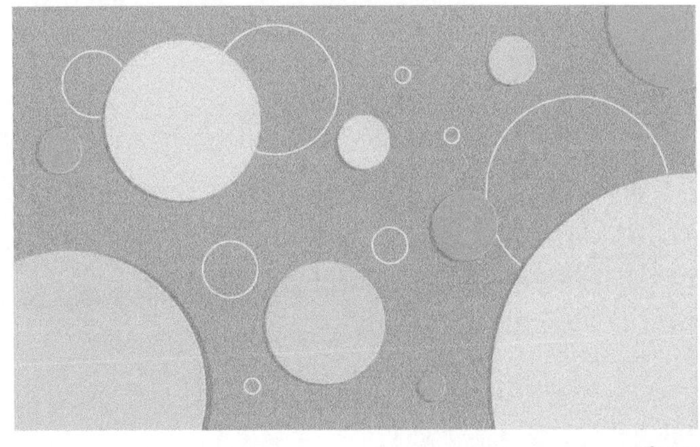

图5-79

01 新建文档，使用“矩形”工具在页面空白处绘制一个宽度为100mm、高度为60mm的矩形，设置填充色为粉红色（R:255，G:182，B:185），如图5-80所示。

图5-80

02 使用“椭圆形”工具在矩形左下角绘制一个直径为40mm的圆形，如图5-81所示。

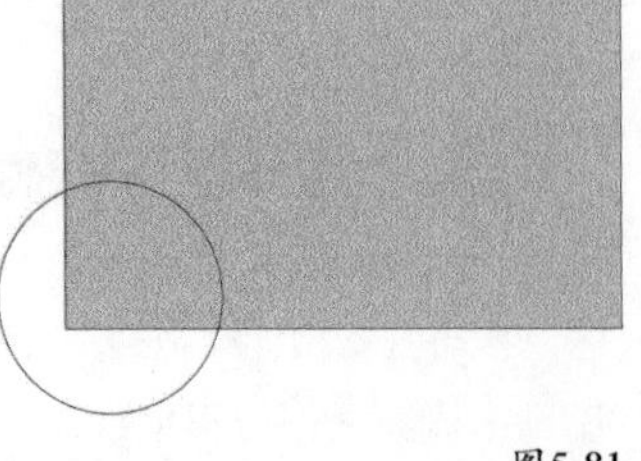

图5-81

03 选中两个对象，在属性栏中单击“相交”按钮，生成新的对象，设置填充色为浅绿色（R:187，G:222，B:214），然后删除刚才绘制的圆形，如图5-82所示。

04 选中左下角的饼形，按+键复制一个，设置填充色为粉红色（R:227，G:165，B:170），将其向右移动1mm，按快捷键Ctrl+PageDown向下移动一层，绘制阴影，如图5-83所示。

图5-82　　图5-83

05 在矩形的右上角绘制一个直径为20mm的圆形，在右下角绘制一个直径为60mm的圆形，如图5-84所示。

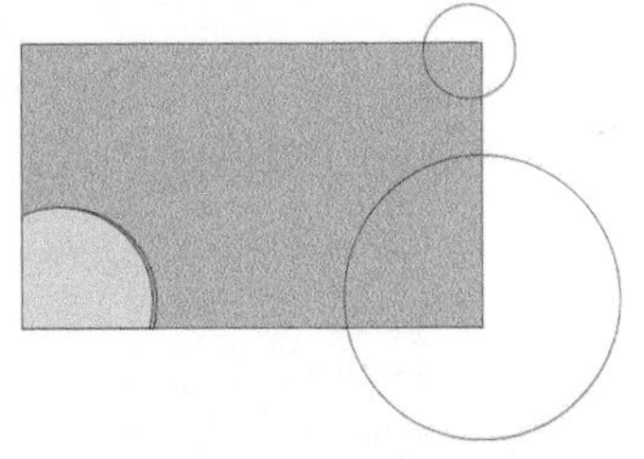

图5-84

06 参照步骤3，使用属性栏“相交”按钮功能，生成两个饼形对象。设置右上角饼形的填充色为绿色（R:138，G:198，B:209），设置右下角饼形的填充色为淡粉色（R:250，G:217，B:227），如图5-85所示。

07 参照步骤4绘制两个饼形阴影，如图5-86所示。

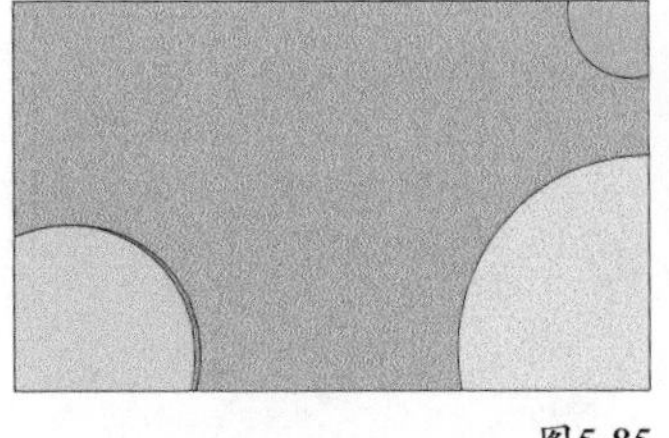

图5-85

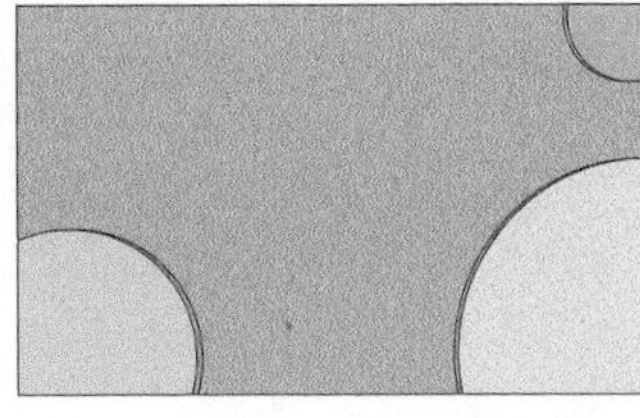

图5-86

08 使用“椭圆形”工具在矩形中间绘制若干个圆形，填充色与3个饼形的相同，如图5-87所示。

09 参照步骤4，绘制这些圆形的阴影，如图5-88所示。

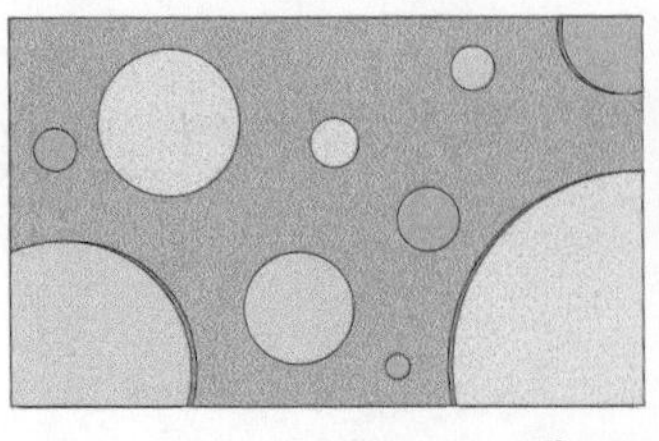

图5-87

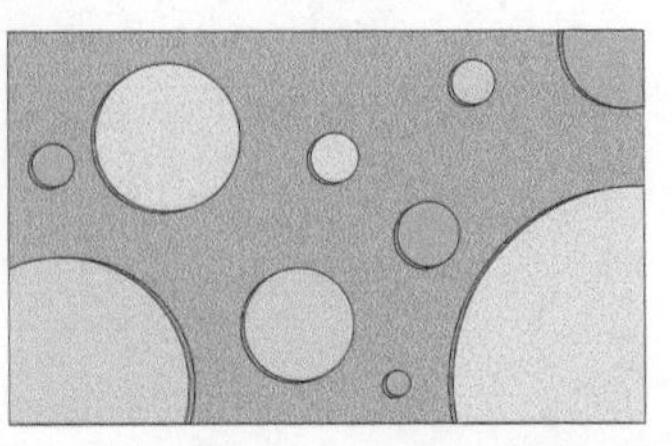

图5-88

10 使用“椭圆形”工具绘制若干个圆形，设置轮廓色为白色，如图5-89所示。

11 选中所有白色圆环，执行“对象>顺序>置于此对象前”菜单命令，移动指向箭头，单击底面的矩形，将白色圆环置于矩形之上。移除其他对象的轮廓色，最终效果如图5-90所示。

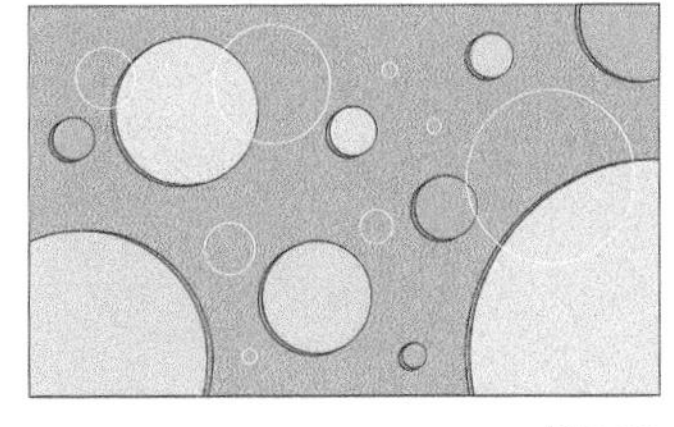

图5-89

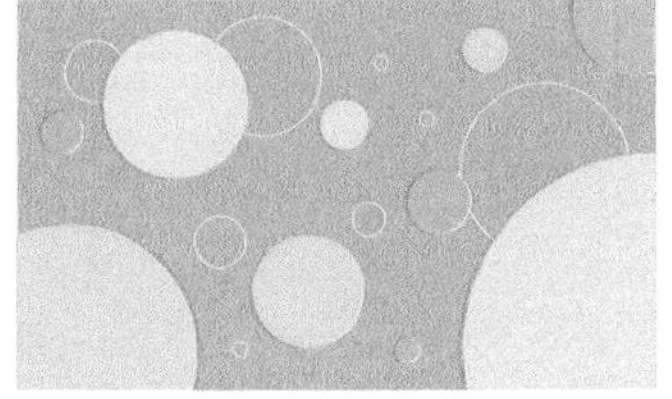

图5-90

实战 使用“椭圆形”工具绘制表情

扫码看视频

实例位置 实例文件>CH05>实战：使用“椭圆形”工具绘制表情.cdr
素材位置 无
视频名称 实战：使用“椭圆形”工具绘制表情.mp4
实用指数 ★★★☆☆
技术掌握 “椭圆形”工具的运用方法

本案例绘制的表情效果如图5-91所示。

图5-91

01 新建文档，使用“椭圆形”工具绘制一个直径为50mm和一个直径为45mm的圆形，然后中心对齐，如图5-92所示。

02 设置小圆的填充色为默认调色板中的深黄色（C:0，M:20，Y:100，K:0），设置大圆的填充色为默认调色板中的宝石红色（C:0，M:60，Y:60，K:40），然后移除所有轮廓色，如图5-93所示。

03 使用“椭圆形”工具先后绘制一个直径为40mm的圆形和一个直径为50mm的圆形，如图5-94所示，然后将它们移动到上面绘制的图形中。

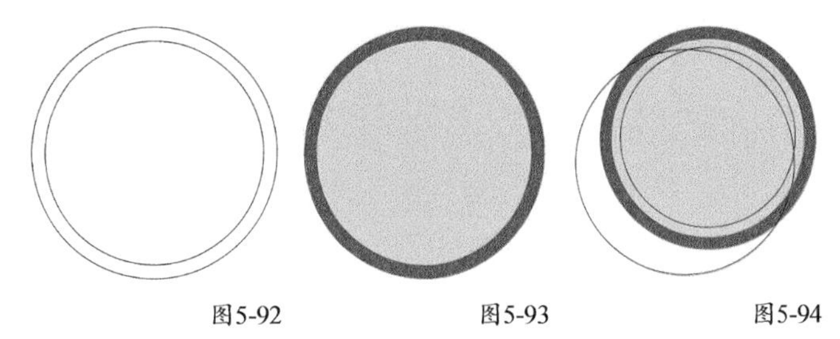

图5-92　图5-93　图5-94

04 选中新绘制的两个圆形，在属性栏中单击“移除前面对象”按钮，设置新生成对象的填充色为默认调色板中的浅黄色（C:0，M:0，Y:60，K:0），然后移除轮廓色，完成表情光泽的绘制，如图5-95所示。

05 选中深黄色圆形，按+键复制一个，使用“椭圆形”工具绘制一个直径为50mm的圆形，如图5-96所示，将其移动到复制出的图形中。

06 选中新绘制的圆形和深黄色圆形，在属性栏中单击“移除前面对象”按钮，设置新生成对象的填充色为橘黄色（C:0，M:40，Y:100，K:0）；然后移除轮廓色，按快捷键Ctrl+G组合所有对象，完成表情阴影的绘制，如图5-97所示。

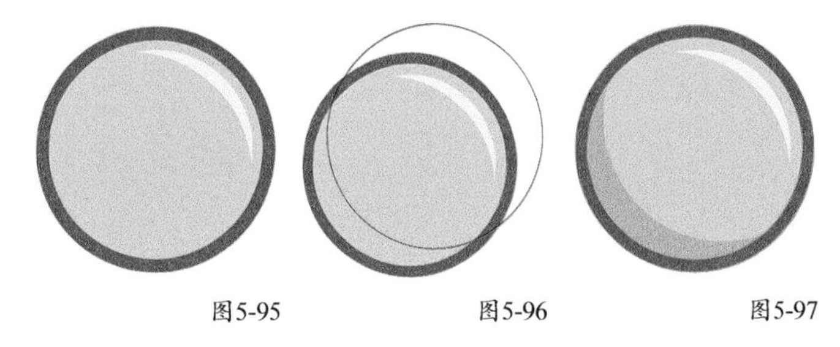

图5-95　图5-96　图5-97

07 使用“椭圆形”工具绘制两个宽度为6mm、高度为10mm的椭圆形，设置填充色为宝石红色（C:0，M:60，Y:60，K:40），移除轮廓色。然后移动这两个椭圆形对齐到表情的底面图形上，完成眼睛的绘制，如图5-98所示。

08 使用“3点曲线”工具在图形中绘制一条宽度为25mm、高度为4mm的曲线，然后对齐到表情的底面图形上，如图5-99所示。

09 选中曲线，单击“轮廓图”工具，在属性栏中设置“轮廓图偏移”为1.1mm、“轮廓图角”为“圆角”，完成嘴巴轮廓的绘制，如图5-100所示。

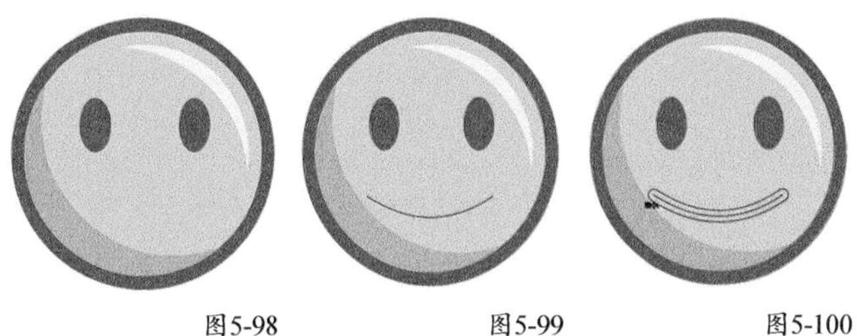

图5-98　图5-99　图5-100

10 选中嘴巴轮廓，按快捷键Ctrl+K拆分轮廓图，删除嘴巴中间的曲线，设置嘴巴的填充色为宝石红色（C:0，M:60，Y:60，K:40），最后移除轮廓色，完成第1个表情的绘制，如图5-101所示。

11 复制第1个表情的底面和眼睛到页面空白处，使用“椭圆形”工具绘制一个直径为26mm的圆形和一个宽度为45mm、高度为20mm的椭圆形，将它们移动到表情的底面上，然后居中对齐，如图5-102所示。

12 选中两个新绘制的图形，在属性栏中单击“移除前面对象”按钮，设置新生成对象的填充色为宝石红色（C:0，M:60，Y:60，K:40），然后移除轮廓色，完成嘴巴的绘制，如图5-103所示。

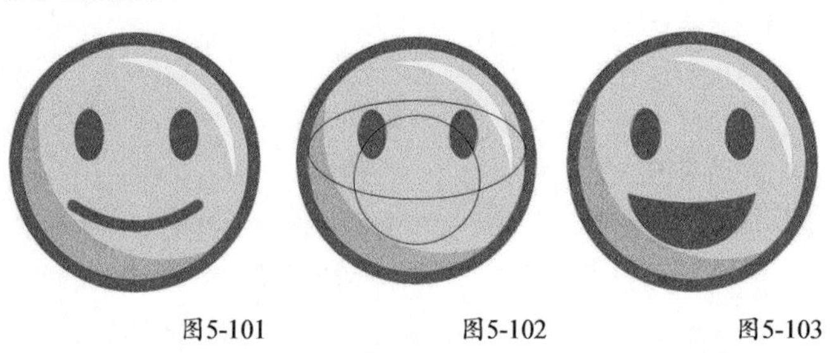

图5-101　图5-102　图5-103

13 使用“椭圆形”工具绘制一个宽度为18mm、高度为26mm的椭圆形，移动到嘴巴上，居中对齐，如图5-104所示。

14 选中椭圆形和嘴巴，在属性栏中单击“相交”按钮，设置新生成对象的填充色为橘红色（C:0，M:60，Y:100，K:0），删除新绘制的椭圆形，完成第2个表情的绘制，如图5-105所示。

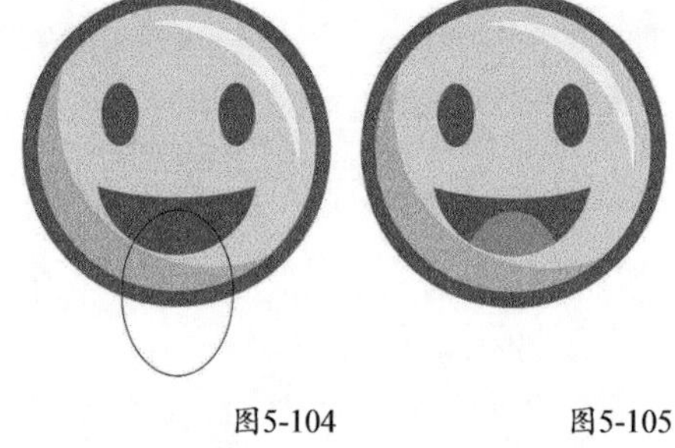

图5-104　图5-105

15 参照上述步骤，绘制出第3个和第4个表情，如图5-106所示。

图5-106

16 使用“矩形”工具绘制一个边长为70mm的正方形，然后按住Ctrl键拖曳拉伸手柄，单击鼠标右键，复制出3个正方形，组成“田”字格形状，如图5-107所示。

17 分别设置对角正方形的填充色为浅黄色（C:0，M:0，Y:20，K:0）和深红色（C:40，M:100，Y:100，K:0），接着移除正方形的轮廓色，然后将4个表情分别移动到4个正方形中，中心对齐，最终效果如图5-108所示。

图5-107　图5-108

5.3 多边形绘制工具

多边形绘制工具包括“多边形”工具、“星形”工具、“螺纹”工具等，使用它们可以绘制多种样式的多边形。

★重点★

5.3.1 “多边形”工具

单击“多边形”工具，按住鼠标左键拖曳，如图5-109所示，确定大小后松开鼠标完成绘制，如图5-110所示。默认绘制的多边形为5条边。

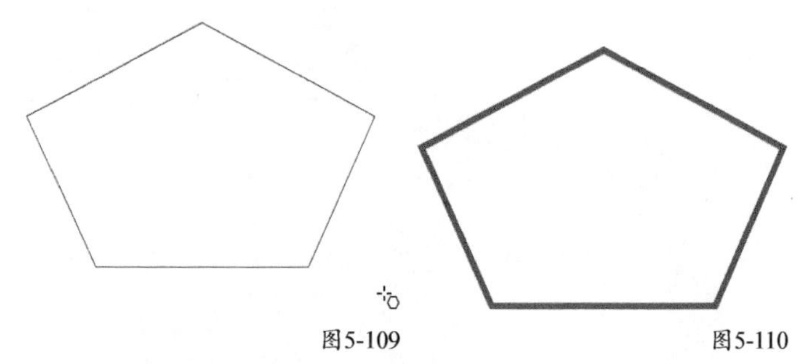

图5-109　图5-110

技巧与提示

在绘制时按住Ctrl键可以绘制边长一致的五边形；按住Shift键将以起始点为中心绘制多边形；按住Shift+Ctrl键则以起始点为中心绘制边长一致的五边形。

“多边形”工具的属性栏如图5-111所示。

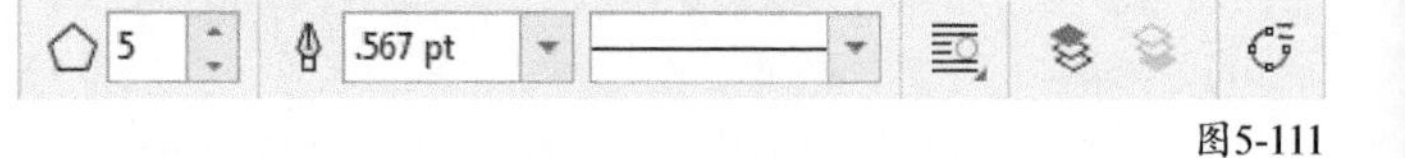

图5-111

“多边形”工具选项介绍

点数或边数：在文本框中输入数值，可以设置多边形、星形或复杂星形的点数或边数，数值范围为3~500，数值越高，多边形越趋向圆形，如图5-112所示。

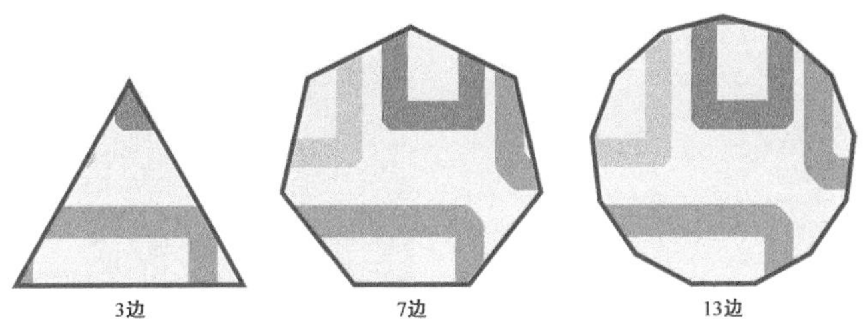

图5-112

多边形、星形和复杂星形可使用“形状”工具进行相互转换。

多边形转星形

使用“多边形”工具绘制一个五边形，单击“形状”工具，选择多边形线段上的任意一个节点，按住Ctrl键向内拖曳，如图5-113所示，松开鼠标即可得到一个五角星图形，如图5-114所示。

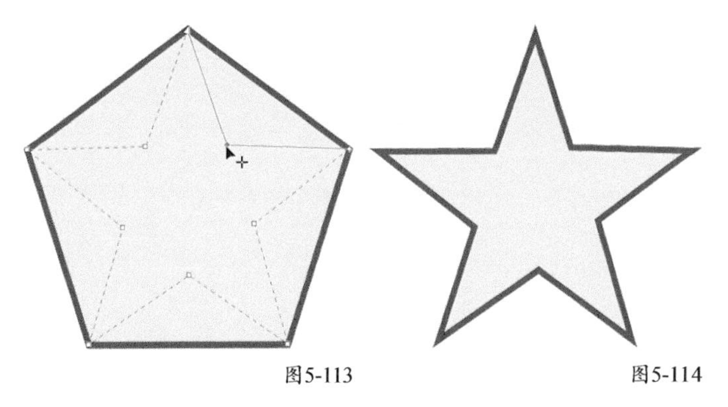

图5-113　图5-114

在边数较多的情况下，可以拖曳节点在多边形内部任意移动，得到爆炸效果的星形，如图5-115所示；或者旋转效果的星形，如图5-116所示。

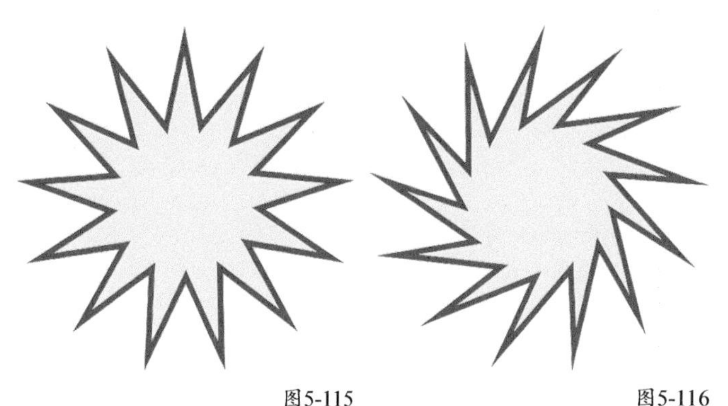

图5-115　图5-116

多边形转复杂星形

使用“多边形”工具绘制一个十一边形，单击“形状”工具，选择多边形线段上的任意一个节点，按住Ctrl键向内拖曳直至预览形状相互交叉，如图5-117所示，松开鼠标即可得到一个复杂的星形图像，如图5-118所示。

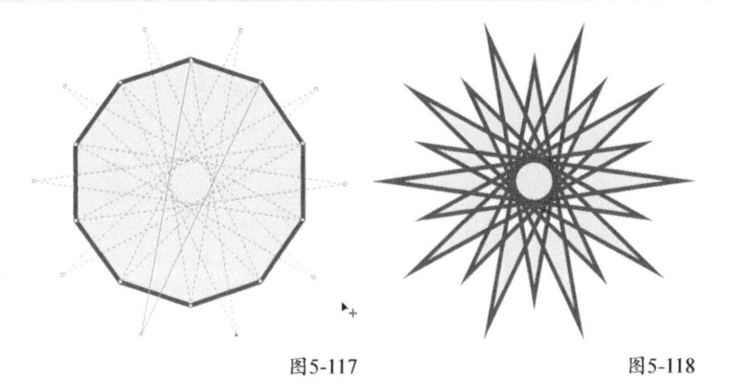

图5-117　图5-118

5.3.2 “星形”工具

与“多边形”工具不同，“星形”工具用于直接绘制星形。

单击“星形”工具，按住鼠标左键拖曳，如图5-119所示，确定大小后松开鼠标完成绘制，如图5-120所示。默认绘制的星形为五角星。

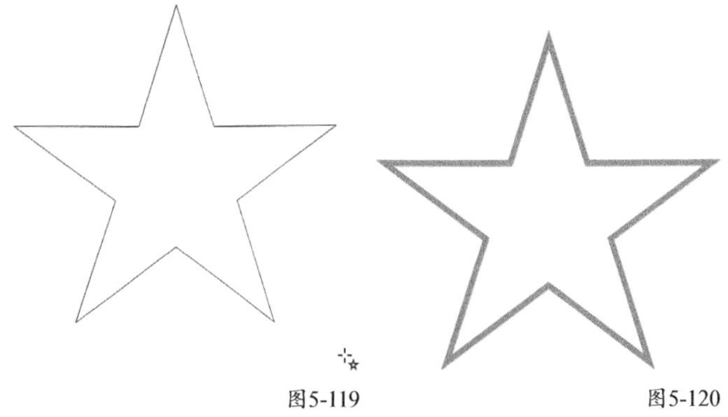

图5-119　图5-120

技巧与提示

在绘制时按住Ctrl键可以绘制五角星；按住Shift键将以起始点为中心绘制星形；按住Shift+Ctrl键则以起始点为中心绘制五角星。

“星形”工具的属性栏如图5-121所示。

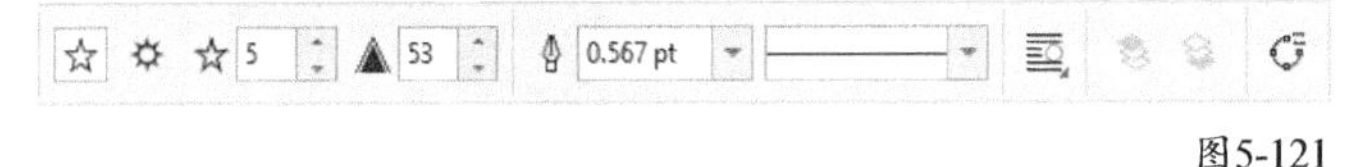

图5-121

“星形”工具选项介绍

星形：绘制规则的、带轮廓的星形。

复杂星形：绘制带有交叉边的星形，复杂星形的绘制方法与星形的相同。

锐度：调整星形和复杂星形的角锐度，可以在文本框内输入数值，数值范围是1~99。数值越大角越尖，数值越小角越钝。图5-122所示是锐度为1的星形，图5-123所示是锐度为50的星形，图5-124所示是锐度为99的星形。

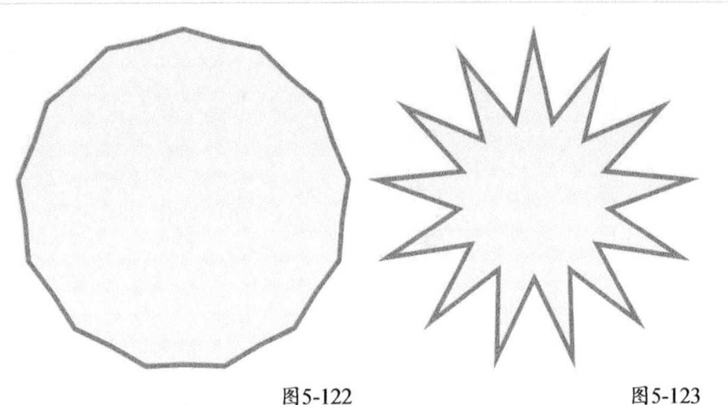

图5-122　　图5-123

图5-124

技巧与提示

使用“星形”工具绘制光晕。

单击“星形”工具，按住Ctrl键绘制一个五角星，设置填充色为白色，如图5-125所示。

图5-125

在属性栏中设置星形的“点数或边数”为500、“锐度”为53，如图5-126和图5-127所示。

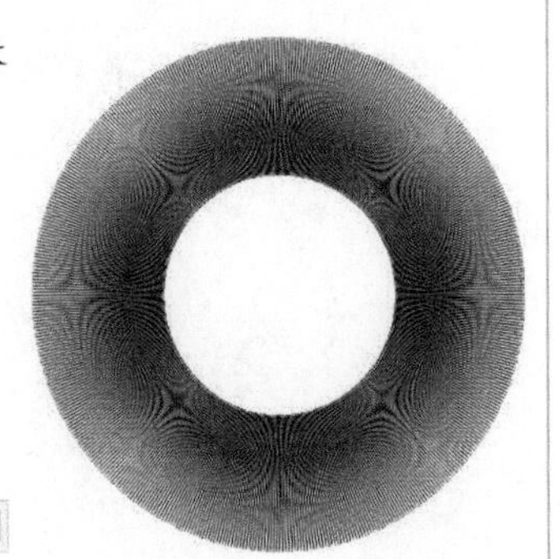

图5-126　　图5-127

选中星形，单击“透明度”工具，在属性栏中依次单击“渐变透明度>椭圆形渐变透明度”按钮，效果如图5-128所示。

移除轮廓色，可以为星形设置多种填充色，置于深色背景中，表现光晕效果，如图5-129所示。

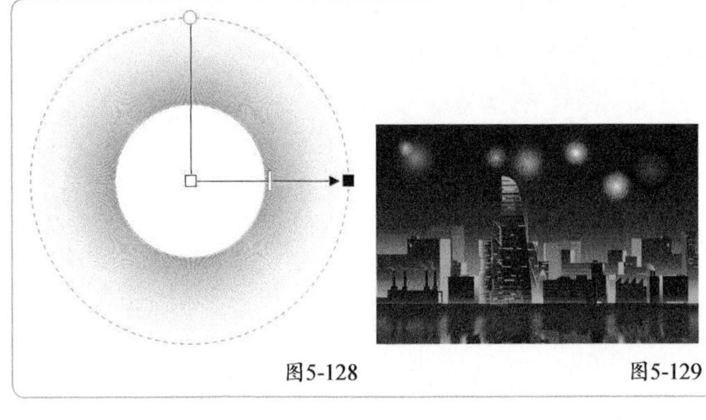

图5-128　　图5-129

5.3.3 “螺纹”工具

“螺纹”工具用于绘制对称式或对数式螺旋纹图形。

单击“螺纹”工具，按住鼠标左键拖曳，如图5-130所示，确定大小后松开鼠标完成绘制，如图5-131所示。默认绘制的螺纹为对称式螺纹。

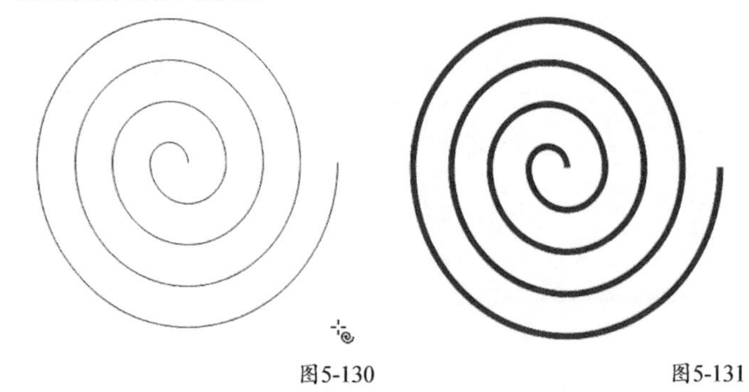

图5-130　　图5-131

技巧与提示

在绘制时按住Ctrl键可以绘制圆形螺纹；按住Shift键将以起始点为中心绘制螺纹；按住Shift+Ctrl键则以起始点为中心绘制圆形螺纹。

“螺纹”工具的属性栏如图5-132所示。

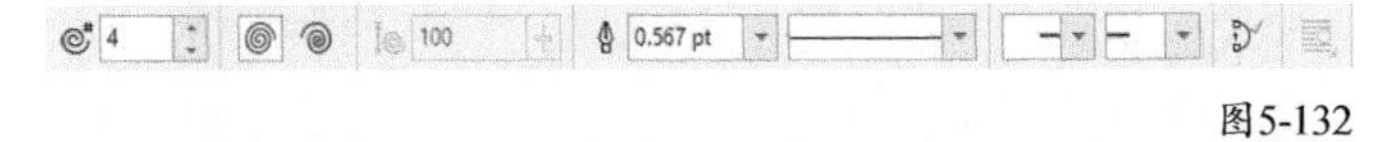

图5-132

“螺纹”工具选项介绍

螺纹回圈：设置螺纹中完整圆形螺旋的圈数，取值范围为1~100，数值越大圈数越密，如图5-133所示。

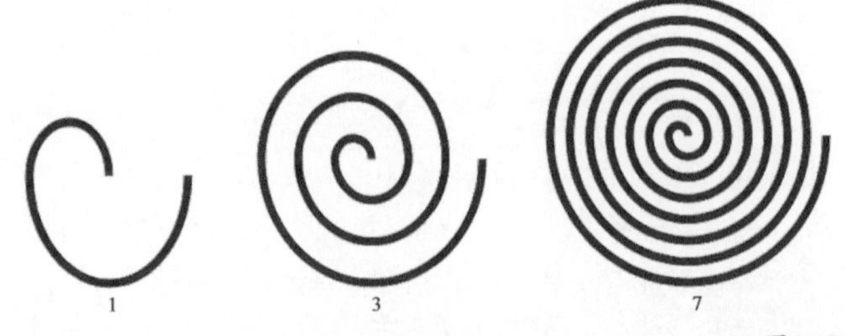

图5-133

对称式螺纹：单击激活后，螺纹的回圈间距呈均匀大小，如图5-134所示。

对数螺纹：单击激活后，螺纹的回圈间距由内向外不断增大，如图5-135所示。

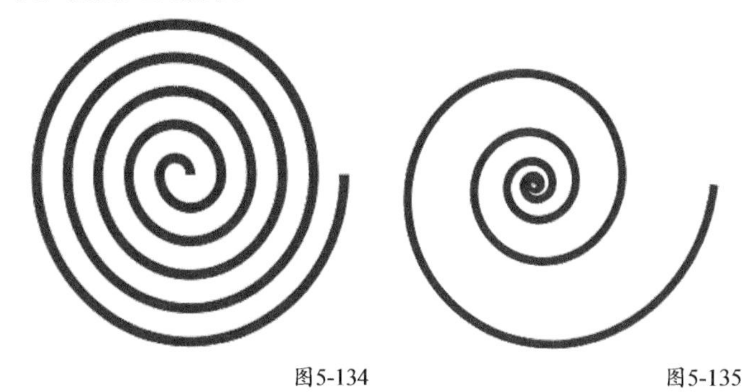

图5-134　　图5-135

螺纹扩展参数：设置对数螺纹向外扩展的速率，取值范围为1~100。扩展参数为1时回圈间距为均匀大小，如图5-136所示；扩展参数为100时回圈间距由内向外越来越大，如图5-137所示。

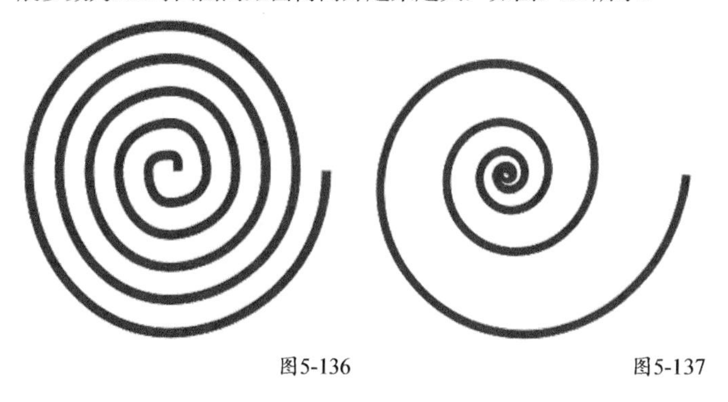

图5-136　　图5-137

★重点★

5.3.4 “常见的形状”工具

“常见的形状”工具用于绘制常用的基本形状。

单击“常见的形状”工具，按住鼠标左键拖曳，如图5-138所示，确定大小后松开鼠标完成绘制，如图5-139所示。

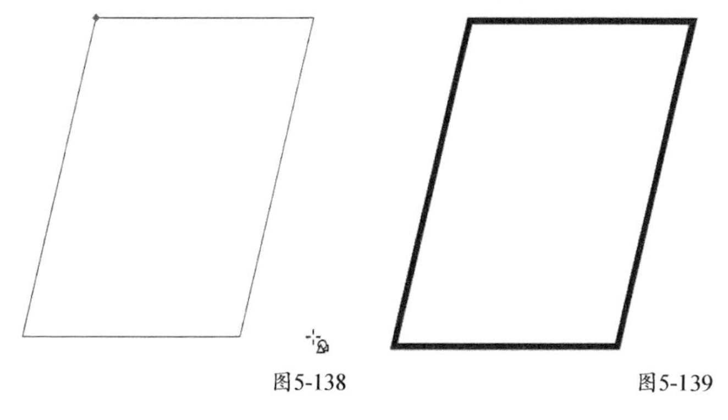

图5-138　　图5-139

“常见的形状”工具的属性栏如图5-140所示。

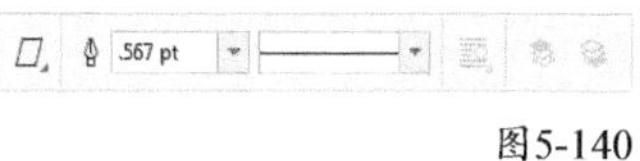

图5-140

“常见的形状”工具选项介绍

常用形状：选择想要绘制的形状，单击激活后弹出常用形状挑选器，可以选择基本形状、箭头形状、流程图形状、条幅形状和标注形状的预设形状进行绘制，如图5-141所示。

可以使用“形状”工具拖曳常见形状的轮廓沟槽对其进行修改。

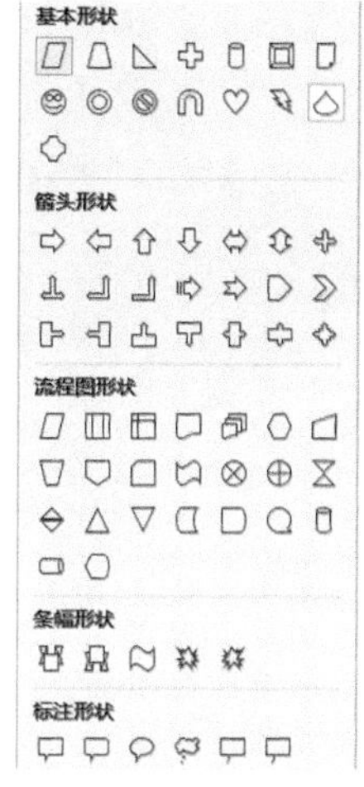

图5-141

基本形状：可以快速绘制梯形、心形、圆柱体、水滴和笑脸等基本图形，如图5-142所示。

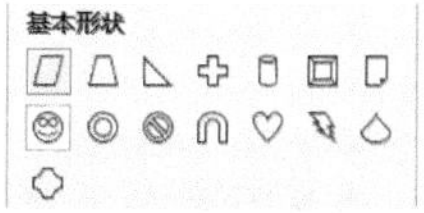

图5-142

部分基本形状在绘制时会出现红色轮廓沟槽，如图5-143所示；通过调整轮廓沟槽可修改基本形状的造型，如图5-144所示。

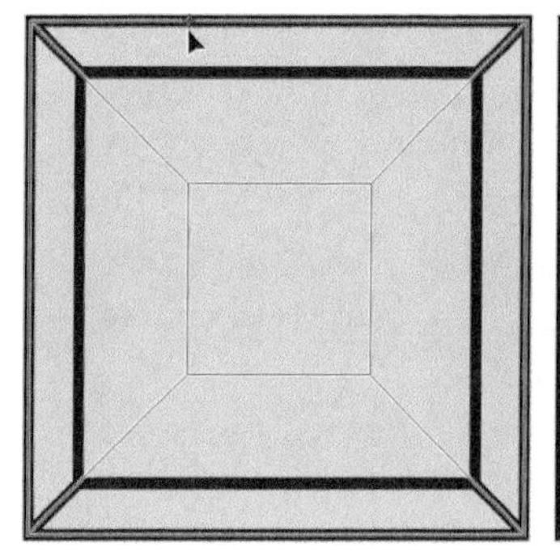

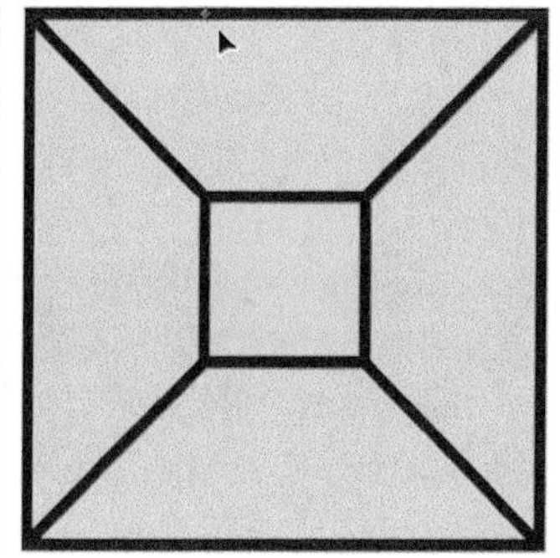

图5-143　　图5-144

箭头形状：可以快速绘制路标、指示牌和方向引导标识，如图5-145所示。

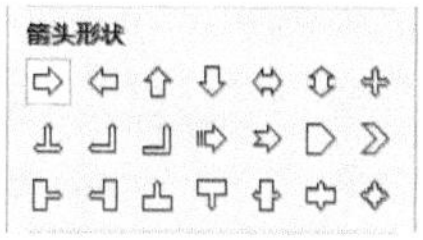

图5-145

部分箭头形状在绘制时会出现两个轮廓沟槽：通过调整黄色轮廓沟槽修改部分造型，如图5-146所示；通过修改红色轮廓沟槽修改另一部分造型，如图5-147所示。最终效果如图5-148所示。

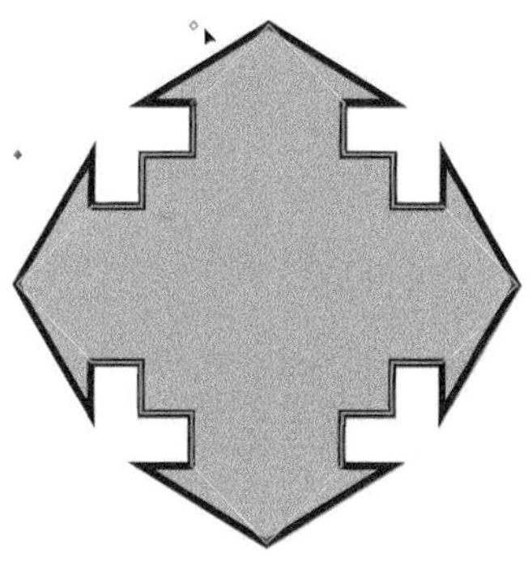

图5-146

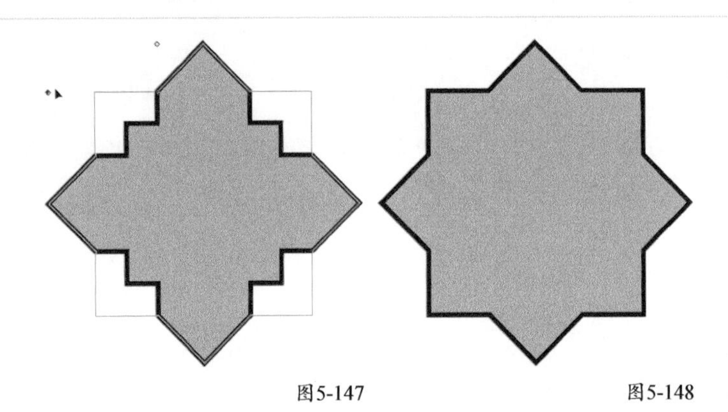

图5-147　　图5-148

流程图形状：可以快速绘制数据流程图和信息流程图，如图5-149所示。

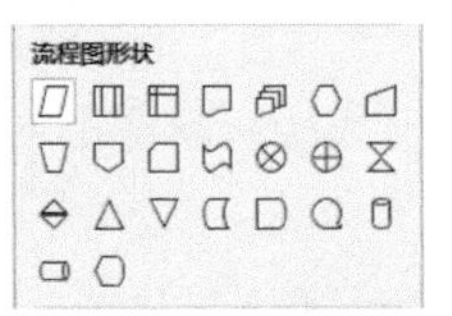

图5-149

流程图形状不能通过轮廓沟槽修改形状，如图5-150所示。

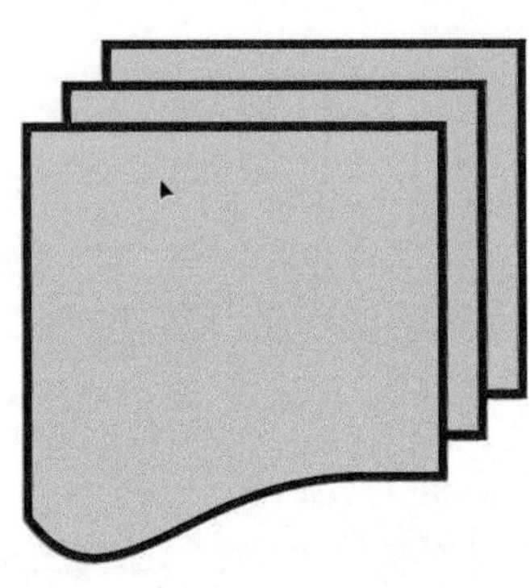

图5-150

条幅形状：可以快速绘制标题栏、旗帜效果和爆炸效果，如图5-151所示。

条幅形状

图5-151

部分条幅形状在绘制时会出现两个轮廓沟槽：通过调整红色轮廓沟槽修改部分造型，如图5-152所示；通过修改黄色轮廓沟槽修改另一部分造型，如图5-153所示。最终效果如图5-154所示。

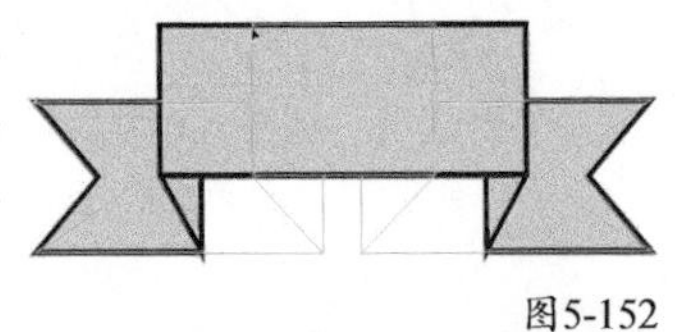

图5-152

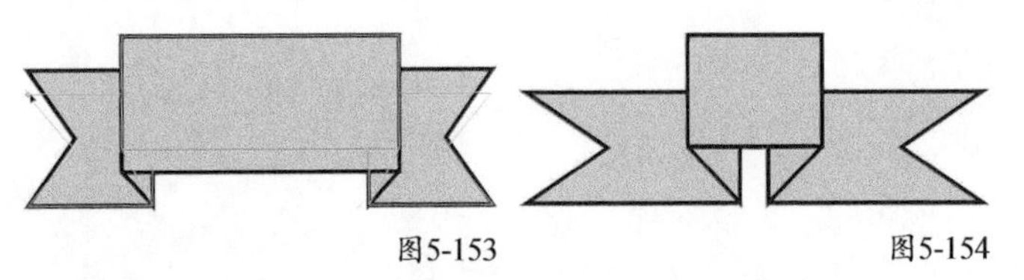

图5-153　　图5-154

标注形状：可以快速绘制补充说明和对话框，如图5-155所示。

图5-155

标注形状在绘制时会出现红色轮廓沟槽，如图5-156所示；通过调整轮廓沟槽可修改标注形状的造型，如图5-157所示。

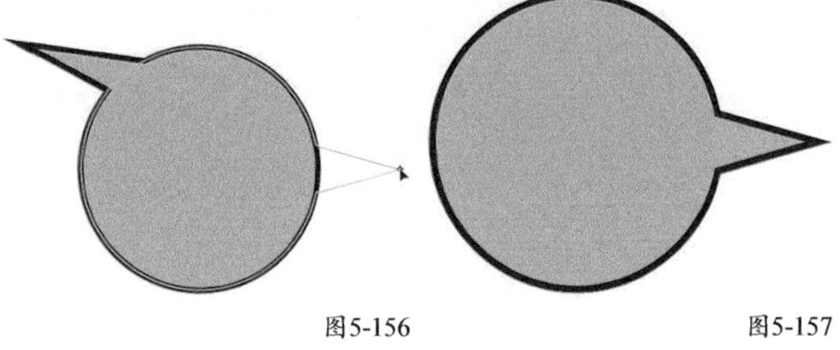

图5-156　　图5-157

实战 绘制四叶草

实例位置　实例文件>CH05>实战：绘制四叶草.cdr
素材位置　无
视频名称　实战：绘制四叶草.mp4
实用指数　★★★☆☆
技术掌握　几何图形工具的综合运用

扫码看视频

本案例绘制的四叶草效果如图5-158所示。

图5-158

01 新建文档，单击“常见的形状”工具，在属性栏中的“常用形状”挑选器中选择心形，在页面空白处按住Ctrl键绘制一个宽度和高度均为30mm的心形，设置填充色为绿色（C:82，M:11，Y:100，K:0），如图5-159所示。

02 使用“椭圆形”工具绘制一个直径为30mm的圆形，然后移动到心形上方，让它们水平居中对齐，如图5-160所示。

03 选中两个对象，在属性栏中单击“相交”按钮，为生成的相交部分填充浅绿色（C:74，M:0，Y:100，K:0），然后删除圆形，如图5-161所示。

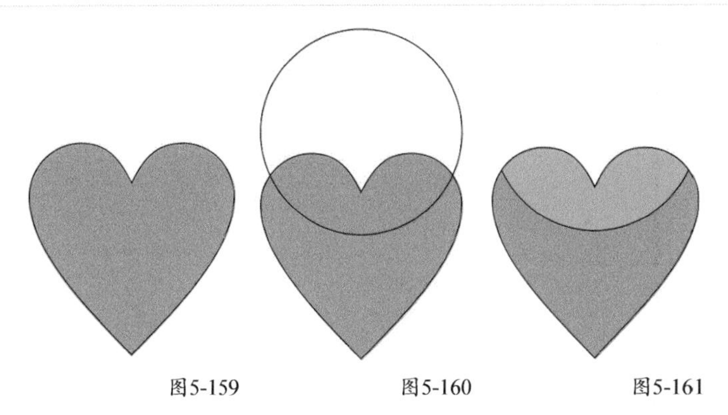

图5-159　　图5-160　　图5-161

04 单击“常见的形状”工具，在属性栏中的“常用形状”挑选器中选择心形，绘制一个宽度为45mm、高度为30mm的心形，移动该心形到绿色心形的上方，居中对齐，如图5-162所示。

图5-162

05 选中绿色心形，按+键复制一个。选中绘制的心形和绿色心形，在属性栏中单击“移除前面对象”按钮，在心形下方生成一个箭头样对象，设置该对象的填充色为浅绿色（C:74，M:0，Y:100，K:0），然后移除所有对象的轮廓色，如图5-163所示。

06 使用“椭圆形”工具在心形的左上角绘制两个直径为12mm的圆形，如图5-164所示。

07 选中两个圆形，在属性栏中单击“移除前面对象”按钮，生成一个月牙形对象，设置该对象的填充色为深绿色（C:89，M:38，Y:100，K:0），然后移除轮廓色，如图5-165所示。

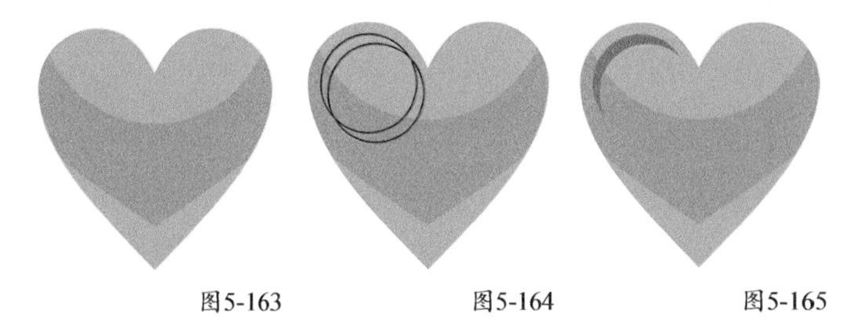

图5-163　　图5-164　　图5-165

08 复制月牙对象到心形右上角，单击属性栏中的“水平镜像”按钮，设置该对象的填充色为淡黄色（C:20，M:0，Y:61，K:0），如图5-166所示。

09 使用“常见的形状”工具，在心形中间绘制一个宽度为1.5mm、高度为15mm的直角三角形，如图5-167所示。

10 选中三角形，按快捷键Ctrl+Q转换为曲线，使用“形状”工具选中三角形的斜边，在属性栏中单击“转换为曲线”按钮，拖曳斜边转换成弧形，如图5-168所示。

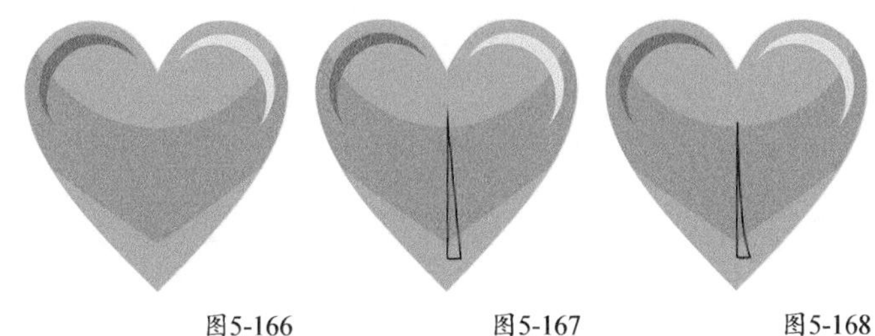

图5-166　　图5-167　　图5-168

11 选中三角形，然后按住Ctrl键向左拖曳拉伸手柄，单击鼠标右键，向左镜像复制一个三角形。选中两个三角形，在属性栏中单击“焊接”按钮，合成叶脉对象，如图5-169所示。

12 设置叶脉的填充色为深绿色（C:89，M:38，Y:100，K:0），移除轮廓色。然后选中心形底部的箭头，按快捷键Shift+PageUp置于所有对象顶层，如图5-170所示。

13 按快捷键Ctrl+G组合所有对象，然后按住Ctrl键向下拖曳拉伸手柄，单击鼠标右键，向下镜像复制一枚叶片，如图5-171所示。

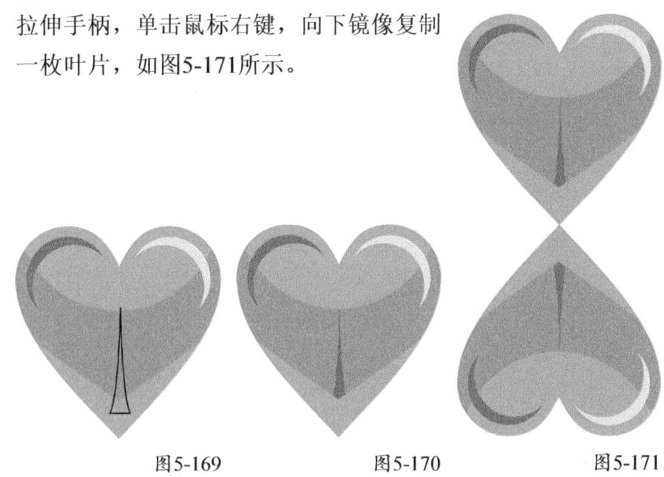

图5-169　　图5-170　　图5-171

14 选中两枚叶片，按住Ctrl键旋转90°，单击鼠标右键，复制两枚叶片，如图5-172所示。

图5-172

15 选中四叶草，逆时针旋转30°。使用“3点曲线”工具绘制一条弧线，如图5-173所示。

16 选中弧线，单击“轮廓图”工具，在属性栏中设置“轮廓图偏移”为1.5mm，完成四叶草茎的轮廓绘制，如图5-174所示。

17 选中该轮廓，按快捷键Ctrl+K拆分轮廓。删除弧线，设置茎的填充色为淡绿色（C:42，M:0，Y:100，K:0）。然后按快捷键Shift+PageDown置于所有对象的底层。最后移除轮廓色，效果如图5-175所示。

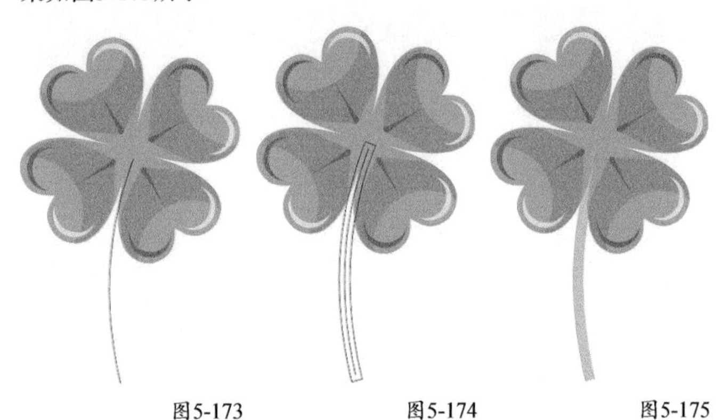
图5-173　图5-174　图5-175

18 复制两枚四叶草，组成四叶草群组，如图5-176所示。

19 使用“矩形”工具绘制一个宽度为90mm、高度为110mm的矩形，设置填充色为淡黄色（C:0，M:0，Y:40，K:0），将矩形置于页面底层，并与四叶草中心对齐，如图5-177所示。

图5-176　图5-177

20 使用“椭圆形”工具绘制一个宽度为40mm、高度为8mm的180°饼形，设置填充色为赭红色（C:0，M:60，Y:60，K:40）。然后移动饼形至四叶草茎的底部，最终效果如图5-178所示。

图5-178

实战　绘制流程图

扫码看视频

实例位置　实例文件 >CH05> 实战：绘制流程图.cdr
素材位置　素材文件 >CH05>04.cdr
视频名称　实战：绘制流程图.mp4
实用指数　★★★☆☆
技术掌握　“常见的形状”工具的运用方法

本案例绘制的流程图效果如图5-179所示。

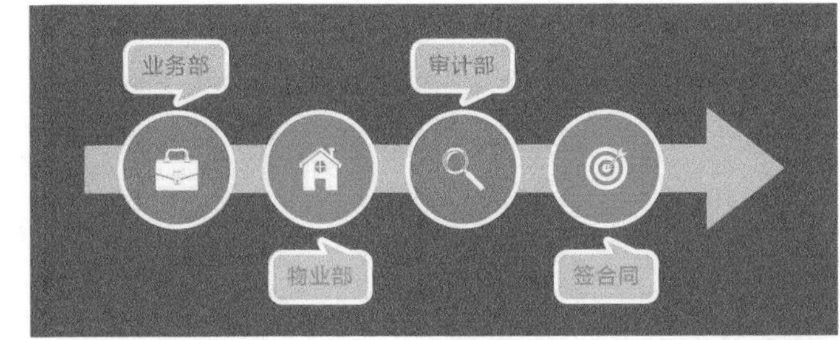

图5-179

01 新建文档，使用“矩形”工具在页面空白处绘制一个宽度为120mm、高度为50mm的矩形，设置填充色为紫色（C:60，M:60，Y:0，K:0），如图5-180所示。

图5-180

02 使用“常见的形状”工具在矩形内绘制一个宽度为105mm、高度为18mm的右向箭头，设置填充色为淡紫色（C:20，M:20，Y:0，K:0），如图5-181所示。

03 使用“形状”工具向右平移箭头的轮廓沟槽，然后移除所有对象的轮廓色，如图5-182所示。

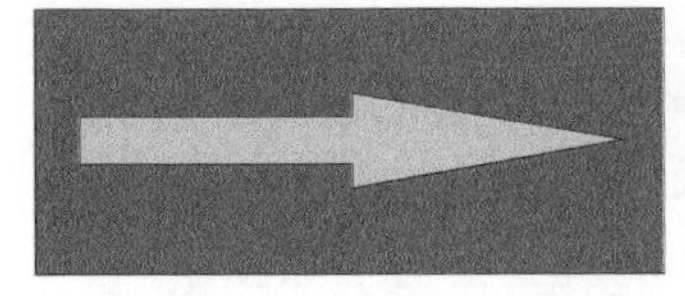

图5-181　图5-182

04 使用“椭圆形”工具绘制4个直径为16mm的圆形，水平分散排列在箭头中间。设置4个圆形的填充色为橘红色（C:0，M:60，Y:100，K:0）。按F12键，打开“轮廓笔”对话框，如图5-183所示，设置颜色为白色、“宽度”为4、“角”为“圆角”、“线条端头”为“圆形端头”、“位置”为“居中的轮廓”，勾选“填充之后”和“随对象缩放”复选框，单击OK按钮，效果如图5-184所示。

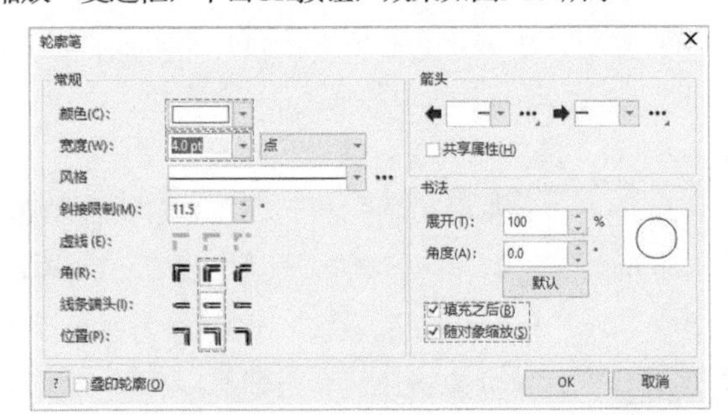

图5-183

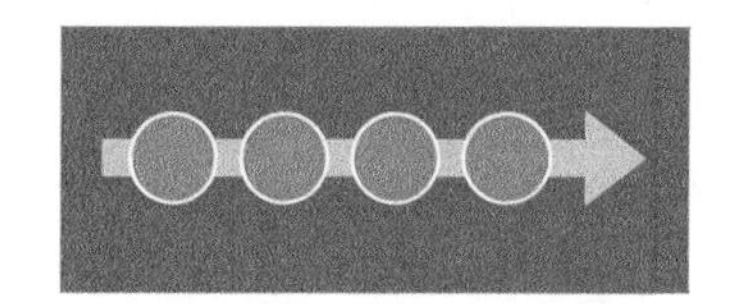

图5-184

05 选中第2个和第4个圆形，设置填充色为蓝色（C:76，M:15，Y:7，K:0），如图5-185所示。

06 使用“常见的形状”工具绘制一个标注形状，如图5-186所示。

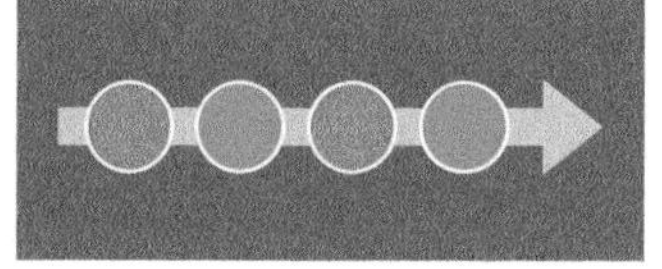

图5-185　　图5-186

07 使用“形状”工具调整标注形状的轮廓沟槽，执行“编辑>复制属性自”菜单命令，弹出“复制属性”对话框，如图5-187所示。勾选“轮廓笔”和“轮廓色”复选框，单击OK按钮，移动箭头单击圆形。设置标注形状的填充色为浅黄色（C:3，M:24，Y:60，K:0），如图5-188所示。

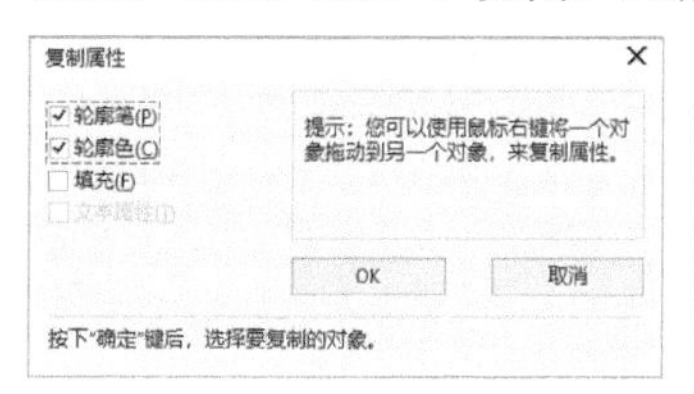

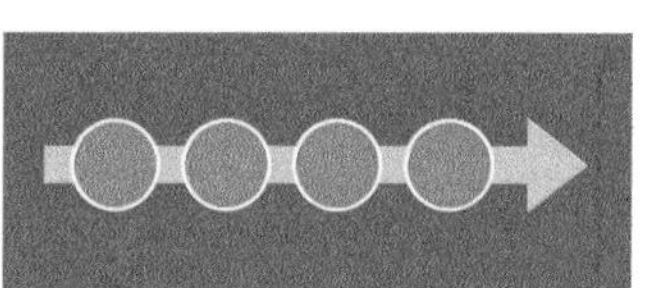

图5-187　　图5-188

08 复制3个标注形状，设置下方标注形状的填充色为浅蓝色（C:40，M:0，Y:0，K:0），如图5-189所示。

09 导入“素材文件>CH05>04.cdr”文件，将其分别与4个圆形中心对齐，如图5-190所示。

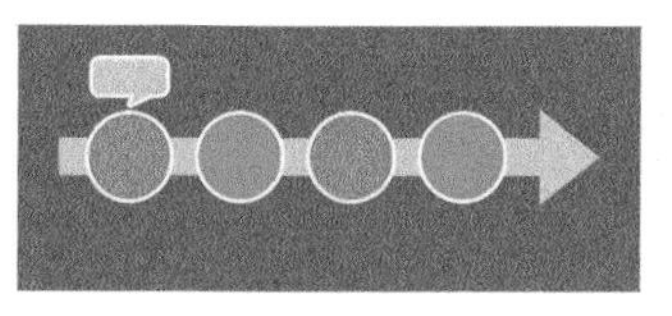

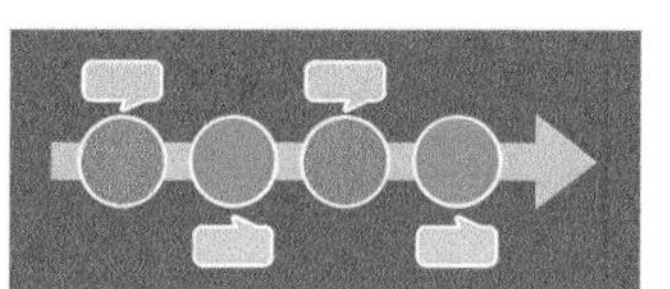

图5-189　　图5-190

10 使用“文本”工具输入各图标的名称，设置“字体”为“方正兰亭中黑”。分别将文本对象和标注形状居中对齐，设置各文本对象的填充色与其对应的圆形填充色相同，最终效果如图5-191所示。

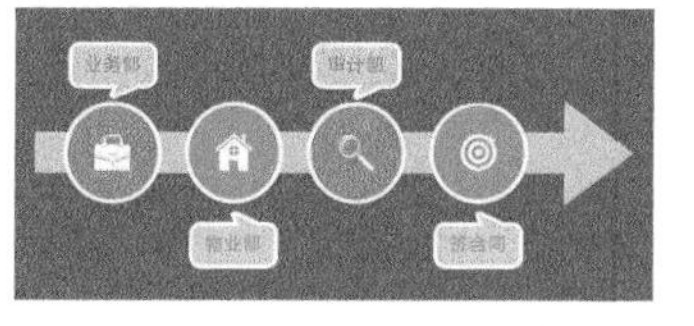

图5-191

5.3.5 冲击效果工具

“冲击效果工具”用于绘制径向或平行的聚焦图形。

单击“冲击效果工具”，按住鼠标左键拖曳，如图5-192所示，确定大小后松开鼠标完成绘制，如图5-193所示。

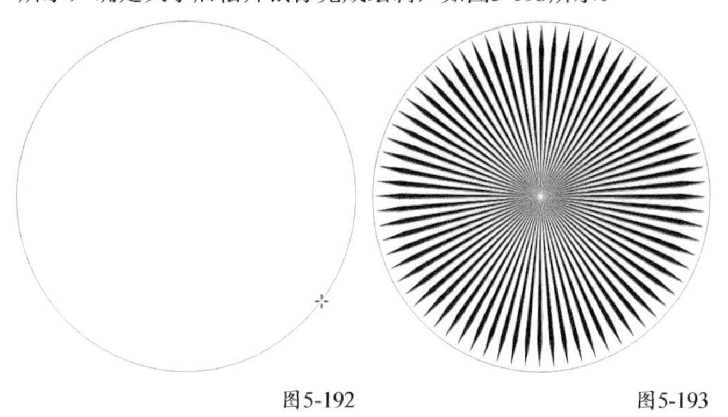

图5-192　　图5-193

注意

“冲击效果工具”属于特殊多边形工具，其他多边形工具的快捷键均不适用于此工具，也不能通过“形状”工具对冲击效果图形进行修改。

“冲击效果工具”的属性栏如图5-194所示。

图5-194

“冲击效果工具”选项介绍

效果样式：选择“平行”或“辐射”样式。平行样式如图5-195所示，辐射样式如图5-196所示。

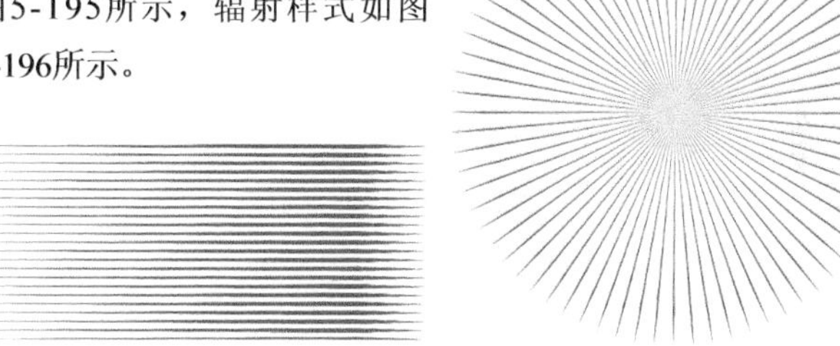

图5-195　　图5-196

内边界：暂时删除冲击效果图形的一部分，删除部分的大小为指定对象的大小。如要恢复被删除的部分，再次单击“内边界”按钮即可恢复。

单击“内边界”按钮，鼠标指针转换为，如图5-197所示，然后单击指定对象，冲击效果图形被暂时删除，如图5-198所示。

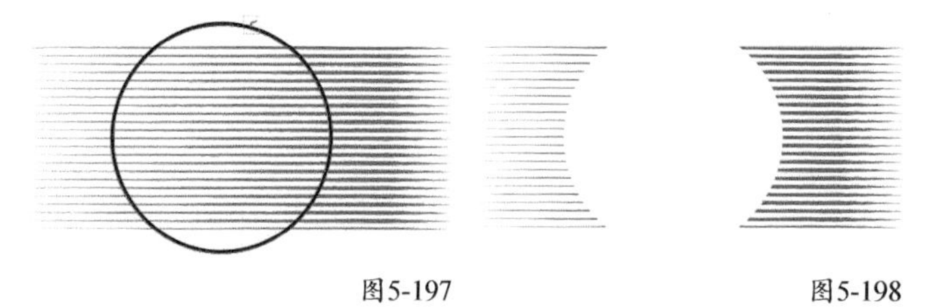

图5-197　　图5-198

外边界：将冲击效果图形约束在一定范围内，这个范围的大小为指定对象的大小。如果指定对象的部分区域在冲击效果图形以外，则会自动补足。如要恢复被约束的部分，再次单击“外边界”按钮即可。

单击“外边界”按钮，鼠标指针转换为，如图5-199所示，然后单击指定对象，则冲击效果图形被约束在指定对象内，如图5-200所示。

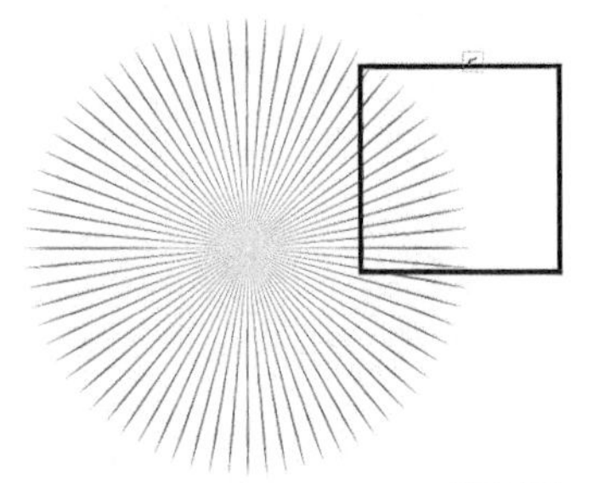

图5-199

图5-200

旋转角度：指定效果中线条的角度（平行样式），或者沿内侧边缘旋转线条（辐射样式）。

起始点和结束点：单击该按钮，弹出下拉列表，如图5-201所示，勾选“随机起始点”或“随机端点”可以随机排列图形的起始点和结束点，如图5-202所示。

图5-201

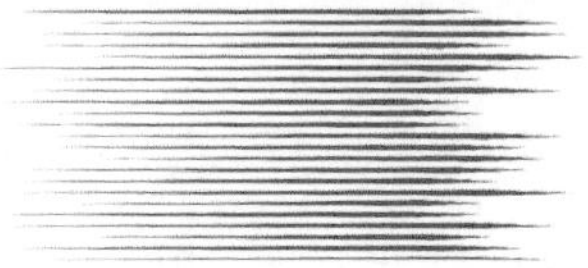

图5-202

线宽：在该文本框中输入数值，设置线条的最小宽度和最大宽度，如图5-203所示。

宽度步长：在该文本框中输入数值，调整最窄线条到最宽线条之间的步长。图5-204所示是步长为5的效果。

图5-203　图5-204

随机化宽度顺序：最窄线条到最宽线条之间的顺序随机显示，如图5-205所示。

行间距：在该文本框中输入数值，设置线条之间的最小行间距和最大行间距，如图5-206所示。

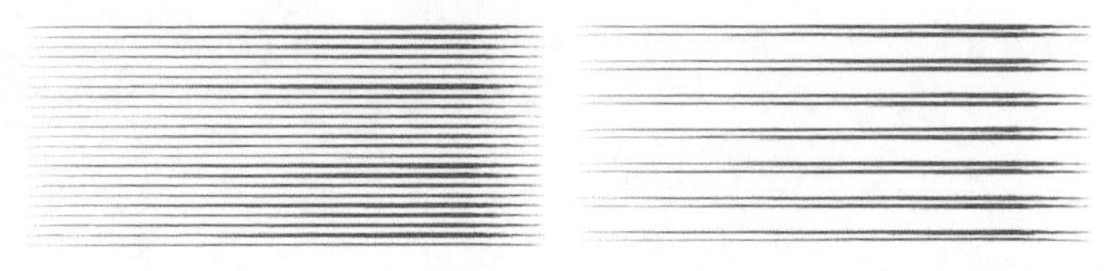

图5-205　图5-206

间距步长：在该文本框中输入数值，设置最小行间距到最大行间距的步长。图5-207所示是步长为5的效果。

随机化间距顺序：最小行间距到最大行间距之间的顺序随机化显示，如图5-208所示。

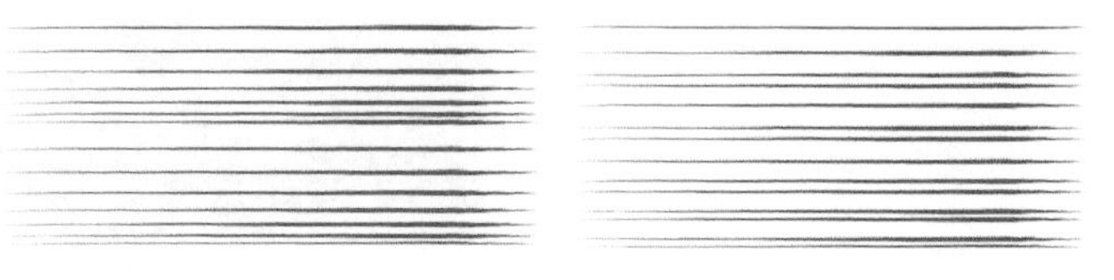

图5-207　图5-208

线条样式：单击后，在下拉列表中选择线条的样式，如图5-209所示。

最宽点：在该文本框中输入百分比数值，设置沿线最宽点的位置。

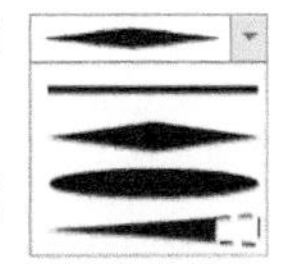

图5-209

技巧与提示

“冲击效果工具”一般用作聚焦图形使用，如图5-210所示。

单击“冲击效果工具”，选中对象，通过拖曳控制点，可以调整对象的大小，如图5-211所示。

图5-210

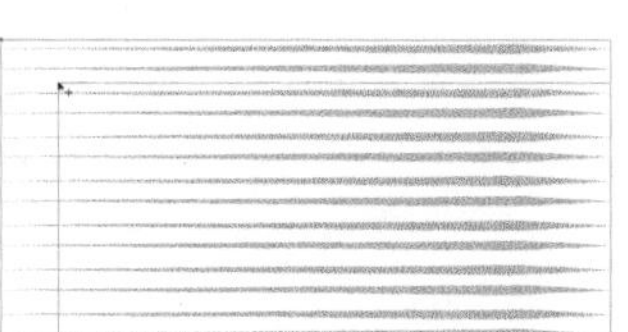

图5-211

5.3.6 “图纸”工具

“图纸”工具用于绘制网格图形。

“图纸”工具的属性设置

绘制图纸之前，首先要设置图纸的栏数和行数，可通过以下两种方法进行设置。

第1种：双击“图纸”工具，打开“选项”对话框，如图5-212所示，在“图纸”工具选项的“栏数”和“行数”微调框中输入数值设置列数和行数，单击OK按钮完成设置。

图5-212

第2种：选中“图纸”工具，在属性栏的“列数和行数”微调框中输入数值，如图5-213所示。

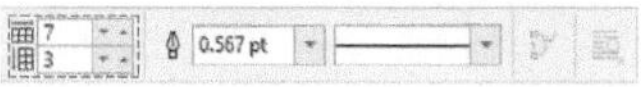

图5-213

单击“图纸”工具，按住鼠标左键拖曳，如图5-214所示，确定大小后松开鼠标完成绘制，如图5-215所示。

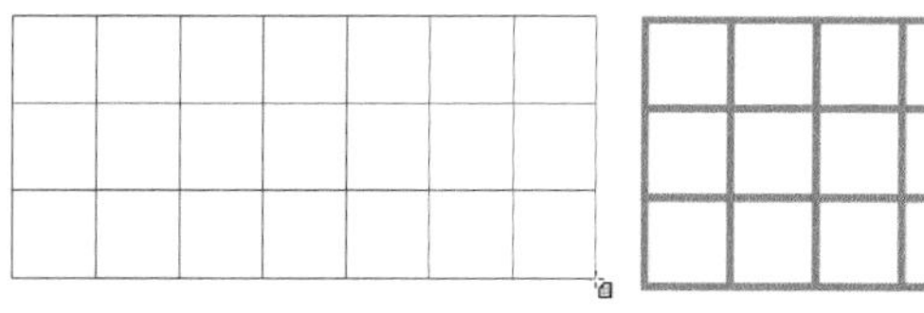

图5-214　　图5-215

技巧与提示

在绘制时按住Ctrl键可以绘制外框为正方形的图纸；按住Shift键将以起始点为中心绘制图纸；按住Shift+Ctrl键则以起始点为中心绘制外框为正方形的图纸。

★重点★

实战 绘制扫码送红包图案

实例位置　实例文件>CH05>实战：绘制扫码送红包图案.cdr

素材位置　素材文件>CH05>02.cdr、03.cdr

视频名称　实战：绘制扫码送红包图案.mp4

实用指数　★★★★☆

技术掌握　几何图形工具的综合运用

扫码看视频

本案例绘制的红包效果如图5-216所示。

图5-216

01 新建空白文档，使用“矩形”工具绘制一个宽度为150mm、高度为160mm的矩形，设置“圆角半径”为8mm，如图5-217所示。

图5-217

02 选中矩形，单击“交互式填充”工具，在属性栏中依次单击“渐变填充”按钮和“编辑填充”按钮，弹出如图5-218所示的对话框，双击调节器中的色带，添加两个颜色节点，从左至右依次设置位置0的颜色为红色（R:255，G:0，B:0）、位置47的颜色为红色（R:237，G:28，B:36）、位置95的颜色为深红色（R:172，G:28，B:36）、位置100的颜色为深红色（R:172，G:28，B:36），设置“旋转”为－90°，单击OK按钮，效果如图5-219所示。

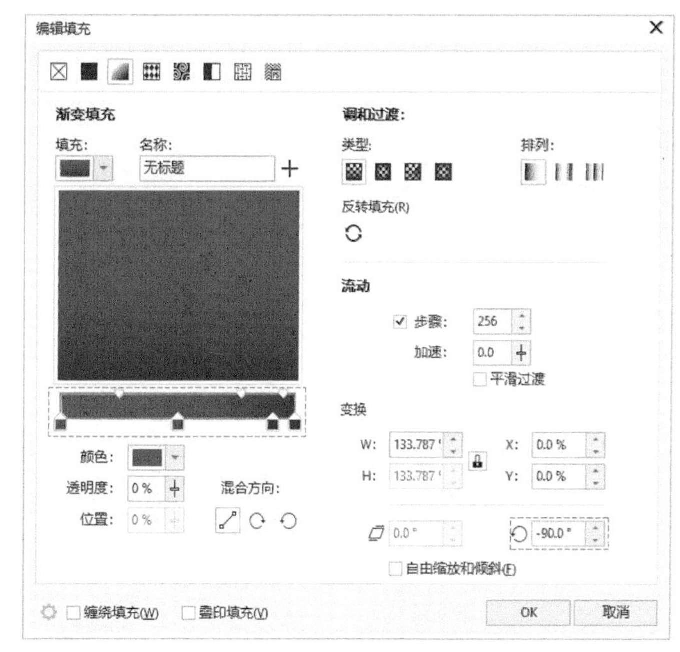

图5-218

图5-219

03 使用“椭圆形”工具绘制一个宽度为220mm、高度为135mm的椭圆形，将其移动到红色矩形上方，如图5-220所示。

04 选中两个对象，在属性栏中单击“相交”按钮。选中椭圆形，按住鼠标左键拖曳拉伸手柄向下压缩椭圆形，再次选中这两个对象，在属性栏中单击“相交”按钮，如图5-221所示。

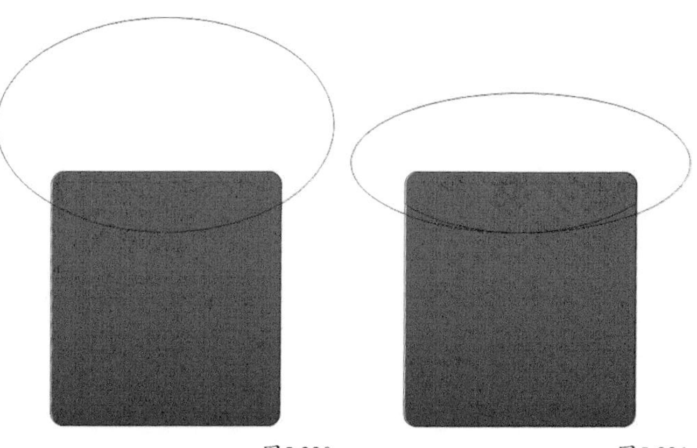

图5-220　　图5-221

05 删除椭圆形，选中红包折边，执行“编辑>复制属性自”菜单命令，弹出“复制属性”对话框，勾选“填充”复选框，如图5-222所示，单击OK按钮。单击红色底面，将底面颜色复制到红包的折边上，如图5-223所示。

06 选中折边下的阴影对象，设置填充色为深红色（R:198，G:18，B:31）；然后移除所有对象的轮廓色，如图5-224所示。

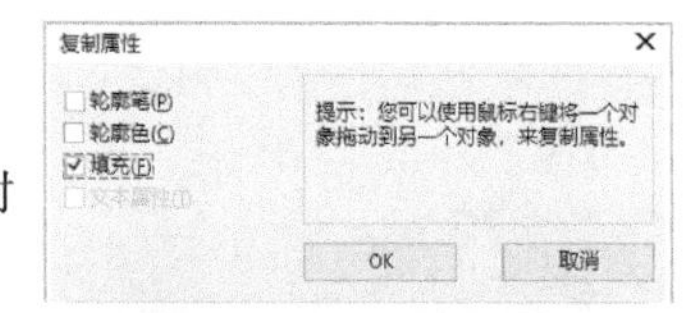

图5-222

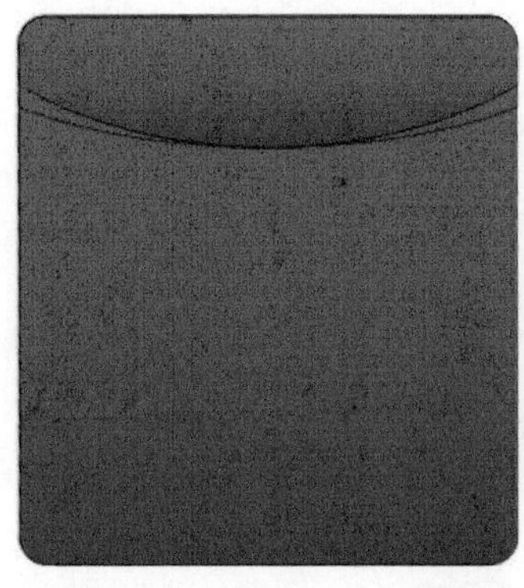

图5-223

图5-224

07 在页面空白处，使用“椭圆形”工具绘制一个直径为30mm和一个直径为25mm的圆形。单击“常见的形状”工具，在属性栏中选择心形，按住Ctrl键绘制一个宽度和高度均为16mm的心形。然后选中上述3个对象，中心居中对齐，如图5-225所示。

图5-225

08 选中大圆，单击“交互式填充”工具，在属性栏中依次单击“渐变填充”和“编辑填充”按钮，弹出“编辑填充”对话框，如图5-226所示，设置渐变色位置0的颜色为橘黄色（R:251，G:176，B:59），设置位置100的颜色为橘红色（R:241，G:90，B:36），设置“旋转”为-90°，完成后单击OK按钮，效果如图5-227所示。

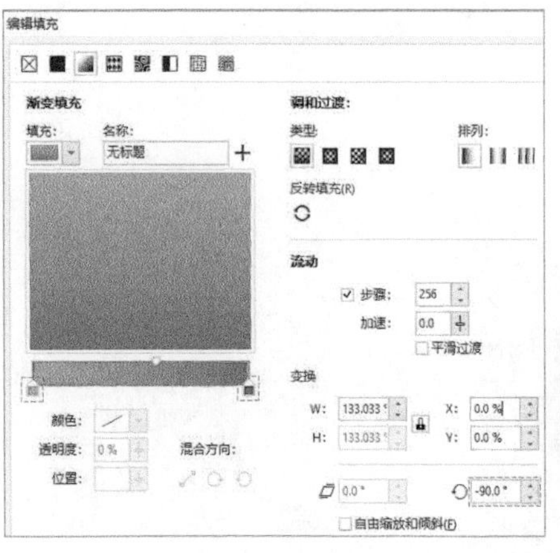

图5-226

图5-227

09 选中小圆，执行“编辑>复制属性自”菜单命令，弹出“复制属性”对话框，勾选“填充”复选框，单击OK按钮。单击大圆，将颜色复制到小圆上，然后单击属性栏中的“垂直镜像”按钮，如图5-228所示。

图5-228

10 选中心形，设置填充色为红色（R:255，G:0，B:0）；移除所有轮廓色，按快捷键Ctrl+G组合对象，移动该组合对象至红包折边边缘，然后与红包水平居中对齐，如图5-229所示。

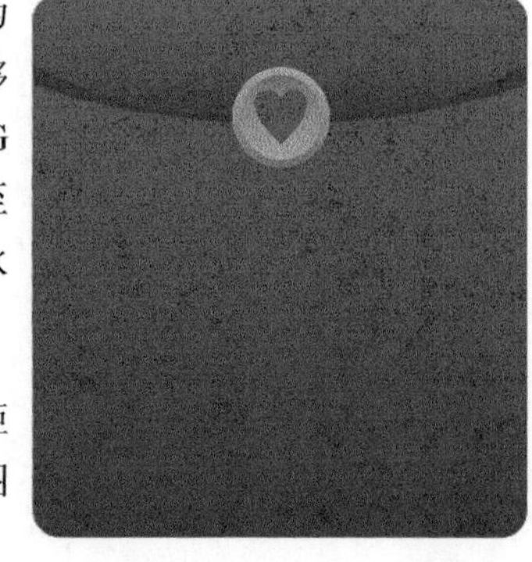

图5-229

11 在页面空白处，使用“矩形”工具绘制4个矩形，如图5-230所示。

12 复制一个上面的矩形，分别将上面的两个矩形斜切至左右两边，完成货币符号的轮廓绘制，如图5-231所示。

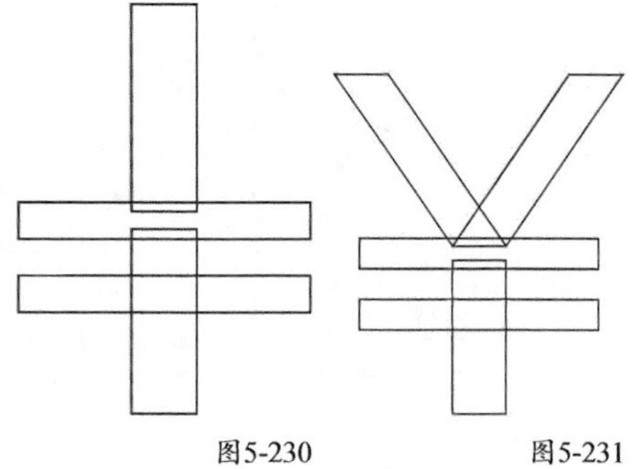

图5-230　图5-231

13 选中货币符号的所有对象，单击属性栏中的“焊接”按钮合并对象。单击“交互式填充”工具，在属性栏中依次单击“渐变填充>编辑填充”按钮，弹出“编辑填充”对话框，如图5-232所示，设置渐变色位置0的颜色为橘黄色（R:251，G:176，B:59），设置位置100的颜色为橘红色（R:241，G:90，B:36）。设置完成后单击OK按钮，效果如图5-233所示。

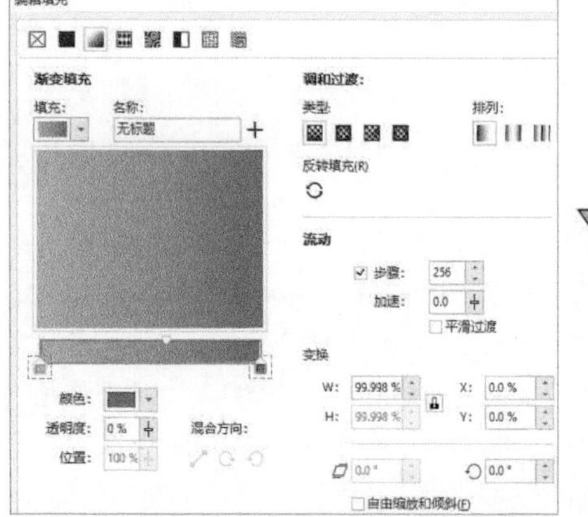

图5-232

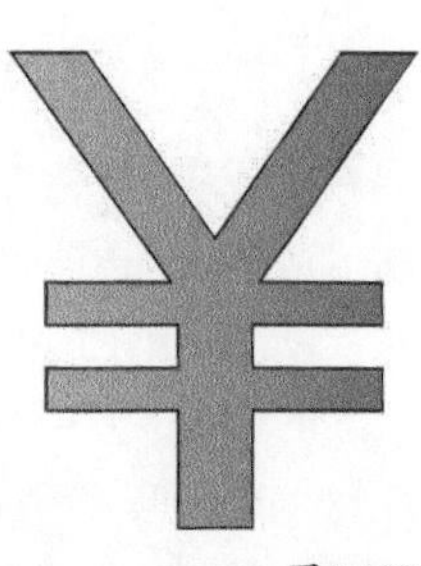

图5-233

14 选中货币符号，移除轮廓色，缩放大小并移动对齐到红包中心，如图5-234所示。

15 在红包下部绘制一个宽度为110mm、高度为20mm的圆角矩形，然后在圆角矩形中输入“去领红包”字样，设置“字体”为“方正兰亭特黑”，并使其中心对齐圆角矩形，如图5-235所示。

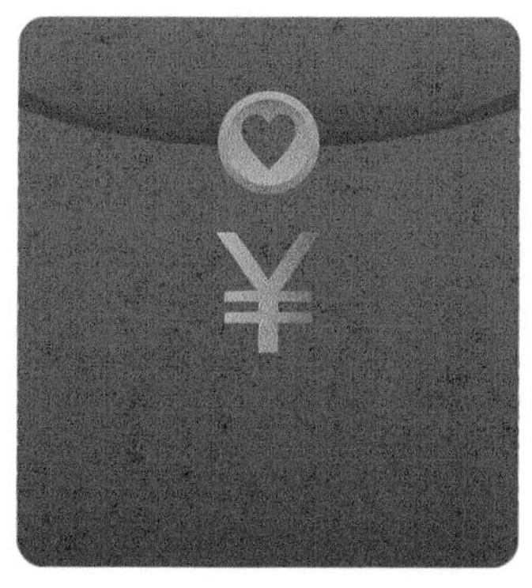

图5-234

图5-235

16 选中文本对象和圆角矩形，在属性栏中单击“合并”按钮，执行“编辑>复制属性自”菜单命令，弹出“复制属性”对话框，勾选“填充”复选框，如图5-236所示，单击OK按钮。单击大圆，如图5-237所示，将颜色复制到合并的对象上。

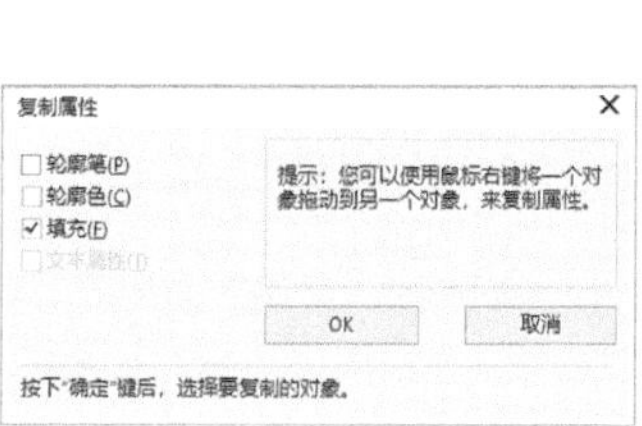

图5-236

图5-237

17 选中“去领红包”对象，按+键复制一个，向右下角移动1mm，按快捷键Ctrl+PageDown将该对象向下移动一层，然后设置填充色为深红色（R:198，G:185，B:31），如图5-238所示。

图5-238

18 选中红包底层最大的矩形，按+号复制一个，向右下角移动3mm，按快捷键Ctrl+PageDown将对象向下移动一层，然后设置填充色为黑色（C:0，M:0，Y:0，K:100）。单击“透明度”工具，在属性栏中单击“均匀透明度”按钮，设置“透明度”为75%，效果如图5-239所示。

图5-239

19 导入“素材文件>CH05>02.cdr、03.cdr”文件，缩放并移动对象，如图5-240所示。

图5-240

20 选中红包，按快捷键Ctrl+G，再按快捷键Shift+PageDown置于底层，然后缩放、移动并旋转红包，位置如图5-241所示。

21 复制两个红包，使画面更加饱满，如图5-242所示。

图5-241 图5-242

22 使用“矩形”工具绘制一个宽度为300mm、高度为180mm的矩形，设置填充色为黄色（R:255，G:255，B:0），将矩形置于底层，最终效果如图5-243所示。

图5-243

第6章

矢量图形的编辑

本章讲解了矢量图形的编辑修饰方法，读者在绘图的过程中可以使用多种工具快速便捷地修饰轮廓线形状，使形状更完美。

学习要点

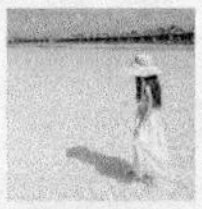

工具名称	工具图标	工具作用	重要程度
“形状”工具		编辑曲线或闭合路径	高
“平滑”工具		平滑尖锐的曲线	中
“涂抹”工具		修改对象边缘的形状	高
“转动”工具		使单一或群组对象的轮廓生成旋转形状	中
“吸引和排斥”工具		使曲线边缘产生收缩或推挤的效果	中
“弄脏”工具		使对象轮廓产生凹凸变形	中
“粗糙”工具		使对象轮廓产生尖突变形	中
“自由变换”工具		用于对象的自由变换操作	中
造型功能	无	对多个对象进行相应的造型操作	高
“裁剪”工具		裁剪对象不需要的部分	中
“刻刀”工具		裁剪单个对象为两个独立的对象	高
“虚拟段删除”工具		移除对象中不需要的重叠线段	中
“橡皮擦”工具		擦除位图或矢量图中不需要的部分	中

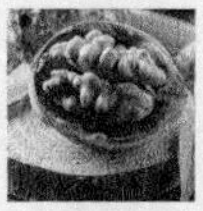

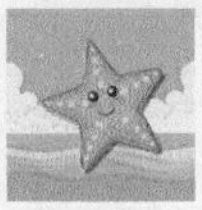

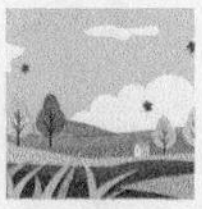

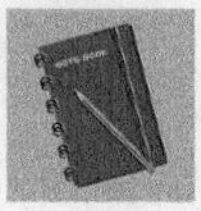

6.1 形状工具组

“形状”工具通过增加与减少节点，调整节点的控制手柄来编辑曲线。

“形状”工具可以直接编辑由“手绘”“贝塞尔”“钢笔”等工具绘制的对象，但不能直接编辑由“椭圆形”“多边形”“文本”等工具绘制的对象，这些对象需要转曲后才能编辑。

“形状”工具的属性栏如图6-1所示。

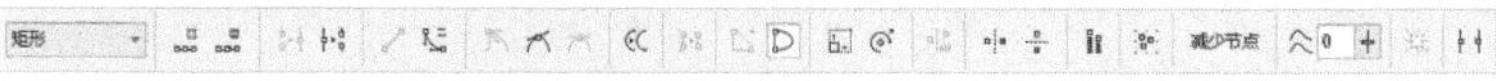

矩形 减少节点

图6-1

“形状”工具选项介绍

选取范围模式：切换选择节点的模式，包括“手绘”和“矩形”两种。

添加节点：单击增加节点的数量。

删除节点：单击删除节点，改变曲线形状。

连接两个节点：连接开放路径的起始和终止节点用以创建闭合曲线。

断开曲线：用于断开开放路径或闭合曲线的节点。

转换为线条：将所选曲线段转换为直线段。

转换为曲线：将所选直线段转换为曲线段。

尖突节点：将节点类型转换为尖突节点，通常用来绘制锐角。

平滑节点：将节点类型转换为平滑节点，用以提高曲线平滑度。

对称节点：将节点类型转换为对称节点，使节点两边的平滑度一致。

反转方向：反转起始节点与终止节点的方向。

提取子路径：在对象中提取出其子路径，创建出两个独立的对象。

延长曲线使之闭合：以直线连接起始节点与终止节点，生成闭合曲线。

闭合曲线：连接曲线的终止节点，生成闭合曲线。

延展与缩放节点：放大或缩小选中节点对应的线段。

旋转与倾斜节点：旋转或倾斜选中节点对应的线段。

对齐节点：将节点对齐在一条平行或垂直线上。

水平反射节点：编辑对象水平镜像的相应节点。

垂直反射节点：编辑对象垂直镜像的相应节点。

弹性模式：为曲线创建另一种具有弹性的形状。

选择所有节点：选中对象所有的节点。

减少节点：自动删除选定对象中的节点来提高曲线的平滑度。

曲线平滑度：通过更改节点数量调整平滑度。

装订框：显示或隐藏边框（手柄）。

“形状”工具无法修改组合对象，只能编辑单个对象。

6.1.1 “平滑”工具

“平滑”工具用于平滑尖锐的曲线。

单击“平滑”工具，按住鼠标左键沿对象轮廓拖曳，如图6-2所示，尖锐的曲线随即转换成平滑的曲线，如图6-3所示。

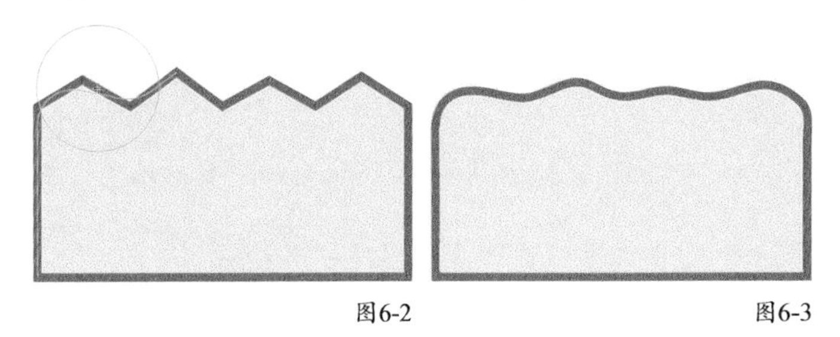

图6-2　　图6-3

“平滑”工具选项介绍

笔尖半径：在文本框中输入数值，设置笔尖的半径。

速度：产生变换效果的速度，在对象上按住鼠标左键的时间越长，产生变换的效果越明显。

6.1.2 “涂抹”工具

使用“涂抹”工具沿着轮廓拖曳可调整对象边缘形状。

调整单一对象

选中要调整的对象，单击“涂抹”工具，在轮廓上按住鼠标左键拖曳，松开鼠标会产生扭曲效果。可以向轮廓内拖曳鼠标，也可以向轮廓外拖曳鼠标，如图6-4所示。利用这种效果可以制作爆炸图形，如图6-5所示。

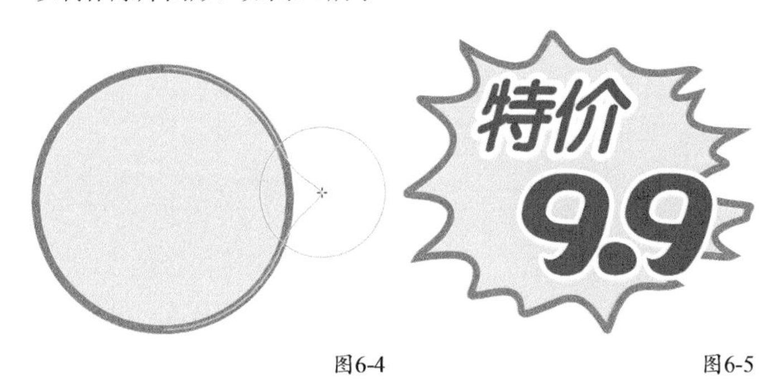

图6-4　　图6-5

调整组合对象

选中要调整的组合对象，单击“涂抹”工具，在轮廓上按住鼠标左键拖曳，如图6-6所示，松开鼠标会产生扭曲效果。调整后组合中的每一个对象都会被等比例拉伸，如图6-7所示。

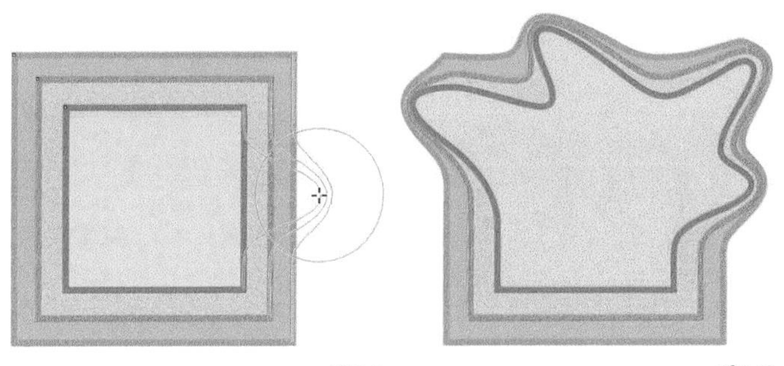

图6-6　　图6-7

“涂抹”工具的设置

“涂抹”工具的属性栏如图6-8所示。

图6-8

“涂抹”工具选项介绍

笔尖半径：在文本框中输入数值用以调整笔尖大小。

压力：输入数值设置涂抹效果的强度，数值越大拖曳效果越强，数值越小拖曳效果越弱，数值为1时不显示涂抹效果，数值为100时涂抹效果最强。

笔压：激活后可以使用数位板的笔压进行操作。

平滑涂抹：激活后以平滑曲线进行涂抹，如图6-9所示。

尖状涂抹：激活后以尖突曲线进行涂抹，如图6-10所示。

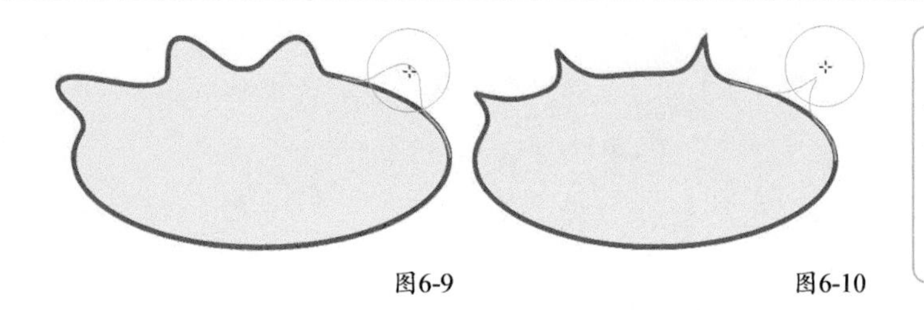

图6-9　　图6-10

6.1.3 “转动”工具

使用“转动”工具在轮廓上按住鼠标左键，可使边缘产生旋转形状。

线段的转动

选中线段，单击“转动”工具，将鼠标指针移动到线段上，如图6-11所示，按住鼠标左键，笔尖范围内会出现效果预览，如图6-12所示，松开鼠标完成编辑，如图6-13所示。可以使用“转动”工具绘制浪花样图形，如图6-14所示。

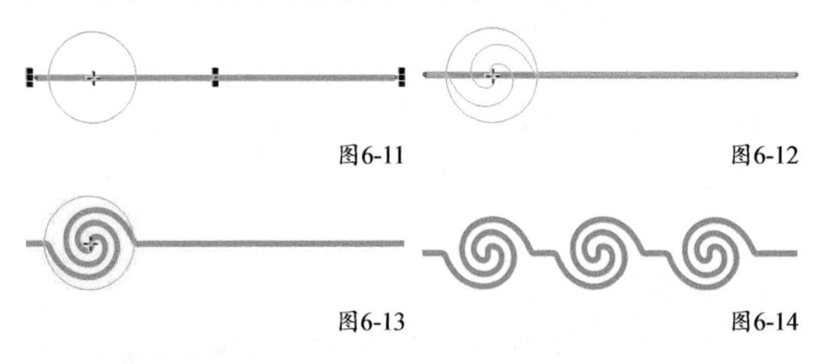

图6-11　　图6-12

图6-13　　图6-14

技巧与提示

在使用“转动”工具时，转动的圈数是根据按住鼠标左键的时间长短来决定的，时间越长圈数越多，时间越短圈数越少，如图6-15所示。

图6-15

在使用“转动”工具进行涂抹时，笔尖范围不能离开被转动的对象，鼠标指针所在的位置会影响旋转的效果。

若鼠标指针的中心在线段外，则涂抹效果为尖角，如图6-16所示。

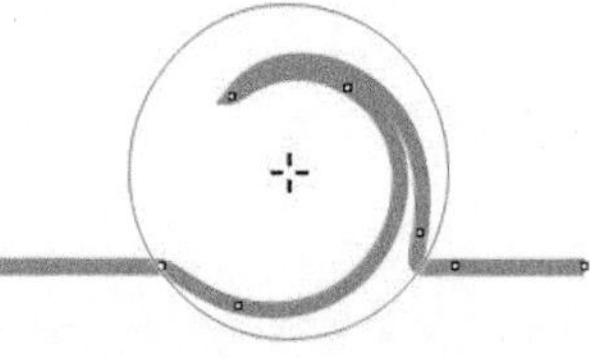

图6-16

若鼠标指针的中心在线段上，则转动效果为圆角，如图6-17所示。

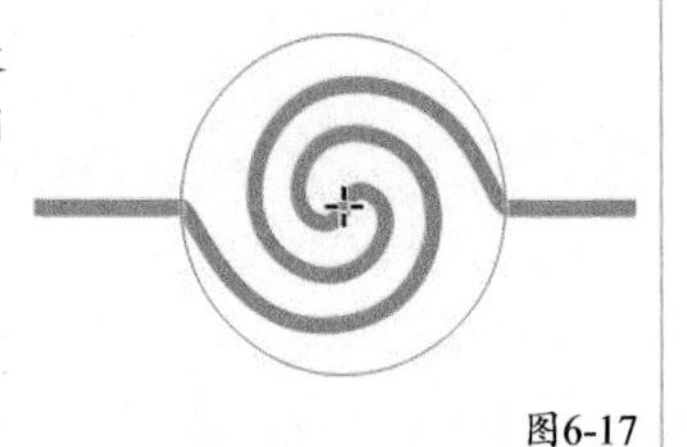

图6-17

若鼠标指针的中心在起始节点或终止节点上，则转动效果为单线条螺旋纹，如图6-18所示。

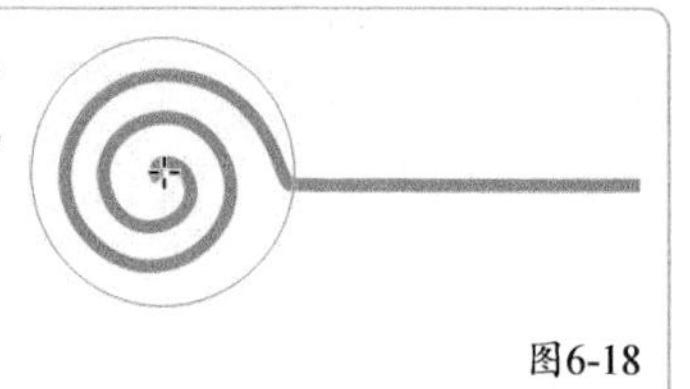

图6-18

闭合路径的转动

选中闭合路径，单击“转动”工具，将鼠标指针移动到闭合路径上，如图6-19所示，按住鼠标左键，笔尖范围内会出现效果预览，如图6-20所示，松开鼠标完成编辑，如图6-21所示。

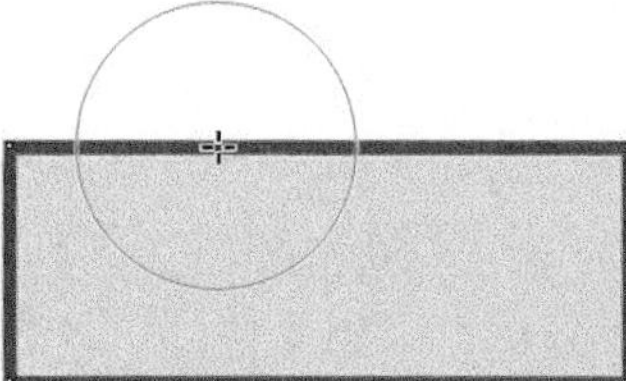

图6-19

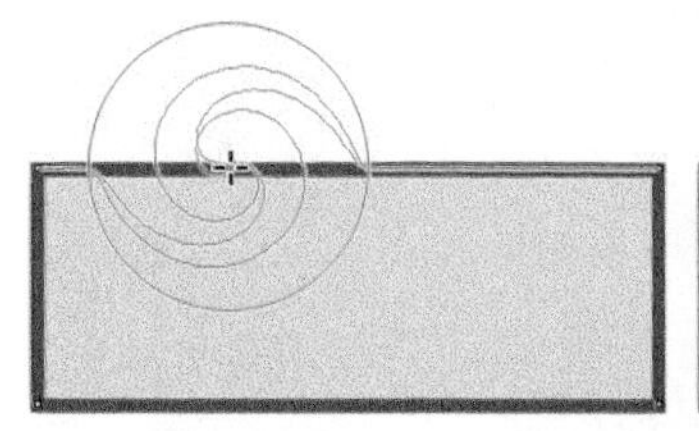

图6-20

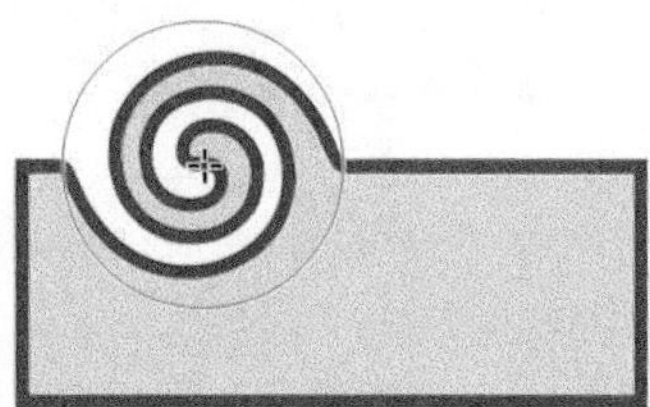

图6-21

技巧与提示

转动闭合路径时，若鼠标指针的中心在轮廓线外，如图6-22所示，则旋转效果为闭合尖角，如图6-23所示。

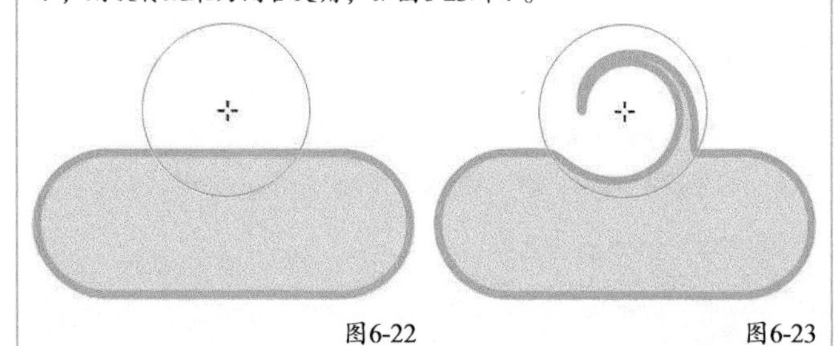

图6-22　　图6-23

若鼠标指针的中心在轮廓线上，如图6-24所示，则旋转效果为封闭圆角，如图6-25所示。

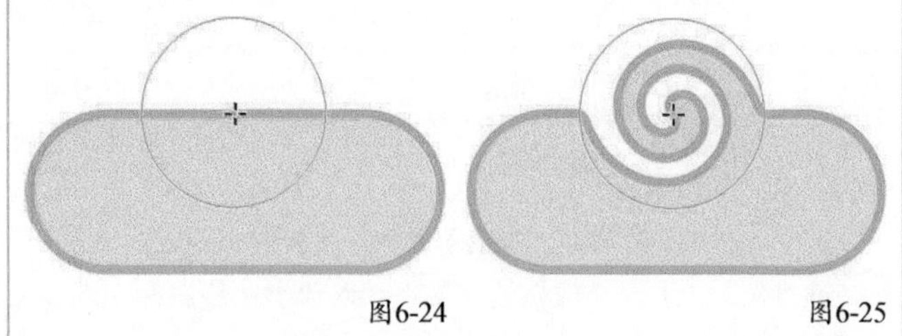

图6-24　　图6-25

组合对象的转动

选中一个组合对象，单击“转动”工具，将鼠标指针移动到组合对象边缘上，如图6-26所示，按住鼠标左键，笔尖范围内会出现效果预览，如图6-27所示，松开鼠标完成编辑，如图6-28所示。

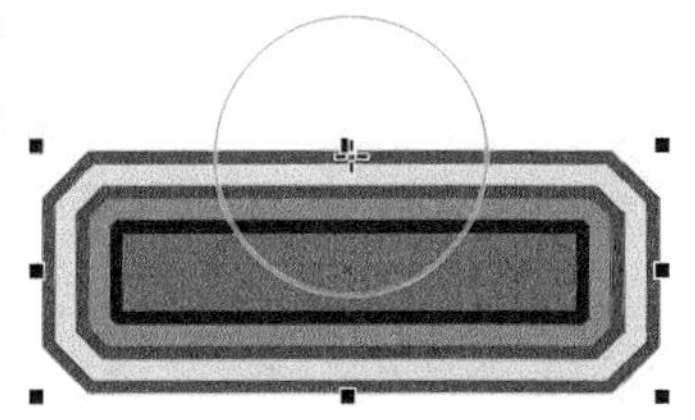

图6-26

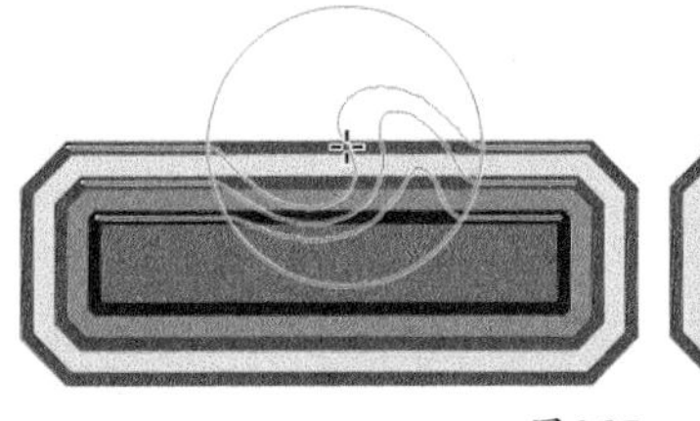

图6-27

图6-28

“转动”工具的设置

“转动”工具的属性栏如图6-29所示。

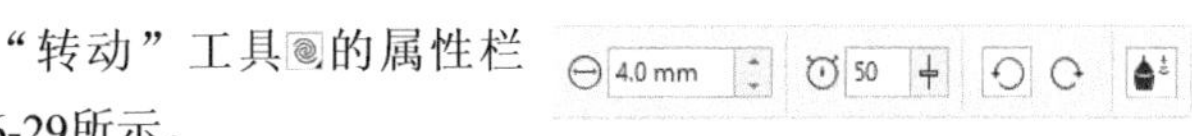

图6-29

“转动”工具选项介绍

笔尖半径：在文本框中输入数值用以调整笔尖大小。

速度：设置转动效果的速度。

逆时针转动：按逆时针方向转动，如图6-30所示。

图6-30

顺时针转动：按顺时针方向转动，如图6-31所示。

图6-31

6.1.4 “吸引和排斥”工具

使用“吸引和排斥”工具，在对象轮廓上按住鼠标左键，可使对象轮廓产生吸引或推离的效果。“吸引和排斥”工具可以应用于组合对象。下面先来了解“吸引和排斥”工具的设置。

“吸引和排斥”工具的设置

“吸引和排斥”工具的属性栏如图6-32所示。

图6-32

“吸引和排斥”工具选项介绍

吸引工具：通过将轮廓吸引到鼠标指针的中心来调整对象的形状。

排斥工具：通过将轮廓推离鼠标指针的中心来调整对象的形状。

笔尖半径：在文本框中输入数值用以调整笔尖大小。

速度：设置吸引或排斥效果的速度，数值越大，速度越快。

吸引工具

选中对象，单击“吸引和排斥”工具，在属性栏中激活“吸引工具”按钮，将鼠标指针移动到对象上，如图6-33所示，按住鼠标左键，笔尖范围内会出现效果预览，如图6-34所示，松开鼠标完成编辑，如图6-35所示。

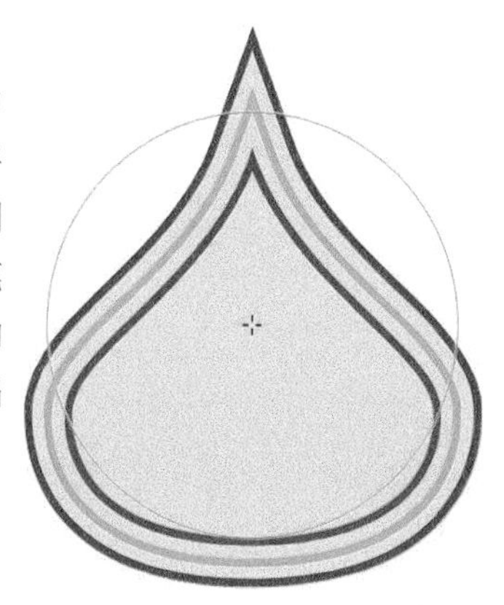

图6-33

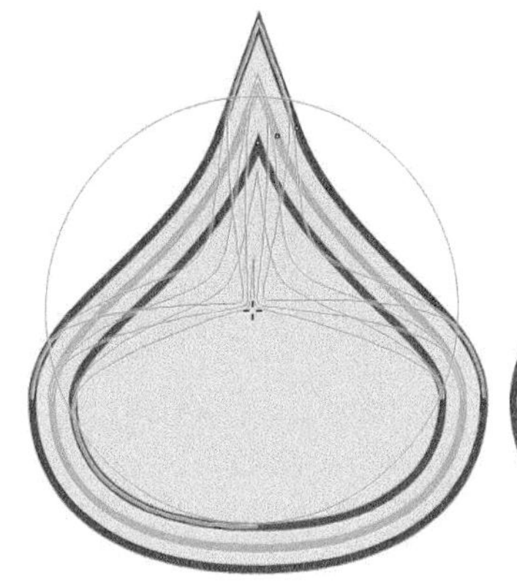

图6-34

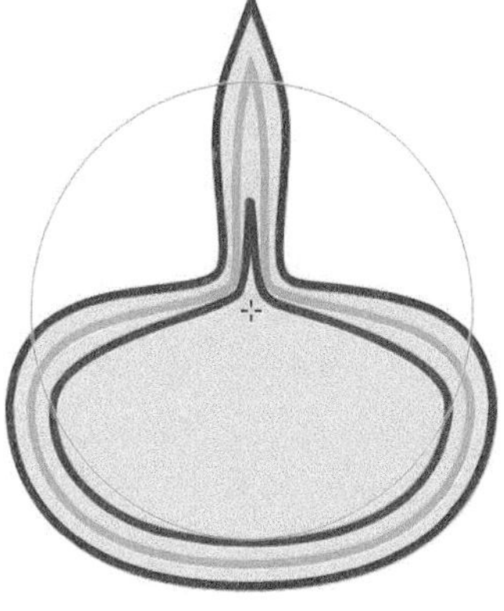

图6-35

排斥工具

选中对象，单击“吸引和排斥”工具，在属性栏中激活“排斥工具”按钮，将鼠标指针移动到对象上，如图6-36所示，按住鼠标左键，笔尖范围内会出现效果预览，如图6-37所示，松开鼠标完成编辑，如图6-38所示。

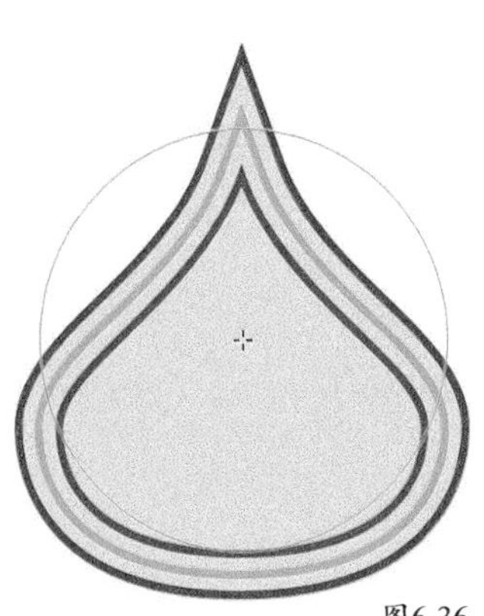

图6-36

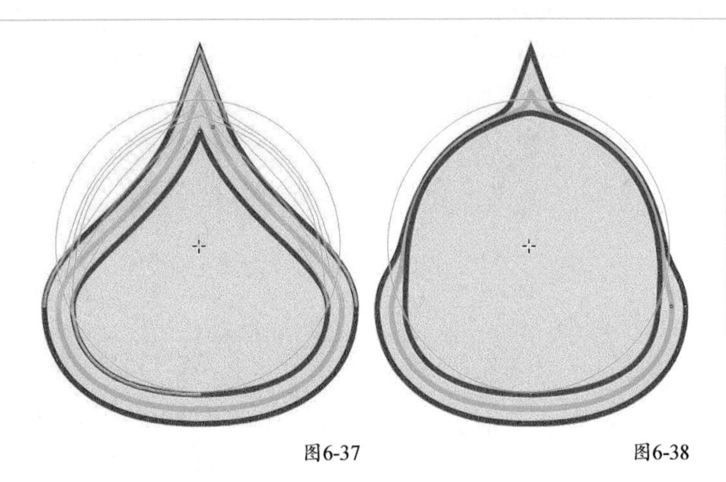

图6-37　　图6-38

技巧与提示

使用“吸引和排斥”工具时，对象轮廓只有在笔触范围内才能产生效果。在产生吸引或排斥效果的过程中，移动鼠标指针，所产生的效果也会跟随移动。

6.1.5 “弄脏”工具

使用“弄脏”工具，可通过沿对象轮廓拖曳来更改对象的形状。“弄脏”工具不能用于组合对象，只能应用于单一的对象。

线条的更改

选中线条，单击“弄脏”工具，按住鼠标左键在线条上拖曳，如图6-39所示，笔尖的拖曳方向决定对象的挤出方向，笔尖的拖曳距离决定对象挤出的长短。注意笔尖经过的位置会被剪掉。

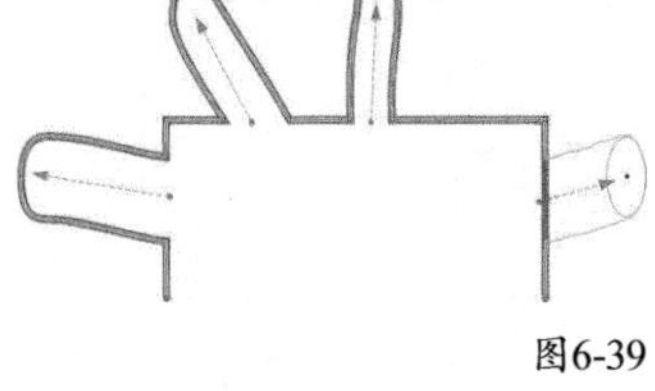

图6-39

闭合路径的更改

选中闭合路径，单击“弄脏”工具，按住鼠标左键在轮廓上拖曳，笔尖向内拖曳为修剪对象，如图6-40所示，笔尖向外拖曳为扩展对象，如图6-41所示。

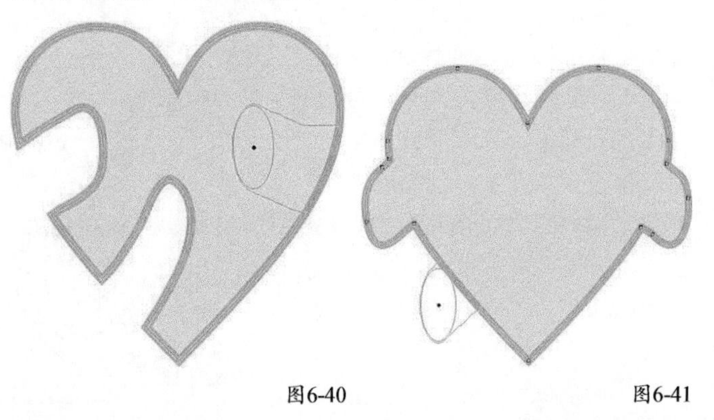

图6-40　　图6-41

技巧与提示

此处的修剪不是真正的修剪，当笔尖向外拖曳超出轮廓范围时，对象的轮廓仍然保持连接状态，不会将对象修剪拆分成两个对象，如图6-42所示。

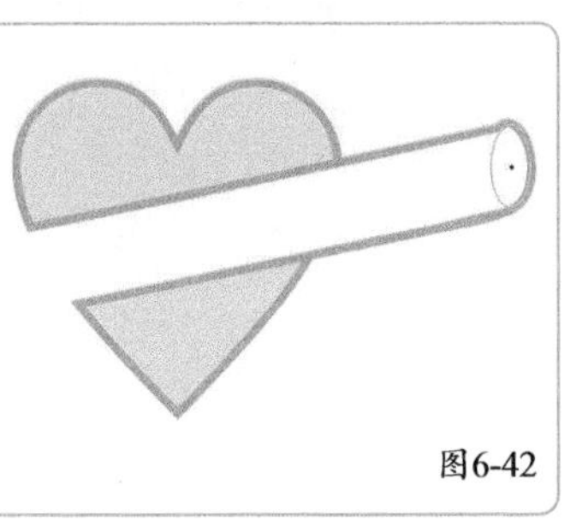

图6-42

“弄脏”工具的设置

“弄脏”工具的属性栏如图6-43所示。

图6-43

“弄脏”工具选项介绍

笔尖大小：在文本框中输入数值用以调整笔尖大小。

干燥：在拖曳调整时逐渐放大或缩小笔尖大小，取值范围为 -10~10。数值为0时不渐变；数值为 -10时，笔尖逐渐变大，如图6-44所示；数值为10时，笔尖逐渐变小，如图6-45所示。

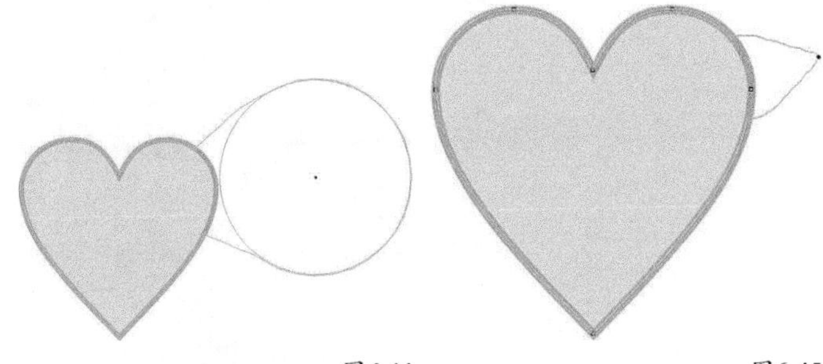

图6-44　　图6-45

笔倾斜：设置笔尖尖端的倾斜程度，角度设置范围为15°~90°。角度越大笔尖越圆，角度越小笔尖越尖。

笔方位：以固定的数值更改涂抹笔尖的方位。

6.1.6 “粗糙”工具

使用“粗糙”工具沿着对象的轮廓拖曳，其轮廓形状将变得粗糙。“粗糙”工具不能用于组合对象，只能应用于单一的对象。

“粗糙”工具的操作

单击“粗糙”工具，在对象轮廓位置按住鼠标左键拖曳，会形成连续均匀的粗糙尖突效果，如图6-46所示。在轮廓位置单击，则会形成单个的尖突效果，如图6-47所示。

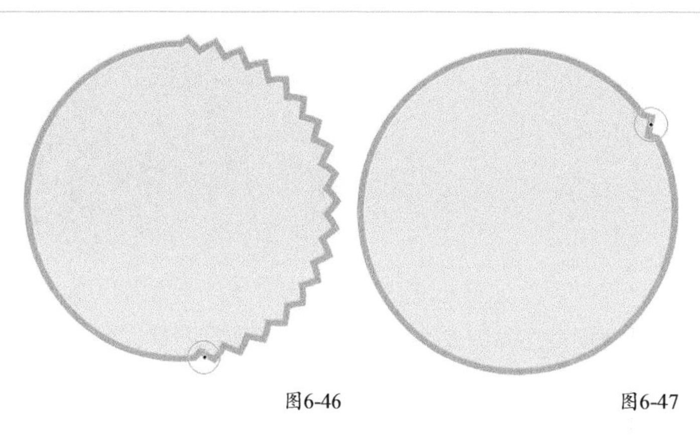

图6-46　　图6-47

"粗糙"工具的设置

"粗糙"工具的属性栏如图6-48所示。

图6-48

"粗糙"工具选项介绍

尖突的频率：通过输入数值改变粗糙的尖突频率。取值最小为1，此时尖突比较平缓，如图6-49所示；最大值为10，此时尖突比较密集，像锯齿，如图6-50所示。

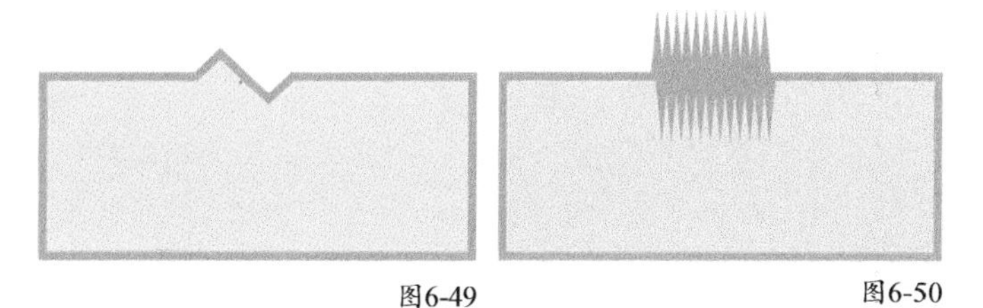

图6-49　　图6-50

笔倾斜：可以更改粗糙尖突的方向。

6.2 裁剪工具组

裁剪工具组包括"裁剪"工具、"刻刀"工具、"虚拟段删除"工具和"橡皮擦"工具。

6.2.1 "裁剪"工具

"裁剪"工具可以裁剪选定内容以外的区域，裁剪对象可以是矢量图形或位图，包括组合对象和文本等。

选中需要裁剪的对象，单击"裁剪"工具，在图像上拖曳绘制裁剪范围，如图6-51所示。裁剪范围可以通过拖曳调节手柄进行调整，按Enter键或双击裁剪范围即可完成裁剪，如图6-52所示。

图6-51

图6-52

技巧与提示

在调整裁剪范围时，单击调整区域可以进行裁剪范围的旋转，如图6-53所示，按Enter键或双击裁剪范围完成裁剪，如图6-54所示。

图6-53

图6-54

在调整裁剪范围时，如需退出裁剪过程，按Esc键即可。

6.2.2 "刻刀"工具

使用"刻刀"工具可以将对象按直线或曲线形状拆分成多个独立的对象。

"刻刀"工具的设置

"刻刀"工具的属性栏如图6-55所示。

图6-55

"刻刀"工具选项介绍

：该组按钮可以设置刻刀绘制的模式，分别为"2点线模式""手绘模式""贝塞尔模式"。

剪切时自动闭合：激活该按钮，在剪切时将自动闭合分割后的路径，此功能只适用于闭合路径的剪切，开放路径的剪切不会产生闭合效果。

剪切跨度：包括"无""间隙""叠加"3个选项。

无：以宽度为0的剪切线为基准拆分对象。

间隙：以一定宽度的间隙为基准拆分对象，在"宽度"文本框中输入宽度数值。

叠加：以一定宽度的叠加状态为基准拆分对象，在"宽度"文本框中输入宽度数值。

轮廓选项： 在拆分对象时要将轮廓转换为曲线还是保留轮廓，或是让应用程序选择，能最好地保留轮廓外观。

以直线模式拆分对象

选中对象，单击“刻刀”工具，激活“2点线模式”按钮，当鼠标指针变为形状时，在需要拆分的位置绘制一条直线，如图6-56所示。随后对象即被拆分为两个独立的对象，如图6-57所示。可以分别移动拆分后的两个对象，如图6-58所示。

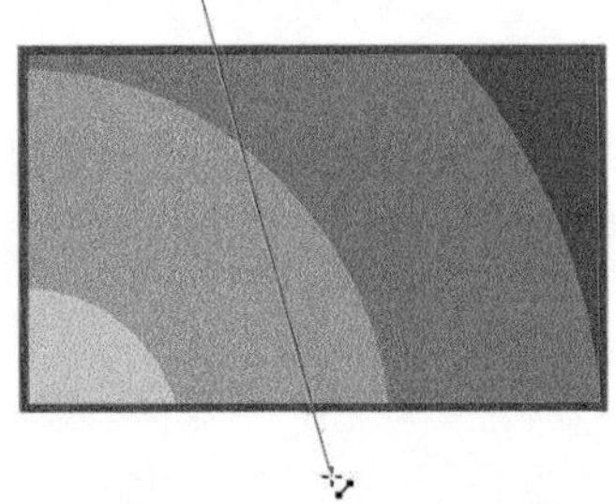

图6-56

图6-57

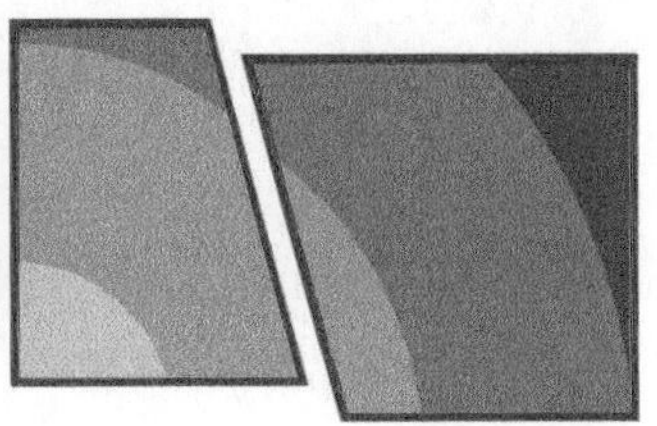

图6-58

以手绘曲线模式拆分对象

选中对象，单击“刻刀”工具，激活“手绘模式”按钮，当鼠标指针变为形状时，在对象上绘制一条跨越曲线，如图6-59所示。随后对象即被拆分为两个独立的对象，如图6-60所示。可以分别移动拆分后的两个对象，如图6-61所示。

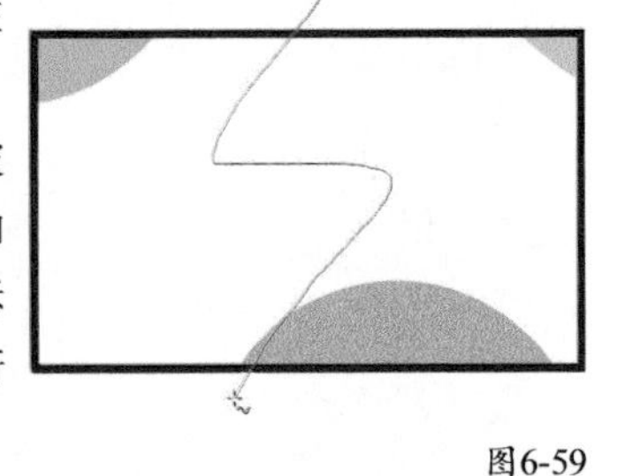

图6-59

图6-60

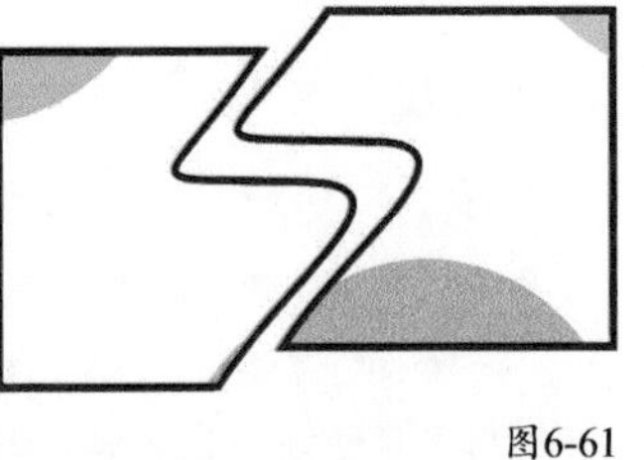

图6-61

以贝塞尔模式拆分对象

选中对象，单击“刻刀”工具，激活“贝塞尔模式”按钮，当鼠标指针变为形状时，在对象上绘制一条跨越曲线，如图6-62所示，按Enter键完成绘制，对象即被拆分为两个独立的对象，如图6-63所示。可以分别移动拆分后的两个对象，如图6-64所示。

图6-62

图6-63

图6-64

6.2.3 “虚拟段删除”工具

使用“虚拟段删除”工具可以移除对象中重叠或不需要的虚拟段。

选中对象，单击“虚拟段删除”工具。此时鼠标指针变为样式，如图6-65所示，将其移动到要删除的虚拟段上时，鼠标指针变为样式，如图6-66所示。单击选中的虚拟段进行删除，如图6-67所示。

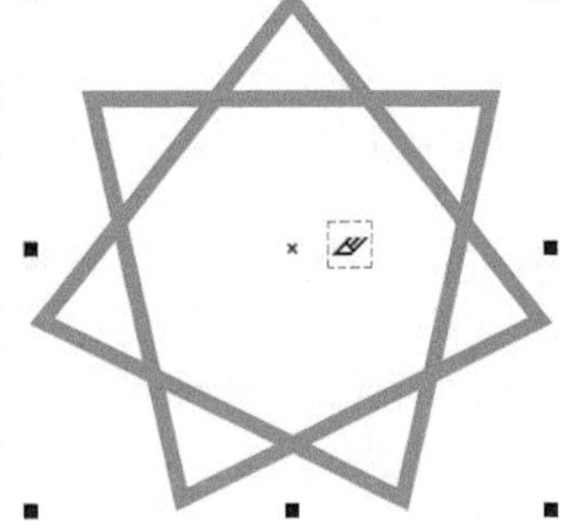

图6-65

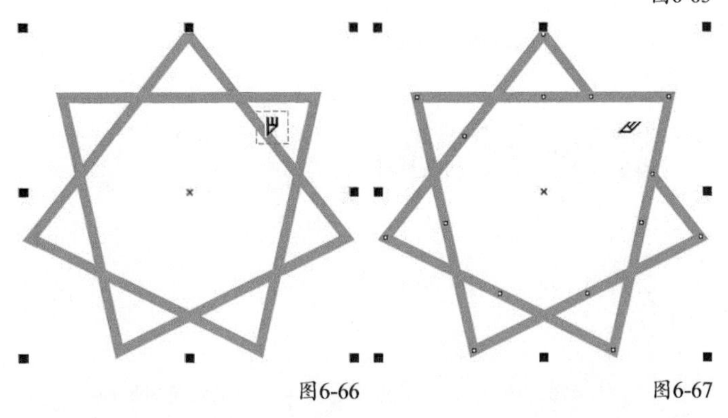

图6-66　　图6-67

删除虚拟段后的节点是断开的，如图6-68所示，使用“形状”工具连接断开的节点，然后进行填充操作，如图6-69所示。

> **技巧与提示**
>
> 要同时删除多条虚拟段，可以按住鼠标左键框选所要删除的虚拟段。
>
> “虚拟段删除”工具可以应用于组合对象，但不能应用于文本、阴影和位图的操作。

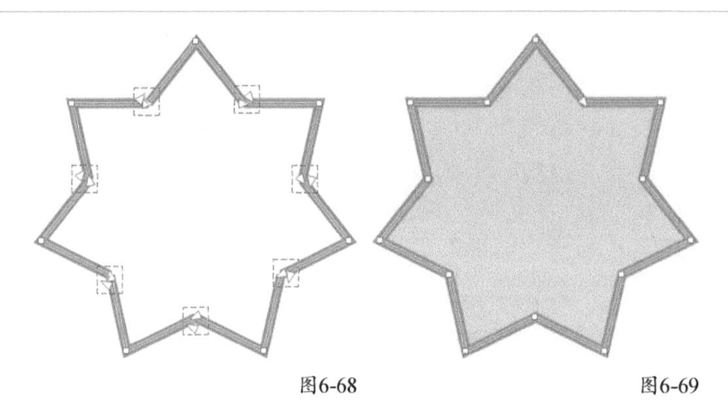

图6-68　　图6-69

6.2.4 “橡皮擦”工具

使用“橡皮擦”工具可以擦除位图或矢量图中不需要的部分，包括组合对象和文本等。

“橡皮擦”工具的使用

选中对象，单击“橡皮擦”工具，在对象上按住鼠标左键拖曳擦除，如图6-70所示。与“刻刀”工具不同的是，“橡皮擦”工具可以在对象内进行擦除，如图6-71所示。

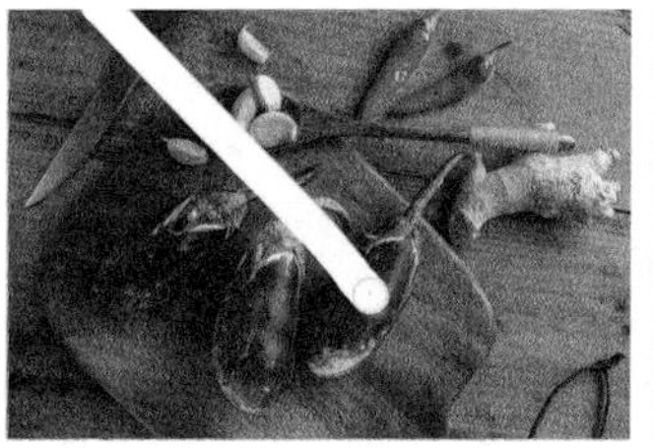

图6-70

图6-71

技巧与提示

使用“橡皮擦”工具，被擦除的对象没有被拆分，如图6-72所示。

图6-72

如要进行拆分，按快捷键Ctrl+K，可以将原对象拆分成两个独立的对象，如图6-73所示。

图6-73

“橡皮擦”工具的设置

“橡皮擦”工具的属性栏如图6-74所示。

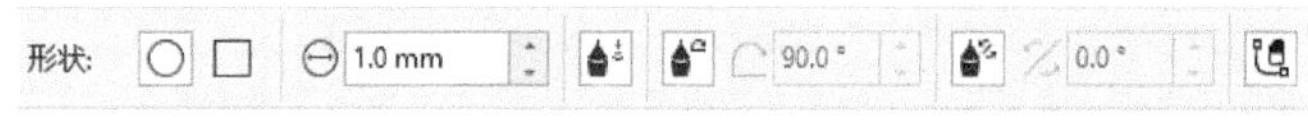

图6-74

“橡皮擦”工具选项介绍

形状：默认为圆形笔尖，另一种是方形笔尖，单击按钮可以切换形状。

橡皮擦厚度：在文本框中输入数值，可以调节橡皮擦笔尖的宽度。在擦除过程中，可以按住Shift键上下拖曳鼠标进行笔尖大小的调节。

减少节点：激活该按钮，可以减少擦除区域节点的数量。

★ 重 点 ★

6.3 造型功能

造型功能是CorelDRAW中非常重要的图形调整工具，执行“对象>造型>形状”菜单命令，可以打开“形状”泊坞窗，如图6-75所示。该泊坞窗可以执行“焊接”“修剪”“相交”“简化”“移除后面对象”“移除前面对象”“边界”命令，对对象进行造型编辑操作。

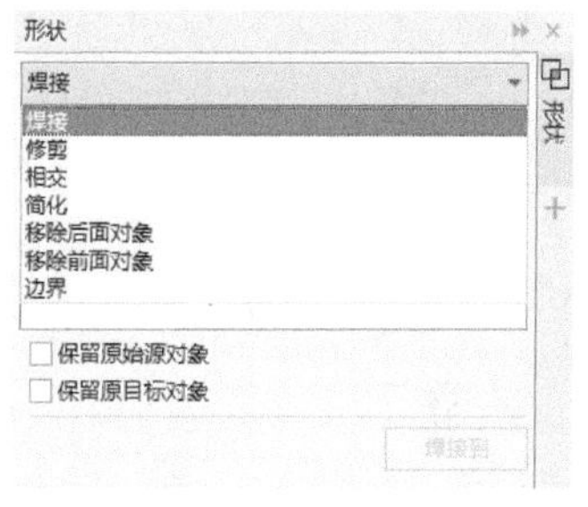

图6-75

选中需要进行造型操作的对象后，也可以在属性栏中进行快捷造型操作，如图6-76所示。“合并”命令与“形状”命令组具有类似的操作方式和变换效果，本节中将“合并”命令和“形状”命令组划归造型功能进行统一讲解。

图6-76

6.3.1 合并

“合并”命令可以将两个或者多个对象合并成具有相同属性的独立对象。

选中需要合并的对象，如图6-77所示，单击属性栏中的“合并”按钮，合并前两个对象的交叉部分将被剪切掉，合并后的对象属性继承合并前底层对象的属性，如图6-78所示，也可以按快捷键Ctrl+L执行“合并”命令。

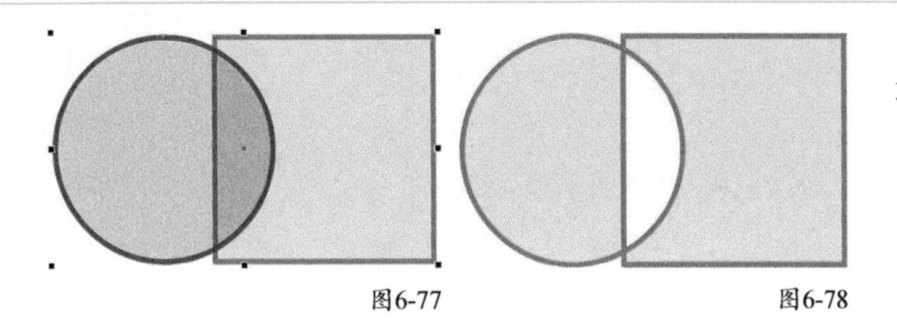

图6-77　　图6-78

6.3.2 焊接

“焊接”命令可以将两个或者多个对象焊接成带有单一填充和轮廓的独立对象。

属性栏焊接操作

选中需要焊接的对象，如图6-79所示，单击属性栏中的“焊接”按钮，焊接前两个对象的交叉部分将并入新对象中，焊接后的对象属性继承焊接前底层对象的属性，如图6-80所示。

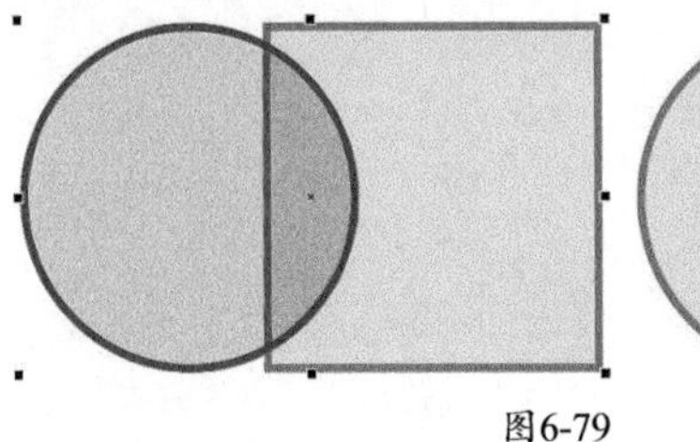

图6-79

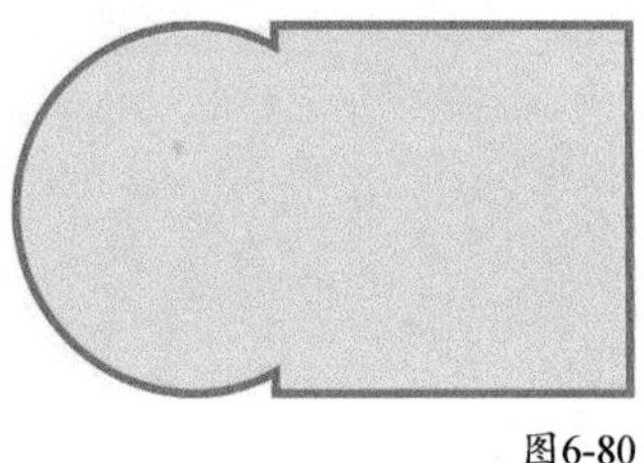

图6-80

泊坞窗焊接操作

打开“形状”泊坞窗，选中圆形对象，选中的对象是“原始源对象”，未选中的是“目标对象”，如图6-81所示。在“形状”泊坞窗中选择“焊接”选项，单击“焊接到”按钮，如图6-82所示，此时鼠标指针变为样式，然后单击“目标对象”正方形完成焊接，如图6-83所示。

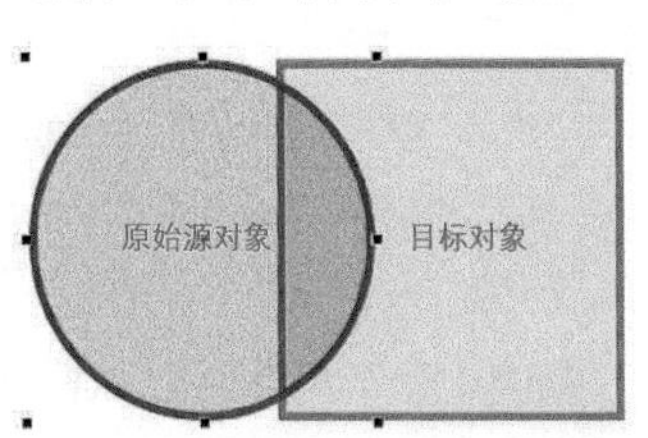

图6-81

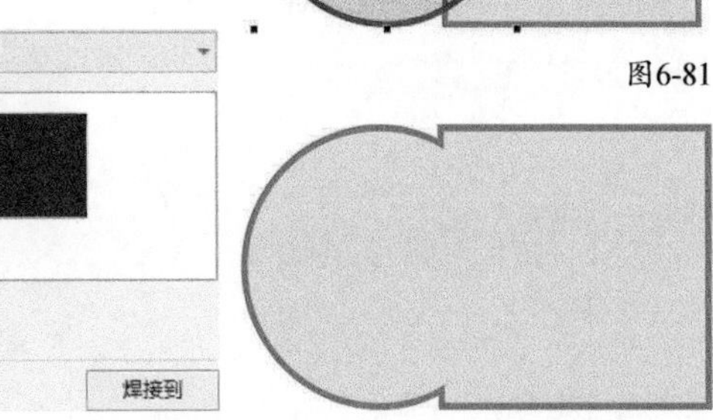

图6-82　　图6-83

“焊接”选项介绍

保留原始源对象：勾选后可以在焊接后保留原始源对象。

保留原目标对象：勾选后可以在焊接后保留目标对象。

勾选“保留原始源对象”选项，效果如图6-84所示。

图6-84

勾选“保留原目标对象”选项，效果如图6-85所示。

同时勾选上述选项，效果如图6-86所示。

图6-85

图6-86

6.3.3 修剪

“修剪”命令可以用一个对象的形状修剪另一个对象的一部分。

属性栏修剪操作

“修剪”命令是用“原始源对象”修剪“目标对象”，需要注意选择对象的先后顺序。

选中圆形为“原始源对象”，然后加选正方形为“目标对象”，如图6-87所示，单击属性栏中的“修剪”按钮，正方形被圆形修剪了，如图6-88所示。

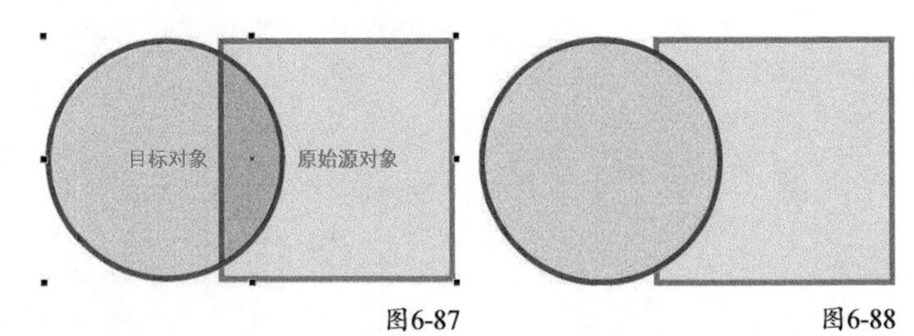

图6-87　　图6-88

选中正方形为“原始源对象”，然后加选圆形为“目标对象”，如图6-89所示，单击属性栏中的“修剪”按钮，则圆形被正方形修剪了，如图6-90所示。

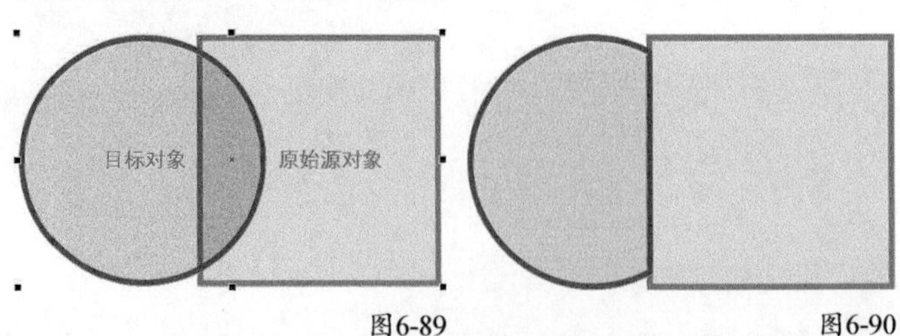

图6-89　　图6-90

技巧与提示

属性栏修剪操作均保留原始源对象。

使用属性栏修剪操作可以一次性进行多个对象的修剪，根据对象的排放顺序，在全部选中的情况下，位于底层的对象为目标对象，上面的所有对象均是原始源对象。

泊坞窗修剪操作

打开“形状”泊坞窗，选中圆形为“原始源对象”，如图6-91所示。在“形状”泊坞窗中选择“修剪”选项，单击“修剪”按钮，如图6-92所示，此时鼠标指针变为样式，单击“目标对象”正方形完成修剪，原始源对象自动删除，如图6-93所示。

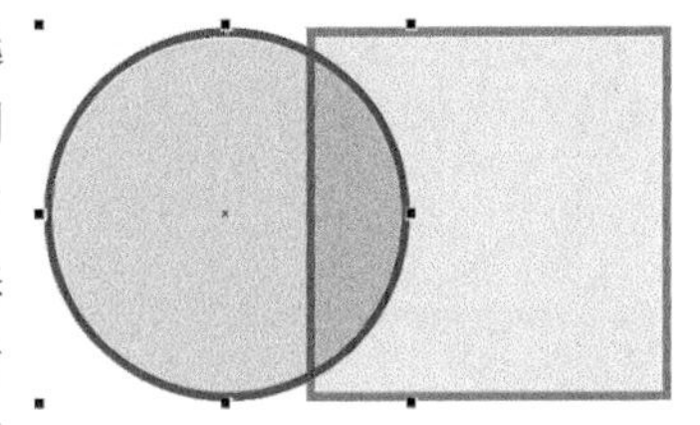

图6-91

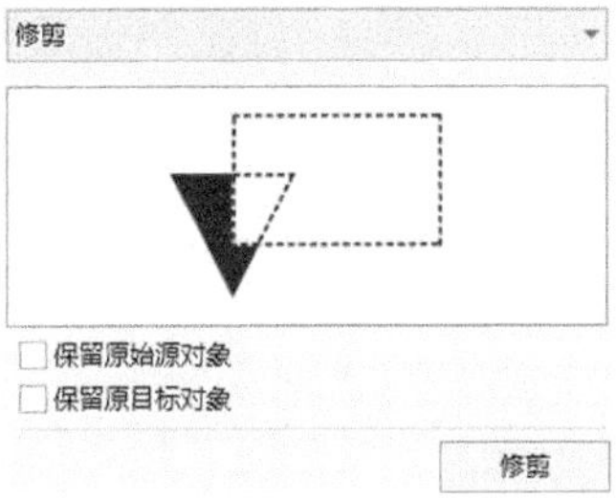

修剪
保留原始源对象
保留原目标对象
修剪

图6-92

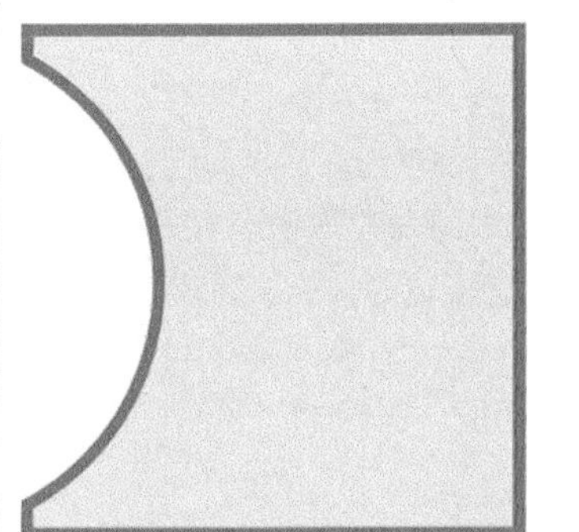

图6-93

在执行泊坞窗修剪操作时，勾选泊坞窗中相应的选项可以保留对应的“原始源对象”或“目标对象”。

6.3.4 相交

“相交”命令可以在两个或多个对象重叠区域上创建新的独立对象。

属性栏相交操作

选中需相交的两个对象，如图6-94所示，单击属性栏中的“相交”按钮，新创建对象的属性继承底层对象的属性，如图6-95所示。

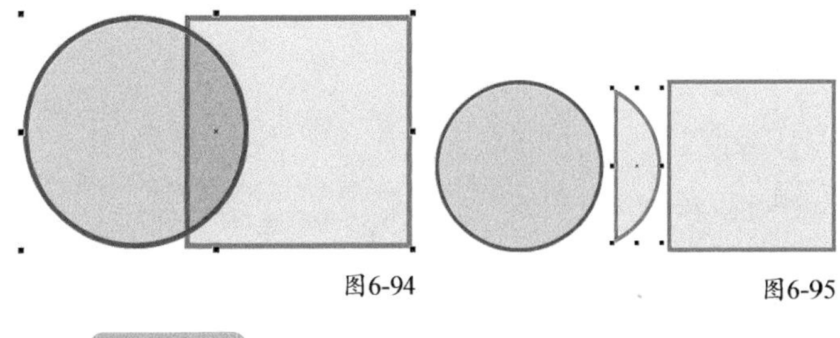

图6-94　　图6-95

技巧与提示

属性栏相交操作均保留原始源对象。

泊坞窗相交操作

打开“形状”泊坞窗，选中圆形为“原始源对象”，如图6-96所示。在“形状”泊坞窗中选择“相交”选项，单击“相交对象”按钮，如图6-97所示，此时鼠标指针变为样式，单击“目标对象”正方形完成相交，原始源对象全部自动删除，如图6-98所示。

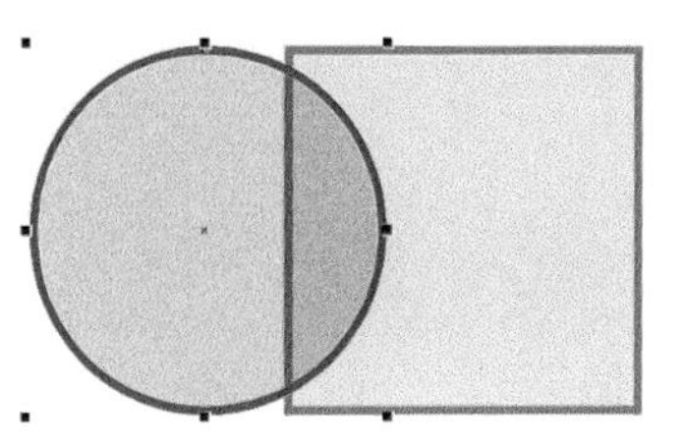

图6-96

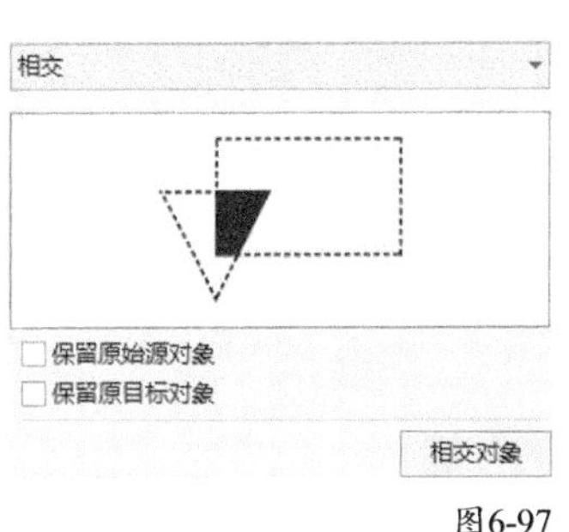

图6-97

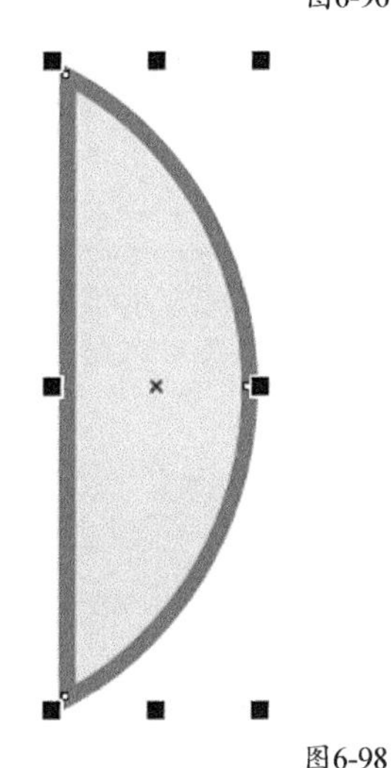

图6-98

在执行泊坞窗相交操作时，勾选泊坞窗中相应的选项可以保留对应的“原始源对象”或“目标对象”。

6.3.5 简化

“简化”命令是简化版的修剪命令，“简化”命令可以修剪对象中重叠的区域。

选中需简化的对象，如图6-99所示，单击属性栏中的“简化”按钮，下层对象的重叠区域被修剪掉，如图6-100所示。

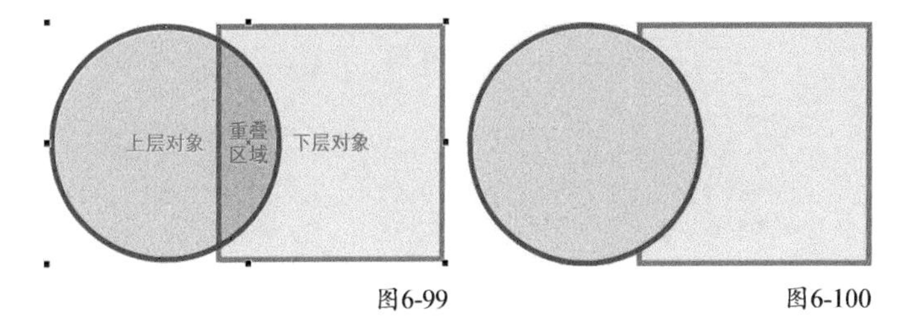

图6-99　　图6-100

6.3.6 移除后面对象

“移除后面对象”命令用于移除上层对象中的下层对象轮廓部分。

选中需要移除的对象，如图6-101所示，单击属性栏中的

“移除后面对象”按钮，上层对象中的下层轮廓范围被移除，下层对象自动删除，如图6-102所示。

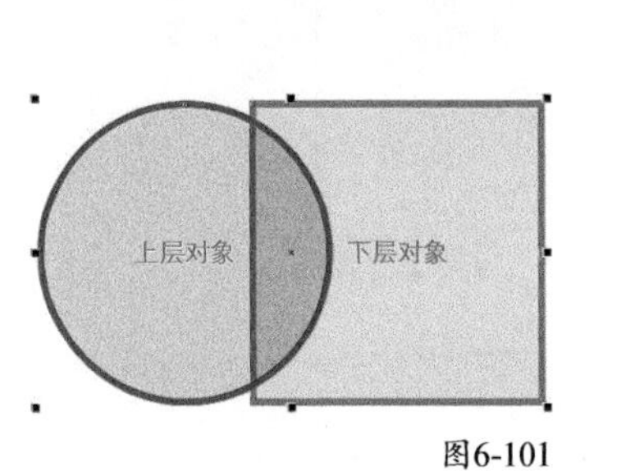

图6-101

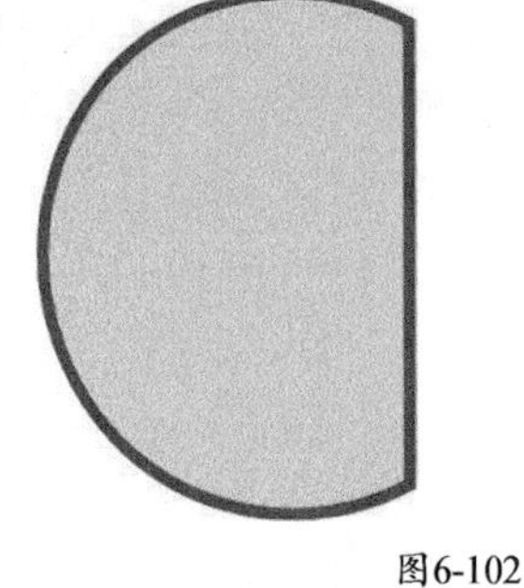

图6-102

> **技巧与提示**
>
> 使用属性栏中的“移除后面对象”按钮可一次性移除多个对象，根据对象的排放顺序，在全部选中的情况下，位于顶层的对象为上层对象，其他所有对象均是下层对象。

6.3.7 移除前面对象

“移除前面对象”命令用于移除下层对象中的上层对象轮廓部分。

选中需要移除的对象，如图6-103所示，单击属性栏中的“移除前面对象”按钮，下层对象中的上层轮廓范围被移除，上层对象自动删除，如图6-104所示。

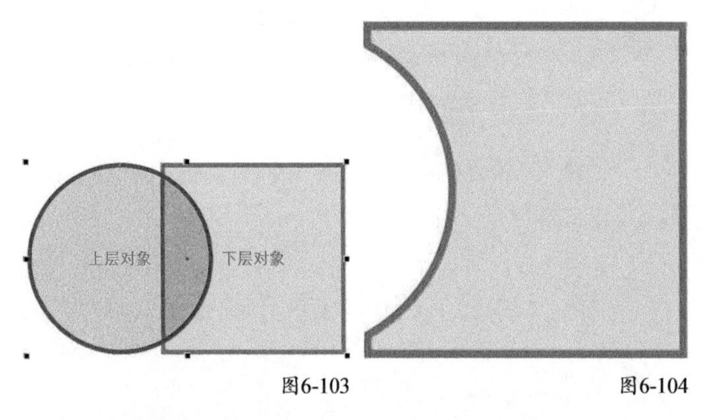

图6-103　图6-104

> **技巧与提示**
>
> 使用属性栏中的“移除前面对象”按钮可一次性移除多个对象，根据对象的排放顺序，在全部选中的情况下，位于底层的对象为下层对象，其他所有对象均是上层对象。

6.3.8 创建边界

“创建边界”命令用于创建一个围绕所选对象轮廓的新对象。

属性栏创建边界操作

选中需要创建边界的对象，如图6-105所示，单击属性栏中的“创建边界”按钮，围绕所选对象的轮廓边界将生成一个新对象，然后向下移动新生成的对象，如图6-106所示。此时默认保留原对象。

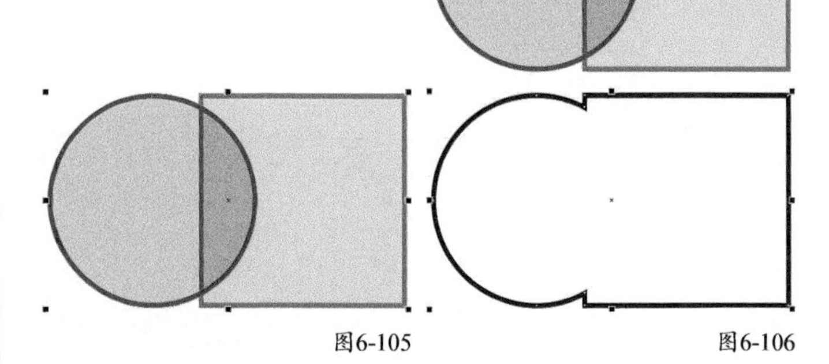

图6-105　图6-106

泊坞窗创建边界操作

打开“形状”泊坞窗，选中需要创建边界的对象，如图6-107所示。在“形状”泊坞窗中选择“边界”选项，单击“应用”按钮，如图6-108所示，围绕所选对象的轮廓边界将生成一个新对象，原对象全部自动删除，如图6-109所示。

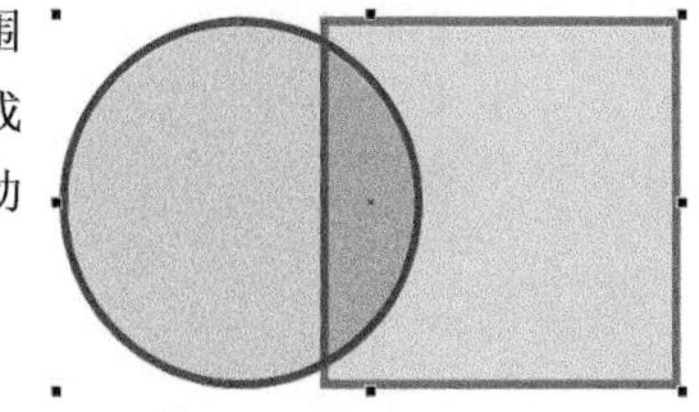

图6-107

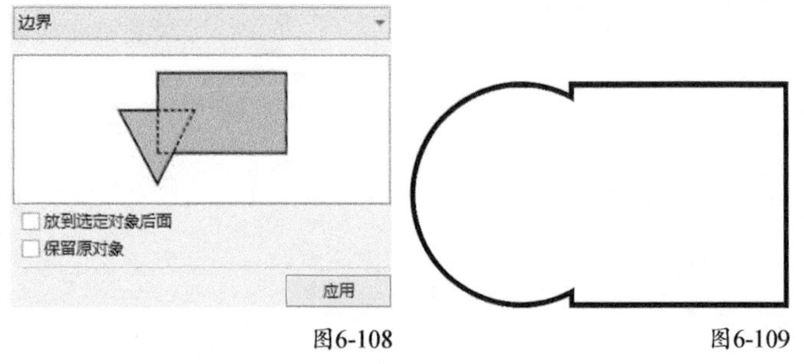

图6-108　图6-109

“边界”选项介绍

放到选定对象后面：在保留原对象的时候，新生成的对象位于原对象的下层。

保留原对象：勾选该选项将保留原对象，新生成的对象位于原对象的上层。

> **技术看板**
>
> CorelDRAW的造型命令组可以在哪些对象上使用？
>
> CorelDRAW的“焊接”“修剪”“相交”“简化”“移除后面对象”“移除前面对象”“创建边界”命令，可以完全应用于闭合路径、文本对象和位图，可以部分应用于线条、轮廓图等。

★ 重点 ★

实战 绘制手机锁屏壁纸

实例位置 实例文件>CH06>实战：绘制手机锁屏壁纸.cdr
素材位置 无
视频名称 实战：绘制手机锁屏壁纸.mp4
实用指数 ★★★★☆
技术掌握 "平滑"工具和造型功能的运用方法

本案例绘制的壁纸效果如图6-110所示。

图6-110

01 新建文档，设置"原色模式"为RGB、"单位"为像素、"分辨率"为72dpi。使用"矩形"工具在页面空白处绘制一个宽度为1080px、高度为1920px的矩形，然后设置"圆角半径"为60px、填充色为默认调色板中的冰蓝色（R:153，G:255，B:255），作为手机屏幕，如图6-111所示。

图6-111

02 使用"矩形"工具绘制一个边长为1000px的正方形，设置"圆角半径"为100px，将正方形旋转45°后移动到手机屏幕上，如图6-112所示。

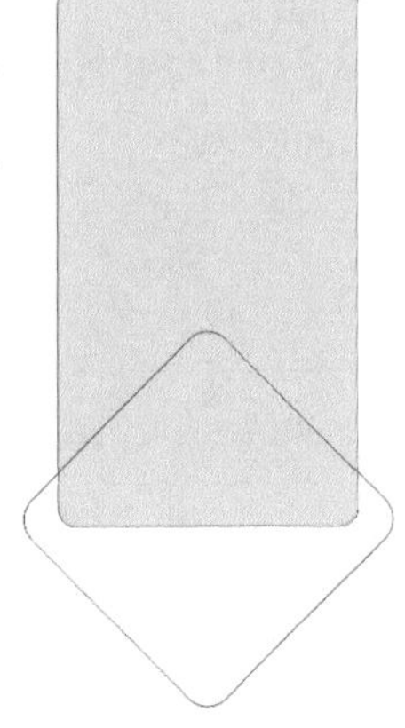
图6-112

03 选中正方形，按快捷键Ctrl+Q转换成曲线，使用"形状"工具将正方形调整成山体形状，如图6-113所示。

04 使用"贝塞尔"工具，在山体上绘制山脊线闭合路径，如图6-114所示。

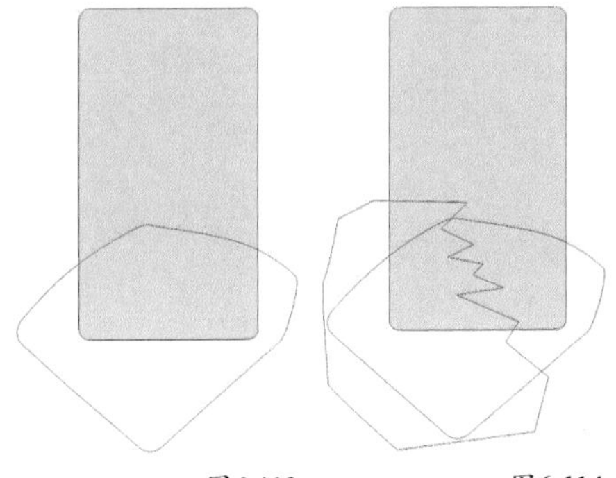
图6-113 图6-114

05 执行"窗口>泊坞窗>形状"菜单命令，打开"形状"泊坞窗，选择"相交"功能，勾选"保留原目标对象"选项，如图6-115所示。

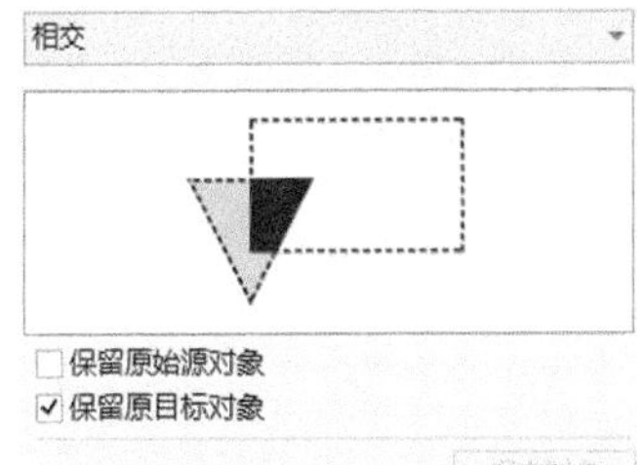

图6-115

06 选中山体，单击"相交对象"按钮，单击屏幕图形，生成新山体图形。选中山脊线，单击"相交对象"按钮，单击新山体图形，生成新山脊线图形，如图6-116所示。

07 选中山脊线，单击"平滑"工具，在属性栏中设置"笔尖半径"为150px、"速度"为100，按住鼠标左键拖曳，将山脊线的尖锐角转换为平滑曲线，如图6-117所示。

图6-116 图6-117

08 选中山脊线，单击"交互式填充"工具，按住鼠标左键拖曳生成渐变填充控制调节手柄，如图6-118所示。单击黑色箭头指向的颜色节点，然后单击色样后面的小箭头，弹出选色器，如图6-119所示。

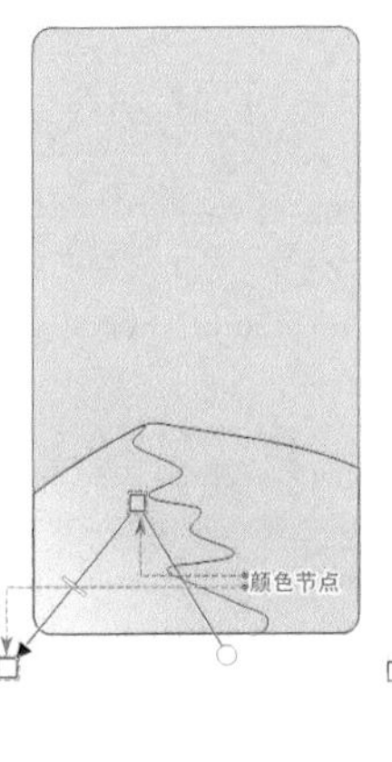

图6-118

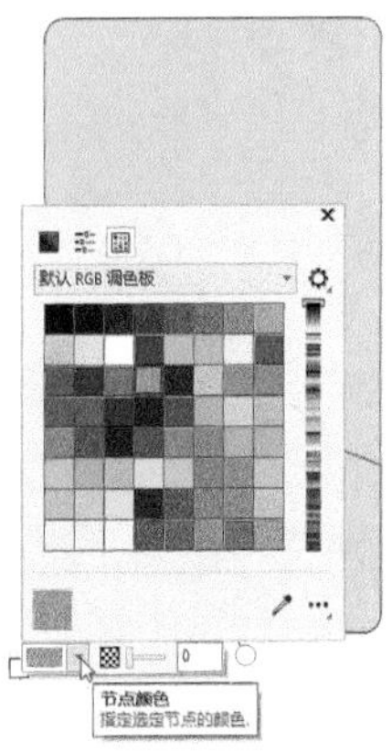

图6-119

09 在选色器中激活“显示颜色滑块”按钮，设置该节点的颜色为粉色（R:255，G:153，B:204），如图6-120所示。在页面空白处单击，完成渐变色的绘制，如图6-121所示。

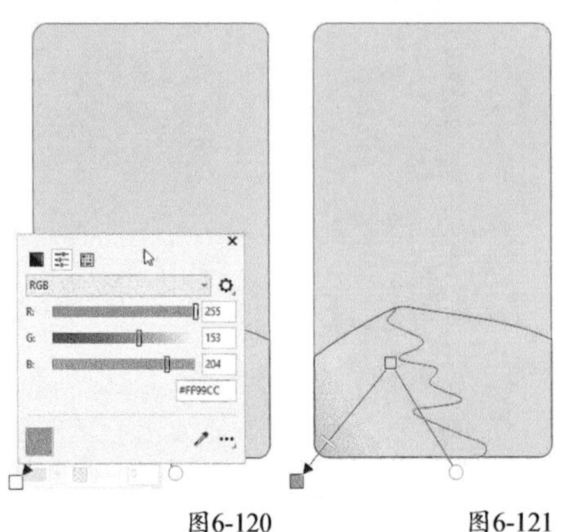

图6-120　　图6-121

10 参照步骤8和步骤9，设置山脊线的另一个节点颜色为紫色（R:154，G:0，B:115），如图6-122所示。

11 参照上述渐变填充操作步骤，设置山体渐变色起始节点的颜色为粉色（R:255，G:153，B:204）、终止节点颜色为淡粉色（R:255，G:213，B:244），如图6-123所示。

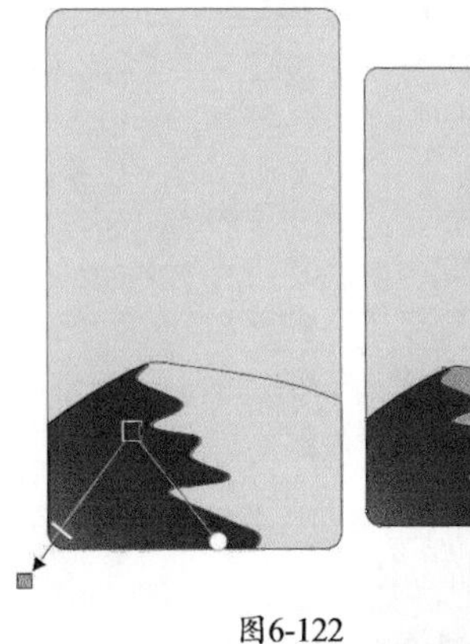

图6-122

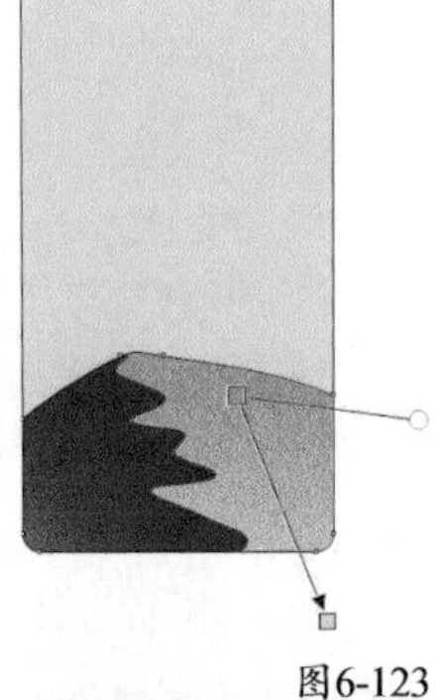

图6-123

12 设置手机屏幕渐变色起始节点的颜色为深紫色（R:0，G:0，B:102）、终止节点颜色为紫色（R:153，G:0，B:204），如图6-124所示。

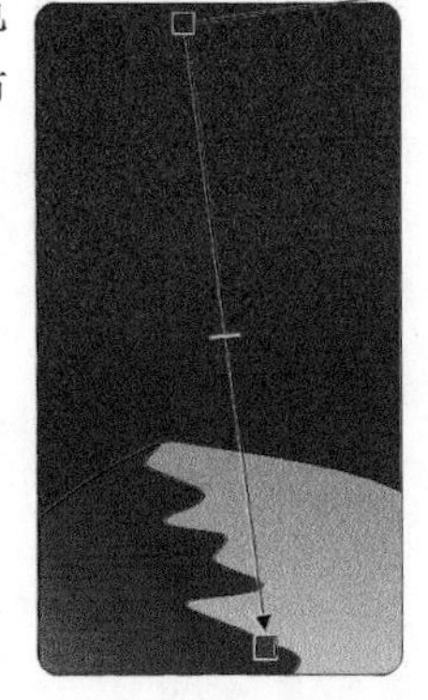

图6-124

13 选中山体，按+键复制一个，设置填充色为白色，向上移动10px，然后按快捷键Ctrl+PageDown向下移动一层，移除全部轮廓色，如图6-125所示。

14 使用“星形”工具，绘制5颗星星，如图6-126所示。

15 单击“常见的形状”工具，在“常用形状”拾取器中选择“水滴”图样绘制水滴，拖曳拉伸手柄使其变形成长条形状，然后逆时针旋转60°，移动到屏幕之中，完成流星的绘制，如图6-127所示。

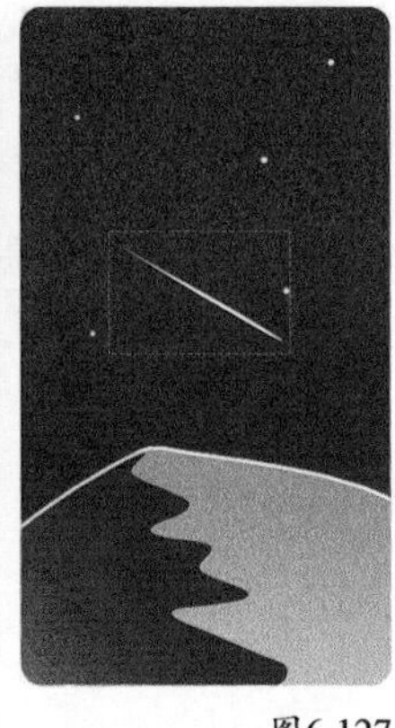

图6-125　　图6-126　　图6-127

16 选中流星，单击“阴影”工具，按住鼠标左键拖曳生成阴影控制手柄，如图6-128所示，在属性栏中设置“阴影颜色”为白色、“合并模式”为“添加”，完成流星光晕的绘制。

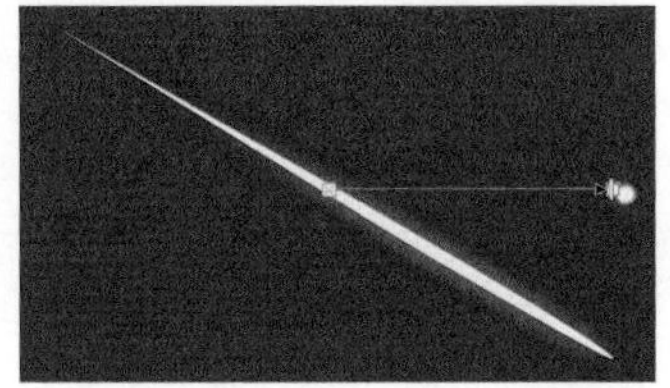

图6-128

17 在页面空白处绘制一个圆角正方形和一个圆形，使其中心对齐，按快捷键Ctrl+L合并，如图6-129所示。

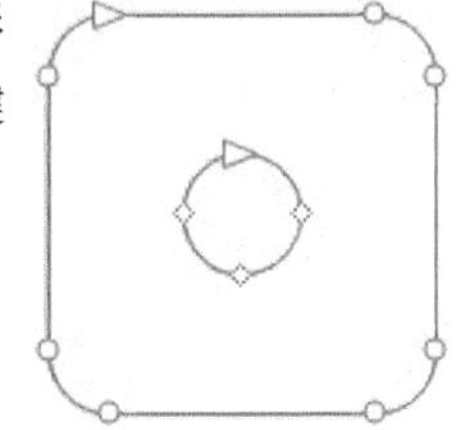

图6-129

18 绘制两个圆角正方形，使其中心对齐，按快捷键Ctrl+L合并，然后移动到刚才绘制的图形上，水平居中对齐，如图6-130所示。

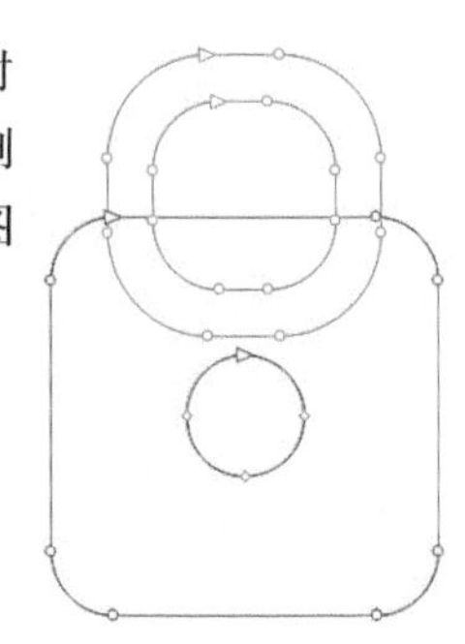

图6-130

19 选中上一步中的两个对象，单击属性栏中的“焊接”按钮，绘制锁屏UI。移动锁屏UI到屏幕上方，使用“文本”工具输入“使用指纹或上滑解锁”字样，设置“字体”为“方正兰亭中黑”，并使其水平居中对齐屏幕，如图6-131所示。

图6-131

20 输入时间和日期信息，使其与屏幕水平居中对齐，最终效果如图6-132所示。

图6-132

★重点★

实战 绘制简约笔记本

实例位置 实例文件>CH06>实战：绘制简约笔记本.cdr
素材位置 无
视频名称 实战：绘制简约笔记本.mp4
实用指数 ★★★★☆
技术掌握 造型功能的运用方法

扫码看视频

本案例绘制的笔记本效果如图6-133所示。

图6-133

01 新建文档，在页面空白处绘制一个宽度为40mm、高度为60mm的矩形作为封面，设置填充色为红色（C:0，M:89，Y:74，K:0），如图6-134所示。

02 在封面右侧绘制一个宽度为3mm、高度为60mm的矩形，设置填充色为灰色（C:73，M:67，Y:64，K:23），使其垂直对齐封面，如图6-135所示。

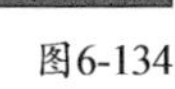
图6-134

图6-135

03 在页面空白处依次绘制一个直径为5mm的圆环和一个边长为5mm的正方形，移动两个对象使其呈相交状态，如图6-136所示。

04 选中两个对象，在属性栏中单击“移除前面对象”按钮，生成饼形圆环，如图6-137所示。

05 使用“形状”工具调整饼形圆环右侧节点的控制手柄，如图6-138所示。

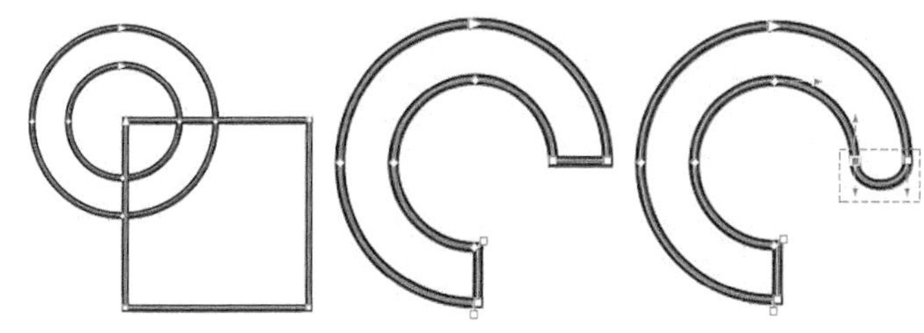

图6-136 图6-137 图6-138

06 复制一个圆环，移动所有圆环到笔记本左侧，设置填充色为黑色（C:0，M:0，Y:0，K:100）。然后选中两个圆环，适当压缩高度，如图6-139所示。

图6-139

07 向下复制5个双圆环图形，垂直分散排列，完成笔记本卡扣的绘制。选中笔记本封面，按+键复制一个，按快捷键Shift+PageDown移到底层，设置填充色为深红色（C:40，M:100，Y:100，K:7）。再将其向右下角移动一定的距离，并移除所有轮廓色，如图6-140所示。

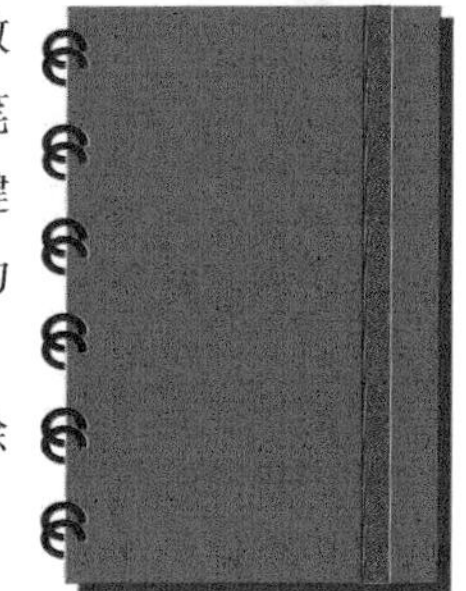

图6-140

08 在页面空白处绘制一个宽度为1.8mm、高度为33mm的矩形，按快捷键Ctrl+Q转换为曲线，如图6-141所示。

09 使用“形状”工具在曲线顶部增加一个节点，然后向上移动5mm，完成铅笔轮廓的绘制，如图6-142所示。

10 在页面空白处，绘制一个宽度为0.6mm、高度为33mm的矩形，将矩形上部直角设置为最大圆角半径。复制两个矩形，移动到铅笔轮廓内，如图6-143所示。

11 设置铅笔底色为淡黄色（C:6，M:25，Y:38，K:0），从左向右依次设置铅笔花纹的颜色为黄色（C:2，M:27，Y:65，K:0）、深灰色（C:73，M:67，Y:64，K:23）和橘黄色（C:0，M:52，Y:91，K:0），然后移除花纹的轮廓色，如图6-144所示。

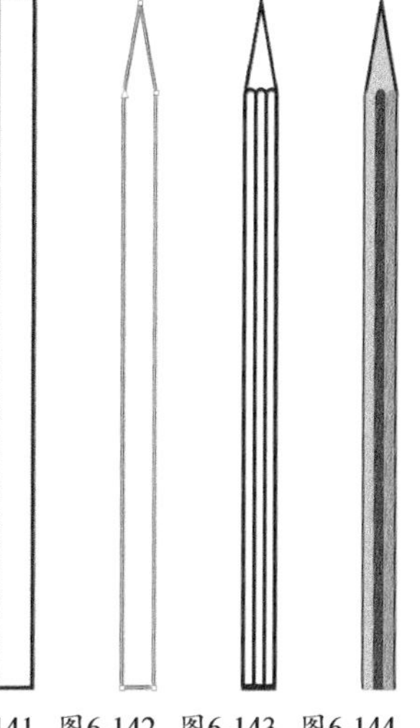

图6-141 图6-142 图6-143 图6-144

12 在铅笔上部绘制一个矩形，如图6-145所示，选中矩形和铅笔，在属性栏中单击“相交”按钮，生成笔尖形状，设置笔尖颜色为灰色（C:73，M:67，Y:64，K:23），如图6-146所示。

13 在铅笔上部绘制一个宽度为0.6mm、高度为4mm的矩形，与铅笔左对齐，按快捷键Ctrl+Q转换为曲线，如图6-147所示。使用“形状”工具，移动矩形右上角的节点到笔尖位置，如图6-148所示。选中该对象和铅笔，在属性栏中单击“相交”按钮，生成左侧笔尖纹理，设置该对象的填充色为淡粉色（C:7，M:17，Y:22，K:0），如图6-149所示。

14 参照步骤13，绘制右侧笔尖纹理，设置填充色为肉色（C:12，M:32，Y:46，K:0），然后移除铅笔的所有轮廓色，完成铅笔的绘制，如图6-150所示。

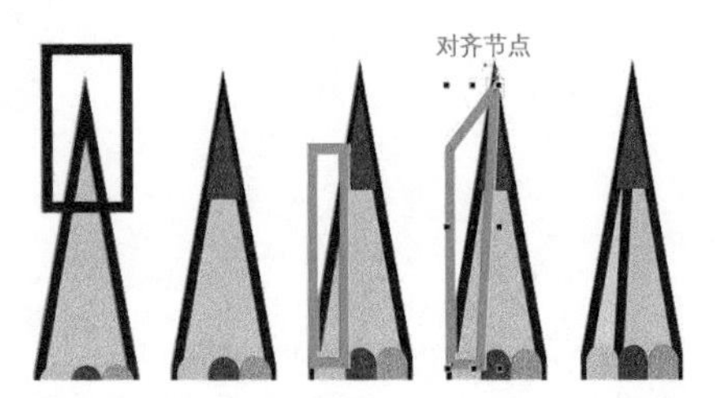

图6-145 图6-146 图6-147 图6-148 图6-149 图6-150

15 移动铅笔到笔记本上，逆时针旋转15°。选中铅笔底部轮廓对象，按+键复制一个，设置该对象的填充色为四色黑（C:100，M:100，Y:100，K:100）。单击“透明度”工具，在属性栏中单击“均匀透明度”按钮，完成铅笔阴影的绘制。然后将阴影向下移动1mm，如图6-151所示。

16 使用“文本”工具在笔记本封面上输入NOTE BOOK字样，设置“字体”为“华康海报体”、“大小”为9.5，字体颜色为深黄色（C:2，M:27，Y:65，K:0），如图6-152所示。

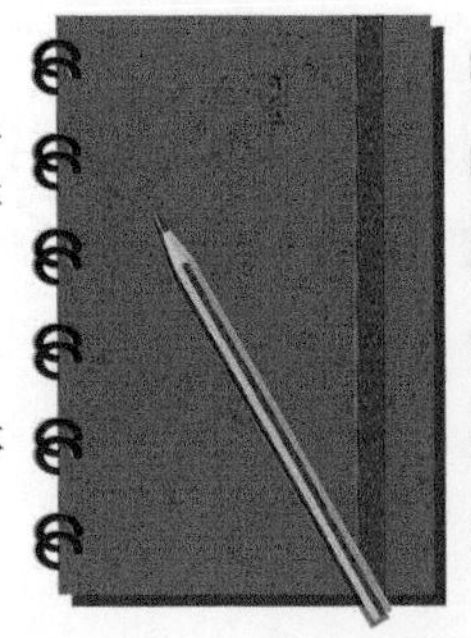

图6-151

图6-152

17 在页面空白处绘制一个宽度为70mm、高度为80mm的矩形，设置填充色为粉色（C:0，M:40，Y:20，K:0），置于底层。选中笔记本，逆时针旋转30°，按快捷键Ctrl+G组合对象，使其和刚才绘制的矩形中心对齐，最终效果如图6-153所示。

图6-153

★ 重点 ★

实战 快速绘制海星图像

扫码看视频

实例位置 实例文件 >CH06> 实战：快速绘制海星图像.cdr
素材位置 素材文件 >CH06>01.jpg
视频名称 实战：快速绘制海星图像.mp4
实用指数 ★★★☆☆
技术掌握 “平滑”工具和造型功能的运用方法

本案例绘制的海星效果如图6-154所示。

图6-154

01 新建文档，使用“星形”工具，在页面空白处绘制一个宽度为30mm的五角星，使用“形状”工具调整形状，如图6-155所示。

02 设置星形的填充色为深黄色（R:247，G:171，B:38），按快捷键Ctrl+Q转曲，使用“平滑”工具调整五角星的折角为圆滑转角，完成海星轮廓的绘制，如图6-156所示。

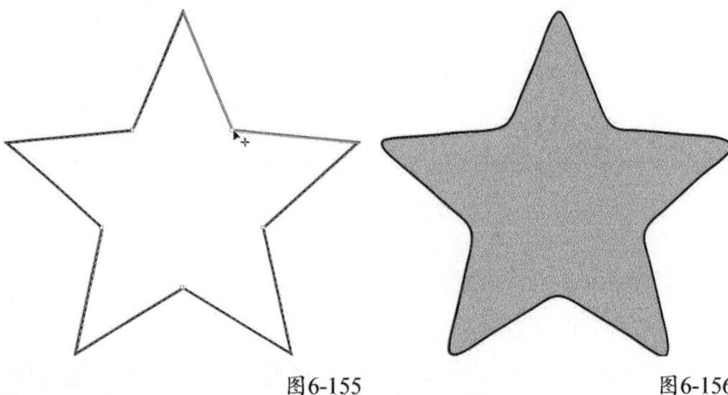

图6-155 图6-156

03 选中海星轮廓，按住Shift键向中心缩小对象，单击鼠标右键，复制一个海星轮廓，设置该对象的填充色为浅黄色（R:249，G:184，B:71），如图6-157所示。

04 使用“椭圆形”工具绘制4个海星纹理，设置填充色为肉色（R:253，G:220，B:164），如图6-158所示。

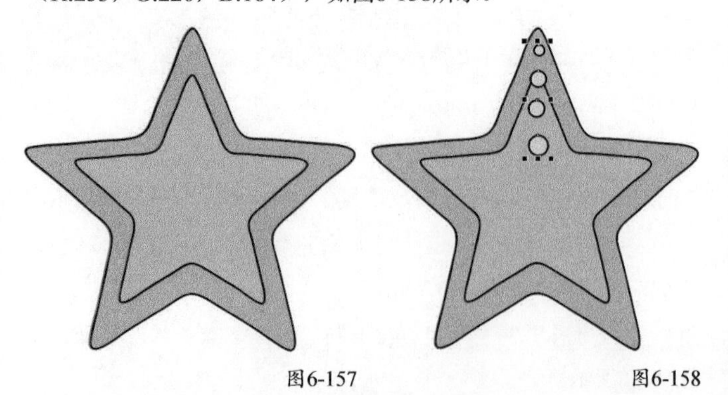

图6-157 图6-158

05 参照步骤4，绘制另外4条海星脚上的纹理，然后移除所有轮廓色，如图6-159所示。

06 选中所有对象，在属性栏中单击“创建边界”按钮，在属性栏中设置轮廓宽度为2.0pt、轮廓色为深黄色（R:229，G:140，B:44），如图6-160所示。

图6-159　　图6-160

07 使用“椭圆形”工具绘制海星的眼睛，设置眼睛底色为赭色（R:119，G:68，B:12），如图6-161所示。

08 使用“椭圆形”工具绘制海星的腮红，设置腮红颜色为粉色（R:245，G:147，B:82），如图6-162所示。

图6-161　　图6-162

09 使用“椭圆形”工具从上至下依次绘制两个圆形，如图6-163所示。选中两个圆形，在属性栏中单击“移除前面对象”按钮，生成海星的嘴巴，设置嘴巴的填充色为赭色（R:119，G:68，B:12）。选中全部对象，按快捷键Ctrl+G组合，完成海星的绘制，如图6-164所示。

图6-163　　图6-164

10 选中海星，按+键复制一个，设置填充色为黑色（R:0，G:0，B:0），按快捷键Shift+PageDown移到底层。接着单击“透明度”工具，在属性栏中单击“均匀透明度”按钮，设置“透明度”为75，然后将复制图形向右下角移动一定距离，完成海星阴影的绘制，如图6-165所示。

11 导入“素材文件>CH06>01.jpg”文件，按快捷键Shift+PageDown移到底层。选中海星，逆时针旋转15°，使其与刚才导入的位图中心对齐，最终效果如图6-166所示。

图6-165　　图6-166

★ 重点 ★

实战　绘制卡通风景画

实例位置　实例文件>CH06>实战：绘制卡通风景画.cdr
素材位置　素材文件>CH06>02.cdr、03.cdr
视频名称　实战：绘制卡通风景画.mp4
实用指数　★★★☆☆
技术掌握　“吸引和排斥”工具和造型功能的运用方法

扫码看视频

本案例绘制的风景画效果如图6-167所示。

图6-167

01 新建文档，在页面空白处绘制一个宽度为150mm、高度为100mm的矩形，设置填充色为蓝色（C:45，M:0，Y:13，K:0），如图6-168所示。

图6-168

02 单击“手绘”工具，在属性栏中设置“手绘平滑”为100，在矩形上绘制一个山丘的闭合曲线，如图6-169所示。

图6-169

03 选中两个对象，单击属性栏中的“相交”按钮，生成第1座山丘，设置该山丘的填充色为深红色（C:46，M:83，Y:100，K:14），如图6-170所示。

04 参照步骤2和步骤3，使用“手绘”工具和“相交”功能绘制第2座山丘，设置填充色为绿色（C:48，M:17，Y:87，K:0），如图6-171所示。

图6-170

图6-171

05 参照上述步骤，由下至上依次绘制两座山丘，分别设置填充色为赭色（C:31，M:81，Y:100，K:0）和淡赭色（C:17，M:77，Y:100，K:0），如图6-172所示。

06 由下至上绘制3座山丘，分别设置填充色为黄色（C:5，M:24，Y:89，K:0）、土黄色（C:16，M:56，Y:97，K:0）和橘黄色（C:0，M:50，Y:91，K:0），如图6-173所示。

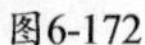

图6-172

图6-173

07 由左至右绘制两座绿色山丘，分别设置填充色为绿色（C:46，M:16，Y:72，K:0）和深绿色（C:62，M:31，Y:71，K:0），如图6-174所示。

图6-174

08 使用“手绘”工具和“相交”功能，在矩形上部绘制3朵白云，设置填充色为淡蓝色（C:12，M:0，Y:3，K:0），如图6-175所示。

图6-175

09 使用“椭圆形”工具在矩形中绘制6个椭圆形，如图6-176所示。选中6个椭圆形，在属性栏中单击“焊接”按钮，使用“形状”工具将底部节点向外拖曳，如图6-177所示。选择该对象和矩形，单击属性栏中的“相交”按钮，生成云朵轮廓，设置云朵的填充色为淡蓝色（C:12，M:0，Y:3，K:0），如图6-178所示。

图6-176

图6-177

图6-178

10 在页面空白处使用“常见的形状”工具绘制一个细长的梯形，作为树干的轮廓，如图6-179所示。在树干上绘制4根树枝，如图6-180所示。选中树干和树枝，单击属性栏中的“焊接”按钮，完成枝干轮廓的绘制，如图6-181所示。

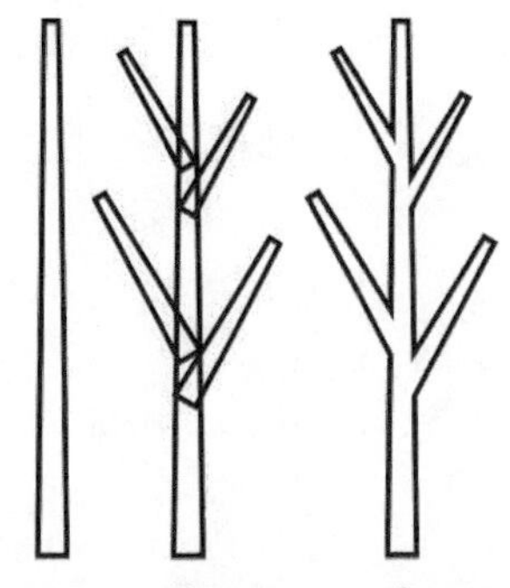

图6-179　图6-180　图6-181

11 使用“椭圆形”工具在枝干上绘制一个椭圆形，如图6-182所示。使用“吸引和排斥”工具扩大椭圆形的下部分曲线，完成树叶轮廓的绘制，如图6-183所示。设置枝干的填充色为赭色（C:31，M:85，Y:98，K:17）、树叶的填充色为红色（C:0，M:90，Y:94，K:0），完成树的绘制，如图6-184所示。

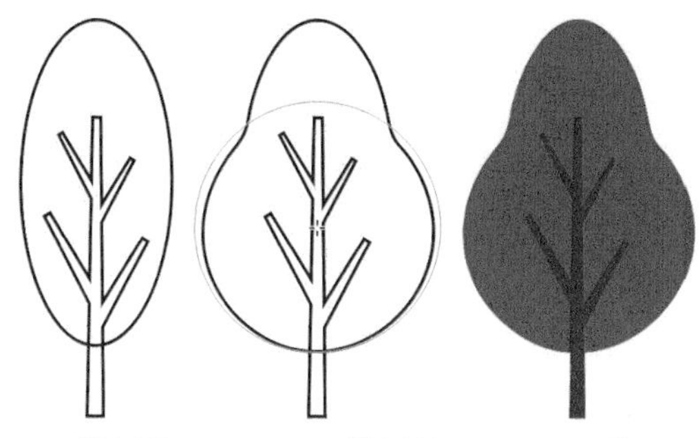

图6-182　　图6-183　　图6-184

12 复制两棵树，分别设置树叶的颜色为黄色（C:5，M:21，Y:88，K:0）和橘黄色（C:0，M:70，Y:93，K:0），移动3棵树到画面的左侧，如图6-185所示。

13 参照上述步骤，在画面右侧也绘制3棵树，设置第1棵树的填充色为绿色（C:42，M:5，Y:88，K:0），如图6-186所示。

图6-185

图6-186

14 在页面空白处使用“贝塞尔”工具绘制一些小草轮廓，如图6-187所示。

图6-187

15 随机设置小草的填充色为绿色（C:51，M:4，Y:98，K:0）或深绿色（C:65，M:14，Y:100，K:0），然后将小草移动到画面底部，如图6-188所示。

16 导入“素材文件>CH06>02.cdr、03.cdr”文件，将它们移动到画面中，最终效果如图6-189所示。

图6-188

图6-189

★重点★

行业经验：曲线和图形的区别

在实际工作中，很多初学者无法分清什么是曲线，什么是图形。总的来说，曲线和图形都能设置填充色和轮廓色，并且二者都可以使用CorelDRAW的特效工具进行编辑。曲线和图形最主要的区别是在可编辑性上的不同。

曲线只能通过调整节点和控制手柄来编辑对象，如图6-190所示。

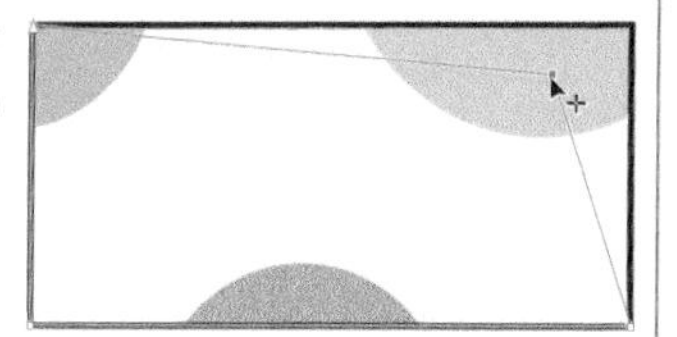

图6-190

图形可以通过调整属性栏功能或调整专用节点来编辑对象，如图6-191所示。

图6-191

使用“文本”工具输入的文字也是一种图形，如图6-192所示，上面是文本（图形），下面是曲线。

我是文本
我是曲线

图6-192

在CorelDRAW中，图形可以转换成曲线，但曲线不能转换为图形。判断曲线和图形的标准就是可编辑性的区别。

第7章

矢量图形的填充

填充矢量图形是赋予矢量对象色彩信息的重要方法，通过对本章的学习，读者可以掌握如何使用调色板进行均匀填充；使用“交互式填充”工具进行渐变填充、图样填充；使用“智能填充”工具进行智能填充；使用“网状填充”工具进行网格填充。

本章需要重点掌握并熟练运用调色板和“交互式填充”工具的使用技巧，其中，在“交互式填充”工具中的渐变填充是重中之重。

学习要点

第121页 均匀填充

第122页 渐变填充

第137页 “网状填充”工具

第140页 “颜色滴管”工具

工具名称	工具图标	工具作用	重要程度
“交互式填充”工具		包含均匀填充、渐变填充等填充类型，具有丰富的填充设置功能	高
“智能填充”工具		填充多个图形的交叉区域，并使填充区域形成独立的对象	低
“网状填充”工具		将对象分割成多个网格，每个网格可以分别填充颜色	高
“颜色滴管”工具		从对象上对颜色进行取样，并应用到其他对象	高
“属性滴管”工具		复制对象的属性（如填充、轮廓大小和效果），并将其应用到其他对象	高
调色板填充	无	单击为对象填充颜色，可以自定义调色板	高

★ 重点 ★

7.1 填充色与轮廓色

在学习图形的填充之前，首先要了解对象填充色和轮廓色的概念。

填充色是闭合曲线的内部填充颜色，填充色可以是均匀色、渐变色、图样填充色和位图填充色等。轮廓色是开放曲线或闭合曲线的曲线本身颜色，轮廓色一般是均匀色，如图7-1所示。

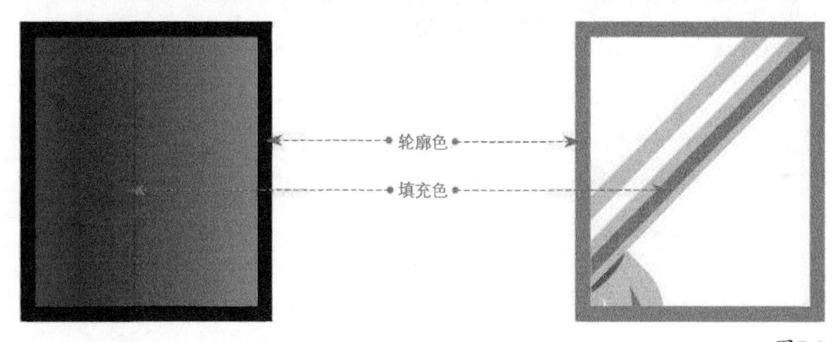

图7-1

注意

矢量图形的填充色和轮廓色可以设置为有颜色，也可以设置为无颜色，一个既没有填充色也没有轮廓色的对象就是一个完全透明的对象，如图7-2所示。可以执行“查看>线框”菜单命令查看完全透明的对象，如图7-3所示。

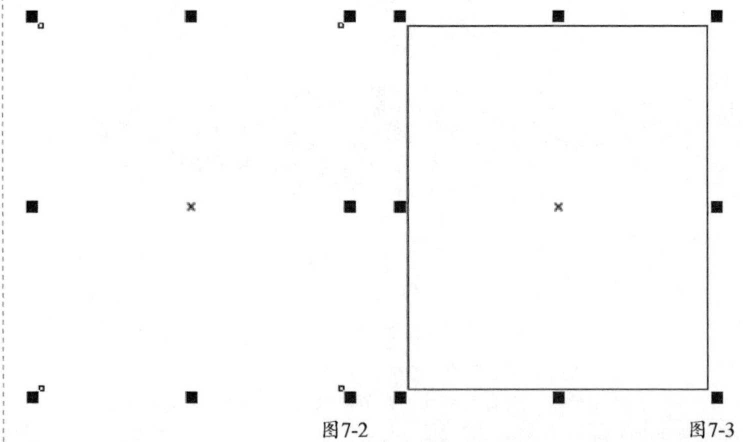

图7-2 图7-3

在使用“挑选”工具选择对象时，有填充色的，单击闭合曲线内部可以选中对象；无填充色的，单击闭合曲线内部也可以选中对象。因为在默认情况下，CorelDRAW将所有对象视为已填充，属性栏中的“所有对象视为已填充”按钮为激活状态，如图7-4所示。

图7-4

如果冻结该按钮，无填充色的闭合曲线就无法通过单击闭合曲线内部选中对象。

★重点★

7.2 使用调色板

调色板是非常重要的内容，下面将详细讲解相关的各项操作。

7.2.1 打开和关闭调色板

除了可以使用默认调色板和文档调色板之外，还可以使用“调色板”泊坞窗，打开其他相应的调色板。

执行“窗口>泊坞窗>调色板”菜单命令，打开“调色板”泊坞窗，在该泊坞窗中显示了系统预设的所有调色板类型和自定义的调色板类型，如图7-5所示。勾选相应的调色板名称，即可在软件界面右侧显示该调色板，如图7-6所示。取消勾选，则关闭相应的调色板，执行“窗口>调色板>关闭所有调色板”菜单命令也可以关闭所有调色板。

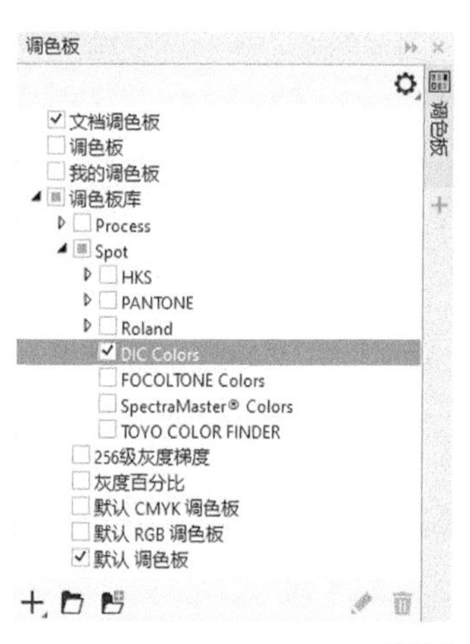

图7-5

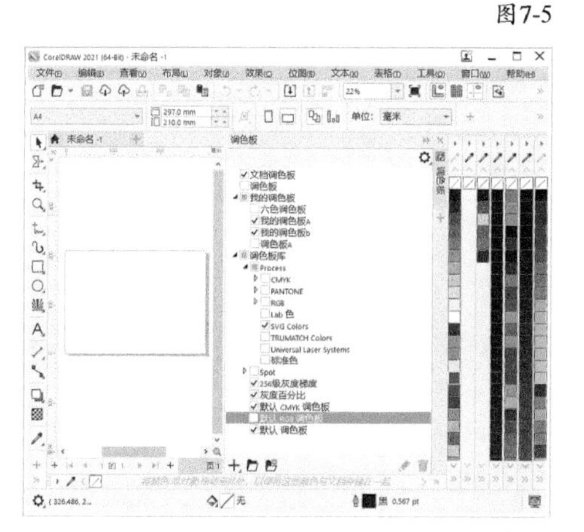

图7-6

7.2.2 删除调色板

在“调色板”泊坞窗中可以删除自定义的调色板，在需要删除的调色板名称上单击鼠标右键，在弹出的快捷菜单中选择“删除”命令，如图7-7所示。

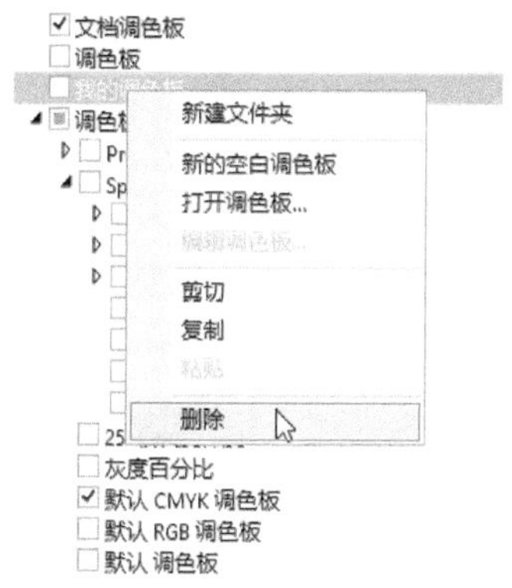

图7-7

技巧与提示

在“调色板”泊坞窗中只能删除自定义的调色板，其余系统预设的调色板均无法删除。

7.2.3 添加颜色到调色板

单击除默认调色板之外的任意调色板上方的“滴管” 按钮，鼠标指针形状变为，可对屏幕上任意对象（不论是在程序内部还是外部）中的颜色进行取样，并将该颜色添加到相应的调色板中。在选择颜色的过程中按住Ctrl键，鼠标指针形状转换为时，即可连续添加颜色到相应的调色板中。

技巧与提示

从选定对象添加颜色到所选调色板时，如果该调色板中已经包含该对象中的颜色，则在该调色板列表中不会增加该对象的色样。

选中某一填充对象，按住Ctrl键，单击调色板中的任意一个色样，则该填充对象就会添加少量此色样。

一个文档中使用过的所有颜色，都会被CorelDRAW 2021自动添加到“文档调色板”中，并且该调色板中的颜色会一直跟随文档存储于其中。得益于新版本的该功能，大部分情况下，很少需要再进行添加颜色到调色板的命令操作了。

7.2.4 从调色板中删除颜色

单击选中除默认调色板之外的任意调色板上的色样，单击调色板上方的按钮，在弹出的菜单中选择“删除颜色”命令即可删除该色样。

技巧与提示

CorelDRAW的默认调色板是唯一一个无法添加颜色、删除颜色的调色板。

7.2.5 创建自定义调色板

使用“矩形”工具绘制6个矩形，为每个矩形设置不同的填充色，如图7-8所示。选中6个矩形，执行“窗口>调色板>从选择中创建调色板”菜单命令，打开“新建调色板”对话框，设置“文件名”为“六色调色板”，单击“保存”按钮，如图7-9所示，即可由选定对象的填充颜色创建一个自定义的调色板。新建的调色板会自动在软件界面右侧显示，如图7-10所示。

图7-8

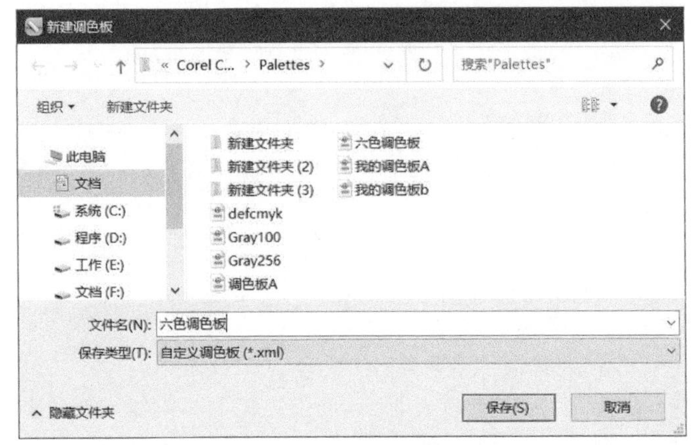

图7-9

图7-10

执行“窗口>调色板>从文档创建调色板”菜单命令，打开“新建调色板”对话框，然后输入自定义文件名，单击“保存”按钮，即可由文档窗口中的所有对象的填充颜色创建一个自定义的调色板，新建的调色板会自动在软件界面右侧显示。

7.2.6 调色板编辑器

执行“窗口>调色板>调色板编辑器”菜单命令，弹出“调色板编辑器”对话框，在该对话框中可以对除默认调色板之外的其他调色板进行编辑，如图7-11所示。

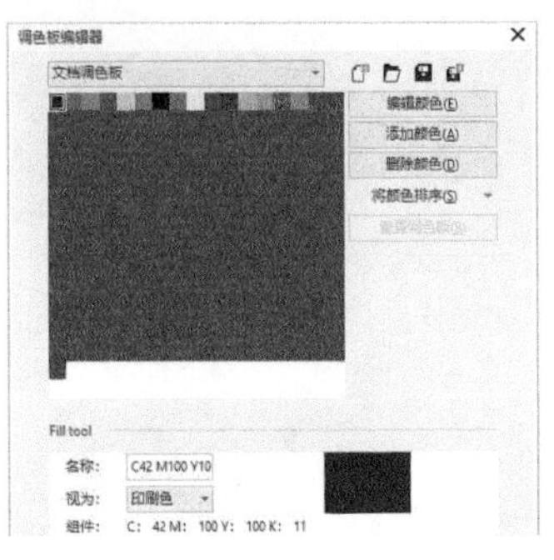

图7-11

“调色板编辑器”对话框选项介绍

新建调色板：单击该按钮，弹出“新建调色板”对话框，然后在该对话框的“文件名”文本框中输入调色板名称，单击“保存”按钮，如图7-12所示，即可新建一个调色板进行之后的编辑。

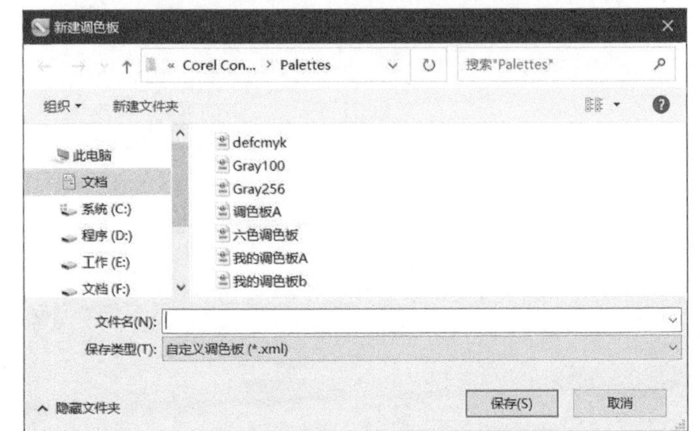

图7-12

打开调色板：单击该按钮，弹出“打开调色板”对话框，然后在该对话框中选择一个调色板，单击“打开”按钮，如图7-13所示，即可在“调色板编辑器”对话框中显示所选调色板。

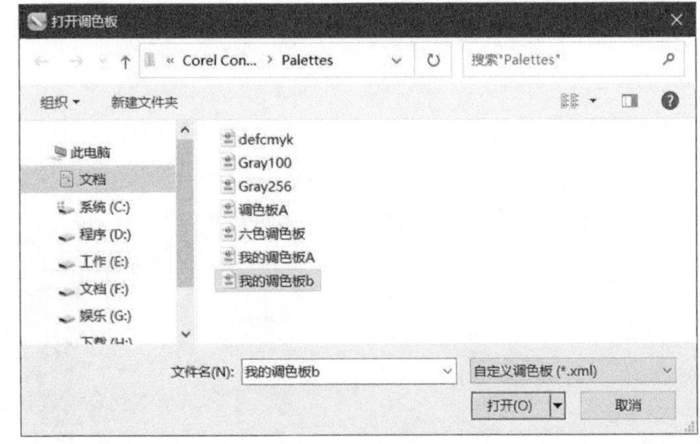

图7-13

保存调色板：保存编辑好的调色板。

另存调色板：单击该按钮，可以打开“另存为”对话框，在该对话框的“文件名”文本框中输入新的调色板名称，单击“保存”按钮，如图7-14所示，即可将原有的调色板另存为其他名称。

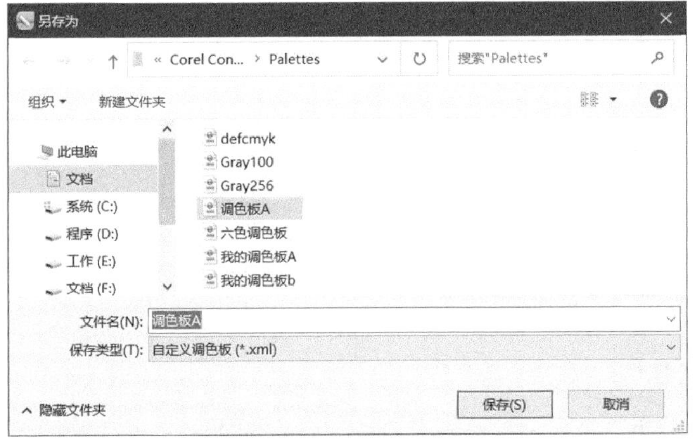

图7-14

编辑颜色：单击该按钮，即可打开“选择颜色”对话框，在该对话框中可以对“调色板编辑器”对话框中所选的色样进行选择。

添加颜色：单击该按钮，弹出“选择颜色”对话框，在该对话框中选择一种颜色后，单击“确定”按钮，即可将该颜色添加到对话框选定的调色板中。

删除颜色：选中某一颜色后，单击该按钮，即可删除调色板中所选颜色。

将颜色排序：设置所选调色板中色样的排序方式。单击该按钮可以打开色样排序方式的列表，在该列表中可以选择任意一种排序方式作为所选调色板中色样的排序方式，如图7-15所示。

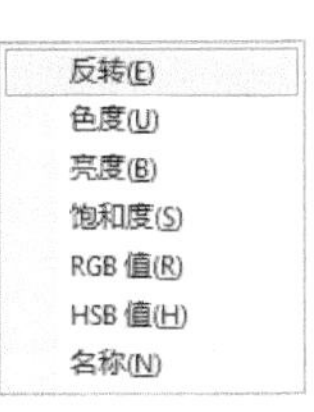

图7-15

重置调色板：单击该按钮，弹出提示对话框，然后单击“是”按钮，即可将所选调色板恢复原始设置。

名称：显示对话框中所选颜色的名称。

视为：设置所选颜色是专色还是印刷色。

组件：显示所选颜色的RGB值或CMYK值。

7.3 “交互式填充”工具

“交互式填充”工具包含多种填充功能，使用该工具可以为对象设置各种填充效果，其属性栏选项会根据设置的填充类型的不同而有所变化，如图7-16所示。

图7-16

7.3.1 无填充

选中一个已填充的对象，如图7-17所示，单击“交互式填充”工具，然后在属性栏上单击“无填充”按钮，即可移除该对象的填充内容，如图7-18所示。

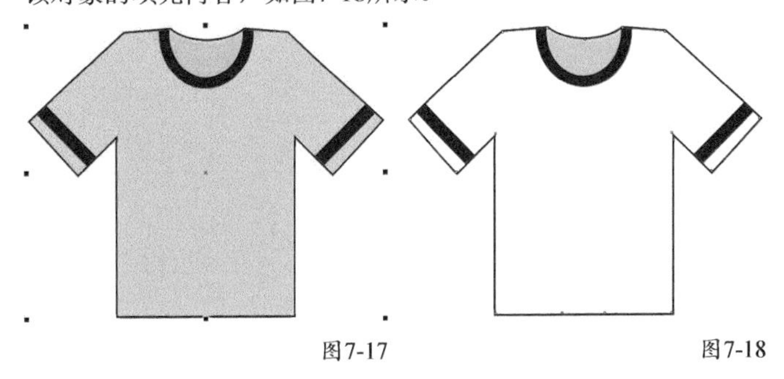

图7-17　　图7-18

★重点★

7.3.2 均匀填充

选中要填充的对象，单击“交互式填充”工具，然后在属性栏上单击“均匀填充”按钮■，在后面的“填充色”中设置填充色为绿色（C:73，M:0，Y58，K:0），如图7-19所示，填充效果如图7-20所示。

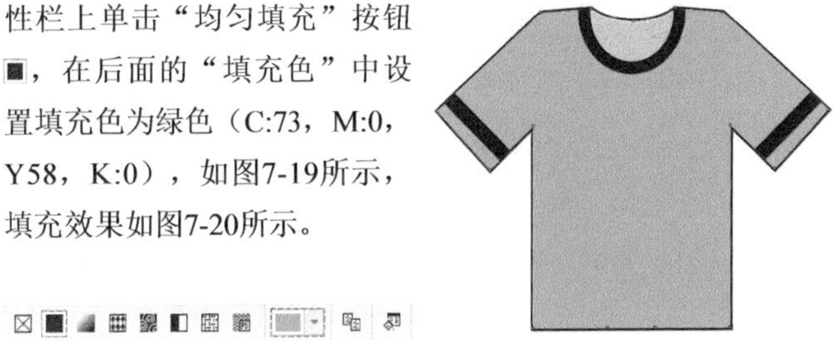

图7-19　　图7-20

选中要填充的对象，单击“交互式填充”工具，在属性栏上单击“编辑填充”按钮，或者双击状态栏填充色色样，可以打开“编辑填充”对话框，如图7-21所示。

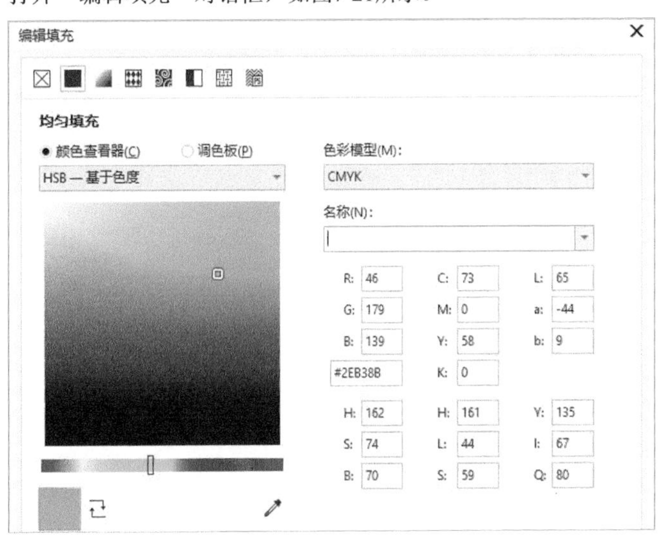

图7-21

“均匀填充”选项介绍

颜色查看器：选择基于不同类型的颜色查看器，再选择需要的填充色，查看器类型一般基于偏好选择。基于色度的颜色查看器如图7-22所示，基于亮度的颜色查看器如图7-23所示，基于色轮的颜色查看器如图7-24所示。

图7-22

图7-23

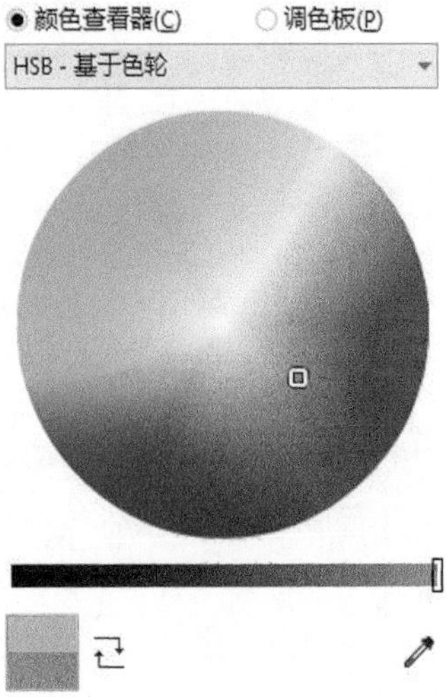

图7-24

色彩模型：选择不同类型的色彩模型，输入数值生成需要的颜色，如图7-25所示。

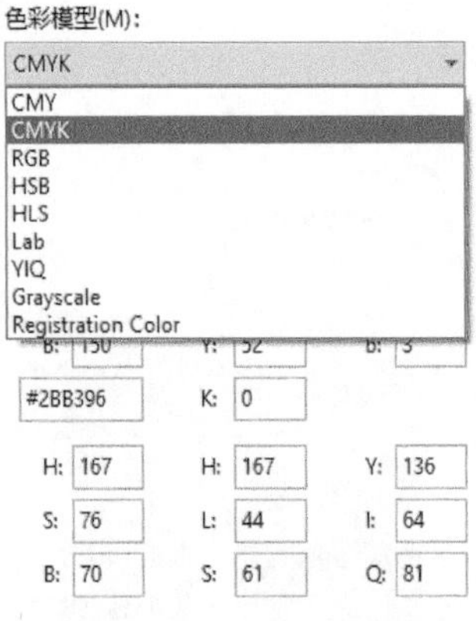

图7-25

对换颜色：将上一种选定的颜色和新颜色对换。

颜色滴管：对屏幕上任意对象（不论是在程序内部还是外部）中的颜色取样。

缠绕填充：合并对象的交叉区域也进行填充。

叠印填充：设计印刷品时视情况勾选。

> **技巧与提示**
>
> “交互式填充”工具无法移除对象的轮廓色，也无法填充对象的轮廓色。“均匀填充”最快捷的方法就是通过调色板进行填充操作。

★ 重 点 ★

7.3.3 渐变填充

“渐变填充”可以为对象添加两种或多种颜色的平滑渐变色彩效果，是“交互式填充”工具中使用最多的一种填充类型。“渐变填充”类型包括“线性渐变填充”“椭圆形渐变填充”“圆锥形渐变填充”“矩形渐变填充”4种。

线性渐变填充

“线性渐变填充”是应用线性路径渐进改变颜色的填充方式，可通过两种方法来绘制线性渐变填充。

第1种：通过“交互式填充”工具属性栏绘制。

选中对象，单击“交互式填充”工具，在属性栏中单击“渐变填充”按钮，默认情况下软件自动选择“线性渐变填充”，如图7-26所示。

图7-26

此时所选对象上会出现“线性渐变填充”控制手柄，如图7-27所示。其中包含一个角度控制节点、一个渐变中点控制滑块、一个起始颜色节点和一个终止颜色节点。

图7-27

单击起始颜色节点，在属性栏中单击“节点颜色”按钮，会弹出下拉面板。默认情况下，可以使用调色板选择起始颜色节点的色样，如图7-28所示，图7-29所示是选择色样颜色为青色时的对象效果。

> **技巧与提示**
>
> 在选择色样时，也可以在“节点颜色”下拉面板中单击左侧的颜色滑块或颜色查看器进行操作。

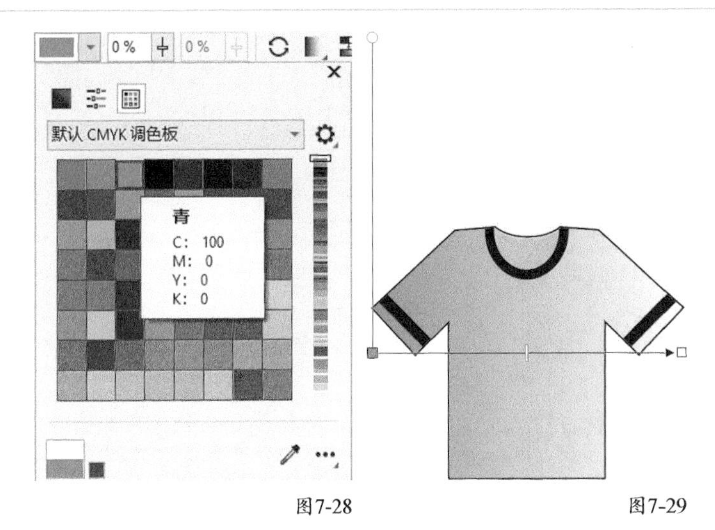

图7-28　　图7-29

运用上述方法，设置终止颜色节点的色样为洋红色，如图7-30所示。

选中渐变中点控制滑块，按住鼠标左键向右拖曳中点，增加青色所占比例，如图7-31所示。

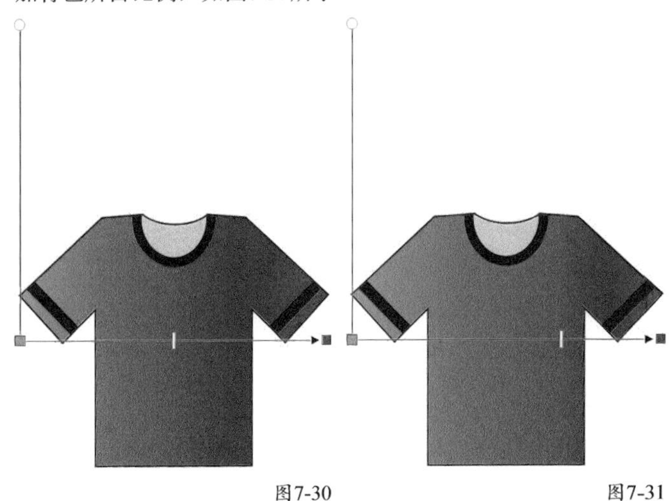

图7-30　　图7-31

拖曳角度控制节点，调整渐变填充的角度，如图7-32所示。

双击颜色节点所在的控制手柄，可以添加颜色节点，如图7-33所示。

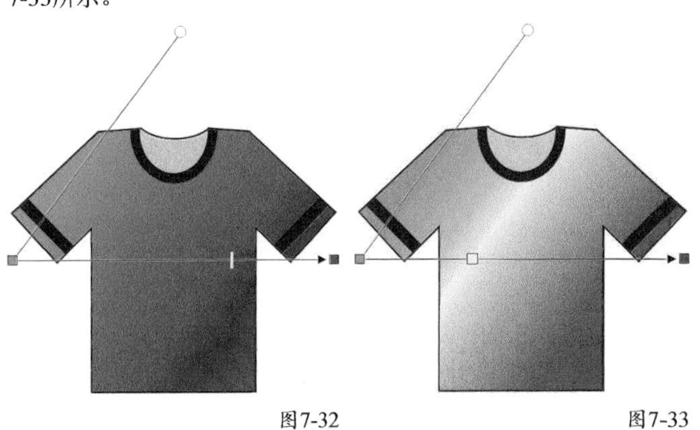

图7-32　　图7-33

选中起始颜色节点，在属性栏中设置“节点透明度”为80%，效果如图7-34所示，数值越大透明度越高。

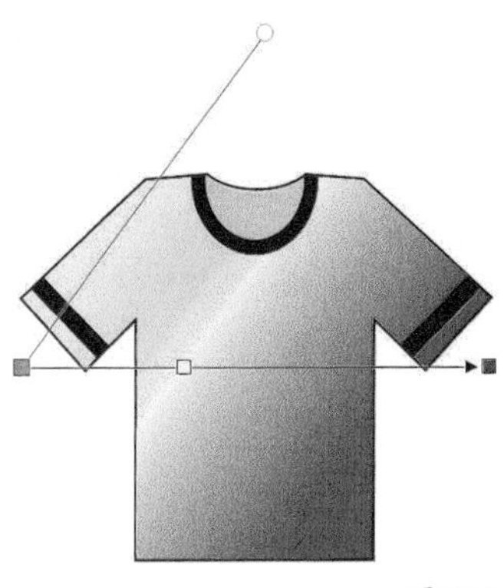

图7-34

技巧与提示

在设置节点的颜色时，单击颜色节点，会在颜色节点下方弹出“节点颜色”调节按钮，可以进行节点的颜色和透明度的设置，如图7-35所示。

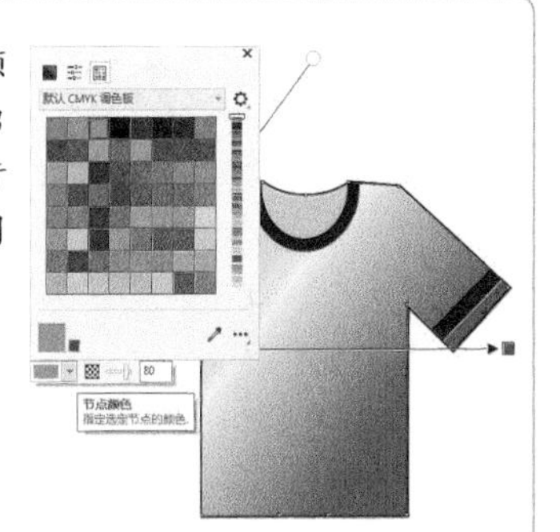

图7-35

在设置节点的颜色时，单击调色板中的色样，按住鼠标左键将色样拖曳到颜色节点上，也可以进行节点颜色的设置，如图7-36所示。

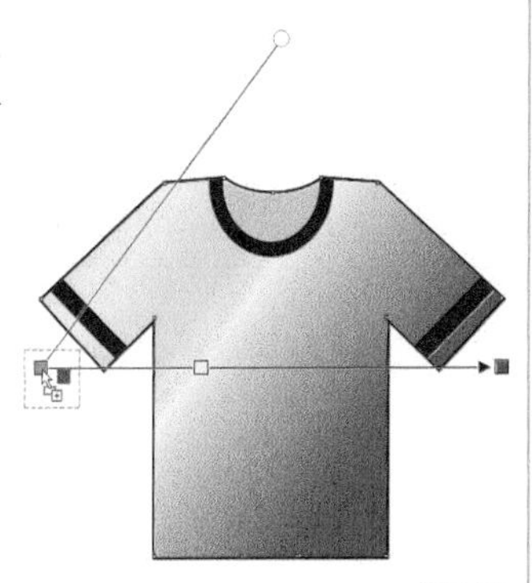

图7-36

通过拖曳起始颜色节点和终止颜色节点的位置，也可以调整渐变填充的角度，如图7-37所示。

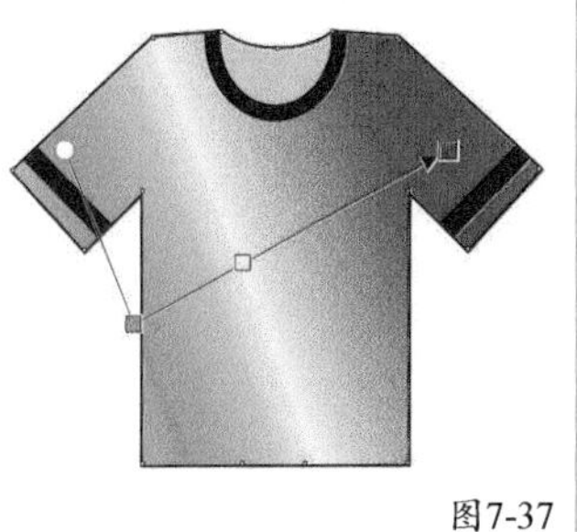

图7-37

渐变填充属性栏介绍

反转填充：反转渐变填充。

排列：镜像或重复渐变填充，在下拉列表中可以选择“默认渐变填充”“重复和镜像”“重复”选项。

平滑：在渐变填充的节点之间创建更加平滑的调和过渡。

加速→：在后面的文本框中输入数值，指定渐变填充中一个颜色调和到另一个颜色的速度，输入的数值越大，调和的速度越快。

自由缩放和倾斜：允许填充不按比例倾斜和拉伸显示，默认情况下为激活状态。

复制填充：将文档中其他对象的填充应用到选定对象。

技术看板

如何添加预设渐变填充？

选中一个已经完成渐变填充的对象，单击“交互式填充”工具，在属性栏中单击“填充挑选器”按钮，在下拉面板中单击+按钮，如图7-38所示，弹出“创建自定义渐变填充”对话框。

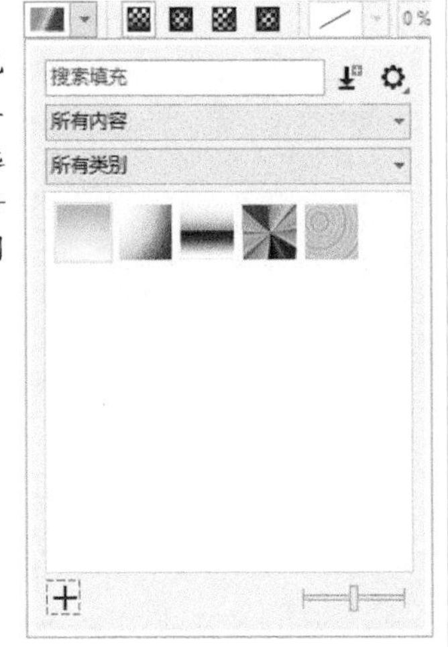

图7-38

在对话框的标题栏中输入自定义的名称，如图7-39所示，单击“保存”按钮完成自定义渐变填充预设的添加，如图7-40所示。

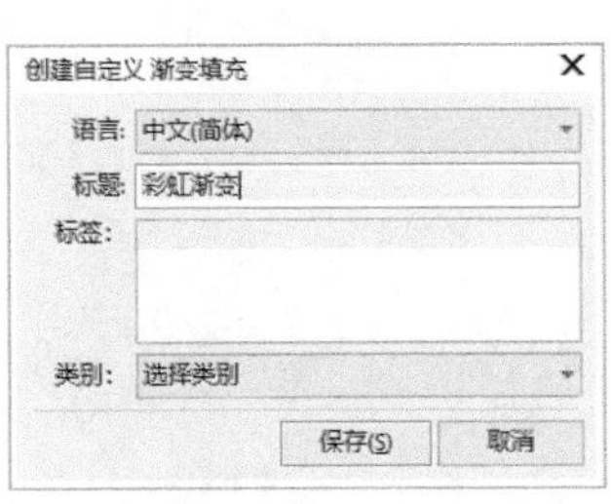

图7-39　　图7-40

需要使用该预设填充时，先选中对象，然后单击“填充挑选器”中的预设渐变，即可完成填充。

第2种：使用“编辑填充”对话框绘制。

选中对象，单击“交互式填充”工具，在属性栏中单击“编辑填充”按钮，或者双击状态栏中的填充色样，弹出“编辑填充”对话框。在渐变类型中单击“渐变填充”按钮，然后调和过渡类型，单击“线性渐变填充”按钮，如图7-41所示。

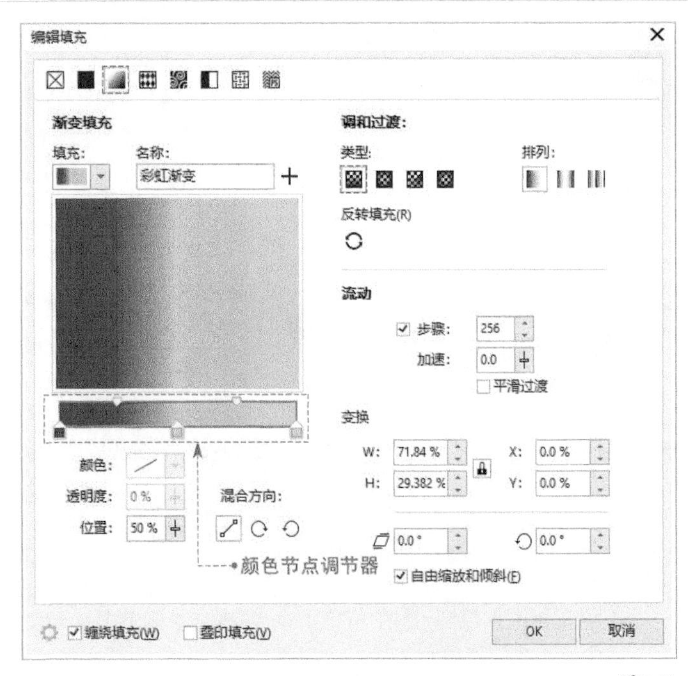

图7-41

在颜色节点调节器中设置起始颜色节点的色样为红色、终止颜色节点的色样为冰蓝色；然后双击调节器中的色带添加一个颜色节点，设置其色样为深黄色，位置为50%，单击OK按钮，效果如图7-42所示。

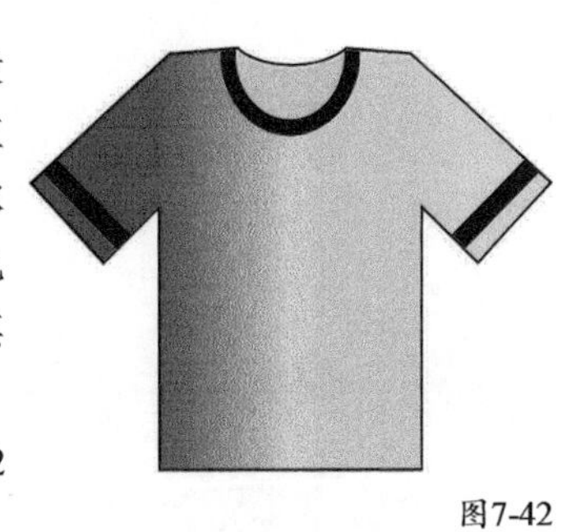

图7-42

“编辑填充”对话框介绍

填充：与属性栏中的“填充挑选器”一致，在后面的“名称”文本框中可以输入自定义名称，单击+按钮可以新建预设填充。

颜色节点调节器：双击色带添加颜色节点，双击删除颜色节点，上面的白色滑块为颜色调和中点的节点，如图7-43所示。

图7-43

颜色：选择指定节点的颜色，单击可以使用选色器设置需要的色样，如图7-44所示。

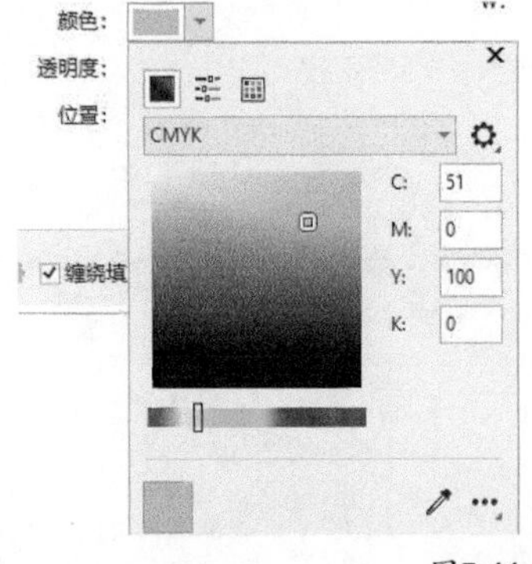

图7-44

透明度：输入数值确定颜色节点的透明度，数值越大，透明度越高。

位置：确定颜色节点在调节器中的位置，可以手动输入数值，也可以拖曳颜色节点进行设置。

线性颜色调和：在色轮中沿线性路径创建颜色渐变序列。

顺时针颜色调和：在色轮中沿顺时针路径创建颜色渐变序列。

逆时针颜色调和：在色轮中沿逆时针路径创建颜色渐变序列。

调和过渡类型：有“线性渐变填充”、“椭圆形渐变填充”、“圆锥形渐变填充”和“矩形渐变填充”4种类型可供选择。

排列：与属性栏中的“排列”一致。

反转填充：与属性栏中的“反转填充”一致。

步骤：指定显示或打印渐变填充使用的步长，数值越大，调和效果越细腻；数值越小，调和效果越粗糙，步长的最大值为999，默认值为256。

加速：与属性栏中的“加速”一致。

平滑过渡：与属性栏中的“平滑”一致。

填充宽度：设置与对象相对的填充宽度，数值越小，水平方向渐变效果越急促；数值越大，水平方向渐变效果越缓和。

填充高度：设置与对象相对的填充高度，数值越小，垂直方向渐变效果越急促；数值越大，垂直方向渐变效果越缓和。

水平偏移：相对于对象中心，向左或向右拖曳填充中心。

垂直偏移：相对于对象中心，向上或向下拖曳填充中心。

倾斜：将填充倾斜指定的角度。

旋转：顺时针或逆时针旋转颜色渐变序列。

自由缩放和斜切：与属性栏中的“自由缩放和斜切”一致。

技巧与提示

通过上面的学习可以发现，通过属性栏或者使用“编辑填充”对话框都可以绘制渐变填充。属性栏绘制侧重于图形化和便捷化，“编辑填充”对话框则更加复杂、更加详细。

渐变填充中4种调和类型的属性栏和“编辑填充”对话框选项功能一致，掌握了“线性渐变填充”的使用也就掌握了另外3种调和类型的使用。

椭圆形渐变填充

“椭圆形渐变填充”是应用在同心椭圆形中由中心向外逐渐更改颜色的填充。

选中对象，单击“交互式填充”工具，在属性栏中单击“渐变填充”按钮，再单击“椭圆形渐变填充”按钮，如图7-45所示。

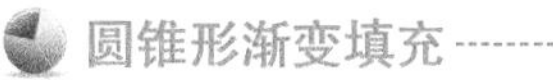

图7-45

所选对象出现“椭圆形渐变填充”控制手柄，如图7-46所示。

设置起始颜色节点的色样为深黄色，如图7-47所示。

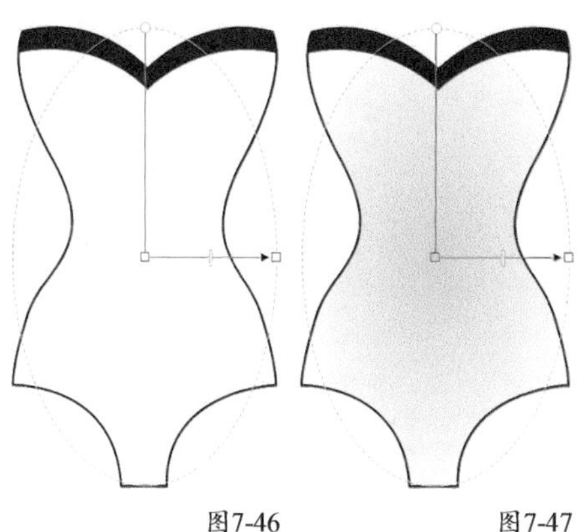

图7-46　图7-47

设置终止颜色节点的色样为霓虹粉色，如图7-48所示。

拖曳渐变中点控制滑块，增加深黄色所占比例，如图7-49所示。

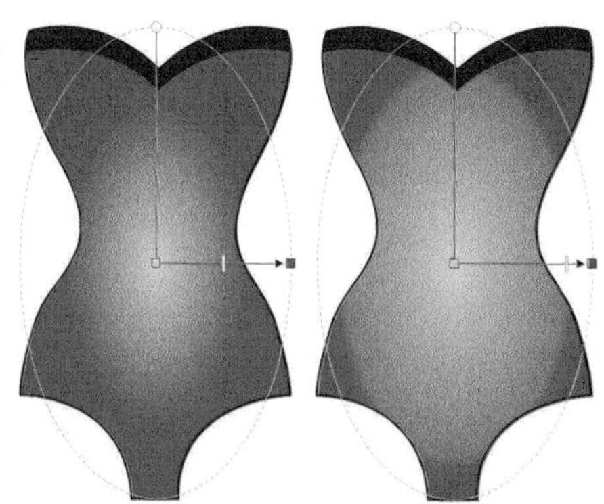

图7-48　图7-49

拖曳角度控制节点，调整渐变填充的角度，如图7-50所示。

双击颜色节点所在的控制手柄，可以添加颜色节点，如图7-51所示。

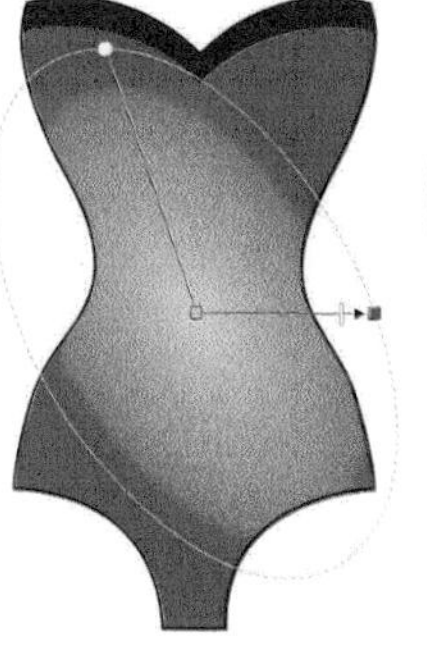

图7-50　图7-51

选中起始颜色节点，在属性栏中设置“节点透明度”为80%，效果如图7-52所示，数值越大透明度越高。

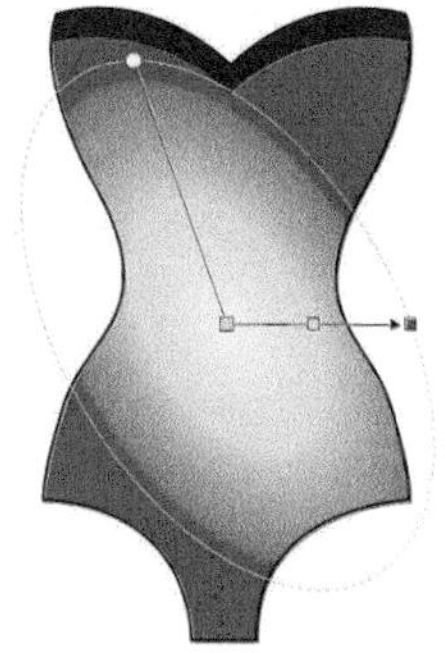

图7-52

圆锥形渐变填充

“圆锥形渐变填充”是应用沿圆锥形状渐进改变颜色的填充。

选中对象，单击“交互式填充”工具，在属性栏中单击“渐变填充”按钮，再单击“圆锥形渐变填充”按钮，如图7-53所示。

图7-53

所选对象出现“圆锥形渐变填充”控制手柄，如图7-54所示。

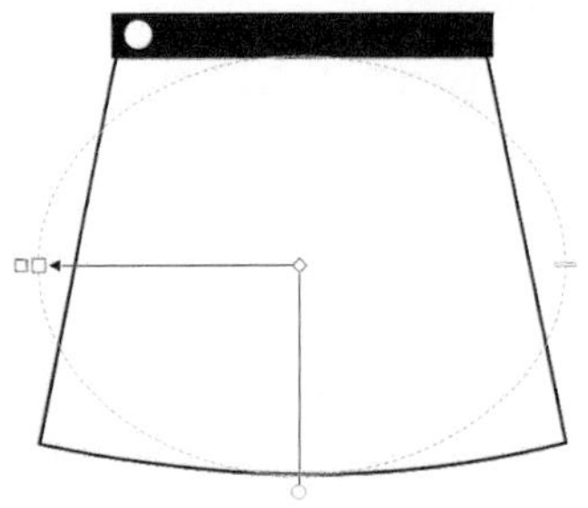

图7-54

设置起始颜色节点的色样为绿松石色，如图7-55所示。

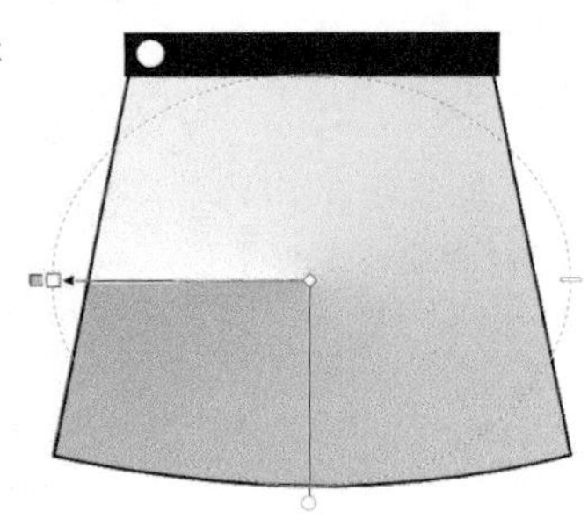

图7-55

技巧与提示

圆锥形渐变填充的起始颜色节点与终止颜色节点在同一个位置。

设置终止颜色节点的色样为黄色，如图7-56所示。

拖曳渐变中点控制滑块，增加黄色所占比例，如图7-57所示。

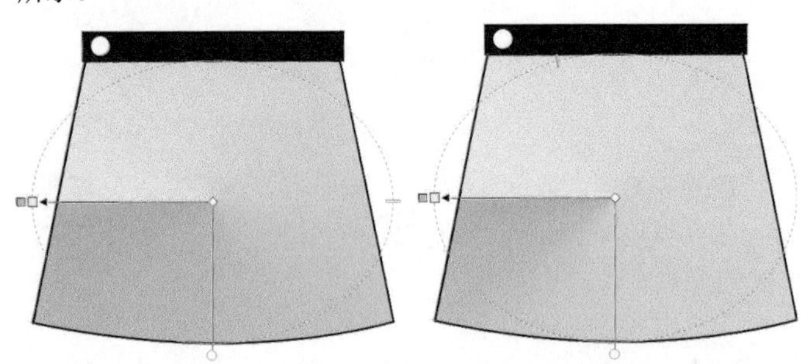

图7-56　　图7-57

拖曳角度控制节点，调整渐变填充的角度，如图7-58所示。

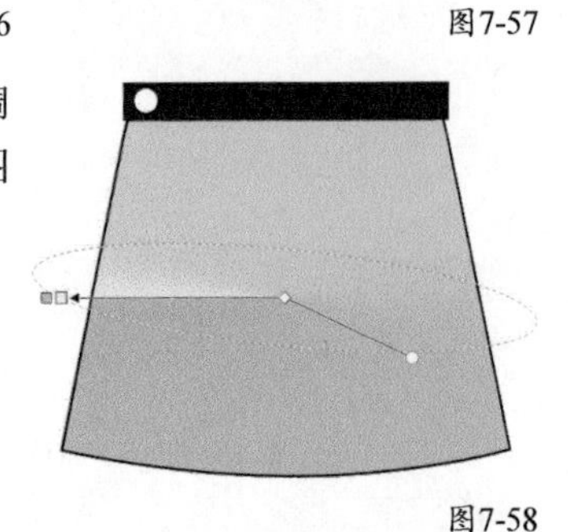

图7-58

双击蓝色虚线可以添加颜色节点，如图7-59所示。

选中起始颜色节点，在属性栏中设置“节点透明度”为80%，效果如图7-60所示，数值越大透明度越高。

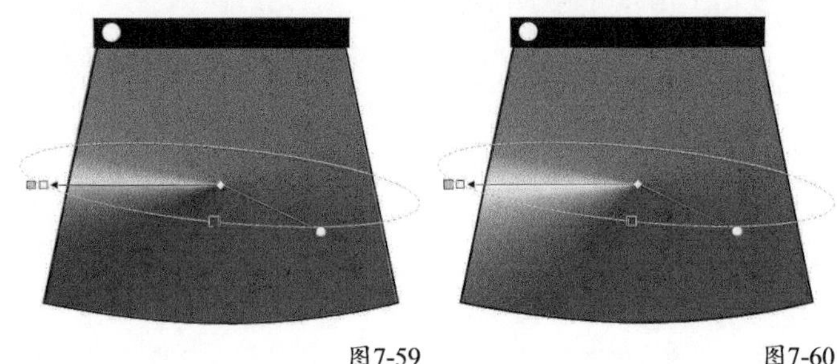

图7-59　　图7-60

矩形渐变填充

“矩形渐变填充”是应用在同心矩形中由中心向外逐渐更改颜色的填充。

选中对象，单击“交互式填充”工具，在属性栏中单击“渐变填充”按钮，再单击“矩形渐变填充”按钮，如图7-61所示。

图7-61

所选对象出现“矩形渐变填充”控制手柄，如图7-62所示。

设置起始颜色节点的色样为黄色，如图7-63所示。

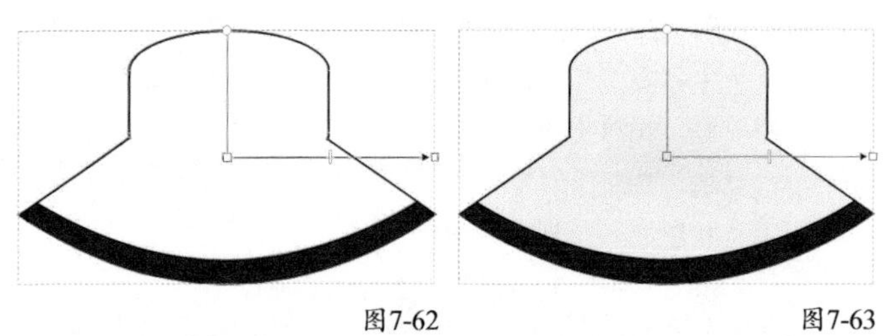

图7-62　　图7-63

设置终止颜色节点的色样为红色，如图7-64所示。

拖曳渐变中点控制滑块，增加黄色所占比例，如图7-65所示。

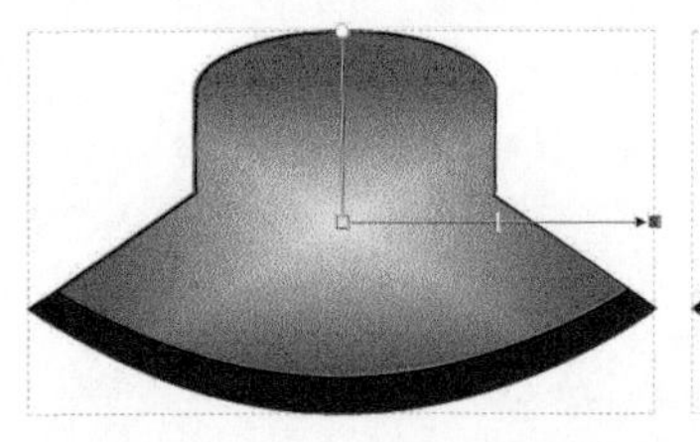

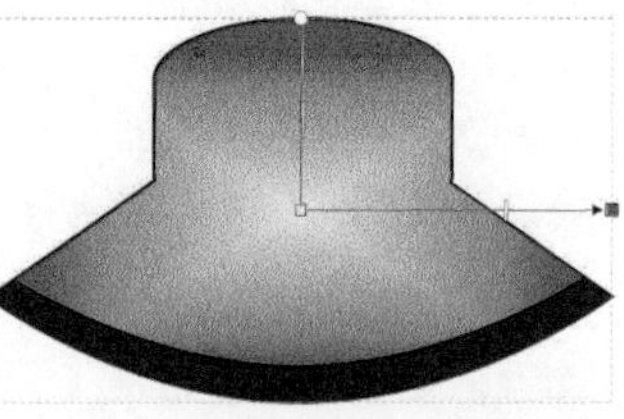

图7-64　　图7-65

拖曳角度控制节点，调整渐变填充的角度，如图7-66所示。

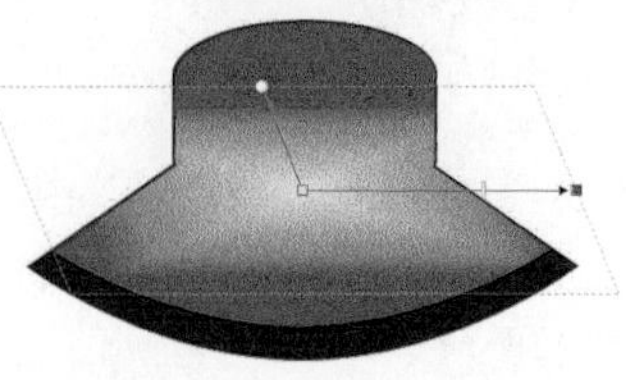

图7-66

双击颜色节点所在的控制手柄，可以添加颜色节点，如图7-67所示。

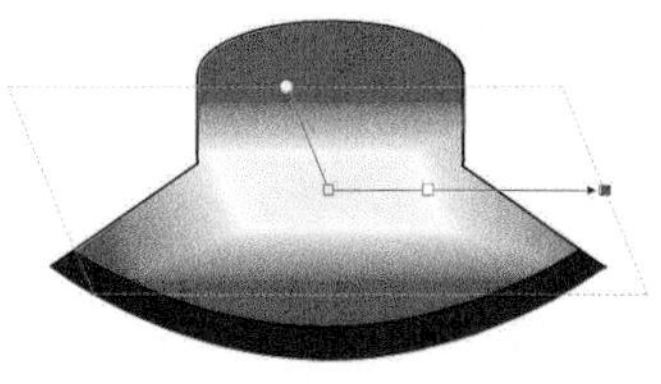

图7-67

选中起始颜色节点，在属性栏中设置“节点透明度”为80%，效果如图7-68所示，数值越大透明度越高。

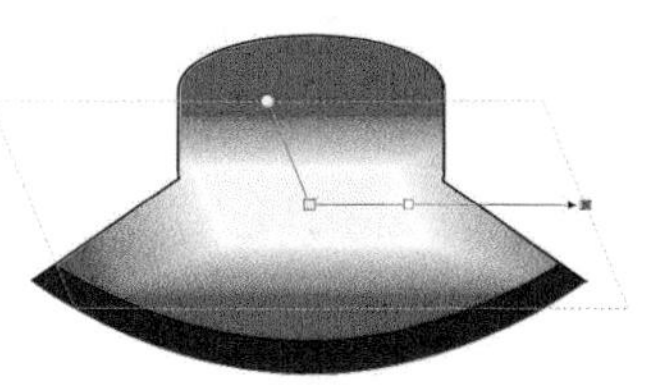

图7-68

技巧与提示

可以在“编辑填充”对话框的预览窗口中按住鼠标左键拖曳调整渐变的中心位置，如图7-69所示。

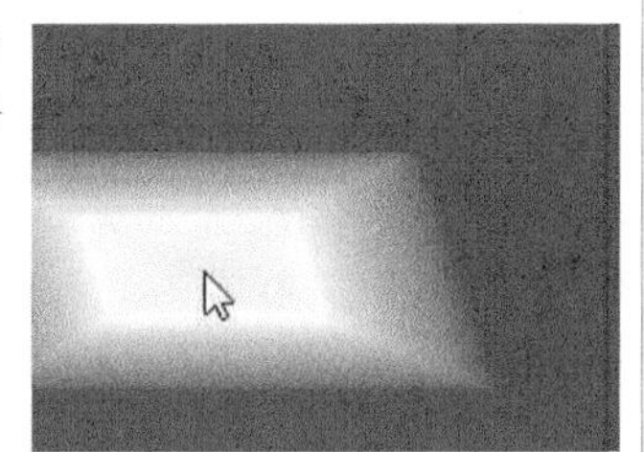

图7-69

★ 重点 ★

实战 绘制音响

扫码看视频

实例位置	实例文件 >CH07> 实战：绘制音响.cdr
素材位置	无
视频名称	实战：绘制音响.mp4
实用指数	★★★☆☆
技术掌握	渐变填充的使用方法

本例绘制的音响喇叭效果如图7-70所示。

图7-70

01 使用“矩形”工具绘制一个宽度为130mm、高度为215mm的矩形，设置填充色为灰色（C:0，M:0，Y:0，K:10），按P键将矩形与页面居中对齐，如图7-71所示。

02 选中矩形，按+键，复制一个矩形，然后将矩形适当缩放至图7-72所示的位置。

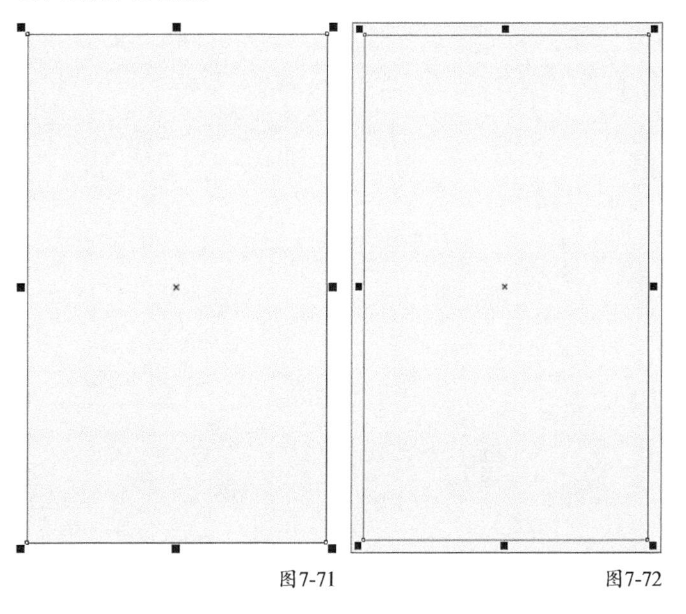

图7-71 图7-72

03 选择较大的矩形，使用“形状”工具，设置“圆角半径”为7mm左右，如图7-73所示。

04 使用“椭圆形”工具，按住Ctrl+Shift键在箱体中间绘制一个圆形，如图7-74所示。

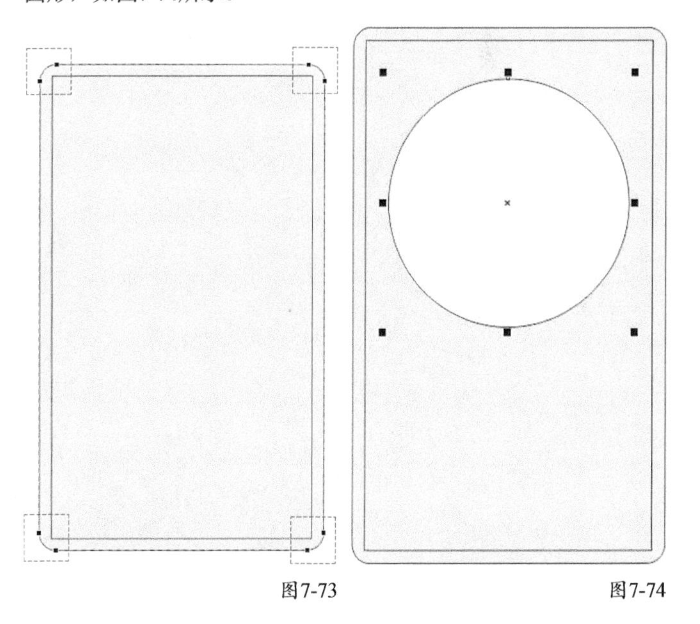

图7-73 图7-74

05 选中圆形，按住Shift键，拖曳鼠标向圆心缩小圆形，与此同时从外向内依次单击鼠标右键5次，完成5个圆形的复制，如图7-75所示。

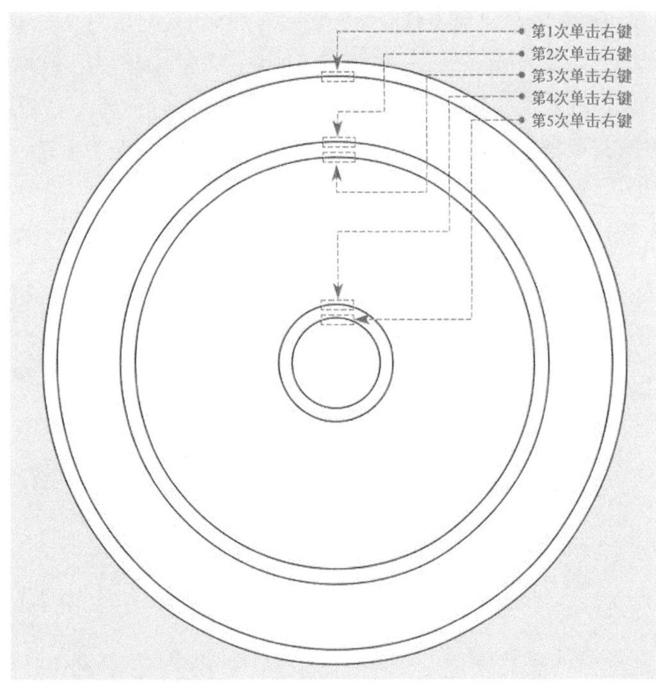

图7-75

06 选择最中间的圆形，单击“交互式填充”工具，在属性栏上单击“渐变填充”按钮，然后单击“椭圆形渐变填充”按钮，调整渐变填充控制手柄的样式，如图7-76所示。

07 选中剩下的5个圆形，执行“编辑>复制属性自”菜单命令，在弹出的对话框中勾选“填充”复选框，并单击OK按钮，如图7-77所示。

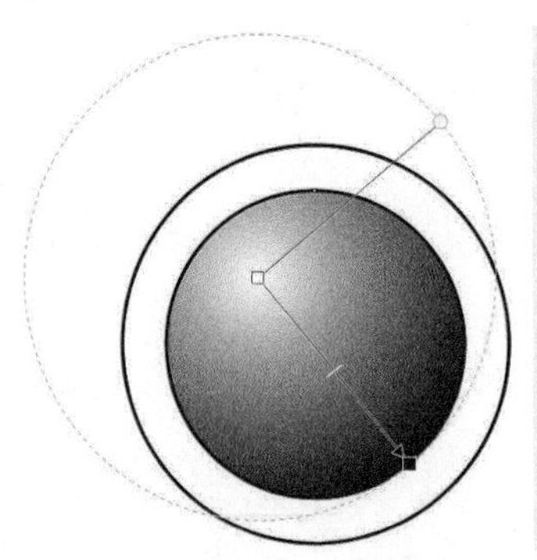

图7-76

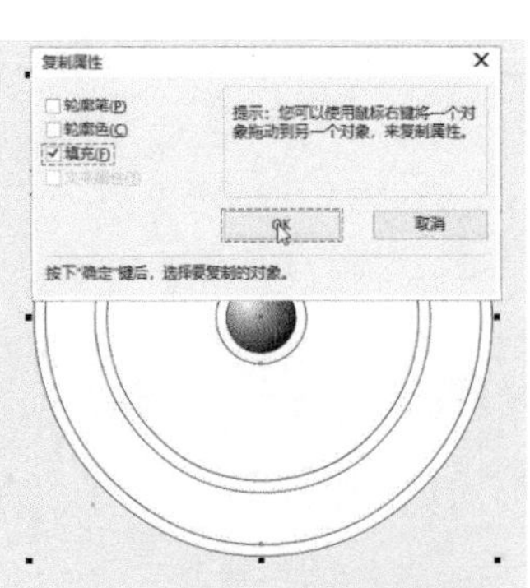

图7-77

08 用复制属性的“箭头”单击步骤6中的圆形，效果如图7-78所示。

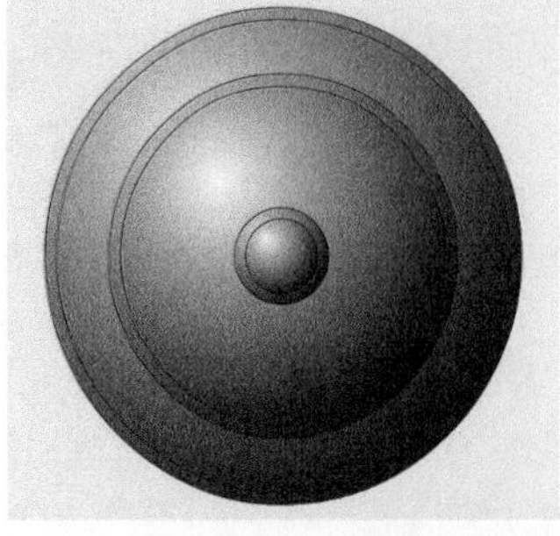

图7-78

09 选中箭头所指的两个圆形，依次单击属性栏上的“水平镜像”和“垂直镜像”按钮，效果如图7-79所示。

10 选择箭头所指的圆形，单击属性栏中的“圆锥形渐变填充”按钮，绘制渐变填充控制手柄，如图7-80所示。

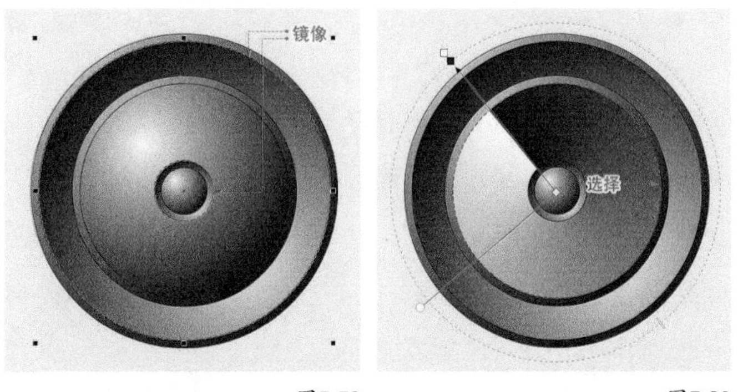

图7-79　　图7-80

11 单击属性栏中的“编辑填充”按钮，在弹出的对话框中添加5个颜色节点，设置渐变色位置0的颜色为白色，设置位置19的颜色为灰色（C:0，M:0，Y:0，K:58），设置位置33的颜色为浅灰色（C:0，M:0，Y:0，K:13），设置位置51的颜色为深灰色（C:0，M:0，Y:0，K:73），设置位置71的颜色为灰色（C:0，M:0，Y:0，K:18），设置位置82的颜色为深灰色（C:0，M:0，Y:0，K:70），设置位置100的颜色为白色，如图7-81所示，单击OK按钮，效果如图7-82所示。

12 参照步骤4~步骤6，在喇叭下面绘制音箱孔洞，然后将其与箱体水平居中对齐，如图7-83所示。

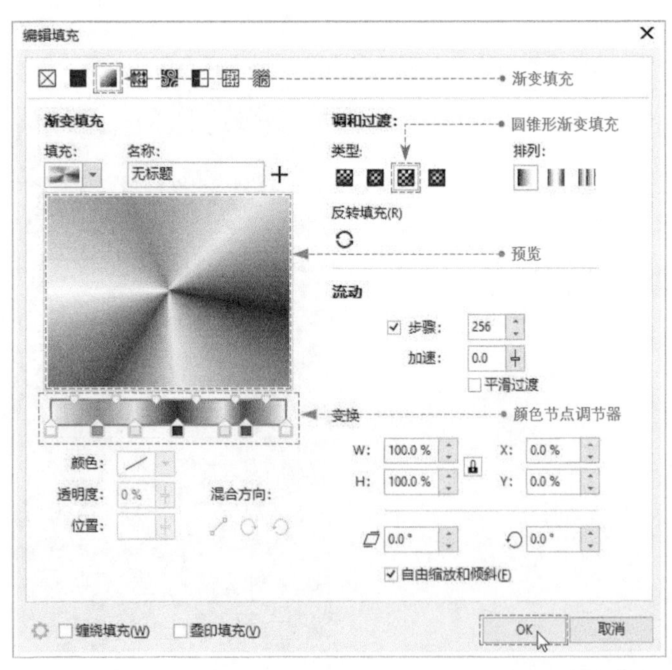

图7-81

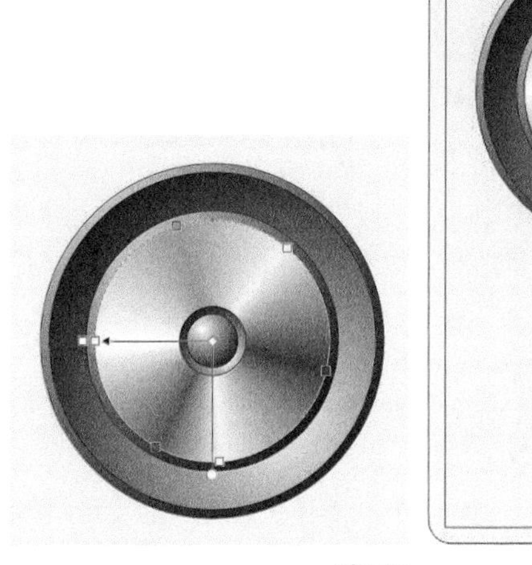

图7-82

图7-83

13 选择音箱面板，调整“编辑填充”对话框参数，设置渐变色位置0的颜色为四色黑（C:100，M:100，Y:100，K:100），设置位置50的颜色为灰色（C:0，M:0，Y:0，K:50），设置位置100的颜色为四色黑（C:100，M:100，Y:100，K:100），如图7-84所示，单击OK按钮。音箱面板效果如图7-85所示。

14 参照步骤13，使用“交互式填充”工具绘制音箱外壳的渐变色，设置渐变色位置0的颜色为四色黑（C:100，M:100，Y:100，K:100），设置位置50的颜色为灰色（C:0，M:0，Y:0，K:80），设置位置100的颜色为四色黑（C:100，M:100，Y:100，K:100），效果如图7-86所示。

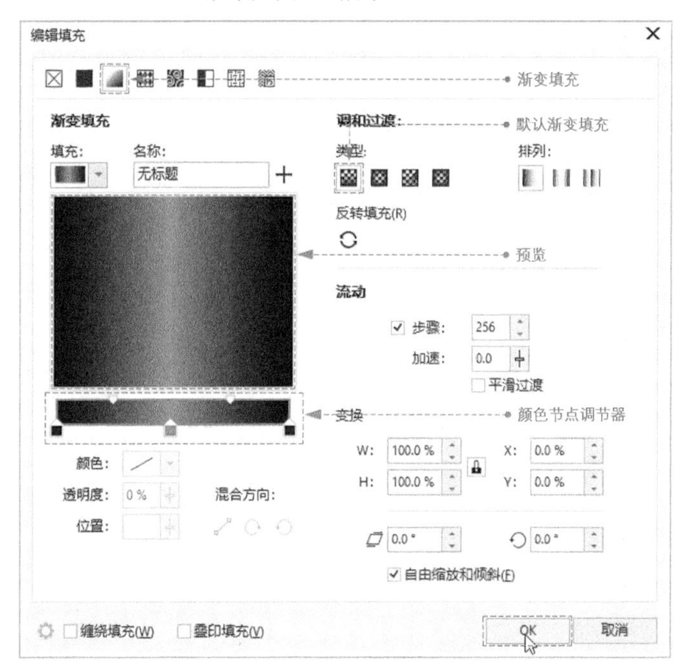

图7-84

面板 外壳

图7-85

图7-86

15 使用“矩形”工具和“交互式填充”工具绘制脚座。使用“椭圆形”工具绘制螺丝孔，然后设置喇叭中间的圆形的填充色为洋红色（C:0，M:100，Y:0，K:0），如图7-87所示。

16 按快捷键Ctrl+A全选所有对象，移除轮廓色，最终效果如图7-88所示。

图7-87

图7-88

★ 重 点 ★

实战 绘制显示器

实例位置 实例文件 >CH07> 实战：绘制显示器.cdr
素材位置 无
视频名称 实战：绘制显示器.mp4
实用指数 ★★★★☆
技术掌握 渐变填充的运用方法

扫码看视频

本例绘制的显示器效果如图7-89所示。

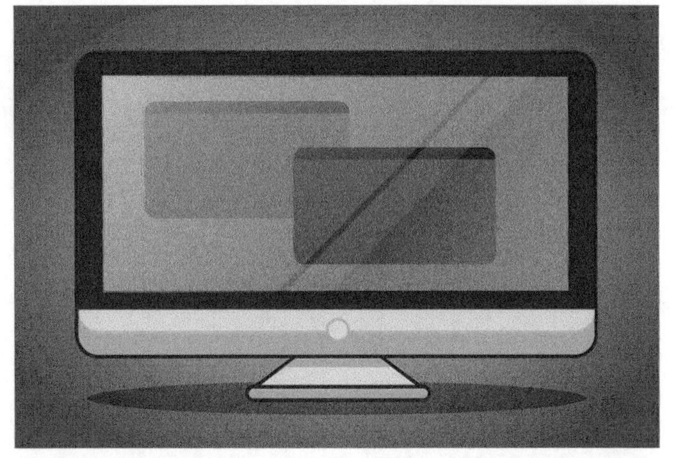

图7-89

01 新建文档，在页面空白处绘制一个长度为160mm、高度为90mm的矩形，设置“圆角半径”为6mm。然后设置矩形填充色为紫色（C:66，M:87，Y:0，K:0），如图7-90所示。

02 在圆角矩形下方绘制一个与其交叉的矩形，如图7-91所示。

图7-90　　图7-91

03 选中两个矩形，单击属性栏中的“相交”按钮，生成相交对象，设置该对象的填充色为蓝色（C:42，M:20，Y:4，K:0），如图7-92所示，完成显示器下面板的绘制。

04 选中下面板，按住Ctrl键向上拖曳鼠标，单击鼠标右键，复制一个下面板，如图7-93所示。

图7-92　　图7-93

05 选中两个下面板，单击属性栏中的“相交”按钮，生成相交对象，设置该对象的填充色为浅蓝色（C:28，M:0，Y:9，K:0），如图7-94所示，完成下面板的高光部分。

图7-94

06 使用“椭圆形”工具在下面板中心位置绘制两个同心圆，设置小圆的填充色为浅蓝色（C:28，M:0，Y:9，K:0）、大圆的填充色为蓝色（C:42，M:20，Y:4，K:0），如图7-95所示，完成显示器按钮的绘制。

图7-95

07 使用“常见的形状”工具在面板下方绘制一个宽度为50mm、高度为10mm的梯形，设置填充色为浅蓝色（C:28，M:0，Y:9，K:0），如图7-96所示。

08 使用“矩形”工具在梯形下方绘制一个宽度为55mm、高度为3mm的矩形，调整该矩形的“圆角半径”为最大值，然后设置填充色为蓝色（C:42，M:20，Y:4，K:0）。选中梯形和新绘制的矩形，按快捷键Shift+PageDown置于底层，如图7-97所示。

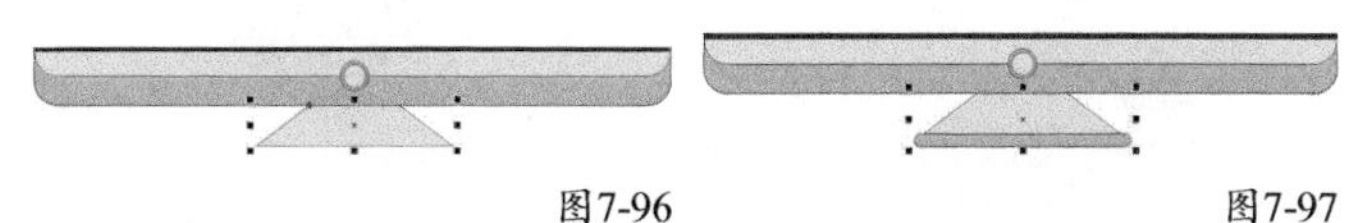

图7-96　　图7-97

09 使用“矩形”工具在梯形上方绘制一个交叉的矩形，如图7-98所示。

10 选中梯形和刚绘制的矩形，单击属性栏中的“相交”按钮，生成相交对象，设置该对象的填充色为蓝色（C:42，M:20，Y:4，K:0），如图7-99所示，完成面板阴影的绘制。

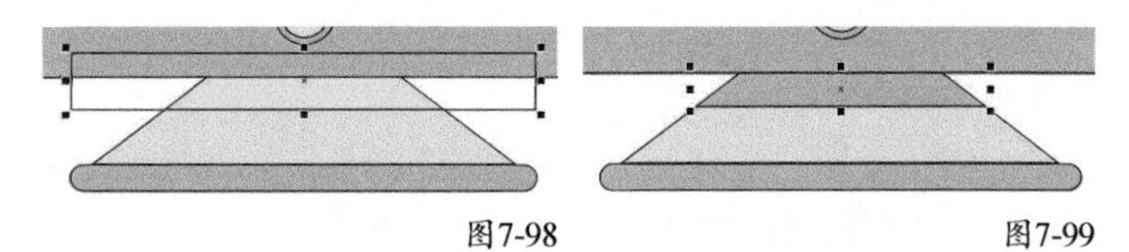

图7-98　　图7-99

11 选中全部对象，移除轮廓色。选中最大的圆角矩形、梯形和最下面的圆角矩形，按F12键打开“轮廓笔”对话框，如图7-100所示，设置轮廓色为深紫色（C:88，M:100，Y:12，K:0）、“宽度”为3.0pt、“位置”为“外部轮廓”，单击OK按钮，效果如图7-101所示。

12 使用“矩形”工具绘制一个宽度为145mm、高度为65mm的矩形，单击“交互式填充”工具，在矩形上绘制出渐变填充控制手柄，设置渐变色位置0的颜色为粉红色（C:33，M:65，Y:0，K:0），设置位置100的颜色为粉色（C:27，M:49，Y:0，K:0）。然后参照步骤11设置轮廓色为深紫色（C:88，M:100，Y:12，K:0），如图7-102所示。

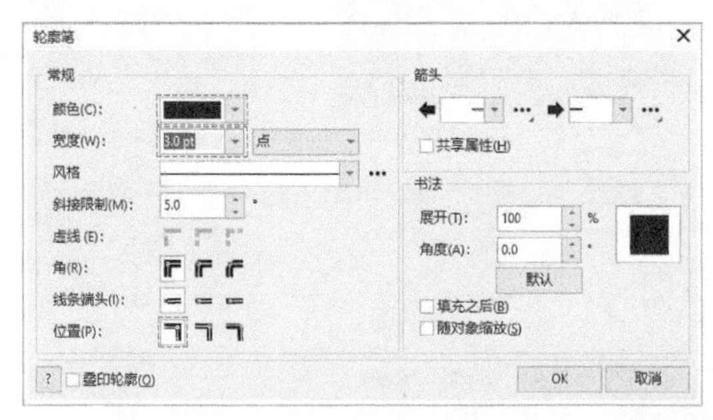

图7-100

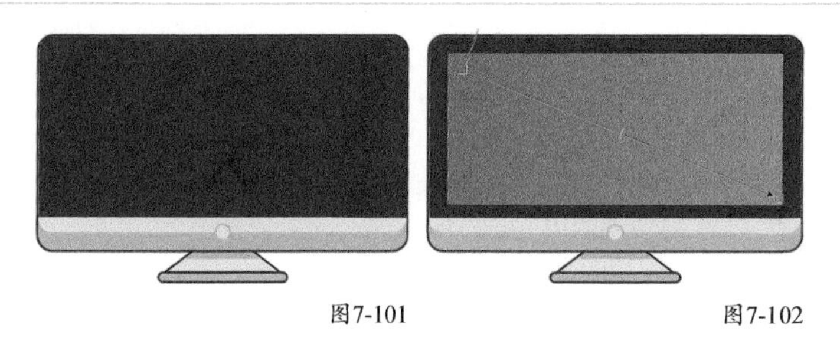

图7-101　　图7-102

13 在页面空白处绘制一个长度为63mm、高度为35mm、“圆角半径”为3mm的矩形，然后绘制一个与其交叉的矩形，如图7-103所示。

14 选中两个对象，单击属性栏中的“相交”按钮，生成相交对象，如图7-104所示，作为程序界面。

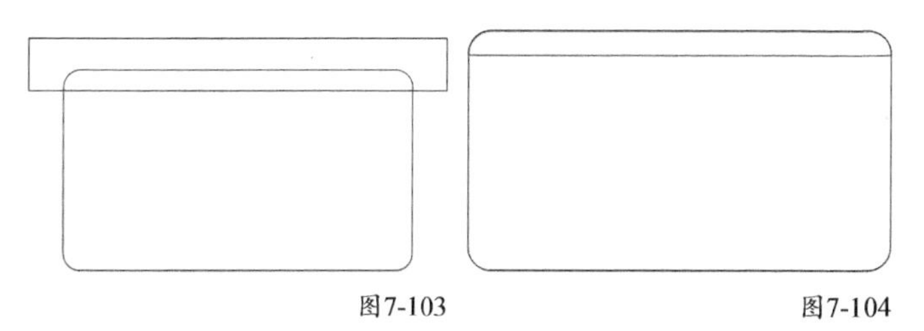

图7-103　　图7-104

15 选中程序界面的标题栏，单击“交互式填充”工具，在标题栏上绘制渐变填充控制手柄，设置渐变色位置0的颜色为深紫色（C:88，M:100，Y:12，K:0），设置位置100的颜色为紫色（C:66，M:87，Y:0，K:0），如图7-105所示。

16 参照步骤15，绘制程序界面的渐变填充控制手柄，设置渐变色位置0的颜色为紫色（C:66，M:87，Y:0，K:0），设置位置100的颜色为浅紫色（C:33，M:65，Y:0，K:0），然后选中两个对象，按快捷键Ctrl+G组合对象，完成程序图形的绘制，如图7-106所示。

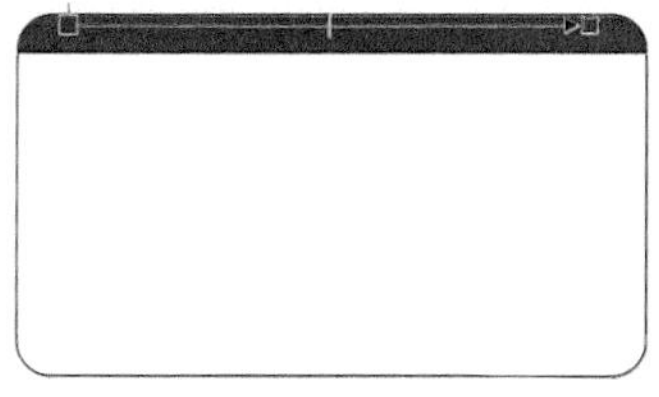

图7-105

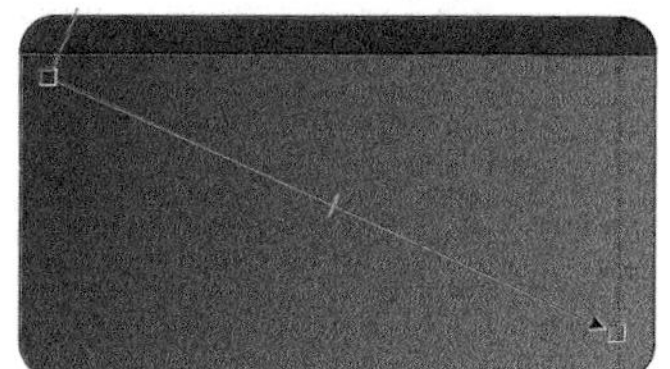

图7-106

17 拖曳程序图形到显示器内，移除轮廓色，然后复制一个，如图7-107所示。

图7-107

18 在页面空白处绘制一个宽度为145mm、高度为65mm的矩形，然后绘制两个宽度为2.5mm、高度为75mm的矩形与其相交，如图7-108所示。

19 选中两个长条矩形，按住Ctrl键向右拖曳，如图7-109所示。

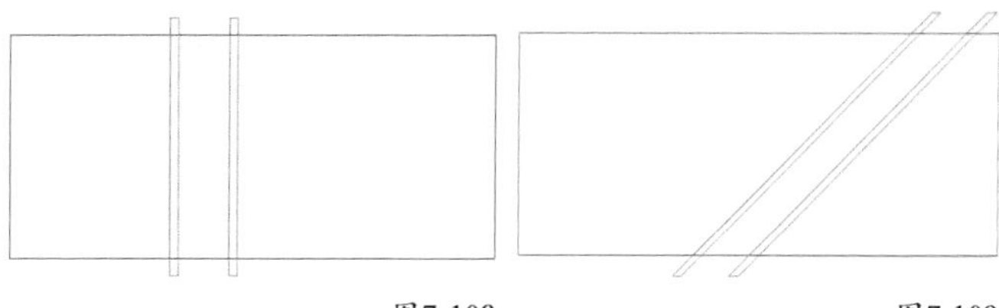

图7-108　　图7-109

20 选中3个矩形，单击属性栏中的“移除前面对象”按钮，生成新对象，如图7-110所示。

21 使用“形状”工具，删除右侧四边形的所有节点，设置填充色为白色，完成屏幕反光的轮廓绘制，如图7-111所示。

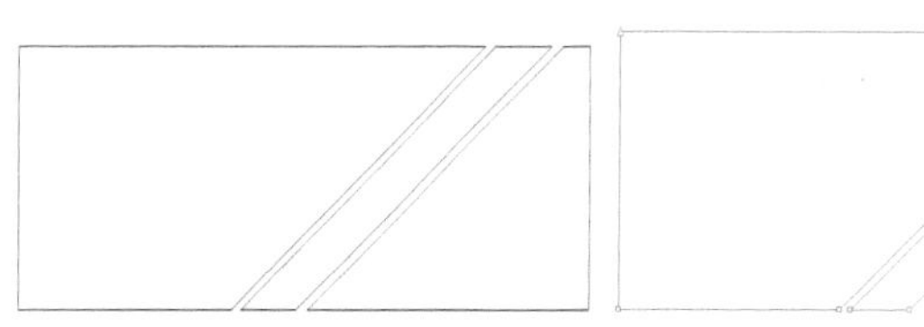

图7-110　　图7-111

22 选中屏幕反光和屏幕，按L键和E键将其左侧水平居中对齐，如图7-112所示。

图7-112

23 选中屏幕反光，单击“透明度”工具，按住鼠标左键拖曳，在屏幕反光上绘制透明度控制手柄，如图7-113所示。

24 绘制一个宽度为200mm、高度为135mm的矩形，设置填充色为洋红色（C:0，M:100，Y:0，K:0），按快捷键Shift+PageDown置于底层，与显示器中心对齐，如图7-114所示。

图7-113

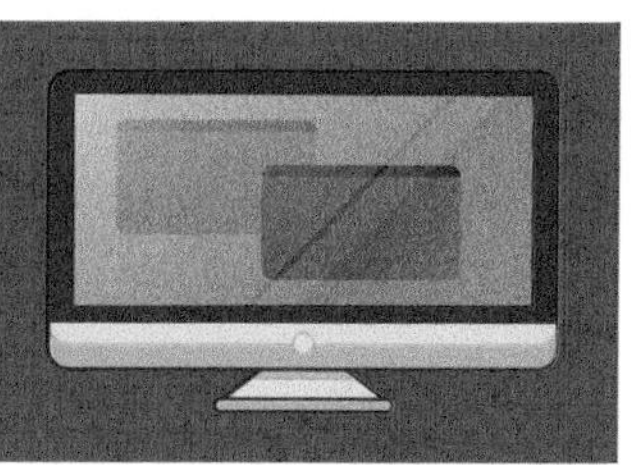

图7-114

25 选中底面的矩形，单击“交互式填充”工具，在属性栏中单击“椭圆形渐变填充”按钮，向外拖曳控制手柄，如图7-115所示。

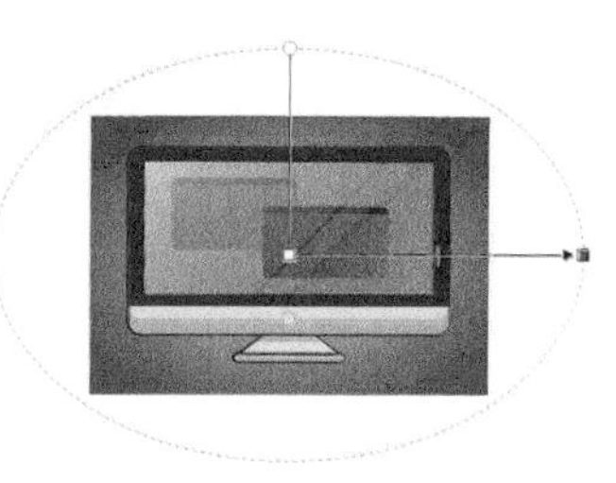

图7-115

26 绘制一个宽度为155mm、高度为10mm的椭圆形，设置填充色为黑色（C:0，M:0，Y:0，K:100），单击“透明度”工具，在属性栏中单击“均匀透明度”按钮，设置“透明度”为75。然后将椭圆形置于底层矩形上方，完成显示器的阴影绘制，最终效果如图7-116所示。

图7-116

★重点★

实战 绘制橙子

扫码看视频

实例位置 实例文件>CH07>实战：绘制橙子.cdr
素材位置 无
视频名称 实战：绘制橙子.mp4
实用指数 ★★★★☆
技术掌握 渐变填充的运用方法

本例绘制的橙子效果如图7-117所示。

图7-117

01 新建文档，在页面空白处使用“椭圆形”工具绘制一个直径为60mm的圆形，单击“交互式填充”工具，在属性栏中单击“渐变填充”按钮，然后单击“椭圆形渐变填充”按钮，效果如图7-118所示。

02 向右上角拖曳“椭圆形渐变填充”控制手柄，调整控制手柄的角度和宽度，如图7-119所示。

03 设置渐变色位置0的颜色为黄色（C:0，M:0，Y:100，K:0），设置位置100的颜色为橘红色（C:0，M:80，Y:100，K:0），然后单击属性栏中的“平滑”按钮，如图7-120所示。

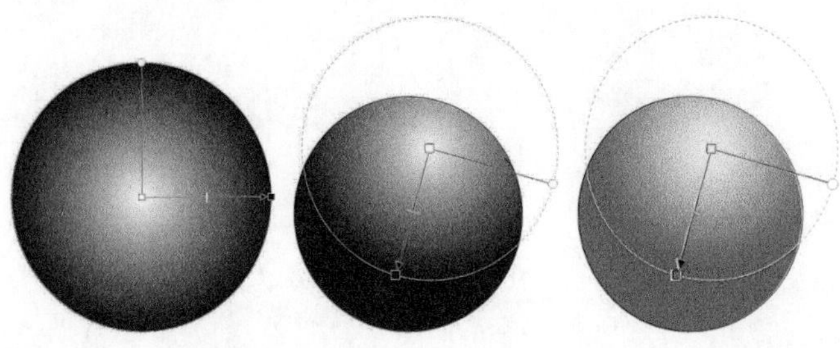

图7-118　图7-119　图7-120

04 双击颜色节点所在的控制手柄，添加一个颜色节点，设置颜色节点的颜色为橘黄色（C:0，M:60，Y:100，K:0），使渐变填充效果更柔和，如图7-121所示。

05 选中对象，向右上角复制一个，如图7-122所示，使用造型功能中的“移除前面对象”生成新对象（月牙），然后设置新对象的填充色为红色（C:0，M:100，Y:100，K:0），如图7-123所示。

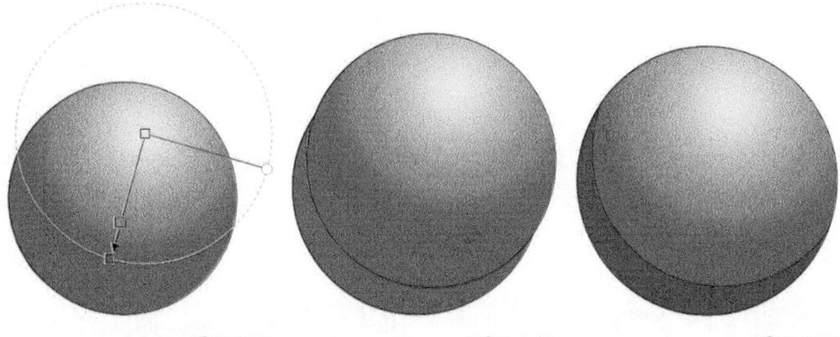

图7-121　图7-122　图7-123

06 选中刚才生成的月牙形状对象，单击“透明度”工具，按住鼠标左键拖曳，在该对象上绘制透明度控制手柄，然后调整手柄和透明度滑块的位置，如图7-124所示。

07 在页面空白处，使用“贝塞尔”工具绘制一组橙子褶皱的轮廓，如图7-125所示。

08 拖曳褶皱到橙子右上角，设置填充色为橘红色（C:0，M:80，Y:100，K:0）。选中所有对象，移除轮廓色。使用“矩形”工具在褶皱中心绘制一个宽度为3mm、高度为17mm的矩形，如图7-126所示。

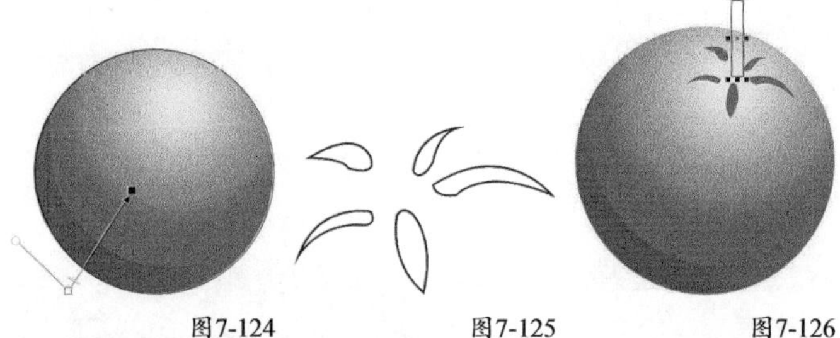

图7-124　图7-125　图7-126

09 选中刚才绘制的矩形，按快捷键Ctrl+Q转换为曲线，使用“形状”工具调整曲线轮廓，如图7-127所示。然后设置该曲线的填充色为深绿色（C:85，M:50，Y:100，K:17），如图7-128所示。

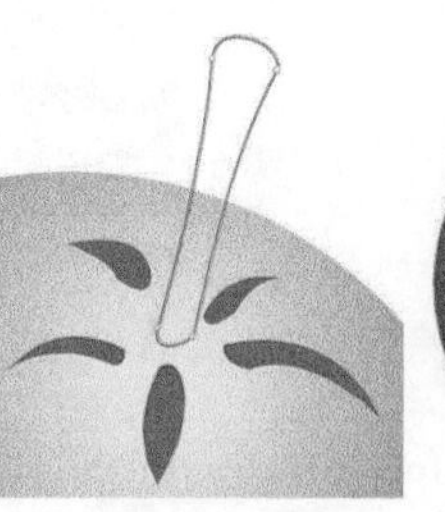

图7-127　图7-128

10 在页面空白处使用“贝塞尔”工具绘制一片叶子形状的闭合曲线，如图7-129所示。使用“贝塞尔” 工具绘制一个与其交叉的闭合曲线，如图7-130所示。然后选中两个曲线，在属性栏中单击“相交”按钮，生成新对象，如图7-131所示。适当缩小新对象，设置该对象的颜色为浅绿色（C:64，M:11，Y:100，

K:0）；设置另一个对象的颜色为深绿色（C:85，M:50，Y:100，K:17），完成叶子的绘制，如图7-132所示。

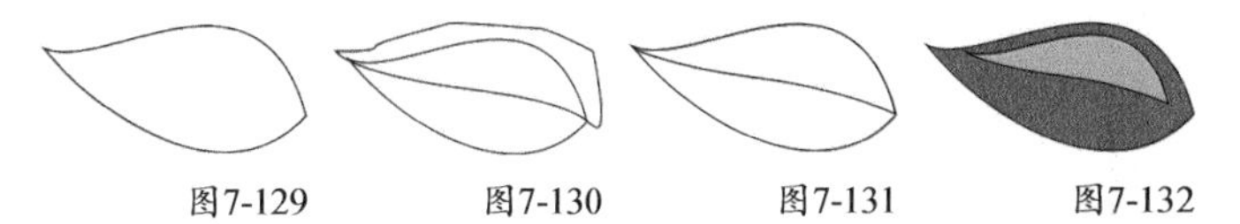

图7-129　　图7-130　　图7-131　　图7-132

11 选中叶子，移除轮廓色，拖曳到橙子的右上角，然后镜像叶子，适当调整角度，如图7-133所示。

图7-133

12 在页面空白处绘制一个边长为84mm的正方形，设置填充色为深黄色（C:0，M:20，Y:100，K:0），按快捷键Shift+PageDown置于底层，与橙子中心对齐，如图7-134所示。

13 选中正方形，单击“交互式填充”工具，在属性栏中单击“椭圆形渐变填充”按钮，效果如图7-135所示。

图7-134

图7-135

14 在橙子底部绘制一个宽度为45mm、高度为10mm的椭圆形，如图7-136所示。设置椭圆形的填充色为黑色（C:0，M:0，Y:0，K:100），单击“透明度”工具，在属性栏中单击“均匀透明度”按钮，设置“透明度”为75。将椭圆形置于底层正方形的上方，完成橙子的投影绘制，最终效果如图7-137所示。

图7-136

图7-137

7.3.4 向量图样填充

“向量图样填充”是应用向量图样对对象进行填充。

选中对象，单击“交互式填充”工具，在属性栏中单击“向量图样填充”按钮，如图7-138所示。

图7-138

所选对象会自动填充一个向量图样，单击属性栏中的“填充挑选器”，在下拉面板中选择一个向量图样，如图7-139所示。所选对象的填充效果如图7-140所示。

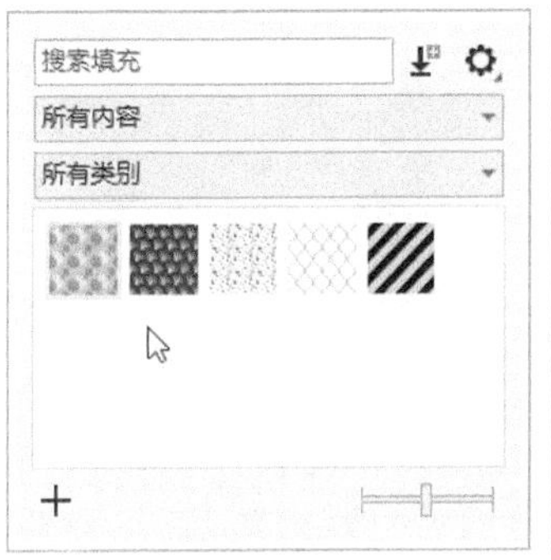

图7-139

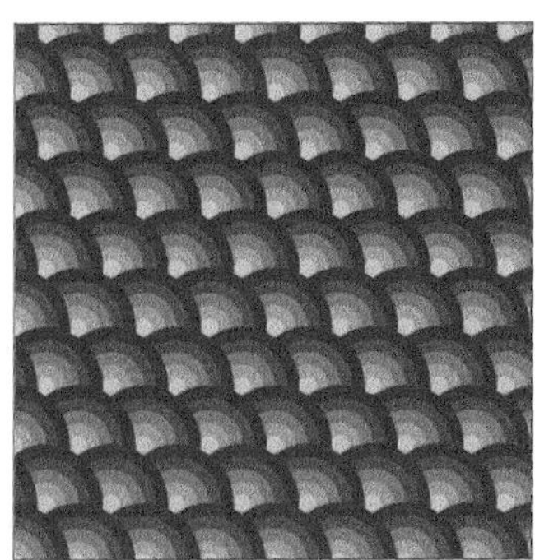

图7-140

选中对象，单击“交互式填充”工具，在属性栏中单击“编辑填充”按钮，或者双击状态栏中的填充色样，弹出“编辑填充”对话框，在渐变类型中单击“向量图样填充”按钮，如图7-141所示。在“填充”下拉面板中选择需要填充的向量图样，单击OK按钮完成填充。

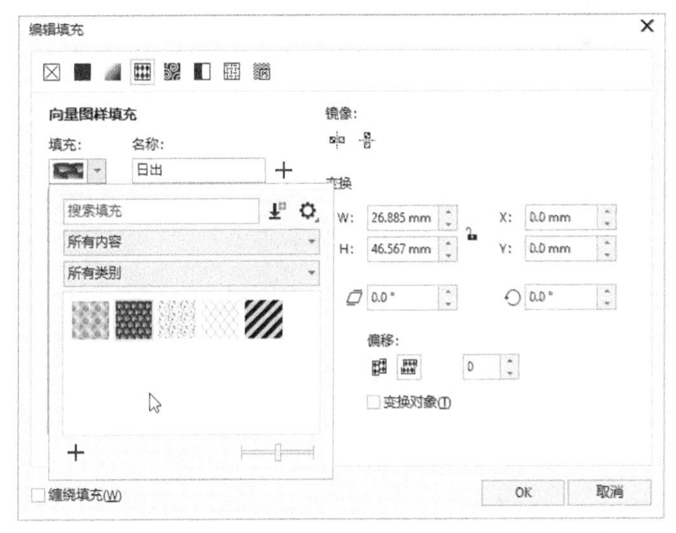

图7-141

7.3.5 位图图样填充

“位图图样填充”是应用位图图样对对象进行填充。

选中对象，单击“交互式填充”工具，在属性栏中单击

“位图图样填充”按钮，如图7-142所示。

图7-142

所选对象会自动填充一个位图图样，单击属性栏中的“填充挑选器”，在下拉面板中选择一个位图图样，如图7-143所示。所选对象的填充效果如图7-144所示。

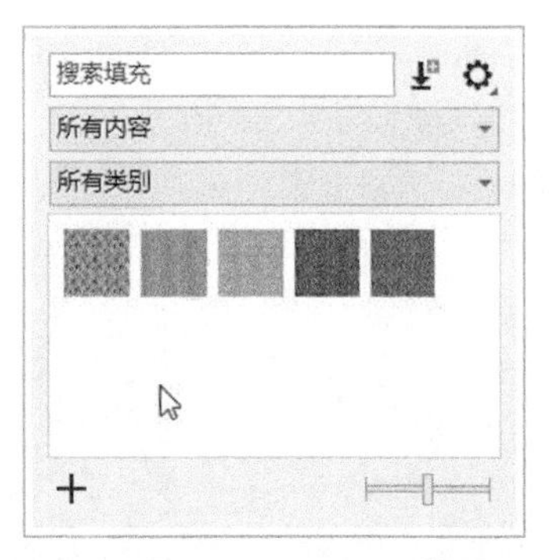

图7-143　　图7-144

选中对象，单击“交互式填充”工具，在属性栏中单击“编辑填充”按钮，或者双击状态栏中的填充色样，弹出“编辑填充”对话框，在渐变类型中单击“位图图样填充”按钮，如图7-145所示。在“填充”下拉面板中选择需要填充的位图图样，单击OK按钮完成填充。

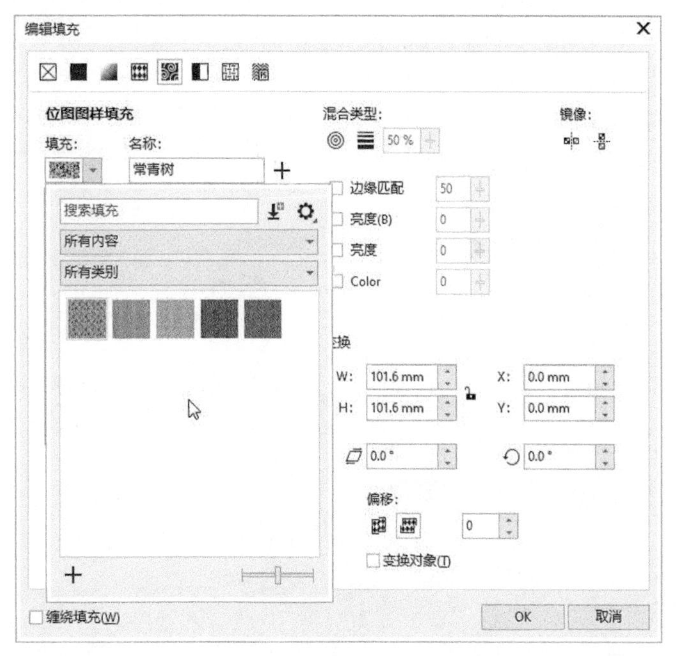

图7-145

7.3.6 双色图样填充

“双色图样填充”是应用双色图样对对象进行填充。

选中对象，单击“交互式填充”工具，在属性栏中单击“双色图样填充”按钮，如图7-146所示。

图7-146

所选对象会自动填充一个双色图样，单击属性栏中的“第一种颜色和图样”，在下拉列表中选择一个双色图样，如图7-147所示。所选对象的填充效果如图7-148所示。

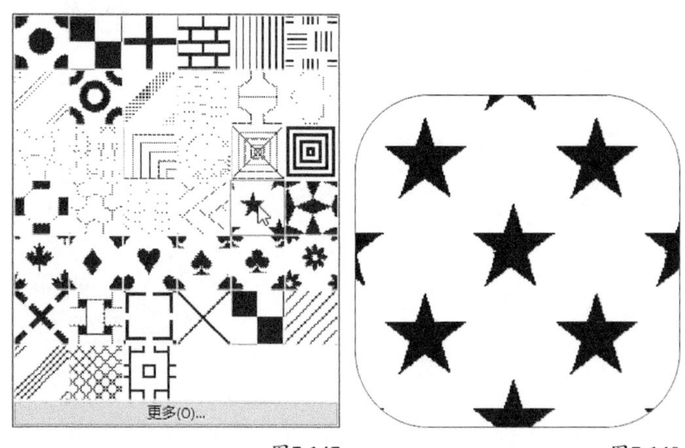

图7-147　　图7-148

选中对象，单击“交互式填充”工具，在属性栏中单击“编辑填充”按钮，或者双击状态栏中的填充色样，弹出“编辑填充”对话框，在渐变类型中单击“双色图样填充”按钮，如图7-149所示。在“填充”下拉列表中选择需要填充的双色图样，单击OK按钮完成填充。

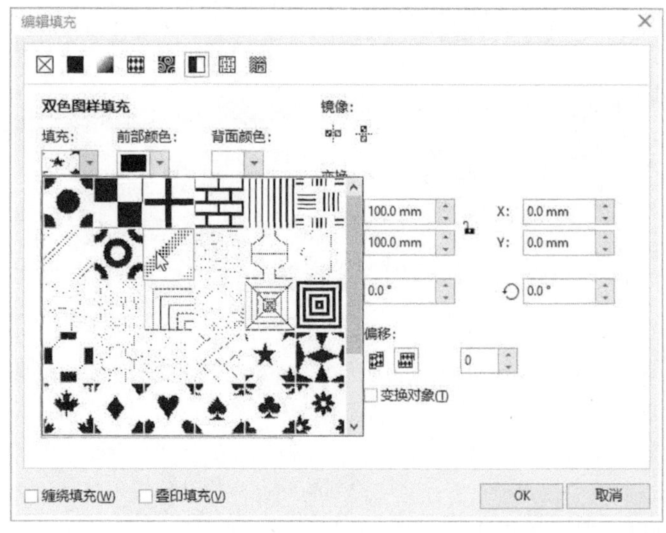

图7-149

7.3.7 底纹填充

“底纹填充”是应用预设的底纹对对象进行填充，并且可以模拟如水、云和石头的效果。

选中对象，单击“交互式填充”工具，在属性栏中单击“底纹填充”按钮，如图7-150所示。

图7-150

所选对象会自动填充一个底纹图样，单击属性栏中的“底纹库”，在下拉列表中选择一个样品，如图7-151所示。所选对象的填充效果如图7-152所示。

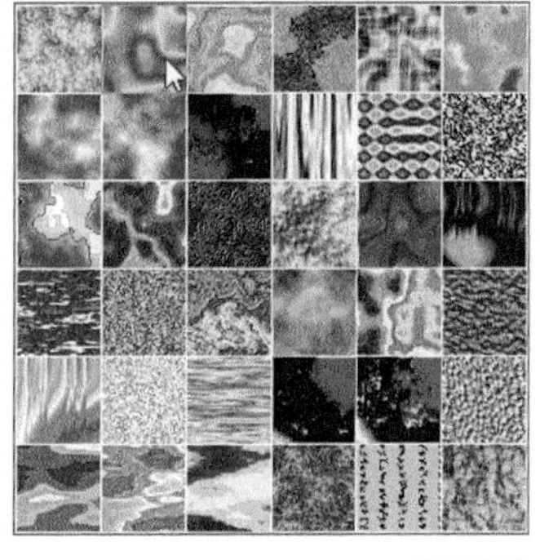

图7-151

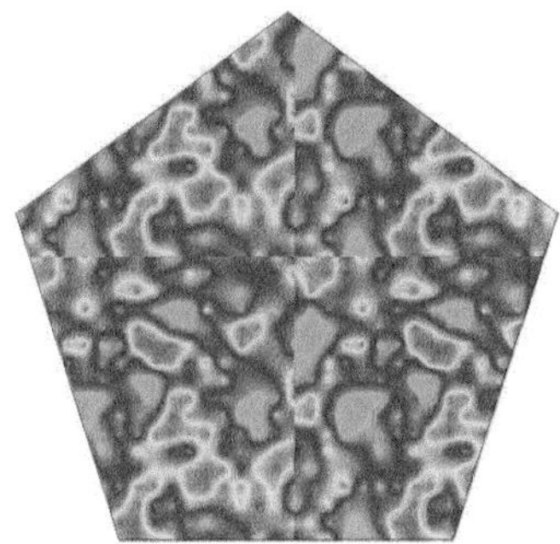

图7-152

选中对象，单击“交互式填充”工具，在属性栏中单击“编辑填充”按钮，或者双击状态栏中的填充色样，弹出“编辑填充”对话框，在渐变类型中单击“底纹填充”按钮，如图7-153所示。在“底纹库”下拉列表中选择需要填充的样品，单击OK按钮完成填充。

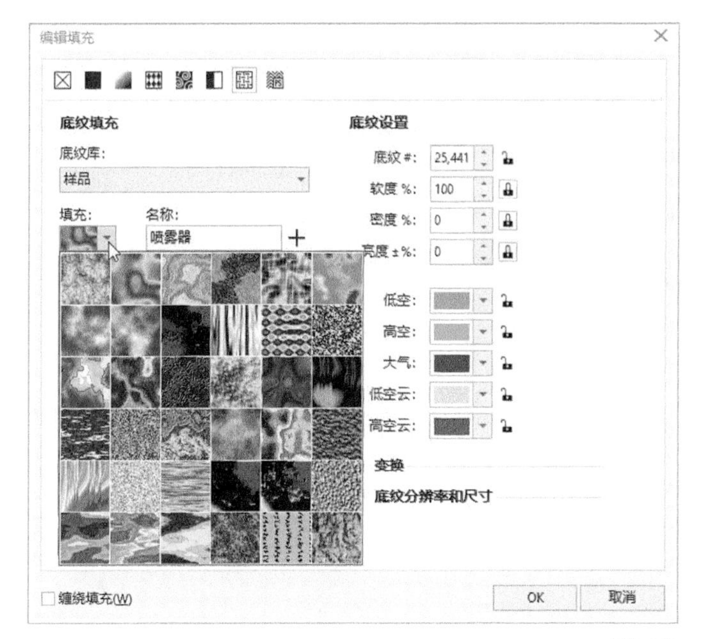

图7-153

技巧与提示

向量图样填充、位图图样填充、双色图样填充和底纹填充可以通过调整控制手柄来变换图样的大小、方向和填充密度，如图7-154所示。

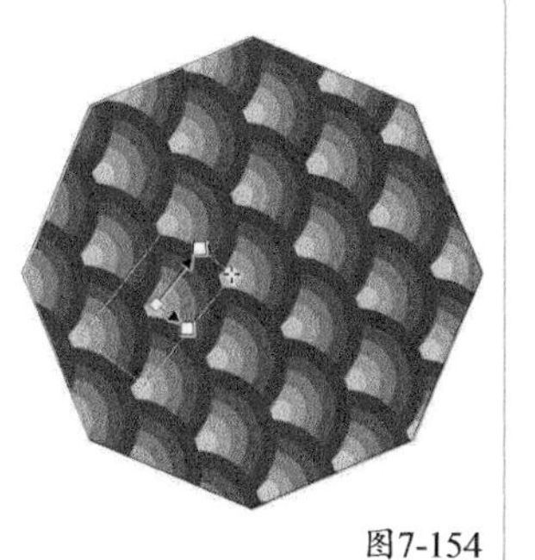

图7-154

7.3.8 PostScript填充

“PostScript填充”是使用PostScript语言设计的特殊纹理进行填充。

选中对象，单击“交互式填充”工具，在属性栏中单击“PostScript填充”按钮，如图7-155所示。

图7-155

所选对象会自动填充一个PostScript底纹图样，单击属性栏中的“底纹库”，在下拉列表中选择一个样品，如图7-156所示。所选对象的填充效果如图7-157所示。

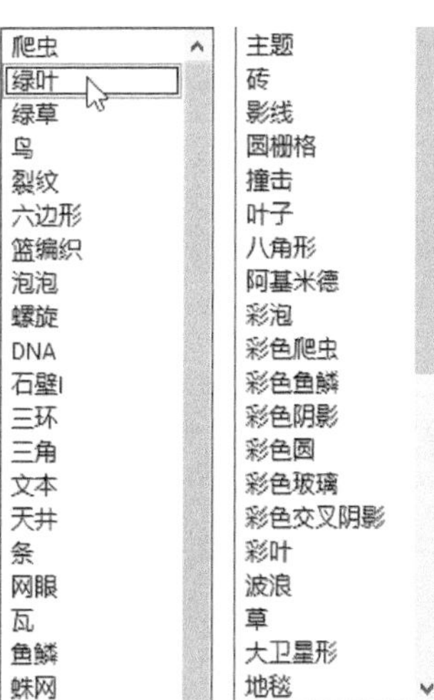

图7-156

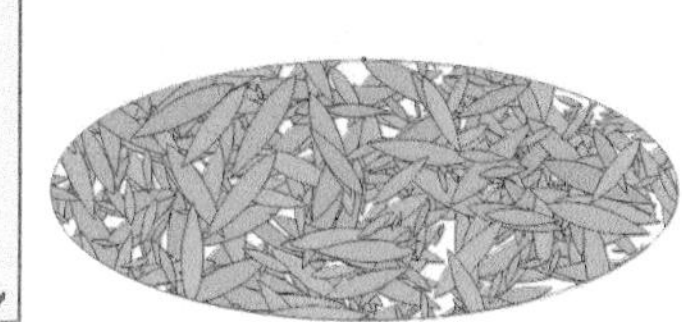

图7-157

选中对象，单击“交互式填充”工具，在属性栏中单击“编辑填充”按钮，或者双击状态栏中的填充色样，弹出“编辑填充”对话框，在渐变类型中单击“PostScript填充”按钮，如图7-158所示。在“填充底纹”下拉列表中选择需要填充的底纹，单击OK按钮完成填充。

图7-158

7.4 “智能填充”工具

使用“智能填充”工具可以在轮廓重叠区域创建对象，还可以通过属性栏设置新对象的填充色和轮廓色，并应用到该对象上。

7.4.1 基本填充方法

基本填充方法包括合并填充和交叉区域填充。

合并填充

选中要填充的对象，如图7-159所示，使用“智能填充”工具在对象内单击，即可生成一个已填充的新对象，如图7-160所示。

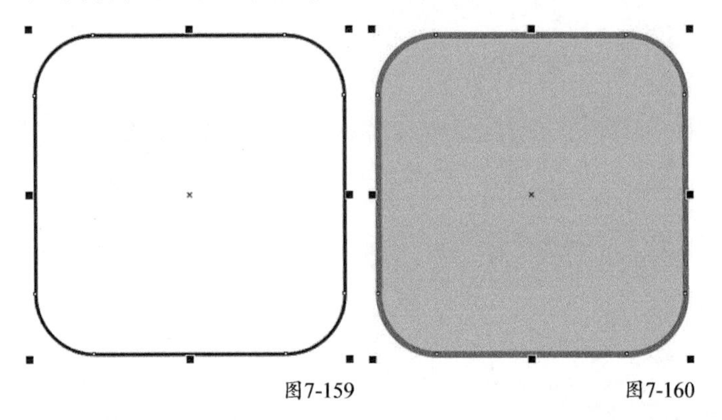

图7-159　　图7-160

技巧与提示

在填充时，如果页面内有多个对象，在页面空白处单击后，页面内会生成一个包含所有对象轮廓的已填充的新对象，如图7-161所示。

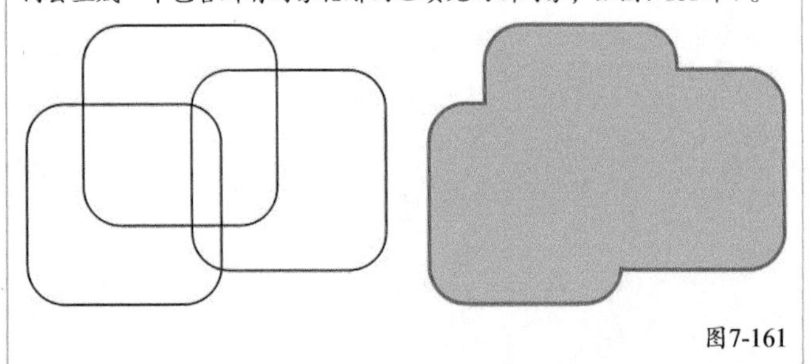

图7-161

交叉区域填充

使用“智能填充”工具可以将多个对象轮廓的交叉区域填充为一个新对象。使用“智能填充”工具在多个对象的交叉区域内部单击，即可为该区域填充颜色，如图7-162所示。

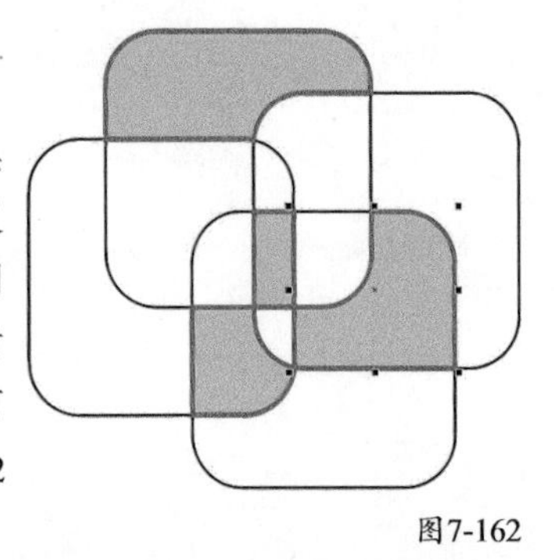

图7-162

7.4.2 填充属性设置

“智能填充”工具的属性栏如图7-163所示。

图7-163

“智能填充”工具选项介绍

填充选项：将选择的填充属性应用到新对象，包括“使用默认值”“指定”“无填充”3个选项，如图7-164所示。

使用默认值：选择该选项时，将应用系统默认的设置为对象进行填充。

指定：选择该选项时，可以在后面的颜色挑选器中选择对象的填充颜色，如图7-165所示。

指定
使用默认值
指定
无填充

图7-164

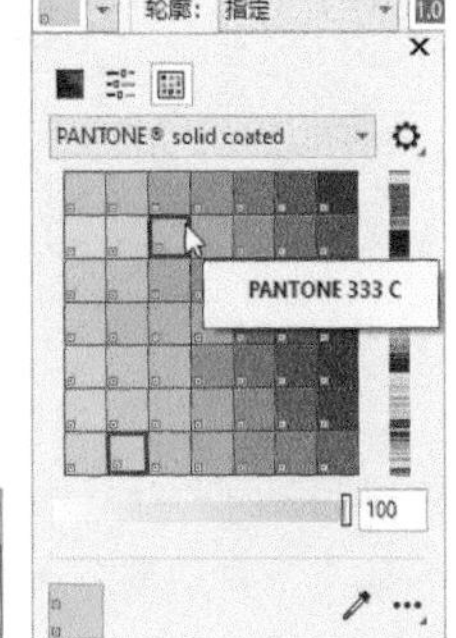

图7-165

无填充：选择该选项时，将不对图形填充颜色。

填充色：为对象设置内部填充颜色，该选项只有“填充选项”设置为“指定”时才可以使用。

轮廓选项：将选择的轮廓属性应用到对象，包括“使用默认值”“指定”“无轮廓”3个选项，如图7-166所示。

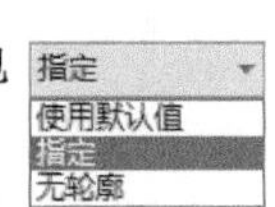

图7-166

使用默认值：选择该选项时，将应用系统默认设置为对象进行轮廓填充。

指定：选择该选项时，可以在后面的“轮廓宽度”下拉列表中选择预设的宽度值应用到选定对象，如图7-167所示。

无轮廓：选择该选项时不对图形轮廓填充颜色。

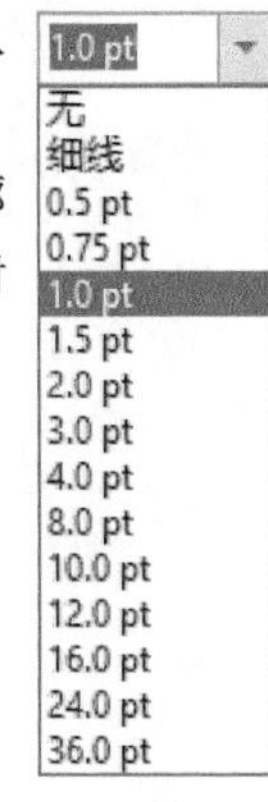

图7-167

轮廓色：为对象设置轮廓颜色，该选项只有“轮廓选项”设置为“指定”时才可以使用。单击该选项按钮，可以在弹出的颜色挑选器中选择对象的轮廓颜色，如图7-168所示。

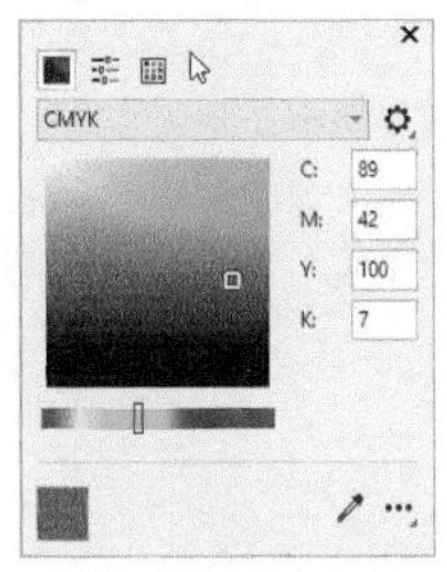

图7-168

★ 重点 ★

7.5 “网状填充”工具

使用“网状填充”工具可以设置不同的网格数量和节点位置给对象填充不同颜色的混合填充效果。

7.5.1 属性栏设置

“网状填充”工具的属性栏如图7-169所示。

图7-169

“网状填充”工具选项介绍

网格大小：分别设置水平方向上和垂直方向上网格的数目。

选取模式：单击该选项，可以在该选项的列表中选择“矩形”或“手绘”作为选定内容的选取框。

添加交叉点：单击该按钮，可以在网状填充的网格中添加一个交叉点，在对象内部单击出现小黑点时才能使用该按钮，如图7-170所示。

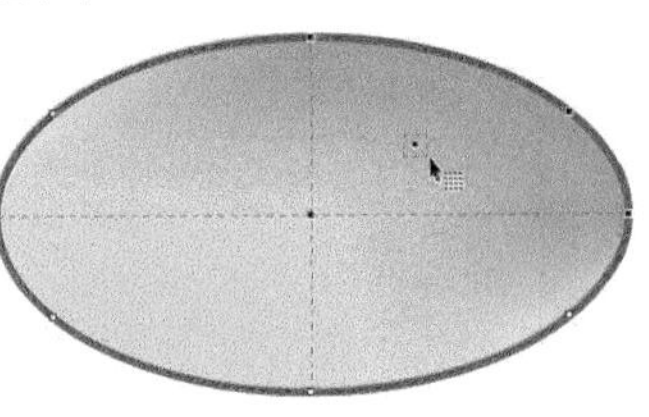

图7-170

删除节点：删除所选节点，改变曲线对象的形状。

转换为线条：将所选节点处的曲线转换为直线，如图7-171所示。

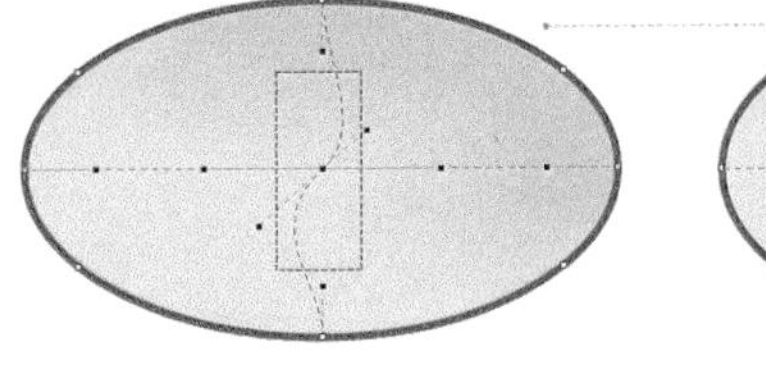

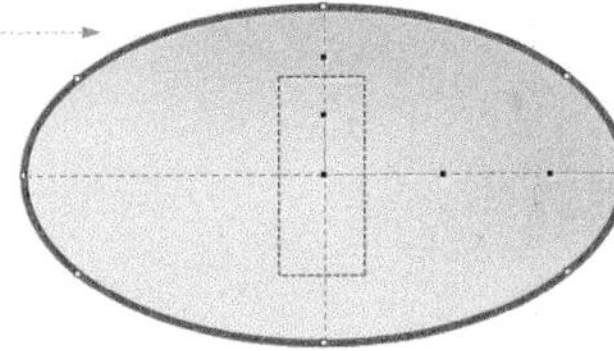

图7-171

转换为曲线：将所选节点对应的直线转换为曲线，转换为曲线后的线段会出现两个控制手柄，通过调整控制手柄可以更改曲线的形状，如图7-172所示。

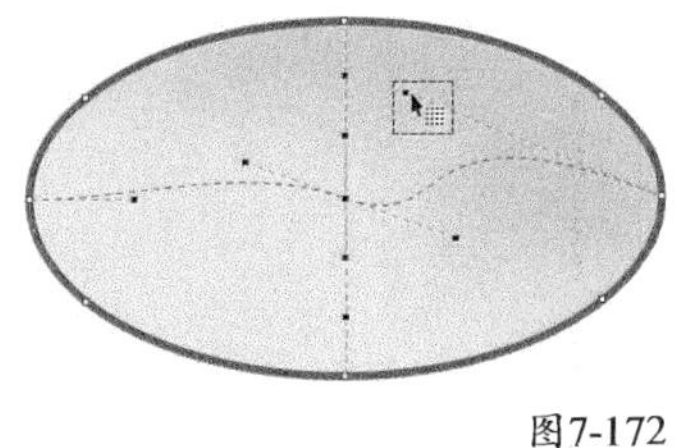

图7-172

尖突节点：单击该按钮可以将所选节点转换为尖突节点。

平滑节点：单击该按钮可以将所选节点转换为平滑节点，提高曲线的圆滑度。

对称节点：将同一曲线形状应用到所选节点的两侧，使节点两侧的曲线形状相同。

对网状颜色填充进行取样：从屏幕内对选定节点进行颜色选取。

网状填充颜色：为选定节点选择填充颜色，如图7-173所示。

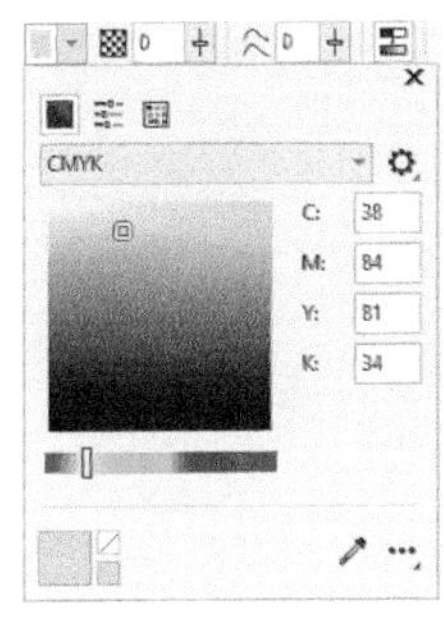

图7-173

透明度：设置所选节点透明度，单击透明度选项出现透明度滑块，然后拖曳滑块，即可设置所选节点区域的透明度。

曲线平滑度：更改节点数量调整曲线的平滑度。

平滑网状颜色：减少网状填充中的硬边缘，使填充颜色过渡更加柔和。

复制网状填充：将文档中另一个对象的网状填充属性应用到所选对象。

清除网状：移除对象中的网状填充。

7.5.2 使用方法

01 在页面空白处，使用“矩形”工具绘制一个茶杯，如图7-174所示，单击“网状填充”工具，在属性栏中设置“行数”为1、“列数”为3，单击茶杯，如图7-175所示。

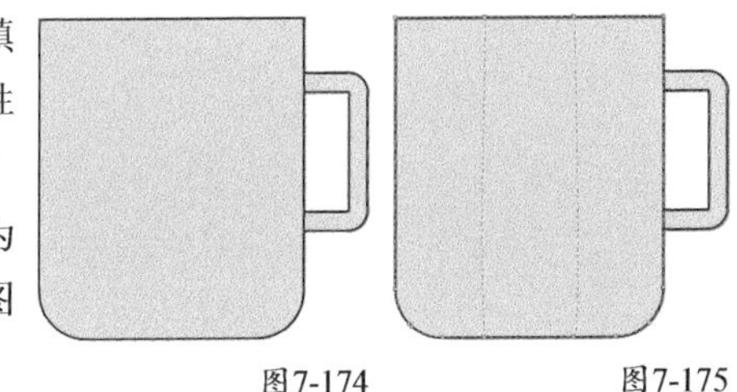

图7-174　　图7-175

02 将曲线与图形的交叉节点所连接的曲线转换为线条，将节点向茶杯两侧拖曳，如图7-176所示。

03 在调色板上选择一个比茶杯底色深的色样，按住鼠标左键拖曳到茶杯右侧，完成阴影效果的绘制，如图7-177所示。

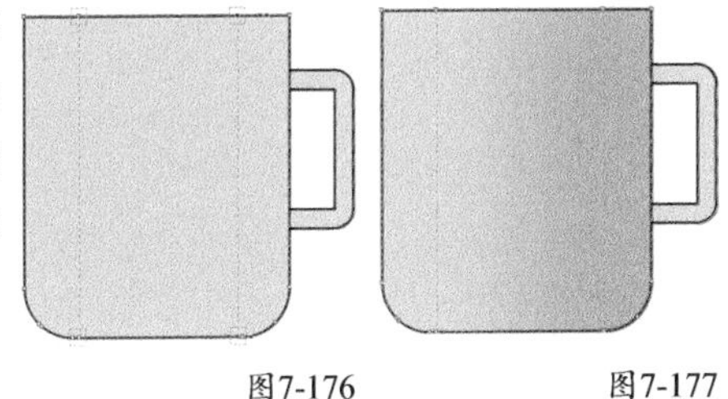

图7-176　　图7-177

04 参照上述方法，在茶杯左侧填充阴影效果，如图7-178所示。

图7-178

★ 重点 ★

实战 绘制酒瓶

实例位置　实例文件>CH07>实战：绘制酒瓶.cdr
素材位置　无
视频名称　实战：绘制酒瓶.mp4
实用指数　★★★☆☆
技术掌握　"网状填充"工具的使用方法

扫码看视频

本例绘制的酒瓶效果如图7-179所示。

图7-179

01 为方便后期使用"网状填充"功能，首先添加自定义色样至"文档调色板"，如图7-180所示。

02 使用"矩形"工具绘制一个宽度为30mm、高度为265mm的矩形，设置填充色为灰色（C:0，M:0，Y:0，K:10），然后参照图7-181所示的位置绘制辅助线。

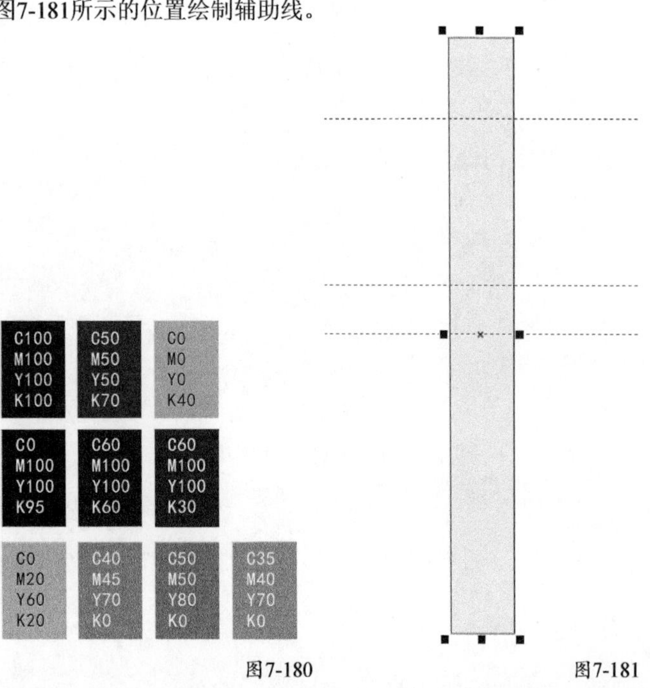

图7-180　图7-181

03 按快捷键Ctrl+Q将矩形转换成曲线，然后参照图7-182所示的位置，使用"形状"工具添加3个节点。

04 将属性栏中的"微调距离"设置为15mm，使用"形状"工具框选3个节点，然后按→键往右移动一次，如图7-183所示。

节点　右移

图7-182　图7-183

05 使用"形状"工具将节点处理圆滑，如图7-184所示。

06 选中对象，按住Ctrl键向右镜像图形，单击鼠标右键完成水平镜像复制，如图7-185所示。

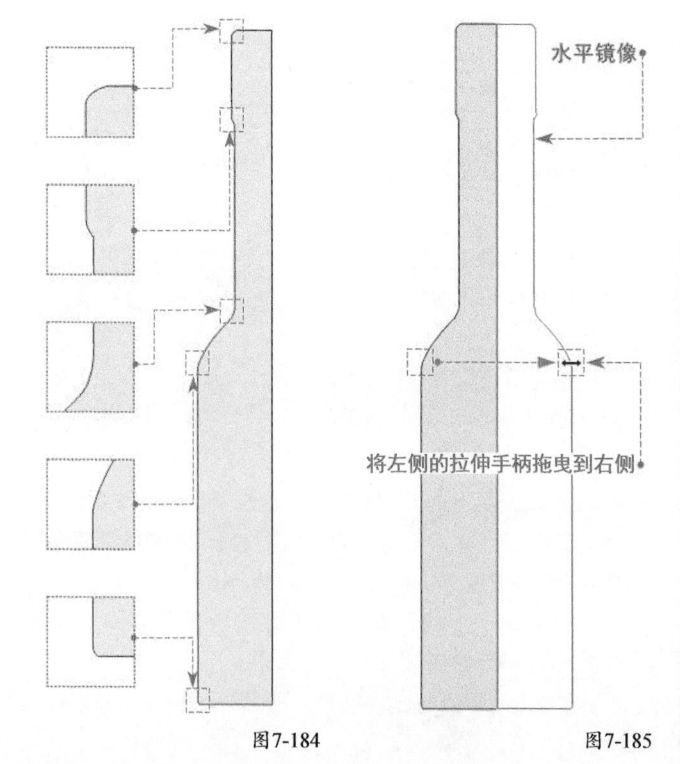

图7-184　图7-185

07 选中两个对象，单击属性栏中的“焊接”按钮，生成“酒瓶形状”。然后在瓶口和瓶底使用“形状”工具拉伸出弧度效果，增强酒瓶的立体感，如图7-186所示。

图7-186

08 使用“网状填充”工具，在瓶盖处双击红色的垂直网格线，添加节点并生成水平网格线，如图7-187所示。

09 调整节点和手柄，使网格线符合瓶盖形状，如图7-188所示。

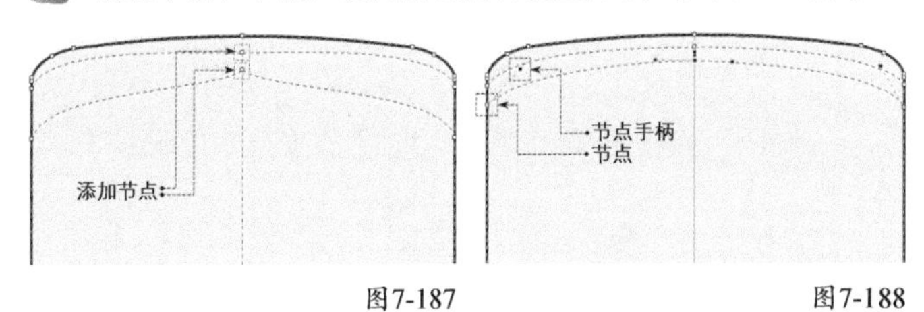

图7-187　　图7-188

10 参照步骤8和步骤9，调整瓶盖下部网格线，如图7-189所示。

11 参照上述方法调整瓶颈，如图7-190所示。

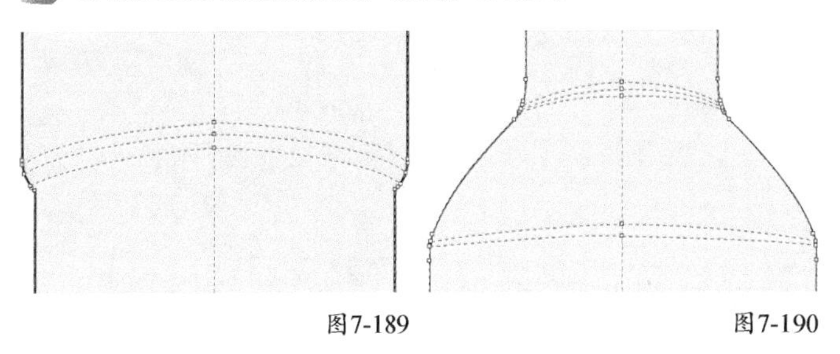

图7-189　　图7-190

12 参照上述方法调整瓶底，如图7-191所示。

图7-191

技巧与提示

添加网格节点的过程有一定的随机性，多试几次就能找到理想的节点。同时，调节手柄的过程中要保持耐心，才能调整出理想的网格线。

13 参照步骤8和步骤9，使用“形状”工具双击网格线添加节点并生成垂直网格线。然后通过调节节点和手柄，使网格线符合酒瓶的形状，如图7-192所示。

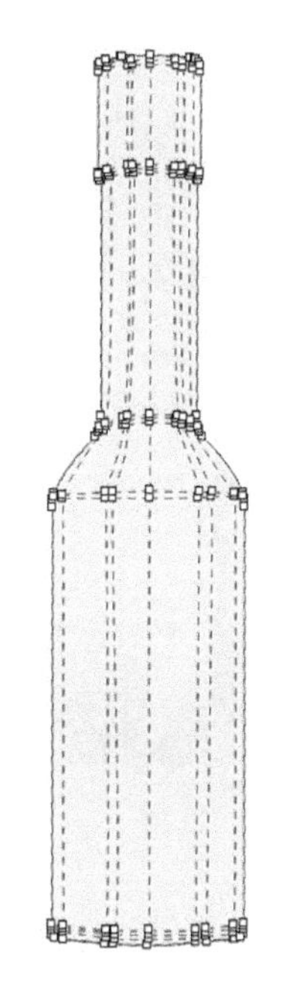

图7-192

14 将“文档调色板”中的色样直接拖入网格内，完成瓶盖和瓶颈的网状填充操作，如图7-193所示。

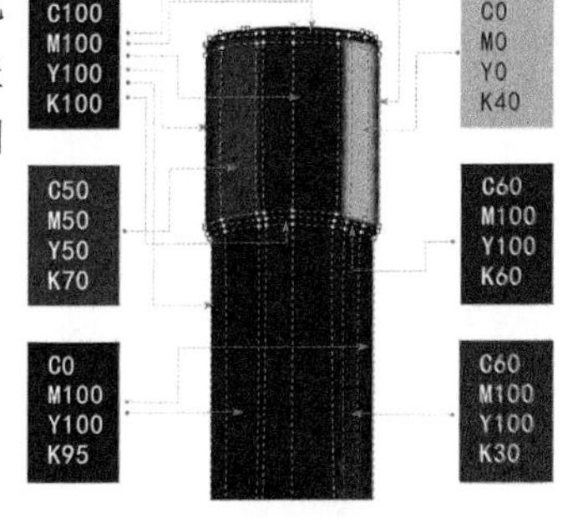

图7-193

15 参照步骤14，完成瓶身的网状填充操作，如图7-194所示。

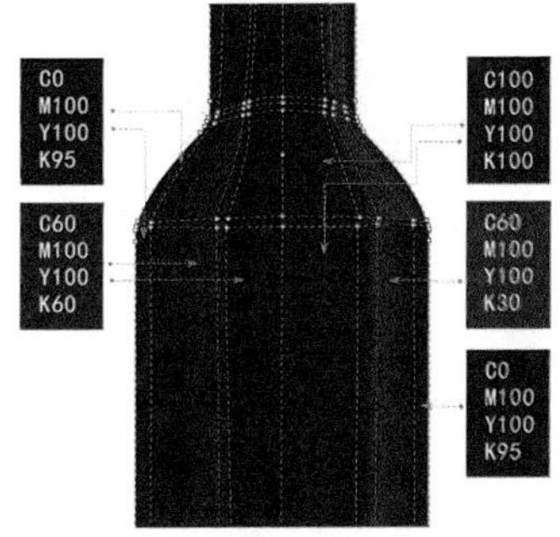

图7-194

16 使用“矩形”工具在瓶身中间绘制一个矩形标签纸。选中酒瓶和标签，按C键垂直居中，如图7-195所示。

17 使用“网状填充”工具对标签纸进行网格线调整，然后将色样拖入网格内进行网状填充操作，如图7-196所示。

图7-195　　图7-196

18 选中标签纸，单击“透明度”工具，设置“合并模式”为“添加”，如图7-197所示。

19 使用“文本”工具，输入Red Wine字样，然后按Enter键分段文字，拖曳文字与标签纸垂直居中对齐，设置该文本对象的填充色为深红色（C:60，M:100，Y:100，K:60），如图7-198所示。

图7-197　　图7-198

20 选中酒瓶，按+键，复制一个酒瓶，设置填充色为深红色（C:60，M:100，Y:100，K:60）。按快捷键Shift+PageUp置于顶层，将其缩小后在标签纸上垂直居中对齐，最终效果如图7-199所示。

图7-199

★重点★

7.6 “颜色滴管”工具

“颜色滴管”工具可以对文档窗口内或屏幕上进行颜色取样，然后填充到对象上。

7.6.1 填充色填充

任意绘制一个图形，单击“颜色滴管”工具，鼠标指针转换为滴管形状。单击想要取样颜色的位置，取样成功后鼠标指针转换为油漆桶形状。将鼠标指针移动到需要填充的对象内部，此时鼠标指针转换为带实心色样的形状，如图7-200所示，单击完成对象的填充色填充，如图7-201所示。

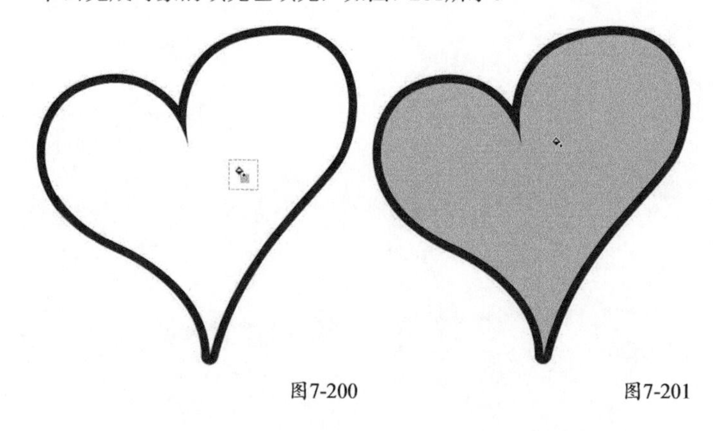

图7-200　　图7-201

7.6.2 轮廓色填充

取样完毕后，将鼠标指针移动到需要填充的对象的轮廓上，鼠标指针转换为带空心色样的形状，如图7-202所示，单击完成对象的轮廓色填充，如图7-203所示。

图7-202　　图7-203

7.6.3 “颜色滴管”工具属性设置

“颜色滴管”工具的属性栏如图7-204所示。

图7-204

“颜色滴管”工具选项介绍

选择颜色：单击该按钮可以在文档窗口中进行颜色取样。

应用颜色：单击该按钮后可以将取样的颜色应用到其他对象。

从桌面选择：单击该按钮后，“颜色滴管”工具可以在屏幕内任意位置进行颜色取样。

1×1：单击该按钮后，“颜色滴管”工具可对1像素×1像素区域内的平均颜色值进行取样。

2×2：单击该按钮后，“颜色滴管”工具可对2像素×2像素区域内的平均颜色值进行取样。

5×5：单击该按钮后，“颜色滴管”工具可对5像素×5像素区域内的平均颜色值进行取样。

所选颜色：对取样的颜色进行查看。

添加到调色板：单击该按钮，可将取样的颜色添加到“文档调色板”或“默认CMYK调色板”中，单击该选项右侧的下拉按钮可显示调色板类型。

7.7 “属性滴管”工具

使用“属性滴管”工具，可以复制对象的属性，并将复制的属性应用到其他对象上。

单击“属性滴管”工具，在属性栏上分别单击“属性”“变换”“效果”按钮，打开相应的选项，勾选想要复制的属性内容，如图7-205~图7-207所示，鼠标指针转换为滴管形状时，即可在文档窗口内进行属性取样，取样结束后，鼠标指针转换为油漆桶形状，此时单击想要应用的对象，即可进行属性的应用。

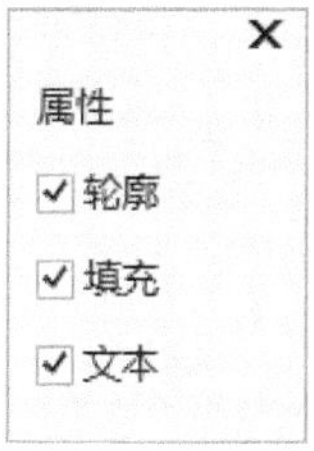

图7-205 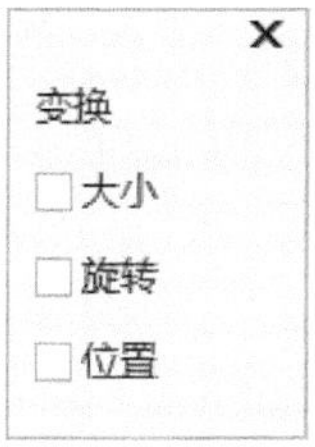　　图7-206 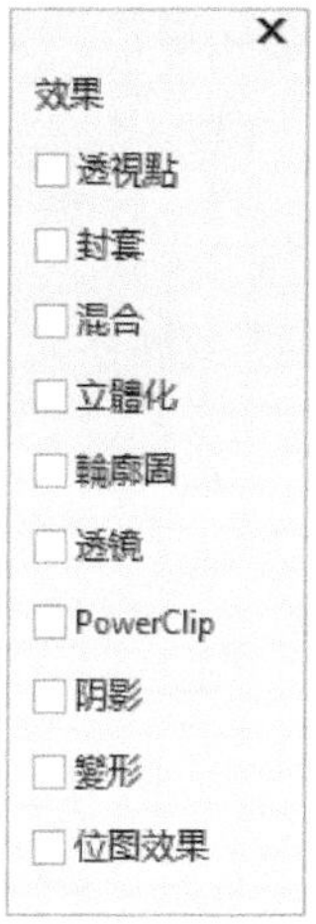　　图7-207

技巧与提示

通过对比可以发现，“属性滴管”工具其实是“编辑>复制属性自”菜单命令的强化版本。在平时的工作中，可以根据实际情况灵活运用。

★重点★

实战 绘制多彩贺卡

扫码看视频

实例位置　实例文件 >CH07> 实战：绘制多彩贺卡.cdr
素材位置　素材文件 >CH07>01.cdr
视频名称　实战：绘制多彩贺卡.mp4
实用指数　★★★☆☆
技术掌握　渐变填充和“属性滴管”工具的运用方法

本例绘制的贺卡效果如图7-208所示。

图7-208

01 新建文档，在页面空白处绘制一个边长为270mm的正方形，使用“贝塞尔”工具绘制一个与正方形交叉的闭合曲线，如图7-209所示。

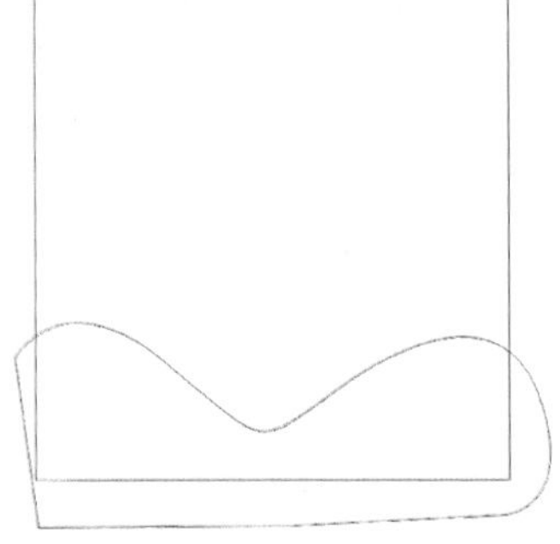

图7-209

02 选中两个对象，在属性栏中单击“相交”按钮，生成新对象。选中新对象，单击“交互式填充”工具，在新对象上绘制渐变填充控制手柄，如图7-210所示。

03 双击控制手柄添加颜色节点，然后设置该对象渐变色位置0的颜色为洋红色（C:0，M:100，Y:0，K:0），设置位置50的颜色为红色（C:0，M:100，Y:100，K:0），设置位置100的颜色为黄色（C:0，M:20，Y:100，K:0），如图7-211所示。

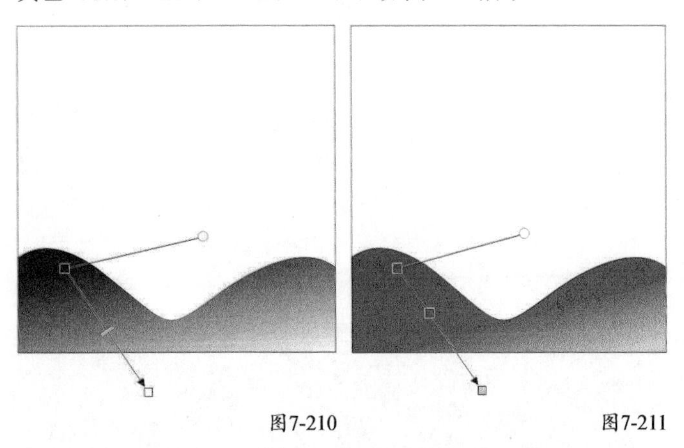

图7-210　　图7-211

04 使用“贝塞尔”工具绘制一个与正方形交叉的闭合曲线，如图7-212所示。

05 参照步骤2和步骤3，生成新的“相交”对象，使用“属性滴管”工具复制刚才渐变色的填充属性，如图7-213所示。

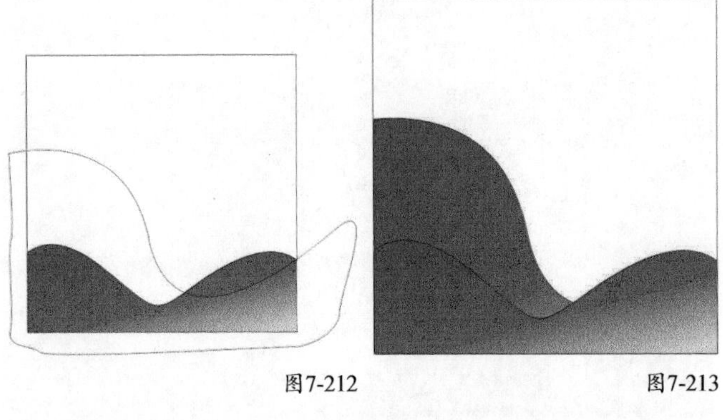

图7-212　　图7-213

06 参照上述步骤，绘制两条闭合曲线与矩形交叉，使用“相交”功能生成新对象，如图7-214所示。使用“属性滴管”工具复制渐变色的填充属性，如图7-215所示。

图7-214　　图7-215

07 分别调整每个对象的渐变填充控制手柄，如图7-216~图7-220所示。

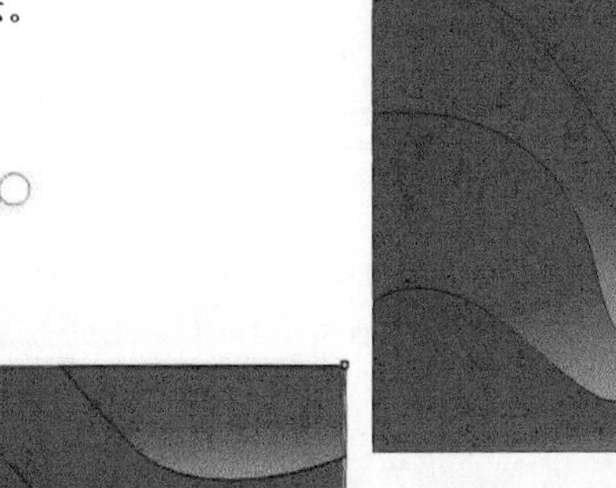

图7-216

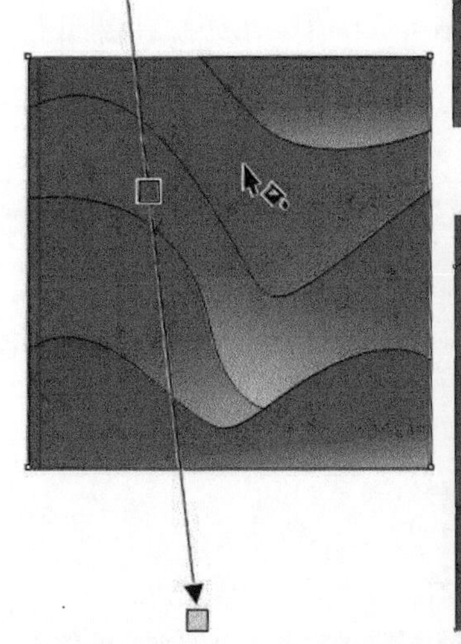

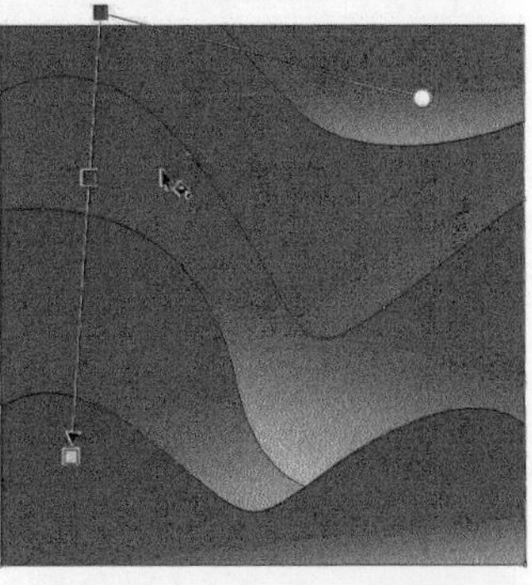

图7-217　　图7-218

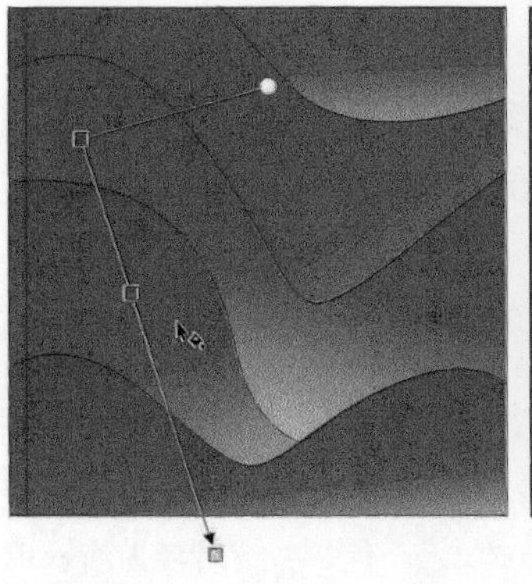

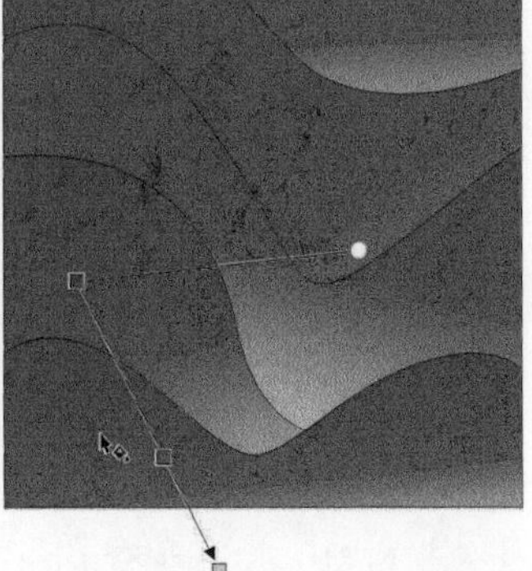

图7-219　　图7-220

08 选中所有对象，按快捷键Ctrl+G组合对象，移除轮廓色，如图7-221所示。输入文字，拖曳两组文本对象与正方形垂直居中对齐，如图7-222所示。

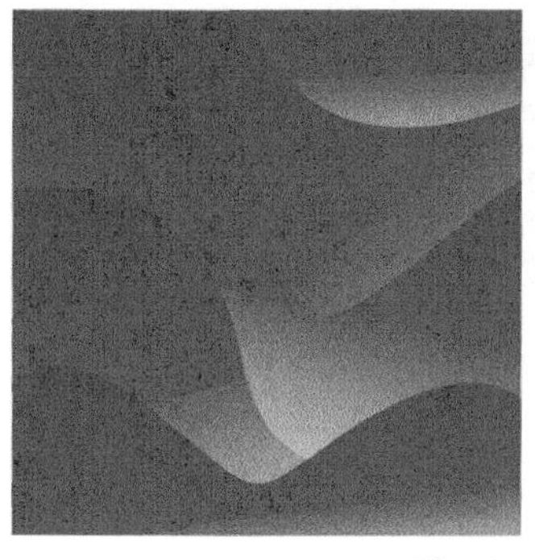

图7-221

图7-222

09 使用“矩形”工具在文本对象的周围绘制5个细长的矩形，如图7-223所示。框选文本对象和刚绘制的矩形，设置填充色为白色，然后移除轮廓色，如图7-224所示。导入“素材文件>CH07>01.cdr”文件，将其拖曳到文本上方，与文本对象垂直居中对齐，最终效果如图7-225所示。

图7-223

图7-224

图7-225

7.8 颜色样式

使用“颜色样式”泊坞窗可以进行颜色样式的自定义编辑或创建新的颜色样式，通过颜色样式创建渐变，可以为对象应用不同深浅度的阴影效果。通俗地讲，可以通过“颜色样式”快速创建所需的色样，还能快速更改色样的颜色模式；可以使用“颜色和谐”快速调整对象的整体色度。

7.8.1 创建颜色样式

按快捷键Ctrl+F6打开“颜色样式”泊坞窗，单击“新建颜色样式”按钮，如图7-226所示，可以选择“新建颜色样式”（直接新建）、“从选定项新建”和“从文档新建”3种方式创建颜色样式。

图7-226

选中创建的颜色样式，如图7-227所示，在“颜色编辑器”选项组中可以更改色值，如图7-228所示。单击泊坞窗右上角的“转换”按钮，可以快速转换颜色样式的颜色模式，如图7-229所示。

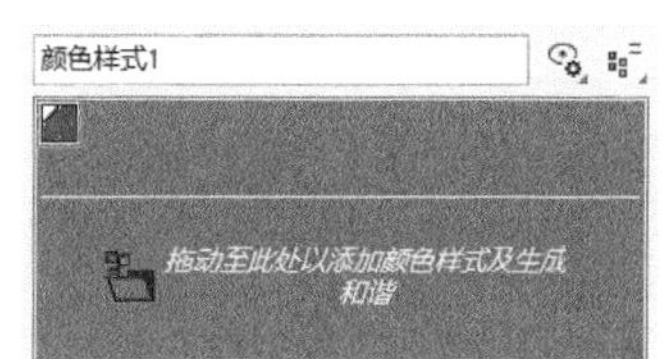

图7-227

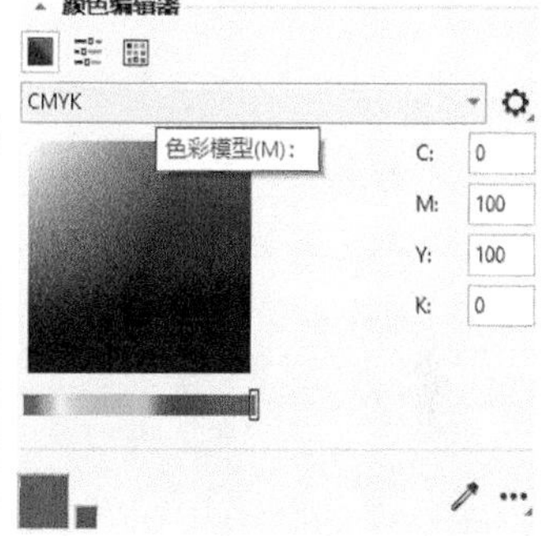

图7-228

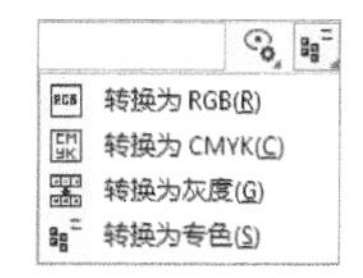

图7-229

技巧与提示

颜色样式的应用方式与调色板中色样的应用方式一致，即单击鼠标左键为设置对象填充色，单击鼠标右键为设置对象的轮廓色。

7.8.2 创建渐变

在“颜色样式”泊坞窗中，选择任意一个颜色样式作为渐变的主颜色，然后单击“新建颜色和谐”按钮，在打开的列表中选择“新建渐变”选项，弹出“新建渐变”对话框。接着在“颜色数”文本框中可以设置阴影（渐变）的数量（默认为5），再选择“较浅的阴影”、“较深的阴影”或“二者”3个选项中的任意一项，最后单击OK按钮，如图7-230所示，即可创建渐变，如图7-231所示。

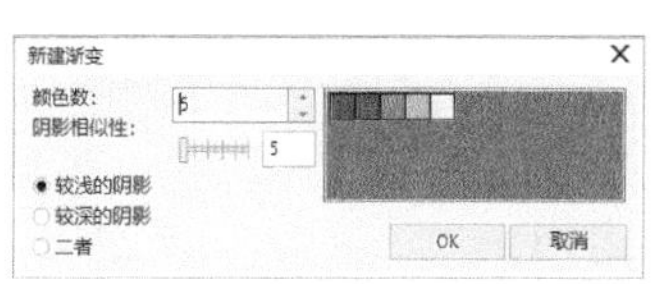

图7-230

图7-231

在“新建渐变”对话框中，设置“阴影相似性”选项时，可以按住鼠标左键拖曳该选项后面的滑块。左移滑块可以创建色差较大的阴影，如图7-232所示；右移滑块可以创建色差接近的阴影，如图7-233所示。

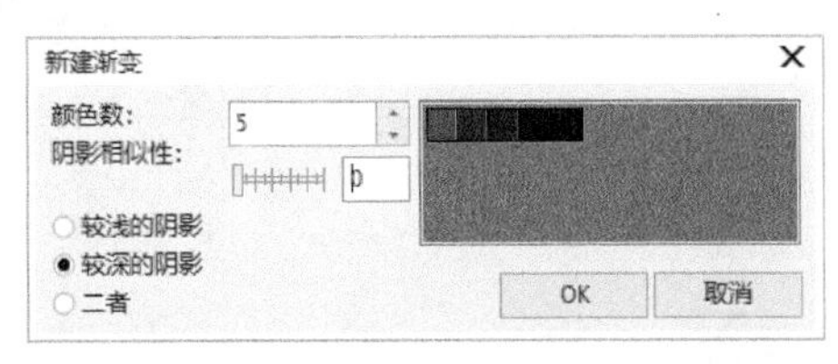

图7-232

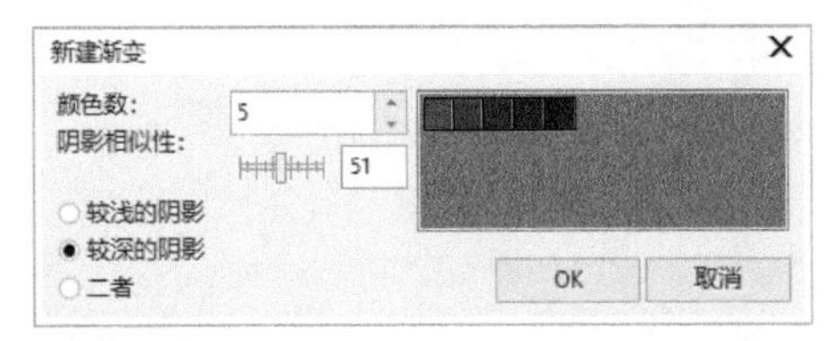

图7-233

技巧与提示

“较浅的阴影”用于创建比主颜色浅的阴影，“较深的阴影”用于创建比主颜色深的阴影，“二者”用于创建同等数量的阴影。

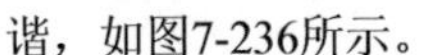

7.8.3 颜色和谐

通俗地讲，颜色和谐是指一组色样，以色度属性进行关联，可以通过“和谐编辑器”调整这组色样的色值，并应用到对象上。

选中需要创建颜色和谐的对象，如图7-234所示，将对象拖曳到泊坞窗中的“生成和谐”灰色区域，弹出“创建颜色样式”对话框，如图7-235所示，CorelDRAW会自动将颜色进行归组，单击OK按钮，在“颜色样式”泊坞窗中生成两组颜色和谐，如图7-236所示。

图7-234

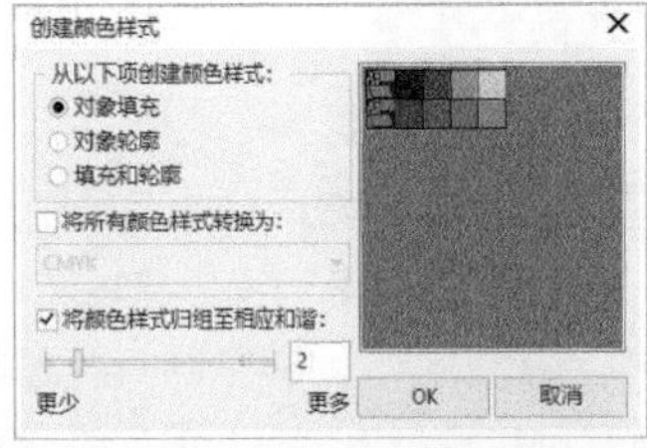

图7-235

图7-236

技巧与提示

在“创建颜色样式”对话框中，可以指定从对象的填充或轮廓进行创建，可以更改颜色样式的模型，还可以手动分组颜色，这些选项需要根据实际情况进行选择。

CorelDRAW已将对象中的花和草自动分成两组颜色和谐，选中第一组颜色和谐，在泊坞窗的“和谐编辑器”的色轮中调整控制手柄，如图7-237所示。花的整体色度发生改变，如图7-238所示。

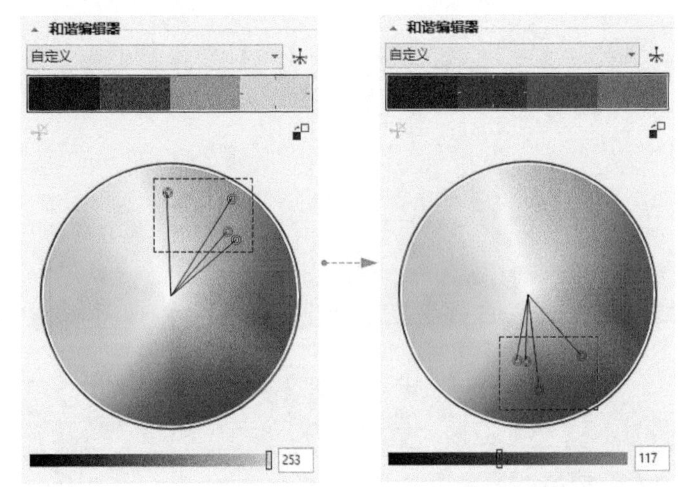

图7-237

图7-238

技巧与提示

在“和谐编辑器”中，可以自定义或选择不同的规则来创建或编辑颜色的和谐度，如图7-239所示。

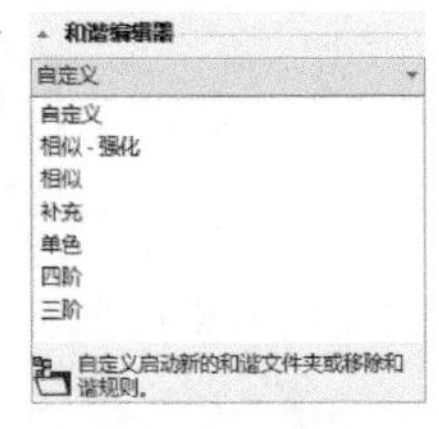

图7-239

可以直接单击色样对颜色进行单独的调节，如图7-240所示。还可以单击色轮中的圆形控制点对色样进行单独调节，如图7-241所示。

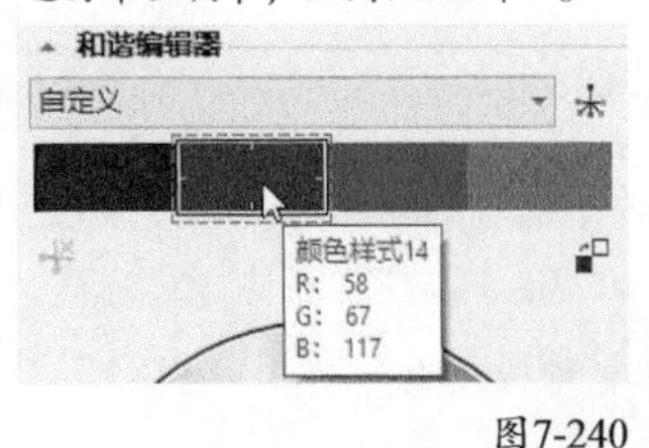

图7-240

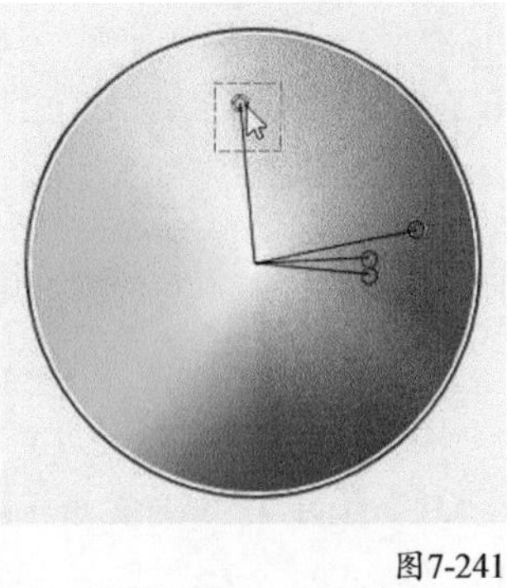

图7-241

按住鼠标左键从任意打开的调色板上拖曳色样至“颜色样式”泊坞窗中的“生成和谐”灰色区域，即可创建颜色和谐，如图7-242所示。

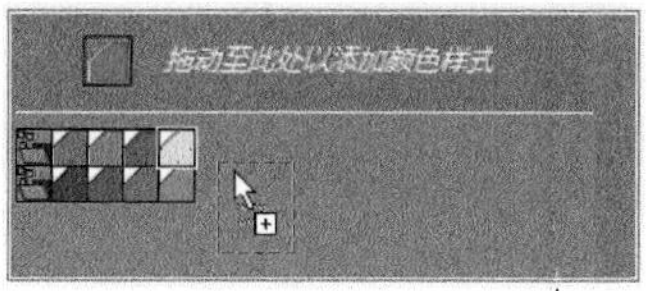

图7-242

技巧与提示

从调色板创建颜色和谐时，如果拖曳色样至“和谐文件夹”右侧或“颜色样式”的后面，即可将所添加的颜色样式归组到该和谐中，如果拖曳色样至“和谐文件夹”下方（贴近该泊坞窗左侧边缘），即可以以该色样创建一个新的颜色和谐。

在“颜色样式”泊坞窗中，选中颜色样式，按住鼠标左键将其拖曳至下方的生成和谐灰色区域，即可将该颜色样式创建为颜色和谐。

第8章

轮廓的操作

“轮廓笔”工具用于设置和调整矢量对象轮廓的各种属性，可以使矢量对象（文本）更为饱满。“轮廓笔”工具可以更改轮廓的颜色、样式、宽度和位置等效果。在添加轮廓时，需要掌握如何复制轮廓的效果和消除轮廓笔的尖突情况。

本章需要重点掌握轮廓的相关操作技巧。

学习要点

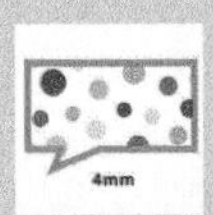

第146页
“轮廓笔”对话框

第148页
添加箭头

第149页
轮廓宽度

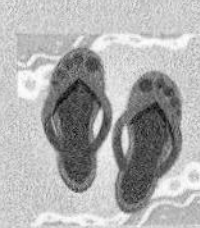

第149页
轮廓颜色填充

第154页
轮廓转对象

工具名称	工具图标	工具作用	重要程度
“轮廓笔”工具		更改轮廓线的各种属性	高
轮廓色	无	更改轮廓线的颜色	高
轮廓宽度	无	更改轮廓线的宽度	高
将轮廓转为对象	无	将轮廓线转换为对象进行编辑	高

★重点★

8.1 轮廓属性调整

轮廓笔是CorelDRAW中比较重要的一个工具，通过编辑对象轮廓笔的风格、颜色和宽度等属性，可以绘制出丰富多彩的作品。对象与对象之间的轮廓笔属性可以相互复制，轮廓也可以转换为对象再次进行编辑。

在默认情况下，新绘制的轮廓笔宽度为0.567pt（0.2mm），颜色为黑色，风格为直线型。

8.1.1 “轮廓笔”对话框

选中任意对象，单击“轮廓笔”工具，即可打开“轮廓笔”对话框，也可以按F12键打开，如图8-1所示。

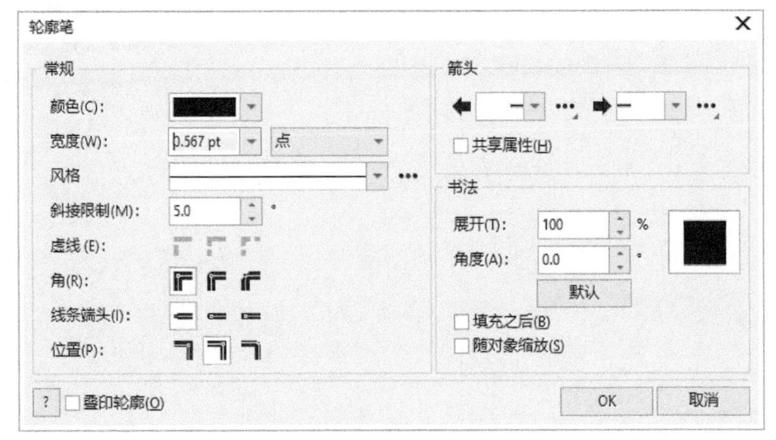

图8-1

知识链接

添加“轮廓笔”工具的方法请参阅“2.6 工具箱”。

“轮廓笔”对话框选项介绍

颜色：单击，在展开的颜色挑选器中选择填充轮廓的颜色，如图8-2所示，可以使用不同的颜色挑选器选择颜色填充，也可以单击“颜色滴管”按钮在屏幕上吸取任意部分的色样进行取样填充。

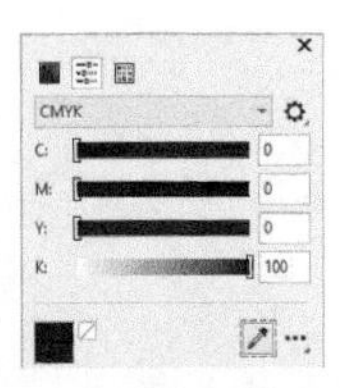

图8-2

宽度：在后面的文本框中输入数值，或者在下拉列表中进行预设宽度的选择，如图8-3所示。可以在后面的“轮廓单位”下拉列表中选择单位，如图8-4所示。

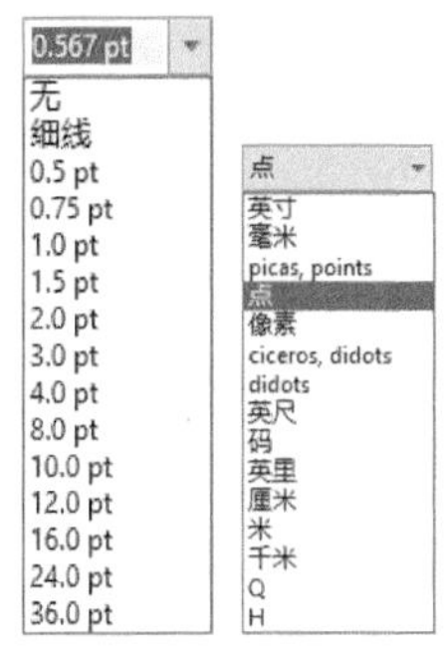

图8-3　　图8-4

风格（样式）：单击后可以在下拉列表中选择线条或轮廓的样式，如图8-5所示。

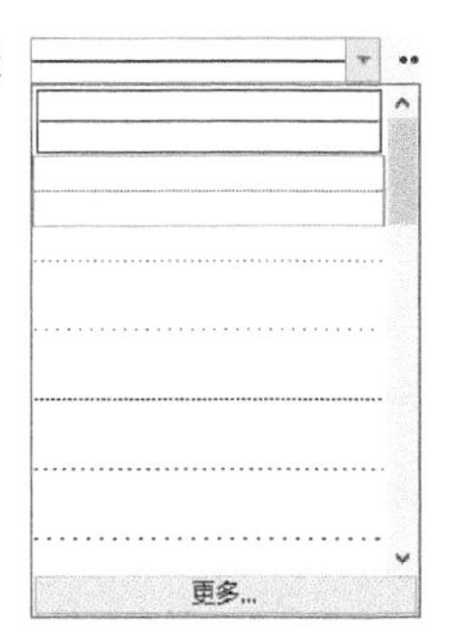

图8-5

设置⋯：创建线条样式或者编辑自定义线条样式。在“风格”下拉列表中没有需要的样式时，单击此按钮可以打开“编辑线条样式”对话框进行编辑，如图8-6所示。

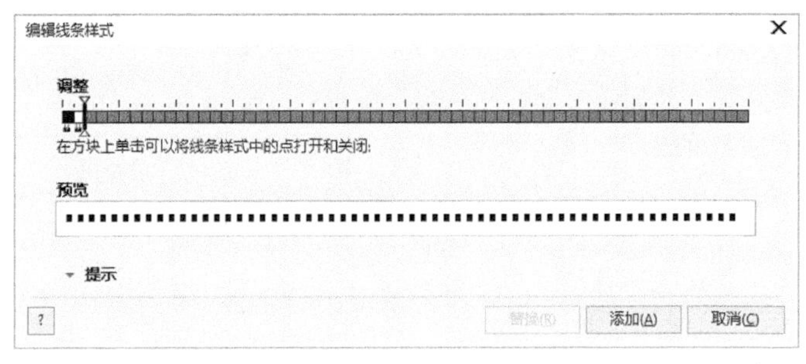

图8-6

知识链接

关于编辑线条样式的内容请参阅“4.1.2‘手绘’工具属性设置”。

斜接限制：用于消除添加轮廓时出现的尖突（炸边）情况，可以直接在后面的文本框中输入数值，数值越小越容易出现尖突。CorelDRAW 2021中该选项的默认值为5°，正常情况下45°为最佳值。

技巧与提示

斜接限制一般情况下多用于美工文字的轮廓处理，一些文字在轮廓线较宽时会出现尖突，如图8-7左所示，此时，加大斜接限制的数值，可以平滑掉尖突（炸边），如图8-7右所示。

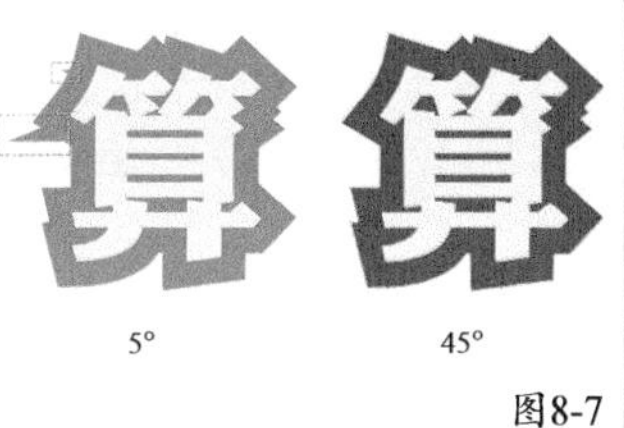

图8-7

虚线：在轮廓风格为虚线样式时，选择边角和轮廓的效果样式，如图8-8所示。

虚线(E):

图8-8

默认虚线：应用不带调整的选定虚线样式，即边角效果按虚线的默认样式排列，如图8-9所示。

对齐虚线：将虚线与线条、轮廓的终点和边角点对齐，如图8-10所示。

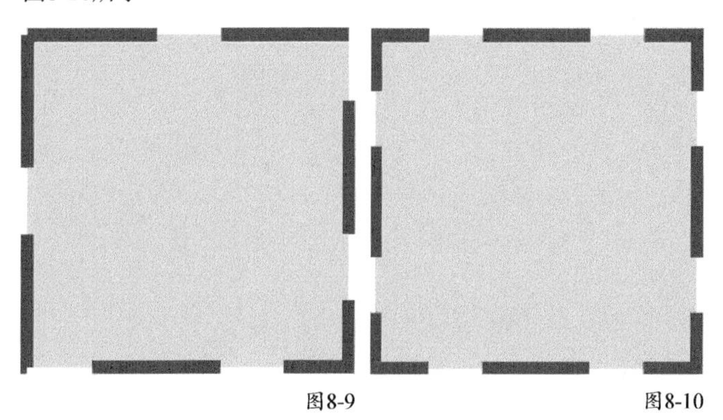

图8-9　　图8-10

固定虚线：在边角和终点应用虚线或固定长度，如图8-11所示。

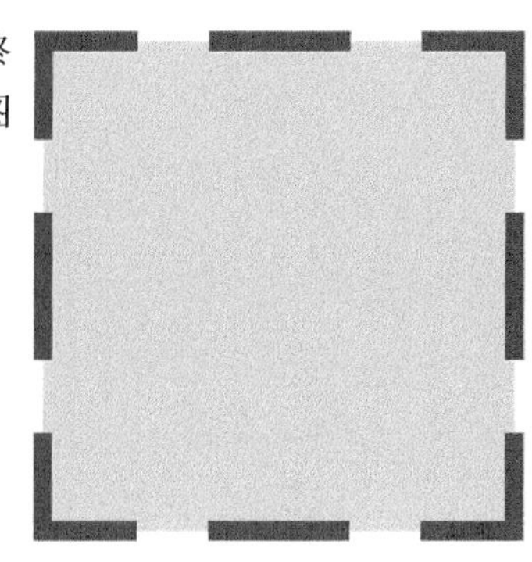

图8-11

角：用于创建轮廓转角的样式，如图8-12所示。

角(R):

图8-12

斜接角（尖角）：即创建轮廓转角为“尖角”样式，默认情况下轮廓转角为尖角，如图8-13所示。

圆角：即创建轮廓转角为“圆角”样式，如图8-14所示。

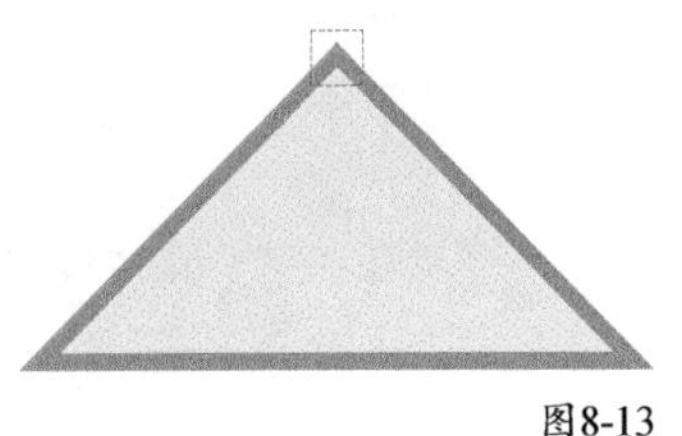

图8-13

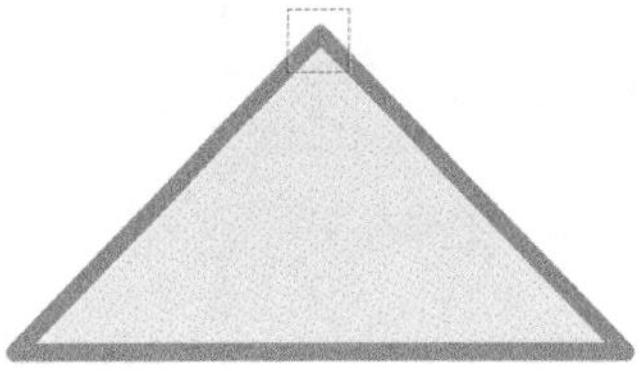

图8-14

斜切角（平角）：即创建轮廓转角为“平角”样式，如图8-15所示。

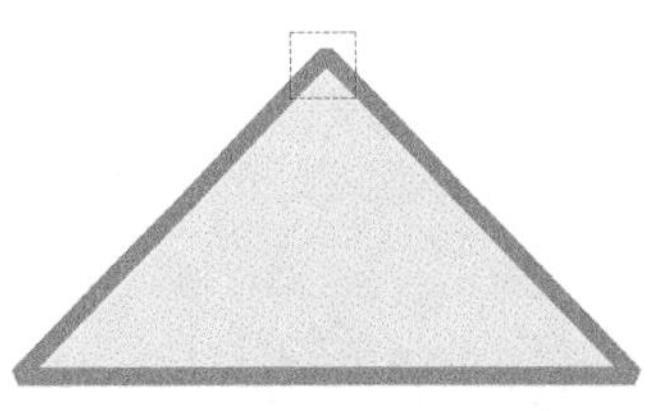

图8-15

线条端头：用于设置线条端头的样式，如图8-16所示。

图8-16

方形端头：默认为方形端头，节点在线条边缘上，如图8-17所示。

圆形端头：端头为圆形样式，节点在线条内，如图8-18所示。

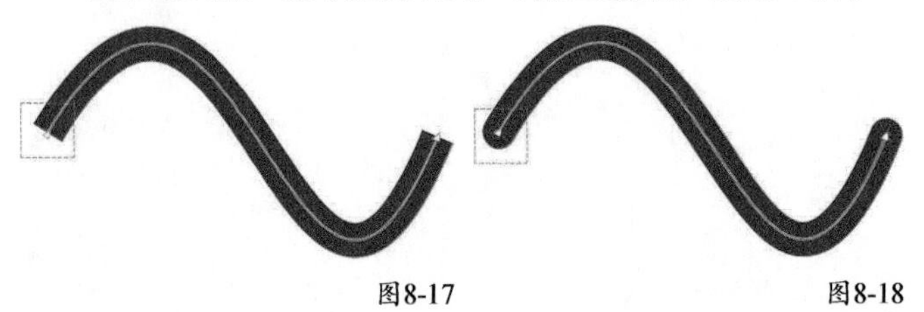

图8-17

图8-18

延伸方形端头：端头为方形端头，节点在线条内，如图8-19所示。

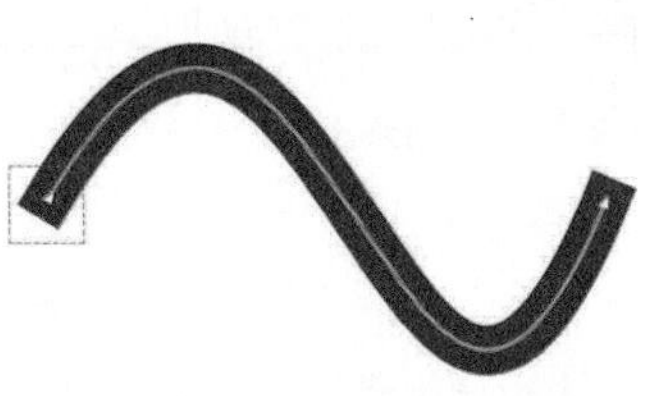

图8-19

位置：用于设置轮廓与对象的相对位置，如图8-20所示。

图8-20

外部轮廓：将轮廓置于对象外，如图8-21所示。

图8-21

居中的轮廓：轮廓与对象居中，轮廓与对象的内部和外部同等重合，如图8-22所示。

内部轮廓：将轮廓置于对象内，如图8-23所示。

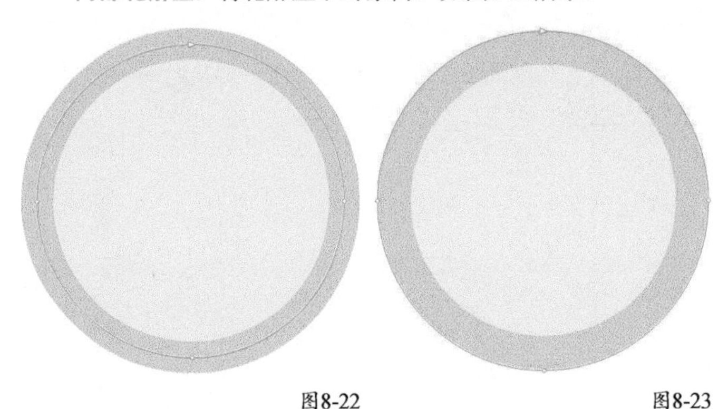

图8-22

图8-23

箭头：在相应方向的下拉列表中，可以设置线条端点的箭头样式，还可通过“选项”按钮对箭头进行相应的编辑设置如图8-24所示。

图8-24

箭头设置：在下拉列表中选择线条端头的箭头预设样式。左右两个箭头设置下拉列表，分别对应起始箭头和终止箭头的样式选择，如图8-25所示。

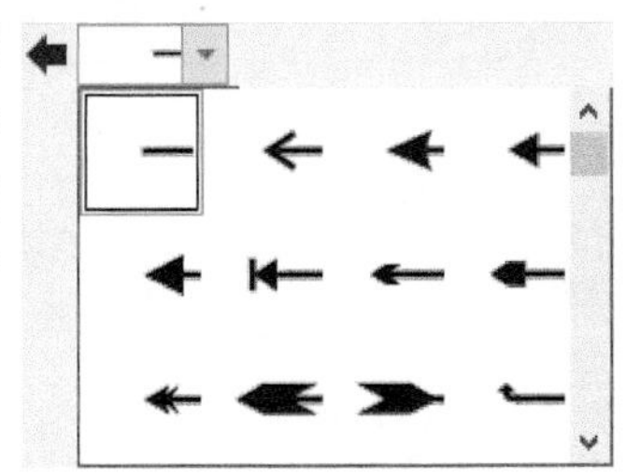

图8-25

选项：单击该按钮可以在弹出菜单中对箭头进行编辑设置，如图8-26所示。左右两个“选项”按钮，分别控制起始箭头和终止箭头的编辑设置。

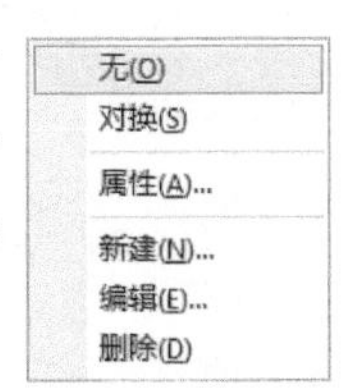

图8-26

无：选择该命令可以移除该方向端点的箭头。

对换：选择该命令可以快速将左右箭头样式进行互换。

属性：选择该命令可以打开“箭头属性”对话框，对箭头进行编辑和设置，如图8-27所示。

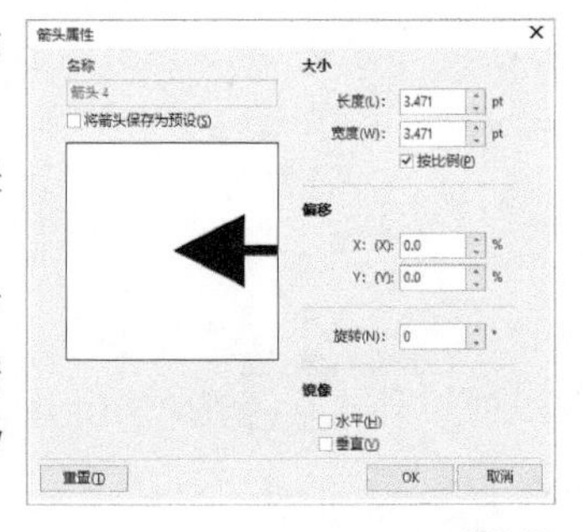

图8-27

新建：选择该命令可以打开“箭头属性”对话框进行编辑。

编辑：选择该命令可在打开的“箭头属性”对话框中进行调试。

删除：选择该命令可以删除上一次选中的箭头样式。

共享属性：单击勾选后，在起始端和终止端同时应用“箭头设置”中所设置的属性。

书法：按照线条的方向，模拟轮廓的书法效果，如图8-28所示。

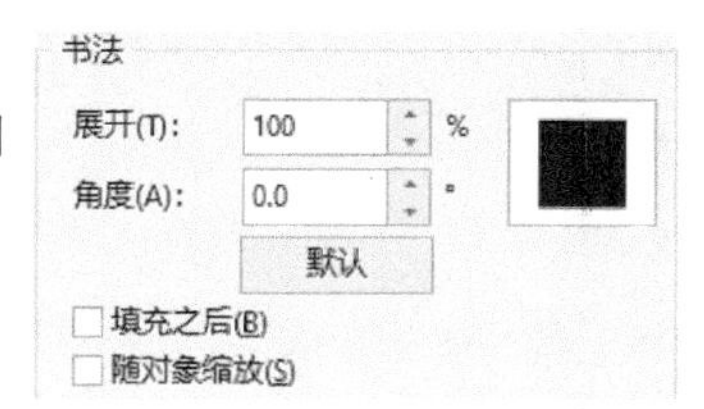

图8-28

展开：在“展开”后面的文本框中输入数值可以改变笔尖形状的宽度。

角度：在“角度”后面的文本框中输入数值可以改变笔尖旋转的角度。

默认：单击“默认”按钮，可以将笔尖形状还原为系统默认，即“展开”为100%，“角度”为0°，笔尖形状为正方形。

填充之后：勾选该选项后，在对象的填充后面应用轮廓，此选项功能类似于“外部轮廓”。

随对象缩放：勾选该选项后，在缩放对象时，轮廓的宽度也会随之进行等比例变化，一般情况下需要勾选此项。

8.1.2 轮廓宽度

设置轮廓宽度有以下3种方法。

第1种：选中对象，在属性栏上“轮廓宽度”后面的文本框中输入数值进行修改，或在下拉列表中选择轮廓宽度预设值，如图8-29所示。数值越大轮廓越宽，图8-30所示为轮廓宽度为1mm和4mm的线宽。

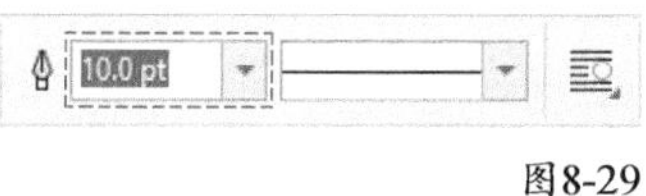

图8-29

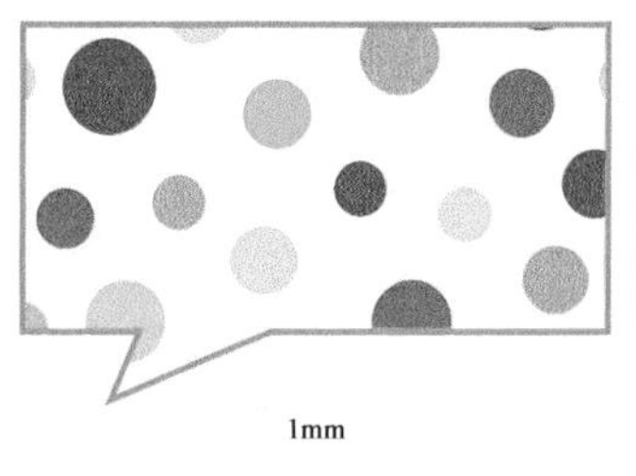

1mm

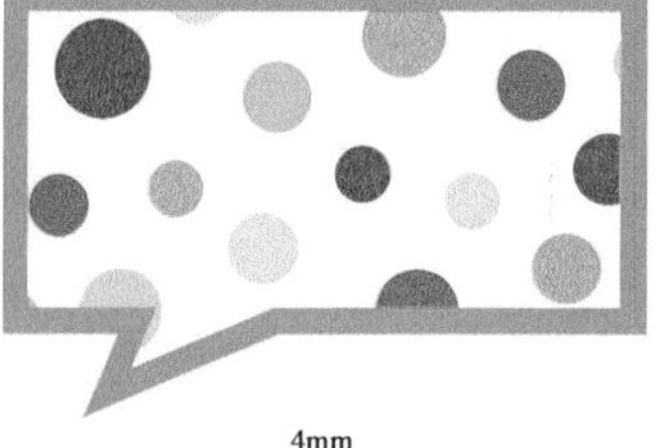

4mm

图8-30

第2种：选中对象，按F12键打开“轮廓笔”对话框，在对话框的“宽度”选项中输入数值改变轮廓的大小。

第3种：单击“轮廓笔”工具，在弹出的选项中选择预设轮廓宽度，如图8-31所示。

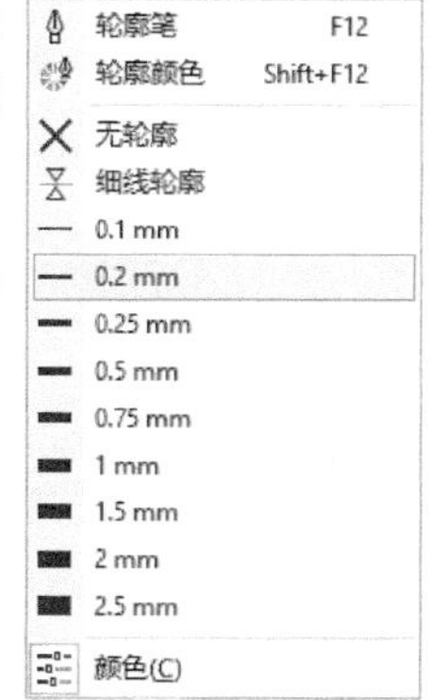

图8-31

8.1.3 移除轮廓

移除轮廓有以下4种方法。

第1种：选中对象，在默认调色板中用鼠标右键单击“无填充”移除轮廓。

第2种：选中对象，单击属性栏中的“轮廓宽度”下拉按钮，选择“无”选项将轮廓去除，如图8-32所示。

图8-32

第3种：选中对象，按F12键，打开“轮廓笔”对话框，在对话框中的“宽度”下拉列表中选择“无”选项，去除轮廓。

第4种：选中对象，单击工具箱中的“轮廓笔”工具，在弹出的列表中选择“无轮廓”选项移除轮廓。

★ 重 点 ★

8.2 轮廓颜色调整

设置轮廓的颜色可以将轮廓与对象区分开，使对象的效果更丰富。

设置轮廓颜色有以下4种方法。

第1种：选中对象，在右边的默认调色板中的色样上单击鼠标右键进行修改。在默认情况下，单击鼠标左键为填充对象，单击鼠标右键为填充轮廓。

第2种：选中对象，在状态栏上双击轮廓颜色区域，如图8-33所示，在弹出的“轮廓笔”对话框中进行修改，如图8-34所示。

向量图样　C: 100 M: 0 Y: 0 K: 0

图8-33

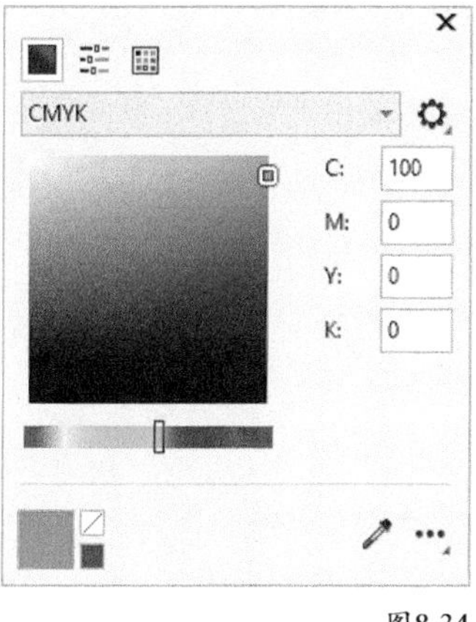

图8-34

第3种：选中对象，执行“窗口>泊坞窗>颜色”菜单命令，打开“颜色”泊坞窗，单击选取颜色或输入数值，单击“轮廓”按钮进行填充，如图8-35所示。

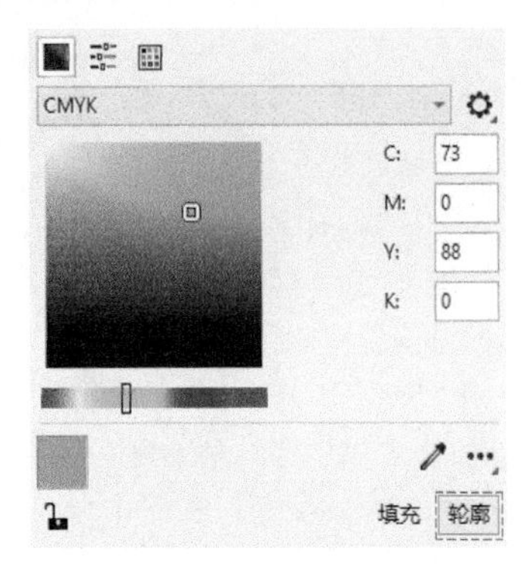

图8-35

第4种：选中对象，单击“轮廓笔”工具，在弹出的“轮廓笔”对话框中进行修改。

★ 重点 ★

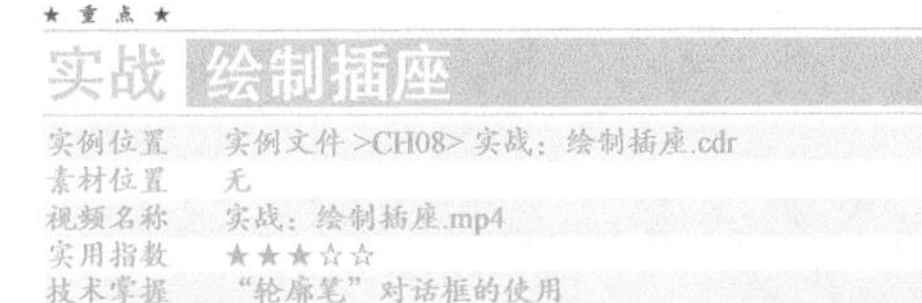

扫码看视频

本案例绘制的插座效果如图8-36所示。

图8-36

01 新建文档，使用“矩形”工具绘制一个边长为86mm的正方形，打开“轮廓笔”对话框，设置“宽度”为4.0pt、“位置”为“内部轮廓”，如图8-37所示。单击OK按钮，效果如图8-38所示。

02 使用“矩形”工具绘制一个边长为75mm、“圆角半径”为5mm的正方形，设置轮廓的“宽度”为3.0pt、“位置”为“内部轮廓”，将两个正方形中心对齐，如图8-39所示。

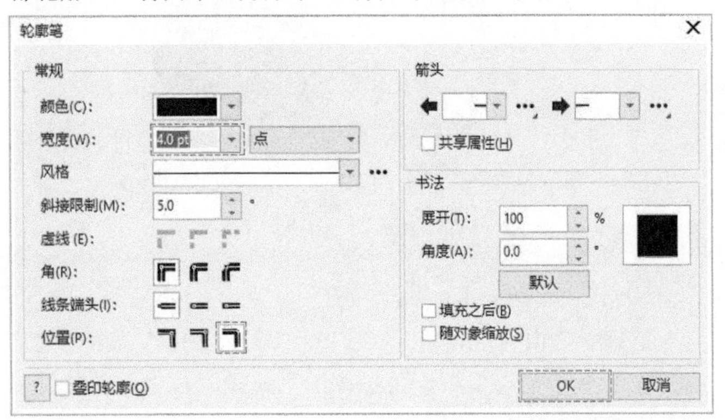

图8-37

图8-38

图8-39

03 使用“矩形”工具绘制一个宽度为22mm、高度为65mm、“圆角半径”为8mm的矩形，设置轮廓的“宽度”为2.0pt、“位置”为“外部轮廓”，将矩形与圆角正方形靠右侧垂直居中对齐，如图8-40所示。

04 使用“贝塞尔”工具在开关轮廓上绘制一条宽度为5mm的水平线段，打开“轮廓笔”对话框，设置该线段的轮廓颜色为红色（C:0，M:100，Y:100，K:0）、轮廓宽度为8.0pt、“线条端头”为“圆形端头”、“位置”为“外部轮廓”，然后将线段与开关轮廓水平居中对齐，如图8-41所示。

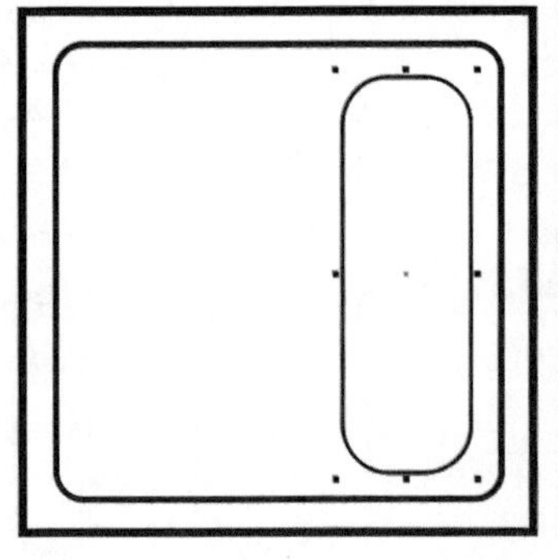

图8-40

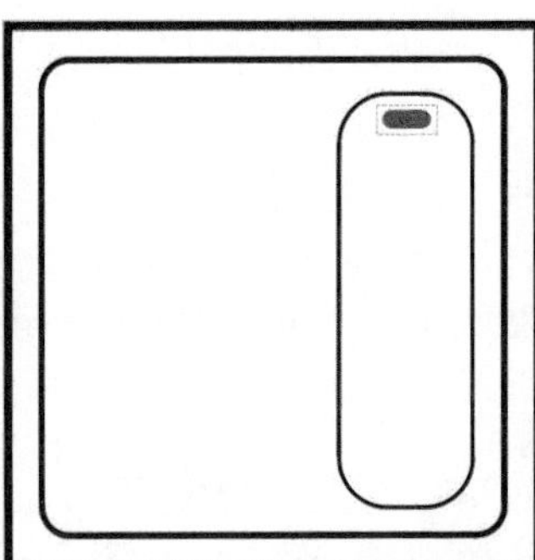

图8-41

05 使用“贝塞尔”工具在开关轮廓的左侧绘制一条高度为8mm的垂直线段，打开“轮廓笔”对话框，设置该线段的轮廓“宽度”为10.0pt、“位置”为“居中的轮廓”，完成第1个插孔的绘制，如图8-42所示。

图8-42

06 复制一个插孔到左下角，然后按住Ctrl键逆时针旋转30°，完成左侧第2个插孔的绘制，如图8-43所示。复制一个插孔到右侧，单击属性栏中的“水平镜像”按钮，完成右侧第3个插孔的绘制。然后选中下面的两个插孔，按快捷键Ctrl+G组合对象，与上面的插孔水平居中对齐，如图8-44所示。

图8-43

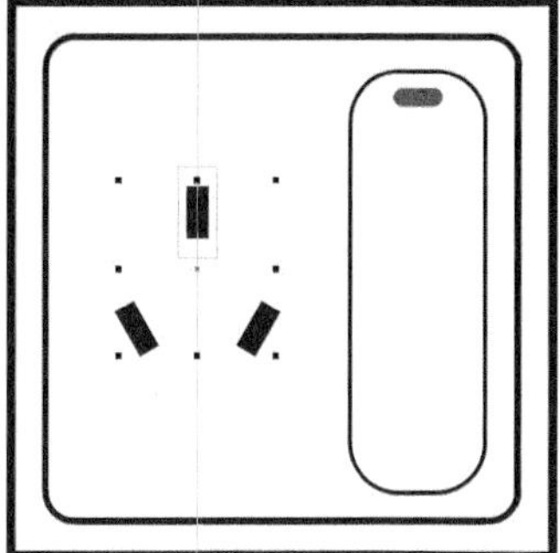

图8-44

07 选中正方形的插座面板，设置轮廓色为灰色（C:0，M:0，Y:0，K:40），使用“交互式填充”工具从上至下绘制渐变填充效果，设置渐变色位置0的颜色为白色，设置位置34的颜色为灰色（C:0，M:0，Y:0，K:40），设置位置84的颜色为浅灰色（C:0，M:0，Y:0，K:20），设置位置100的颜色为淡灰色（C:0，M:0，Y:0，K:10），如图8-45所示。

08 选中圆角正方形，设置轮廓色为灰色（C:0，M:0，Y:0，K:30），如图8-46所示。

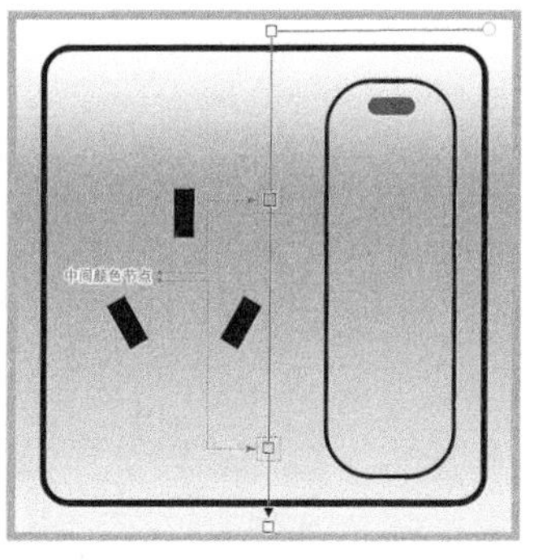

图8-45

图8-46

09 选中右侧的开关轮廓对象，按快捷键Ctrl+Q转换成曲线，按+键复制一个，使用“形状”工具选中上面的4个节点，按住Ctrl键向下拖曳，完成开关阴影轮廓的绘制，如图8-47所示。

图8-47

10 选中刚才绘制的对象，使用“交互式填充”工具绘制一条垂直方向的渐变填充控制手柄，然后设置渐变色位置0的颜色为灰色（C:0，M:0，Y:0，K:40），设置位置50的颜色为浅灰色（C:0，M:0，Y:0，K:20），设置位置100的颜色为白色，移除此对象的轮廓色，如图8-48所示。

11 选中开关轮廓对象，设置轮廓色为灰色（C:0，M:0，Y:0，K:50），使用“交互式填充”工具绘制一条水平方向的渐变填充控制手柄，从左至右分别设置渐变色位置0的颜色为灰色（C:0，M:0，Y:0，K:20），位置30的颜色为白色，位置70的位置为白色，位置100的颜色为灰色（C:0，M:0，Y:0，K:20），最终效果如图8-49所示。

图8-48

图8-49

★ 重点 ★

实战 绘制拖鞋

实例位置　实例文件 >CH08> 实战：绘制拖鞋.cdr
素材位置　素材文件 >CH08>01.cdr
视频名称　实战：绘制拖鞋.mp4
实用指数　★★★☆☆
技术掌握　“轮廓笔”对话框的使用

扫码看视频

本案例绘制的拖鞋效果如图8-50所示。

图8-50

01 新建文档，使用“椭圆形”工具绘制一个宽度为21mm、高度为29mm的椭圆形和一个宽度为15mm、高度为25mm的椭圆形，移动两个椭圆形呈上下交叉样式，如图8-51所示。

02 将上面的椭圆形顺时针旋转15°，再将下面的椭圆形逆时针旋转5°，如图8-52所示。

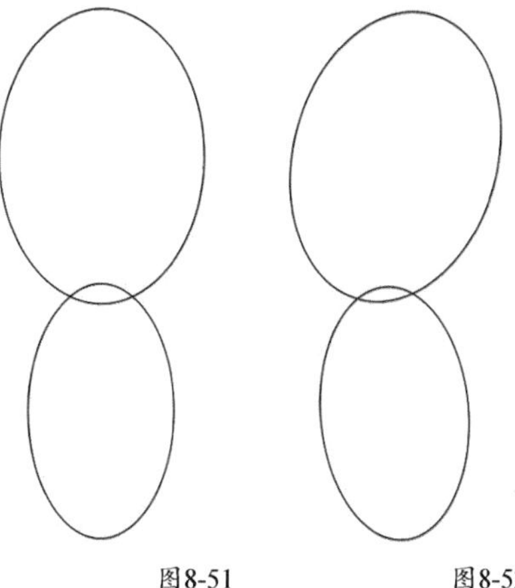

图8-51　图8-52

03 选中两个椭圆形，单击属性栏中的“焊接”按钮，焊接成一个对象，使用“形状”工具调整左右两边的曲线，完成拖鞋轮廓的绘制，如图8-53所示。

04 选中该对象，设置填充色为橘红色（C:0，M:60，Y:100，K:0），如图8-54所示。单击“轮廓图”工具，设置“轮廓类型”为“内部轮廓”、“轮廓图步长”为1、“轮廓图偏移”为2.0mm，效果如图8-55所示。

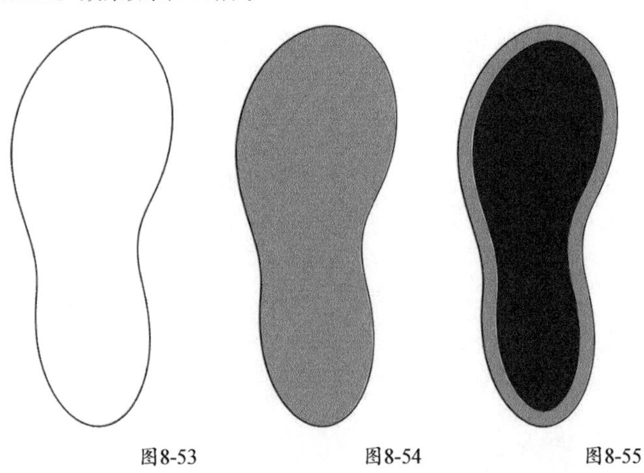

图8-53　　图8-54　　图8-55

05 按快捷键Ctrl+K拆分轮廓图，选中中间的对象，设置填充色为橘红色（C:15，M:80，Y:100，K:0），如图8-56所示。拖曳拉伸手柄向下压缩该对象，然后使用“形状”工具调整曲线的形状，完成拖鞋底部花纹的绘制，如图8-57所示。

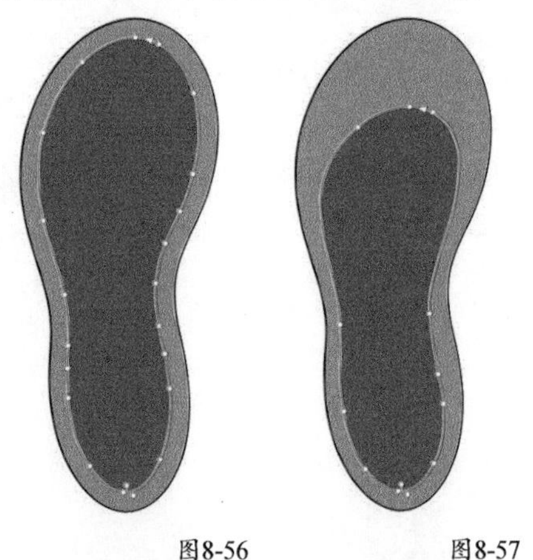

图8-56　　图8-57

06 使用“椭圆形”工具在拖鞋上部绘制5个大小不一的圆形，如图8-58所示。设置5个圆形的填充色为橘红色（C:15，M:80，Y:100，K:0），完成脚趾形状的绘制，如图8-59所示。

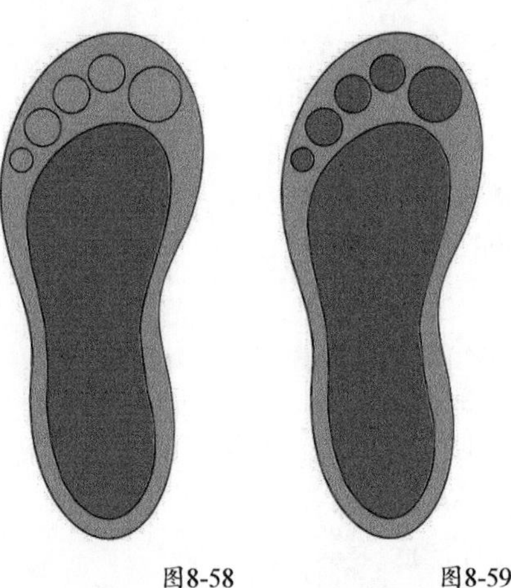

图8-58　　图8-59

07 选中拖鞋轮廓，按+键复制一个，将其向下移动1.5mm，按快捷键Shift+PageDown置于底层，设置填充色为橘红色（C:9，M:78，Y:96，K:0），如图8-60所示。选中全部对象，移除轮廓色，完成拖鞋鞋底的绘制，如图8-61所示。

08 使用“贝塞尔”工具绘制一条鞋带形状的线段，如图8-62所示。选中该线段，打开“轮廓笔”对话框，设置“宽度”为10.0pt、“角”为“圆角”、“线条端头”为“圆形端头”、“位置”为“居中的轮廓”，如图8-63所示，单击OK按钮，效果如图8-64所示。

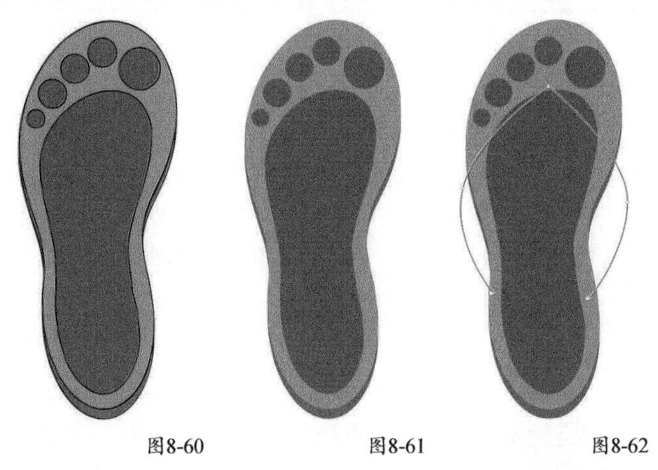

图8-60　　图8-61　　图8-62

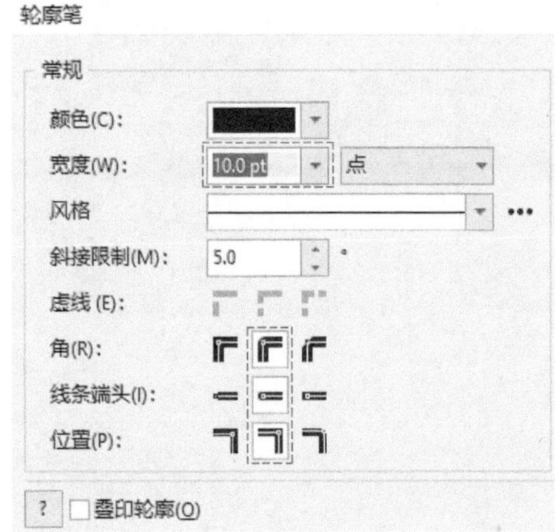

图8-63

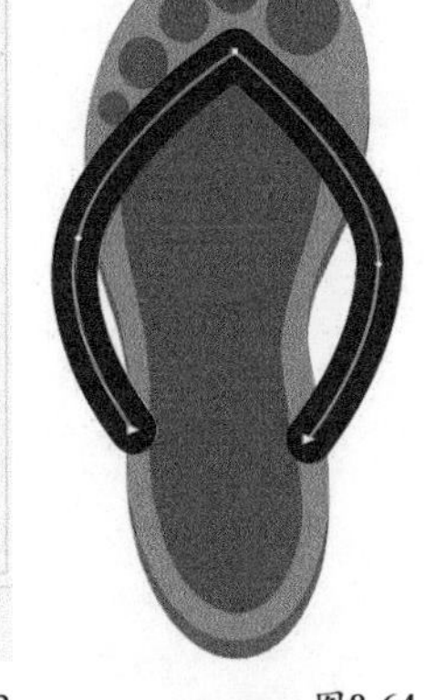

图8-64

09 选中该线段，按快捷键Ctrl+Shift+Q将轮廓转换为对象，设置该对象的填充色为橘红色（C:0，M:67，Y:91，K:0），完成鞋带轮廓的绘制，如图8-65所示。

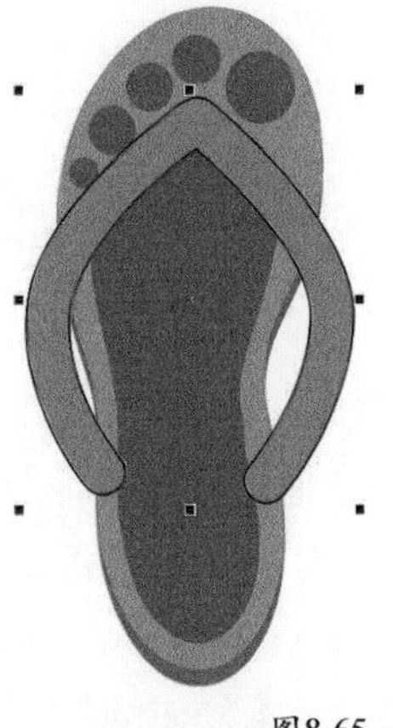

图8-65

10 复制一个鞋带轮廓对象，垂直向下移动7.5mm，如图8-66所示。使用“形状”工具调整该对象的形状，如图8-67所示。选中这两个对象，使用属性栏中的“相交”功能生成新对象，设置新对象的填充色为橘红色（C:9，M:78，Y:96，K:0），完成鞋带转折效果的绘制，如图8-68所示。

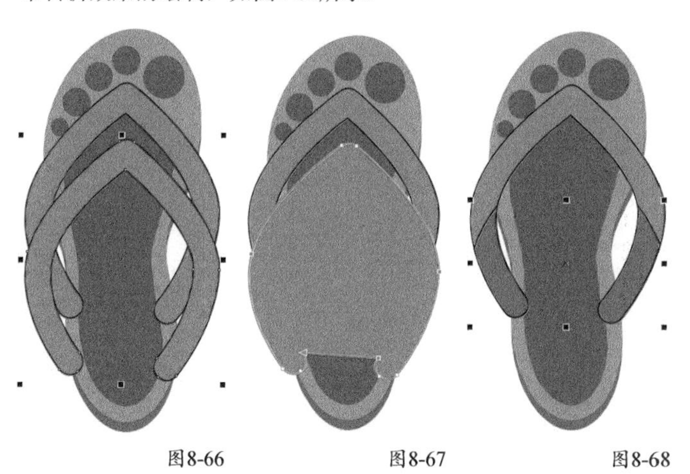

图8-66　　图8-67　　图8-68

11 复制一个鞋带对象，向下移动2mm，选中该对象和底层的拖鞋轮廓，如图8-69所示。使用属性栏中的“相交”功能生成新对象，使用“形状”工具删除新对象下部的多余节点，如图8-70所示。将新对象置于鞋带下面，设置填充色为黑色（C:0，M:0，Y:0，K:100），完成鞋带阴影的绘制，如图8-71所示。

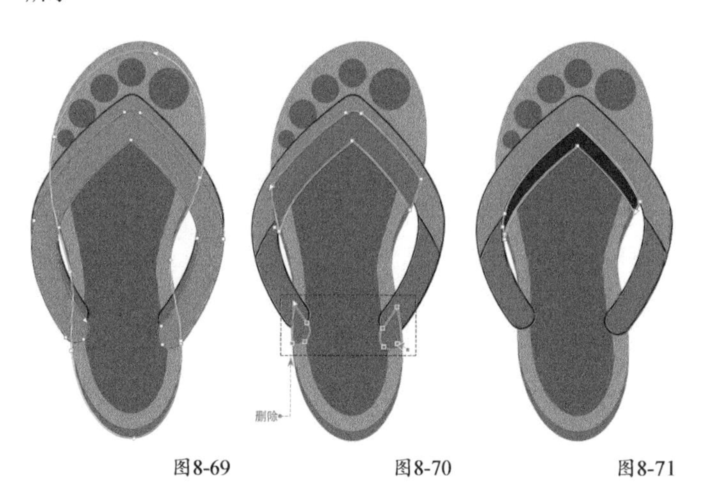

图8-69　　图8-70　　图8-71

12 选中鞋带阴影对象，单击“透明度”工具，在属性栏中单击“均匀透明度”按钮，效果如图8-72所示。使用“矩形”工具在鞋带顶部绘制一个宽度为0.75mm、高度为3mm的圆角矩形，设置该对象的填充色为深红色（C:33，M:89，Y:100，K:0），如图8-73所示。选中所有对象，按快捷键Ctrl+G组合对象，移除轮廓色，完成左脚拖鞋的绘制，如图8-74所示。

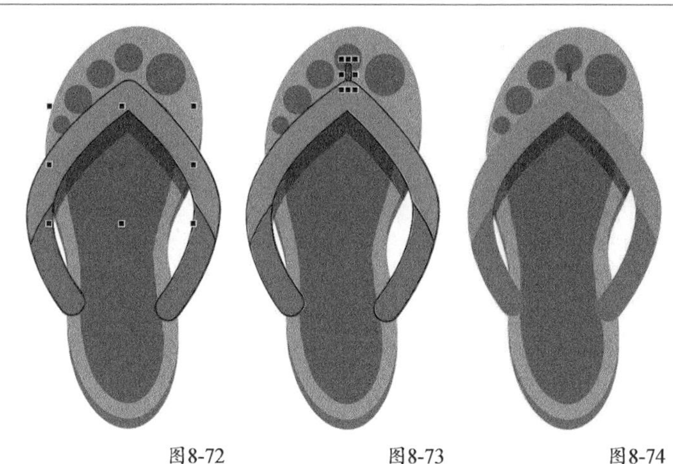

图8-72　　图8-73　　图8-74

13 向右边复制一只拖鞋，单击属性栏中的“水平镜像”按钮，再按顺时针方向旋转15°，完成一双拖鞋的绘制，如图8-75所示。

图8-75

14 使用“矩形”工具绘制一个边长为70mm的正方形，按快捷键Shift+PageDown置于底层，设置填充色为淡黄色（C:0，M:20，Y:40，K:0），使用“椭圆形渐变填充”功能添加渐变填充效果，将正方形与拖鞋中心对齐，如图8-76所示。

图8-76

15 导入“素材文件>CH08>01.cdr”文件，将其移动至正方形顶部和底部，分别对齐，最终效果如图8-77所示。

图8-77

8.3 轮廓转对象

在CorelDRAW中，针对轮廓只能进行宽度调整、均匀颜色填充和样式变更等操作，如果在编辑对象的过程中需要对轮廓执行其他操作时，可以将轮廓转换为对象，然后进行渐变填充、节点调整或其他效果添加。

选中需要进行转换的轮廓，如图8-78所示，执行“对象>将轮廓转换为对象”菜单命令，如图8-79所示，将轮廓笔转换为对象进行编辑。

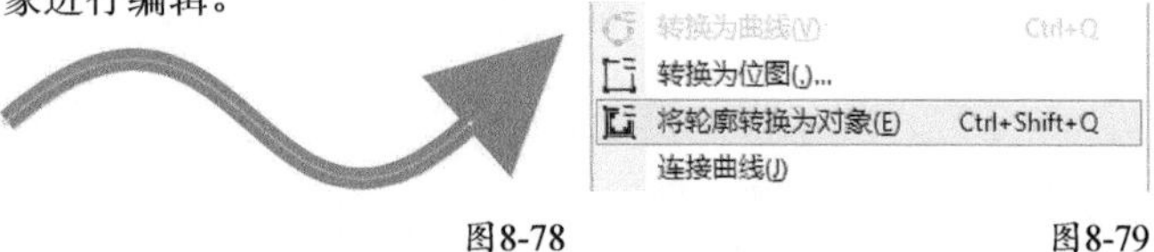

图8-78 图8-79

转换为对象后，可以进行节点修改、渐变填充和图案填充等操作，如图8-80~图8-82所示。

图8-80

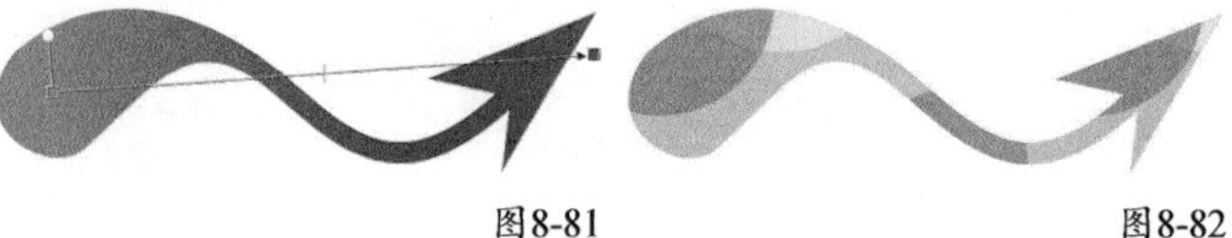

图8-81 图8-82

★ 重点 ★

实战 绘制智能手表

实例位置 实例文件>CH08>实战：绘制智能手表.cdr
素材位置 素材文件>CH08>02.cdr、03.jpg
视频名称 实战：绘制智能手表.mp4
实用指数 ★★★☆☆
技术掌握 轮廓转对象的使用方法

扫码看视频

本案例绘制的智能手表效果如图8-83所示。

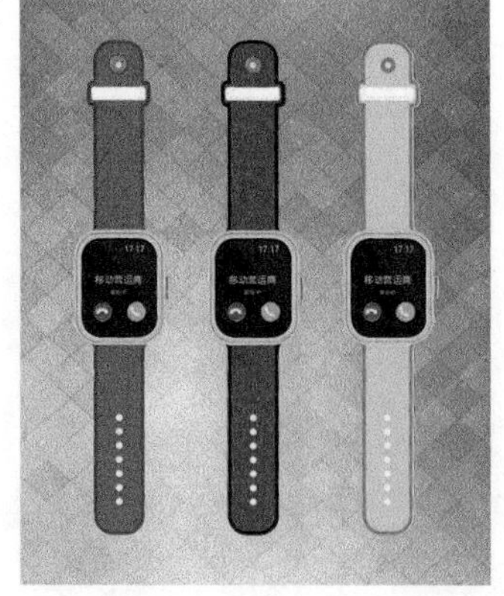

图8-83

01 新建文档，使用“矩形”工具绘制一个宽度为72mm、高度为87mm、“圆角半径”为20mm的圆角矩形，设置填充色为淡黄色（C:4，M:24，Y:44，K:0），如图8-84所示。

02 参照上述方法，绘制一个宽度为67mm、高度为82mm、“圆角半径”为17.5mm的矩形，使两个圆角矩形中心对齐。设置矩形的轮廓宽度为2.0pt、轮廓色为咖啡色（C:35，M:51，Y:67，K:0），如图8-85所示。

图8-84 图8-85

03 绘制一个宽度为60mm、高度为75mm、“圆角半径”为15mm的矩形，与前面绘制的矩形中心对齐。设置矩形的填充色为四色黑（C:100，M:100，Y:100，K:100）。打开“轮廓笔”对话框，如图8-86所示，设置“宽度”为3.0pt、轮廓色为淡黄色（C:0，M:12，Y:23，K:0）、“位置”为“外部轮廓”，效果如图8-87所示。

图8-86 图8-87

04 绘制一个宽度为54mm、高度为69mm、“圆角半径”为12mm的矩形，与其他矩形中心对齐。设置轮廓的“宽度”为3.0pt、轮廓色为深灰色（C:82，M:78，Y:76，K:58），如图8-88所示。按+键复制一个，然后转换成曲线，使用“形状”工具删除左下部分的节点，如图8-89所示。设置该对象的填充色为深灰色（C:82，M:78，Y:76，K:58），完成表壳的绘制，如图8-90所示。

图8-88

图8-89　　图8-90

05 导入“素材文件>CH08>02.cdr”文件，使其垂直居中对齐表壳，如图8-91所示。输入“17：17”字样，设置“字体”为“微软雅黑”、“大小”为16pt、颜色为白色，将其移动到表壳的左上方，如图8-92所示。

图8-91　　图8-92

06 输入“移动营运商”字样，设置“字体”为“微软雅黑”、“大小”为20pt、颜色为白色，将其与表壳垂直居中对齐，如图8-93所示。使用同样的方法，绘制“来电中”字样，设置“大小”为12pt，与表壳居中对齐，如图8-94所示。

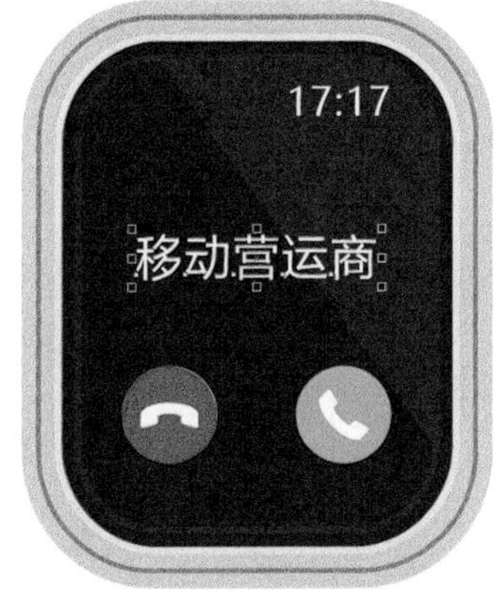

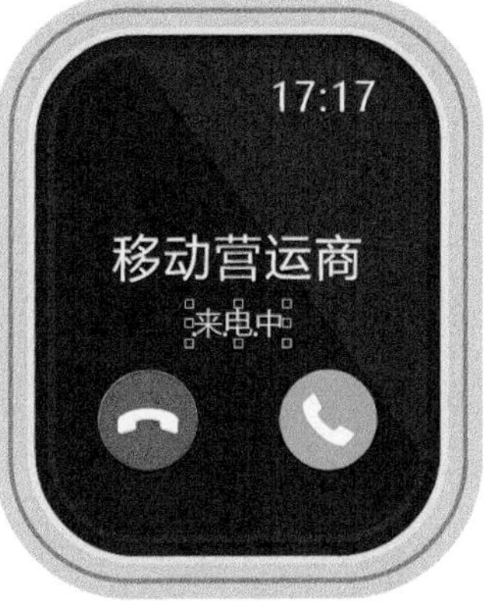

图8-93　　图8-94

07 使用“矩形”工具在表壳右侧绘制一个宽度为4mm、高度为17mm、“圆角半径”为1mm的矩形，使其与表壳垂直居中对齐，设置填充色为淡黄色（C:4，M:24，Y:44，K:0），如图8-95所示。绘制一个宽度为2mm、高度为17mm的矩形，与刚才绘制的矩形中心对齐，设置填充色为咖啡色（C:35，M:51，Y:67，K:0），如图8-96所示。选中两个矩形，移除轮廓色，向左移动1mm，完成表冠的绘制，如图8-97所示。

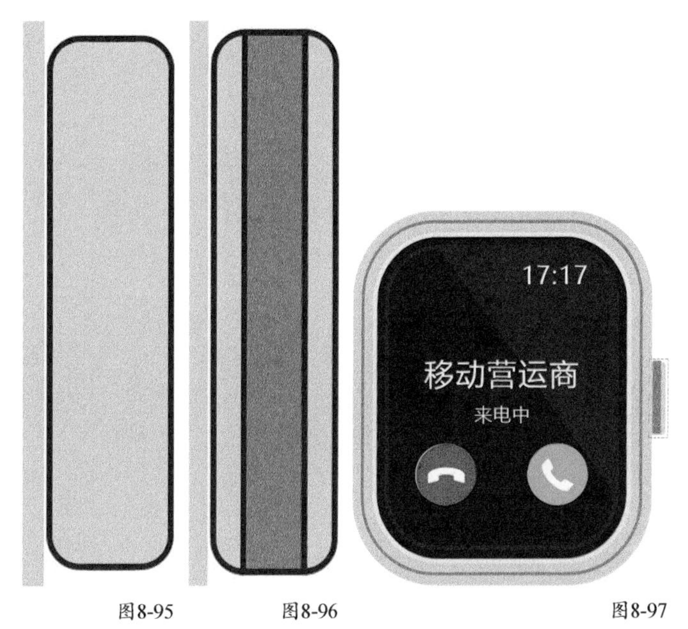

图8-95　　图8-96　　图8-97

08 使用“矩形”工具绘制一个宽度为40mm、高度为140mm的矩形，设置下面两个顶角的“圆角半径”为15mm，完成表带轮廓的绘制，如图8-98所示。

09 绘制一个边长为15mm的正方形，设置左下角的扇形角半径为7.5mm，与刚才绘制的表带轮廓左上角对齐，如图8-99所示。复制一个正方形，单击属性栏中的“水平镜像”按钮，然后与表带轮廓右上角对齐，如图8-100所示。

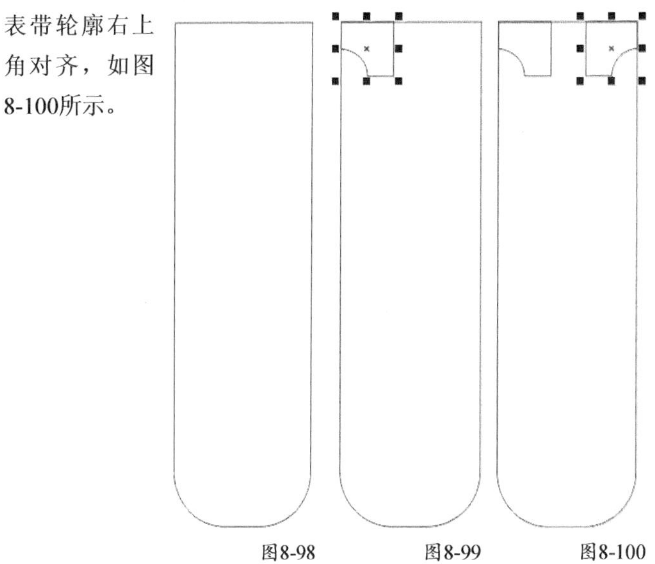

图8-98　　图8-99　　图8-100

10 设置属性栏中的“微调距离”为7.5mm，选中左侧正方形，按↑键两次，按←键一次，如图8-101所示。选中右侧正方形，按↑键两次，按→键一次，如图8-102所示。选中两个正方形和表带轮廓图形这3个对象，单击属性栏中的“焊接”按钮，生成新对象，如图8-103所示，使用“形状”工具删除顶部的4个节点，完成表带轮廓的绘制，效果如图8-104所示。

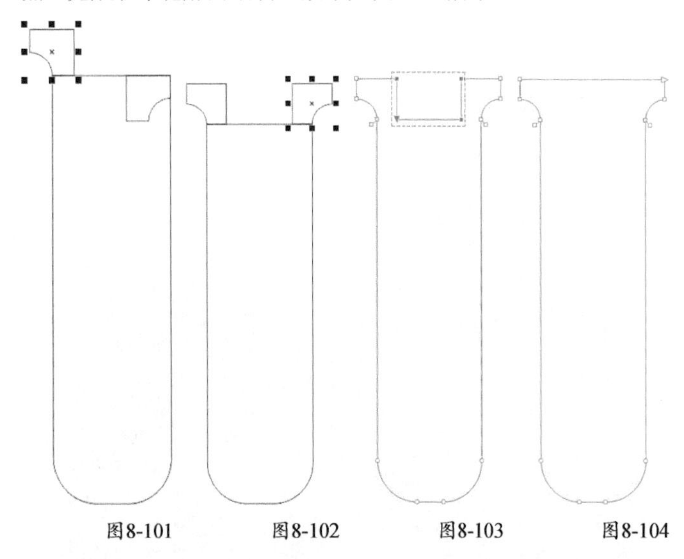
图8-101　　图8-102　　图8-103　　图8-104

11 选中表带的轮廓对象，按快捷键Shift+PageDown置于底层，移动该对象至表壳下方，与表壳垂直居中对齐，然后设置表带的填充色为红色（C:7，M:80，Y:70，K:0），如图8-105所示。

12 选中表带，打开“轮廓笔”对话框，设置轮廓色为深红色（C:23，M:88，Y:79，K:0）、“宽度”为8pt、“位置”为“内部轮廓”，如图8-106所示。

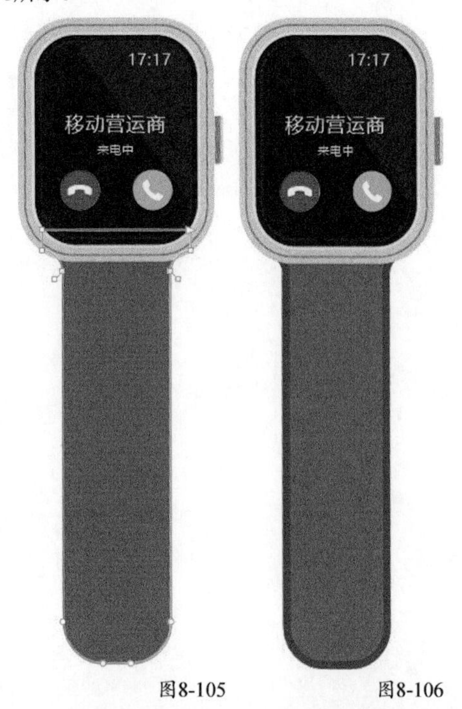

图8-105　　图8-106

13 使用“椭圆形”工具在表带上绘制7个直径为5mm的圆形，设置填充色为白色，移除轮廓色，如图8-107所示。

14 选中表带，按+键复制一个，移动到表壳上方，在属性栏中单击“垂直镜像”按钮，如图8-108所示。

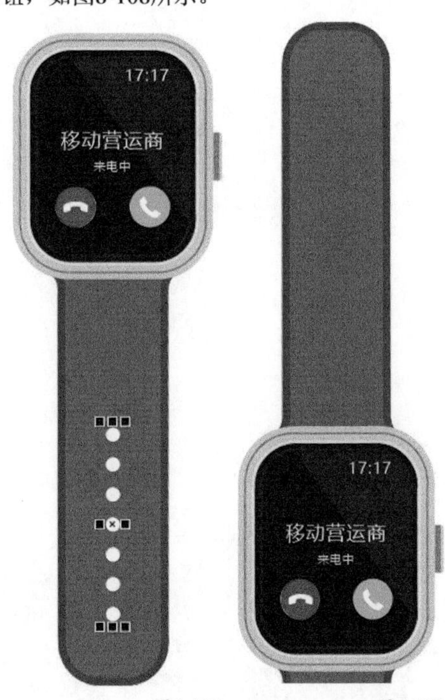

图8-107　　图8-108

15 使用“矩形”工具在表带上方绘制一个宽度为42mm、高度为10mm、“圆角半径”为2mm的矩形，以及一个宽度为50mm、高度为20mm、“圆角半径”为5mm的矩形，让两个矩形垂直居中，如图8-109所示。

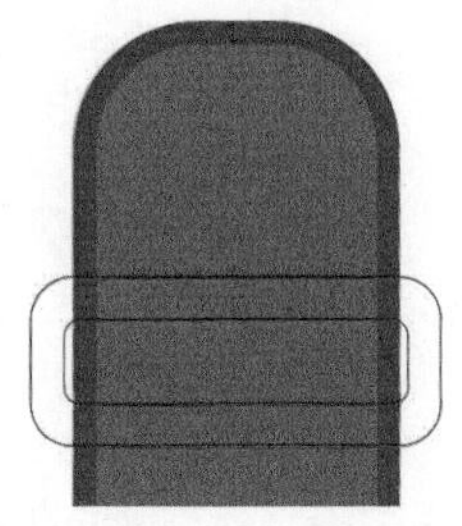
图8-109

16 选中大矩形和表带，单击属性栏中的“焊接”按钮，如图8-110所示。选中小矩形，设置填充色为白色，移除轮廓色，如图8-111所示。使用“椭圆形”工具在表带上方绘制一个直径为5mm的圆形，垂直居中对齐，设置填充色为浅灰色（C:0，M:0，Y:0，K:20）、轮廓色为灰色（C:0，M:0，Y:0，K:60）、“宽度”为10pt、“位置”为“外部轮廓”，完成表扣的绘制，如图8-112所示，整体效果如图8-113所示。

图8-110

图8-111　图8-112

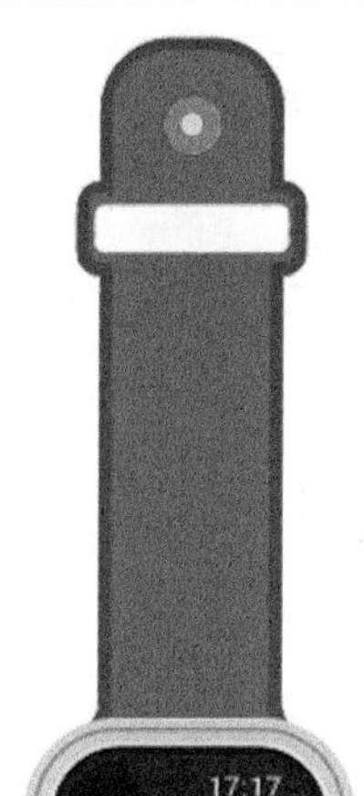

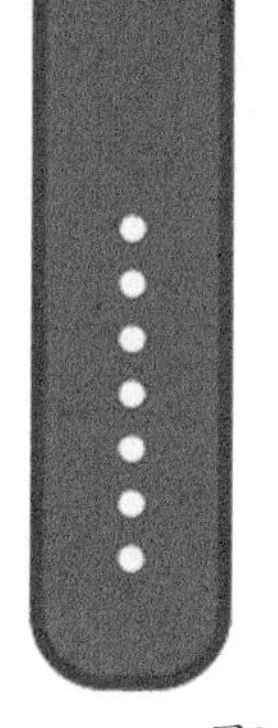

图8-113

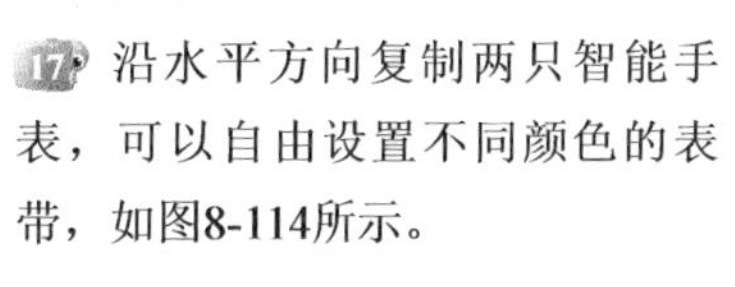

17 沿水平方向复制两只智能手表，可以自由设置不同颜色的表带，如图8-114所示。

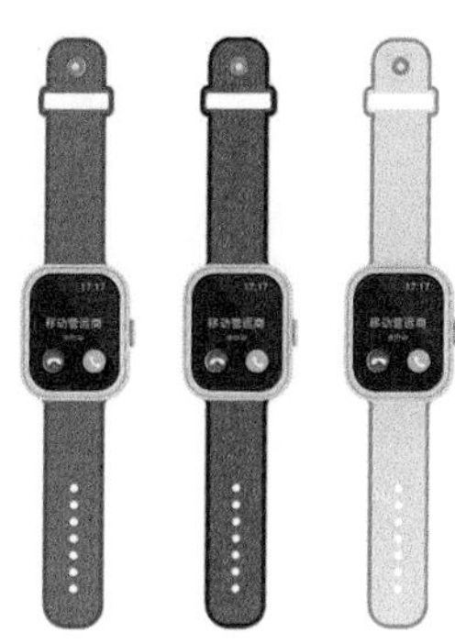

图8-114

18 导入“素材文件>CH08>03.jpg”文件，然后按快捷键Shift+PageDown将其置于底层，调整宽度为370mm、高度为450mm，将素材与3只手表中心对齐，最终效果如图8-115所示。

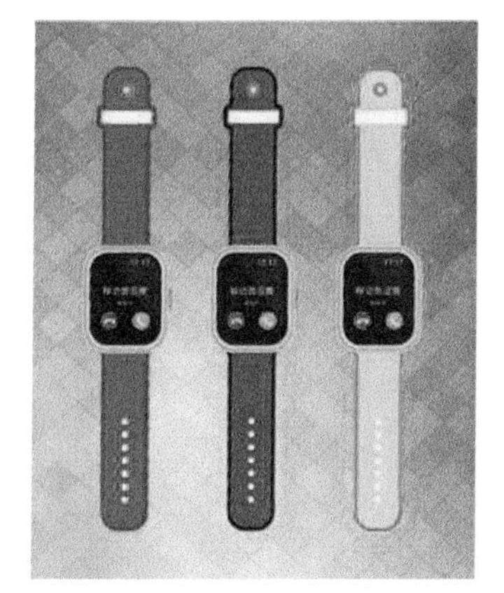

图8-115

第9章

对象的度量和连接

对象的度量和连接是CorelDRAW中的一项辅助性功能，主要用于对各类设计图形的参数标注，包括对象的大小、距离和角度等。

学习要点

第158页
"平行度量"工具

第161页
"角度尺度"工具

第162页
"两边标注"工具

第162页
"连接器"工具

第163页
"编辑锚点"工具

工具名称	工具图标	工具作用	重要程度
"平行度量"工具		测量任意角度上两个节点间的实际距离	高
"水平或垂直度量"工具		测量水平或垂直角度上两个节点间的实际距离	中
"角度尺度"工具		准确地测量对象的角度	高
"线段度量"工具		自动捕捉测量两个节点间线段的距离	低
"两边标注"工具		快速地为对象添加折线标注文字	高
"连接器"工具		使用直线、直角或圆直角线条连接两个对象	中
"编辑锚点"工具		编辑连接线和连接线的节点	中

9.1 度量工具组

在产品设计、VI设计和工程设计等领域，需要测量和标注一些对象的参数，此时可以使用CorelDRAW提供的度量工具。

★ 重 点 ★

9.1.1 "平行度量"工具

"平行度量"工具用于测量对象的任意两个位置之间的实际距离，并显示标注信息。

度量方法

单击"平行度量"工具，移动鼠标指针到对象的轮廓附近，当鼠标指针自动贴齐到对象上时，按住鼠标左键确定度量的起点，如图9-1所示。然后拖曳鼠标到对象轮廓上的另一处位置，松开鼠标确定度量的终点，如图9-2所示。向空白处移动鼠标指针，如图9-3所示，单击确定添加度量文本信息的位置，如图9-4所示。

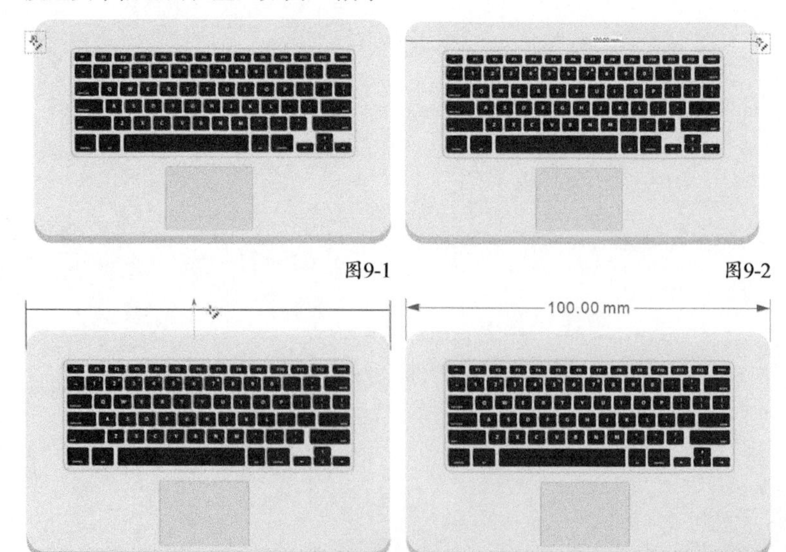

图9-1　图9-2

图9-3　图9-4

按快捷键Ctrl+J打开“选项”对话框，单击“快照”选项，勾选需要贴齐对象的哪些位置，包括“节点”“边缘”“中心”等位置，如图9-5所示，然后使用工具箱中的工具，例如“平行度量”工具，就能自动捕捉这些位置。

图9-5

使用“平行度量”工具可以度量对象任意方向上的距离，如图9-6所示。

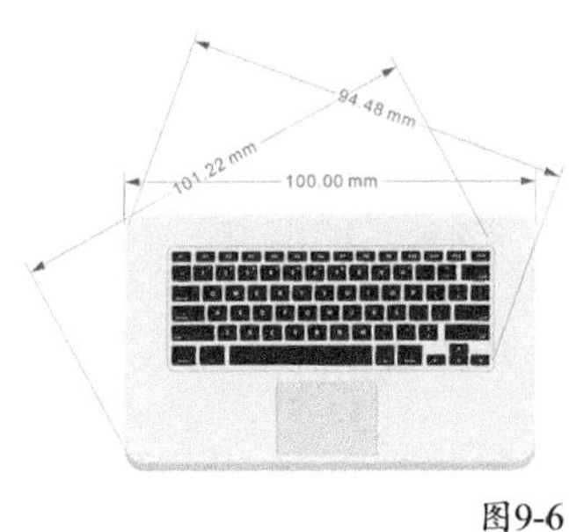

图9-6

度量设置

“平行度量”工具的属性栏如图9-7所示。

图9-7

“平行度量”工具选项介绍

动态度量：当度量线重新调整大小时，自动更新度量线测量，该选项默认为激活状态。

技巧与提示

“动态度量”按钮在激活状态下才能设置所有的参数；冻结该按钮后，部分其他选项也将会被冻结，如图9-8所示。

图9-8

度量样式：在下拉列表中选择度量线的样式，包含“十进制”“小数”“美国工程”“美国建筑学的”4种样式，默认情况下选择“十进制”进行度量，如图9-9所示。

度量精度：在下拉列表中选择度量线的测量精度，如图9-10所示。

度量单位：在下拉列表中选择度量线的测量单位，如图9-11所示。

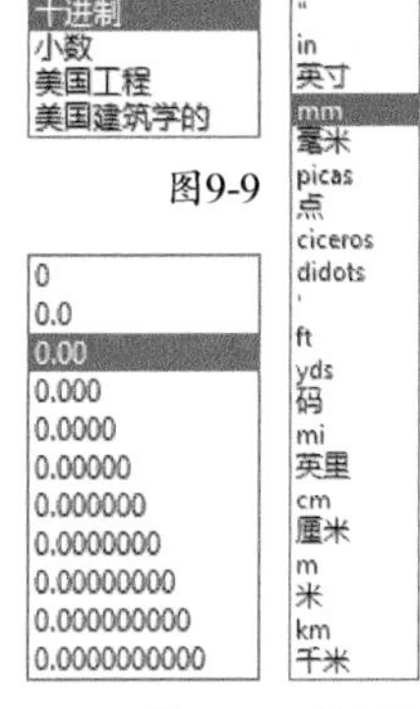

图9-9

图9-10 图9-11

显示单位：激活该按钮，在度量线文本信息后面显示测量单位；反之则不显示测量单位，如图9-12所示。

图9-12

显示前导零：在测量数值小于1时，激活该按钮将显示前导零；反之则隐藏前导零，如图9-13和图9-14所示。

图9-13 图9-14

前缀：在该文本框中输入相应的前缀文字，在度量文本信息中显示前缀文字，如图9-15所示，前缀文字为“高度”。

后缀：在该文本框中输入相应的后缀文字，在度量文本信息中显示后缀文字，如图9-16所示，后缀文字为“面板”。

图9-15 图9-16

轮廓宽度：在下拉列表中设置度量线段的宽度。

线条样式：在下拉列表中设置度量线段的样式。

双箭头：在下拉列表中可以选择度量线段的箭头样式，如图9-17所示。

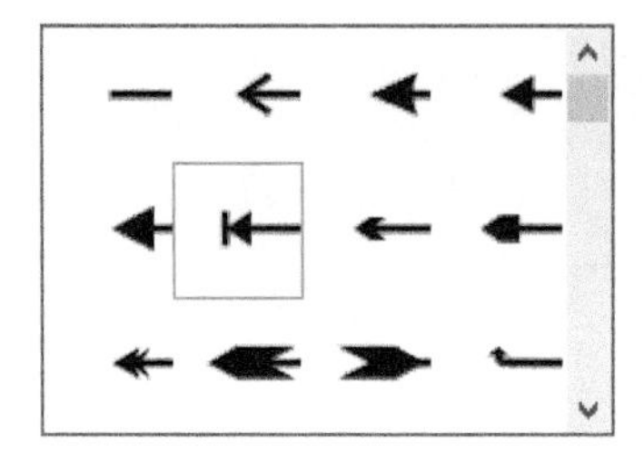

图9-17

文本位置：按照度量线定位度量文本信息的位置。可选择位置包括“尺度线上方的文本”“尺度线中的文本”“尺度线下方的文本”“将延伸线间的文本居中”“横向放置文本”“在文本周围绘制文本框”6种，如图9-18所示。

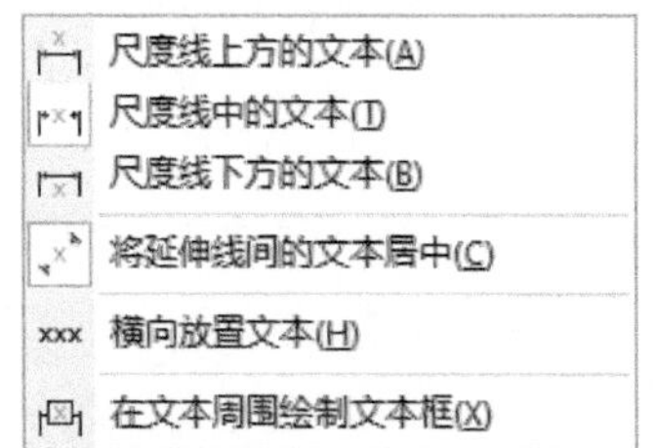

图9-18

尺度线上方的文本：激活该选项，度量文本位于度量线上方，如图9-19所示。

尺度线中的文本：激活该选项，度量文本位于度量线中部，如图9-20所示。

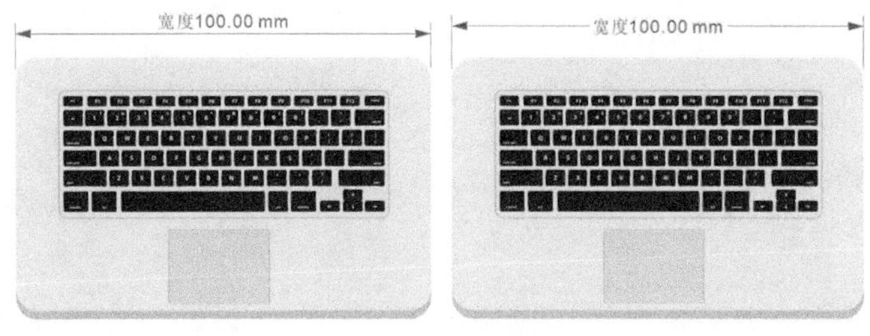

图9-19　图9-20

尺度线下方的文本：激活该选项，度量文本位于度量线下方，如图9-21所示。

将延伸线间的文本居中：该选项默认为激活状态，若冻结该选项，则度量文本信息可以沿度量线随意移动位置，如图9-22所示。

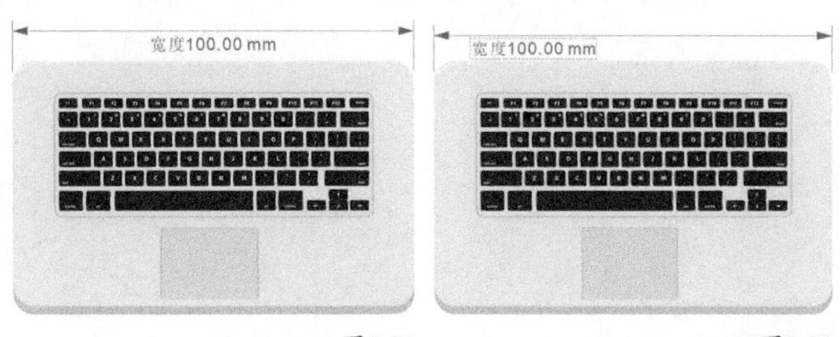

图9-21　图9-22

横向放置文本xxx：激活该选项后，度量文本信息均以横向显示，如图9-23所示。

在文本周围绘制文本框：激活该选项后，度量文本显示文本框，如图9-24所示。

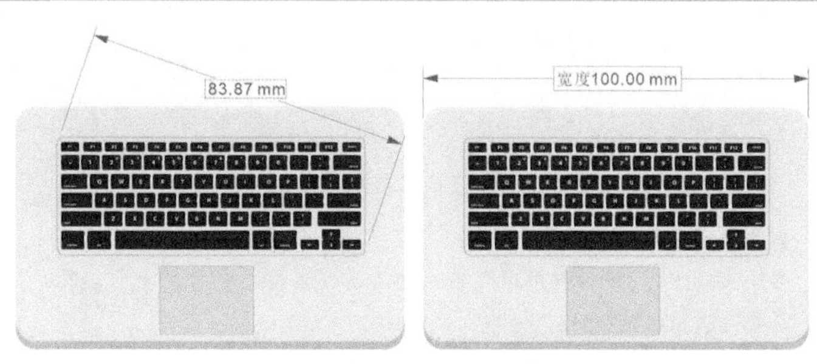

图9-23　图9-24

延伸线选项：在下拉面板中可以自定义度量线上的延伸线，如图9-25所示。

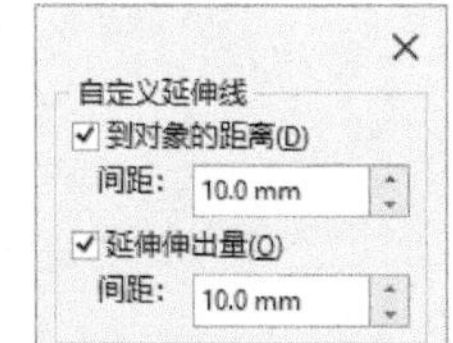

图9-25

到对象的距离：勾选该选项，并在下面的“间距”文本框中输入数值，可以设置延伸线到被测量对象的距离，如图9-26所示。

图9-26

技巧与提示

度量文本与对象之间的距离是延伸线“到对象的距离”的最大值，即使输入的数值超过此最大值，延伸线到对象的距离也不会超过度量文本到对象之间的距离。

延伸伸出量：勾选该选项，并在下面的“间距”文本框中输入数值，可以设置延伸线向外伸出的长度，如图9-27所示。

图9-27

技巧与提示

“延伸伸出量”不限制最大值，取最小值0时没有向上延伸线。

双击“平行度量”工具可以打开“尺度”面板，在该面板中可以对“样式”“精度”“单位”“前缀”“后缀”进行设置，如图9-28所示。

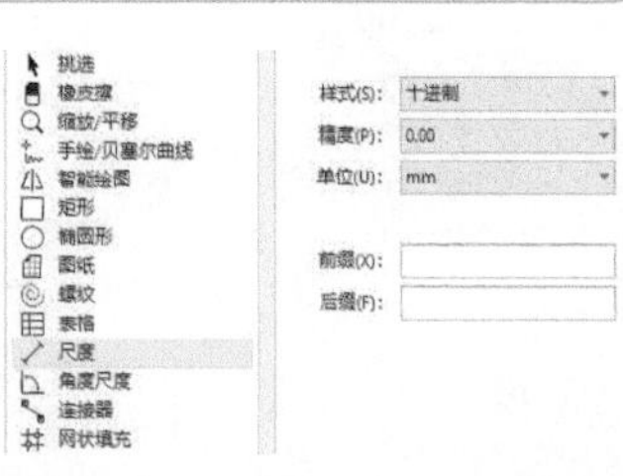

图9-28

9.1.2 “水平或垂直度量”工具

“水平或垂直度量”工具用于测量对象水平或垂直两个位置之间的实际距离，并显示标注信息。

单击“水平或垂直度量”工具，移动鼠标指针到对象的轮廓附近，当鼠标指针自动贴齐到对象上时，按住鼠标左键确定度量的起点，如图9-29所示。拖曳鼠标到对象轮廓上的另一处水平或垂直位置，松开鼠标确定度量的终点，如图9-30所示。向空白处移动鼠标指针，如图9-31所示，单击确定添加度量文本信息的位置，如图9-32所示。

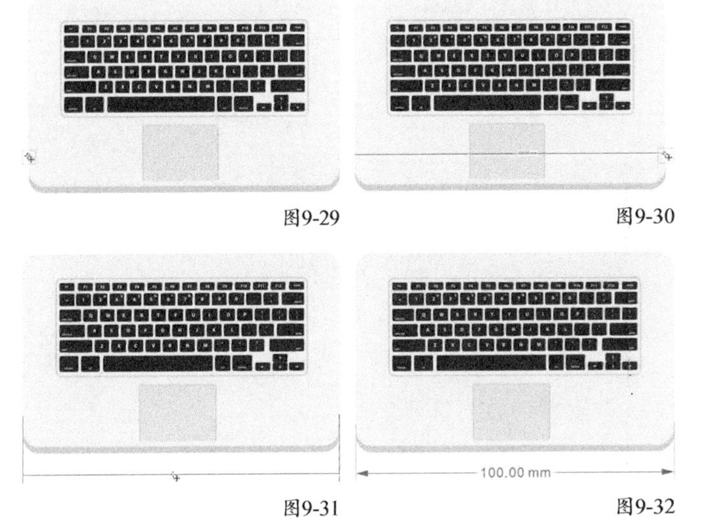

图9-29　图9-30

图9-31　图9-32

9.1.3 “角度尺度”工具

“角度尺度”工具用于测量对象的角度。

单击“角度尺度”工具，然后将鼠标指针移动到需要测量角度的顶点上，当鼠标指针自动贴齐到顶点时，如图9-33所示，按住鼠标左键沿其中的一条边拖曳，如图9-34所示。松开鼠标向角的另一条边移动鼠标指针，单击确定角的另一条边，如图9-35所示。向空白处移动鼠标指针，如图9-36所示，单击确定添加测量角度文本信息的位置，如图9-37所示。

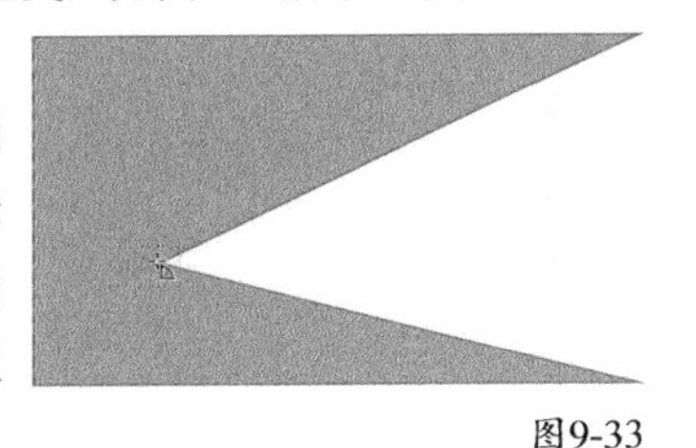

图9-33

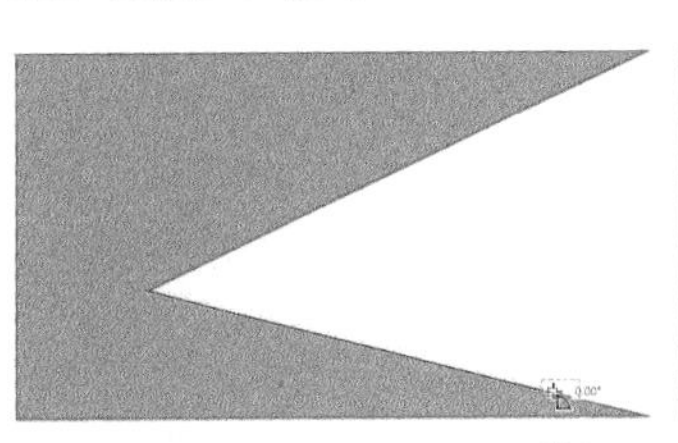

图9-34

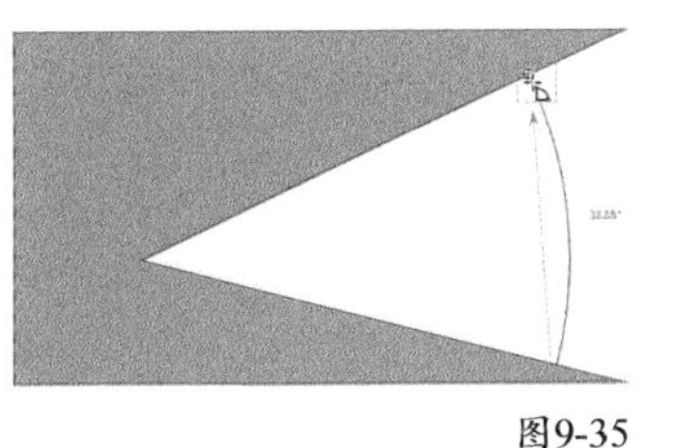

图9-35

图9-36

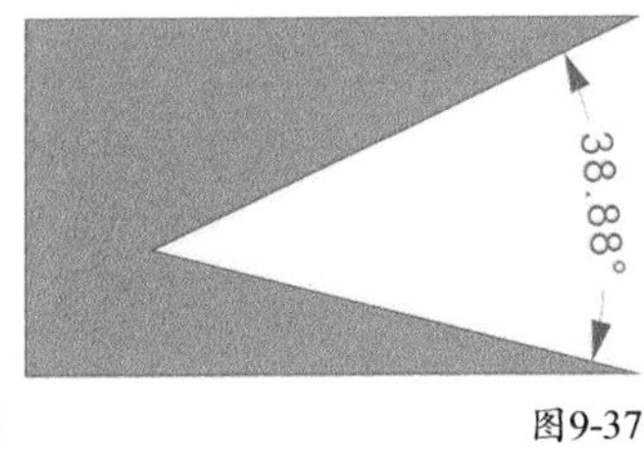

图9-37

在使用“角度尺度”工具前，可以在属性栏设置角的单位，包括“度”“°”“弧度”“粒度”4种，如图9-38所示。

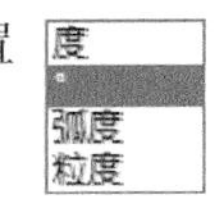

图9-38

9.1.4 “线段度量”工具

“线段度量”工具用于自动捕捉测量两个节点间线段的距离。

单击“线段度量”工具，将鼠标指针移动到要测量的线段上，单击自动捕捉当前线段，如图9-39所示。移动鼠标指针并确定度量文本位置，如图9-40所示。单击完成线段的度量，如图9-41所示。

图9-39

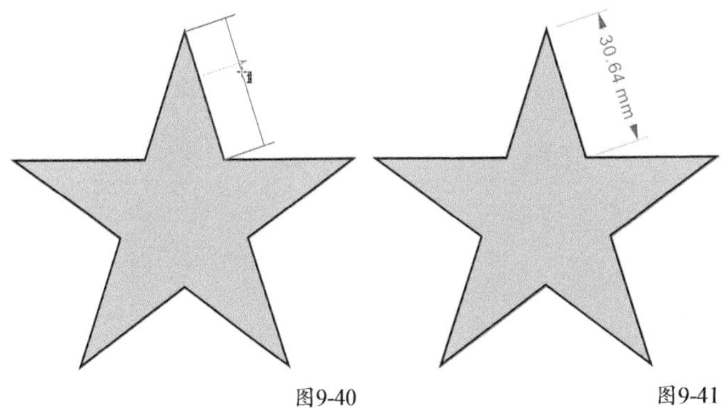

图9-40　图9-41

使用“线段度量”工具可以进行连续测量操作，在属性栏中单击“自动连续度量”按钮，然后按住鼠标左键拖曳框选需要连续测量的节点，如图9-42所示，松开鼠标向空白处移动鼠标指针，单击完成测量，如图9-43所示。

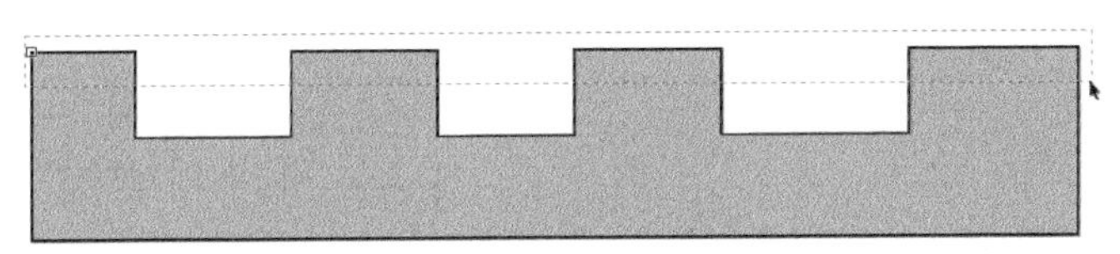

图9-42

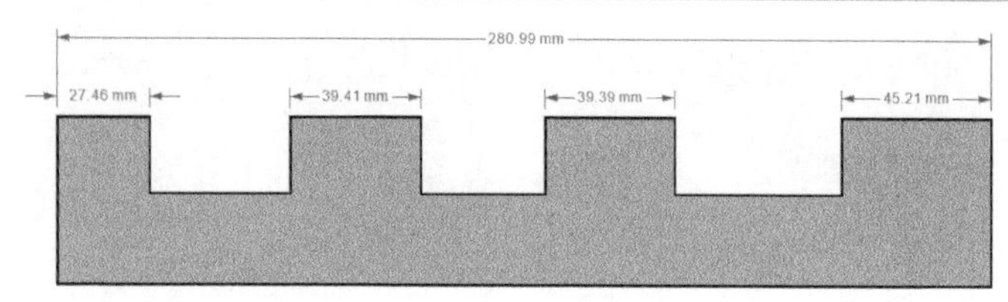

图9-43

9.1.5 “两边标注”工具

“两边标注”工具（之前的版本叫“3点标注”工具）用于为对象添加折线标注文字。

单击“两边标注”工具，将鼠标指针移动到需要标注的对象上，如图9-44所示。按住鼠标左键拖曳，确定第2个点后松开鼠标，如图9-45所示。再移动鼠标指针一段距离后单击确定文本位置，如图9-46所示。输入相应文本完成标注，如图9-47所示。

图9-44

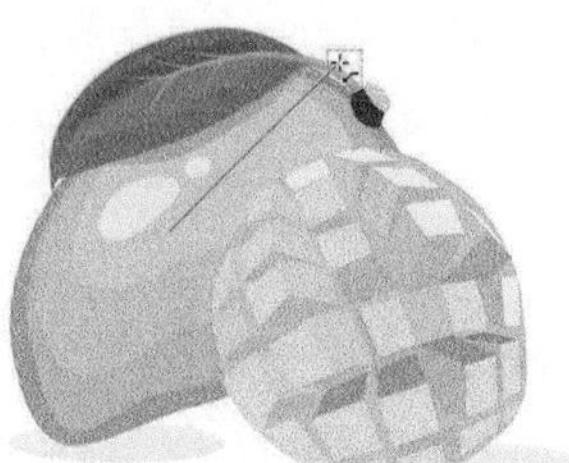

图9-45

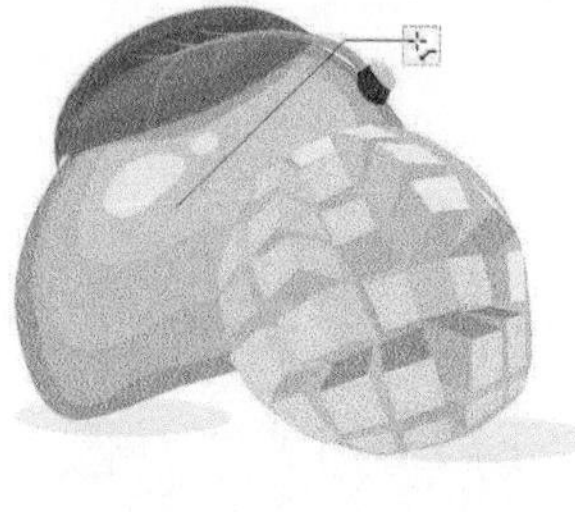

图9-46

图9-47

“两边标注”工具的属性栏如图9-48所示。

图9-48

“两边标注”工具选项介绍

标注形状：为标注添加文本样式，在下拉列表中可以选择标注形状的样式，如图9-49所示。

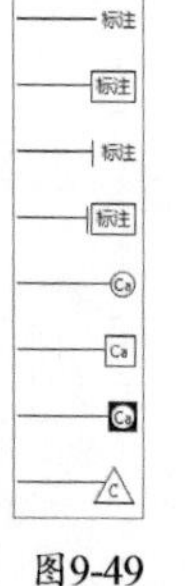

图9-49

标注间隙：在文本框中输入数值设置标注文本与折线之间的距离。

起始箭头：为标注起始端添加箭头，在下拉列表中选择箭头样式。

9.2 连接器工具组

“连接器”工具可以连接对象，并且在移动对象时保持连接状态。连接线主要应用于技术绘图和工程制图，如图表、流程图和电路图等，也被称为“流程线”。

CorelDRAW 2021为用户提供了丰富的连接方式，包括“直线连接器”“直角连接器”“圆直角连接符”3种，还可以使用“编辑锚点”工具编辑连接线和连接线的节点。

9.2.1 “连接器”工具

“连接器”工具的属性栏如图9-50所示。

图9-50

“连接器”工具选项介绍

直线连接器：绘制一条直线连接两个对象。

直角连接器：绘制一个直角连接两个对象。

圆直角连接符：绘制一个圆直角连接两个对象。

圆形直角：调整直角连线的圆形弧度大小。

直线连接器

“直线连接器”用于创建任意对象之间的直线连接线。

单击“连接器”工具，属性栏将默认激活“直线连接器”，将鼠标指针移动到需要进行连接的对象的轮廓或节点上，如图9-51所示。按住鼠标左键拖曳到另一个对象的轮廓或节点上，松开鼠标完成连接，如图9-52所示。

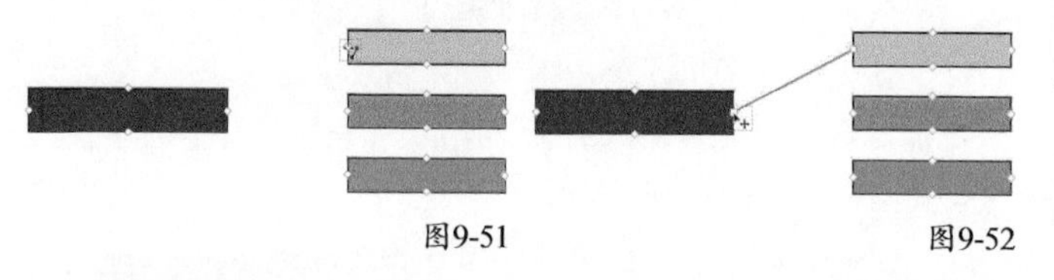

图9-51　　图9-52

技巧与提示

在需要多条连接线连接到同一个位置（节点）时，起始连接节点需要从没有选中连接线的位置（节点）开始，如图9-53所示。或者单击页面空白处，然后在同一个位置（节点）拖曳绘制连接线，如图9-54所示。

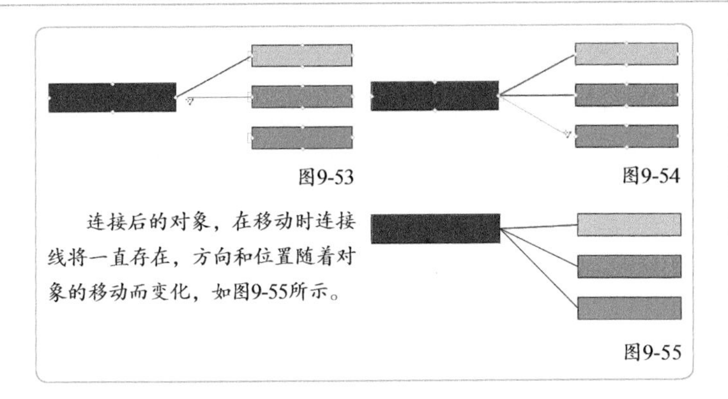

图9-53　　图9-54

连接后的对象，在移动时连接线将一直存在，方向和位置随着对象的移动而变化，如图9-55所示。

图9-55

直角连接器

“直角连接器”用于创建水平和垂直的直角线段连线。

单击“连接器”工具，在属性栏中单击“直角连接器”按钮，将鼠标指针移动到需要进行连接的对象的轮廓或节点上，如图9-56所示。按住鼠标左键拖曳到另一个对象的轮廓或节点上，松开鼠标完成连接，如图9-57所示。

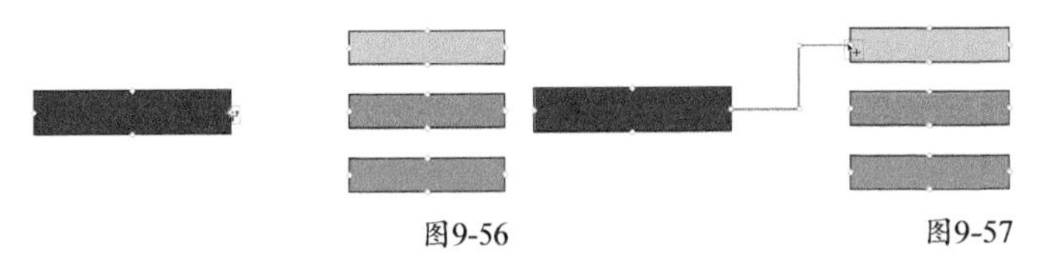

图9-56　　图9-57

圆直角连接符

“圆直角连接符”用于创建水平和垂直的圆直角线段连线。

单击“连接器”工具，在属性栏中单击“圆角连接符”按钮，将鼠标指针移动到需要进行连接的对象的轮廓或节点上，如图9-58所示。按住鼠标左键拖曳到另一个对象的轮廓或节点上，松开鼠标完成连接，如图9-59所示。

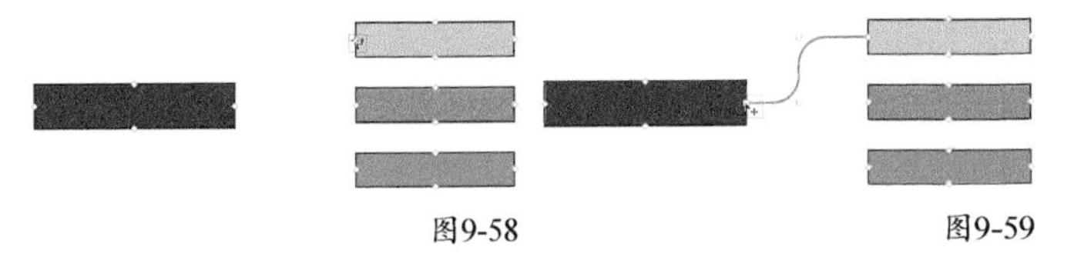

图9-58　　图9-59

在属性栏的“圆形直角”文本框里输入数值可以设置圆角的弧度，数值越大弧度越大，数值为0时，圆直角连接线变为直角连接线。

技术看板

如何在连接线上添加文本内容？

在使用“直角连接器”或“圆直角连接符”绘制连接线后，将鼠标指针移动到连接线上，当鼠标指针变为双向箭头样式时双击鼠标，添加文本，如图9-60和图9-61所示。

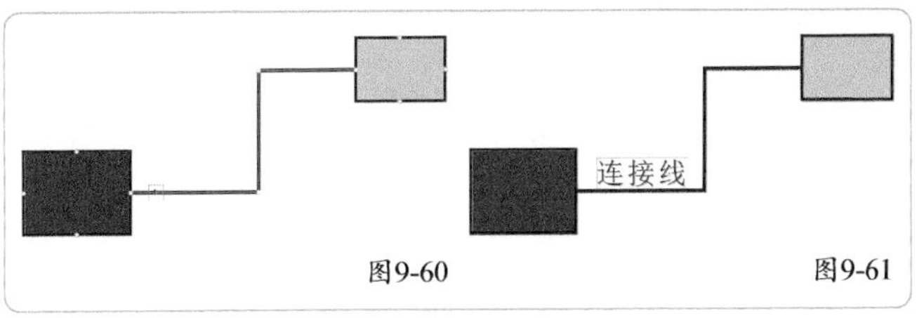

图9-60　　图9-61

9.2.2 “编辑锚点”工具

“编辑锚点”工具用于编辑连接线、修改连接线节点等操作。

编辑锚点设置

“编辑锚点”工具的属性栏如图9-62所示。

图9-62

“编辑锚点”工具选项介绍

相对于对象：激活该按钮后，会根据对象的相对位置来定位锚点，而不是将其固定在文档页面的某个绝对位置。

调整锚点方向：激活该按钮可以按指定度数调整锚点方向。

锚点方向：在文本框内输入数值可以设置新的锚点方向，单击“调整锚点方向”图标激活文本框，输入数值为直角度数“0°”“90°”“180°”“270°”，该功能只能变更直角连接线或圆直角连接线的方向。

自动锚点：激活该按钮可允许锚点成为连接线的贴齐点。

删除锚点：单击该按钮可以删除对象中的锚点。

变更连接线方向

单击“编辑锚点”工具，单击对象，选中需要变更方向的连接线锚点，如图9-63所示，在属性栏中“调整锚点方向”后面的文本框中输入90°，如图9-64所示。然后按Enter键，效果如图9-65所示。

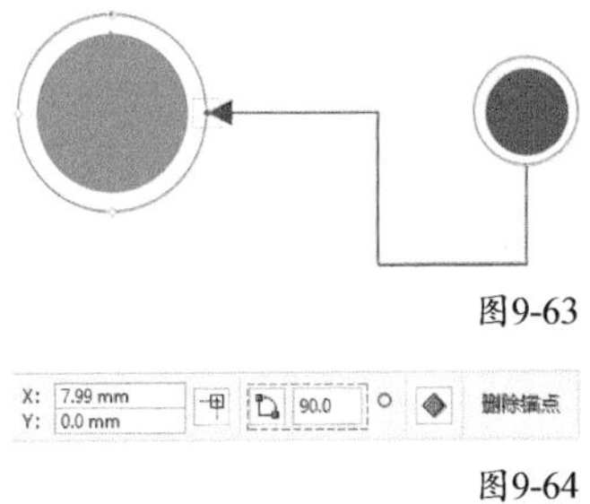

图9-63

图9-64

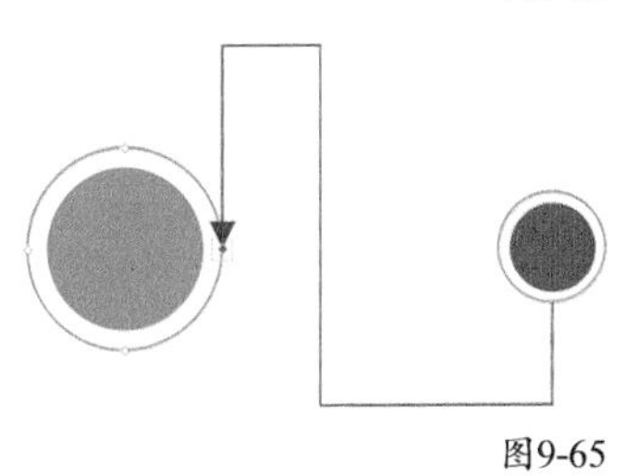

图9-65

添加对象锚点

单击“编辑锚点”工具，在要添加锚点的对象上双击添加锚点，新添加的锚点会以蓝色空心矩形显示，如图9-66所示。新添加的锚点可以连接其他对象上的锚点，添加连接线后，在圆形上的连接线分别连接在独立锚点上，如图9-67所示。

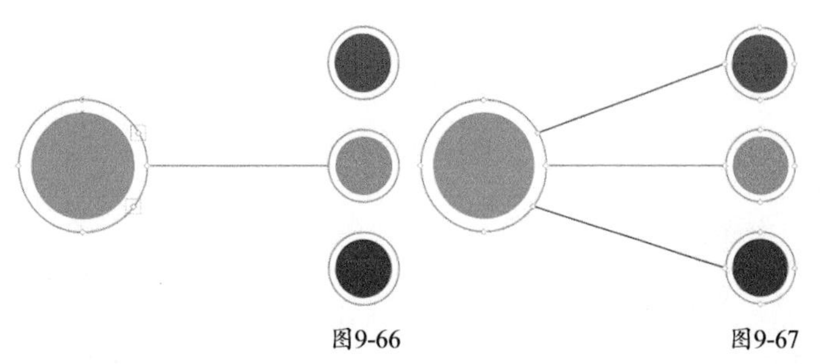

图9-66　　图9-67

移动锚点

单击“编辑锚点”工具，单击选中连接线上需要移动的锚点，如图9-68所示。按住鼠标左键可将其拖曳到对象上的任意位置，如图9-69所示。

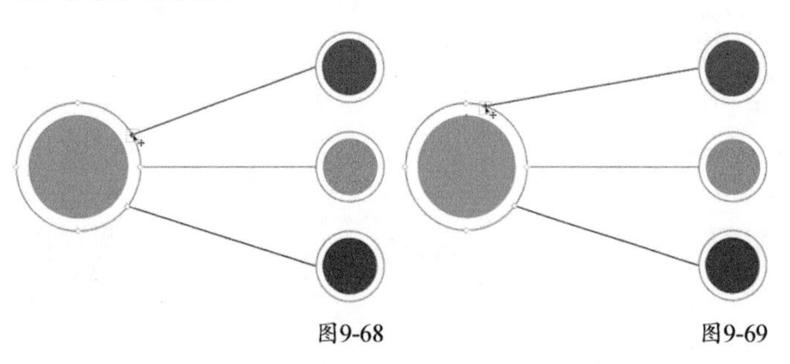

图9-68　　图9-69

删除锚点

单击“编辑锚点”工具，选中对象上一个或多个需要删除的锚点，如图9-70所示。然后按Delete键删除选中的锚点，如图9-71所示。

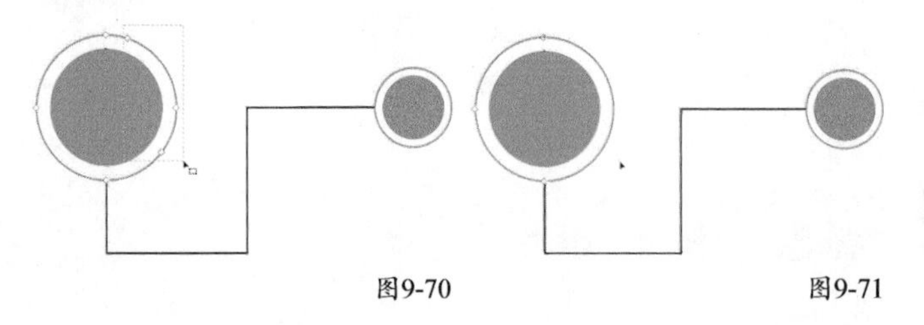

图9-70　　图9-71

★重点★

实战　绘制产品说明书

实例位置　实例文件>CH09>实战：绘制产品说明书.cdr
素材位置　素材文件>CH09>01.cdr、02.png
视频名称　实战：绘制产品说明书.mp4
实用指数　★★★☆☆
技术掌握　连接器的运用方法

扫码看视频

本案例绘制的说明书效果如图9-72所示。

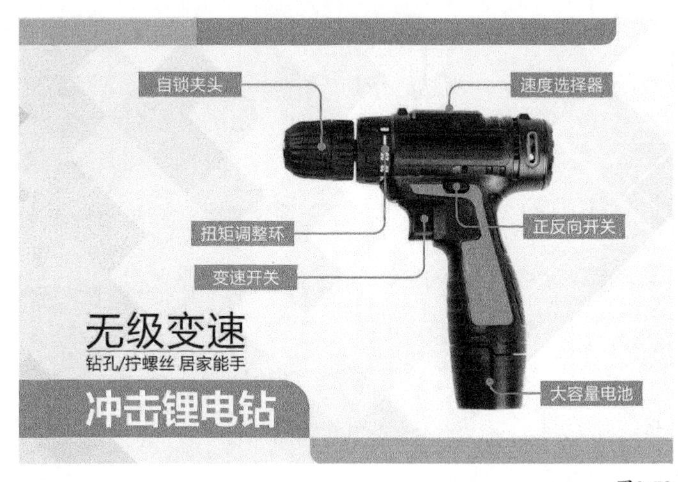

图9-72

01 新建文档，导入“素材文件>CH09>01.cdr、02.png”文件，将电钻图像移动到背景的右侧，如图9-73所示。

02 单击“编辑锚点”工具，删除所有默认锚点，然后参照图示，双击新建6个锚点，如图9-74所示。

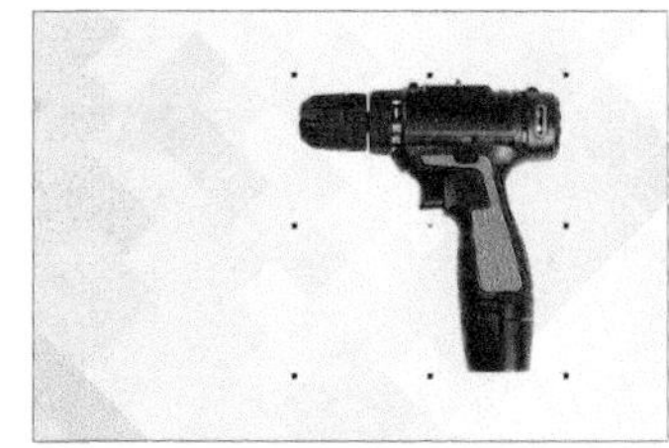

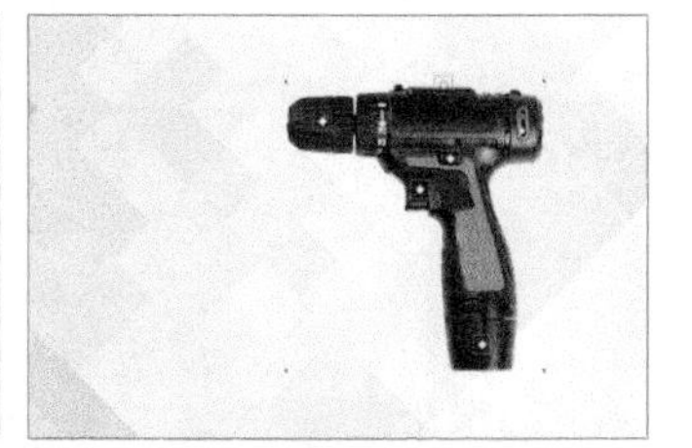

图9-73　　图9-74

03 在页面空白处，使用“矩形”工具绘制6个宽度为55mm、高度为13mm的矩形，设置填充色为橘红色（C:0，M:60，Y:100，K:0）。分别输入文字，设置“字体”为“微软雅黑”、“大小”为24pt、字体颜色为白色。然后将6段文字分别与矩形中心对齐、组合，如图9-75所示。

04 分别移动上一步组合的6个对象到指定的位置，如图9-76所示。

速度选择器　正反向开关
自锁夹头　变速开关
扭矩调整环　大容量电池

图9-75　　图9-76

05 单击“连接器”工具，在属性栏中激活“圆直角连接符”按钮，连接“自锁夹头”对象与对应的锚点，如图9-77所示。选中连接线，在属性栏中设置“宽度”为3.0pt、“终止箭头”为“箭头53”、轮廓色为橘红色（C:0，M:60，Y:100，K:0），如图9-78所示。

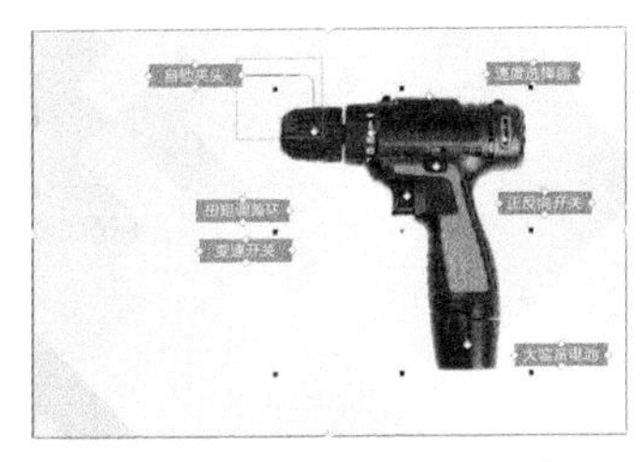

图9-77

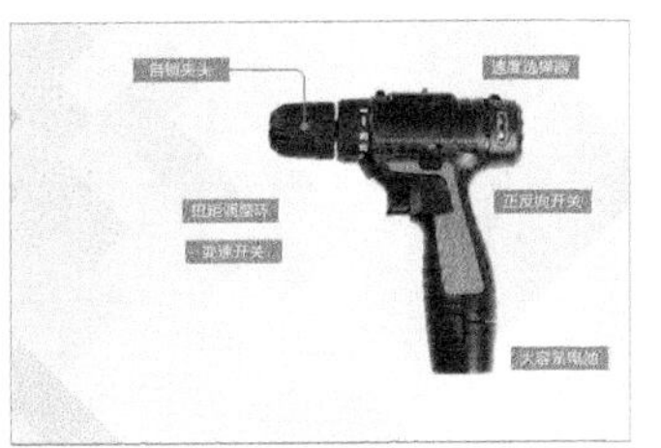

图9-78

06 参照步骤5，使用“连接器”工具绘制另外5个对象的连接线，如图9-79所示。然后选中连接线，执行“编辑>复制属性自”菜单命令，将刚才绘制的连接线的“轮廓笔”和“轮廓色”属性复制到这些连接线上，如图9-80所示。

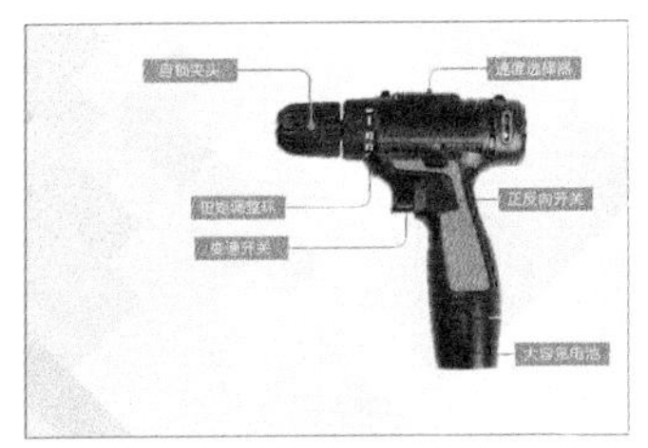

图9-79

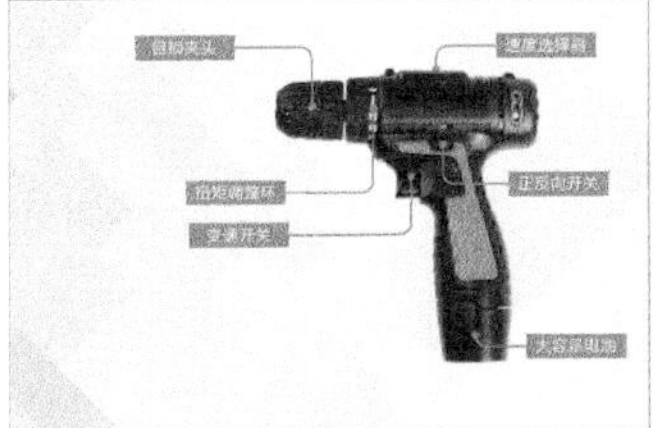

图9-80

07 使用“矩形”工具绘制一个宽度为195mm、高度为14mm的矩形，设置填充色为灰色（C:0，M:0，Y:0，K:40）。将矩形与背景对象右下角对齐，如图9-81所示。设置该矩形的左下角“圆角半径”为7mm，如图9-82所示。

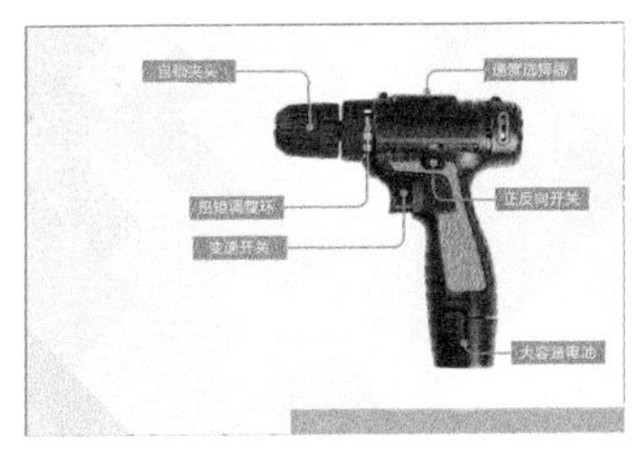

图9-81

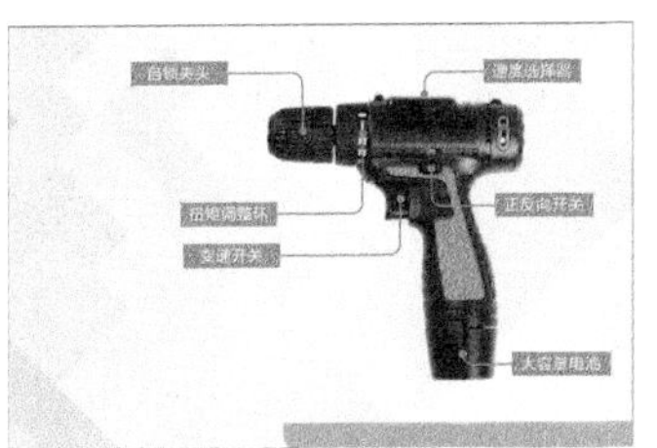

图9-82

08 使用“矩形”工具绘制一个宽度为155mm、高度为30mm的矩形，设置填充色为橘红色（C:0，M:60，Y:100，K:0）。将矩形与背景对象左侧对齐，如图9-83所示。设置该矩形的右上角“圆角半径”为15mm，如图9-84所示。

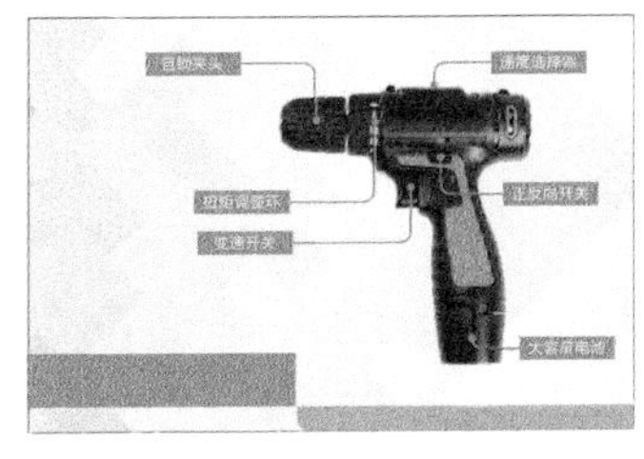

图9-83

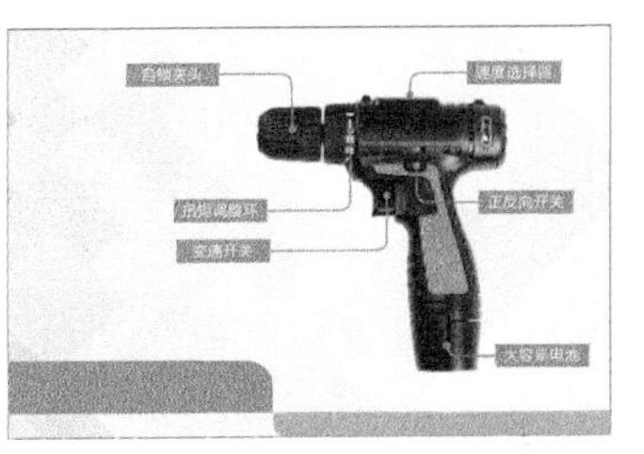

图9-84

09 输入“冲击锂电钻”字样，设置“字体”为“方正兰亭中粗黑”、“大小”为59pt、字体颜色为白色。然后将文字与橘红色矩形垂直居中对齐，如图9-85所示。

10 输入“无级变速”字样，设置“字体”为“微软雅黑”、“大小”为58pt、字体颜色为黑色（C:0，M:0，Y:0，K:100）。输入“钻孔/拧螺丝 居家能手”字样，设置“字体”为“微软雅黑”、“大小”为24pt、字体颜色为黑色（C:0，M:0，Y:0，K:100）。然后将这两段文字与下面的“冲击锂电钻”文本对象左侧对齐，如图9-86所示。

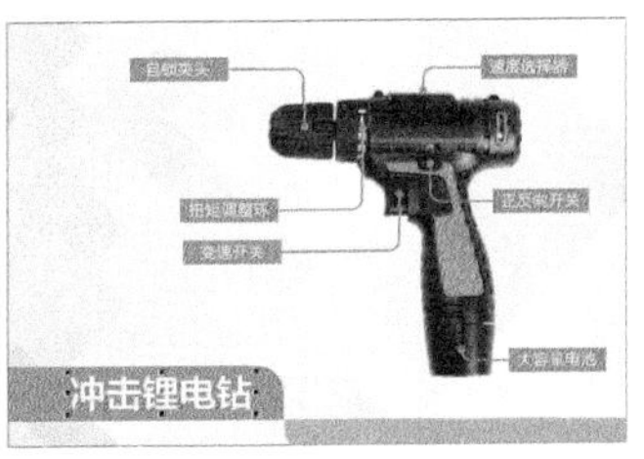

图9-85

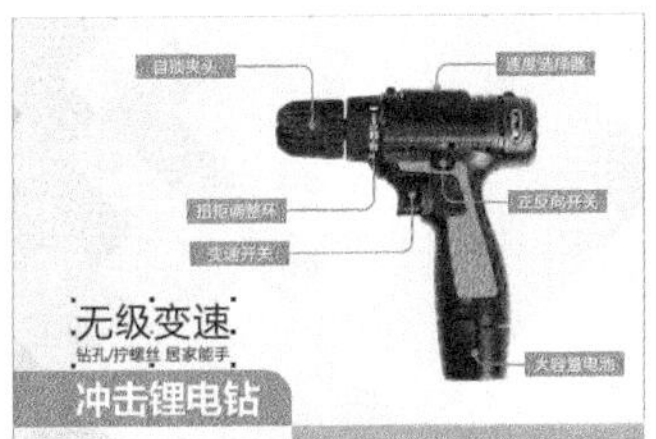

图9-86

11 使用“矩形”工具绘制一个宽度为320mm、高度为14mm的矩形，设置填充色为橘红色（C:0，M:60，Y:100，K:0），将矩形与背景对象左上角对齐，如图9-87所示。设置该矩形的右下角“圆角半径”为7mm，如图9-88所示。

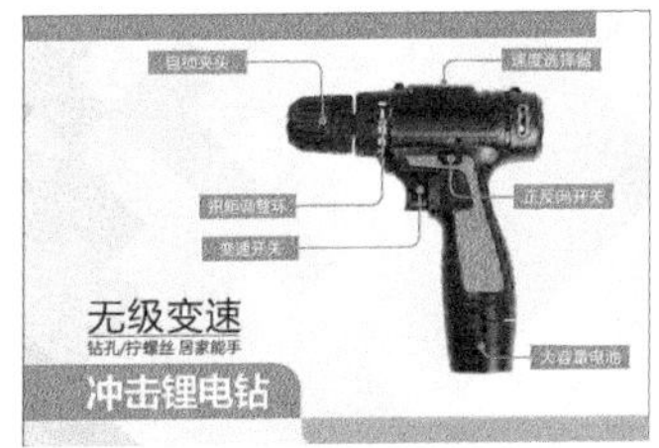

图9-87

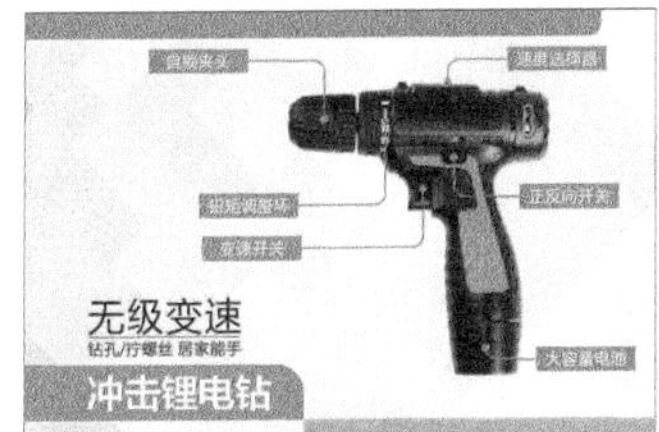

图9-88

12 绘制一个宽度为95mm、高度为14mm的矩形，设置填充色为灰色（C:0，M:0，Y:0，K:40）。将该矩形与背景对象左上角对齐，如图9-89所示。选中电钻、所有连接线和标注文字，按快捷键Ctrl+G组合对象，将该对象与背景对象垂直居中对齐，最终效果如图9-90所示。

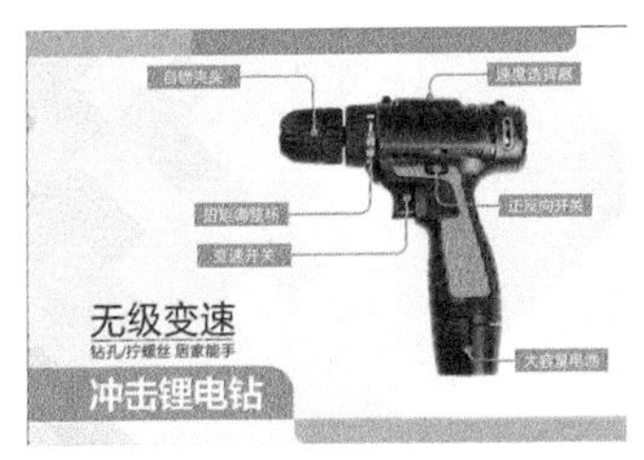

图9-89

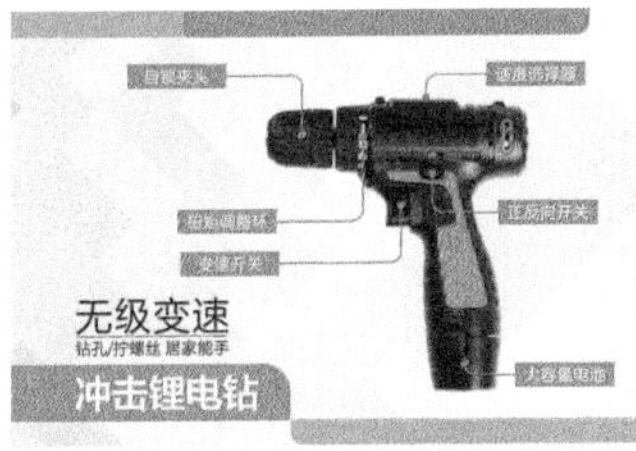

图9-90

第10章

对象的特效编辑

对象的特效编辑功能可以为各类对象添加特殊效果，可以为对象设置富有层次感的阴影效果，也可以使对象具有3D立体化效果，还可以将对象调整为透明效果等。

本章需要重点掌握并熟练运用“阴影”工具、“轮廓图”工具、“调和”工具、“立体化”工具和“透明度”工具。其中，“阴影”工具和“透明度”工具中的“合并模式”是重点，并且还需重点掌握图框精确裁剪（PowerClip）的使用方法。

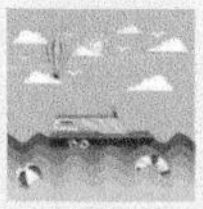

学习要点

第166页
“阴影”工具

第172页
“轮廓图”工具

第178页
“调和”工具

第191页
“立体化”工具

第197页
“透明度”工具

第205页
图框精确裁剪（PowerClip）

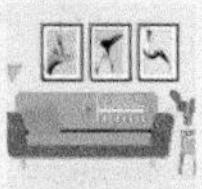

工具名称	工具图标	工具作用	重要程度
“阴影”工具		为对象创建不同角度的阴影效果	高
“轮廓图”工具		创建一系列渐进到对象内部或外部的同心线	高
“调和”工具		设置任意两个或多个对象之间的颜色和形状过渡效果	高
“变形”工具		按住鼠标左键拖曳，使对象生成不同效果的造型	中
“封套”工具		使用封套为对象塑形	中
“立体化”工具		为对象添加三维效果，创建立体模型	高
“块阴影”工具		为对象创建不同角度的（三维）块状阴影效果	中
“透明度”工具		编辑对象的透明度	高
斜角	无	通过修改对象边缘生成三维效果	中
透镜	无	通过修改对象颜色和形状，调整对象的显示效果	中
透视	无	为对象创建距离感和深度感	高
图框精确裁剪（PowerClip）	无	在其他对象或图文框内放置矢量对象和位图	高

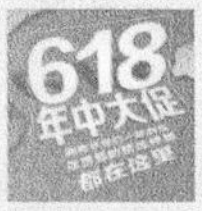

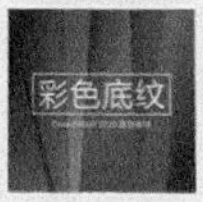

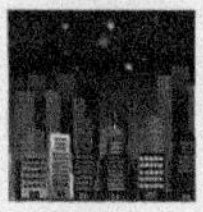

★ 重 点 ★

10.1 “阴影”工具

阴影效果能模拟光线从不同的位置照射在对象上的效果。CorelDRAW可以为大多数对象或组合对象添加阴影效果，包括位图和文本等，如图10-1~图10-3所示。

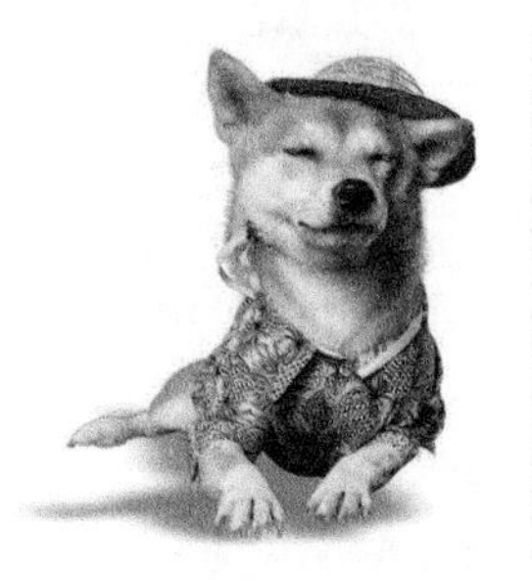

图10-1

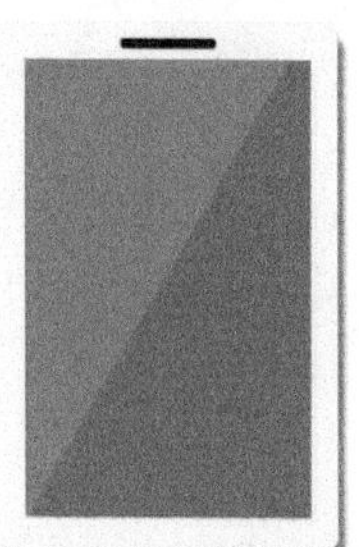

图10-2

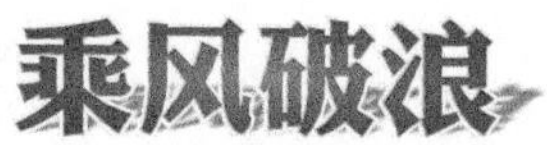

图10-3

10.1.1 创建阴影效果

“阴影”工具可以为对象创建不同角度的阴影效果。

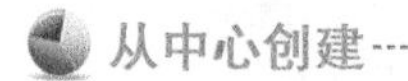

从中心创建

单击“阴影”工具，将鼠标指针移动到对象中间位置，按住鼠标左键拖曳，生成阴影控制手柄，如图10-4所示，松开鼠标即生成阴影。可以调整阴影控制手柄上的滑块，设置阴影的透明度，如图10-5所示。

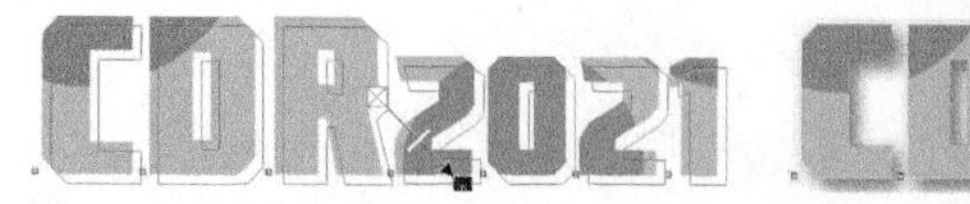

图10-4

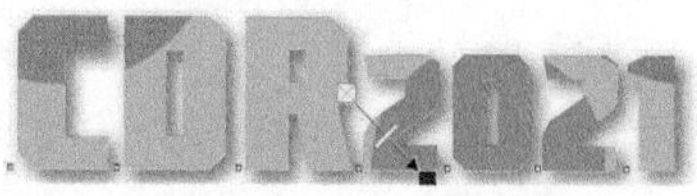

图10-5

阴影控制手柄上的白色方块是阴影的起始位置，箭头所指的黑色方块是阴影的终止位置。创建阴影后，移动黑色方块可以调整阴影的位置和角度，如图10-6所示。

图10-6

> **技术看板**
>
> 如何绘制发光文字？
>
> “阴影”工具不仅可以绘制阴影效果，也可以绘制发光效果。
>
> 使用“文本”工具在深色背景上输入文字，如图10-7所示。使用“阴影”工具创建与字体重叠的阴影，如图10-8所示。选择调色板中的白色色样，拖曳到阴影控制手柄的终止位置，如图10-9所示。在属性栏中设置“合并模式”为“常规”、“阴影不透明度”为100、“阴影羽化”为30，如图10-10所示。设置完成后效果如图10-11所示。
>
> 
>
>
> 图10-7
>
> 图10-8 
>
> 图10-9 
>
> 
>
>
> 图10-10 
>
> 图10-11

从底端创建

单击“阴影”工具，将鼠标指针移动到对象底端中间位置，按住鼠标左键拖曳，生成阴影控制手柄，如图10-12所示，松开鼠标即生成阴影。可以调整阴影控制手柄上的滑块，设置阴影的透明度，如图10-13所示。

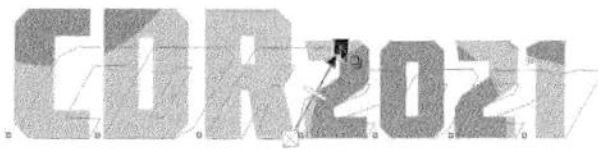

图10-12

图10-13

移动阴影的终止位置（即控制手柄上黑色方块所在位置），可以调整阴影的倾斜角度，如图10-14所示。

图10-14

从顶端创建

单击“阴影”工具，将鼠标指针移动到对象顶端中间位置，按住鼠标左键拖曳，生成阴影控制手柄，如图10-15所示，松开鼠标即生成阴影。可以调整阴影控制手柄上的滑块设置阴影的透明度，如图10-16所示。

图10-15

图10-16

从左边创建

单击“阴影”工具，将鼠标指针移动到对象左边中间位置，按住鼠标左键拖曳，生成阴影控制手柄，如图10-17所示，松开鼠标即生成阴影。可以调整阴影控制手柄上的滑块，设置阴影的透明度，如图10-18所示。

图10-17

图10-18

从右边创建

从右边创建阴影和从左边创建阴影的方法类似，如图10-19所示。

图10-19

10.1.2 阴影参数设置

“阴影”工具的属性栏如图10-20所示。

图10-20

“阴影”工具选项介绍

预设：在下拉列表中选择预设阴影效果，具体如下。

平面右上：阴影呈平面效果生成在对象的右上方，如图10-21所示。

平面右下：阴影呈平面效果生成在对象的右下方，如图10-22所示。

图10-21

图10-22

平面左下：阴影呈平面效果生成在对象的左下方，如图10-23所示。

图10-23

平面左上：阴影呈平面效果生成在对象的左上方，如图10-24所示。

透视右上：阴影呈透视效果生成在对象的右后方，如图10-25所示。

图10-24 　　图10-25

透视右下：阴影呈透视效果生成在对象的右前方，如图10-26所示。

透视左下：阴影呈透视效果生成在对象的左前方，如图10-27所示。

图10-26 　　图10-27

透视左上：阴影呈透视效果生成在对象的左后方，如图10-28所示。

小型辉光：阴影重叠生成在对象下，呈小型发散效果，如图10-29所示。

图10-28 　　图10-29

中等辉光：阴影重叠生成在对象下，呈中等发散效果，如图10-30所示。

大型辉光：阴影重叠生成在对象下，呈大型发散效果，如图10-31所示。

图10-30 　　图10-31

内边缘：阴影沿对象轮廓向内生成暗阴影，呈立体效果显示，如图10-32所示。

内发光：阴影沿对象轮廓向内生成亮阴影，类似内发光效果，如图10-33所示。

图10-32 　　图10-33

内右下角：阴影沿对象轮廓的右下角向内生成暗阴影，呈立体效果显示，如图10-34所示。

内左下角：阴影沿对象轮廓的左下角向内生成暗阴影，呈立体效果显示，如图10-35所示。

图10-34 　　图10-35

内右上角：阴影沿对象轮廓的右上角向内生成暗阴影，呈立体效果显示，如图10-36所示。

内左上角：阴影沿对象轮廓的左上角向内生成暗阴影，呈立体效果显示，如图10-37所示。

图10-36 　　图10-37

添加预设⊞：将当前对象的阴影另存为预设，以便将来使用。

删除预设⊟：从预设列表中删除选定的阴影预设。

阴影工具❏：激活后，在对象的后面或下面应用阴影，生成外部阴影。此按钮默认为激活状态。

内部阴影工具❏：激活后，在对象的轮廓内部应用阴影，生成内部阴影。

阴影颜色：用于设置阴影的颜色，单击后在颜色挑选器中选择阴影颜色。填充的颜色会在阴影控制手柄的终止端显示，如图10-38所示。

图10-38

合并模式：用于设置阴影和覆盖对象之间的颜色调和模式。可在下拉列表中选择调和模式，如图10-39所示。

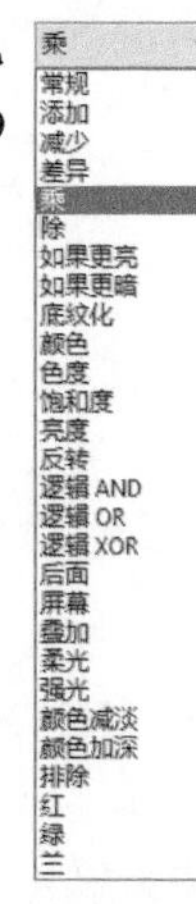

图10-39

阴影不透明度▩：在后面的文本框中输入数值，设置阴影的不透明度。数值越大颜色越深，如图10-40所示；数值越小颜色越浅，如图10-41所示。

图10-40 　　图10-41

阴影羽化：在后面的文本框中输入数值，锐化或柔化阴影边缘。数值越大，阴影边缘越柔化，如图10-42所示；数值越小，阴影边缘越锐利，如图10-43所示。

图10-42 　图10-43

羽化方向：朝向阴影内侧、阴影外侧或同时朝向两侧羽化阴影的边缘。单击该按钮，在弹出的列表中，可以选择羽化的方向，包括“高斯式模糊”“向内”“中间”“向外”“平均”5种方式，如图10-44所示。

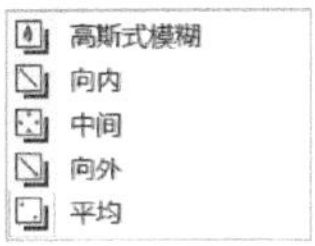

图10-44

高斯式模糊：单击该选项，阴影以高斯模糊方式生成羽化效果，如图10-45所示。

向内：单击该选项，从内部开始计算阴影羽化值，如图10-46所示。

图10-45 　图10-46

中间：单击该选项，从中间开始计算阴影羽化值，如图10-47所示。

向外：单击该选项，从外部开始计算阴影羽化值，形成的阴影柔和且较宽，如图10-48所示。

图10-47 　图10-48

平均：单击该选项，阴影以平均状态介于内外之间计算羽化，是程序默认的羽化方式，如图10-49所示。

图10-49

羽化边缘：单击该按钮，在弹出的列表中，可以选择羽化的边缘类型，包括“线性”“方形的”“反白方形”“平面”4种方式，如图10-50所示。

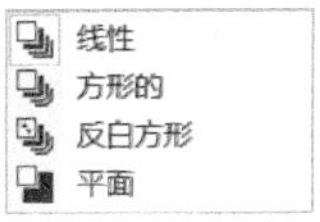

图10-50

阴影偏移：设置阴影边缘与对象边缘之间的距离，在*x*轴和*y*轴后面的文本框输入数值，正数为向上、向右偏移，负数为向左、向下偏移。“阴影偏移”在创建无角度阴影时才会激活，如图10-51所示。

阴影角度：设置阴影的方向，在后面的文本框中输入数值，设置阴影与对象之间的角度。该设置只有在创建成透视阴影时才会激活，如图10-52所示。

图10-51 　图10-52

阴影延展：用于调整阴影的长度。在后面的文本框输入数值，数值越大阴影的延伸越长，如图10-53所示。

阴影淡出：用于调整阴影边缘向外淡出的程度。在后面的文本框输入数值，最大值为100，最小值为0，数值越大向外淡出的效果越明显，如图10-54所示。

图10-53　图10-54

10.1.3 阴影的编辑

可以使用属性栏和菜单栏的相关选项来编辑阴影。

添加真实投影效果

选中文字，使用“阴影”工具拖曳底端阴影，如图10-55所示。在属性栏中设置“阴影颜色”为深灰色（C:0，M:100，Y:100，K:100）、“合并模式”为“颜色加深”、“阴影不透明度”为50、“阴影羽化”为15、“阴影角度”为30、“阴影延展”为40、“阴影淡出”为60，如图10-56所示。调整后的效果如图10-57所示。

图10-55

图10-56

图10-57

复制阴影效果

选中未添加阴影效果的文字，在属性栏中单击“复制阴影效果属性”按钮，当鼠标指针变为黑色箭头时，单击目标对象的阴影，即可复制该阴影属性到所选对象，如图10-58和图10-59所示。

图10-58　图10-59

技巧与提示

只有将取样箭头在目标对象的阴影上单击，才可以复制阴影效果属性。如果在对象上单击，则会弹出重试对话框，如图10-60所示。

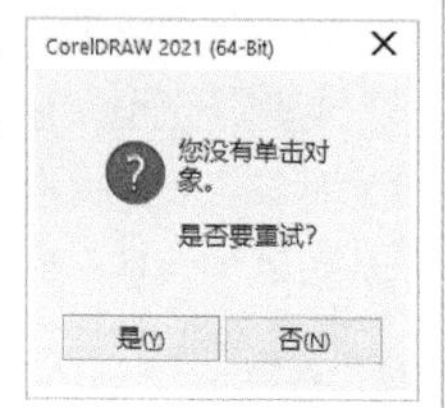

图10-60

拆分阴影效果

选中对象的阴影，单击鼠标右键，在弹出的快捷菜单中选择“拆分墨滴阴影”命令，或者按快捷键Ctrl+K拆分阴影。

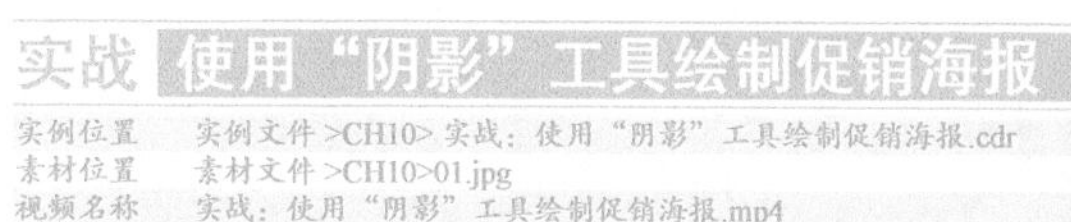

实战 使用“阴影”工具绘制促销海报

实例位置 实例文件>CH10>实战：使用“阴影”工具绘制促销海报.cdr
素材位置 素材文件>CH10>01.jpg
视频名称 实战：使用“阴影”工具绘制促销海报.mp4
实用指数 ★★★★☆
技术掌握 “阴影”工具的运用方法

扫码看视频

本案例绘制的促销海报效果如图10-61所示。

图10-61

01 新建文档，导入“素材文件>CH10>01.jpg”文件，等比例修改位图文件的宽度为192mm、高度为128mm。使用“形状”工具将位图右侧节点向左平移40mm，如图10-62所示。效果如图10-63所示。

图10-62

图10-63

02 使用“贝塞尔”工具绘制耳机上部的图像，生成一个闭合曲线，如图10-64所示。选中闭合曲线与位图，单击属性栏中的“相交”按钮，相交部分生成新的位图，然后选中该位图，执行“效果>模糊>羽化”菜单命令，设置“宽度”为2，用于柔化边缘像素，如图10-65所示。线框模式效果如图10-66所示。

图10-64

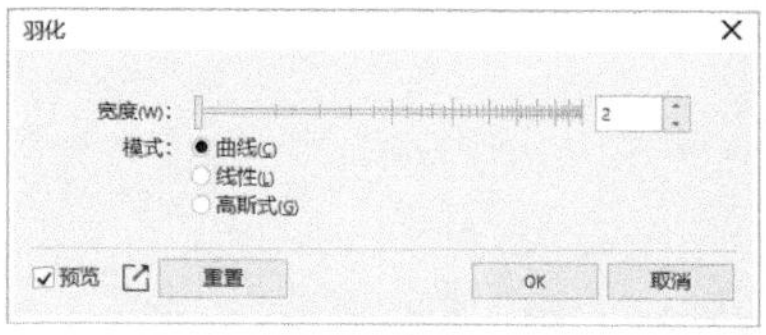

图10-65

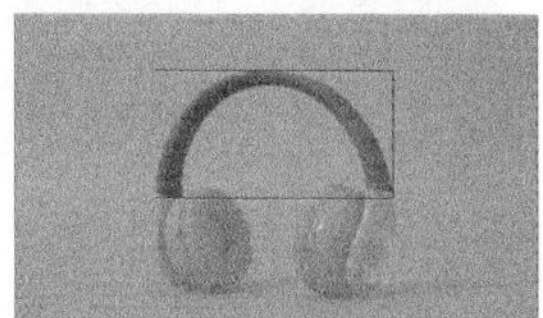

图10-66

03 使用“文本”工具输入“震撼音效”字样，设置“字体”为“微软雅黑”、“大小”为72pt，其中“震”和“音”字为加粗字体，将文本对象向右斜切15°，然后将文本对象置于刚才绘制的位图下层，如图10-67所示。

图10-67

04 选中“震撼音效”文本对象，使用“交互式填充”工具绘制椭圆形渐变填充效果，设置渐变色位置0的颜色为淡黄色（C:0，M:0，Y:40，K:0），设置位置100的颜色为白色，设置“位置”为21%，如图10-68所示，效果如图10-69所示。

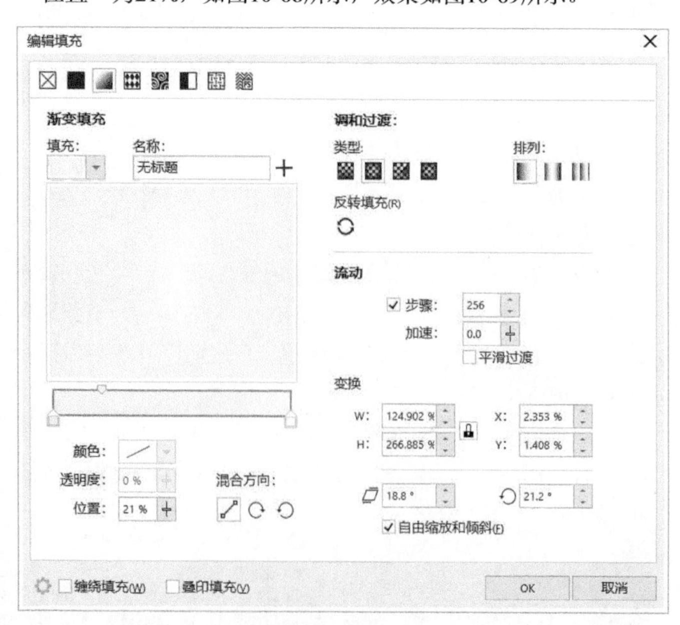

图10-68

图10-69

05 选中“震撼音效”文本对象，使用“阴影”工具绘制阴影，设置阴影颜色为深红色（C:4，M:100，Y:0，K:0）、“阴影偏移”为0，如图10-70所示。

图10-70

06 使用“矩形”工具在画面右侧绘制一个宽度为43mm、高度为10mm的矩形，设置“圆角半径”为5mm、填充色为白色，如图10-71所示。移除轮廓色，使用“阴影”工具绘制阴影，设置“阴影颜色”为白色、“合并模式”为“常规”、“阴影羽化”为30，如图10-72所示，效果如图10-73所示。使用“文本”工具输入“专业7.1声道”字样，设置“字体”为“方正准圆简体”、“大小”为16pt、字体颜色为红色（C:0，M:100，Y:60，K:0），将文本对象与矩形中心对齐，如图10-74所示。

图10-71

图10-72

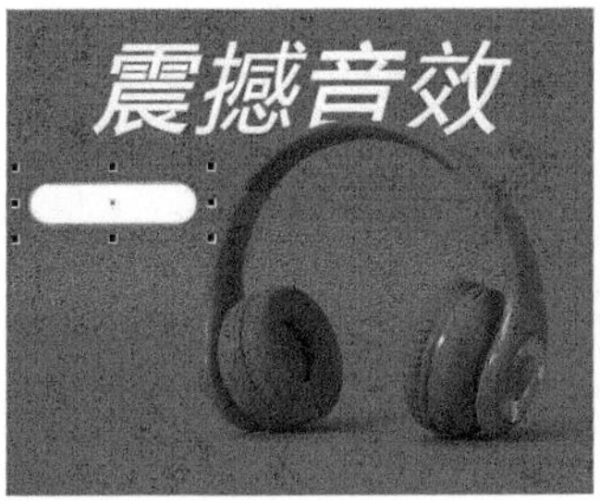

图10-73

图10-74

07 参照步骤6，制作“全指向降噪”和“三年质保”文本对象，如图10-75所示。

08 使用“矩形”工具在背景的左下角绘制一个宽度为40mm、高度为35mm的矩形，将矩形转换为曲线，如图10-76所示。使用“形状”工具将曲线的右下角顶点向右移动20mm，如图10-77所示。设置曲线的填充色为淡黄色（C:0，M:0，Y:20，K:0），移除轮廓色，然后将右上角的节点做平滑处理，如图10-78所示。单击“阴影”工具，在属性栏中单击“内阴影”按钮，设置“阴影颜色”为红色（C:0，M:100，Y:100，K:0）、“阴影羽化”为30，如图10-79所示，效果如图10-80所示。

图10-75

图10-76

图10-77

图10-78

图10-79

图10-80

09 使用“文本”工具输入¥字样，设置“字体”为“微软雅黑”、“大小”为28pt、文本颜色为红色（C:0，M:100，Y:60，K:0）。输入98字样，设置“字体”为“方正粗宋简体”、“大小”为91pt、文本颜色为红色（C:0，M:100，Y:60，K:0）。然后将两个文本对象垂直居中对齐，并组合。将文本组合对象与刚才绘制的内阴影对象垂直居中对齐，如图10-81所示。

图10-81

10 使用“矩形”工具绘制一个宽度为152mm、高度为15mm的矩形，设置填充色为红色（C:0，M:100，Y:100，K:0），将该矩形置于背景上层，与背景底部居中对齐，如图10-82所示。绘制一个宽度为48mm、高度为15mm的矩形，设置填充色为蓝色（C:84，M:33，Y:18，K:0），将该矩形与刚才绘制的红色矩形右侧垂直居中对齐，移除这两个矩形的轮廓色，如图10-83所示。

图10-82

图10-83

11 使用“文本”工具输入“正品联保 空运发货”字样，设置“字体”为“微软雅黑”、“大小”为24pt、字体颜色为白色。然后将文本对象与底部的矩形垂直居中对齐，最终效果如图10-84所示。

图10-84

★重点★

10.2 “轮廓图”工具

轮廓图是指通过为对象勾画轮廓线，创建一系列渐进到对象内部或外部的同心线。

可以设置轮廓线的数量和距离，将轮廓图复制或克隆到另一个对象，或者更改轮廓图的填充色，设置轮廓角的显示方式，将对象与轮廓线分离。

创建轮廓图的对象可以是闭合曲线也可以是开放路径，还可以是美术文字。

10.2.1 轮廓图

CorelDRAW可以创建3种轮廓图效果：“到中心”“内部轮廓”“外部轮廓”。

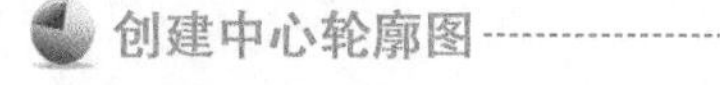

创建中心轮廓图

绘制一个星形，如图10-85所示。单击“轮廓图”工具，单击属性栏中的“到中心”按钮，如图10-86所示。对象将自动生成一系列渐进到对象中心的轮廓图，如图10-87所示。

图10-85

图10-86

图10-87

在创建“到中心”轮廓图效果时，可以在属性栏中设置“轮廓图步长”数量和“轮廓图偏移”距离。

创建内部轮廓图

创建内部轮廓图有以下两种方法。

第1种：选中星形，使用“轮廓图”工具在星形轮廓位置按住鼠标左键向内拖曳，如图10-88所示，松开鼠标即完成创建。

图10-88

第2种：选中星形，单击“轮廓图”工具，单击属性栏中的“内部轮廓”按钮，如图10-89所示；对象将自动生成一系列渐进到对象内部的轮廓图，如图10-90所示。

图10-89

图10-90

创建外部轮廓图

创建外部轮廓图有以下两种方法。

第1种：选中星形，使用“轮廓图”工具在星形轮廓位置按住鼠标左键向外拖曳，如图10-91所示，松开鼠标即完成创建。

图10-91

第2种：选中星形，单击“轮廓图”工具，单击属性栏中的“外部轮廓”按钮，如图10-92所示；对象将自动生成一系列渐进到对象外部的轮廓图，如图10-93所示。

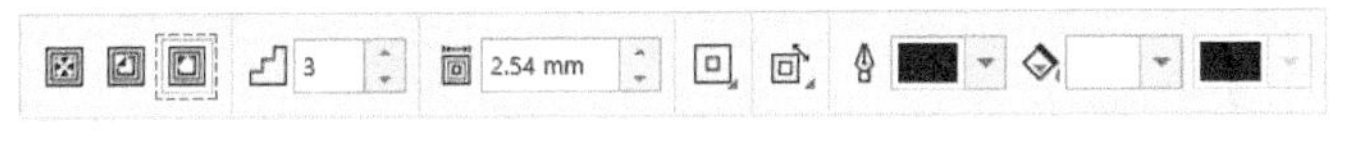

图10-92

图10-93

10.2.2 轮廓图参数设置

在创建轮廓图后，可以在属性栏中调整轮廓图参数，也可以执行“效果>轮廓图”菜单命令，在打开的“轮廓图”泊坞窗中调整参数。

“轮廓图”工具的属性栏如图10-94所示。

3　2.54 mm　清除轮廓

图10-94

“轮廓图”工具选项介绍

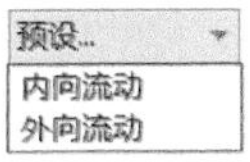

预设：系统提供的预设轮廓图样式，可以在下拉列表选择预设轮廓图样式，如图10-95所示。

预设...
内向流动
外向流动

图10-95

到中心：单击该按钮，将创建从对象边缘到中心的放射状轮廓图。中心轮廓图无法调整“轮廓图步长”，但可以调整“轮廓图偏移”数值，偏移数值越大层次越少，偏移数值越小层次越多。

内部轮廓：单击该按钮，将创建从对象边缘到内部的放射状轮廓图。内部轮廓图可以调整“轮廓图步长”和“轮廓图偏移”数值。

技巧与提示

“到中心”是“内部轮廓”的一种特殊形式。两者的主要区别是，“到中心”轮廓图的最内层位于对象中心位置；“内部轮廓”的最内层可以是对象的中心位置，也可以靠近对象的边缘，如图10-96所示。

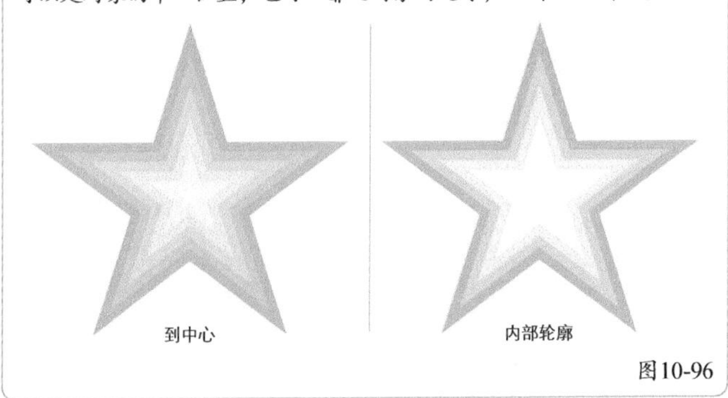

图10-96

外部轮廓：单击该按钮，将创建从对象边缘到外部的放射状轮廓图。外部轮廓图可以调整“轮廓图步长”和“轮廓图偏移”数值。

轮廓图步长：在后面的文本框中输入数值，调整轮廓图的数量。

轮廓图偏移：在后面的文本框中输入数值，调整轮廓图各步长之间的距离。

轮廓图角：用于设置轮廓图的角类型。单击该按钮，可在下拉列表中选择相应的角类型进行应用，如图10-97所示。

斜接角
圆角
斜切角

图10-97

斜接角：在创建的轮廓图中使用尖角渐变，如图10-98所示。

图10-98

圆角：在创建的轮廓图中使用倒圆角渐变，如图10-99所示。

斜切角：在创建的轮廓图中使用倒角渐变，如图10-100所示。

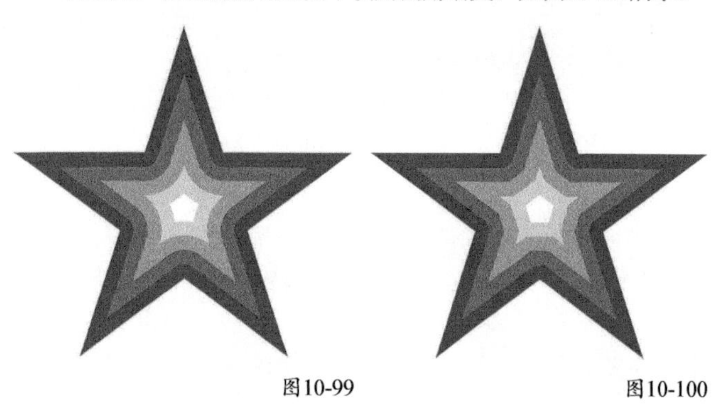

图10-99　　图10-100

轮廓色：用于设置轮廓图的轮廓色渐变序列。单击该按钮，可在下拉列表中选择相应的颜色渐变序列类型进行应用，如图10-101所示。

线性轮廓色
顺时针轮廓色
逆时针轮廓色

图10-101

线性轮廓色：单击该选项，设置轮廓色为直接渐变序列，如图10-102所示。

顺时针轮廓色：单击该选项，设置轮廓色为按色轮顺时针方向逐步调和的渐变序列，如图10-103所示。

图10-102　　图10-103

逆时针轮廓色：单击该选项，设置轮廓色为按色轮逆时针方向逐步调和的渐变序列，如图10-104所示。

图10-104

轮廓色：在后面的颜色挑选器中设置轮廓图的轮廓线颜色。移除轮廓线时，轮廓色不显示。

填充色：在后面的颜色挑选器中设置轮廓图的填充色。

对象和颜色加速：调整轮廓图中对象大小和颜色变化的速率，如图10-105所示。

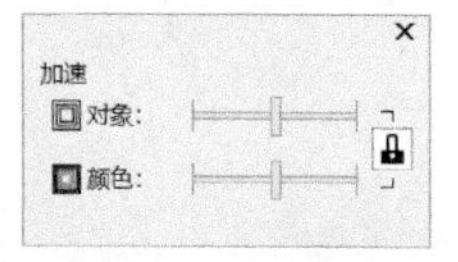

图10-105

复制轮廓图属性：单击该按钮可以将其他轮廓图属性应用到所选对象中。

清除轮廓：单击该按钮可以清除所选对象的轮廓图。

执行“效果>轮廓图”菜单命令，可打开“轮廓图”泊坞窗，如图10-106所示。“轮廓图”泊坞窗的参数与“轮廓图”工具属性栏的参数设置一致。

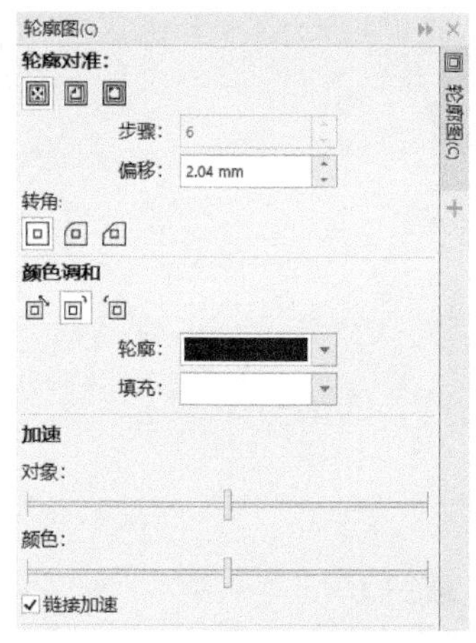

图10-106

10.2.3 轮廓图编辑

可以使用属性栏或泊坞窗的相关参数选项来编辑轮廓图。

调整轮廓步长

选中创建好的中心轮廓图，在属性栏的“轮廓图偏移”文本框中输入不同的数值，按Enter键自动生成“轮廓图步长”步数，如图10-107所示。

图10-107

选中创建好的内部轮廓图，然后在属性栏的“轮廓图步长”文本框中输入不同的数值并按Enter键，效果如图10-108所示。在“轮廓图偏移”数值不变的情况下，“轮廓图步长”越大越向中心靠拢。

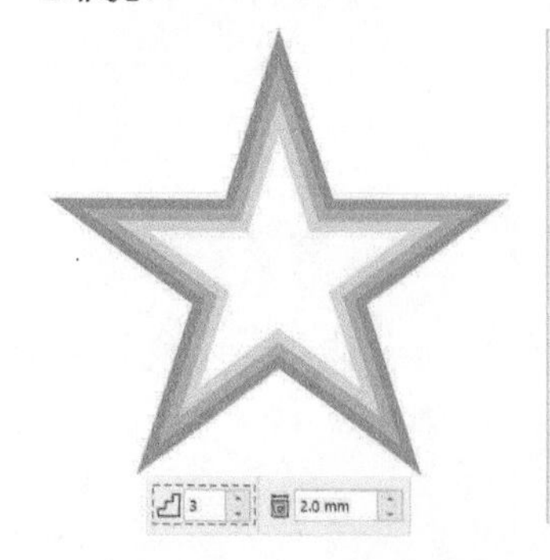

图10-108

选中创建好的外部轮廓图，然后在属性栏的“轮廓图步长”文本框中输入不同的数值按Enter键，“轮廓图偏移”数值不变，效果如图10-109所示。在“轮廓图偏移”数值不变的情况下，“轮廓图步长”越大越向外部扩散。

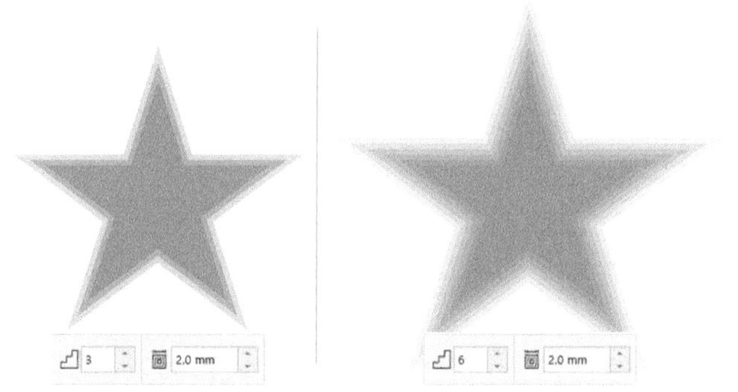

图10-109

轮廓图颜色

轮廓图颜色分为填充色和轮廓线颜色，两者都可以在属性栏或泊坞窗中进行设置。

选中创建好的轮廓图，移除对象的轮廓线，然后在属性栏的“填充色”按钮后面的选色器中进行选择，轮廓图的填充色就向选定的颜色进行渐变填充，如图10-110所示。

图10-110

选中创建好的轮廓图，移除对象的填充色，设置轮廓线“宽度”为2pt，如图10-111所示。此时对象只显示轮廓色，在属性栏的“轮廓色”按钮后面的选色器中选择，轮廓图的轮廓色以选取颜色进行渐变填色，如图10-112所示。

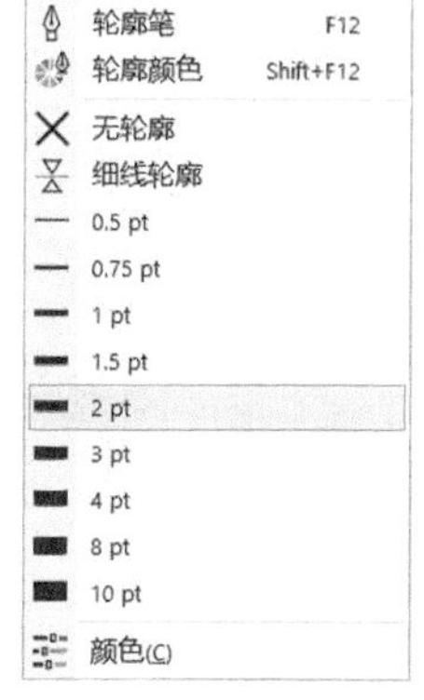

图10-111

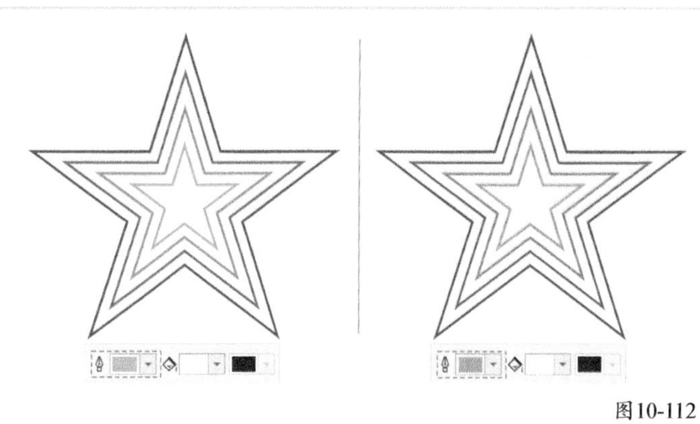

图10-112

选中创建好的轮廓图，同时设置轮廓图的填充色和轮廓线颜色，轮廓图的填充色和轮廓线颜色以设置的颜色进行渐变填充，如图10-113所示。

图10-113

> **技巧与提示**
>
> 轮廓图的颜色编辑与对象的颜色编辑方法一致。

拆分轮廓图

选中轮廓图，单击鼠标右键，在弹出的快捷菜单中选择“拆分轮廓图”命令，或者按快捷键Ctrl+K即可拆分轮廓图，如图10-114所示。轮廓图被拆分为源对象和生成的轮廓图两个部分，如图10-115所示。

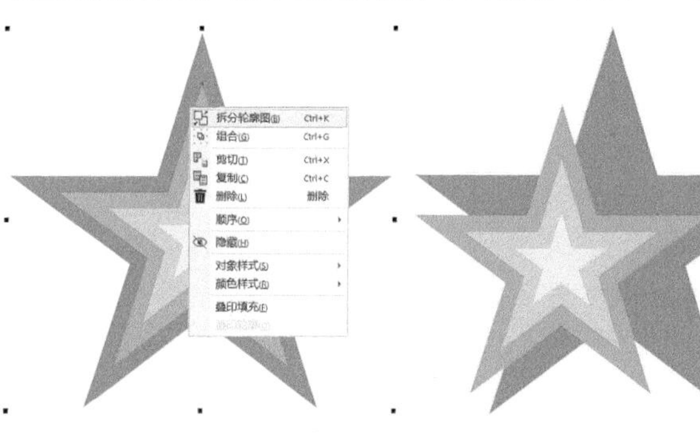

图10-114　　图10-115

选中生成的轮廓图对象，按快捷键Ctrl+U取消群组，新生成的轮廓对象被完全拆分，如图10-116所示。

图10-116

实战　使用“轮廓图”工具绘制画框

实例位置　实例文件>CH10>实战：使用“轮廓图”工具绘制画框.cdr
素材位置　素材文件>CH10>02.cdr、03.cdr
视频名称　实战：使用“轮廓图”工具绘制画框.mp4
实用指数　★★★★☆
技术掌握　“轮廓图”工具的运用方法

扫码看视频

本案例绘制的画框效果如图10-117所示。

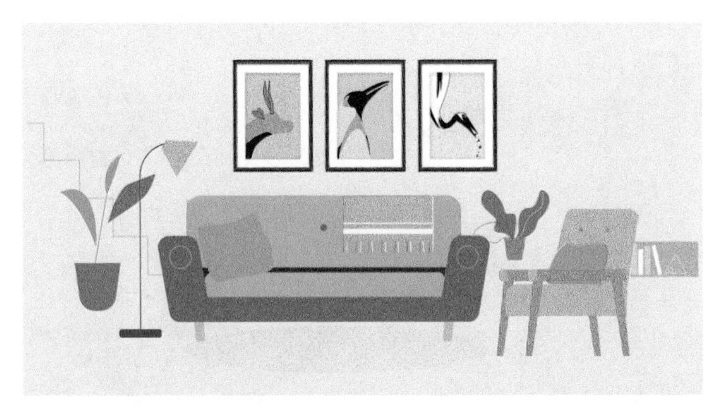

图10-117

01 新建文档，使用“矩形”工具绘制一个宽度为100mm、高度为150mm的矩形，如图10-118所示。单击“轮廓图”工具，在属性栏中设置“类型”为“外部轮廓”、“轮廓图步长”为1、“轮廓图偏移”为15mm，如图10-119所示。

图10-118　　图10-119

02 选中绘制的轮廓图，按快捷键Ctrl+K拆分，选中外侧的矩形，按+键复制一个，单击“轮廓图”工具，在属性栏中设置“类型”为“外部轮廓”、“轮廓图步长”为1、“轮廓图偏移”为7mm，如图10-120所示。然后框选内部的两个矩形，在属性栏中单击“合并”按钮，设置填充色为灰色（C:0，M:0，Y:0，K:10），如图10-121所示。选中刚才绘制的轮廓图，按快捷键Ctrl+K拆分，在属性栏中单击“合并”按钮，设置填充色为黄色（C:0，M:0，Y:100，K:0），如图10-122所示。

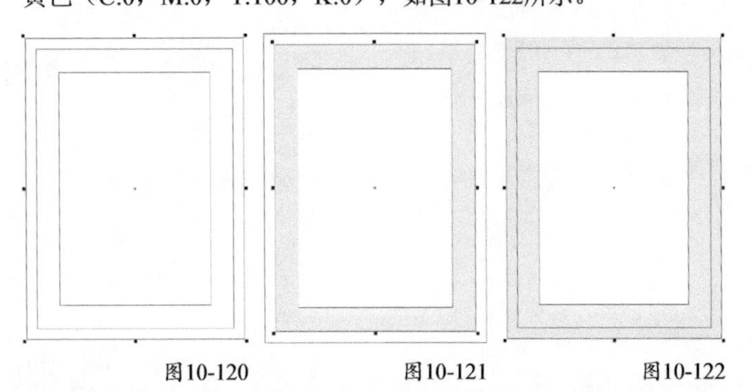

图10-120　　图10-121　　图10-122

03 选中黄色外框对象，使用“形状”工具框选所有节点，在属性栏中单击“断开曲线”按钮，生成8条线段，如图10-123所示。框选上面的两条线段，如图10-124所示，在属性栏中单击“合并”按钮，如图10-125所示。使用“形状”工具框选左侧的两个节点，在属性栏中单击“延长曲线使之闭合”按钮，如图10-126所示。用同样的方法闭合右侧的两个节点，如图10-127所示。

04 参照步骤3，完成另外3条边框的绘制，如图10-128所示。

图10-123　　图10-124　　图10-125

图10-126　　图10-127　　图10-128

05 选中左侧的边框，使用“交互式填充”工具绘制线性渐变填充效果，打开“编辑填充”对话框，从左至右分别设置渐变色位置0的颜色为深灰色（C:0，M:0，Y:0，K:90），位置19的颜色为灰色（C:0，M:0，Y:0，K:50），位置37的颜色为黑色（C:0，M:0，Y:0，K:100），位置87的颜色为深灰色（C:0，M:0，Y:0，K:80），位置100的颜色为灰色（C:0，M:0，Y:0，K:50），再设置旋转角度为0°，如图10-129所示，效果如图10-130所示。

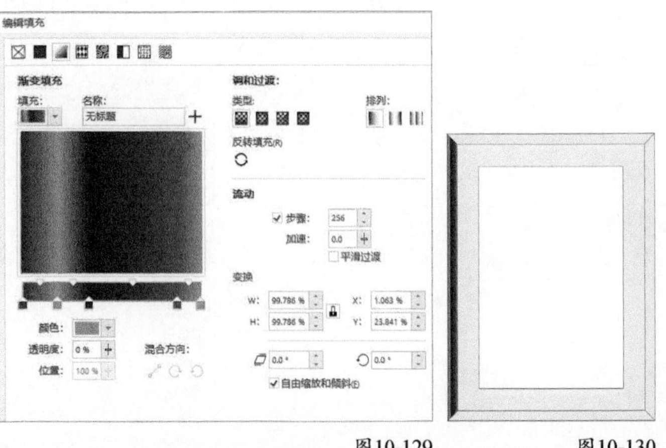

图10-129　　图10-130

06 选中上面的边框，使用“交互式填充”工具绘制线性渐变填充效果，打开“编辑填充”对话框，从左至右分别设置渐变色位置0的颜色为黑色（C:0，M:0，Y:0，K:100），位置24的颜色为黑色（C:0，M:0，Y:0，K:100），位置41的颜色为深灰色（C:0，M:0，Y:0，K:80），位置52的颜色为深灰色（C:0，M:0，Y:0，K:80），位置84的颜色为深灰色（C:0，M:0，Y:0，K:70），位置100的颜色为黑色（C:0，M:0，Y:0，K:100），再设置旋转角度为 - 90°，如图10-131所示，效果如图10-132所示。

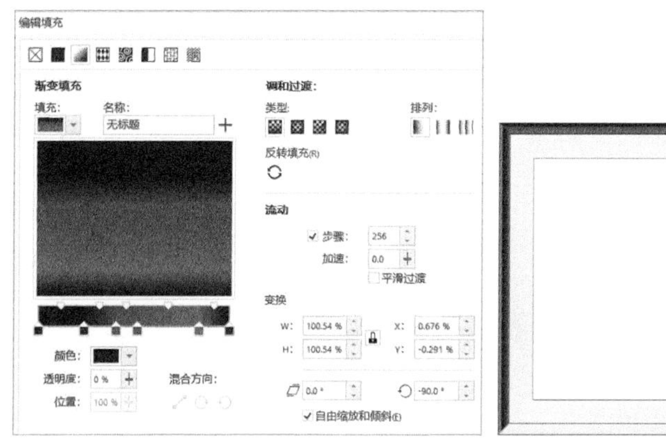

图10-131 图10-132

07 选中右侧的边框，使用“交互式填充”工具绘制线性渐变填充效果，打开“编辑填充”对话框，从左至右分别设置渐变色位置0的颜色为深灰色（C:0，M:0，Y:0，K:80），位置27的颜色为黑色（C:0，M:0，Y:0，K:100），位置33的颜色为深灰色（C:0，M:0，Y:0，K:90），位置92的颜色为深灰色（C:0，M:0，Y:0，K:80），位置100的颜色为灰色（C:0，M:0，Y:0，K:40），再设置旋转角度为180°，如图10-133所示，效果如图10-134所示。

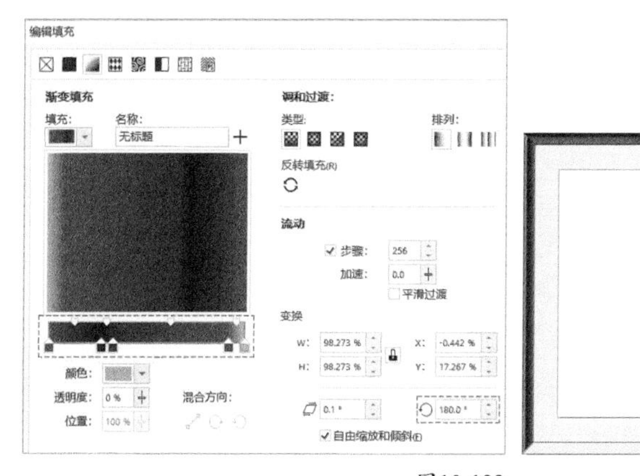

图10-133 图10-134

08 选中下面的边框，使用“交互式填充”工具绘制线性渐变填充效果，打开“编辑填充”对话框，从左至右分别设置渐变色位置0的颜色为黑色（C:0，M:0，Y:0，K:100），位置27的颜色为黑色（C:0，M:0，Y:0，K:100），位置35的颜色为深灰色（C:0，M:0，Y:0，K:90），位置74的颜色为深灰色（C:0，M:0，Y:0，K:80），位置87的颜色为深灰色（C:0，M:0，Y:0，K:70），位置100的颜色为黑色（C:0，M:0，Y:0，K:100），再设置旋转角度为90°，如图10-135所示，效果如图10-136所示。

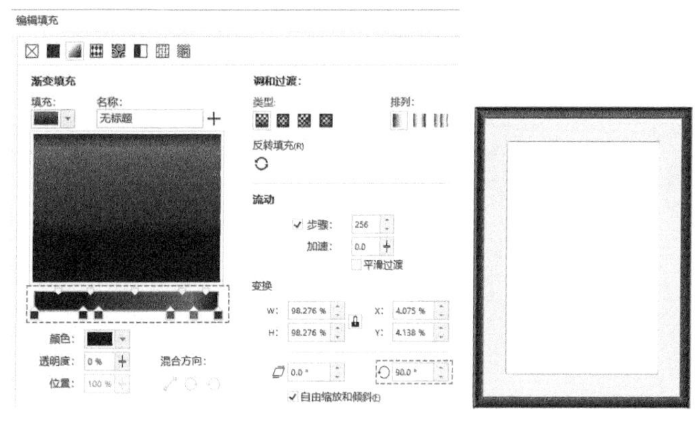

图10-135 图10-136

09 选中左边的黑色边框，单击“阴影”工具，按住鼠标左键向右拖曳绘制阴影，在属性栏中设置“阴影羽化”为25，如图10-137所示。选中上面的黑色边框，单击“阴影”工具，按住鼠标左键向下拖曳绘制阴影，在属性栏中设置“阴影羽化”为30，如图10-138所示。选中中间的对象，移除轮廓色，设置填充色为白色，使用“阴影”工具向右下角拖曳绘制阴影，在属性栏中设置“阴影透明度”为25、“阴影羽化”为10，完成画框的绘制，如图10-139所示。

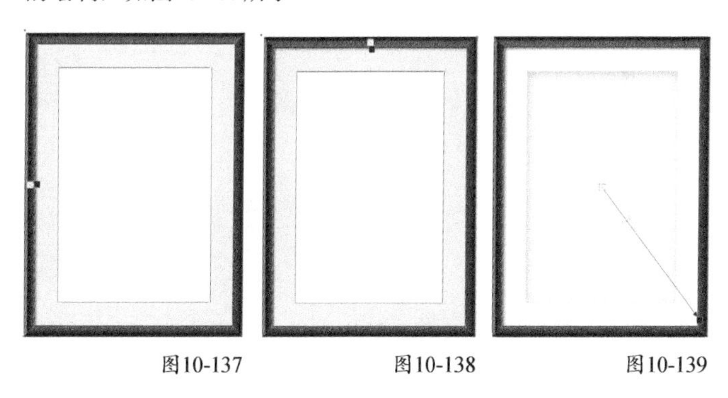

图10-137 图10-138 图10-139

10 复制两个画框，导入“素材文件>CH10>02.cdr”文件，将3幅插画分别与3个画框中心对齐，置于底层，如图10-140所示。

图10-140

11 导入“素材文件>CH10>03.cdr”文件，将3幅绘制完成的画框移动到背景对象中，适当调整大小和位置，最终效果如图10-141所示。

图10-141

★ 重点 ★

10.3 “调和”工具

“调和”工具又叫“混合”工具，主要用于创建任意两个或多个对象之间的颜色和形状过渡，包括直线调和、曲线调和、复合调和3种方式。“调和”工具经常用于在对象中创建逼真的阴影和高光。

10.3.1 创建调和效果

“调和”工具是通过创建两个对象之间的一系列对象，以颜色序列来调和两个源对象，源对象的位置、形状、颜色会直接影响调和效果。

直线调和

单击“调和”工具，将鼠标指针移动到起始对象位置，如图10-142所示。按住鼠标左键向终止对象拖曳，如图10-143所示。松开鼠标即完成调和，效果如图10-144所示。

图10-142

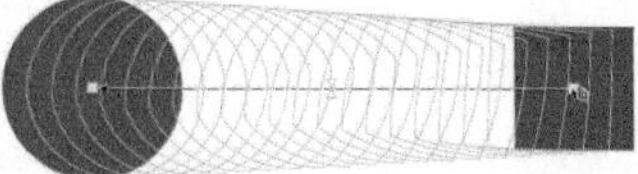

图10-143

图10-144

技术看板

如何绘制原创底纹？

使用“调和”工具可以创建曲线调和，进而绘制出精美的原创底纹。

（1）绘制两条曲线，设置不同的轮廓色，如图10-145所示。

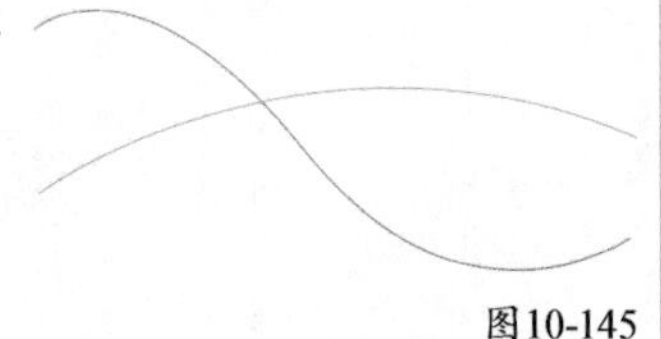

图10-145

（2）选中任意曲线，单击“调和”工具，在曲线上按住鼠标左键拖曳到另一条曲线上，如图10-146所示。松开鼠标即完成调和，效果如图10-147所示。

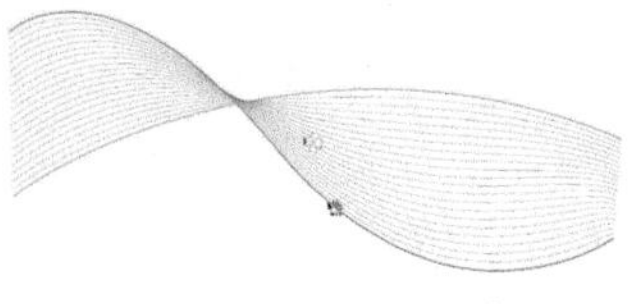

图10-146

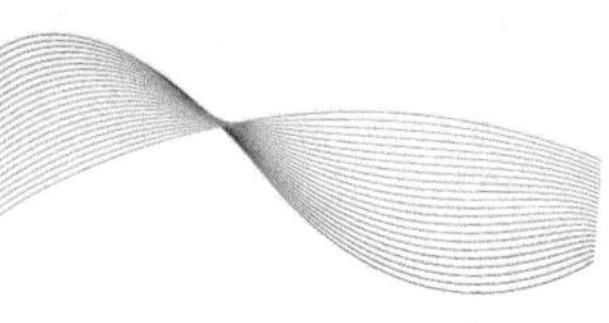

图10-147

（3）按照此方法可以创建多个调和对象，置入对象内部，从而绘制出精美的原创底纹，如图10-148所示。

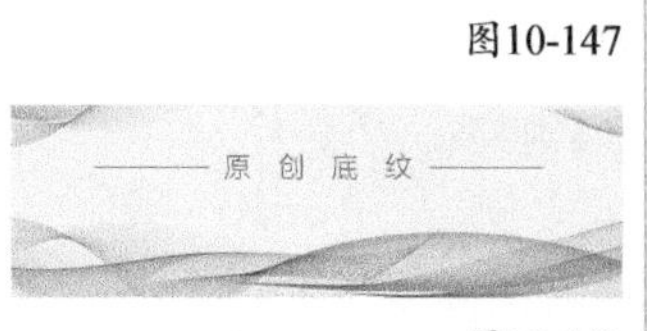

图10-148

曲线调和

单击“调和”工具，将鼠标指针移动到起始对象位置，按住Alt键，如图10-149所示。按住鼠标左键沿曲线路径向终止对象拖曳，如图10-150所示。松开鼠标即完成调和，效果如图10-151所示。

图10-149

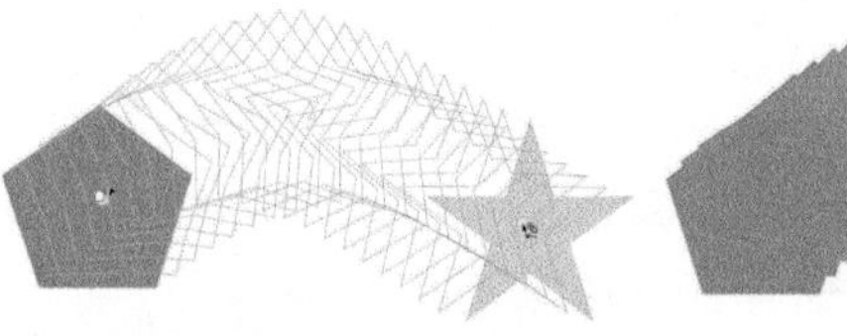

图10-150

图10-151

技巧与提示

在创建曲线调和选取起始对象时，必须按住Alt键绘制曲线调和路径，否则无法创建曲线调和。

在曲线调和中绘制的曲线弧度与长短会影响到中间渐变序列对象的形状和颜色。

技术看板

如何将直线调和转换为曲线调和？

使用“贝塞尔”工具绘制一条平滑曲线，如图10-152所示。选中已完成直线调和的对象，在属性栏上单击“路径属性”按钮，在下拉列表中选择“新建路径”选项，如图10-153所示。

图10-152 图10-153

此时，鼠标指针变为弯曲的箭头形状，如图10-154所示。将箭头移动到刚才绘制的曲线上单击。然后选中曲线，移除轮廓色，效果如图10-155所示。

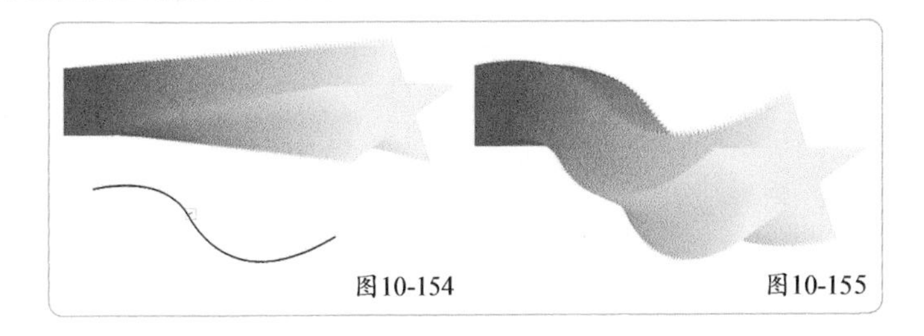

图10-154　　图10-155

复合调和

绘制3个几何对象，填充不同颜色，如图10-156所示，单击“调和”工具，将鼠标指针移动到正方形也就是起始对象位置，按住鼠标左键向圆形对象拖曳，创建直线调和，如图10-157所示。

图10-156　　图10-157

在页面空白处单击，选择圆形并按住鼠标左键向心形对象拖曳，创建直线调和，如图10-158所示。如果需要创建曲线调和，可以按住Alt键并选中圆形，向心形对象拖曳，创建曲线调和，如图10-159所示。

图10-158　　图10-159

技巧与提示

默认情况下，调和对象的步长为20，为了使调和效果更加平滑和自然，可以提高调和对象的步长。

选中调和对象，如图10-160所示。在属性栏的“调和步长”文本框内输入步长数值，数值越大调和效果越平滑、越自然，如图10-161所示。然后按Enter键应用步长数值，效果如图10-162所示。

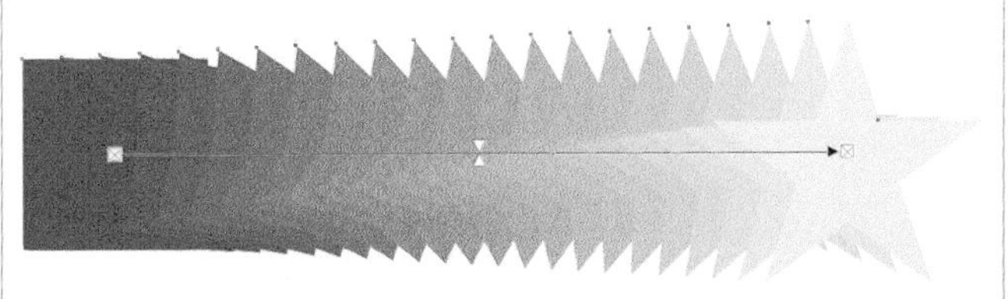

图10-160

图10-161

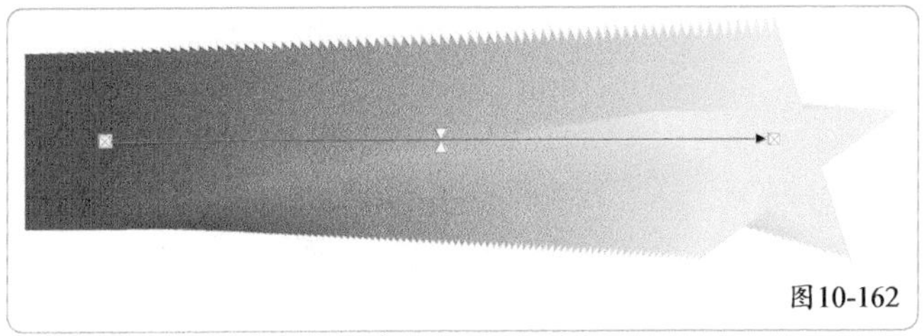

图10-162

10.3.2 调和参数设置

在创建调和后，可以在属性栏中设置调和参数，也可以执行“效果>混合”菜单命令，在打开的“混合”泊坞窗内设置参数。

“调和”工具的属性栏如图10-163所示。

图10-163

“调和”工具选项介绍

预设：系统提供的预设调和样式，可以在下拉列表中选择预设样式，如图10-164所示。

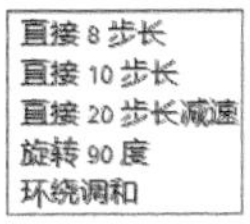

直接 8 步长
直接 10 步长
直接 20 步长减速
旋转 90 度
环绕调和

图10-164

添加预设：单击该按钮可以将当前选中的调和样式另存为预设调和样式。

删除预设：单击该按钮可以将当前选中的调和样式删除。

调和步长：用于设置调和效果中的调和步长数。激活该按钮，可以在后面的“调和对象”文本框中输入相应的步长数。

调和间距：用于设置路径中调和步长之间的距离。激活该按钮，可以在后面的“调和对象”文本框中输入相应的距离值。

技巧与提示

“调和步长”按钮与“调和间距”按钮仅在曲线调和状态下才能激活。

调和方向：在后面的文本框中输入数值可以设置已调和对象的旋转角度。

环绕调和：激活该按钮可将环绕效果应用到调和中。

路径属性：将调和移动到新路径、显示路径，或者将调和从路径中脱离出来，如图10-165所示。

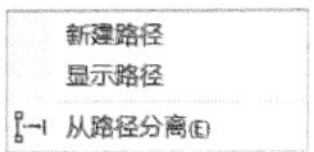

新建路径
显示路径
从路径分离(E)

图10-165

技巧与提示

“显示路径”和“从路径分离”两个选项仅在曲线调和状态下才能使用。

直接调和：激活该按钮，设置颜色调和序列为直接颜色渐变序列，如图10-166所示。

顺时针调和：激活该按钮，设置颜色调和序列为按色轮顺时针方向的颜色渐变序列，如图10-167所示。

图10-166　　图10-167

逆时针调和：激活该按钮，设置颜色调和序列为按色轮逆时针方向的颜色渐变序列，如图10-168所示。

图10-168

对象和颜色加速：单击该按钮，在弹出的对话框中通过拖曳“对象”、“颜色”后面的滑块，可以调整形状和颜色的加速效果，如图10-169所示。

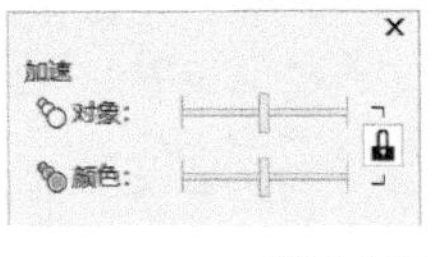

图10-169

技巧与提示

激活“锁定”按钮，可以同时调整“对象”和“颜色”后面的滑块；激活“解锁”按钮后可以分别调整“对象”和“颜色”后面的滑块。

调整加速大小：激活该按钮可以调整调和对象的大小更改的速率。

更多调和选项：单击该按钮，在弹出的下拉列表中可以进行“映射节点”“拆分”“溶合始端”“溶合末端”“沿全路径调和”“旋转全部对象”操作，如图10-170所示。

图10-170

起始和结束属性：用于重置调和效果的起始和终止对象。其下拉列表如图10-171所示。

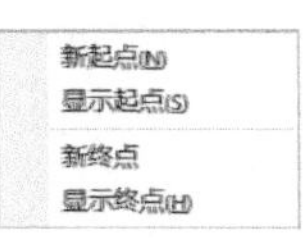

图10-171

复制调和属性：单击该按钮可以将其他调和属性应用到所选调和中。

清除调和：单击该按钮可以清除所选对象的调和效果。

执行“效果>混合”菜单命令，可以打开“混合”泊坞窗，如图10-172所示。

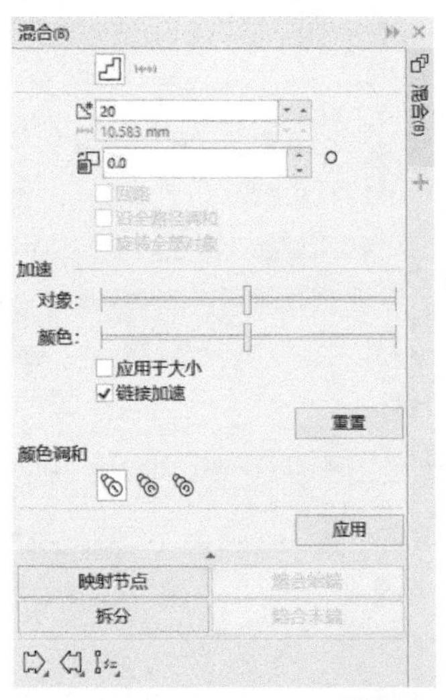

图10-172

“混合”泊坞窗选项介绍

回路：将环绕效果应用到调和。

沿全路径调和：沿整个路径延展调和，该命令仅在调和已附加到路径时使用。

旋转全部对象：沿曲线旋转所有的对象，该命令仅在调和已附加到路径时使用。

应用于大小：将对象加速应用于对象的大小。

链接加速：勾选后可以同时调整对象加速和颜色加速。

重置：将调整的对象加速和颜色加速还原为默认设置。

映射节点：将起始形状的节点映射到终止形状的节点上。

拆分：将选中的调和拆分为两个独立的调和。

熔合始端：熔合拆分或复合调和的始端对象，按住Ctrl键，单击中间对象，然后单击始端对象。

熔合末端：熔合拆分或复合调和的末端对象，按住Ctrl键，单击中间对象，然后单击末端对象。

始端对象：更改或查看调和中的始端对象。

末端对象：更改或查看调和中的末端对象。

路径属性：将调和移动到新路径、显示路径，或者将调和从路径中脱离出来。

10.3.3 调和的编辑

可以使用属性栏和泊坞窗的相关参数选项来编辑调和。

变更调和的对象顺序

使用“调和”工具，在方形到圆形中间添加调和，如图10-173所示。然后选中调和对象，执行“对象>顺序>逆序”菜单命令，此时调和的起始和终止对象的顺序进行了互换，如图10-174所示。

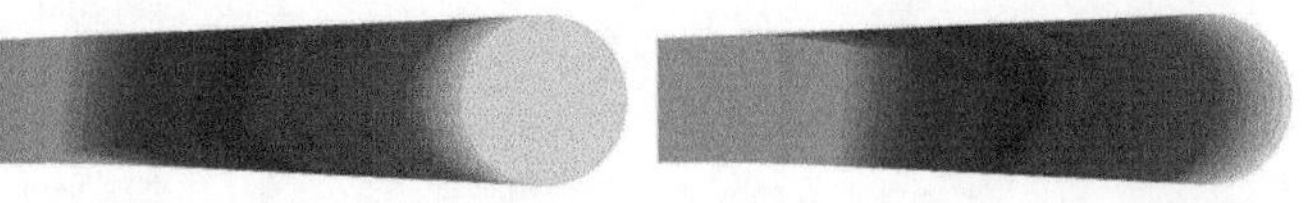

图10-173　　图10-174

变更起始和终止对象

在终止对象下面绘制另一个图形，选中调和对象，单击泊坞窗中的“末端对象”按钮，在下拉列表中选择“新终点”选项，当鼠标指针变为箭头时单击新图形，如图10-175所示。此时调和的终止对象变更为新绘制的图形，如图10-176所示。

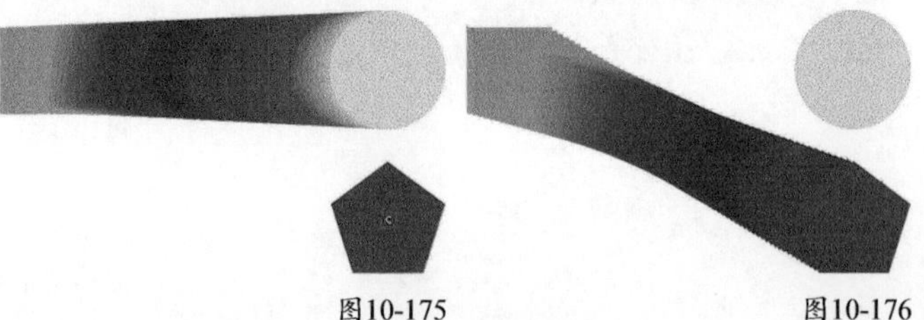

图10-175　　图10-176

在起始对象下面绘制另一个图形，选中调和对象，单击泊坞窗中的“始端对象”按钮，在下拉列表中选择“新起点”选项，当鼠标指针变为箭头时单击新图形，如图10-177所示。此时调和的起始对象变更为新绘制的图形，如图10-178所示。

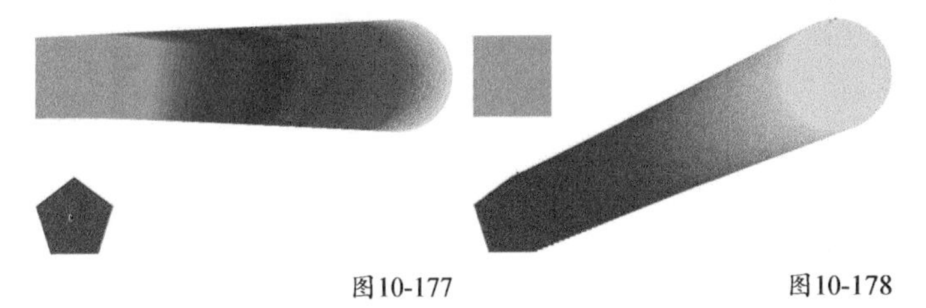

图10-177　　图10-178

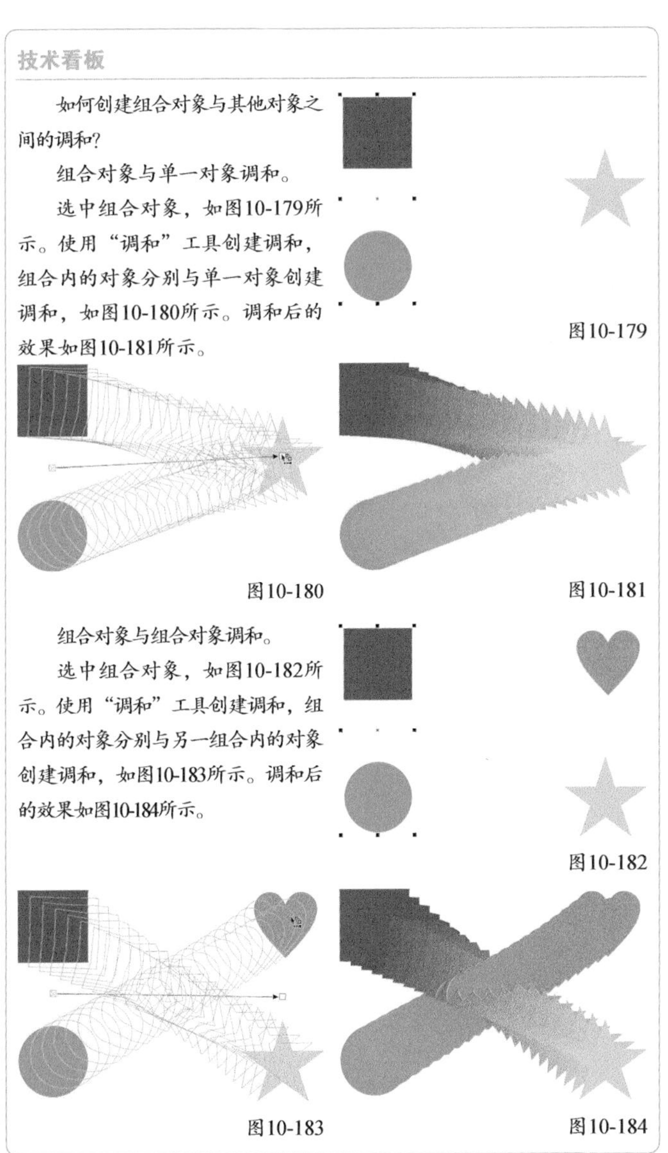

技术看板

如何创建组合对象与其他对象之间的调和？

组合对象与单一对象调和。

选中组合对象，如图10-179所示。使用“调和”工具创建调和，组合内的对象分别与单一对象创建调和，如图10-180所示。调和后的效果如图10-181所示。

图10-179

图10-180　　图10-181

组合对象与组合对象调和。

选中组合对象，如图10-182所示。使用“调和”工具创建调和，组合内的对象分别与另一组合内的对象创建调和，如图10-183所示。调和后的效果如图10-184所示。

图10-182

图10-183　　图10-184

修改调和路径

选中曲线调和对象，如图10-185所示。使用“形状”工具选中调和路径进行调整，如图10-186所示。

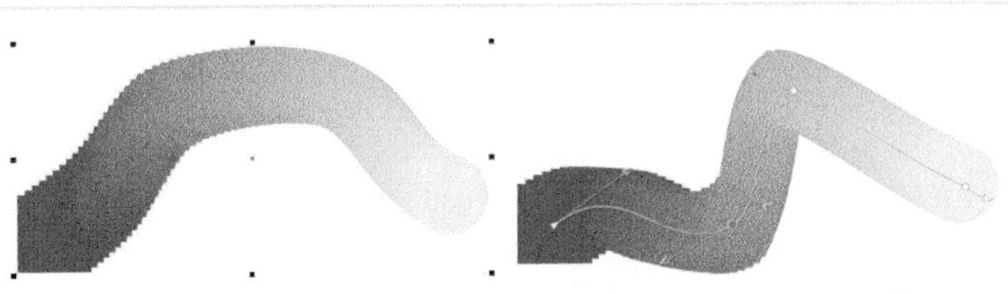

图10-185　　图10-186

变更调和步长

选中直线调和对象，如图10-187所示。在属性栏的“调和对象”文本框中输入需要的步长数，按Enter键确认步长数值，效果如图10-188所示。

图10-187

图10-188

变更调和间距

选中曲线调和对象，在属性栏的“调和间距”文本框中输入数值更改调和间距。数值越大间距越大，分层越明显，如图10-189所示；数值越小间距越小，调和越细腻，如图10-190所示。

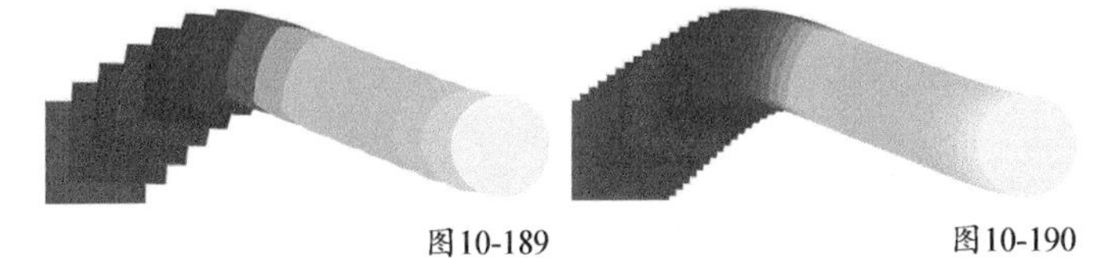

图10-189　　图10-190

调整对象及颜色加速

选中调和对象，然后在激活“锁定”按钮时移动滑块，可以同时调整对象加速和颜色加速，效果如图10-191和图10-192所示。

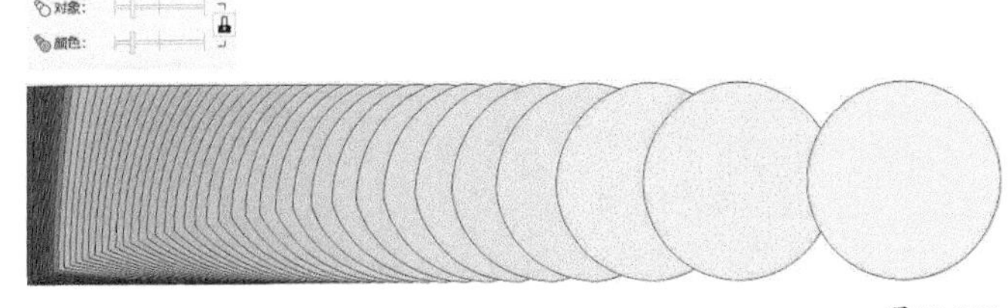

图10-191

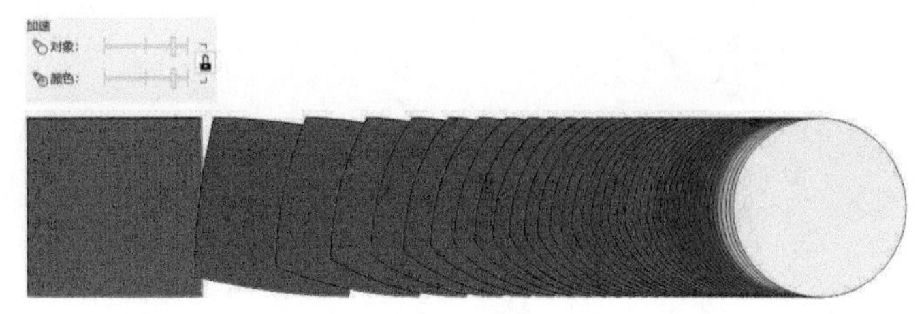

图10-192

激活“解锁”按钮后可以分别移动两种滑块。移动对象滑块时，颜色不变，对象间距发生改变；移动颜色滑块时，对象间距不变，颜色改变，效果如图10-193和图10-194所示。

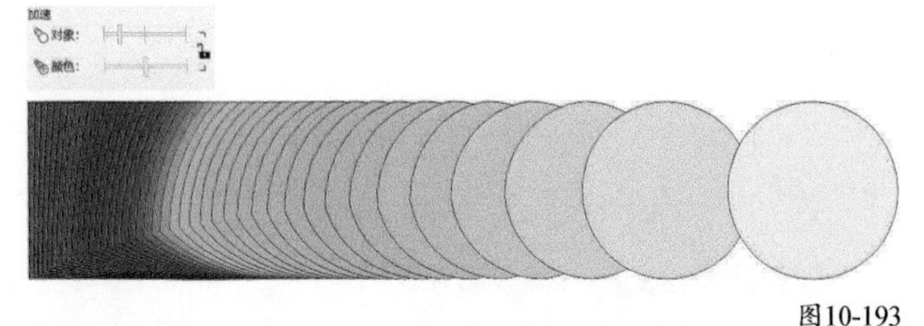

图10-193

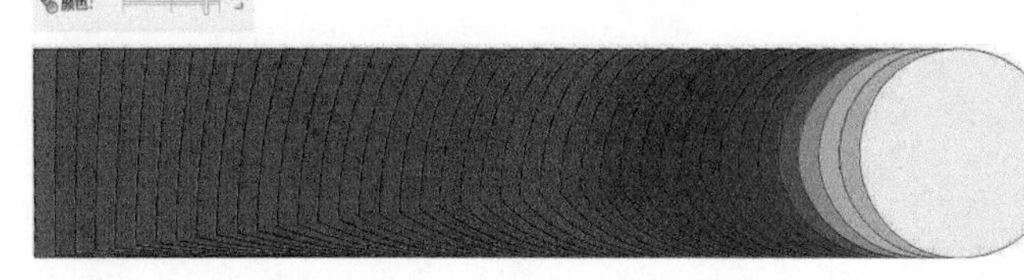

图10-194

调和的拆分与熔合

使用“调和”工具选中调和对象，在“混合”泊坞窗中单击“拆分”按钮，当鼠标指针变为弯曲箭头时，单击中间序列中的任意一个对象，如图10-195所示。此时调和对象被拆分为两段，可以调整“中间对象”的大小、形状、位置和颜色等属性，如图10-196所示。

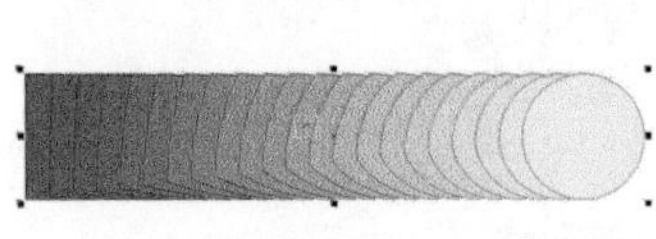
图10-195　图10-196

单击下半段路径，在“混合”泊坞窗中单击“熔合始端”按钮完成熔合。单击上半段路径，在“混合”泊坞窗中单击“熔合末端”按钮完成熔合。

复制调和效果

选中调和对象，在属性栏中单击“复制调和属性”按钮，当鼠标指针变为箭头后，在需要复制调和属性的对象上单击，如图10-197所示，完成属性复制，效果如图10-198所示。

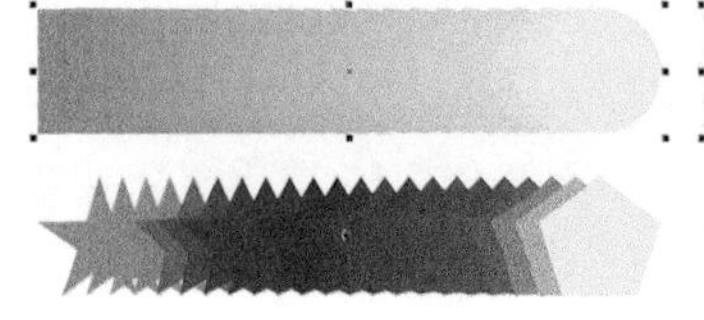
图10-197

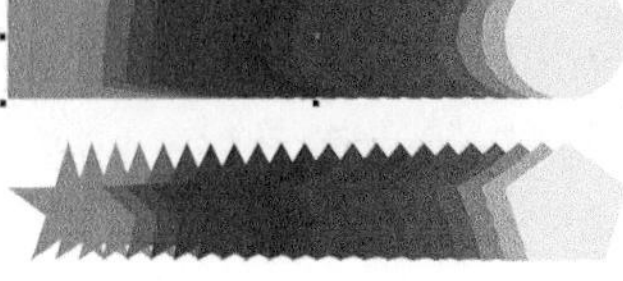
图10-198

拆分调和对象

选中调和对象，单击鼠标右键，在弹出的快捷菜单中选择“拆分混合”命令，或者按快捷键Ctrl+K，如图10-199所示。单击鼠标右键，在弹出的快捷菜单中选择“取消群组”命令，或者按快捷键Ctrl+U，如图10-200所示。此时所有渐变序列对象都被拆分为单一对象，如图10-201所示。

图10-199

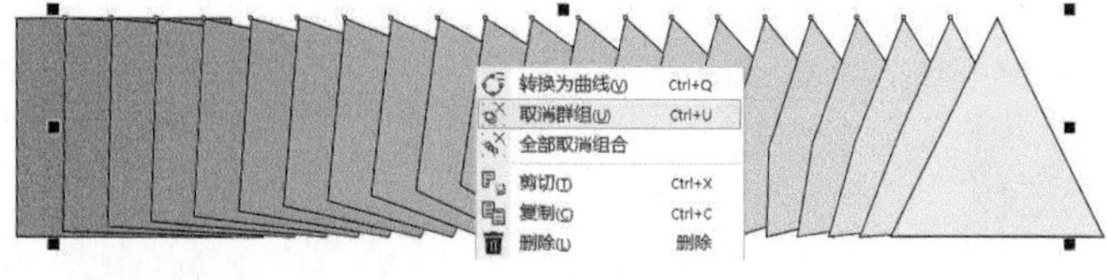

图10-200

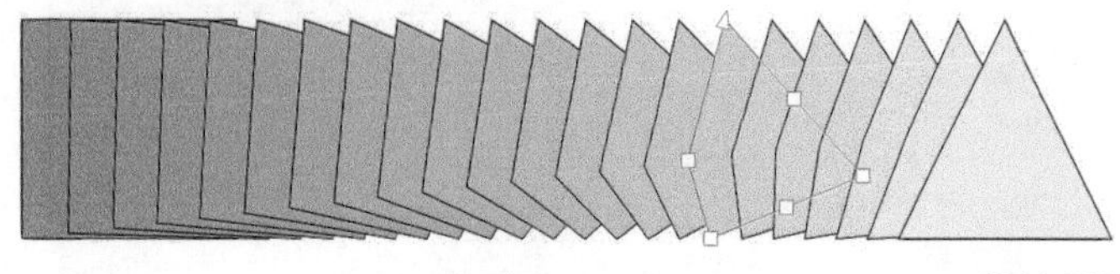
图10-201

清除调和效果

使用“调和”工具选中调和对象，在属性栏中单击“清除调和”按钮，对象的调和效果将被清除。

实战　使用“调和”工具绘制画册封面

实例位置	实例文件 >CH10> 实战：使用“调和”工具绘制画册封面 .cdr
素材位置	无
视频名称	实战：使用“调和”工具绘制画册封面 .mp4
实用指数	★★★★☆
技术掌握	“调和”工具的运用方法

扫码看视频

本案例绘制的画册封面效果如图10-202所示。

图10-202

01 新建文档，使用“常见的形状”工具绘制一个宽度为400mm和一个宽度为500mm的水滴，移动两个水滴水平居中对齐，呈上下交叉状态，如图10-203所示。在属性栏中单击“焊接”按钮，如图10-204所示。使用“平滑”工具将中间交叉部分的锐角曲线转换为圆滑曲线，如图10-205所示。

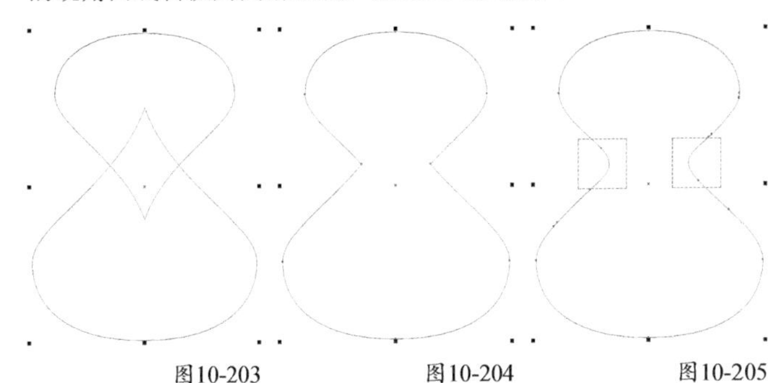

图10-203　　图10-204　　图10-205

02 选中对象，单击“轮廓图”工具，在属性栏中设置“类型”为“内部轮廓”、“轮廓图步长”为1、“轮廓图偏移”为50mm，如图10-206所示。拆分轮廓图，选中两个拆分后的对象，在属性栏中单击“合并”按钮，生成新对象。打开“编辑填充”对话框，设置“填充”类型为“渐变填充”、“调和过渡”类型为“线性渐变填充”，设置渐变色位置0的颜色为深紫色（C:100，M:100，Y:0，K:0），设置位置46的颜色为红色（C:0，M:100，Y:46，K:0），设置位置100的颜色为黄色（C:0，M:0，Y:100，K:0），设置旋转角度为25°，如图10-207所示，效果如图10-208所示。

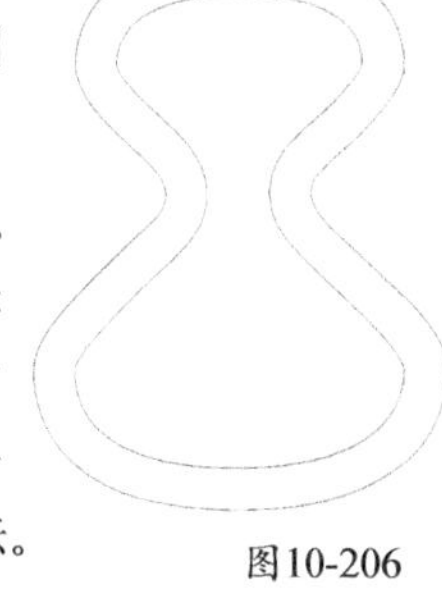

图10-206

03 参照步骤1，在对象中间绘制一个类似形状的闭合曲线。选中该对象，执行“编辑>复制属性自”菜单命令，复制带状对象的渐变填充属性。在属性栏中分别单击“水平镜像”和“垂直镜像”按钮，如图10-209所示。

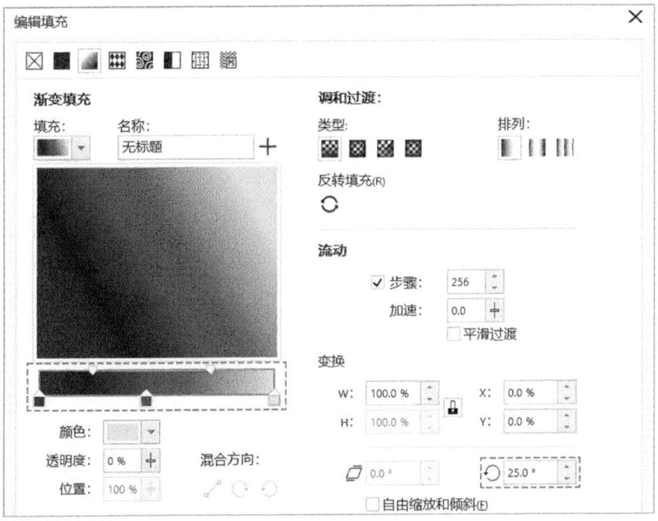

图10-207

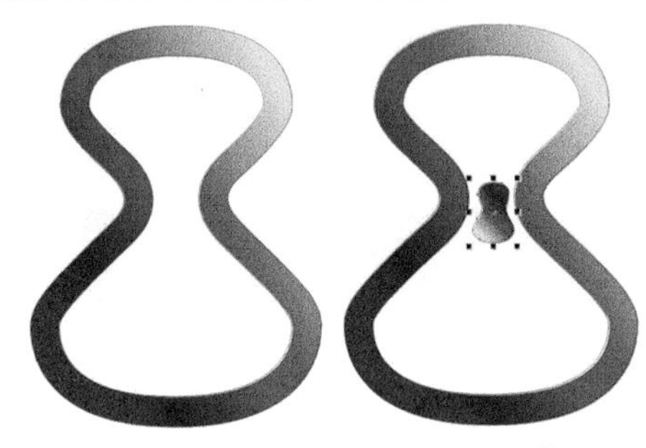

图10-208　　图10-209

04 单击“调和”按钮，在两个对象之间拖曳鼠标左键绘制调和渐变效果，如图10-210所示。在属性栏中设置“调和对象”的步长为15，然后选中中间的起始对象向右上角移动适当距离，如图10-211所示。使用“形状”工具调整起始对象的外形，使调和渐变效果更柔和，如图10-212所示。

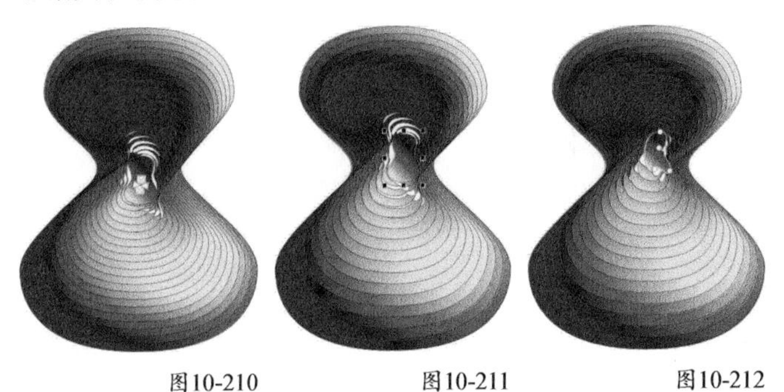

图10-210　　图10-211　　图10-212

05 绘制一个宽度为420mm、高度为285mm的矩形。选中调和对象，执行“对象>PowerClip>置于图文框内部”菜单命令，当鼠标指针变为箭头形状时，移动至矩形内单击，完成调和对象的置入，如图10-213所示。选中矩形，在工作区左上角的浮动工具栏中单击“编辑”按钮，进入图文框内部，如图10-214所示，旋转并放大调和对象。在工作区左上角的浮动工具栏中单击“完成”按钮，完成封面背景的绘制，效果如图10-215所示。

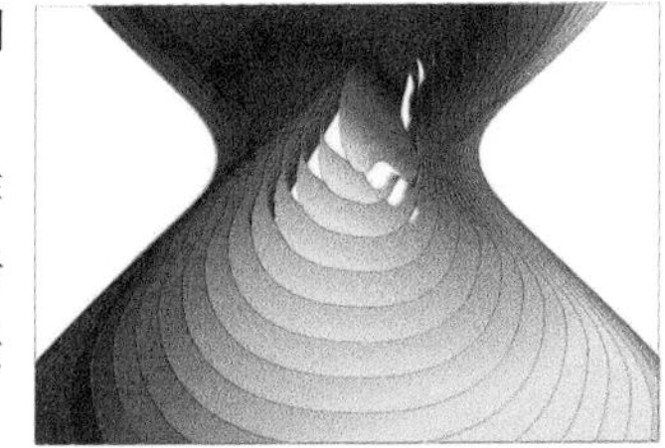

图10-213

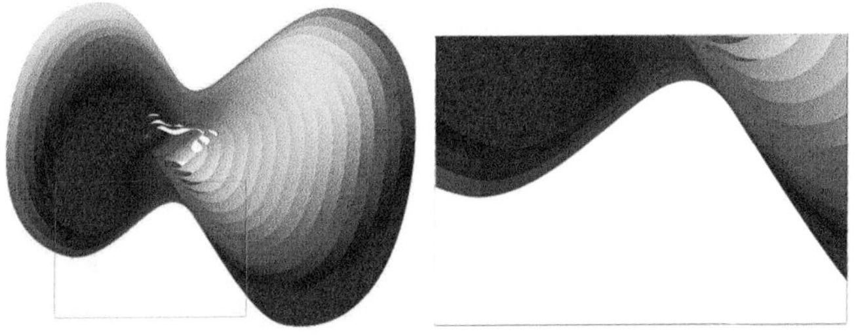

图10-214　　图10-215

06 使用“矩形”工具绘制一个宽度为5mm、高度为285mm的矩形，设置填充色为白色，使其与封面背景中心对齐，如图10-216所示。

07 使用“文本”工具在封面背景上输入“炫彩画册”字样，设置“字体”为“方正粗宋简体”、“大小”为60pt、字体颜色为紫色（C:29，M:100，Y:45，K:0），如图10-217所示。

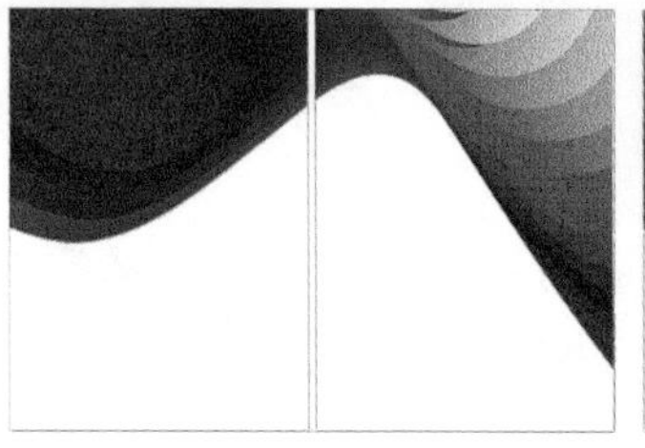

图10-216

图10-217

08 继续使用“文本”工具在封面背景上输入文字，设置“字体”为“方正准圆简体”、“大小”为18pt、字体颜色为紫色（C:29，M:100，Y:45，K:0）。将文字分为两段，并左对齐，如图10-218所示。

09 在封面左侧绘制一个宽度为15mm、高度为35mm的矩形，移除轮廓色，设置填充色为紫色（C:29，M:100，Y:45，K:0），将矩形与封面左侧对齐。使用“文本”工具在矩形的右侧输入文字，设置“字体”为“微软雅黑”、“大小”为12pt，将文本对象与矩形垂直居中对齐，如图10-219所示。

图10-218

图10-219

10 在中间矩形的两侧分别绘制一个宽度为60mm、高度为285mm的矩形，设置左侧矩形的填充色为黑色（C:0，M:0，Y:0，K:100）、右侧矩形的填充色为白色，如图10-220所示。

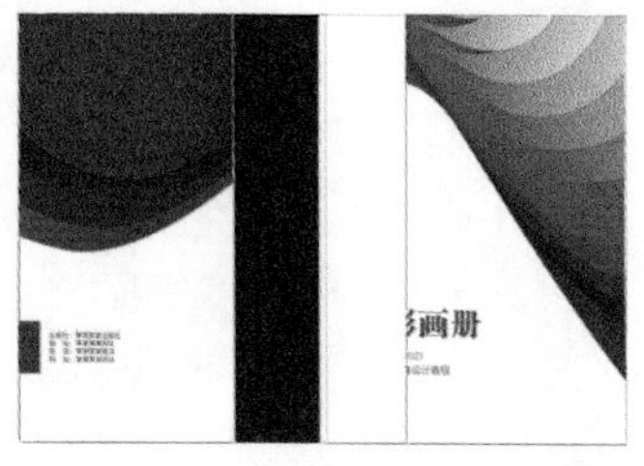

图10-220

11 选中右侧的白色矩形，单击“透明度”工具，向右拖曳绘制透明效果，如图10-221所示。选中左侧的黑色矩形，单击“透明度”工具，向左拖曳绘制透明效果，完成封面光泽的绘制，如图10-222所示。移除中间3个矩形的轮廓色，最终效果如图10-223所示。

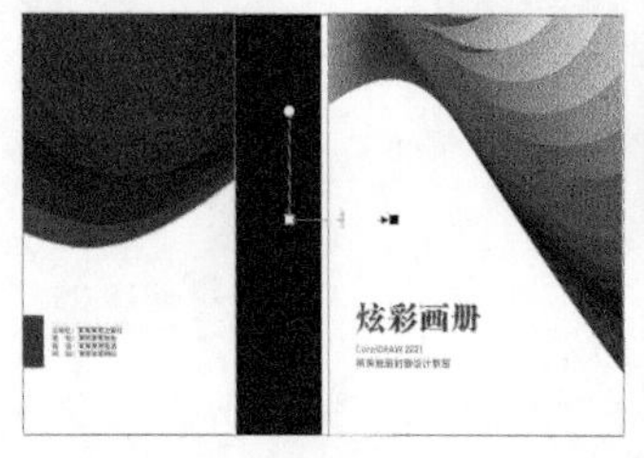

图10-221

图10-222

图10-223

10.4 “变形”工具

使用“变形”工具拖曳图形，将得到不同效果的变形，CorelDRAW中可以应用“推拉变形”“拉链变形”“扭曲变形”3种变形方式来为对象塑形。

10.4.1 推拉变形

“推拉变形”效果可以以拖曳鼠标的方式，推进或者拉出对象的边缘。

绘制一个六边形，如图10-224所示。单击“变形”工具，单击属性栏中的“推拉变形”按钮，在六边形的中心位置，按住鼠标左键在水平方向上拖曳，生成推拉变形控制手柄，松开鼠标即完成创建。

在拖曳创建变形时，向左边拖曳可以使轮廓边缘向中心推进，如图10-225所示；向右边拖曳可以使轮廓边缘由内向外拉出，如图10-226所示。

图10-224

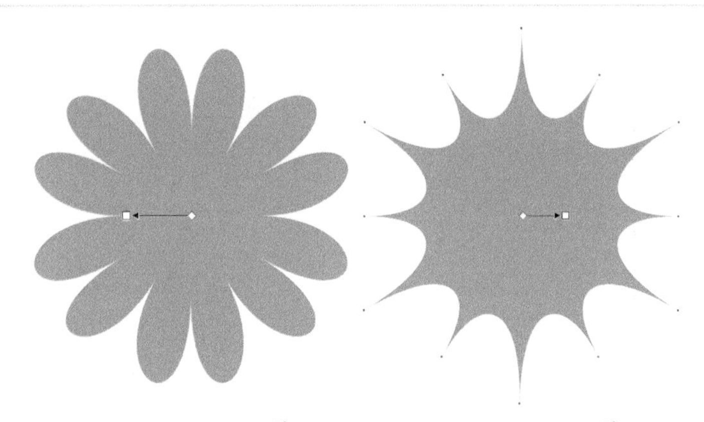

图10-225　　图10-226

技巧与提示

在水平方向移动的距离决定推进和拉出的距离和强度，还可以调整变形控制手柄或者在属性栏的“推拉振幅”中进行设置。

单击“变形”工具，单击属性栏中的“推拉变形”按钮，属性栏转换为推拉变形的相关设置，如图10-227所示。

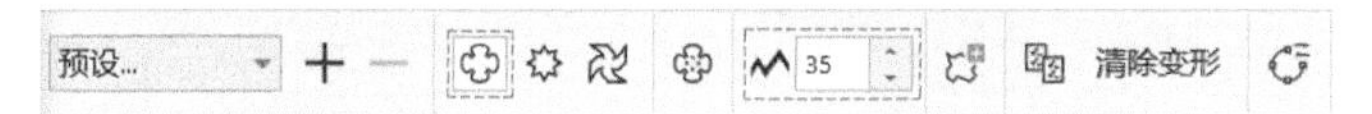

图10-227

“推拉变形”选项介绍

预设：系统提供的预设变形样式，可以在下拉列表中选择预设样式，如图10-228所示。

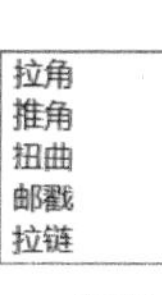

图10-228

推拉变形：单击该按钮可以激活推拉变形效果，同时激活推拉变形的属性设置。

添加新的变形：单击该按钮可以将当前变形的对象转为新对象，然后进行再次变形。

推拉振幅：在后面的文本框中输入数值，可以设置对象推进拉出的强度。输入数值为正数则向外拉出，最大为200；输入数值为负数则向内推进，最小为 -200。

居中变形：单击该按钮可以将变形效果居中放置，如图10-229所示。

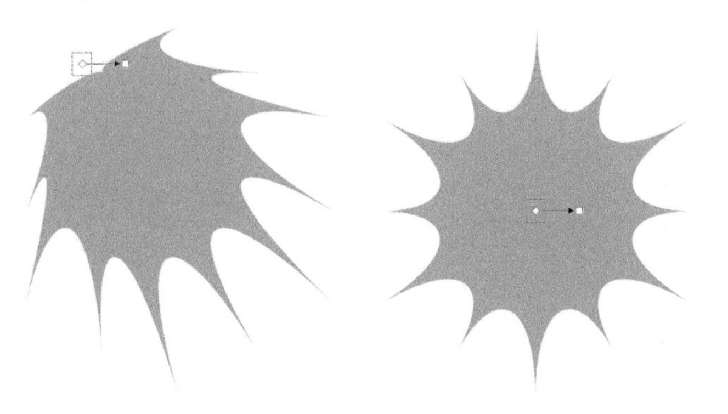

图10-229

10.4.2 拉链变形

“拉链变形”效果可以以拖曳的方式，将锯齿效果应用于对象的边缘。可以通过调整控制手柄上的滑块来增减锯齿的数量。

绘制一个圆，如图10-230所示。单击“变形”工具，单击属性栏中的“拉链变形”按钮。在圆形的中心位置，按住鼠标左键由内向外拖曳，生成“拉链变形”控制手柄，松开鼠标即完成创建，如图10-231所示。

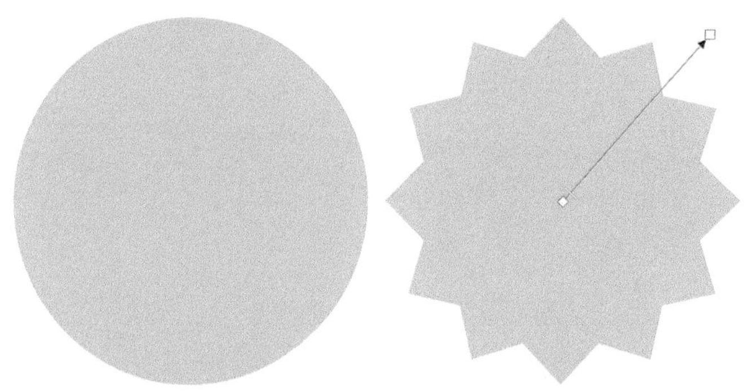

图10-230　　图10-231

调整“拉链变形”控制手柄上的滑块，可以增减锯齿的数量，如图10-232所示。

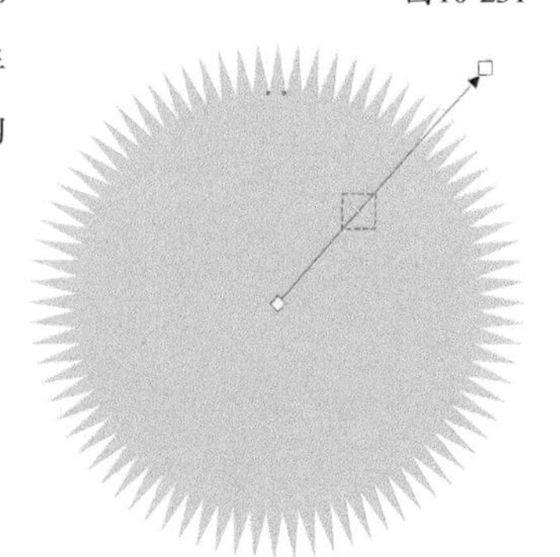

图10-232

可以在不同的位置创建拉链变形，如图10-233所示。也可以在同一对象上多次添加拉链变形的效果，如图10-234所示。

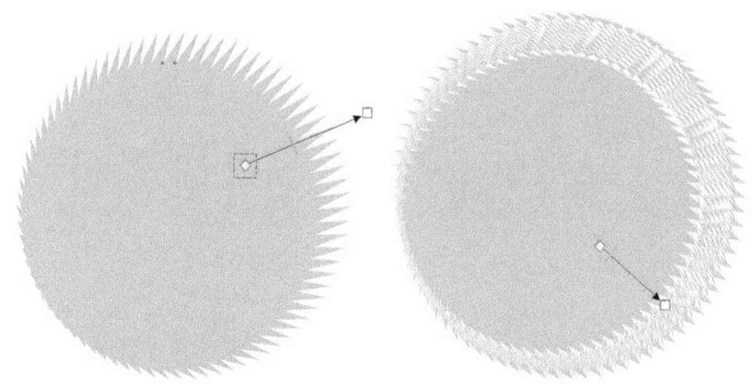

图10-233　　图10-234

单击“变形”工具，单击属性栏中的“拉链变形”按钮，属性栏转换为拉链变形的相关设置，如图10-235所示。

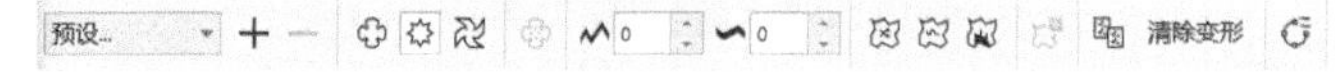

图10-235

"拉链变形"选项介绍

拉链变形：单击该按钮可以激活拉链变形效果，同时激活拉链变形的属性设置。

拉链振幅：用于调节拉链变形中锯齿的高度。

拉链频率：用于调节拉链变形中锯齿的数量。

随机变形：激活该按钮，对象将按系统默认方式随机设置变形效果，如图10-236所示。

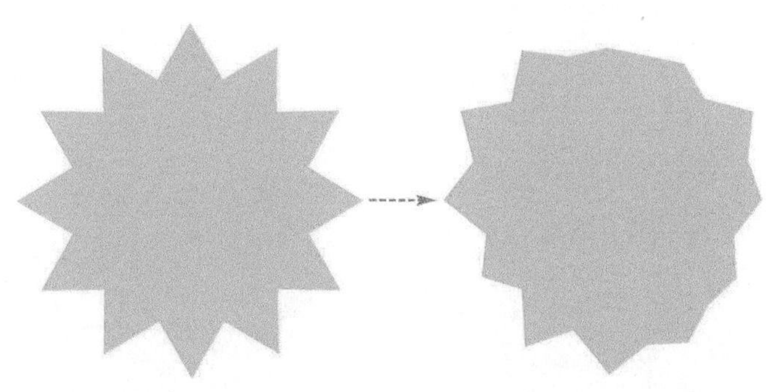

图10-236

平滑变形：激活该按钮，变形对象的节点将做平滑处理，如图10-237所示。

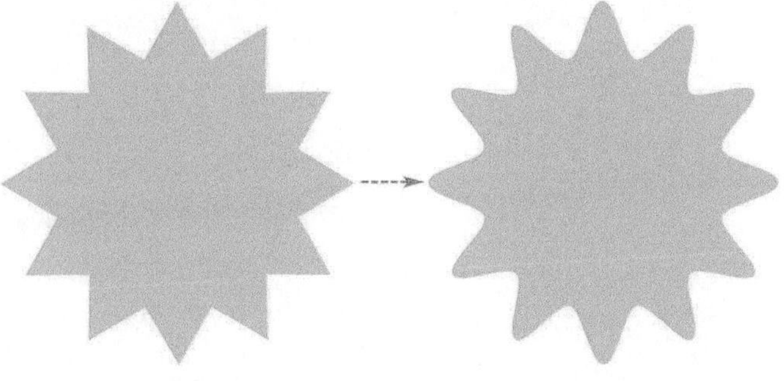

图10-237

局限变形：激活该按钮，可以随着变形的进行，减弱变形的效果，如图10-238所示。

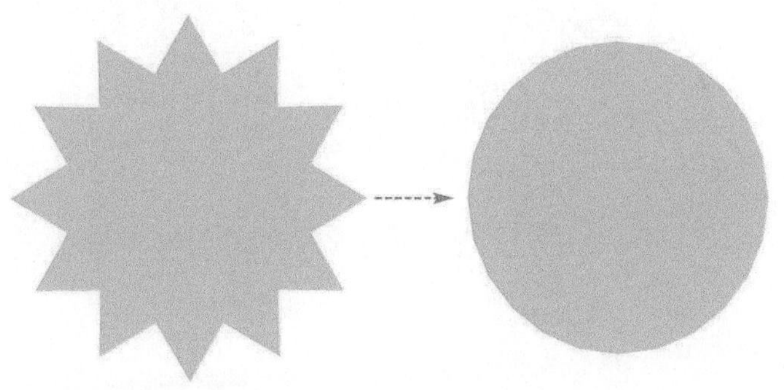

图10-238

> **技巧与提示**
>
> "拉链变形"属性栏中的"随机变形""平滑变形""局限变形"效果可以同时激活使用，也可以分别搭配使用。

10.4.3 扭曲变形

"扭曲变形"可以通过旋转对象来创建漩涡效果，可以设置漩涡的方向、旋转度和旋转量。

绘制一个五角星，单击"变形"工具，单击属性栏中的"扭曲变形"按钮。在五角星中心位置，按住鼠标左键由内向外拖曳，生成"扭曲变形"控制手柄，如图10-239所示。移动鼠标指针绕中心旋转，如图10-240所示，松开鼠标即完成创建，如图10-241所示。

图10-239

图10-240　　图10-241

> **技巧与提示**
>
> 创建"扭曲变形"后，还可以在变形对象上继续添加"扭曲变形"效果。

选择"变形"工具，单击属性栏中的"扭曲变形"按钮，属性栏转换为扭曲变形的相关设置，如图10-242所示。

图10-242

"扭曲变形"选项介绍

扭曲变形：单击该按钮可以激活扭曲变形效果，同时激活扭曲变形的属性设置。

顺时针旋转：激活该按钮，可以使变形对象按顺时针方向进行旋转扭曲。

逆时针旋转：激活该按钮，可以使变形对象按逆时针方向进行旋转扭曲。

完整旋转：在后面的文本框中输入数值，可以设置扭曲变形的完整旋转次数。

附加度数：在后面的文本框中输入数值，可以设置超出完整旋转的度数。

实战 使用“变形”工具绘制海浪插画

实例位置 实例文件>CH10>实战：使用“变形”工具绘制海浪插画.cdr
素材位置 素材文件>CH10>04.cdr、05.cdr、06.cdr
视频名称 实战：使用“变形”工具绘制海浪插画.mp4
实用指数 ★★★☆☆
技术掌握 “变形”工具的运用方法

本案例绘制的插画效果如图10-243所示。

图10-243

01 新建文档，使用“贝赛尔”工具绘制一条长度为200mm的水平线段，如图10-244所示。单击“变形”工具，在属性栏中设置“类型”为“拉链变形”、“拉链振幅”为20、“拉链频率”为10、“变形效果”为“平滑变形”，如图10-245所示，效果如图10-246所示。

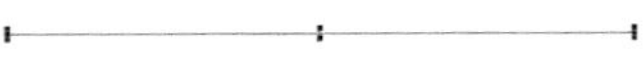

图10-244　图10-245

图10-246

02 在该对象下方15mm的位置绘制一条长度为200mm的线段。选中这两个对象，在属性栏中单击“合并”按钮，如图10-247所示。

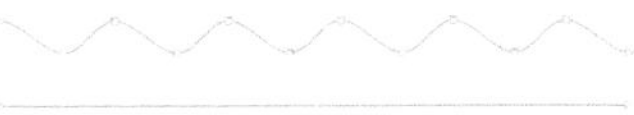

图10-247

03 使用“形状”工具框选左侧的两个节点，单击属性栏中的“延长曲线使之闭合”按钮，闭合左侧节点。使用同样的方法闭合右侧的两个节点，如图10-248所示。然后设置该对象的填充色为深蓝色（R:30，G:104，B:165），如图10-249所示。

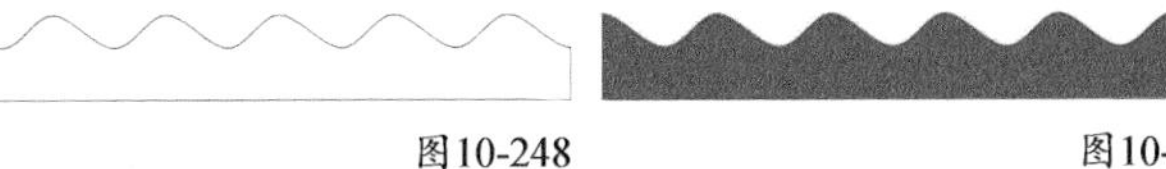

图10-248　图10-249

04 选中该对象，垂直向下复制4个，间距为11mm，如图10-250所示。从上至下设置第2~5层的波浪填充色为浅蓝色（R:66，G:146，B:207）、浅蓝色（R:107，G:184，B:230）、蓝色（R:132，G:203，B:235）和深蓝色（R:155，G:225，B:249），完成5层波浪的绘制，如图10-251所示。

图10-250

图10-251

05 绘制一个边长为200mm的正方形，置于底层，与波浪对象底部居中对齐。然后导入“素材文件>CH10>04.cdr”文件，将游船置于第一层海浪的上一层，如图10-252所示。

图10-252

06 导入“素材文件>CH10>05.cdr”文件，分别将皮球和救生圈置于第4层海浪和第3层海浪的上一层，如图10-253所示。

图10-253

07 导入“素材文件>CH10>06.cdr”文件，将白云置于背景的上部区域，如图10-254所示。移除海浪的轮廓色，最终效果如图10-255所示。

图10-254

图10-255

10.5 “封套”工具

“封套”工具通过将封套应用于对象（包括线条、美术字、段落文本框和位图）来为对象塑形。封套由多个节点组成，通过移动节点为封套造型，从而改变对象的形状。

10.5.1 创建封套

使用“封套”工具单击对象，对象边缘自动生成一个封套框，如图10-256所示。按住鼠标左键拖曳封套控制节点来改变对象形状，如图10-257所示。

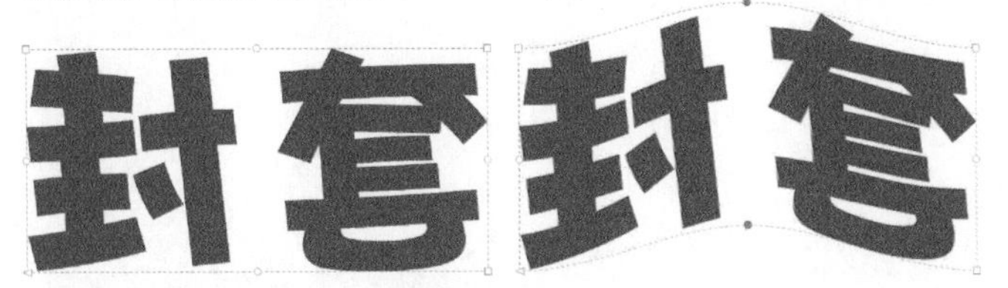

图10-256　图10-257

在使用“封套”工具创建造型时，可以根据需要选择相应的封套模式，CorelDRAW提供了“直线模式”“单弧模式”“双弧模式”封套模式。

10.5.2 封套参数设置

单击“封套”工具，可以在属性栏中进行设置，也可以在“封套”泊坞窗中进行设置。

“封套”工具的属性栏如图10-258所示。

图10-258

“封套”选项介绍

预设：系统提供的预设变形样式，可以在下拉列表中选择预设样式，如图10-259所示。

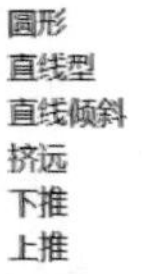

圆形
直线型
直线倾斜
挤远
下推
上推

图10-259

选取模式：用于切换选取框的类型。在下拉列表中包括“矩形”和“手绘”两种选取模式。

直线模式：激活该按钮，基于直线创建封套，为对象添加透视点，如图10-260所示。

图10-260

单弧模式：激活该按钮，创建弧形的封套，使对象为凹面结构或凸面结构外观，如图10-261所示。

双弧模式：激活该按钮，创建S形的封套，如图10-262所示。

图10-261 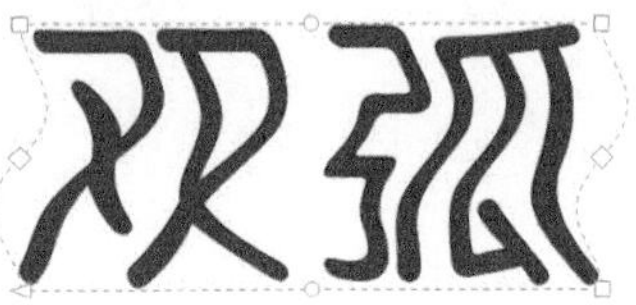　图10-262

非强制模式：激活该按钮，允许创建任意形式的封套，允许改变节点的属性，以及添加和删除节点，如图10-263所示。

图10-263

添加新封套：对象在使用封套变形后，单击该按钮可以为其添加新的封套，如图10-264所示。

图10-264

映射模式：选择封套中对象的变形方式。可在后面的下拉列表中选择模式，如图10-265所示。

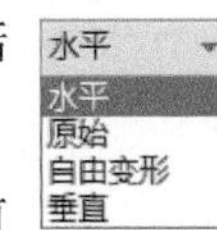

图10-265

保留线条：激活该按钮，在应用封套变形时直线不会变为曲线，如图10-266所示。

创建封套自：根据其他对象的形状创建封套。单击该按钮，当鼠标指针变为箭头时，在其他对象上单击，可以将对象形状应用到封套中，如图10-267所示。

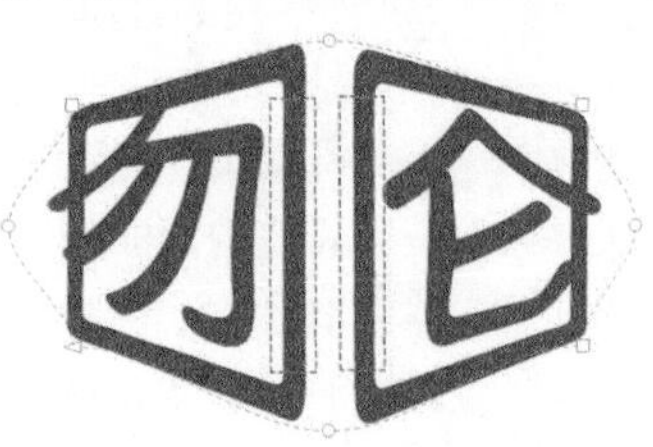

图10-266

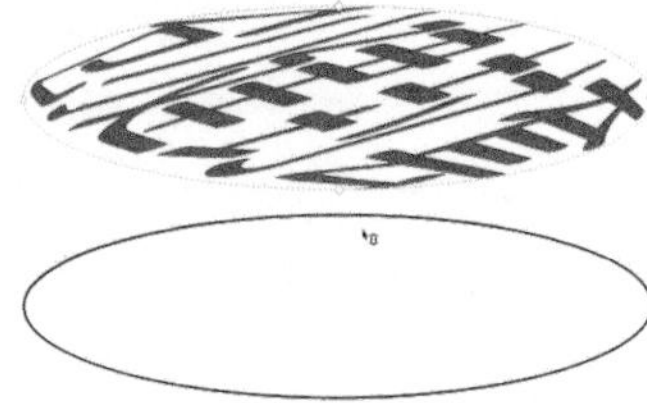

图10-267

执行“效果>封套”菜单命令，打开“封套”泊坞窗，如图10-268所示。在“选择预设”中选择所需的图形即可创建相应的封套样式，如图10-269所示。

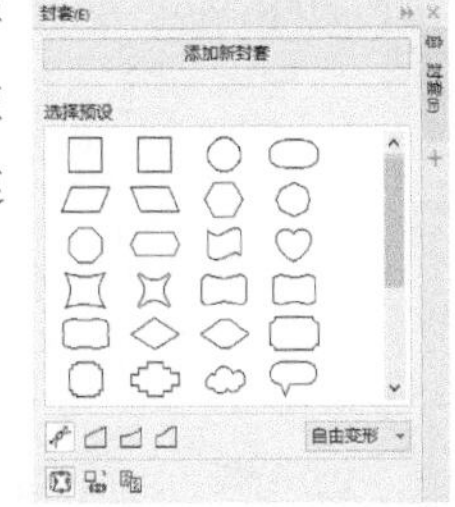

图10-268

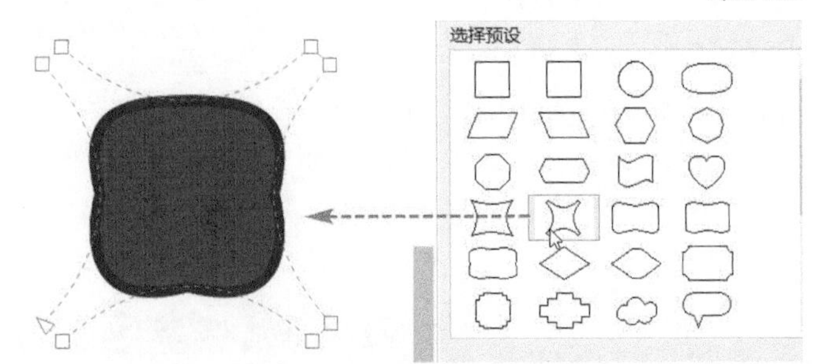

图10-269

实战 使用“封套”工具绘制购物节海报

实例位置 实例文件>CH10>实战：使用“封套”工具绘制购物节海报.cdr
素材位置 素材文件>CH10>07.jpg
视频名称 实战：使用“封套”工具绘制购物节海报.mp4
实用指数 ★★★★☆
技术掌握 “封套”工具的运用方法

扫码看视频

本案例绘制的促销海报效果如图10-270所示。

图10-270

01 新建文档，导入“素材文件>CH10>07.jpg”文件，调整该对象的宽度为300mm、高度为420mm。使用“文本”工具输入文字，设置“字体”为“方正正大黑简体”、“大小”为75pt，如图10-271所示。

图10-271

02 选中文字对象，按快捷键Ctrl+K分段文字。调整“618”对象的“大小”为345pt，“年中大促”的“字体大小”为169pt，中心对齐底图背景，如图10-272所示。

图10-272

03 选中618文本对象，单击“封套”工具，删除封套上的4个圆形节点，如图10-273所示。然后选中剩下的4个方形节点，在属性栏中单击“转换为线条”按钮，如图10-274所示。调整节点位置，如图10-275所示。

图10-273

图10-274

图10-275

04 参照步骤3，使用“封套”工具调整“年终大促”文本对象的形状，如图10-276所示。

图10-276

05 选中618文本对象，使用“交互式填充”工具绘制椭圆形渐变填充效果，设置渐变色位置0的颜色为白色，设置位置100的颜色为灰色（C:0，M:0，Y:0，K:10），调整控制手柄的形状如图10-277所示。将该对象的渐变填充属性复制到“年终大促”文本对象上，如图10-278所示。

图10-277

图10-278

06 选中618文本对象，单击“阴影”工具，在预设样式中选择“透视左上”选项，如图10-279所示。选中“年中大促”文本对象，单击“阴影”工具，按住鼠标左键向左下角拖曳绘制阴影，然后在属性栏中设置“阴影透明度”为22、“阴影羽化”为2，如图10-280所示。

图10-279

图10-280

07 选中618文本对象的阴影，按快捷键Ctrl+K拆分阴影，选中拆分后的阴影，适当调整大小和斜切角度，使文字与阴影效果相互匹配，如图10-281所示。

图10-281

08 在背景上输入宣传文字，设置“字体”为“方正剪纸简体”，如图10-282所示。按住鼠标左键拖曳选中“你想要的精选好货”字样，设置“字体大小”为28pt；选中“都在这里”字样，设置“字体大小”为48pt。在属性栏中单击“文本对齐”按钮，在下拉列表中选择“中”对齐，如图10-283所示。

图10-282

图10-283

09 参照步骤3，使用“封套”工具调整文字对象形状，设置该对象的填充色为白色，如图10-284所示。选中除背景外的所有对象，向左平移5mm，如图10-285所示。

图10-284

图10-285

10 使用“2点线”工具沿618对象的上部绘制一条线段，设置该线段的“轮廓宽度”为1mm、“轮廓色”为白色，如图10-286所示。按照此方法，沿着文本对象“年中大促”的两边绘制线段，增强立体感，最终效果如图10-287所示。

图10-286

图10-287

★ 重点 ★

10.6 “立体化”工具

“立体化”工具通过投射对象上的点并将它们连接起来，使对象具有三维效果，可以为线条、图形、文字等对象添加立体效果。三维立体效果广泛应用于Logo设计、包装设计、景观设计和插画设计等领域。

10.6.1 创建立体效果

选中“立体化”工具，将鼠标指针移动到对象中心，按住鼠标左键拖曳，如图10-288所示。松开鼠标即创建立体效果，如图10-289所示。可以控制手柄改变立体效果，如图10-290所示。

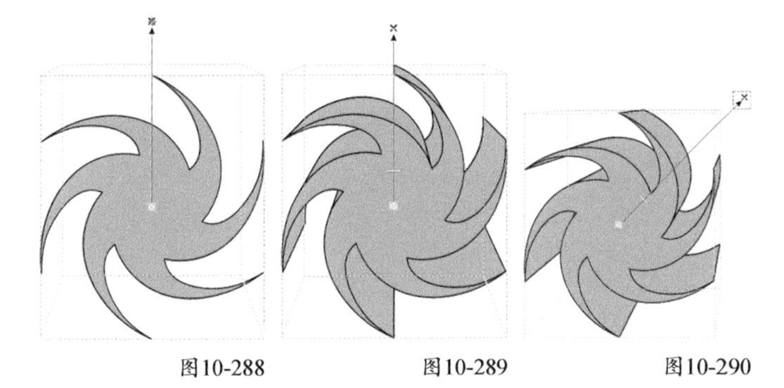

图10-288 图10-289 图10-290

10.6.2 立体参数设置

在创建立体效果后，可以在属性栏中设置参数，也可以执行“效果>立体化”菜单命令，在打开的“立体化”泊坞窗中设置参数。

“立体化”工具的属性栏如图10-291所示。

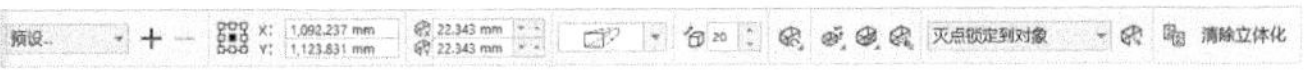

图10-291

“立体化”工具选项介绍

预设：系统提供的预设变形样式，可以在下拉列表中选择预设样式，如图10-292所示。

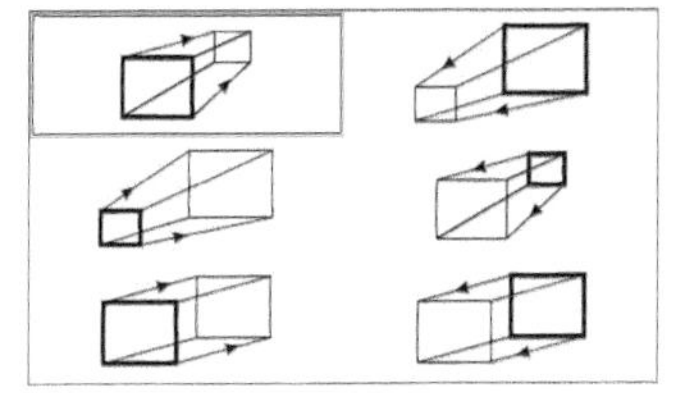

图10-292

立体化类型：可以在下拉列表中选择相应的立体化类型应用到选定对象上，如图10-293所示。

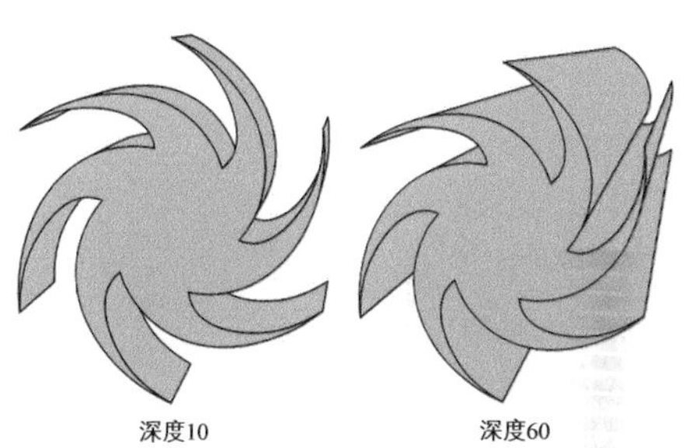

图10-293

深度：在后面的文本框中输入数值，可以调整立体效果的进深程度。数值范围为1~99，数值越大，进深越深，如图10-294所示。

深度10 深度60

图10-294

立体化旋转：单击该按钮，在弹出的面板中将鼠标指针移动到红色“3”上，按住鼠标左键拖曳，可以调节立体对象的透视角度，如图10-295所示。

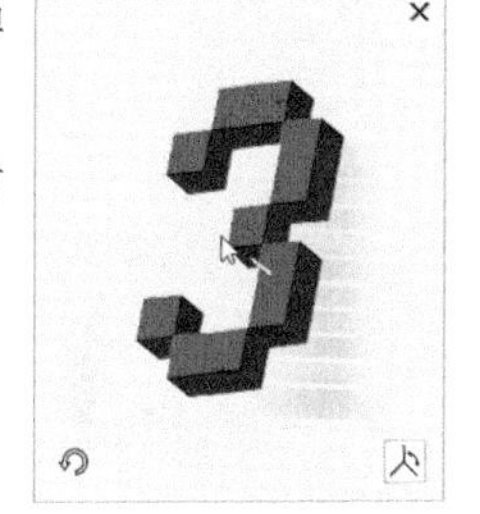

图10-295

立体化颜色：单击该按钮，可在弹出的面板中选择立体效果的颜色模式，如图10-296所示。

图10-296

使用对象填充：激活该按钮，可将当前对象的填充色应用到整个立体对象上，如图10-297所示。

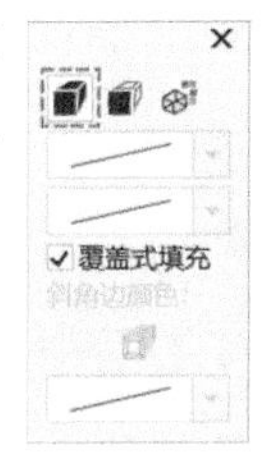

图10-297

技巧与提示

在使用“立体化”工具时，移除源对象的轮廓，立体效果不显示轮廓，如图10-298所示；若源对象添加了轮廓，则立体效果显示轮廓，如图10-299所示。

图10-298　　图10-299

使用纯色：激活该按钮，可以在下面的颜色选项中选择需要的颜色填充到立体效果上，如图10-300所示。

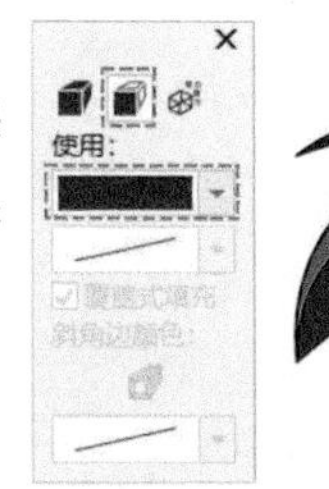

图10-300

使用递减的颜色：激活该按钮，可以在下面的颜色选项中选择需要的颜色，以渐变形式填充到立体效果上，如图10-301所示。

图10-301

立体化倾斜：单击该按钮，可在弹出的面板中为对象添加斜边，如图10-302所示。

使用斜角：勾选该选项可以激活“立体化倾斜”面板，设置参数后可显示斜角修饰边。

仅显示斜角：勾选该选项，可以隐藏立体效果，只显示斜角修饰边。

图10-302

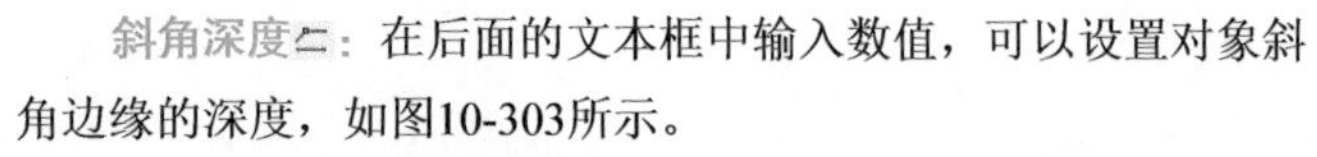

斜角深度：在后面的文本框中输入数值，可以设置对象斜角边缘的深度，如图10-303所示。

斜角角度：在后面的文本框中输入数值，可以设置对象斜角的角度，如图10-304所示。

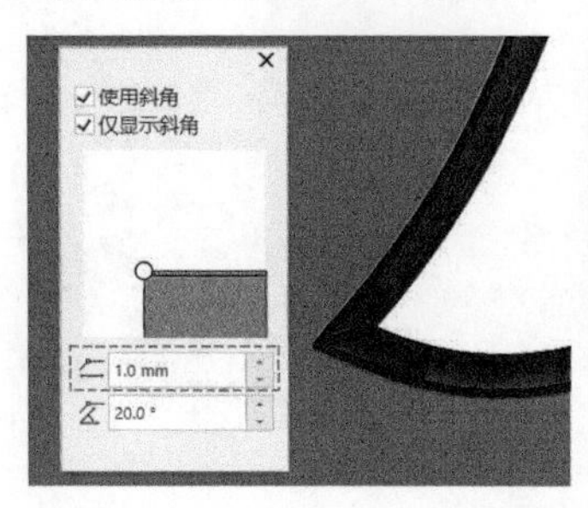

图10-303

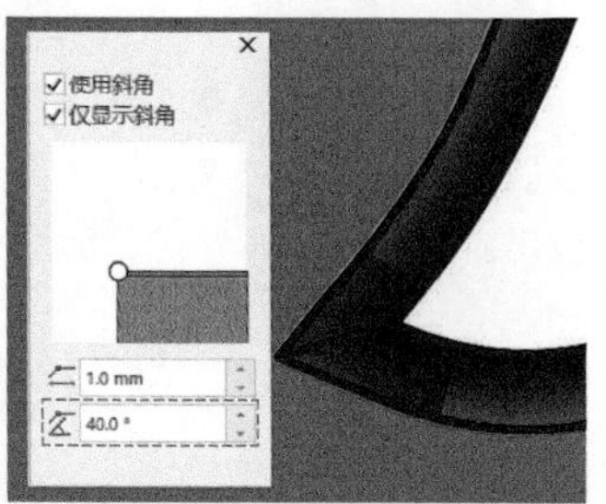

图10-304

立体化照明：单击该按钮，在弹出的面板中可以为立体对象添加照明效果，使立体效果更明显，如图10-305所示。

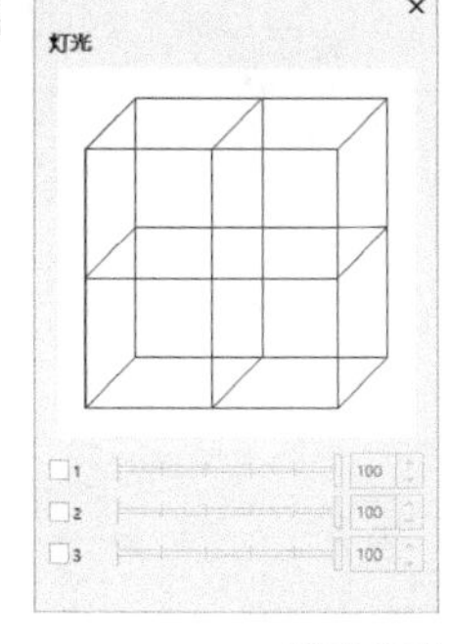

图10-305

添加/删除光源：勾选/取消勾选数字前的复选框，可以添加/删除光源，如图10-306所示，最多可以添加3个光源。

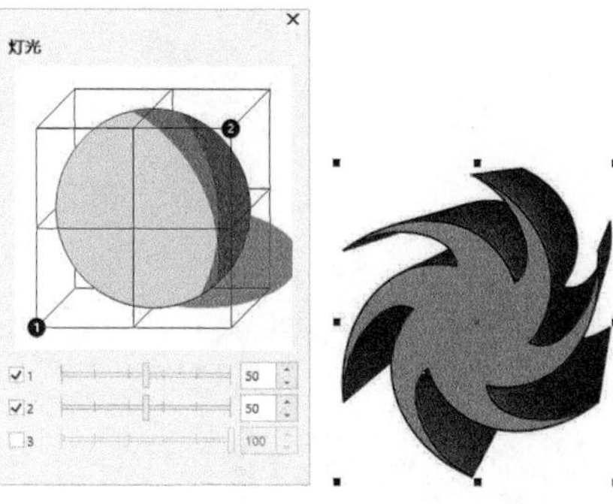

图10-306

强度：可以移动滑块设置光源的强度，如图10-307所示。

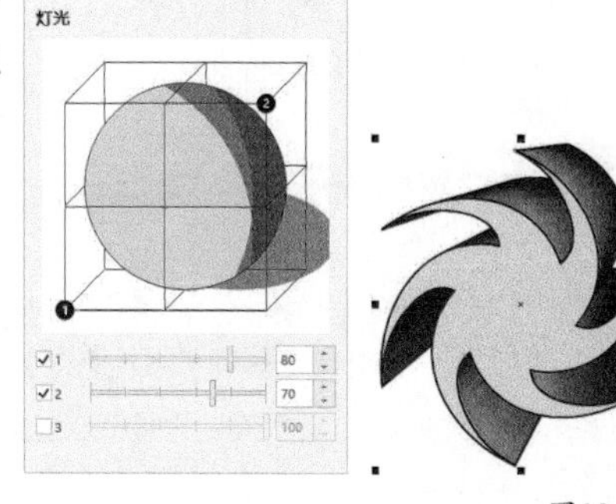

图10-307

灭点属性：在下拉列表中选择相应的选项，可以更改对象灭点的属性，包括“灭点锁定到对象”“灭点锁定到页面”“复制灭点，自…”“共享灭点”4个选项，如图10-308所示。

灭点锁定到对象
灭点锁定到页面
复制灭点，自...
共享灭点

图10-308

页面或对象灭点：用于将灭点的位置锁定到对象或页面中。

执行“效果>立体化”菜单命令，可以打开“立体化”泊坞窗进行参数设置，如图10-309所示。

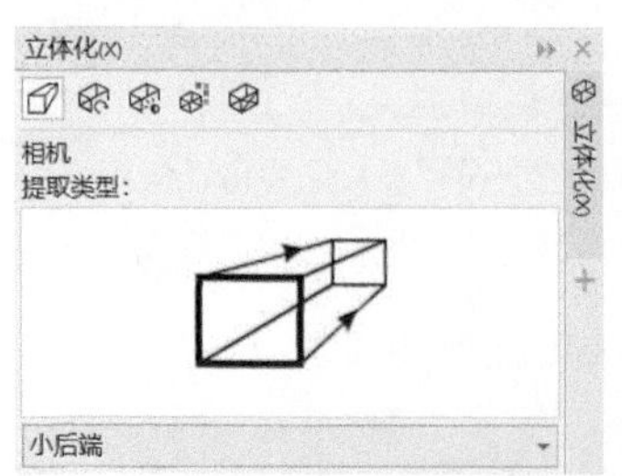

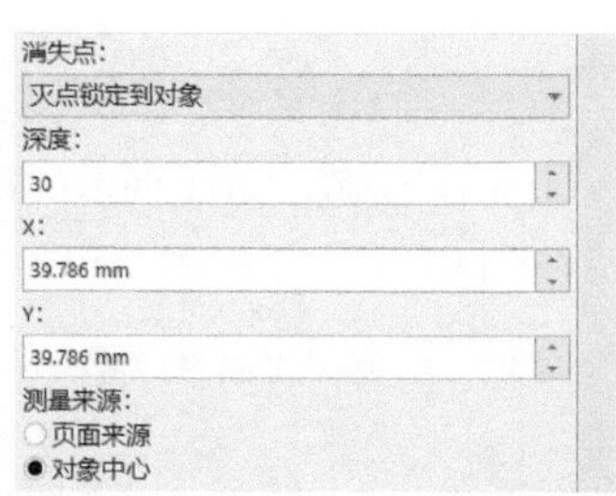

图10-309

“立体化”泊坞窗选项介绍

立体化相机：即“立体化”工具属性栏中的“立体化类型”选项，展开下面的下拉列表，可以选择不同的立体化类型，如图10-310所示。

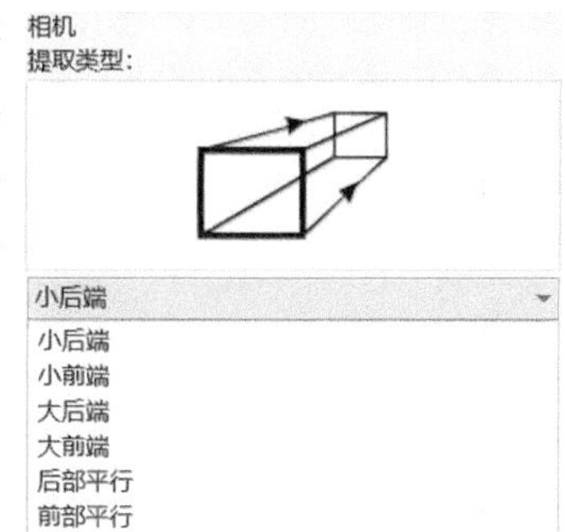

图10-310

> **技巧与提示**
>
> 使用泊坞窗进行参数设置时，可以单击上方的按钮来切换相应的设置面板，参数和属性栏上的参数相同。

10.6.3 立体化编辑

可以使用属性栏和泊坞窗的相关参数选项来进行立体化的编辑。

调整灭点位置和深度

调整灭点位置和深度有以下3种方法。

第1种：选中立体化对象，单击“立体化”工具，显示立体化控制手柄，如图10-311所示。控制手柄的终止点即为灭点，选中灭点，按住鼠标左键拖曳可调整灭点位置，如图10-312所示。选中控制手柄滑块，按住鼠标左键拖曳可调整进深，如图10-313所示。

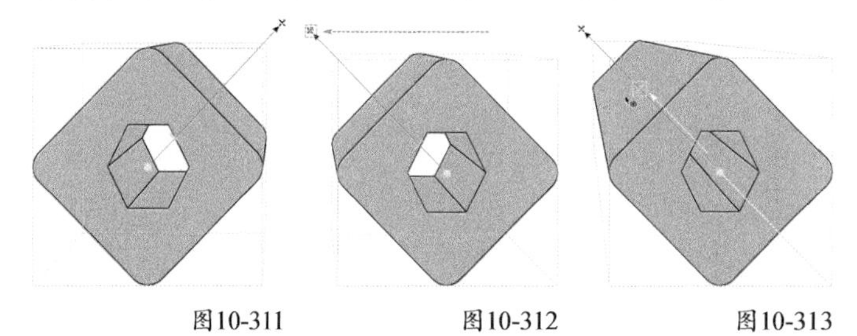

图10-311　　图10-312　　图10-313

第2种：选中立体化对象，然后在“立体化”泊坞窗中选择“立体化相机”图标，在“深度”文本框中输入数值即可调整立体化深度，在X、Y文本框中输入数值可调整灭点位置，如图10-314所示。

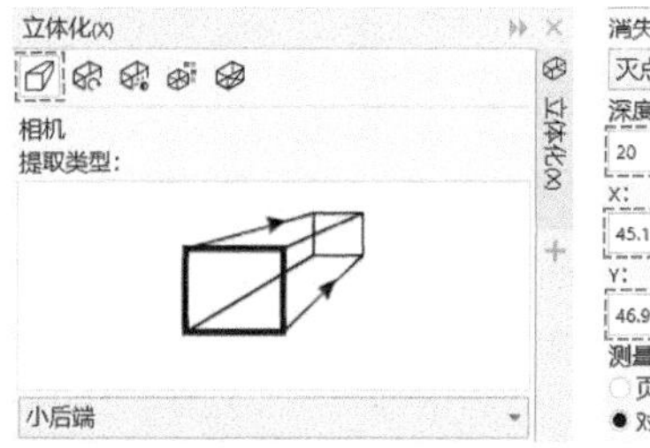

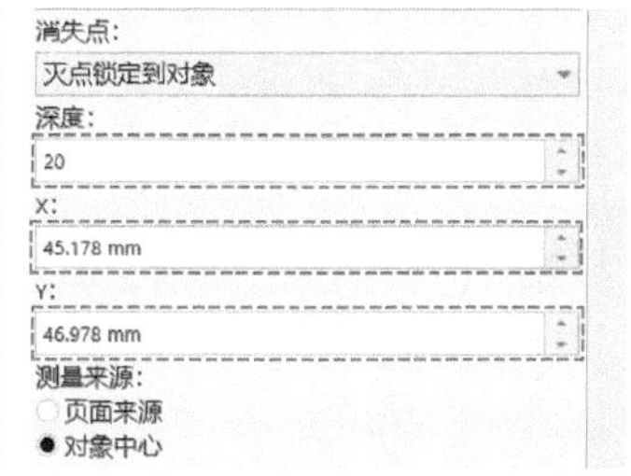

图10-314

> **技巧与提示**
>
> “页面来源”指“灭点”在页面中的绝对位置，“对象中心”指以对象中心为基准的相对位置。

第3种：选中立体化对象，然后在属性栏中“深度”后面的文本框中输入进深数值，可以调整立体化的深度；在“灭点坐标”后相应的x轴和y轴上输入数值，可以调整立体化对象的灭点位置，如图10-315所示。

图10-315

旋转立体效果

选中立体化对象，在属性栏中单击“立体化旋转”按钮，或者在“立体化”泊坞窗中激活“立体化旋转”面板。按住鼠标左键拖曳立体效果，对象的立体化图形随之调整，如图10-316所示。如果对旋转效果不满意，可以单击“重置”按钮移除旋转效果。

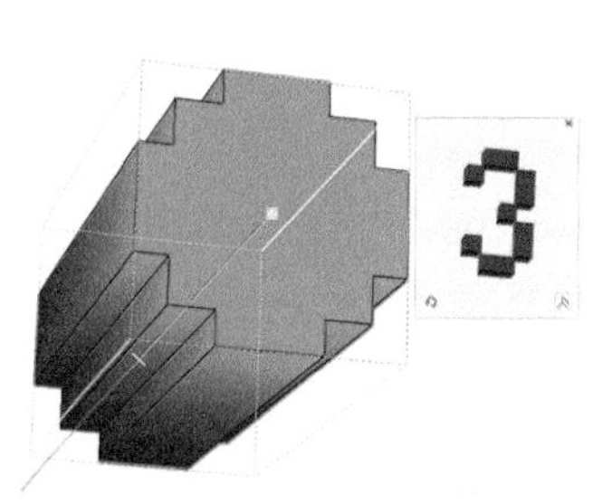

图10-316

实战 使用“立体化”工具绘制抢购图标

实例位置　实例文件>CH10>实战：使用“立体化”工具绘制抢购图标.cdr
素材位置　素材文件>CH10>08.cdr、09.jpg
视频名称　实战：使用“立体化”工具绘制抢购图标.mp4
实用指数　★★★★☆
技术掌握　“立体化”工具的使用方法

扫码看视频

本案例绘制的图标效果如图10-317所示。

图10-317

01 新建文档，导入“素材文件>CH10>08.cdr”文件，如图10-318所示。按+键复制一个对象，单击“立体化”工具，按住鼠标左键向右下角拖曳绘制立体效果，如图10-319所示。在“立体化”泊坞窗中设置“灭点坐标”X为0.5mm、Y为－0.5mm，“立体化相机”类型为“后部平行”，如图10-320所示。在“立体化”颜色面板中，选中“纯色填充”选项，设置颜色为灰色（C:0，M:0，Y:0，K:20），如图10-321所示，效果如图10-322所示。将顶层的灰色立体化对象置于底层，如图10-323所示。

图10-318

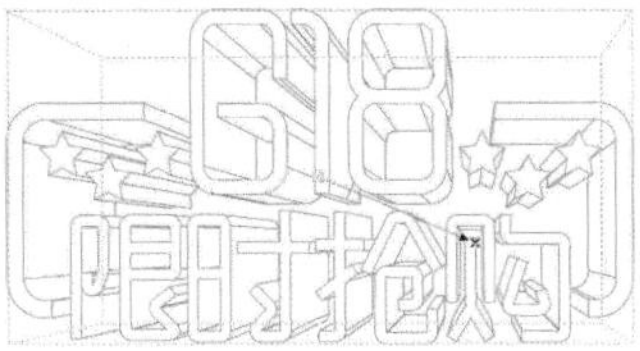

图10-319

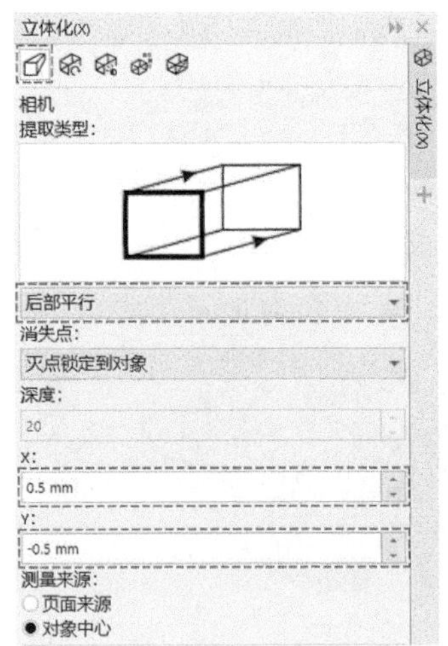

图10-320

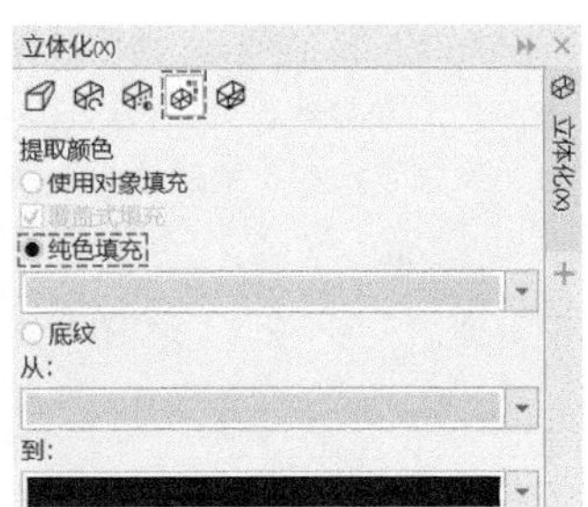

图10-321

图10-322

图10-323

02 选中顶层的白色图标对象，按+键复制一个。参照步骤1绘制一个“灭点坐标”X为2.0mm、Y为－2.0mm，“立体化相机”类型为“后部平行”的立体化对象，设置该对象的“立体化填充”为“底纹”，颜色为从洋红色（C:0，M:100，Y:0，K:0）到深洋红色（C:0，M:100，Y:0，K:20）的渐变，如图10-324所示，将其置于底层，效果如图10-325所示。

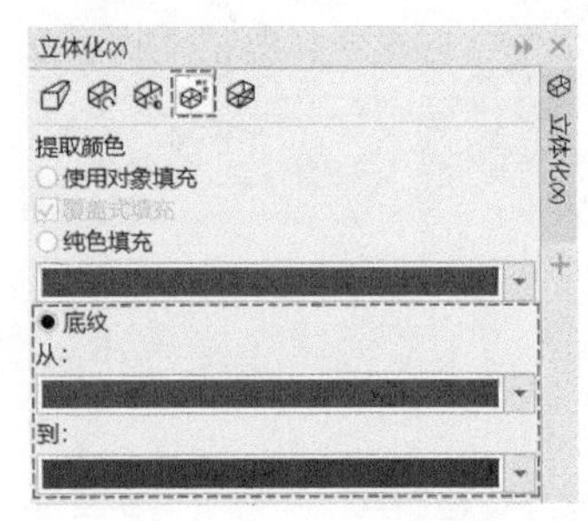

图10-324

图10-325

03 复制一个顶层的图标对象到页面空白处，单击“轮廓图”工具，在属性栏中设置“类型”为“外部轮廓”、“轮廓图步长”为1、“轮廓图间距”为1.3mm、“轮廓图角”为“圆角”，效果如图10-326所示。选中该轮廓图对象，按快捷键Ctrl+K拆分轮廓图，删除上层的原始对象，只保留下层的加宽对象，移除轮廓色，如图10-327所示。接着使用“交互式填充”工具绘制垂直方向的线性渐变填充效果，设置渐变色位置0的颜色为深蓝色（C:100，M:98，Y:46，K:2），设置位置40的颜色为蓝色（C:96，M:67，Y:0，K:0），设置位置80的颜色为蓝色（C:75，M:22，Y:0，K:0），设置位置100的颜色为蓝色（C:81，M:34，Y:0，K:0），再设置旋转角度为－90°，效果如图10-328所示。

图10-326

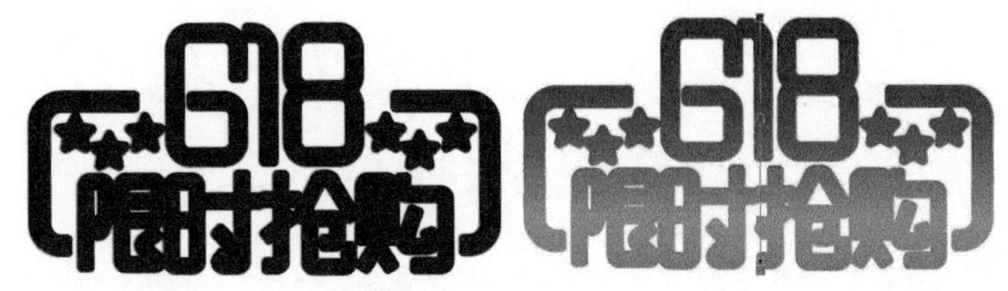

图10-327　　图10-328

04 选中该对象，使用“立体化”工具绘制一个“灭点坐标”X为3.0mm、Y为－3.0mm，“立体化相机”类型为“后部平行”的立体化对象，设置该对象的“立体化填充”为“底纹”，颜色为从深蓝色（C:100，M:96，Y:42，K:2）到蓝色（C:77，M:25，Y:0，K:0）的渐变，然后将其置于底层，如图10-329所示。

图10-329

05 选中步骤2绘制的对象，按快捷键Ctrl+G组合对象。将该组合对象与刚才绘制的蓝色立体化对象中心对齐，如图10-330所示。在属性栏中设置“微调距离”为1mm，选中上层的组合对象，按←键和↑键各一次，然后选中所有对象并组合，如图10-331所示。

图10-330　　图10-331

06 参照步骤3，绘制一个“轮廓图间距”为3mm的对象，如图10-332所示。拆分轮廓图，删除原始对象，保留加宽的对象，移除轮廓色。然后使用“交互式填充”工具绘制水平方向的线性渐变填充效果，设置渐变色位置0的颜色为紫色（C:44，M:100，Y:0，K:0），设置位置100的颜色为深紫色（C:100，M:98，Y:46，K:0），如图10-333所示。

图10-332　　图10-333

07 选中上一步的加宽对象，按+键复制一个，参照步骤1绘制一个“灭点坐标”X为1.0mm、Y为－1.0mm，“立体化相机”类型为“后部平行”的立体化对象，设置该对象的“立体化填充”为“纯色填充”，颜色为紫色（C:20，M:80，Y:0，K:20），并将其置于底层，如图10-334所示。

08 继续参照上述步骤，绘制一个“灭点坐标”X为2.0mm、Y为－2.0mm，“立体化相机”类型为“后部平行”的立体化对象，设置该对象的“立体化填充”为“纯色填充”，颜色为深紫色（C:100，M:100，Y:0，K:0），并将其置于底层，如图10-335所示。

图10-334　　图10-335

09 参照上述步骤，绘制一个“灭点坐标”X为5.0mm、Y为-5.0mm，“立体化相机”类型为“后部平行”的立体化对象，设置该对象的“立体化填充”为“底纹”，颜色为从深蓝色（C:100，M:96，Y:42，K:2）到蓝色（C:77，M:25 ，Y:0，K:0）的渐变，并将其置于底层，如图10-336所示。

10 选中顶层的渐变填充对象，设置该对象的轮廓色为白色、轮廓宽度为1.5pt、“位置”为“外部轮廓”，如图10-337所示。

图10-336　　图10-337

11 将绘制的组合对象与该渐变填充对象中心对齐，如图10-338所示。然后在属性栏中设置“微调距离”为1mm，选中上层的组合对象，按←键和↑键各两次，选中所有对象并组合，如图10-339所示。

图10-338　　图10-339

12 导入“素材文件>CH10>09.jpg”文件，使用“形状”工具将该图片裁切为宽度为215mm、高度为120mm的背景，并将其置于底层，如图10-340所示。将图标对象与背景中心对齐，使用“阴影”工具绘制图标的阴影，在属性栏中设置“阴影颜色”为白色、“合并模式”为“常规”，最终效果如图10-341所示。

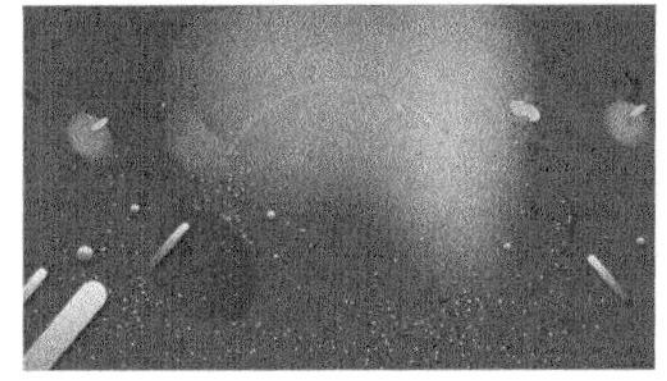

图10-340　　图10-341

10.7 “块阴影”工具

“块阴影”工具可以将纯色阴影添加到对象和文本中，“块阴影”和阴影及立体化不同，它由简单的线条构成，常运用于屏幕打印和标牌制作中。

10.7.1 创建块阴影

选中“块阴影”工具，将鼠标指针移动到对象中心，按住鼠标左键拖曳，如图10-342所示。松开鼠标即可创建块阴影效果，如图10-343所示。可以移动“块阴影”工具控制手柄改变块阴影效果，如图10-344所示。

图10-342　　图10-343　　图10-344

10.7.2 块阴影参数设置

创建块阴影效果后，可以在属性栏中设置参数。

“块阴影”工具的属性栏如图10-345所示。

图10-345

“块阴影”工具选项介绍

深度：用于调整块阴影的深度，可以在后面的文本框中输入深度数值。

定向：用于设置块阴影的角度，可以在后面的文本框中输入角度数值。

块阴影颜色：可以在后面的选色器中设置块阴影的颜色，如图10-346所示。

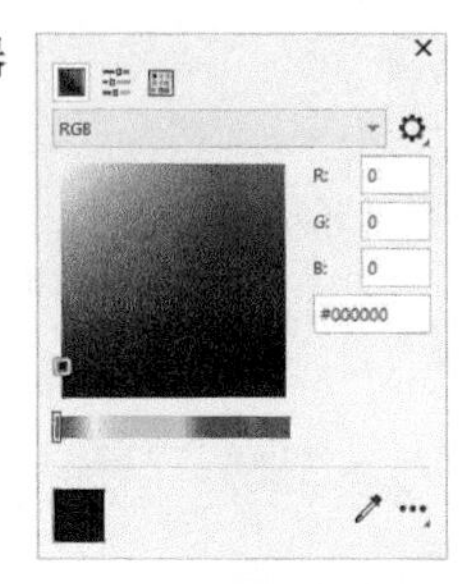

图10-346

叠印块阴影：激活该按钮，可设置块阴影在底层对象之上打印。

简化：激活该按钮，将修剪块阴影与对象之间的叠加区域。

移除孔洞：将块阴影设置为不带孔的闭合曲线对象，如图10-347所示。

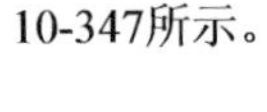

图10-347

从对象轮廓生成：创建块阴影时包括对象轮廓，该按钮默认为激活状态。

展开块阴影：以指定的数值增加块阴影的范围，在后面的文本框中可以输入展开的数值，如图10-348所示。

图10-348

实战 使用“块阴影”工具绘制扁平化标识

实例位置　实例文件>CH10>实战：使用“块阴影”工具绘制扁平化标识.cdr
素材位置　素材文件>CH10>10.cdr、11.cdr、12.cdr、13.cdr
视频名称　实战：使用“块阴影”工具绘制扁平化标识.mp4
实用指数　★★★☆☆
技术掌握　“块阴影”工具的运用方法

扫码看视频

本案例绘制的标识效果如图10-349所示。

图10-349

01 新建文档，导入学习资源中“素材文件>CH10>10.cdr”文件，如图10-350所示。设置中间人物的填充色为深灰色（R:36，G:44，B:60），然后组合对象，如图10-351所示。

图10-350　图10-351

02 使用“矩形”工具绘制一个边长为150mm、“圆角半径”为20mm的正方形，设置填充色为浅红色（R:227，G:106，B:92），移除轮廓色，置于底层。然后将正方形与标识对象中心对齐，如图10-352所示。

03 选中标识，单击“块阴影”工具，按住鼠标左键向右下角拖曳生成块阴影。在属性栏中设置“深度”为41mm、“定向”为315°、“块阴影颜色”为黑色，效果如图10-353所示。

图10-352　图10-353

04 选中块阴影，按快捷键Ctrl+K拆分块阴影。选中块阴影与矩形，在属性栏中单击“相交”按钮。删除块阴影对象，选中交叉部分对象，然后设置该对象的填充色为深红色（R:204，G:71，B:76），效果如图10-354所示。

05 导入“素材文件>CH10>11~13.cdr”文件，参照上述方法，绘制其他颜色的标识对象，最终效果如图10-355所示。

图10-354　　图10-355

★重点★

10.8 “透明度”工具

“透明度”工具是CorelDRAW中非常重要的效果工具，它可以将对象转换为半透明效果，也可以转换为渐变透明效果。透明效果在几乎所有的平面设计领域都有所应有。

10.8.1 无透明度

“无透明度”用于移除对象的透明度或者创建对象的色彩合并模式。

10.8.2 均匀透明度

“均匀透明度”用于创建整齐且均匀分布的透明效果。

选中对象，如图10-356所示，选择“透明度”工具，单击属性栏中的“均匀透明度”按钮，如图10-357所示。效果如图10-358所示。

图10-356

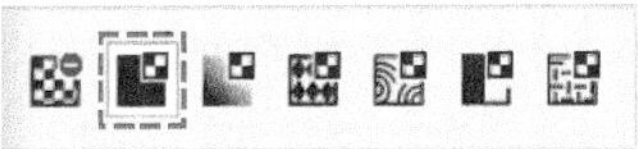

图10-357

图10-358

创建“均匀透明度”后，可以在属性栏设置参数，如图10-359所示。

常规　50

图10-359

“均匀透明度”选项介绍

合并模式：单击后会弹出下拉列表，如图10-360所示。可以选择其中的色彩合并模式效果添加到对象上。

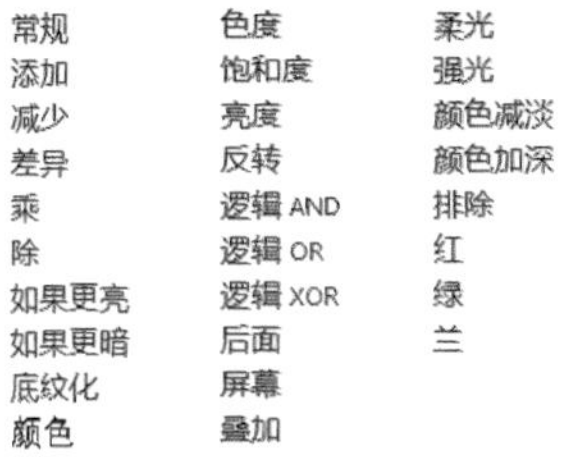

常规	色度	柔光
添加	饱和度	强光
减少	亮度	颜色减淡
差异	反转	颜色加深
乘	逻辑 AND	排除
除	逻辑 OR	红
如果更亮	逻辑 XOR	绿
如果更暗	后面	兰
底纹化	屏幕	
颜色	叠加	

图10-360

透明度：在后面的文本框中输入透明度数值，数值范围为0~100。数值越大，越透明；数值越小，越不透明。

透明度挑选器：单击后可以选择程序预设的透明度，如图10-361所示。

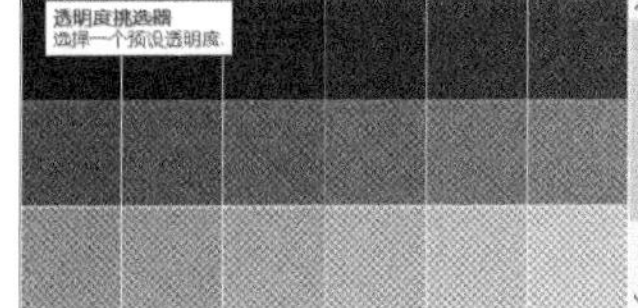

图10-361

全部：激活该按钮，将透明效果应用于对象的填充和轮廓。

填充：激活该按钮，仅将透明效果应用于对象的填充。

轮廓：激活该按钮，仅将透明效果应用于对象的轮廓。

冻结透明度：激活该按钮，将冻结对象的当前视图的透明度，即使对象发生移动，视图也不会变化。

复制透明度：将文档中其他对象的透明度应用到选定对象。

单击属性栏中的“编辑透明度”按钮，会弹出“编辑透明度”对话框，如图10-362所示。

图10-362

该对话框中的均匀透明度参数设置与上述属性栏一致。

选中对象，执行“窗口>泊坞窗>属性”菜单命令，打开“属性”泊坞窗，单击其中的“透明度”按钮，再单击“均匀透明度”按钮，如图10-363所示，即可进行与上述属性栏一致的均匀透明度设置。

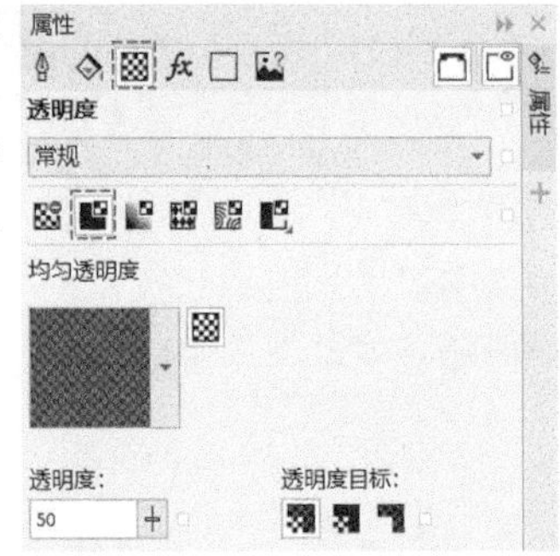

图10-363

10.8.3 渐变透明度

“渐变透明度”可以使对象从一种透明度值渐渐变化到另一个值。渐变透明度的类型有“线性渐变透明度”“椭圆形渐变透明度”“圆锥形渐变透明度”“矩形渐变透明度”4种。

选中对象，单击“透明度”工具，将鼠标指针移动到对象上，如图10-364所示。按住鼠标左键拖曳，生成渐变透明度控制手柄，如图10-365所示。松开鼠标即生成线性渐变透明度效果，如图10-366所示。

图10-364

图10-365

图10-366

控制手柄中的“白色”起始节点的透明度为0，“黑色”终止节点的透明度为100。移动控制手柄中间的“透明度中心点”滑块可以调整渐变效果，如图10-367所示。

图10-367

技巧与提示

在添加“渐变透明度”时，控制手柄的方向决定透明度效果的方向，如图10-368所示。如果需要添加水平或垂直的透明效果，需要按住Shift键水平或垂直拖曳，如图10-369所示。

图10-368

图10-369

创建“渐变透明度”后，可以在属性栏设置参数，如图10-370所示。

图10-370

“渐变透明度”选项介绍

透明度挑选器：单击该按钮，可以在下拉面板中选择预设透明度样式，也可以添加自定义样式，如图10-371所示。

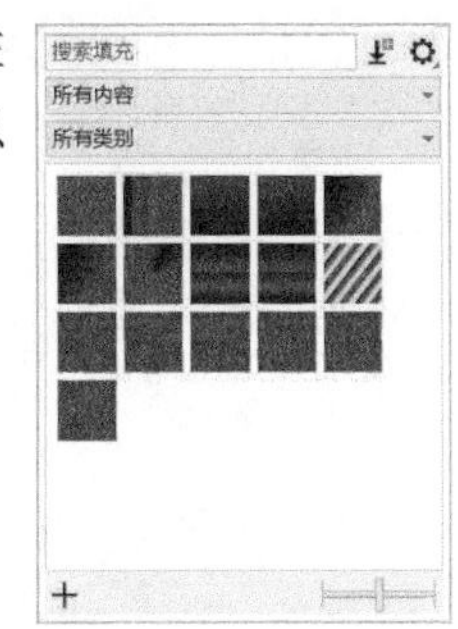

图10-371

调和过渡类型：属性栏中有4种调和过渡类型，包括“线性渐变透明度”“椭圆形渐变透明度”“圆锥形渐变透明度”“矩形渐变透明度”，选择不同的类型，可以添加不同的透明度效果。

线性渐变透明度：可以生成图10-372所示的渐变透明度效果。

椭圆形渐变透明度：可以生成图10-373所示的渐变透明度效果。

图10-372

图10-373

圆锥形渐变透明度：可以生成图10-374所示的渐变透明度效果。

矩形渐变透明度：可以生成图10-375所示的渐变透明度效果。

图10-374

图10-375

节点透明度▩：在透明度控制手柄上添加节点，然后选中节点，在后面的文本框中输入透明度值，可以指定选定节点的透明度。双击控制手柄即可添加节点，如图10-376所示。

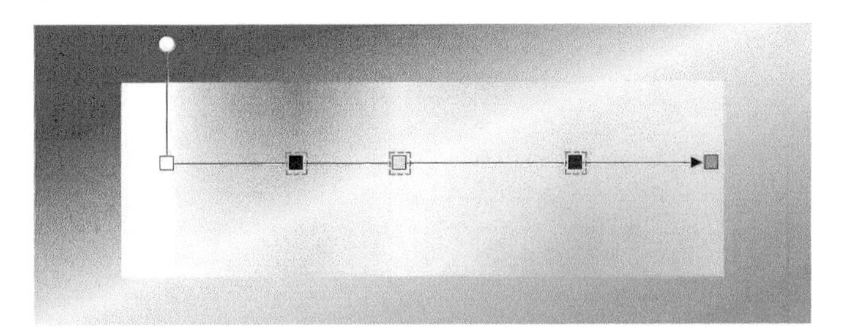
图10-376

技巧与提示

调整“节点透明度”可以单击节点，在弹出的透明度滑块中拖曳调整，如图10-377所示。也可以直接将调色板中的色样拖曳到节点上来调整节点透明度，如图10-378所示。拖曳的色样以灰度值确定透明度数值。

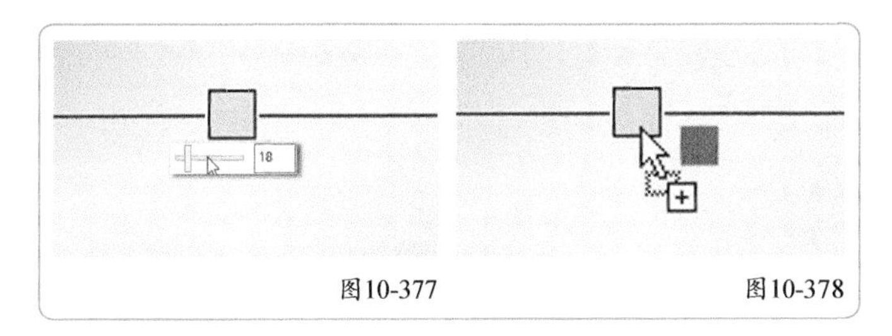

图10-377　图10-378

节点位置⊹：在后面的文本框中输入数值，指定中间节点相对于起始节点和终止节点的的位置。可以选中该节点，按住鼠标左键拖曳快速调整位置。

旋转：在后面的文本框中输入数值，以指定角度旋转透明效果。可以移动控制手柄的圆形节点来旋转透明效果的角度，如图10-379所示。

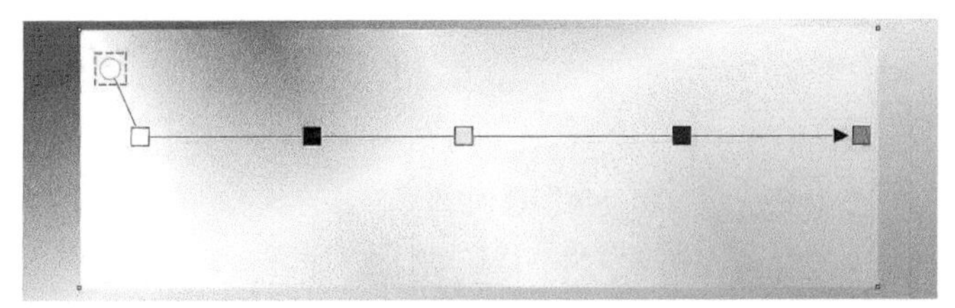
图10-379

自由缩放和斜切▣：允许透明度不按比例倾斜或拉伸显示，该按钮默认为激活状态。

单击属性栏中的“编辑透明度”按钮▩，会弹出“编辑透明度”对话框，如图10-380所示。

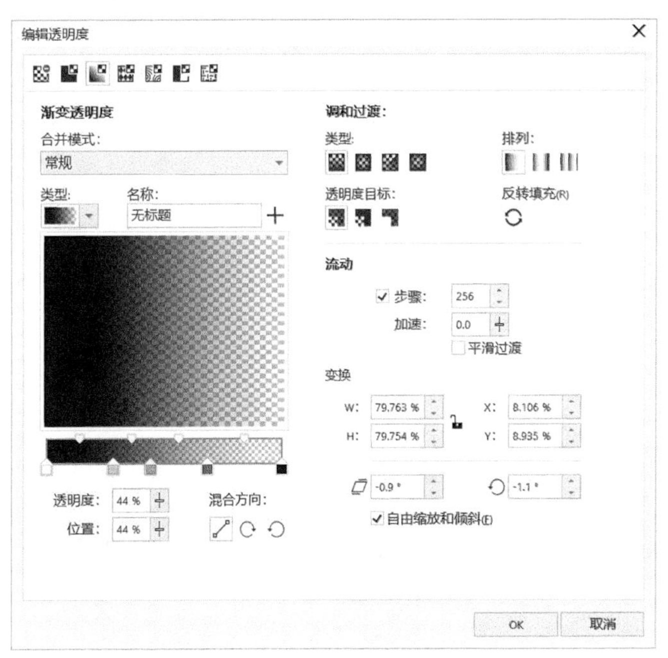

图10-380

“编辑透明度”对话框“渐变透明度”选项介绍

透明度节点编辑器：在灰度频带上双击可添加节点，双击节点则可删除节点，如图10-381所示。

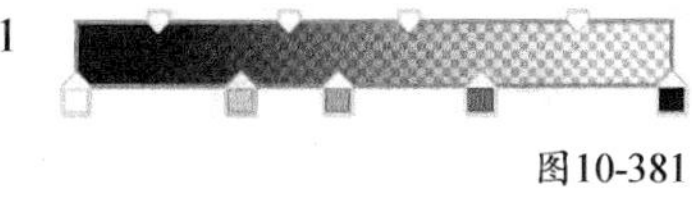
图10-381

排列：选择透明度的排列样式，有“默认透明度”“重复和镜像”“重复”3种样式。

反转填充◌：单击该按钮，将反转透明度效果。

选中对象，执行“窗口>泊坞窗>属性”菜单命令，打开“属性”泊坞窗，单击其中的“透明度”按钮▩，再单击“渐变透明度”按钮▣，也可进行渐变透明度的相关设置，如图10-382所示。

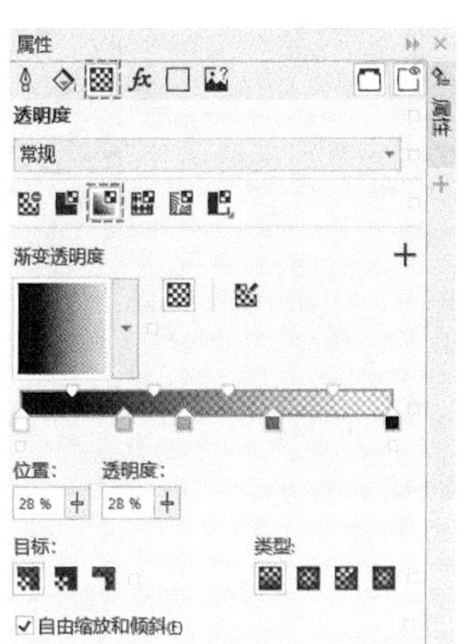

图10-382

技巧与提示

通过以上3节的学习，不难发现，透明度的高低是以“灰度”值来进行计量的。其中“白色”表示不透明，不同数值的“灰色”表示半透明，“黑色”表示完全透明。

10.8.4 图样透明度

图样透明度包含“向量图样透明度”“位图图样透明度”“双色图样透明度”3种类型。

“向量图样透明度”是以线条和填充组成的矢量图形来添加透明度效果的。

“位图图样透明度”是以灰度位图的明暗对比来添加透明度效果的。

“双色图样透明度”是以黑白两种色调来添加透明度效果的。

选中对象，如图10-383所示，选择“透明度”工具▧，单击属性栏中的“向量图样透明度”按钮▦，效果如图10-384所示。

图10-383

图10-384

通过调整“前景透明度”⊢和“背景透明度”⊣来设置透明度大小，如图10-385所示，调整后效果如图10-386所示。

图10-385

图10-386

调整图样透明度控制手柄上的正方形节点，可以编辑添加的图样大小和倾斜角度，如图10-387所示。调整控制手柄上的圆形节点，可以编辑图样的旋转角度。

图10-387

“向量图样透明度”“位图图样透明度”“双色图样透明度”样式可以通过属性栏进行切换，具体绘制方式相同。

图样透明度的属性栏如图10-388所示。

图10-388

“图样透明度”选项介绍

前景透明度⊢：在后面的文本框中输入数值，设置前景色的不透明度。

背景透明度⊣：在后面的文本框中输入数值，设置背景色的不透明度。

反转⊒：单击该按钮，可以反转前景和背景透明度。

水平镜像平铺⇹：单击该按钮，可以将所选的排列图样相互镜像，在水平方向上生成相互反射对称效果，如图10-389所示。

图10-389

垂直镜像平铺⇳：单击该按钮，可以将所选的排列图样相互镜像，在垂直方向上生成相互反射对称效果，如图10-390所示。

图10-390

10.8.5 底纹透明度

“底纹透明度”可以使用现有的底纹，如水、矿物质和云，或者自定义底纹来创建透明底纹效果。

选中对象，选择“透明度”工具▧，然后单击属性栏中的“底纹透明度”按钮▦，效果如图10-391所示。

图10-391

在“底纹库”和“透明度挑选器”中选择合适的样式，通过调整“前景透明度”和“背景透明度”来设置透明度大小，如图10-392所示。调整后效果如图10-393所示。

图10-392

图10-393

底纹透明度的属性栏如图10-394所示。

图10-394

“底纹透明度”选项介绍

底纹库：在下拉列表中可以选择相应的底纹库，如图10-395所示。

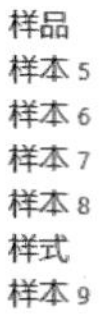

样品
样本 5
样本 6
样本 7
样本 8
样式
样本 9

图10-395

实战 绘制彩色底纹

实例位置 实例文件>CH10>实战：绘制彩色底纹.cdr
素材位置 素材文件>CH10>14.cdr
视频名称 实战：绘制彩色底纹.mp4
实用指数 ★★★★☆
技术掌握 “透明度工具”的运用方法

扫码看视频

本案例绘制的底纹效果如图10-396所示。

图10-396

01 新建文档，使用“矩形”工具绘制一个宽度为290mm、高度为150mm的矩形，如图10-397所示。

图10-397

02 使用“钢笔”工具绘制若干个多边形与矩形相交，如图10-398所示。

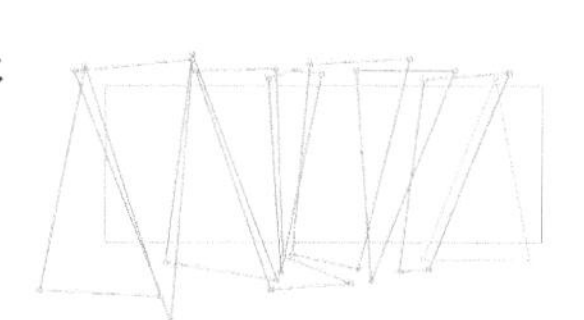

图10-398

03 选中所有多边形对象，打开“形状”泊坞窗，切换到“相交”面板，勾选“保留原目标对象”选项，单击“相交对象”按钮，如图10-399所示。单击矩形，效果如图10-400所示。

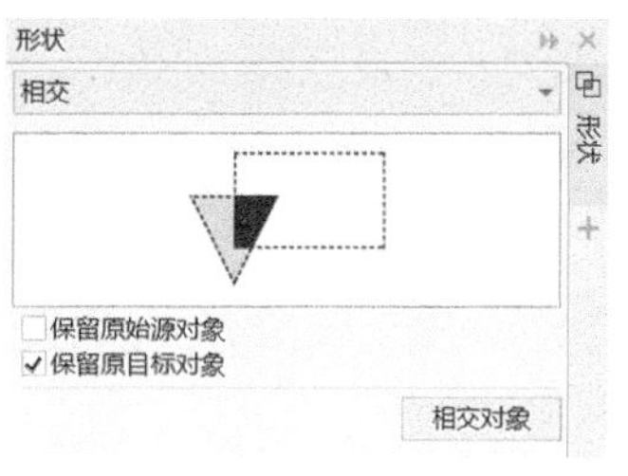

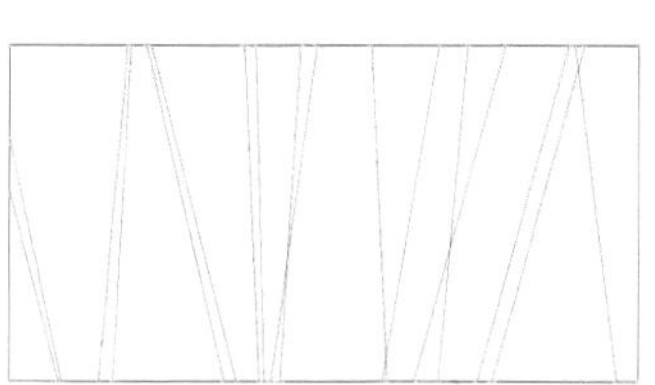

图10-399 图10-400

04 选中左边第一个多边形，单击“交互式填充”工具，按住鼠标左键拖曳绘制线性渐变填充效果，该渐变填充效果可以按照个人喜好绘制，如图10-401所示。

05 参照步骤4，使用“交互式填充”工具绘制剩下多边形的线性渐变填充效果，如图10-402所示。

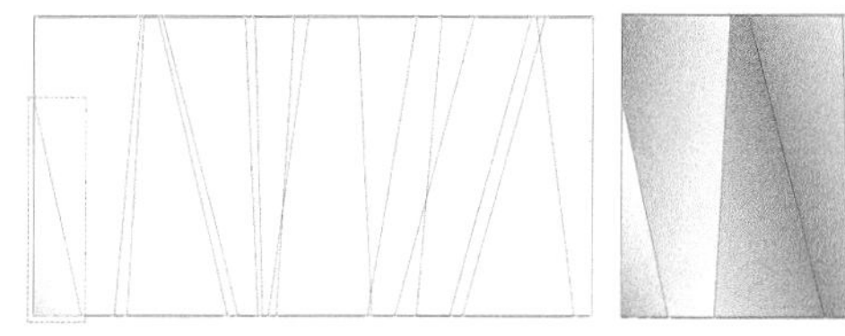

图10-401 图10-402

06 选中底部的矩形，使用“交互式填充”工具绘制线性渐变填充，在“编辑填充”对话框中，设置渐变色位置0的颜色为洋红色（C:0，M:100，Y:0，K:0），设置位置50的颜色为蓝色（C:100，M:0，Y:0，K:0），设置位置100的颜色为紫色（C:40，M:100，Y:0，K:0），设置旋转角度为－35°，如图10-403所示，效果如图10-404所示。

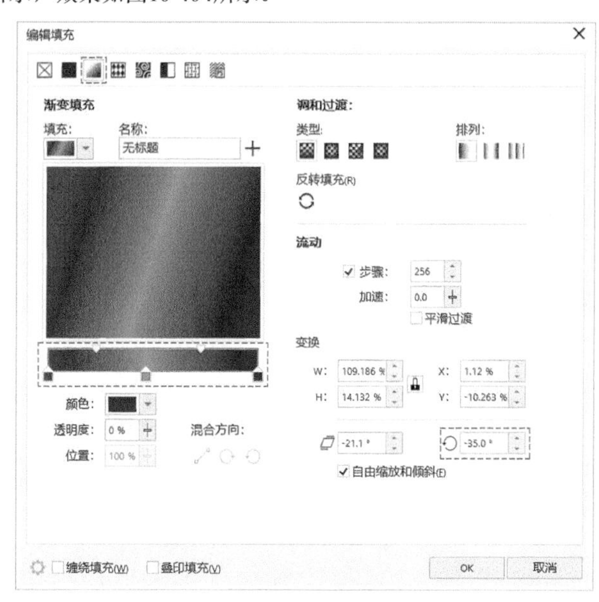

图10-403

图10-404

07 选中所有的多边形，选择“透明度”工具，在属性栏中单击“均匀透明度”按钮，设置“合并模式”为“乘”、“透明度”为25，如图10-405所示，效果如图10-406所示。

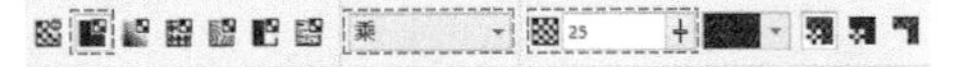

图10-405

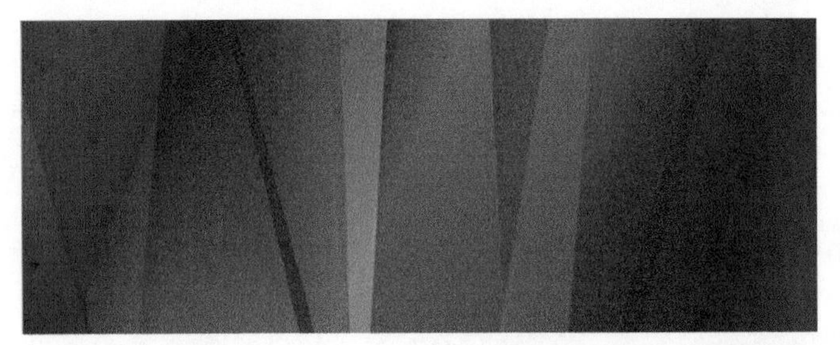

图10-406

08 导入“素材文件>CH10>14.cdr”文件，设置其填充色为白色，并使其与刚才绘制的背景中心对齐，最终效果如图10-407所示。

图10-407

实战 制作故障特效图片

实例位置　实例文件>CH10>实战：制作故障特效图片.cdr
素材位置　素材文件>CH10>15.jpg
视频名称　实战：制作故障特效图片.mp4
实用指数　★★★☆☆
技术掌握　“透明度工具”的运用方法

扫码看视频

本案例绘制的故障特效图片如图10-408所示。

图10-408

01 新建文档，导入“素材文件>CH10>15.jpg”文件，调整其宽度为900mm、高度为600mm，如图10-409所示。选中位图，执行“效果>调整>图像调整实验室”菜单命令，弹出对话框，将“饱和度”滑块移动至最左边，如图10-410所示，单击OK按钮完成去色。

图10-409　图10-410

02 选中位图，按快捷键Ctrl+D再制一个。单击“透明度”工具，在属性栏的“合并模式”中选择“蓝（兰）”，效果如图10-411所示。将上层位图向右平移15mm，如图10-412所示。

图10-411

图10-412

03 选中上层位图，使用“形状”工具将右侧和上部多余的蓝色部分修剪掉，如图10-413所示。选中下层位图，使用“形状”工具将左侧和下部多余的黑白部分修剪掉，如图10-414所示。

图10-413

图10-414

04 使用“文本”工具输入TIGER字样，设置“字体”为“黑体”、“大小”为680pt、填充色为灰色（C:0，M:0，Y:0，K:10），使其与背景水平居中对齐，如图10-415所示。使用同样的方法，添加“不是猫咪”文本对象，设置“字体”为“方正小标宋简体”、“大小”为200pt、填充色为灰色（C:0，M:0，Y:0，K:10），使其与上部的文本对象右对齐，如图10-416所示。

图10-415

图10-416

05 选中两个文字对象，使用“阴影”工具绘制阴影效果，阴影参数保持默认设置即可，最终效果如图10-417所示。

图10-417

实战 绘制夜晚城市背景

实例位置 实例文件>CH10>实战：绘制夜晚城市背景.cdr
素材位置 素材文件>CH10>16.cdr
视频名称 实战：绘制夜晚城市背景.mp4
实用指数 ★★★☆☆
技术掌握 “透明度工具”的运用方法

扫码看视频

本案例绘制的背景效果如图10-418所示。

图10-418

01 新建文档，使用“椭圆形”工具绘制一个直径为10mm的圆形，如图10-419所示。使用“交互式填充”工具绘制椭圆形渐变填充效果，设置渐变色位置0的颜色为四色黑（C:100，M:100，Y:100，K:100），设置位置25的颜色为黑色（C:0，M:0，Y:0，K:100），设置位置67的颜色为深灰色（C:0，M:0，Y:0，K:70），设置位置100的颜色为白色。然后设置“步骤”为999，勾选“平滑过渡”复选框，如图10-420所示。移除轮廓色，效果如图10-421所示。

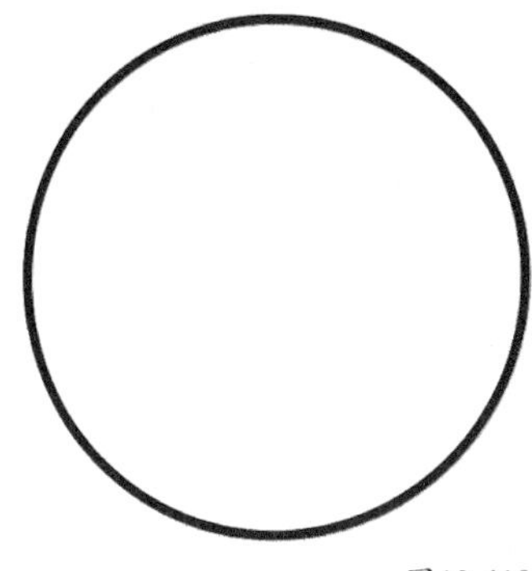

图10-419

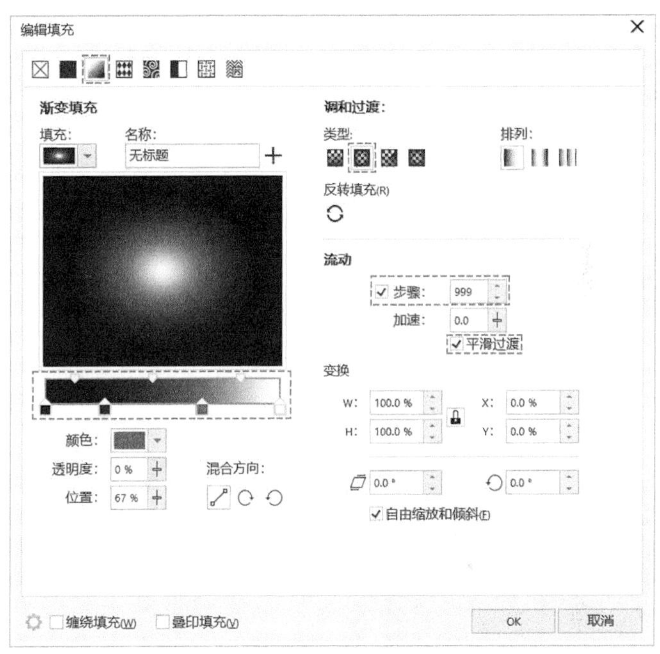

图10-420

图10-421

02 导入“素材文件>CH10>16.cdr”文件，将其置于底层。将刚才绘制的圆形对象移动到背景上，如图10-422所示。选中圆形对象，选择“透明度”工具，在属性栏中单击“均匀填充”按钮，设置“合并模式”为“屏幕”，完成第1个星光对象的绘制，效果如图10-423所示。

图10-422

图10-423

03 复制若干个星光对象，移动位置并调整大小，如图10-424所示。选中若干个星光对象，移除透明度，增加层次感，如图10-425所示。

图10-424

图10-425

04 使用“椭圆形”工具在背景上绘制一个直径为15mm的圆形，设置填充色为白色，如图10-426所示。选择“透明度工具”，在属性栏中单击“均匀透明度”按钮，设置“合并模式”为“添加”、“透明度”为95，完成第1个光晕的绘制，效果如图10-427所示。

图10-426

图10-427

05 复制若干个光晕对象，移动位置并调整大小，如图10-428所示。选中星光对象，复制若干个，使画面看上去更饱满，最终效果如图10-429所示。

图10-428

图10-429

实战 绘制多色文本效果

实例位置 实例文件>CH10>实战：绘制多色文本效果.cdr
素材位置 素材文件>CH10>17.jpg、18.cdr
视频名称 实战：绘制多色文本效果.mp4
实用指数 ★★★☆☆
技术掌握 “透明度工具”的运用方法

扫码看视频

本案例绘制的文本效果如图10-430所示。

图10-430

01 新建文档，导入“素材文件>CH10>17.jpg”文件，修改文件的宽度为192mm、高度为76.8mm，如图10-431所示。使用“文本”工具输入COLOR字样，设置“字体”为“微软雅黑（粗体）”、“大小”为48pt，使其与背景中心对齐，如图10-432所示。

图10-431 图10-432

02 使用“形状”工具框选字母C左下角的白色小方框，如图10-433所示，然后设置填充色为霓虹粉色（C:0，M:100，Y:60，K:0）即可完成字母C的填充，如图10-434所示。使用同样的方法，设置字母O的填充色为青色（C:100，M:0，Y:0，K:0）、字母L的填充色为霓虹紫色（C:20，M:80，Y:0，K:0）、第2个字母O的填充色为春绿色（C:60，M:0，Y:60，K:20）、字母R的填充色为秋橘红色（C:0，M:60，Y:80，K:0），如图10-435所示。

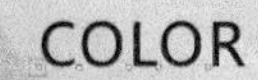

图10-433

图10-434

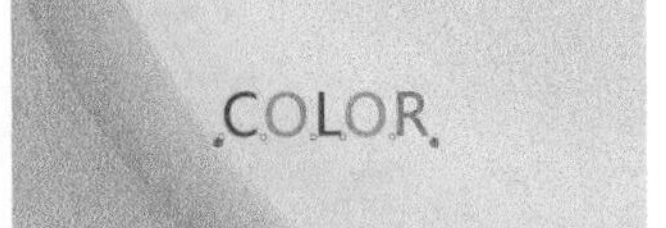

图10-435

03 使用“形状”工具在文本对象右下角的水平间距箭头上按住鼠标左键向左拖曳，调整字符间距，使单个字符之间相互重叠，如图10-436所示。然后选中文本对象，向右斜切15°，如图10-437所示。

图10-436

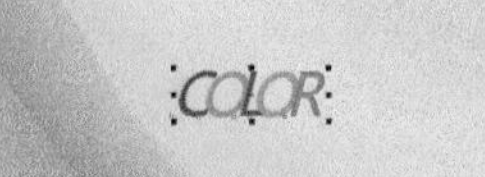

图10-437

04 选中文本对象，单击“透明度”工具，在属性栏的“合并模式”下拉列表中选择“减少”选项，效果如图10-438所示。使用“文本”工具输入“色彩印象”字样，设置“字体”为“微软雅黑”、“大小”为24pt、填充色为紫色（C:40，M:80，Y:0，K:20），将其与刚才绘制的文本对象垂直居中对齐。选中两个文本对象并组合，与背景中心对齐，如图10-439所示。

图10-438

图10-439

05 使用“阴影”工具绘制文本对象的阴影，设置“阴影颜色”为白色、“合并模式”为“常规”、“阴影不透明度”为100、“阴影羽化”为20，如图10-440所示。导入“素材文件>CH10>18.cdr”文件，将该对象移动到文本对象下方，使其与文本水平居中对齐并组合。选中除背景外的所有对象，与背景中心对齐，最终效果如图10-441所示。

图10-440

图10-441

10.9 图框精确裁剪

PowerClip即“图框精确裁剪”，是CorelDRAW程序中一项极其重要的学习内容。使用该功能可以将选中对象置入目标图文框内，图文框可以是美术字或矩形等矢量图形。当对象大于图文框时，PowerClip将对内容进行裁剪，以适合图文框形状。

10.9.1 置入对象

置入对象有以下两种方法。

第1种：导入一张位图，绘制一个矩形，如图10-442所示；选中位图，执行“对象>PowerClip>置于图文框内部”菜单命令，当鼠标指针变为箭头形状时，移动至矩形内单击，完成对象的置入操作，如图10-443所示。置入效果如图10-444所示。

图10-442

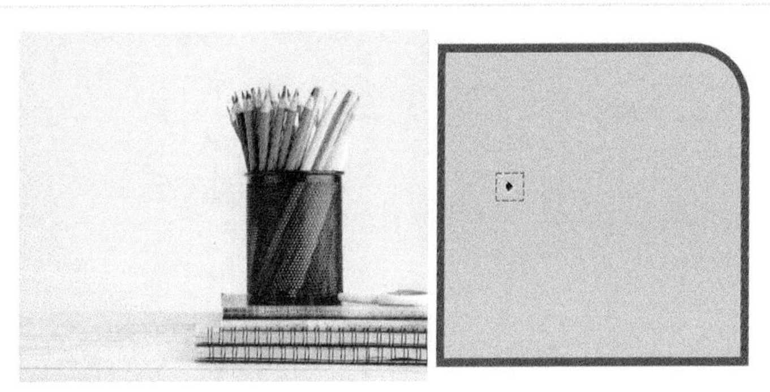

图10-443

图10-444

第2种：选中位图，按住鼠标右键将其拖曳至矩形内，此时鼠标指针变为靶心形状，如图10-445所示。松开鼠标后，选择弹出快捷菜单中的“PowerClip内部”命令，即可完成对象的置入操作，如图10-446所示。置入效果如图10-447所示。

图10-445

图10-446

图10-447

> **注意**
>
> 使用菜单命令将对象置入图文框，被置入的对象将与图文框中心对齐；使用鼠标命令将对象置入图文框，被置入的对象与图文框将以松开鼠标的位置为中心进行对齐。

10.9.2 编辑PowerClip

要想编辑PowerClip，可以执行“对象>PowerClip”子菜单中的命令，也可以在工作区左上角的浮动工具栏上操作，如图10-448所示。还可以在对象上单击鼠标右键，在弹出的菜单中选择相关命令，如图10-449所示。

图10-448

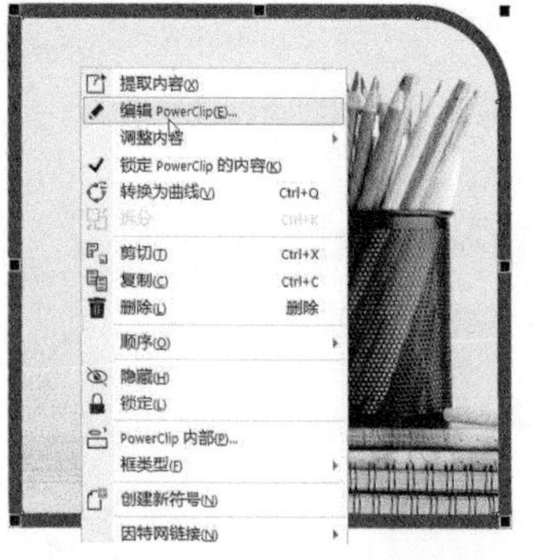

图10-449

编辑内容

编辑PowerClip

快速双击PowerClip对象，即可进入图文框内部，如图10-450所示。调整位图的位置或大小，如图10-451所示。单击工作区左上角浮动工具栏中的“完成”按钮完成编辑，如图10-452所示。

图10-450

图10-451

图10-452

选择PowerClip内容

选中PowerClip对象，单击工作区左上角浮动工具栏中的“选择内容”按钮，如图10-453所示。此时无须进入图文框内部就可以编辑置入的对象，如图10-454所示。单击任意空白位置完成编辑，如图10-455所示。

图10-453

图10-454

图10-455

调整内容

单击工作区左上角浮动工具栏中的“调整内容”按钮，在展开的下拉列表中可以选择相应的调整选项来调整置入的对象，如图10-456所示。

图10-456

中

选择“中”选项，置入的对象将与图文框中心对齐，如图10-457所示。

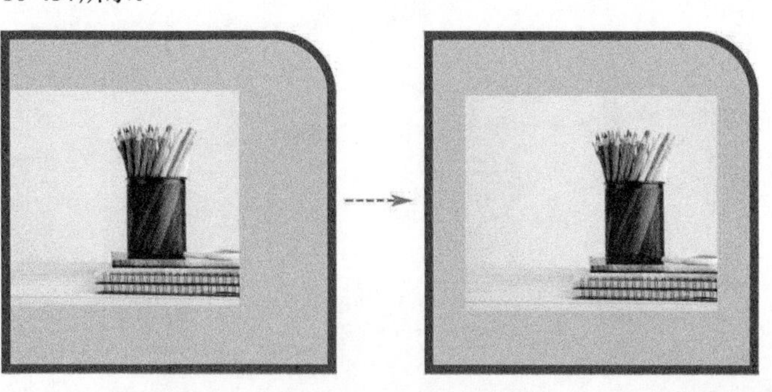

图10-457

按比例拟合

选择“按比例拟合”选项，置入的对象将按比例缩放，直至对象的最长边贴合至图文框边界，如图10-458所示。

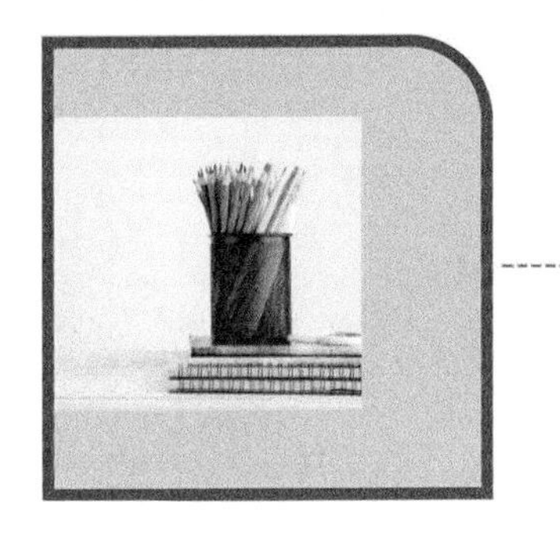

图10-458

按比例填充

选择“按比例填充”选项，置入的对象将按比例缩放，直至对象完全填充满整个图文框，如图10-459所示。

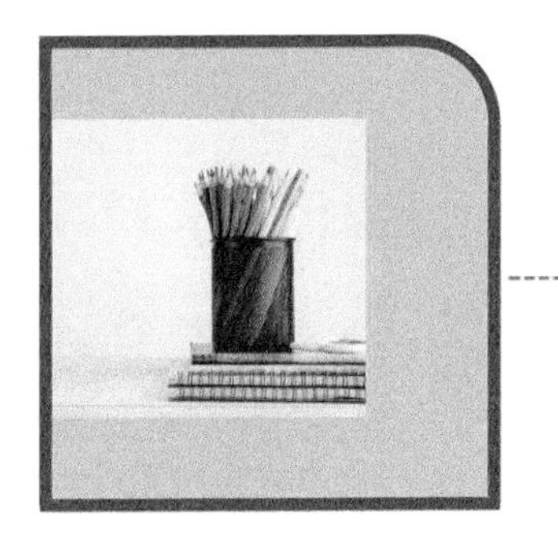

图10-459

伸展以填充

选择“伸展以填充”选项，置入的对象将进行缩放（不按比例），直至对象完全填充满整个图文框，如图10-460所示。

图10-460

锁定内容

在默认状态下，PowerClip对象为锁定状态，置入的对象会随着图文框的移动而移动，如图10-461所示。取消激活工作区左上角浮动工具栏中的“锁定内容”按钮，PowerClip对象将转换为解锁状态，置入的对象不再随图文框的移动而移动，如图10-462所示。

图10-461

图10-462

提取内容

选中PowerClip对象，单击工作区左上角浮动工具栏中的“提取内容”按钮，置入的对象将被提取出来，如图10-463所示。

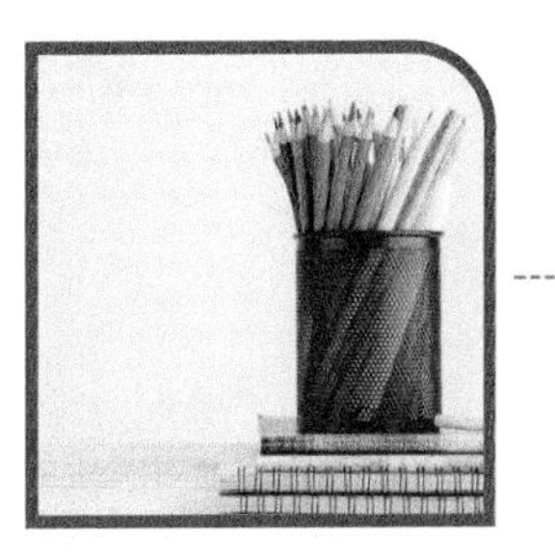

图10-463

提取对象后，图文框内显示×状线条，表示该对象为“空PowerClip”。此时拖入对象可以直接置入内部，如图10-464所示。

图10-464

选中空PowerClip，单击鼠标右键，在弹出的快捷菜单中选择“框类型>删除框架”命令，可以将空PowerClip图文框转换为图形对象，如图10-465所示。

图10-465

10.9.3 设置PowerClip

为了在以后的工作中更加方便、快捷地使用PowerClip功能，可以对PowerClip的参数进行设置。

按快捷键Ctrl+J打开“选项”对话框，在左侧单击PowerClip选项。

在“拖动PowerClip中的内容”后面的下拉列表中选择“有内容的PowerClip”选项，如图10-466所示，然后设置相关参数。

在“拖动PowerClip中的内容”后面的下拉列表中选择“空PowerClip”选项，如图10-467所示，然后设置相关参数。

图10-466　　　　图10-467

实战　绘制透明文字

实例位置　实例文件 >CH10> 实战：绘制透明文字 .cdr
素材位置　素材文件 >CH10>18.cdr、19.jpg
视频名称　实战：绘制透明文字 .mp4
实用指数　★★★★☆
技术掌握　PowerClip 的运用方法

扫码看视频

本案例绘制的文字效果如图10-468所示。

图10-468

01 新建文档，导入“素材文件>CH10>19.jpg”文件，修改其宽度为192mm、高度为96mm。使用“文本”工具输入“创意色彩”字样，设置“字体”为“方正小标宋简体”、“大小”为24pt，使其与背景中心对齐，如图10-469所示。

图10-469

02 使用“文本”工具分别选中“创”和“色”字，修改“大小”为36pt，如图10-470所示。将文本对象向右斜切15°，如图10-471所示。

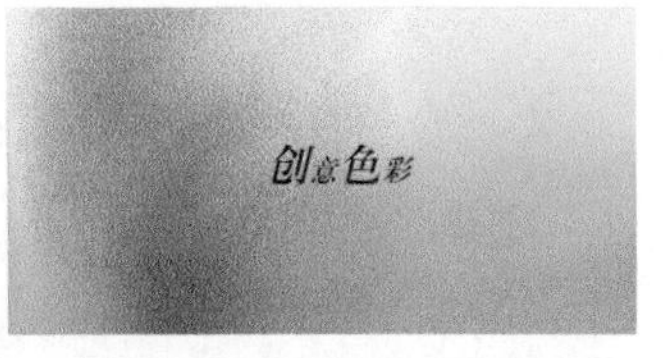

图10-470　　　　图10-471

03 选中背景，按+键复制一个，单击鼠标右键，在弹出的菜单中选择“PowerClip内部”命令，如图10-472所示。当鼠标指针变为箭头时，单击文本对象，将背景置入文本对象内部，如图10-473所示。

图10-472

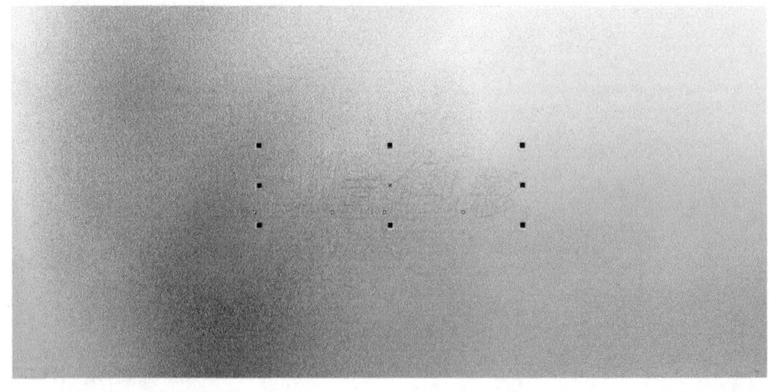

图10-473

04 选中文本对象，移除填充色。使用“阴影”工具给文本绘制阴影，设置“阴影羽化”为4，如图10-474所示。在文本对象上单击鼠标右键，在弹出的快捷菜单中选择“编辑PowerClip”命令，如图10-475所示。在PowerClip对象内部，绘制一个宽度为100mm、高度为50mm的白色矩形，选择“透明度”工具，在属性栏中单击“均匀透明度”按钮，设置“合并模式”为“添加”、“透明度”为90，如图10-476所示，在工作区左上角的浮动工具栏中单击“完成”按钮，效果如图10-477所示。

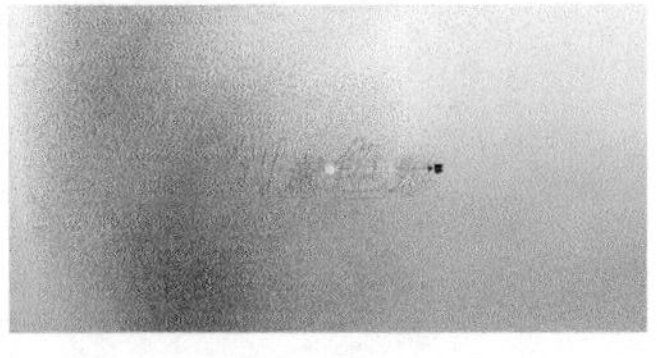

图10-474

图10-475

图10-476

图10-477

05 导入“素材文件>CH10>18.cdr”文件，设置其填充色为朦胧绿色（C:20，M:0，Y:20，K:0），将该对象移动到文本对象下方，使它们水平居中对齐并组合。选中除背景外的所有对象，与背景中心对齐，最终效果如图10-478所示。

图10-478

实战 绘制涂鸦文字

实例位置 实例文件>CH10>实战：绘制涂鸦文字.cdr
素材位置 素材文件>CH10>18.cdr、20.jpg
视频名称 实战：绘制涂鸦文字.mp4
实用指数 ★★★★☆
技术掌握 PowerClip的运用方法

扫码看视频

本案例绘制的文字效果如图10-479所示。

图10-479

01 使用“手绘”工具连续绘制涂鸦线条，如图10-480所示。执行“对象>将轮廓转换为对象”菜单命令，如图10-481所示。使用“交互式填充”工具绘制线性渐变填充效果，设置渐变色位置0的颜色为红色（C:0，M:100，Y:100，K:0），设置位置100的颜色为黄色（C:0，M:0，Y:100，K:0），设置“混合方向”为“顺时针颜色调和”，如图10-482所示，效果如图10-483所示。

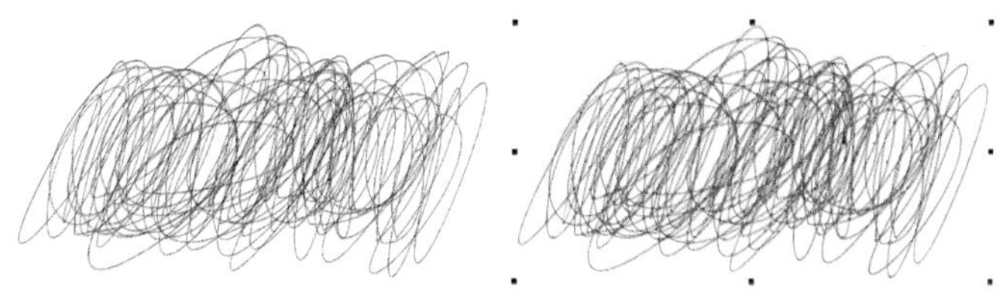

图10-480 图10-481

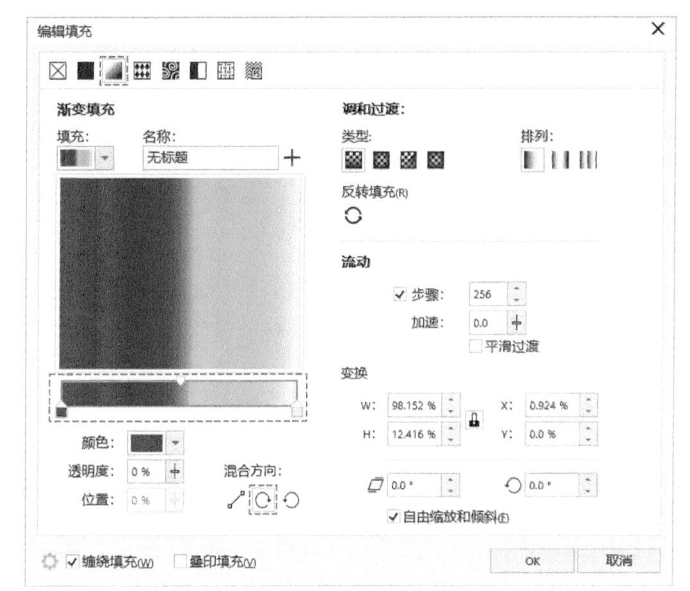

图10-482

图10-483

02 在页面空白处，使用“文本”工具输入“动感地带”字样，设置字体为“方正准圆简体”、“大小”为24pt，将其向右斜切15°，如图10-484所示。选中刚才的涂鸦对象，单击鼠标右键，在弹出的快捷菜单中选择“PowerClip内部”命令，当鼠标指针变为箭头时，单击文本对象，将涂鸦对象置入文本对象内部，调整涂鸦对象的大小，如图10-485所示。复制多个涂鸦对象，使文本对象内部的填充更饱满，如图10-486所示。单击工作区左上角浮动工具栏中的“完成”按钮，效果如图10-487所示。

动感地带

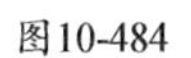

图10-484

图10-485

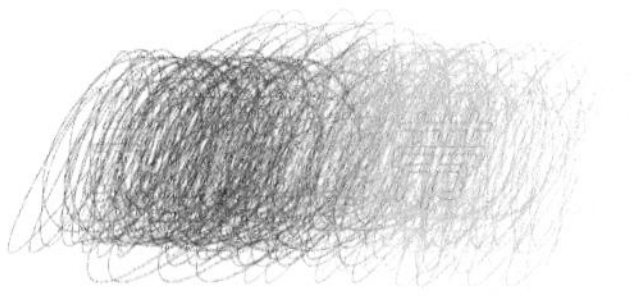

图10-486

动感地带

图10-487

03 导入“素材文件>CH10>20.jpg”文件，修改该文件的宽度为192mm、高度为69mm，置于底层，作为背景。放大文本对象为

60pt，设置轮廓宽度为0.75mm、轮廓色为白色、“轮廓位置”为“外部轮廓”，使其与背景中心对齐，如图10-488所示。

图10-488

04 使用“阴影”工具绘制文本对象的阴影，设置阴影的“合并模式”为“乘”、“阴影不透明度”为100、“阴影羽化”为25，效果如图10-489所示。导入“素材文件>CH10>18.cdr”文件，设置其填充色为白色，将该对象移动到文本对象下方，使它们水平居中对齐并组合。选中除背景外的所有对象，与背景中心对齐，最终效果如图10-490所示。

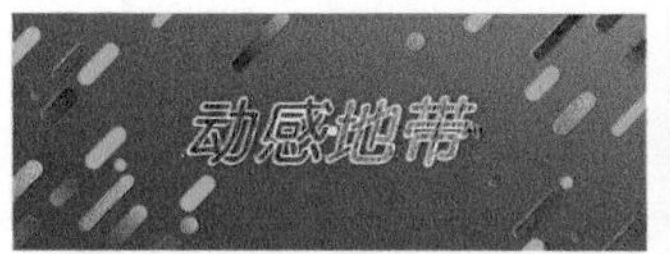

图10-489

图10-490

实战 绘制情人节拼图海报

实例位置 实例文件>CH10>实战：绘制情人节拼图海报.cdr
素材位置 素材文件>CH10>21.cdr、22.jpg
视频名称 实战：绘制情人节拼图海报.mp4
实用指数 ★★★★☆
技术掌握 PowerClip的运用方法

扫码看视频

本案例绘制的文字效果如图10-491所示。

图10-491

01 新建文档，导入“素材文件>CH10>21.cdr”文件，如图10-492所示。使用“矩形”工具绘制一个边长为90mm的正方形，设置填充色为粉色（C:0，M:19，Y:9，K:0），置于底层。然后将矩形与导入的心形对象中心对齐，如图10-493所示。

图10-492

图10-493

02 导入“素材文件>CH10>22.jpg”文件，在位图文件上单击鼠标右键，在弹出的菜单中选择“PowerClip内部”命令，当鼠标指针变为箭头时，单击心形对象，将位图对象置入心形对象内部，调整位图对象的大小，如图10-494所示。单击工作区左上角浮动工具栏中的“完成”按钮，效果如图10-495所示。

图10-494

图10-495

03 选中心形对象，移除轮廓色。按快捷键Ctrl+K拆分PowerClip曲线，然后移动心形对象左下角和右上角的拼图部分对象，如图10-496所示。

图10-496

04 选择所有拼图并组合。使用“阴影”工具，在组合对象上按住鼠标左键拖曳生成阴影，设置“阴影颜色”为深红色（C:20，M:100，Y:0，K:30）、“合并模式”为“乘”、“阴影不透明度”为15、“阴影羽化”为1，如图10-497所示。

05 使用“文本”工具输入文字，设置“字体”为“方正准圆简体”、“大小”为15pt、填充色为霓虹粉色（C:0，M:100，Y:60，K:0）。移动文本对象到心形对象的下方，使它们水平居中对齐。选中除正方形外的所有对象并组合。将组合对象与正方形中心对齐，如图10-498所示。

图10-497

图10-498

06 选中正方形，单击“阴影”工具，选择“内边缘”预设，设置“阴影颜色”为粉色（C:0，M:83，Y:42，K:0）、“合并模式”为“乘”、“阴影不透明度”为30、“阴影羽化”为30，最终效果如图10-499所示。

图10-499

行业经验：巧妙利用PowerClip裁切图片

在平时的工作中，经常需要裁切一些位图来达到使用目的。裁切位图可以使用“形状”工具、“裁切”工具等工具，也可以使用“PowerClip”功能来精确裁切位图。

（1）如果要裁切一个宽度为30mm、高度为20mm的矩形图片，使用“矩形”工具在位图上绘制一个矩形，如图10-500所示。

（2）将矩形等比放大至需要裁切的位置，如图10-501所示。

图10-500

图10-501

（3）选中位图，单击鼠标右键，在弹出的快捷菜单中选择“PowerClip内部”命令，如图10-502所示。

图10-502

（4）此时鼠标指针变为箭头样式，移动箭头至矩形内，单击完成位图的裁切，如图10-503所示。最后只需将裁切好的PowerClip对象等比缩放至所需尺寸即可。

图10-503

使用PowerClip裁切位图的优点在于，裁切位图时只需调整矩形框的大小和位置，而不需要调整位图的位置，这样的操作方法便于能更精确地裁切所需的效果。即使到后期设计中，裁切效果不满意，还能重复执行操作直到裁切到满意的规格。

10.10 斜角效果

斜角效果可以使对象的边缘倾斜，将三维深度效果添加到图形或文本对象。斜角效果只能运用在矢量对象和文本对象上，不能对位图对象进行操作。

执行“效果>斜角”菜单命令打开“斜角”泊坞窗，可以创建“柔和边缘”“浮雕”斜角样式。

10.10.1 创建柔和边缘斜角效果

下面介绍“柔和边缘”样式斜角效果和创建方法，其中“柔和边缘”样式又分为“到中心”“间距”两种。

创建中心柔和边缘斜角

选中对象，如图10-504所示。在“斜角”泊坞窗内设置“样式”为“柔和边缘”、“斜角偏移”为“到中心”、阴影颜色为绿色（C:90，M:30，Y:100，K:0）、“光源颜色”为白色、“强度”为80、“方向”为70、“高度”为54，单击“应用”按钮完成斜角添加，如图10-505所示。

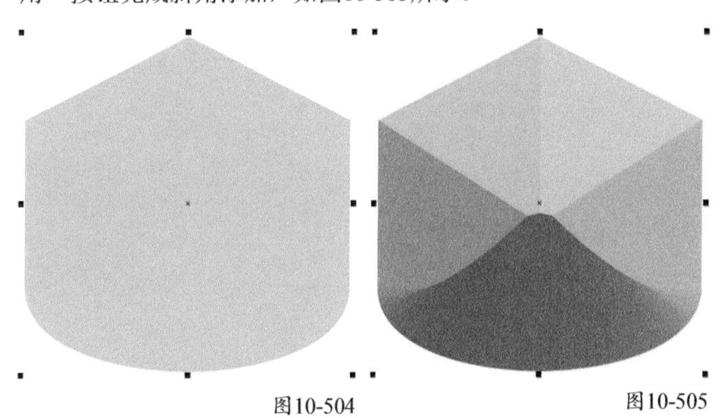

图10-504　　图10-505

创建间距柔和边缘斜角

依旧选中图10-504所示的对象，在“斜角”泊坞窗内设置“样式”为“柔和边缘”、“斜角偏移”为“间距”且数值为2mm、阴影颜色为绿色（C:90，M:30，Y:100，K:0）、“光源颜色”为白色、“强度”为80、“方向”为70、“高度”为54，单击“应用”按钮完成斜角添加，如图10-506所示。

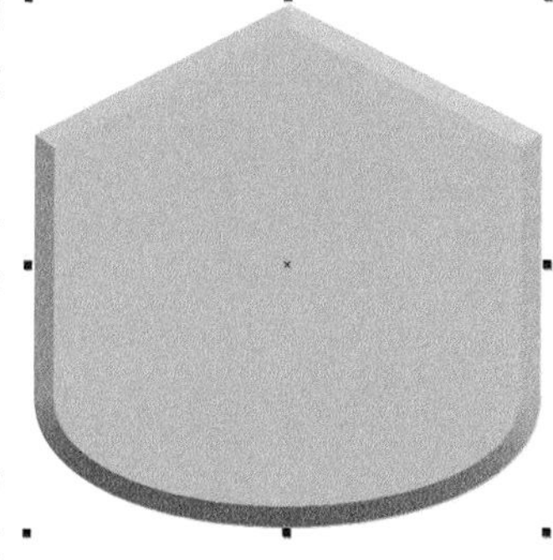

图10-506

删除效果

选中添加了斜角效果的对象，然后执行“对象>清除效果”

菜单命令，添加的效果将被删除，如图10-507所示。“清除效果”命令也可以用于清除其他添加的效果。

图10-507

10.10.2 创建浮雕斜角效果

选中对象，然后在“斜角”泊坞窗内设置“样式”为“浮雕”、“斜角偏移”为“间距”且数值为2.0mm、阴影颜色为灰色（C:0，M:0，Y:0，K:100）、“光源颜色”为白色、“强度”为80、“方向”为135，单击“应用”按钮完成斜角添加，如图10-508所示。

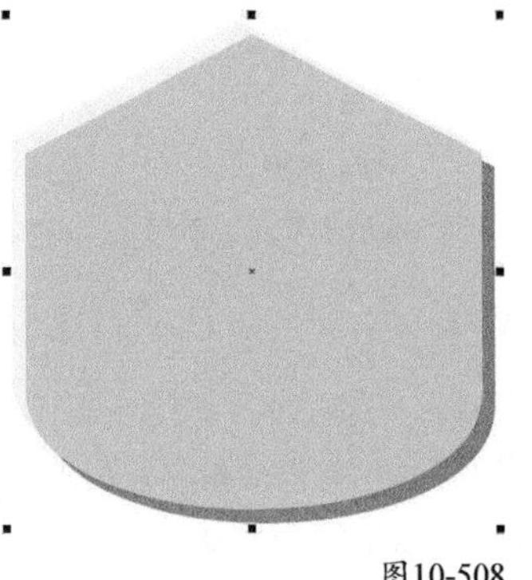

图10-508

技巧与提示

在“浮雕”样式下不能设置“到中心”效果，也不能设置“高度”。

10.10.3 斜角设置

在菜单栏中执行“效果>斜角”命令可以打开“斜角”泊坞窗，如图10-509所示。

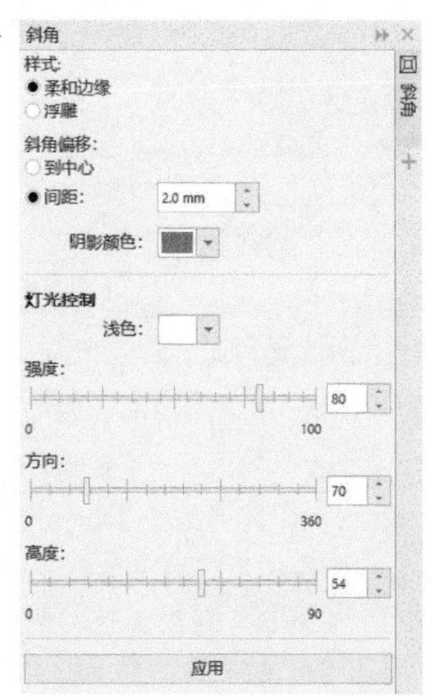

图10-509

“斜角”选项介绍

柔和边缘、浮雕：选择斜角效果的样式。

到中心：选中该选项可以从对象中心开始创建斜角。

距离：选中该选项可以创建从边缘开始的斜角，在后面的文本框中输入数值可以设定斜面的宽度。

阴影颜色：在后面的颜色挑选器中可以选取阴影斜面的颜色。

浅色（光源颜色）：在后面的颜色挑选器中可以选取灯光的颜色。灯光的颜色会影响对象和斜面的颜色。

强度：在后面的文本框内输入数值可以更改光源的强度，范围为0~100。

方向：在后面的文本框内输入数值可以更改光源的方向，范围为0~360。

高度：在后面的文本框内输入数值可以更改光源的高度，范围为0~90。

10.11 透镜效果

透镜效果可以改变透镜区域下方对象的外观，呈现一些特殊效果。透镜效果可以应用于矢量对象和位图中。

10.11.1 添加透镜效果

执行“效果>透镜”菜单命令，打开“透镜”泊坞窗，在下拉列表中可以选取透镜的应用效果，包括“无透镜效果”“变亮”“颜色添加”“色彩限度”“自定义彩色图”“鱼眼”“热图”“反转”“放大”“灰度浓淡”“透明度”“线框”“位图效果”，如图10-510所示。

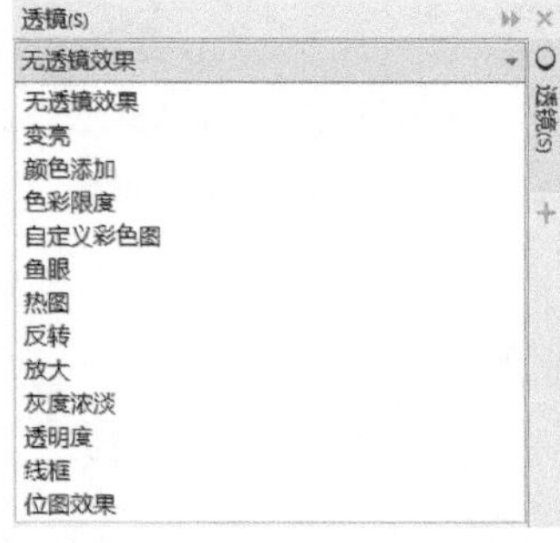

图10-510

无透镜效果

选中位图上的圆形，在“透镜”泊坞窗中的默认效果为“无透镜效果”，圆形没有任何透镜效果，如图10-511所示。“无透明效果”用于清除已添加的透镜效果。

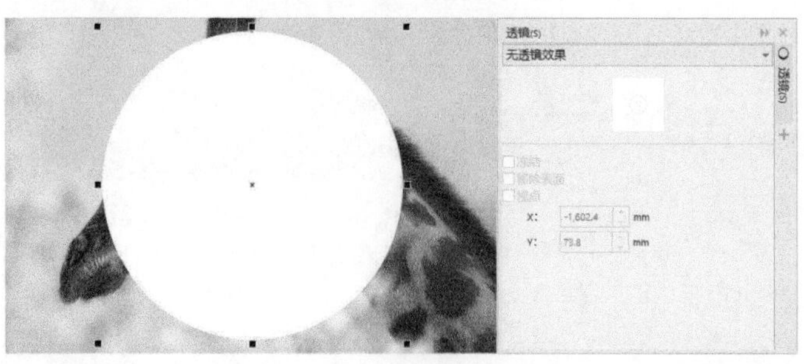

图10-511

变亮

“变亮”效果允许对象区域变亮和变暗，并设置亮度和暗度的比率。

选中位图上的圆形，在“透镜”泊坞窗的下拉列表中选择“变亮”，此时圆形与位图的重叠部分颜色变亮。调整“比率”的数值可以更改变亮的程度。数值为正数时，对象变亮；数值为负数时，对象变暗，如图10-512和图10-513所示。

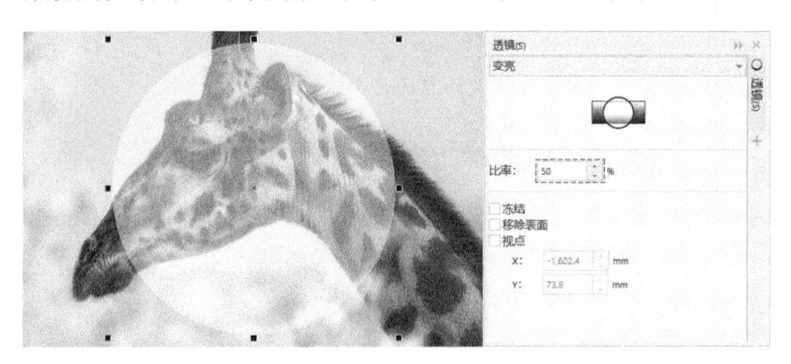

图10-512

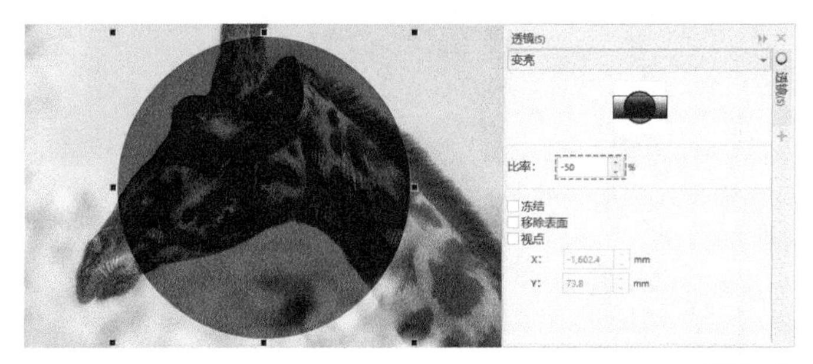

图10-513

颜色添加

“颜色添加”效果允许透镜下的对象颜色与透镜的颜色相加，模拟混合光线的颜色。

选中位图上的圆，然后在“透镜”泊坞窗的下拉列表中选择“颜色添加”，此时圆形与位图重叠部分的颜色和所选颜色进行调和显示，如图10-514所示。

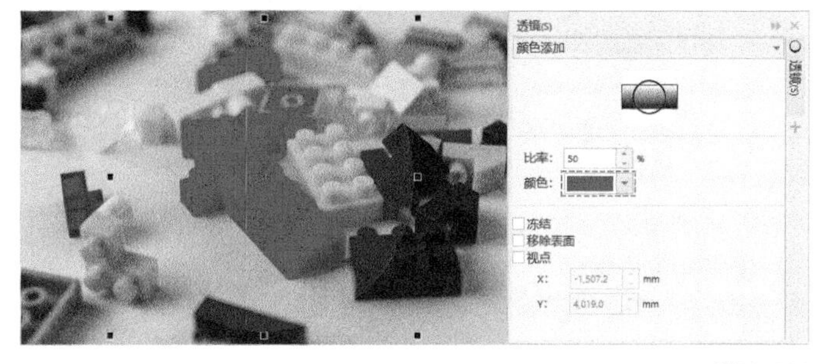

图10-514

调整“比率”的数值可以控制颜色添加的强度，数值越大添加的颜色比例越大，数值越小越偏向于原图颜色，数值为0时，不显示添加颜色。颜色的色值通过颜色挑选器进行设置。

色彩限度

“色彩限度”效果仅允许使用黑色和透镜颜色查看对象区域。例如，在位图上放置蓝色“色彩限度”透镜，则在透镜区域中，将过滤掉除了蓝色和黑色以外的所有颜色。

选中位图上的圆形，然后在“透镜”泊坞窗的下拉列表中选择“色彩限度”，此时圆形内部只允许黑色和滤镜颜色本身透过显示，其他颜色均转换为与滤镜相近的颜色显示，如图10-515所示。

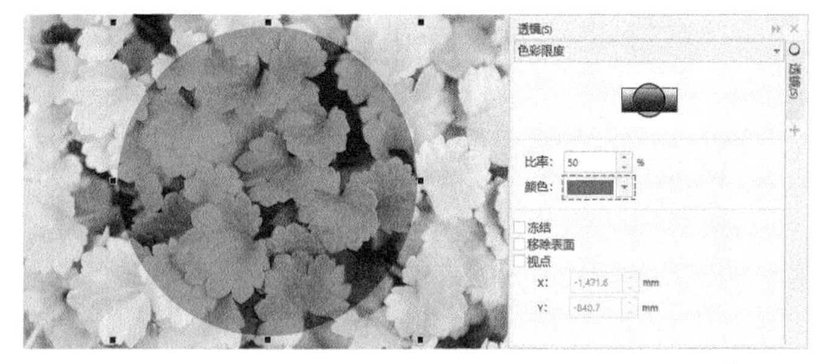

图10-515

在“比率”中输入数值可以调整透镜的颜色浓度，值越大越浓，反之越浅。颜色的色值通过颜色挑选器进行设置。

自定义彩色图

“自定义彩色图”效果允许将透镜下方对象区域的所有颜色转换为介于指定的两种颜色之间的一种颜色。可以选择颜色范围的起始色和终止色，以及两种颜色之间的渐变色。

选中位图上的圆形，然后在“透镜”泊坞窗的下拉列表中选择“自定义彩色图”，此时圆形内部所有颜色改为介于所选颜色中间的一种颜色显示，如图10-516所示。可以在颜色挑选器中更改起始颜色和终止颜色。

图10-516

颜色选择范围包括“直接调色板”“前进彩虹”“反向彩虹”，后两种效果如图10-517和图10-518所示。

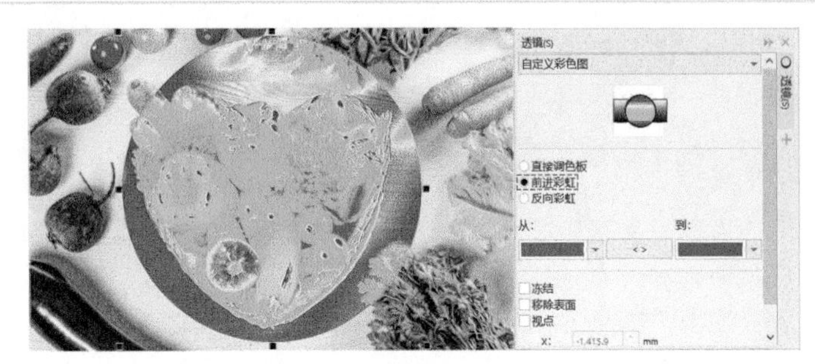

图10-517

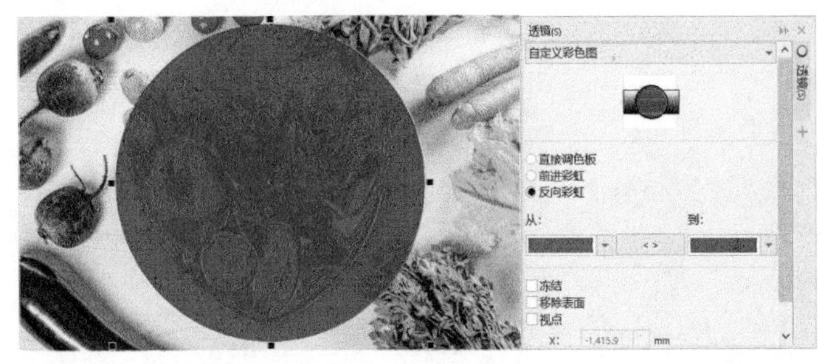

图10-518

鱼眼

“鱼眼”效果允许根据指定的百分比扭曲、放大或缩小透镜下方的对象。

选中位图上的圆形，然后在“透镜”泊坞窗的下拉列表中选择“鱼眼”，此时圆形内部以设定的比例进行放大或缩小扭曲显示，如图10-519和图10-520所示。可以在“比率”后的文本框中输入需要的比例值。比例为正数时，向外推挤扭曲；比例为负数时，向内收缩扭曲。

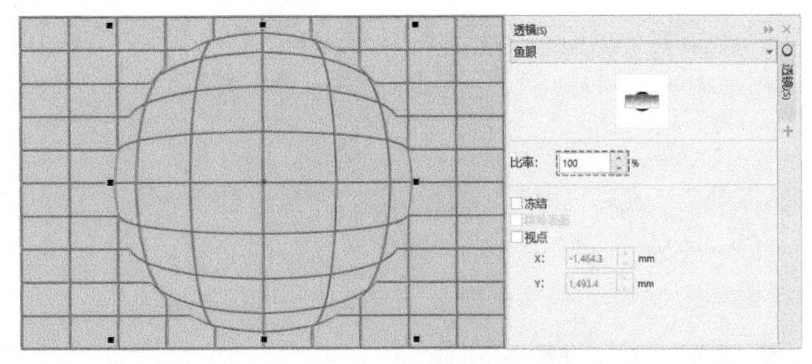

图10-519

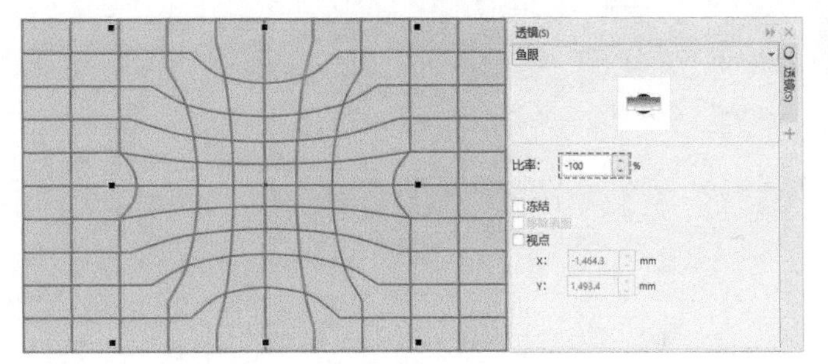

图10-520

热图

“热图”效果允许在透镜下方模仿颜色的冷暖显示，创建类似红外图像的效果。

选中位图上的圆形，然后在“透镜”泊坞窗的下拉列表中选择“热图”，此时圆形内部模仿红外图像效果显示冷暖等级。将“调色板旋转”设置为0%或者100%时，显示同样的热图效果，如图10-521所示；设置为50%时暖色和冷色反转显示，如图10-522所示。

图10-521

图10-522

反转

“反转”效果允许将透镜下方的颜色转换为原色的补色，补色是色轮上彼此相对的颜色。

选中位图上的圆形，在“透镜”泊坞窗的下拉列表中选择“反转”，此时圆形内部颜色变为色轮上对应的互补色，生成照相底片效果，如图10-523所示。

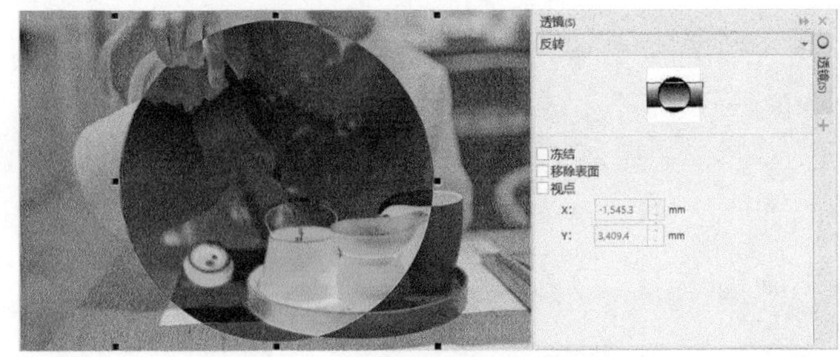

图10-523

放大

“放大”效果允许放大透镜下方的对象。

选中位图上的圆形，然后在“透镜”泊坞窗的下拉列表中选择“放大”，此时圆形内部以设置的数量放大或缩小对象上的某个区域，如图10-524所示。在“数量”文本框中输入的数值决定放大或缩小的倍数，数值为1时不改变大小。

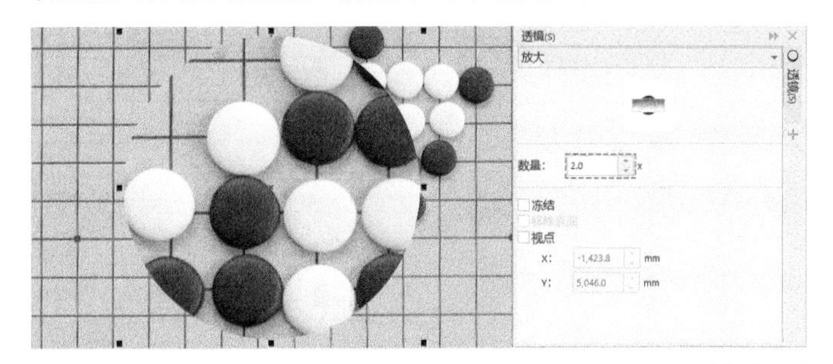

图10-524

技术看板

“放大”和“鱼眼”有什么区别？

“放大”和“鱼眼”都有实现放大和缩小的效果，两者的区别在于“放大”的缩放效果更明显，而且放大的对象不会有扭曲效果。

灰度浓淡

“灰度浓淡”效果允许将透镜下方的对象颜色转换为等值的灰度颜色。

选中位图上的圆形，然后在“透镜”泊坞窗的下拉列表中选择“灰度浓淡”，此时圆形内部以设定颜色等值的灰度显示，如图10-525所示。可以在颜色挑选器中设置颜色。

图10-525

透明度

“透明度”效果可以使透镜下方的对象看起来像着色胶片或彩色玻璃的效果。

选中位图上的圆形，然后在“透镜”泊坞窗的下拉列表中选择“透明度”，此时圆形内部变为类似着色胶片或覆盖彩色玻璃的效果，如图10-526所示。可以在“比率”后面的文本框中输入0~100的数值，数值越大，透镜效果越透明。

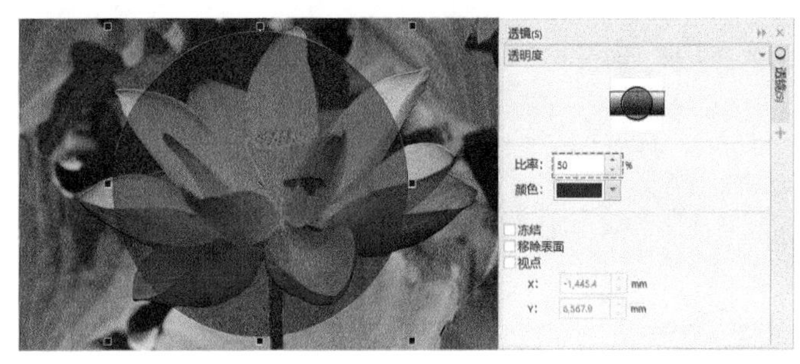

图10-526

线框

“线框”效果允许所选的轮廓或填充色显示透镜下方的矢量对象。

选中位图上的圆形，然后在“透镜”泊坞窗的下拉列表中选择“线框”，此时圆形内部允许所选填充颜色和轮廓颜色通过，如图10-527所示。通过勾选“轮廓”或“填充”来指定透镜区域下轮廓和填充的颜色。

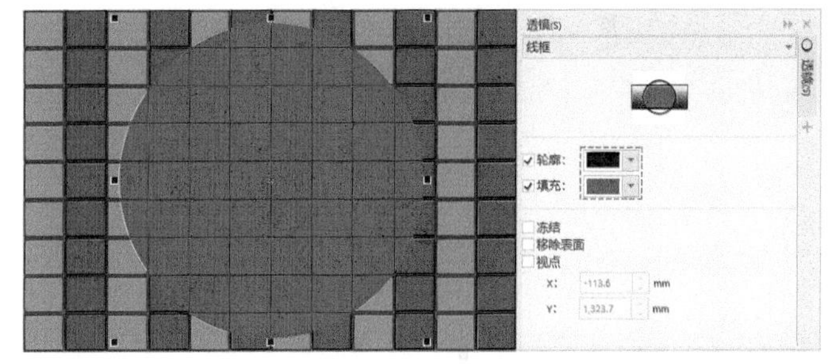

图10-527

10.11.2 透镜编辑

执行“效果>透镜”菜单命令可以打开“透镜”泊坞窗，如图10-528所示。

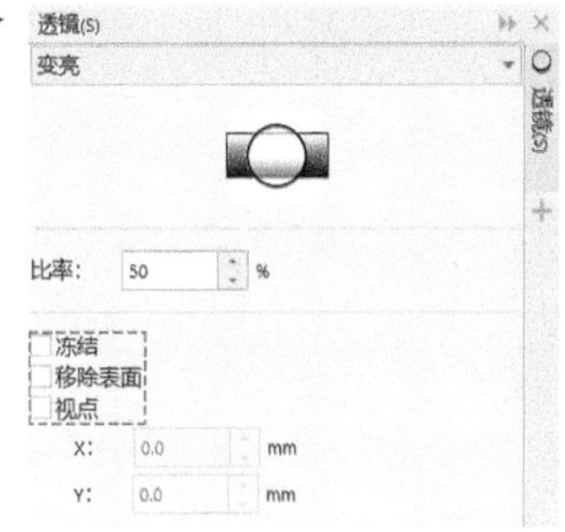

图10-528

“透镜”选项介绍

冻结：勾选该复选框后，可以将透镜下方对象的效果转换为透镜的一部分，类似于裁切功能，新生成的冻结对象可以进行解散群组等操作，如图10-529所示。

图10-529

移除表面： 勾选该复选框后，仅使透镜在覆盖对象的区域内显示透镜；不勾选该复选框时，所有区域均显示透镜，如图10-530所示。

图10-530

> **技巧与提示**
>
> “鱼眼”透镜和“放大”透镜不可使用“移除表面”复选框。

视点： 勾选该复选框后，透镜中心生成一个×状图标，如图10-531所示。按住鼠标左键拖曳×状图标，可以在不移动透镜的情况下转换透镜显示的区域，如图10-532所示。

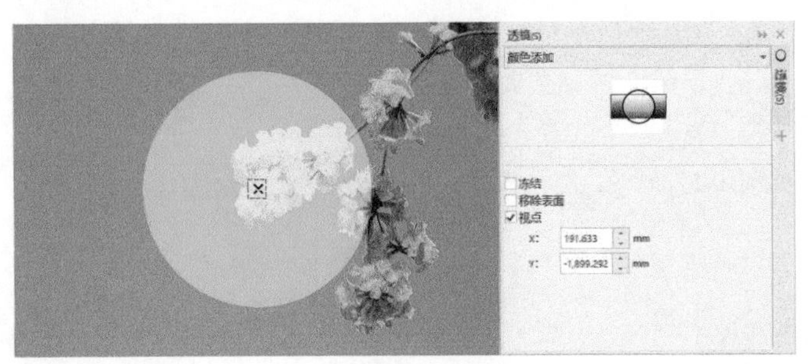

图10-531

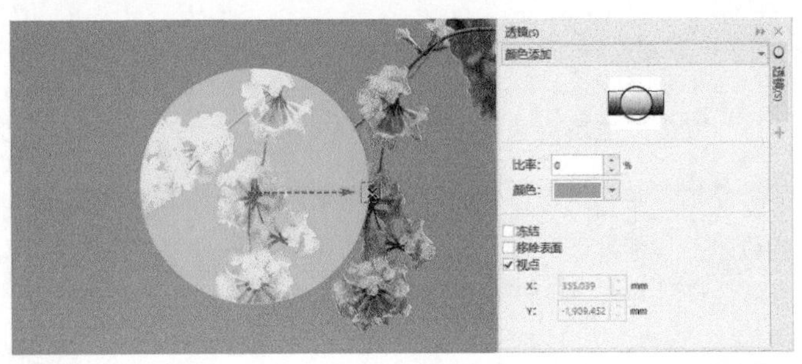

图10-532

10.12 透视点效果

透视点效果可以为对象添加距离感和深度感。透视点效果包括“添加透视”和“采用透视绘制”两种效果。

选中要添加透视的对象，如图10-533所示。执行“对象>透视点>添加透视”菜单命令，如图10-534所示。此时在对象上生成透视网格，移动网格的节点调整透视效果，如图10-535所示。

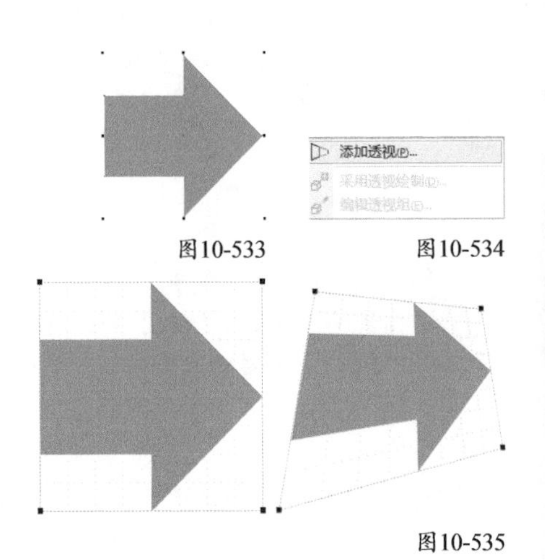

图10-533　图10-534

图10-535

> **技巧与提示**
>
> 透视效果不仅可以应用于矢量图形，也可以应用于位图和群组对象等。

在未选中任何对象的情况下，执行“对象>透视点>采用透视绘制”菜单命令，在页面空白处单击，此时页面内将生成一个透视线对象，如图10-536所示。

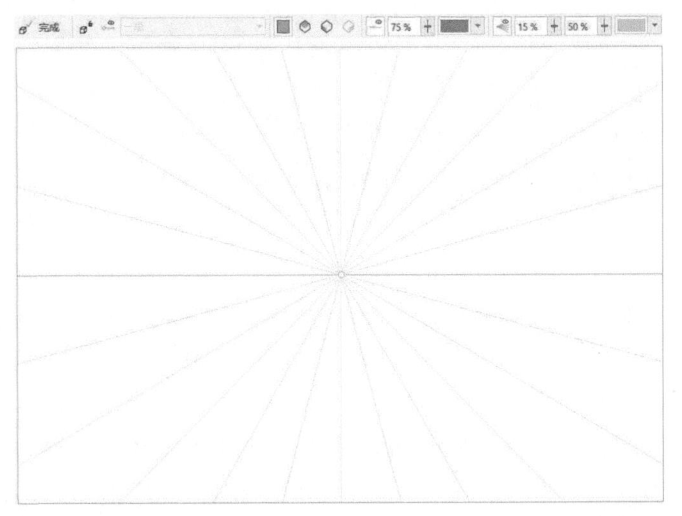

图10-536

“采用透视绘制”选项介绍

锁定透视视野：激活该按钮，透视线的消失点将无法移动。

显示摄像机线条：显示或隐藏摄像机辅助线，用于绘制透视图形。

类型：在执行“对象>透视点>采用透视绘制”菜单命令后才能被激活，单击该按钮可以选择透视的类型，包括4种类型，如图10-537所示。

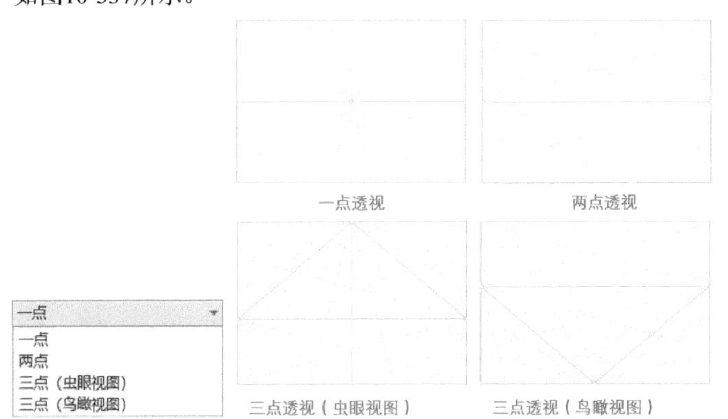

图10-537

正：在透视线中以平面形式绘制图形，没有透视效果。

上：在透视线中的水平透视平面上绘制图形，有透视效果，如图10-538所示。

左：在透视线中的左透视平面上绘制图形，具有透视效果，如图10-539所示。

右：在透视线中的右透视平面上绘制图形，有透视效果，如图10-540所示。

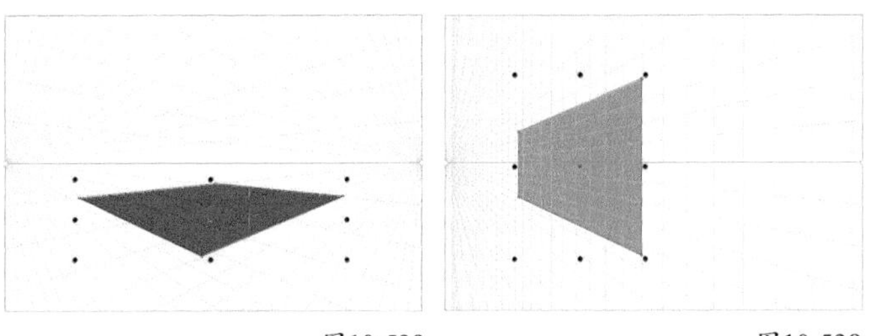

图10-538　　图10-539

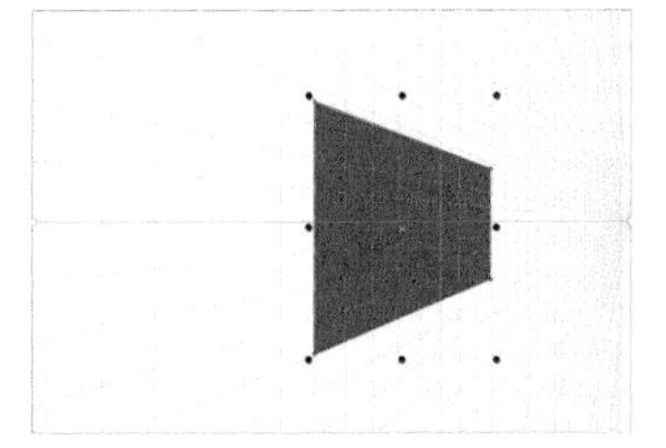

图10-540

显示地平线：显示或隐藏消失线。

地平线不透明度：在文本框内输入数值，设置地平线的透明度，数值越小，地平线越透明。

地平线颜色：在颜色挑选器中设置地平线的颜色。

显示透视线：隐藏或显示透视线，如图10-541所示。

图10-541

密度：在文本框内输入数值，设置透视线的数量，数值越大，透视线越多。

线条不透明度：在文本框内输入数值，设置透视线的透明度，数值越小，透视线越透明。

线条颜色：在颜色挑选器中设置透视线的颜色。

技巧与提示

绘制完成后，单击工作区左上角浮动工具栏中的“完成”按钮。在选中透视对象的情况下，单击工作区左上角浮动工具栏中的“编辑”按钮可以再次编辑该对象的透视效果。

第11章

位图的操作

CorelDRAW中的位图编辑拥有自身独特的功能。学习完本章，我们可以快速调整位图的亮度、对比度、颜色、饱和度、色温等参数，并且可以使用滤镜给位图添加各类特殊效果。

同时，还可以使用描摹功能将位图转换为矢量图形，创建各类特殊效果。

学习要点

11.1 位图和矢量图的转换

CorelDRAW中可以将矢量图形或对象转换为位图，也可以将位图转换为矢量图形，并且可以将特殊效果应用到对象上。将矢量图形转换为位图的过程也称为"光栅化"。

11.1.1 矢量图转位图

在设计过程中，可以将矢量图形转换为位图，用来添加一些位图的特殊效果。

转换位图操作

选中要转换为位图的对象，执行"位图>转换为位图"菜单命令，如图11-1所示，打开"转换为位图"对话框。在该对话框中设置相应的选项，如图11-2所示，单击OK按钮即完成转换。转换后的效果如图11-3所示。

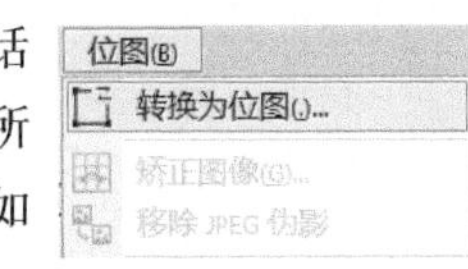

图11-1

图11-2

图11-3

对象转换为位图后可以进行位图的相应编辑，但无法进行矢量编辑。位图转换为矢量图形可以使用描摹功能来实现。

选项设置

“转换为位图”对话框的选项如图11-4所示。

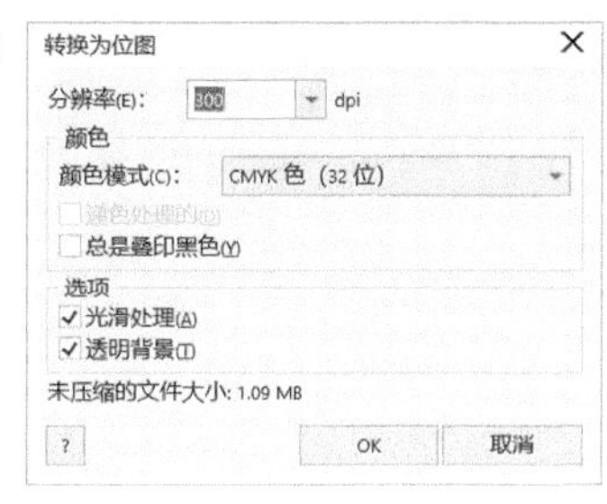

图11-4

“转换为位图”对话框选项介绍

分辨率：用于设置对象转换为位图后的清晰程度，可以在后面的下拉列表中选择相应的分辨率，也可以直接输入需要的数值。分辨率越大图片越清晰，分辨率越小图片越模糊，会出现马赛克效果，如图11-5所示。

分辨率：300dpi

分辨率：10dpi

图11-5

颜色模式：用于设置位图的颜色显示模式，共包括“黑白（1位）”“16色（4位）”“灰度（8位）”“调色板色（8位）”“RGB色（24位）”“CMYK色（32位）”6种，如图11-6所示。颜色位数越少，颜色丰富程度越低，如图11-7所示。

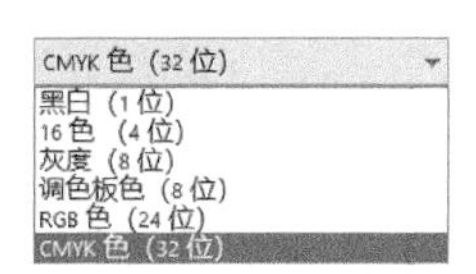

图11-6

黑白（1位）

16色（4位）

灰度（8位）

调色板色（8位）

RGB色（24位）

CMYK色（32位）

图11-7

递色处理的：模拟比可用颜色的数量更多的颜色。该选项在可使用颜色位数少时激活，可用于使用256色或更少颜色的图像。勾选该选项后转换的位图以色块来加强转换效果，如图11-8所示。该选项未勾选时，转换的位图以选择的颜色模式显示，如图11-9所示。

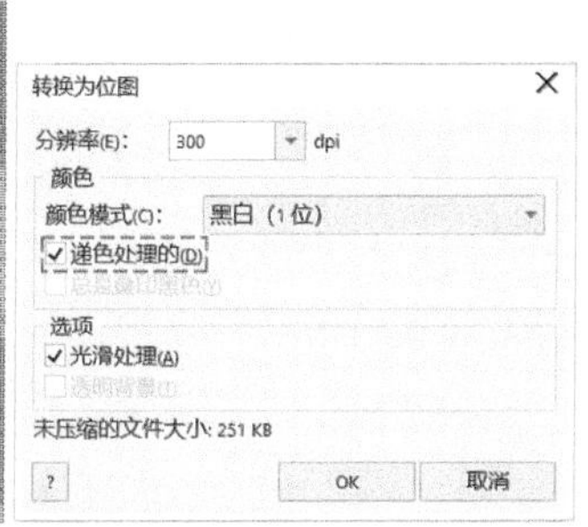

图11-8

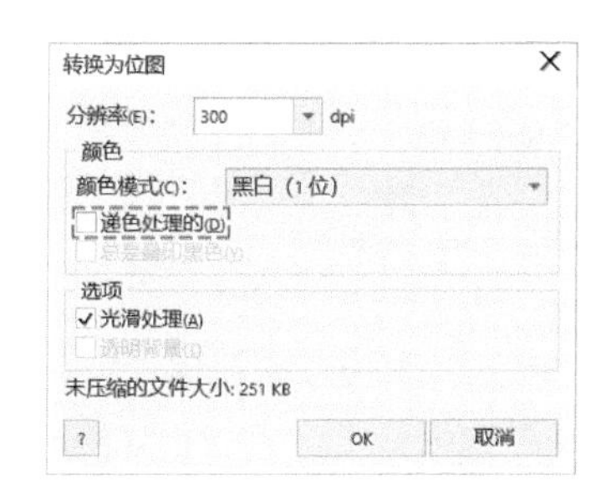

图11-9

总是叠印黑色：当黑色为顶部颜色时叠印黑色，勾选该选项可以在印刷时避免套版不准和露白现象，可在“RGB色”和“CMYK色”模式下激活。

光滑处理：勾选该选项可以平滑位图的边缘，如图11-10所示。

透明背景：勾选该选项可以使位图的背景透明，不勾选时显示白色背景，如图11-11所示。

勾选　　未勾选

图11-10

勾选　　未勾选

图11-11

★ 重点 ★

11.1.2 位图的描摹

描摹位图可以把位图转换为矢量图形，执行填充等编辑。可以在“位图”菜单内执行描摹命令，如图11-12所示。也可以在属性栏上单击“描摹位图”按钮，在弹出的下拉菜单中执行描摹命令，如图11-13所示。描摹位图的方式包括“快速描摹”“中心线描摹”“轮廓描摹”。

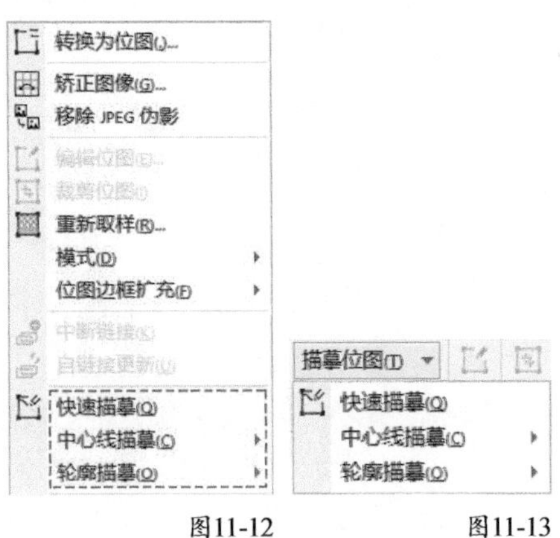

图11-12　　图11-13

快速描摹

快速描摹可以进行一键描摹，快速描摹出矢量图形。

选中需要转换为矢量图形的位图对象，如图11-14所示，执行“位图>快速描摹”菜单命令，或选择属性栏上“描摹位图”下拉菜单中的“快速描摹”命令，描摹完成后，效果如图11-15所示。

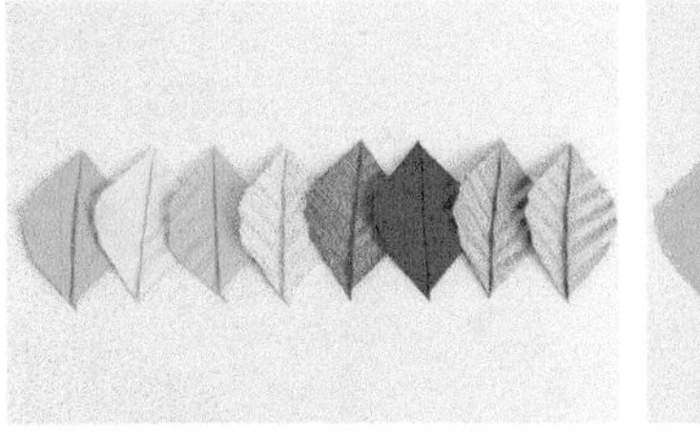

图11-14

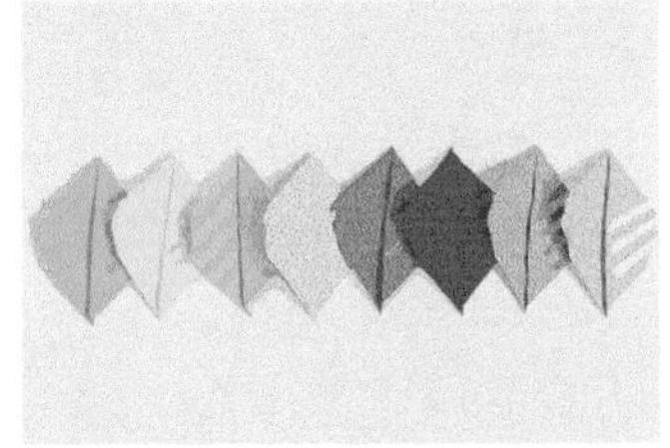

图11-15

技巧与提示

快速描摹使用系统设置的默认参数进行自动描摹，无法进行自定义参数设置。

中心线描摹

中心线描摹也称笔触描摹，它可以将对象以线描的形式描摹出来，常用于技术图解、线描画和拼版等场景。中心线描摹方式支持的图像类型包括“技术图解”“线条画”两种。

选中需要转换为矢量图形的位图对象，然后执行“位图>中心线描摹>技术图解”或“位图>中心线描摹>线条画”菜单命令，打开PowerTRACE对话框，也可以选择属性栏上“描摹位图”下拉菜单中的“中心线描摹”命令，再在子菜单中选择“技术图解”或“线条画”命令，如图11-16所示。

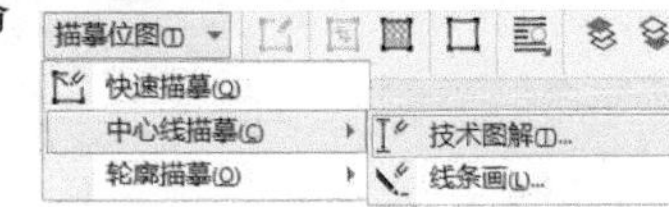

图11-16

在PowerTRACE对话框中，调节“细节”“平滑”“拐角平滑度”的数值，可以设置线稿描摹的精细程度，然后在预览窗口中预览调节效果，如图11-17所示。单击OK按钮完成描摹，效果如图11-18所示。

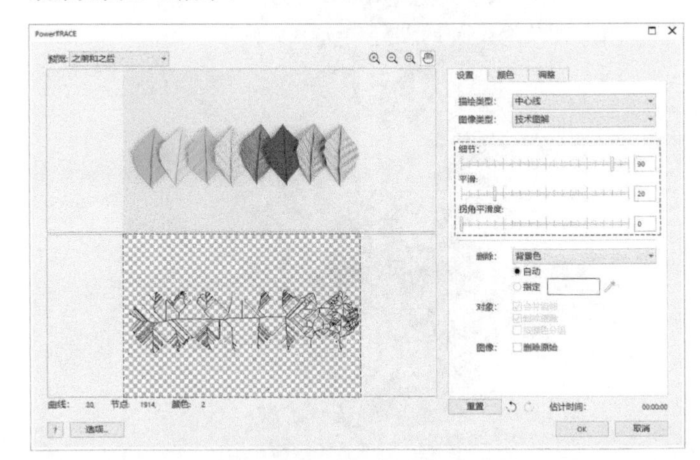

图11-17

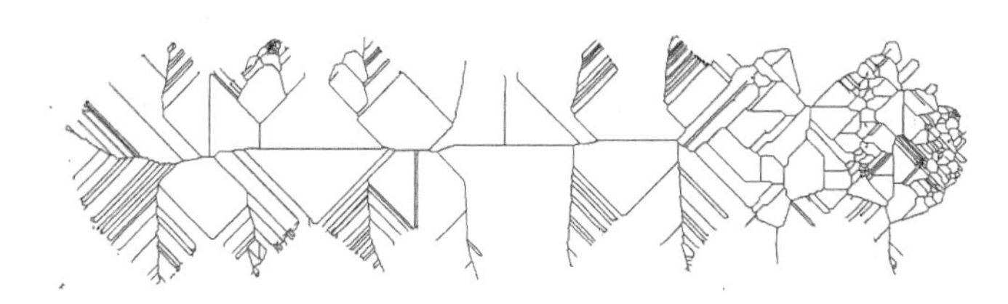

图11-18

轮廓描摹

轮廓描摹也称填充描摹，它使用无轮廓的闭合路径描摹对象，适用于描摹照片、剪贴画等。轮廓描摹支持的图像类型包括“线条图”“徽标”“详细徽标”“剪贴画”“低品质图像”“高品质图像”6种。

选中需要转换为矢量图形的位图对象，执行“位图>轮廓描摹>高质量描摹”菜单命令，打开PowerTRACE对话框，也可以选择属性栏上“描摹位图”下拉菜单中的“轮廓描摹>高质量描摹”命令，如图11-19所示。

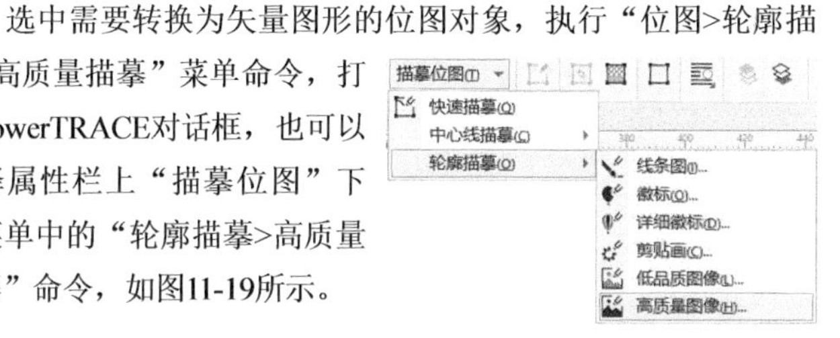

图11-19

在PowerTRACE对话框中设置“细节”“平滑”“拐角平滑度”选项的数值，调整描摹的精细程度，在预览窗口中预览调节效果，如图11-20所示。单击OK按钮即可完成描摹，效果如图11-21所示。

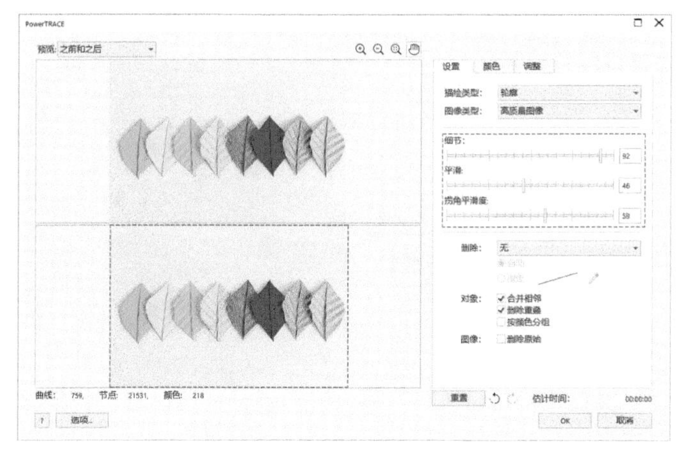

图11-20

图11-21

设置参数

PowerTRACE对话框的参数选项如图11-22所示。

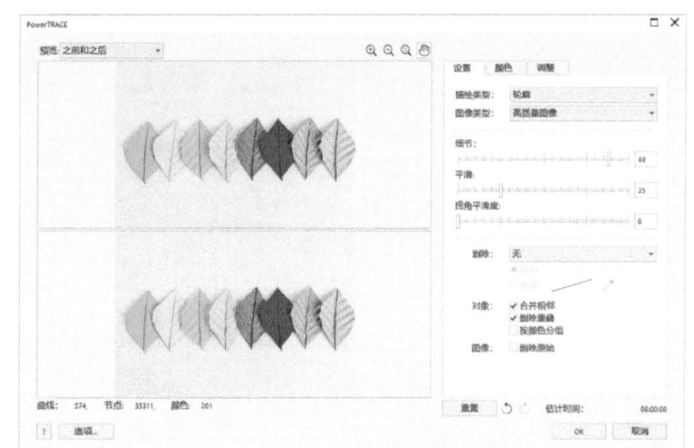

图11-22

PowerTRACE对话框“设置”选项介绍

预览：在下拉列表中可以选择描摹的预览模式，包括“之前和之后”“较大预览”“线框叠加”3种，如图11-23所示。

图11-23

之前和之后：选择该模式，描摹对象和描摹结果都排列在预览区内，可以进行效果的对比，如图11-24所示。

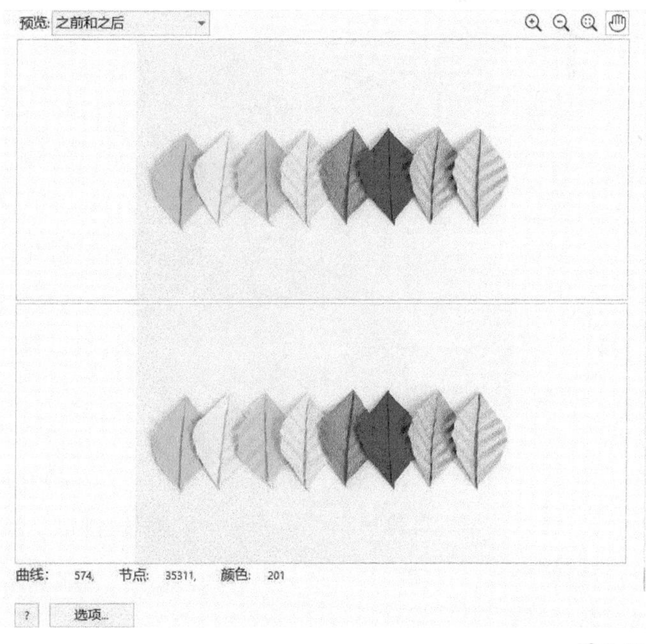

图11-24

较大预览：选择该模式，描摹后的效果将最大化显示，方便用户查看描摹整体效果的细节，如图11-25所示。

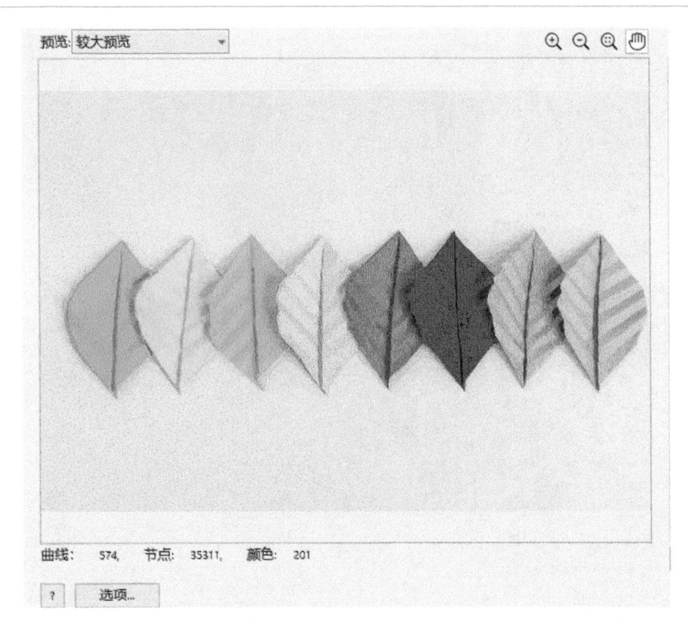

图11-25

线框叠加： 选择该模式，描摹对象将置于描摹效果后面，描摹效果以轮廓线形式显示。这种预览方式方便用户查看色块的组合位置和细节，如图11-26所示。

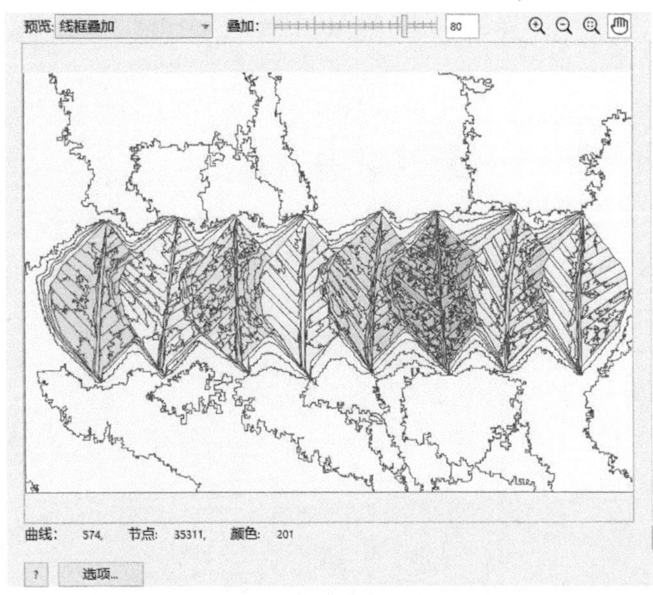

图11-26

叠加： 在选择"线框叠加"预览模式时激活，用于调节底层图片的透明程度，数值越大透明度越高，如图11-27所示。

预览: 线框叠加　叠加: 59

图11-27

放大：激活该按钮可以放大预览视图，用于查看细节。

缩小：激活该按钮可以缩小预览视图，用于查看整体效果。

按窗口大小显示：激活该按钮可以将预览视图按预览窗口大小显示。

平移：在预览视图放大后，激活该按钮可以平移视图。

描绘类型： 在后面的下拉列表中可以切换"中心线描摹""轮廓描摹"类型，如图11-28所示。

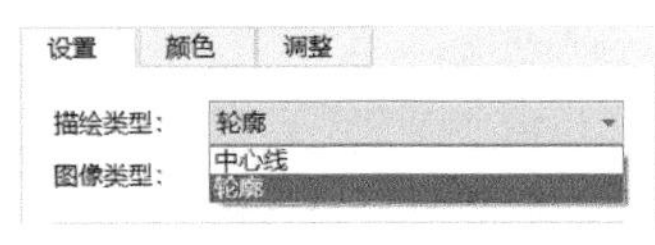

图11-28

图像类型： 选择"描绘类型"后，可以在"图像类型"下拉列表中选择描摹的图像类型。

技术图解： 使用细线描摹黑白线条图解，如图11-29所示。

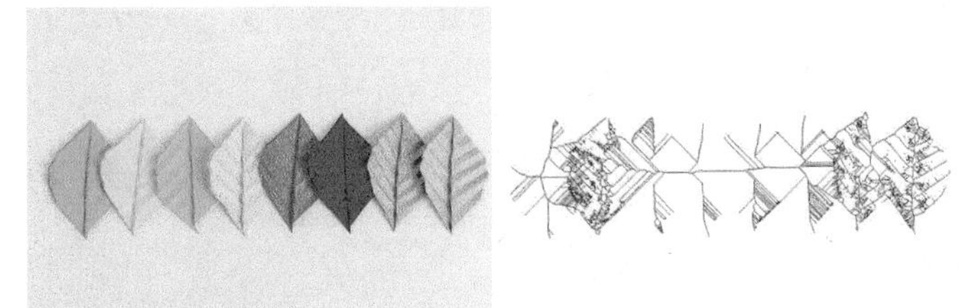

图11-29

线条画： 使用线条描摹出对象的轮廓，用于描摹黑白草图，如图11-30所示。

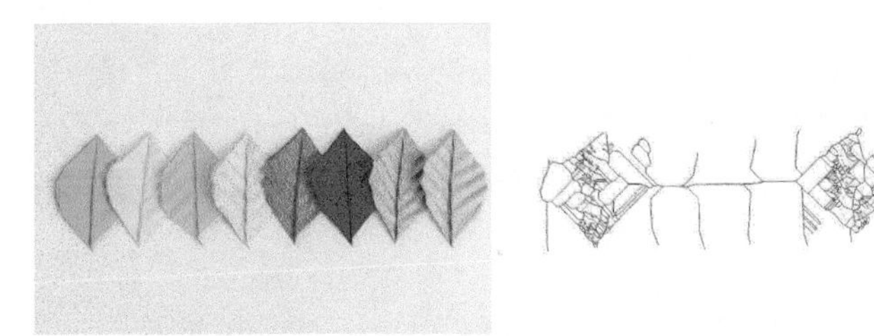

图11-30

线条图： 突出描摹对象的轮廓效果，如图11-31所示。

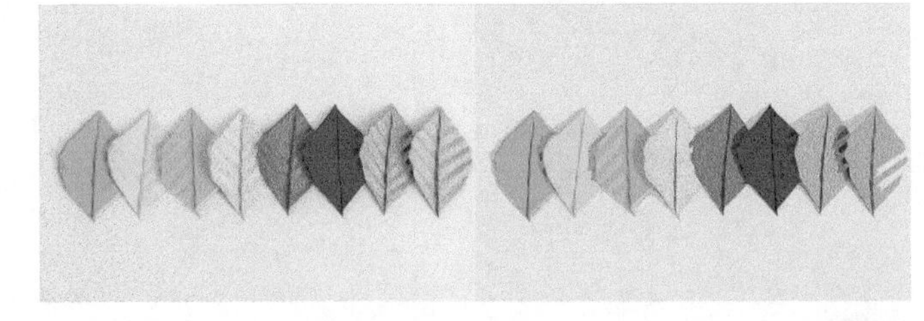

图11-31

徽标： 描摹细节和颜色相对少些的简单徽标，如图11-32所示。

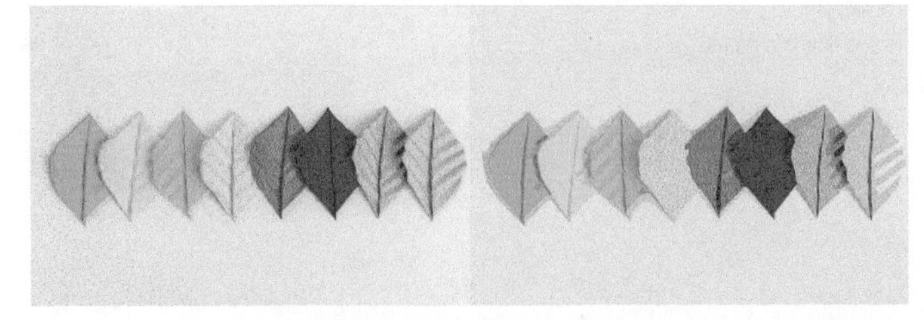

图11-32

详细徽标：描摹细节和颜色较精细的徽标，如图11-33所示。

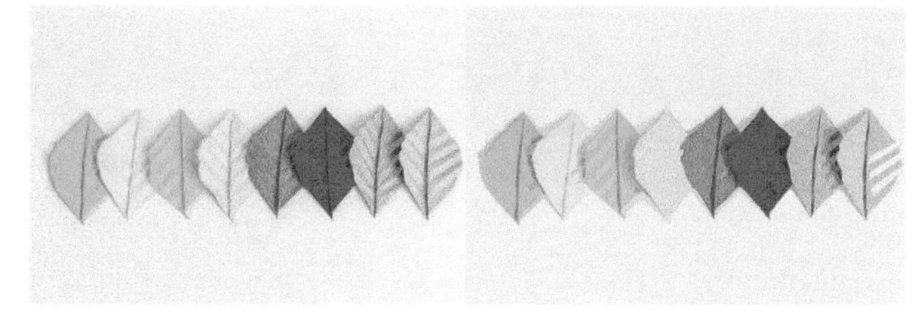

图11-33

剪贴画：根据复杂程度、细节量和颜色数量来描摹对象，如图11-34所示。

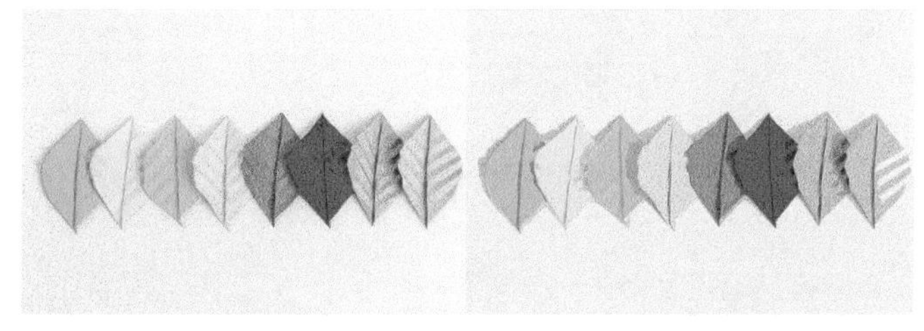

图11-34

低品质图像：用于描摹细节量不多或相对模糊的对象，可以减少不必要的细节，如图11-35所示。

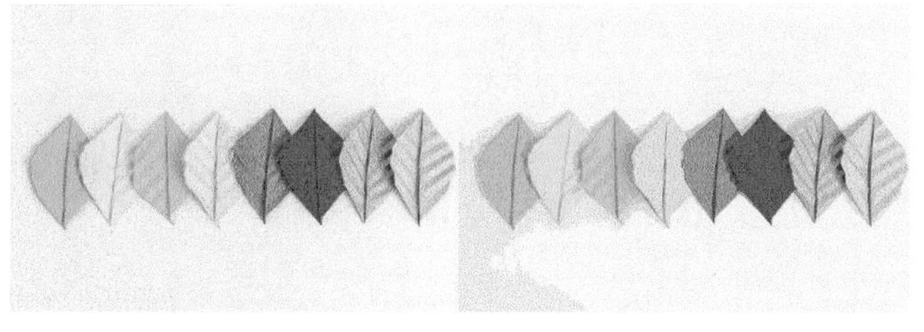

图11-35

高质量图像：用于描摹精细的高质量图片，描摹质量很高，如图11-36所示。

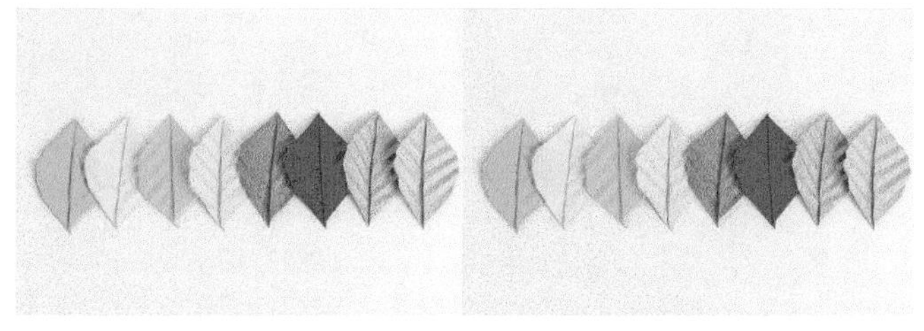

图11-36

细节：拖曳中间滑块可以设置描摹的精细程度，精细程度越低描摹速度越快，反之则越慢。

平滑：可以设置描摹效果中线条的平滑程度，用于减少节点和平滑细节，值越大平滑程度越大。

拐角平滑度：可以设置描摹效果中尖角的平滑程度，用于减少节点。

删除：在后面的下拉列表中可以选择删除颜色的类型，如图11-37所示。另外，还有“自动”和“指定”两个选项可供选择。

图11-37

无：不删除任何颜色。

背景色：选择该选项后，系统将删除背景颜色。

整个图像颜色：选择该选项后，可以删除整个描摹对象中的选定颜色。

自动：系统自动删除默认背景色，通常情况下的背景色为软件自动识别，但一般情况下无法清除干净，如图11-38所示。

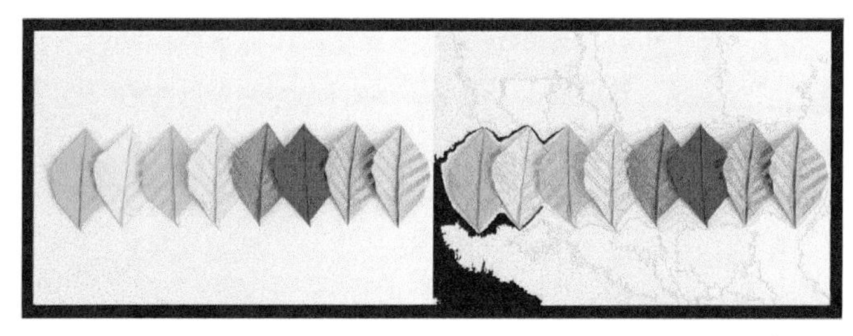

图11-38

指定：单击后面的“滴管”按钮，选取描摹对象中需要删除的背景颜色，但一般情况下也无法清除干净，如图11-39所示。

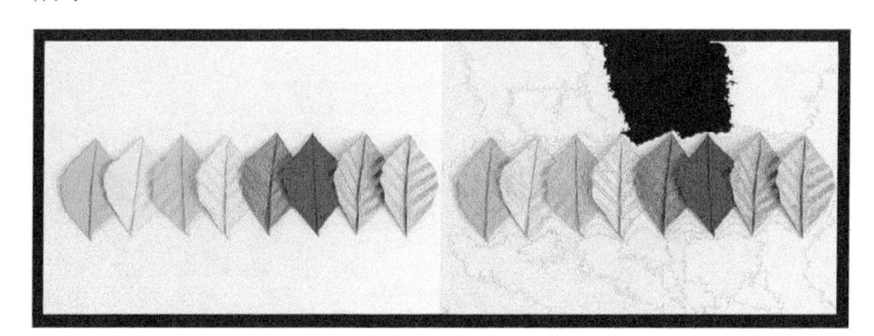

图11-39

技巧与提示

删除描摹对象的颜色，只有在背景颜色单一或者使用低品质描摹命令（如“线条图”“徽标”等操作）时，才能删除得比较干净，如图11-40所示。

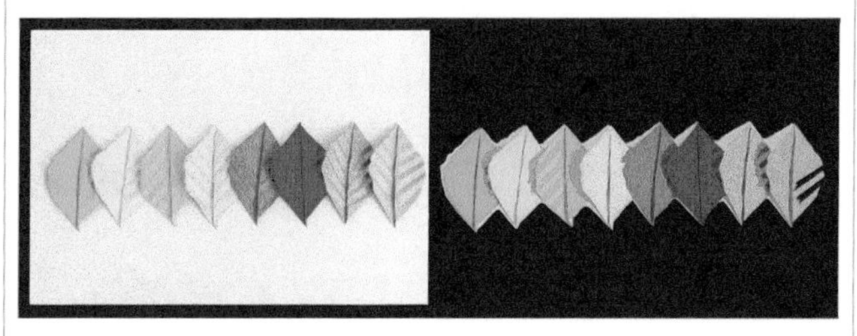

图11-40

合并相邻：合并描摹对象中颜色相同且相邻的区域，该选项默认勾选。

删除重叠：删除对象之间重叠的部分，简化描摹对象的复杂程度，该选项默认勾选。

按颜色分组：勾选该选项，可以根据颜色来区分对象执行“删除重叠”命令。

删除原始：勾选该选项可以在描摹对象后删除源位图。

撤销：取消前一个操作，回到上一步。

重做：重新执行上一个撤销的操作。

重置：单击该按钮可以删除所有设置，回到设置初始状态。

选项：单击该按钮可以打开“选项”对话框，在PowerTRACE选项卡上设置相关参数，如图11-41所示。

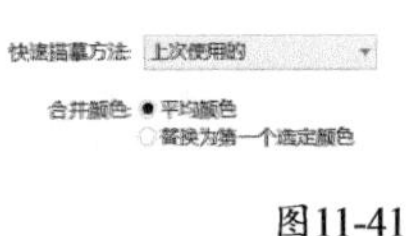

图11-41

快速描摹方法：在下拉列表中选择快速描摹的方法，用来设置一键描摹效果，使用“上次使用的”方法可以将设置的描摹参数应用在快速描摹上。

平均颜色：勾选该选项，合并的颜色为所选颜色的平均色。

替换为第一个选定颜色：勾选该选项，合并的颜色为所选的第一种颜色。

颜色参数

PowerTRACE对话框的“颜色”选项卡参数如图11-42所示。

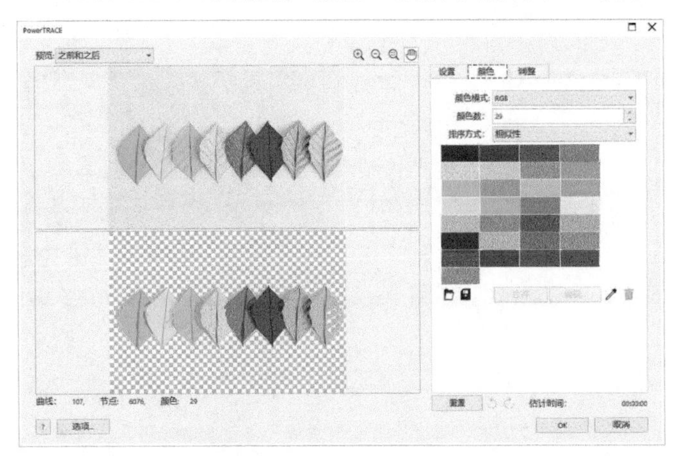

图11-42

PowerTRACE对话框“颜色”选项介绍

颜色模式：在下拉列表中可以选择描摹的颜色模式。

颜色数：显示描摹对象的颜色数量。在默认情况下为该对象包含的所有颜色数量，可以在文本框内输入需要的颜色数量进行描摹，最大数值为图像本身包含的颜色数量。

排序方式：可以在下拉列表中选择颜色显示的排序方式。

打开调色板：单击该按钮可以打开保存过的其他调色板。

保存调色板：单击该按钮可以将描摹对象的颜色保存为调色板。

合并：选中两个或多个颜色可以激活该按钮，单击该按钮可将选中的颜色合并为一个颜色。

编辑：单击该按钮可以编辑选中颜色。

选择颜色：单击该按钮，可以从描摹对象上取样颜色。

删除颜色：单击该按钮，可以删除选中的颜色。

调整参数

PowerTRACE对话框的“调整”选项卡参数如图11-43所示。

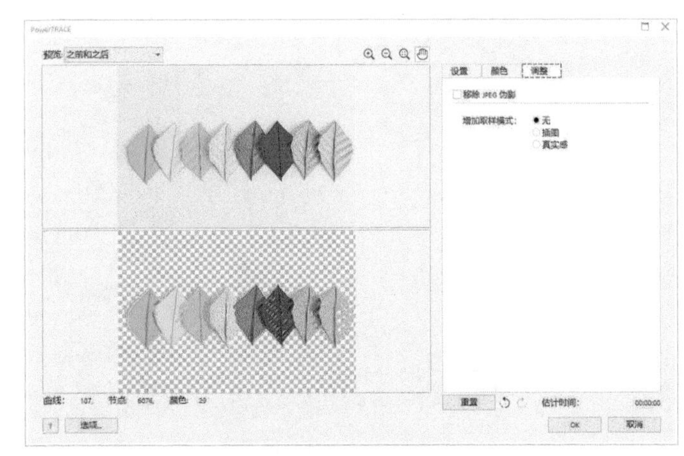

图11-43

PowerTRACE对话框“调整”选项介绍

移除JPEG伪影：移除JPEG压缩造成的伪影，可以提升位图质量，从而提供更好的描摹结果。

增加取样模式：即描摹取样模式。

无：无取样。

插图：较高的取样模式，可以提升描摹质量。

真实感：最高的取样模式，可以明显提升描摹质量。

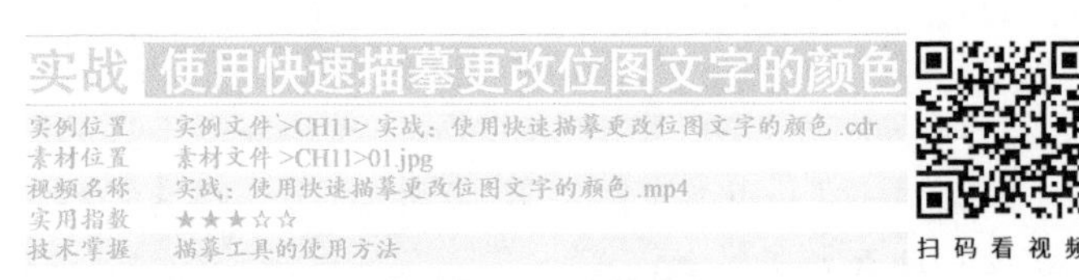

本案例绘制的效果如图11-44所示。

图11-44

01 新建文档，导入“素材文件>CH11>01.jpg”文件，如图11-45所示。执行“位图>快速描摹”菜单命令，效果如图11-46所示。

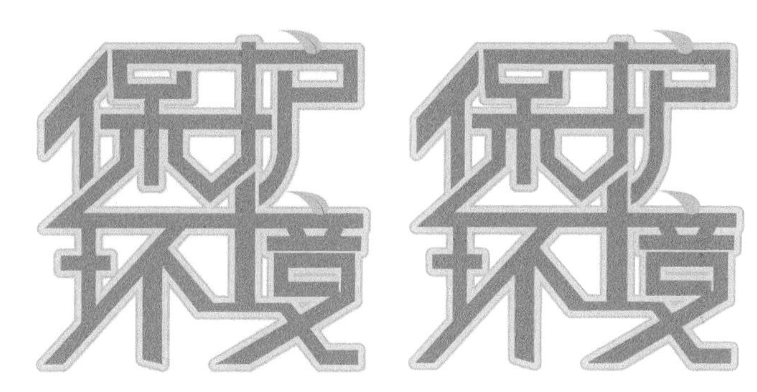

图11-45　图11-46

02 删除刚才导入的位图，保留描摹后的矢量对象。选中最内层的深绿色矢量对象，设置填充色为蓝色（C:100，M:20，Y:0，K:0），如图11-47所示。选中中间层的浅绿色矢量对象，设置填充色为浅蓝色（C:40，M:0，Y:0，K:0），如图11-48所示。

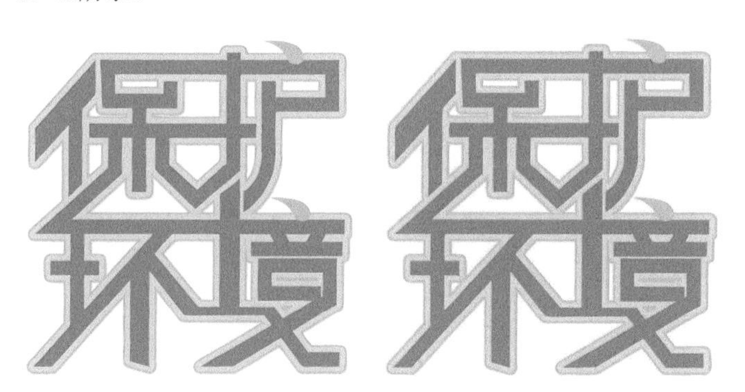

图11-47　图11-48

03 选中最外层的浅绿色矢量对象，设置填充色为蓝色（C:60，M:20，Y:0，K:20），如图11-49所示。使用“矩形”工具绘制一个正方形，设置填充色为淡黄色（C:0，M:0，Y:20，K:0），使其与描摹对象中心对齐，并置于底层，最终效果如图11-50所示。

图11-49

图11-50

技巧与提示

一般对比强烈、边界清晰的位图，才可以使用“快速描摹”功能将位图转换成矢量图形。

实战 将人物画稿转换为线稿

实例位置　实例文件>CH11>实战：将人物画稿转换为线稿.cdr
素材位置　素材文件>CH11>02.png
视频名称　实战：将人物画稿转换为线稿.mp4
实用指数　★★★☆☆
技术掌握　描摹工具的使用方法

扫码看视频

本案例绘制的线稿效果如图11-51所示。

图11-51

01 新建文档，导入“素材文件>CH11>02.png”文件，如图11-52所示。执行“位图>轮廓描摹>线条图”菜单命令，打开PowerTRACE对话框，设置“细节”为87、“平滑”为25，单击OK按钮，如图11-53所示，效果如图11-54所示。

图11-52

描绘类型：轮廓
图像类型：线条图
细节：87
平滑：25
拐角平滑度：0
删除：背景色
自动
指定
对象：合并相邻
删除重叠
按颜色分组
图像：删除原始

图11-53

图11-54

02 删除刚才导入的位图，保留描摹后的矢量对象，移除填充色，添加轮廓色，如图11-55所示。使用“形状”工具微调人物嘴部细节，如图11-56和图11-57所示。

图11-55

图11-56

图11-57

03 选中所有对象，打开“轮廓笔”对话框，设置“斜接限制”为45°、“展开”为60%、“角度”为45°，用来模拟手绘效果，如图11-58所示。单击OK按钮，最终效果如图11-59所示。

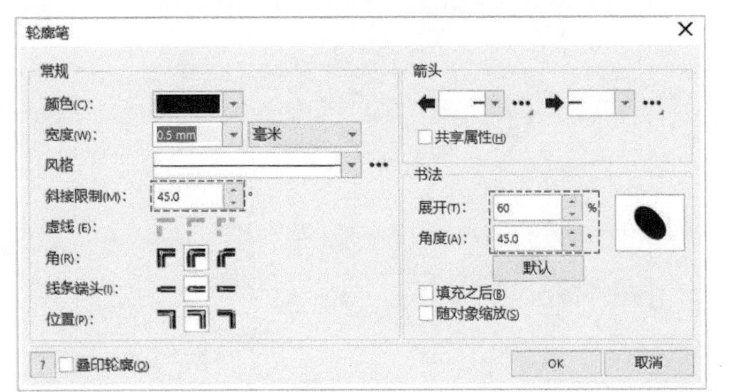

图11-58

图11-59

技巧与提示

一般色彩区分明显的画稿，才可以使用“线条图”功能将位图转换为线稿样式。

实战 快速抠取人物

实例位置　实例文件>CH11>实战：快速抠取人物.cdr
素材位置　素材文件>CH11>03.jpg
视频名称　实战：快速抠取人物.mp4
实用指数　★★★☆☆
技术掌握　描摹工具的使用方法

扫码看视频

本案例绘制的抠图效果如图11-60所示。

图11-60

01 新建文档，导入“素材文件>CH11>03.jpg”文件，如图11-61所示。执行“位图>轮廓描摹>高质量图像”菜单命令，打开PowerTRACE对话框，参数保持默认设置，直接单击OK按钮，效果如图11-62所示。

图11-61

图11-62

02 将描摹出的矢量对象移动到页面空白处，删除除人物以外的对象，如图11-63所示。选中全部矢量对象，在属性栏中单击“创建边界”按钮，然后删除其他矢量对象，仅保留人物的轮廓对象，如图11-64所示。

图11-63

图11-64

03 移动该轮廓对象到位图上，与位图的人物轮廓重合，如图11-65所示。选中位图，单击鼠标右键，在弹出的菜单中选择“PowerClip内部”命令，将位图置入轮廓内，效果如图11-66所示。最后移除轮廓色，效果如图11-67所示。

图11-65

图11-66

图11-67

04 使用“贝塞尔”工具绘制头发交叉区域的轮廓，如图11-68所示。选中所有对象，在属性栏中单击“移除前面对象”按钮，最终效果如图11-69所示。

图11-68

图11-69

11.2 位图的编辑

在CorelDRAW中可以直接对位图进行编辑，从而省去了先使用其他位图编辑软件编辑再返回CorelDRAW中继续处理的烦琐步骤。

11.2.1 矫正图像

“矫正图像”功能可以快速更正镜头失真及矫正位图图像。矫正以某个角度获取或扫描或者包含镜头失真的图片时，该功能非常有用。

矫正操作

选中导入的位图，如图11-70所示，执行“位图>矫正图像”菜单命令，打开“矫正图像”对话框，移动“旋转图像”右侧的滑块进行水平修正，通过查看预览图像与网格线的位置情况，在后面的文本框内输入数值进行微调，如图11-71所示。单击OK按钮完成矫正，如图11-72所示。

图11-70

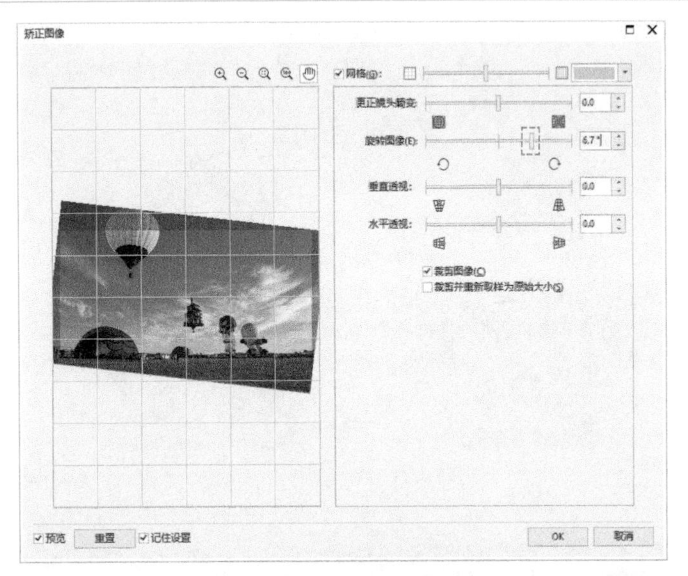

图11-71

图11-72

如果勾选“裁剪并重新取样为原始大小”选项，则裁剪后的图像缩放为原始大小，如图11-73所示。单击OK按钮完成矫正，效果如图11-74所示。

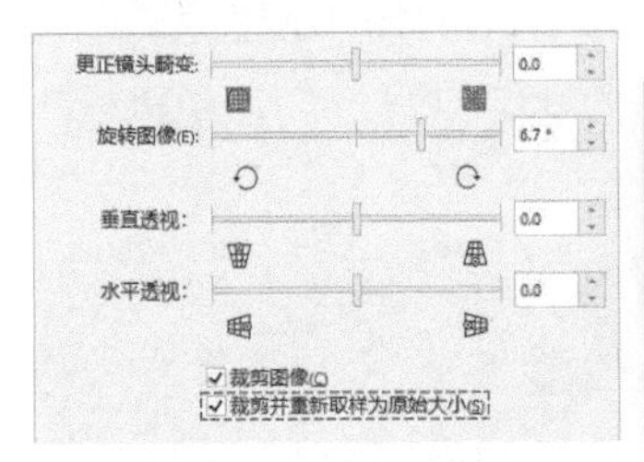

图11-73

图11-74

技巧与提示

非正方形形状的图片，在勾选“裁剪并重新取样为原始大小”选项后，图像比例会发生变形。

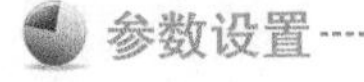

参数设置

“矫正图像”的参数选项如图11-75所示。

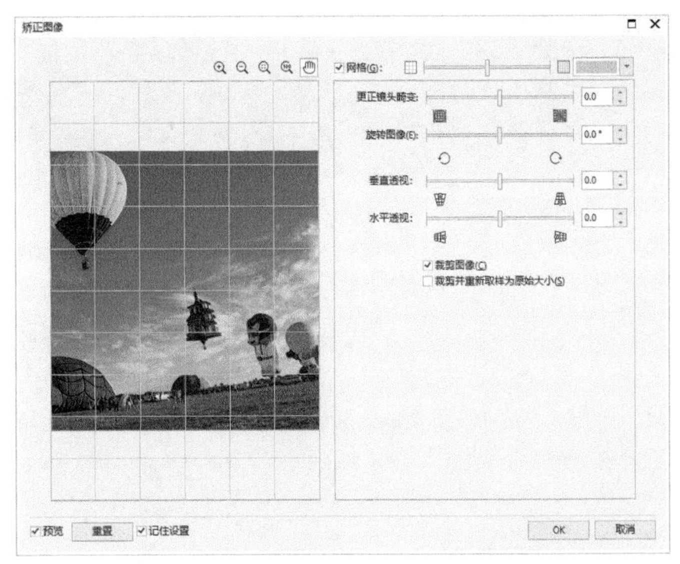

图11-75

“矫正图像”对话框选项介绍

更正镜头畸变：移动滑块或输入 -100到100之间的数值来更正镜头畸变，数值为0时，无更正效果，如图11-76所示。

- 100　　原图　　100

图11-76

旋转图像：移动滑块或输入 -15°到15°之间的数值来旋转图像的角度。预览窗口中的灰色区域为裁剪掉的区域，如图11-77所示。

图11-77

垂直透视：移动滑块或输入 -1到1之间的数值来调整垂直透视效果，数值为0时，无透视效果，如图11-78所示。

- 1　　原图　　1

图11-78

水平透视：移动滑块或输入 -1到1之间的数值来调整水平透视效果，数值为0时，无透视效果，如图11-79所示。

-1

原图

1

图11-79

裁剪图像：勾选该选项可以将矫正后的效果裁剪下来显示，不勾选该选项则只是矫正。

裁剪并重新取样为原始大小：勾选该选项后，将裁剪后的图像缩放至原始大小。

网格：移动滑块可以调节网格大小，网格越小矫正调整越精确，如图11-80所示。

网格颜色：单击后，在弹出的颜色挑选器中可以修改网格的颜色，如图11-81所示。

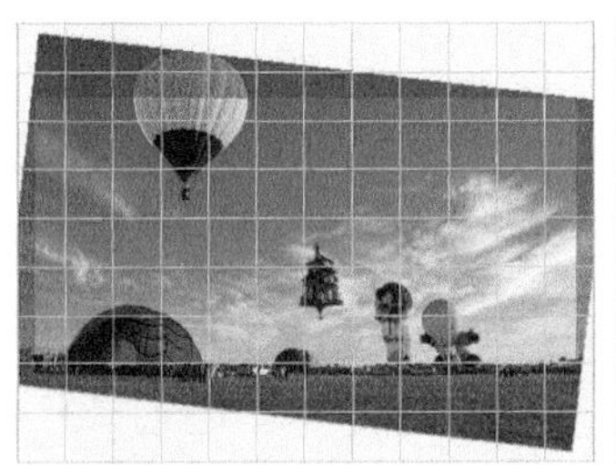

图11-80

图11-81

11.2.2 移除JPEG伪影

选中导入的位图，然后执行“位图>移除JPEG伪影”菜单命令，可以移除JPEG压缩造成的伪影，优化图像细节，提升位图质量，如图11-82所示。

原图

移除JPEG伪影

图11-82

11.2.3 编辑位图

选中导入的位图，然后执行“位图>编辑位图”菜单命令，可以将位图转到CorelPHOTO-PAINT 2021软件中进行辅助编辑，编辑完成后可转回至CorelDRAW 2021中使用。

11.2.4 裁剪位图

选中导入的位图，如图11-83所示。使用“形状”工具调整位图的节点，如图11-84所示。执行“位图>裁剪位图”菜单命令，该位图将按照节点的位置被裁剪，被裁剪的部分不可恢复。

图11-83

图11-84

11.2.5 重新取样

导入位图后，还可以调整位图的尺寸和分辨率。分辨率的大小决定文档输出的大小，分辨率越大，文件越大。

选中位图对象，执行“位图>重新取样”菜单命令，打开“重新取样”对话框，如图11-85所示。

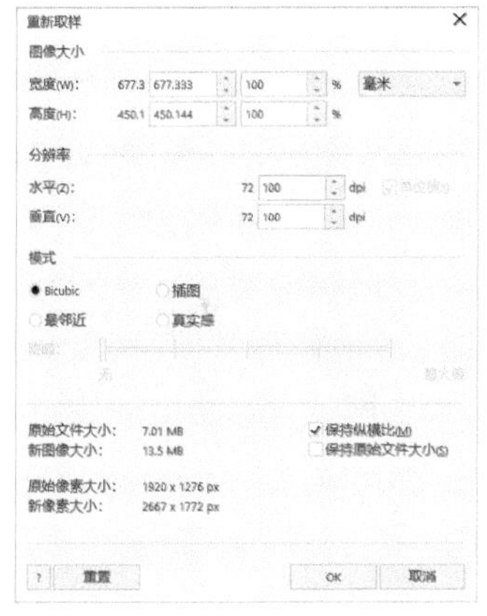

图11-85

“重新取样”对话框选项介绍

图像大小：在“图像大小”下面的“宽度”和“高度”文本框中输入数值可以改变位图的大小。文本框前面的数值为原位图的相关参数，作为设置新参数的参考使用。

分辨率：在“分辨率”下面的“水平”和“垂直”文本框中输入数值可以改变位图的分辨率。

模式：有4种重新取样的模式可供选择。

Bicubic：双三次插值算法，适量减少马赛克。

插图：对比度加强，出现的马赛克较少。

最邻近：对比度稍强，会出现马赛克。

真实感：效果最好。

降噪：在“插图”和“真实感”模式下激活，通过移动滑块来降低位图的噪点。

保持纵横比： 勾选此选项，将保持原图的比例，保证调整后不变形。

保持原始文件大小： 勾选此项后，单独调整“图像大小”或“分辨率”，另一选项的参数将按照比例自动改变。

★重点★

11.2.6 位图的多种模式

CorelDRAW 2021为用户提供了丰富的位图颜色模式，包括“黑白”“灰度”“双色调”“调色板色”“RGB色”“Lab色”“CMYK色”，如图11-86所示。改变颜色模式后，位图的颜色构成也会随之变化。

图11-86

技巧与提示

每将位图颜色模式转换一次，位图的颜色信息都会减少一些，效果也和之前的不同，所以在改变模式前可以先备份。

转换为黑白图像

黑白模式的图像每个像素只有1位深度，显示的颜色只有黑白两种，任何位图都可以转换成黑白模式。

选中导入的位图，执行“位图>模式>黑白（1位）”菜单命令，打开“转换至1位”对话框，在对话框的右侧视图中可以查看预览效果，调整完毕后单击OK按钮完成转换，如图11-87所示。效果如图11-88所示。

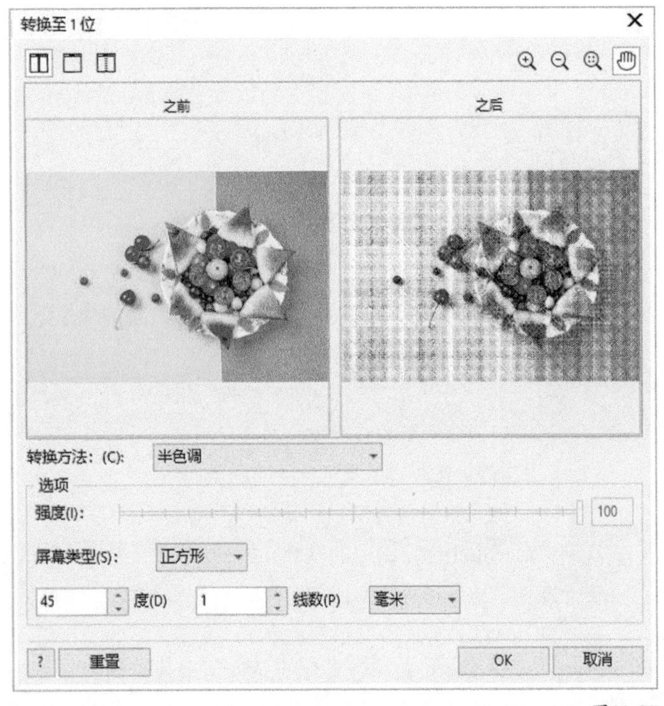

图11-87

图11-88

“转换至1位”对话框的参数选项如图11-89所示。

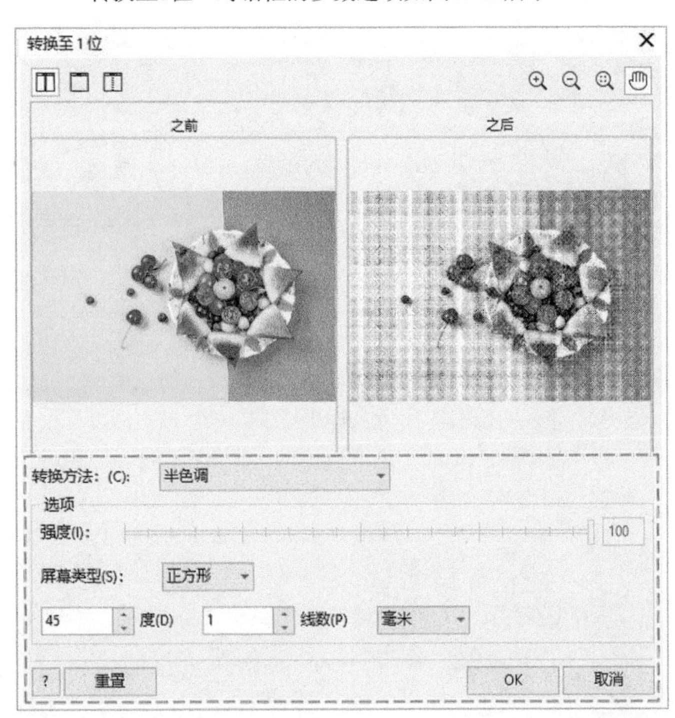

图11-89

“转换至1位”对话框选项介绍

转换方法： 在下拉列表中可以选择7种转换方法，如图11-90所示。

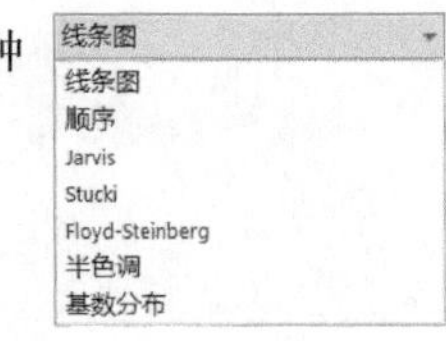

图11-90

线条图： 可以产生对比明显的黑白效果，灰色区域高于阈值设置变为白色，低于阈值设置则变为黑色，如图11-91所示。

顺序： 可以产生比较柔和的效果，突出纯色，使图像边缘变硬，如图11-92所示。

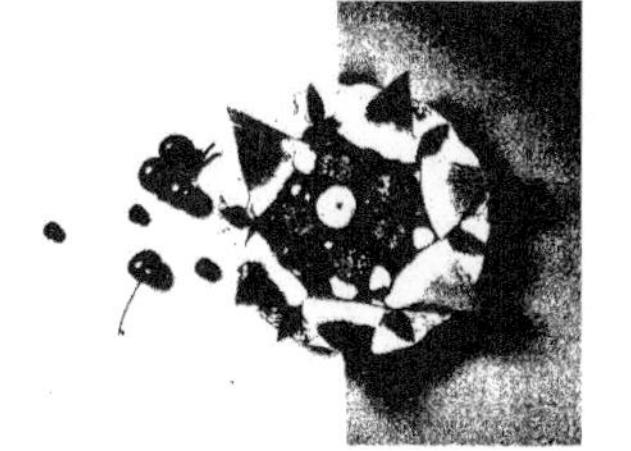

图11-91

图11-92

Jarvis：可以对图像进行Jarvis运算形成独特的偏差扩散，多用于摄影图像，如图11-93所示。

图11-93

Stucki：可以对图像进行Stucki运算形成独特的偏差扩散，多用于摄影图像。该方法比Jarvis计算细腻，如图11-94所示。

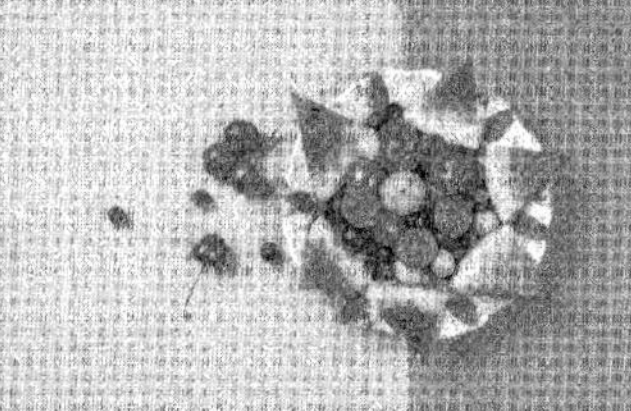

图11-94

Floyd-Steinberg：可以对图像进行Floyd-Steinberg运算形成独特的偏差扩散，多用于摄影图像。该方法比Stucki计算细腻，如图11-95所示。

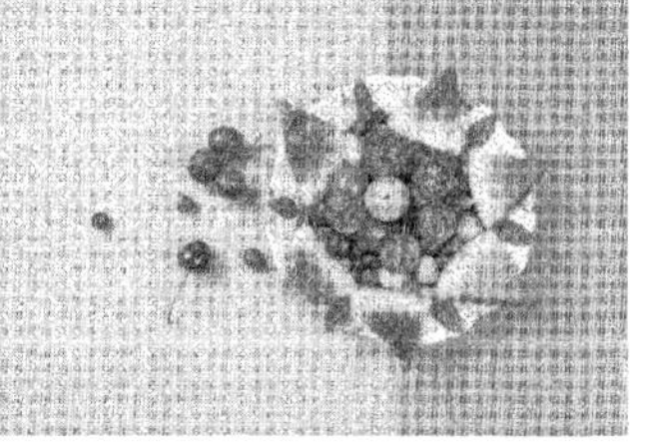

图11-95

半色调：通过改变图像中的黑白图案来创建不同的灰度，如图11-96所示。

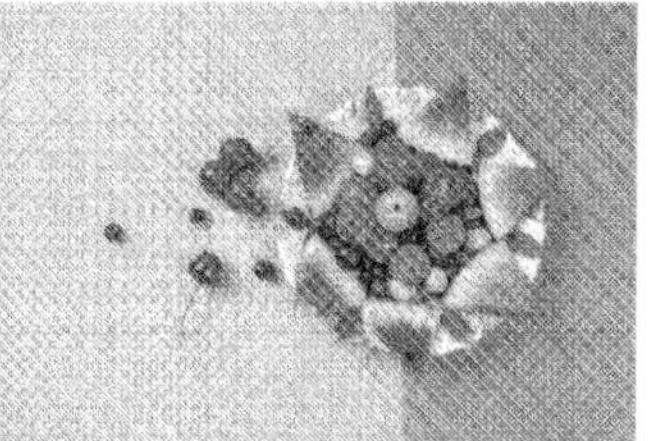

图11-96

基数分布：将计算后的结果分布到对象上，来创建带底纹的外观，如图11-97所示。

图11-97

阈值：调整线条图效果的灰度阈值，分隔黑色和白色的范围。阈值越小转换为黑色区域的灰阶越少，阈值越大转换为黑色区域的灰阶越多，如图11-98所示。

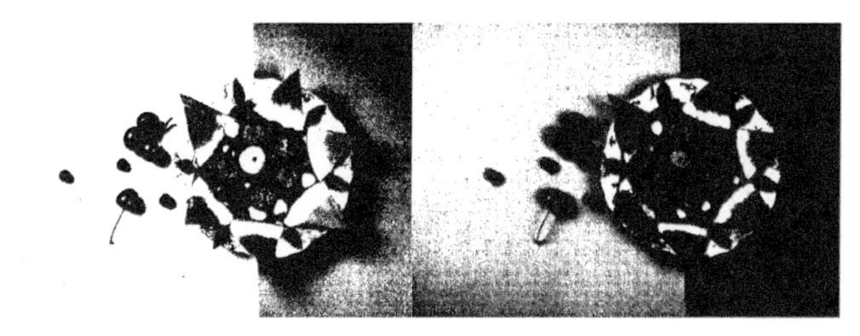

图11-98

强度：设置运算形成偏差扩散的强度，数值越小扩散越小，反之越大，如图11-99所示。

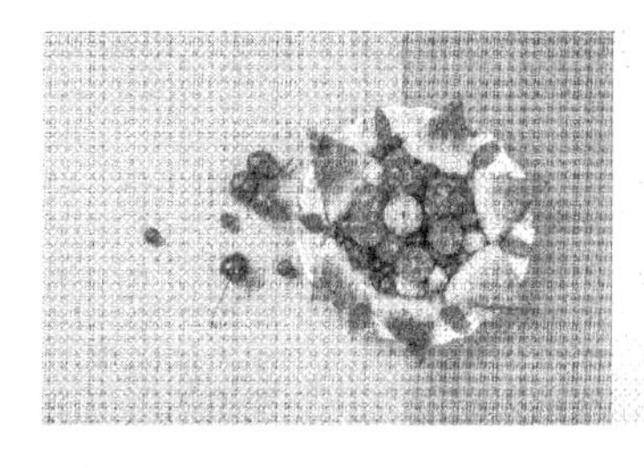

图11-99

屏幕类型：在“半色调”转换方法下，可以选择相应的屏幕显示图案来调整转换效果，还可以在下面调整图案的“角度”“线数”“单位”参数来设置图案的显示样式，如图11-100所示。屏幕显示如图11-101~图11-103所示。

正方形
圆角
线条
交叉
固定的 4x4
固定的 8x8

图11-100

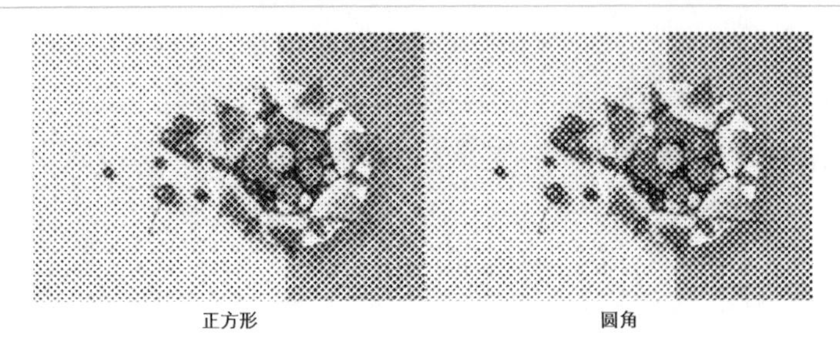

图11-101

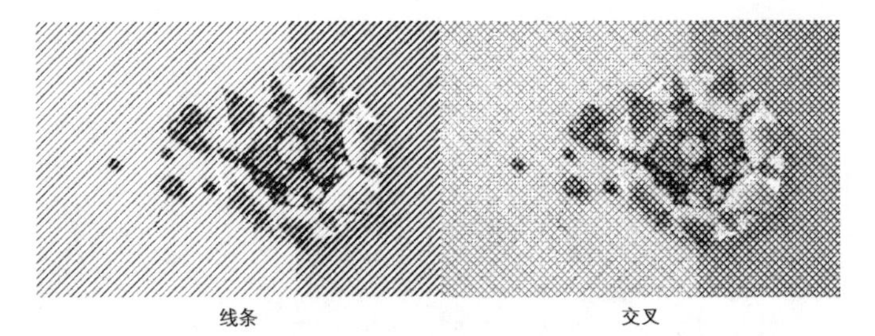

图11-102

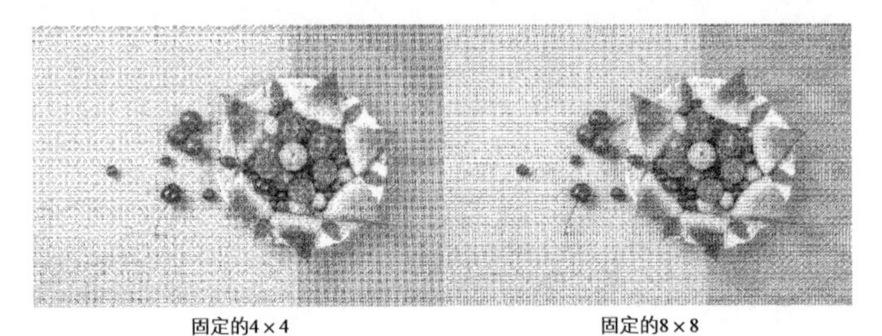

图11-103

转换为灰度图像

选中要转换的位图，然后执行“位图>模式>灰度（8位）”菜单命令，位图将转换为至多包含256级灰度显示的黑白图像，如图11-104所示。

图11-104

转换为双色调图像

双色调模式可以将位图转换为一种或多种颜色混合显示。

选中要转换的位图，执行“位图>模式>双色调（8位）”菜单命令，打开“双色调”对话框，选择“类型”为“单色调”，在对话框的右上方视图中可以查看预览效果，然后调整右下角的曲线更改显示效果，如图11-105所示，单击OK按钮完成转换，效果如图11-106所示。

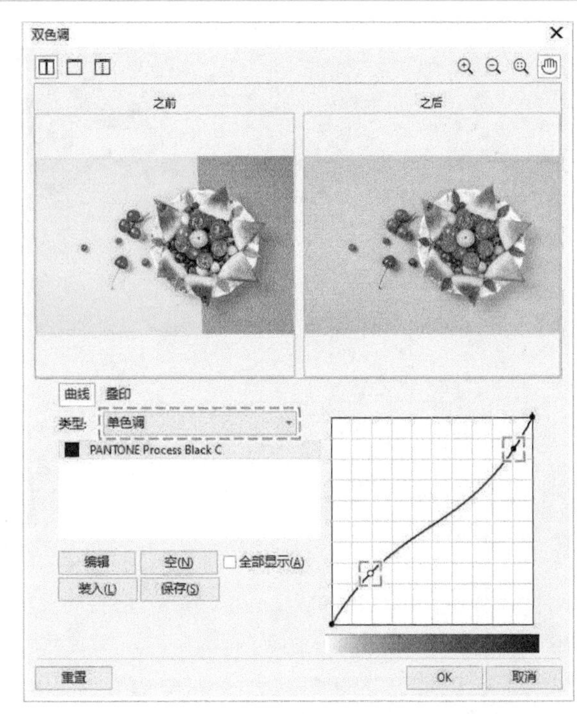

图11-105

图11-106

选中颜色色标，然后单击“编辑”按钮，在弹出的“选择颜色”对话框中可以调整颜色。选中曲线上的节点，单击“空”按钮可以删除该节点，如图11-107所示。调整后的效果如图11-108所示。

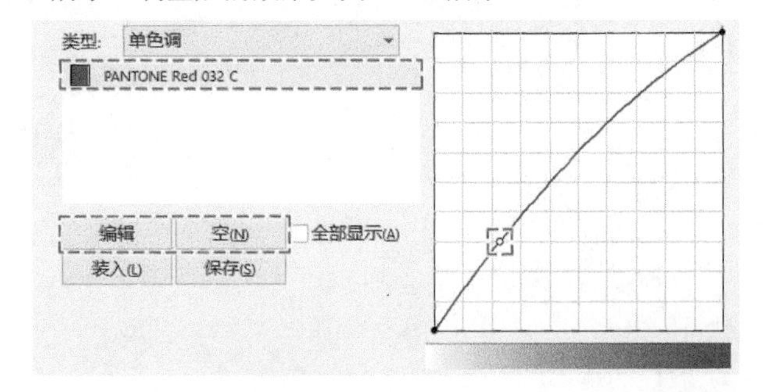

图11-107

图11-108

多色调类型包括“双色调”“三色调”“四色调”，可以为双色调模式添加丰富的色彩显示。选中位图，执行“位图>模式>双色（8位）”菜单命令，打开“双色调”对话框，选择“类型”为“四色调”，选中黑色色标，右边曲线显示当前选中颜色的曲线，调整颜色的明度，如图11-109所示。

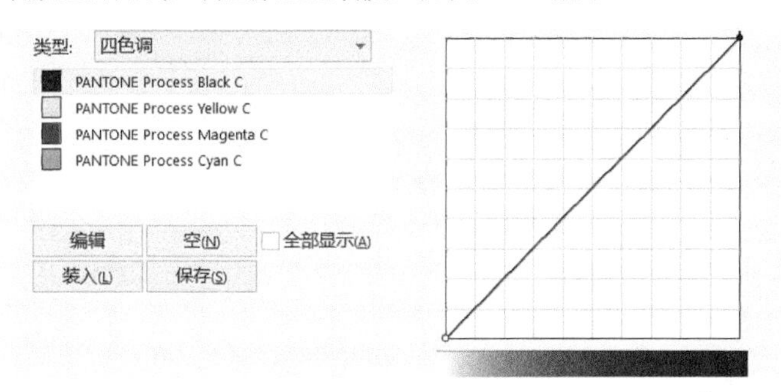

图11-109

选中黄色色标，右边曲线显示黄色的曲线，调整颜色的明度，如图11-110所示。用同样的方法分别调节洋红和青色的曲线，如图11-111和图11-112所示。

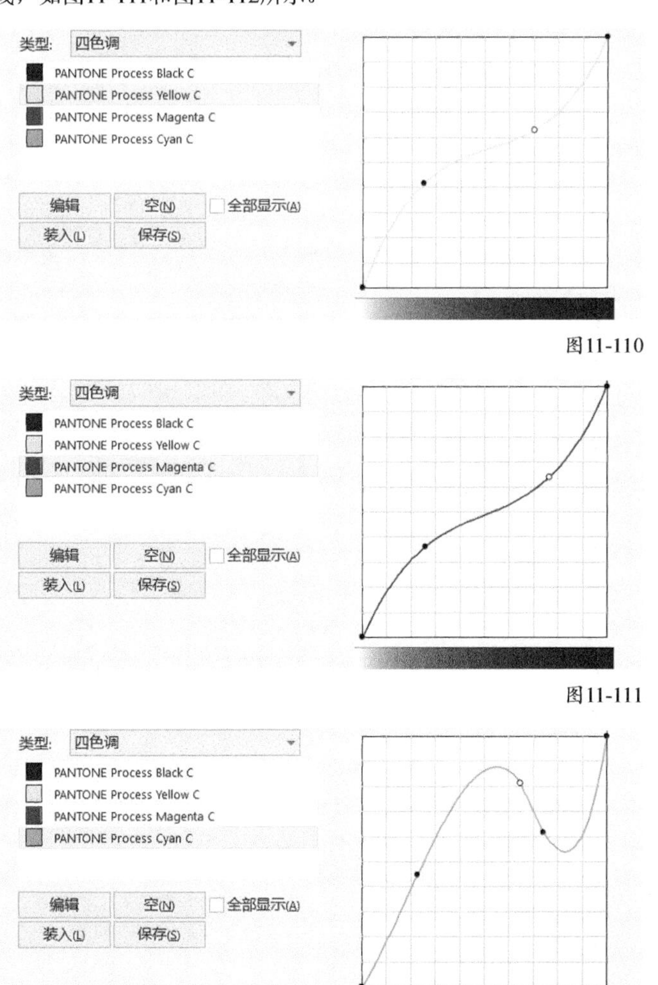

图11-110

图11-111

图11-112

调整完成后单击OK按钮完成模式转换，效果如图11-113所示。“双色调”和“三色调”的调整方法与“四色调”一致。

图11-113

技巧与提示

曲线的左侧部分为高光调整区域，中间部分为灰度调整区域，右侧部分为暗部调整区域。在调整时需注意调节点在3个区域的颜色比例和深浅度，在预览视图中查看调整效果。

转换为调色板色图像

选中要转换的位图，执行“位图>模式>调色板色（8位）”菜单命令，打开“转换至调色板色”对话框，选择“调色板”为“标准色”，选择“递色”为Floyd-Steinberg，在“抵色强度”中调节Floyd-Steinberg的扩散程度，单击OK按钮完成模式转换，如图11-114所示。完成转换后位图出现了磨砂效果，如图11-115所示。

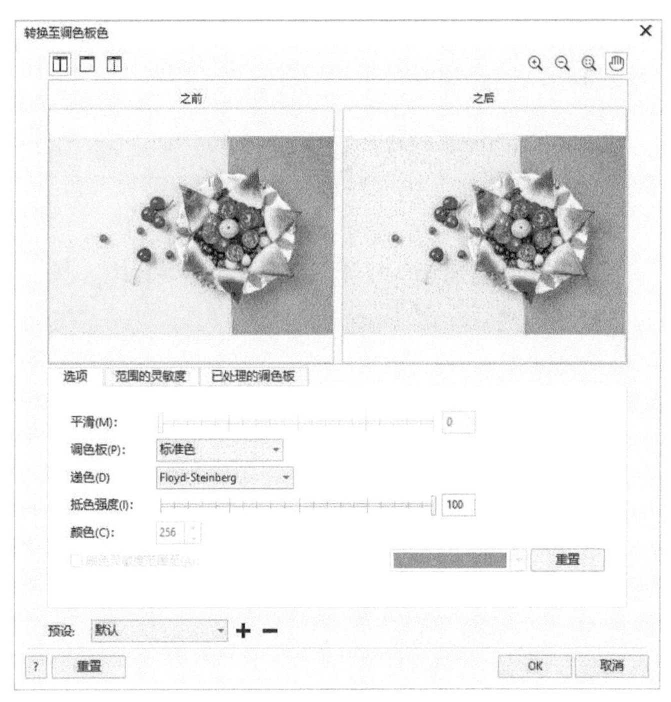

图11-114

图11-115

转换为RGB色图像

RGB模式的图像用于屏幕显示，是使用最为广泛的模式之一。RGB模式通过红色、绿色、蓝色3种颜色叠加生成色彩，叠加数值越大，色彩越鲜亮。

RGB模式是一种发光颜色模式，通常情况下的色彩显示比CMYK模式更鲜亮和艳丽，CMYK模式要偏暗淡一些，对比效果如图11-116所示。

一般情况下，导入的位图在默认情况下为RGB模式。

图11-116

转换为Lab色图像

Lab模式由3个通道组成，包含1个明度通道和两个颜色通道，理论上包含了人类肉眼所能感知的所有色彩，与RGB模式相似。

在将Lab模式转换为CMYK模式时，转换色差相对较小，弥补了RGB和CMYK模式的不足。因此，用户转换颜色模式时可以先将对象转换成Lab模式，再转换为CMYK模式。

转换为CMYK色图像

CMYK是一种反射颜色模式，应用场景多为印刷方向，该模式由黄色、洋红色、青色和黑色相互叠加呈现多种色彩。

相比于RGB的发光颜色模式，CMYK的反射颜色模式中的颜色叠加数值越大，色彩越深暗。当RGB转换为CMYK时，图像会变暗淡，并且丢失一部分色彩信息。

行业经验：如何选择位图的颜色模式

在平时的工作中，选择正确的位图颜色模式，是避免后期输出出现偏色的重要手段之一。

无论是矢量图形或是位图，颜色模式定义图像的颜色特征，并由图像组件的颜色来描述。但是，当取得任意一张位图时，初学者很难从屏幕上区分CMYK与RGB颜色模式的图像之间的差别，但是这两种图像是截然不同的，用错模式会造成极大的色差。

RGB颜色模式一般用于各类显示器场景，CMYK颜色模式一般应用于印刷场景。RGB颜色模式转换为CMYK颜色模式会丢失颜色信息。那么在CMYK应用场景下，要怎样才能避免丢失颜色信息呢？

方法就是判断位图内的对象的颜色特征，从而选择位图的颜色模式。

如图11-117所示，该照片的拍摄场景为室内，照片中的柠檬、筲箕和桌面都不是能自发光的对象，3个对象的颜色特征可以认为是“反射模式”。该照片在由RGB颜色模式转换为CMYK颜色模式时，颜色信息只会有极少的丢失。此时就可以在CMYK应用场景下直接使用RGB颜色模式的位图。

图11-117

如图11-118所示，该照片的拍摄场景为户外，照片中的蓝天是自发光对象（太阳光照射到地球大气层形成的散射），颜色特征是“发光模式”；山脉和地面的颜色特征是“反射模式”。该照片由RGB颜色模式转换为CMYK颜色模式时，“蓝天”部分的颜色信息会明显丢失。此时就不能在CMYK应用场景下直接使用RGB颜色模式的位图。只有调整了位图中“蓝天”部分的颜色模式后，才能在CMYK应用场景下进行使用。

图11-118

综上所述，可以通过判断位图内的对象的颜色特征是“发光模式”还是“反射模式”，来确定在CMYK应用场景下使用RGB颜色模式还是其他颜色模式。

在CMYK应用场景下，为避免色彩损失，应该使用Lab颜色模式编辑图像，再转换为CMYK颜色模式打印输出。那么，为什么大多数人还是直接使用CMYK颜色模式呢？

原因其实很简单，因为Lab颜色模式下滤镜功能无法使用。为保证色彩的真实性和准确性，一般只在跨系统、跨平台交流时才会选择Lab颜色模式。

11.2.7 位图边框扩充

位图边框扩充包括“自动扩充位图边框”“手动扩充位图边框”，该功能可以扩展位图的范围。

自动扩充位图边框

在系统默认情况下，“位图>位图边框扩充>自动扩充位图边框”菜单命令处于激活状态，如图11-119所示。因此，导入的位图对象均会自动扩充边框。

图11-119

手动扩充位图边框

选中导入的位图，如图11-120所示。执行“位图>位图边框扩充>手动扩充位图边框”菜单命令，打开“位图边框扩充”对话框，在对话框内更改“宽度”和“高度”参数值，单击OK按钮即可完成边框扩充，如图11-121所示。

图11-120

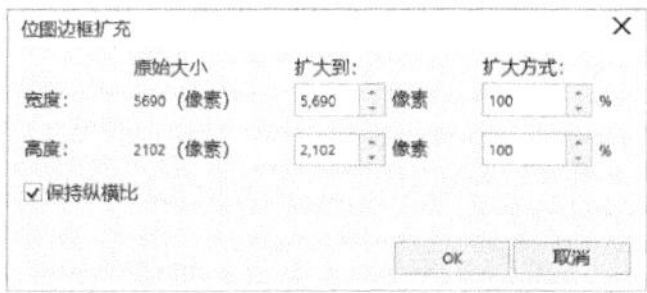

图11-121

如果勾选“位图边框扩充”对话框中的“保持纵横比”选项，则可以按原图的宽高比例进行扩充。扩充后，位图的扩充区域为白色，如图11-122所示。

图11-122

11.3 位图的调整

导入位图后，执行“效果>调整”子菜单中的命令，可对其进行色彩调整，达到理想的色彩表现，如图11-123所示。

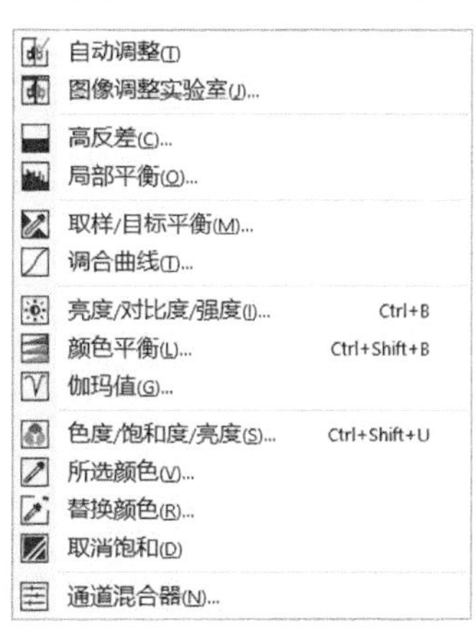

图11-123

11.3.1 自动调整

选中位图，执行“效果>调整>自动调整”菜单命令，程序将按照预置参数自动矫正图像的色彩。

★ 重 点 ★

11.3.2 图像调整实验室

使用“图像调整实验室”命令可以快速、轻松地矫正大多数位图的颜色和色调，此功能是本章非常重要的学习内容。

选中位图，如图11-124所示。执行“效果>调整>图像调整实验室”菜单命令，打开“图像调整实验室”对话框，如图11-125所示。拖动对话框右侧的“温度”滑块，单击OK按钮，即可快速完成图像色温的调整，如图11-126所示。

图11-124

图11-125

图11-126

“图像调整实验室”对话框的参数选项如图11-127所示。

图11-127

“图像调整实验室”对话框选项介绍

全屏预览之前和之后：左侧窗口为原始图像效果预览，右侧窗口为矫正后的图像效果预览，如图11-128所示。

图11-128

全屏预览：在一个窗口中预览矫正后的图像效果，如图11-129所示。

图11-129

拆分预览之前和之后：在一个窗口中将预览效果以分割线分割成左右两部分，左侧为原始图像，右侧为矫正后的图像效果，如图11-130所示。

图11-130

逆时针旋转图像90°：单击一次，逆时针旋转图像90°。

顺时针旋转图像90°：单击一次，顺时针旋转图像90°。

“放大”和“缩小”：单击“放大”按钮放大图像视图，单击“缩小”按钮缩小图像视图。

自动调整：通过检测图像中最亮的区域和最暗的区域，并调整每个颜色通道的色调范围，自动矫正图像的对比度和颜色。在某些情况下，可能只需使用“自动调整”就能明显改善图像效果。

选择白点颜色：在预览窗口中单击设置白点，程序将自动调整图像的对比度。可以使用“选择白点颜色”提亮图像，如图11-131所示。

选择黑点颜色：在预览窗口中单击设置黑点，程序将自动调整图像的对比度。可以使用“选择黑点颜色”压暗图像，如图11-132所示。

图11-131

图11-132

技巧与提示

一般情况下，可以使用“选择白点颜色”单击图像中最亮的区域，或使用“选择黑点颜色”单击图像中最暗的区域来自动调整图像的颜色和对比度。

温度：通过增强图像中的暖色或冷色来矫正色偏，从而补偿图像的照明条件。例如，要矫正因在室内昏暗的照明条件下拍摄图像导致的色调偏黄，可以将该滑块向蓝色的一端移动，以增大温度值，矫正色偏，如图11-133所示。

淡色：通过调整图像中的绿色或品红色来矫正颜色。将滑块向右侧移动来添加绿色；将滑块向左侧移动来添加品红色。一般情况下，在使用“温度”滑块后，会通过移动“淡色”滑块对图像进行微调，如图11-134所示。

图11-133

图11-134

饱和度：将该滑块向右侧移动，可以提高色彩的鲜明程度；将该滑块向左侧移动，可以降低色彩的鲜明程度。将该滑块不断向左侧移动，可以创建黑白照片效果，从而移除图像中的所有颜色，如图11-135所示。

图11-135

技巧与提示

以上介绍的“温度”滑块、“淡色”滑块、“饱和度”滑块是“图像调整实验室”中的颜色矫正控件。

亮度：调整“亮度”滑块可以使整个图像变亮或变暗，如图11-136所示。

图11-136

对比度：增加或减少图像中暗淡区域和明亮区域之间的色调差异。向右移动滑块可以使明亮区域更亮，暗淡区域更暗，如图11-137所示。

图11-137

技巧与提示

以上介绍的“亮度”滑块和“对比度”滑块是“图像调整实验室”中调整图像明暗和对比度的控件。

突出显示：调整图像中最亮区域的亮度，如图11-138所示。

阴影：调整图像中最暗区域的亮度，如图11-139所示。

图11-138

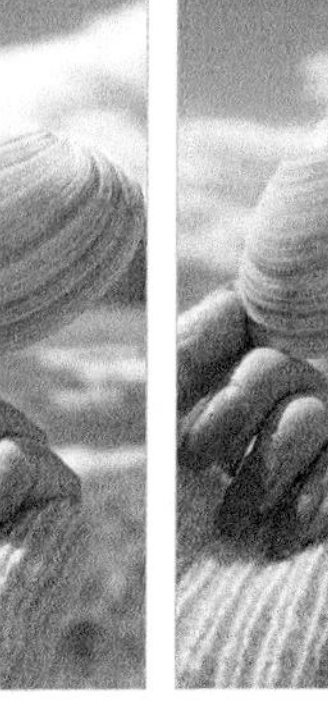

图11-139

中间色调：调整图像内中间范围色调的亮度，如图11-140所示。

图11-140

技巧与提示

以上介绍的“突出显示”滑块、“阴影”滑块、“中间色调”滑块是“图像调整实验室”中调整特定区域明暗程度的控件。

直方图： 直方图用来查看图像的色调范围，从而评估需要调整的颜色和色调。直方图绘制了图像中像素的亮度值，该数值的范围是 0（暗）~255（亮）。直方图的左侧部分表示阴影，中间部分表示中间色调，右侧部分表示高光。直方图尖突的高度表示每个亮度级别上有多少个像素。

如图11-141所示，该图像的直方图中，白色在高光区域缺失，图像偏暗；绿色在中间色调区域过多，图像偏绿；该图像整体偏暗偏冷。

图11-141

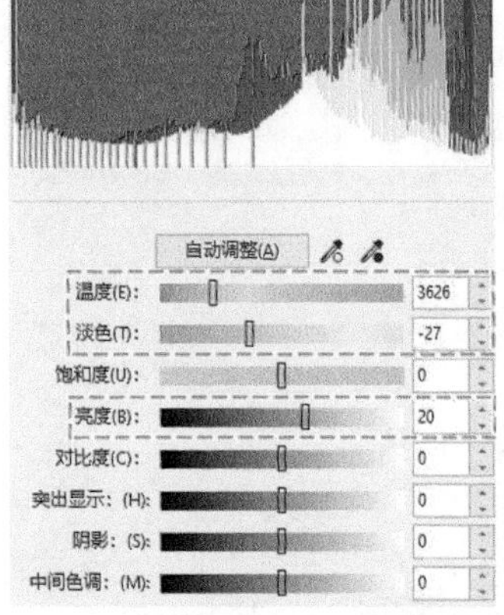

此时就需要调整该图像的“温度”滑块、“淡色”滑块、“亮度”滑块，如图11-142所示。调整后效果如图11-143所示。

图11-142　图11-143

创建快照：单击“创建快照”按钮，可以捕获当前图像矫正的参数设置。快照的缩略图出现在对话框的最下方，并按顺序进行编号。单击快照缩略图下的“删除”按钮可将所选快照删除。通过单击“撤销”按钮或“重做”按钮可以撤销或重做上次进行的矫正。要撤销所有矫正，单击“重置”按钮即可，如图11-144所示。

图11-144

11.3.3 高反差

“高反差”命令用于在保留阴影和高亮度显示细节的同时，调整位图的色调、颜色和对比度。可以通过调整交互式直方图更改位图的显示效果，也可以通过位图取样来调整直方图。

选中导入的位图，如图11-145所示。执行“效果>调整>高反差”菜单命令，打开“高反差”对话框，在“通道”后面的下拉列表中进行调节，如图11-146所示。

图11-145

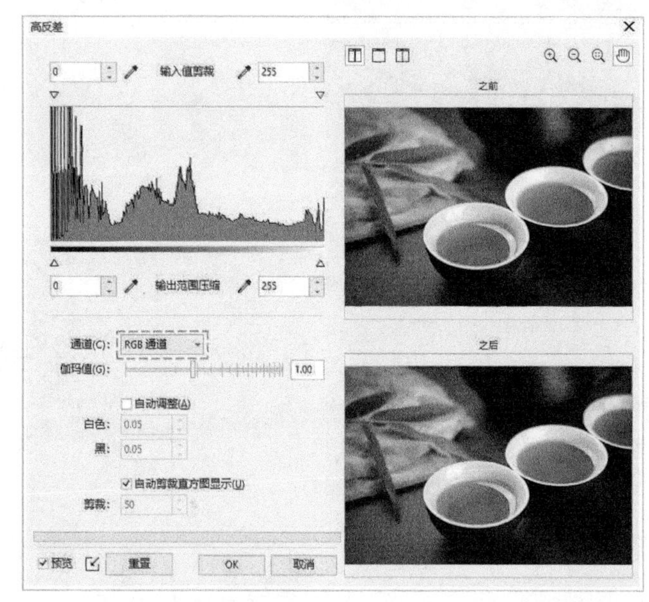

图11-146

选中“红色通道”选项，调整上面的“输出范围压缩”的滑块，可以预览调整后的效果，如图11-147所示。以同样的方法调整“绿色通道”“蓝色通道”，如图11-148和图11-149所示。

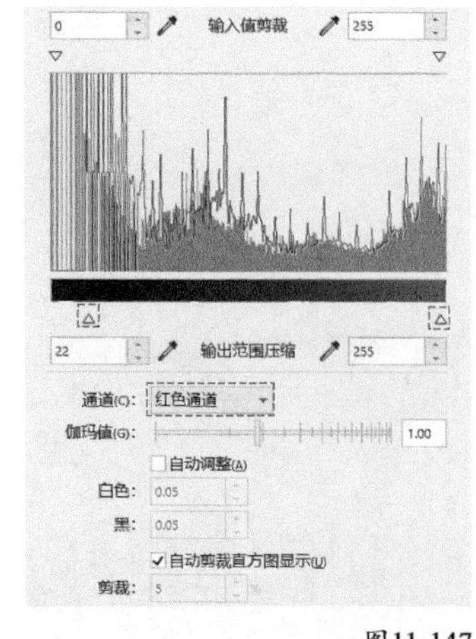

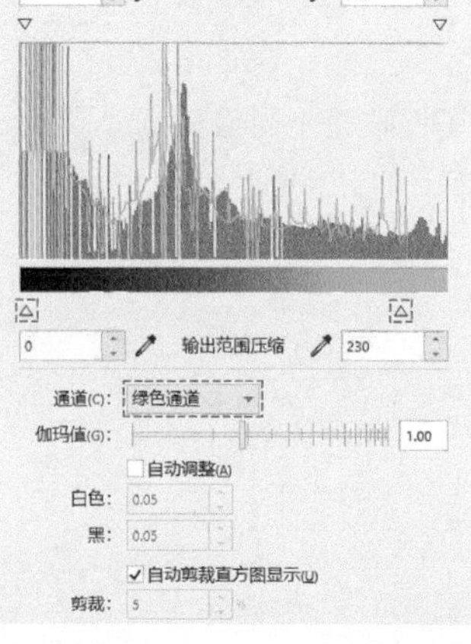

图11-147　图11-148

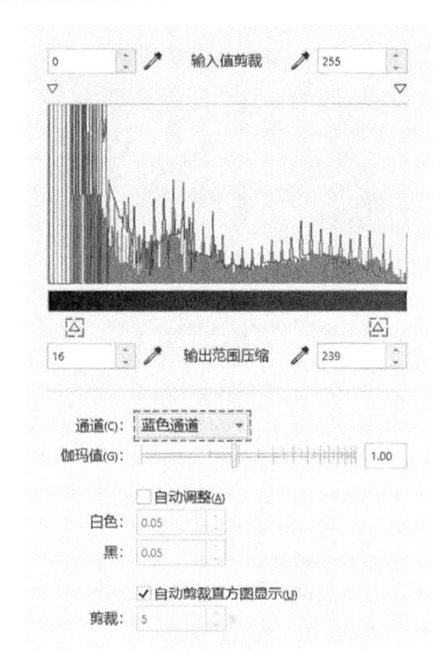

图11-149

调整完成后单击OK按钮，效果如图11-150所示。

图11-150

“高反差”对话框的参数选项如图11-151所示。

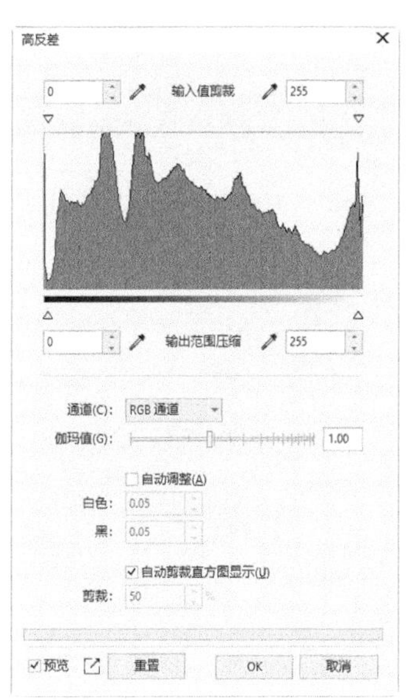

图11-151

“高反差”对话框选项介绍

显示预览窗口：单击该按钮可以打开预览窗口，默认显示为原图与调整后效果的对比窗口，如图11-152所示，单击“全屏预览”按钮和“拆分预览之前和之后”按钮可以切换显示效果。

图11-152

颜色滴管：单击颜色滴管，可以在位图上取样相应的通道值，用来调整直方图。左侧的颜色滴管为取样阴影区域通道值，右侧颜色滴管为取样高亮区域通道值。（该工具类似于“图像调整实验室”中的“选择白点颜色”和“选择黑点颜色”。）

输入值剪裁：将取样的通道数值应用到直方图“输入值剪裁”中，如图11-153所示。

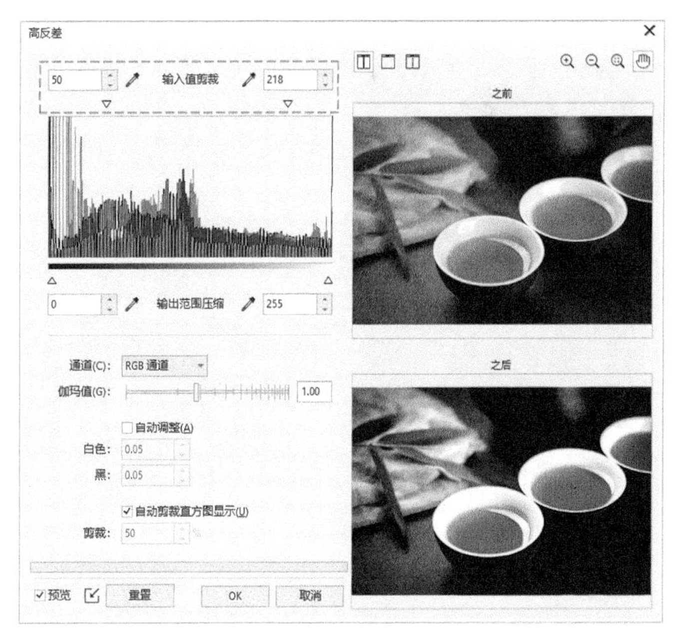

图11-153

输出范围压缩：将取样的通道数值应用到直方图“输出范围压缩”中，如图11-154所示。

图11-154

通道：在下拉列表中可以更改调整的通道类型。

RGB通道：该通道用于整体调整位图的颜色范围和分布。

红色通道：该通道用于调整位图红色通道的颜色范围和分布。

绿色通道：该通道用于调整位图绿色通道的颜色范围和分布。

蓝色通道：该通道用于调整位图蓝色通道的颜色范围和分布。

伽玛值：拖曳滑块可以调整图像中所选颜色通道的对比细节。

自动调整：勾选该复选框，可以在下面的文本框中设置自动调整的色阶范围，如图11-155所示。

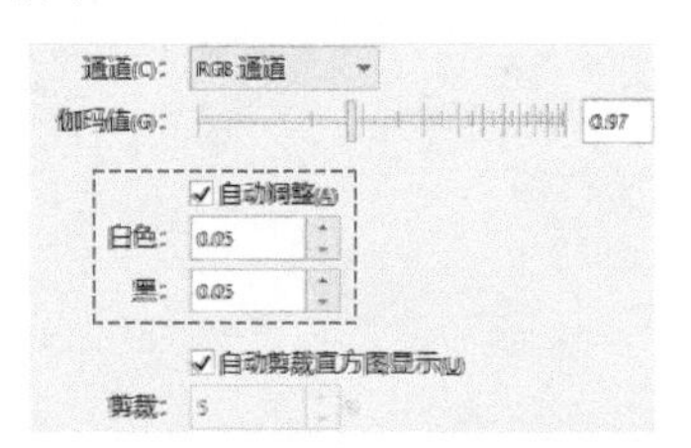

图11-155

自动剪裁直方图显示：该选项默认勾选，如需改变直方图的大小，需取消勾选，然后在下面的文本框内输入数值。数值越大，直方图的尖突越高。

技巧与提示

当“输入值剪裁”的绝对值小于“输出范围压缩”的绝对值时，图像的对比度会提高，如图11-156所示。

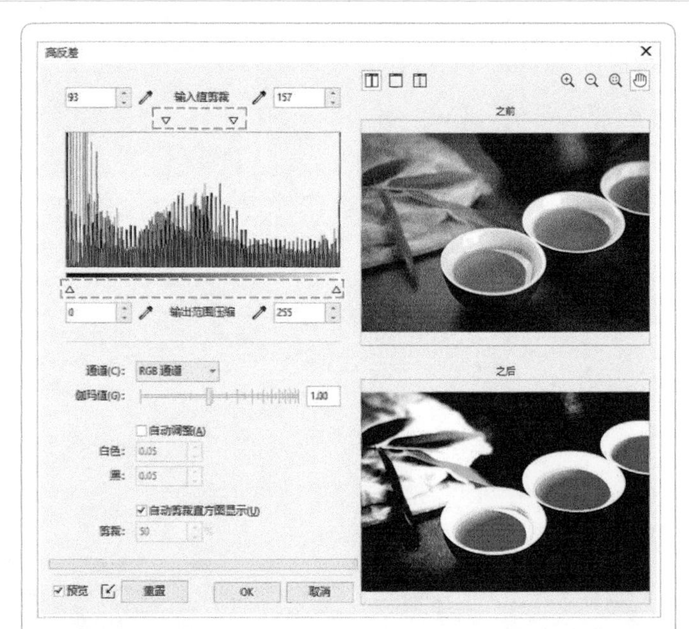

图11-156

当“输入值剪裁”的绝对值大于“输出范围压缩”的绝对值时，图像的对比度会降低，如图11-157所示。

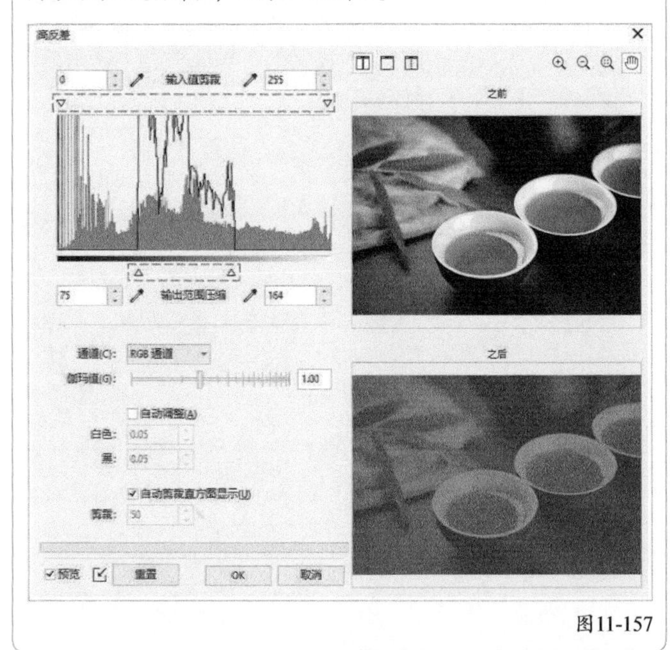

图11-157

11.3.4 局部平衡

“局部平衡”命令用来提高边缘附近的对比度来显示亮部区域和暗部区域中的细节。

选中位图，执行“效果>调整>局部平衡”菜单命令，打开“局部平衡”对话框，调整边缘对比的“宽度”和“高度”参数值，在预览窗口查看调整效果，如图11-158所示。调整后效果如图11-159所示。

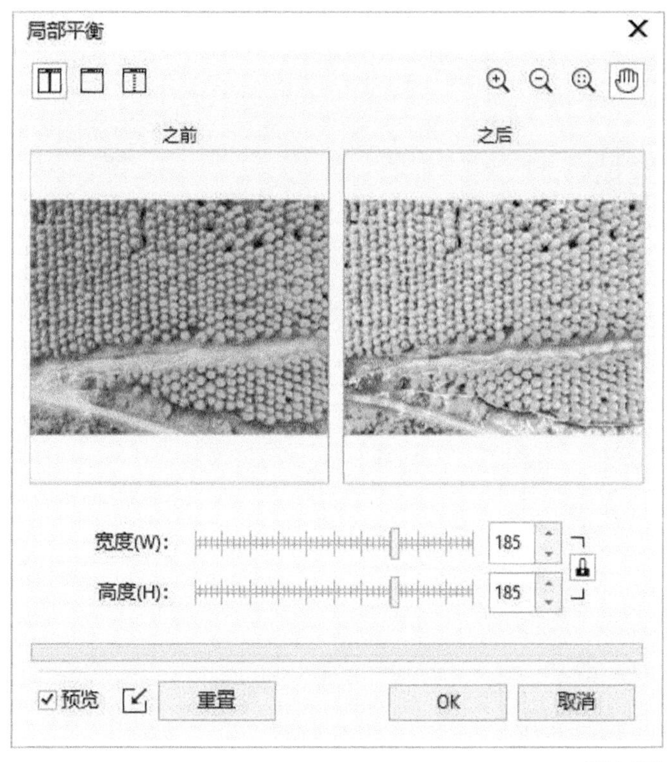

图11-158

图11-159

技巧与提示

调整“宽度”和“高度”时，可以统一进行调整，也可以单击后面的“解锁”按钮后，分别调整。

11.3.5 取样/目标平衡

“取样/目标平衡”命令用于从图像中选取的色样来调整位图中的颜色值。可以从图像的阴影色、中间色调及高光色部分选取色样，将调整的目标颜色应用于每个色样。

选中位图，执行“效果>调整>取样/目标平衡”菜单命令，打开“样本/目标平衡”对话框，在“颜色样本”选项组内使用“低范围颜色滴管”工具在位图的阴影颜色部分取样，然后使用“中间范围颜色滴管”工具在中间色调颜色部分取样，接着使用“高度范围颜色滴管”工具在高光颜色部分取样，如图11-160所示。

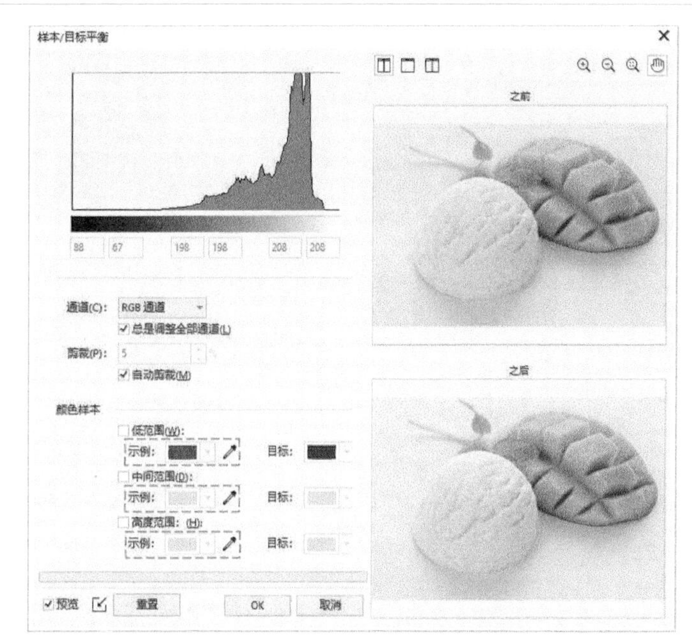

图11-160

勾选“颜色样本”选项组内的“低范围”“中间范围”“高度范围”选项，激活“目标”颜色，在颜色挑选器内选择新的颜色值，如图11-161所示。

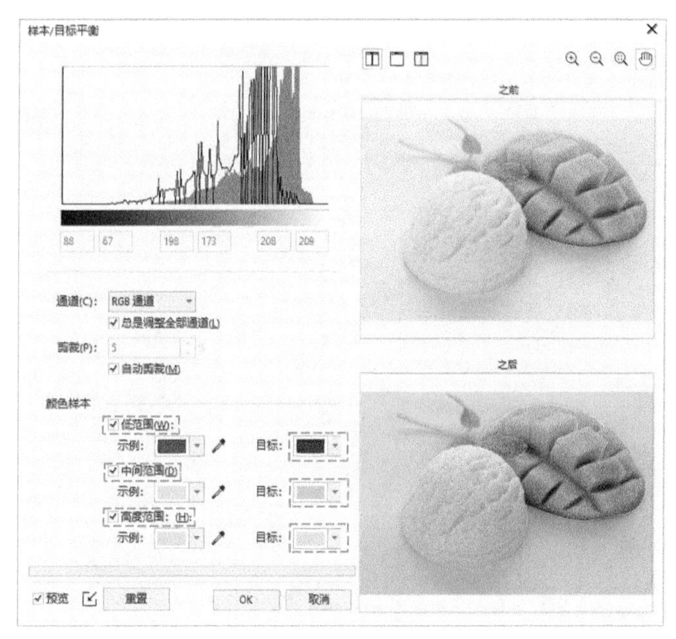

图11-161

在调整过程中，可以在“通道”后面的下拉列表中选择位图的颜色调整模式，包含“RGB通道”“红色通道”“绿色通道”“蓝色通道”。勾选“总是调整全部通道”选项可以在仅查看一个通道时，也能调整所有颜色通道，如图11-162所示。

颜色通道调整完毕后，可以回到“RGB通道”进行微调，单击OK按钮完成调整，效果如图11-163所示。

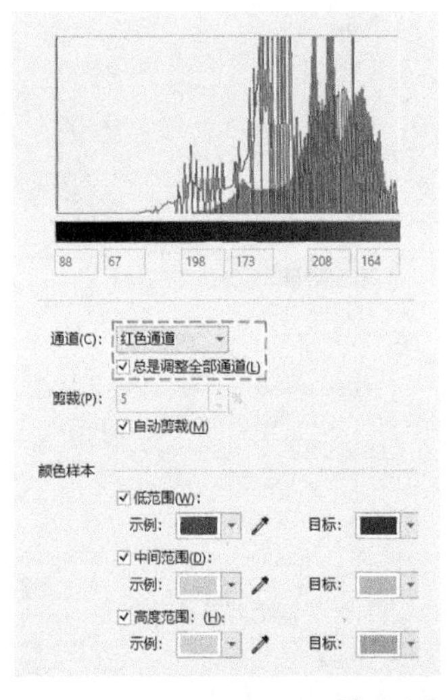

图11-162

图11-163

★ 重 点 ★

11.3.6 调和曲线

“调和曲线”命令通过调整单个像素值来精确地矫正位图颜色。可以分别调整阴影、中间色调和高光部分的像素亮度值。

选中位图，执行“效果>调整>调和曲线”菜单命令，打开“调和曲线”对话框。在“通道”下拉列表中分别选择“红”“绿”“蓝”通道进行曲线调整，在预览窗口进行查看对比，如图11-164~图11-166所示。

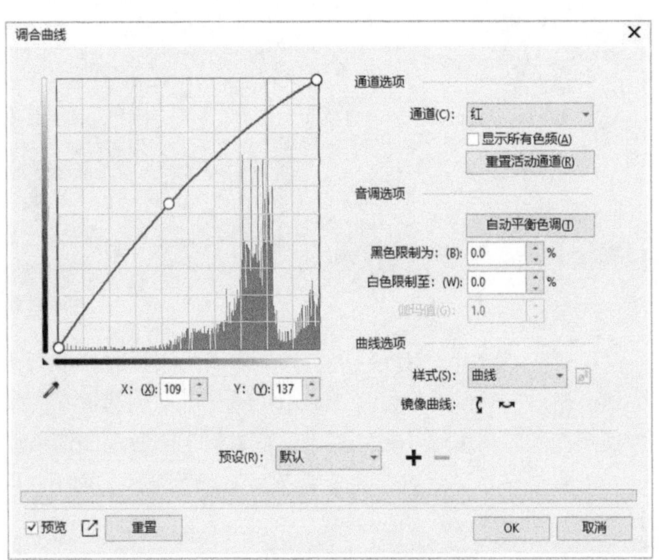

图11-164

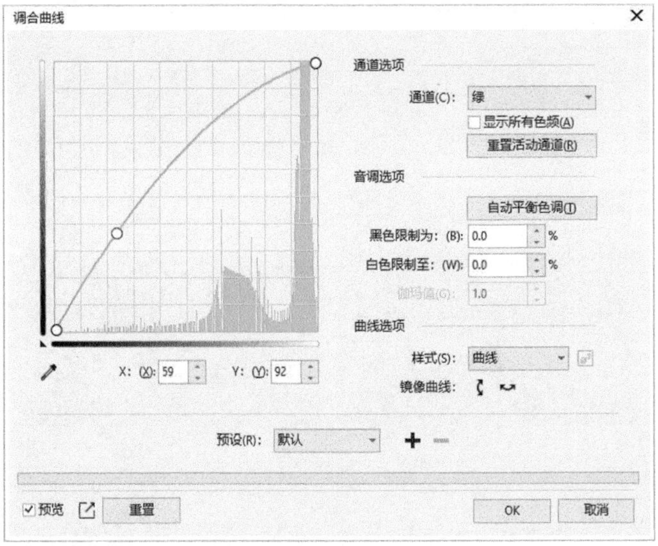

图11-165

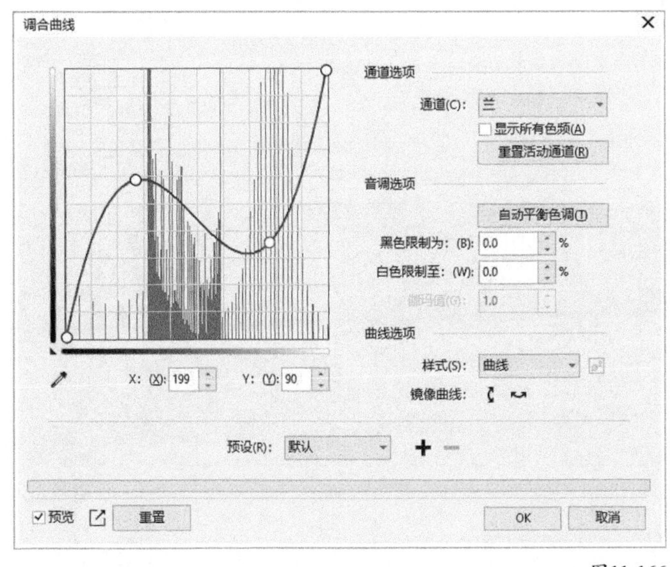

图11-166

在调整完“红”“绿”“蓝”通道后，选择RGB通道进行整体曲线调整，单击OK按钮完成调整，如图11-167所示，效果如图11-168所示。

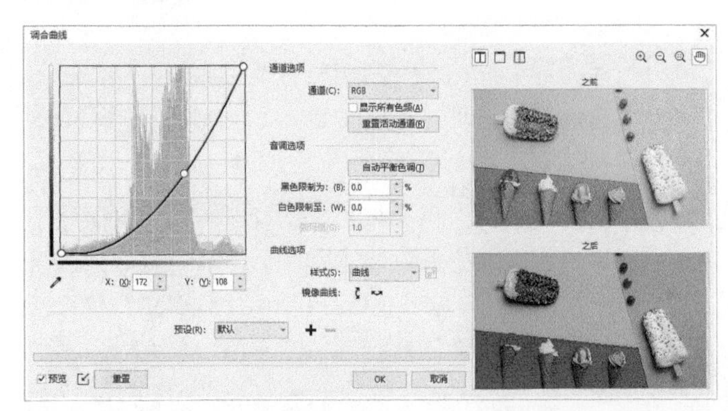

图11-167

图11-168

“调和曲线”对话框的参数选项如图11-169所示。

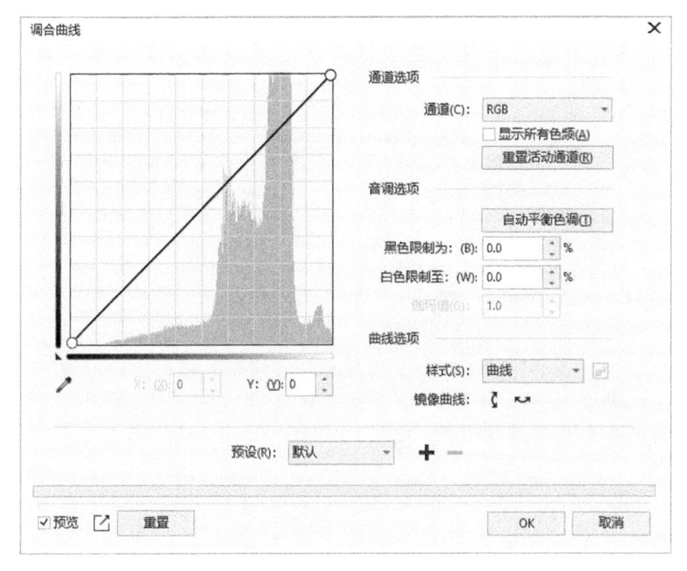

图11-169

“调和曲线”对话框选项介绍

通道：在下拉列表中可以切换颜色通道，包括“RGB”“红”“绿”“蓝”4种，可以切换相应的通道进行分别调整。

显示所有色频：勾选该复选框，可以将所有的活动通道显示在一个调节窗口中，如图11-170所示。

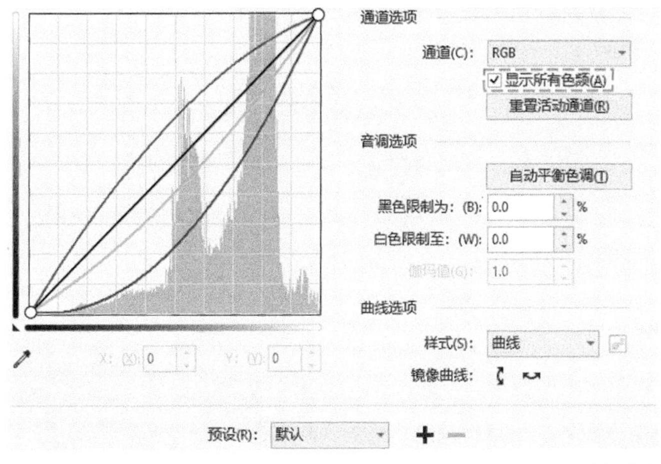

图11-170

重置活动通道：单击该按钮可以重置当前活动通道的设置。

自动平衡色调：单击该按钮以设置的范围进行自动色调平衡，可以在下面的文本框中设置范围。

样式：在下拉列表中可以选择曲线的调节样式，包括“曲线”“直线”“手绘”“伽玛值”，如图11-171~图11-174所示。在绘制手绘曲线时，可以单击“平滑”按钮平滑曲线。

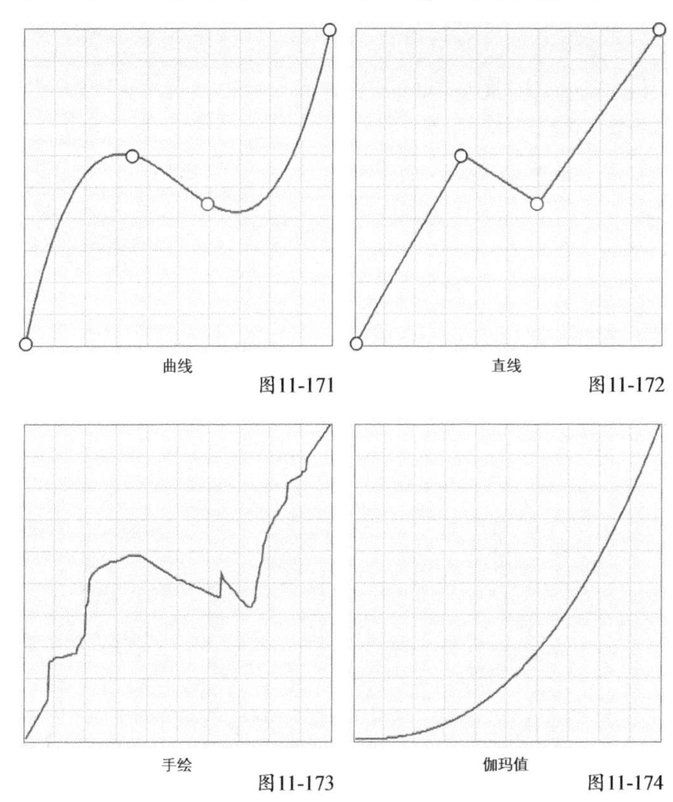

图11-171 图11-172 图11-173 图11-174

镜像曲线：单击后面的按钮可以“垂直”或“水平”镜像曲线。

11.3.7 亮度/对比度/强度

“亮度/对比度/强度”命令用于调整位图的亮度、深色区域和浅色区域的差异。

选中位图，执行“效果>调整>亮度/对比度/强度”菜单命令，打开“亮度/对比度/强度”对话框，调整“亮度”和“对比度”值，再调整“强度”值使变化更柔和，单击OK按钮，如图11-175所示，效果如图11-176所示。

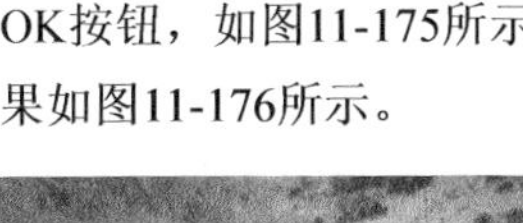

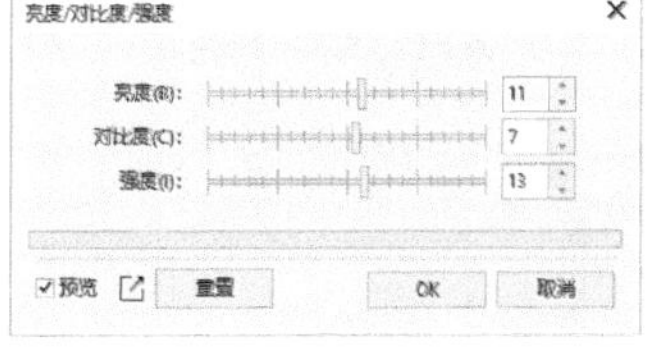

图11-175

图11-176

★ 重点 ★

11.3.8 颜色平衡

“颜色平衡”命令用于将青色、红色、品红、绿色、黄色、蓝色添加到为位图选定的色调中。

选中位图，执行“效果>调整>颜色平衡”菜单命令，打开“颜色平衡”对话框，选择添加色彩偏离的范围，调整“颜色通道”的颜色偏离值，在预览窗口进行预览，单击OK按钮，如图11-177所示，效果如图11-178所示。

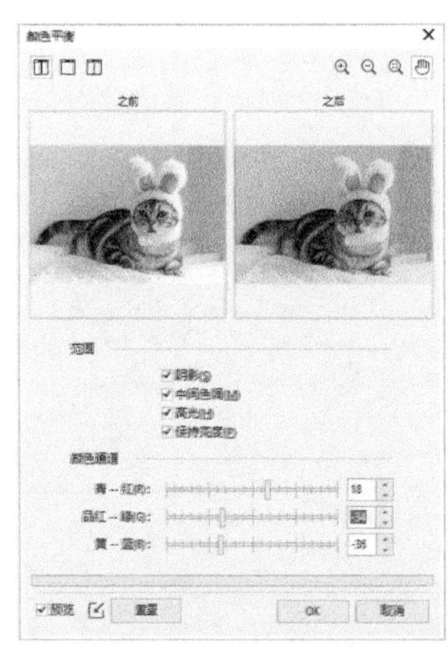

图11-177

图11-178

“颜色平衡”对话框的参数选项如图11-179所示。

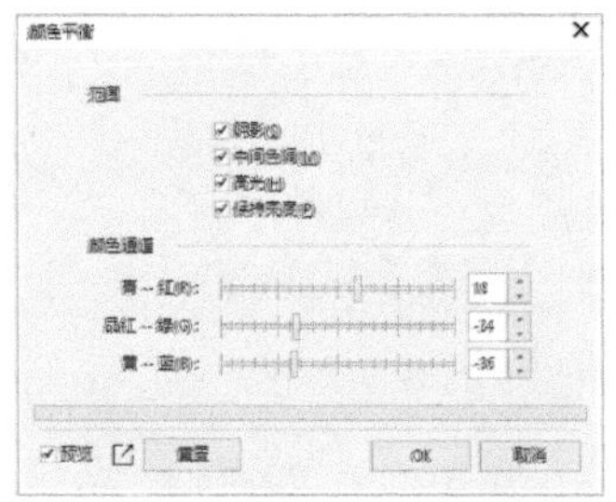

图11-179

“颜色平衡”对话框选项介绍

阴影：勾选该复选框，仅对位图的阴影区域进行颜色平衡调整，如图11-180所示。

图11-180

中间色调：勾选该复选框，则仅对位图的中间色调区域进行颜色平衡调整，如图11-181所示。

图11-181

高光：勾选该复选框，则仅对位图的高光区域进行颜色平衡调整，如图11-182所示。

图11-182

保持亮度：勾选该复选框，在添加颜色平衡的过程中将保留图像的原始亮度级别，如图11-183所示。

图11-183

技巧与提示

根据对位图的需求灵活选择范围选项，混合使用“范围”的选项可以调整出不同的效果。

11.3.9 伽玛值

“伽玛值”命令用于强化低对比度下的图像细节，不会严重影响阴影和高光。

选中位图，执行“效果>调整>伽玛值”菜单命令，打开“伽玛值”对话框，然后调整伽玛值大小，在预览窗口进行预览，单击OK按钮完成调整，如图11-184所示。效果如图11-185所示。

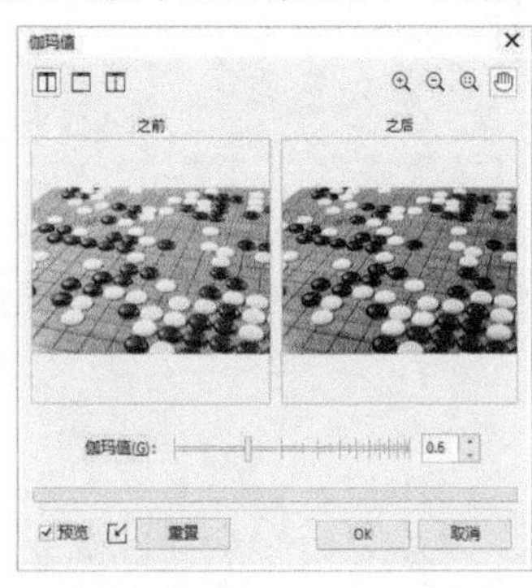

图11-184

图11-185

11.3.10 色度/饱和度/亮度

“色度/饱和度/亮度”命令用于调整位图中的颜色通道，并改变色谱中颜色的位置，这种效果可以改变位图的颜色、浓度及白色所占的比例。

选中位图，执行“效果>调整>色度/饱和度/亮度”菜单命令，打开“色度/饱和度/亮度”对话框，分别调整“红”“黄色”“绿”“青色”“蓝”“品红”“灰度”的色度、饱和度、亮度，在预览窗口预览，如图11-186~图11-192所示。

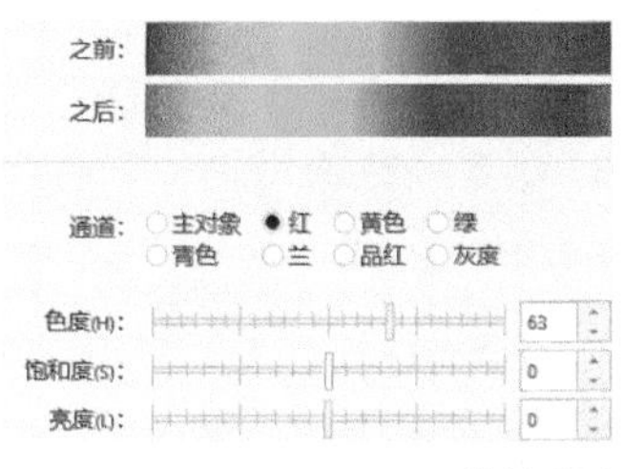

图11-186

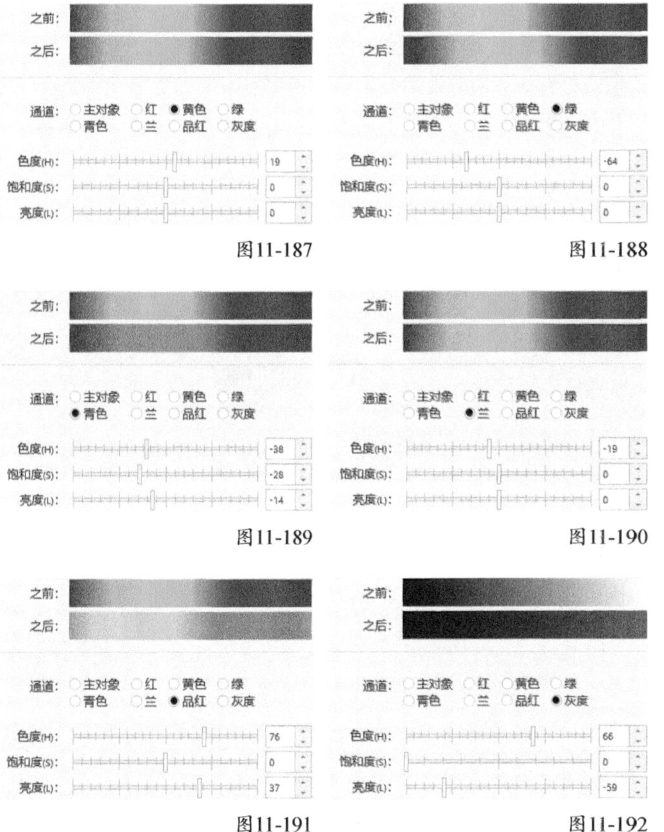

图11-187 图11-188

图11-189 图11-190

图11-191 图11-192

调整完局部颜色后，选择“主对象”进行整体颜色的微调，单击OK按钮，如图11-193所示。效果如图11-194所示。

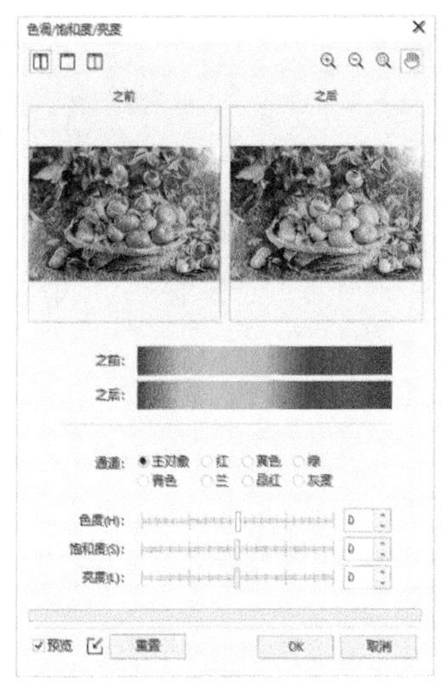

图11-193

图11-194

11.3.11 所选颜色

“所选颜色”命令通过改变位图中的“红”“黄”“绿”“青”“蓝”“品红”色谱的CMYK数值来改变颜色。

选中位图，执行“效果>调整>所选颜色”菜单命令，打开“所选颜色”对话框，分别选择“红”“黄”“绿”“青”“蓝”“品红”色谱，调整相应的数值，在预览窗口预览，单击OK按钮，如图11-195所示。效果如图11-196所示。

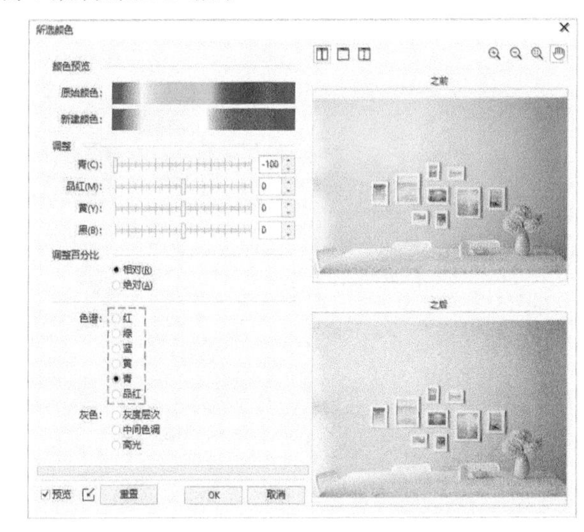

图11-195

图11-196

11.3.12 替换颜色

“替换颜色”命令可以使用另一种颜色替换位图中所选的颜色。

选中位图，执行“效果>调整>替换颜色”菜单命令，打开“替换颜色”对话框，使用“原始”下面的吸管工具在位图上取样需要替换的颜色，使用“新建”下面的颜色挑选器或者吸管工具选择替换颜色，如图11-197所示，颜色被替换后的效果显示在预览窗口中，单击OK按钮完成颜色的替换。

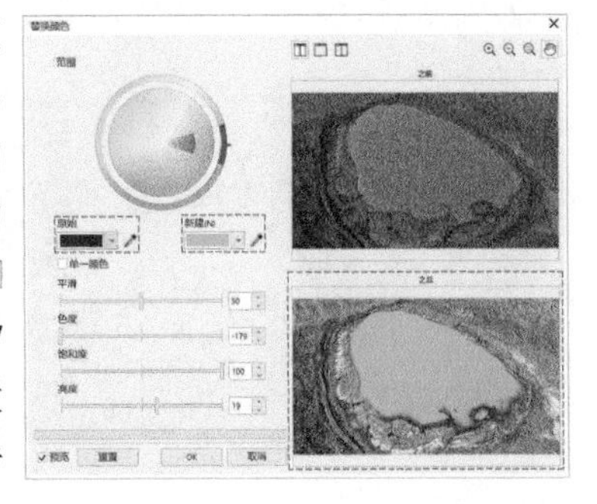

图11-197

技巧与提示

“范围”选择器中的扇形越小，位图中被替换的颜色范围也就越小；扇形越大，位图中被替换的颜色范围也就越大，如图11-198所示。

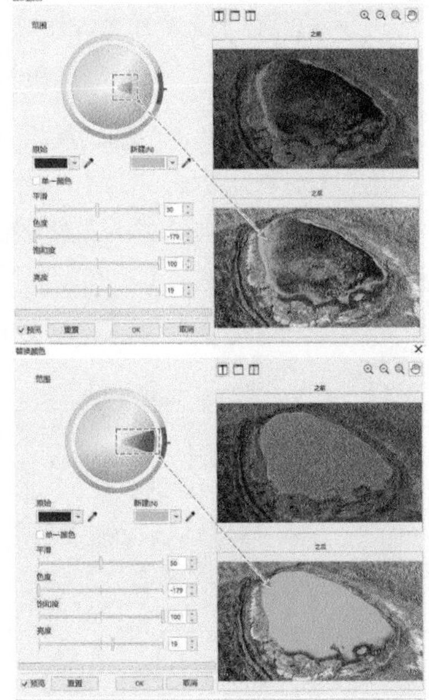

图11-198

被替换的颜色还可以通过对话框内的“平滑”“色度”“饱和度”“亮度”来调节，如图11-199所示。

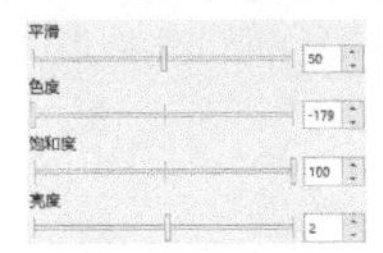

图11-199

11.3.13 取消饱和

“取消饱和”命令用于将位图中每种颜色的饱和度都降为零，转换为相应的灰度，生成灰度图像。

选中位图，然后执行“效果>调整>取消饱和”菜单命令，即可将位图转换为灰度图，如图11-200所示。

图11-200

11.3.14 通道混合器

“通道混合器”命令通过混合颜色通道来改变位图的颜色。

选中位图，执行“效果>调整>通道混合器”菜单命令，打开“通道混合器”对话框，在“色彩模型”中选择颜色模式，选择相应的“输出通道”分别调整，单击OK按钮，如图11-201所示。效果如图11-202所示。

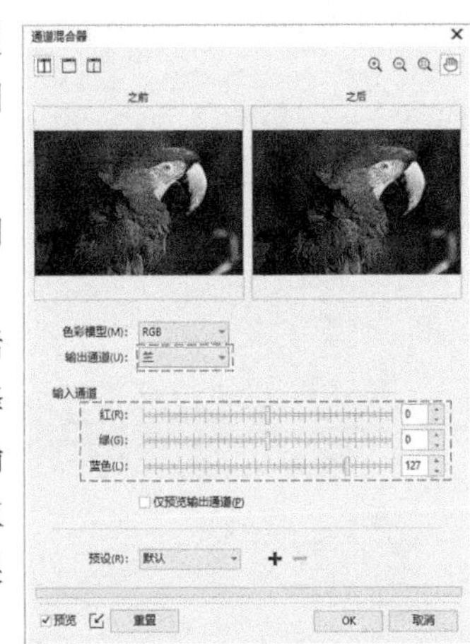

图11-201

图11-202

11.4 位图的变换

在菜单栏的“效果>变换”子菜单下，可以选择“去交错”“反转颜色”“极色化”命令来对位图的色调和颜色添加特殊效果。

11.4.1 去交错

“去交错”命令用于从扫描或隔行显示的图像中移除线条。

选中位图，执行“效果>变换>去交错”菜单命令，打开“去交错”对话框，在“扫描线”选项组中选择“偶数行”或“奇数行”类型，再选择对应的“替换方法”，通过预览图查看、确认效果，单击OK按钮，如图11-203所示。

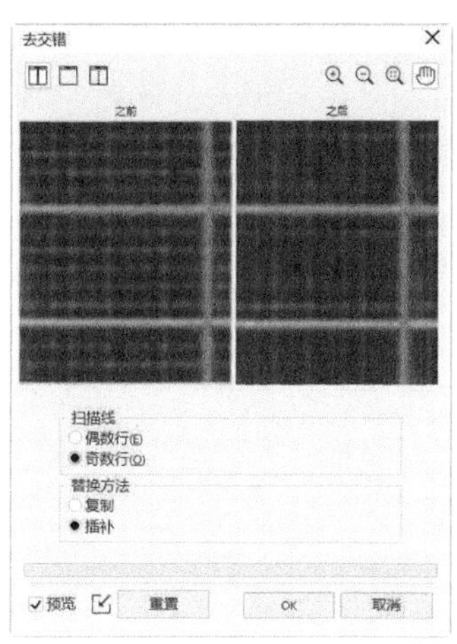

图11-203

11.4.2 反转颜色

“反转颜色”命令可以反显图像的颜色，从而得到类似摄影负片的效果。

选中位图，执行“效果>变换>反转颜色”菜单命令，即可将位图转换为反显效果，如图11-204所示。

图11-204

11.4.3 极色化

“极色化”命令用于减少位图中色调值的数量，移除颜色层次，从而产生大面积缺乏层次感的颜色。

选中位图，执行“效果>变换>极色化”菜单命令，打开“极色化”对话框，在“层次”后设置调整的颜色层次，如图11-205所示，单击OK按钮，效果如图11-206所示。

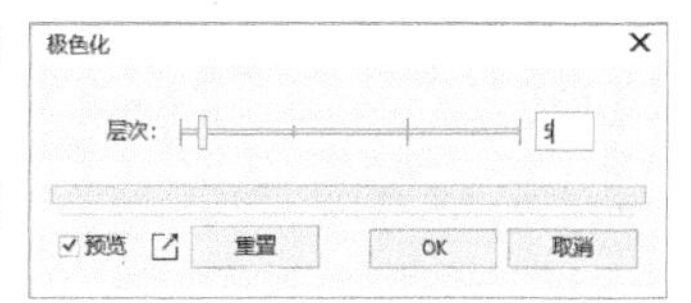

图11-205

图11-206

11.5 三维效果

使用“三维效果”滤镜组中的命令可以对位图添加特殊的三维效果，给位图创建纵深感。“三维效果”滤镜组中的命令包括“三维旋转”“柱面”“浮雕”“卷页”“挤远/挤近”“球面”，如图11-207所示。

图11-207

11.5.1 三维旋转

“三维旋转”命令可以通过调整交互式三维模型，来为图像添加旋转3D效果。

选中位图，执行“效果>三维效果>三维旋转”菜单命令，打开“三维旋转”对话框，按住鼠标左键拖曳三维模型，在预览图中可实时查看效果，如图11-208所示，最后单击OK按钮。

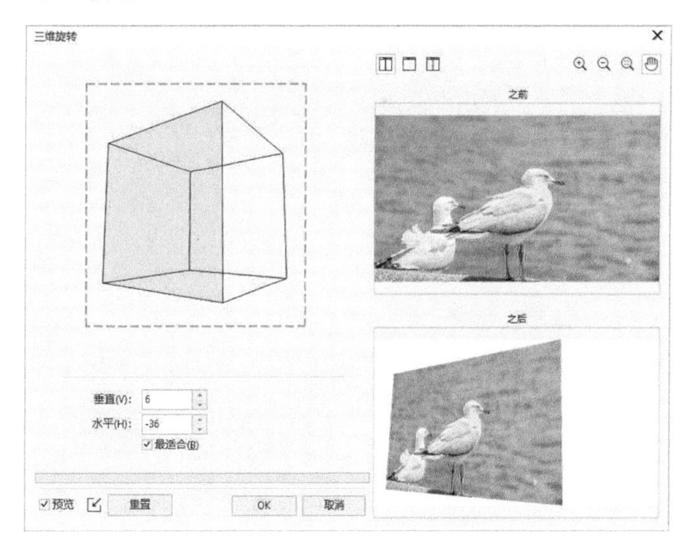

图11-208

11.5.2 柱面

“柱面”命令可以圆柱体表面贴图为基础，为图像添加三维效果。

选中位图，执行“效果>三维效果>柱面”菜单命令，打开“柱面”对话框，选择所需的“柱面模式”，调整拉伸的百分比，单击OK按钮，如图11-209所示。

图11-209

11.5.3 浮雕

“浮雕”命令可以为图像添加凹凸效果，将图像细节显示为平面上的凸起和凹陷。

选中位图，执行“效果>三维效果>浮雕”菜单命令，打开“浮雕”对话框，调整“深度”“层次”“方向”，选择浮雕的颜色，单击OK按钮，如图11-210所示。

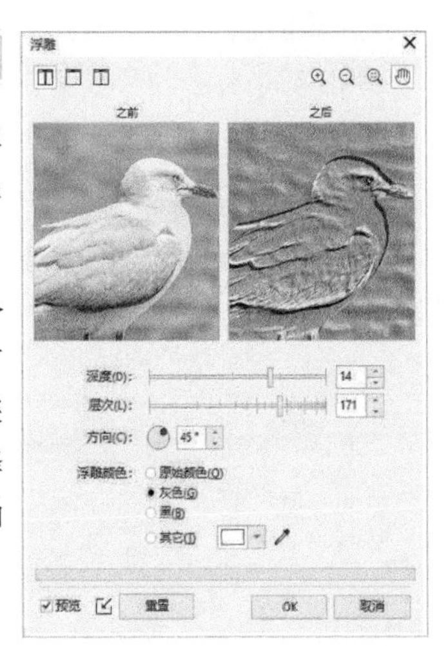

图11-210

11.5.4 卷页

“卷页”命令可以卷起图像的一角，生成翻卷效果。

选中位图，执行“效果>三维效果>卷页”菜单命令，打开“卷页”对话框，选择卷页的“角”“方向”“纸”“卷曲度”“背景颜色”，再调整卷页的“宽度”“高度”，单击OK按钮，如图11-211所示。

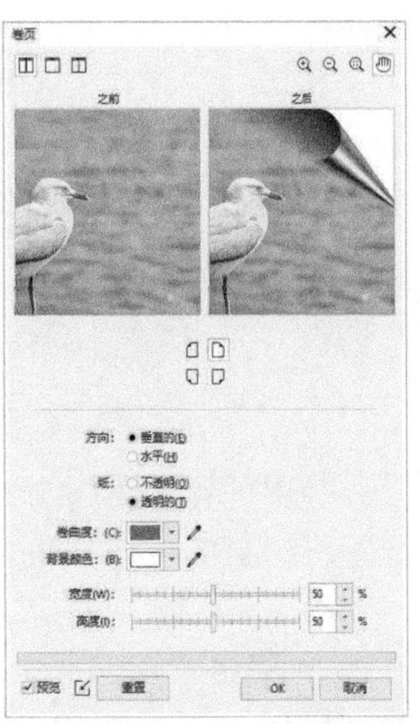

图11-211

11.5.5 挤远/挤近

“挤远/挤近”命令可以将图像向前挤近或向后挤远来弯曲图像。

选中位图，执行“效果>三维效果>挤远/挤近”菜单命令，打开“挤远/挤近”对话框，然后设置中心点，调整挤压的数值，单击OK按钮，如图11-212所示。

图11-212

11.5.6 球面

“球面”命令可以将图像弯曲成内球面或者外球面效果。

选中位图，执行“效果>三维效果>球面”菜单命令，打开“球面”对话框，选择“优化”类型，设置中心点和球面效果的百分比数值，单击OK按钮，如图11-213所示。

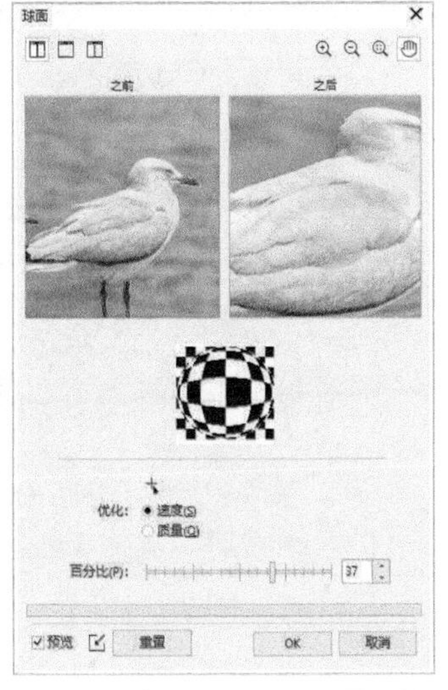

图11-213

11.6 常用位图特效介绍

除了上面介绍的特效外，CorelDRAW中常用的位图特效还包含12个大类的数十种效果，具体介绍如下。

11.6.1 艺术笔触

添加“艺术笔触”效果，可以使图像具有手绘外观效果，从而创造不同的绘画外观。“艺术笔触”滤镜组位于“效果”菜单下，包括“炭笔画”“彩色蜡笔画”“蜡笔画”“立体派”“印象派”“调色刀”“彩色蜡笔画”“钢笔画”“点彩派”“木版画”“素描”“水彩画”“水印画”“波纹纸画”共14种效果。

对图11-214所示的位图应用上述滤镜对应的效果如图11-215~图11-228所示，可以在相应的滤镜设置对话框中设置不同的参数。

图11-214

图11-215

图11-216

图11-217

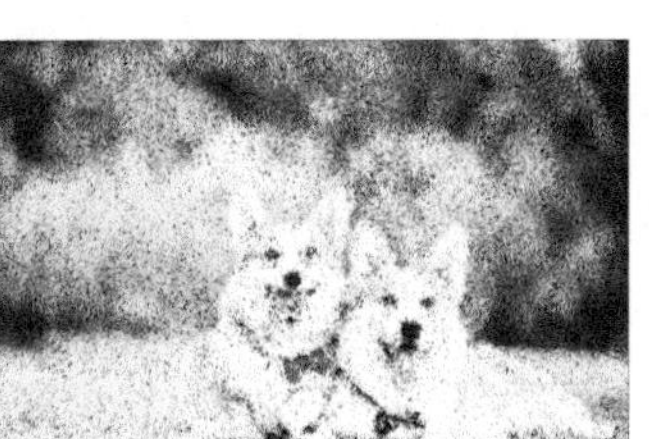
图11-218

图11-219

图11-220

图11-221

图11-222

图11-223

图11-224

图11-225

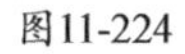

图11-226

图11-227

图11-228

11.6.2 模糊

“模糊”效果可以柔化位图的像素，使图像变得平滑，并且可以创建动态效果。“模糊”滤镜组位于“效果”菜单下，包括“定向平滑”“羽化”“高斯式模糊”“锯齿状模糊”“低通滤波器”“动态模糊”“放射式模糊”“智能模糊”“平滑”“柔和”“缩放”11种效果。

对图11-229所示的位图应用上述滤镜对应的效果如图11-230~图11-240所示，可以在相应的滤镜设置对话框中设置不同的参数。

图11-229

图11-230

图11-231

图11-232

图11-233

图11-234

图11-235

图11-236

图11-237

图11-238

图11-239

图11-240

技巧与提示

“模糊”滤镜组中最为常用的是“高斯式模糊”，一般配合“贝塞尔”工具抠图。

11.6.3 相机

“相机”效果可以为图像添加模拟相机镜头产生的光感效果，生成不同的摄影风格。“相机”滤镜组位于“效果”菜单下，包括“着色”“扩散”“照片过滤器”“棕褐色色调”“延时”5种效果。

对图11-241所示的位图应用上述滤镜对应的效果如图11-242~图11-246所示，可以在相应的滤镜设置对话框中设置不同的参数。

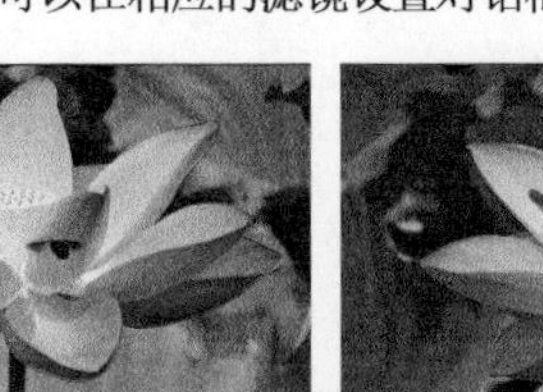

图11-241

图11-242

图11-243

图11-244

图11-245

图11-246

11.6.4 颜色转换

“颜色转换”效果可以通过减少或替换色彩来创建图像的特殊效果。“颜色转换”滤镜组位于“效果”菜单下，包括“位平面”“半色调”“梦幻色调”“曝光”4种效果。

对图11-247所示的位图应用上述滤镜对应的效果如图11-248~图11-251所示，可以在相应的滤镜设置对话框中设置不同的参数。

图11-247

图11-248

图11-249

图11-250

图11-251

11.6.5 轮廓图

“轮廓图”效果用于突出显示位图的边缘和轮廓。“轮廓图”滤镜组位于“效果”菜单下，包括“边缘检测”“查找边缘”“描摹轮廓”3种效果。

对图11-252所示的位图应用上述滤镜对应的效果如图11-253~图11-255所示，可以在相应的滤镜设置对话框中设置不同的参数。

图11-252

图11-253

图11-254

图11-255

11.6.6 校正

“校正”效果可以移除位图上的尘埃与刮痕。“校正”滤镜组位于“效果”菜单下，该滤镜组只有“尘埃与刮痕”一种效果。

应用该滤镜前后的对比效果如图11-256和图11-257所示，可以在相应的滤镜设置对话框中设置不同的参数。

图11-256

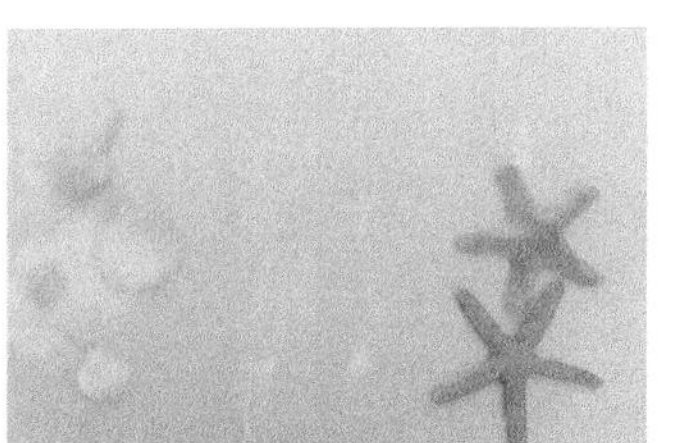

图11-257

11.6.7 创造性

“创造性”效果为用户提供了丰富的底纹和形状。“创造性”滤镜组位于“效果”菜单下，包括“艺术样式”“晶体化”“织物”“框架”“玻璃砖”“马赛克”“散开”“茶色玻璃”“彩色玻璃”“虚光”“旋涡”11种效果。

对图11-258所示的位图应用上述滤镜对应的效果如图11-259~图11-269所示，可以在相应的滤镜设置对话框中设置不同的参数。

图11-258

图11-259

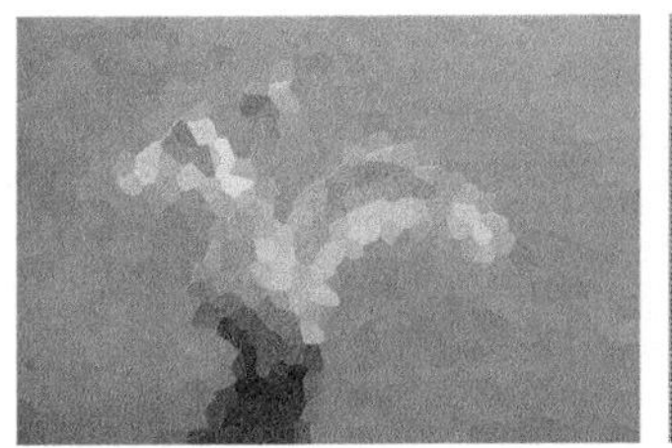

图11-260

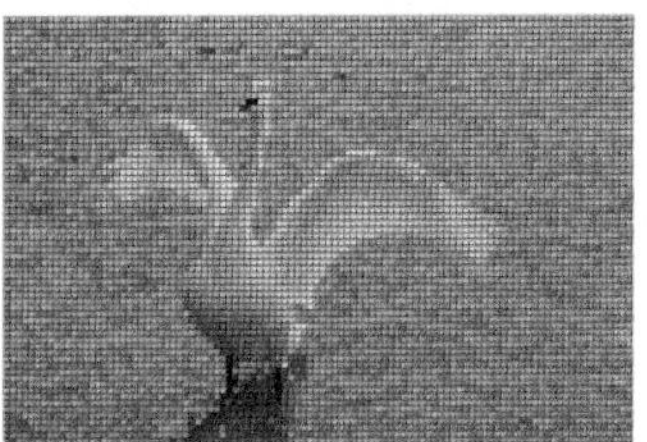

图11-261

图11-262

图11-263

图11-264

图11-265

图11-266

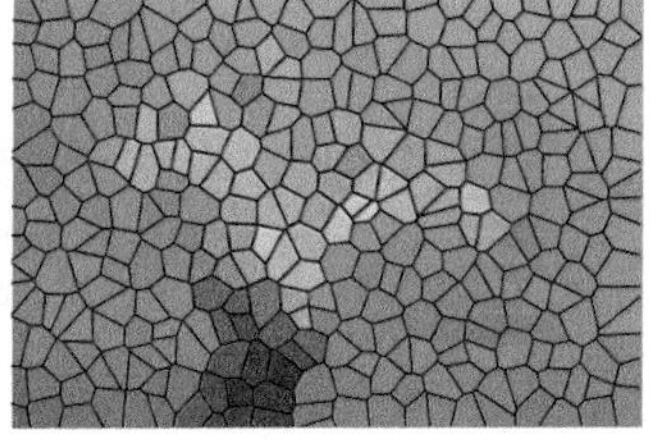

图11-267

图11-268

图11-269

11.6.8 自定义

“自定义”效果可以生成位图的凹凸贴图效果。“自定义”滤镜组位于“效果”菜单下，该滤镜组只有“上调映射”一种效果。

应用该滤镜前后的对比效果如图11-270和图11-271所示，可以在相应的滤镜设置对话框中设置不同的参数。

图11-270

图11-271

11.6.9 扭曲

“扭曲”效果可以使位图产生变形扭曲效果。“扭曲”滤镜组位于“效果”菜单下，包括“块状”“置换”“网孔扭曲”“偏移”“像素”“龟纹”“旋涡”“平铺”“湿笔画”“涡流”“风吹效果”11种效果。

对图11-272所示的位图应用上述滤镜对应的效果如图11-273~图11-283所示，可以在相应的滤镜设置对话框中设置不同的参数。

图11-272

图11-273

图11-274

图11-275

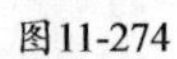

图11-276

图11-277

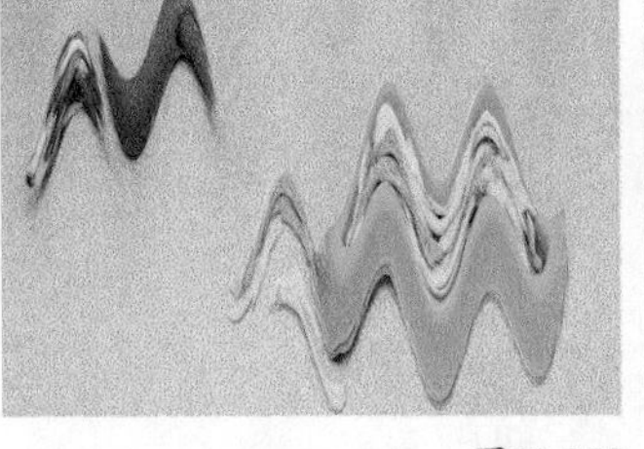

图11-278

图11-279

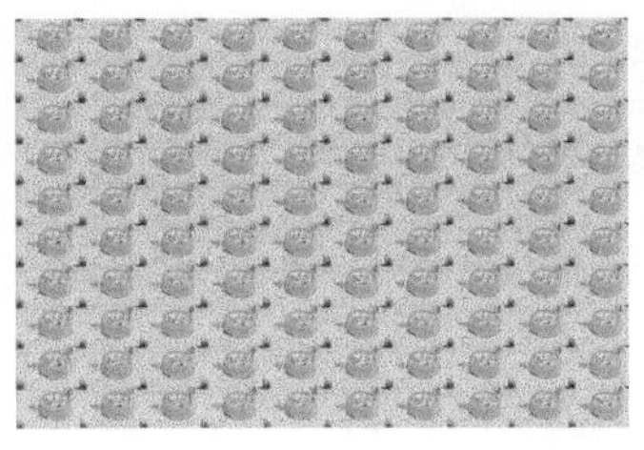

图11-280

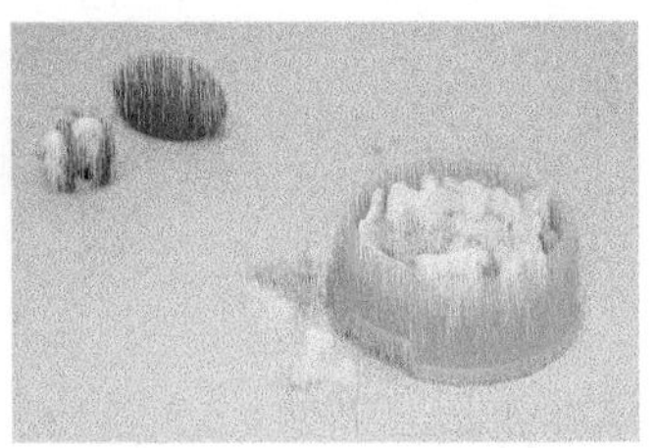

图11-281

图11-282

图11-283

11.6.10 杂点

使用“杂点”滤镜组中的效果可以调整图像的颗粒度，创建背景图案。“杂点”滤镜组位于“效果”菜单下，包括“添加杂点”“最大值”“中值”“最小”“去除龟纹”“去除杂点”6种效果。

对图11-284所示的位图应用上述滤镜对应的效果如图11-285~图11-290所示，可以在相应的滤镜设置对话框中设置不同的参数。

图11-284

图11-285

图11-286

图11-287

图11-288

图11-289

图11-290

11.6.11 鲜明化

“鲜明化”效果可以突出强化图像边缘，修复图像中缺损的细节，使模糊的图像变得更清晰。“鲜明化”滤镜组位于“效果”菜单下，包括“适应非鲜明化”“定向柔化”“高通滤波器”“鲜明化”“非鲜明化遮罩”5种效果。

对图11-291所示的位图应用上述滤镜对应的效果如图11-292~图11-296所示，可以在相应的滤镜设置对话框中设置不同的参数。

图11-291

图11-292

图11-293

图11-294

图11-295

图11-296

11.6.12 底纹

“底纹”效果可以模拟多种材质的表面为图像添加底纹。“底纹”滤镜组位于“效果”菜单下，包括“鹅卵石”“折皱”“蚀刻”“塑料”“浮雕”“石头”6种效果。

对图11-297所示的位图应用上述滤镜对应的效果如图11-298~图11-303所示，可以在相应的滤镜设置对话框中设置不同的参数。

图11-297

图11-298

图11-299

图11-300

图11-301

图11-302

图11-303

实战 制作木纹特效文字

实例位置 实例文件>CH11>实战：制作木纹特效文字.cdr
素材位置 素材文件>CH11>04.jpg
视频名称 实战：制作木纹特效文字.mp4
实用指数 ★★★☆☆
技术掌握 滤镜的使用方法

扫码看视频

本案例绘制的文字效果如图11-304所示。

图11-304

01 新建文档，输入“木纹字体”字样，设置“字体”为“方正兰亭中粗黑”、“大小”为100pt，如图11-305所示。导入“素材文件>CH11>04.jpg”文件，使用PowerClip命令将此位图置入文字内部，然后缩放位图的大小使之适合文字轮廓大小，如图11-306所示。完成PowerClip编辑，得到的效果如图11-307所示。

图11-305

图11-306　　图11-307

02 选中文字对象，执行“位图>转换为位图”菜单命令，打开“转换为位图”对话框，设置“颜色模式”为“RGB色（24位）”，勾选“光滑处理”和“透明背景”复选框，单击OK按钮，如图11-308所示。

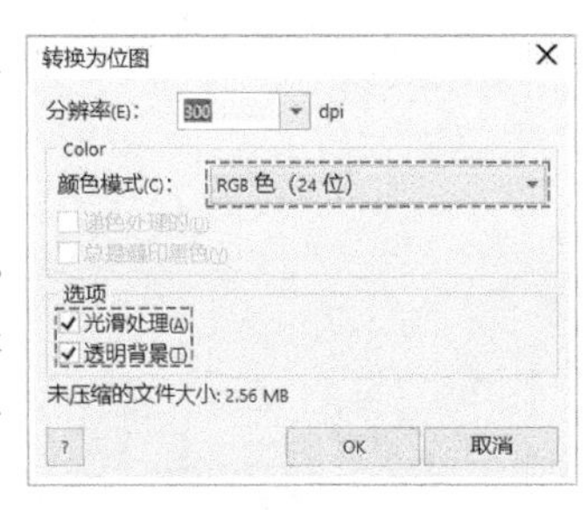

图11-308

03 选中位图，执行“效果>底纹>浮雕”菜单命令，设置“详细资料”为24、“深度”为11、“平滑度”为29、“光源方向”为315°、“表面颜色”为淡黄色（R:255，G:224，B:145），如图11-309所示。单击OK按钮，效果如图11-310所示。

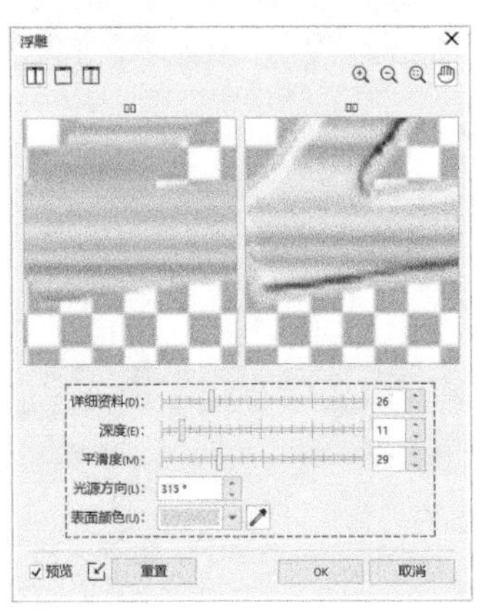

图11-309　　图11-310

04 使用“矩形”工具绘制一个宽度为168mm、高度为45mm的矩形，使用“交互式填充”工具绘制椭圆形渐变填充效果，设置渐变色位置0的颜色为紫色（R:167，G:33，B:133），设置位置100的颜色为洋红色（R:228，G:0，B:130），如图11-311所示。

05 选中位图，向右斜切15°，使用“阴影”工具绘制阴影效果，阴影设置保持默认参数，最终效果如图11-312所示。

图11-311　　图11-312

实战 制作水彩画效果

实例位置	实例文件>CH11>实战：制作水彩画效果.cdr
素材位置	素材文件>CH11>05.jpg
视频名称	实战：制作水彩画效果.mp4
实用指数	★★★☆☆
技术掌握	滤镜的使用方法

扫码看视频

本案例绘制的水彩画效果如图11-313所示。

图11-313

01 新建文档，导入“素材文件>CH11>05.jpg”文件，修改其宽度为192mm、高度为128mm，如图11-314所示。执行“位图>轮廓描摹>线条图”菜单命令，PowerTRACE对话框的参数设置如图11-315所示，单击OK按钮，效果如图11-316所示。

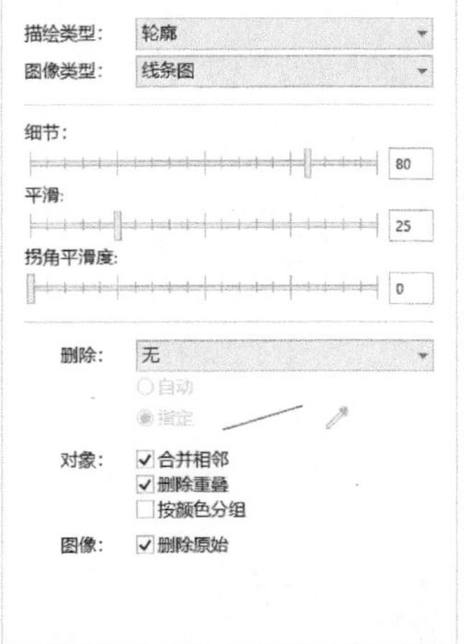

图11-314　　图11-315

图11-316

02 将描摹生成的矢量对象移动到页面空白处，然后执行“位图>转换为位图”菜单命令，弹出“转换为位图”对话框，设置“颜色模式”为RGB色，勾选“光滑处理”和“透明背景”

复选框，单击OK按钮完成转换，如图11-317所示。执行“效果>艺术笔触>水彩画”菜单命令，弹出“水彩”对话框，设置“笔刷大小”为2、“粒化”为50、“水量”为58、“出血”为61、“亮度”为38，单击OK按钮，如图11-318所示，效果如图11-319所示。

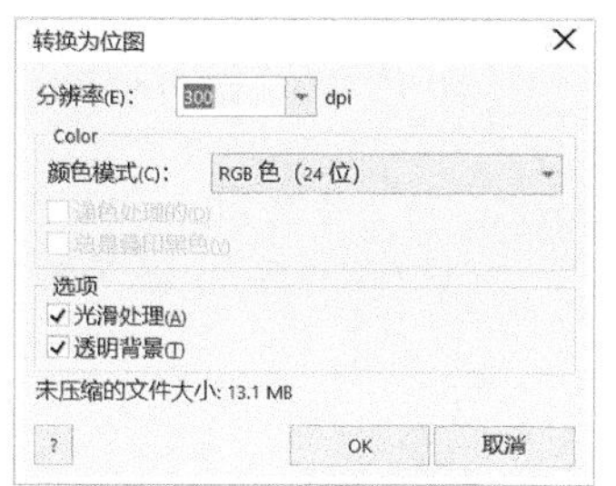

图11-317

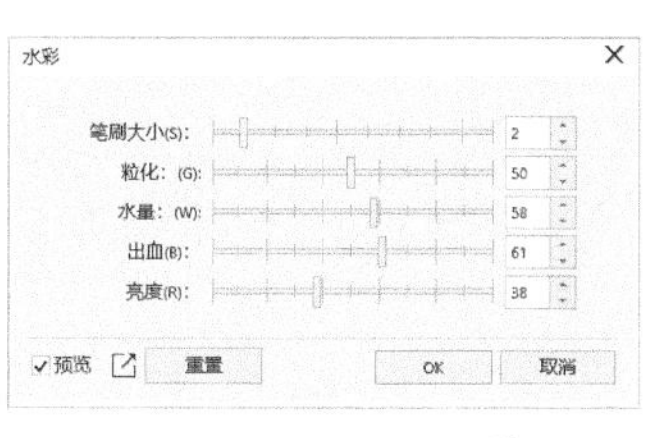

图11-318

图11-319

03 将两张位图中心对齐，选中上面的图片（应用了“水彩画”滤镜的位图），单击“透明度”工具，在属性栏中设置“合并模式”为“乘”，提升画面质感，如图11-320所示。按+键复制一张位图，单击“透明度”工具，在属性栏中单击“均匀透明度”按钮，设置“合并模式”为“常规”、“透明度”为75，提高画面亮度，如图11-321所示。

图11-320

图11-321

04 选中所有位图，执行“位图>转换为位图”菜单命令，弹出“转换为位图”对话框，设置“颜色模式”为RGB色，单击OK按钮。执行“位图>位图边框扩充>手动扩充位图边框”菜单命令，弹出“位图边框扩充”对话框，取消勾选“保持纵横比”复选框，在“宽度”和“高度”后面的文本框中各增加300像素，单击OK按钮，如图11-322所示。选中位图，单击“阴影”工具，在属性栏中设置“预设”为“内边缘”、“阴影不透明度”为75、“羽化”为0，最终效果如图11-323所示。

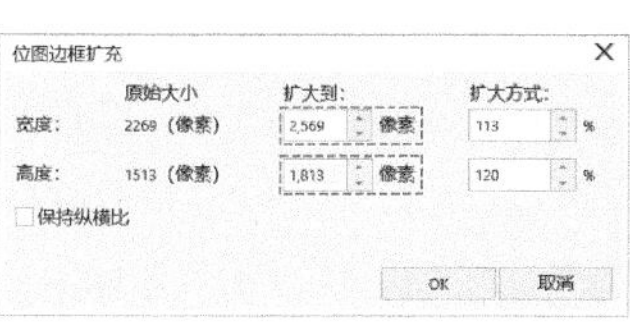

图11-322

图11-323

实战 制作怀旧照片效果

实例位置 实例文件>CH11>实战：制作怀旧照片效果.cdr
素材位置 素材文件>CH11>06.jpg、07.jpg
视频名称 实战：制作怀旧照片效果.mp4
实用指数 ★★★☆☆
技术掌握 滤镜的使用方法

本案例绘制的怀旧照片效果如图11-324所示。

图11-324

01 新建文档，导入“素材文件>CH11>06.jpg”文件，调整其宽度为192mm、高度为128mm，如图11-325所示。执行“效果>调整>图像调整实验室”菜单命令，打开“图像调整实验室”对话框，设置“温度”为2017、“淡色”为-52、“饱和度”为-60、“对比度”为25，如图11-326所示，效果如图11-327所示。

图11-325

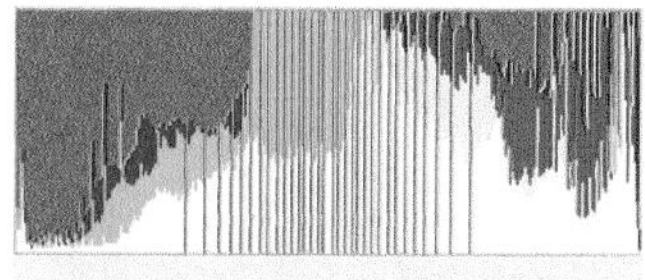

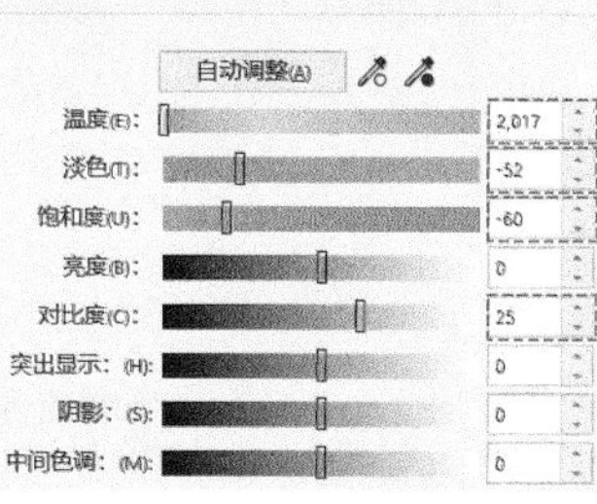

图11-326

图11-327

02 导入“素材文件>CH11>07.jpg”文件，调整其宽度为192mm、高度为128mm，将两张位图中心对齐，如图11-328所示。执行“效果>调整>高反差”菜单命令，打开“高反差”对话框，设置“输入值剪裁”为72和179，如图11-329所示，效果如图11-330所示。选中上面的位图，单击“透明度”工具，在属性栏中单击“均匀透明度”按钮，设置“合并模式”为“减少”，效果如图11-331所示。

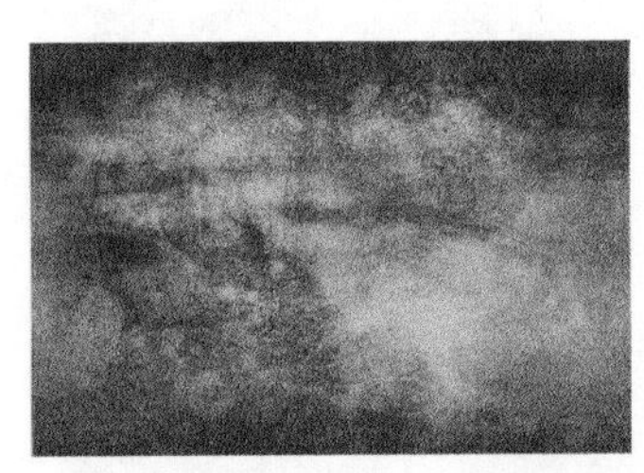

图11-328

图11-329

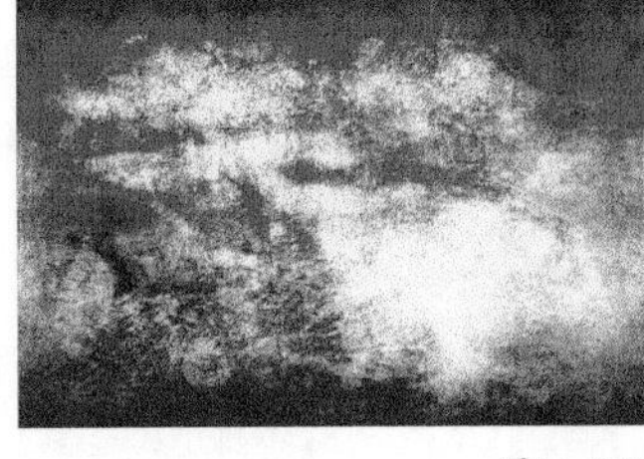

图11-330

图11-331

03 选中所有位图，执行“位图>转换为位图”菜单命令，弹出“转换为位图”对话框，设置“颜色模式”为RGB色，单击OK按钮。执行“效果>相机>延时”菜单命令，打开“延时”对话框，选择第2种样式，勾选“图片边缘”复选框，如图11-332所示，单击OK按钮，最终效果如图11-333所示。

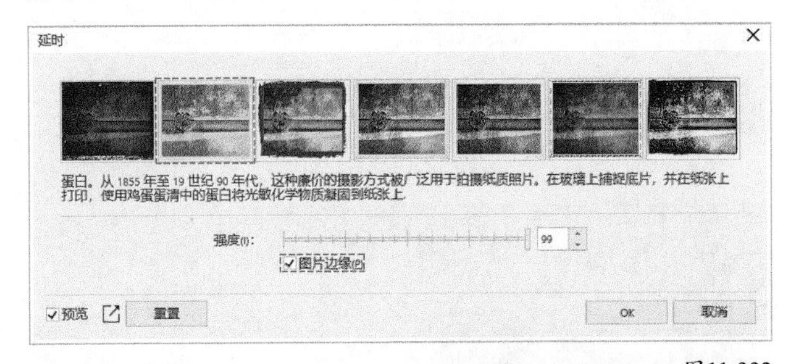

图11-332

图11-333

实战 制作素描效果

实例位置 实例文件>CH11>实战：制作素描效果.cdr
素材位置 素材文件>CH11>08.jpg
视频名称 实战：制作素描效果.mp4
实用指数 ★★★☆☆
技术掌握 滤镜的使用方法

扫码看视频

本案例绘制的素描效果如图11-334所示。

图11-334

01 新建文档，导入“素材文件>CH11>08.jpg”文件，如图11-335所示。使用“手绘”工具绘制出猫的外围轮廓，如图11-336所示。选中两个对象，在属性栏中单击“相交”按钮，生成新的相交的位图对象，如图11-337所示。

图11-335

图11-336

图11-337

02 选中下面的位图，按快捷键Ctrl+B打开“亮度/对比度/强度”对话框，设置“亮度”为16，效果如图11-338所示。选中上面的猫位图对象，执行“效果>模糊>羽化”菜单命令，打开“羽化”对话框，设置“宽度”为177、“模式”为“曲线”，效果如图11-339所示。

图11-338　　图11-339

技巧与提示

以上步骤旨在提升“背景”亮度，从而提高主对象猫的对比度。

03 选中所有对象，执行“位图>转换为位图”菜单命令，弹出“转换为位图”对话框，设置“颜色模式”为RGB色，单击OK按钮。执行“效果>艺术笔触>素描”菜单命令，打开“素描”对话框，设置“铅笔类型”为“碳色”、“样式”为40、“笔芯”为84、“轮廓”为59，如图11-340所示，效果如图11-341所示。

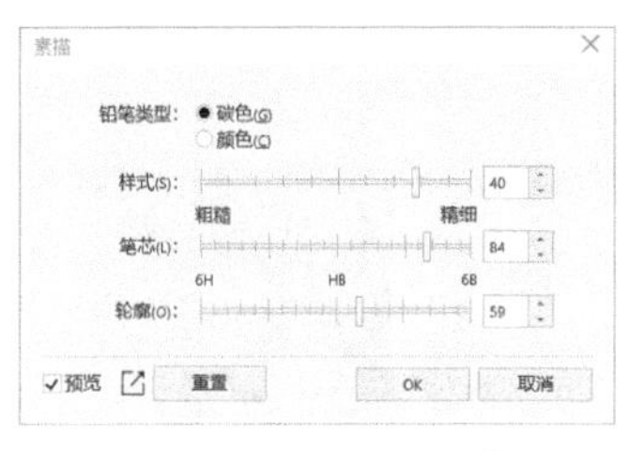

图11-340　　图11-341

04 复制一张位图，单击“透明度”工具，在位图上按住鼠标左键拖曳绘制线性渐变透明控制手柄，如图11-342所示，再在属性栏中设置“合并模式”为“乘”，最终效果如图11-343所示。

图11-342　　图11-343

实战　制作金属拉丝文字效果

实例位置　实例文件>CH11>实战：制作金属拉丝文字效果.cdr
素材位置　无
视频名称　实战：制作金属拉丝文字效果.mp4
实用指数　★★★☆☆
技术掌握　滤镜的使用方法

扫码看视频

本案例绘制的金属拉丝文字效果如图11-344所示。

图11-344

01 新建文档，绘制一个宽度为192mm、高度为128mm的矩形，使用“交互式填充”工具在矩形上拖曳绘制线性渐变填充效果，设置渐变色位置0的颜色为白色，设置位置21的颜色为灰色（C:0，M:0，Y:0，K:40），设置位置40的颜色为白色，设置位置56的颜色为灰色（C:0，M:0，Y:0，K:40），设置位置66的颜色为浅灰色（C:0，M:0，Y:0，K:30），设置位置80的颜色为白色，设置位置88的颜色为浅灰色（C:0，M:0，Y:0，K:20），设置位置100的颜色为浅灰色（C:0，M:0，Y:0，K:10），然后设置“倾斜”为-13.8°、“旋转”为-44.9°，如图11-345所示，效果如图11-346所示。

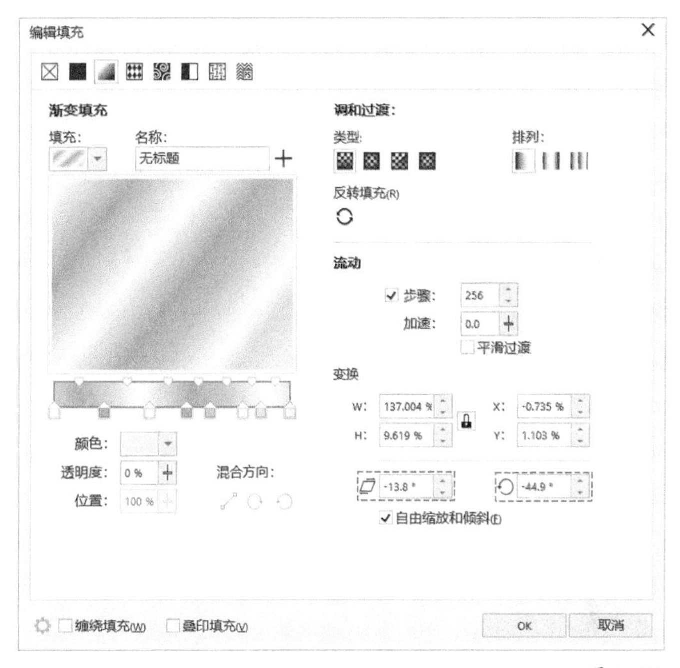

图11-345

图11-346

02 移除轮廓色，执行“位图>转换为位图”菜单命令，弹出“转换为位图”对话框，设置“颜色模式”为RGB色，单击OK按钮。执行“效果>杂点>添加杂点”菜单命令，打开“添加杂点”对话框，设置“噪声类型”为“高斯式”、“层次”为100、“密度”为100、“颜色模式”为“强度”，如图11-347所示，效果如图11-348所示。

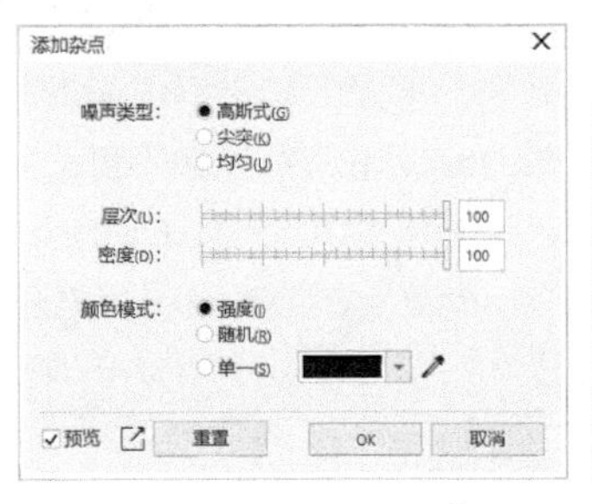

图11-347

图11-348

03 执行“效果>模糊>动态模糊”菜单命令，打开“动态模糊”对话框，设置“距离”为29、“方向”为0，如图11-349所示，效果如图11-350所示。

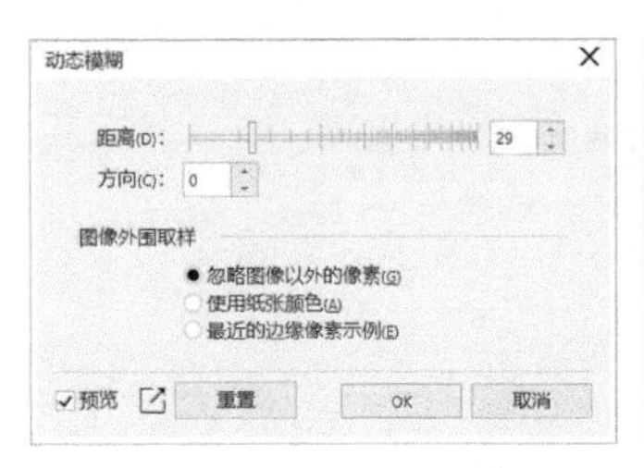

图11-349

图11-350

04 使用“文本”工具在位图上输入“金属拉丝”字样，设置“字体”为“方正兰亭特黑简体”、“大小”为80pt，使其与位图中心对齐，如图11-351所示。选中位图，单击鼠标右键，在弹出的快捷菜单中选择“PowerClip内部”命令，然后将位图置入文字内，效果如图11-352所示。

图11-351

图11-352

05 选中文本对象，使用“阴影”工具绘制对象的右下角阴影，设置“阴影羽化”为0。绘制一个宽度为130mm、高度为35mm的矩形，使用“交互式填充”工具从上至下绘制线性渐变填充效果，设置渐变色位置0的颜色为洋红色（C:0，M:100，Y:0，K:0），设置位置100的颜色为红色（C:0，M:100，Y:100，K:0），将矩形置于底层，并与文本对象中心对齐，最终效果如图11-353所示。

图11-353

11.7 位图遮罩

“位图遮罩”用于隐藏或显示位图中的颜色，一般使用该功能来抠图。

选中位图，如图11-354所示，执行“位图>位图遮罩”菜单命令，打开“位图遮罩”泊坞窗，勾选泊坞窗列表框中的一条遮罩颜色，然后使用泊坞窗左上角的“吸管”工具，单击位图中的蓝色部分，取样遮罩颜色，如图11-355所示。调整“容限”程度的百分比数值，选中“隐藏选定项”选项，如图11-356所示。单击“应用”按钮，效果如图11-357所示。

图11-354

图11-355

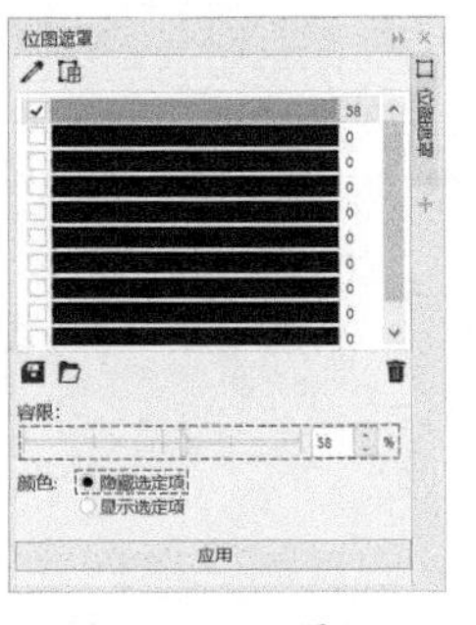

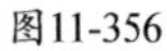

图11-356

图11-357

“位图遮罩”泊坞窗的参数选项如图11-358所示。

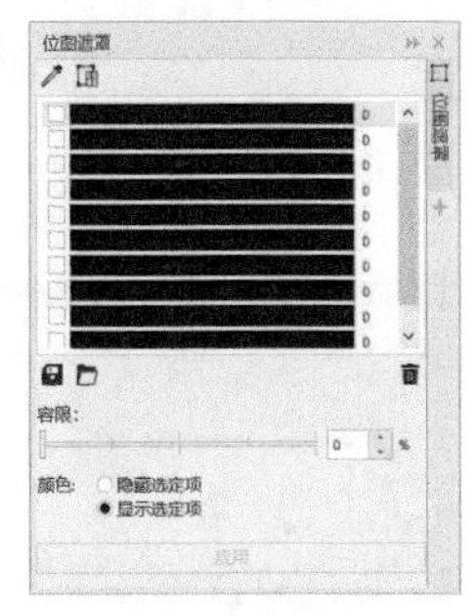

图11-358

“位图遮罩”泊坞窗选项介绍

遮罩颜色：泊坞窗内共有10条遮罩颜色，使用左上角的“吸管”工具取样颜色，或者使用“颜色挑选器”选择颜色。遮罩颜色只有在勾选状态下才能被激活。

存储：存储遮罩颜色文件。

打开：打开以前存错的遮罩颜色文件。

容限：移动该滑块来调整颜色的容限范围，容限百分比越高，所选颜色周围容限的范围越广。

隐藏选定项：隐藏所选遮罩颜色。

显示选定项：仅显示所选遮罩颜色。

技巧与提示

在遇到比较复杂的图像时，可以激活多条遮罩颜色来确定需要隐藏或显示的颜色范围。

实战 使用“位图遮罩”快速更换图片背景

实例位置 实例文件>CH11>实战：使用“位图遮罩”快速更换图片背景.cdr
素材位置 素材文件>CH11>09.jpg
视频名称 实战：使用“位图遮罩”快速更换图片背景.mp4
实用指数 ★★★☆☆
技术掌握 “位图遮罩”的使用方法

本案例更换背景后的图片效果如图11-359所示。

图11-359

01 新建文档，导入“素材文件>CH11>09.jpg”文件，调整其宽度为192mm、高度为109.5mm，如图11-360所示。执行“位图>位图遮罩”菜单命令，打开“位图遮罩”泊坞窗。勾选第1条遮罩颜色，使用“吸管”工具在位图背景上单击进行取样，如图11-361所示。设置“容限”值为30%、“颜色”为“隐藏选定项”，单击“应用”按钮，效果如图11-362所示。

图11-360

图11-361

图11-362

02 参照上述方法，激活第2条遮罩颜色，使用“吸管工具”取样位图中的桥，效果如图11-363所示。

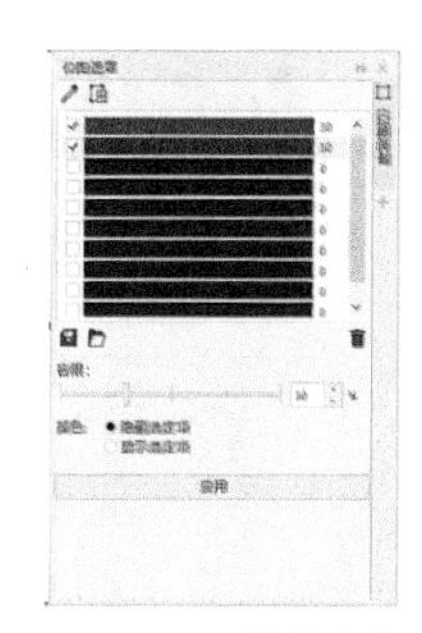

图11-363

03 绘制一个宽度为192mm、高度为109.5mm的矩形，设置填充色为红色（C:0，M:100，Y:50，K:0），使其与位图中心对齐，并置于底层，最终效果如图11-364所示。

图11-364

第12章

文本的创建与处理

本章将学习CorelDRAW强大的文本编辑功能。通过对美术字和段落文本的编排和设置，可以创建专业的排版效果，并应用于各类书刊、报纸、杂志和宣传页等媒体中。

学习时需重点掌握美术字和段落文本的区别，以及文本属性的设置。

学习要点

第262页
文本的转曲操作

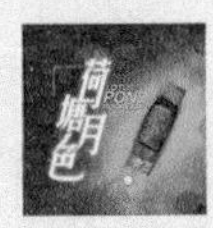

第262页
文本的设置与编辑

第285页
页码设置

工具名称	工具图标	工具作用	重要程度
“文本”工具	A	输入美术字或段落文本	高

12.1 文本创建

文本在平面设计作品中起着展现主题、阐述说明或造型创意方面的作用，CorelDRAW中的文本包含美术字和段落文本两种形式。美术字具有一定的矢量图形的属性，可以进行一些造型的编辑。段落文本主要用于文字排版，使用文本进行造型创意设计。

12.1.1 安装字体

Windows系统自带的字体只包含“黑体”“宋体”“楷体”等基础字体，很难满足设计需要，因此需要在Windows系统中安装其他字体。

在Windows的资源管理器中双击需要安装的字体文件，打开字体窗口，单击窗口左上角的“安装”按钮，该字体将会安装至Windows系统内，如图12-1所示。也可以在Windows的资源管理器中选中需要安装的字体文件，单击鼠标右键，在弹出的快捷菜单中选择“安装”命令进行字体的安装。打开CorelDRAW 2021，单击“文本”工具，可在属性栏的“字体列表”中找到安装的字体，如图12-2所示。

图12-1

图12-2

★重点★

12.1.2 美术字

美术字用于在文档中添加单个字符或短文本行。可以为美术字应用渐变填充、轮廓色和阴影等多种效果。

创建美术字

单击“文本”工具A，在页面内任意位置单击，如图12-3所示。输入文本，该文本即为美术字，如图12-4所示。

图12-3

图12-4

选择文本

在设置文本属性之前，必须先选中需要设置的文本内容，可以使用以下3种方法来选择文本。

第1种：单击需要选择的文本的起始位置，按住Shift键，按←键或→键选择。

第2种：单击需要选择的文本的起始位置，按住鼠标左键拖曳到要选择文本的终点位置，松开鼠标，如图12-5所示。

图12-5

第3种：使用“选择”工具单击文本对象，可以直接选中该文本中的所有字符。

美术字转换为段落文本

如果需要对美术字进行段落文本的编辑，可以将美术字转换为段落文本。

使用“选择”工具选中美术字，单击鼠标右键，在弹出的快捷菜单中选择“转换为段落文本”命令，即可将美术字转换为段落文本（该功能的快捷键为Ctrl+F8），如图12-6所示。转换后的段落文本如图12-7所示。

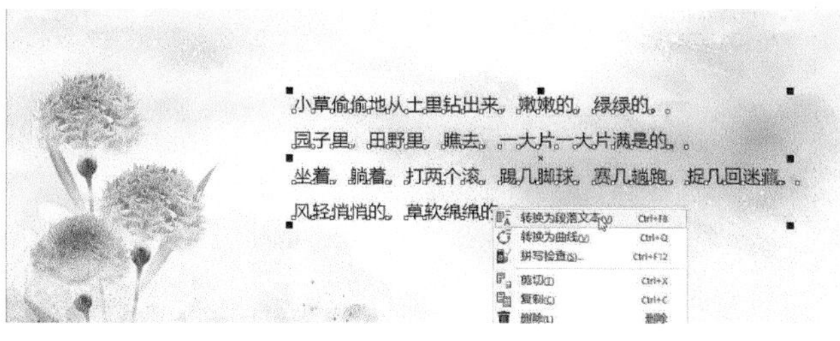

图12-6

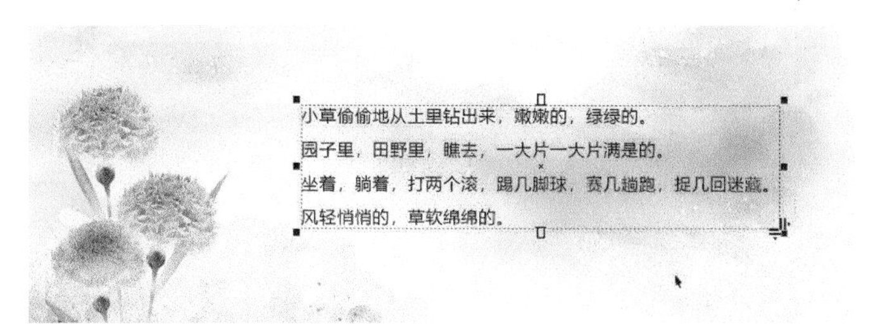

图12-7

还可以执行“文本>转换为段落文本”菜单命令，将美术字转换为段落文本。

★重点★

12.1.3 段落文本

段落文本又称“块文本”，通常用于对文本格式要求更高的大篇幅文本。在设计画册和书籍时，多使用段落文本。

添加段落文本

使用文本框在文档中添加段落文本。

单击“文本”工具，在页面内按住鼠标左键拖曳，松开鼠标生成段落文本框，如图12-8所示，此时输入的文本即为段落文本。在段落文本框内输入的文本，排满一行后将自动换行，如图12-9所示。

图12-8

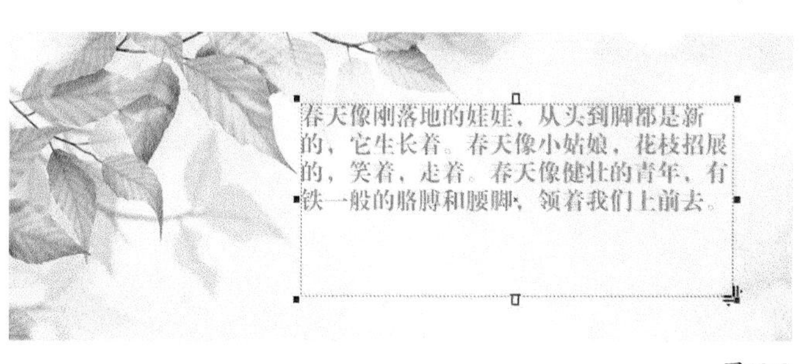

图12-9

文本框的调整

默认情况下，文本框大小是固定的，理论上可以添加任意数量的文字。如果添加的字符超出了文本框所能容纳的数量，文本框的颜色会变成红色，提醒用户该文本框内存在更多的文本内容未被显示。这时可以通过调整文本框的方式修正文本溢出问题。

当文本框的颜色变成红色时，在文本框的下方会出现一个黑色三角箭头，向下拖曳该箭头，可以扩大文本框，显示被隐藏的文本内容，如图12-10和图12-11所示。

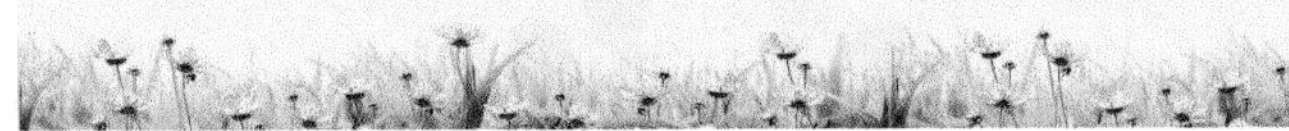

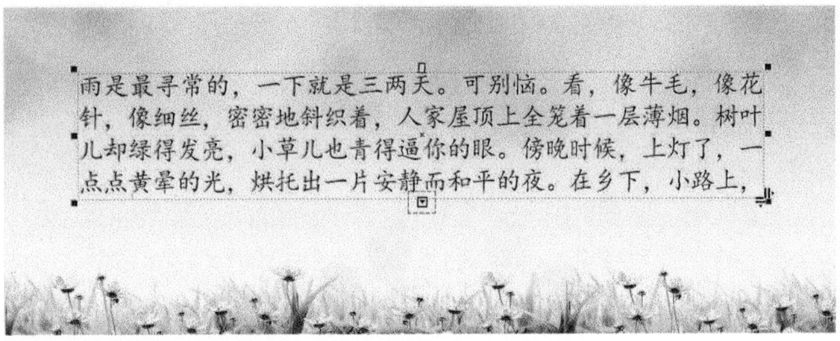

图12-10

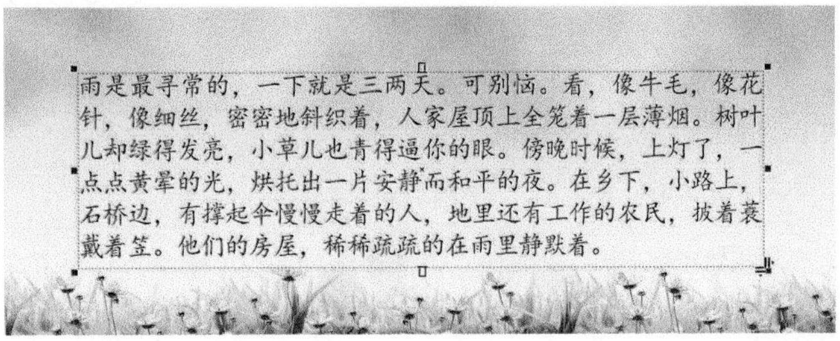

图12-11

按住鼠标左键拖曳文本框的任意一个控制点，调整文本框的大小，也可以显示被隐藏的文本内容。

技巧与提示

“段落文本”转换为“美术字”的方法与“美术字”转换为“段落文本”的方法大致相同。

★重点★

12.1.4 文本类型的转换

CorelDRAW中的文本类型包括“美术字”和“段落文本”两种，其彼此间的转换方法在上面的小节中已有详细介绍。需要注意的是，当“段落文本”转换为“美术字”时，文本的排版样式可能会发生变化，如图12-12所示。

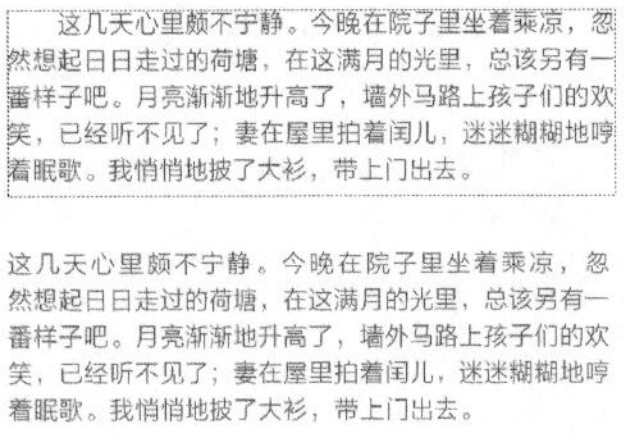

图12-12

★重点★

12.1.5 文本转曲线

在日常的工作中，经常需要将文本转换为曲线，用于造型创意设计，或者转曲后将文档发送给下道工序的使用者。

文本转换为曲线

选中需要转曲的美术字或段落文本，单击鼠标右键，在弹出的快捷菜单中选择“转换为曲线”命令，即可将选中的文本转换为曲线，如图12-13所示。

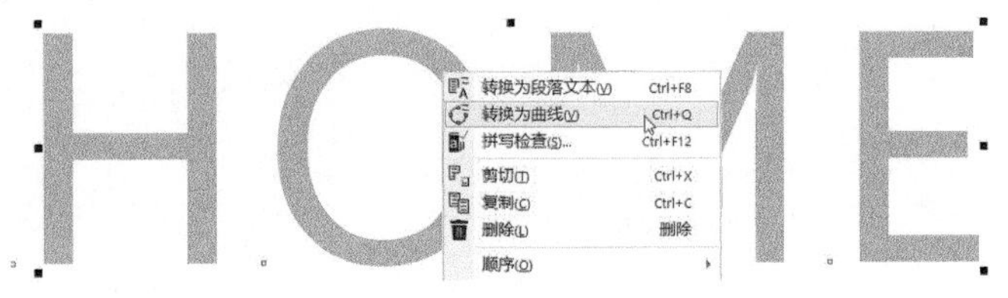

图12-13

执行“对象>转换为曲线”菜单命令或者按快捷键Ctrl+Q也可将文本转换为曲线。文本对象在转曲后会转换为闭合曲线，可以使用“形状”工具进行编辑，如图12-14所示。

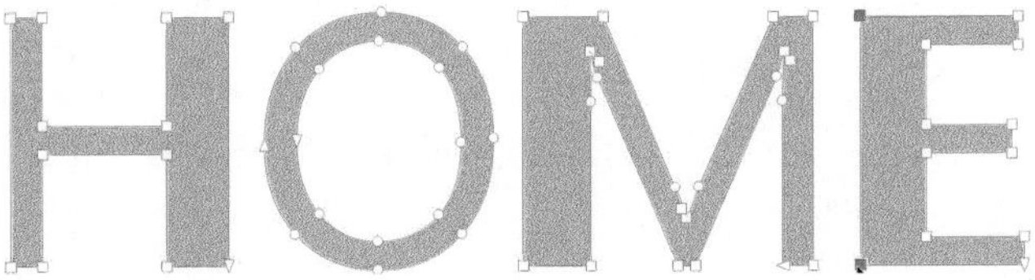

图12-14

字体造型设计

转曲后的文本可以进行字体造型设计。字体造型设计被广泛地应用于视觉识别系统、广告宣传标语、商标造型设计、产品包装和装修装潢等领域。字体造型设计是在字体基本造型的基础上，进行修改、调整，创造出独具一格的造型艺术效果。

字体造型设计在一定程度上摆脱了固有字形的束缚，可以根据客户需求和设计诉求进行创意设计，从而达到将字形赋予精神含义的目的，如图12-15所示。

图12-15

12.2 文本编辑

作为一款平面设计软件，CorelDRAW除了超强的矢量图形设计和位图编辑功能之外，文本处理也是其强项，不论是处理格式化文本还是编辑特殊效果文本，CorelDRAW都拥有媲美专业文字排版软件的能力。

12.2.1 文本的导入/复制/粘贴

无论是输入美术字还是段落文本，都可以使用“导入/粘贴文本”的方法节省文本输入的时间。

执行“文件>导入”菜单命令或按快捷键Ctrl+I，在弹出的“导入”对话框中选取需要的文本文件（TXT），单击“导入”按钮，弹出“导入/粘贴文本”对话框，如图12-16所示，单击OK按钮，即可导入文本。

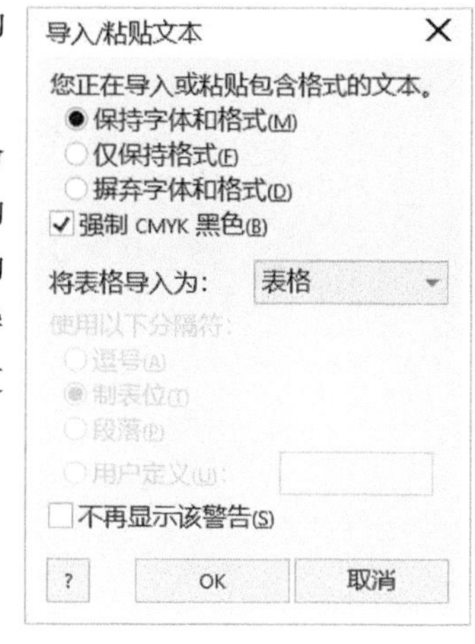

图12-16

“导入/粘贴文本”对话框选项介绍

保持字体和格式：勾选该选项后，文本将以源程序设置的样式进行导入。

仅保持格式：勾选该选项后，文本将以源程序的文字字号、当前程序设置的样式进行导入。

摒弃字体和格式：勾选该选项后，文本将以当前程序设置的样式进行导入。

强制CMYK黑色：勾选该选项后，可以使导入的文本颜色统一为CMYK颜色模式中的黑色。

技巧与提示

直接复制Office文档、网页文档中的文本内容，然后在页面中按快捷键Ctrl+V进行粘贴时，有以下3种情况。

第1种：按快捷键Ctrl+V进行粘贴，复制的文字将以“段落文本”样式粘贴在工作区中心。

第2种：单击“文本”工具在页面单击，按快捷键Ctrl+V粘贴，复制的文字将以“美术字”样式粘贴在工作区内。

第3种：单击“文本”工具，在页面中拖曳生成段落文本框，按快捷键Ctrl+V粘贴，复制的文字将粘贴在文本框内。

★重点★

12.2.2 调整文本

使用“形状”工具选中文本后，每个字符的左下角都会出现一个白色小方块，该小方块称为字符控制点。

单击或框选字符控制点，其会变为黑色选中状态，此时可以在属性栏中对所选的字符进行旋转、缩放和填充等操作，如图12-17所示。

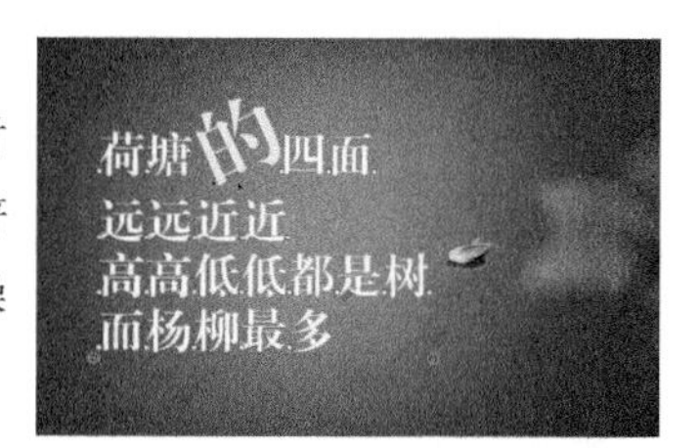

图12-17

拖曳文本对象右下角的水平间距箭头，可以调整字间距，如图12-18所示。

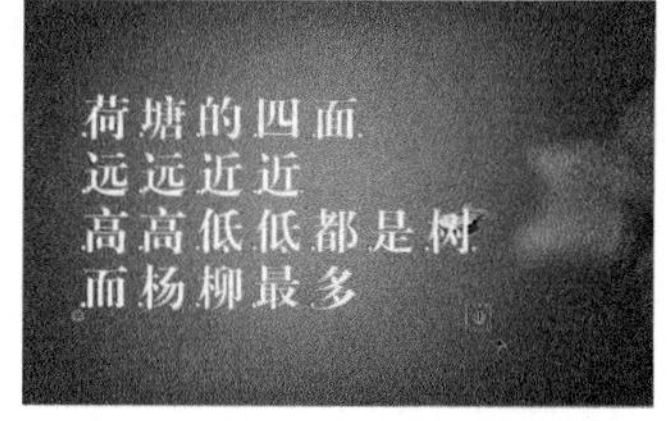

图12-18

拖曳文本对象左下角的垂直间距箭头，可以调整行间距，如图12-19所示。

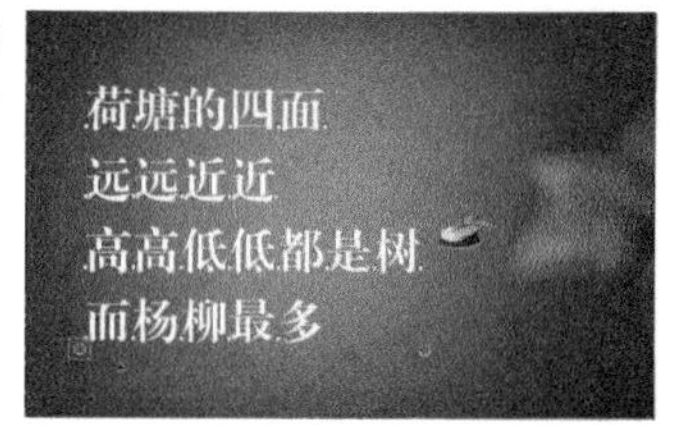

图12-19

技术看板

如何使用“形状”工具调整文本？

使用“形状”工具选中文本后，属性栏如图12-20所示。

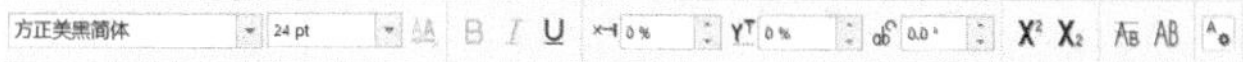

图12-20

选中文本中的任意一个或多个文字的字符控制点时，可以在属性栏中更改所选字符的字体样式和大小，如图12-21所示。在属性栏中为所选的字符设置粗体、斜体或下画线样式，如图12-22所示。在属性栏中的“字符水平偏移”“字符垂直偏移”“字符角度”后面的文本框内设置相对于字符原始位置的距离和倾斜角度，如图12-23所示。

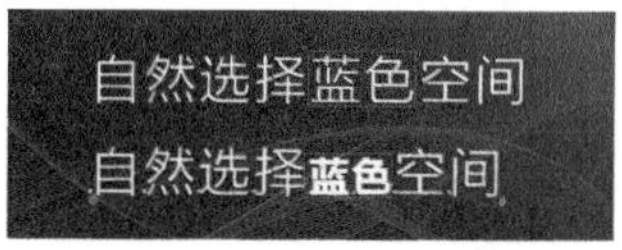

图12-21

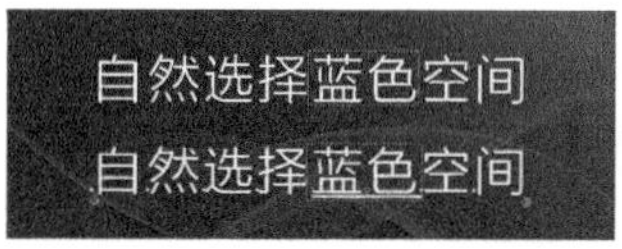

图12-22

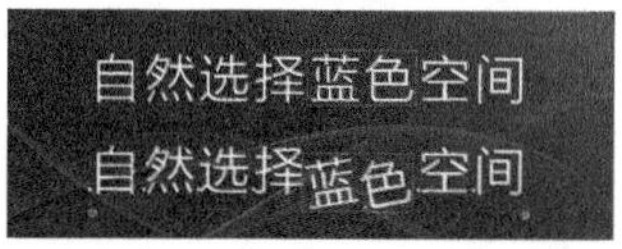

图12-23

选中需要调整字符的字符控制点，按住鼠标左键拖曳，调整所选字符的位置，如图12-24所示。

图12-24

★重点★

12.2.3 属性栏设置

“文本”工具属性栏选项如图12-25所示。

图12-25

“文本”工具属性栏选项介绍

字体列表：为新文本或所选文本选择该列表中的一种字体。单击该选项右侧的下拉按钮，即可打开系统安装的字体列表，下方还可以预览字体的效果，如图12-26所示。

图12-26

字体大小：指定字体的大小。单击该选项右侧的下拉按钮，即可在打开的列表中选择字号，也可以在该选项的文本框中直接输入字号数值进行设置，如图12-27所示。

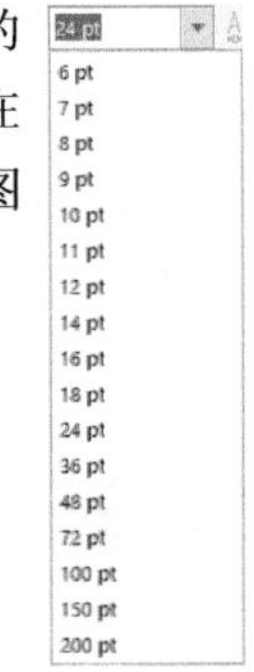

粗体：单击该按钮即可将所选文本加粗显示。

斜体：单击该按钮可以将所选文本倾斜显示。

图12-27

> **技巧与提示**
>
> 只有当选择的字体本身含有粗体样式或斜体样式时，才可以进行对应设置，如果选择的字体没有粗体样式或斜体样式，则无法进行对应的设置。

下画线：单击该按钮可以为文字添加预设的下画线样式。

文本对齐：选择文本的对齐方式。单击该按钮可以打开对齐方式列表，如图12-28所示。

图12-28

项目符号列表：在段落文本中，添加或删除带项目符号的列表格式。

编号列表：在段落文本中，添加或删除带数字的列表格式。

首字下沉：在段落文本中，添加或移除首字下沉。

增加缩进量：在项目符号列表或编号列表样式下，将列表向右移动。

减少缩进量：在项目符号列表或编号列表样式下，将列表向左移动。

交互式OpenType：当某种OpenType功能可用于选定文本时，在屏幕上显示指示。

编辑文本：单击该按钮，可打开“编辑文本”对话框，如图12-29所示，在该对话框中可以对选定文本进行文字编辑。

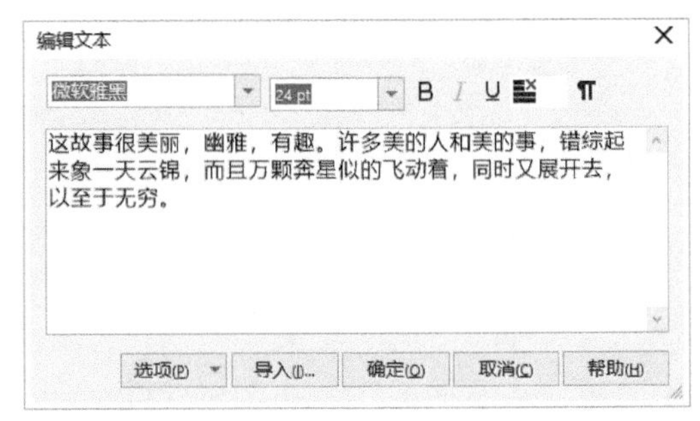

图12-29

> **技巧与提示**
>
> “编辑文本”对话框可以输入美术字或段落文本。使用“文本”工具在页面上单击，打开对话框，输入的为美术字；如果在页面上绘制出文本框后再打开该对话框，输入的就是段落文本。

文本：单击该按钮可打开“文本”泊坞窗，在该泊坞窗中可以编辑美术字和段落文本的属性，如图12-30所示。

水平方向：单击该按钮，选中或输入的文本将以水平方向排列。文本默认以水平方向排列。

垂直方向：单击该按钮，选中或输入的文本将以垂直方向排列。

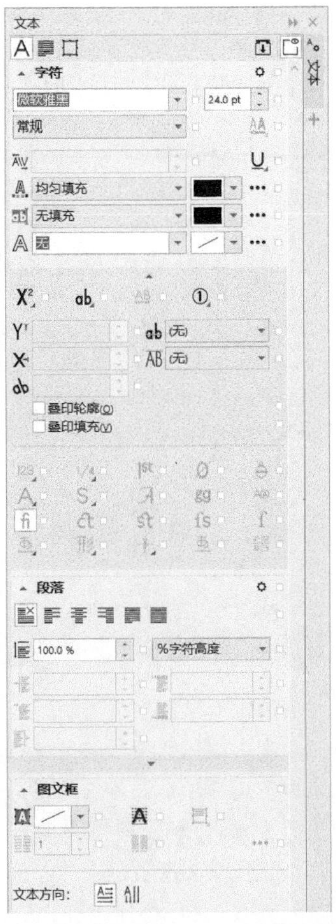

图12-30

★ 重点 ★

12.2.4 字符设置

单击属性栏中的“文本”按钮，或执行“文本>文本”菜单命令，打开“文本”泊坞窗，然后切换到“字符”设置面板，如图12-31所示。

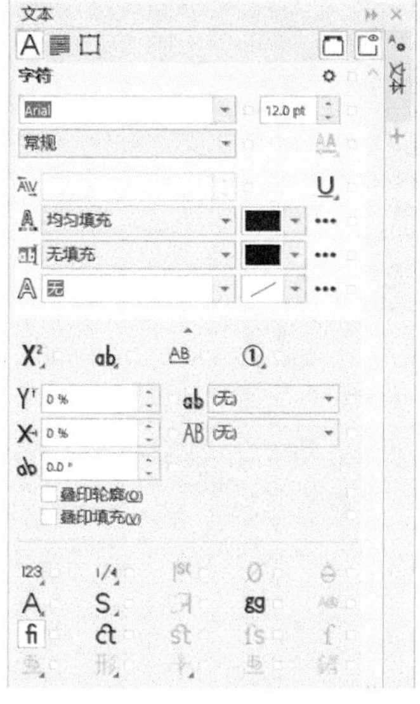

图12-31

“字符”面板选项介绍

脚本：单击该按钮，可在下拉列表中选择要限制的文本类型，如图12-32所示。若选择“拉丁文”选项，在该泊坞窗中设置的各选项将只对选择文本中的西文和数字起作用；若选择“亚洲”选项，则只对选择文本中的亚洲国家的文字起作用。程序在默认情况下会自动选择“所有脚本”选项，即对选择的所有类型的文本全部起作用。

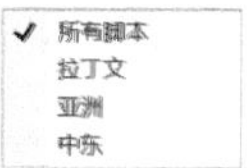

所有脚本
拉丁文
亚洲
中东

图12-32

字体列表：可以在弹出的字体列表中选择需要的字体样式，如图12-33所示。

图12-33

字体大小：在后面的文本框内输入数值设置字体的字号；或者单击后面的微调按钮进行调整；当鼠标指针变为÷时，可以按住鼠标左键上下拖曳调整字体的大小。

下画线：单击该按钮，可以在打开的列表中为选中的文本添加一种下画线样式，如图12-34所示。

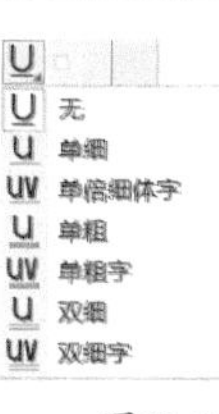

图12-34

无：所选文本没有下画线。

单细：所选文本和空格都有下画线，如图12-35所示。

单倍细体字：仅在所选文本的文字下方添加单细下画线，空格没有下画线，如图12-36所示。

图12-35

图12-36

单粗：使用单粗线为所选文本和空格添加下画线，如图12-37所示。

单粗字：仅在所选文本的文字下方添加单粗下画线，如图12-38所示。

图12-37

图12-38

双细：使用双细线为所选文本和空格添加下画线，如图12-39所示。

双细字：仅在所选文本的文字下方添加双细下画线，如图12-40所示。

图12-39

图12-40

字距调整范围：扩大或缩小选定文本范围内字符的间距。

技巧与提示

这里的“字距调整范围”选项，只有在使用“文本”工具或“形状”工具选中文本中的部分字符时，才会被激活。

填充类型：选择要应用于字符的填充类型，如图12-41所示。

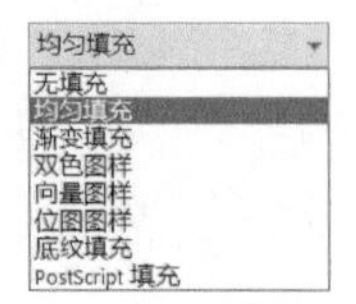

图12-41

无填充：选择该选项，将移除选中文本的填充色，变为透明。

均匀填充：选择该选项，可以在右侧文本颜色的颜色挑选器中选择色样，填充所选文本，如图12-42所示，填充效果如图12-43所示。

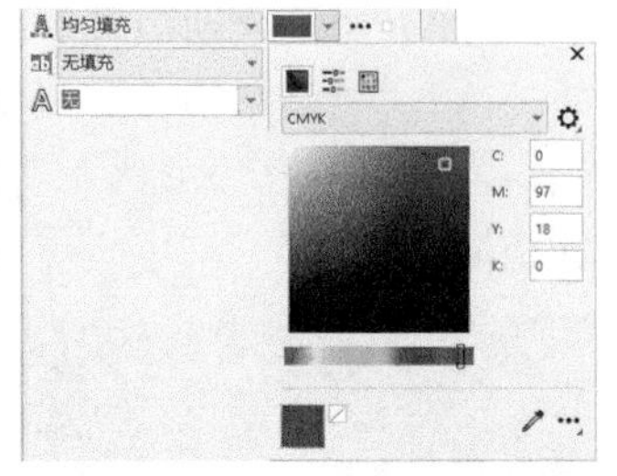

图12-42

春江花月夜

图12-43

渐变填充：选择该选项，可以在右侧的下拉面板中选择渐变样式，填充所选文本，如图12-44所示，填充后的效果如图12-45所示。

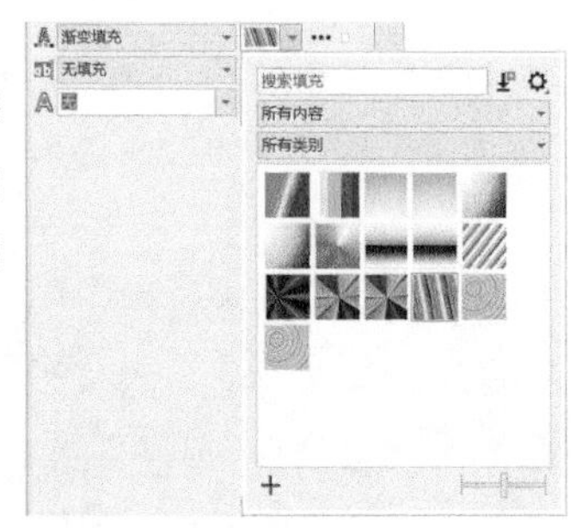

图12-44

春江花月夜

图12-45

双色图样填充：选择该选项，可以在右侧的下拉列表中选择双色图样，填充所选文本，如图12-46所示，填充后的效果如图12-47所示。

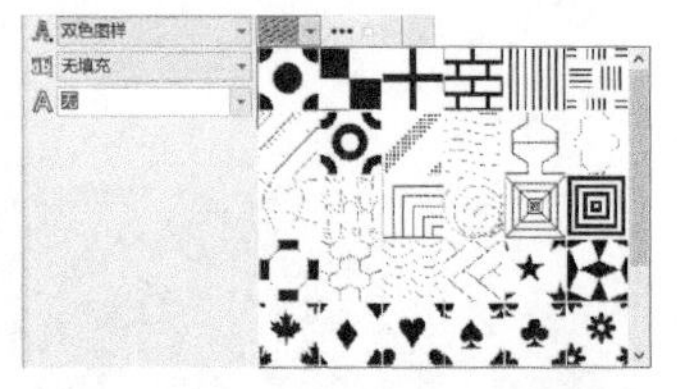

图12-46

春江花月夜

图12-47

技巧与提示

在填充所选文本为双色图样时，填充图样的颜色将以文本原来的填充颜色作为前部的颜色，白色作为后部的颜色。

向量图样填充：选择该选项，可以在右侧的下拉面板中选择向量图案，填充所选文本，如图12-48所示，填充后的效果如图12-49所示。

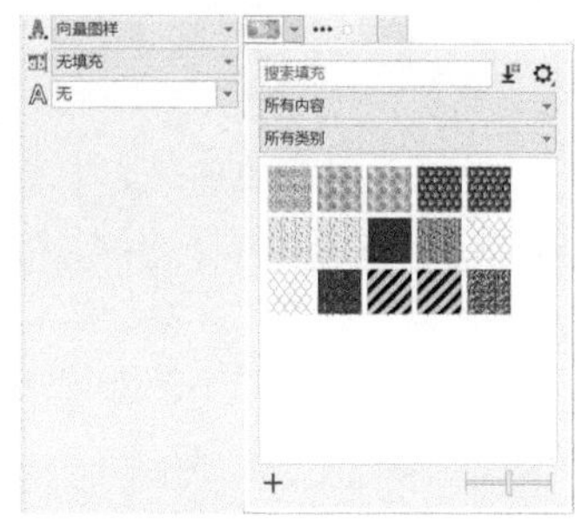

图12-48

春江花月夜

图12-49

位图图样填充：选择该选项，可以在右侧的下拉面板中选择位图图样，填充所选文本，如图12-50所示，填充后的效果如图12-51所示。

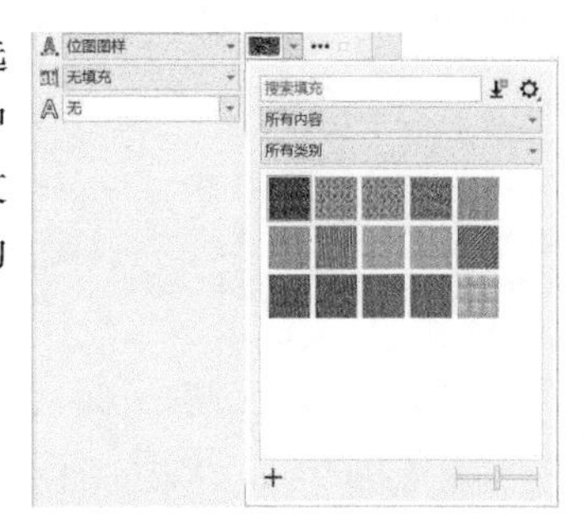

图12-50

春江花月夜

图12-51

底纹填充：选择该选项，可以在右侧的下拉列表中选择底纹，填充所选文本，如图12-52所示，填充后的效果如图12-53所示。

PostScript填充：选择该选项，可以在右侧的下拉列表中选择PostScript底纹，填充所选文本，如图12-54所示，填充后的效果如图12-55所示。

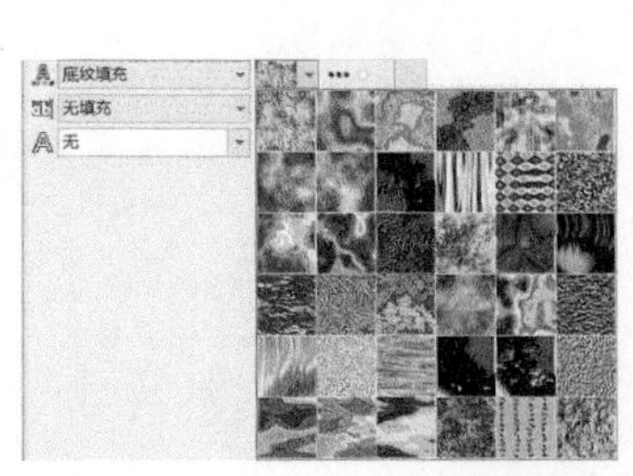

图12-52

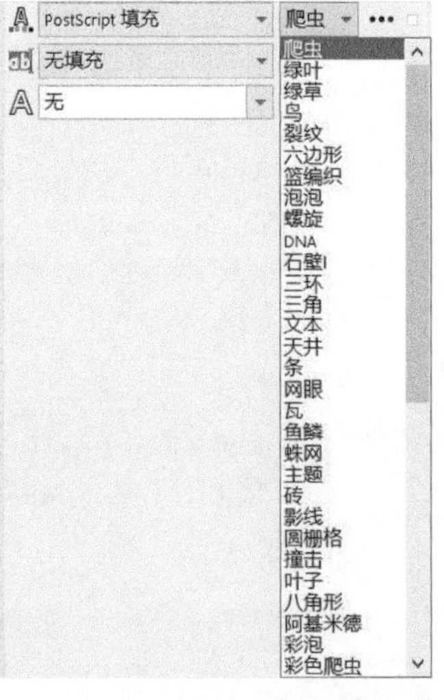

图12-54

春江花月夜

图12-53

春江花月夜

图12-55

填充设置⋯：单击该按钮，可打开对应的“编辑填充”对话框，对文本颜色中选择的填充样式进行更详细的设置，如图12-56和图12-57所示。

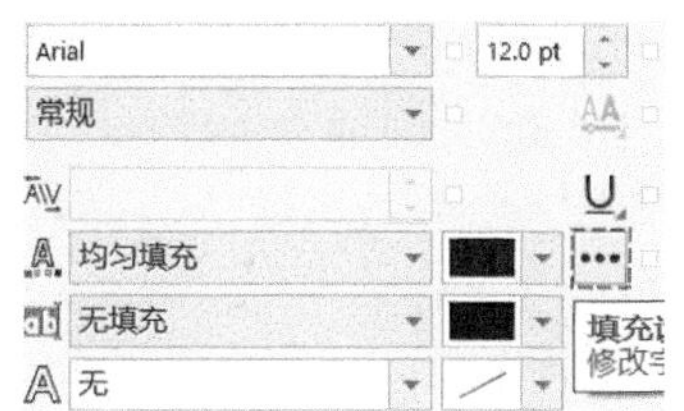

图12-56

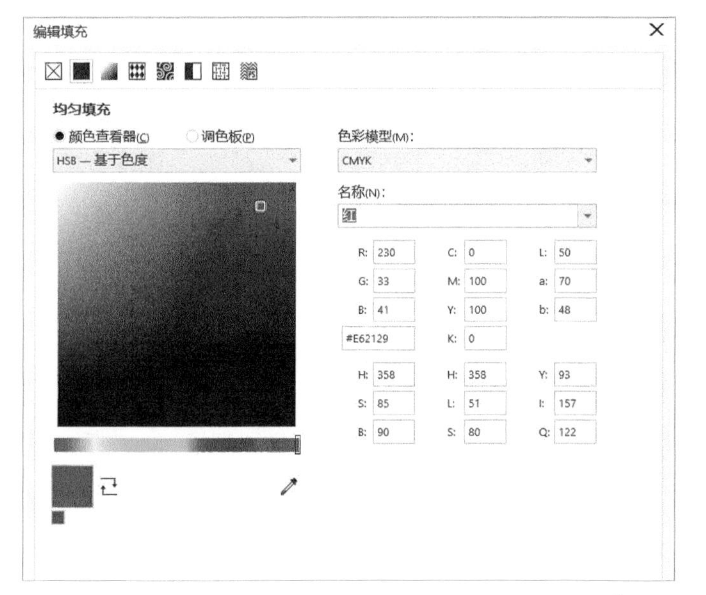

图12-57

技巧与提示

文本填充与矢量对象的填充一致，可以使用鼠标左、右键单击调色板来设置文本的填充色和轮廓色，使用“交互式填充”工具进行填充编辑。

背景填充类型：选择要应用于字符背景的填充类型，如图12-58所示。

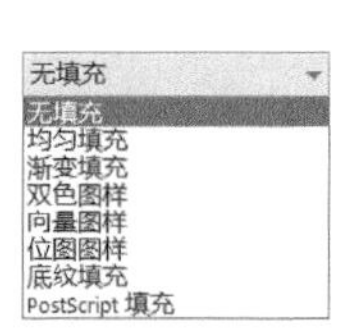

图12-58

无填充：选择该选项，不对文本的字符背景进行填充，并且可以移除之前填充的背景样式。

均匀填充：选择该选项，可以在右侧的颜色挑选器中选择色样，为所选文本的字符背景填充颜色，如图12-59所示，填充效果如图12-60所示。

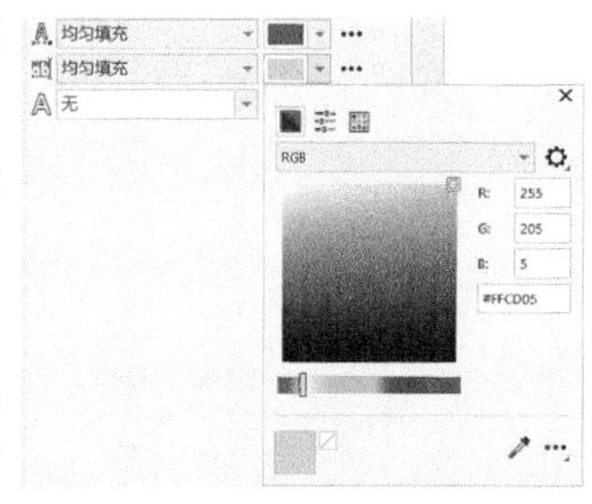

图12-59

图12-60

渐变填充：选择该选项，可以在右侧的下拉面板中选择渐变样式，为所选文本的字符背景填充渐变色，如图12-61所示，填充后的效果如图12-62所示。

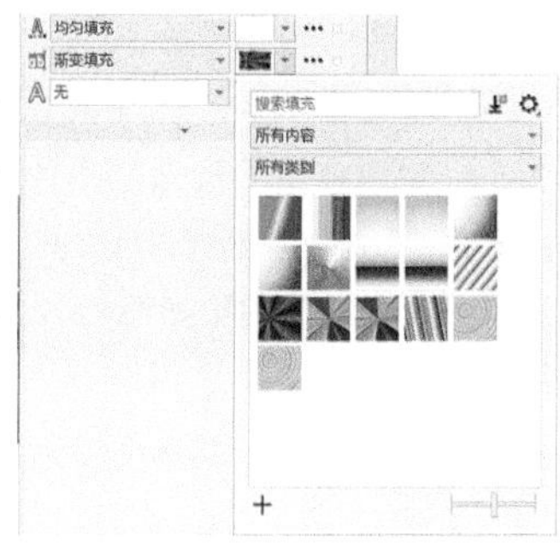

图12-61

图12-62

双色图样填充：选择该选项，可以在右侧的下拉列表中选择双色图案，为所选文本的字符背景填充图案，如图12-63所示，填充效果如图12-64所示。

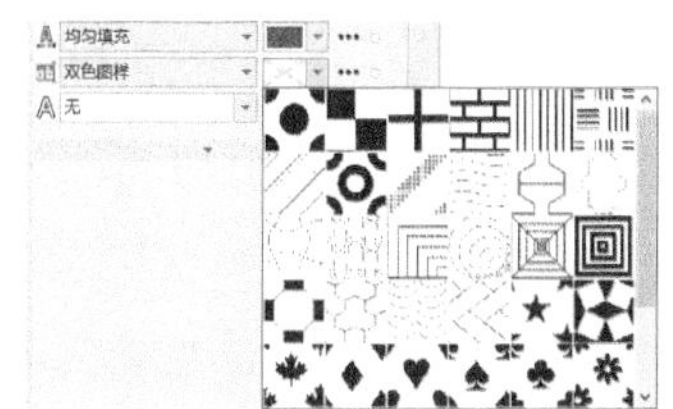

图12-63

图12-64

技巧与提示

在选择双色图样为文本的字符背景进行填充时，可以单击该选项后面的“填充设置”按钮，打开“双色图样填充”对话框，在该对话框中设置好填充图样的“前部颜色”和“背面颜色”，单击OK按钮，如图12-65所示，即可将修改后的设置应用到文本的字符背景中。

图12-65

向量图样填充：选择该选项，可以在右侧的下拉面板中选择向量图样，为所选文本的字符背景填充图样，如图12-66所示，填充后的效果如图12-67所示。

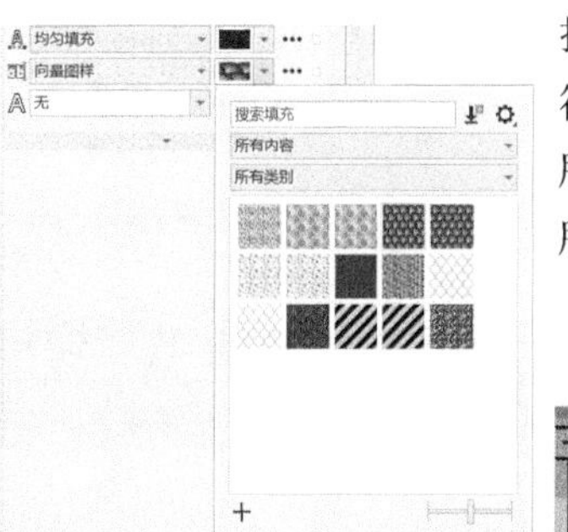

图12-66

图12-67

位图图样填充：选择该选项，可以在右侧的下拉面板中选择位图图样，为所选文本的字符背景填充图样，如图12-68所示，填充后的效果如图12-69所示。

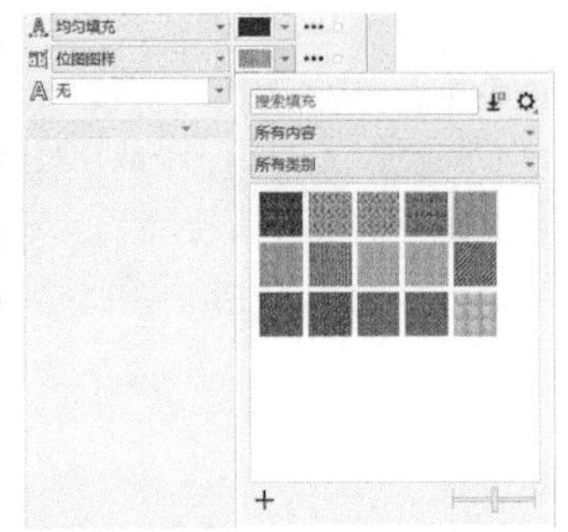

图12-68

图12-69

底纹填充：选择该选项，可以在右侧的下拉列表中选择底纹图样，为所选文本的字符背景填充底纹，如图12-70所示，填充后的效果如图12-71所示。

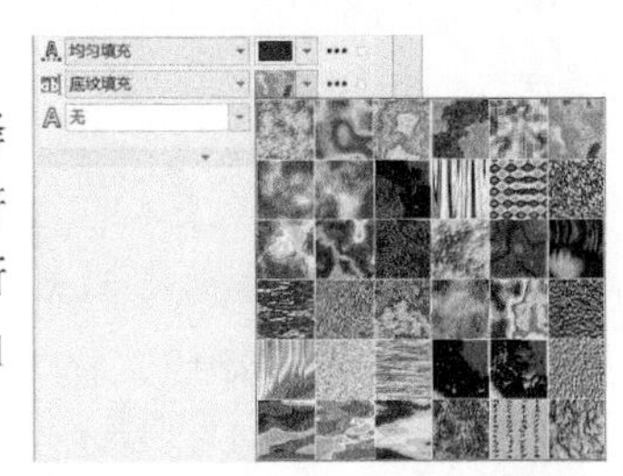

图12-70

图12-71

PostScript填充：选择该选项，可以在右侧的下拉列表中选择PostScript底纹，为所选文本的字符背景进行填充，如图12-72所示，填充后的效果如图12-73所示。

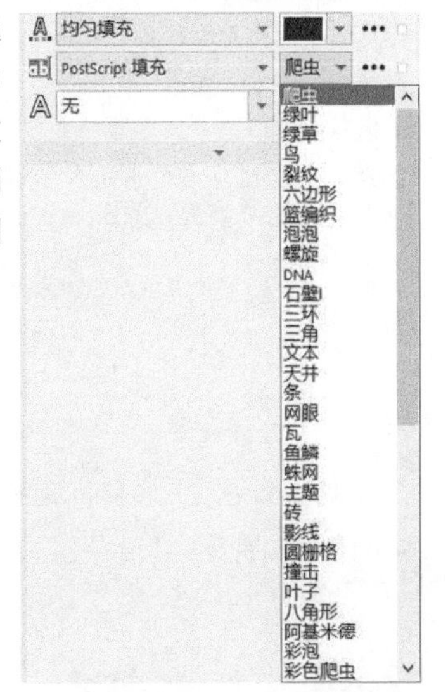

图12-72

图12-73

填充设置…：单击该按钮，可打开所选填充类型对应的填充对话框，可以对字符背景的填充颜色或填充图样进行更详细的设置，如图12-74和图12-75所示。

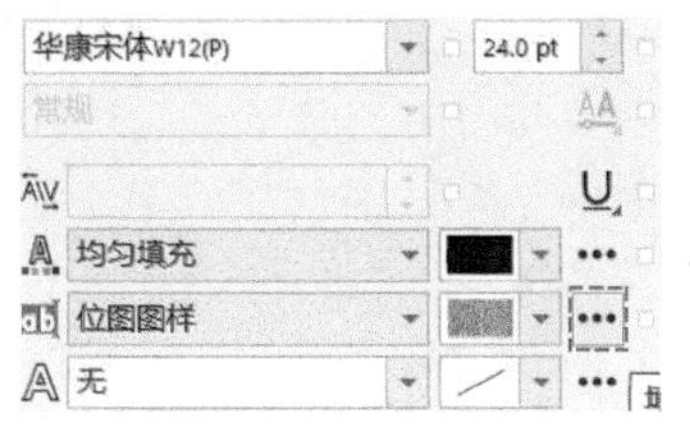

图12-74

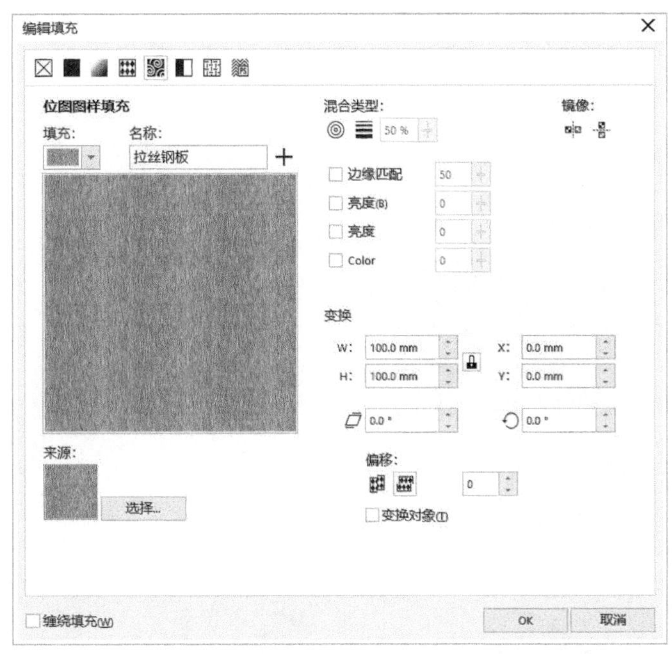

图12-75

轮廓宽度A：可以在该选项的下拉列表中选择系统预设的轮廓宽度，作为文本字符的轮廓宽度，也可以在该选项数值框中输入数值进行设置，如图12-76所示。

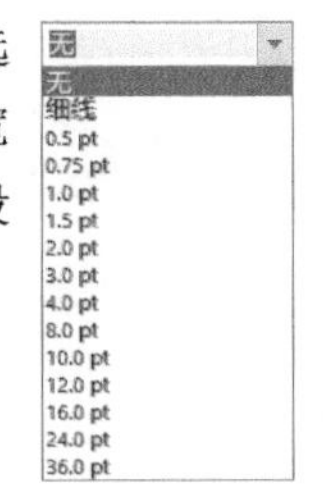

图12-76

轮廓颜色：可以从该选项的颜色挑选器中选择颜色，为所选字符的轮廓填充颜色，如图12-77所示，填充效果如图12-78所示。

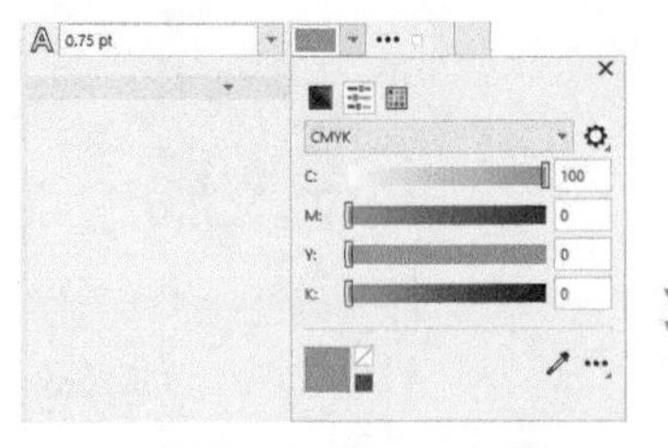

图12-77

图12-78

轮廓设置…：单击该按钮，可打开“轮廓笔”对话框，如图12-79所示，设置后的效果如图12-80所示。

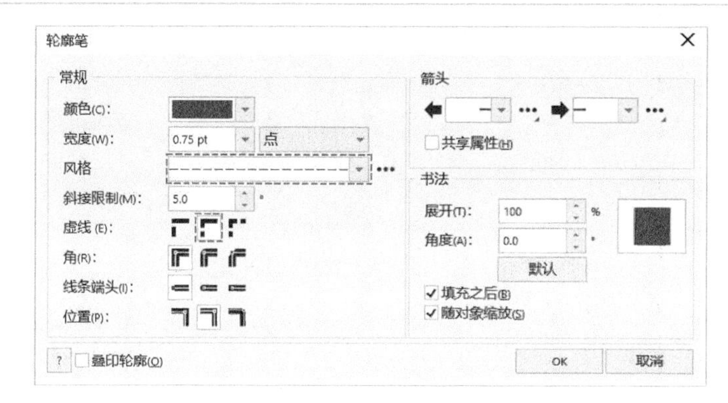

图12-79

青铜时代

图12-80

位置：更改选定字符相对于周围字符的位置，此功能在插入脚注或数学符号时非常有用，如图12-81所示。

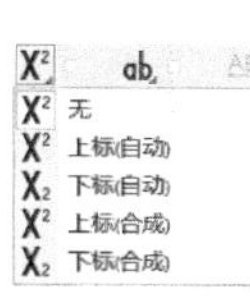

图12-81

无：不对文本中选定的字符进行位置更改，若选定的字符中有该列表中其余选项的设置，将其移除。

上标（自动）：如果该字体支持，对所选字符应用该功能的OpenType版的上标，文本中选定的字符会相对周围字符上移。

下标（自动）：如果该字体支持，对所选字符应用该功能的OpenType版的下标，文本中选定的字符会相对周围字符下移。

上标（合成）：对所选字符应用合成版上标，文本中选定字符会相对周围字符上移。

下标（合成）：对所选字符应用合成版下标，文本中选定字符会相对周围字符下移。

大写字母：更改字母或英文文本为大写字母或小型大写字母，如图12-82所示。

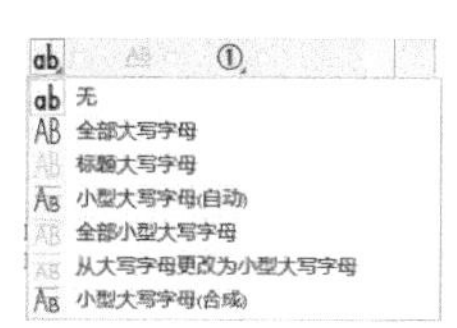

图12-82

无：移除所选字符在该列表中的所有设置。

全部大写字母：将所选文本中的小写字符用相应的大写字符替代。

标题大写字母：将所选文本中的标题字符更改为大写。

小型大写字母（自动）：如果该字体支持，对所选字符应用该功能的OpenType版。

全部小型大写字母：对所选字符使用缩小版的大写字符代替原来的字符。

从大写字母更改为小型大写字母：如果该字体支持，对所选字符应用该功能的OpenType版。使用该选项时，可以将所选字符中的大写字母更改为“小型大写字母”，如果所选文本的字体中没有该效果则不对文本进行更改。

小型大写字母（合成）：对所选字符应用合成版的小型大写字母。

技巧与提示

执行“文本>更改大小写”菜单命令，弹出“更改大小写”对话框，在其中可以为所选文本设置大小写样式，如图12-83所示。

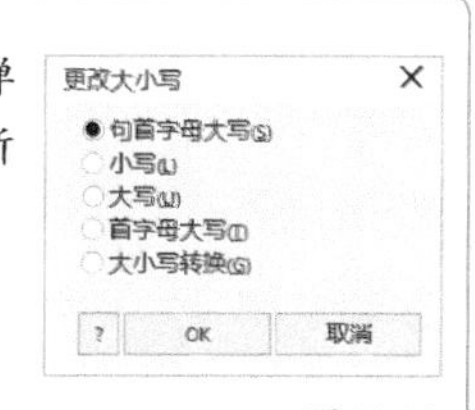

图12-83

OpenType功能：OpenType的高级印刷功能可以为单个字符或一串字符选择替换外观（也称为字形）。例如，可以为数字、分数或连字组选择替换字形。该功能组位于“字符”设置面板的最下端，如图12-84所示。

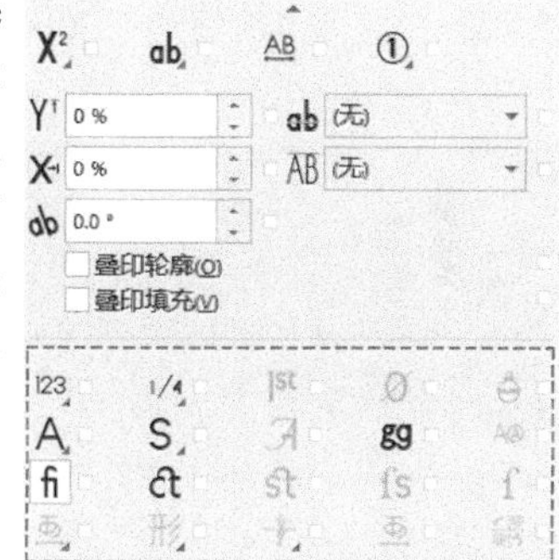

图12-84

★重点★

12.2.5 段落设置

执行“文本>文本”菜单命令，打开“文本”泊坞窗，切换到“段落”设置面板，如图12-85所示。

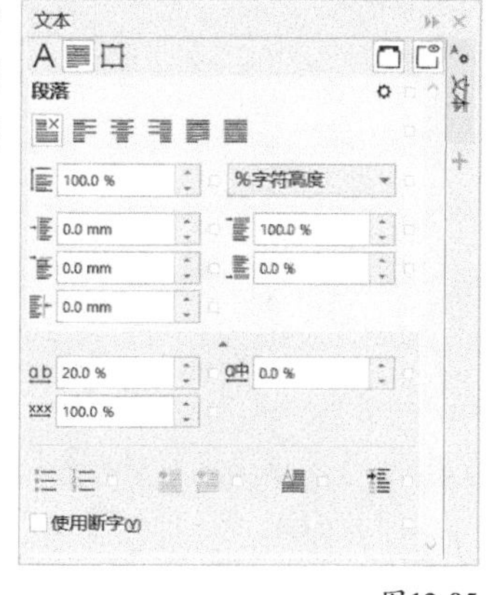

图12-85

“段落”面板选项介绍

无水平对齐：不要将文本与文本框对齐（该选项为默认设置）。

左对齐：将文本与文本框左侧对齐，如图12-86所示。

居中：将文本置于文本框左右两侧之间的中间位置，如图12-87所示。

图12-86

图12-87

右对齐▤：将文本与文本框右侧对齐，如图12-88所示。

两端对齐▤：将文本与文本框两侧对齐（最后一行除外），如图12-89所示。

图12-88

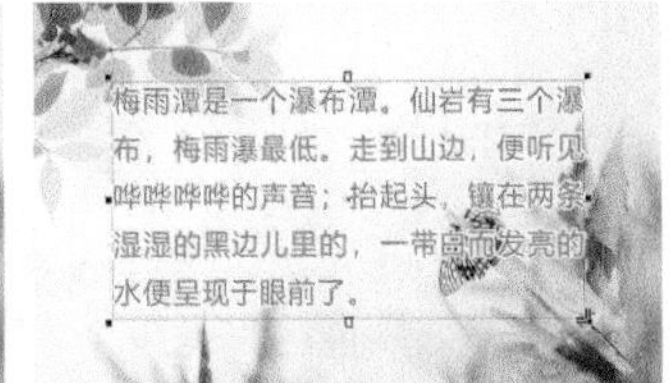

图12-89

强制两端对齐▤：将文本与文本框的两侧同时对齐，如图12-90所示。

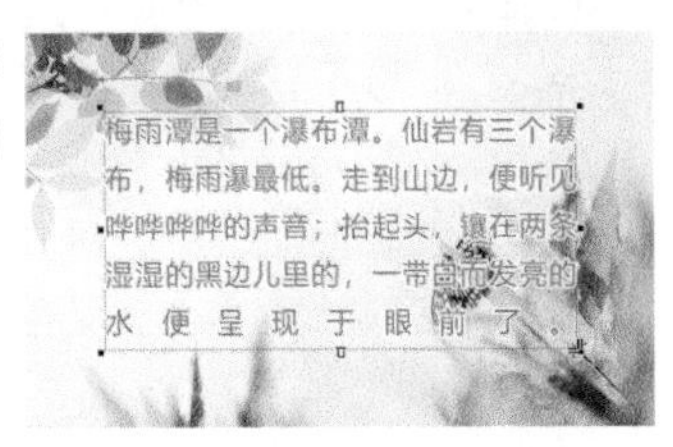

图12-90

设置⚙：单击该按钮，在弹出的菜单中可以调整各选项的自定义设置，如图12-91所示。

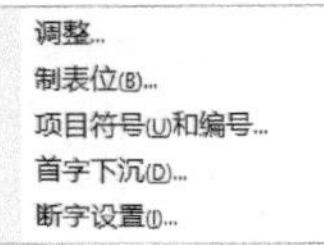

图12-91

行间距▤：设置文本的行间距，该选项的设置范围为0%~2000%字符高度。

间距单位：设置行间距的度量单位，如图12-92所示。

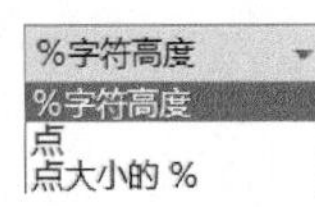

图12-92

左行缩进▤：设置段落文本（首行除外）相对于文本框左侧的缩进距离，该选项的范围为0mm~25400mm。

首行缩进▤：设置段落文本的首行相对于文本框左侧的缩进距离，该选项的范围为0mm~25400mm。

右行缩进▤：设置段落文本相对于文本框右侧的缩进距离，该选项的范围为0mm~25400mm。

段前间距▤：在指定的段落上方插入间距数值，该选项的设置范围为0%~2000%。

段后间距▤：在指定的段落下方插入间距数值，该选项的设置范围为0%~2000%。

字符间距▤：调整字符之间的距离，该选项的设置范围为-100%~2000%。

语言间距▤：控制文档中多语言文本的间距，该选项的设置范围为0%~2000%。

字间距▤：指定单个字之间的距离，该选项的设置范围为0%~2000%。

实战 绘制简约邀请函

实例位置　实例文件 >CH12> 实战：绘制简约邀请函 .cdr
素材位置　素材文件 >CH12>01.jpg
视频名称　实战：绘制简约邀请函 .mp4
实用指数　★★★★★
技术掌握　"文本"工具的使用方法

扫码看视频

本案例绘制的邀请函效果如图12-93所示。

图12-93

01 新建文档，使用"矩形"工具绘制一个宽度为216mm、高度为102mm的矩形，设置填充色为紫色（C:78，M:100，Y:5，K:0），如图12-94所示。使用"轮廓图"工具绘制一个"轮廓图偏移"为6mm的内部轮廓，拆分该轮廓图为两个矩形，设置内部矩形的轮廓色为金色（C:10，M:35，Y:40，K:0），如图12-95所示。

图12-94

图12-95

02 选中内部的矩形，使用"轮廓图"工具绘制一个"轮廓图偏移"为2mm的内部轮廓，拆分该轮廓图为两个矩形，设置内部矩形的轮廓色为金色（C:10，M:35，Y:40，K:0），如图12-96所示。从内向外分别设置两个矩形的轮廓宽度为0.25mm和0.75mm，如图12-97所示。

图12-96

图12-97

03 输入“诚挚邀请”字样，设置“字体”为“方正小标宋简体”、“大小”为36pt、填充色为金色（C:10，M:35，Y:40，K:0），使其水平居中对齐底图，如图12-98所示。输入“邀请函”字样，设置“字体”为“方正小标宋简体”、“大小”为20pt、填充色为金色，使用“形状”工具适当增加字符间距，使其水平居中对齐底图，如图12-99所示。

图12-98

图12-99

04 使用“手绘”工具绘制4条高度为6mm的垂直线段，设置每条线段之间的距离为21mm、轮廓色为金色，激活“水平分散排列间距”按钮，使其与“邀请函”文字垂直居中对齐，如图12-100所示。输入“Our services will also be warmly welcome your arrival!”字样，分成两行，设置“字体”为“方正小标宋简体”、“大小”为8pt、填充色为金色，使字符居中对齐，如图12-101所示。选中所有文本和线段，组合并与底图中心对齐，如图12-102所示。

图12-100

图12-101

图12-102

05 选中所有对象，使用“变换”泊坞窗复制一个副本到下方，设置底部矩形的填充色为白色，将文本对象的填充色和两个矩形的轮廓色设置为紫色（C:78，M:100，Y:5，K:0），如图12-103所示。删除“邀请函”字符和4条线段对象，将“诚挚邀请”文本对象向下移动，如图12-104所示。

图12-103

图12-104

06 输入Invitation字样，如图12-105所示，执行“文本>更改大小写”菜单命令，将文本更改为“大写”，设置“字体”为“方正粗宋简体”，使用“形状”工具适当减小字符间距，使字符之间适当重叠，如图12-106所示。设置“大小”为100pt，使文字与底图水平居中对齐，如图12-107所示。

图12-105

图12-106

图12-107

07 导入“素材文件>CH12>01.jpg”文件，将其置入INVITATION中，如图12-108所示，执行“编辑PowerClip”命令，适当调整PowerClip内的对象。接着将上面的封底逆时针旋转180°，完成邀请函封面和封底的绘制，如图12-109所示。

图12-108

图12-109

08 复制一个封底对象到页面空白处，如图12-110所示。删除中间的两个矩形和“诚挚邀请”文本对象，将下面的英文文本转换为一行，输入“我们将以热忱的服务欢迎您的到来！”字样，设置“字体”为“方正小标宋简体”、“大小”为10pt、“填充色”为紫色，使其水平居中对齐底图，如图12-111所示。

图12-110

图12-111

09 选中白色底图对象，使用“变换”泊坞窗复制一个副本到下方，如图12-112所示。选中两个底图对象，单击属性栏中的“焊接”按钮，焊接成一个对象，如图12-113所示。

图12-112

图12-113

10 选中底图的闭合曲线对象，使用“轮廓图”工具绘制一个“轮廓图偏移”为10mm的内部轮廓，拆分该轮廓图为两个，设置内部对象的填充色为白色，设置底图对象的填充色为紫色（C:78，M:100，Y:5，K:0），如图12-114所示。

图12-114

11 选中内部的白色对象，使用“轮廓图”工具绘制一个“轮廓图偏移”为3mm的内部轮廓，拆分该轮廓图为两个，设置其轮廓色为紫色，如图12-115所示。选中最内部的闭合曲线对象，使用“轮廓图”工具绘制一个“轮廓图偏移”为2mm的内部轮廓，拆分该轮廓图为两个，设置轮廓色为紫色，如图12-116所示。从内向外设置两个对象的轮廓宽度为0.25mm和0.75mm，设置INVITATION文本对象的“大小”为95pt，如图12-117所示。

图12-115

图12-116

图12-117

12 使用“手绘”工具绘制一条宽度为216mm的水平线段，并与底图中心对齐，如图12-118所示。将INVITATION文本对象和中英文文本对象适当向中心移动，使上面的文本对象与上半部分的内页区域垂直居中对齐，如图12-119所示。

图12-118

图12-119

13 输入文字，分成5行，如图12-120所示。将美术字转换为段落文本，设置“字体”为“方正小标宋简体”、“大小”为12pt、“填充色”为紫色、“首行缩进”为10mm、文本框宽度为140mm、文本框高度为45mm，使文字与底图水平对齐，如图12-121所示。

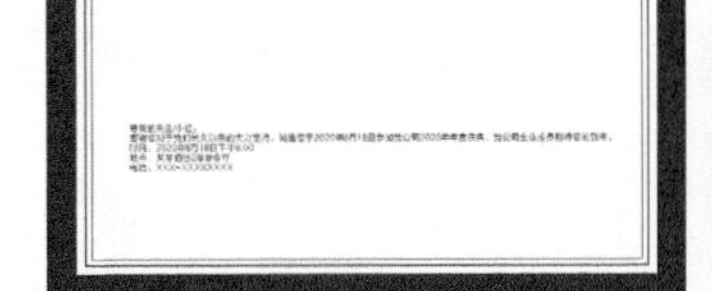

图12-120

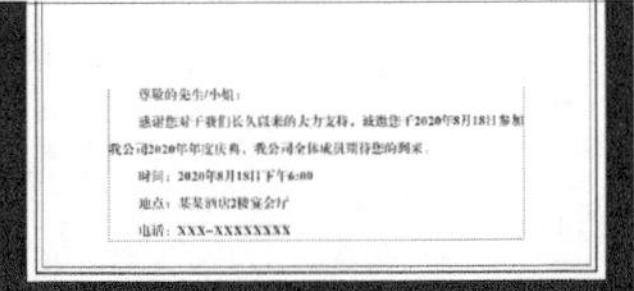

图12-121

14 移除第1行的“首行缩进”数值，在“的”和“先”之间键入19个空格，选中空格，在属性栏中单击“下画线”按钮，完成内页下半部分的绘制，如图12-122所示。邀请函的封面、封底和内页效果如图12-123所示。

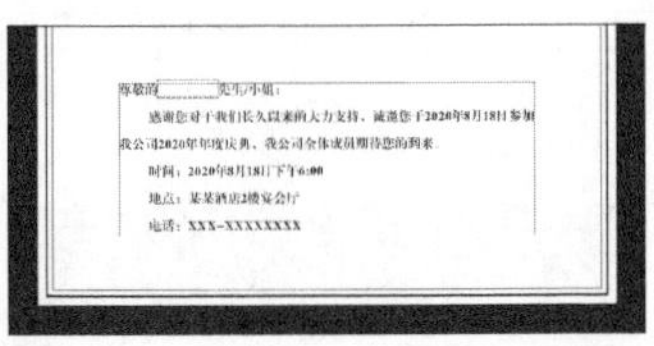

图12-122

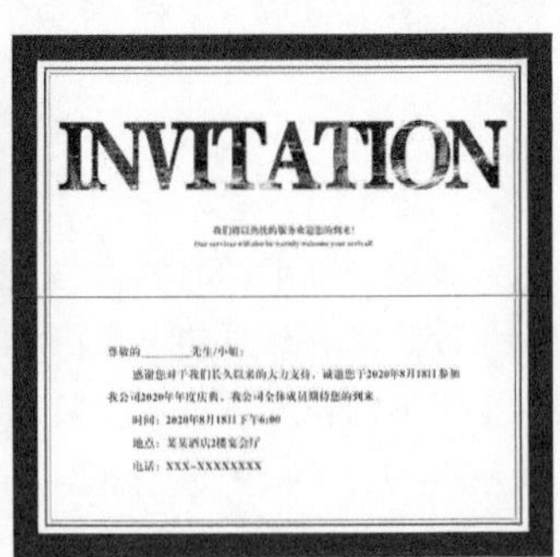

图12-123

15 选中封底，复制一个副本到页面空白处，执行“位图>转换为位图”菜单命令，将其转换为位图。选中内页，复制一个副本到页面空白处，执行“位图>转换为位图”菜单命令，将其转换为位图，使用“形状”工具将内页的上半部分裁切掉，执行“位图>裁切位图”菜单命令完成裁切，如图12-124所示。

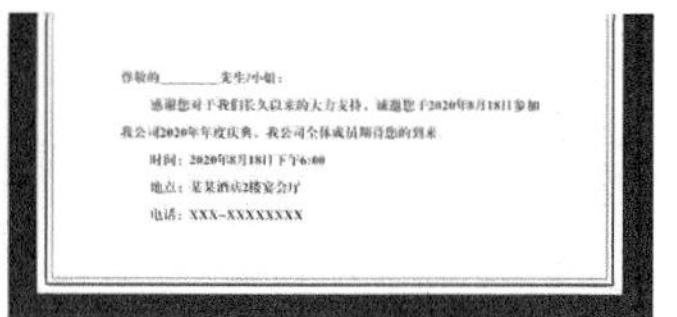

图12-124

16 将“封底”位图置于顶层，与“内页”位图中心对齐。选中“封底”位图，执行“对象>透视点>添加透视”菜单命令，使用“形状”工具拖曳节点生成透视效果，如图12-125所示。选中“内页”位图，执行“对象>透视点>添加透视”菜单命令，使用“形状”工具拖曳顶点生成透视效果，如图12-126所示。

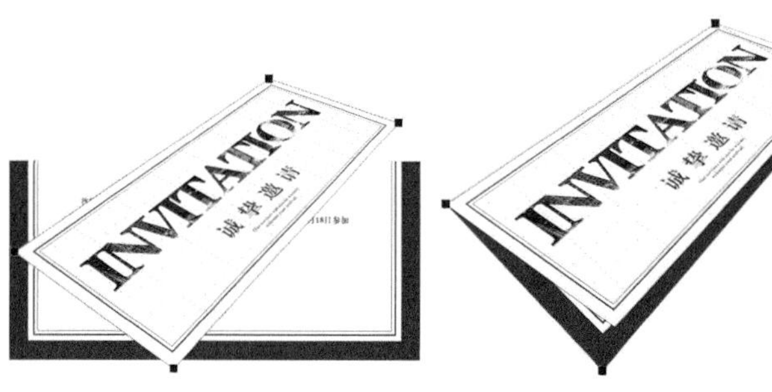

图12-125　　图12-126

17 分别选中两个透视对象，执行“位图>转换为位图”菜单命令，将透视对象转换为位图对象。选中下层的位图对象，使用“阴影”工具绘制阴影，设置“阴影不透明度”为25、“阴影羽化”为2，如图12-127所示。使用“矩形”工具绘制一个灰色渐变矩形背景，置于底层，最终效果如图12-128所示。

图12-127　　图12-128

12.2.6 图文框设置

执行“文本>文本”菜单命令，打开“文本”泊坞窗，切换到“图文框”设置面板，如图12-129所示。

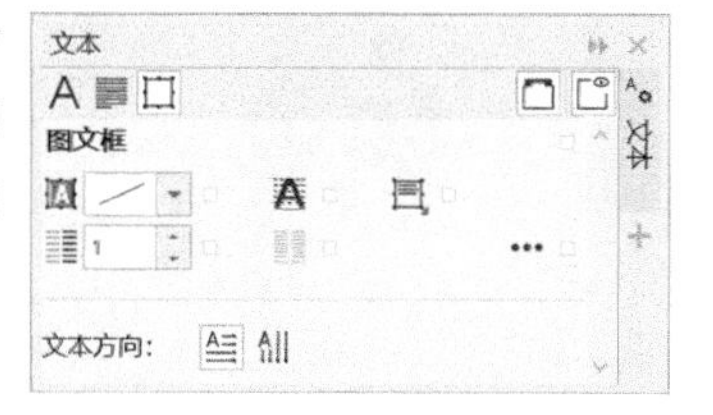

图12-129

“图文框”面板选项介绍

背景色：选择文本框的背景颜色。

栏数：在后面的文本框中输入数值，设置要添加到文本框中的栏的数量。

栏宽度为相等：调整文本框中的栏的宽度，使其相等。

与基线网格对齐：将文本框内的文本与基线网格对齐。

垂直对齐：选择垂直对齐文本的方式，包括“顶端垂直对齐”“居中垂直对齐”“底部垂直对齐”“上下垂直对齐”4种样式。

技巧与提示

文本框有“固定文本框”和“可变文本框”之分，程序默认生成的文本框为固定文本框。

当固定文本框内的文本内容超出文本框的容量，如图12-130所示，这时可以执行“文本>段落文本框>使文本适合框架”菜单命令，程序将自动缩小段落文本的字号，使其符合文本框的大小，如图12-131所示。

图12-130　　图12-131

相对于固定文本框，可变文本框的大小会随着文字输入的多少而随时改变。执行“工具>选项>CorelDRAW”菜单命令（或者按快捷键Ctrl+J），打开“选项”对话框，单击对话框左侧的“文本”选项，在对话框右侧切换到“段落文本”选项卡，勾选“按文本缩放段落文本框”复选框，即可激活可变文本框功能，如图12-132所示。

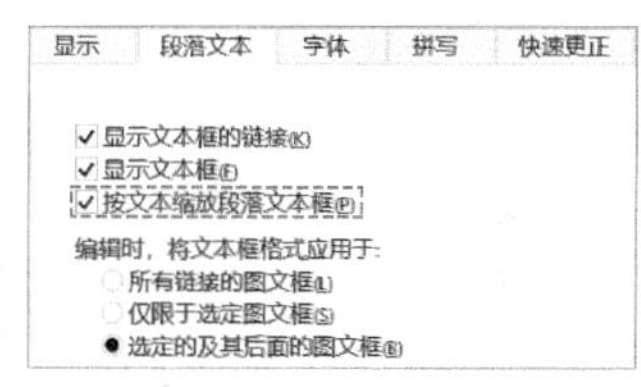

图12-132

★重点★

12.2.7 路径文本

输入文本时，可以沿着开放路径或闭合路径添加美术字，使文本适合路径。之后还可以通过调整路径来改变文字的排列，创建不同排列形态的文本效果。

直接在路径上输入文本

绘制一个矢量对象，单击“文本”工具，将鼠标指针移动到对象路径的边缘，待鼠标指针变为时，单击对象的路径，即可在对象的路径上直接输入文字，输入的文字依路径的形状进行分布，如图12-133所示。

图12-133

执行菜单命令创建路径文本

选中美术字，执行“文本>使文本适合路径”菜单命令，当鼠标指针变为⁓时，移动到要填入的路径上，在路径上移动可以改变文本沿路径的距离和相对路径终点和起点的偏移量，并且还会显示文本与路径距离的数值，如图12-134所示，单击完成操作，效果如图12-135所示。

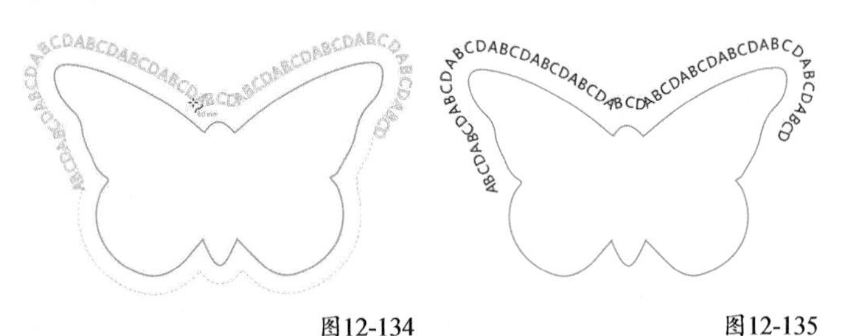

图12-134　　图12-135

使用右键菜单创建路径文本

选中美术字，按住鼠标右键拖曳文本到要填入的路径，待鼠标指针变为⊕时，松开鼠标右键，弹出快捷菜单，如图12-136所示，选择“使文本适合路径”命令，即可将文本适合路径排列，如图12-137所示。

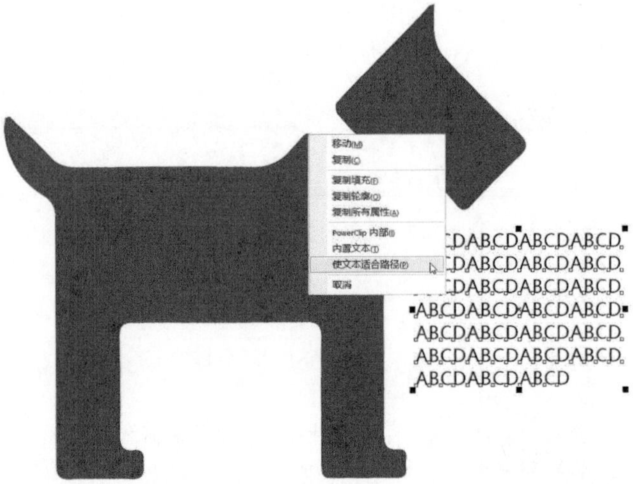

图12-136

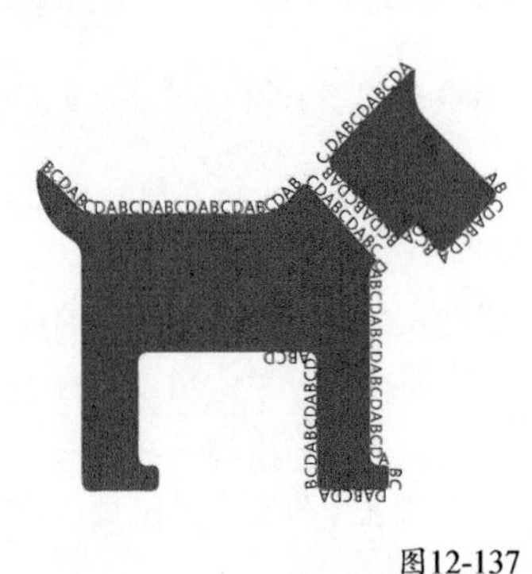

图12-137

使文本与路径分离

选中路径文本，如图12-138所示，执行“对象>拆分在一路径上的文本”菜单命令，即可将文本与路径分离，分离后的文本保持原路径文本样式，如图12-139所示。按快捷键Ctrl+K也可拆分路径文本。

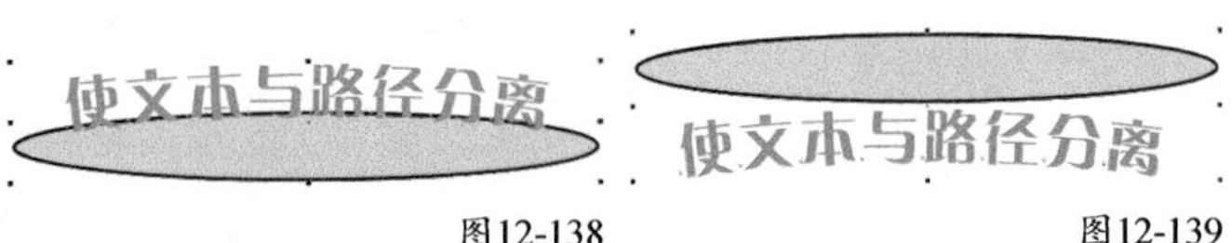

图12-138　　图12-139

路径文本属性设置

路径文本属性栏如图12-140所示。

图12-140

“路径文本”属性栏选项介绍

文本方向：指定文本的总体朝向，如图12-141所示，执行列表中各项预设后的效果如图12-142~图12-146所示。

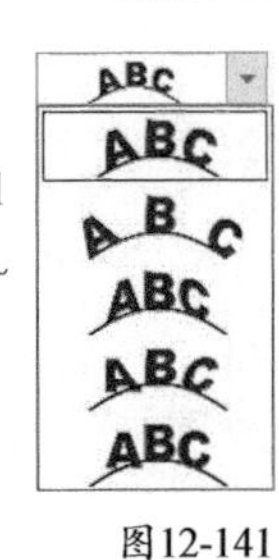

图12-141

图12-142　　图12-143

图12-144　　图12-145

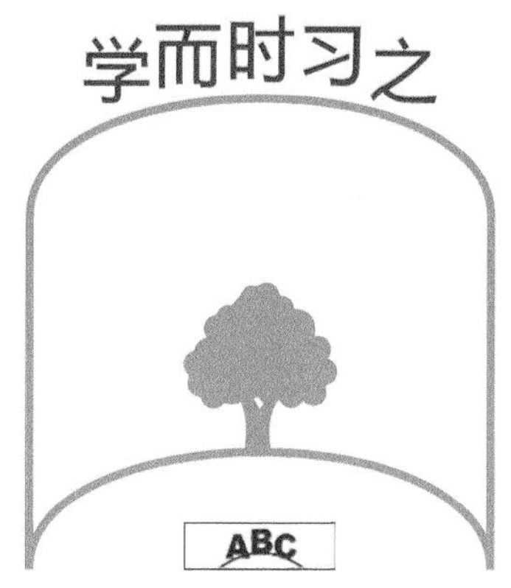

图12-146

与路径的距离：指定文本和路径间的距离，当参数为正值时，文本向外扩散，如图12-147所示；当参数为负值时，文本向内收缩，如图12-148所示。

图12-147

图12-148

偏移：通过指定正数或负数来移动文本，使其靠近路径的终点或起点。当参数为正值时，文本按顺时针路径方向偏移，如图12-149所示；当参数为负值时，文本按逆时针路径方向偏移，如图12-150所示。

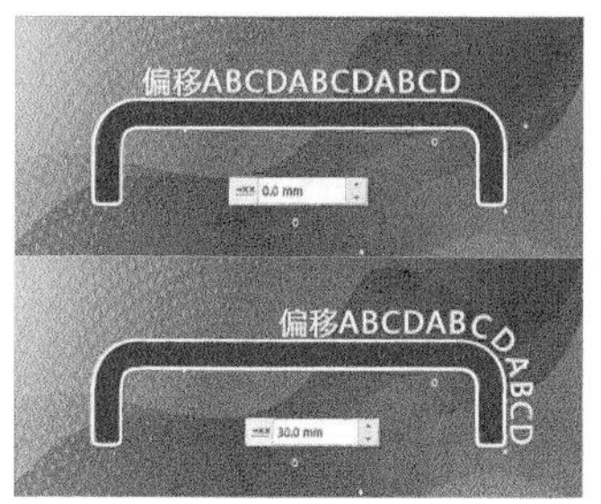

图12-149

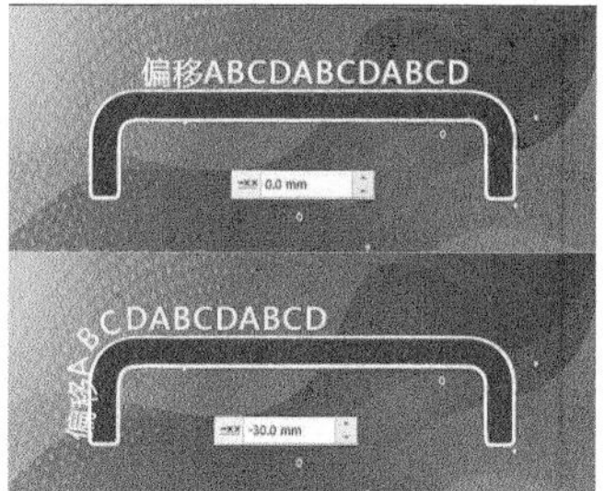

图12-150

技巧与提示

可以通过移动路径文本左下角的红色方块来调整“与路径的距离”和“偏移”效果，如图12-151和图12-152所示。

图12-151

图12-152

水平镜像文本：单击该按钮可以使文本从左到右翻转，效果如图12-153所示。

图12-153

垂直镜像文本：单击该按钮可以使文本从上到下翻转，效果如图12-154所示。

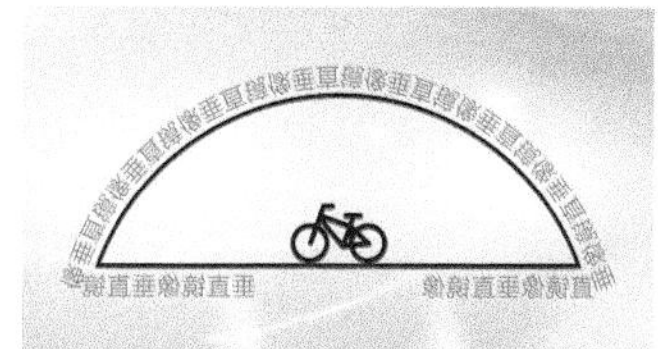

图12-154

贴齐标记：指定文本到路径间的距离，单击该按钮，会弹出“贴齐标记”选项面板，如图12-155所示，选中“打开贴齐记号”选项后即可在“记号间距”数值框中设置贴齐的数值，此时在调整文本与路径之间的距离时会按照设置的“记号间距”自动捕捉文本与路径之间的距离。选中“关闭贴齐记号”选项即可关闭该功能。

关闭贴齐记号
打开贴齐记号
记号间距：2.0 mm

图12-155

技巧与提示

在该属性栏右侧的“字体列表”和“字体大小”选项中可以设置路径文本的字体和字号。

实战　快速绘制印章

实例位置　实例文件>CH12>实战：快速绘制印章.cdr
素材位置　无
视频名称　实战：快速绘制印章.mp4
实用指数　★★★★☆
技术掌握　“文本”工具的使用方法

扫码看视频

本案例绘制的印章效果如图12-156所示。

图12-156

01 新建文档，使用“椭圆形”工具绘制一个直径为80mm的圆形，设置轮廓宽度为8.0pt、轮廓色为红色（C:0，M:100，Y:100，K:0），如图12-157所示。绘制一个直径为45mm的圆形，设置轮廓宽度为8.0pt、轮廓色为红色，然后将两个圆形中心对齐，如图12-158所示。

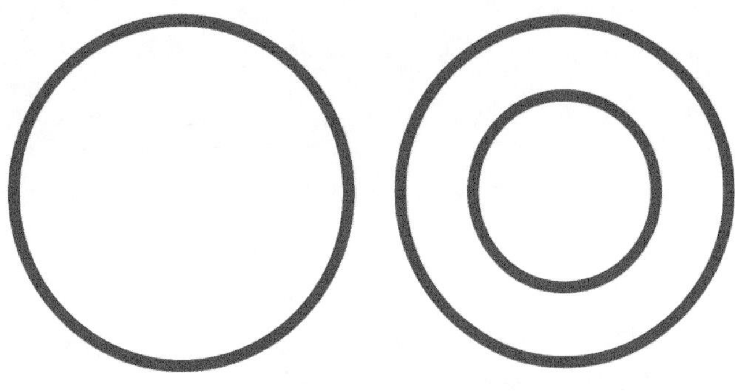

图12-157　　图12-158

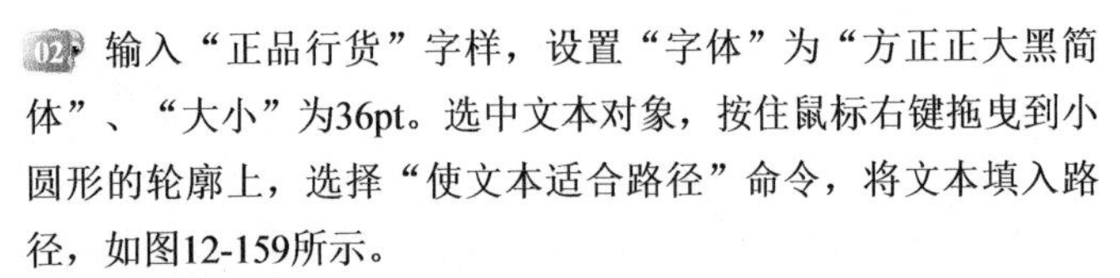

02 输入“正品行货”字样，设置“字体”为“方正正大黑简体”、“大小”为36pt。选中文本对象，按住鼠标右键拖曳到小圆形的轮廓上，选择“使文本适合路径”命令，将文本填入路径，如图12-159所示。

03 选中路径文本，在属性栏中设置“与路径的距离”为3.5mm，设置文本的填充色为（C:0，M:100，Y:100，K:0），如图12-160所示。

图12-159

图12-160

04 输入“低价出售”字样，设置“字体”为“方正正大黑简体”、“大小”为36pt。选中文本对象，按住鼠标右键拖曳到大圆形的轮廓上，选择“使文本适合路径”命令，将文本填入路径，在属性栏中设置“偏移”为-125mm，如图12-161所示。

图12-161

05 选中“低价出售”路径文本对象，在属性栏中依次单击“水平镜像文本”和“垂直镜像文本”按钮，效果如图12-162所示。设置“与路径的距离”为-4.5mm，如图12-163所示。设置“偏移”为-112.5mm，使文本与圆形水平居中对齐，如图12-164所示。设置文本对象的填充色为红色，如图12-165所示。

图12-162

图12-163

图12-164

图12-165

06 分别选中两个路径文本对象，按快捷键Ctrl+K分别拆分成两个独立对象。使用“矩形”工具绘制一个宽度为100mm、高度为21mm的矩形，与圆形中心对齐，如图12-166所示。选中该矩形，按+键复制一个，使用属性栏中的“移除前面对象”功能，移除两个圆形前的矩形，如图12-167所示。

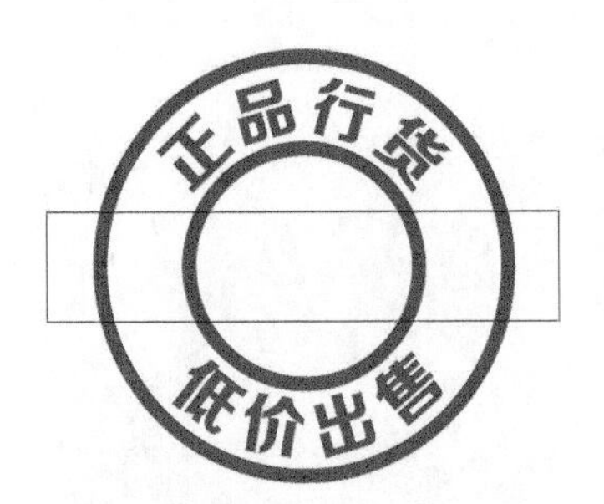

图12-166

图12-167

07 使用“手绘”工具绘制一条长度为100mm的水平线段，设置该线段的轮廓宽度为8.0pt、轮廓色为红色，将该线段与上半部分对象底部居中对齐。复制一条线段，与下半部分对象顶部居中对齐，如图12-168所示。

图12-168

08 分别选中两条线段，向中心方向各复制一条，设置轮廓宽度为3.0pt，如图12-169所示。

图12-169

09 输入“店长推荐”字样，设置“字体”为“方正正大黑简体”、“大小”为36pt、填充色为红色，使其与整体对象中心对齐，如图12-170所示。使用“形状”工具增加字符间距至大圆形边缘位置，如图12-171所示。

图12-170

图12-171

10 选中全部对象，执行“位图>转换为位图”菜单命令，设置“颜色模式”为RGB色。执行“效果>艺术笔触>水彩画”菜单命令，参数保持默认设置，单击OK按钮，效果如图12-172所示。执行“效果>相机>着色”菜单命令，打开“着色”对话框，设置“色度”为0、“饱和度”为100，单击OK按钮，如图12-173所示。将印章对象逆时针旋转15°，最终效果如图12-174所示。

图12-172

图12-173

图12-174

★重点★

12.2.8 路径内文本

将文本放入闭合路径，可用于创建不同形状的图形文本对象。

直接在路径内输入文本

绘制一个闭合路径，单击“文本”工具，移动鼠标指针到闭合路径的边缘向内的位置，待鼠标指针变为时，单击闭合路径，即可在闭合路径内直接输入文字，输入的文字按照闭合路径的形状进行分布，如图12-175所示。

图12-175

执行菜单命令创建路径内文本

选中闭合路径对象，执行“文本>段落文本框>创建空文本框”菜单命令，被选中的闭合路径内随即生成段落文本框，使用“文本”工具单击文本框，输入文本字符，如图12-176所示。

图12-176

使用右键菜单创建路径内文本

选中文本对象，按住鼠标右键拖曳文本到要置入的闭合路径中，当鼠标指针变为⊕时，松开鼠标，弹出快捷菜单，然后选择“内置文本”命令，即可将文本置入路径内，如图12-177所示。

图12-177

技巧与提示

创建完路径内文本后，选中闭合路径，然后移除轮廓色，可以使闭合路径对象不可见。

拆分路径内的段落文本

选中路径内文本，执行“对象>拆分路径内的段落文本”菜单命令，即可将段落文本与闭合路径分离，分离后的段落文本保持原路径内文本样式，如图12-178所示。也可以按快捷键Ctrl+K拆分路径内文本。

ABCDABCDAB
ABCDABCDAB
ABCDABCDABC
CDABCDABCDA
ABCDABCDABCDA
CDABCDABCD
CDABCDABCD
DABCDABCDAB
BCDABCDABCD
BCDABCDABCDAB
CDABCDABCDABCDABCDABCDABCDABCDA
BCDABCDABCDABCDABCDABCDABCDA
BCDABCDABCDABCDABCDABCDAB
CDABCDABCDABCDABCDAB
CDABCDABCDABC

图12-178

★ 重 点 ★

12.2.9 图文混排

将段落文本环绕在位图、美术字或文本框等对象周围时，可以设置其环绕对象的样式并设置偏移距离。

输入段落文本，绘制任意图形或导入位图图像，将图形或图像放置在段落文本上层，使其与段落文本有重叠的区域，单击属性栏中的“文本换行”按钮▤，弹出下拉面板，如图12-179所示，选择面板中的一种选项即可设置段落文本的环绕样式（“无”选项▤除外）。

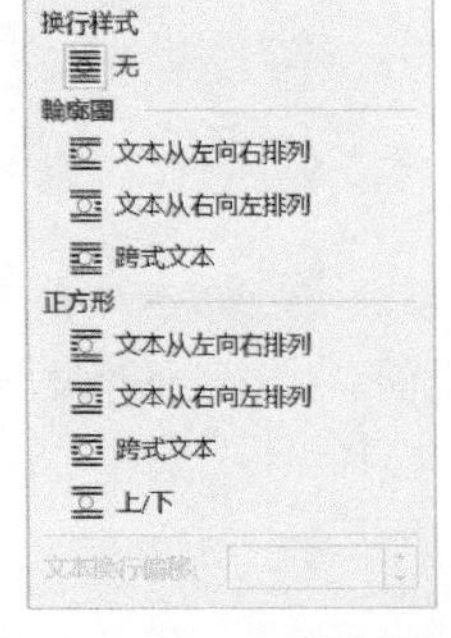

图12-179

“文本换行”下拉面板选项介绍

无▤：移除文本环绕效果。

轮廓图：使文本围绕图形的轮廓进行排列。

文本从左向右排列▤：使文本沿对象轮廓从左向右排列，效果如图12-180所示。

文本从右向左排列▤：使文本沿对象轮廓从右向左排列，效果如图12-181所示。

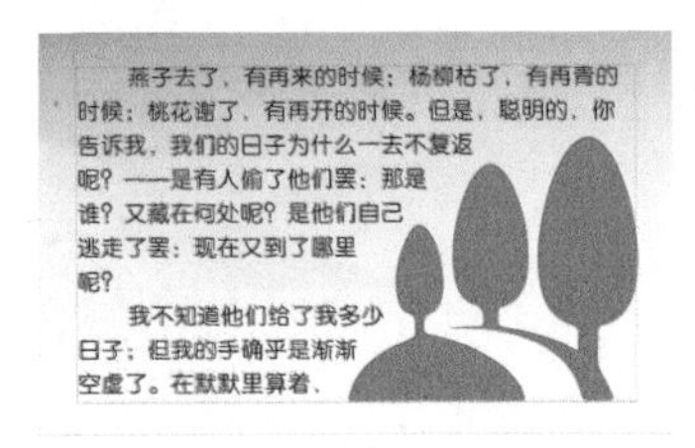

图12-180

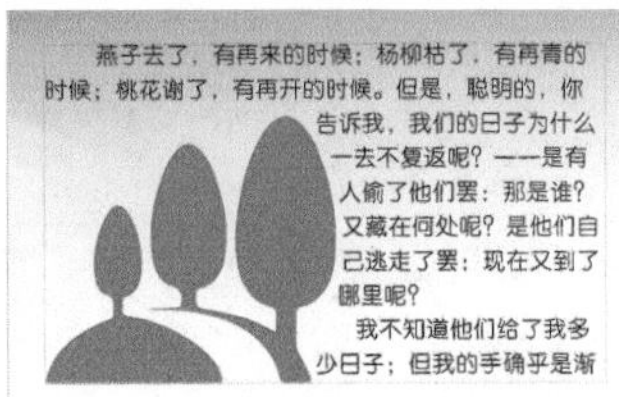

图12-181

跨式文本▤：使文本沿对象的整个轮廓排列，效果如图12-182所示。

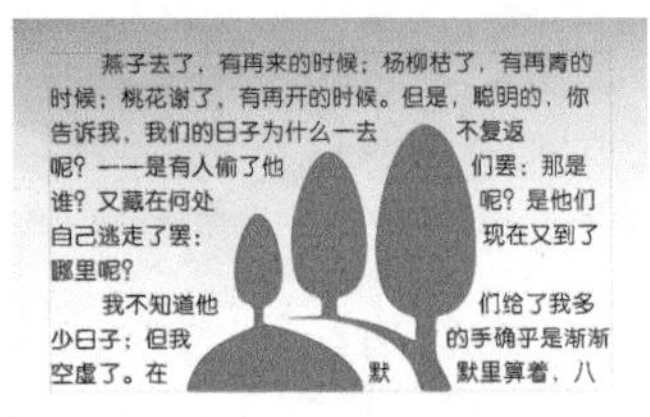

图12-182

正方形：使文本围绕图形的边界框进行排列。

文本从左向右排列▤：使文本沿对象边界框从左向右排列，效果如图12-183所示。

文本从右向左排列▤：使文本沿对象边界框从右向左排列，效果如图12-184所示。

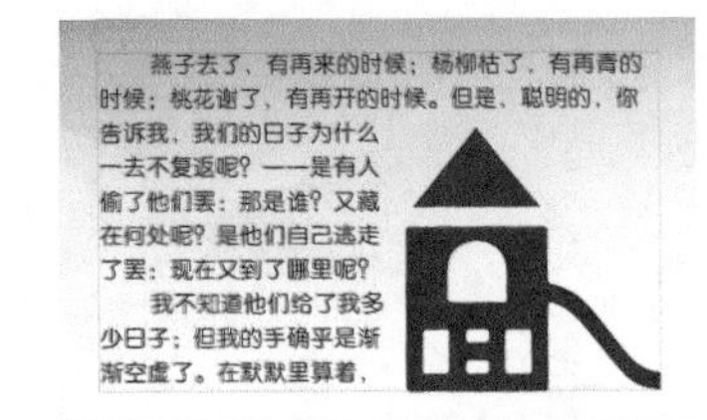

图12-183

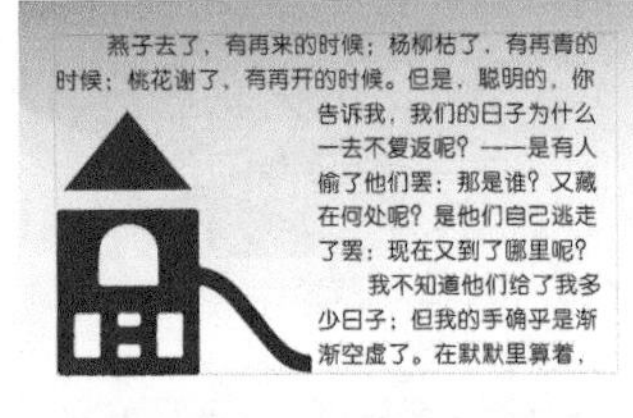

图12-184

跨式文本▤：使文本沿对象的整个边界框排列，效果如图12-185所示。

上/下▤：使文本沿对象的上下两个边界框排列，效果如图12-186所示。

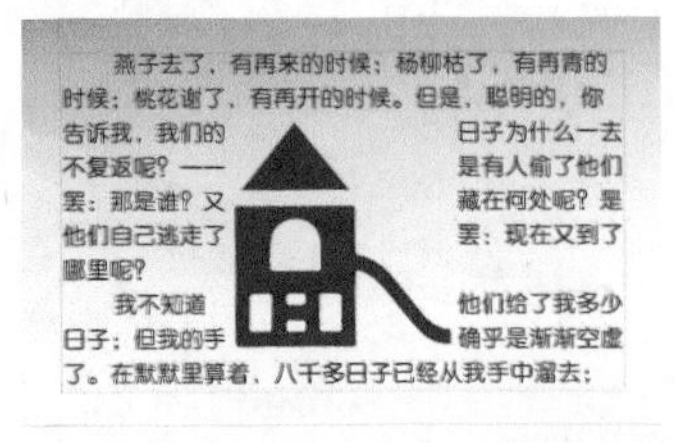

图12-185

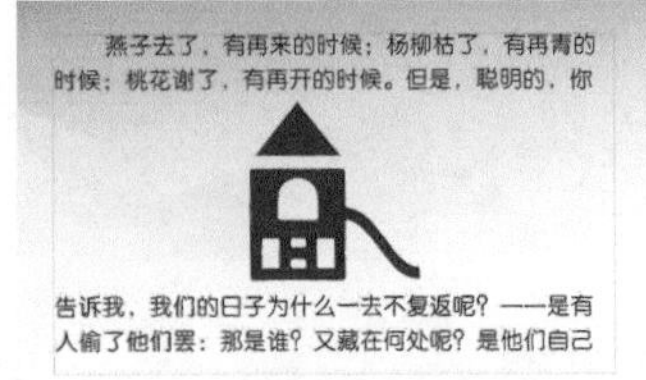

图12-186

文本换行偏移：设置文本到对象轮廓或对象边界框的距离，可以在后面的文本框中直接输入数值来确定距离。

实战 图文排版技巧练习

实例位置　实例文件>CH12>实战：图文排版技巧练习.cdr
素材位置　素材文件>CH12>02.jpg、03.txt、04.png
视频名称　实战：图文排版技巧练习.mp4
实用指数　★★★★☆
技术掌握　"文本"工具的使用方法

扫码看视频

本案例的效果如图12-187所示。

图12-187

01 新建文档，输入"荷塘月色"字样，设置"字体"为"方正美黑简体"、"大小"为24pt，如图12-188所示。

荷塘月色

图12-188

02 选中文本对象，移除填充色，设置轮廓色为黑色。按快捷键Ctrl+K拆分文本，将"荷塘月色"4个字按照图12-189所示垂直排列。

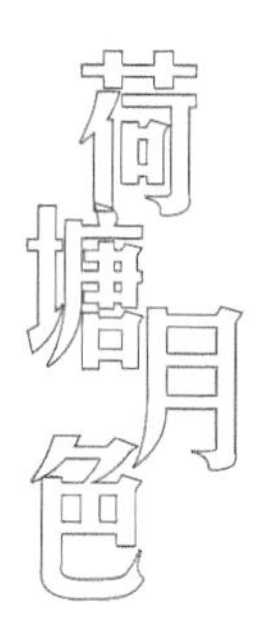
图12-189

03 选中所有文本对象，按快捷键Ctrl+Q转换为曲线，使用"形状"工具调整笔画位置的曲线样式，如图12-190所示。选中所有对象，在属性栏中单击"焊接"按钮，如图12-191所示。

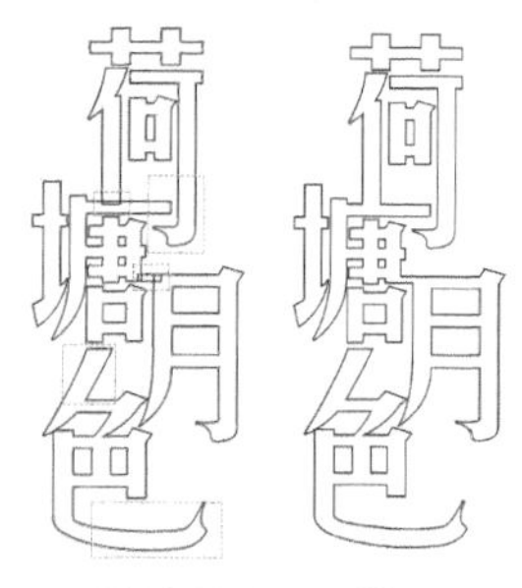
图12-190　图12-191

04 导入"素材文件>CH12>02.jpg"文件，调整位图的宽度为192mm、高度为106mm。移动刚才绘制的文本造型对象到位图左侧，设置填充色为白色，移除轮廓色，适当调整大小，置于顶层，如图12-192所示。

图12-192

05 选中文本造型对象，使用"阴影"工具绘制阴影，设置"阴影颜色"为绿色（C:48，M:0，Y:52，K:0）、"合并模式"为"常规"。输入LOTUS POND MOONLIGHT字样，设置"字体"为"方正兰亭特黑"、"大小"为22pt，分成3行排列，移动到"荷"字的右侧，如图12-193所示。

06 选中英文文本对象，按快捷键Ctrl+K拆分对象，分别设置第1行字符的大小为11pt、第2行字符的大小为22pt、第3行字符的大小为11pt，将3行英文左对齐。设置英文文本的填充色为浅绿色（C:40，M:0，Y:40，K:0），如图12-194所示。

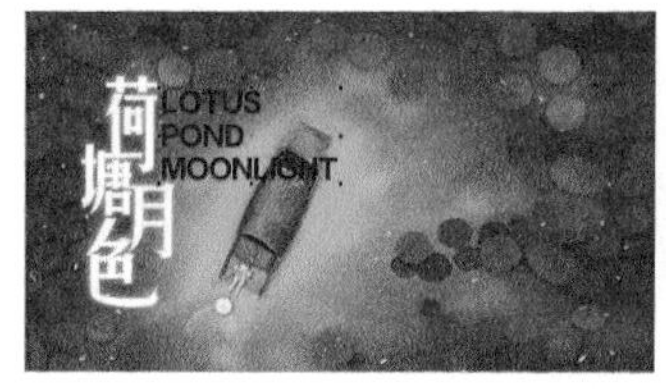

图12-193　图12-194

07 选中3行英文文本对象并组合，使用"阴影"工具绘制阴影，参数保持默认设置，如图12-195所示。选中除位图外的所有对象并组合，向右斜切15°，如图12-196所示。

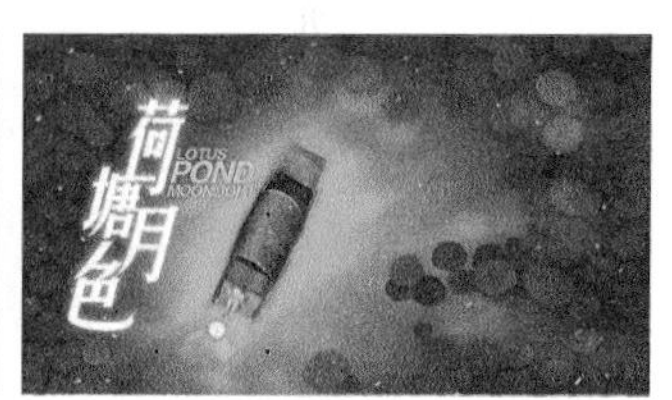
图12-195　图12-196

08 使用"矩形"工具绘制一个宽度为30mm、高度为60mm、"圆角半径"为2mm、轮廓色为白色的矩形，使其与"荷塘月色"对象中心对齐，如图12-197所示。选中该矩形，向中心复制一个较小的圆角矩形，如图12-198所示。

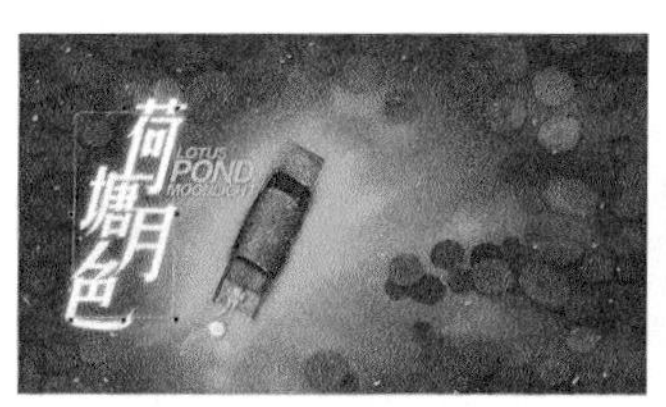

图12-197　图12-198

09 选中两个圆角矩形并组合，使用"透明度"工具绘制一条线性渐变透明度控制手柄，如图12-199所示。选中控制手柄，如

图12-200所示，在控制手柄中间添加两个黑色透明度节点，设置终止节点的颜色为白色，效果如图12-201所示。

图12-199

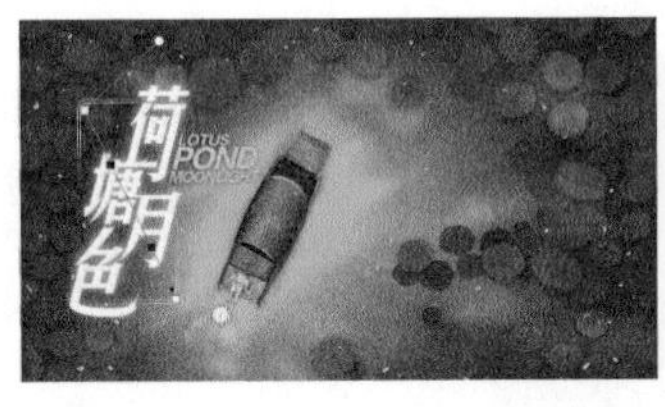

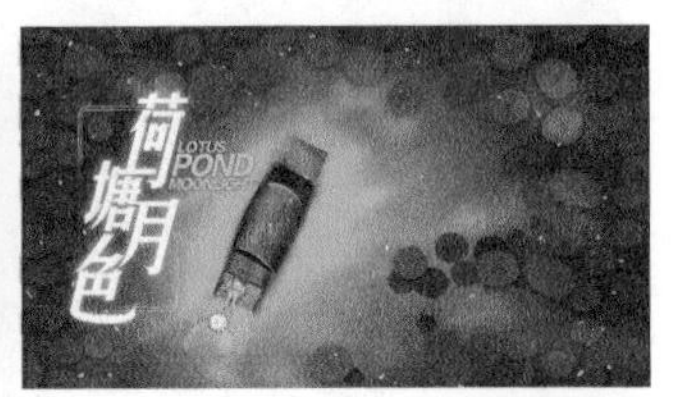

图12-200　　图12-201

10 绘制一个宽度为68mm、高度为77mm的段落文本框，将“素材文件>CH12>03.txt”文件中的文本内容复制到文本框中，如图12-202所示。设置“字体”为“方正小标宋简体”、“大小”为8pt、填充色为白色、“行间距”为123%、“首行缩进”为6mm，如图12-203所示。

图12-202　　图12-203

11 导入“素材文件>CH12>04.png”文件，使用“形状”工具修剪图像四周的透明部分，调整宽度为36mm、高度为31mm，将其移动到文字的左下方，如图12-204所示。

12 选中荷花位图，适当放大，在属性栏中单击“文本换行”按钮，在下拉面板中选择“文本从右向左排列”换行样式。使用“形状”工具调整荷花位图的轮廓线，如图12-205所示。

图12-204　　图12-205

13 选中段落文本，调整“字体大小”为7pt、“首行缩进”为5.5mm。将段落文本与荷花对象组合，并与底图垂直居中对齐，最终效果如图12-206所示。

图12-206

★重点★

12.2.10 组合与链接段落文本

通过组合和拆分段落文本可以灵活处理文本内容；通过链接段落文本，可将一个文本框中的溢出文字排列到另一个文本框内，还可在段落文本与闭合路径或开放路径间形成链接，从而使文本在段落文本和路径对象之间流动。

组合段落文本

选中两个段落文本，如图12-207所示。执行“对象>合并”菜单命令，或者按快捷键Ctrl+L，可以将后面的段落文本并入前面的段落文本的最后，如图12-208所示。

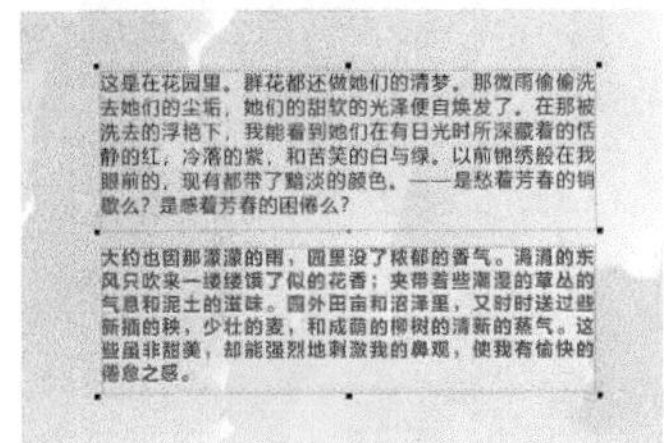

图12-207　　图12-208

注意

带封套的文本框、适合到路径的文本，以及链接的文本框无法被组合。如果首先选择的文本框含有分栏，组合后的文本框就会带有分栏。

拆分段落文本

选中需要拆分的段落文本，如图12-209所示，执行“对象>拆分段落文本”菜单命令，或者按快捷键Ctrl+K，被选中的段落文本会按照行数拆分成多个单行段落文本，如图12-210所示。

图12-209　　图12-210

链接段落文本

选中段落文本，单击文本框下方的黑色三角箭头▣或者文本排列标签◻，当鼠标指针变为⊞时，如图12-211所示，在文本框以外的空白区域单击，将会生成另一个文本框，新文本框中的内容与原文本框的内容形成链接，如图12-212所示。

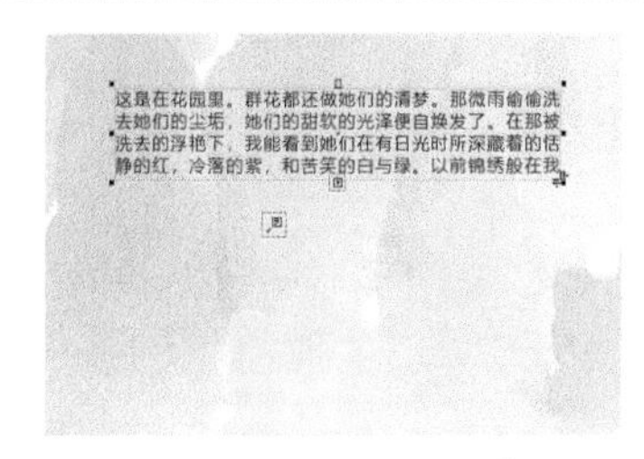

图12-211

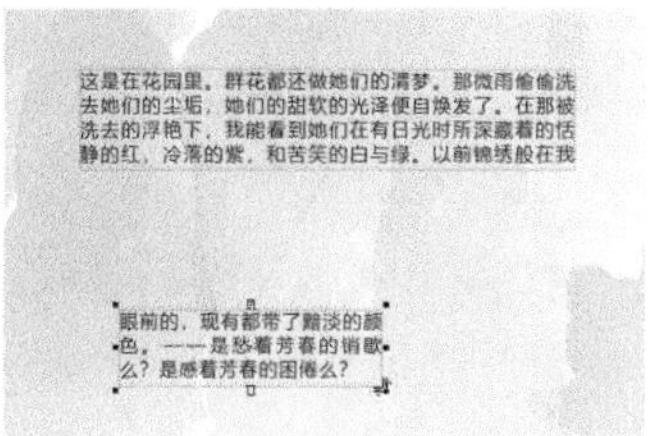

图12-212

与闭合路径链接

选中段落文本，单击文本框下方的黑色三角箭头▣或者文本排列标签◻，当鼠标指针变为⎆时，移动到想要链接的闭合路径内，当鼠标指针变为箭头形状➧时单击，如图12-213所示。这样，闭合路径内的文本内容将与原文本框的内容形成链接，如图12-214所示。

图12-213

图12-214

与开放路径链接

选中段落文本，单击文本框下方的黑色三角箭头▣或者文本排列标签◻，当鼠标指针变为⎆时，移动到想要链接的开放路径上，当鼠标指针变为箭头形状➧时单击，如图12-215所示。这样，开放路径上的文本内容将与原文本框的内容形成链接，如图12-216所示。

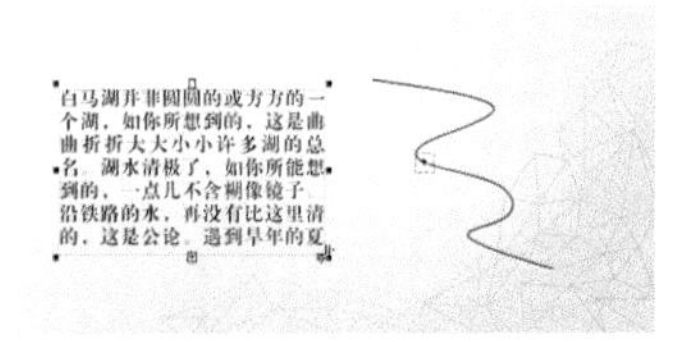

图12-215

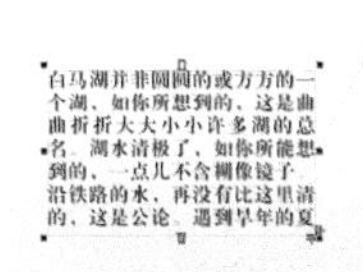

图12-216

技巧与提示

将文本链接到开放路径时，路径上的文本就具有“沿路径文本”的特性，当选中该路径文本时，属性栏的设置和“沿路径文本”的属性栏相同，此时可以在属性栏上对该路径上的文本进行属性设置。

移除文本框或对象之间的链接

选中需要移除文本框链接的有关的对象，执行“文本>段落文本>断开链接”菜单命令，或者按快捷键Ctrl+K即可断开链接。

重新定向文本框之间的链接

选中需要修改的文本框，单击文本框下方的文本排列标签▣，当鼠标指针变为⎆时，移动到想要重新链接的文本框、闭合路径或开放路径上，如图12-217所示，单击即可完成文本框的重新定向，如图12-218所示。

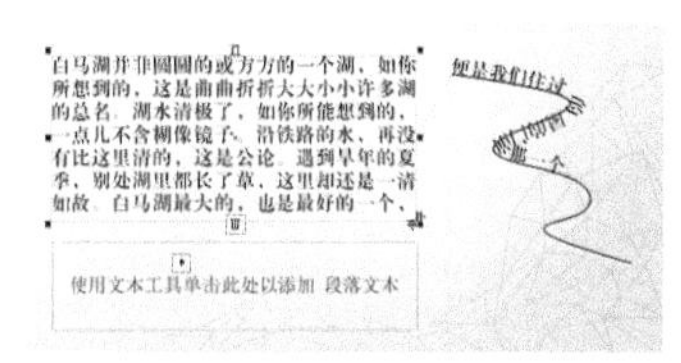

图12-217

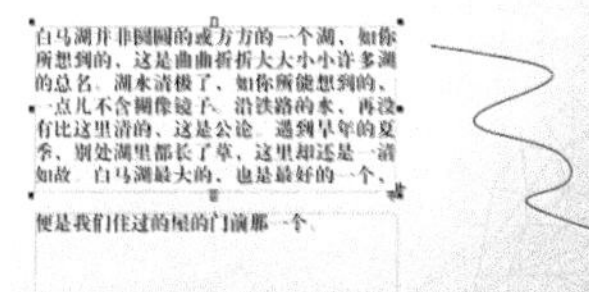

图12-218

12.2.11 制表位

设置制表位的目的是保证段落文本按照某种样式对齐，以使整个文本排列有序。执行“文本>制表位”菜单命令，可打开“制表位设置”对话框，如图12-219所示。制表位功能一般用于绘制目录。

制表位	对齐	前导符
7.500 mm	左	关
15.000 mm	左	关
22.500 mm	左	关
30.000 mm	左	关
37.500 mm	左	关
45.000 mm	左	关
52.500 mm	左	关
60.000 mm	左	关
67.500 mm	左	关
75.000 mm	左	关
82.500 mm	左	关
90.000 mm	左	关

图12-219

“制表位设置”对话框选项介绍

制表位位置：用于设置添加制表位的位置，新设置的数值是在最后一个制表位的基础上设置的，单击后面的“添加”按钮，可以将设置的该位置添加到制表位列表的底部。

移除：单击该按钮可移除制表位列表中被选中的单元格。

全部移除：单击该按钮，可以移除制表位列表中所有的制表位。

前导符选项：单击该按钮，会弹出“前导符设置”对话框，在该对话框中可以选择制表位将显示的符号，并能设置各符号间的距离，如图12-220所示。

字符：单击该选项后面的下拉按钮，可以在下拉列表中选择系统预设的符号作为制表位间的显示符号，如图12-221所示。

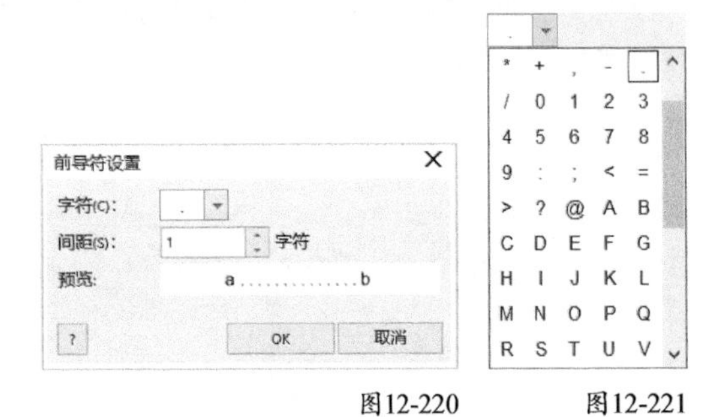

图12-220　　图12-221

间距：用于设置各符号间的间距，该选项的设置范围为0~10。

预览：该选项可以对“字符”和“间距”的设置在右侧的预览框中进行预览，如图12-222所示。

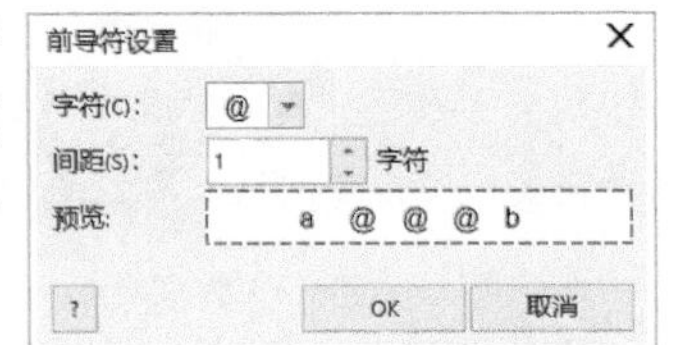

图12-222

12.2.12 分栏

当编辑大量文字时，通过“栏设置”对话框对文本进行分栏设置，可以使文本内容更加易于阅读。执行“文本>栏”菜单命令，将打开“栏设置”对话框，如图12-223所示。

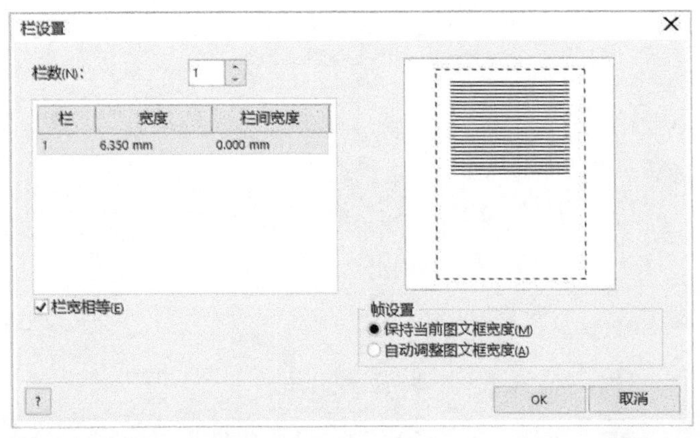

图12-223

“栏设置”对话框选项介绍

栏数：设置段落文本的分栏数目，在“栏设置”对话框的列表中显示了分栏后的栏宽度和栏间距，当取消勾选“栏宽相等”复选框时，在“宽度”和“栏间宽度”列中单击，可以设置不同的栏宽度和栏间宽度。

栏宽相等：勾选该复选框，可以使分栏后的栏和栏之间的距离保持相等。

保持当前图文框宽度：选中该选项，可以保持分栏后文本框的宽度不变。

自动调整图文框宽度：选中该选项后，当对段落文本进行分栏时，程序将根据设置的栏宽度自动调整文本框宽度。

12.2.13 项目符号和编号

在段落文本中添加项目符号和编号来编排信息格式，可以使版面的排列有序。执行“文本>项目符号和编号”菜单命令，弹出“项目符号和编号”对话框，如图12-224所示。项目符号和编号功能一般用于文章排版。

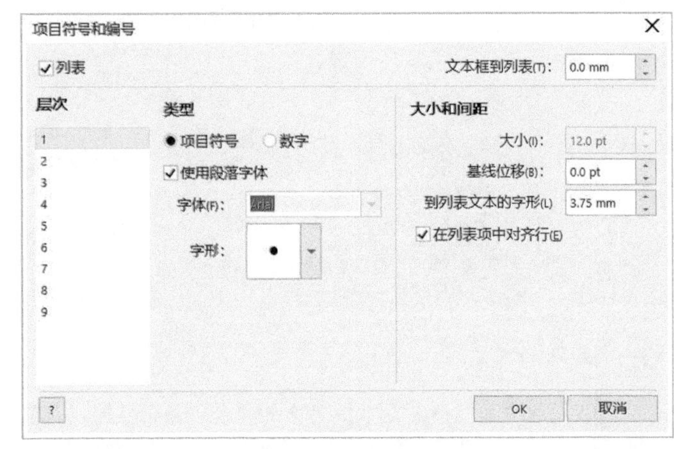

图12-224

“项目符号和编号”对话框选项介绍

列表：勾选列表复选框，该对话框中的选项才能被激活。

文本框到列表：设置文本框到列表的缩进距离。

层次：程序预设的9层样式，对应属性栏中的“增加缩进量”按钮。

类型：设置项目符号和编号的具体样式。

项目符号：勾选“使用段落文字”复选框，可以使用段落文字内的字形项目符号；移除勾选，则可以自定义字体的符号样式，如图12-225所示。

数字：在“样式”下拉列表中选择预设样式，如图12-226所示，在“前缀”和“后缀”文本框中可以输入自定义文本。

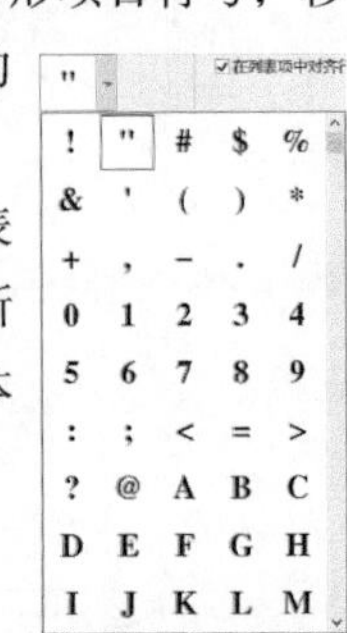

图12-225　　图12-226

大小：为所选的项目符号和编号设置大小。

基线位移：设置项目符号和编号在垂直方向上的偏移量。当参数为正数时，项目符号向上偏移；当参数为负数时，项目符号向下偏移。

到列表文本的字形：设置文本到符号之间的距离。

在列表项中对齐行：按照文本到符号之间的距离，强制缩进文本，如图12-227所示。

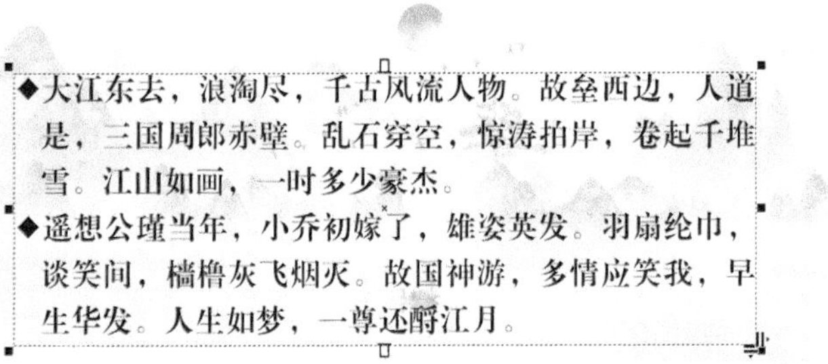

图12-227

12.2.14 首字下沉

“首字下沉”可以将段落文本中每一段文字的第一个文字或字母放大同时嵌入文本。执行“文本>首字下沉”菜单命令，弹出“首字下沉”对话框，如图12-228所示。

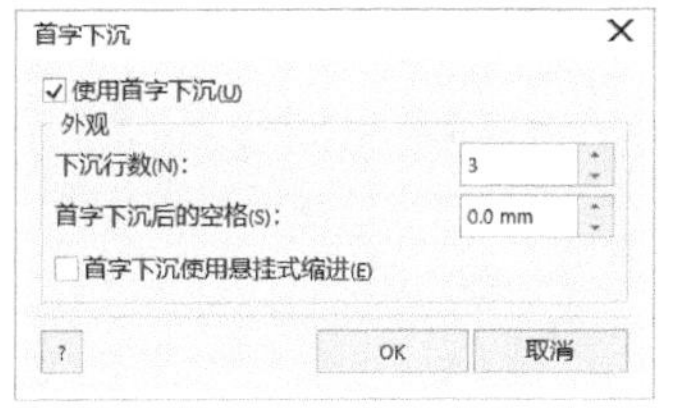

图12-228

“首字下沉”对话框选项介绍

使用首字下沉：勾选该复选框，才能设置对话框中的其他选项。

下沉行数：设置段落文本中每个段落首字下沉的行数，该选项设置范围为2~10。

首字下沉后的空格：设置下沉文字与主体文字之间的距离。

首字下沉使用悬挂式缩进：勾选该复选框，首字下沉的效果将在整个段落文本中悬挂式缩进，如图12-229所示；如不勾选该复选框，则效果如图12-230所示。

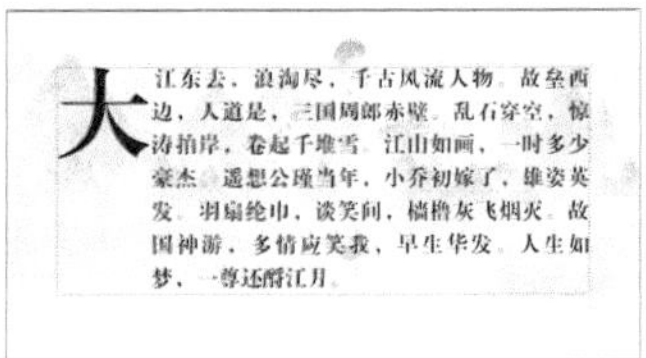

图12-229

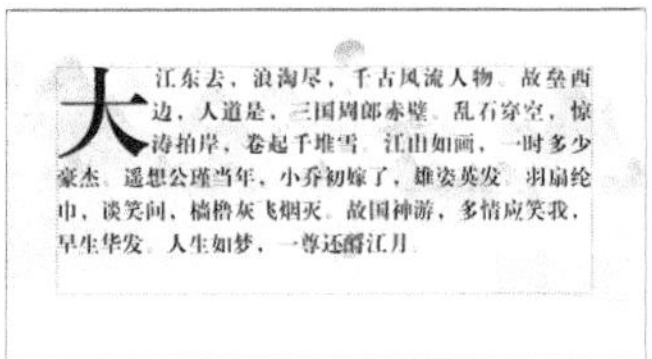

图12-230

12.2.15 断行规则

执行“文本>断行规则”命令，弹出“亚洲断行规则”对话框，如同12-231所示。

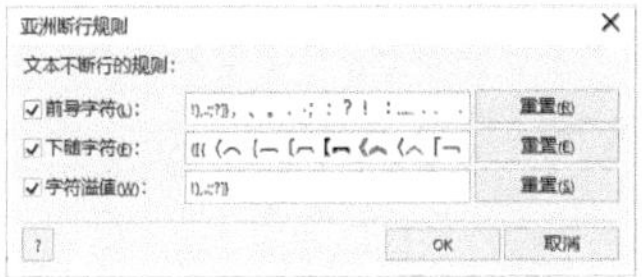

图12-231

“亚洲断行规则”对话框选项介绍

前导字符：确保不在选项文本框的任何字符之后断行。

下随字符：可以确保不在选项文本框的任何字符之前断行。

字符溢值：可以允许选项文本框中的字符延伸到行边距之外。

重置：在相应的选项文本框中，可以输入或移除字符，若要清空相应选项文本框中的字符，重新设置时，即可单击该按钮清空文本框中的字符。

> **技巧与提示**
>
> “前导字符”是指不能出现在行尾的字符，“下随字符”是指不能出现在行首的字符，“字符溢值”是指不能换行的字符，它可以延伸到右侧页边距或底部页边距之外。

12.2.16 恢复文本

文本对象在经过绘制后会转换为各种样式，有时候需要将文本恢复为原始状态，这时就可以执行“矫正文本”和“对齐至基线”命令来恢复文本的原始状态。

选中需要恢复的文本对象，执行“文本>对齐至基线”菜单命令，文本中的字符将对齐至原始基线，如图12-232所示。

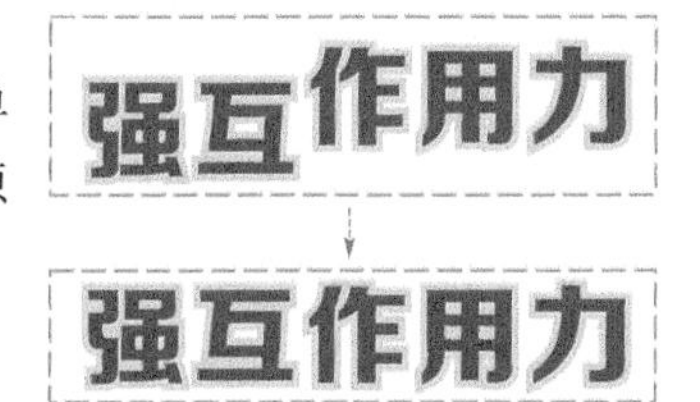

图12-232

选中需要恢复的文本对象，执行“文本>矫正文本”菜单命令，文本将恢复为原始状态，如图12-233所示。

图12-233

12.2.17 插入符号/字符

执行“文本>字形”菜单命令，打开“字形”泊坞窗，选择字体，在字体下面的预览窗口中单击需要插入的特殊符号，然后单击“复制”按钮进行粘贴，或者在符号上双击，如图12-234所示，即可将所选符号插入工作区中心位置。

图12-234

行业经验：菜单文本的快速反转排列技巧

在平时的工作中，有时需要绘制一些菜单、姓名和单位名称等排列文本，如客户提供了按照1~14号顺序排列的菜单名称，如图12-235所示，但是在绘制菜单时，客户需要将菜单名称反转，按照14~1号的顺序排列菜单名称。这时可以拆分文本，重新进行手动排列，或者使用以下方法。

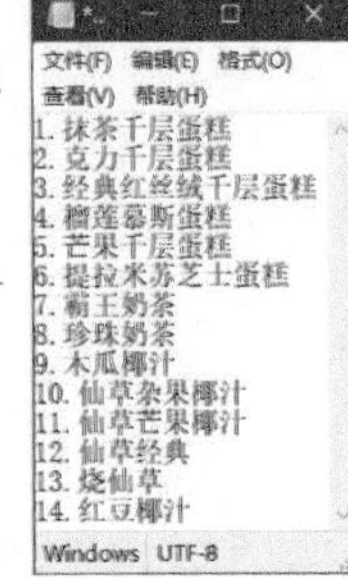

图12-235

（1）按照设计要求绘制菜单设计稿，其中的菜单名称为“段落文本”，如图12-236所示。

（2）选中该段落文本，按快捷键Ctrl+K拆分段落文本，如图12-237所示。

图12-236　　图12-237

（3）框选所有被拆分的段落文本，按快捷键Ctrl+L合并，如图12-238所示。

（4）向上移动该段落文本，同时按住鼠标左键向下拖曳黑色小箭头标志，将溢出的文本全部显示出来，该段落文本即转换为反转排列的新样式，如图12-239所示。

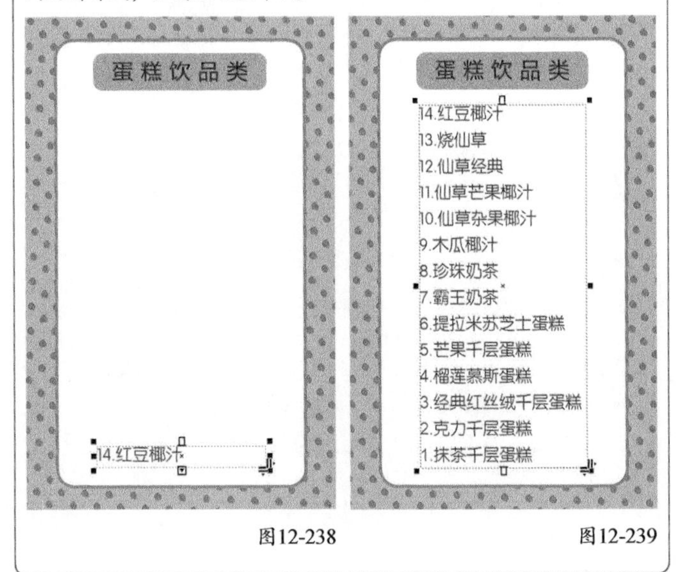

图12-238　　图12-239

12.3 页面编辑

通过对页面的编辑，可以生成和调整大型文本的排版效果。

12.3.1 页面设置

在菜单栏中执行“布局>页面布局”菜单命令，打开“选项”对话框的“布局”选项卡，如图12-240所示。

图12-240

“布局”选项卡选项介绍

布局：单击下拉按钮，在打开的列表中选择预设作为页面的样式，如图12-241所示。

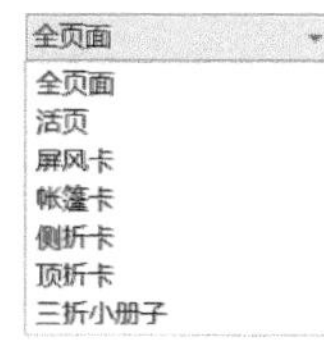

图12-241

对开页：勾选该复选框，可以将页面设置为对开页。

起始于：单击下拉按钮，在打开的列表中可以选择对开页样式起始于“左边”或“右边”，如图12-242所示。

右边
右边
左边

图12-242

执行“布局>页面背景”菜单命令，打开“选项”对话框的“背景”选项卡，如图12-243所示。

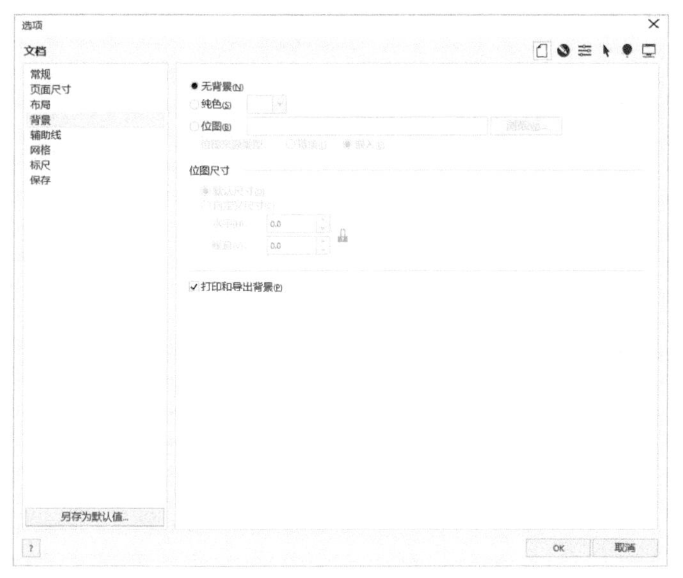

图12-243

“背景”选项卡选项介绍

无背景：勾选该选项后，单击OK按钮，即可将页面的背景设置为无背景。

纯色：勾选该选项后，可以在右侧的颜色挑选器中选择颜色作为页面的背景颜色（默认为白色），如图12-244所示。

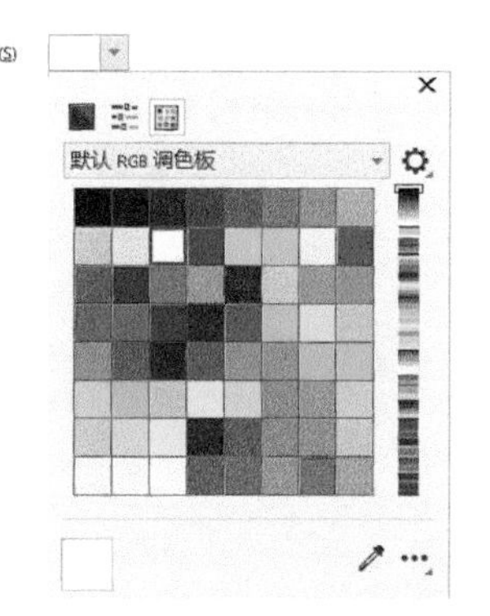

图12-244

位图：勾选该选项后，可以单击右侧的“浏览”按钮，打开“导入”对话框，然后导入一张位图作为页面的背景。

默认尺寸：将导入的位图以系统默认的尺寸设置为页面背景。

自定义尺寸：勾选该选项后，可以在“水平”和“垂直”数值框中自定义位图的尺寸（当导入位图后，该选项才能启用），如图12-245所示。

图12-245

保持纵横比：激活该按钮，可以使导入的图片不会因为尺寸的改变，而出现变形的现象。

打印和导出背景：勾选该复选框，在打印和导出时包含背景样式。

12.3.2 页码设置

执行“布局>插入页码”菜单命令，在其子菜单中有4种不同的插入命令可供选择，执行插入命令中的任意一种，都可以插入页码，如图12-246所示。

图12-246

第1种：执行“布局>插入页码>位于活动图层”菜单命令，插入的页码只位于活动图层下方的中间位置，如图12-247所示。

图12-247

技巧与提示

插入的页码均默认显示在相应页面下方的中间位置，插入的页码均为文本对象，可以进行对应的文本编辑。

第2种：执行“布局>插入页码>位于所有页”菜单命令，插入的页码位于每一个页面下方。

第3种：执行“布局>插入页码>位于所有奇数页”菜单命令，插入的页码位于每一个奇数页面下方，可以勾选“对开页”复选框查看对比效果，如图12-248所示。

图12-248

第4种：执行“布局>插入页码>位于所有偶数页”菜单命令，可以使插入的页码位于每一个偶数页面下方，可以勾选“对开页”复选框查看对比效果，如图12-249所示。

图12-249

技巧与提示

如要执行“布局>插入页码>位于所有偶数页”或“布局>插入页码>位于所有奇数页”菜单命令，必须首先选择到偶数页面或奇数页面上，并且页面不能设置为“对开页”，这两项命令才可用。

知识链接

有关“页面设置”的内容请参阅“2.3.4‘布局’菜单”的具体内容。

12.4 书写工具

使用书写工具可以更正拼写和语法方面的错误，还能自动更正错误，改进书写样式。书写工具默认情况下仅支持拉丁字母文本。

12.4.1 拼写检查

通过使用“拼写检查器”或“语法”，可以检查整个文档或选定的文本中的拼写和语法错误。执行“文本>书写工具>拼写检查”菜单命令，即可打开“书写工具”对话框的“拼写检查器”选项卡，如图12-250所示。

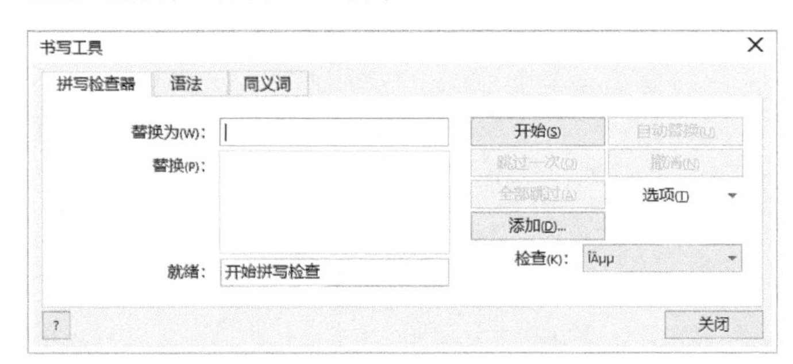

图12-250

检查选定文本

选中一段文本中的部分文本，执行“文本>书写工具>拼写检查”菜单命令，打开“书写工具”对话框，在“检查”下拉列表中选择任意一项，单击“开始”按钮，即可检查部分文本中的语法或拼写错误。

技巧与提示

“检查”下拉列表中的选项会随检查的文本类型的变化而变化。

手动编辑文本

执行“文本>书写工具>拼写检查”菜单命令，打开“书写工具”对话框。当拼写或语法检查器停在某个单词或短语处时，可以从“替换”列表中单击选择一个单词或短语，然后单击“替换”按钮；如果拼写检查器未提供替换单词，可以在“替换为”文本框中手动输入替换单词。

定义自动文本替换

执行“文本>书写工具>拼写检查”菜单命令，打开“书写工具”对话框，当拼写或语法检查器停在某个单词或短语处时，单击“自动替换”按钮，即可定义自动文本替换。

技巧与提示

在使用语法或拼写检查器时，要跳过一次拼写或语法错误，可以在语法或拼写检查器停止时单击“跳过一次”按钮，如果要跳过所有同一错误，可以单击“全部跳过”按钮。

12.4.2 语法

语法功能的使用与“拼写检查器”类似。

12.4.3 同义词

在“查询”按钮前的文本框中输入需要查询的同义词，单击“查询”按钮，然后在下面显示查询结果。

12.4.4 快速更正

执行“文本>书写工具>快速更正”菜单命令，打开“快速更正”对话框，在中文版CorelDRAW 2021语言环境下，可以设置一些符号、日期和大小写的快速更正选项。

12.5 文本信息

12.5.1 查找和替换文本

执行“编辑>查找并替换”菜单命令，打开“查找并替换”泊坞窗，如图12-251所示，单击“查找对象”按钮，在下拉列表中选择“查找和替换文本”选项，如图12-252所示。

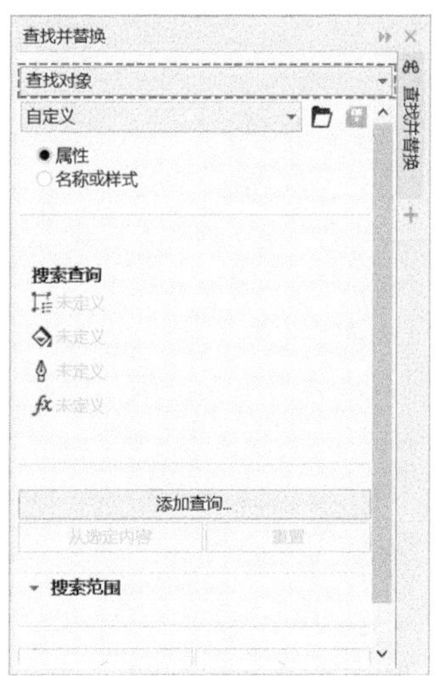

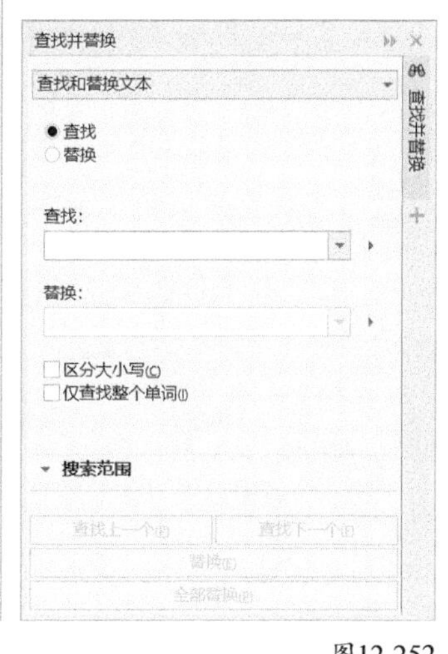

图12-251　　图12-252

“查找和替换文本”面板选项介绍

查找： 勾选该复选框，可以执行查找文本内容的功能。在下面的“查找”文本框内输入需要查找的文本，单击“查找上一个”或“查找下一个”按钮执行查找文本功能，被查找到的文本字符将高亮显示，如图12-253所示。

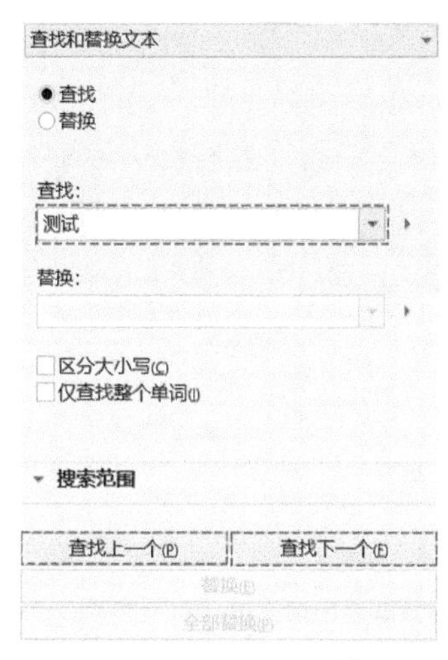

图12-253

替换： 勾选该复选框，可以执行查找并替换文本内容的功能。在下面的“查找”文本框内输入需要查找的文本，在“替换”文本框内输入需要替换成的文本，然后单击“替换”或“全部替换”按钮进行查找并替换对应文本内容，如图12-254所示。

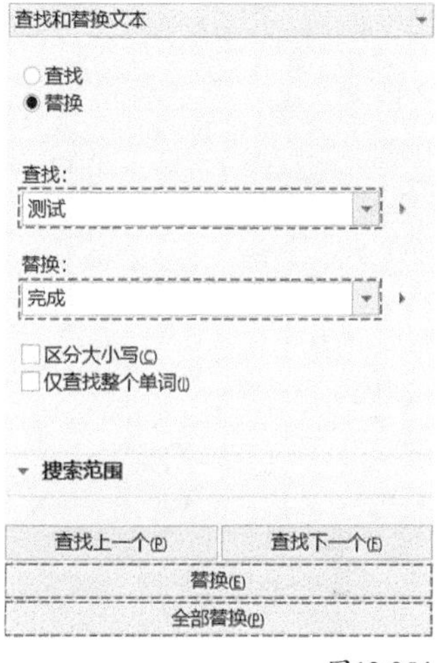

图12-254

区分大小写： 勾选该复选框，查找的文本将区分大小写。

仅查找整个单词： 勾选该复选框，查找的文本（单词）将完全与输入的文本一致。

12.5.2 文本统计

执行“文本>文本统计信息”菜单命令，打开“统计”对话框，该对话框中显示了文档中有关文本的所有信息，包括段落文本、美术字对象和字体信息等，如图12-255所示。

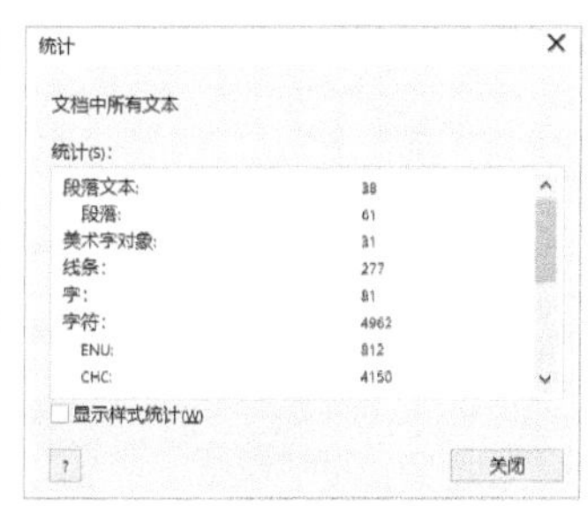

图12-255

第13章

“表格”工具

使用CorelDRAW的“表格”工具可以绘制和编辑表格、创建并修改表格的行/列参数、拆分/合并单元格等，并且可以调整表格的填充色和轮廓色，从而绘制出丰富多彩的表格样式。

学习要点

工具名称	工具图标	工具作用	重要程度
“表格”工具	囲	绘制、选择和编辑表格	中

13.1 创建表格

可以使用“表格”工具创建表格，也可以执行菜单命令创建表格。

13.1.1 使用“表格”工具创建

单击“表格”工具囲，当鼠标指针变为⁺▦时，按住鼠标左键在页面中拖曳即可创建表格，如图13-1所示。创建表格后可以在属性栏中修改表格的行数和列数，还可以进行拆分、合并单元格等操作。

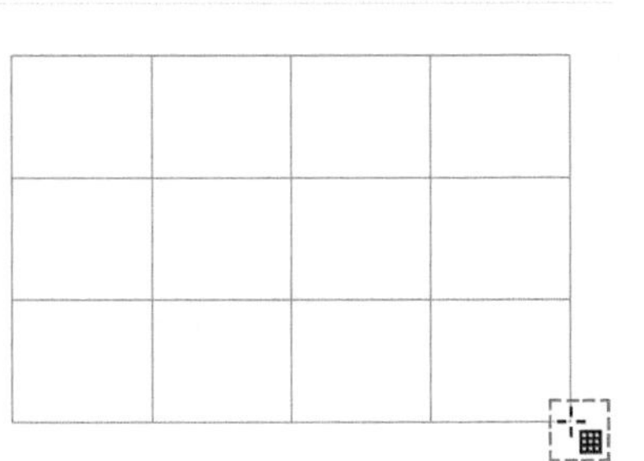

图13-1

13.1.2 执行菜单命令创建

执行“表格>创建新表格”菜单命令，打开“创建新表格”对话框，在对话框中设置“行数”“栏数”“高度”“宽度”参数，单击OK按钮，如图13-2所示，即可创建表格，如图13-3所示。

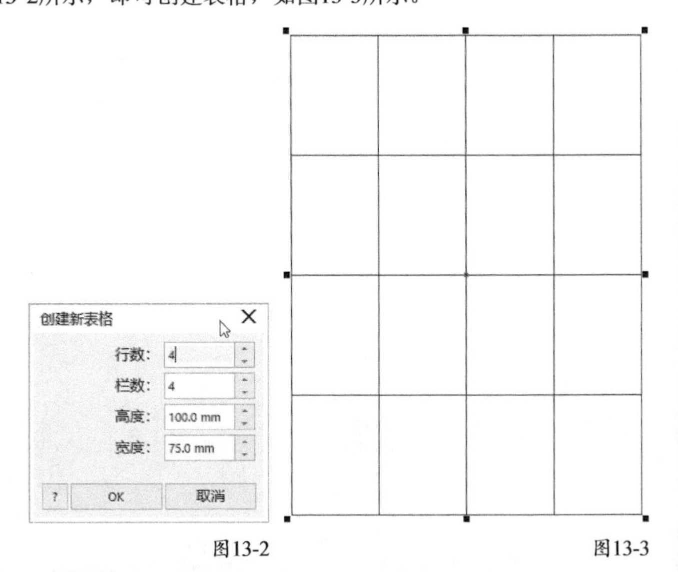

图13-2　图13-3

13.2 文本与表格的相互转换

表格创建完成后，可以将表格转换为文本，也可以将文本转换为表格。

13.2.1 表格转换为文本

执行“表格>创建新表格”菜单命令，弹出“创建新表格”对话框，设置“行数”为3、“栏数”为3、“高度”为80mm、“宽度”为130mm，单击OK按钮，如图13-4所示。

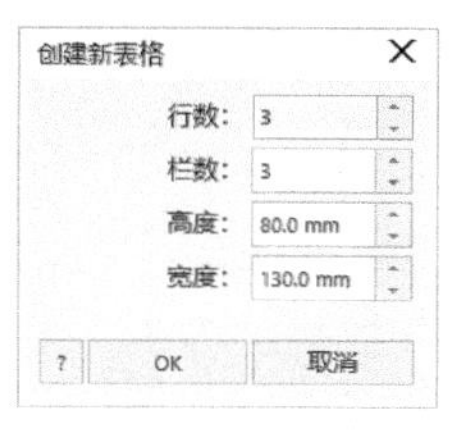

图13-4

双击单元格，在表格中输入文本，如图13-5所示，执行“表格>将表格转换为文本”菜单命令，弹出“将表格转换为文本”对话框，选中“用户定义”选项，输入符号·，如图13-6所示，单击OK按钮，转换后的效果如图13-7所示。

一月	二月	三月
四月	五月	六月
七月	八月	九月

图13-5

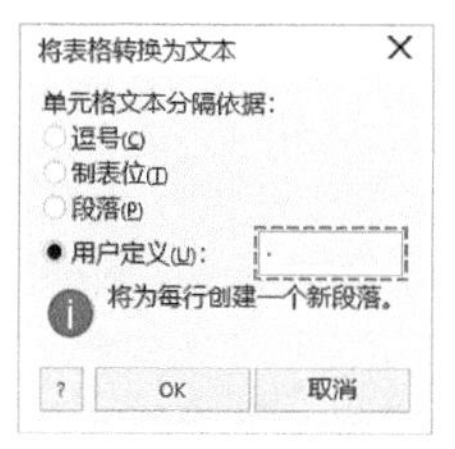

图13-6

一月·二月·三月
四月·五月·六月
七月·八月·九月

图13-7

技巧与提示

在表格的单元格中输入文本时，可以双击单元格进行输入，也可以使用“文本”工具单击单元格，然后输入文本，如图13-8所示。

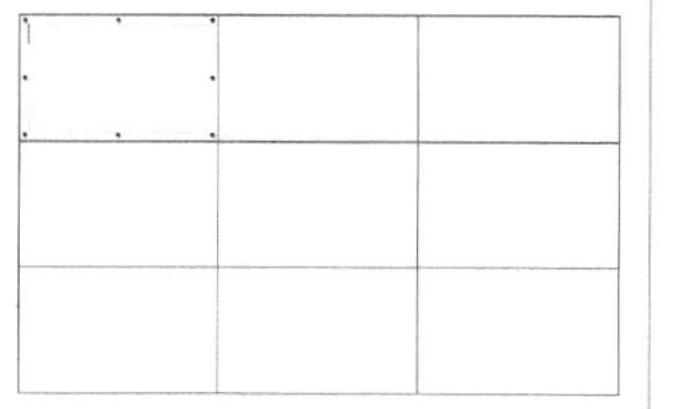

图13-8

13.2.2 文本转换为表格

选中前面转换后的文本，执行“表格>文本转换为表格”菜单命令，弹出“将文本转换表格”对话框，勾选“用户定义”选项，输入符号·，如图13-9所示，单击OK按钮，转换后的效果如图13-10所示。

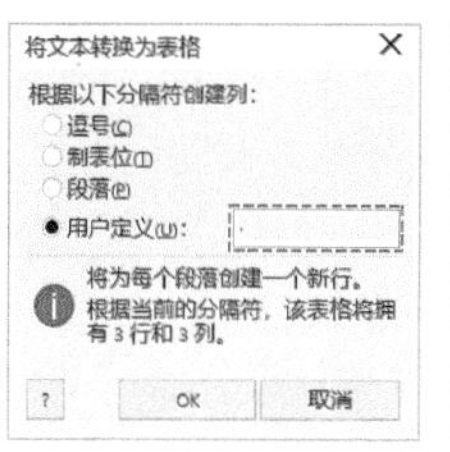

图13-9

一月	二月	三月
四月	五月	六月
七月	八月	九月

图13-10

技巧与提示

直接输入文本，如图13-11所示，执行“表格>文本转换为表格”菜单命令，弹出“将文本转换为表格”对话框，如图13-12所示，直接单击OK按钮，即可将文本转换为表格，如图13-13所示。

图13-11

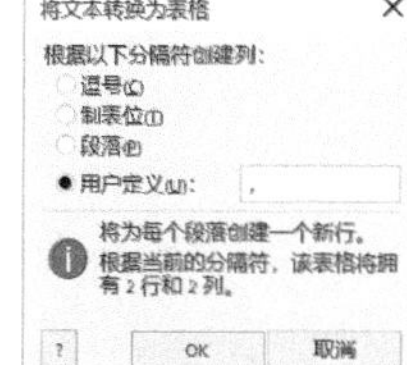

图13-12

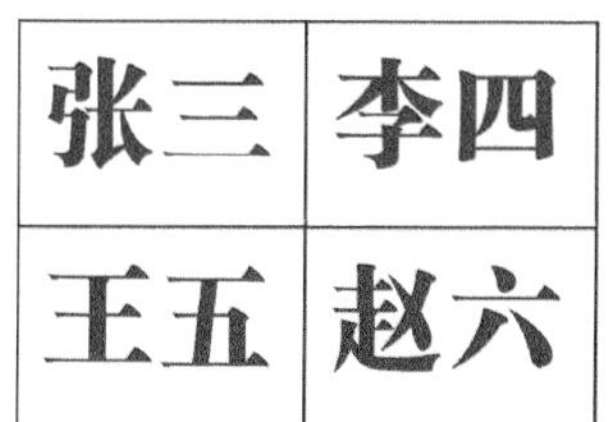

张三	李四
王五	赵六

图13-13

13.3 表格的编辑

创建完表格后，可以对表格的行数、列数和单元格属性进行设置，以满足实际工作的需求。

13.3.1 表格属性设置

“表格”工具的属性栏如图13-14所示。

图13-14

“表格”工具属性栏选项

行数和列数：设置表格的行数和列数。

填充色：单击该按钮，可以设置表格背景的填充颜色，如图13-15所示，填充效果如图13-16所示。

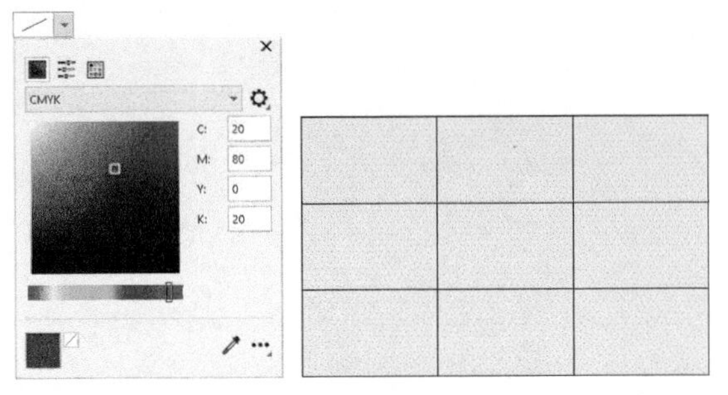

图13-15　　图13-16

编辑填充：单击该按钮可以打开“编辑填充”对话框，在该对话框中可以编辑表格背景的填充色。

轮廓色：单击该按钮，在颜色挑选器中选择一种颜色作为表格的轮廓色，如图13-17所示，设置后的效果如图13-18所示。

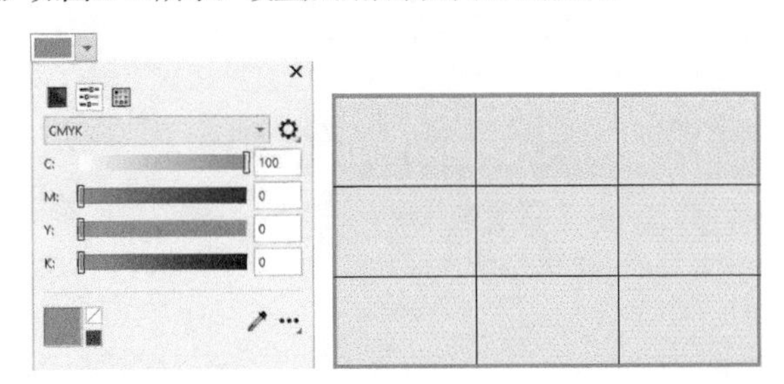

图13-17　　图13-18

轮廓宽度：单击下拉按钮，在下拉列表中选择表格的轮廓宽度，也可以在该选项的文本框中输入数值，如图13-19所示。

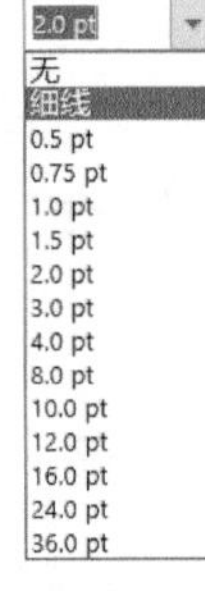

图13-19

边框选择：用于调整显示在表格内部和外部的边框。单击该按钮，可以在下拉列表中选择所要调整的表格边框（默认为外部），如图13-20所示。

图13-20

轮廓笔：双击状态栏上的“轮廓笔”工具，打开“轮廓笔”对话框，在该对话框中可以设置表格轮廓的各种属性。

> **技巧与提示**
>
> 打开“轮廓笔”对话框，在“风格”下拉列表中可以设置表格轮廓的各种样式，如图13-21所示，单击OK按钮，即可将该线条样式设置为表格轮廓的样式，如图13-22所示。

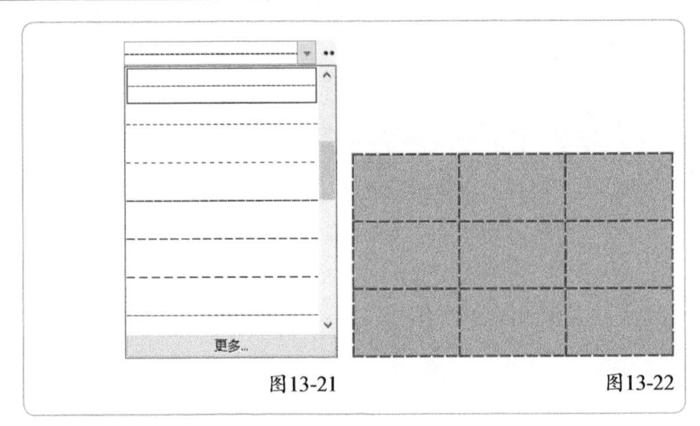

图13-21　　图13-22

选项：单击该按钮，选择是否在键入数据时自动调整单元格大小以及在单元格之间添加间距，如图13-23所示。

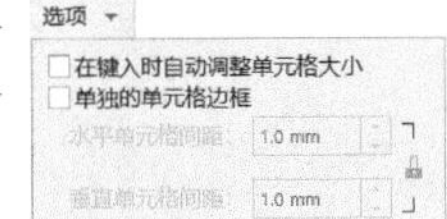

图13-23

在键入时自动调整单元格大小：勾选该选项后，在单元格内输入文本时，单元格的大小会随输入的文字多少而变化。若不勾选该选项，输入的文本在填满单元格后会溢出。

单独的单元格边距：勾选该选项，可以在“水平单元格间距”和“垂直单元格间距”的数值框中设置单元格间的水平距离和垂直距离，如图13-24所示。

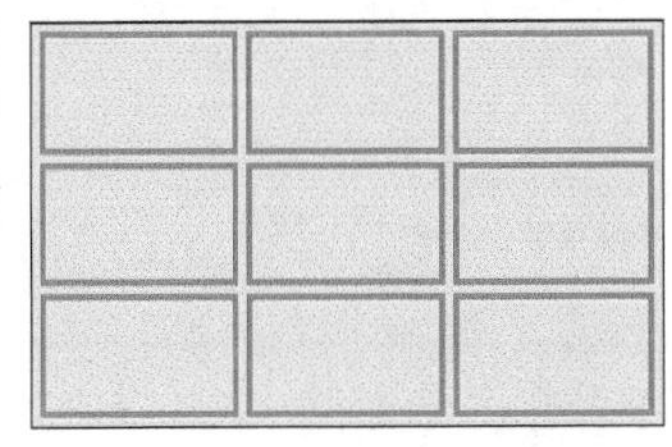

图13-24

13.3.2 选择单元格

使用“表格”工具选中表格，移动鼠标指针到要选择的单元格中，当鼠标指针变为加号时，单击即可选中该单元格，如图13-25所示。

单击“表格”工具，在表格上按住鼠标左键拖曳，鼠标指针经过的单元格即被选中，如图13-26所示。

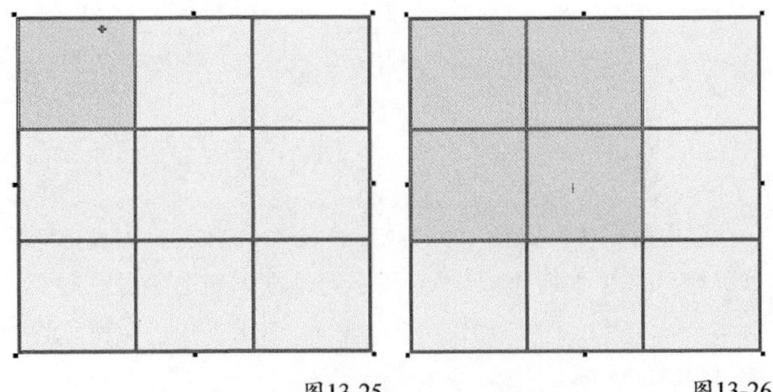

图13-25　　图13-26

使用“表格”工具选中表格，将鼠标指针移动到需要选择的行的左侧边框上，当出现水平箭头➧后，单击即可选中该行，如图13-27所示。如果按住鼠标左键拖曳，可将鼠标指针经过的行选中。

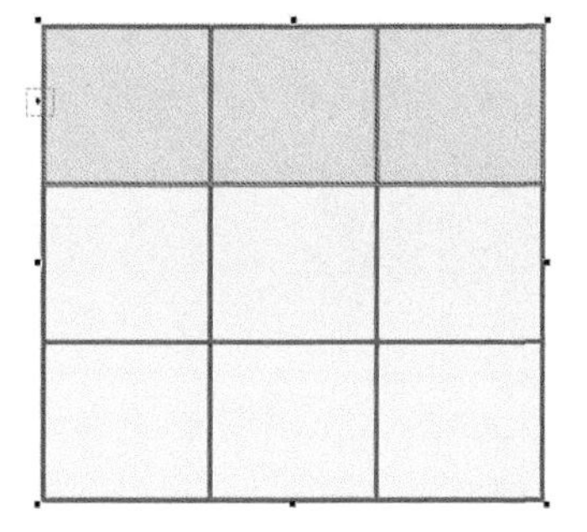

图13-27

使用“表格”工具选中表格，将鼠标指针移动到需要选择的列的顶部边框上，当出现垂直箭头⬇后，单击即可选中该列，如图13-28所示。如果按住鼠标左键拖曳，可将鼠标指针经过的列选中。

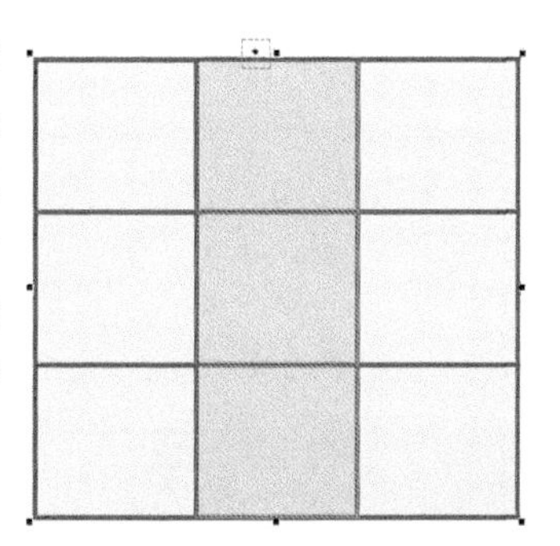

图13-28

使用“表格”工具选中表格，将鼠标指针移动到表格的左上角，当出现对角箭头↘后，单击即可选中表格的所有单元格，如图13-29所示。

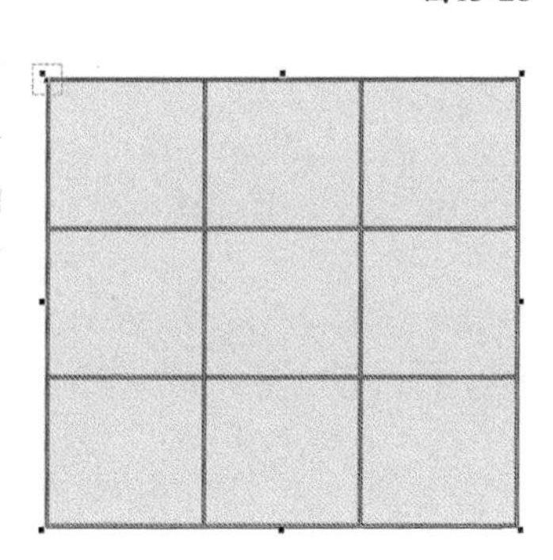

图13-29

技巧与提示

除了使用以上方法选择表格外，使用“表格”工具单击任意单元格，执行“表格>选择”菜单命令，在弹出的子菜单中执行各项命令，可以对表格进行不同类型的选择，如图13-30所示。

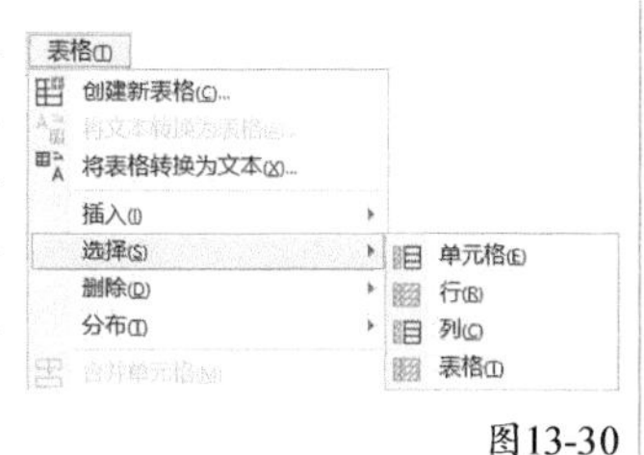

图13-30

13.3.3 单元格属性设置

选中单元格后，“表格”工具▦的属性栏如图13-31所示。

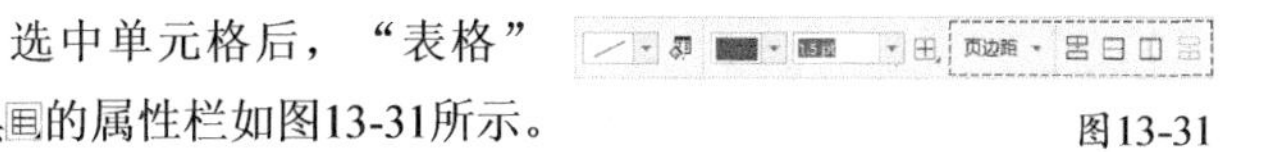

图13-31

属性栏选项介绍

页边距：指定所选单元格内的文字到4个边的间距，单击该按钮，弹出设置面板，如图13-32所示。单击中间的解锁按钮🔒后，即可分别设置4个边的间距，如图13-33所示。

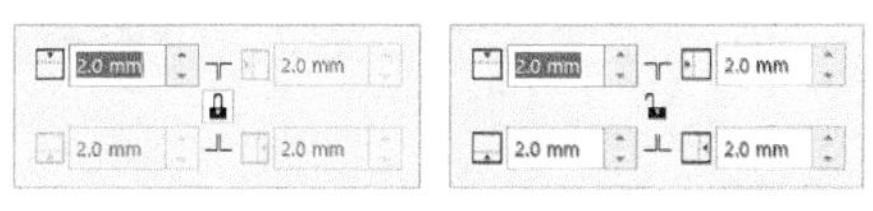

图13-32　　图13-33

合并单元格▤：单击该按钮，可以将选中的多个单元格合并为一个单元格。

水平拆分单元格▤：单击该按钮，弹出“拆分单元格”对话框，可以将选中的单元格按照指定的行数进行拆分，如图13-34所示，效果如图13-35所示。

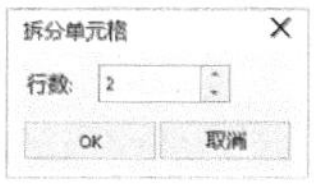

图13-34

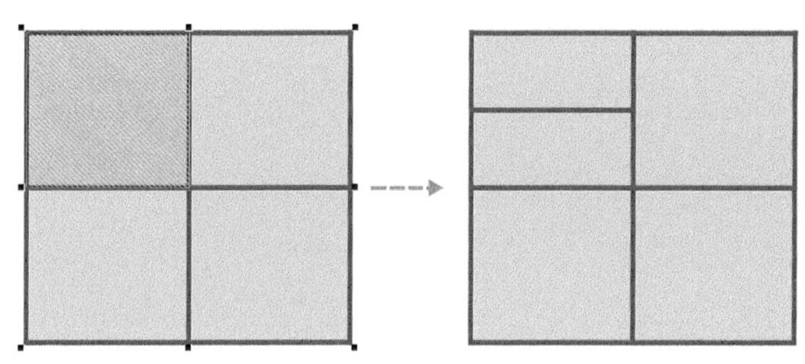

图13-35

垂直拆分单元格▥：单击该按钮，弹出“拆分单元格”对话框，选择的单元格按照指定的列数进行拆分，如图13-36所示，效果如图13-37所示。

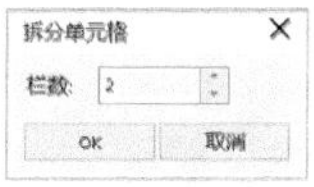

图13-36

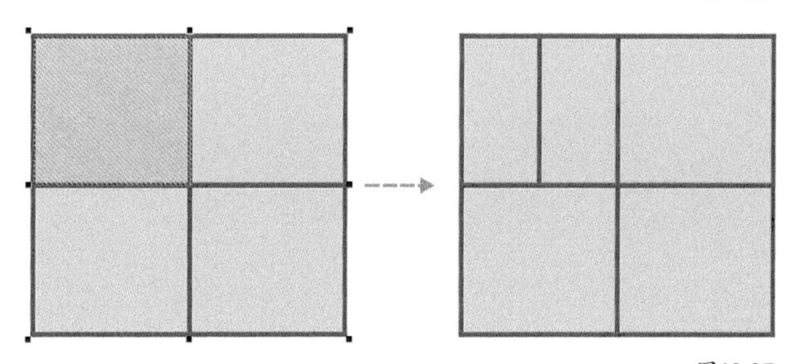

图13-37

撤销合并▤：单击该按钮，可将合并的单元格分割为单独的单元格（只有选中合并过的单元格时，该按钮才被激活）。

13.3.4 表格的插入

选中任意一个单元格或多个单元格，执行“表格>插入”菜单命令，可以在子菜单中选择多种表格的插入命令，如图13-38所示。

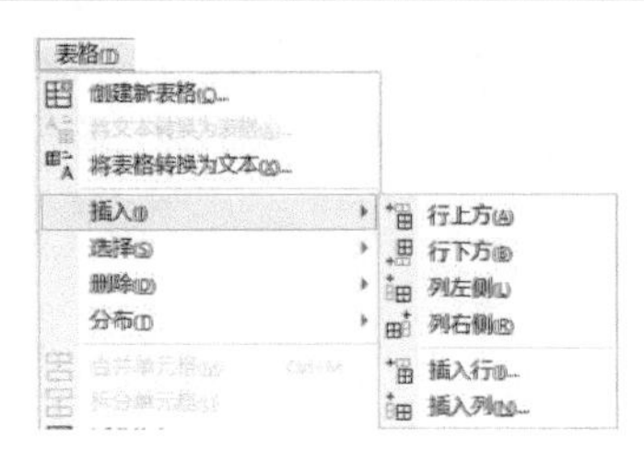

图13-38

行上方

选中任意一个单元格，执行“表格>插入>行上方”菜单命令，可以在所选单元格的上方插入行，并且插入的行与所选单元格所在的行的属性相同（如填充颜色、轮廓宽度、高度和宽度等），如图13-39所示。

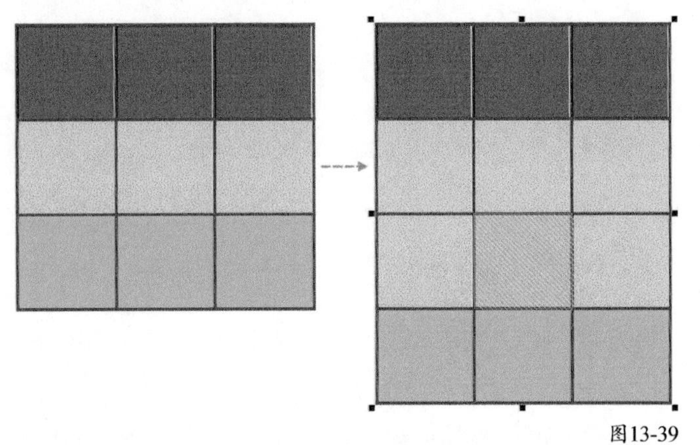

图13-39

行下方

选中任意一个单元格，执行“表格>插入>行下方”菜单命令，可以在所选单元格的下方插入行，并且插入的行与所选单元格所在的行属性相同，如图13-40所示。

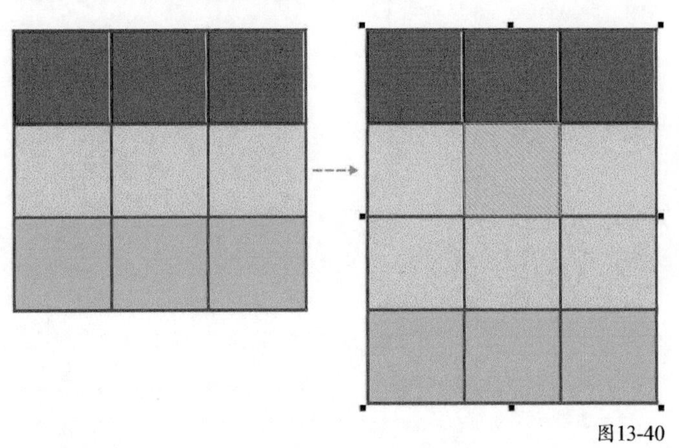

图13-40

列左侧

选中任意一个单元格，然后执行“表格>插入>列左侧”菜单命令，可以在所选单元格的左侧插入列，并且插入的列与所选单元格所在的列属性相同，如图13-41所示。

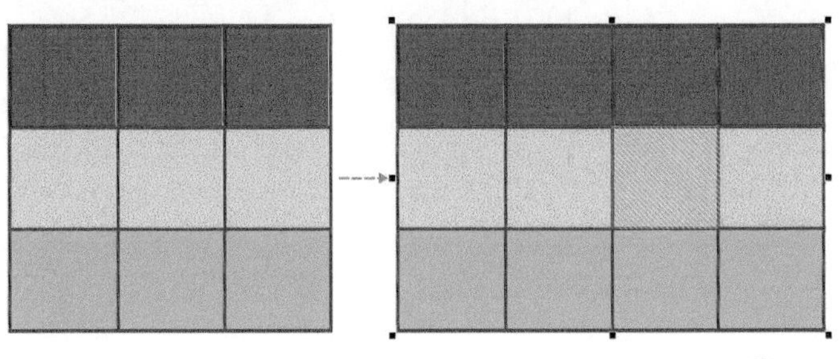

图13-41

列右侧

选中任意一个单元格，然后执行“表格>插入>列右侧”菜单命令，可以在所选单元格的右侧插入列，并且所插入的列与所选单元格所在的列属性相同，如图13-42所示。

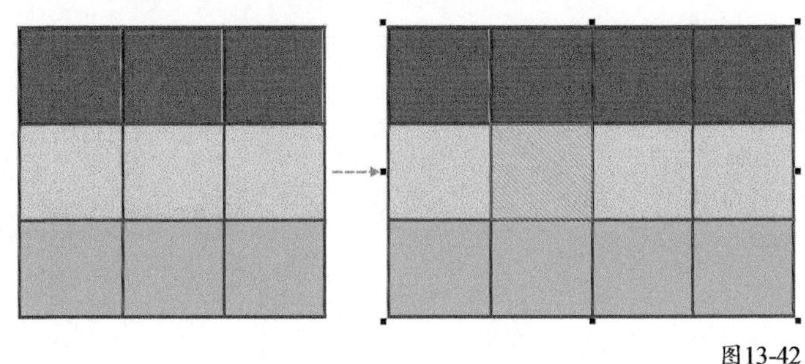

图13-42

插入行

选中任意一个单元格，然后执行“表格>插入>插入行”菜单命令，弹出“插入行”对话框，设置相应的“行数”，选中“在选定行上方”或“在选定行下方”选项，单击OK按钮，如图13-43所示，即可插入行，效果如图13-44所示。

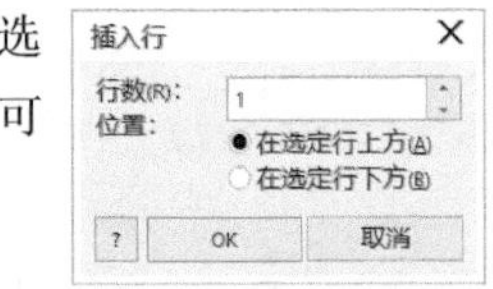

图13-43

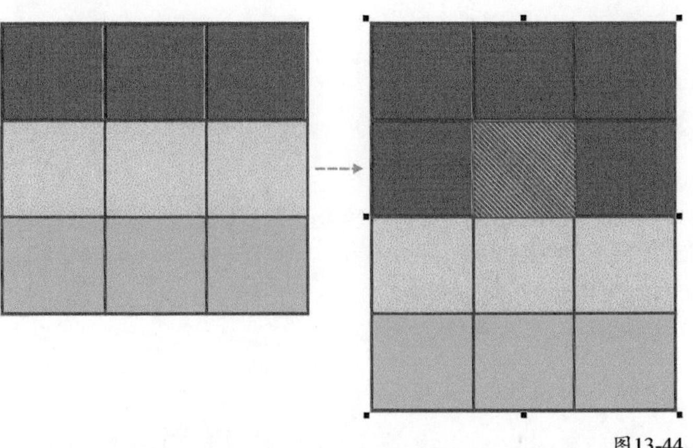

图13-44

插入列

选中任意一个单元格，接着执行“表格>插入>插入列”菜单命令，弹出“插入列”对话框，设置相应的“栏数”，选中“在选定列左侧”或“在选定列右侧”选项，单击OK按钮，如图13-45所示，即可插入列，效果如图13-46所示。

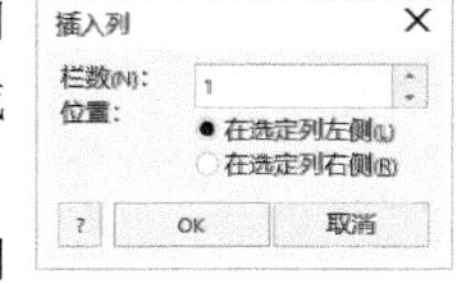

图13-45

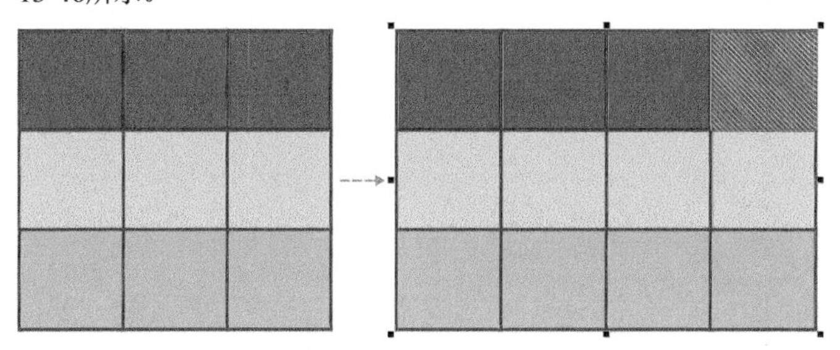

图13-46

技巧与提示

如果选中多个单元格时，执行“插入行”菜单命令，会在选中的单元格上方或是下方插入与所选单元格相同行数的行，并且插入行的单元格属性（填充颜色、轮廓宽度等）与邻近的行相同，如图13-47所示。

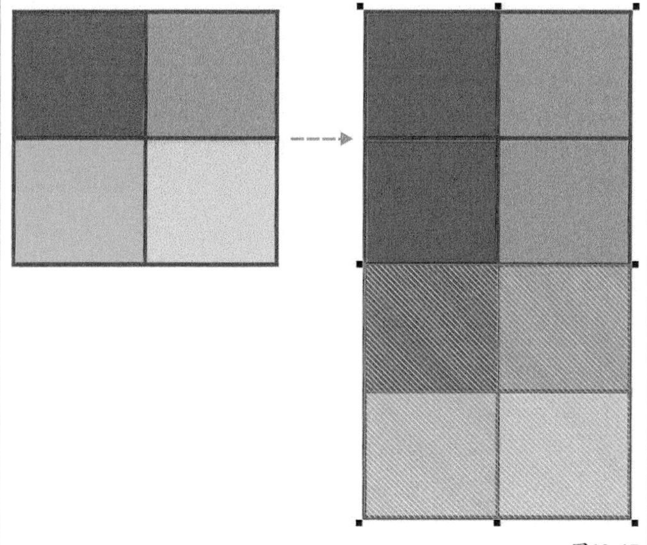

图13-47

选中多个单元格时，执行“插入列”菜单命令，会在选中的单元格左侧或是右侧插入与所选单元格相同列数的列，并且插入列的单元格属性与邻近的列相同，如图13-48所示。

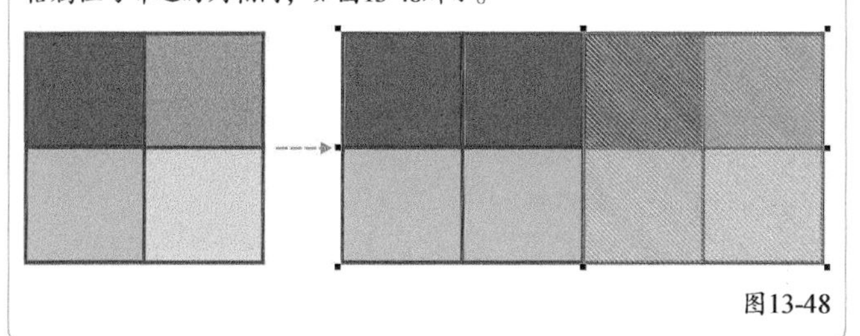

图13-48

13.3.5 表格的删除

要删除表格中的单元格，可以使用“表格”工具将要删除的单元格选中，按Delete键即可删除。也可以选中任意一个单元格或多个单元格，在“表格>删除”子菜单中执行“行”“列”“表格”菜单命令，如图13-49所示，即可对选中单元格所在的行、列或表格进行删除。

删除(D) 行(R) 列(C) 表格(T)

图13-49

13.3.6 移动表格的边框

使用“表格”工具选中表格时，移动鼠标指针至表格的边框，当鼠标指针变为垂直箭头↕或水平箭头↔时，按住鼠标左键拖曳，可以调整该边框的位置，如图13-50所示；如果将鼠标指针移动到单元格边框的交叉点上，当鼠标指针变为对角箭头↘时，按住鼠标左键拖曳，可以调整交叉点上两条边框的位置，如图13-51所示。

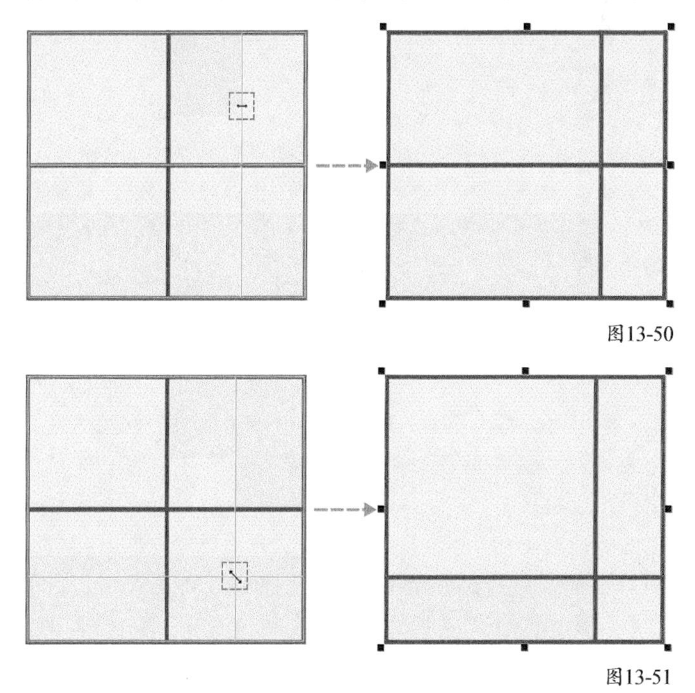

图13-50

图13-51

13.3.7 表格的分布

当表格中的单元格大小不一致时，可以使用“分布”命令对表格中的单元格进行调整。

使用“表格”工具选中表格中所有的单元格，然后执行“表格>分布>行均分”菜单命令，即可将表格中的所有分布不均的行调整为均匀分布，如图13-52所示；如果执行“表格>分布>列均分”菜单命令，即可将表格中的所有分布不均的列调整为均匀分布，如图13-53所示。

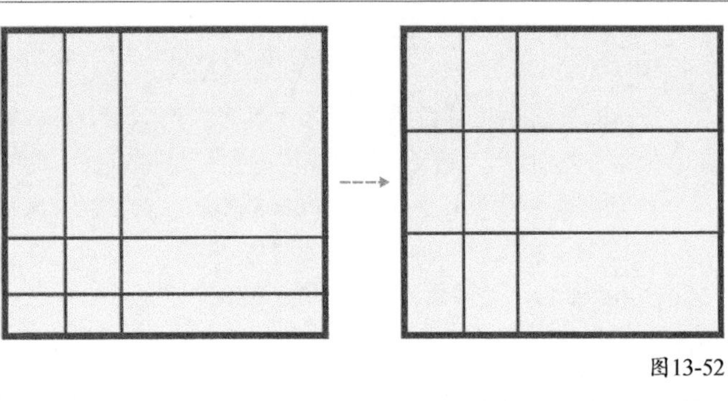

图13-52

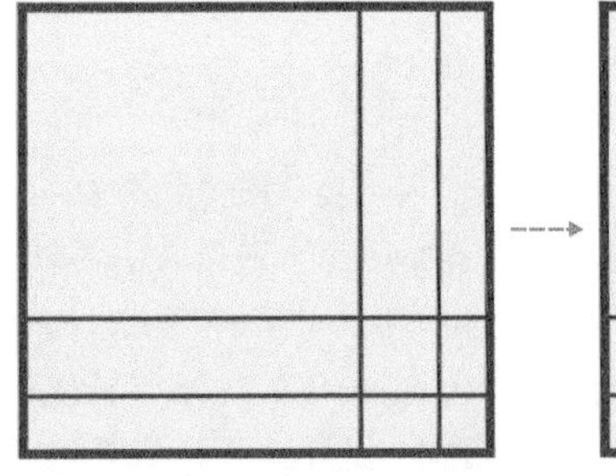

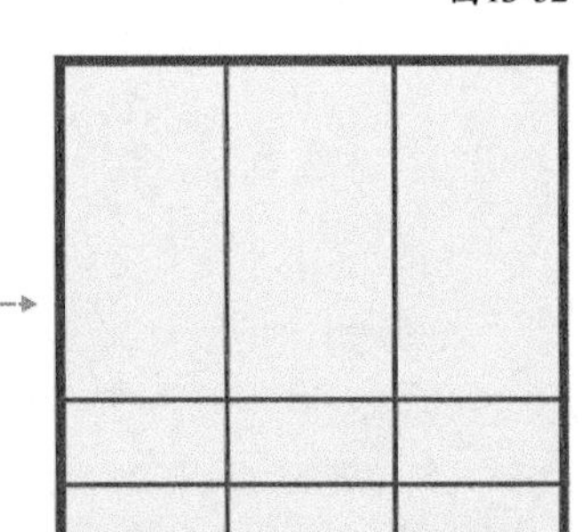

图13-53

> **技巧与提示**
>
> 在执行表格的“分布”菜单命令时，选中的单元格行数和列数必须都要在两个或两个以上，“行均分”和“列均分”菜单命令才可以同时执行，如果选中的多个单元格中只有一行，则“行均分”菜单命令不可用；如果选中的多个单元格中只有一列，则“列均分”菜单命令不可用。

13.3.8 填充单元格

使用“表格”工具▦选中表格中的任意一个单元格或整个表格，然后在调色板的色标上单击，即可为选中单元格或整个表格填充纯色，如图13-54所示，也可以双击状态栏上的“填充图标”◈，打开不同的填充对话框，然后在相应的对话框中为所选单元格或整个表格进行渐变填充、向量图样填充、位图图样填充、双色图样填充等，如图13-55~图13-59所示。

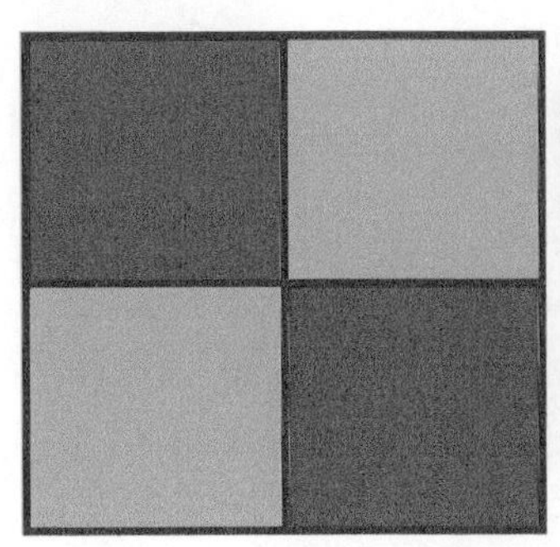

图13-54

图13-55

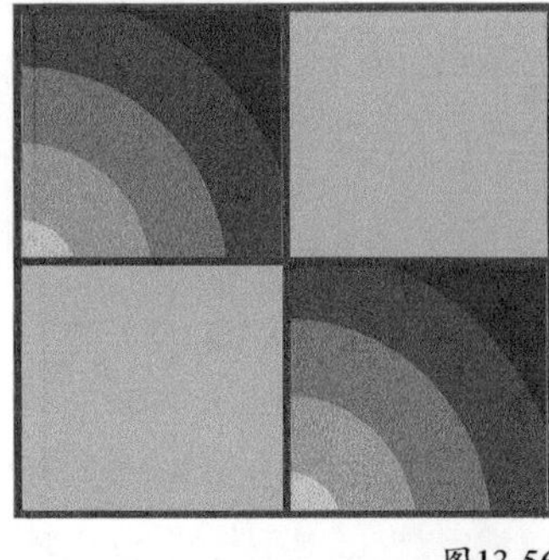

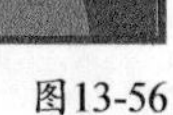

图13-56

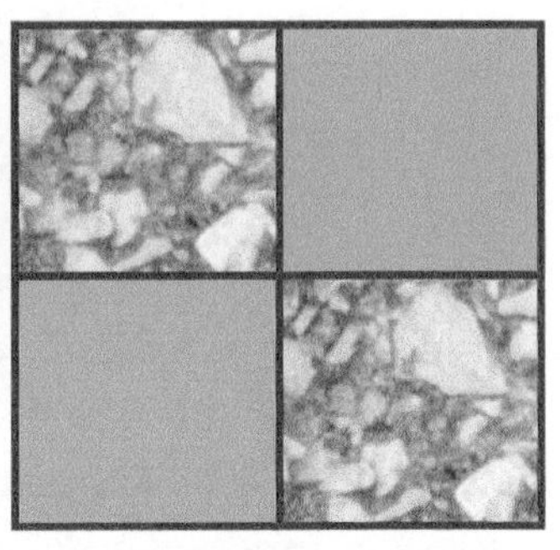

图13-57

图13-58

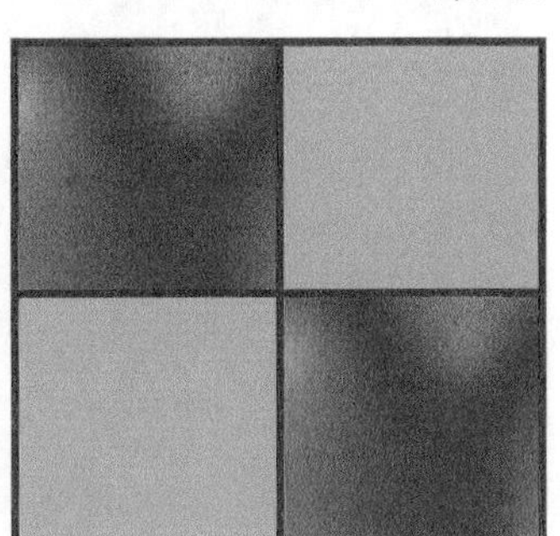

图13-59

填充表格的轮廓色除了通过属性栏设置，还可以通过调色板进行填充。使用“表格”工具▦选中表格中的任意一个单元格（或整个表格），然后在调色板中的色标上单击鼠标右键，即可为选中单元格（或整个表格）的轮廓填充轮廓色，如图13-60所示。

图13-60

> **行业经验：快速创建表格的方法**
>
> 在日常工作中，创建和编辑表格最常用的软件是Excel，可以利用Excel创建完成表格后再导入CorelDRAW中进行编辑或使用。在CorelDRAW中导入Excel表格有两种方法。
>
> 第1种：在Excel软件中完成编辑，如图13-61所示。在Excel软件中执行“文件>导出>创建PDF/XPS文档”命令，单击“创建PDF/XPS”按钮，如图13-62所示，在弹出的对话框中单击“发布”按钮。将导出的PDF文档拖入CorelDRAW的工作区中，弹出“导入PDF”对话框，选中“曲线”选项，单击OK按钮，如图13-63所示。导入后的表格如图13-64所示。
>
> 图13-61

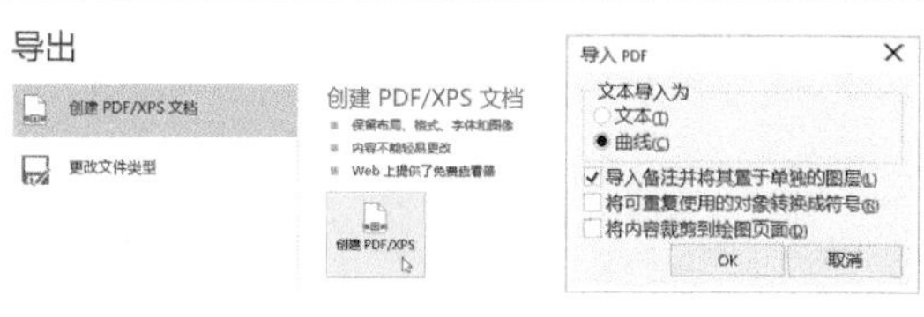

图13-62　　图13-63

三（1）班花名册			
序号	学号	性别	姓名
1	20200715	男	赵
2	20200716	男	钱
3	20200717	男	孙
4	20200718	女	李
5	20200719	女	周
6	20200720	男	吴
7	20200721	女	郑
8	20200722	女	王
9	20200723	女	冯
10	20200724	男	陈

图13-64

第2种：直接将文件扩展名为“xlsx”的Excel表格文档拖入CorelDRAW的工作区中，Excel表格将自动链接到CorelDRAW文档内。然后在该表格上双击，可以将表格转换至Excel程序中进行再编辑，如图13-65所示，编辑完成后，CorelDRAW中链接的表格文档也随之同步调整，如图13-66所示。

	A	B	C	D
1	三（1）班花名册			
2	序号	学号	性别	姓名
3	1	20200715	男	赵
4	2	20200716	男	钱
5	3	20200717	男	孙
6	4	20200718	女	李
7	5	20200719	女	周
8	6	20200720	男	吴
9	7	20200721	女	郑
10	8	20200722	女	王
11	9	20200723	女	冯
12	10	20200724	男	陈

图13-65

三（1）班花名册			
序号	学号	性别	姓名
1	20200715	男	赵
2	20200716	男	钱
3	20200717	男	孙
4	20200718	女	李
5	20200719	女	周
6	20200720	男	吴
7	20200721	女	郑
8	20200722	女	王
9	20200723	女	冯
10	20200724	男	陈

图13-66

实战　使用“表格”工具绘制日历

实例位置　实例文件>CH13>实战：使用“表格”工具绘制日历.cdr
素材位置　素材文件>CH13>01.cdr
视频名称　实战：使用“表格”工具绘制日历.mp4
实用指数　★★★☆☆
技术掌握　“表格”工具的使用方法

扫码看视频

本案例绘制的日历效果如图13-67所示。

图13-67

01 新建文档，绘制一个宽度为210mm、高度为297mm的矩形，设置填充色为淡蓝色（R:179，G:201，B:199），移除轮廓色，如图13-68所示。使用“轮廓图”工具绘制一个“轮廓图偏移”为4mm的内部轮廓，拆分该轮廓图为两个矩形，设置内部矩形的填充色为淡黄色（R:249，G:252，B:241）、“圆角半径”为5mm，如图13-69所示。

图13-68

图13-69

02 使用“椭圆形”工具绘制一个直径为36mm的半圆形，与圆角矩形顶部居中对齐，如图13-70所示。在半圆形的两侧各绘制6个直径为7mm的圆形，如图13-71所示。

图13-70

图13-71

03 选中除底部矩形外的所有对象，单击属性栏中的“移除前面对象”按钮。导入“素材文件>CH13>01.cdr”文件，将该插图对象与底图水平居中对齐，如图13-72所示。

图13-72

04 输入“八月”字样，设置“字体”为“微软雅黑”、“大小”为48pt、填充色为深绿色（G:68，G:0，B:29），使其与插图左对齐，如图13-73所示。输入2021 · AUGUST字样，设置“字体”为“微软雅黑”、“大小”为13pt、填充色为深绿色，使其与上面的文字水平居中对齐。在两个文本对象之间绘制一条宽度为33mm、轮廓宽度为0.5mm、轮廓色为深绿色的线段，如图13-74所示。

图13-73

图13-74

05 使用“表格”工具绘制一个行数为7、列数为7、宽度为135mm、高度为87mm的表格，将表格对象与插图右侧对齐，与文本顶部对齐，如图13-75所示。

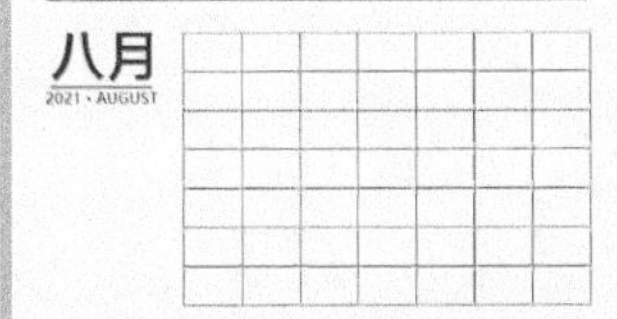

图13-75

06 使用“表格”工具在第1行的第1个单元格内输入文字“一”，设置“字体”为“微软雅黑”、“大小”为12pt、“文本对齐”为居中对齐、“垂直对齐”为居中对齐，如图13-76所示。按照此方法，在后面的单元格中输入“二”到“日”的星期数字，如图13-77所示。

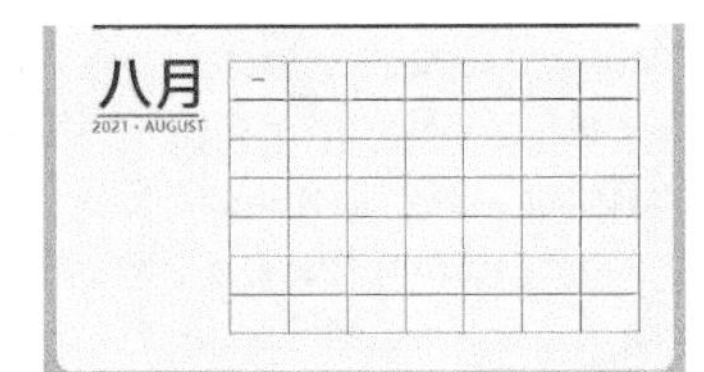

图13-76

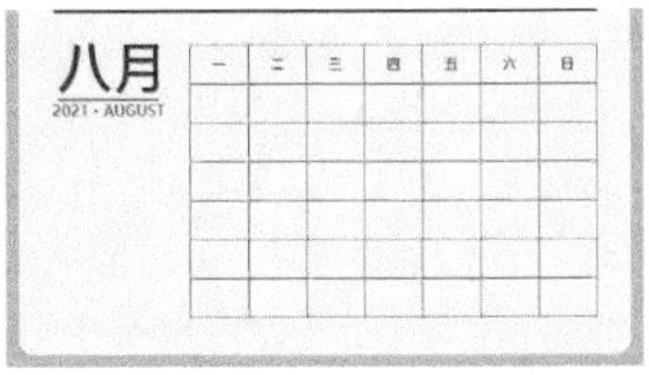

图13-77

07 参照步骤6，依次输入日期数字，设置“字体”为“微软雅黑（粗）”、“大小”为18pt，如图13-78所示。

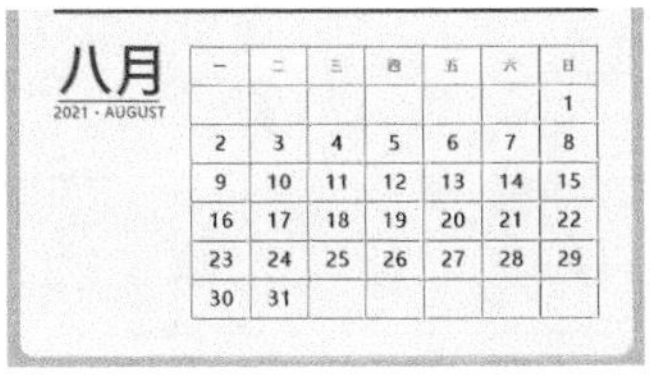

图13-78

08 使用“表格”工具选中整个表格，在属性栏中设置“边框选择”为“全部”、“轮廓色”为淡蓝色（R:98，G:164，B:194）、“轮廓宽度”为0.5mm，效果如图13-79所示。在属性栏中设置“边框选择”为“内部”，按F12键打开“轮廓笔”对话框，在“风格”下拉列表中选择虚线样式，如图13-80所示。单击OK按钮，效果如图13-81所示。

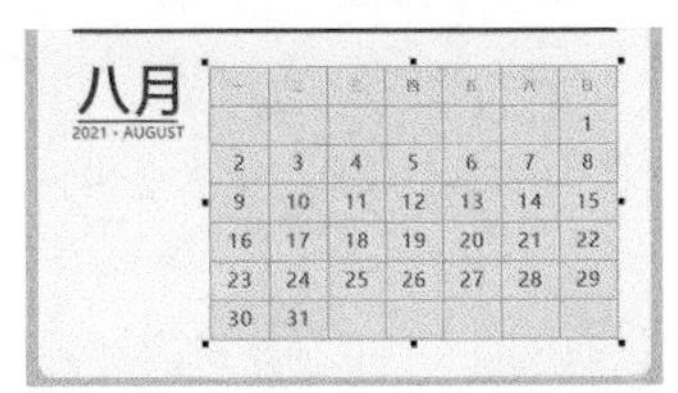

图13-79

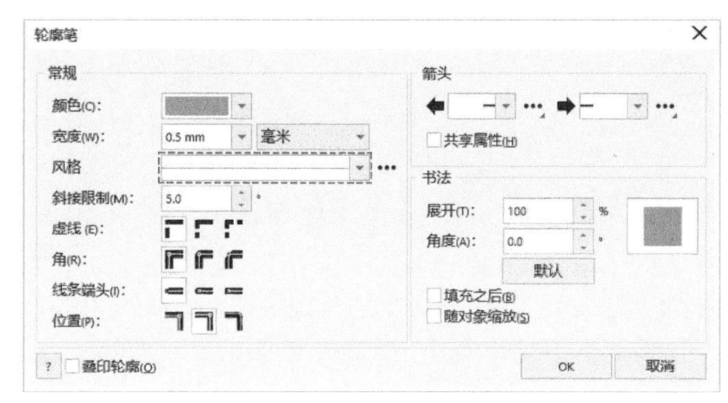

图13-80

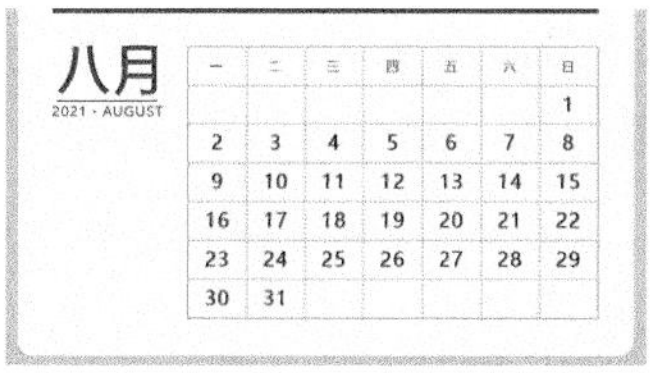

图13-81

09 使用“表格”工具选中第6列，设置填充色为橘黄色（R:255，G:210，B:143），如图13-82所示；选中第7列，设置填充色为橘红色（R:255，G:166，B:89），如图13-83所示。

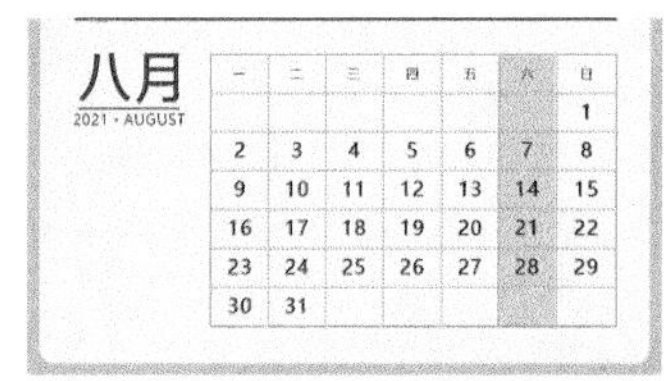

图13-82

图13-83

10 使用“文本”工具输入8字样，设置“字体”为“方正兰亭特黑简体”、“大小”为260pt、填充色为淡蓝色（R:179，G:201，B:199），使其与表格中心对齐。接着使用“透明度”工具绘制均匀透明度，如图13-84所示。最终效果如图13-85所示。

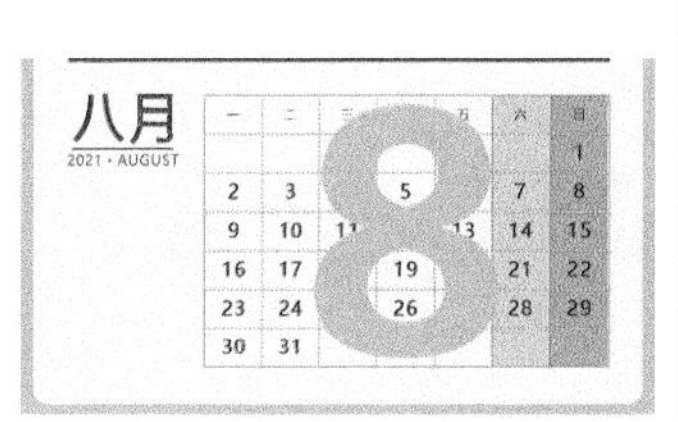

图13-84

图13-85

第14章

广告制作工艺与材料

本章属于带有实践性质的章节，通过对本章的学习，读者可以了解包括喷绘写真、标识标牌、广告材料和印刷品在内的常用工艺、参数和行业标准，为实际工作打好基础。

学习要点

14.1 平面设计的应用方向

平面设计的应用方向主要包括Web应用、广告制作应用和印刷类应用。

Web应用主要包括网页设计、UI设计和网店设计等，均涉及用户与屏幕的交互视觉设计。一般情况下，此类型的平面设计均采用RGB颜色模式，分辨率为72ppi，即每英寸长度包含72个像素。

广告制作应用包括喷绘写真和标识标牌等，广告制作包含多种制作材料，不同的材料应用于不同的场景。一般情况下，此类型的平面设计均采用CMYK颜色模式，分辨率为30~300ppi。

印刷类应用包括宣传单、画册、名片和包装等，印刷品包含多种印刷纸张或材料，不同的材料应用于不同的成品。一般情况下，此类型的平面设计均采用CMYK颜色模式，分辨率至少为300ppi。

14.2 喷绘写真

通俗地讲，喷绘写真就是用一个特大号打印机打印出想要的画面，然后将该画面应用于不同的场景。

喷绘写真按照用途大致可以分为两类：户外广告画面输出和室内广告画面输出，如图14-1和图14-2所示。喷绘是低精度打印，写真是高精度打印，但随着喷绘机技术的进步，喷绘与写真之间的打印精度已经越来越接近，很多高端喷绘机已经能够打印出媲美写真精度的画面。本节按照传统的喷绘精度对喷绘写真进行分类讲解。

图14-1

图14-2

★重点★

14.2.1 喷绘

喷绘是精度较低的打印，喷绘的输出面积从几平方米至数百平方米不等。喷绘采用油性墨水打印，有较强的抗雨水和抗紫外线能力，应用于户外场景，如户外灯箱和高炮广告牌等，如图14-3所示。

图14-3

喷绘的特点

喷绘的特点如下表所示。

应用场景	户外广告应用，如户外灯箱、店招、围挡和高炮广告牌等
喷绘精度	喷绘精度低于写真，一般适用于目视1m及以上距离的观看
采用墨水	油性墨水，防水，质保期一般在1年左右 如遇阳光长时间直射，3~6个月画面将严重褪色
打印材料	可在灯布、刀刮布、车身贴、布棋布和单孔透等材料上打印

喷绘的输出要求

完成的设计稿需要导出为位图格式才能进行打印输出，喷绘的位图导出要求如下表所示。

导出文件格式	JPG或TIFF格式
导出文件的颜色模式	仅使用CMYK颜色模式，禁止使用RGB颜色模式
导出文件的分辨率	按照实际尺寸导出，一般分辨率使用60ppi，大型喷绘可低至30ppi
黑色导出要求	喷绘导出禁止导出单黑色（C:0，M:0，Y:0，K100），应导出四色黑（C:100，M:100，Y:100，K100）或直接导出“叠印”黑色，否则打印出的黑色会发灰
喷绘宽幅	喷绘的宽幅一般最大可以设计到315cm，超出部分需要将画面进行拼接

常用喷绘材料介绍

灯布：分为外打灯光布和内打灯光布。外打灯光布颜色为白色，适合外打灯光场景；内打灯光布的颜色偏蓝，但灯光效果较好，适合内打灯光场景。灯布的型号包括520型、530型和550型等，型号数值越大，灯布的厚度越厚，价格也越贵。灯布一般用于各类灯箱广告中，如图14-4所示。

图14-4

刀刮布：刀刮布类似于灯布，不同之处在于刀刮布材质紧密，没有灯布的网格。相对于灯布，刀刮布更厚更重，但价格也更高。

车身贴：车身贴是一种表面光滑，背面自带不干胶的材料，其黏性好，抗日晒。车身贴的种类包括白胶车贴、黑胶车贴和灰胶车贴，底胶类型分为平胶和导气槽两种，一般用于车体广告或需要粘贴的广告场景中，如图14-5所示。

图14-5

布棋布：类似于化纤布的丝状喷绘材料，有少许半透明效果，一般用于展会或美陈等场景。

单孔透：简称单透，PVC材质，背胶为黑色，一般用于公交车身玻璃广告、玻璃橱窗广告等场景。

★重点★

14.2.2 写真

写真是高精度的打印，单个写真画面的输出面积一般在

10m³以下。写真按用途可以分为室内写真和户外写真。室内写真采用水性墨水打印，户外写真采用油性墨水打印。水性墨水不防水，不防紫外线，只能用于室内广告宣传。写真的应用场景包括灯箱、车身广告和高精度打印等，如图14-6所示。

图14-6

写真的特点

写真的特点如下表所示。

应用场景	户外广告和室内广告，如灯箱、车身广告和展板站牌等
喷绘精度	写真精度高于喷绘但低于印刷，一般适用于目视10m以内距离的观看
采用墨水	户外写真：油性墨水，防水，质保期一般在1年左右 室内写真：水性墨水，不防水，不防晒
打印材料	可在PP纸、背胶、灯布、灯片和车身贴等材料上打印

写真的输出要求

完成的设计稿需要导出为位图格式才能进行打印输出，写真的位图导出要求如下表所示。

导出文件格式	JPG或TIFF格式
导出文件的颜色模式	仅使用CMYK颜色模式，禁止使用RGB颜色模式
导出文件的分辨率	按照实际尺寸导出，一般分辨率使用120ppi或以上
黑色导出要求	写真导出禁止导出单黑色（C:0，M:0，Y:0，K100），应导出四色黑（C:100，M:100，Y:100，K100）或直接导出"叠印"黑色，否则打印出的黑色会发灰
写真宽幅	写真的宽幅一般最大可以设计到150cm，超出部分需要将画面进行拼接

常用写真材料介绍

PP纸：用于室内张贴或者悬挂，可以安装在易拉宝、挂画夹或者夹框内，如图14-7所示。

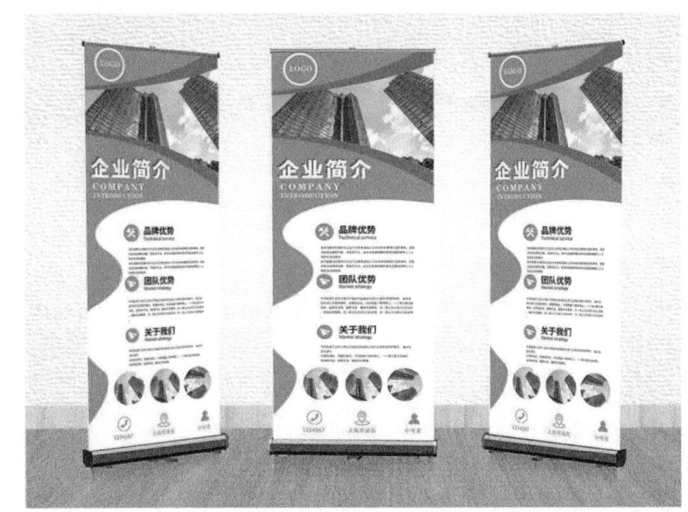

图14-7

背胶：背面带有不干胶，可以粘贴在KT板、墙面和玻璃等材料上，如图14-8所示。

图14-8

透明膜：背面带有不干胶，呈透明状，一般贴在玻璃上，如图14-9所示。

图14-9

灯片：半透明PVC材质，用于内打灯光的灯箱广告，如图14-10所示。

图14-10

技巧与提示

户外写真和室内写真使用不同的机器进行打印。常用的喷绘材料，如灯布和车身贴等也可以使用户外写真机。

14.2.3 后道工序

喷绘或写真打印完毕后，会有一些后道加工程序，常用的工艺有以下几种。

覆膜：将透明膜覆盖在画面表面，防止阳光辐射导致的褪色和雨水的侵蚀。覆膜分为亮光膜、亚光膜、斜纹膜或液体膜等，一般用在车身贴、PP纸等材料上。

打扣/穿绳：在较大灯箱画布的边缘安装金属扣，然后使用绳子将扣眼串联起来，便于在大型户外媒体上进行安装。

拼接：使用胶水将多块灯箱画布粘贴在一起，拼接成一块大型的灯箱画布。

边条：在KT板的边缘安装预制的塑料边条，使其更加美观。

14.3 标识制作

标识制作是指使用立体化材料来制作标识、标牌和形象展示，如图14-11~图14-13所示。

图14-11

图14-12

图14-13

14.3.1 标识制作介绍

相较于喷绘写真，标识制作将创意展示从二维升级为三维。三维立体的表达手法使视觉效果更加突出，常用于企业的企业文化表达和形象展示上。

标识制作的特点

标识制作的特点如下表所示。

应用场景	各类公共场合、建筑物标识展示，店招、展厅和形象墙等
使用材料	金属板材、玻璃、雪弗板、亚克力和电光板（LED）等
制作工艺	雕刻、折弯、焊接、烤漆、抛光和UV打印等

标识制作的输出要求

完成的设计稿需要转曲后另存为低版本CDR文档才能进行输出制作，具体要求如下表所示。

输出文件格式	CDR、EPS、PLT等矢量格式
输出文件的颜色模式	仅使用CMYK颜色模式，禁止使用RGB颜色模式
输出对象的尺寸	一般不超过240cm×120cm，超出部分需要拼接

14.3.2 UV工艺

UV工艺是指使用UV油墨将画面、光亮效果、亚面效果或特殊色彩打印在想要的材料上。与喷绘写真和普通印刷相比，UV工艺可以增加画面的亮度和艺术效果；可以打印特殊颜色，如白色。UV工艺可以打印在纸张、金属、玻璃、有机板、软膜等各种材料上，具有广泛的媒体展示空间，如图14-14和图14-15所示。

图14-14

图14-15

14.4 印刷品

本书讲解的“印刷品”特指使用胶印机或一体机印制在单纸张上的印刷品，不包含使用凸版印刷、凹版印刷、孔板印刷等其他方式印制的印刷品。

胶版印刷也称平版印刷，印版的图文和空白部分在同一平面上，使用油水分离的原理，将图文画面转印到印刷物的表面。

14.4.1 印刷品分类

印刷品按照用途分为办公类、宣传类和生产类三大品类。

办公类：指信纸、信封、名片和表格等与办公用途有关的印刷品，如图14-16和图14-17所示。

图14-16　图14-17

宣传类：指海报、宣传页、生产手册和宣传画册等一系列与企业宣传或产品宣传有关的印刷品，如图14-18和图14-19所示。

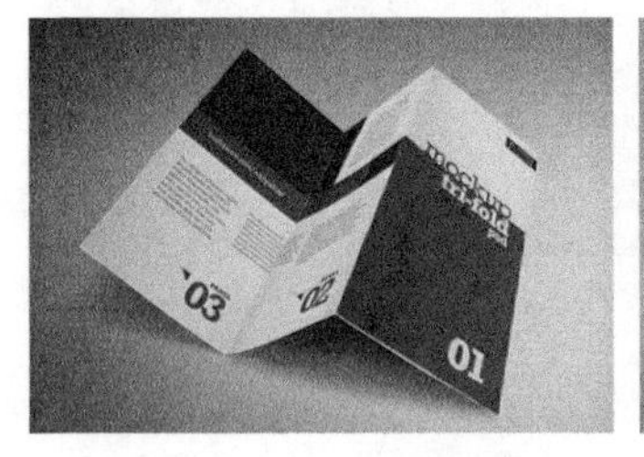

图14-18　图14-19

生产类：指包装盒、包装袋、标签等与生产产品直接有关的印刷品，如图14-20和图14-21所示。

图14-20　图14-21

14.4.2 印刷流程

印刷流程分为印前、印中和印后3个步骤。

印前：指印刷的前期工作，一般指设计、排版、打样、输出菲林等。

印中：即印刷机印制成品的过程。

印后：一般指印刷品的后期加工，如覆膜、UV、烫金、击凸、装裱、装订和裁切等，多用于宣传和包装类印刷品。

★重点★

14.4.3 印刷机和纸张

胶印机包括多色机、四色机、双色机、单色机和快速印刷机等。

最常用的是四色胶印机，即采用CMYK四种原色油墨来复制彩色原稿色彩的印刷工艺的印刷机。

纸张的型号单位为g（克），即一平方米单位纸张的重量。造纸厂出厂的纸张数量单位为“令”，每一“令”等于500张。

常见的造纸厂出厂的纸张规格有3种。

正度纸（国内标准）：长度为1092mm，宽度为787mm。
大度纸（国际标准）：长度为1194mm，宽度为889mm。
不干胶：长度为765mm，宽度为535mm。

印刷品的种类纷繁复杂，不同的印刷品经常需要使用不同的纸张，下面介绍几种常用的纸张类型。

铜版纸：纸张表面光滑，富有光泽。铜版纸包括双铜和单铜类型。双铜纸用于画册、杂志和宣传单等印刷；单铜纸用于纸盒、纸箱和手袋等印刷。

双胶纸：纸张表面呈亚光效果。双胶纸用于杂志、插画、漫画、笔记本和办公用品等的印刷。

新闻纸：用于印刷报纸。

白卡纸：双面白色，一般的名片大多用白卡纸印刷。

牛皮纸：用于包装、纸箱、文件袋、档案袋和信封等的印刷。

打字纸：用于单据、凭证和表格等印刷的薄型纸张。

无碳纸：带有复写功能的纸张，常用的双联单或三联单即为无碳纸印刷品。

★重点★

14.4.4 常用印刷品标准尺寸

开本是指一张全开的印刷纸可以切成多少张，如切成16张即为16开。常见开本尺寸如下表所示。

开度	正度尺寸（mm）	大度尺寸（mm）
全开	787×1092	889×1194
对开	540×740	570×840
4开	370×540	420×570
8开	260×370	285×420
16开	185×260	210×285

注：以上尺寸均为成品尺寸。

名片：90×55mm；85×54mm
宣传单：210×285mm
三折页：285×210mm
海报：500×700mm；570×840mm

以上印刷品的出血尺寸均为3mm。

技巧与提示

设计印刷品的技巧在于掌握开本尺寸，可以按照开本尺寸来确定设计稿的尺寸，这样就能最大限度地节省纸张材料，使设计稿面积最大化。

第15章

综合实例：字体设计篇

通过对CorelDRAW各类工具的综合运用，读者可以学习关于变形文字、立体文字、发光文字和金属字的设计方法，绘制出精美的特效文字。

学习要点

15.1 变形字体设计

- 实例位置：实例文件>CH15>变形字体设计.cdr
- 素材位置：无
- 视频名称：变形字体设计.mp4
- 实用指数：★★★★☆
- 技术掌握：变形字体的绘制方法

扫码看视频

本案例绘制的变形字体效果如图15-1所示。

图15-1

01 新建文档，使用“手绘”工具绘制一个宽度为60mm、高度为77mm的5字形线段对象，如图15-2所示。选中所有线段，设置轮廓宽度为42pt，如图15-3所示。

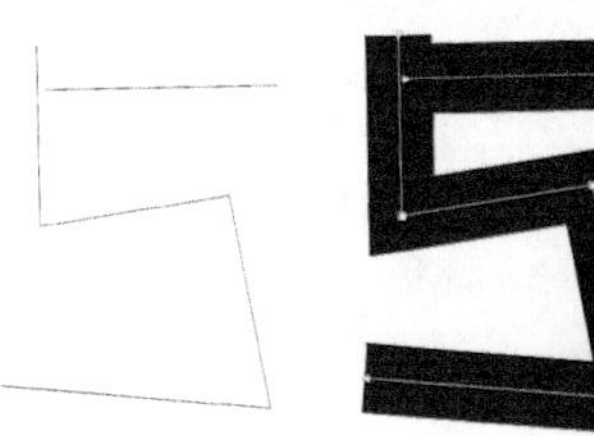

图15-2　图15-3

02 参照上述步骤，绘制出“折”“优”“惠”3个字形对象，如图15-4所示。选中所有对象，执行“对象>将轮廓转换为对象”菜单命令，效果如图15-5所示。

图15-4　图15-5

03 移除填充色，使用“形状”工具调整各个字形笔画的粗细和大小，使其成为类似POP字体的形状，如图15-6所示。

04 分别选中“5折”和“优惠”对象，在属性栏中单击“焊接”按钮，设置“5折”的填充色为淡黄色（C:0，M:0，Y:60，K:0），如图15-7所示。

图15-6　图15-7

05 全选对象，复制一个到下方。选中复制的对象，在属性栏中单击“焊接”按钮，使用“轮廓图”工具绘制一个宽度为5mm的外部轮廓。然后拆分该轮廓图对象，如图15-8所示。

图15-8

06 设置黑色的轮廓对象的填充色为深红色（C:0，M:100，Y:100，K:30），接着删除该对象上层的“5折优惠”闭合曲线，群组原来的“5折”和“优惠”对象，置于顶层，将该对象与深红色的轮廓对象中心对齐，如图15-9所示。

图15-9

07 选中红色的轮廓对象，使用“轮廓图”工具绘制一个宽度为7mm的外部轮廓，如图15-10所示。拆分该对象，设置底层轮廓对象的填充色为红色（C:0，M:100，Y:100，K:0），如图15-11所示。选中所有对象，移除轮廓色，如图15-12所示。

图15-10

图15-11

图15-12

08 使用“贝塞尔”工具在每个字形的折角处绘制若干个多边形对象，如图15-13所示。选中这些多边形对象，设置填充色为深红色（C:0，M:100，Y:100，K:30），移除轮廓色，如图15-14所示。

图15-13

图15-14

09 使用“贝塞尔”工具在文字的四周绘制若干个多边形，如图15-15所示。选中这些多边形对象，设置填充色为红色（C:0，M:100，Y:100，K:0），移除轮廓色，增加文字的动感效果，如图15-16所示。

图15-15

图15-16

10 使用“矩形”工具绘制一个宽度为390mm、高度为180mm的矩形，设置填充色为深黄色（C:0，M:20，Y:100，K:0），置于底层。将矩形与文字对象中心对齐，最终效果如图15-17所示。

图15-17

15.2 立体文字设计

- 实例位置：实例文件>CH15>立体文字设计.cdr
- 素材位置：无
- 视频名称：立体文字设计.mp4
- 实用指数：★★★★☆
- 技术掌握：立体文字的绘制方法

扫码看视频

本案例绘制的立体文字效果如图15-18所示。

图15-18

01 新建文档，使用“文本”工具输入“夏季清仓”字样，设置“字体”为“方正字悦黑”、“大小”为48pt，如图15-19所示。使用“形状”工具适当减小字符间距，如图15-20所示。

夏季清仓 夏季清仓

图15-19　图15-20

02 选中文本对象，执行“对象>透视点>添加透视”菜单命令，移动上方两个顶点的位置，绘制出近大远小的透视效果，如图15-21所示。

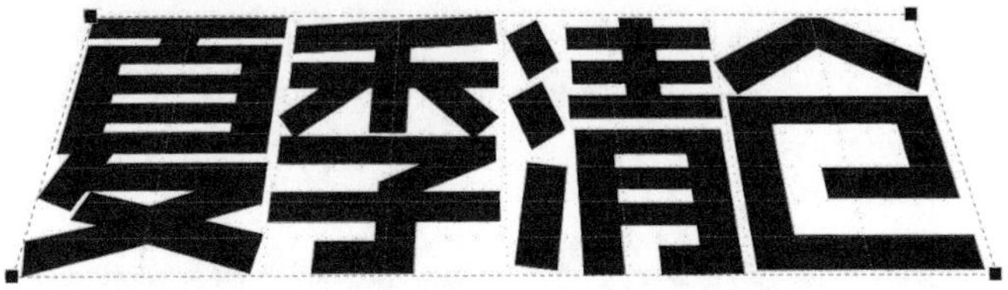

图15-21

03 设置文本对象的填充色为淡黄色（R:252，G:240，B:213）。使用“立体化”泊坞窗为文字添加立体化效果，设置“相机”类型为“后部平行”、Y为 -3.0mm，如图15-22所示，效果如图15-23所示。

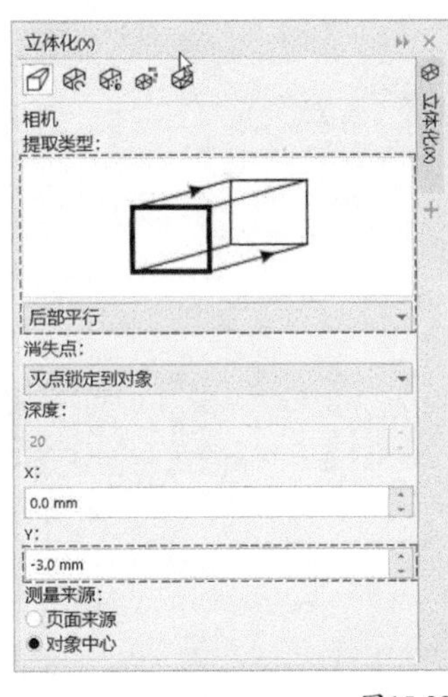

图15-22

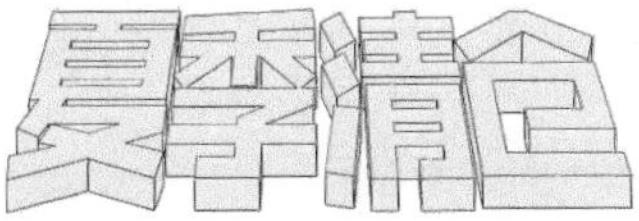

图15-23

04 选中“夏季清仓”文本对象，使用“交互式填充”工具，从下至上拖曳绘制线性渐变填充效果，如图15-24所示。

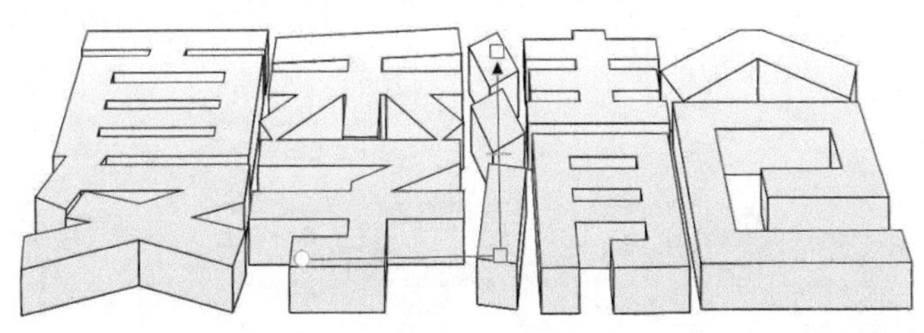

图15-24

05 使用“立体化”工具选中立体化对象，在属性栏中单击“立体化颜色”按钮，在弹出的下拉面板中单击“使用递减的颜色”按钮，再在下面的颜色挑选器中选择从橘黄色（R:251，G:160，B:0）到黑色（R:0，G:0，B:0），如图15-25所示。效果如图15-26所示。

图15-25

图15-26

06 选中所有对象，将其复制一个到页面空白处。选中复制的对象，按快捷键Ctrl+K拆分立体化群组，再选中拆分后的对象，在属性栏中单击“创建边界”按钮，效果如图15-27所示。

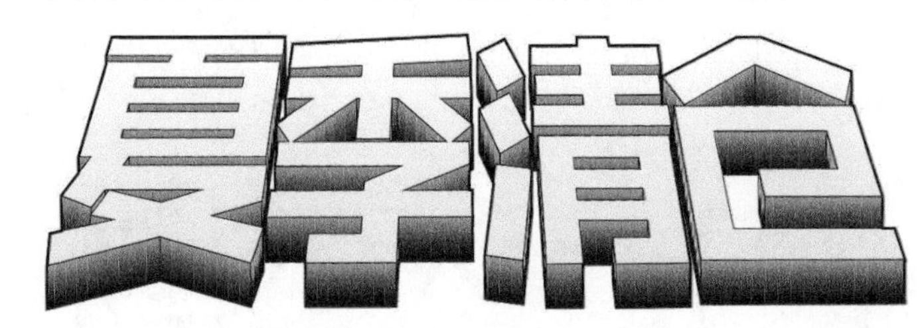

图15-27

07 删除拆分后的对象，仅保留轮廓对象，如图15-28所示。使用“轮廓图”工具绘制一个宽度为1mm的外部轮廓，如图15-29所示。拆分该轮廓，删除中间的对象，设置填充色为黑色（R:0，G:0，B:0），并置于底层，如图15-30所示。将黑色的轮廓对象与之前的“夏季清仓”立体化对象中心对齐，如图15-31所示。

图15-28　图15-29

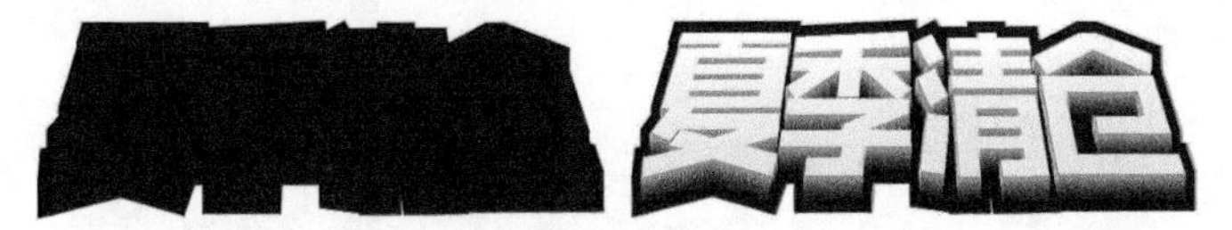

图15-30　图15-31

08 选中黑色的轮廓对象，使用“轮廓图”工具绘制一个宽度为1mm的外部轮廓，拆分该轮廓，设置底部轮廓对象的填充色为黄色（R:252，G:238，B:33），如图15-32所示。

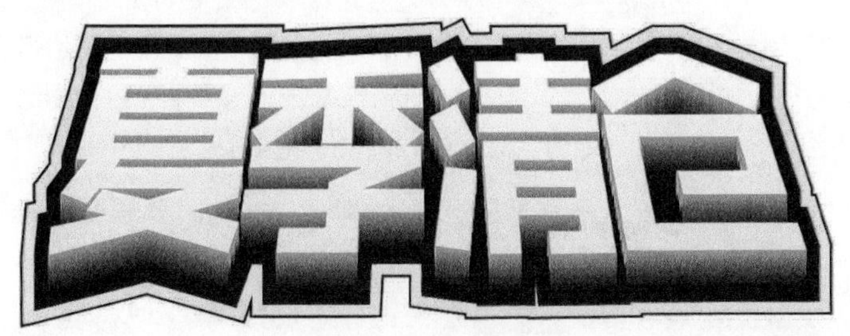

图15-32

09 选中黄色的轮廓对象，使用“立体化”泊坞窗添加立体化效果，设置“相机”类型为“后部平行”、Y为-1.5mm，如图15-33所示，效果如图15-34所示。在属性栏中单击“立体化颜色”按钮，然后在弹出的下拉面板中单击“使用递减的颜色”按钮，再在下面的颜色挑选器中选择从橘黄色（R:255，G:162，B:42）到深红色（R:91，G:31，B:19），如图15-35所示。效果如图15-36所示。

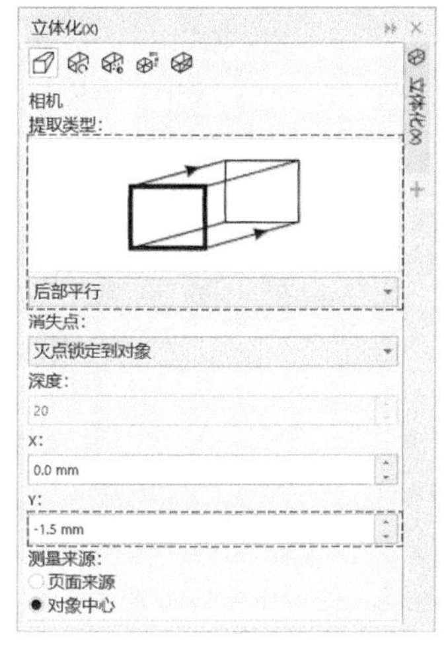

图15-33

图15-34

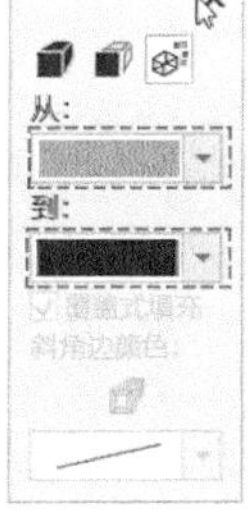

图15-35

图15-36

10 选中所有对象，移除轮廓色，如图15-37所示。

图15-37

11 使用“文本”工具输入COMMING SOON字样，设置“字体”为“方正字悦黑”、“大小”为18pt，并使其与“夏季清仓”对象水平居中对齐，如图15-38所示。

图15-38

12 使用“交互式填充”工具从上至下绘制线性渐变填充效果。设置渐变色位置0的颜色为黄色（R:255，G:238，B:33），设置位置100的颜色为橘黄色（R:251，G:176，B:59），如图15-39所示。

图15-39

13 使用“立体化”泊坞窗为英文文本添加立体化效果，设置“相机”类型为“后部平行”、Y为-0.5mm。在属性栏中单击“立体化颜色”按钮，在弹出的下拉面板中单击“使用递减的颜色”按钮，再在下面的颜色挑选器中选择从橘黄色（R:255，G:162，B:42）到深红色（R:91，G:31，B:19），效果如图15-40所示。

图15-40

14 使用“矩形”工具绘制一个宽度为63mm、高度为8mm、圆角半径为1mm的矩形，置于底层。然后将矩形与英文文本对象中心对齐，如图15-41所示。

图15-41

15 选中矩形，使用“交互式填充”工具从上至下绘制线性渐变填充效果。设置渐变色位置0的颜色为黑色（R:0，G:0，B:0），设置位置50的颜色为灰色（R:60，G:60，B:60），设置位置100的颜色为黑色（R:0，G:0，B:0），效果如图15-42所示。

图15-42

16 选中圆角矩形，设置“轮廓宽度”为1.5pt、“位置”为“内部轮廓”、轮廓色为橘黄色（R:251，G:160，B:5）。复制一个圆角矩形对象到下方，置于底层，设置轮廓色为黑色（R:0，G:0，B:0），然后向下移动1mm，如图15-43所示。

图15-43

17 选中英文文本对象，适当缩小。使用“矩形”工具绘制两个宽度为5mm、高度为1mm的矩形，执行“编辑>复制属性自”菜单命令，在弹出的对话框中勾选“填充”复选框，单击OK按钮，然后单击圆角矩形，复制线性渐变填充效果。接着分别将两个矩形旋转90°，置于底层，并移动到两个立体化对象的中间位置，如图15-44所示。

18 使用“矩形”工具绘制一个宽度为70mm、高度为40mm的矩形。使用“交互式填充”工具绘制椭圆形渐变填充效果，设置渐变色位置0的颜色为白色（R:255，G:255，B:255），设置位置100的颜色为蓝色（R:102，G:204，B:255），移除轮廓色，最终效果如图15-45所示。

图15-44

图15-45

15.3 发光文字设计

- 实例位置：实例文件>CH15>发光文字设计.cdr
- 素材位置：素材文件>CH15>01.jpg
- 视频名称：发光文字设计.mp4
- 实用指数：★★★★☆
- 技术掌握：发光文字的绘制方法

扫码看视频

本案例绘制的发光文字效果如图15-46所示。

图15-46

01 新建文档，绘制一个宽度为70mm、高度为40mm的矩形，移除轮廓色。使用“交互式填充”工具绘制椭圆形渐变填充效果，设置渐变色位置0的颜色为四色黑（C:100，M:100，Y:100，K:100），设置位置42的颜色为紫色（C:20，M:80，Y:0，K:20），设置位置100的颜色为洋红色（C:0，M:100，Y:0，K:0），设置“填充宽度”为125%，效果如图15-47所示。

图15-47

02 导入“素材文件>CH15>01.jpg”文件，将其置入矩形内部。在PowerClip图文框内部选中该位图，单击“透明度”工具，在属性栏中选择“均匀透明度”模式，并设置“合并模式”为“减少”，完成PowerClip编辑，效果如图15-48所示。

03 输入“周年庆”字样，设置“字体”为“方正字悦黑”、“大小”为48pt、填充色为白色，将文本对象与底图中心对齐，如图15-49所示。

图15-48

图15-49

04 选中文本对象，使用“阴影”工具绘制阴影，设置“阴影颜色”为红色（C:0，M:100，Y:100，K:0）、“合并模式”为“添加”、“阴影不透明度”为100%、“阴影羽化”为15，效果如图15-50所示。

图15-50

05 使用“交互式填充”工具从上至下绘制线性渐变填充效果，设置渐变色位置0的颜色为金色（C:4，M:13，Y:38，K:0），设置位置29的颜色为白色，设置位置54的颜色为金色（C:4，M:13，Y:38，K:0），设置位置76的颜色为深黄色（C:35，M:66，Y:100，K:0），设置位置100的颜色为金色（C:4，M:13，Y:38，K:0），效果如图15-51所示。

06 选中“周年庆”文本对象，复制一个到下方。选中复制的文本对象，执行“位图>转换为位图”菜单命令，参数设置保持默认值，单击OK按钮，效果如图15-52所示。

图15-51

图15-52

07 选中位图对象，执行“效果>模糊>高斯式模糊”菜单命令，设置“半径”为4.2像素，如图15-53所示，效果如图15-54所示。

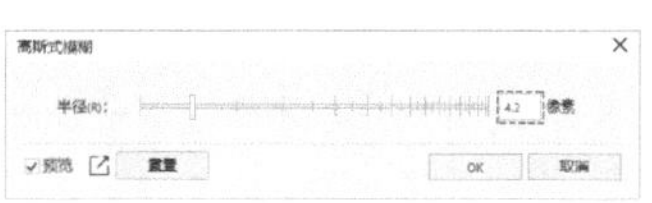

图15-53

图15-54

08 执行“效果>调整>颜色平衡”菜单命令，在弹出的对话框中设置颜色通道“青-红”为100、“品红-绿”为-100，如图15-55所示，效果如图15-56所示。

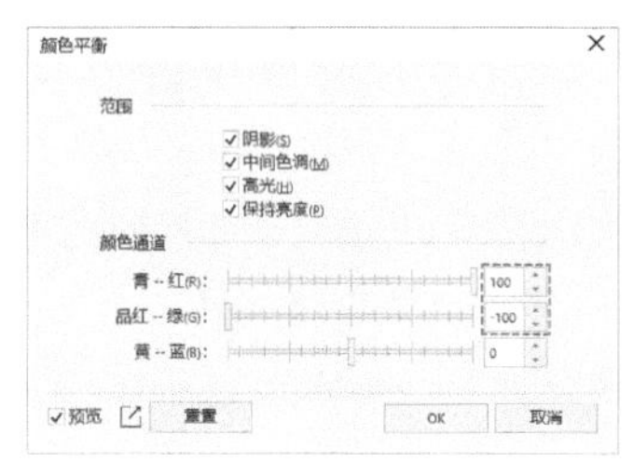

图15-55

图15-56

09 选中上面的“周年庆”文本对象，拆分阴影效果。接着再次选中“周年庆”文本对象，使用“阴影”工具绘制“内阴影”效果，设置“阴影颜色”为黄色（C:0，M:33，Y:96，K:0），选择“合并模式”为“添加”，设置“阴影不透明度”为75、“内阴影宽度”为4，效果如图15-57所示。

10 选中下面的位图对象，单击“透明度”工具，在属性栏中选择“均匀透明度”模式，并设置“合并模式”为“乘”，然后将其与“周年庆”文本对象中心对齐，如图15-58所示。

图15-57

图15-58

11 使用“椭圆形”工具依次绘制宽度为31mm、高度为5mm，宽度为22mm、高度为3mm，宽度为8mm、高度为2mm，宽度为3mm、高度为1mm的4个椭圆形。然后从大到小依次设置其填充色为四色黑（C:100，M:100，Y:100，K:100）、红色（C:0，M:100，Y:100，K:0）、黄色（C:0，M:0，Y:100，K:0）和白色，移除轮廓色，如图15-59所示。

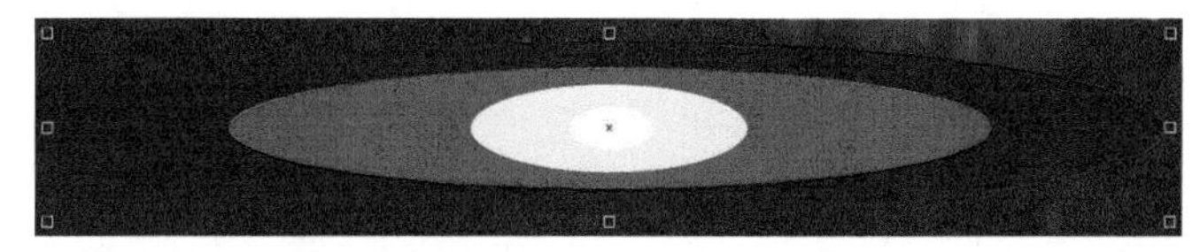

图15-59

12 使用“调和”工具将4个椭圆形进行调和，效果如图15-60所示。执行“位图>转换为位图”菜单命令，将调和对象转换为位图。执行“效果>模糊>高斯式模糊”菜单命令，设置“半径”为4像素，效果如图15-61所示。

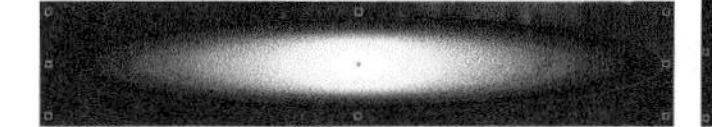

图15-60

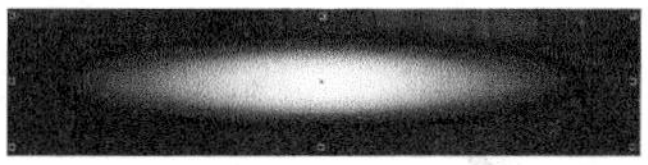

图15-61

13 复制若干个椭圆形位图，缩放成不同的大小，然后将这些位图移动到“周年庆”对象上，如图15-62所示。单击“透明度”工具，在属性栏中选择“均匀透明度”模式，并设置“合并模式”为“添加”，效果如图15-63所示。

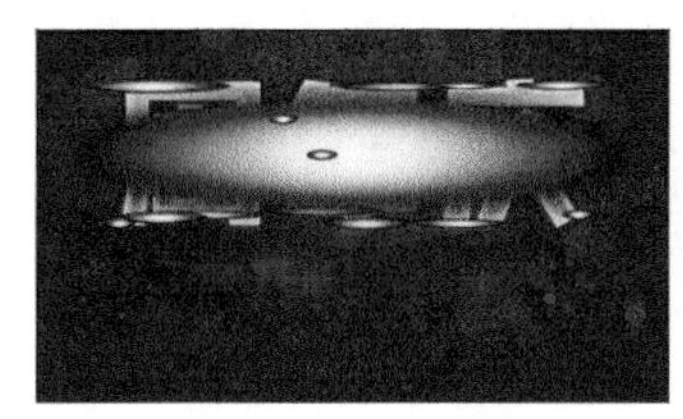

图15-62

图15-63

14 使用“文本”工具输入“SALE全场2折起”字样，设置“字体”为“方正嘟黑”、“大小”为14pt、填充色为白色，并使其与底图水平中心对齐，如图15-64所示。使用“阴影”工具绘制阴影，设置“阴影颜色”为黄色（C:0，M:0，Y:100，K:0）、“合并模式”为“添加”、“阴影不透明度”为100%、“阴影羽化”为15，最终效果如图15-65所示。

图15-64　　图15-65

15.4 金属字设计

- 实例位置：实例文件>CH15>金属字设计.cdr
- 素材位置：素材文件>CH15>02.jpg
- 视频名称：金属字设计.mp4
- 实用指数：★★★★☆
- 技术掌握：金属字的绘制方法

扫码看视频

本案例绘制的金属字效果如图15-66所示。

图15-66

01 新建文档，使用“文本”工具输入“限时抢购”字样，设置“字体”为“方正坦黑体”、“大小”为72pt。然后使用“形状”工具适当缩小字符间距，如图15-67所示。

02 使用“轮廓图”工具绘制一个宽度为0.5mm的外部轮廓，然后拆分该轮廓图，如图15-68所示。

图15-67 　　图15-68

03 分别选中文本对象和轮廓对象，使用“交互式填充”工具从上至下绘制线性渐变填充效果。设置渐变色位置0的颜色为黑色（C:78，M:80，Y:98，K:69），设置位置7的颜色为深灰色（C:69，M:76，Y:100，K:54），设置位置21的颜色为深黄色（C:29，M:60，Y:94，K:0），设置位置30的颜色为金色（C:13，M:18，Y:73，K:0），设置位置35的颜色为金色（C:14，M:16，Y:38，K:0），设置位置52的颜色为浅金色（C:15，M:19，Y:55，K:0），设置位置74的颜色为深黄色（C:58，M:67，Y:99，K:23），设置位置78的颜色为黑色（C:79，M:82，Y:97，K:70），设置位置100的颜色为深黄色（C:29，M:60，Y:94，K:0），效果如图15-69所示。

图15-69

04 选中文本对象，使用“阴影”工具绘制内阴影，设置“阴影颜色”为深黄色（C:69，M:76，Y:100，K:54）、“合并模式”为“减少”、“阴影不透明度”为15、“内阴影宽度”为3，效果如图15-70所示。

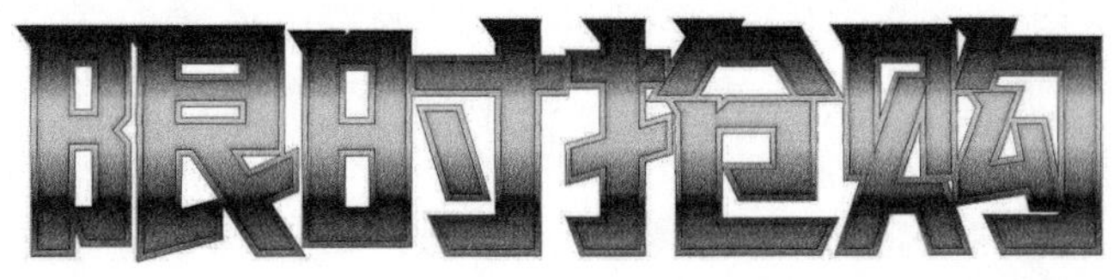

图15-70

05 选中轮廓对象，使用“立体化”泊坞窗为其添加立体化效果，设置“相机”类型为“后部平行”、X为0.4mm、Y为0.3mm，如图15-71所示，效果如图15-72所示。然后移除轮廓色，如图15-73所示。

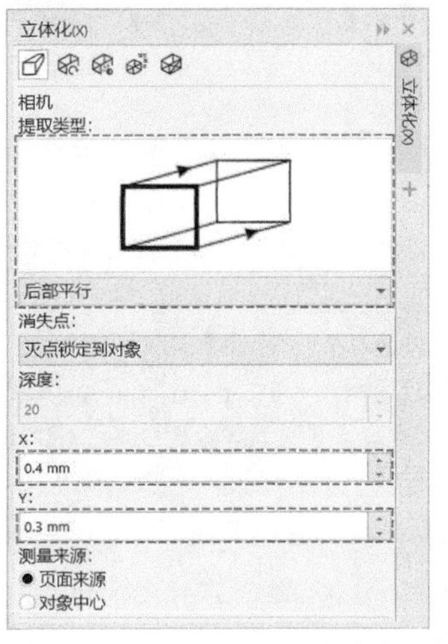

图15-71

图15-72

图15-73

06 导入“素材文件>CH15>02.jpg”文件，调整其宽度为115mm、高度为45mm，置于底层，并使其与文本对象中心对齐。选中除位图以外的对象并组合，使用“阴影”工具绘制阴影效果，在属性栏中设置“合并模式”为“乘”、“阴影不透明度”为100、“阴影羽化”为15，效果如图15-74所示。

07 拆分阴影效果，解散组合。选中“限时抢购”文本对象，按+键复制一个。选中复制的对象，执行“位图>转换为位图”菜单命令，将该对象转换为位图。执行“效果>模糊>高斯式模糊”菜单命令，设置“半径”为4像素，效果如图15-75所示。

图15-74　　图15-75

08 选中“限时抢购”位图对象，执行“效果>调整>图像调整实验室”菜单命令，设置“温度”为2000、“亮度”为40，如

图15-76所示，效果如图15-77所示。单击“透明度”工具，在属性栏中选择“均匀透明度”模式，并设置“合并模式”为“添加”，效果如图15-78所示。

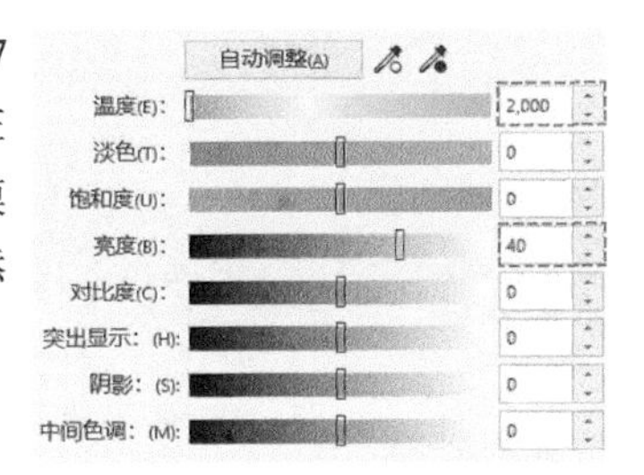

图15-76

图15-77

图15-78

09 使用“椭圆形”工具绘制一个直径为30mm的圆形，使用“交互式填充”工具绘制椭圆形渐变填充效果，设置渐变色位置0的颜色为四色黑（C:100，M:100，Y:100，K:100），设置位置50的颜色为深黄色（C:29，M:60，Y:94，K:0），设置位置69的颜色为黄色（C:0，M:0，Y:100，K:0），设置位置100的颜色为浅黄色（C:0，M:0，Y:20，K:0），效果如图15-79所示。

10 选中该圆形，执行“位图>转换为位图”菜单命令，将该对象转换为位图。执行“效果>模糊>高斯式模糊”菜单命令，设置“半径”为4像素，效果如图15-80所示。

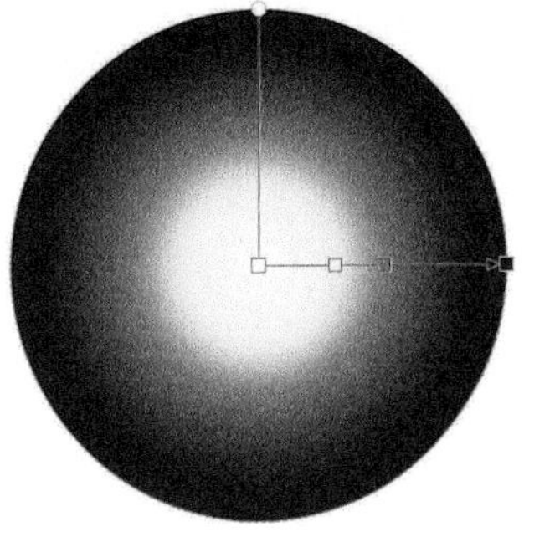

图15-79

图15-80

11 复制若干个圆形位图，缩放成不同的大小，然后将这些位图移动到“限时抢购”对象上，如图15-81所示。单击“透明度”工具，在属性栏中选择“均匀透明度”模式，并设置“合并模式”为“添加”，最终效果如图15-82所示。

图15-81

图15-82

第16章

综合实例：标识设计篇

本章学习部分VI中的应用设计，包括LOGO设计、企业形象设计和公共标识设计。

学习要点

16.1 公司标识设计

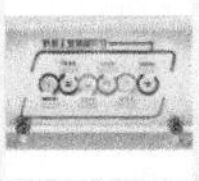

- 实例位置：实例文件>CH16>公司标识设计.cdr
- 素材位置：素材文件>CH16>01.jpg
- 视频名称：公司标识设计.mp4
- 实用指数：★★★★☆
- 技术掌握：公司标识的绘制方法

扫码看视频

公司标识设计属于企业视觉识别系统（VI）中的Logo设计部分，本案例绘制的标识效果如图16-1所示。

图16-1

01 新建文档，使用“3点曲线”工具绘制一条长度为46mm、高度为12mm的弧形线段，如图16-2所示。单击“艺术笔”工具，在属性栏中单击“笔刷”按钮，在后面的“类别”中选择“底纹”选项，在“笔刷笔触”中选择对应的笔刷，调整“笔触宽度”为2mm，如图16-3所示，效果如图16-4所示。

图16-2

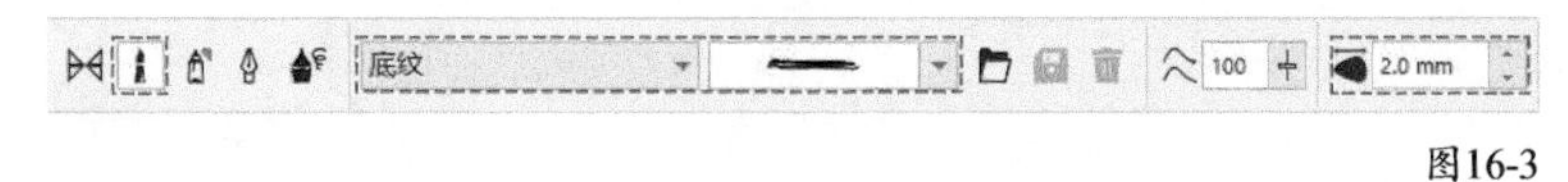

图16-3

图16-4

02 将上一步绘制的弧线段顺时针旋转13°，如图16-5所示。复制一个对象并进行垂直镜像，然后移动两个对象使其呈交叉样式，绘制出鱼的大致形状，如图16-6所示。

图16-5　　图16-6

03 使用“3点曲线”工具绘制鳃盖的弧形线段，如图16-7所示。使用“艺术笔”工具选择合适的“笔刷”添加手绘效果，如图16-8所示。

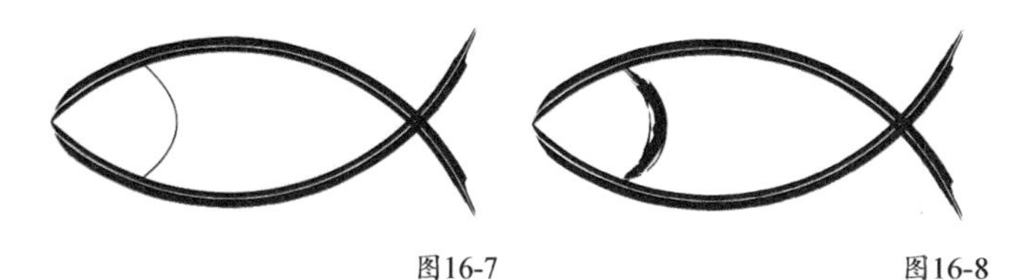

图16-7　　图16-8

04 参照步骤3绘制鱼侧线，如图16-9和图16-10所示。

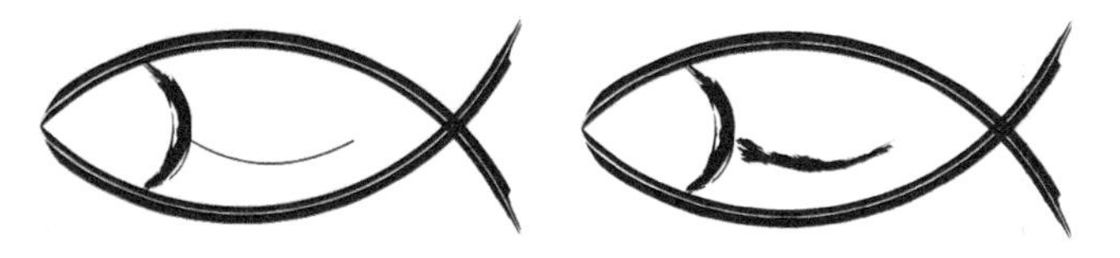

图16-9　　图16-10

05 参照上述方法，绘制鱼的尾鳍，如图16-11所示；绘制背鳍，如图16-12所示；绘制臀鳍，如图16-13所示；绘制腹鳍，如图16-14所示。

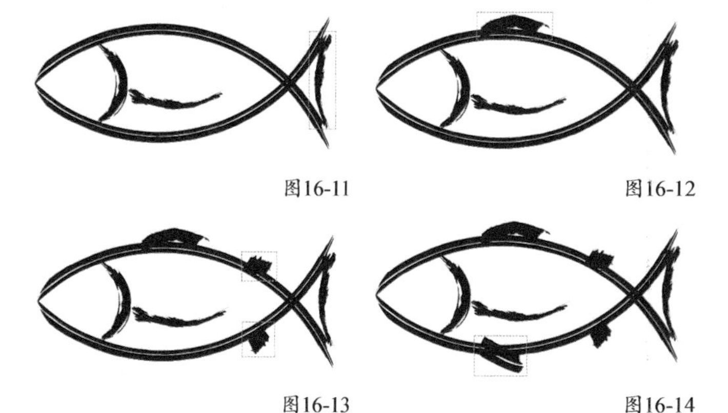

图16-11　　图16-12

图16-13　　图16-14

06 使用“椭圆形”工具在鱼头位置绘制一个直径为3mm、“结束角度”为350°的弧形，如图16-15所示。将弧形转换为曲线，使用“艺术笔”工具添加手绘效果，作为鱼的眼眶，如图16-16所示。使用同样的方法绘制眼珠，如图16-17所示。

图16-15

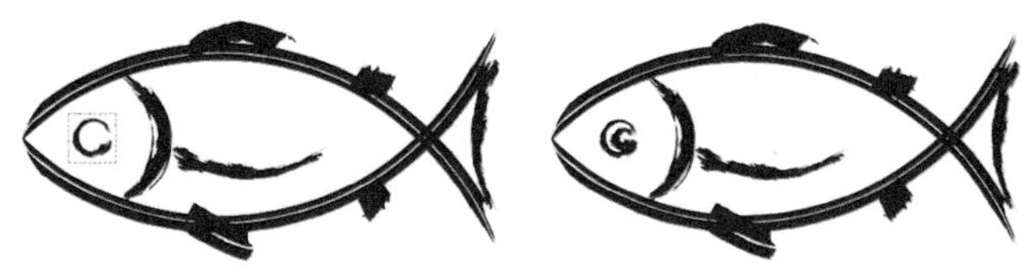

图16-16　　图16-17

07 选中全部对象，设置填充色为红色（C:0，M:100，Y:100，K:0），按快捷键Ctrl+K拆分对象，如图16-18所示。删除所有线段，选中剩下的所有闭合曲线，设置填充色为深蓝色（C:100，M:82，Y:15，K:0），如图16-19所示。

图16-18

图16-19

08 输入文字，设置“字体”为“方正宝黑体”，适当缩小字符间距，设置文本的填充色为深蓝色（C:100，M:82，Y:15，K:0），如图16-20所示。按快捷键Ctrl+K拆分文本对象，设置Shuizu的大小为28、“水族”的大小为21、“馆”的大小为37，按照图16-21所示进行排列。绘制一个宽度为0.3mm、高度为13mm的矩形作为分隔符，如图16-22所示。

Shuizu
水族
馆

图16-20

Shuizu 水族 馆　　Shuizu 水族 | 馆

图16-21 　　图16-22

09 群组文本对象，将其移动到鱼图形的下方，并与鱼图形水平居中对齐，完成标识主体的绘制，如图16-23所示。输入“蔚蓝世界·梦想起航”和The Blue World Dreams set sail字样，分别设置字体为“微软雅黑”和“方正小标宋”，如图16-24所示。

图16-23

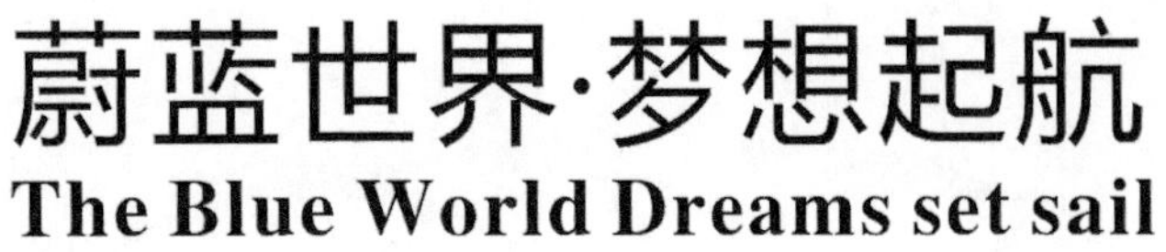

蔚蓝世界·梦想起航

The Blue World Dreams set sail

图16-24

10 将刚才输入的文本对象移动到标识的下方，设置“水族”文本对象的填充色为蓝色（C:71，M:29，Y:0，K:0），设置“蔚蓝世界·梦想起航”文本对象的“大小”为7pt、填充色为蓝色。使用“形状”工具适当增加字符间距，使之与鱼的宽度对齐。设置英文文本对象的“大小”为6pt、填充色为橘黄色（C:0，M:41，Y:78，K:0）。将所有对象水平居中对齐，如图16-25所示。

图16-25

11 复制一个标识对象到页面空白处，移动各对象之间的位置并调整大小，组合成横版标识，如图16-26所示。

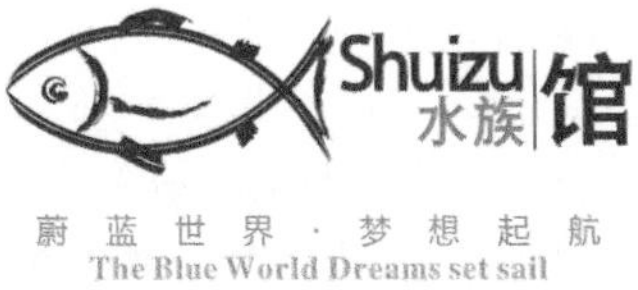

图16-26

12 导入“素材文件>CH16>01.jpg”文件，将标识对象复制到各办公应用对象中，其中，便签应用样式如图16-27所示，信笺应用样式如图16-28所示，名片应用样式如图16-29所示。最终效果如图16-30所示。

图16-27

图16-28

图16-29

图16-30

16.2 设计企业文化形象墙

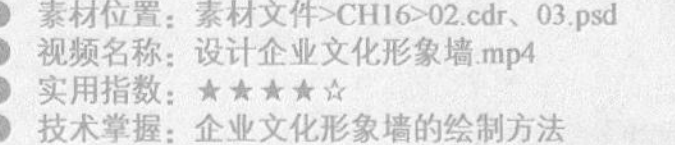

扫码看视频

企业文化形象墙属于企业视觉识别系统（VI）中的拓展部分，本案例绘制的形象墙效果如图16-31所示。

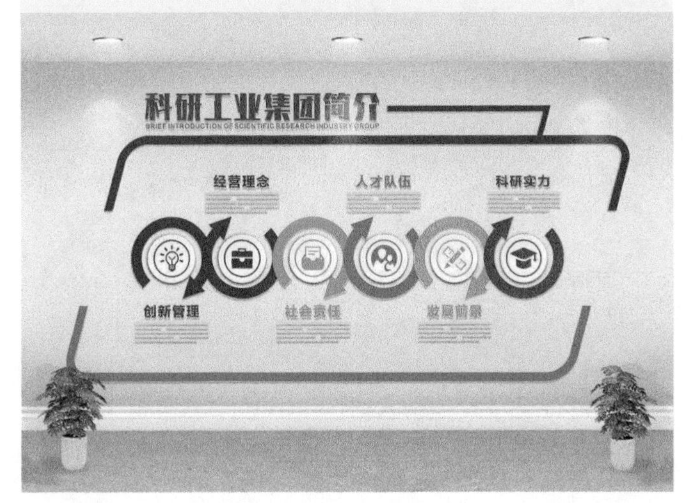

图16-31

01 新建文档，使用“椭圆形”工具分别绘制直径为45mm和47mm的两个圆形，如图16-32所示。选中小圆，使用“交互式填充”工具绘制线性渐变填充效果，设置渐变色位置0的颜色为浅灰色（C:0，M:0，Y:0，K:10），设置位置100的颜色为白色，如图16-33所示。选中大圆，复制小圆的填充效果，在属性栏中分别单击“水平镜像”和“垂直镜像”按钮，效果如图16-34所示。

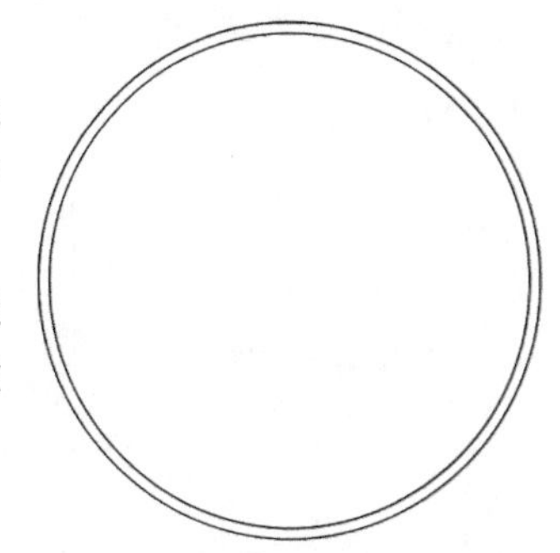

图16-32

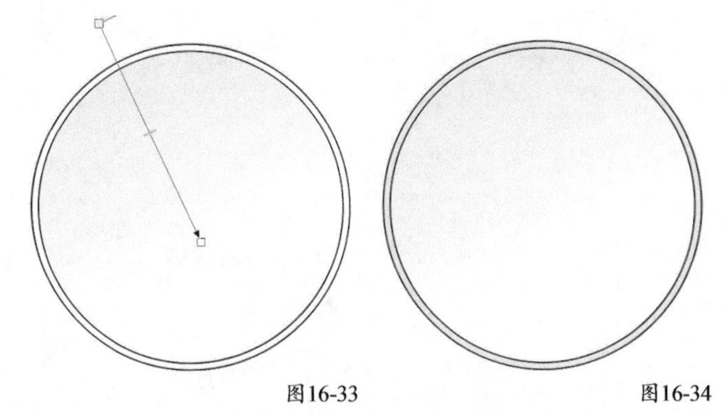

图16-33　图16-34

02 使用“椭圆形”工具绘制一个直径为35mm的圆形，设置轮廓色为深红色（C:22，M:100，Y:100，K:0）、“轮廓宽度”为4pt，使其与底图中心对齐，如图16-35所示。

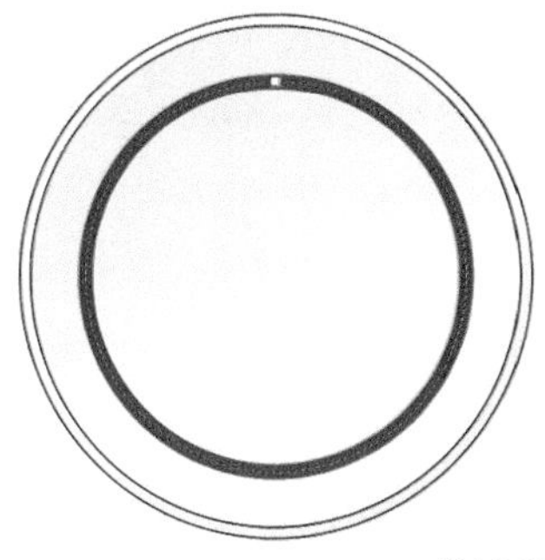

图16-35

03 使用“椭圆形”工具绘制一个直径为70mm、“结束角度”为270°的弧形，设置轮廓色为深红色（C:22，M:100，Y:100，K:0）、“轮廓宽度”为4pt，使其与底图中心对齐，如图16-36所示。将弧形顺时针旋转45°，效果如图16-37所示。

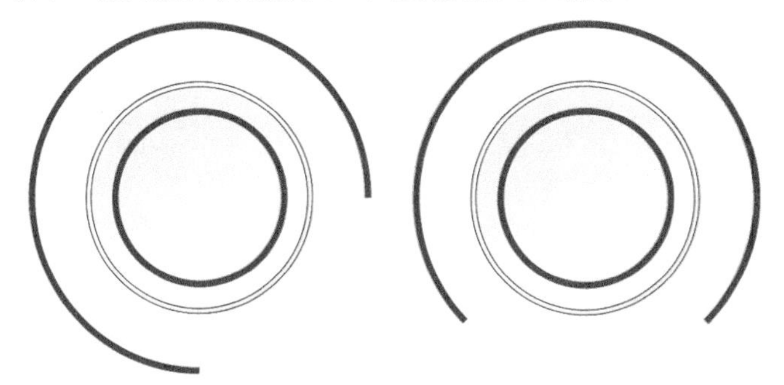

图16-36　　图16-37

04 选中圆弧，将其转换为曲线，并设置“轮廓宽度”为30pt，如图16-38所示。按+键复制一个圆弧，设置“轮廓宽度”为10pt，在属性栏中选择“终止箭头”为“箭头4”，效果如图16-39所示。

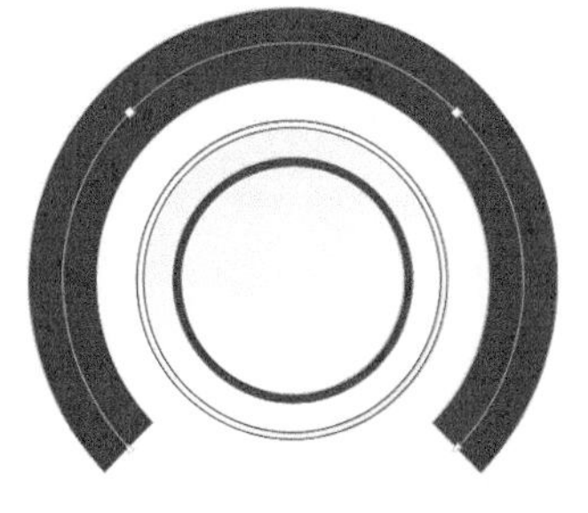

图16-38

图16-39

05 选中中间最小的圆形，将其转换为曲线，执行“对象>将轮廓转换为对象”菜单命令。然后选中两个圆弧，执行“对象>将轮廓转换为对象”菜单命令。最后“焊接”这两个对象，效果如图16-40所示。

图16-40

06 选中所有对象，移除轮廓色。选中中间的渐变填充圆形，使用“阴影”工具添加默认阴影效果，如图16-41所示。

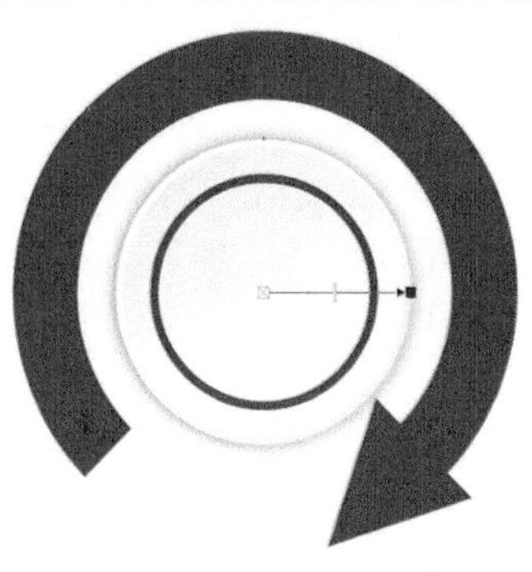

图16-41

07 选中所有对象并组合，水平复制5个对象，如图16-42所示。从左往右选中第2个、第4个和第6个对象，单击属性栏中的“垂直镜像”按钮，如图16-43所示。

图16-42

图16-43

08 选中第2个组合中的“圆弧”和“箭头”闭合曲线，设置填充色为紫色（C:52，M:83，Y:0，K:0）。选中第3个组合中的“圆弧”和“箭头”闭合曲线，设置填充色为绿色（C:77，M:7，Y:38，K:0）。选中第4个组合中的“圆弧”和“箭头”闭合曲线，设置填充色为蓝色（C:79，M:36，Y:4，K:0）。选中第5个组合中的“圆弧”和“箭头”闭合曲线，设置填充色为深黄色（C:4，M:44，Y:92，K:0）。选中第6个组合中的“圆弧”和“箭头”闭合曲线，设置填充色为深灰色（C:69，M:62，Y:58，K:10）。以上操作完成后的效果如图16-44所示。

图16-44

09 导入“素材文件>CH16>02.cdr”文件，如图16-45所示，使其与各组合对象中心对齐。

图16-45

10 输入“创新管理”字样，设置“字体”为“方正兰亭大黑”、“大小”为38pt、字体填充色为深红色（C:22，M:100，Y:100，K:0），移动该文本对象至第1个组合对象的下方，与其水平居中对齐，如图16-46所示。使用“矩形”工具绘制若干个矩形，设置填充色为灰色（C:0，M:0，Y:0，K:20），移动矩形到文本对象下方，与其水平居中对齐，然后组合这两个对象，如图16-47所示。

图16-46

图16-47

11 选中上一步绘制的文本组合对象，复制出5个对象到对应的图形对象的上方或下方，如图16-48所示。使用“文本”工具分别将第2~5个文本内容更改为“经营理念”“社会责任”“人才队伍”“发展前景”“科研实力”。分别选中各文本对象，执行“编辑>复制属性自”菜单命令，将各文本对象的填充色复制为对应的图形对象的颜色。选中全部对象并组合，如图16-49所示。

图16-48

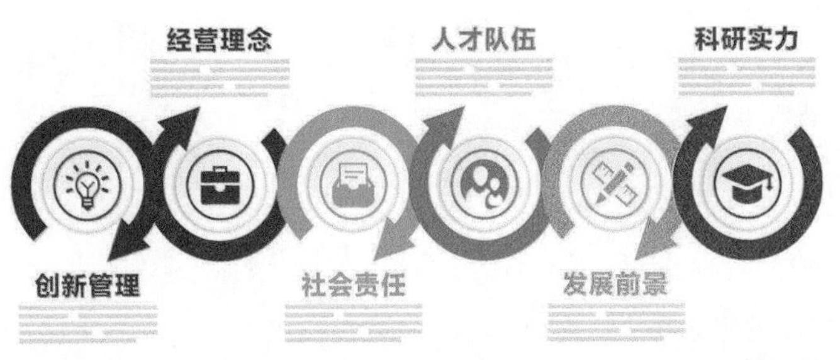

图16-49

12 使用“矩形”工具绘制一个宽度为500mm、高度为230mm、圆角半径为21mm的圆角矩形，如图16-50所示。选中该矩形，向右斜切15°，如图16-51所示。设置矩形的“轮廓宽度”为24pt、轮廓色为深灰色（C:69，M:62，Y:58，K:10），执行“对象>将轮廓转换为对象”菜单命令，效果如图16-52所示。

图16-50

图16-51

图16-52

13 使用“矩形”工具绘制一个宽度为600mm、高度为92mm的矩形，使其与底图中心对齐，如图16-53所示。选中该矩形和底部的灰色轮廓对象，单击属性栏中的“移除前面对象”按钮，效果如图16-54所示。按快捷键Ctrl+K打散该对象，设置上面的对象的填充色为深红色（C:22，M:100，Y:100，K:0），设置下面的对象的填充色为蓝色（C:79，M:36，Y:4，K:0），效果如图16-55所示。

图16-53

图16-54

图16-55

14 输入“科研工业集团简介”字样，设置“字体”为“方正劲黑”、“大小”为79pt、填充色为深灰色（C:69，M:62，Y:58，K:10）。输入英文文字，设置“字体”为“方正兰亭中黑”、“大小”为16pt、填充色为深灰色（C:69，M:62，Y:58，K:10）。将两个文本对象水平居中对齐并组合，移动到底图的左上方，如图16-56所示。

图16-56

15 使用“手绘”工具在文本右侧绘制一条折线，设置“轮廓宽度”为16pt、“轮廓色”为深红色（C:22，M:100，Y:100，K:0），如图16-57所示。将该线条向右斜切15°，执行“对象>将轮廓转换为对象”菜单命令，效果如图16-58所示。

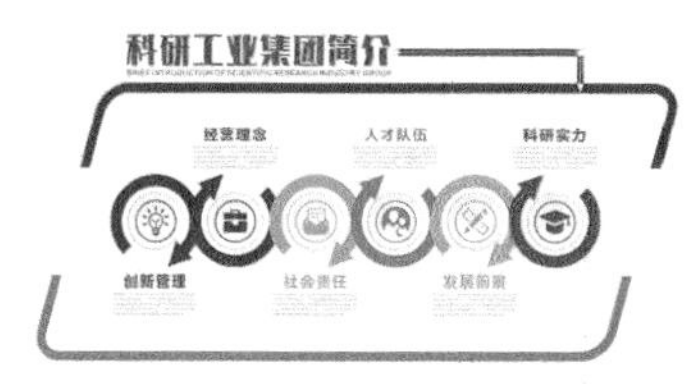

图16-57

图16-58

16 导入“素材文件>CH16>03.psd”文件，如图16-59所示。解散位图群组，将盆景位图移动到页面空白处，然后将刚才绘制的形象墙对象移动到背景中间，置于顶层，如图16-60所示。

图16-59

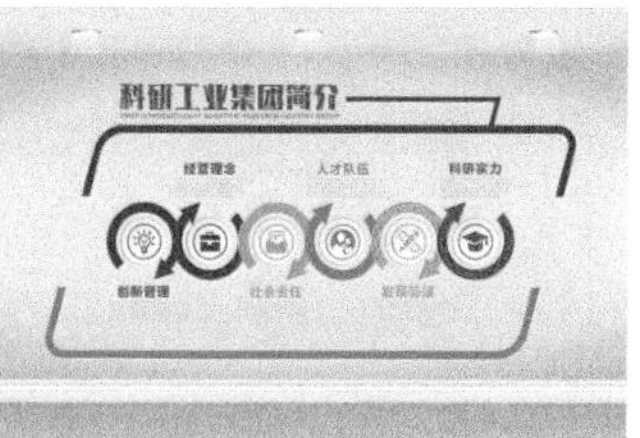

图16-60

17 选中形象墙对象，按+键复制一个，设置该对象的填充色为黑色，使用“透明度”工具为该对象添加75%的均匀透明效果，如图16-61所示。将该对象置于形象墙的下一层，并向左下角微调一定的距离。选中透明度对象，执行“位图>转换为位图”菜单命令，将其转换为位图，接着执行“效果>模糊>高斯式模糊”菜单命令，设置“半径”为5像素，单击OK按钮，完成阴影效果的绘制，如图16-62所示。

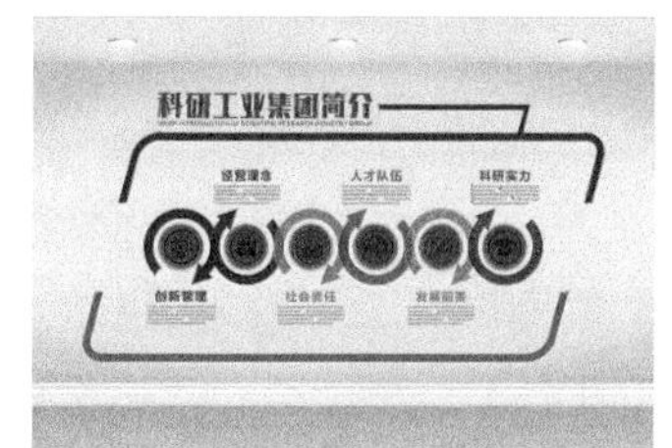

图16-61

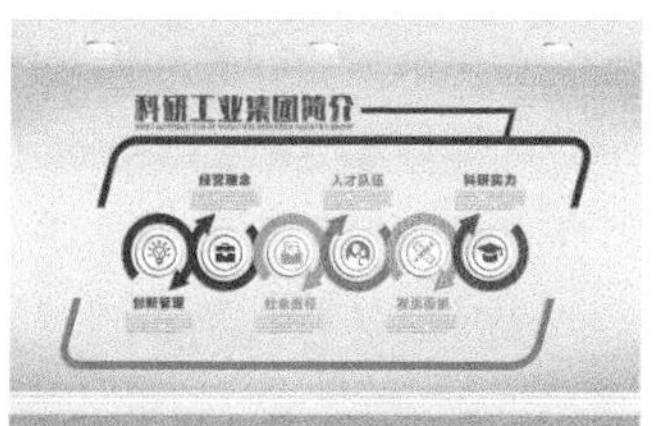

图16-62

18 将盆景位图置于顶层，移动到底图的中心偏下的位置，最终效果如图16-63所示。

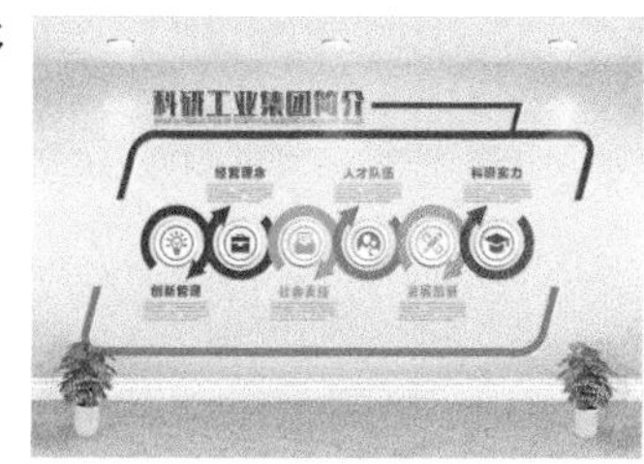

图16-63

16.3

- 实例位置：实例文件>CH16>设计公共标识.cdr
- 素材位置：素材文件>CH16>04.cdr
- 视频名称：设计公共标识.mp4
- 实用指数：★★★★☆
- 技术掌握：公共标识的绘制方法

扫码看视频

设计公共标识

公共标识设计属于企业视觉识别系统（VI）中的公共应用部分，本案例绘制的公共标识效果如图16-64所示。

图16-64

01 新建文档，使用“矩形”工具绘制一个宽度为150mm、高度为50mm、圆角半径为3mm的矩形，如图16-65所示。将矩形转换为曲线，使用“形状”工具选中左下角的节点，在属性栏中单击“添加节点”按钮两次，在底边上添加3个等距的节点，如图16-66所示。

图16-65 图16-66

02 选中底边的3个节点，向下平移15mm，如图16-67所示。按+键复制一个多边形对象，将复制的对象向上平移10mm，然后设置填充色为灰色（C:0，M:0，Y:0，K:10），如图16-68所示。

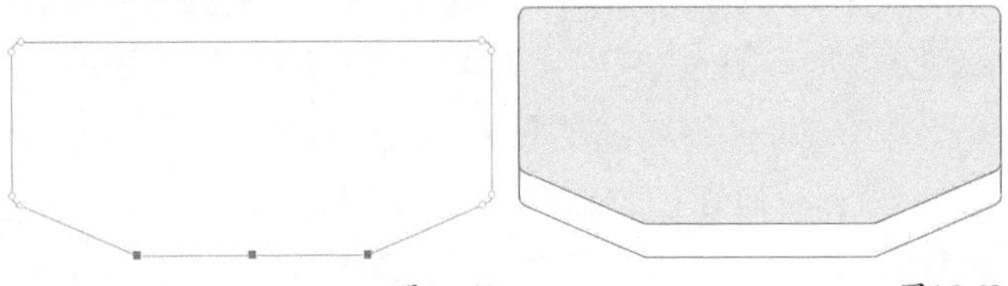

图16-67 图16-68

03 选中底层多边形对象，复制一个，逆时针旋转6°左右，如图16-69所示。使用“形状”泊坞窗将复制对象与底层多边形“相交”生成新的对象，设置新对象的填充色为红色（C:0，M:100，Y:100，K:0），如图16-70所示。

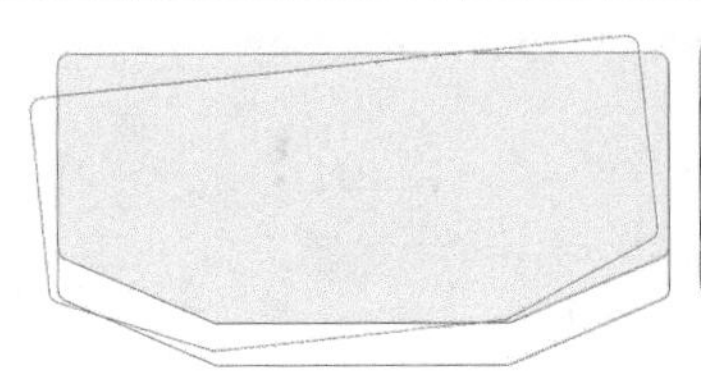

图16-69 图16-70

04 参照步骤3，绘制另一个相交对象，设置填充色为蓝色（C:100，M:0，Y:0，K:0），如图16-71和图16-72所示。

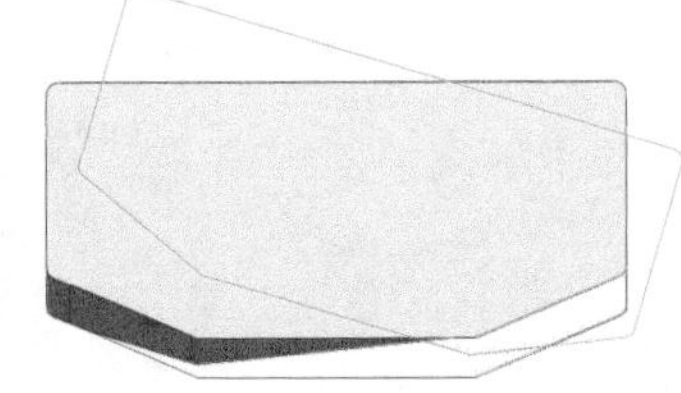

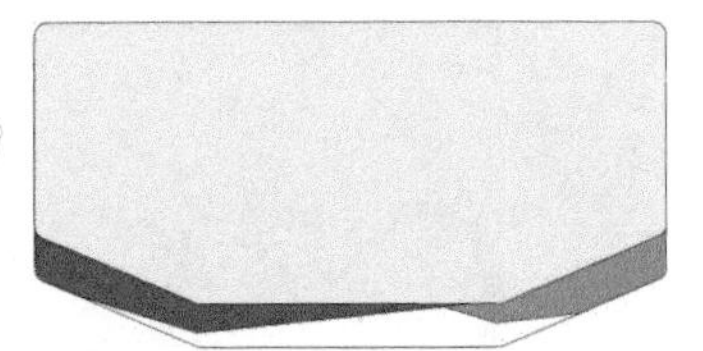

图16-71 图16-72

05 参照以上方法，继续绘制相交对象，设置填充色为绿色（C:100，M:0，Y:100，K:0），然后将底层多边形的填充色设置为黄色（C:0，M:0，Y:100，K:0），如图16-73所示。

06 选中红色多边形对象，使用“交互式填充”工具绘制线性渐变填充效果，设置渐变色位置0的颜色为金色（C:27，M:37，Y:61，K:0），设置位置33的颜色为浅金色（C:4，M:14，Y:36，K:0），设置位置60的颜色为金色（C:24，M:35，Y:55，K:0），设置位置73的颜色为深金色（C:43，M:56，Y:80，K:0），设置位置100的颜色为浅金色（C:4，M:14，Y:36，K:0），设置旋转角度为-18°，效果如图16-74所示。

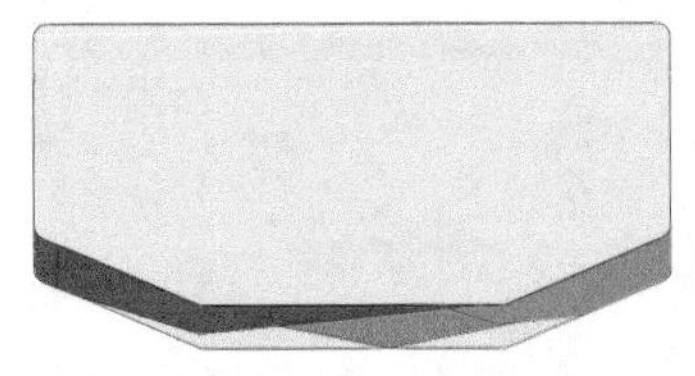

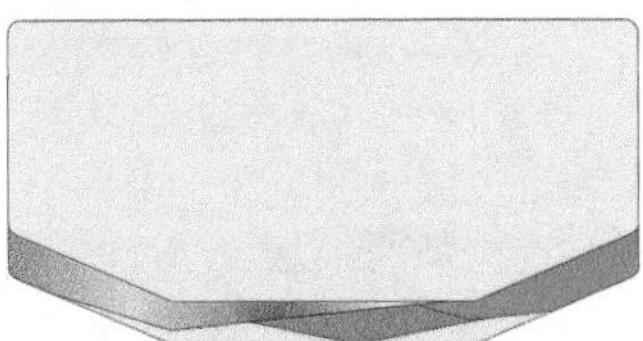

图16-73 图16-74

07 选中蓝色多边形对象，使用“交互式填充”工具绘制线性渐变填充效果，设置渐变色位置0的颜色为深金色（C:58，M:62，Y:85，K:14），设置位置51的颜色为金色（C:35，M:44，Y:65，K:0），设置位置100的颜色为浅金色（C:10，M:19，Y:42，K:0），设置旋转角度为31°，效果如图16-75所示。

08 选中黄色多边形对象，使用“交互式填充”工具绘制线性渐变填充效果，设置渐变色位置0的颜色为深金色（C:58，M:62，Y:85，K:14），设置位置47的颜色为金色（C:24，M:35，Y:55，K:0），设置位置57的颜色为深金色（C:58，M:62，Y:85，K:14），设置位置69的颜色为金色（C:43，M:56，Y:80，K:0），设置位置100的颜色为浅金色（C:10，M:19，Y:42，K:0），效果如图16-76所示。

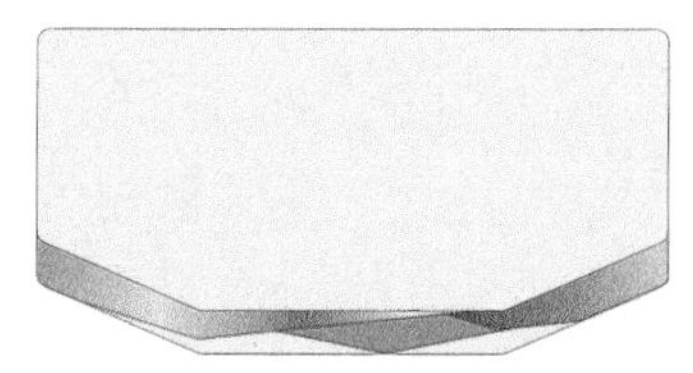

图16-75

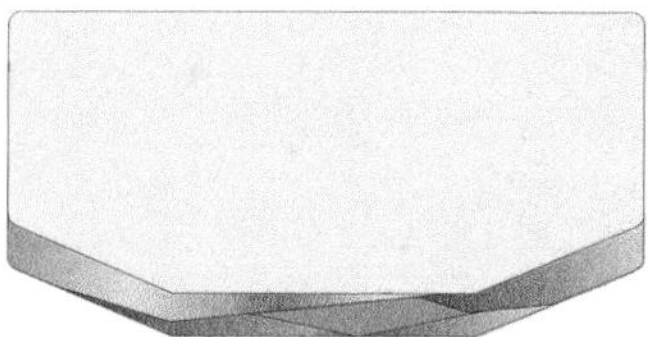

图16-76

09 选中绿色多边形对象，使用“交互式填充”工具绘制线性渐变填充效果，设置渐变色位置0的颜色为深金色（C:58，M:62，Y:85，K:14），设置位置100的颜色为浅金色（C:10，M:19，Y:42，K:0），效果如图16-77所示。

10 选中顶层的多边形对象，使用“交互式填充”工具绘制线性渐变填充效果，设置渐变色位置0的颜色为灰色（C:0，M:0，Y:0，K:20），设置位置34的颜色为白色，设置位置62的颜色为白色，设置位置100的颜色为灰色（C:0，M:0，Y:0，K:20），然后选中所有对象，移除轮廓色，效果如图16-78所示。

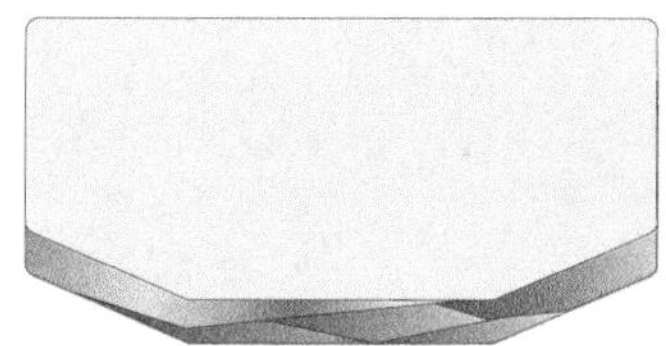

图16-77

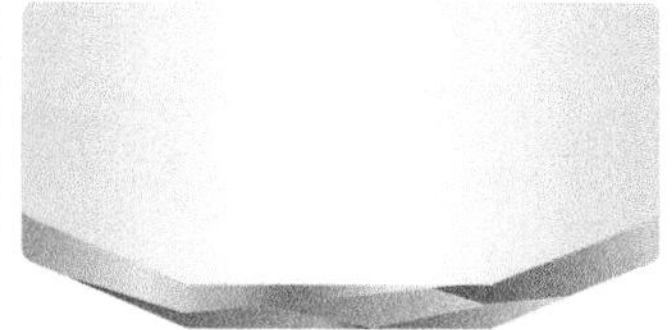

图16-78

11 使用“矩形”工具绘制一个宽度为210mm、高度为130mm的矩形，使用“交互式填充”工具绘制垂直线性渐变填充效果，设置渐变色位置0的颜色为四色黑（C:100，M:100，Y:100，K:100），设置位置66的颜色为黑色（C:0，M:0，Y:0，K:100），设置位置100的颜色为咖啡色（C:71，M:75，Y:68，K:35）。将矩形置于底层，并与前面绘制的对象中心对齐，如图16-79所示。

12 选中顶层的多边形对象，使用“阴影”工具绘制阴影效果，设置y轴的“阴影偏移”为-3.5mm，效果如图16-80所示。

图16-79

图16-80

13 使用“文本”工具分别输入文字“洗手间”和BATHROOM，其中设置“洗手间”的字体为“方正兰亭中黑”、大小为40pt、填充色为四色黑（C:100，M:100，Y:100，K:100），设置BATHROOM的字体为“方正兰亭中黑”、大小为23pt、填充色为四色黑（C:100，M:100，Y:100，K:100）。将两段文本水平居中对齐，如图16-81所示。

14 导入“素材文件>CH16>04.cdr”文件，将其中的“洗手间”配套图片移动到对象上，适当缩放大小。然后将其与文本对象组合，并与底图水平居中对齐，如图16-82所示。

图16-81

图16-82

15 选中除底层矩形外的所有对象并组合，垂直镜像向下复制一个组合对象，执行“位图>转换为位图”菜单命令，将镜像对象转换为位图，如图16-83所示。

图16-83

16 选中底层矩形，置于顶层，如图16-84所示。选中矩形和镜像对象，在属性栏中单击“相交”按钮，然后删除镜像对象，将顶层的矩形置于底层，如图16-85所示。使用“透明度”工具，在相交所得对象上添加渐变透明效果，完成倒影的绘制，如图16-86所示。

图16-84

图16-85

图16-86

17 参照以上方法，可以绘制出其他的公共标识，最终效果如图16-87所示。

图16-87

第17章

综合实例：网店设计篇

本章要学习的是网店中的主海报、商品主图和商品详情页的设计方法，读者需要掌握网店设计中的色彩模式选择和设计稿的标准规格，从而创建出符合大众审美的网店商业作品。

学习要点

17.1 设计网店海报

- 实例位置：实例文件>CH17>设计网店海报.cdr
- 素材位置：素材文件>CH17>01.png、02.png、03.png
- 视频名称：设计网店海报.mp4
- 实用指数：★★★★★
- 技术掌握：网店海报的绘制方法

扫码看视频

网店海报设计主要应用于各大购物网站及其对应的App，主海报的规格可以使用1920px×1080px，色彩模式采用RGB模式。本案例绘制的海报效果如图17-1所示。

图17-1

01 新建RGB模式文档，使用“矩形”工具绘制一个宽度为220px、高度为380px的矩形和一个边长为220px的正方形。设置两个矩形的圆角半径为15px，使其水平居中对齐并窄边贴齐，如图17-2所示。将上述对象复制3个，效果如图17-3所示。

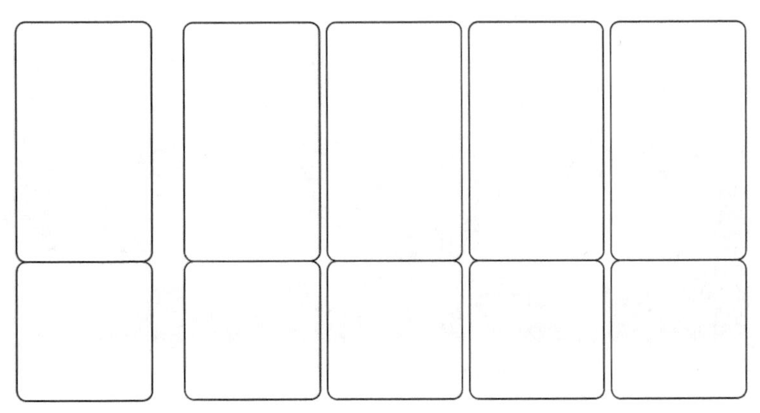

图17-2　　图17-3

02 使用“文本”工具输入“换季清仓全场五折”字样，设置字体为“方正嘟黑”、大小为51pt，使其与底图水平居中对齐，如图17-4所示。将文本对象打散为单个文本，转换为曲线，如图17-5所示。

图17-4　　图17-5

03 将中间的两个圆角正方形调整为高度不一的矩形，如图17-6所示。使用属性栏中的“相交”功能，将“全场五折”与底部的4个矩形分别“相交”，生成新的相交对象，设置该对象的填充色为红色（R:255，G:0，B:0）。加选底部的4个矩形，转换为曲线，置于顶层，组合成群组，如图17-7所示。

图17-6　　图17-7

04 对群组对象执行“对象>透视点>添加透视”菜单命令，调整顶部的两个顶点，生成透视效果，如图17-8所示，然后解散全部群组。

图17-8

05 从左至右选中第一个圆角矩形，使用“交互式填充”工具从上至下绘制线性渐变填充效果，设置渐变色位置0的颜色为浅粉色（R:255，G:173，B:209），设置位置11的颜色为粉色（R:252，G:135，B:187），设置位置56的颜色为粉色（R:252，G:135，B:187），设置位置100的颜色为深粉色（R:189，G:96，B:136），效果如图17-9所示。使用“阴影”工具绘制内阴影效果，设置“阴影颜色”为黑色（R:0，G:0，B:0）、“合并模式”为“乘”、“阴影不透明度”为25%，“阴影羽化”为10、“内阴影宽度”为5，效果如图17-10所示。

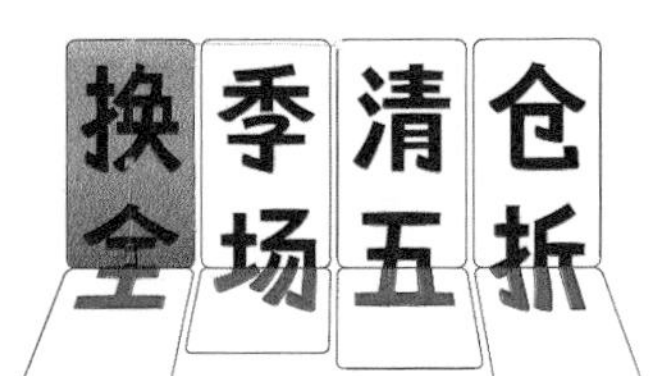

图17-9　　图17-10

06 选中上一步矩形在下面对应的透视对象，复制“渐变填充”和“内阴影”效果至该透视对象，调整“渐变填充”控制手柄的角度，如图17-11所示。

07 参照步骤6，将第1组的特效复制到第2组对象，如图17-12所示。

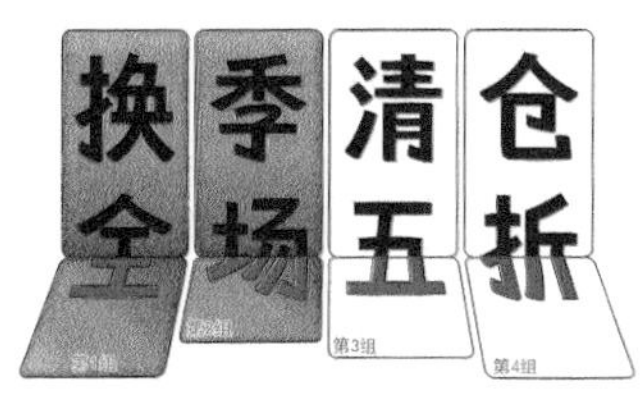

图17-11　　图17-12

08 从左至右分别选中第3个和第4个圆角矩形，使用“交互式填充”工具从上至下绘制线性渐变填充效果，设置渐变色位置0的颜色为浅紫色（R:201，G:128，B:230），设置位置11的颜色为紫色（R:162，G:117，B:255），设置位置56的颜色为紫色（R:162，G:117，B:255），设置位置100的颜色为深紫色（R:132，G:95，B:208）。接着使用“阴影”工具绘制内阴影效果，设置“阴影颜色”为黑色（R:0，G:0，B:0）、“合并模式”为“乘”、“阴影不透明度”为25%、“阴影羽化”为10、“内阴影宽度”为5，效果如图17-13所示。

09 分别选中第3组和第4组圆角矩形对应的透视对象，复制上一步的“渐变填充”和“内阴影”效果至该透视对象，调整“渐变填充”控制手柄的角度，如图17-14所示。

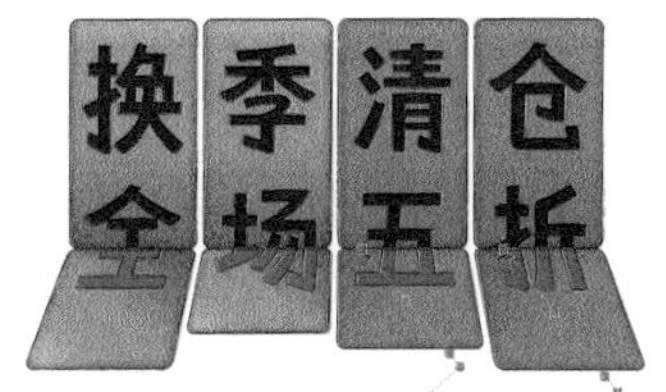

图17-13　　图17-14

10 设置“换季清仓全场五折”的填充色为白色，移除所有对象的轮廓色，效果如图17-15所示。使用“阴影”工具为“换季清仓全场五折”添加阴影效果，设置“阴影不透明度”为25%，其他参数保持默认值，效果如图17-16所示。复制4个透视矩形对象至底层，适当向下移动一定的距离，设置第1个和第2个对象的填充色为深红色（R:127，G:53，B:77）、第3个和第4个对象的填充色为深紫色（R:80，G:46，B:156），效果如图17-17所示。

图17-15

图17-16 　　图17-17

11 使用“矩形”工具绘制一个宽度为1920px、高度为1080px，以及一个宽度为1200px、高度为1080px的矩形，将两个矩形左对齐，如图17-18所示。选中左边的矩形，使用“交互式填充”工具从上至下绘制渐变填充效果，设置渐变色位置0的颜色为浅粉色（R:255，G:203，B:216），设置位置100的颜色为粉色（R:255，G:147，B:175）。选中右边的矩形，使用“交互式填充”工具从上至下绘制渐变填充效果，设置渐变色位置0的颜色为浅紫色（R:225，G:203，B:225），设置位置100的颜色为紫色（R:189，G:142，B:255）。移除两个矩形的轮廓色，效果如图17-19所示。

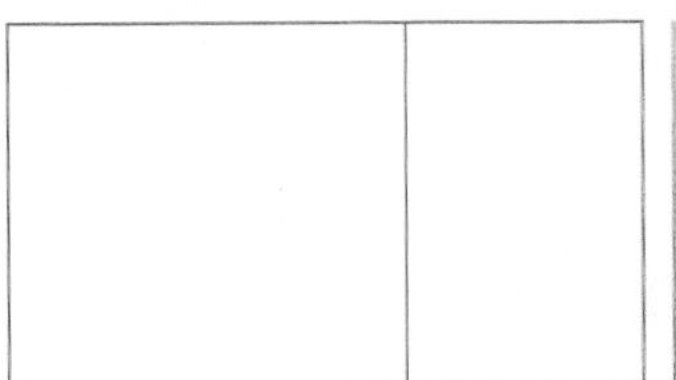

图17-18

图17-19

12 将“换季清仓全场五折”移动至底图上，如图17-20所示。将“换季清仓”下层对应的矩形复制一个，置于底图的上一层，设置填充色为黑色（R:0，G:0，B:0），如图17-21所示。使用“透明度工具”从上至下拖曳控制手柄绘制透明效果，设置“合并模式”为“减少”，效果如图17-22所示。

图17-20

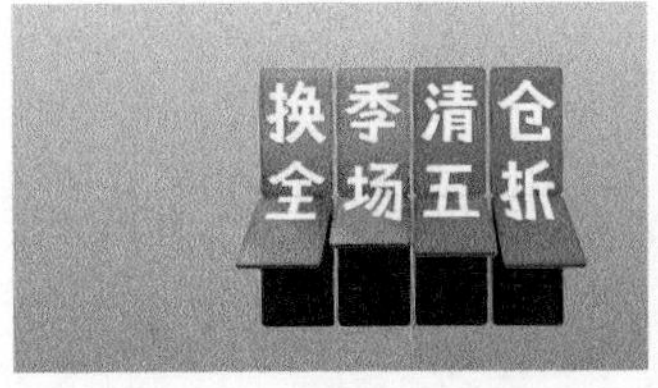

图17-21

图17-22

13 使用“矩形”工具绘制一个宽度为945px、高度为390px、圆角半径为17px的矩形，使其与主对象水平居中对齐，如图17-23所示。将该矩形置于主对象的下层，设置填充色为白色，然后使用“透明度”工具从上至下拖曳控制手柄绘制透明效果，效果如图17-24所示。选中除底部两个矩形外的所有对象并组合。

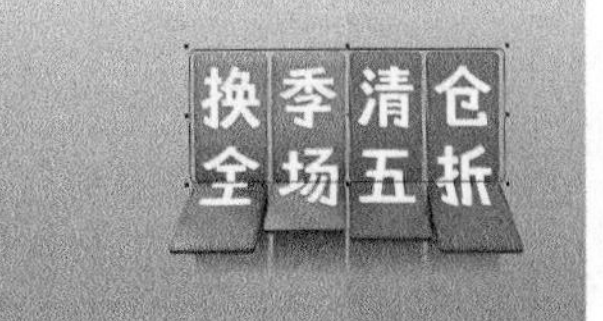

图17-23

图17-24

14 使用“矩形”工具绘制一个宽度为320px、高度为70px的矩形，设置填充色为粉色（R:252，G:135，B:187）。将该矩形转换为曲线，然后使用“形状”工具在左边的中点添加一个节点，将该节点向右移动35px，如图17-25所示。

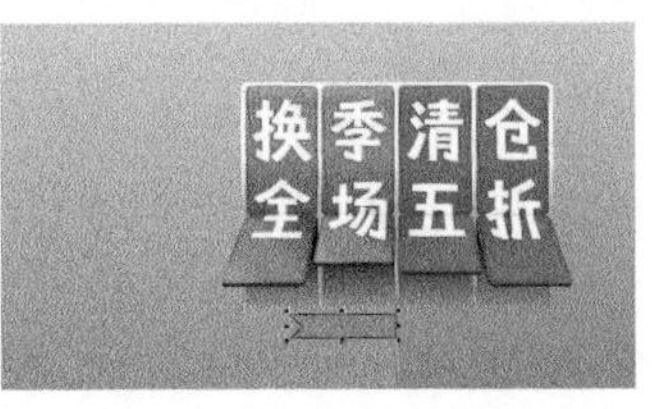

图17-25

15 向右镜像复制该对象，设置填充色为紫色（R:162，G:117，B:255），如图17-26所示。选中这两个对象，移除轮廓色，然后在属性栏中单击“创建边界”按钮，设置轮廓色为白色，最后群组这些对象，完成标题栏的绘制，如图17-27所示。

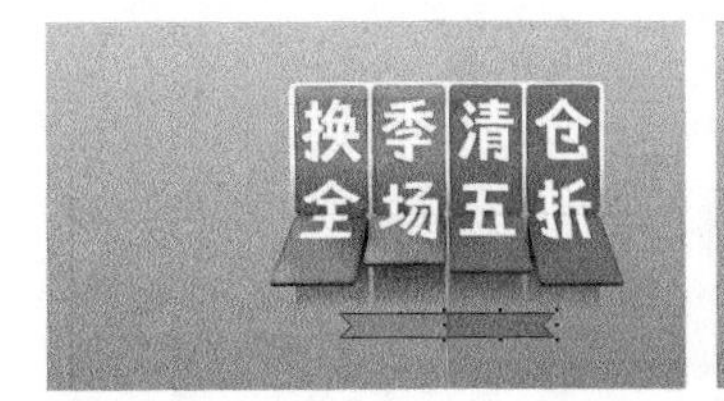

图17-26

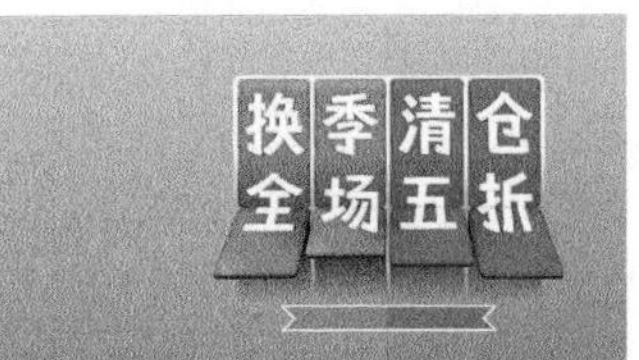

图17-27

16 使用“文本”工具输入“直/击/底/价 好/礼/相/送”字样，设置“字体”为“方正兰亭中黑”、“大小”为11pt、填充色为白色。将该文本对象与标题栏中心对齐，如图17-28所示。

17 使用“文本”工具输入“满100减48 满200减98”字样，设置“字体”为“方正超重要体”、“大小”为24pt、轮廓色为白色、轮廓宽度为1.5pt、“斜接限制”为45°、“角”为“圆角”、“线条端头”为“圆形端头”、“位置”为“外部轮廓”。使用“文本”工具选中“满100减48”，设置其填充色为深粉色（R:212，G:58，B:97）。选中“满200减98”，设置其填充色为深紫色（R:80，G:46，B:156）。将底图上层的3组对象组合，与底图垂直居中对齐，效果如图17-29所示。

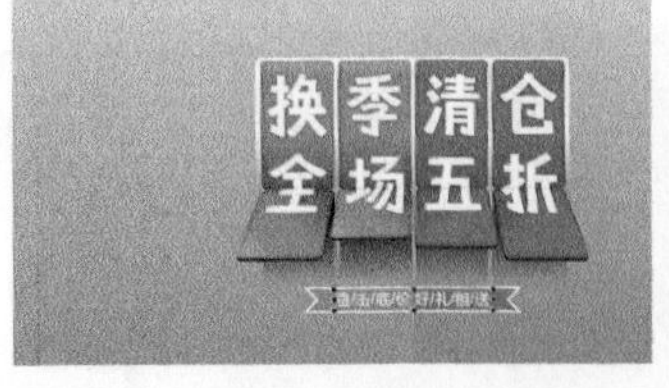

图17-28

图17-29

18 使用“文本”工具输入FASHION字样，置于底图上层，设置“字体”为“微软雅黑”、“大小”为100pt、填充色为白色，使其与底图中心对齐，如图17-30所示。使用“透明度”工具添加均匀透明度效果，效果如图17-31所示。

图17-30

图17-31

19 导入“素材文件>CH17>01.png”文件，适当缩放其大小，移动至底图的左侧，如图17-32所示。使用“椭圆形”工具绘制一个宽度为515px、高度为53px的椭圆形，置于人物位图的下层，设置其填充色为深粉色（R:189，G:96，B1:36），使用“透明度”工具添加均匀透明度效果，完成人物影子的绘制，如图17-33所示。

图17-32

图17-33

20 使用“椭圆形”工具在底图的左下角位置绘制一个直径为170px和一个直径为200px的圆形，使它们中心对齐。设置小圆形的填充色为白色，移除轮廓色；设置大圆形的轮廓色为白色，设置轮廓宽度为1.5pt，效果如图17-34所示。使用“文本”工具输入“全场包邮”字样，设置“字体”为“方正嘟黑”、“大小”为16pt、填充色为粉色（R:252，G:135，B:187）。将该文本与圆形中心对齐，如图17-35所示。

图17-34

图17-35

21 导入“素材文件>CH17>02.png、03.png”文件，将气球对象移动到底图左侧，将裙子对象移动到底图右侧，最终效果如图17-36所示。

图17-36

17.2 设计网店商品主图

- 实例位置：实例文件>CH17>设计网店商品主图.cdr
- 素材位置：素材文件>CH17>04.png
- 视频名称：设计网店商品主图.mp4
- 实用指数：★★★★★
- 技术掌握：网店商品主图的绘制方法

扫码看视频

商品主图的规格为800px×800px，色彩模式采用RGB模式。本案例绘制的商品主图效果如图17-37所示。

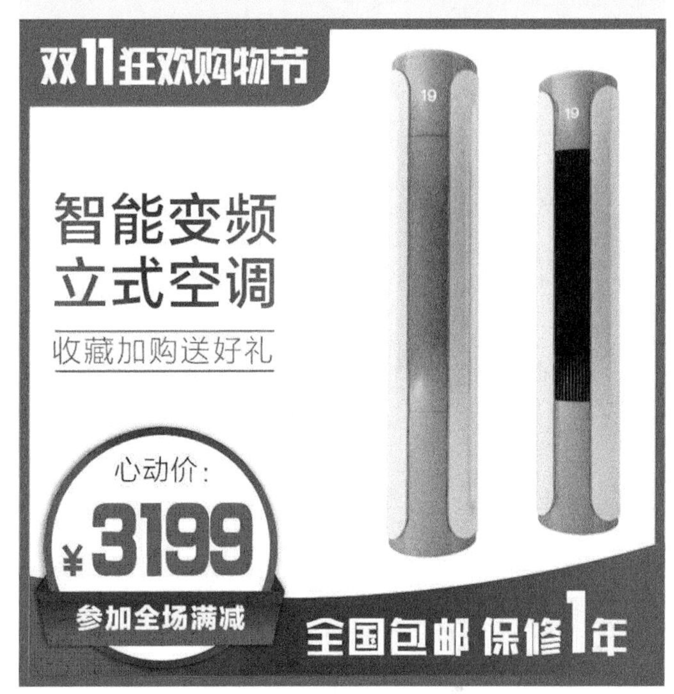

图17-37

01 新建RGB模式文档，使用“矩形”工具绘制一个边长为800px的正方形，如图17-38所示。绘制一个宽度为383px、高度为105px的矩形，使其与底图左上角对齐，设置矩形右下角的“圆角半径”为40px，设置矩形的填充色为蓝色（R:27，G:105，B:249），如图17-39所示。

图17-38　图17-39

02 使用“文本”工具输入“双11狂欢购物节”字样，设置“字体”为“方正字悦黑”、“大小”为12pt、填充色为白色，然后将该文本对象与蓝色矩形中心对齐，效果如图17-40所示。

图17-40

03 选中11字样，调整“大小”为18pt，如图17-41所示。选中蓝色矩形，移除轮廓色，如图17-42所示。

图17-41　图17-42

04 使用“矩形”工具绘制一个宽度为800px、高度为135px的矩形，使其与底图底部对齐，并转换为曲线，使用“形状”工具将顶边调整成弧度形状，如图17-43所示。使用“交互式填充”工具从左至右绘制渐变填充效果，设置渐变色位置0的颜色为红色（R:255，G:0，B:0），设置位置50的颜色为紫色（R:153，G:0，B:204），设置位置100的颜色为蓝色（R:27，G:105，B:249），移除轮廓色，效果如图17-44所示。

图17-43　图17-44

05 使用“椭圆形”工具在底图左下角分别绘制一个直径为270px和一个直径为290px的圆形，使它们中心对齐，如图17-45所示。将底部的渐变填充效果复制到大圆形上，移除两个圆形的轮廓色。使用“矩形”工具绘制一个宽度为307px、高度为65px的矩形，将该矩形与圆形水平居中对齐，如图17-46所示。

图17-45

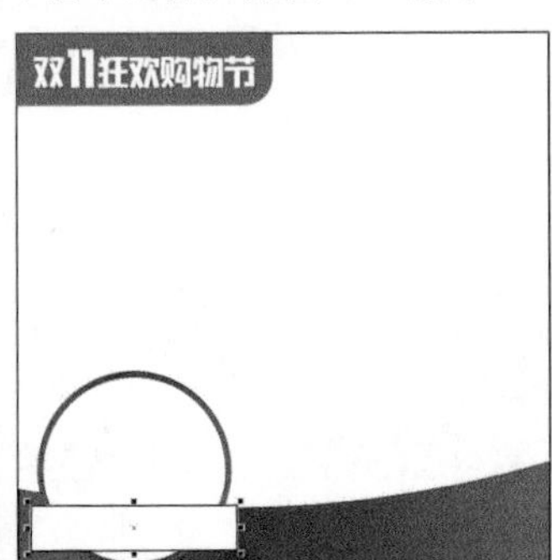

图17-46

06 选中该矩形，转换为曲线，使用“形状”工具分别将底边的两个顶点向中心移动15px，如图17-47所示。向上镜像复制一个对象，将该对象向下压缩一定的距离，如图17-48所示。将该对象置于圆形的下一层，如图17-49所示。

图17-47

图17-48

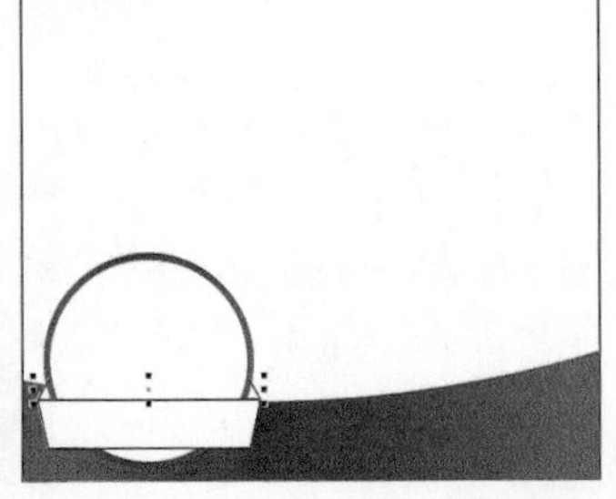

图17-49

07 选中前面的梯形对象，使用“交互式填充”工具从上至下绘制渐变填充效果，设置渐变色位置0的颜色为紫色（R:153，G:0，B:204），设置位置100的颜色为红色（R:255，G:0，B:0），如图17-50所示。选中另一个梯形对象，设置填充色为深蓝色（R:63，G:0，B:142），移除两个梯形对象的轮廓色，效果如图17-51所示。

图17-50

图17-51

08 使用“文本”工具输入“参加全场满减”字样，设置“字体”为“方正兰亭特黑”、“大小”为8pt、填充色为白色，将文本对象与梯形对象中心对齐，如图17-52所示。

09 使用“文本”工具输入“心动价：”字样，设置“字体”为“方正兰亭纤黑”、“大小”为8pt，使其与圆形水平居中对齐，如图17-53所示。使用“文本”工具插入¥字符，设置“字体”为“方正字悦黑”、“大小”为12pt、填充色为红色，如图17-54所示。然后输入3199字样，设置“字体”为“方正字悦黑”、“大小”为28pt、填充色为红色，将其与¥对象底部对齐，效果如图17-55所示。

图17-52

图17-53

图17-54

图17-55

10 将右下角的对象组合，使用“阴影”工具绘制阴影效果，设置“合并模式”为“减少”、“阴影羽化”为5，然后适当调整组合对象的位置，效果如图17-56所示。

图17-56

11 导入“素材文件>CH17>04.png”文件，适当调整其大小，移动到底图的右侧，如图17-57所示。使用“文本”工具输入“全国包邮 保修1年”字样，设置“字体”为“方正字悦黑”、“大小”为12pt、填充色为白色，如图17-58所示。使用“文本”工具选中1，调整“大小”为24pt，如图17-59所示。

图17-57

图17-58

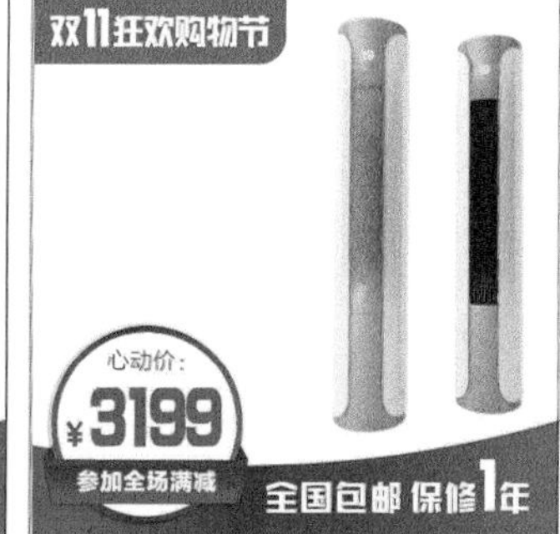

图17-59

![12] 输入“智能变频立式空调”字样，设置“字体”为“方正兰亭中黑”、“大小”为16pt，如图17-60所示。使用“交互式填充”工具复制底部的渐变填充效果，如图17-61所示。

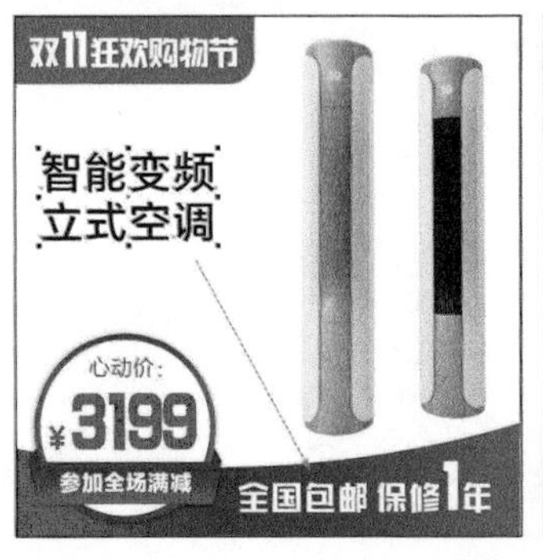

图17-60

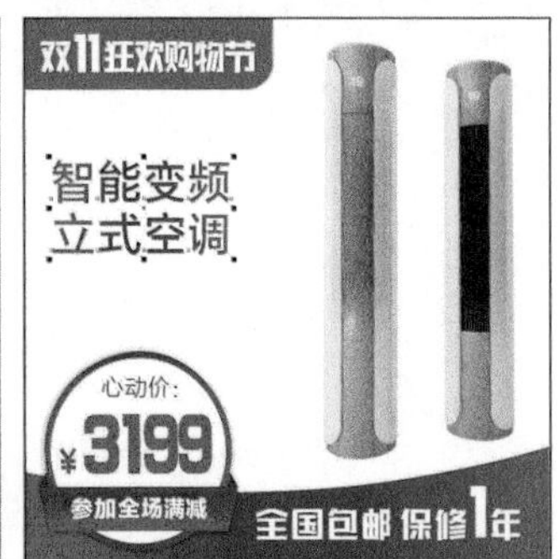

图17-61

![13] 参照步骤12，输入“收藏加购送好礼”字样，设置“字体”为“方正兰亭细黑”、“大小”为9pt、填充色为蓝色（R:27，G:105，B:249），效果如图17-62所示。绘制两条长度为271px的线条，移动到“收藏加购送好礼”文本对象的上下位置，设置轮廓色为蓝色（R:27，G:105，B:249），如图17-63所示。

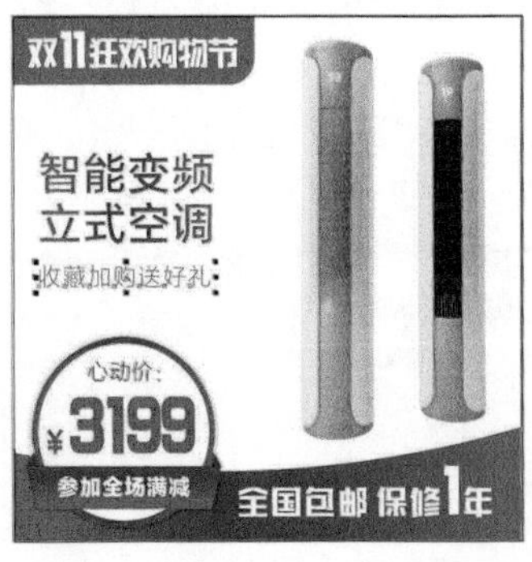

图17-62

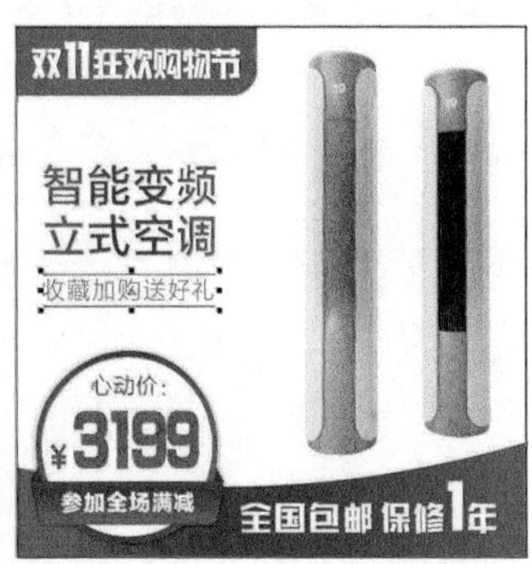

图17-63

![14] 选中底层的正方形，设置轮廓色为蓝色（R:27，G:105，B:249）、轮廓宽度为3pt、“位置”为“内部轮廓”，然后将正方形置于顶层，最终效果如图17-64所示。

图17-64

17.3 绘制网店商品详情页

扫码看视频

- 实例位置：实例文件>CH17>绘制网店商品详情页.cdr
- 素材位置：素材文件>CH17> 05.png~15.png、16.txt
- 视频名称：绘制网店商品详情页.mp4
- 实用指数：★★★★★
- 技术掌握：详情页的绘制方法

详情页的宽度为750px，一般不限制高度，色彩模式采用RGB模式。本案例绘制的详情页效果如图17-65所示。

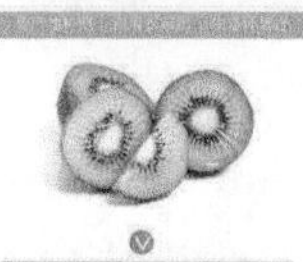

图17-65

01 新建RGB模式文档，使用“矩形”工具绘制一个宽度为750px、高度为2250px的矩形。使用“交互式填充”工具从上至下绘制渐变填充效果，设置渐变色位置0的颜色为绿色（R:126，G:180，B:19），设置位置100的颜色为浅绿色（R:170，G:220，B:93），如图17-66所示。

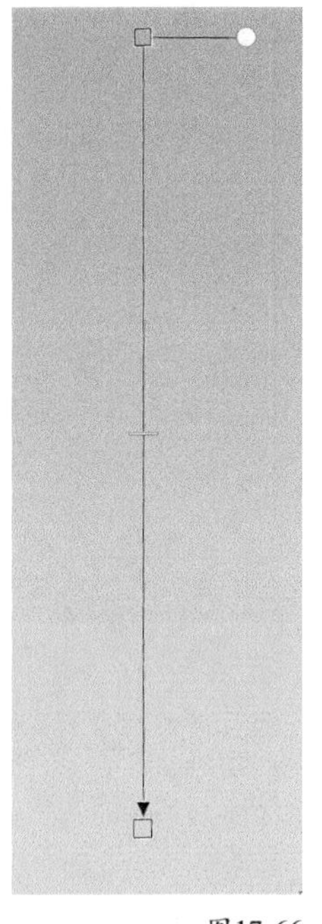

图17-66

02 使用“矩形”工具绘制一个宽度为750px、高度为1010px的矩形，设置填充色为浅绿色（R:170，G:220，B:93），将该矩形与底图顶部对齐，如图17-67所示。使用“透明度”工具添加椭圆形渐变透明度效果，设置起始透明度节点的透明度为0、终止透明度节点的透明度为100，如图17-68所示。设置透明度“合并模式”为“屏幕”，效果如图17-69所示。

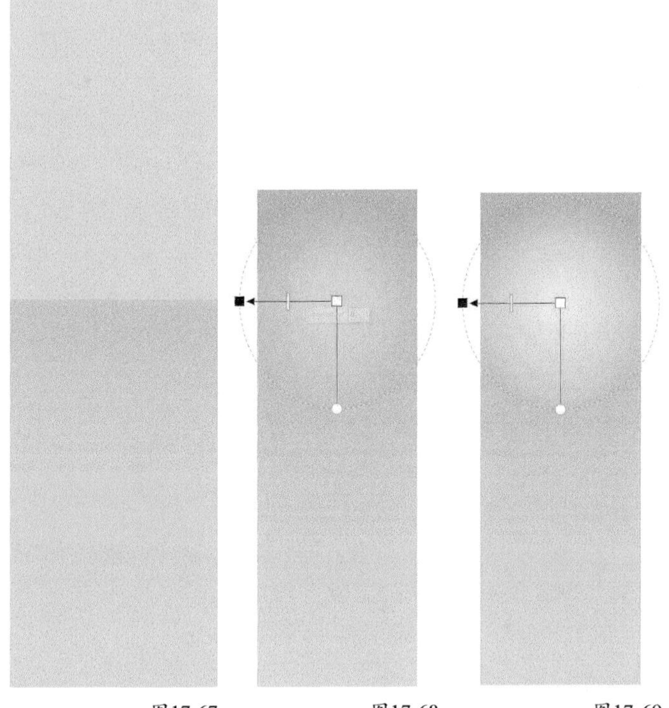

图17-67　　图17-68　　图17-69

03 导入“素材文件>CH17>05.png”文件，调整其宽度为750px，使其与底图顶部对齐。单击“透明度”工具，在属性栏中设置“合并模式”为“乘”，效果如图17-70所示。

图17-70

04 使用“文本”工具输入“优质奇异果”字样，设置“字体”为“方正字悦黑”、“大小”为24pt、填充色为白色。设置轮廓色为绿色（R:94，B:152，B:33）、轮廓宽度为0.75pt、“位置”为“外部轮廓”，效果如图17-71所示。使用“阴影”工具添加阴影效果，设置“阴影颜色”为绿色（R:94，B:152，B:33），如图17-72所示。输入Kiwifruit字样，设置“字体”为“方正字悦黑”、“大小”为9pt、填充色为白色，将其移动到“优质奇异果”文字上面，如图17-73所示。

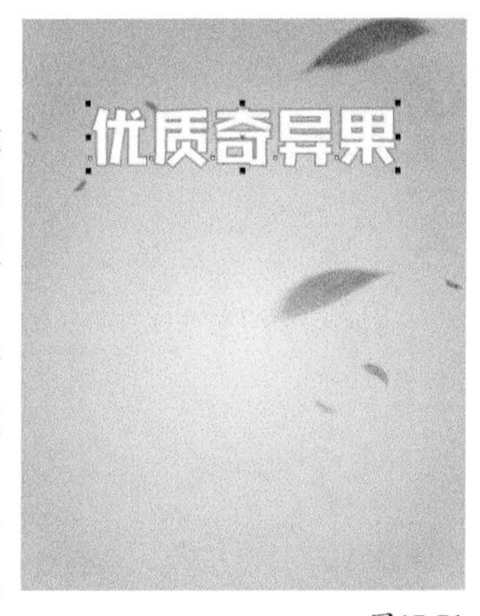

图17-71

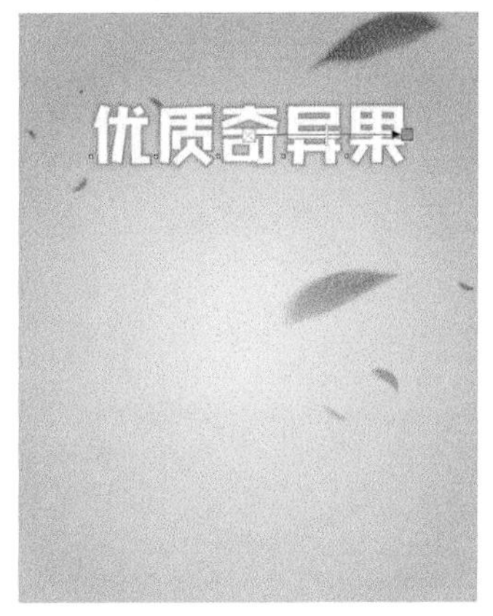

图17-72

图17-73

05 使用“矩形”工具绘制一个宽度为385px、高度为34px的矩形，设置填充色为深绿色（R:94，B:152，B:33）、轮廓色为白色，使用“形状”工具将矩形的顶点完全拖曳成圆角，如图17-74所示。使用“文本”工具输入“鲜嫩多汁·肉质细腻·酸甜可口”字样，设置“字体”为“方正兰亭细黑”、“大小”为5.5pt、填充色为白色，使其与刚才绘制的圆角矩形中心对齐，效果如图17-75所示。

图17-74

图17-75

06 导入“素材文件>CH17>06.png”文件，适当调整其大小，并与底图水平居中对齐。使用“文本”工具输入“√产地直供√品质上乘”字样，设置“字体”为“方正兰亭中黑”、“大小”为5.5pt，使其与底图水平居中对齐，如图17-76所示。

图17-76

07 选中奇异果位图，单击“阴影”工具，在属性栏的预设列表中选择“透视右上”选项，如图17-77所示。设置“合并模式”为“减少”、“阴影羽化”为15，效果如图17-78所示。

图17-77

图17-78

08 使用“手绘”工具绘制一条长度为750px的水平线条，如图17-79所示。使用“变形”工具添加“拉链变形”效果，在属性栏中设置“拉链振幅”为9、“拉链频率”为19，单击“平滑变形”按钮，效果如图17-80所示。

图17-79

图17-80

09 选中该线条，复制一个，向下移动约580px，垂直镜像。选中两条线条并合并，如图17-81所示。使用“形状”工具分别选中右侧和左侧的两个节点，在属性栏中单击“延长曲线使之闭合”按钮，生成闭合曲线，设置该闭合曲线的填充色为白色，如图17-82所示。

图17-81

图17-82

10 选中该闭合曲线，复制一个，向下移动一层，使用“形状”工具选中上部分的所有节点，向上微调6px；选中下部分的所有节点，向下微调6px，如图17-83所示。设置该对象的填充色为绿色（R:126，B:180，B:19），移除两个闭合曲线的轮廓色，如图17-84所示。

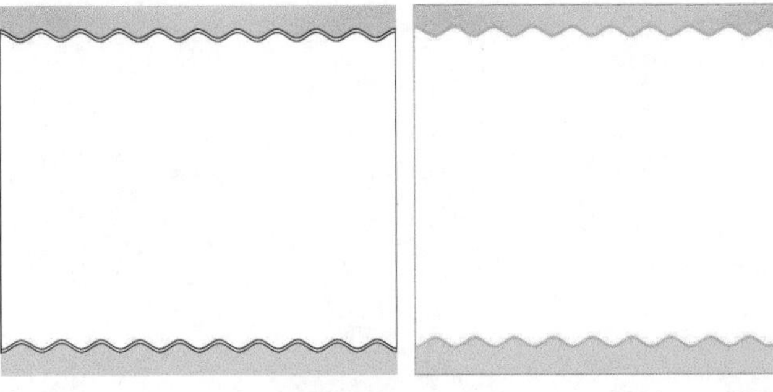

图17-83　图17-84

11 使用“矩形”工具绘制一个宽度为228px、高度为149px的矩形，设置轮廓色为绿色（R:126，B:180，B:19）、轮廓宽度为3pt，如图17-85所示。使用“文本”工具输入“产品参数”和“关于绿心奇异果”字样，设置填充色为绿色（R:126，B:180，B:19）。其中“产品参数”的“字体”为“方正兰亭特黑”，“大小”为10pt；“关于绿心奇异果”的“字体”为“方正兰亭细黑”，“大小”为5.7pt。绘制一个宽度为370pt、高度为34pt的矩形与文本对象水平居中对齐，如图17-86所示。

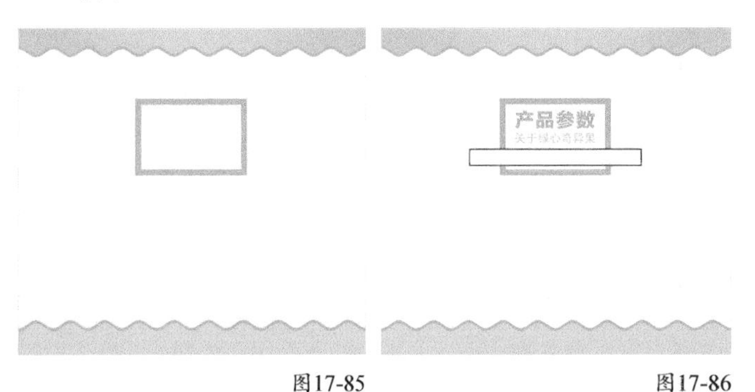

图17-85　　图17-86

12 输入PRODUCT PARAMETERS字样，设置“字体”为“方正兰亭细黑”、“大小”为6pt、填充色为绿色（R:126，B:180，B:19），使其与刚才绘制的矩形中心对齐，如图17-87所示。移除该矩形的轮廓色，如图17-88所示。

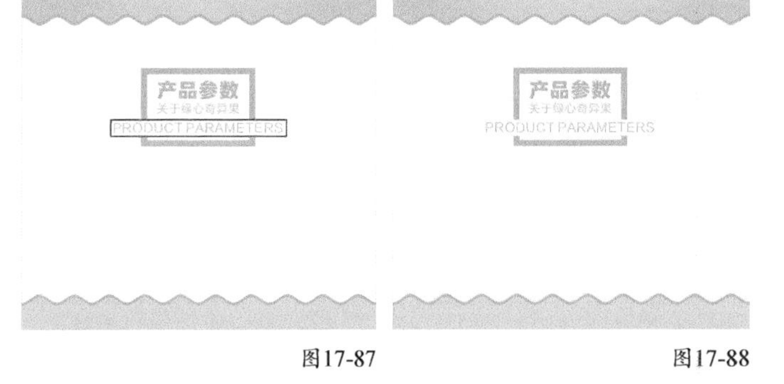

图17-87　　图17-88

13 导入“素材文件>CH17>07.png”文件，适当缩放其大小，并移动到底图的右侧，如图17-89所示。使用“文本”工具输入“产品名称 奇异果”字样，设置“大小”为6pt，然后分别设置“产品名称”的“字体”为“方正兰亭中黑”，“奇异果”的“字体”为“方正兰亭细黑”。使用“文本”工具选中“产品名称”，设置填充色为白色，在“文本”泊坞窗中设置“背景填充类型”为“均匀填充”、颜色为深绿色（R:94，G:152，B:33），如图17-90所示。

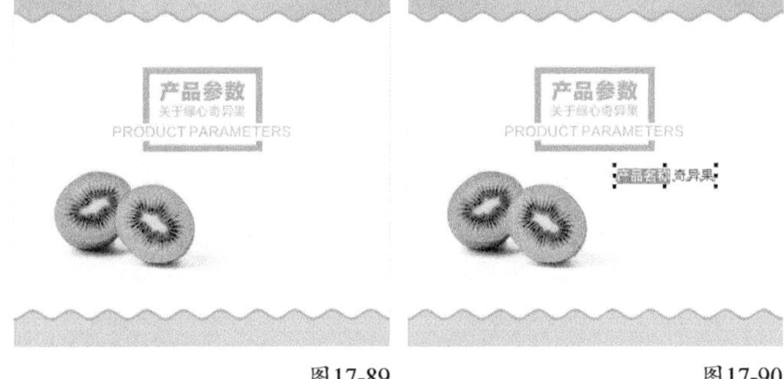

图17-89　　图17-90

14 参照步骤13，绘制文本对象的效果，如图17-91所示。输入“温馨提示：水果是新鲜短保食品，收到后请尽快食用”字样，设置“字体”为“方正兰亭细黑”、“大小”为4pt、填充色为深绿色（R:94，G:152，B:33）。选中该视图中除底图外的所有对象并组合，与底图中心对齐，如图17-92所示。

图17-91　　图17-92

15 将视图向下移动，使用“文本”工具输入“产地直供 品质上乘”字样，设置“字体”为“方正兰亭中黑”、“大小”为12pt、填充色为白色。使用“手绘”工具绘制一条长度为638px的水平线条，设置“线条样式”为虚线，选中这两个对象，与底图水平居中对齐，如图17-93所示。

图17-93

16 使用“矩形”工具绘制3个宽度为197px、高度为34px的圆角矩形，设置填充色为深绿色（R:94，G:152，B:33），如图17-94所示。然后在这三个矩形上分别输入字样，设置“字体”为“方正兰亭细黑”、“大小”为6pt、填充色为白色，如图17-95所示。

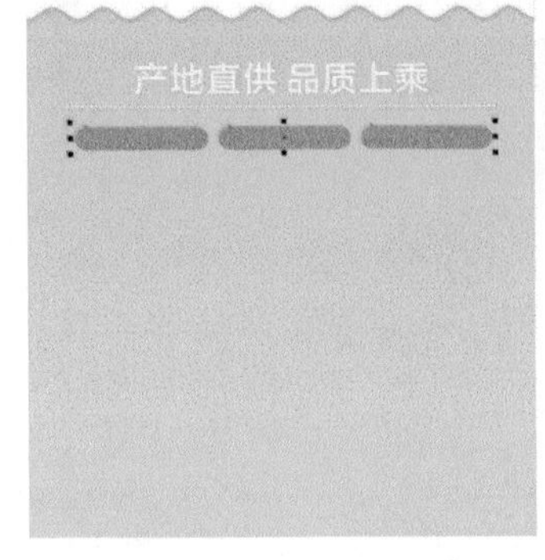

图17-94　　图17-95

17 使用“矩形”工具分别绘制一个宽度为416px、高度为276px和一个宽度为198px、高度为276px的矩形，设置这两个矩形的“圆角半径”为10px、轮廓色为白色，如图17-96所示。

图17-96

18 分别选中两个矩形，使用“轮廓图”工具添加“外部轮廓”，设置“轮廓偏移”为6px。添加完成后，分别拆分轮廓图，设置大的矩形的填充色为绿色（R:128，G:182，B:22）、轮廓色为白色，如图17-97所示。然后导入“素材文件>CH17>08.png、09.png”文件，将它们分别置入两个矩形中，如图17-98所示。

图17-97　　图17-98

19 使用“矩形”工具绘制一个宽度为750px、高度为645px的矩形，设置填充色为白色，转换为曲线，如图17-99所示。使用“形状”工具调整上下两边的弧度，如图17-100所示。

图17-99　　图17-100

20 使用“矩形”工具绘制一个宽度为577px、高度为47px的矩形，设置填充色为绿色（R:126，G:180，B:19）；移除轮廓色，使其与底图水平居中对齐，如图17-101所示。在绿色矩形上输入文字，设置“字体”为“方正兰亭细黑”、“大小”为6.5pt、填充色为白色，如图17-102所示。

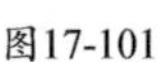

图17-101　　图17-102

21 导入“素材文件>CH17>10.png”文件，将其缩放至适当大小，并与底图水平居中对齐，如图17-103所示。使用“椭圆形”工具绘制一个直径为44px的圆形，设置“填充色”为深绿色（R:94，B:152，B:33）。输入>符号，设置“字体”为“方正兰亭中黑”、“大小”为10pt、填充色为白色，将其顺时针旋转90°，并与圆形中心对齐，如图17-104所示。

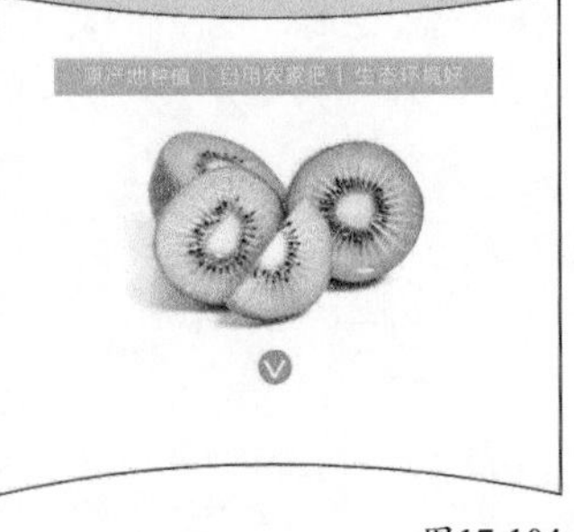

图17-103　　图17-104

22 输入“当季新鲜采摘　即时新鲜直供”字样，设置“字体”为“方正兰亭中黑”、“大小”为10pt、填充色为深绿色（R:94，B:152，B:33），使其与底图中心对齐，如图17-105所示。使用“手绘”工具在“当季新鲜采摘　即时新鲜直供”文本对象的上下各绘制一条长度为530px的线条，设置轮廓色为深绿色（R:94，B:152，B:33），调整视图中各对象的位置，如图17-106所示。

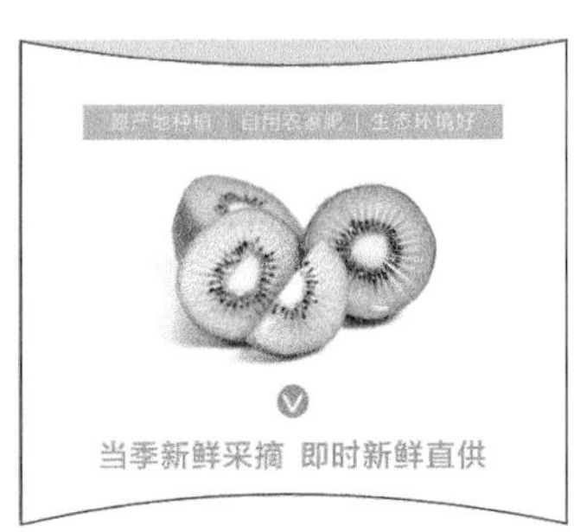

图17-105

图17-106

23 使用“矩形”工具绘制一个宽度为750px、高度为2400px的矩形，设置填充色为绿色（R:170，B:220，B:93），将其置于底层，移除轮廓色，向下延伸详情页的内容，如图17-107所示。

图17-107

24 参照步骤18，使用“矩形”工具和“轮廓图”工具绘制一个宽度为630px、高度为382px的插图外框，如图17-108所示。

图17-108

25 导入“素材文件>CH17>11.png”文件，适当其调整大小，并置入矩形中，如图17-109所示。使用“矩形”工具绘制一个宽度为194px、高度为120px的矩形，设置填充色为深绿色（R:94，B:152，B:33）、轮廓色为白色，将其移动至插图的左下角。使用“手绘”工具绘制一条长度为173px的线条，设置轮廓色为白色，使其与矩形中心对齐，如图17-110所示。

图17-109

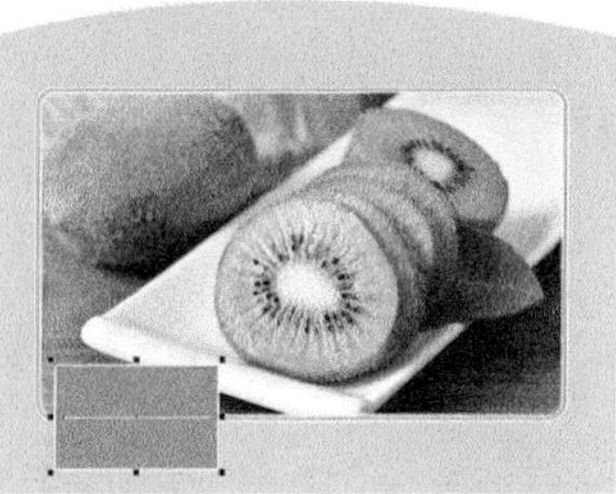

图17-110

26 使用“文本”工具输入“个大皮薄酸甜可口”字样，设置“字体”为“方正字悦黑”、“大小”为9.5pt、填充色为白色，使其与绿色矩形中心对齐，如图17-111所示。输入“自然成熟，生态绿色无污染。奇异果新鲜美味，果肉多汁而香甜！”字样，设置“字体”为“方正兰亭中黑”、“大小”为4.5pt，使其与绿色矩形底部对齐，如图17-112所示。

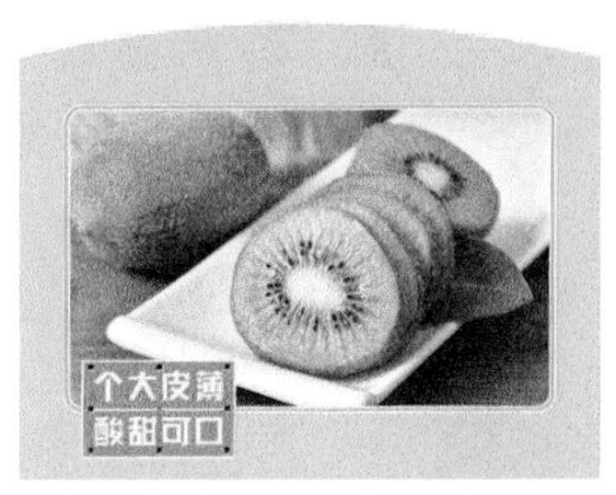

图17-111

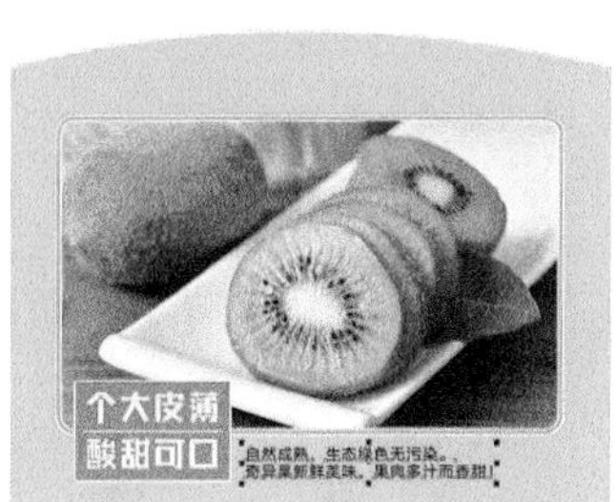

图17-112

27 选中在步骤26视图中除底图外的所有对象，向下复制3个，然后在每个对象之间绘制一条长度为637px的白色虚线线条，如图17-113所示。导入“素材文件>CH17>12.png、13.png、14.png”文件，将它们从上至下分别置入第2个、第3个和第4个图框中，如图17-114所示。

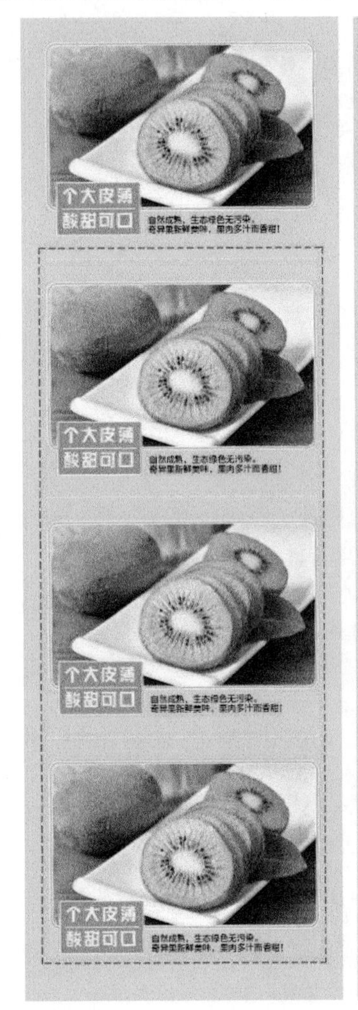

图17-113

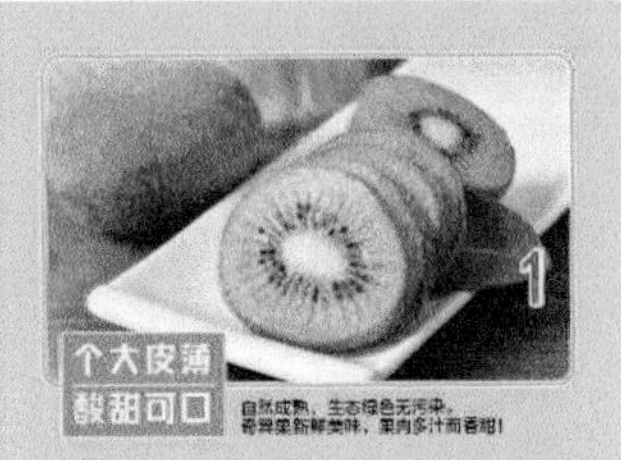

图17-114

28 分别替换文字，效果如图17-115~图17-117所示。

图17-115

图17-116

图17-117

29 将“产品参数”有关对象复制一个到详情页的底部，如图17-118所示。替换文字，删除其他对象，如图17-119所示。

图17-118

图17-119

30 导入“素材文件>CH17>15.png”文件，适当缩放其大小，并移动到底图的左侧。使用“文本”工具输入字样，设置“字体”为“方正兰亭细黑”、“大小”为6pt，如图17-120所示。

图17-120

31 在详情页底部，使用“矩形”工具绘制一个宽度为750px、高度为500px的矩形，使用“交互式填充”工具从上至下绘制渐变填充效果，设置渐变色位置0的颜色为绿色（R:126，G:180，B:19），设置位置100的颜色为浅绿色（R:170，G:220，B:93），将矩形置于底层，如图17-121所示。

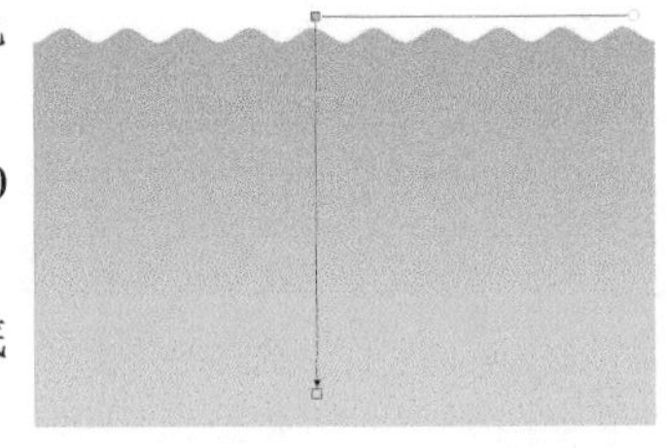

图17-121

32 输入“催熟小技巧”字样，设置“字体”为“方正兰亭中黑”、“大小”为12pt、填充色为白色，使用“手绘”工具绘制一条长度为638px的水平线条，设置“线条样式”为虚线，选中这两个对象，与底图水平居中对齐，如图17-122所示。

图17-122

33 复制“素材文件>CH17>16.txt”文件中的文本内容，使用“文本”工具绘制段落文本。设置该段落文本的“字体”为“方正兰亭中黑”、“大小”为5pt、填充色为白色；设置文本对齐方式为“全部调整”、“首行缩进”为50px，如图17-123所示。

图17-123

34 使用“矩形”工具绘制一个宽度为663px、高度为36px的圆角矩形，设置填充色为深绿色（R:94，B:152，B:33）。使用“文本”工具输入文字，设置“字体”为“方正兰亭细黑”、“大小”为5pt、填充色为白色，使其与圆角矩形中心对齐，如图17-124所示。最终效果如图17-125所示。

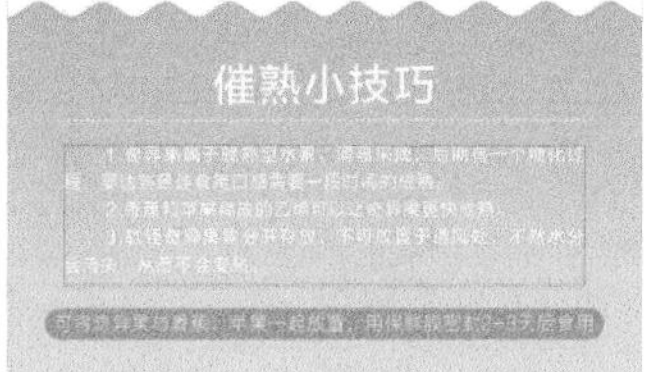

图17-124

图17-125

第18章

综合实例：印刷品设计篇

本章学习印刷品中常用的名片、折页、手提袋和包装盒的绘制，读者需要掌握印刷品的出血规则和工艺要求。

学习要点

18.1 设计精美商务名片

- 实例位置：实例文件>CH18>设计精美商务名片.cdr
- 素材位置：素材文件>CH18>01.cdr、02.cdr、03.png、04.cdr
- 视频名称：设计精美商务名片.mp4
- 实用指数：★★★★★
- 技术掌握：名片的绘制方法

扫码看视频

本案例绘制的名片效果如图18-1所示。

图18-1

01 新建文档，导入“素材文件>CH18>01.cdr”文件，如图18-2所示。输入“云科技”字样，设置“字体”为“方正坦黑”、“大小”为15pt、填充色为蓝色（C:76，M:25，Y:0，K:0）。将导入对象的高度调整为与文本对象相等并组合，如图18-3所示。接着输入“科技创新·永无止境”字样，设置“字体”为“方正兰亭黑”、“大小”为4.5pt、填充色为灰色（C:0，M:0，Y:0，K:60），使用“形状”工具适当调整字符间距，使其与组合水平居中对齐，完成名片中Logo的绘制，如图18-4所示。

图18-2

图18-3

图18-4

02 绘制一个宽度为94mm、高度为58mm的矩形，导入“素材文件>CH18>02.cdr”文件，将该文件置入刚才绘制的矩形中，如图18-5所示。执行“编辑PowerClip”命令，在图文框内选中刚才导入的文件，打开“颜色样式”泊坞窗，调整该对象的整体明度为207，如图18-6所示，完成编辑，如图18-7所示。

图18-5

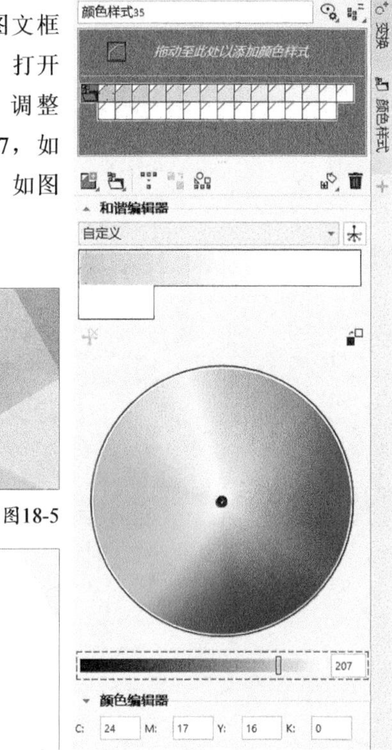

图18-7

图18-6

03 使用“矩形”工具绘制一个宽度为90mm、高度为54mm的矩形，设置轮廓色为红色（C:0，M:100，Y:100，K:0）。绘制一个宽度为80mm、高度为44mm的矩形，设置轮廓色为蓝色（C:100，M:0，Y:0，K:0），将两个矩形与底图中心对齐，如图18-8所示。

图18-8

技巧与提示

名片的出血一般为2mm，本案例中，以红色矩形代指“出血线”，实际工作中可以使用辅助线代替；以蓝色矩形代指留白线框，这两个矩形在最终成品设计稿中都将被删除，如图18-9所示。

图18-9

名片是比较常用的印刷品，常用名片规格如图18-10所示。

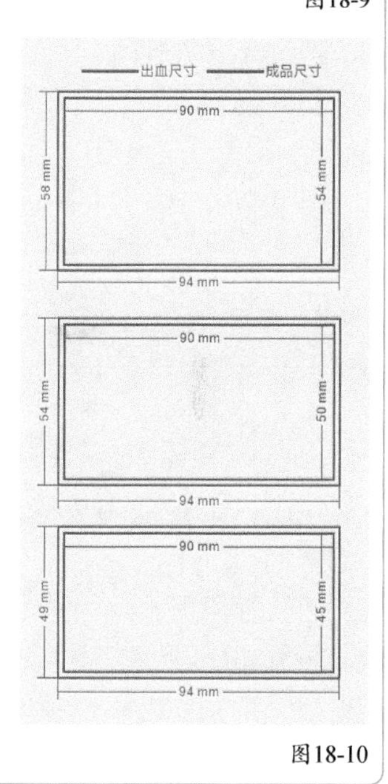

图18-10

04 将Logo与留白线框右上角对齐。导入“素材文件>CH18>03.png”文件，调整其大小为15.5mm×15.5mm，然后将其与留白线框右下角对齐，如图18-11所示。

图18-11

05 输入字样，分成3行，其中设置“张某某”文本的“字体”为“方正兰亭大黑”、“大小”为10pt；设置“市场部营销专员媒体事业部”文本的“字体”为“方正兰亭黑”、“大小”为6pt；然后将该文本对象与留白线框左侧对齐，如图18-12所示。

图18-12

06 输入文字，设置“字体”为“微软雅黑”、“大小”为8pt、填充色为蓝色（C:91，M:43，Y:0，K:0），使其与留白线框左对齐，如图18-13所示。导入“素材文件>CH18>04.cdr”文件，将该文件中的图标对象分别缩小至2.5mm×2.5mm，移动到图18-14所示的位置。

图18-13

图18-14

07 分别输入字样，设置“字体”为“方正兰亭黑”、“大小”为6pt，将各文本对象与相应的图标垂直居中对齐，如图18-15所示。

08 删除出血线与留白线框所对应的矩形，完成名片正面的绘制，如图18-16所示。

图18-15

图18-16

09 将底图对象复制到页面空白处，如图18-17所示。执行“编辑PowerClip”命令，选中图文框内的花纹对象，单击“透明度”工具，在属性栏中设置“合并模式”为“减少”，退出PowerClip。选中底图，设置填充色为蓝色（C:100，M:60，Y:0，K:0），如图18-18所示。

图18-17

图18-18

10 将Logo对象复制到蓝色底图上，调整宽度为25mm，设置填充色为白色，使其与底图水平居中对齐，如图18-19所示。

11 输入文字，设置“字体”为“方正兰亭黑”、“大小”为6pt、填充色为白色、“文本对齐”为居中对齐，然后将该文本对象与底图水平居中对齐。组合Logo和文本对象，与底图中心对齐，完成名片背面的绘制，如图18-20所示。

图18-19

图18-20

12 使用“矩形”工具绘制一个宽度为140mm、高度为180mm的矩形，移除轮廓色。使用“交互式填充”工具从左上角向右下角绘制渐变填充效果，设置渐变色位置0的颜色为冰蓝色（C:40，M:0，Y:0，K:0），设置位置100的颜色为白色。将名片的正反面移动到该矩形上，与其水平居中对齐，如图18-21所示。

13 将名片的正反面组合，使用“阴影”工具添加阴影效果，设置“合并模式”为“减少”，“阴影不透明度”为25，“阴影羽化”为5，设置“阴影偏移”x轴为2mm、y轴为 -2mm，最终效果如图18-22所示。

图18-21

图18-22

技巧与提示

本案例名片的印刷用纸可采用250~300g白卡纸或铜版纸，后道工序包括“覆膜”“烫金”“压纹”等工艺。名片一般两盒起印，每盒100张，多采用“拼版印刷”，价格比较实惠。

18.2 设计三折页

- 实例位置：实例文件>CH18>设计三折页.cdr
- 素材位置：素材文件>CH18>03.png、05.jpg、06.cdr、07.cdr、08.txt、09.jpg、10.jpg、11.jpg、12.jpg
- 视频名称：设计三折页.mp4
- 实用指数：★★★★★
- 技术掌握：三折页的绘制方法

扫码看视频

本案例绘制的三折页效果如图18-23所示。

图18-23

01 新建文档，绘制一个宽度为291mm、高度为216mm的矩形和一个宽度为95mm、高度为216mm的矩形，将两个矩形中心对齐，使用“形状”泊坞窗中的“简化”命令将这两个矩形拆分为98mm×216mm、95mm×216mm和98mm×216mm的3个矩形，如图18-24所示。

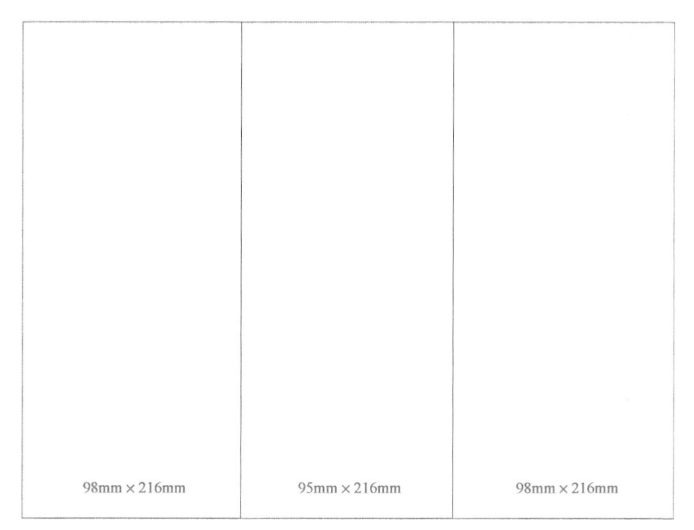

图18-24

技巧与提示

三折页的标准成品尺寸为285mm×210mm，每边出血为3mm，出血尺寸为291mm×216mm，每页折页的成品尺寸为95mm×210mm，如图18-25和图18-26所示，红色线框为出血线。正面从左至右依次为“内页1”“封底”“封面”，反面从左至右依次为“内页2”“内页3”“内页4”。

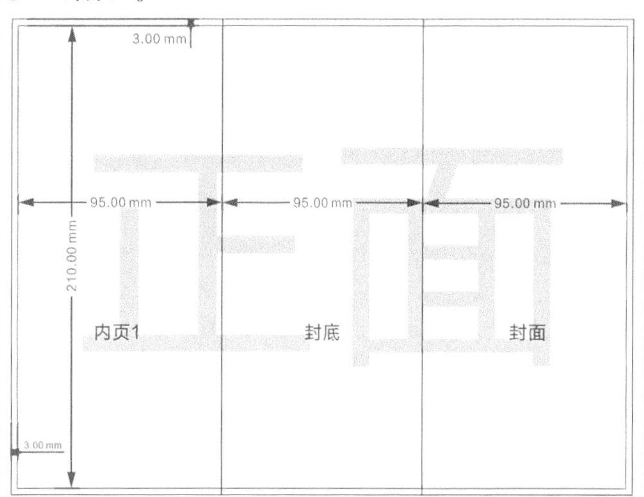

图18-25

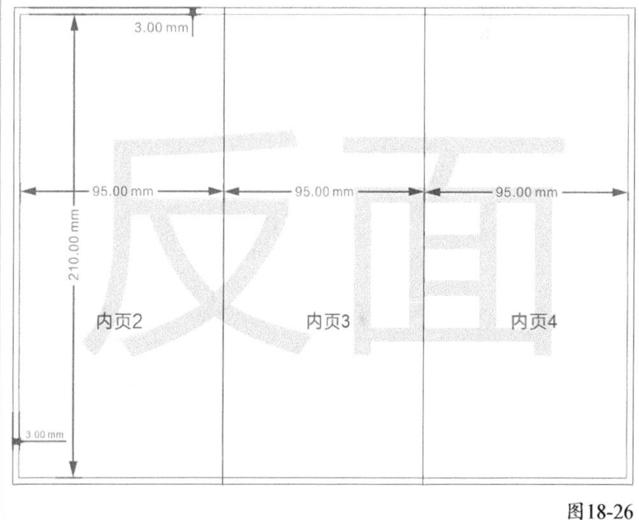

图18-26

三折页的印刷可采用128~200g铜版纸。

02 分别绘制一个95mm×125mm和一个98mm×125mm的矩形，与封底和封面顶部居中对齐，如图18-27所示。使用“多边形”工具绘制两个底边长为13mm的等边三角形，与刚才绘制的矩形底部相交，如图18-28所示。然后将两个三角形分别与对应的矩形进行“焊接”，如图18-29所示。

图18-27　图18-28

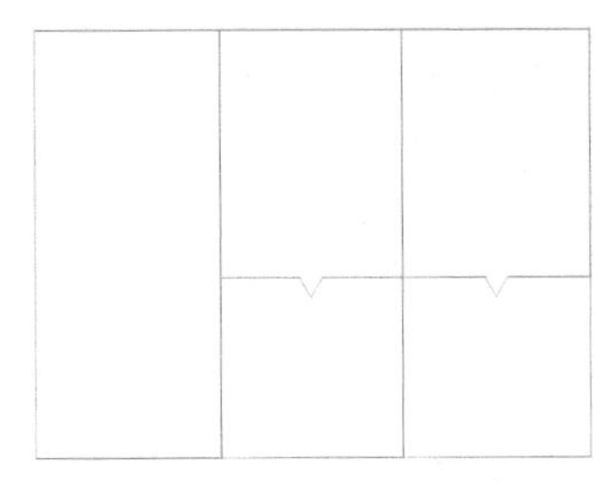

图18-29

03 合并刚才绘制的两个对象，导入“素材文件>CH18>05.jpg”文件，将位图置入其中，如图18-30所示。选中封面，设置填充色为蓝色（C:100，M:60，Y:0，K:0），如图18-31所示。

图18-30

图18-31

04 输入文字，设置填充色为白色，分成3行，文本对齐方式为“强制调整”。设置“产品服务手册”文本的“字体”为“方正兰亭中黑”、“大小”为30pt；设置Product Service文本的“字体”为“方正小标宋”、“大小”为24pt；设置MANUAL文本的“字体”为“方正兰亭特黑”、“大小”为36pt。将文本对象与封面水平居中对齐，如图18-32所示。

05 使用“手绘”工具绘制一条长度为66mm的白色线条，输入文字，设置“字体”为“方正兰亭细黑”、“大小”为11pt、填充色为白色。然后将对象移动到刚才绘制的文本对象下方，与其水平居中对齐，如图18-33所示。

图18-32

图18-33

06 选中上半部分的PowerClip对象，按快捷键Ctrl+K拆分成两个PowerClip对象。导入“素材文件>CH18>06.cdr”文件，将“科技创新·永无止境”对象的填充色设置为白色，适当缩小，移动到封面的左上角，完成封面的绘制，如图18-34所示。

07 输入文字，分成两行，设置“字体”为“方正兰亭细黑”、“大小”为11pt、填充色为白色。将该文本对象与封底水平居中对齐，与封面左上角的Logo对象顶部对齐，如图18-35所示。

图18-34

图18-35

08 分别输入[和]字符，设置“字体”为“宋体”、“大小”为24pt、填充色为白色，将这两个字符分别移动到刚才绘制的文本对象的左右两侧，如图18-36所示。

图18-36

09 复制Logo到封底的下部，缩放为适当的大小，将“科技创新·永无止境”对象的填充色设置为灰色（C:0，M:0，Y:0，K:60）。然后将封面中的“华东区江南某某云科技服务有限公司”复制到封底上，设置“大小”为10pt、填充色为黑色（C:0，M:0，Y:0，K:100）。将这两个对象与封底水平居中对齐，如图18-37所示。

图18-37

10 分别输入文字，设置“字体”为“方正兰亭黑”、“大小”为6pt，将各文本对象左对齐，如图18-38所示。导入“素材文件>CH18>07.cdr”文件，适当缩放每个图标的大小，将各图标与刚才绘制的文本对象垂直居中对齐，完成封底的绘制，如图18-39所示。

图18-38　　图18-39

11 在“内页1”上绘制一个宽度为14mm、高度为1.5mm的矩形，设置填充色为深灰色（C:0，M:0，Y:0，K:90）。绘制一个宽度为61mm、高度为3mm的矩形，设置填充色为蓝色（C:100，M:20，Y:0，K:0），将两个矩形垂直居中对齐，移除轮廓色。组合两个矩形，并与“内页1”水平居中对齐，与封底上部的文本对象顶部对齐，组合这两个对象，如图18-40所示。

图18-40

12 输入“关于我们”字样，设置“字体”为“方正兰亭中黑”、“大小”为14pt，将其与刚才的组合对象左对齐。使用“手绘”工具绘制一条长度为75mm的线条，设置“轮廓宽度”为1pt、轮廓色为灰色（C:0，M:0，Y:0，K:40），使其与“内页1”水平居中对齐，如图18-41所示。

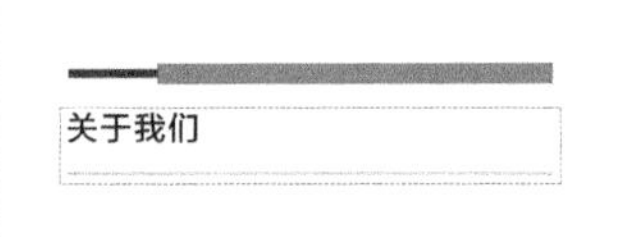

图18-41

13 绘制一个边长为7.5mm的正方形，设置填充色为蓝色（C:100，M:20，Y:0，K:0）、轮廓色为深蓝色（C:100，M:60，Y:0，K0），如图18-42所示。分别输入[和]字符，设置“字体”为“宋体”、“大小”为31pt、填充色为深蓝色，将字符分别移动到正方形的左右两侧，如图18-43所示。输入A字样，设置“字体”为“方正兰亭中黑”、“大小”为20pt、填充色为白色，使其与正方形中心对齐，组合这4个对象，完成“字母标题”的绘制，如图18-44所示。

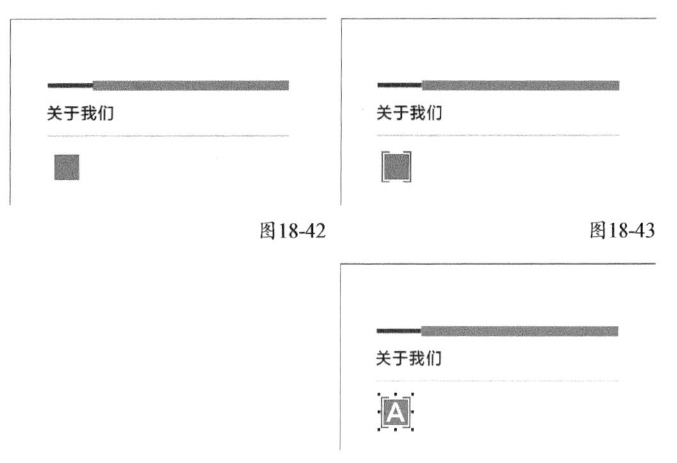

图18-42　　图18-43

图18-44

14 复制“素材文件>CH18>08.txt”中的文本内容，绘制段落文本框，将复制的文本内容粘贴至其中，设置文本框的大小为60mm×14mm，设置“字体”为“方正兰亭黑”、“大小”为7pt，将该段落文本与字母标题顶对齐，与刚才绘制的灰色线条右对齐，如图18-45所示。

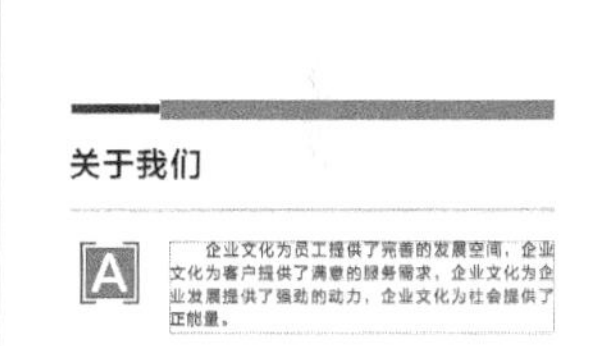

图18-45

15 将字母标题与段落文本向下复制5个，然后分别将正方形中的字母文本更改为B~F，如图18-46所示。将“关于我们”内容和矩形组复制到“内页1”的底部，然后将“关于我们”的文本更改为“关注 获取更多信息”，分成两行，如图18-47所示。导入“素材文件>CH18>03.png”文件，将其缩放为28mm×28mm，并与其他对象左侧对齐，完成“内页1”的绘制，如图18-48所示。

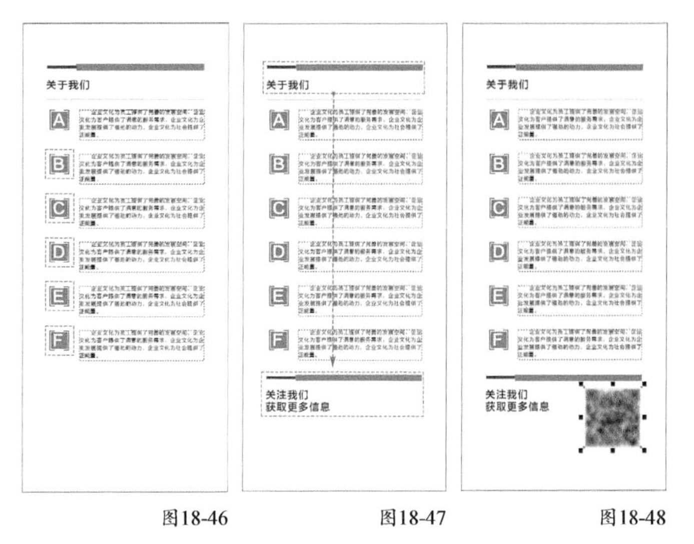

图18-46　　图18-47　　图18-48

16 选中封面上的所有对象，向左平移1.5mm，然后选中“内页1”上的所有对象，向右平移1.5mm，用以保证该折页上的对象与成品页面水平居中对齐，完成三折页正面的绘制，如图18-49所示。

图18-49

17 复制“正面”到页面空白处，删除封底和封面上的对象，删除“内页1”中有关二维码的对象，如图18-50所示。

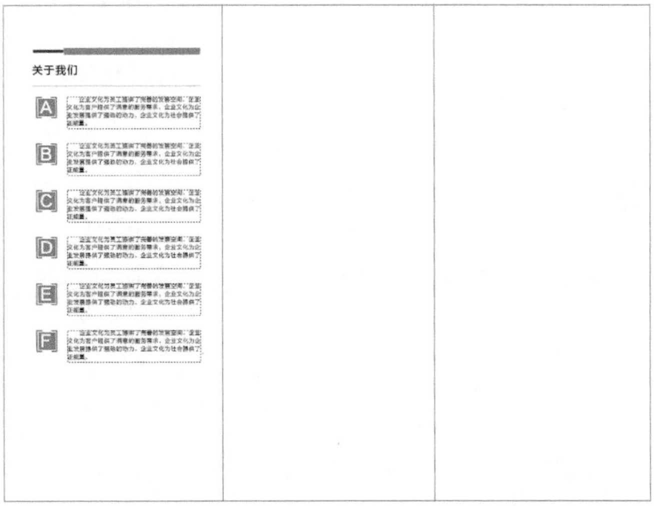

图18-50

18 绘制一个宽度为75mm、高度为30mm的矩形，使其与“内页2”中的对象水平中心对齐，调整该矩形与字母标题之间的垂直位置，如图18-51所示。

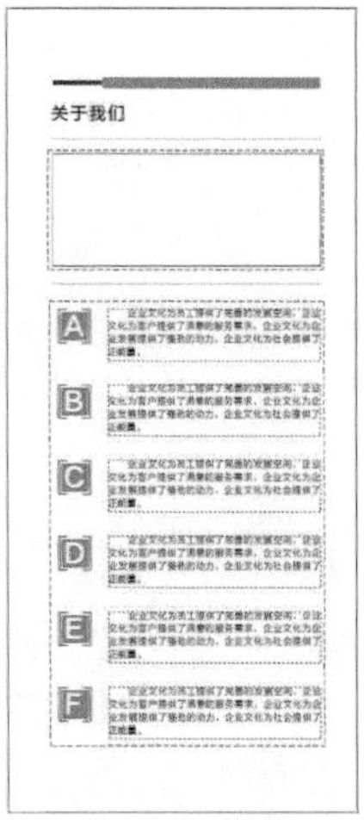

图18-51

19 将“内页2”上的对象分别复制到“内页3”和“内页4”上。在“内页3”上，绘制一个宽度为75mm、高度为73mm的矩形，然后删除C和D组合对象，调整“内页3”上各对象之间的垂直位置，如图18-52所示。参照此方法，在“内页4”上绘制一个宽度为75mm、高度为94mm的矩形，如图18-53所示。

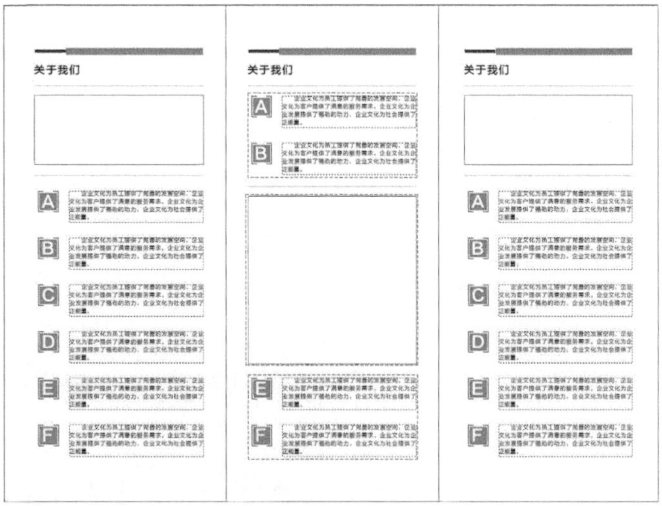

图18-52

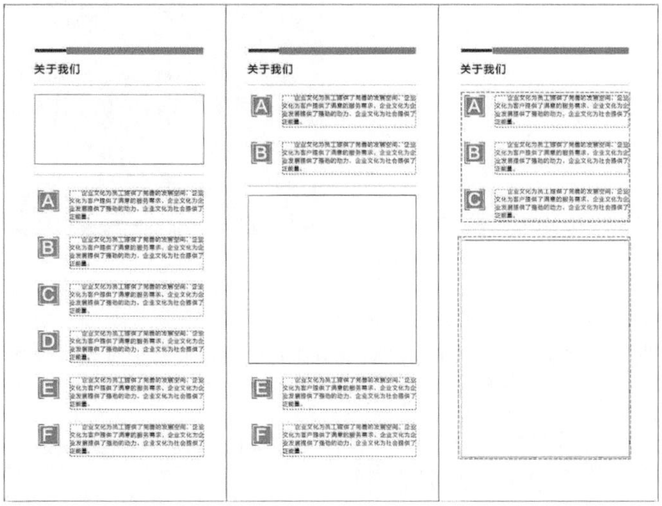

图18-53

20 将3个“关于我们”分别修改为“研发团队”“销售团队”“管理团队”，如图18-54所示。导入“素材文件>CH18>09.jpg~11.jpg”文件，分别将这3个位图置入“内页2”“内页3”“内页4”上的矩形中，完成三折页反面的绘制，如图18-55所示。

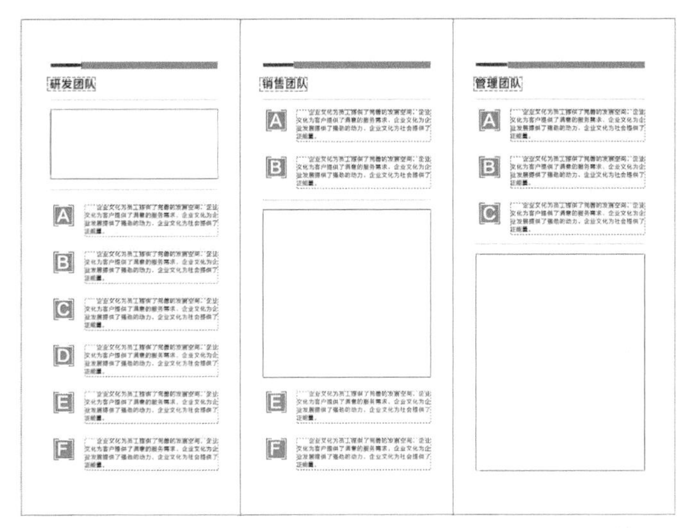

图18-54

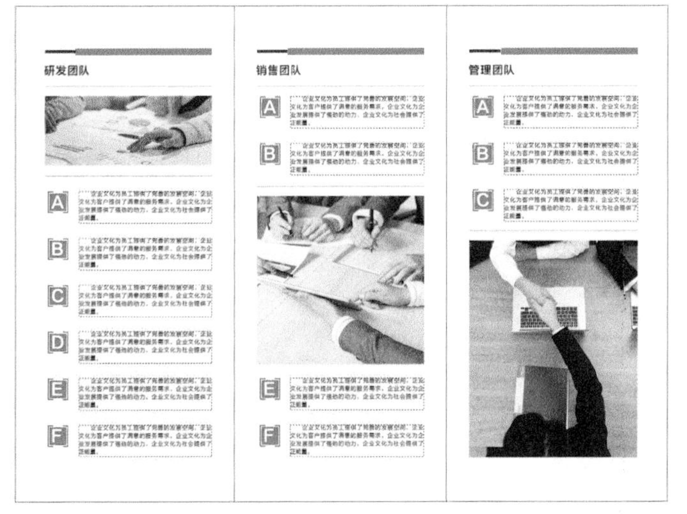

图18-55

21 导入“素材文件>CH18>12.jpg”文件，将封面复制到该位图上，然后将封面转换为位图，如图18-56所示。

22 选中封面位图对象，执行“对象>透视点>添加透视”菜单命令，调整透视对象上的4个顶点，使之符合效果图中的造型，单击“透明度”工具，在属性栏选择“合并模式”为“乘”，如图18-57所示。

图18-56 图18-57

23 参照步骤21，将“内页1”放置到效果图中，如图18-58所示。然后将“内页2”放置到效果图中，如图18-59所示。

图18-58 图18-59

24 使用同样的方法，将“内页3”放置到对应的效果图上，如图18-60所示。复制“页面1”对象，选中“页面1”和“页面3”，在属性栏中单击“移除后面对象”按钮，效果如图18-61所示。然后将“页面3”的透明度“合并模式”设置为“乘”，最终效果如图18-62所示。

图18-60

图18-61 图18-62

18.3 设计手提袋

- 实例位置：实例文件>CH18>设计手提袋.cdr
- 素材位置：素材文件>CH18>03.png、13.png、14.png、15.png、16.pdf、17.png、18.png
- 视频名称：设计手提袋.mp4
- 实用指数：★★★★★
- 技术掌握：手提袋的绘制方法

扫码看视频

本案例绘制的手提袋效果如图18-63所示。

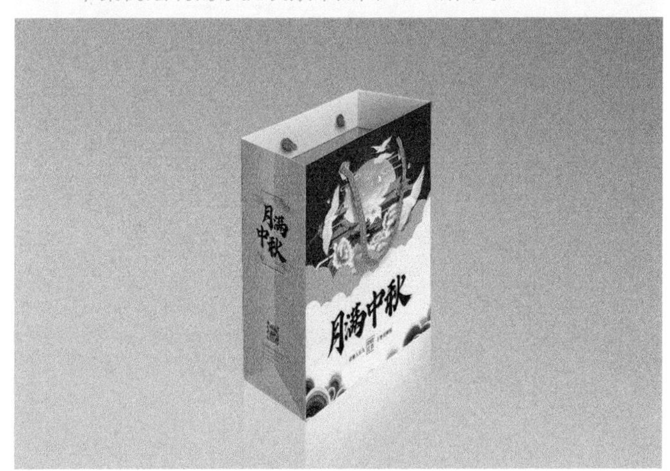

图18-63

01 新建一个空白文档，使用“矩形”工具绘制一个宽度为210mm、高度为250mm的矩形，再使用“椭圆形”工具绘制若干个圆形，如图18-64所示。

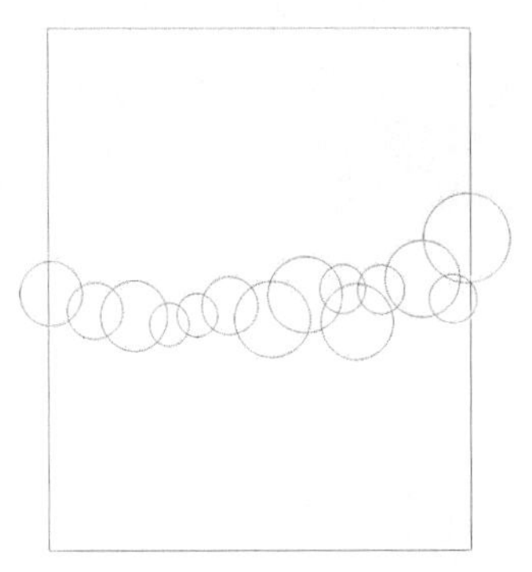

图18-64

02 选中全部圆形，在属性栏中单击“焊接”按钮，生成闭合曲线，如图18-65所示，使用“形状”工具调整闭合曲线上的节点，如图18-66所示。

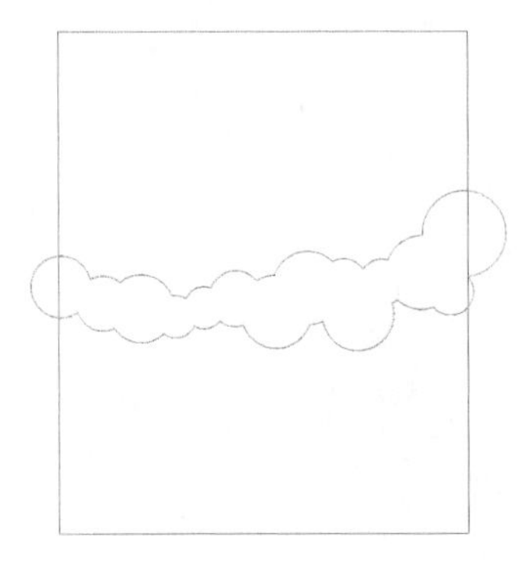

图18-65

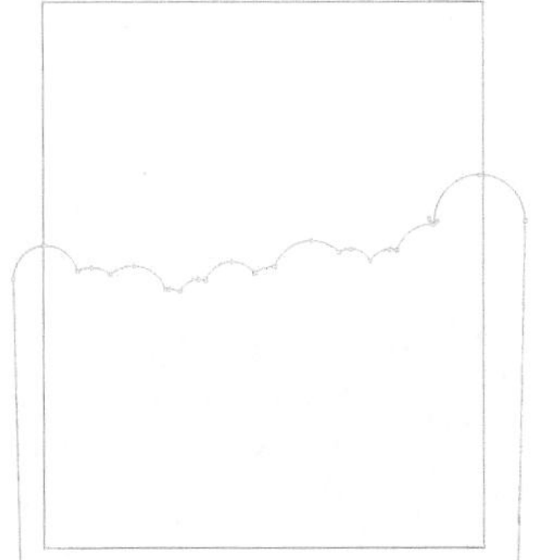

图18-66

03 参照步骤1~3，再绘制一个闭合曲线对象，如图18-67~图18-69所示。

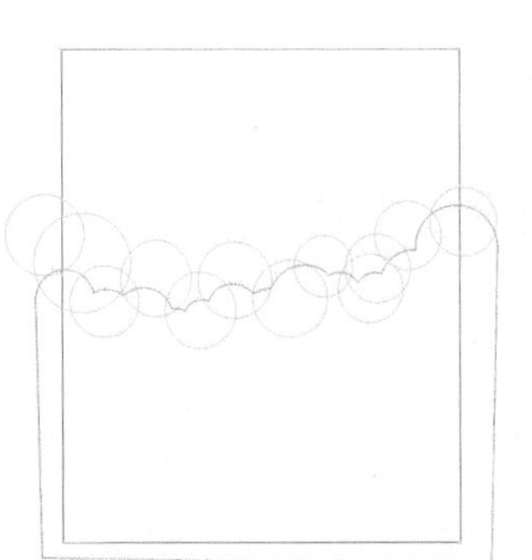

图18-67

图18-68

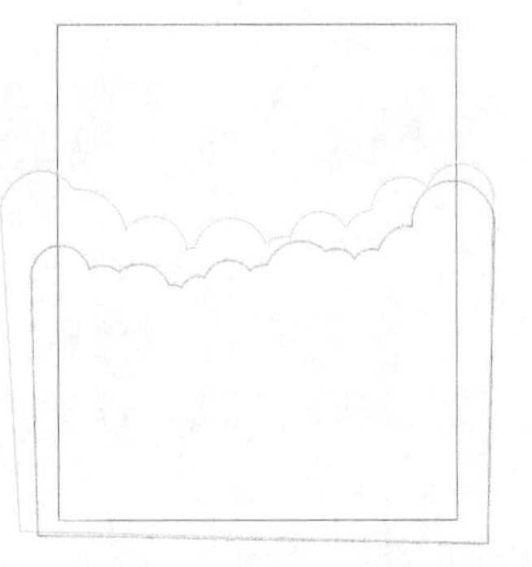

图18-69

04 将两个闭合曲线对象置入矩形中，执行“编辑PowerClip”命令，选中第1个闭合曲线对象，使用“交互式填充”工具从上至下绘制渐变填充效果，设置渐变色位置0的颜色为淡黄色（C:0，M:,0，Y:20，K:0），设置位置100的颜色为白色，如图18-70所示。设置第2个闭合曲线对象的填充色为金色（C:0，M:20，Y:60，K:20），效果如图18-71所示。

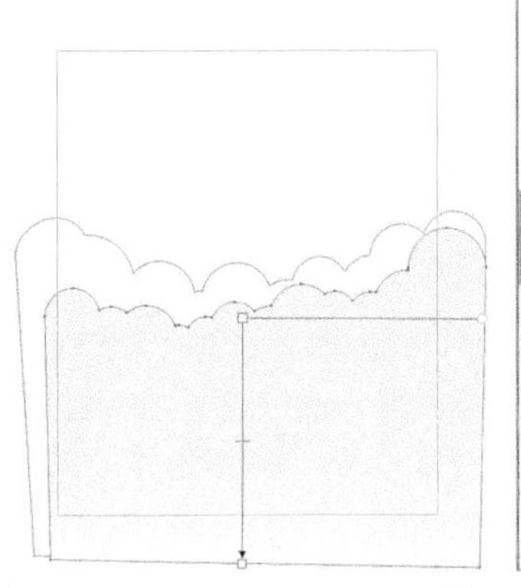

图18-70

图18-71

05 选中矩形，设置填充色为深蓝色（C:99，M:89，Y:63，K:45），导入“素材文件>CH18>13.png”文件，将其置入矩形中，执行“编辑PowerClip”命令，将该位图置于底层，如图18-72所示。

图18-72

06 导入“素材文件>CH18>14.png”文件，将其置入矩形中，对象顺序位于星光位图的上一层，如图18-73所示。导入“素材文件>CH18>15.png”文件，将其置入矩形中，执行“编辑PowerClip”命令，将彩云移动到底部，复制一个，如图18-74所示，效果如图18-75所示。

图18-73

图18-74

图18-75

07 在底图上输入“月满中秋”字样，设置“字体”为“方正字迹龙吟体”，如图18-76所示。按快捷键Ctrl+K解组文本对象，设置“月”的“大小”为138pt、“满”的“大小”为116pt、“中”的“大小”为120pt、“秋”的“大小”为138pt，设置所有文本对象的填充色为四色黑（C:100，M:100，Y:100，K:100），适当调整单个文本对象的水平距离，将所有文本对象组合，与底图垂直居中对齐，如图18-77所示。

图18-76

图18-77

08 输入“中秋佳节”字样，分成两行，设置“字体”为“方正时代宋”、“大小”为16pt、填充色为红色（C:0，M:100，Y:100，K:0），将文字移动到“月满中秋”的下方，并与其水平居中对齐，如图18-78所示。导入“素材文件>CH18>16.pdf”文件，调整其大小为13.5mm×14.5mm，与“中秋佳节”对象中心对齐，如图18-79所示。

图18-78

图18-79

09 输入文字，设置“字体”为“方正时代宋”、“大小”为14pt，使其与“中秋佳节”文本对象中心对齐，完成手提袋正面的绘制，如图18-80所示。

图18-80

10 绘制一个宽度为98mm、高度为250mm的矩形，设置填充色为金色（C:0，M:20，Y:60，K:20），将其移动到手提袋正面的右侧，贴边对齐，如图18-81所示。

图18-81

11 导入“素材文件>CH18>17.png”文件，调整其大小为67mm×86mm，移动到金色矩形上，单击“透明度”工具，在属性栏中设置“合并模式”为“乘”，如图18-82所示。复制“月满中秋”组合对象到金色矩形上，适当调整大小和位置，如图18-83所示。

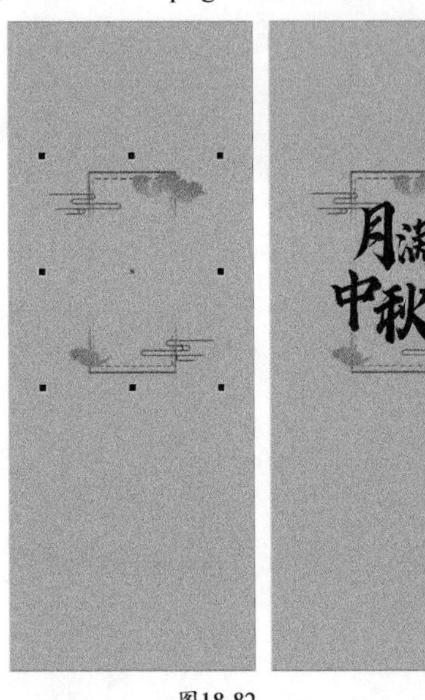

图18-82　　图18-83

12 导入“素材文件>CH18>03.png”文件，调整其大小为20mm×20mm，移动到金色矩形的下部，使其与金色矩形水平居中对齐，如图18-84所示。输入文字，设置“字体”为“方正兰亭黑”、“大小”为7pt、“文本对齐”方式为“左对齐”，然后移动文字到二维码下方，与其水平居中对齐，完成手提袋侧面的绘制，如图18-85所示。

图18-84

图18-85

13 选中正面和侧面，向右贴边复制，移除底图的轮廓色，完成手提袋画面的绘制，如图18-86所示。

图18-86

14 绘制手提袋的压痕线。将手提袋画面复制到页面空白处，删除其中的其他元素，仅保留矩形，如图18-87所示。

图18-87

技巧与提示

本案例中的手提袋是自折叠开口管式盒，通过折叠和粘贴就能制成手提袋。“压痕”即“折叠痕”，是用来将纸张折叠成手提袋的折印，压痕通过压痕机进行制作。

15 选中4个矩形，使用“变换”泊坞窗功能，垂直向上镜像复制，调整其高度为35mm，完成勒口的绘制，如图18-88所示。

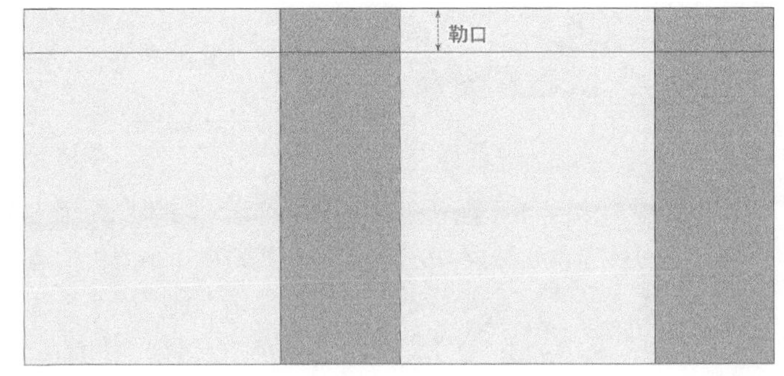

图18-88

16 选中左侧的两个矩形，使用“变换”泊坞窗功能，水平向左镜像复制，调整其宽度为20mm，完成糊口的绘制，如图18-89所示。

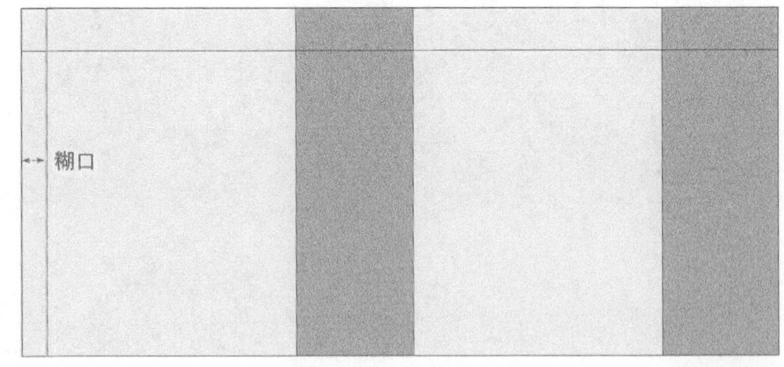

图18-89

17 选中中间的5个矩形，使用“变换”泊坞窗功能，垂直向下镜像复制，调整其高度为68mm，完成包底的绘制，如图18-90所示。

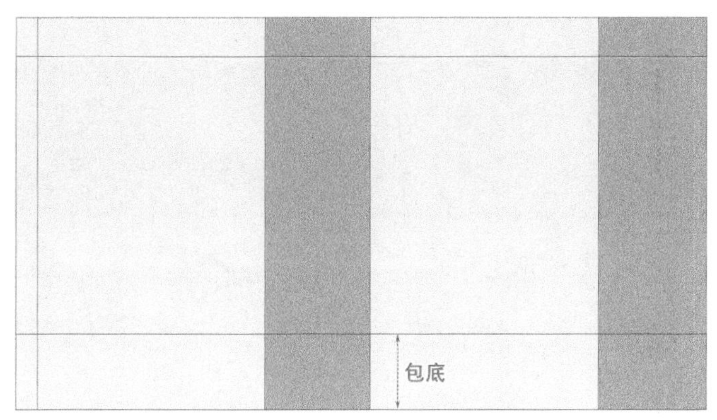

图18-90

18 绘制两条长度为353mm的垂直线条，分别与侧面水平居中对齐，如图18-91所示。

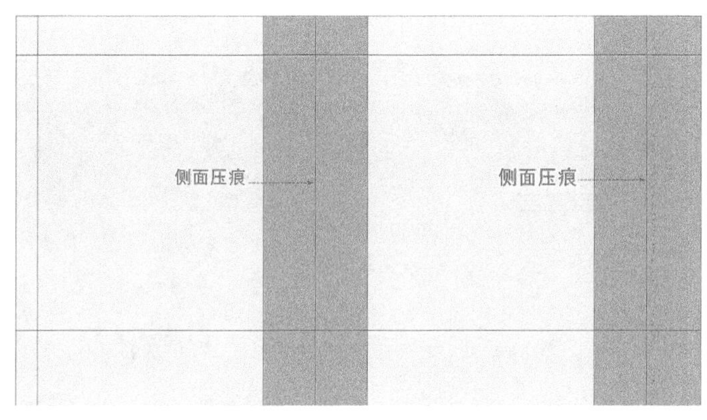

图18-91

19 选中下面的5个矩形，使用“变换”泊坞窗功能，垂直向上镜像复制，调整其高度为50mm，如图18-92所示。

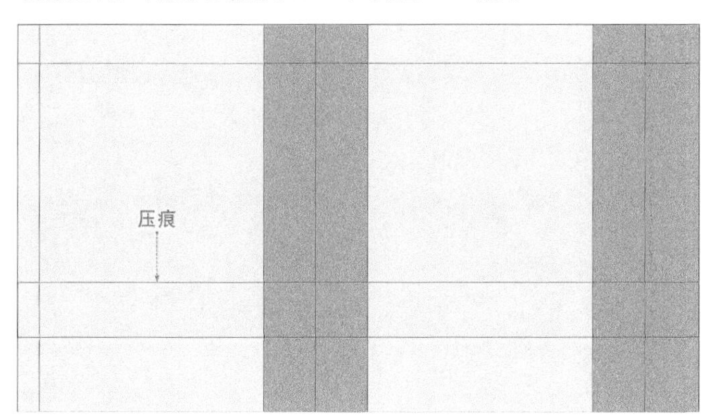

图18-92

20 在中间位置绘制一个宽度为49mm、高度为50mm的直角三角形，使其与侧面压痕左侧对齐，与包底压痕底部对齐，如图18-93所示。选中该直角三角形，复制出7个，与相应的压痕对齐，如图18-94所示。

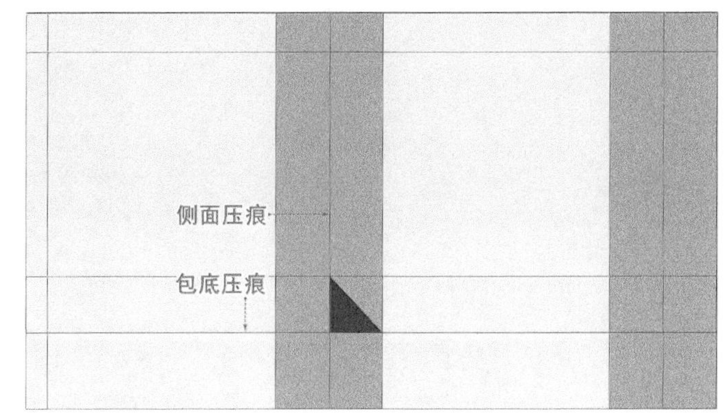

图18-93

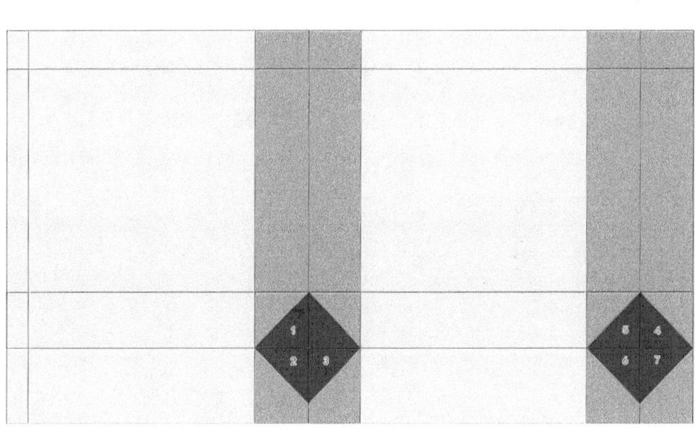

图18-94

21 在底部位置绘制一个宽度为115.64mm、高度为118mm的直角三角形，使其与侧面压痕右侧对齐，与底边底部对齐，如图18-95所示。然后选中该直角三角形，复制出两个，与相应的压痕对齐，如图18-96所示。

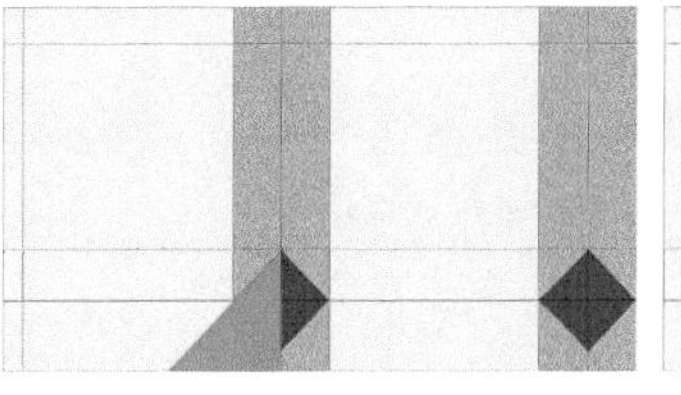

图18-95

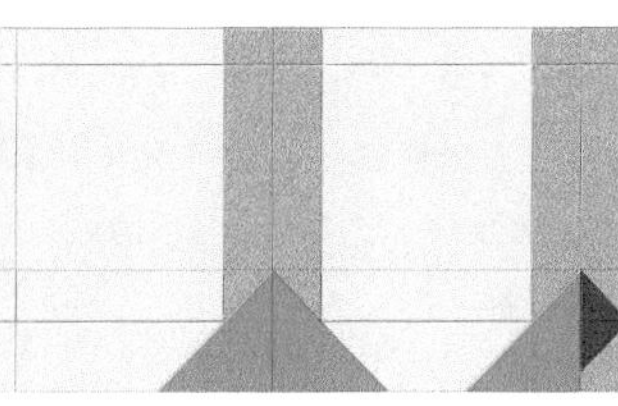

图18-96

22 在底部位置绘制一个宽度为66.64mm、高度为68mm的直角三角形，使其与糊口压痕左侧对齐，与底边底部对齐，如图18-97所示。

图18-97

23 绘制两个直径为4mm的圆形，调整圆形与勒口压痕的垂直距离为18mm，圆形之间的水平距离为96mm，然后组合两个圆形，使其与正面水平居中对齐。复制到另外一个正面上，如图18-98所示。

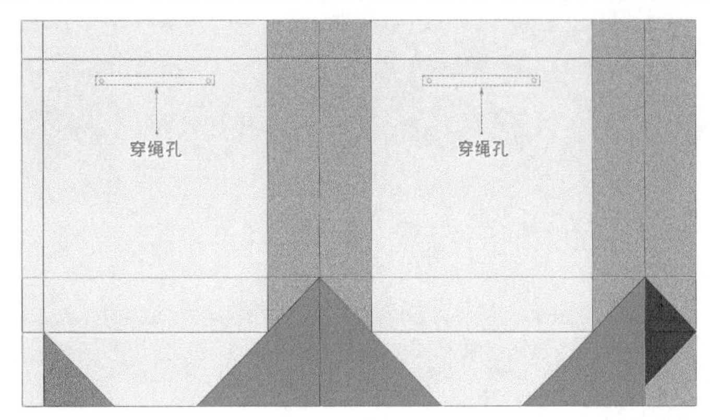

图18-98

24 选中视图内所有对象，移除填充色。单击属性栏中的“创建边界”按钮，然后选中新创建的对象，使用“轮廓图”工具绘制一个3mm的外部轮廓，解组该轮廓图，设置外层的矩形的轮廓色为红色（C:0，M:100，Y:100，K:0），在本案例中代表出血尺寸，完成压痕线的制作，如图18-99所示。

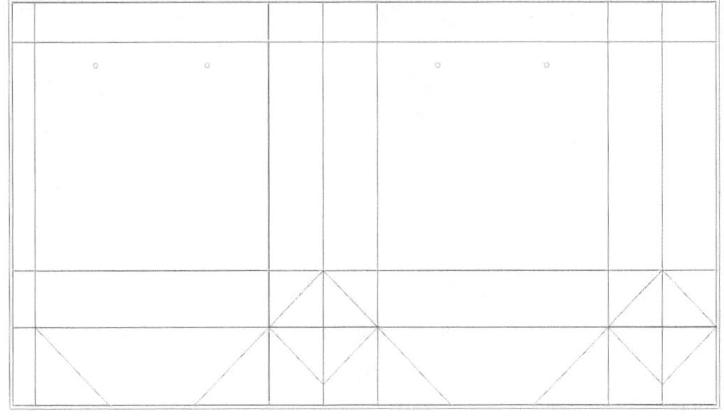

图18-99

技巧与提示

在实际的工作中，压痕线轮廓色需转换为自定义专色，并且需添加“角线”等印刷辅助线，该工序可由印前设计师操作，本案例中省略。

25 复制步骤13所绘制的手提袋画面，使用“形状”工具调整4个矩形的轮廓，向外延伸3mm，将该画面调整为622mm×256mm，如图18-100所示。将刚才绘制的压痕线与画面的成品尺寸对齐，完成手提袋设计稿的绘制，如图18-101所示。

图18-100

图18-101

26 导入“素材文件>CH18>18.png”文件，将正面和侧面分别移动到位图上，然后执行“位图>转换为位图”菜单命令。将其分别转换为位图，如图18-102所示。

图18-102

27 执行“对象>透视点>添加透视”菜单命令，将上一步导入的正面和侧面图分别调整为纸袋中的合适造型，如图18-103所示。单击“透明度”工具，在属性栏中设置“合并模式”为“乘”，效果如图18-104所示。

图18-103　　图18-104

28 将底图复制到页面空白处，使用“形状”工具裁切出穿绳区域的位图，如图18-105所示。在属性栏中单击“描摹位图>轮廓描摹>高质量图像”按钮，生成描摹的矢量对象，然后删除其他对象，只保留穿绳对象，如图18-106所示。选中穿绳对象，在属性栏中单击“创建边界”按钮，删除其他对象，仅保留穿绳的轮廓图，如图18-107所示。

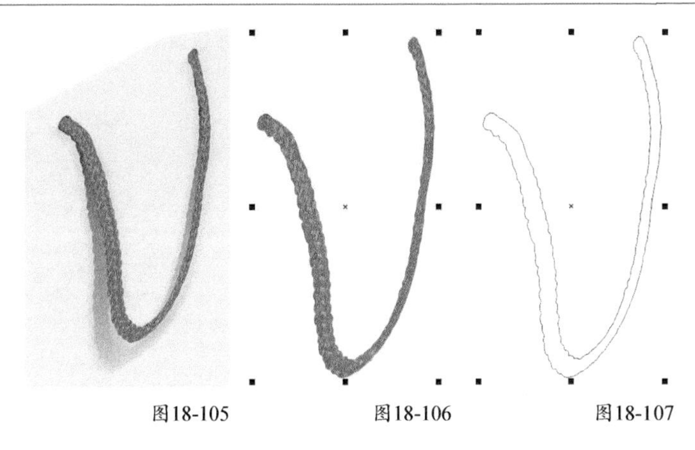

图18-105　　图18-106　　图18-107

29 将刚才绘制的轮廓对象，移动到效果图中的穿绳位置，如图18-108所示。加选手提袋正面，在属性栏中单击“移除前面对象”按钮，最终效果如图18-109所示。

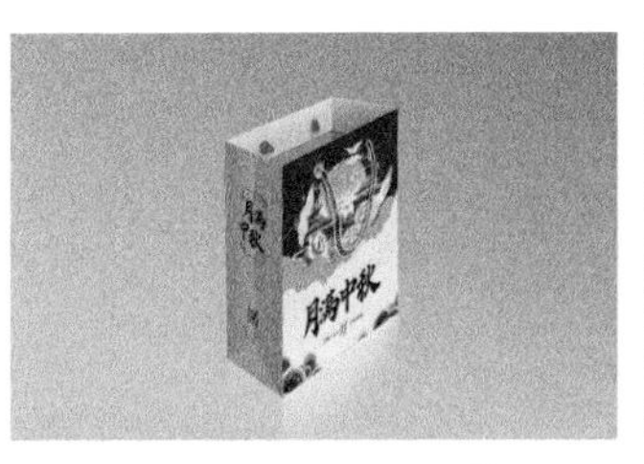

图18-108

图18-109

技巧与提示

本案例手提袋可采用200~300g铜版纸（单铜）或牛皮纸制作，表面工艺可以采用覆光膜和专色套印等工艺。

18.4 设计包装盒

- 实例位置：实例文件>CH18>设计包装盒.cdr
- 素材位置：素材文件>CH18>19.png、20.pdf、21.png
- 视频名称：设计包装盒.mp4
- 实用指数：★★★★★
- 技术掌握：包装盒的绘制方法

扫码看视频

本案例绘制的包装盒效果如图18-110所示。

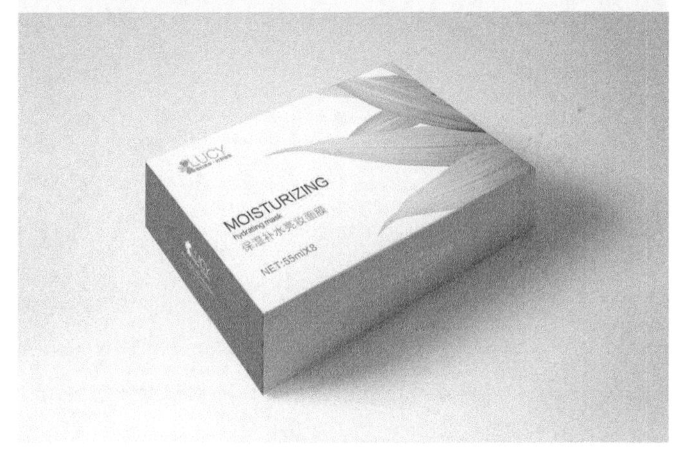

图18-110

01 新建文档，绘制一个宽度为210mm、高度为135mm的矩形，设置填充色为浅黄色（C:0，M:0，Y:20，K:0）。导入“素材文件>CH18>19.png”文件，将位图置入矩形中，执行“编辑PowerClip”命令，复制绿叶对象，适当调整位置和大小，如图18-111所示。完成编辑，效果如图18-112所示。

图18-111

图18-112

02 输入文字，分成两行，设置“字体”均为“方正兰亭黑”，其中MOISTURIZING的“大小”设置为29pt，hydrating mask的“大小”设置为14.5pt，如图18-113所示。

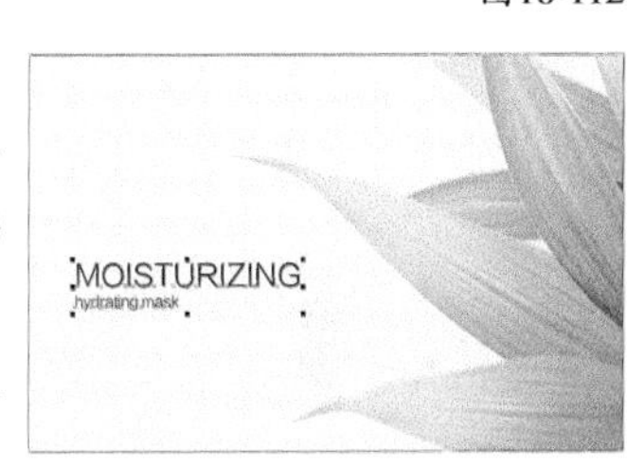

图18-113

03 继续输入文字，设置“字体”为“方正兰亭细黑”、“大小”为22pt、填充色为绿色（C:60，M:0，Y:40，K:40），将该文本对象与上面的文本对象左侧对齐，如图18-114所示。输入NET:55mlX8字样，设置“字体”为“方正兰亭细黑”、“大小”为17pt，与上面的文本对象左侧对齐，如图18-115所示。

图18-114

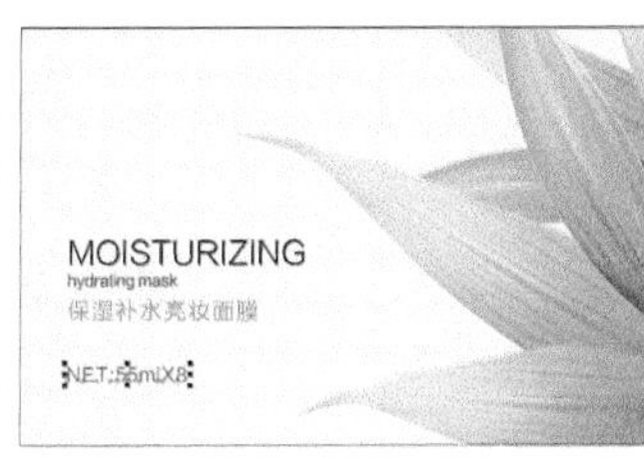

图18-115

04 输入LUCY字样，设置“字体”为“方正兰亭细黑”、“大小”为30.5pt、填充色为浅绿色（C:60，M:0，Y:40，K:20），如图18-116所示。接着输入“每时美妆・时刻绽放”字样，设置“字体”为“方正兰亭中黑”、“大小”为8.5pt、填充色为深灰色（C:0，M:0，Y:0，K:80），将其与LUCY字样水平居中对齐，如图18-117所示。使用“常见的形状”工具绘制3个心形，使其总高度为12.5mm，与刚才绘制的文本对象垂直居中对齐，如图18-118所示。设置最左侧心形的填充色为淡绿色（C:40，M:0，Y:40，K:0），设置另外两个心形的填充色为浅绿色（C:60，M:0，Y:40，K:20），移除轮廓色，如图18-119所示。将该Logo中的所有对象组合，移动到底图的左上角，与先前绘制的文本对象左侧对齐，完成包装盒底面的绘制，如图18-120所示。

LUCY

图18-116

LUCY
每时美妆·时刻绽放

图18-117

图18-118

图18-119

图18-120

05 绘制一个宽度为50mm、高度为135mm的矩形，设置填充色为草绿色（C:60，M:0，Y:40，K:40），使其与底面右侧贴边对齐，如图18-121所示。将Logo复制到矩形上，顺时针旋转90°，调整其大小为9mm×28mm，设置填充色为淡黄色（C:0，M:0，Y:20，K:0），使其与矩形垂直居中对齐，如图18-122所示。

图18-121

图18-122

06 绘制一条长度为36.5mm的垂直线条，设置轮廓色为淡黄色（C:0，M:0，Y:20，K:0）。输入文字，分成两行，设置“字体”为“方正兰亭黑”、“大小”为6pt、填充色为淡黄色、文本对齐方式为“居中对齐”，然后将其顺时针旋转90°。将垂直线条、文本对象与Logo垂直居中对齐，并组合这3个对象，与底部的矩形中心对齐，如图18-123所示。

图18-123

07 将右侧的所有对象复制到底面的左侧，贴边对齐，然后逆时针旋转180°，如图18-124所示。

图18-124

08 绘制一个宽度为210mm、高度为50mm的矩形，与顶部贴边对齐，设置填充色为淡绿色（C:40，M:0，Y:40，K:0），如图18-125所示。将下面的“保湿补水亮妆面膜”文本对象复制到该矩形上，更改“大小”为18pt、填充色为白色，与矩形中心对齐，如图18-126所示。

图18-125

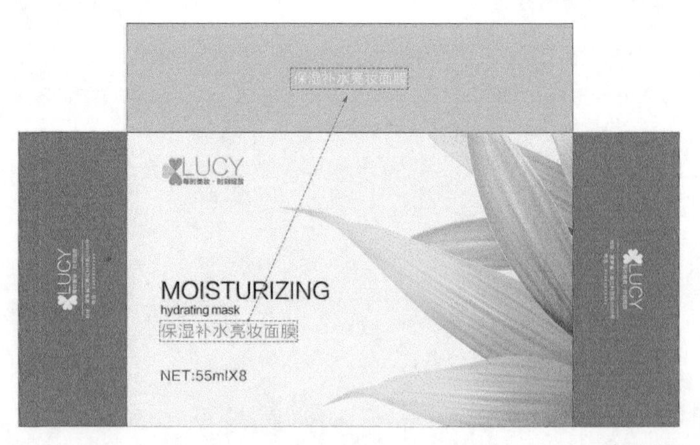

图18-126

09 导入“素材文件>CH18>20.pdf”文件，调整其大小为64mm×4mm，设置填充色为白色，然后垂直镜像向下复制一个。调整原对象和复制对象之间的距离为11mm并组合，与矩形中心对齐，如图18-127所示。

图18-127

10 将顶部的所有对象复制到底面的底部，贴边对齐，然后逆时针旋转180°，如图18-128所示。使用同样的方法，将底面复制到上面浅绿色矩形的上方，逆时针旋转180°，如图18-129所示。将所有对象顺时针旋转90°，完成包装盒画面的绘制，如图18-130所示。

图18-128

图18-129

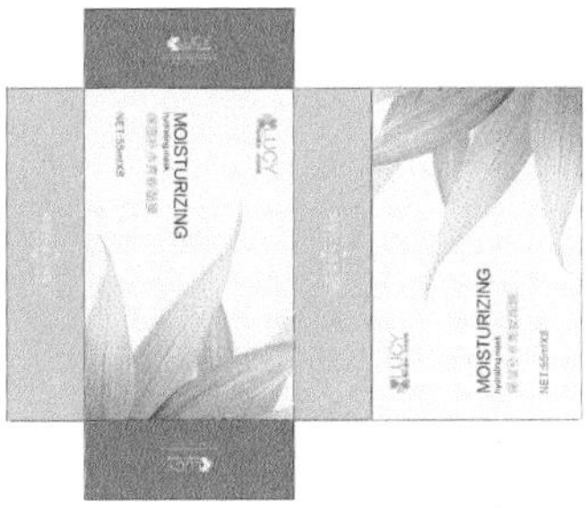

图18-130

11 绘制包装盒的刀线和压痕线。将手提袋画面复制到页面空白处，删除其中的所有元素和填充色，仅保留矩形，设置轮廓色为红色（C:0，M:100，Y:100，K:0），如图18-131所示。

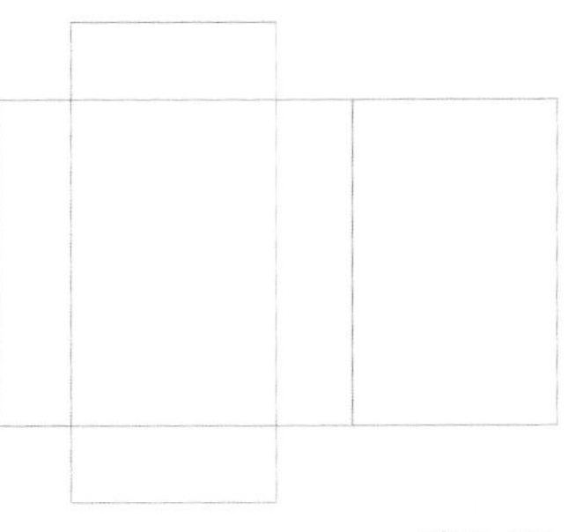

图18-131

技巧与提示

“刀线”即“刀模线”，是用来裁切包装盒的模切线。

12 绘制一个135mm×20mm的矩形，与顶端贴边对齐，如图18-132所示。设置矩形上面两个顶点的“圆角半径”为10mm，如图18-133所示。将该圆角矩形垂直镜像复制到底端，贴边对齐，完成插舌的绘制，如图18-134所示。

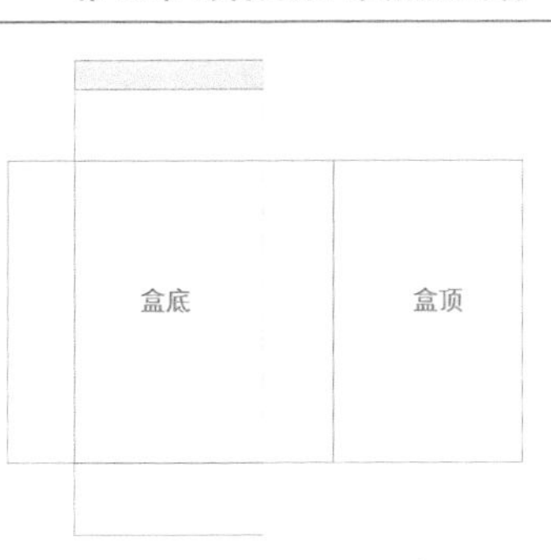

图18-132

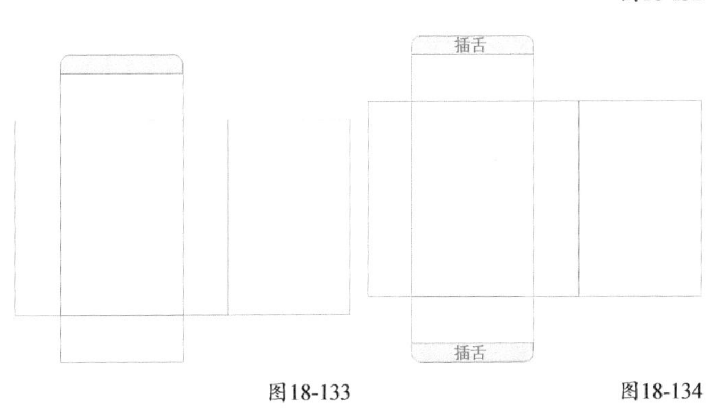

图18-133

图18-134

技巧与提示

包装盒的盒体设计有比较多的行业标准，本案例有关包装盒的盒体设计内容，主要讲解方法和流程。

13 绘制一个50mm×36mm的矩形，设置左上角顶点的“圆角半径”为6mm，与纸盒右侧对齐，将其转换为曲线，如图18-135所示。

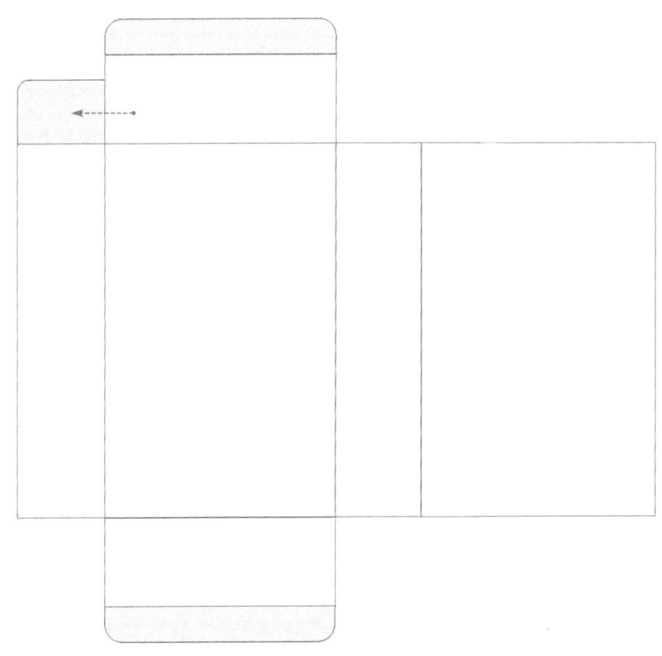

图18-135

14 使用“形状”工具在对象右边3mm处添加1个节点，如图18-136所示。选中右边上部的两个节点，向左平移3mm，如图18-137所示。使用“形状”工具在对象左边的6mm和9mm处添加两个节点，如图18-138所示。将左边上部的3个顶点向右平移3mm，如图18-139所示。将左边上部的两个顶点向右平移5mm，如图18-140所示。至此，完成防尘翼的绘制，效果如图18-141所示。

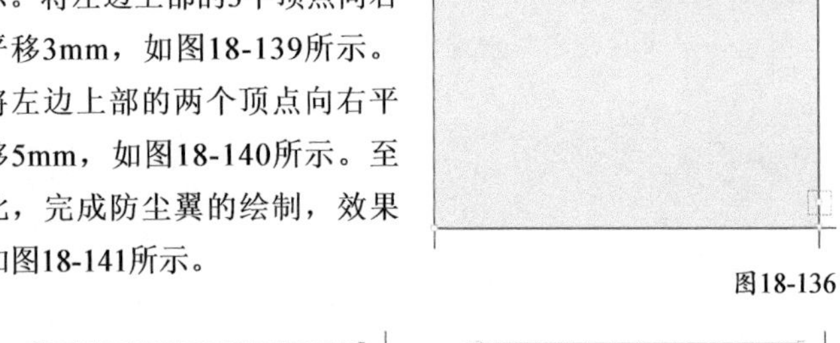

图18-136

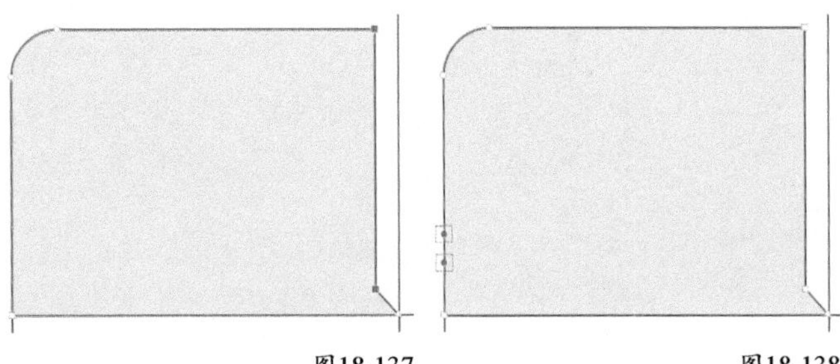

图18-137　　图18-138

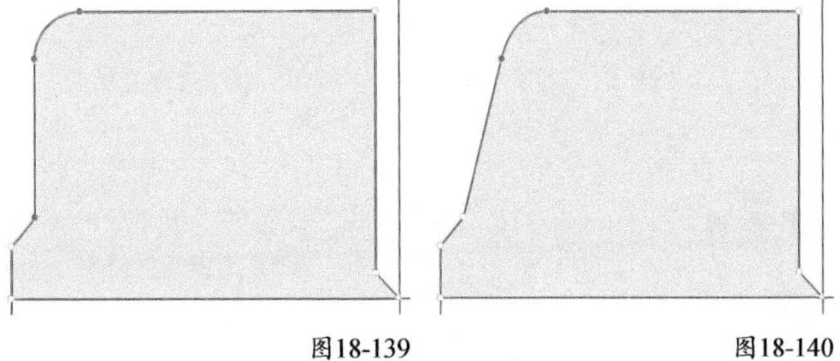

图18-139　　图18-140

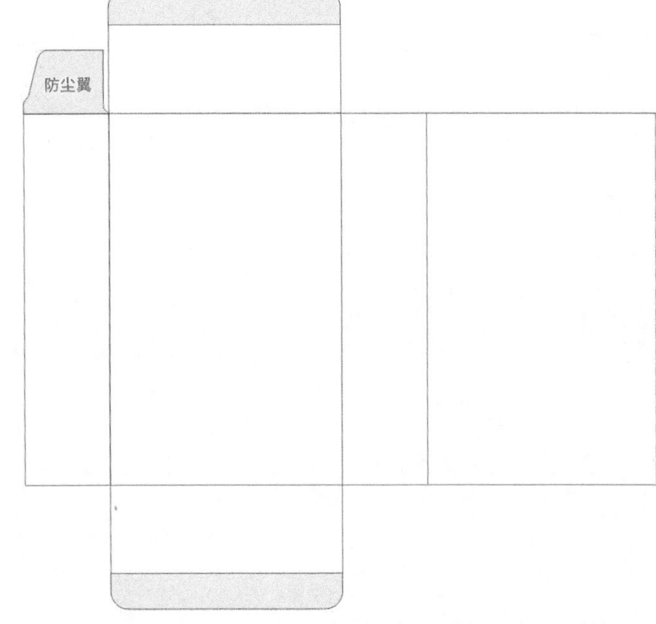

图18-141

15 复制3个防尘翼，移动到包装盒对应的位置，如图18-142所示。绘制一个16mm×210mm的矩形，与盒顶右侧贴边对齐，将其转换为曲线，如图18-143所示。使用“形状”工具将矩形右边的两个顶点，向中间垂直平移4mm，完成糊口的绘制，如图18-144所示。

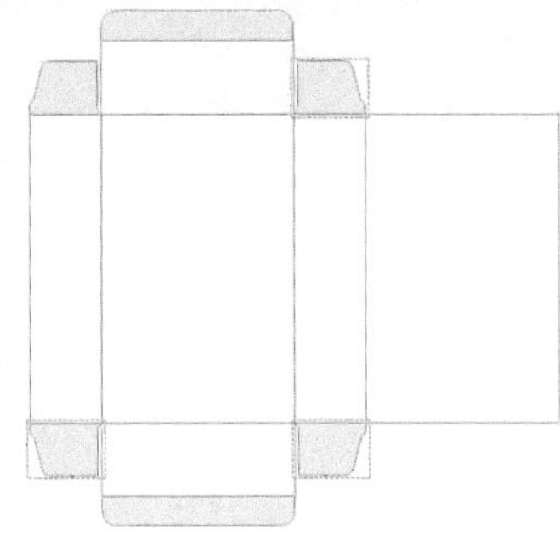

图18-142

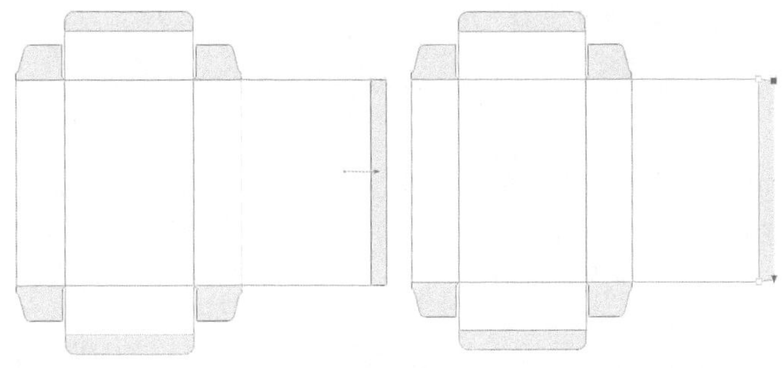

图18-143　　图18-144

16 选中全部对象，单击属性栏中的“创建边界”按钮，生成轮廓对象，删除所有灰色对象，将刚才创建的轮廓对象置于顶层，如图18-145所示。选中该轮廓对象，使用“轮廓图”工具绘制一个3mm的外部轮廓，拆分轮廓图，将最外层的对象轮廓色设置为绿色（C:100，M:0，Y:100，K:0），如图18-146所示。

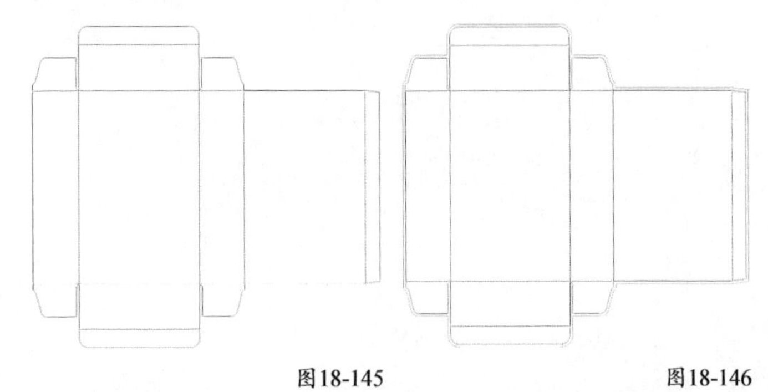

图18-145　　图18-146

技巧与提示

图18-146中，红色线条为压痕线，黑色线条为刀线，绿色线条为出血线。

17 将步骤10中的包装盒画面复制到页面空白处，使用“形状”工具将各对象的边界向外延伸3mm，如图18-147所示。对象相交的位置，使用“形状”工具处理为斜角样式，如图18-148所示。移除轮廓色，完成出血稿的绘制，如图18-149所示。

图18-147　　图18-148

图18-149

18 步骤15绘制的刀线图，与步骤16的出血稿左侧居中对齐，完成包装盒设计稿的绘制，如图18-150所示。

图18-150

19 导入“素材文件>CH18>21.png”文件，将步骤10中的包装盒画面中的两个侧面和一个底面复制到位图上，然后将各个对象转换为位图，如图18-151所示。

图18-151

20 执行“对象>透视点>添加透视”菜单命令，将上一步中复制的3个面分别调整为包装盒中的合适造型，如图18-152所示。单击“透明度”工具，在属性栏中设置“合并模式”为“乘”，最终效果如图18-153所示。

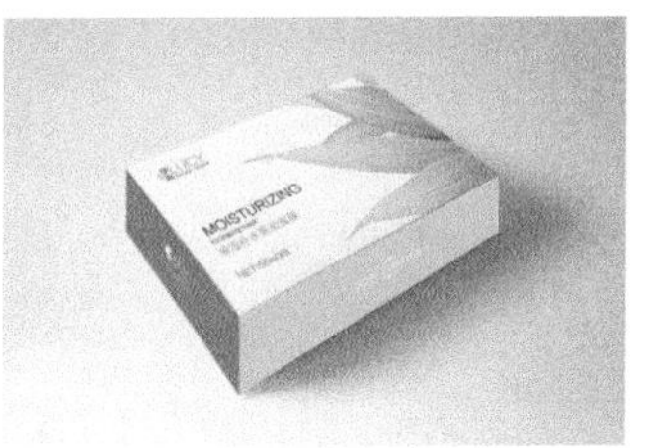

图18-152　　图18-153

技巧与提示

本案例包装盒（纸盒）用纸可采用250~300g的白卡纸，表面工艺可覆亚光膜。

第19章

综合实例：喷绘广告设计篇

本章讲解了广告公司常用的店招、易拉宝和形象广告的设计方法，学习好这些内容，可以帮助读者制作出令客户满意的商业作品。

学习要点

19.1 设计店铺招牌

- 实例位置：实例文件>CH19>设计店铺招牌.cdr
- 素材位置：素材文件>CH19>01.png、02.png、03.jpg
- 视频名称：设计店铺招牌.mp4
- 实用指数：★★★★★
- 技术掌握：店招的绘制方法

扫码看视频

本案例绘制的店招效果如图19-1所示。

图19-1

01 新建文档，绘制一个宽度为350mm、高度为120mm的矩形，使用“交互式填充”工具从下至上绘制渐变填充效果，设置渐变色位置0的颜色为粉色（C:3，M:34，Y:4，K:0），设置位置100的颜色为浅粉色（C:0，M:10，Y:1，K:0），如图19-2所示。

图19-2

02 使用“椭圆形”工具绘制若干个圆形，并与矩形相交，如图19-3所示。选中这些圆形，将其“焊接”后生成闭合曲线对象，设置新对象的填充色为浅粉色（C:0，M:4，Y:0，K:0），如图19-4所示。移除轮廓色，使用“阴影”工具绘制阴影效果，设置“阴影颜色”为洋红色（C:0，M:100，Y:0，K:0）、“阴影羽化”为30，如图19-5所示。将该对象置入矩形中，完成云朵的绘制，如图19-6所示。

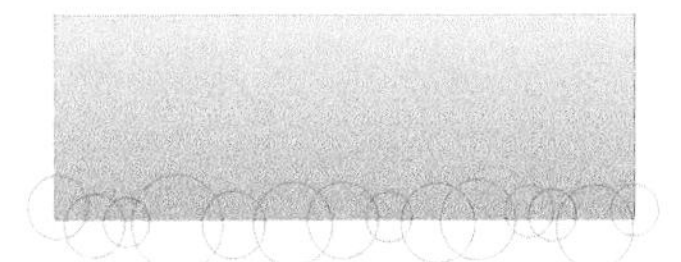

图19-3

图19-4

图19-5

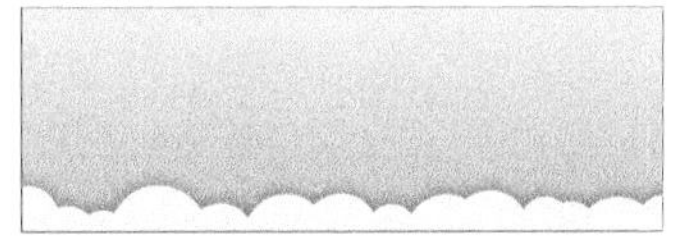

图19-6

03 参照步骤2，继续绘制云朵，如图19-7和图19-8所示。

图19-7

图19-8

04 选中矩形，执行“编辑PowerClip”命令，在图框内将下面的云朵垂直镜像向上复制一个，再水平镜像一次，设置云朵的填充色为粉色（C:2，M:17，Y:3，K:0），如图19-9所示，效果如图19-10所示。

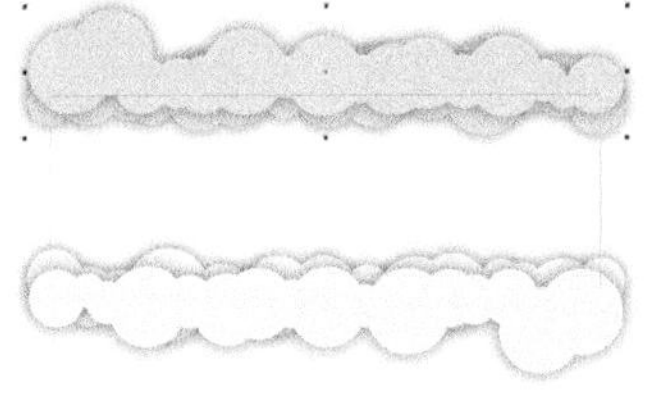

图19-9

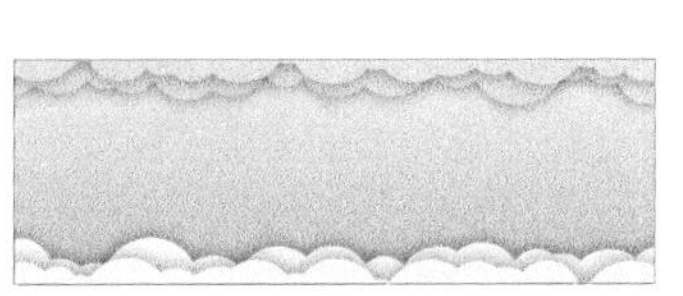

图19-10

05 导入“素材文件>CH19>01.png”文件，将其置入矩形中，置于底层，单击“透明度”工具，在属性栏中单击“均匀透明度”按钮，设置“合并模式”为“乘”，效果如图19-11所示。

图19-11

06 输入“母婴生活馆”字样，设置“字体”为“方正超重要体”、“大小”为180pt，将其与底图中心对齐，如图19-12所示。按快捷键Ctrl+K解组，转换为曲线，移动闭合曲线的位置，使其更加紧凑，然后合并，设置填充色为白色，如图19-13所示。

图19-12

图19-13

07 使用“轮廓图”工具绘制一个“轮廓图偏移”为5.5mm的外部轮廓，设置“轮廓图角”为“圆角”，如图19-14所示。拆分轮廓图，设置拆分后的轮廓图填充色为淡红色（C:0，M:60，Y:10，K:0），如图19-15所示。将该对象复制一个，置于下一层，向右下角移动2mm，设置其填充色为深红色（C:10，M:100，Y:0，K:20），如图19-16所示。

图19-14

图19-15

图19-16

08 选中刚才绘制的深红色对象，使用“阴影”工具绘制阴影效果，设置“阴影颜色”为洋红色（C:0，M:100，Y:0，K:0）、“合并模式”为“乘”、“阴影不透明度”为100、“阴影羽化”为10，如图19-17所示。将该阴影效果复制到“母婴生活馆”对象上，如图19-18所示。

图19-17

图19-18

09 导入“素材文件>CH19>02.png”文件，适当缩放其大小，移动到底图的左侧，使其与底图垂直居中对齐，如图19-19所示。选中宝宝位图，执行“效果>调整>图像调整实验室”菜单命令，设置“温度”为2000、“淡色”为-100，效果如图19-20所示。

图19-19

图19-20

10 选中宝宝位图，执行“位图>轮廓描摹>高质量图像”菜单命令，生成矢量描摹对象，再执行“全部取消组合”命令，在属性栏中单击“创建边界”按钮，生成宝宝的轮廓对象，如图19-21所示。

图19-21

11 设置轮廓色为白色、轮廓宽度为8.5pt、“角”为“圆角”、“位置”为“外部轮廓”，将该轮廓与宝宝对象中心对齐，如图19-22所示。将该轮廓复制一个，置于下一层，向右下角移动1mm，设置轮廓色为洋红色（C:0，M:0，Y:100，K:0），使用“透明度”工具添加“均匀透明度”效果，完成店招设计稿的绘制，如图19-23所示。

图19-22

图19-23

12 导入“素材文件>CH19>03.jpg”文件作为底图，将设计稿转换为位图，移动到底图上，如图19-24所示。执行“对象>透视点>添加透视”菜单命令，使用“形状”工具将4个顶点移动到相应的位置，如图19-25所示。单击“透明度”工具，在属性栏中设置“合并模式”为“乘”，最终效果如图19-26所示。

图19-24

图19-25

图19-26

19.2 设计招聘易拉宝

- 实例位置：实例文件>CH19>设计招聘易拉宝.cdr
- 素材位置：素材文件>CH19>04.png、05.png、06.txt、07.png、08.png
- 视频名称：设计招聘易拉宝.mp4
- 实用指数：★★★★★
- 技术掌握：易拉宝的绘制方法

扫码看视频

本案例绘制的易拉宝效果如图19-27所示。

图19-27

01 新建文档，使用“矩形”工具绘制一个宽度为800mm、高度为2000mm的矩形，使用“交互式填充”工具从上至下绘制渐变填充效果，设置渐变色位置0的颜色为蓝色（C:85，M:52，Y:0，K:0），设置位置100的颜色为深蓝色（C:95，M:70，Y:0，K:0），如图19-28所示。

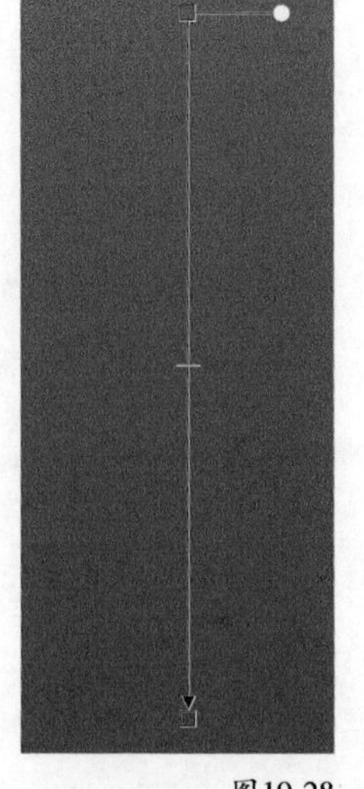

图19-28

02 使用“椭圆形”工具绘制若干个圆形，如图19-29所示。将这些圆形对象置入矩形中，在图框内设置这些矩形的填充色为白色，单击“透明度”工具，在属性栏中单击“均匀透明度”按钮，设置“合并模式”为“常规”、“透明度”为90，效果如图19-30所示。

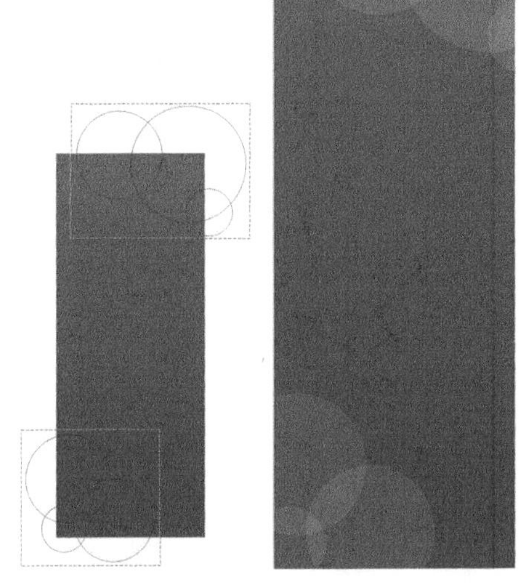

图19-29　　图19-30

03 输入“诚聘小哥”字样，分成两行，设置“字体”为“方正字悦黑”、“大小”为769pt、填充色为白色，将文本对象适当向右斜切一定的角度，然后将其与底图水平居中对齐，如图19-31所示。

图19-31

04 使用“轮廓图”工具绘制一个“轮廓图偏移”为25mm的外部轮廓，设置“轮廓图角”为“圆角”，如图19-32所示。解组轮廓图对象，设置填充色为淡蓝色（C:54，M:0，Y:0，K:0），如图19-33所示。选中淡蓝色的闭合曲线对象，使用“阴影”工具添加阴影效果，在属性栏中设置“合并模式”为“减少”、“阴影羽化”为10、“阴影偏移”的*y*轴为 -12mm，如图19-34所示。使用“阴影”工具为“诚聘小哥”添加阴影效果，设置“阴影颜色”为蓝色（C:85，M:52，Y:0，K:0）、“阴影不透明度”为100、“阴影羽化”为5，如图19-35所示。

图19-32

图19-33

图19-34

图19-35

05 导入“素材文件>CH19>04.png”文件，适当缩放该位图大小，然后移动到“诚聘小哥”的中心位置，如图19-36所示。

图19-36

06 使用“矩形”工具绘制一个宽度为603mm、高度为217mm的矩形和一个宽度为603mm、高度为653mm的矩形，设置两个矩形的“圆角半径”均为15mm，并将两个矩形与底图水平居中对齐，如图19-37所示。

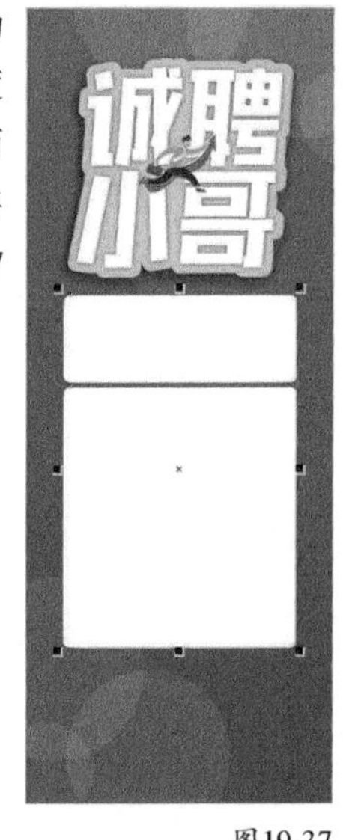

图19-37

07 在第一个矩形上输入文字，分成两行，设置“字体”为“方正兰亭大黑”、“大小”为60pt、填充色为深蓝色（C:78，M:64，Y:50，K:6），如图19-38所示。导入“素材文件>CH19>05.png”文件，适当缩放二维码大小，移至矩形的右侧，然后输入“扫描二维码 关注我们”字样，设置“字体”为“方正兰亭黑”、“大小”为44pt，与二维码水平居中对齐，如图19-39所示。

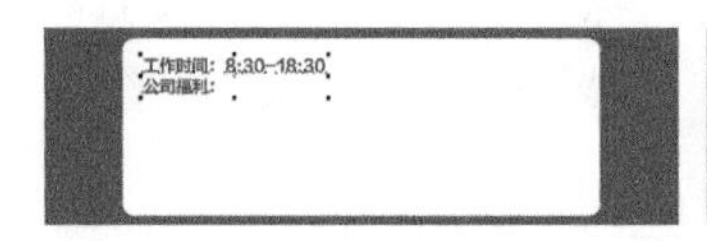

图19-38

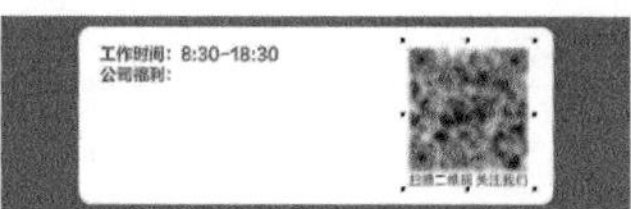

图19-39

08 绘制一个宽度为112mm、高度为39mm的矩形，设置“圆角半径”为最大值，设置填充色为红色（C:0，M:82，Y:24，K:0），移除轮廓色，将矩形与上面的文本对象左对齐。输入“周末双休”字样，设置“字体”为“方正兰亭黑”、“大小”为56pt、填充色为白色，将文本对象与矩形中心对齐，如图19-40所示。

09 参照步骤8，分别绘制4个按钮效果，设置“免费茶歇”矩形的填充色为橘黄色（C:0，M:44，Y:73，K:0）、“五险一金”矩形的填充色为绿色（C:59，M:0，Y:28，K:0）、“带薪年假”矩形的填充色为浅蓝色（C:59，M:0，Y:0，K:0）、“节日补贴”矩形的填充色为蓝色（C:70，M:21，Y:0，K:0），如图19-41所示。

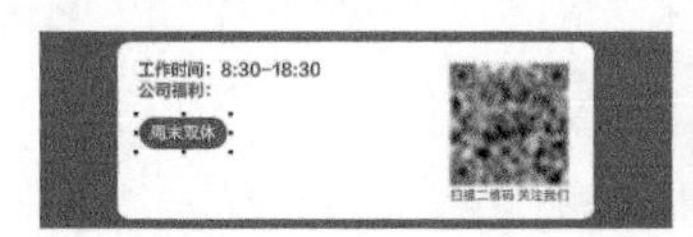

图19-40

图19-41

10 在步骤6绘制的第2个矩形内，绘制一个宽度为154mm、高度为39mm的矩形，设置“圆角半径”为最大值，设置填充色为深蓝色（C:85，M:52，Y:0，K:0），移除轮廓色，将矩形与上面的文本对象左对齐。输入“送餐员-骑手”字样，设置“字体”为“方正兰亭黑”、“大小”为56pt、填充色为白色，将文本对象与矩形中心对齐，如图19-42所示。

11 将“素材文件>CH19>06.txt”文件中的文本内容复制到文档中，设置标题文本内容的“字体”为“方正兰亭大黑”、“大小”为45pt、填充色为深蓝色（C:78，M:64，Y:50，K:6），设置其他文本内容的“字体”为“方正兰亭黑”，将该文本对象与上面的圆角矩形左对齐，如图19-43所示。

图19-42　　图19-43

12 组合步骤11中的文本对象和圆角矩形，向下复制两个，如图19-44所示。

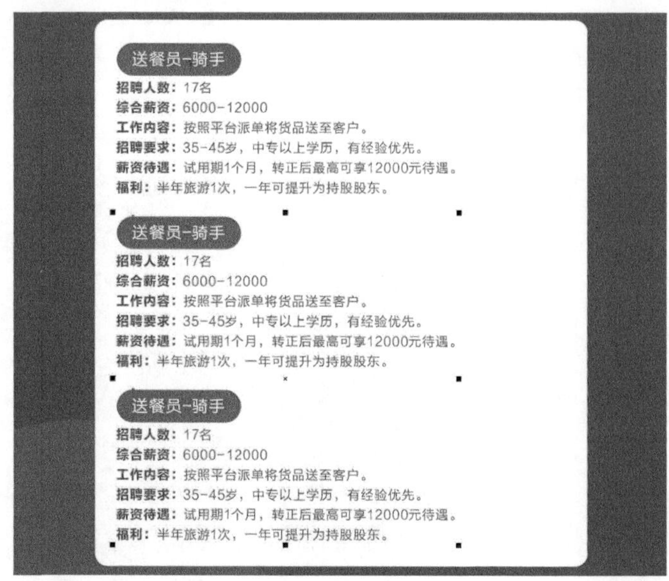

图19-44

13 在步骤6绘制的第2个矩形的下方，绘制一条长度为800mm的水平线条，设置线条的“轮廓宽度”为15mm、轮廓色为白色，如图19-45所示。使用“变形”工具绘制“拉链变形”效果，在属性栏中设置“拉链振幅”为11、“拉链频率”为5，单击“平滑变形”按钮，效果如图19-46所示。

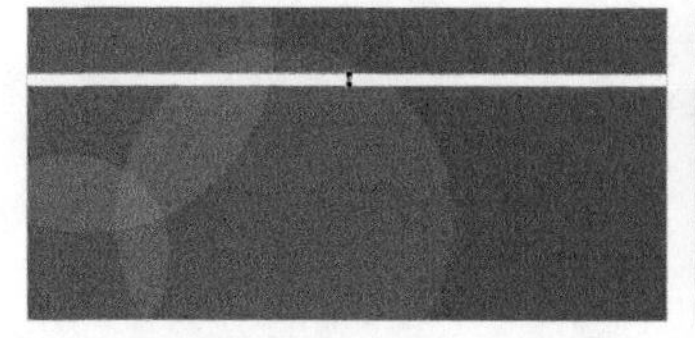

图19-45　　图19-46

14 选中线条，按快捷键Ctrl+Shift+Q将其转换为对象，从下至上依次复制两个对象，分别设置第1个对象的填充色为蓝色（C:85，M:52，Y:0，K:0）、第2个对象的填充色为浅蓝色（C:54，M:0，Y:0，K:0），如图19-47所示。绘制一个宽度为800mm、高度为305mm的矩形，置于底图的上一层，设置填充色为红色（C:0，M:81，Y:47，K:0），将其与底图底边居中对齐，如图19-48所示。

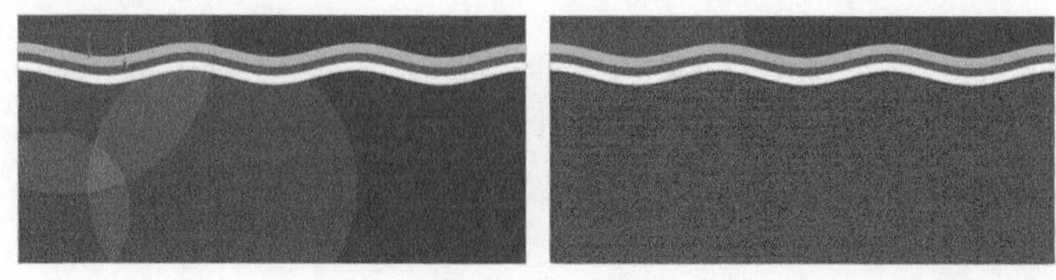

图19-47　　图19-48

15 输入文字，分成两行，设置“字体”为“方正兰亭黑”、填充色为白色，其中“招聘热线”的“大小”设置为88pt，××××

字样的“大小”设置为120pt，在属性栏中单击“强制调整”按钮。在文本对象的右侧绘制一条长度为76mm的垂直线条，设置“轮廓宽度”为2.8mm、轮廓色为白色，将其与刚才绘制的文本对象垂直居中对齐，如图19-49所示。

16 参照步骤15，绘制数字文本对象，设置“大小”为220pt，与刚才绘制的线条垂直居中对齐，将3个对象组合，与底图水平居中对齐。然后绘制地址文本对象，设置“大小”为92pt，与组合对象水平居中对齐，如图19-50所示。

图19-49

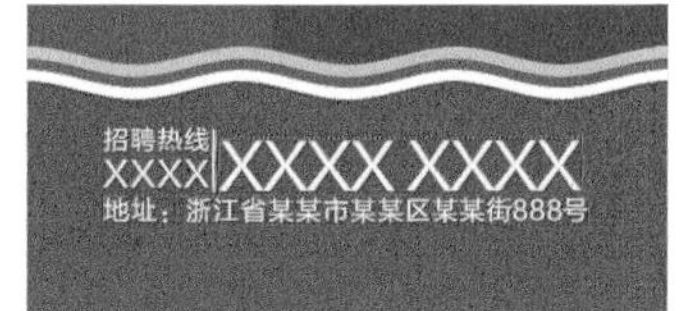

图19-50

17 导入“素材文件>CH19>07.png”文件，适当缩放其大小，移动到波浪对象上，如图19-51所示。将位图和文本对象重叠的文本内容删除，效果如图19-52所示。至此，完成易拉宝的设计稿绘制，如图19-53所示。

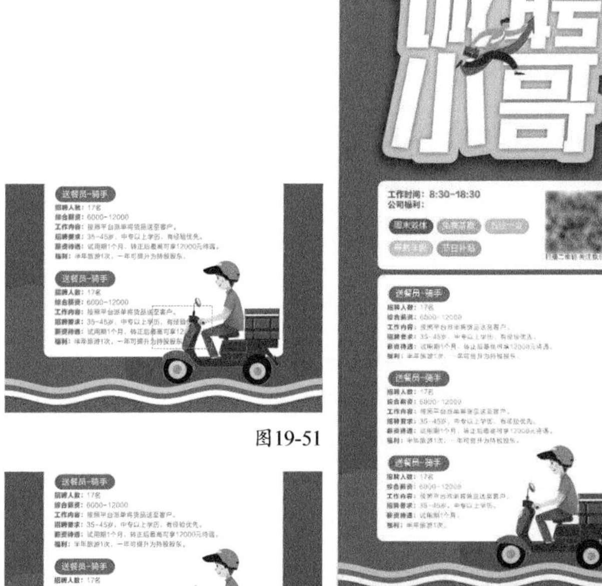

图19-51

图19-52

图19-53

18 导入“素材文件>CH09>08.png”文件，将易拉宝设计稿复制到该位图上，再将其转换为位图，如图19-54所示。执行“对象>透视点>添加透视”菜单命令，将易拉宝的4个顶点移动到对应的位置，单击“透明度”工具，在属性栏中设置“合并模式”为“乘”，最终效果如图19-55所示。

图19-54

图19-55

19.3 设计形象广告

- 实例位置：实例文件>CH19>设计形象广告.cdr
- 素材位置：素材文件>CH19>09.jpg、10.jpg、11.cdr
- 视频名称：设计形象广告.mp4
- 实用指数：★★★★★
- 技术掌握：形象广告的绘制方法

扫码看视频

本案例绘制的形象广告效果如图19-56所示。

图19-56

01 新建文档，导入“素材文件>CH19>09.jpg”文件，如图19-57所示。

图19-57

技巧与提示

该图为手绘素材，通过导入手绘图片得以实现，也可以使用数位板绘制。

02 使用“贝塞尔”工具描绘茶壶飘气的第1层轮廓，绘制成闭合曲线，如图19-58所示。使用同样的方法描绘第2层和第3层轮廓，如图19-59和图19-60所示。

图19-58

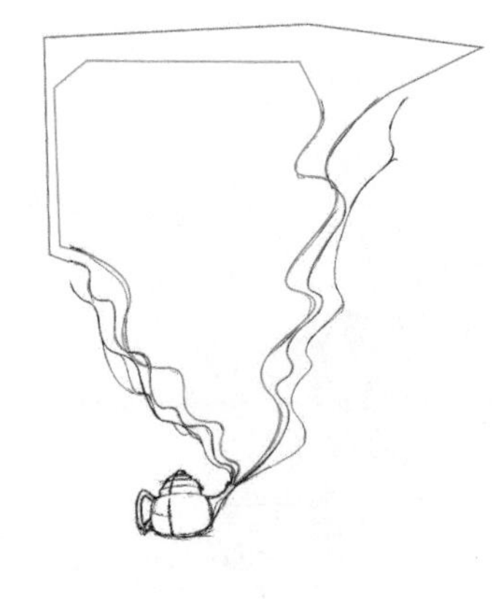

图19-59

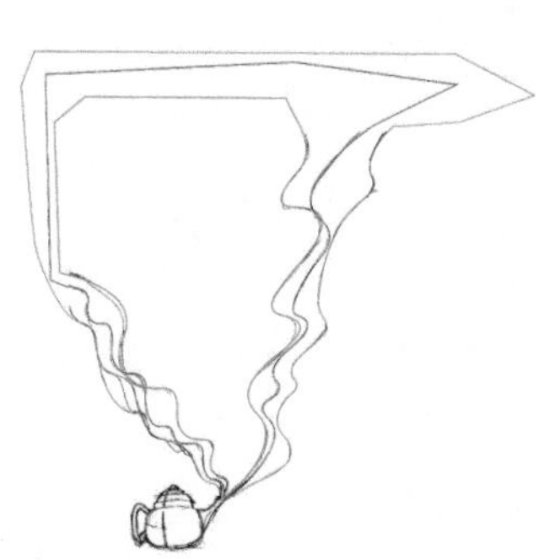

图19-60

03 描绘茶壶。绘制一个宽度为17.5mm、高度为25mm的矩形，移动到茶壶的左侧，如图19-61所示。将矩形转换为曲线，使用“形状”工具添加3个节点，调整节点位置使矩形符合茶壶左半边的轮廓，如图19-62所示。将线条转换为曲线，调整节点和曲线的位置，如图19-63所示。

图19-61

图19-62

图19-63

04 将茶壶左半边的闭合曲线向右水平镜像复制一个，如图19-64所示。使用同样的方法绘制茶壶的“壶颈”，如图19-65所示。继续绘制“壶把”“壶嘴”“壶盖”，如图19-66所示。

图19-64

图19-65

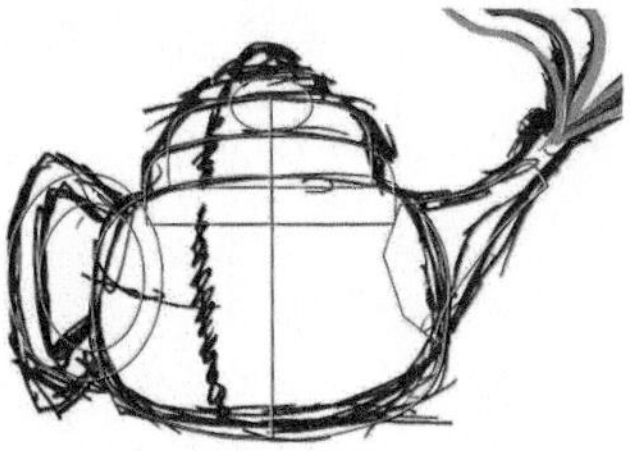

图19-66

05 删除手绘位图，将茶壶的各对象“焊接”，如图19-67所示。使用“形状”工具将茶壶的部分节点调整为平滑效果，完成茶壶轮廓的绘制，如图19-68所示。

图19-67

图19-68

06 绘制一个宽度为210mm、高度为285mm的矩形，置于底层，将其移动到刚才绘制的茶壶飘气中，按+键两次，复制两个，如图19-69所示。

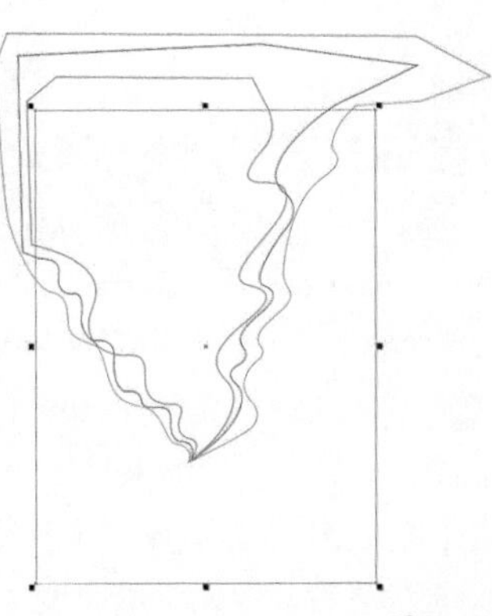

图19-69

07 选中蓝色飘气与矩形，在属性栏中单击“移除前面对象”按钮，生成新对象，设置新对象的填充色为浅绿色（C:35，M:0，Y:82，K:0），如图19-70所示。使用同样的方法，使红色飘气生成新对象，设置新对象的填充色为白色，如图19-71所示。接着使绿色飘气生成新对象，使用“交互式填充”工具从上至下绘制渐变填充效果，设置渐变色位置0的颜色为浅黄色（C:0，M:0，Y:20，K:0），设置位置100的颜色为白色，如图19-72所示。将3个新对象中心对齐，如图19-73所示。

图19-70

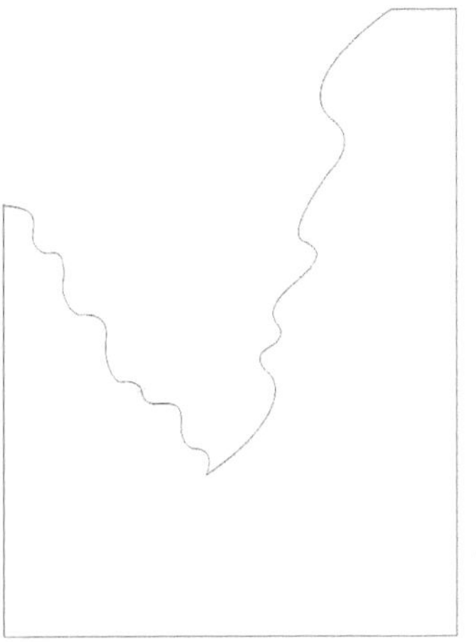

图19-71

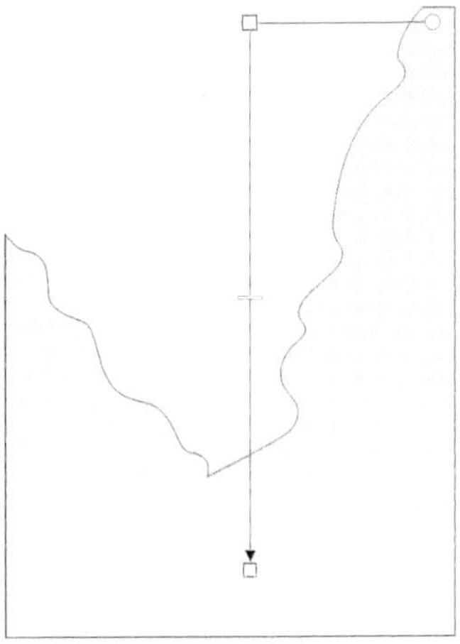

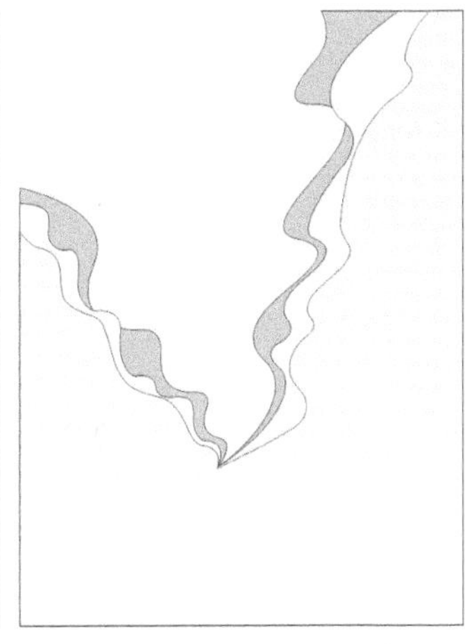

图19-72

图19-73

08 绘制一个宽度为210mm、高度为265mm的矩形，将刚才绘制的新对象置入矩形中，如图19-74所示。执行“编辑PowerClip”命令，在图框内使用“阴影”工具为绿色闭合曲线添加阴影效果，设置“阴影不透明度”为25、“阴影羽化”为10，如图19-75所示。将阴影效果复制到另外两个闭合曲线上，移除所有对象的轮廓色，如图19-76所示。导入“素材文件>CH19>10.jpg”文件，将其置于底层，适当缩放大小，完成编辑，效果如图19-77所示。

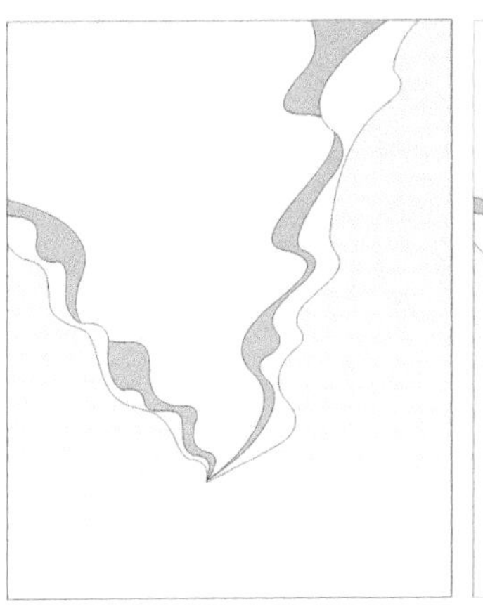

图19-74

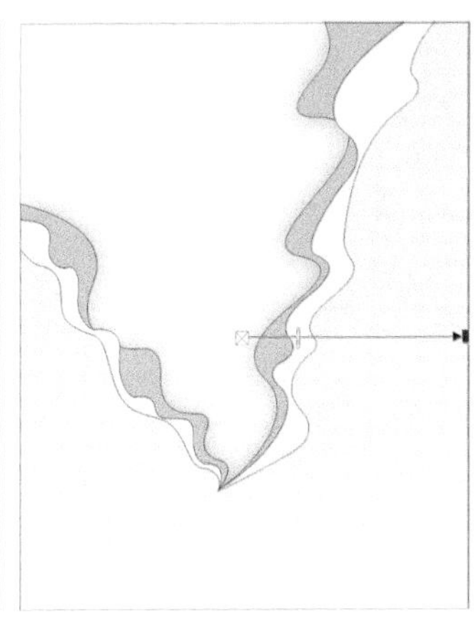

图19-75

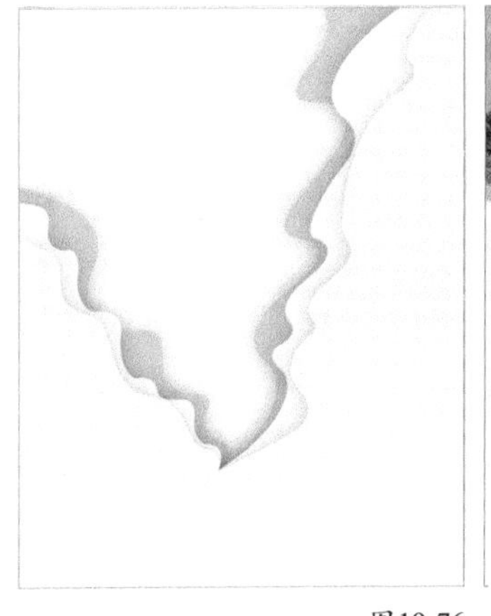

图19-76

图19-77

09 将步骤5绘制的茶壶移动到飘气的底部，设置填充色为浅绿色（C:35，M:0，Y:82，K:0），如图19-78所示。使用“阴影”工具绘制“内阴影”效果，在属性栏中设置“合并模式”为“减少”、“阴影不透明度”为10、“内阴影宽度”为3，如图19-79所示。

图19-78

图19-79

10 输入“茶语茶香”字样，设置“字体”为“方正时代宋”、填充色为深绿色（C:84，M:48，Y:100，K:14）。解组文本对象，分别设置“茶”的“大小”为93pt、“语”的“大小”为46pt、另一个“茶”的“大小”为38pt、“香”的“大小”为93pt，移动文本对象到图19-80所示的位置。组合4个文本对象，向右斜切15°，如图19-81所示。

图19-80　　图19-81

11 使用“阴影”工具添加“内阴影”效果，在属性栏中设置“阴影不透明度”为25、“阴影羽化”为5，如图19-82所示。设置轮廓色为浅绿色（C:20，M:0，Y:60，K:0）、轮廓宽度为2.6pt、“轮廓位置”为“外部轮廓”，如图19-83所示。导入“素材文件>CH19>11.cdr”文件，适当缩放其大小，分别移动到文本对象的上方和下方，如图19-84所示。

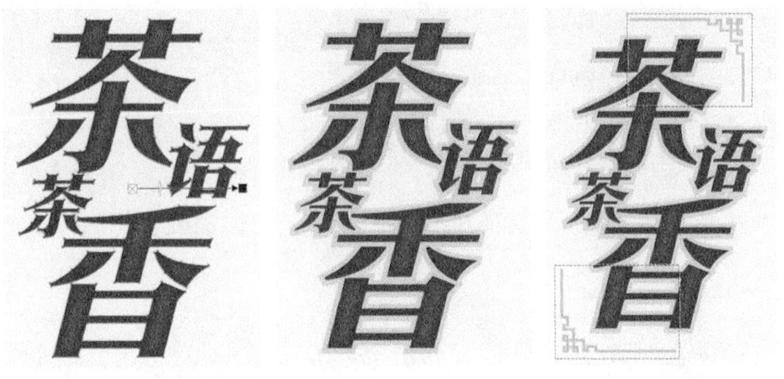

图19-82　　图19-83　　图19-84

12 输入“好山·好水·好茶叶”字样，设置“字体”为“方正兰亭黑”、“大小”为11pt、填充色为深绿色（C:84，M:48，Y:100，K:14）。使用“形状”工具适当增加字间距，将文本对象移动到底部，与底图水平居中对齐，如图19-85所示。

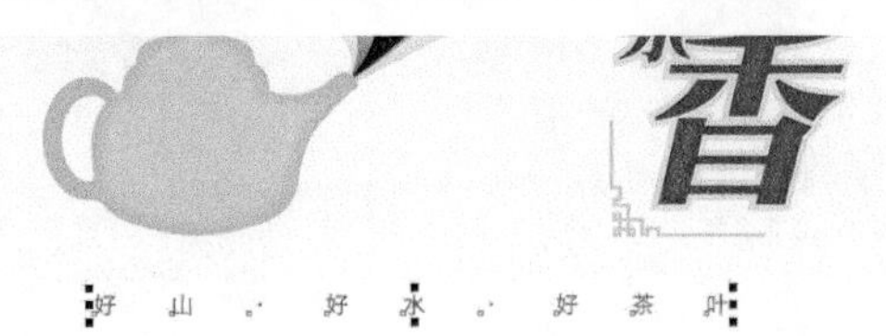

图19-85

13 输入文字，分成4行，设置“字体”为“方正时代宋”、“大小”为14pt、填充色为白色，使用“阴影”工具为其添加阴影效果，在属性栏中设置“合并模式”为“减少”、“阴影羽化”为5，将该文本对象移动到底图的左上角，如图19-86所示。最终效果如图19-87所示。

图19-86　　图19-87